2025 NCS 기준 출제기준 완벽 반영

산업안전 기사 필기

신우균 편저

2025
초간단
핵심완성

ENGINEER
INDUSTRIAL SAFETY

예문사

머리말 (PREFACE)

지금 우리 사회는 모든 분야에서 선진사회로 도약을 하고 있습니다. 그러나 산업현장에서는 아직도 끼임(협착), 떨어짐(추락), 넘어짐(전도) 등 반복형 재해와 화재·폭발 등 중대산업사고, 유해화학물질로 인한 직업병 문제 등으로 하루에 약 6명, 일 년이면 2,100여 명의 근로자가 귀중한 목숨을 잃고 있으며 연간 약 9만여 명의 재해자와 연간 17조 원의 경제적 손실을 초래하고 있습니다.

산업재해를 줄이지 않고는 선진사회가 될 수 없습니다. 그러므로 각 기업체에서 안전관리자의 역할은 커질 수밖에 없는 상황이고 산업안전은 더욱더 강조될 수밖에 없는 상황입니다.

이 책으로 인해 재해 감소와 앞으로 안전 관련 업무에 조금이나마 보탬이 되기를 희망하는 마음으로 집필하였습니다. 산업안전기사는 다른 자격시험과는 달리 안전, 인간공학, 기계, 전기, 화학, 건설 등의 여러 과목으로 구성되어 있어 수험생들이 공부하기 힘든 과목입니다. 그래서 다른 자격시험과 똑같은 방법으로 공부하면 시험에 합격하기 어려운 시험입니다.

이런 배경을 가지고 기획된 이 책은 이론정리를 이해 및 시험 위주로 강화하였고, 시험과목을 체계적으로 정리하여 전공자가 아닌 처음 자격시험을 준비하는 수험생들도 어려움 없이 접근할 수 있도록 책 내용을 구성하였습니다.

산업안전기사 자격시험을 준비하기 위한 수험서로서 본서의 특징은 다음과 같습니다.

1. NCS기준으로 전면 개편된 출제기준에 따른 이론 및 예상문제를 수록하였습니다.
2. 각 과목의 이론내용은 시험에 자주 나오는 문제가 포함되도록 핵심만 수록하였고, 시험에 출제된 이론은 별색으로 표시하여 수험생들의 집중도를 높였습니다.
3. 자격시험의 특성상 기존에 출제되었던 문제가 반복해서 나올 수밖에 없는 관계로 기출문제 풀이에 대한 설명을 상세히 하였습니다.
4. 수험생들의 이해도를 높이기 위하여 최대한 그림 및 삽화를 넣어서 책의 이해도를 높였습니다.
5. 안전분야의 오랜 현장경험을 가지고 있는 최고의 전문가가 집필하여 책의 완성도를 높였습니다.

오랫동안 정리한 자료를 다듬어 출간하였지만, 그럼에도 미흡한 부분이 많을 것입니다. 이에 대해서는 독자 여러분의 애정 어린 충고를 겸허히 수용해 계속 보완해나갈 것을 약속드립니다.
수험생들한테 한발 가까이 가는 수험서가 되도록 노력하였습니다.

저자 일동

산업안전기사 시험에서 각 과목별 특징

1과목   산업재해 예방 및 안전보건교육

산업안전 분야에 입문하는 수험생이 기초적으로 알아야 할 이론을 정리하였습니다. 안전관리론의 경우 산업안전보건법의 내용을 이해하여야 하는 관계로 관련 법령의 내용을 수록해 놓았습니다.

2과목   인간공학 및 위험성 평가·관리

과거 기출문제를 분석하여 시험에 출제가능한 부분의 핵심이론을 정리해놓았습니다. 또한, 최근 이슈가 되고 있는 근골격계질환 관련분야에 대해서 상세히 기술하여 수험생이 향후 안전관리자가 된 후에도 활용이 가능토록 구성하였습니다.

3과목   기계·기구 및 설비 안전관리

처음 기계를 접하는 수험생들을 위하여 최대한 그림을 많이 넣었습니다. 이 과목은 기출문제가 계속 반복해서 출제되므로 수험생들이 조금만 주의를 기울이면 80점은 얻을 수 있을 것이라 생각됩니다. 매번 시험에서 기출문제의 반복 출제율이 80% 정도입니다.

4과목   전기설비 안전관리

전기안전관련 기초지식이 없더라도 쉽게 이해할 수 있고 단시간에 많은 내용을 보고 보다 더 쉽게 접근할 수 있도록 표와 그림을 많이 사용하여 기출문제 위주로 정리하였습니다. 비전공자가 과락이 가장 많이 나는 과목이기 때문에 기출문제 위주로 공부하면 되겠습니다.

5과목   화학설비 안전관리

화학 관련 계통의 전공자가 아닌 수험생들을 위하여 전문용어나 복잡한 서술은 배제하고, 최대한 이해하기 쉽도록 간단 명료하게 설명하였습니다. 본 과목은 기출문제가 반복 출제되기 보다는 매회 새로운 문제가 약 20~30% 출제되고 있기 때문에 수험생들의 주의를 요하는 과목입니다.

6과목   건설공사 안전관리

건설안전을 처음 접하는 수험생들에게 다소 생소한 건설용어는 물론 이론을 쉽게 이해할 수 있도록 기출문제를 중심으로 삽화 및 그림을 첨부하였으므로 짧은 시간에 건설안전에 대한 지식을 습득할 수 있을 것이라 판단됩니다.

출제기준

- 직무분야 : 안전관리
- 중직무분야 : 안전관리
- 자격종목 : 산업안전기사
- 적용기간 : 2024.1.1.~2026.12.31.
- 직무내용 : 제조 및 서비스업 등 각 산업현장에 소속되어 산업재해 예방계획의 수립에 관한 사항을 수행하며, 작업환경의 점검 및 개선에 관한 사항, 유해 및 위험방지에 관한 사항, 사고사례 분석 및 개선에 관한 사항, 근로자의 안전교육 및 훈련 등을 수행하는 직무이다.
- 필기검정방법 : 객관식
- 문제수 : 120
- 시험시간 : 3시간

필기과목명	주요항목	세부항목	
산업재해 예방 및 안전보건교육	산업재해예방 계획수립	• 안전관리	• 안전보건관리 체제 및 운용
	안전보호구 관리	• 보호구 및 안전장구 관리	
	산업안전심리	• 산업심리와 심리검사 • 인간의 특성과 안전과의 관계	• 직업적성과 배치
	인간의 행동과학	• 조직과 인간행동 • 집단관리와 리더십	• 재해 빈발성 및 행동과학 • 생체리듬과 피로
	안전보건교육의 내용 및 방법	• 교육의 필요성과 목적 • 교육실시 방법 • 교육내용	• 교육방법 • 안전보건교육계획 수립 및 실시
	산업안전관계법규	• 산업안전보건법령	
인간공학 및 위험성 평가·관리	안전과 인간공학	• 인간공학의 정의 • 체계설계와 인간요소	• 인간-기계체계 • 인간요소와 휴먼에러
	위험성 파악·결정	• 위험성 평가	• 시스템 위험성 추정 및 결정
	위험성 감소 대책 수립·실행	• 위험성 감소대책 수립 및 실행	
	근골격계질환 예방관리	• 근골격계 유해요인 • 근골격계 유해요인 관리	• 인간공학적 유해요인 평가
	유해요인 관리	• 물리적 유해요인 관리 • 생물학적 유해요인 관리	• 화학적 유해요인 관리
	작업환경 관리	• 인체계측 및 체계제어 • 작업 공간 및 작업자세 • 작업환경과 인간공학	• 신체활동의 생리학적 측정법 • 작업측정 • 중량물 취급 작업
기계·기구 및 설비 안전 관리	기계공정의 안전	• 기계공정의 특수성 분석	• 기계의 위험 안전조건 분석
	기계분야 산업재해 조사 및 관리	• 재해조사 • 안전점검·검사·인증 및 진단	• 산재분류 및 통계 분석
	기계설비 위험요인 분석	• 공작기계의 안전 • 기타 산업용 기계 기구	• 프레스 및 전단기의 안전 • 운반기계 및 양중기
	기계안전시설 관리	• 안전시설 관리 계획하기 • 안전시설 유지·관리하기	• 안전시설 설치하기
	설비진단 및 검사	• 비파괴검사의 종류 및 특징	• 소음·진동 방지 기술

필기과목명	주요항목	세부항목	
전기설비 안전관리	전기안전관리 업무수행	• 전기안전관리	
	감전재해 및 방지대책	• 감전재해 예방 및 조치 • 절연용 안전장구	• 감전재해의 요인
	정전기 장·재해 관리	• 정전기 위험요소 파악	• 정전기 위험요소 제거
	전기 방폭 관리	• 전기방폭설비	• 전기방폭 사고예방 및 대응
	전기설비 위험요인 관리	• 전기설비 위험요인 파악	• 전기설비 위험요인 점검 및 개선
화학설비 안전관리	화재·폭발 검토	• 화재·폭발 이론 및 발생 이해 • 폭발방지대책 수립	• 소화 원리 이해
	화학물질 안전관리 실행	• 화학물질(위험물, 유해화학물질) 확인 • 화학물질(위험물, 유해화학물질) 유해 위험성 확인 • 화학물질 취급설비 개념 확인	
	화공안전 비상조치 계획·대응	• 비상조치계획 및 평가	
	화공 안전운전·점검	• 공정안전 기술 • 공정안전보고서 작성심사·확인	• 안전 점검 계획 수립
건설공사 안전관리	건설공사 특성분석	• 건설공사 특수성 분석	• 안전관리 고려사항 확인
	건설공사 위험성	• 건설공사 유해·위험요인 파악	• 건설공사 위험성 추정·결정
	건설업 산업안전보건관리비 관리	• 건설업 산업안전보건관리비 규정	
	건설현장 안전시설 관리	• 안전시설 설치 및 관리 • 건설공구 및 장비 안전수칙	
	비계·거푸집 가시설 위험방지	• 건설 가시설물 설치 및 관리	
	공사 및 작업 종류별 안전	• 양중 및 해체 공사 • 운반 및 하역작업	• 콘크리트 및 PC 공사

국가기술자격시험 안내

1 자격검정절차안내

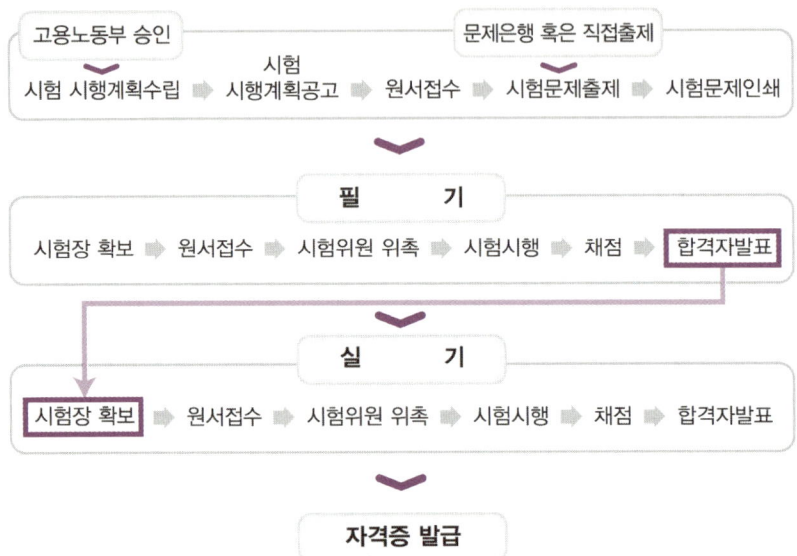

1	필기원서접수	Q-net을 통한 인터넷 원서접수
		필기접수 기간 내 수험원서 인터넷 제출
		사진(6개월 이내에 촬영한 3.5cm*4.5cm, 120*160픽셀 사진파일 JPG), 수수료 전자결제
		시험장소 본인 선택(선착순)
2	필기시험	수험표, 신분증, 필기구(흑색 싸인펜 등) 지참
3	합격자 발표	Q-net을 통한 합격확인(마이페이지 등)
		응시자격 제한종목(기술사, 기능장, 기사, 산업기사, 서비스 분야 일부종목)은 사전에 공지한 시행계획 내 응시자격 서류제출 기간 이내에 반드시 응시자격 서류를 제출하여야 함
4	실기원서접수	실기접수 기간 내 수험원서 인터넷(www.Q-net.or.kr) 제출
		사진(6개월 이내에 촬영한 3.5cm*4.5cm픽셀 사진파일 JPG), 수수료(정액)
		시험일시, 장소 본인 선택(선착순)
5	실기시험	수험표, 신분증, 필기구 지참
6	최종합격자발표	Q-net을 통한 합격확인(마이페이지 등)
7	자격증 발급	(인터넷)공인인증 등을 통한 발급, 택배가능 (방문수령)사진(6개월 이내에 촬영한 3.5cm*4.5cm 사진) 및 신분확인서류

2 응시자격 조건체계

기술사
- 기사 취득 후 + 실무능력 4년
- 산업기사 취득 후 + 실무능력 5년
- 4년제 대졸(관련학과)후 + 실무경력 6년
- 동일 및 유사직무분야의 다른 종목 기술사 등급 취득자

기사
- 산업기사 취득 후 + 실무능력 1년
- 기능사 취득 후 + 실무경력 3년
- 대졸(관련학과)
- 2년제 전문대졸(관련학과)후 + 실무경력 2년
- 3년제 전문대졸(관련학과) + 실무경력 1년
- 실무경력 4년 등
- 동일 및 유사직무분야의 다른 종목 기사 등급 이상 취득자

기능장
- 산업기사(기능사)취득 후 + 기능대
- 기능장 과정 이수
- 산업기사등급이상 취득 후 + 실무능력 5년
- 기능사 취득 후 + 실무능력 7년
- 실무능력 9년 등
- 동일 및 유사직무분야의 다른 종목 기능장 등급 취득자

산업기사
- 기능사 취득 후 + 실무능력 1년
- 대졸(관련학과)
- 전문대졸(관련학과)
- 실무능력 2년 등
- 동일 및 유사직무분야의 다른 종목 산업기사 등급 이상 취득자

기능사
- 자격제한 없음

3 검정기준 및 방법

(1) 검정기준

자격등급	검정기준
기술사	해당 국가기술자격의 종목에 관한 고도의 전문지식과 실무경험에 입각한 계획·연구·설계·분석·조사·시험·시공·감리·평가·진단·사업관리·기술관리 등의 업무를 수행할 수 있는 능력 보유
기능장	해당 국가기술자격의 종목에 관한 최상급 숙련기능을 가지고 산업현장에서 작업관리, 소속 기능인력의 지도 및 감독, 현장훈련, 경영자와 기능인력을 유기적으로 연계시켜 주는 현장관리 등의 업무를 수행할 수 있는 능력 보유
기사	해당 국가기술자격의 종목에 관한 공학적 기술이론 지식을 가지고 설계·시공·분석 등의 업무를 수행할 수 있는 능력 보유
산업기사	해당 국가기술자격의 관한 기술기초이론 지식 또는 숙련기능을 바탕으로 복합적인 기초기술 및 기능업무를 수행할 수 있는 능력 보유
기능사	해당 국가기술자격의 종목에 관한 숙련기능을 가지고 제작·제조·조작·운전·보수·정비·채취·검사 또는 작업관리 및 이에 관련되는 업무를 수행할 수 잇는 능력 보유

(2) 검정방법

자격등급	검정방법	
	필기시험	면접시험 또는 실기시험
기술사	단답형 또는 주관식 논문형 (100점 만점에 60점 이상)	구술형 면접시험 (100점 만점에 60점 이상)
기능장	객관식 4지 택일형(60문항) (100점 만점에 60점 이상)	작업형 실기시험 (100점 만점에 60점 이상)
기사	객관식 4지 택일형 • 과목당 20문항(100점 만점에 60점 이상) • 과목당 40점 이상(전과목 평균 60점 이상)	작업형 실기시험 (100점 만점에 60점 이상)
산업기사	객관식 4지 택일형 • 과목당 20문항(100점 만점에 60점 이상) • 과목당 40점 이상(전과목 평균 60점 이상)	작업형 실기시험 (100점 만점에 60점 이상)
기능사	객관식 4지 택일형(60문항) (100점 만점에 60점 이상)	작업형 실기시험 (100점 만점에 60점 이상)

4 국가자격종목별 상세정보

(1) 진로 및 전망

- 기계, 금속, 전기, 화학, 목재 등 모든 제조업체, 안전관리 대행업체, 산업안전관리 정부기관, 한국산업안전공단 등이 진출할 수 있다.
- 선진국의 척도는 안전수준으로 우리나라의 경우 재해율이 아직 후진국 수준에 머물러 있어 이에 대한 계속적 투자의 사회적 인식이 높아가고, 안전인증 대상을 확대하여 프레스, 용접기 등 기계·기구에서 이러한 기계·기구의 각종 방호장치까지 안전인증을 취득하도록 산업안전보건법 시행규칙의 개정에 따른 고용창출 효과가 기대되고 있다. 또한, 경제회복국면과 안전보건조직 축소가 맞물림에 따라 산업재해의 증가가 우려되고 있다. 특히 제조업의 경우 이미 올해 초부터 전년도의 재해율을 상회하고 있어 정부는 적극적인 재해 예방정책 등으로 이 자격증 취득자에 대한 인력 수요는 증가할 것이다.

(2) 종목별 검정현황

종목명	연도	필기			실기		
		응시	합격	합격률(%)	응시	합격	합격률(%)
산업안전기사	2023	80,253	41,014	51.1%	52,776	28,636	54.3%
	2022	54,500	26,032	47.8	32,473	15,681	48.3
	2021	41,704	20,205	48.4%	29,571	15,310	51.8%
	2020	33,732	19,655	58.3%	26,012	14,824	57%
	2019	33,287	15,076	45.3%	20,704	9,765	47.2%
	2018	27,018	11,641	43.1%	15,755	7,600	48.2%
	2017	25,088	11,138	44.4%	16,019	7,886	49.2%
	2016	23,322	9,780	41.9%	12,135	6,882	56.7%
	2015	20,981	7,508	35.8%	9,692	5,377	55.5%
	2014	15,885	5,502	34.6%	7,793	3,993	51.2%
	2013	13,023	3,838	29.5%	6,567	2,184	33.3%
	2012	12,551	3,083	24.6%	5,251	2,091	39.8%
	2011	12,015	3,656	30.4%	6,786	2,038	30%
	2010	14,390	5,099	35.4%	7,605	2,605	34.3%
	2009	15,355	4,747	30.9%	7,131	2,679	37.6%
	2008	11,192	3,670	32.8%	7,702	1,927	25%
	2007	9,973	4,378	43.9%	6,322	1,645	26%
	2006	8,911	3,271	36.7%	4,402	1,612	36.6%
	2005	6,162	1,881	30.5%	2,639	1,168	44.3%
	2004	4,821	1,095	22.7%	2,011	718	35.7%
	2003	3,682	1,046	28.4%	1,854	343	18.5%
	2002	3,064	588	19.2%	1,307	236	18.1%
	2001	3,186	333	10.5%	1,031	114	11.1%
	1977~2000	137,998	39,510	28.6%	56,770	16,096	28.4%
소 계		612,093	243,746	39.8%	340,308	151,410	44.5%

이 책의 차례 (CONTENTS)

1과목 산업재해 예방 및 산업안전보건교육

CHAPTER 01 산업재해예방 계획 수립
1. 안전관리 ·· 16
2. 안전보건관리 체제 및 운용 ······················ 19
3. 위험예지훈련 및 안전활동 기법 등 ·········· 21

CHAPTER 02 안전보호구 관리
1. 보호구 및 안전장구 관리 ·························· 23
2. 안전 · 보건표지 ·· 27

CHAPTER 03 산업안전심리
1. 산업심리와 심리검사 ································ 28
2. 직업적성과 배치 ······································· 28
3. 인간의 특성과 안전과의 관계 ··················· 29

CHAPTER 04 인간의 행동과학
1. 조직과 인간행동 ······································· 31
2. 재해 빈발성 및 행동과학 ·························· 32
3. 집단관리와 리더십 ···································· 34
4. 생체리듬과 피로 ······································· 36

CHAPTER 05 안전보건교육의 내용 및 방법
1. 교육의 필요성과 목적 ······························· 38
2. 교육심리학 ·· 38
3. 교육방법 ·· 40
4. 교육실시방법 ·· 41
5. 안전교육계획 수립 및 실시 ······················ 42
6. 교육내용 ·· 43

CHAPTER 06 산업안전 관계법규
1. 산업안전 관계법규 ···································· 46
- 1과목 예상문제 ·· 47

2과목 인간공학 및 위험성 평가 · 관리

CHAPTER 01 안전과 인간공학
1. 인간공학의 정의 ······································· 58
2. 인간 – 기계 체계 ······································ 59
3. 체계설계와 인간요소 ································ 60
4. 인간요소와 휴먼에러 ································ 61

CHAPTER 02 위험성 파악 · 결정 및 감소 대책 수립 · 실행
1. 위험성 평가 ·· 63
2. 시스템 위험성 추정 및 결정 ···················· 64
3. 위험분석 기법 ·· 65
4. 결함수 분석 ·· 68
5. 정성적, 정량적 분석 ································· 70
6. 신뢰도 계산 등 ··· 71
7. 안전성 평가의 개요 ·································· 73
8. 유해위험방지계획서(제조업) ···················· 74
9. 설비관리의 개요 ······································· 75
10. 설비의 운전 및 유지관리 ························ 75

CHAPTER 03 근골격계질환 예방관리
1. 근골격계 유해요인 ···································· 76
2. 인간공학적 유해요인 평가 ······················· 77
3. 근골격계 유해요인 관리 ·························· 77

CHAPTER 04 유해요인 관리
1. 유해요인 관리 ·· 78

CHAPTER 05 작업환경 관리

❶ 인체 계측 및 체계제어 ········· 80
❷ 신체활동의 생리학적 측정방법 ········· 82
❸ 작업공간 및 작업자세 ········· 83
❹ 작업측정 ········· 85
❺ 작업조건과 환경조건 ········· 86
❻ 작업환경과 인간공학 ········· 87
❼ 시각적 표시장치 ········· 88
❽ 청각적 표시장치 ········· 89
❾ 촉각 및 후각적 표시장치 ········· 90
❿ 인간의 특성과 안전 ········· 91

● 2과목 예상문제 ········· 92

3과목
기계 · 기구 및 설비 안전 관리

CHAPTER 01 기계공정의 안전

❶ 기계공정의 특수성 분석 ········· 104
❷ 안전시설 관리 계획하기 ········· 106
❸ 기계의 위험 안전조건 분석 ········· 107

CHAPTER 02 기계분야 산업재해 조사 및 관리

❶ 재해조사 ········· 111
❷ 산재분류 및 통계분석 ········· 112
❸ 안전점검 · 검사 · 인증 및 진단 ········· 117

CHAPTER 03 기계설비 위험요인 분석

❶ 공작기계의 안전 ········· 121
❷ 프레스 및 전단기의 안전 ········· 127
❸ 기타 산업용 기계 기구 ········· 129
❹ 운반기계 및 양중기 ········· 133

CHAPTER 04 설비진단 및 검사

❶ 비파괴검사의 종류 및 특징 ········· 137
❷ 소음 · 진동 방지 기술 ········· 138

● 3과목 예상문제 ········· 140

4과목
전기설비 안전관리

CHAPTER 01 전기안전관리 업무수행

❶ 전기안전관리 ········· 152

CHAPTER 02 감전재해 및 방지대책

❶ 감전재해 예방 및 조치 ········· 156
❷ 감전재해의 요인 ········· 157
❸ 절연용 안전장구 ········· 159

CHAPTER 03 정전기 장 · 재해 관리

❶ 정전기 위험요소 파악 ········· 161
❷ 정전기 위험요소 제거 ········· 164

CHAPTER 04 전기 방폭 관리

❶ 전기방폭설비 ········· 168
❷ 전기방폭 사고예방 및 대응 ········· 171

CHAPTER 05 전기설비 위험요인 관리

❶ 전기설비 위험요인 파악 ········· 173
❷ 전기설비 위험요인 점검 및 개선 ········· 174

● 4과목 예상문제 ········· 181

5과목
화학설비 안전관리

CHAPTER 01 화재 · 폭발 검토
- ❶ 화재 · 폭발 이론 및 발생 이해 ········· 192
- ❷ 소화원리 이해 ···································· 200
- ❸ 폭발방지대책 수립 ···························· 202

CHAPTER 02 화학물질 안전관리 실행
- ❶ 화학물질(위험물, 유해화학물질) 확인 ························ 205
- ❷ 화학물질(위험물, 유해화학물질) 유해 위험성 확인 ········ 208
- ❸ 화학물질 취급설비 개념 확인 ········· 212

CHAPTER 03 화공안전 비상조치 계획 · 대응
- ❶ 비상조치계획 및 평가 ······················ 216

CHAPTER 04 화공 안전운전 · 점검
- ❶ 공정안전 기술 ···································· 218
- ❷ 안전 점검 계획 수립 ························· 222
- ❸ 공정안전보고서 작성심사 · 확인 ····· 223
- ● 5과목 예상문제 ································· 224

6과목
건설공사 안전관리

CHAPTER 01 건설공사 특성분석
- ❶ 건설공사 특수성 분석 ······················ 236
- ❷ 안전관리 고려사항 확인 ··················· 237

CHAPTER 02 건설공사 위험성
- ❶ 건설공사 유해 · 위험요인 ················· 238
- ❷ 건설공사 위험성 평가 ······················· 238

CHAPTER 03 건설업 산업안전보건관리비
- ❶ 건설업 산업안전보건관리비 규정 ···· 240

CHAPTER 04 건설현장 안전시설 관리
- ❶ 안전시설 설치 및 관리 ····················· 242
- ❷ 건설공구 및 장비 안전수칙 ·············· 248

CHAPTER 05 비계 · 거푸집 가시설 위험방지
- ❶ 비계 ·· 253
- ❷ 작업통로 및 발판 ······························ 255
- ❸ 거푸집 및 동바리 ······························ 257
- ❹ 흙막이 ·· 258

CHAPTER 06 공사 및 작업종류별 안전
- ❶ 양중 및 해체공사 ······························ 262
- ❷ 콘크리트 및 철골공사 ······················· 266
- ❸ 운반작업 ·· 269
- ❹ 하역작업 ·· 270
- ● 6과목 예상문제 ································· 272

부록
과년도 기출문제

과년도 기출문제

2017년 1회	284
2017년 2회	302
2017년 3회	321
2018년 1회	340
2018년 2회	358
2018년 3회	376
2019년 1회	395
2019년 2회	413
2019년 3회	431
2020년 1·2회	449
2020년 3회	467
2020년 4회	485
2021년 1회	502
2021년 2회	520
2021년 3회	538
2022년 1회	557
2022년 2회	576
2022년 3회	595
2023년 1회	614
2023년 2회	633
2023년 3회	651
2024년 1회	670
2024년 2회	688
2024년 3회	707

산업안전기사 필기　ENGINEER INDUSTRIAL SAFETY

PART 01

산업재해 예방 및 산업안전보건교육

CHAPTER 01 산업재해예방 계획 수립
CHAPTER 02 안전보호구 관리
CHAPTER 03 산업안전심리
CHAPTER 04 인간의 행동과학
CHAPTER 05 안전보건교육의 내용 및 방법
CHAPTER 06 산업안전 관계법규
■ 예상문제

CHAPTER 01 산업재해예방 계획 수립

SECTION 01 안전관리

1 안전과 위험의 개념

1) 안전관리(안전경영, Safety Management)
기업의 지속가능한 경영과 생산성 향상을 위하여 재해로부터의 손실(Loss)을 최소화하기 위한 활동으로 사고(Accident)를 사전에 예방하기 위한 예방대책의 추진, 재해의 원인규명 및 재발방지 대책수립 등 인간의 생명과 재산을 보호하기 위한 계획적이고 체계적인 관리

2) 용어의 정의
(1) 사고(Accident)
불안전한 행동과 불안전한 상태가 원인이 되어 재산상의 손실을 가져오는 사건

(2) 산업재해
근로자가 업무에 관계되는 건설물·설비·원재료·가스·증기·분진 등에 의하거나 작업 또는 그 밖의 업무로 인하여 사망 또는 부상하거나 질병에 걸리는 것

(3) 중대재해
산업재해 중 사망 등 재해의 정도가 심한 것으로서 다음에 정하는 재해 중 하나 이상에 해당되는 재해
① 사망자가 1명 이상 발생한 재해
② 3개월 이상의 요양이 필요한 부상자가 동시에 2명 이상 발생한 재해
③ 부상자 또는 직업성 질병자가 동시에 10명 이상 발생한 재해

2 안전보건관리 제이론

1) 산업재해 발생모델
(1) 불안전한 행동 : 작업자의 부주의, 실수, 착오, 안전조치 미이행 등

(2) 불안전한 상태 : 기계·설비 결함, 방호장치 결함, 작업환경 결함 등

2) 재해발생의 메커니즘
(1) 하인리히(H. W. Heinrich)의 도미노 이론(사고발생의 연쇄성)

제1단계 : 사회적 환경 및 유전적 요소(기초원인)
제2단계 : 개인의 결함(간접원인)
제3단계 : 불안전한 행동 및 불안전한 상태(직접원인)
    ⇒ 제거(효과적임)
제4단계 : 사고
제5단계 : 재해

제3단계 요인인 불안전한 행동과 불안전한 상태의 중추적 요인을 제거하면 사고와 재해로 이어지지 않음

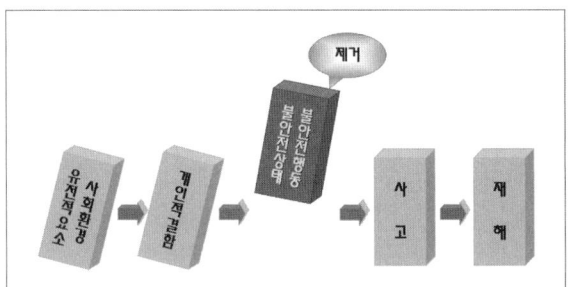

(2) 버드(Frank Bird)의 신도미노이론

제1단계 : 통제의 부족(관리소홀), 재해발생의 근원적 요인
제2단계 : 기본원인(기원), 개인적 또는 과업과 관련된 요인
제3단계 : 직접원인(징후), 불안전한 행동 및 불안전한 상태
제4단계 : 사고(접촉)
제5단계 : 상해(손해)

3) 재해구성비율

(1) 하인리히의 법칙

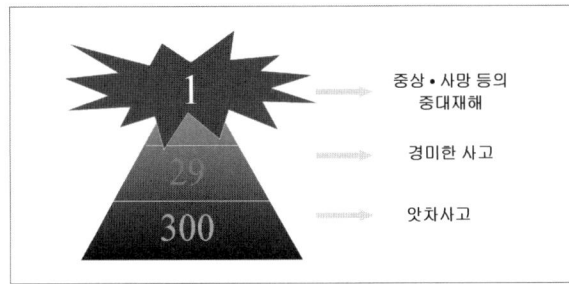

1 : 29 : 300
① 1 : 중상 또는 사망
② 29 : 경상
③ 300 : 무상해사고

(2) 버드의 법칙

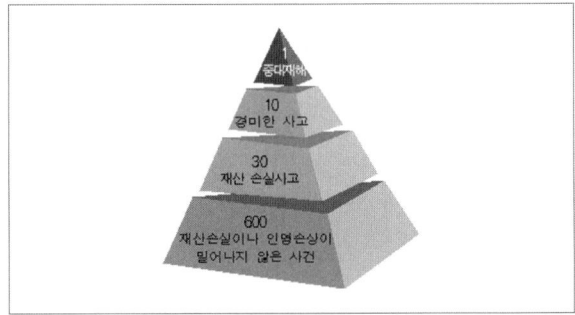

1 : 10 : 30 : 600
① 1 : 중상 또는 폐질
② 10 : 경상(인적, 물적 상해)
③ 30 : 무상해사고(물적 손실 발생)
④ 600 : 무상해, 무사고 고장(위험순간)

(3) 아담스의 이론

① 관리구조
② 작전적 에러
③ 전술적 에러(불안전행동, 불안전동작)
④ 사고
⑤ 상해, 손해

(4) 웨버의 이론

① 유전과 환경
② 인간의 실수
③ 불안전한 행동+불안전한 상태
④ 사고
⑤ 상해

4) 재해예방의 4원칙

하인리히는 재해를 예방하기 위한 "재해예방 4원칙"이란 예방이론을 제시. 사고는 손실우연의 법칙에 의하여 반복적으로 발생할 수 있으므로 사고발생 자체를 예방해야 한다고 주장
(1) 손실우연의 원칙 : 재해손실은 사고발생시 사고대상의 조건에 따라 달라지므로, 한 사고의 결과로서 생긴 재해손실은 우연성에 의해서 결정됨
(2) 원인계기의 원칙 : 재해발생은 반드시 원인이 있음
(3) 예방가능의 원칙 : 재해는 원칙적으로 원인만 제거하면 예방할 수 있음
(4) 대책선정의 원칙 : 재해예방을 위한 가능한 안전대책은 반드시 존재함

5) 사고예방대책의 기본원리 5단계(사고예방원리 : 하인리히)

(1) 1단계 : 조직(안전관리조직)

① 경영층의 안전목표 설정
② 안전관리 조직(안전관리자 선임 등)
③ 안전활동 및 계획수립

(2) 2단계 : 사실의 발견(현상파악)
① 사고 및 안전활동의 기록 검토
② 작업분석
③ 안전점검
④ 사고조사
⑤ 각종 안전회의 및 토의
⑥ 근로자의 건의 및 애로 조사

(3) 3단계 : 분석·평가(원인규명)
① 사고조사 결과의 분석
② 불안전상태, 불안전행동 분석
③ 작업공정, 작업형태 분석
④ 교육 및 훈련의 분석
⑤ 안전수칙 및 안전기준 분석

(4) 4단계 : 시정책의 선정
① 기술의 개선
② 인사조정
③ 교육 및 훈련 개선
④ 안전규정 및 수칙의 개선
⑤ 이행의 감독과 제재강화

(5) 5단계 : 시정책의 적용
① 목표 설정
② 3E(기술, 교육, 관리)의 적용

6) 재해원인과 대책을 위한 기법

(1) 4M 분석기법
① 인간(Man) : 잘못된 사용, 오조작, 착오, 실수, 불안심리
② 기계(Machine) : 설계·제작 착오, 재료 피로·열화, 고장, 배치·공사 착오
③ 작업매체(Media) : 작업정보 부족·부적절, 작업환경 불량
④ 관리(Management) : 안전조직 미비, 교육·훈련 부족, 계획 불량, 잘못된 지시

(2) 3E 기법(하비, Harvey)
① 관리적 측면(Enforcement) : 안전관리조직 정비 및 적정 인원 배치, 적합한 기준설정 및 각종 수칙의 준수 등
② 기술적 측면(Engineering) : 안전설계(안전기준)의 선정, 작업행정의 개선 및 환경설비의 개선
③ 교육적 측면(Education) : 안전지식 교육 및 안전교육 실시, 안전훈련 및 경험훈련 실시

3 생산성과 경제적 안전도

안전관리란 생산성의 향상과 손실(Loss)의 최소화를 위하여 행하는 것으로 비능률적 요소인 사고가 발생하지 않는 상태를 유지하기 위한 활동으로 생산성 측면에서는 다음과 같은 효과를 가져옴

(1) 근로자의 사기진작
(2) 생산성 향상
(3) 사회적 신뢰성 유지 및 확보
(4) 비용절감(손실감소)
(5) 이윤증대

4 KOSHA GUIDE

법령에서 정한 최소한의 수준이 아니라, 좀더 높은 수준의 안전보건 향상을 위해 참고할 광범위한 기술적 사항에 대해 기술하고 있으며 사업장의 자율적 안전보건 수준향상을 지원하기 위한 기술지침

기술지침에는 GUIDE 표시, 분야별 또는 업종별 분류기호, 공표순서, 제·개정 년도의 순으로 번호를 부여함
〈예시〉 KOSHA GUIDE   M-1-2009
－분류기호

1. 안전설계지침 : D	8. 작업환경 관리지침 : W
2. 공정안전지침 : P	9. 건강진단 및 관리지침 : H
3. 화재보호지침 : F	10. 건설안전지침 : C
4. 점검·정비·유지관리지침 : O	11. 안전·보건 일반지침 : G
5. 기계일반지침 : M	12. 조선·항만하역지침 : B
6. 전기·계장일반지침 : E	13. 화학공업지침 : K
7. 시료 채취 및 분석지침 : A	14. 리스크관리지침 : X

5 안전보건예산 편성 및 계상

1) 편성범위
① 재해 예방을 위해 필요한 안전·보건에 관한 인력, 시설 및 장비의 구비
② 사업 또는 사업장의 특성에 따른 유해·위험요인을 확인하여 개선하는 업무절차를 마련하고, 해당 업무절차에 따라 확인된 유해·위험요인의 개선 등

2) 기본원칙
예산의 편성 시에는 단순히 규모를 크게 편성하는 것보다는 유해·위험요인 분석 및 평가에 따른 합리적 실행가능한 수준만큼 개선하는 데 필요한 규모의 편성이 중요

SECTION 02 안전보건관리 체제 및 운용

1 안전보건관리조직

1) 안전보건조직의 목적
기업 내에서 안전관리조직을 구성하는 목적은 근로자의 안전과 설비의 안전을 확보하여 생산합리화를 기함에 있음

(1) 안전관리조직의 3대 기능
① 위험제거기능
② 생산관리기능
③ 손실방지기능

2) 라인(LINE)형 조직
소규모(100명 이하) 기업에 적합한 조직으로서 안전관리에 관한 계획에서부터 실시에 이르기까지 모든 안전업무를 생산라인을 통하여 수직적으로 이루어지도록 편성된 조직

(1) 장점
① 안전에 관한 지시 및 명령계통 철저
② 안전대책의 실시 신속
③ 명령과 보고가 상하관계 뿐으로 간단 명료

(2) 단점
① 안전에 대한 지식 및 기술축적이 어려움
② 안전에 대한 정보수집 및 신기술 개발 미흡
③ 라인에 과중한 책임 부여

3) 스태프(STAFF)형 조직
중소규모(100~1,000명 이하) 사업장에 적합한 조직으로서 안전업무를 관장하는 참모(STAFF)를 두고 안전관리에 관한 계획 조정·조사·검토·보고 등의 업무와 현장에 대한 기술지원을 담당하도록 편성된 조직

(1) 장점
① 사업장 특성에 맞는 전문적인 기술연구 가능
② 경영자에게 조언과 자문역할 가능
③ 안전정보 수집 신속

(2) 단점
① 안전지시나 명령이 작업자에게까지 신속 정확하게 전달되지 못함
② 생산부분은 안전에 대한 책임과 권한이 없음
③ 권한다툼이나 조정 때문에 시간과 노력이 소모

4) 라인·스태프(LINE-STAFF)형 조직(직계참모조직)
대규모(1,000명 이상) 사업장에 적합한 조직으로서 라인형과 스태프형의 장점만을 채택한 형태이며 안전업무를 전담하는 스태프를 두고 생산라인의 각 계층에서도 각 부서장으로 하여금 안전업무를 수행하도록 하여 스태프에서 안전에 관한사항이 결정되면 라인을 통하여 실천하도록 편성된 조직

(1) 장점
① 안전에 대한 기술 및 경험축적 용이
② 사업장에 맞는 독자적인 안전개선책을 강구 가능
③ 안전지시나 안전대책이 신속하고 정확하게 하달 가능

(2) 단점
명령계통과 조언의 권고적 참여가 혼동되기 쉬움

2 산업안전보건위원회(노사협의체) 등의 법적 체제 및 운용방법

1) 산업안전보건위원회 설치대상(규모)

(1) (2), (3), (4)의 업종을 제외한 상시 근로자 100명 이상인 사업장

(2) 상시근로자 50명 이상 규모의 업종

토사석 광업, 목재 및 나무제품 제조업(가구제외), 화학물질 및 화학제품 제조업(의약품 제외), 비금속 광물제품 제조업, 1차 금속 제조업, 금속가공제품 제조업(기계 및 가구 제외), 자동차 및 트레일러 제조업, 기타 기계 및 장비 제조업(사무용 기계 및 장비 제조업 제외), 기타 운송장비 제조업(전투용 차량 제조업 제외)

(3) 상시근로자 300명 이상 규모의 업종

농업, 어업, 소프트웨어 개발 및 공급업, 컴퓨터 프로그래밍, 시스템 통합 및 관리업, 정보서비스업, 금융 및 보험업, 임대업(부동산 제외), 전문·과학 및 기술 서비스업(연구개발업은 제외), 사업지원 서비스업, 사회복지 서비스업

(4) 공사금액 120억 원 이상의 건설업(토목공사업에 해당하는 공사의 경우에는 150억 원 이상)

2) 구성

(1) 근로자 위원

① 근로자대표
② 근로자대표가 지명하는 1명 이상의 명예산업안전감독관
③ 근로자대표가 지명하는 9명 이내의 해당 사업장의 근로자

(2) 사용자 위원

① 해당 사업의 대표자
② 안전관리자
③ 보건관리자
④ 산업보건의
⑤ 해당 사업의 대표자가 지명하는 9명 이내의 해당 사업장 부서의 장

3 안전보건경영시스템

안전보건경영시스템이란 사업주가 자율적으로 자사의 산업재해 예방을 위해 안전보건체제를 구축하고 정기적으로 유해·위험 정도를 평가하여 잠재 유해·위험 요인을 지속적으로 개선하는 등 산업재해예방을 위한 조치사항을 체계적으로 관리하는 제반활동

4 안전보건관리규정

※ 안전보건관리규정 작성대상 : 상시근로자 100명 이상을 사용하는 사업

1) 작성내용

(1) 안전·보건관리조직과 그 직무에 관한 사항
(2) 안전·보건교육에 관한 사항
(3) 작업장 안전관리에 관한 사항
(4) 작업장 보건관리에 관한 사항
(5) 사고조사 및 대책수립에 관한 사항
(6) 위협성 평가에 관한 사항 등

5 안전보건관리체제

1) 안전관리자의 직무

(1) 안전관리자의 업무 등

① 산업안전보건위원회 또는 안전 및 보건에 관한 노사협의체에서 심의·의결한 업무와 해당 사업장의 안전보건관리규정 및 취업규칙에서 정한 업무
② 위험성평가에 관한 보좌 및 지도·조언
③ 안전인증대상기계등과 자율안전확인대상기계등 구입 시 적격품의 선정에 관한 보좌 및 지도·조언
④ 해당 사업장 안전교육계획의 수립 및 안전교육 실시에 관한 보좌 및 지도·조언
⑤ 사업장 순회점검, 지도 및 조치 건의
⑥ 산업재해 발생의 원인 조사·분석 및 재발 방지를 위한 기술적 보좌 및 지도·조언
⑦ 산업재해에 관한 통계의 유지·관리·분석을 위한 보좌 및 지도·조언
⑧ 법 또는 법에 따른 명령으로 정한 안전에 관한 사항의 이행에 관한 보좌 및 지도·조언
⑨ 업무 수행 내용의 기록·유지 등

> □ 안전관리자 등의 증원 · 교체임명 명령
> 1. 해당 사업장의 연간재해율이 같은 업종의 평균재해율의 2배 이상인 경우
> 2. 중대재해가 연간 2건 이상 발생한 경우. 다만, 해당 사업장의 전년도 사망만인율이 같은 업종의 평균 사망만인율 이하인 경우는 제외한다.
> 3. 관리자가 질병이나 그 밖의 사유로 3개월 이상 직무를 수행할 수 없게 된 경우
> 4. 화학적 인자로 인한 직업성질병자가 연간 3명 이상 발생한 경우(해당 화학적 인자 사용의 경우만 해당)

(2) 안전보건관리책임자의 업무

① 사업장의 산업재해 예방계획의 수립에 관한 사항
② 안전보건관리규정의 작성 및 변경에 관한 사항
③ 안전보건교육에 관한 사항
④ 작업환경측정 등 작업환경의 점검 및 개선에 관한 사항
⑤ 근로자의 건강진단 등 건강관리에 관한 사항
⑥ 산업재해의 원인 조사 및 재발 방지대책 수립에 관한 사항
⑦ 산업재해에 관한 통계의 기록 및 유지에 관한 사항
⑧ 안전장치 및 보호구 구입 시 적격품 여부 확인에 관한 사항
⑨ 위험성평가의 실시에 관한 사항과 안전보건규칙에서 정하는 근로자의 위험 또는 건강장해의 방지에 관한 사항

(3) 관리감독자의 업무내용

① 사업장 내 관리감독자가 지휘 · 감독하는 작업과 관련된 기계 · 기구 또는 설비의 안전 · 보건 점검 및 이상 유무의 확인
② 관리감독자에게 소속된 근로자의 작업복 · 보호구 및 방호장치의 점검과 그 착용 · 사용에 관한 교육 · 지도
③ 해당 작업에서 발생한 산업재해에 관한 보고 및 이에 대한 응급조치
④ 해당 작업의 작업장 정리 · 정돈 및 통로확보에 대한 확인 · 감독
⑤ 산업보건의, 안전관리자, 보건관리자 및 안전보건관리담당자의 지도 · 조언에 대한 협조
⑥ 위험성평가를 위한 업무에 기인하는 유해 · 위험요인의 파악 및 그 결과에 따른 개선조치의 시행
⑦ 그 밖에 해당 작업의 안전 · 보건에 관한 사항으로서 고용노동부령으로 정하는 사항

(4) 산업보건의의 직무

① 건강진단 실시결과의 검토 및 그 결과에 따른 작업배치, 작업전환 또는 근로시간의 단축 등 근로자의 건강보호 조치
② 근로자의 건강장해의 원인조사와 재발방지를 위한 의학적 조치
③ 그밖에 근로자의 건강 유지 및 증진을 위하여 필요한 의학적 조치에 관하여 고용노동부장관이 정하는 사항

SECTION 03
위험예지훈련 및 안전활동 기법 등

1 위험예지훈련 및 진행방법

1) 위험예지훈련의 종류

(1) 감수성 훈련
(2) 단시간 미팅훈련
(3) 문제해결 훈련

2) 위험예지훈련의 추진을 위한 문제해결 4단계(4라운드)

(1) 1라운드 : 현상파악(사실의 파악) – 어떤 위험이 잠재하고 있는가?
(2) 2라운드 : 본질추구(원인조사) – 이것이 위험의 포인트다.
(3) 3라운드 : 대책수립(대책을 세운다) – 당신이라면 어떻게 하겠는가?
(4) 4라운드 : 목표설정(행동계획 작성) – 우리는 이렇게 하자!

2 무재해의 정의(산업재해)

무재해란 근로자가 상해를 입지 않을 뿐만 아니라 상해를 입을 수 있는 위험요소가 없는 상태

3 무재해 운동 이론

1) 무재해 운동의 3원칙
(1) 무의 원칙 : 모든 잠재위험요인을 사전에 발견·파악·해결함으로써 근원적으로 산업재해 제거
(2) 참여의 원칙(참가의 원칙) : 작업에 따르는 잠재적인 위험요인을 발견·해결하기 위하여 전원이 협력하여 문제해결 운동 실천
(3) 안전제일의 원칙(선취의 원칙) : 직장의 위험요인을 행동하기 전에 발견·파악·해결하여 재해 예방

2) 무재해 운동의 3기둥(3요소)
(1) 직장의 자율활동의 활성화
(2) 라인(관리감독자)화의 철저
(3) 최고경영자의 안전경영철학(인간존중의 결의)

4 무재해 소집단 활동

1) 지적확인
작업의 정확성이나 안전을 확인하기 위해 눈, 손, 입 그리고 귀를 이용하여 작업 시작 전에 뇌를 자극시켜 안전을 확보하기 위한 기법으로 작업을 안전하게 오조작 없이 작업공정의 요소요소에서 자신의 행동을 「…, 좋아!」하고 대상을 지적하여 큰소리로 확인

2) 터치앤콜(Touch and Call)
피부를 맞대고 같이 소리치는 것으로 전원이 스킨십(Skinship)을 느끼도록 하는 것으로 팀의 일체감, 연대감을 조성할 수 있고 동시에 대뇌 구피질에 좋은 이미지를 불어넣어 안전행동을 하도록 함

3) 원포인트 위험예지훈련
위험예지훈련 4라운드 중 2R, 3R, 4R를 모두 원포인트로 요약하여 실시하는 기법으로 2~3분이면 실시가 가능한 현장 활동용 기법

4) 브레인스토밍(Brain Storming)
소집단 활동의 하나로서 수명의 멤버가 마음을 터놓고 편안한 분위기 속에서 공상, 연상의 연쇄반응을 일으키면서 자유분방하게 아이디어를 대량으로 발언하여 나가는 발상법(오스본에 의해 창안)
① 비판금지 : "좋다, 나쁘다" 등의 비평을 하지 않음
② 자유분방 : 자유로운 분위기에서 발표
③ 대량발언 : 무엇이든지 좋으니 많이 발언
④ 수정발언 : 자유자재로 변하는 아이디어를 개발(타인 의견의 수정발언).

5) TBM(Tool Box Meeting) 위험예지훈련
작업 개시 전, 종료 후 같은 작업원 5~6명이 리더를 중심으로 둘러앉아(또는 서서) 3~5분에 걸쳐 작업 중 발생할 수 있는 위험을 예측하고 사전에 점검하여 대책을 수립하는 등 단시간 내에 의논하는 문제해결 기법

6) 롤플레잉(Role Playing)
작업 전 5분간 미팅의 시나리오를 작성하여 그 시나리오를 보고 멤버들이 연기함으로써 체험학습을 시키는 기법

CHAPTER 02 안전보호구 관리

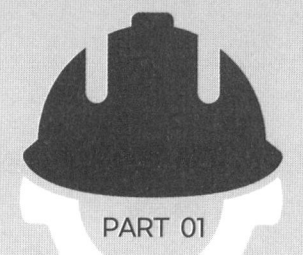

SECTION 01 보호구 및 안전장구 관리

1 보호구의 개요 및 구비조건

1) 보호구 개요
(1) 보호구는 산업재해 예방을 위해 작업자 개인이 착용하고 작업하는 것
(2) 유해·위험상황에 따라 발생할 수 있는 재해를 예방하거나 그 유해·위험의 영향이나 재해의 정도를 감소시키기 위한 것
(3) 보호구에 완전히 의존하여 기계·기구 설비의 보완이나 작업환경 개선을 소홀히 해서는 안 됨
(4) 보호구는 어디까지나 보조수단으로 사용함을 원칙으로 해야 함

2) 보호구가 갖추어야 할 구비요건
(1) 착용이 간편할 것
(2) 작업에 방해를 주지 않을 것
(3) 유해·위험요소에 대한 방호가 확실할 것
(4) 재료의 품질이 우수할 것
(5) 외관상 보기가 좋을 것
(6) 구조 및 표면가공이 우수할 것

2 보호구의 종류

[안전인증, 자율안전확인신고 표시]

1) 안전인증 대상 보호구
(1) 추락 및 감전 위험방지용 안전모
(2) 안전화
(3) 안전장갑
(4) 방진마스크
(5) 방독마스크
(6) 송기마스크
(7) 전동식 호흡보호구
(8) 보호복
(9) 안전대 등

2) 자율 안전확인 대상 보호구
(1) 안전모(추락 및 감전 위험방지용 안전모 제외)
(2) 보안경(차광 및 비산물 위험방지용 보안경 제외)
(3) 보안면(용접용 보안면 제외)

3) 자율안전확인 제품표시의 붙임
자율안전확인 제품에는 산업안전보건법에 따른 표시 외에 다음 각 목의 사항을 표시
(1) 형식 또는 모델명
(2) 규격 또는 등급 등
(3) 제조자명
(4) 제조번호 및 제조연월
(5) 자율안전확인 번호

3 보호구의 성능기준 및 시험방법

1) 안전모

(1) 안전인증대상 안전모의 종류 및 사용 구분

종류(기호)	사용 구분	비고
AB	물체의 낙하 또는 비래 및 추락에 의한 위험을 방지 또는 경감시키기 위한 것	
AE	물체의 낙하 또는 비래에 의한 위험을 방지 또는 경감하고, 머리부위 감전에 의한 위험을 방지하기 위한 것	내전압성 (주1)
ABE	물체의 낙하 또는 비래에 의한 위험을 방지 또는 경감하고, 머리부위 감전에 의한 위험을 방지하기 위한 것	내전압성

(주1) 내전압성이란 7,000V 이하의 전압에 견디는 것을 말한다.

(2) 안전모의 구비조건

① 일반구조
- 안전모는 모체, 착장체(머리고정대, 머리받침고리, 머리받침끈) 및 턱끈을 가질 것
- 턱끈은 사용 중 탈락되지 않도록 확실히 고정되는 구조일 것
- 안전모의 수평간격은 5mm 이상일 것
- 턱끈의 폭은 10mm 이상일 것 등

(3) 안전인증 대상 안전모의 성능시험방법

항목	시험성능기준
내관통성	AE, ABE종 안전모는 관통거리가 9.5mm 이하이고, AB종 안전모는 관통거리가 11.1mm 이하이어야 한다.
충격흡수성	최고전달충격력이 4,450N을 초과해서는 안 되며, 모체와 착장체의 기능이 상실되지 않아야 한다.
내전압성	AE, ABE종 안전모는 교류 20kV에서 1분간 절연파괴 없이 견뎌야 하고, 이때 누설되는 충전전류는 10mA 이하이어야 한다.
내수성	AE, ABE종 안전모는 질량증가율이 1% 미만이어야 한다.
난연성	모체가 불꽃을 내며 5초 이상 연소되지 않아야 한다.
턱끈풀림	150N 이상 250N 이하에서 턱끈이 풀려야 한다.

2) 안전화

(1) 안전화의 종류

종류	성능구분
가죽제 안전화	물체의 낙하, 충격 또는 날카로운 물체에 의한 찔림 위험으로부터 발을 보호하기 위한 것 성능시험 : 내답발성, 내압박성, 내충격성, 박리저항, 내부식성, 내유성 시험 등
고무제 안전화	물체의 낙하, 충격 또는 날카로운 물체에 의한 찔림 위험으로부터 발을 보호하고 내수성을 겸한 것 성능시험 : 압박, 충격, 침수
정전기 안전화	물체의 낙하, 충격 또는 날카로운 물체에 의한 찔림 위험으로부터 발을 보호하고 정전기의 인체대전을 방지하기 위한 것

기타 발등안전화, 절연화, 절연장화, 화학물질용 안전화가 있음

3) 방진마스크

(1) 방진마스크의 등급 및 사용장소

등급	특급	1급	2급
사용장소	• 베릴륨 등과 같이 독성이 강한 물질들을 함유한 분진 등 발생장소 • 석면 취급장소	• 특급마스크 착용장소를 제외한 분진 등 발생장소 • 금속흄 등과 같이 열적으로 생기는 분진 등 발생장소 • 기계적으로 생기는 분진 등 발생장소(규소 등과 같이 2급 방진마스크를 착용하여도 무방한 경우는 제외한다)	특급 및 1급 마스크 착용장소를 제외한 분진 등 발생장소

배기밸브가 없는 안면부 여과식 마스크는 특급 및 1급 장소에 사용해서는 안 된다.

① 여과재 분진 등 포집효율

형태 및 등급		염화나트륨(NaCl) 및 파라핀 오일(Paraffin oil) 시험(%)
분리식 / 안면부 여과식	특 급	99.95 이상(분리식) / 99.0 이상(안면부 여과식)
	1 급	94.0 이상
	2 급	80.0 이상

(2) 전면형 방진마스크의 항목별 유효시야

형태		시야(%)	
		유효시야	겹침시야
전동식	1 안식	70 이상	80 이상
	2 안식	70 이상	20 이상

(3) 방진마스크의 재료 조건

① 여과재는 여과성능이 우수하고 인체에 장해를 주지 않을 것
② 방진마스크에 사용하는 금속부품은 내식성을 갖거나 부식 방지를 위한 조치가 되어 있을 것
③ 전면형의 경우 사용할 때 충격을 받을 수 있는 부품은 충격 시에 마찰 스파크를 발생되어 가연성의 가스혼합물을 점화시킬 수 있는 알루미늄, 마그네슘, 티타늄 또는 이외 합금을 사용하지 않을 것(반면형의 경우 알루미늄 등의 합금 사용을 최소화 할 것) 등

(4) 방진마스크 선정기준(구비조건)

① 분진포집효율(여과효율)이 좋을 것
② 흡기, 배기저항이 낮을 것
③ 사용 후 손질이 간단할 것
④ 중량이 가벼울 것
⑤ 시야가 넓을 것
⑥ 안면밀착성이 좋을 것

4) 방독마스크

(1) 방독마스크의 종류별 시험가스

종류	시험가스
유기화합물용	시클로헥산(C_6H_{12}), 디메틸에테르 (CH_3OCH_3), 이소부탄(C_4H_{10})
할로겐용	염소가스 또는 증기(Cl_2)
황화수소용	황화수소가스(H_2S)
시안화수소용	시안화수소가스(HCN)
아황산용	아황산가스(SO_2)
암모니아용	암모니아가스(NH_3)

(2) 방독마스크의 등급

등급	사용 장소
고농도	가스 또는 증기의 농도가 100분의 2(암모니아에 있어서는 100분의 3) 이하의 대기 중에서 사용하는 것
중농도	가스 또는 증기의 농도가 100분의 1(암모니아에 있어서는 100분의 1.5) 이하의 대기 중에서 사용하는 것
저농도 및 최저농도	가스 또는 증기의 농도가 100분의 0.1 이하의 대기 중에서 사용하는 것으로서 긴급용이 아닌 것

비고 : 방독마스크는 산소농도가 18% 이상인 장소에서 사용하여야 하고, 고농도와 중농도에서 사용하는 방독마스크는 전면형(격리식, 직결식)을 사용해야 한다.

(3) 방독마스크의 형태

① 격리식 전면형　　② 격리식 반면형
③ 직결식 전면형　　④ 직결식 반면형

(4) 방독마스크 표시사항

안전인증 방독마스크에는 다음 각목의 내용을 표시

① 파과곡선도
② 사용시간 기록카드
③ 사용상의 주의사항
④ 정화통의 외부측면의 표시색

종류	표시 색
유기화합물용 정화통	갈색
할로겐용 정화통	회색
황화수소용 정화통	
시안화수소용 정화통	
아황산용 정화통	노랑색
암모니아용(유기가스) 정화통	녹색
복합용 및 겸용의 정화통	• 복합용의 경우 : 해당가스 모두 표시(2층 분리) • 겸용의 경우 : 백색과 해당가스 모두 표시(2층 분리)

5) 송기마스크

(1) 송기마스크의 종류 : 호스 마스크, 에어라인마스크, 복합식 에어라인마스크

6) 전동식 호흡보호구

(1) 전동식 호흡보호구의 분류 : 전동식 방진마스크, 전동식 방독마스크, 전동식 후드 및 전동식 보안면
(2) 전동식 방진마스크 사용조건 : 산소농도 18% 이상인 장소에서 사용

7) 보호복

(1) 방열복의 종류 : 방열상의, 방열하의, 방열일체복, 방열장갑, 방열두건

8) 안전대

(1) 안전대의 종류

[안전인증 대상 안전대의 종류]

종류	사용구분
벨트식 안전그네식	1개 걸이용
	U자 걸이용
	추락방지대
	안전블록

(2) 안전대 부품의 재료

부품	재료
벨트, 안전그네, 지탱벨트	나일론, 폴리에스테르 및 비닐론 등의 합성섬유
죔줄, 보조죔줄, 수직구명줄 및 D링 등 부착부분의 봉합사	합성섬유(로프, 웨빙 등) 및 스틸(와이어로프 등)

9) 차광 및 비산물 위험방지용 보안경

(1) 차광보안경의 종류

자외선용, 적외선용, 복합용(자외선 및 적외선용 복합), 용접용(산소용접작업 등과 같이 자외선, 적외선 및 강렬한 가시광선용)

10) 용접용 보안면

(1) 용접용 보안면의 형태

형태	구조
헬멧형	안전모나 착용자의 머리에 지지대나 헤드밴드 등을 이용하여 적정위치에 고정, 사용하는 형태(자동용접필터형, 일반용접필터형)
핸드실드형	손에 들고 이용하는 보안면으로 적절한 필터를 장착하여 눈 및 안면을 보호하는 형태

11) 방음용 귀마개 또는 귀덮개

(1) 방음용 귀마개 또는 귀덮개의 종류·등급

종류	등급	기호	성능	비고
귀마개	1종	EP-1	저음부터 고음까지 차음하는 것	귀마개의 경우 재사용 여부를 제조특성으로 표기
	2종	EP-2	주로 고음을 차음하고 저음(회화음영역)은 차음하지 않는 것	
귀덮개	–	EM		

4 안전보건표지의 종류·용도 및 적용

1) 안전보건표지의 종류와 형태

(1) 종류 및 색채

① 금지표지 : 위험한 행동을 금지하는 데 사용되며 8개 종류가 있음(바탕은 흰색, 기본모형은 빨간색, 관련 부호 및 그림은 검은색)
② 경고표지 : 직접 위험한 것 및 장소 또는 상태에 대한 경고로서 사용되며 15개 종류가 있음(바탕은 노란색, 기본모형, 관련 부호 및 그림은 검은색)
  ※ 다만, 인화성 물질 경고·산화성 물질 경고, 폭발성물질 경고, 급성독성 물질 경고 부식성 물질 경고 및 발암성·변이원성·생식독성·전신독성·호흡기과민성 물질 경고의 경우 바탕은 무색, 기본모형은 빨간색(검은색도 가능)
③ 지시표지 : 작업에 관한 지시 즉, 안전·보건 보호구의 착용에 사용되며 9개 종류가 있음(바탕은 파란색, 관련 그림은 흰색)
④ 안내표지 : 구명, 구호, 피난의 방향 등을 분명히 하는 데 사용되며 8개 종류가 있음. 바탕은 흰색, 기본모형 및 관련 부호는 녹색, 바탕은 녹색, 관련 부호 및 그림은 흰색)

(2) 종류와 형태

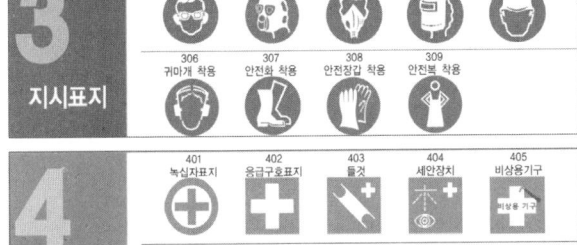

2) 안전·보건표지의 설치

(1) 근로자가 쉽게 알아볼 수 있는 장소·시설 또는 물체에 설치
(2) 흔들리거나 쉽게 파손되지 아니하도록 견고하게 설치하거나 부착
(3) 설치하거나 부착하는 것이 곤란한 경우에는 해당 물체에 직접 도장

3) 제작 및 재료

(1) 표시내용을 근로자가 빠르고 쉽게 알아볼 수 있는 크기로 제작
(2) 표지 속의 그림 또는 부호의 크기는 안전·보건표지의 크기와 비례하여야 하며, 안전·보건표지 전체 규격의 30퍼센트 이상이 되어야 함

(3) 야간에 필요한 안전·보건 표지는 야광물질을 사용하는 등 쉽게 식별 가능하도록 제작
(4) 표지의 재료는 쉽게 파손되거나 변질되지 아니하는 것으로 제작

SECTION 02
안전·보건표지

1 안전·보건표지의 색채 및 색도기준

1) 안전·보건표지의 색채, 색도기준 및 용도

색채	색도기준	용도	사용 예
빨간색	7.5R 4/14	금지	정지신호, 소화설비 및 그 장소, 유해행위의 금지
		경고	화학물질 취급장소에서의 유해·위험 경고
노란색	5Y 8.5/12	경고	화학물질 취급장소에서의 유해·위험 경고 이외의 위험 경고, 주의표지 또는 기계방호물
파란색	2.5PB 4/10	지시	특정 행위의 지시 및 사실의 고지
녹색	2.5G 4/10	안내	비상구 및 피난소, 사람 또는 차량의 통행표지
흰색	N9.5		파란색 또는 녹색에 대한 보조색
검은색	N0.5		문자 및 빨간색 또는 노란색에 대한 보조색

CHAPTER 03 산업안전심리

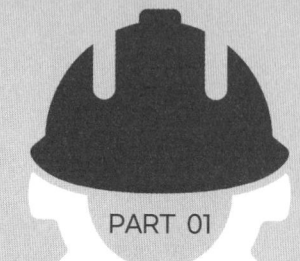

SECTION 01 산업심리와 심리검사

1 심리검사의 종류

1) 산업심리 정의
산업활동에 종사하는 인간의 문제 특히, 산업현장 근로자들의 심리적 특성 그리고 이와 연관된 조직의 특성 등을 연구, 고찰, 해결하려는 응용심리학의 한 분야. 산업 및 조직심리학(Industrial and Organizational Psychology)이라고 불림

2) 심리검사의 종류
(1) 계산에 의한 검사 : 계산검사, 기록검사, 수학응용검사
(2) 시각적 판단검사 : 형태비교검사, 입체도 판단검사, 언어식별검사 등
(3) 운동능력검사(Motor Ability Test) : 추적, 두드리기, 점찍기, 복사, 위치, 블록 등
(4) 정밀도검사(정확성 및 기민성) : 교환검사, 회전검사, 조립검사, 분해검사
(5) 안전검사 : 건강진단, 실시시험, 학과시험, 감각기능검사, 전직조사 및 면접
(6) 창조성검사(상상력을 발동시켜 창조성 개발능력을 점검하는 검사)

2 심리검사의 특성(=좋은 심리검사의 요건, 표준화 검사의 요건)

(1) 표준화 : 절차의 일관성과 동일성에 대한 표준화 마련
(2) 타당도 : 사람 간 척도를 상호 연관시키는 예언적 타당성 필요
(3) 신뢰도 : 응답의 일관성
(4) 객관도 : 채점의 객관성
(5) 실용도 : 실시가 쉬운 검사

4 스트레스(Stress)

1) 스트레스의 정의
스트레스란, 적응하기 어려운 환경에 처할 때 느끼는 심리적·신체적 긴장 상태로 직무몰입과 생산성 감소의 직접적인 원인이 된다. 직무특성 스트레스 요인은 작업속도, 근무시간, 업무의 반복성이 있음

2) 스트레스의 자극요인
(1) 자존심의 손상(내적요인)
(2) 업무상의 죄책감(내적요인)
(3) 현실에서의 부적응(내적요인)
(4) 직장에서의 대인 관계상의 갈등과 대립(외적요인)

SECTION 02 직업적성과 배치

1 직업적성의 분류
(1) 기계적 적성(기계작업에 성공하기 쉬운 특성) : 손과 팔의 솜씨, 공간 시각화, 기계적 이해
(2) 사무적 적성 : 지능, 지각속도, 정확성

2 적성검사의 종류

시각적 판단검사, 정확도 및 기민성 검사(정밀성 검사), 계산검사, 속도 검사

3 직무분석방법

(1) 면접법 (2) 설문지법
(3) 직접관찰법 (4) 일지작성법
(5) 결정사건기법

4 적성배치의 효과

(1) 근로의욕 고취 (2) 재해의 예방
(3) 근로자 자신의 자아실현 (4) 생산성 및 능률 향상
(5) 적성배치에 있어서 고려되어야 할 기본사항
① 적성검사를 실시하여 개인의 능력 파악
② 직무평가를 통하여 자격수준을 정함
③ 객관적인 감정 요소에 따름
④ 인사관리의 기준원칙 고수

5 인사관리의 중요한 기능

(1) 조직과 리더십(Leadership)
(2) 선발(적성검사 및 시험)
(3) 배치
(4) 작업분석과 업무평가
(5) 상담 및 노사 간의 이해

SECTION 03
인간의 특성과 안전과의 관계

1 안전사고 요인

1) 정신적 요소
(1) 안전의식의 부족 (2) 주의력의 부족
(3) 방심, 공상 (4) 판단력 부족

2) 생리적 요소
(1) 극도의 피로 (2) 시력 및 청각기능의 이상
(3) 근육운동의 부적합 (4) 생리 및 신경계통의 이상

3) 불안전행동

(1) 직접적인 원인

지식의 부족, 기능 미숙, 태도불량, 인간에러 등

(2) 간접적인 원인

① 망각 : 학습된 행동이 지속되지 않고 소멸되는 것, 기억된 내용의 망각은 시간의 경과에 비례하여 급격히 진행
② 의식의 우회 : 공상, 회상 등
③ 생략행위 : 정해진 순서를 빠뜨리는 것
④ 억측판단 : 자기 멋대로 하는 주관적인 판단
⑤ 4M 요인 : 인간관계(Man), 설비(Machine), 작업환경(Media), 관리(Management)

2 산업안전심리의 5대 요소

(1) 동기(Motive) : 능동력은 감각에 의한 자극에서 일어나는 사고의 결과로서 사람의 마음을 움직이는 원동력
(2) 기질(Temper) : 인간의 성격, 능력 등 개인적인 특성을 말하는 것으로 생활환경에 영향을 받음
(3) 감정(Emotion) : 희로애락의 의식
(4) 습성(Habits) : 동기, 기질, 감정 등이 밀접한 관계를 형성하여 인간의 행동에 영향을 미칠 수 있도록 하는 것
(5) 습관(Custom) : 자신도 모르게 습관화된 현상. 습관에 영향을 미치는 요소는 동기, 기질, 감정, 습성

3 착오의 종류 및 원인

1) 착오의 종류
(1) 위치착오 (2) 순서착오
(3) 패턴의 착오 (4) 기억의 착오
(5) 형(모양)의 착오

2) 착오의 원인

(1) 인지과정 착오의 요인
① 심리적 능력한계 ② 감각차단현상
③ 정보량의 한계   ④ 정서불안정

(2) 판단과정 착오의 요인
① 합리화   ② 작업조건불량
③ 정보부족   ④ 능력부족
⑤ 과신(자신 과잉)

4 착시

물체의 물리적인 구조가 인간의 감각기관인 시각을 통해 인지한 구조와 일치되지 않게 보이는 현상

학설	그림	현상
Zoller의 착시		세로의 선이 굽어보인다.
Orbigon의 착시		안쪽 원이 찌그러져 보인다.
Sander의 착시		두 점선의 길이가 다르게 보인다.
Ponzo의 착시		두 수평선부의 길이가 다르게 보인다.
Müler-Lyer의 착시		a가 b보다 길게 보인다. 실제는 a=b이다.

학설	그림	현상
Helmholz의 착시		a는 세로로 길어 보이고, b는 가로로 길어 보인다.
Hering의 착시		a는 양단이 벌어져 보이고, b는 중앙이 벌어져 보인다.
Köhler의 착시 (윤곽착오)		우선 평형의 호를 본 후 즉시 직선을 본 경우에 직선은 호의 반대방향으로 굽어 보인다.
Poggendorf의 착시		a와 c가 일직선으로 보인다. 실제는 a와 b가 일직선이다.

5 착각현상

착각은 물리현상을 왜곡하는 지각현상

(1) 자동운동 : 암실 내에서 정지된 작은 광점을 응시하면 움직이는 것처럼 보이는 현상

[자동운동이 생기기 쉬운 조건]
 ① 광점이 작을 것
 ② 시야의 다른 부분이 어두울 것
 ③ 광의 강도가 작을 것
 ④ 대상이 단순할 것

(2) 유도운동 : 실제로는 정지한 물체가 어느 기준물체의 이동에 따라 움직이는 것처럼 보이는 현상

(3) 가현운동 : 영화처럼 물체가 빨리 나타나거나 사라짐으로 인해 운동하는 것처럼 보이는 현상

CHAPTER 04 인간의 행동과학

SECTION 01
조직과 인간행동

1 인간관계

인간관계 관리방식 : 종업원의 경영참여기회 제공 및 자율적인 협력체계 형성, 종업원의 윤리경영의식 함양 및 동기부여

2 사회행동의 기초

1) 적응
개인의 심리적 요인과 환경적 요인이 작용하여 조화를 이룬 상태(신체적 · 사회적 환경과 조화로운 관계를 수립)

2) 부적응
대인관계나 사회생활에 조화를 잘 이루지 못하는 행동이나 상태(긴장, 스트레스, 압박, 갈등 등 발생)

3) 인간의 의식 Level의 단계별 신뢰성

단계	의식의 상태	신뢰성	의식의 작용
Phase 0	무의식, 실신	0	없음
Phase I	의식의 둔화	0.9 이하	부주의
Phase II	이완상태	0.99~0.99999	마음이 안쪽으로 향함(Passive)
Phase III	명료한 상태	0.99999 이상	전향적(Active)
Phase IV	과긴장 상태	0.9 이하	한점에 집중, 판단 정지

3 인간관계 메커니즘

(1) 동일화(Identification) : 다른 사람의 행동양식이나 태도를 투입시키거나 다른 사람 가운데서 자기와 비슷한 점을 발견하는 것
(2) 투사(Projection) : 자기 속의 억압된 것을 다른 사람의 것으로 생각하는 것
(3) 커뮤니케이션(Communication) : 갖가지 행동양식이나 기호를 매개로 하여 어떤 사람으로부터 다른 사람에게 전달하는 과정
(4) 모방(Imitation) : 남의 행동이나 판단을 표본으로 하여 그것과 같거나 또는 그것에 가까운 행동 또는 판단을 취하려는 것
(5) 암시(Suggestion) : 다른 사람으로부터의 판단이나 행동을 무비판적으로 논리적, 사실적 근거 없이 받아들이는 것

4 집단행동

1) 통제가 있는 집단행동(규칙이나 규율이 존재한다)

(1) 관습 : 풍습(Folkways), 예의(Ritual), 금기(Taboo) 등으로 나누어짐
(2) 제도적 행동(Institutional Behavior) : 합리적으로 성원의 행동을 통제하고 표준화함으로써 집단의 안정을 유지시킴
(3) 유행(Fashion) : 공통적인 행동양식이나 태도 등을 말함

2) 통제가 없는 집단행동(성원의 감정, 정서에 의해 좌우되고 연속성이 희박하다)

(1) 군중(Crowd) : 구성원 각자는 책임감을 가지지 않으며 비판력도 가지지 않음
(2) 모브(Mob) : 폭동과 같은 것을 말하며 군중보다 합의성이 없고 감정에 의해 행동하는 것

(3) 패닉(Panic) : 모브가 공격적인 데 반해 패닉은 방어적인 특징이 있음
(4) 심리적 전염(Mental Epidemic)

5 인간의 일반적인 행동특성

1) 레빈(Lewin · K)의 법칙
레빈은 인간의 행동(B)은 그 사람이 가진 자질. 즉, 개체(P)와 심리적 환경(E)과의 상호함수관계에 있다고 함

$$B = f(P \cdot E)$$

여기서, B : Behavior(인간의 행동),
f : Function(함수관계),
P : Person(개체 : 연령, 경험, 심신상태, 성격, 지능 등),
E : Environment(심리적 환경 : 인간관계, 작업환경 등)

2) 인간의 심리
(1) 간결성의 원리 : 최소에너지로 빨리 가려고 함(생략행위)
(2) 주의의 일점집중현상 : 어떤 돌발사태에 직면했을 때 멍한 상태
(3) 억측판단(Risk Taking) : 위험을 부담하고 행동으로 옮김

3) 억측판단이 발생하는 배경
(1) 희망적인 관측 : '그때도 그랬으니까 괜찮겠지' 하는 관측
(2) 정보나 지식의 불확실 : 위험에 대한 정보의 불확실 및 지식의 부족
(3) 과거의 선입관 : 과거에 그 행위로 성공한 경험의 선입관
(4) 초조한 심정 : 일을 빨리 끝내고 싶은 초조한 심정

4) 작업자가 작업 중 실수나 과오로 사고를 유발시키는 원인
능력부족, 주의부족, 환경조건 부적합

SECTION 02
재해 빈발성 및 행동과학

1 사고 경향설(Greenwood)
사고의 대부분은 소수에 의해 발생되고 있으며 사고를 낸 사람이 또다시 사고를 발생시키는 경향이 있음(사고경향성이 있는 사람 → 소심한 사람)

2 성격의 유형(재해누발자 유형)
(1) 미숙성 누발자 : 환경에 익숙하지 못하거나 기능 미숙으로 인한 재해 누발자
(2) 상황성 누발자 : 작업이 어렵거나, 기계설비의 결함, 환경상 주의력의 집중이 혼란된 경우, 심신의 근심으로 사고 경향자가 되는 경우(상황이 변하면 안전한 성향으로 바뀜)
(3) 습관성 누발자 : 재해의 경험으로 신경과민이 되거나 슬럼프에 빠지기 때문에 사고경향자가 되는 경우
(4) 소질성 누발자 : 지능, 성격, 감각운동 등에 의한 소질적 요소에 의해서 결정되는 특수성격 소유자

3 재해빈발설
(1) 기회설 : 개인의 문제가 아니라 작업 자체에 문제가 있어 재해가 빈발
(2) 암시설 : 재해를 한번 경험한 사람은 심리적 압박을 받게 되어 대처능력이 떨어져 재해가 빈발
(3) 빈발경향자설 : 재해를 자주 일으키는 소질을 가진 근로자가 있다는 설

4 동기부여(Motivation)
동기부여란 동기를 불러일으키게 하고 일어난 행동을 유지시켜 일정한 목표로 이끌어 가는 과정

1) 매슬로(Maslow)의 욕구단계이론
(1) 생리적 욕구(제1단계) : 기아, 갈증, 호흡, 배설, 성욕 등
(2) 안전의 욕구(제2단계) : 안전을 기하려는 욕구

(3) 사회적 욕구(제3단계) : 소속 및 애정에 대한 욕구(친화 욕구)
(4) 자기존경의 욕구(제4단계) : 자기존경의 욕구로 자존심, 명예, 성취, 지위에 대한 욕구(승인의 욕구)
(5) 자아실현의 욕구(제5단계) : 잠재적인 능력을 실현하고자 하는 욕구(성취욕구)

2) 알더퍼(Alderfer)의 ERG 이론

(1) E(Existence) : 존재의 욕구(생리적 욕구, 안전욕구, 물질적 욕구 등 포함)
(2) R(Relatedness) : 관계 욕구(매슬로 욕구단계 중 사회적 욕구에 해당)
(3) G(Growth) : 성장욕구(매슬로의 자존의 욕구와 자아실현의 욕구를 포함하는 것으로서, 개인의 잠재력 개발과 관련되는 욕구)

3) 맥그리거(Mcgregor)의 X이론과 Y이론

(1) X이론에 대한 가정
① 원래 종업원들은 일하기 싫어하며 가능하면 일하는 것을 피하려고 함
② 종업원들은 일하는 것을 싫어하므로 바람직한 목표를 달성하기 위해서는 그들을 통제하고 위협하여야 함
③ 종업원들은 책임을 회피하고 가능하면 공식적인 지시를 바람
④ 인간은 명령되는 쪽을 좋아하며 무엇보다 안전을 바라고 있다는 인간관
 ⇒ X이론에 대한 관리 처방
  ㉠ 경제적 보상체계의 강화
  ㉡ 권위주의적 리더십의 확립
  ㉢ 면밀한 감독과 엄격한 통제
  ㉣ 상부책임제도의 강화
  ㉤ 통제에 의한 관리

(2) Y이론에 대한 가정
① 종업원들은 일하는 것을 놀이나 휴식과 동일한 것으로 볼 수 있음
② 종업원들은 조직의 목표에 관여하는 경우에 자기지향과 자기통제를 행함
③ 보통 인간들은 책임을 수용하고 심지어는 구하는 것을 배울 수 있음
④ 작업에서 몸과 마음을 구사하는 것은 인간의 본성이라는 인간관
⑤ 인간은 조건에 따라 자발적으로 책임을 지려고 한다는 인간관
⑥ 매슬로의 욕구체계 중 자아실현의 욕구에 해당
 ⇒ Y이론에 대한 관리 처방
  ㉠ 민주적 리더십의 확립
  ㉡ 분권화와 권한의 위임
  ㉢ 직무확장
  ㉣ 자율적인 통제

4) 허즈버그(Herzberg)의 2요인 이론(위생요인, 동기요인)

(1) 위생요인(Hygiene)

작업조건, 급여, 직무환경, 감독 등 일의 조건, 보상에서 오는 욕구(충족되지 않을 경우 조직의 성과가 떨어지나, 충족되었다고 성과가 향상되지 않음)

(2) 동기요인(Motivation)

책임감, 성취 인정, 개인발전 등 일 자체에서 오는 심리적 욕구(충족될 경우 조직의 성과가 향상되며 충족되지 않아도 성과가 떨어지지 않음)

(3) Herzberg의 일을 통한 동기부여 원칙
① 직무에 따라 자유와 권한을 부여
② 개인적 책임이나 책무를 증가시킴
③ 더욱 새롭고 어려운 업무수행을 하도록 과업을 부여
④ 완전하고 자연스러운 작업단위를 제공
⑤ 특정의 직무에 전문가가 될 수 있도록 전문화된 임무를 배당

5) 데이비스(K. Davis)의 동기부여 이론

(1) 지식(Knowledge)×기능(Skill)=능력(Ability)
(2) 상황(Situation)×태도(Attitude)
  =동기유발(Motivation)
(3) 능력(Ability)×동기유발(Motivation)
  =인간의 성과(Human Performance)
(4) 인간의 성과×물질적 성과=경영의 성과

6) 작업동기와 직무수행과의 관계 및 수행과정에서 느끼는 직무 만족의 내용을 중심으로 하는 이론
(1) 콜만의 일관성 이론 : 자기존중을 높이는 사람은 더 높은 성과를 올리며 일관성을 유지하여 사회적으로 존경받는 직업을 선택
(2) 브롬의 기대이론 : 3가지의 요인 기대(Expectancy), 수단성(Instrumentality), 유인도(Valence)의 3가지 요소의 값이 각각 최대값이 되면 최대의 동기부여가 된다는 이론
(3) 록크의 목표설정 이론 : 인간은 이성적이며 의식적으로 행동한다는 가정에 근거한 동기이론

7) 안전에 대한 동기 유발방법
(1) 안전의 근본이념을 인식
(2) 상벌제도 합리적 시행
(3) 동기유발의 최적수준 유지
(4) 목표 설정
(5) 결과 공유·공지
(6) 경쟁과 협동 유발

5 주의와 부주의

1) 주의의 특성
(1) 선택성(소수의 특정한 것에만 반응)

인간의 정보처리능력은 한계가 있으므로 모든 정보가 단기기억으로 입력될 수는 없다. 따라서 입력정보들 중 필요한 것만을 골라내는 주의의 특성을 선택적 주의(Selective Attention)라 함

(2) 방향성(시선의 초점이 맞았을 때 쉽게 인지)

정보를 입수할 때에 중요한 정보의 발생방향을 선택하여 그곳으로부터 중점적인 정보를 입수하고 그 이외의 것을 무시하는 이러한 주의의 특성을 집중적 주의(Focused Attention)라고 하기도 함

(3) 변동성(계속된 주의 사이 자신도 모르게 다른 일을 생각 (의식의 우회))

인간은 한 점에 계속하여 주의를 집중할 수는 없다. 주의를 계속하는 사이에 언제인가 자신도 모르게 다른 일을 생각하며 변동됨

2) 부주의의 원인
(1) 의식의 우회 : 의식의 흐름이 옆으로 빗나가 발생하는 것 (걱정, 고민, 욕구불만 등에 의하여 정신을 빼앗기는 것)
(2) 의식수준의 저하 : 혼미한 정신상태에서 심신이 피로할 경우나 단조로운 반복작업 등의 경우에 일어나기 쉬움
(3) 의식의 단절 : 지속적인 의식의 흐름에 단절이 생기고 공백의 상태가 나타나는 것. 주로 질병의 경우에 나타남
(4) 의식의 과잉 : 지나친 의욕에 의해서 생기는 부주의 현상 (일점 집중현상)
(5) 부주의 발생원인 및 대책
① 내적 원인 및 대책 : ㉠ 소질적 조건(적성배치), ㉡ 경험 및 미경험(교육), ㉢ 의식의 우회(상담)
② 외적 원인 및 대책 : ㉠ 작업환경조건 불량(환경정비), ㉡ 작업순서의 부적당(작업순서정비)

SECTION 03
집단관리와 리더십

1 리더십의 유형

1) 리더십의 정의 : 어떤 특정한 목표달성을 지향하고 있는 상황에서 행사되는 대인 간의 영향력, 공통된 목표달성을 지향하도록 사람에게 영향을 미치는 것

2) 리더십의 유형
(1) 선출방식에 의한 분류
① 헤드십(Headship) : 집단 구성원이 아닌 외부에 의해 선출(임명)된 지도자로 권한을 행사
② 리더십(Leadership) : 집단 구성원에 의해 내부적으로 선출된 지도자로 권한을 대행

(2) 업무추진 방식에 의한 분류
① 독재형(권위형, 권력형, 맥그리거의 X이론 중심) : 지도자가 모든 권한행사를 독단적으로 처리(개인중심)
② 민주형(맥그리거의 Y이론 중심) : 집단의 토론, 회의 등을 통해 정책을 결정(집단중심), 리더와 부하직원 간의 협동과 의사소통

③ 자유방임형(개방적) : 리더는 명목상 리더의 자리만을 지킴(종업원 중심)

2 리더십의 기법

1) 리더십에 있어서의 권한
(1) 합법적 권한 : 군대, 교사, 정부기관 등 법적으로 부여된 권한
(2) 보상적 권한 : 부하에게 노력에 대한 보상을 할 수 있는 권한
(3) 강압적 권한 : 부하에게 명령할 수 있는 권한
(4) 전문성의 권한 : 지도자가 전문지식을 가지고 있는가와 관련된 권한
(5) 위임된 권한 : 부하직원이 지도자의 생각과 목표를 얼마나 잘 따르는지와 관련된 권한

2) 리더십의 변화 4단계
1단계 : 지식의 변용 ⇒ 2단계 : 태도의 변용 ⇒ 3단계 : 행동의 변용 ⇒ 4단계 : 집단 또는 조직에 대한 성과

3) 리더십의 특성
(1) 대인적 숙련   (2) 혁신적 능력
(3) 기술적 능력   (4) 협상적 능력
(5) 표현 능력   (6) 교육훈련 능력

4) 리더십의 기법
(1) 독재형(권위형) : 부하직원을 강압적으로 통제, 의사결정권은 경영자가 가지고 있음
(2) 민주형 : 발생 가능한 갈등은 의사소통을 통해 조정, 부하직원의 고충을 해결할 수 있도록 지원
(3) 자유방임형(개방적) : 의사결정의 책임을 부하직원에게 전가, 업무회피 현상

3 헤드십(Headship)

1) 외부로부터 임명된 헤드(head)가 조직 체계나 직위를 이용, 권한을 행사하는 것. 지도자와 집단 구성원 사이에 공통의 감정이 생기기 어려우며 항상 일정한 거리가 있음

2) 권한
(1) 부하직원의 활동을 감독
(2) 상사와 부하와의 관계가 종속적
(3) 부하와의 사회적 간격이 넓음
(4) 지휘형태가 권위적

4 사기(Morale)와 집단역학

1) 집단의 적응
(1) 집단의 기능 : 행동규범, 목표

(2) 슈퍼(Super)의 역할이론
① 역할 갈등(Role Conflict) : 작업 중에 상반된 역할이 기대되는 경우가 있으며, 그럴 때 갈등 발생
② 역할 기대(Role Expectation) : 자기의 역할을 기대하고 감수하는 수단
③ 역할 조성(Role Shaping) : 개인에게 여러 개의 역할 기대가 있을 경우 그중의 어떤 역할 기대는 불응, 거부할 수도 있으며 혹은 다른 역할을 해내기 위해 다른 일을 구할 때도 있다.
④ 역할 연기(Role Playing) : 자아탐색인 동시에 자아실현의 수단이다.

2) 모랄 서베이(Morale Survey, 근로의욕조사)
근로자의 감정과 기분을 과학적으로 고려하고 이에 따른 경영의 관리활동 개선

(1) 실시방법
① 통계에 의한 방법 : 사고 상해율, 생산성, 지각, 조퇴, 이직 등을 분석하여 파악하는 방법
② 사례연구(Case Study)법 : 관리상의 여러 가지 제도에 나타나는 사례에 대해 연구함으로써 현상을 파악하는 방법
③ 관찰법 : 종업원의 근무 실태를 계속 관찰함으로써 문제점을 찾아내는 방법
④ 실험연구법 : 실험그룹과 통제그룹으로 나누고 정황, 자극을 주어 태도 변화를 조사하는 방법
⑤ 태도조사 : 질문지법, 면접법, 집단토의법, 투사법 등에 의해 의견을 조사하는 방법

(2) 모랄 서베이의 효용

① 근로자의 심리 요구를 파악하여 불만을 해소하고 노동 의욕 고취
② 경영관리를 개선하는 데 필요한 자료를 얻음
③ 종업원의 정화작용 촉진
   ㉠ 소셜 스킬즈(Social Skills) : 모랄을 앙양시키는 능력
   ㉡ 테크니컬 스킬즈 : 사물을 인간에 유익하도록 처리하는 능력

3) 관리 그리드(Managerial Grid)

(1) 무관심형(1,1) : 생산과 인간에 대한 관심이 모두 낮은 무관심한 유형으로서, 리더 자신의 직분을 유지하는 데 필요한 최소의 노력만을 투입하는 리더 유형
(2) 인기형(1,9) : 인간에 대한 관심은 매우 높고 생산에 대한 관심은 매우 낮아서 부서원들과의 만족스런 관계와 친밀한 분위기를 조성하는 데 역점을 기울이는 리더 유형
(3) 과업형(9,1) : 생산에 대한 관심은 매우 높지만, 인간에 대한 관심은 매우 낮아서, 인간적인 요소보다도 과업수행에 대한 능력을 중요시하는 리더 유형
(4) 타협형(5,5) : 중간형으로 과업의 생산성과 인간적 요소를 절충하여 적당한 수준의 성과를 지향하는 리더 유형
(5) 이상형(9,9) : 팀형으로 인간에 대한 관심과 생산에 대한 관심이 모두 높으며, 구성원들에게 공동목표 및 상호의존관계를 강조하고, 상호신뢰적이고 상호존중관계 속에서 구성원들의 몰입을 통하여 과업을 달성하는 리더 유형

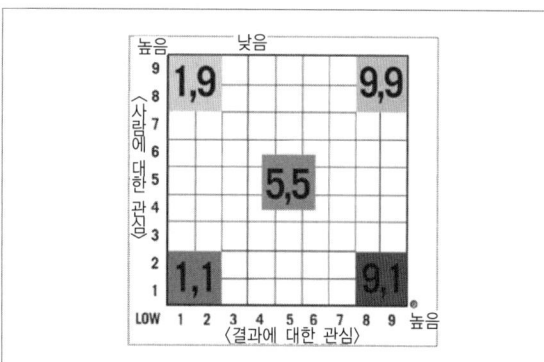

[관리 그리드]

SECTION 04
생체리듬과 피로

1 피로의 증상과 대책

1) 피로의 정의
신체적 또는 정신적으로 지치거나 약해진 상태로서 작업능률의 저하, 신체기능의 저하 등의 증상이 나타나는 상태

2) 피로의 종류
(1) 정신적(주관적) 피로 : 피로감을 느끼는 자각증세
(2) 육체적(객관적) 피로 : 작업피로가 질적, 양적 생산성의 저하로 나타남
(3) 생리적 피로 : 작업능력 또는 생리적 기능의 저하

3) 피로의 발생원인
(1) 피로의 요인 : 작업조건(강도, 속도, 시간 등), 환경조건(온도, 습도, 소음 등), 생활조건(수면, 식사, 취미생활 등), 사회적 조건, 신체적/정신적 조건 등

(2) 기계적 요인과 인간적 요인
① 기계적 요인 : 기계의 종류, 조작부분의 배치, 색채, 조작부분의 감촉 등
② 인간적 요인 : 신체상태, 정신상태, 작업내용, 작업시간, 사회환경, 작업환경 등

4) 피로의 예방과 회복대책
(1) 작업부하를 적게 할 것
(2) 정적동작을 피할 것
(3) 작업속도를 적절하게 할 것
(4) 근로시간과 휴식을 적절하게 할 것
(5) 목욕이나 가벼운 체조를 할 것
(6) 수면을 충분히 취할 것

2 피로의 측정방법

1) 신체활동의 생리학적 측정분류

(1) 근전도(EMG) : 근육활동의 전위차를 기록하여 측정
(2) 심전도(ECG) : 심장의 근육활동의 전위차를 기록하여 측정
(3) 산소소비량
(4) 정신적 작업부하에 관한 생리적 측정치
① 점멸융합주파수(플리커법) : 사이가 벌어져 회전하는 원판으로 들어오는 광원의 빛을 단속시켜 연속광으로 보이는지 단속광으로 보이는지 경계에서의 빛의 단속주기를 플리커치라 함. 정신적으로 피로한 경우에는 주파수 값이 내려가는 것으로 알려짐
② 기타 정신부하에 관한 생리적 측정치 : 눈꺼풀의 깜박임률(Blink rate), 동공지름(Pupil diameter), 뇌의 활동전위를 측정하는 뇌파도(EEG ; ElecroEncephaloGram)

2) 피로의 측정방법

(1) 생리학적 측정 : 근력 및 근활동(EMG), 대뇌활동(EEG), 호흡(산소소비량), 순환기(ECG)
(2) 생화학적 측정 : 혈액농도 측정, 혈액수분 측정, 요전해질, 요단백질 측정
(3) 심리학적 측정 : 피부저항, 동작분석, 연속반응시간, 집중력

3 작업강도와 피로

1) 작업강도(RMR ; Relative Metabolic Rate) : 에너지 대사율

$$R = \frac{\text{작업 시 소비에너지} - \text{안정 시 소비에너지}}{\text{기초대사 시 소비에너지}}$$

$$= \frac{\text{작업대사량}}{\text{기초대사량}}$$

(1) 작업 시 소비에너지 : 작업 중 소비한 산소량
(2) 안정 시 소비에너지 : 의자에 앉아서 호흡하는 동안 소비한 산소량
(3) 기초대사량 : 기초대사량 표에 의해 산출

2) 에너지 대사율(RMR)에 의한 작업강도

(1) 경작업(0~2 RMR) : 사무실 작업, 정신작업 등
(2) 중(中)등작업(2~4 RMR) : 힘이나 동작, 속도가 작은 하체작업 등
(3) 중(重)작업(4~7 RMR) : 전신작업 등
(4) 초중(超重)작업(7 RMR 이상) : 과격한 전신작업

4 생체리듬(바이오리듬, Biorhythm)의 종류

(1) 육체적(신체적) 리듬(P, Physical Cycle) : 신체의 물리적인 상태를 나타내는 리듬, 청색 실선으로 표시하며 23일의 주기
(2) 감성적 리듬(S, Sensitivity) : 기분이나 신경계통의 상태를 나타내는 리듬, 적색 점선으로 표시하며 28일의 주기
(3) 지성적 리듬(I, Intellectual) : 기억력, 인지력, 판단력 등을 나타내는 리듬, 녹색 일점쇄선으로 표시하며 33일의 주기

1) 위험일

3가지 생체리듬은 안정기(+)와 불안정기(−)를 반복하면서 사인(sine) 곡선을 그리며 반복되는데(+) → (−) 또는 (−) → (+)로 변하는 지점을 영(zero) 또는 위험일이라 함. 위험일에는 평소보다 뇌졸중이 5.4배, 심장질환이 5.1배, 자살이 6.8배나 높게 나타남

(1) 사고발생률이 가장 높은 시간대
① 24시간 중 : 03~05시 사이
② 주간업무 중 : 오전 10~11시, 오후 15~16시

2) 생체리듬(바이오리듬)의 변화

(1) 야간에는 체중 감소
(2) 야간에 말초운동 기능 저하, 피로의 자각증상 증가
(3) 혈액의 수분, 염분량은 주간에 감소, 야간에 증가
(4) 체온, 혈압, 맥박은 주간에 상승, 야간에 감소

CHAPTER 05 안전보건교육의 내용 및 방법

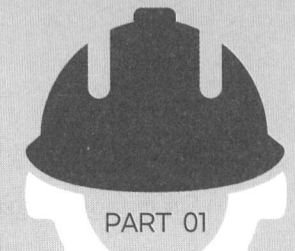

PART 01

SECTION 01 교육의 필요성과 목적

1 교육의 목적

피교육자의 발달을 효과적으로 도와줌으로써 이상적인 상태가 되도록 하는 것

2 교육의 개념(효과)

(1) 신입직원은 기업의 내용 그 방침과 규정을 파악함으로써 친근과 안정감을 가짐
(2) 직무에 대한 지도를 받아 질과 양이 모두 표준에 도달하고 임금의 증가를 도모
(3) 재해, 기계설비의 소모 등의 감소에 유효하며 산업재해를 예방
(4) 직원의 불만과 결근, 이동을 방지
(5) 내부 이동에 대비하여 능력의 다양화, 승진에 대비한 능력 향상을 도모
(6) 새로 도입된 신기술에 대한 종업원의 적응을 원활하게 함

3 학습지도 이론

(1) 자발성의 원리 : 학습자 스스로 학습에 참여해야 한다는 원리
(2) 개별화의 원리 : 학습자가 가지고 있는 각각의 요구 및 능력에 맞게 지도해야 한다는 원리
(3) 사회화의 원리 : 공동학습을 통해 협력과 사회화를 도와준다는 원리
(4) 통합의 원리 : 학습을 종합적으로 지도하는 것으로 학습자의 능력을 조화있게 발달시키는 원리
(5) 직관의 원리 : 구체적인 사물을 제시하거나 경험 등을 통해 학습효과를 거둘 수 있다는 원리

SECTION 02 교육심리학

1 교육심리학의 정의

교육의 과정에서 일어나는 여러 문제를 심리학적 측면에서 연구하여 원리를 정립하고 방법을 제시함으로써 교육의 효과를 극대화하려는 교육학의 한 분야

2 교육심리학의 연구방법

1) 연구방법

관찰법, 실험법, 면접법, 질문지법, 투사법, 사례연구법(단점 : 원칙과 규정의 체계적 습득이 어려움), 카운슬링

2) 카운슬링의 순서

장면구성 ⇒ 내담자와의 대화 ⇒ 의견 재분석 ⇒ 감정 표출 ⇒ 감정의 명확화

3 학습이론

1) 자극과 반응(S-R, Stimulus & Response) 이론

(1) 손다이크(Thorndike)의 시행착오설

인간과 동물은 차이가 없다고 보고 동물연구를 통해 인간심리를 발견하고자 했으며 동물의 행동이 자극 S와 반응 R의 연합에 의해 결정된다고 하는 것(학습 또한 지식의 습득이 아니라 새로운 환경에 적응하는 행동의 변화임)

① 준비성의 법칙 : 학습이 이루어지기 전의 학습자의 상태에 따라 그것이 만족스러운가 불만족스러운가에 관한 것
② 연습의 법칙 : 일정한 목적을 가지고 있는 작업을 반복하는 과정 및 효과를 포함한 전체과정
③ 효과의 법칙 : 목표에 도달했을 때 만족스러운 보상을 주면 반응과 결합이 강해져 조건화가 잘 이루어짐

(2) 파블로프(Pavlov)의 조건반사설

훈련을 통해 반응이나 새로운 행동에 적응할 수 있음(종소리를 통해 개의 소화작용에 대한 실험을 실시)
① 계속성의 원리(The Continuity Principle) : 자극과 반응의 관계는 횟수가 거듭될 수록 강화가 잘됨
② 일관성의 원리(The Consistency Principle) : 일관된 자극을 사용하여야 함
③ 강도의 원리(The Intensity Principle) : 먼저 준 자극보다 같거나 강한 자극을 주어야 강화가 잘됨
④ 시간의 원리(The Time Principle) : 조건자극을 무조건자극보다 조금 앞서거나 동시에 주어야 강화가 잘됨

(3) 파블로프의 계속성의 원리와 손다이크의 연습의 원리 비교

① 파블로프의 계속성의 원리 : 같은 행동을 단순히 반복함, 행동의 양적측면에 관심
② 손다이크의 연습의 원리 : 단순동일행동의 반복이 아닌, 최종행동의 형성을 위해 점차적인 변화를 꾀하는 목적 있는 진보의 의미

2) 인지이론

(1) 톨만(Tolman)의 기호형태설 : 학습자의 머리 속에 인지적 지도와 같은 인지구조를 바탕으로 학습하려는 것
(2) 쾰러(Köhler)의 통찰설
(3) 레빈(Lewin)의 장이론(Field Theory)

4 적응기제(適應機制, Adjustment Mechanism)

욕구 불만에서 합리적인 반응을 하기가 곤란할 때 일어나는 여러 가지의 비합리적인 행동으로 자신을 보호하려고 하는 것. 문제의 직접적인 해결을 시도하지 않고, 현실을 왜곡시켜 자기를 보호함으로써 심리적 균형을 유지하려는 '행동' 기제

1) 방어적 기제(Defense Mechanism)

자신의 약점을 위장하여 유리하게 보임으로써 자기를 보호하려는 기제
(1) 보상 : 계획한 일을 성공하는 데서 오는 자존감
(2) 합리화(변명) : 너무 고통스럽기 때문에 인정할 수 없는 실제 이유 대신에 자기 행동에 그럴듯한 이유를 붙이는 방법
(3) 승화 : 억압당한 욕구가 사회적·문화적으로 가치있게 목적으로 향하도록 노력함으로써 욕구를 충족하는 방법
(4) 동일시 : 자기가 되고자 하는 인물을 찾아내어 동일시하여 만족을 얻는 행동

2) 도피적 기제(Escape Mechanism)

욕구불만이나 압박으로부터 벗어나기 위해 현실을 벗어나 마음의 안정을 찾으려는 것
(1) 고립 : 자기의 열등감을 의식하여 다른 사람과의 접촉을 피해 자기의 내적 세계로 들어가 현실의 억압에서 피하려는 기제
(2) 퇴행 : 신체적으로나 정신적으로 정상 발달되어 있으면서도 위협이나 불안을 일으키는 상황에는 생애 초기에 만족했던 시절을 생각하는 것
(3) 억압 : 나쁜 무엇을 잊고 더 이상 행하지 않겠다는 해결 방어기제
(4) 백일몽 : 현실에서 만족할 수 없는 욕구를 상상의 세계에서 얻으려는 행동

3) 공격적 기제(Aggressive Mechanism)

욕구불만이나 압박에 대해 반항하여 적대시하는 감정이나 태도를 취하는 것
(1) 직접적 공격기제 : 폭행, 싸움, 기물파손
(2) 간접적 공격기제 : 욕설, 비난, 조소 등

5 기억과 망각

1) 기억

과거의 경험이 어떠한 형태로 미래의 행동에 영향을 주는 작용

2) 기억의 4단계

기명(Memorizing) → 파지(Retention) → 재생(Recall) → 재인(Recognition)

(1) 기명 : 사물, 현상, 정보 등을 마음에 간직하는 것
(2) 파지 : 사물, 현상, 정보 등이 보존되는 것
(3) 재생 : 보존된 인상이 다시 의식으로 떠오르는 것
(4) 재인 : 과거에 경험했던 것과 비슷한 상태에 부딪혔을 때 떠오르는 것

3) 망각

학습경험이 시간의 경과와 불사용 등으로 약화되고 소멸되어 재생 또는 재인되지 않는 현상(현재의 학습경험과 결합되지 않아 생각해 낼 수 없는 상태)

4) 망각방지법

(1) 학습자료는 학습자에게 의미를 알게 학습시킬 것
(2) 학습직후에 반복학습 시키고 간격을 두고 때때로 연습시킬 것
(3) 분산학습이 집중학습보다 유리

SECTION 03
교육방법

1 교육훈련 기법

1) 강의법

안전지식을 강의식으로 전달하는 방법(초보적인 단계에서 효과적)
① 강사의 입장에서 시간의 조정이 가능하다.
② 전체적인 교육내용을 제시하는데 유리하다.
③ 비교적 많은 인원을 대상으로 단시간에 지식을 부여할 수 있다.

2) 토의법

10~20인 정도가 모여서 토의하는 방법(안전지식을 가진 사람에게 효과적)으로 태도교육의 효과를 높이기 위한 교육방법. 집단을 대상으로 한 안전교육 중 가장 효율적인 교육방법

3) 시범

필요한 내용을 직접 제시하는 방법

4) 모의법

실제 상황을 만들어 두고 학습하는 방법

(1) 제약조건
① 단위 교육비가 비싸고 시간의 소비가 많음
② 시설의 유지비 과다
③ 다른 방법에 비하여 학생 대 교사의 비가 높음

5) 시청각 교육법

시청각 교육자료를 가지고 학습하는 방법

6) 실연법

학습자가 이미 설명을 듣거나 시범을 보고 알게 된 지식이나 기능을 강사의 감독 아래 직접적으로 연습해 적용해 보게 하는 교육방법. 다른 방법보다 교사 대 학습자수의 비율이 높다.

7) 프로그램 학습법(Programmed Self-instruction Method)

학습자가 프로그램을 통해 단독으로 학습하는 방법으로 개발된 프로그램은 변경이 어려움

8) 존 듀이(Jone Dewey)의 5단계 사고과정

존 듀이는 미국 실용주의 철학자·교육자로서 대표적인 형식적 교육은 학교안전교육이 있음
① 제1단계 : 시사(Suggestion)를 받는다.
② 제2단계 : 지식화(Intellectualization)한다.
③ 제3단계 : 가설(Hypothesis)을 설정한다.
④ 제4단계 : 추론(Reasoning)한다.
⑤ 제5단계 : 행동에 의하여 가설을 검토한다.

2 안전보건 교육방법

1) 하버드 학파의 5단계 교수법(사례연구 중심)

(1) 1단계 : 준비시킨다.(Preparation)
(2) 2단계 : 교시하다.(Presentation)
(3) 3단계 : 연합한다.(Association)
(4) 4단계 : 총괄한다.(Generalization)
(5) 5단계 : 응용시킨다.(Application)

2) 수업단계별 최적의 수업방법
(1) 도입단계 : 강의법, 시범
(2) 전개단계 : 토의법, 실연법
(3) 정리단계 : 자율학습법
(4) 도입·전개·정리단계 : 프로그램 학습법, 모의법

3 TWI(Training Within Industry)
주로 관리감독자를 대상으로 하며 전체 교육시간은 10시간(1일 2시간씩 5일 교육)으로 실시한다. 한 그룹에 10명 내외로 토의법과 실연법 중심으로 강의가 실시되며 훈련의 종류는 다음과 같음
(1) 작업지도훈련(JIT ; Job Instruction Training)
(2) 작업방법훈련(JMT ; Job Method Training)
(3) 인간관계훈련(JRT ; Job Relations Training)
(4) 작업안전훈련(JST ; Job Safety Training)

4 O.J.T 및 OFF J.T

1) O.J.T(직장 내 교육훈련)
직속 상사가 직장 내에서 작업표준을 가지고 업무상의 개별교육이나 지도훈련을 하는 것(개별교육에 적합)
(1) 개인 개인에게 적절한 지도훈련 가능
(2) 직장의 실정에 맞게 실제적 훈련 가능
(3) 효과가 곧 업무에 나타나며 훈련의 좋고 나쁨에 따라 개선이 쉬움

2) OFF J.T(직장 외 교육훈련)
계층별 직능별로 공통된 교육대상자를 현장 이외의 한 장소에 모아 집합교육을 실시하는 교육형태(집단교육에 적합)
(1) 다수의 근로자에게 조직적 훈련을 행하는 것이 가능
(2) 훈련에만 전념
(3) 각각 전문가를 강사로 초청하는 것이 가능

5 학습목적의 3요소

1) 교육의 3요소
(1) 주체 : 강사
(2) 객체 : 수강자(학생)
(3) 매개체 : 교재(교육내용)

2) 학습의 구성 3요소
(1) 목표 : 학습의 목적, 지표
(2) 주제 : 목표 달성을 위한 주제
(3) 학습정도 : 주제를 학습시킬 범위와 내용의 정도

6 교육훈련평가

1) 학습평가의 기본적인 기준
(1) 타당성   (2) 신뢰성   (3) 객관성   (4) 실용성

2) 교육훈련평가의 4단계
(1) 반응 → (2) 학습 → (3) 행동 → (4) 결과

3) 교육훈련의 평가방법
(1) 관찰   (2) 면접   (3) 자료분석법   (4) 과제
(5) 설문   (6) 감상문   (7) 실험평가   (8) 시험

SECTION 04
교육실시방법

1 강의법
(1) 강의식 : 집단교육방법으로 많은 인원을 단시간에 교육할 수 있으며 교육내용이 많을 때 효과적인 방법
(2) 문제 제시식 : 주어진 과제에 대처하는 문제해결방법
(3) 문답식 : 서로 묻고 대답하는 방식

2 토의법

1) 토의 운영방식에 따른 유형

(1) 일제문답식 토의 : 교수가 학습자 전원을 대상으로 문답을 통하여 전개해 나가는 방식
(2) 공개식 토의 : 1~2명의 발표자가 규정된 시간(5~10분) 내에 발표하고 발표내용을 중심으로 질의, 응답으로 진행
(3) 원탁식 토의 : 10명 내외 인원이 원탁에 둘러앉아 자유롭게 토론하는 방식
(4) 워크숍(Workshop) : 학습자를 몇 개의 그룹으로 나눠 자주적으로 토론하는 전개 방식
(5) 버즈법(Buzz Session Discussion) : 참가자가 다수인 경우에 전원을 토의에 참가시키기 위한 방법으로 소집단을 구성하여 회의를 진행시키며 일명 6-6회의라고 불림
(6) 자유토의 : 학습자 전체가 관심있는 주제를 가지고 자유롭게 토의하는 형태
(7) 롤 플레잉(Role Playing) : 참가자에게 일정한 역할을 주어서 실제적으로 연기를 시켜봄으로써 자기의 역할을 보다 확실히 인식시키는 방법

2) 집단 크기에 따른 유형

(1) 대집단 토의

① 패널토의(Panel Discussion) : 사회자의 진행에 의해 특정 주제에 대해 구성원 3~6명이 대립된 견해를 가지고 청중 앞에서 논쟁을 벌이는 것
② 포럼(The Forum) : 1~2명의 전문가가 10~20분 동안 공개 연설을 한 다음 사회자의 진행하에 질의응답의 과정을 통해 토론하는 형식
③ 심포지엄(The Symposium) : 몇 사람의 전문가에 의하여 과제에 관한 견해를 발표한 뒤에 참가자로 하여금 의견이나 질문을 하게 하여 토의하는 방법

(2) 소집단 토의

① 브레인스토밍　　　　② 개별지도 토의

3 안전교육 시 피교육자를 위해 해야 할 일

(1) 긴장감을 제거해 줄 것
(2) 피교육자의 입장에서 가르칠 것
(3) 안심감을 줄 것
(4) 믿을 수 있는 내용으로 쉽게 할 것

4 먼저 실시한 학습이 뒤의 학습을 방해하는 조건

(1) 앞의 학습이 불완전한 경우
(2) 앞의 학습 내용과 뒤의 학습 내용이 같은 경우
(3) 뒤의 학습을 앞의 학습 직후에 실시하는 경우
(4) 앞의 학습에 대한 내용을 재생(再生)하기 직전에 실시하는 경우

5 학습의 전이

어떤 내용을 학습한 결과가 다른 학습이나 반응에 영향을 주는 현상이다. 학습전이의 조건으로는 학습정도의 요인, 학습자의 지능요인, 학습자의 태도 요인, 유사성의 요인, 시간적 간격의 요인이 있다.

SECTION 05
안전교육계획 수립 및 실시

1 안전보건교육의 기본방향

1) 안전보건교육계획 수립 시 고려사항

(1) 필요한 정보를 수집
(2) 현장의 의견을 충분히 반영
(3) 안전교육 시행체계와의 관련을 고려
(4) 법 규정에 의한 교육에만 그치지 않음

2) 안전교육의 내용(안전교육계획 수립시 포함되어야 할 사항)

(1) 교육대상(가장 먼저 고려)
(2) 교육의 종류
(3) 교육과목 및 교육내용
(4) 교육기간 및 시간
(5) 교육장소
(6) 교육방법
(7) 교육담당자 및 강사

2 안전보건교육의 단계별 교육과정

1) 안전교육의 3단계
(1) 지식교육(1단계) : 지식의 전달과 이해
(2) 기능교육(2단계) : 실습, 시범을 통한 이해
① 준비 철저
② 위험작업의 규제
③ 안전작업의 표준화

(3) 태도교육(3단계) : 안전의 습관화(가치관 형성)
① 청취(들어본다) → ② 이해, 납득(이해시킨다) → ③ 모범(시범을 보인다) → ④ 권장(평가한다)

2) 교육법의 4단계
(1) 도입(1단계) : 학습할 준비를 시킨다.(배우고자 하는 마음가짐을 일으키는 단계)
(2) 제시(2단계) : 작업을 설명한다.(내용을 확실하게 이해시키고 납득시키는 단계)
(3) 적용(3단계) : 작업을 지휘한다.(이해시킨 내용을 활용시키거나 응용시키는 단계)
(4) 확인(4단계) : 가르친 뒤 살펴본다.(교육 내용을 정확하게 이해하였는가를 테스트하는 단계)

[교육방법에 따른 교육시간]

교육법의 4단계	강의식	토의식
제1단계 – 도입(준비)	5분	5분
제2단계 – 제시(설명)	40분	10분
제3단계 – 적용(응용)	10분	40분
제4단계 – 확인(총괄)	5분	5분

3 안전보건교육 계획

1) 학습목적과 학습성과의 설정
(1) 교육의 3요소 : 주제(학습의 목적, 지표), 학습정도(주제를 학습시킬 범위와 내용의 정도), 목표
(2) 학습성과 : 학습목적을 세분하여 구체적으로 결정하는 것

2) 학습자료의 수집 및 체계화
3) 교수방법의 선정
4) 강의안 작성

SECTION 06
교육내용

1 산업안전 · 보건 관련교육과정별 교육시간

1) 근로자 안전 · 보건교육

교육과정	교육대상		교육시간
가. 정기교육	1) 사무직 종사 근로자		매반기 6시간 이상
	2) 그 밖의 근로자	가) 판매업무에 직접 종사하는 근로자	매반기 6시간 이상
		나) 판매업무에 직접 종사하는 근로자 외의 근로자	매반기 12시간 이상
나. 채용 시 교육	1) 일용근로자 및 근로계약기간이 1주일 이하인 기간제근로자		1시간 이상
	2) 근로계약기간이 1주일 초과 1개월 이하인 기간제근로자		4시간 이상
	3) 그 밖의 근로자		8시간 이상
다. 작업내용 변경 시 교육	1) 일용근로자 및 근로계약기간이 1주일 이하인 기간제근로자		1시간 이상
	2) 그 밖의 근로자		2시간 이상
라. 특별교육	1) 일용근로자 및 근로계약기간이 1주일 이하인 기간제근로자: 별표 5 제1호라목(제39호는 제외한다)에 해당하는 작업에 종사하는 근로자에 한정한다.		2시간 이상
	2) 일용근로자 및 근로계약기간이 1주일 이하인 기간제근로자: 별표 5 제1호라목제39호에 해당하는 작업에 종사하는 근로자에 한정한다.		8시간 이상
	3) 일용근로자 및 근로계약기간이 1주일 이하인 기간제근로자를 제외한 근로자: 별표 5 제1호라목에 해당하는 작업에 종사하는 근로자에 한정한다.		가) 16시간 이상 나) 단기간 작업 또는 간헐적 작업인 경우에는 2시간 이상
마. 건설업 기초안전 · 보건교육	건설 일용근로자		4시간 이상

2) 관리감독자의 안전보건교육

교육과정	교육시간
가. 정기교육	연간 16시간 이상
나. 채용 시 교육	8시간 이상
다. 작업내용 변경 시 교육	2시간 이상
라. 특별교육	16시간 이상(최초 작업에 종사하기 전 4시간 이상 실시하고, 12시간은 3개월 이내에서 분할하여 실시 가능)
	단기간 작업 또는 간헐적 작업인 경우에는 2시간 이상

3) 안전보건관리책임자 등에 대한 교육(제29조제2항 관련)

교육대상	교육시간	
	신규교육	보수교육
가. 안전보건관리책임자	6시간 이상	6시간 이상
나. 안전관리자, 안전관리전문기관의 종사자	34시간 이상	24시간 이상
다. 보건관리자, 보건관리전문기관의 종사자	34시간 이상	24시간 이상
라. 건설재해예방 전문지도기관의 종사자	34시간 이상	24시간 이상
마. 석면조사기관의 종사자	34시간 이상	24시간 이상
바. 안전보건관리담당자	–	8시간 이상
사. 안전검사기관, 자율안전검사기관의 종사자	34시간 이상	24시간 이상

4) 특수형태근로종사자에 대한 교육

교육과정	교육시간
가. 최초 노무 제공 시 교육	2시간 이상(단기간 작업 또는 간헐적 작업에 노무를 제공하는 경우에는 1시간 이상 실시, 특별교육을 실시한 경우는 면제)
나. 특별교육	16시간 이상(최초 작업 종사 전 4시간 이상 실시 / 12시간은 3개월 이내에서 분할 실시가능)
	단기간 작업 또는 간헐적 작업인 경우에는 2시간 이상

5) 검사원 성능검사 교육

교육과정	교육대상	교육시간
양성 교육	–	28시간 이상

2 교육대상별 교육내용

1) 근로자 안전보건교육

(1) 정기교육

교육내용
• 산업안전 및 사고 예방에 관한 사항
• 산업보건 및 직업병 예방에 관한 사항
• 위험성 평가에 관한 사항
• 건강증진 및 질병 예방에 관한 사항
• 유해·위험 작업환경 관리에 관한 사항
• 산업안전보건법령 및 산업재해보상보험 제도에 관한 사항
• 직무스트레스 예방 및 관리에 관한 사항
• 직장 내 괴롭힘, 고객의 폭언 등으로 인한 건강장해 예방 및 관리에 관한 사항

(2) 채용 시 교육 및 작업내용 변경 시 교육

교육내용
• 산업안전 및 사고 예방에 관한 사항
• 산업보건 및 직업병 예방에 관한 사항
• 위험성 평가에 관한 사항
• 산업안전보건법령 및 산업재해보상보험 제도에 관한 사항
• 직무스트레스 예방 및 관리에 관한 사항
• 직장 내 괴롭힘, 고객의 폭언 등으로 인한 건강장해 예방 및 관리에 관한 사항
• 기계·기구의 위험성과 작업의 순서 및 동선에 관한 사항
• 작업 개시 전 점검에 관한 사항
• 정리정돈 및 청소에 관한 사항
• 사고 발생 시 긴급조치에 관한 사항
• 물질안전보건자료에 관한 사항

2) 관리감독자 안전보건교육

(1) 정기교육

교육내용
• 산업안전 및 사고 예방에 관한 사항 • 산업보건 및 직업병 예방에 관한 사항 • 위험성평가에 관한 사항 • 유해·위험 작업환경 관리에 관한 사항 • 산업안전보건법령 및 산업재해보상보험 제도에 관한 사항 • 직무스트레스 예방 및 관리에 관한 사항 • 직장 내 괴롭힘, 고객의 폭언 등으로 인한 건강장해 예방 및 관리에 관한 사항 • 작업공정의 유해·위험과 재해 예방대책에 관한 사항 • 사업장 내 안전보건관리체제 및 안전·보건조치 현황에 관한 사항 • 표준안전 작업방법 결정 및 지도·감독 요령에 관한 사항 • 현장근로자와의 의사소통능력 및 강의능력 등 안전보건교육 능력 배양에 관한 사항 • 비상시 또는 재해 발생 시 긴급조치에 관한 사항 • 그 밖의 관리감독자의 직무에 관한 사항

(2) 채용 시 교육 및 작업내용 변경 시 교육

교육내용
• 산업안전 및 사고 예방에 관한 사항 • 산업보건 및 직업병 예방에 관한 사항 • 위험성평가에 관한 사항 • 산업안전보건법령 및 산업재해보상보험 제도에 관한 사항 • 직무스트레스 예방 및 관리에 관한 사항 • 직장 내 괴롭힘, 고객의 폭언 등으로 인한 건강장해 예방 및 관리에 관한 사항 • 기계·기구의 위험성과 작업의 순서 및 동선에 관한 사항 • 작업 개시 전 점검에 관한 사항 • 물질안전보건자료에 관한 사항 • 사업장 내 안전보건관리체제 및 안전·보건조치 현황에 관한 사항 • 표준안전 작업방법 결정 및 지도·감독 요령에 관한 사항 • 비상시 또는 재해 발생 시 긴급조치에 관한 사항 • 그 밖의 관리감독자의 직무에 관한 사항

(3) 특별교육 대상 작업별 교육내용(40개 중 일부)

작업명	교육내용
〈개별내용〉 1. 고압실 내 작업(잠함공법이나 그 밖의 압기공법으로 대기압을 넘는 기압인 작업실 또는 수갱 내부에서 하는 작업만 해당한다)	• 고기압 장해의 인체에 미치는 영향에 관한 사항 • 작업의 시간·작업 방법 및 절차에 관한 사항 • 압기공법에 관한 기초지식 및 보호구 착용에 관한 사항 • 이상 발생 시 응급조치에 관한 사항 등
2. 아세틸렌 용접장치 또는 가스집합 용접장치를 사용하는 금속의 용접·용단 또는 가열작업(발생기·도관 등에 의하여 구성되는 용접장치만 해당한다)	• 용접 흄, 분진 및 유해광선 등의 유해성에 관한 사항 • 가스용접기, 압력조정기, 호스 및 취관두 등의 기기점검에 관한 사항 • 작업방법·순서 및 응급처치에 관한 사항 • 안전기 및 보호구 취급에 관한 사항 • 화재예방 및 초기대응에 관한사항 등
3. 밀폐된 장소(탱크 내 또는 환기가 극히 불량한 좁은 장소를 말한다)에서 하는 용접작업 또는 습한 장소에서 하는 전기용접 작업	• 작업순서, 안전작업방법 및 수칙에 관한 사항 • 환기설비에 관한 사항 • 전격 방지 및 보호구 착용에 관한 사항 • 질식 시 응급조치에 관한 사항 • 작업환경 점검에 관한 사항 • 그 밖에 안전·보건관리에 필요한 사항

(4) 건설업 기초안전보건교육에 대한 내용 및 시간

교육내용	시간
가. 건설공사의 종류(건축·토목 등) 및 시공 절차	1시간
나. 산업재해 유형별 위험요인 및 안전보건조치	2시간
다. 안전보건관리체제 현황 및 산업안전보건 관련 근로자 권리·의무	1시간

CHAPTER 06 산업안전 관계법규

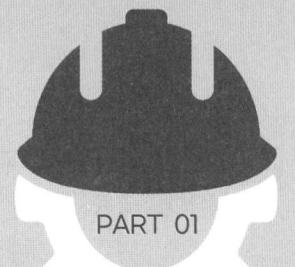

SECTION 01 산업안전 관계법규

산업안전보건법령은 1개의 법률과 1개의 시행령 및 3개의 시행규칙으로 이루어져 있으며, 하위규정으로서 60여 개의 고시, 17개의 예규, 3개의 훈령 및 각종 기술상의 지침 및 작업환경 표준 등이 있음

1 산업안전보건법

산업재해예방을 위한 각종 제도를 설정하고 그 시행근거를 확보하며 정부의 산업재해예방정책 및 사업수행의 근거를 설정한 것으로써 80여 개 조문과 부칙으로 구성

2 산업안전보건법 시행령

산업안전보건법 시행령은 법에서 위임된 사항, 즉, 제도의 대상·범위·절차 등을 설정

3 산업안전보건법 시행규칙

산업안전보건법 시행규칙은 크게 법에 부속된 시행규칙과 산업안전보건기준에 관한 규칙, 유해·위험작업 취업제한 규칙 등의 규칙으로 구분되며 법률과 시행령에서 위임된 사항을 규정

4 유해·위험작업 취업제한에 관한 규칙

유해 또는 위험한 작업에 필요한 자격·면허·경험에 관한 사항을 규정

5 산업안전보건에 관한 고시·예규·훈령

일반사항분야, 검사·인증분야, 기계·전기분야, 화학분야, 건설분야, 보건·위생분야 및 교육 분야별로 70여 개가 있음

고시는 각종 검사·검정 등에 필요한 일반적이고 객관적인 사항을 널리 알리어 활용할 수 있는 수치적·표준적 내용이고 예규는 정부와 실시기관 및 의무대상자간에 일상적·반복적으로 이루어지는 업무절차 등을 모델화하여 조문형식으로 규정화한 내용이며 훈령은 상급기관, 즉 고용노동부장관이 하급기관 즉 지방고용노동관서의 장에게 어떤 업무 수행을 위한 훈시·지침 등을 시달할 때 조문의 형식으로 알리는 내용임

PART 01

1과목 예상문제

01 다음 중 근로자가 물체의 낙하 또는 비래 및 추락에 의한 위험을 방지 또는 경감하고 머리부위 감전에 의한 위험을 방지하고자 할 때 사용하여야 하는 안전모의 종류로 가장 적합한 것은?

① A형 ② AB형
③ ABE형 ④ AE형

해설 **안전모의 종류 및 사용구분**

종류(기호)	사용구분	비고
ABE	물체의 낙하 또는 비래 및 추락에 의한 위험을 방지 또는 경감하고, 머리부위 감전에 의한 위험을 방지하기 위한 것	내전압성

02 교육심리학의 기본이론 중 학습지도의 원리에 속하지 않는 것은?

① 직관의 원리 ② 개별화의 원리
③ 사회화의 원리 ④ 계속성의 원리

해설 **학습지도 이론**
1. 자발성의 원리 2. 개별화의 원리
3. 사회화의 원리 4. 통합의 원리
5. 직관의 원리

03 다음 중 집단에서의 인간관계 메커니즘(Mechanism)과 가장 거리가 먼 것은?

① 동일화, 일체화 ② 커뮤니케이션, 공감
③ 모방, 암시 ④ 분열, 강박

해설 **인간관계 메커니즘**
1. 동일화(Identification)
2. 커뮤니케이션(Communication)
3. 모방(Imitation)

04 인간의 특성 중 판단과정의 착오요인에 해당되지 않는 것은?

① 합리화 ② 정서불안정
③ 작업조건 불량 ④ 정보부족

해설 **판단과정의 착오요인**
1. 합리화
2. 심리적 능력한계(정서불안정)
3. 정보부족

05 안전교육 중 프로그램 학습법의 장점으로 볼 수 없는 것은?

① 학습자의 학습과정을 쉽게 알 수 있다.
② 지능, 학습속도 등 개인차를 충분히 고려할 수 있다.
③ 매 반응마다 피드백이 주어지기 때문에 학습자가 흥미를 가질 수 있다.
④ 여러 가지 수업매체를 동시에 다양하게 활용할 수 있다.

해설 **프로그램 학습법**
학습자가 프로그램을 통해 단독으로 학습하는 방법. 개발된 프로그램은 변경이 어렵다.

06 다음 중 알더퍼(Alderfer)의 ERG 이론에서 제시한 인간의 3가지 욕구에 해당하는 것은?

① Growth 욕구 ② Rationalization 욕구
③ Economy 욕구 ④ Environment 욕구

해설 **Alderfer의 ERG 이론**
1. 생존(Existence) 욕구
2. 관계(Relation) 욕구
3. 성장(Growth) 욕구

정답 | 01 ③ 02 ④ 03 ④ 04 ③ 05 ④ 06 ①

07 다음 중 맥그리거(McGregor)의 Y이론과 가장 거리가 먼 것은?

① 성선설 ② 상호신뢰
③ 선진국형 ④ 권위주의적 리더십

해설) 목표달성을 위해 종업원들을 통제하고 위협하는 권위주의적 리더십은 맥그리거의 X이론에 해당된다.

08 안전보건관리의 조직형태 중 경영자의 지휘와 명령이 위에서 아래로 하나의 계통이 되어 신속히 전달되며 100명 이하의 소규모 기업에 적합한 유형은?

① Staff 조직 ② Line 조직
③ Line-Staff 조직 ④ Round 조직

해설) Line(직계)형 조직은 안전에 관한 지시나 조치가 신속하고, 철저하며 100명 미만의 소규모 기업에 적합하다.

09 다음 중 위험예지훈련에 있어 Touch and Call에 관한 설명으로 가장 적절한 것은?

① 현장에서 팀 전원이 각자의 왼손을 맞잡아 원을 만들어 팀 행동목표를 지적확인하는 것을 말한다.
② 현장에서 그때 그 장소의 상황에서 즉응하여 실시하는 위험예지활동으로 즉시즉응법이라고도 한다.
③ 작업자가 위험작업에 임하여 무재해를 지향하겠다는 뜻을 큰 소리로 호칭하면서 안전의식수준을 제고하는 기법이다.
④ 한 사람 한 사람의 위험에 대한 감수성 향상을 도모하기 위한 삼각 및 원포인트 위험예지훈련을 통합한 활용기법이다.

해설) **터치앤콜**
피부를 맞대고 같이 소리치는 것으로 전원이 스킨십(Skinship)을 느끼도록 하여 팀의 일체감, 연대감을 조성할 수 있고 동시에 대뇌 구피질에 좋은 이미지를 불어넣어 안전행동을 하도록 하는 것

10 다음 중 안전교육계획 수립 시 포함하여야 할 사항과 가장 거리가 먼 것은?

① 교재의 준비 ② 교육기간 및 시간
③ 교육의 종류 및 교육대상 ④ 교육담당자 및 강사

해설) **안전교육계획 수립 시 고려사항**
1. 교육대상 2. 교육의 종류
3. 교육과목 및 교육내용 4. 교육기간 및 시간
5. 교육장소 6. 교육방법
7. 교육담당자 및 강사

11 다음 중 한번 학습한 결과가 다른 학습이나 반응에 영향을 주는 것으로 특히 학습효과를 설명할 때 많이 쓰이는 용어는?

① 학습의 역습 ② 학습곡선
③ 학습의 전이 ④ 망각곡선

해설) **학습의 전이**
학습의 전이(Transference)란 어떤 내용을 학습한 결과가 다른 학습이나 반응에 영향을 주는 현상이다.

12 리더십 이론 중 관리 그리드 이론에 있어 대표적인 유형의 설명이 잘못 연결된 것은?

① (1,1) : 무관심형 ② (3,3) : 타협형
③ (9,1) : 과업형 ④ (1,9) : 인기형

해설) **관리 그리드(Managerial Grid)**
1. 무관심형(1,1) 2. 인기형(1,9)
3. 과업형(9,1) 4. 타협형(5,5)

13 다음 중 강의법에 대한 설명으로 틀린 것은?

① 많은 내용을 체계적으로 전달할 수 있다.
② 다수를 대상으로 동시에 교육할 수 있다.
③ 전체적인 전망을 제시하는 데 유리하다.
④ 수강자 개개인의 학습진도를 조절할 수 있다.

해설) 강의법은 수강자 개개인의 학습진도를 조절할 수 없다.

14 위험예지훈련 4R(라운드) 기법의 진행방법에서 3R에 해당하는 것은?

① 목표설정 ② 대책수립
③ 본질추구 ④ 현상파악

해설) **위험예지훈련의 추진을 위한 문제해결 4단계**
1라운드 : 현상파악(사실의 파악) - 어떤 위험이 잠재하고 있는가?
2라운드 : 본질추구(원인조사) - 이것이 위험의 포인트다.
3라운드 : 대책수립(대책을 세운다) - 당신이라면 어떻게 하겠는가?
4라운드 : 목표설정(행동계획 작성) - 우리들은 이렇게 하자!

정답 | 07 ④ 08 ② 09 ① 10 ① 11 ③ 12 ② 13 ④ 14 ②

15 산업안전보건법상 근로자 안전·보건교육 과정별 교육시간이 잘못 연결된 것은?

① 일용근로자(계약기간 1주일 이하)의 채용 시의 교육 : 2시간 이상
② 일용근로자(계약기간 1주일 이하)의 작업내용 변경 시의 교육 : 1시간 이상
③ 사무직 종사 근로자의 정기교육 : 매반기 6시간 이상
④ 관리감독자의 지위에 있는 사람의 정기교육 : 연간 16시간 이상

해설 **근로자 안전·보건교육**

교육과정	교육대상	교육시간
채용 시 교육	1) 일용근로자 및 근로계약기간이 1주일 이하인 기간제근로자	1시간 이상
	2) 근로계약기간이 1주일 초과 1개월 이하인 기간제근로자	4시간 이상
	3) 그 밖의 근로자	8시간 이상

16 인간의 적응기제 중 방어기제로 볼 수 없는 것은?

① 승화   ② 고립
③ 합리화 ④ 보상

해설 고립은 도피적 기제(Escape Mechanism)에 해당된다.
방어적 기제(Defense Mechanism)
1. 보상   2. 합리화(변명)
3. 승화   4. 동일시

17 다음 중 산업안전보건법상 근로자 안전·보건교육에 있어 근로자 정기안전·보건교육의 내용이 아닌 것은? (단, 산업안전보건법 및 일반관리에 관한 사항은 제외한다.)

① 표준안전작업방법 및 지도 요령에 관한 사항
② 산업보건 및 직업병 예방에 관한 사항
③ 유해·위험 작업환경 관리에 관한 사항
④ 건강증진 및 질병 예방에 관한 사항

해설 ①은 관리감독자의 정기안전·보건교육 내용에 해당한다.

18 다음 중 인간관계 관리기법에 있어 구성원 상호 간의 선호도를 기초로 집단 내부의 동태적 상호관계를 분석하는 방법으로 가장 적절한 것은?

① 소시오메트리(Sociometry)
② 그리드 훈련(Grid Training)
③ 집단역할(Group Dynamic)
④ 감수성 훈련(Sensitivity Training)

해설 **소시오메트리(Sociometry)**
인간관계나 집단의 구조 및 동태(動態)를 경험적으로 기술(記述)·측정하는 이론과 방법의 총칭. 좁은 의미로는, 특히 J.모레노와 그 학파가 체계화한 방법을 가리킨다. 모레노에 의하면, 집단 성원(成員) 사이에 끊임없이 변화하는 견인(牽引 : Attraction)과 반발(Repulsion)의 역학적 긴장 체계이며, 이는 개인의 자발성의 성질과 문화적 역할에 대한 학습 정도에 따라 상대적으로 안정된 구조를 만들어낸다는 것이다.

19 다음 중 학습의 전개단계에서 주제를 논리적으로 체계화함에 있어 적용하는 방법으로 적절하지 않은 것은?

① 적게 사용하는 것에서 많이 사용하는 것으로
② 미리 알려져 있는 것에서 미지의 것으로
③ 전체적인 것에서 부분적인 것으로
④ 간단한 것에서 복잡한 것으로

해설 많이 사용하는 것에서 적게 사용하는 것으로 전개해야 한다.

20 불안전한 행동을 예방하기 위하여 수정해야 할 조건 중 시간의 소요가 짧은 것부터 장시간 소요되는 순서대로 올바르게 연결된 것은?

① 집단행위-개인행위-지식-태도
② 지식-태도-개인행위-집단행위
③ 태도-지식-집단행위-개인행위
④ 개인행위-태도-지식-집단행위

해설 불안전한 행동을 예방하기 위하여 수정해야 할 조건들 중 시간의 소요가 짧은 순서 : 지식-태도-개인행위-집단행위

21 몇 사람의 전문가에 의하여 과제에 관한 견해를 발표한 뒤에 참가자로 하여금 의견이나 질문을 하게 하여 토의하는 방법을 무엇이라 하는가?

① 심포지움(symposium)
② 버즈 세션(buzz session)
③ 케이스 메소드(case method)
④ 패널 디스커션(panel discussion)

해설 **심포지엄(The Symposium)**
몇 사람의 전문가에 의하여 과제에 관한 견해를 발표한 뒤에 참가자로 하여금 의견이나 질문을 하게 하여 토의하는 방법

22 바이오리듬(생체 리듬)에 관한 설명 중 틀린 것은?

① 안정기(+)와 불안정기(−)의 교차점을 위험일이라 한다.
② 감성적 리듬은 33일을 주기로 반복하며, 주의력, 예감 등과 관련되어 있다.
③ 지성적 리듬은 "I"로 표시하며 사고력과 관련이 있다.
④ 육체적 리듬은 신체적 컨디션의 율동적 발현, 즉 식욕·활동력 등과 밀접한 관계를 갖는다.

해설 **바이오리듬(생체 리듬)의 종류**
- 육체적 리듬(23일 주기로 반복) : 신체의 물리적인 상태를 나타내는 리듬, 청색 실선으로 표시
- 지성적 리듬(33일 주기로 반복) : 기억력, 인지력, 판단력 등을 나타내는 리듬, 녹색 일점쇄선으로 표시
- 감성적 리듬(28일 주기로 반복) : 기분이나 신경계통의 상태를 나타내는 리듬, 적색 점선으로 표시

23 다음 중 피로검사 방법에 있어 심리적인 방법의 검사항목에 해당하는 것은?

① 호흡순환기능
② 연속반응시간
③ 대뇌피질 활동
④ 혈색소 농도

해설 **피로의 측정방법**
1. 생리학적 측정 : 근력 및 근활동(EMG), 대뇌활동(EEG), 호흡(산소 소비량), 순환기(ECG)
2. 생화학적 측정 : 혈액농도 측정, 혈액수분 측정, 요 전해질, 요 단백질 측정
3. 심리학적 측정 : 피부저항, 동작분석, 연속반응시간, 집중력

24 기업내 정형교육 중 TWI(Training Within Industry)의 교육내용과 가장 거리가 먼 것은?

① Job Standardization
② Job Instruction Training
③ Job Method Training
④ Job Relation Training

해설 **TWI(Training Within Industry)**
주로 관리감독자를 대상으로 하며 전체 교육시간은 10시간(1일 2시간씩 5일 교육)으로 실시한다. 한 그룹에 10명 내외로 토의법과 실연법 중심으로 강의가 실시되며 훈련의 종류는 다음과 같다.
① 작업지도훈련(JIT ; Job Instruction Training)
② 작업방법훈련(JMT ; Job Method Training)
③ 인간관계훈련(JRT ; Job Relations Training)
④ 작업안전훈련(JST ; Job Safety Training)

25 매슬로의 욕구단계이론에서 편견 없이 받아들이는 성향, 타인과의 거리를 유지하며 사생활을 즐기거나 창의적 성격으로 봉사, 특별히 좋아하는 사람과 긴밀한 관계를 유지하려는 인간의 욕구에 해당하는 것은?

① 생리적 욕구
② 사회적 욕구
③ 자아실현의 욕구
④ 안전에 대한 욕구

해설 자아실현의 욕구 (제5단계) : 잠재적인 능력을 실현하고자 하는 욕구 (성취욕구)

26 다음 중 준비, 교시, 연합, 총괄, 응용시키는 사고과정의 기술교육 진행방법에 해당하는 것은?

① 듀이의 사고과정
② 태도 교육 단계이론
③ 하버드 학파의 교수법
④ MTP(Management Training Program)

해설 **하버드 학파의 5단계 교수법(사례연구 중심)**
- 1단계 : 준비시킨다.(Preparation)
- 2단계 : 교시한다.(Presentation)
- 3단계 : 연합한다.(Association)
- 4단계 : 총괄한다.(Generalization)
- 5단계 : 응용시킨다.(Application)

정답 | 21 ① 22 ② 23 ② 24 ① 25 ③ 26 ③

27 인간의 동작특성 중 판단과정의 착오요인이 아닌 것은?

① 자기합리화   ② 정서불안정
③ 작업조건불량   ④ 정보부족

해설 | 판단과정 착오의 요인
1. 자기합리화   2. 작업조건불량
3. 정보부족   4. 능력부족
5. 과신(자신 과잉)

28 다음 중 버드(Bird)의 사고 발생 도미노 이론에서 직접원인은 무엇이라고 하는가?

① 통제   ② 징후
③ 손실   ④ 위험

해설 | 버드(Frank Bird)의 신도미노이론
- 1단계 : 통제의 부족(관리소홀), 재해발생의 근원적 요인
- 2단계 : 기본원인(기원), 개인적 또는 과업과 관련된 요인
- 3단계 : 직접원인(징후), 불안전한 행동 및 불안전한 상태
- 4단계 : 사고(접촉)
- 5단계 : 상해(손해)

29 다음 중 학생이 자기 학습속도에 따른 학습이 허용되어 있는 상태에서 학습자가 프로그램 자료를 가지고 단독으로 학습하도록 하는 교육방법은?

① 토의법   ② 모의법
③ 실연법   ④ 프로그램 학습법

해설 | 프로그램 학습법
학습자가 프로그램을 통해 단독으로 학습하는 방법으로 개발된 프로그램은 변경이 어렵다.

30 다음 중 산업안전보건법령상 안전보건·표지의 종류에 있어 금지표지에 해당하지 않는 것은?

① 금연   ② 사용금지
③ 물체이동금지   ④ 유해물질접촉금지

해설 | 안전·보건표지 중 안내표지의 종류

101 출입금지 102 보행금지 103 차량통행금지 104 사용금지 105 탑승금지
106 금연 107 화기금지 108 물체이동금지

31 사고요인이 되는 정신적 요소 중 개성적 결함 요인에 해당하지 않는 것은?

① 방심 및 공상   ② 도전적인 마음
③ 과도한 집착력   ④ 다혈질 및 인내심 부족

해설 | 개성적 결함 요소
도전적인 마음, 과도한 집착력, 다혈질 및 인내심 부족

32 다음 중 산업안전보건법령상 안전보건관리책임자 등의 안전보건교육시간 기준으로 틀린 것은?

① 보건관리자의 보수교육 : 24시간 이상
② 안전관리자의 신규교육 : 34시간 이상
③ 안전보건관리책임자의 보수교육 : 6시간 이상
④ 재해예방전문지도기관 종사자의 신규교육 : 24시간 이상

해설 | 안전보건관리책임자 등에 대한 교육

교육대상	교육시간	
	신규교육	보수교육
재해예방 전문지도기관 종사자	34시간 이상	24시간 이상

33 안전인증 대상 보호구인 방독마스크에서 유기화합물용 정화통 외부 측면의 표시 색으로 옳은 것은?

① 갈색   ② 노랑색
③ 녹색   ④ 백색과 녹색

해설 | 정화통의 외부측면의 표시색

종류	표시색
유기화합물용 정화통	갈색

정답 | 27 ② 28 ② 29 ④ 30 ④ 31 ① 32 ④ 33 ①

34 다음의 교육내용과 관련 있는 교육은?

- 작업동작 및 표준작업방법의 습관화
- 공구·보호구 등의 관리 및 취급태도의 확립
- 작업 전후의 점검, 검사요령의 정확화 및 습관화

① 지식교육　　　　② 기능교육
③ 태도교육　　　　④ 문제해결교육

해설 **안전교육의 종류**
1. 지식교육(1단계) : 지식의 전달과 이해
2. 기능교육(2단계) : 실습, 시범을 통한 이해
3. 태도교육(3단계) : 안전의 습관화(가치관 형성)
　① 청취(들어본다) → ② 이해, 납득(이해시킨다) → ③ 모범(시범을 보인다) → ④ 권장(평가한다)

35 다음 중 헤드십(Head-ship)의 특성이 아닌 것은?

① 지휘형태는 권위주의적이다.
② 권한행사는 임명된 헤드이다.
③ 부하와의 사회적 간격은 넓다.
④ 상관과 부하와의 관계는 개인적인 영향이다.

해설 헤드십의 특징은 상사와 부하와의 관계는 지배적 관계이다.
　헤드십(headship)
　집단구성원이 아닌 외부에 의해 선출(임명)된 지도자로 권한의 근거는 공식적이다.

36 다음 중 브레인스토밍(Brain-storming)기법의 4원칙에 관한 설명으로 틀린 것은?

① 한 사람이 많은 의견을 제시할 수 있다.
② 타인의 의견을 수정하여 발언할 수 있다.
③ 타인의 의견에 대하여 비판, 비평하지 않는다.
④ 의견을 발언할 때에는 주어진 요건에 맞추어 발언한다.

해설 **브레인스토밍**
1. 비판금지 : "좋다, 나쁘다." 등의 비평을 하지 않는다.
2. 자유분방 : 자유로운 분위기에서 발표한다.
3. 대량발언 : 무엇이든지 좋으니 많이 발언한다.
4. 수정발언 : 자유자재로 변하는 아이디어를 개발한다(타인 의견의 수정발언).

37 다음 중 직무적성검사의 특징과 가장 거리가 먼 것은?

① 타당성(Validity)　　② 객관성(Objectivity)
③ 표준화(Standardization)　④ 재현성(Reproducibility)

해설 **심리검사(직무적성검사)의 특성**
1. 표준화　　2. 타당도
3. 신뢰도　　4. 객관도
5. 실용도

38 주의(Attention)의 특성에 관한 설명 중 틀린 것은?

① 고도의 주의는 장시간 지속하기 어렵다.
② 한 지점에 주의를 집중하면 다른 곳에 대한 주의는 약해진다.
③ 최고의 주의 집중은 의식의 과잉 상태에서 가능하다.
④ 여러 자극을 지각할 때 소수의 현란한 자극에 선택적 주의를 기울이는 경향이 있다.

해설 **주의의 특성**
- 선택성 : 한 번에 많은 종류의 자극을 지각·수용하기 곤란하다.
- 방향성 : 시선의 초점에 맞았을 때는 쉽게 인지되지만, 시선에서 벗어난 부분은 무시되기 쉽다.
- 변동성 : 주의는 리듬이 있어 언제나 일정한 수준을 지키지는 못한다.

39 다음 중 사회행동의 기본형태에 해당되지 않는 것은?

① 모방　　　　② 대립
③ 도피　　　　④ 협력

해설 **사회행동의 기본형태**
1. 협력(Cooperation) : 조력, 분업
2. 대립(Opposition) : 공격, 경쟁
3. 도피(Escape) : 고립, 정신병, 자살
4. 융합(Accomodation) : 강제, 타협, 통합

40 다음 설명에 해당하는 위험예지훈련법은?

- 현장에서 그때 그 장소의 상황에 즉응하여 실시한다.
- 10명 이하의 소수가 적합하며, 시간은 10분 정도가 바람직하다.
- 사전에 주제를 정하고 자료 등을 준비한다.
- 결론은 가급적 서두르지 않는다.

① 삼각 위험예지훈련　　② 시나리오 역할연기훈련
③ Tool Box Meeting　　④ 원포인트 위험예지훈련

정답 | 34 ③　35 ④　36 ④　37 ④　38 ④　39 ①　40 ③

[해설] **TBM(Tool Box Meeting)**
개업 개시 전, 종료 후 같은 작업원 5~6명이 리더를 중심으로 둘러앉아(또는 서서) 3~5분에 걸쳐 작업 중 발생할 수 있는 위험을 예측하고 사전에 점검하여 대책을 수립하는 등 단시간 내에 의논하는 문제해결 기법이다.

41 다음 중 재해 원인의 4M에 대한 내용이 틀린 것은?

① Media : 작업정보, 작업환경
② Machine : 기계설비의 고장, 결함
③ Management : 작업방법, 인간관계
④ Man : 동료나 상사, 본인 이외의 사람

[해설] 관리(Management) : 안전조직 미비, 교육·훈련 부족, 오판단, 계획 불량, 잘못된 지시

42 산업안전보건법령상 산업안전보건위원회의 구성·운영에 관한 설명 중 틀린 것은?

① 정기회의는 분기마다 소집한다.
② 위원장은 위원 중에서 호선(互選)한다.
③ 근로자대표가 지명하는 명예산업안전감독관은 근로자 위원에 속한다.
④ 공사금액 100억 원 이상의 건설업의 경우 산업안전보건위원회를 구성·운영해야 한다.

[해설] 공사금액 120억 원 이상인 건설업의 경우 산업안전보건위원회를 구성·운영해야 한다.

43 안전교육 방법 중 O.J.T(On the Job Training) 특징과 거리가 먼 것은?

① 상호 신뢰 및 이해도가 높아진다.
② 개개인에게 적절한 지도 훈련이 가능하다.
③ 사업장의 실정에 맞게 실제적 훈련이 가능하다.
④ 관련 분야의 외부 전문가를 강사로 초빙하는 것이 가능하다.

[해설] **O.J.T(직장 내 교육훈련)**
직속상사가 직장 내에서 작업표준을 가지고 업무상의 개별교육이나 지도훈련을 하는 것(개별교육에 적합)
1. 개개인에게 적절한 지도훈련이 가능
2. 직장의 실정에 맞게 실제적 훈련이 가능

44 다음 중 일반적으로 시간의 변화에 따라 야간에 상승하는 생체리듬은?

① 맥박수   ② 염분량
③ 혈압   ④ 체중

[해설] **생체리듬의 변화**
1. 야간에는 체중이 감소한다.
2. 야간에는 말초운동기능이 저하, 피로의 자각증상 증대
3. 혈액의 수분, 염분량은 주간에 감소하고 야간에 증가
4. 체온, 혈압, 맥박은 주간에 상승하고 야간에 감소

45 다음 중 산업안전보건법령상 안전관리자의 업무가 아닌 것은? (단, 그 밖에 안전에 관한 사항으로서 고용노동부장관이 정하는 사항은 제외한다.)

① 업무수행 내용의 기록·유지
② 근로자의 건강관리, 보건교육 및 건강증진 지도
③ 산업재해에 관한 통계의 유지·관리·분석을 위한 보좌 및 조언·지도
④ 사업장 순회점검·지도 및 조치의 건의

[해설] ②은 보건관리자의 업무이다.

46 다음 중 매슬로(Maslow)의 욕구 5단계 이론에 해당되지 않는 것은?

① 생리적 욕구   ② 사회적 욕구
③ 감성적 욕구   ④ 존경의 욕구

[해설] **매슬로(Maslow)의 욕구단계이론**
1. 생리적 욕구(제1단계)
2. 안전의 욕구(제2단계)
3. 사회적 욕구(제3단계)
4. 자기존경의 욕구(제4단계)
5. 자아실현의 욕구(성취욕구)(제5단계)

47 파블로프(Pavlov)의 조건반사설에 의한 학습이론의 원리가 아닌 것은?

① 일관성의 원리   ② 계속성의 원리
③ 준비성의 원리   ④ 강도의 원리

[해설] **파블로프(Pavlov)의 조건반사설**
1. 계속성의 원리(The Continuity Principle)
2. 일관성의 원리(The Consistency Principle)

정답 | 41 ③ 42 ④ 43 ④ 44 ② 45 ② 46 ③ 47 ③

3. 강도의 원리(The Intensity Principle)
4. 시간의 원리(The Time Principle)

48 동기부여이론 중 데이비스(K.Davis)의 이론에서 동기유발(Motivation)을 등식으로 표현하였다. 옳은 것은?

① 지식(Knowledge)×기능(Skill)
② 능력(Ability)×태도(Attitude)
③ 상황(Situation)×태도(Attitude)
④ 인간의 성과(Human Performance)×기능(Skill)

해설 상황(Situation)×태도(Attitude)=동기유발(Motivation)

49 레빈(Lewin)은 인간의 행동 특성을 다음과 같이 표현하였다. 변수 "E"가 의미하는 것으로 옳은 것은?

$$B = f(P \cdot E)$$

① 연령
② 성격
③ 작업환경
④ 지능

해설 레빈(Lewin · K)의 법칙
$B = f(P \cdot E)$
여기서, B : Behavior(인간의 행동), f : Function(함수관계), P : Person(개체 : 연령, 경험, 심신상태, 성격, 지능 등), E : Environment (심리적 환경 : 인간관계, 작업환경 등)

50 산업안전보건법령상 안전보건관리책임자 등에 대한 교육시간 기준으로 틀린 것은?

① 보건관리자, 보건관리전문기관의 종사자 보수교육 : 24시간 이상
② 안전관리자, 안전관리전문기관의 종사자 신규교육 : 34시간 이상
③ 안전보건관리책임자 보수교육 : 6시간 이상
④ 건설재해예방전문지도기관의 종사자 신규교육 : 24시간 이상

해설 건설재해예방전문지도기관 종사자의 신규교육은 34시간 이상이다.

51 적응기제(適應機制, Adjustment Mechanism)의 종류 중 도피적 기제(행동)에 속하지 않는 것은?

① 고립
② 퇴행
③ 억압
④ 합리화

해설 도피적 기제(Ascape Mechanism) : 욕구불만이나 압박으로부터 벗어나기 위해 현실을 벗어나 마음의 안정을 찾으려는 것(고립, 퇴행, 억압, 백일몽)

52 다음 중 리더의 행동스타일 리더십을 연결시킨 것으로 잘못 연결된 것은?

① 부하 중심적 리더십 – 치밀한 감독
② 직무 중심적 리더십 – 생산과업 중시
③ 부하 중심적 리더십 – 부하와의 관계 중시
④ 직무 중심적 리더십 – 공식권한과 권력에 의존

해설 부하 중심적 리더십은 부하와의 관계를 중시한다.

53 안전교육의 내용에 있어 다음 설명과 가장 관계가 깊은 것은?

- 교육대상자가 그것을 스스로 행함으로 얻어진다.
- 개인의 반복적 시행착오에 의해서만 얻어진다.

① 안전지식의 교육
② 안전기능의 교육
③ 문제해결의 교육
④ 안전태도의 교육

해설 안전교육의 3단계
1. 지식교육(1단계) : 지식의 전달과 이해
2. 기능교육(2단계) : 실습, 시범을 통한 이해
3. 태도교육(3단계) : 안전의 습관화(가치관 형성)

54 다음 중 방독마스크의 성능기준에 있어 사용 장소에 따른 등급의 설명으로 틀린 것은?

① 고농도는 가스 또는 증기의 농도가 100분의 2 이하의 대기 중에서 사용하는 것을 말한다.
② 중농도는 가스 또는 증기의 농도가 100분의 1 이하의 대기 중에서 사용하는 것을 말한다.
③ 저농도는 가스 또는 증기의 농도가 100분의 0.5 이하의 대기 중에서 사용하는 것으로서 긴급용이 아닌 것을 말한다.
④ 고농도와 중농도에서 사용하는 방독마스크는 전면형(격리식, 직결식)을 사용해야 한다.

정답 | 48 ③ 49 ③ 50 ④ 51 ④ 52 ① 53 ② 54 ③

[해설] **방독마스크의 등급**

등급	사용 장소
저농도 및 최저농도	가스 또는 증기의 농도가 100분의 0.1 이하의 대기 중에서 사용하는 것으로서 긴급용이 아닌 것

55 기술교육의 형태 중 듀이(J. Dewey)의 사고과정 5단계에 해당하지 않는 것은?

① 추론한다. ② 시사를 받는다.
③ 가설을 설정한다. ④ 가슴으로 생각한다.

[해설] **존 듀이(Jone Dewey)의 5단계 사고과정**
- 제1단계 : 시사(Suggestion)를 받는다.
- 제2단계 : 지식화(Intellectualization)한다.
- 제3단계 : 가설(Hypothesis)을 설정한다.
- 제4단계 : 추론(Reasoning)한다.
- 제5단계 : 행동에 의하여 가설을 검토한다.

56 다음 중 인간의 착시현상에서 움직이지 않는 것이 움직이는 것처럼 느껴지는 현상을 무엇이라 하는가?

① 유도운동 ② 잔상운동
③ 자동운동 ④ 유선운동

[해설] **유도운동**
실제로는 정지한 물체가 어느 기준물체의 이동에 따라 움직이는 것처럼 보이는 현상이다.

57 다음 중 Line-staff형 안전조직에 관한 설명으로 가장 옳은 것은?

① 생산부분의 책임이 막중하다.
② 명령계통과 조언 권고적 참여가 혼동되기 쉽다.
③ 안전지시나 조치가 철저하고 실시가 빠르다.
④ 생산부문에는 안전에 대한 책임과 권한이 없다.

[해설] **라인·스태프(Line-staff)형 조직(직계참모조직)**
대규모 사업장에 적합한 조직으로서 라인형과 스태프형의 장점만을 채택한 형태이며 안전업무를 전담하는 스태프를 두고 생산라인의 각 계층에서도 각 부서장으로 하여금 안전업무를 수행케 하여 스태프에서 안전에 관한 사항이 결정되면 라인을 통하여 실천하도록 편성된 조직(대규모, 1,000명 이상)

58 다음 중 방진마스크 선택 시 주의사항으로 틀린 것은?

① 포집률이 좋아야 한다.
② 흡기저항 상승률이 높아야 한다.
③ 시야가 넓을수록 좋다.
④ 안면부에 밀착성이 좋아야 한다.

[해설] 방진마스크 선정기준(구비조건)으로 흡기, 배기저항이 낮을 것

59 다음 중 안전보건기술지침 분류기호가 잘못 연결된 것은?

① 화재보호지침 : F
② 리스크관리지침 : X
③ 작업환경 관리지침 : W
④ 시료 채취 및 분석지침 : E

[해설] 시료 채취 및 분석지침의 분류기호는 'A'이다.

60 다음 중 안전보건예산에 관한 설명 중 틀린 것은?

① 재해 예방을 위해 필요한 안전·보건에 관한 인력을 구성하는 데 집행가능하다.
② 안전보건관리체계구축을 위해 분석한 유해·위험요인을 개선하는 데 필요한 예산을 편성하는 것이 중요하다.
③ 사업장과에 현존하는 유해·위험요인을 개선하기 위해서는 무리한 예산편성 및 실행도 무관하다.
④ 재해 예방을 위해 필요한 인력 시설 및 장비를 구비하는 데 집행 가능하다.

[해설] 유해·위험요인 확인 절차 등에서 확인된 사항을 사업 또는 사업장의 재정 여건 등에 맞추어 제거·대체·통제 등 합리적으로 실행가능한 수준 만큼 개선하는 데 필요한 예산을 편성하여야 한다.

정답 | 55 ④ 56 ① 57 ② 58 ② 59 ④ 60 ③

산업안전기사 필기 ENGINEER INDUSTRIAL SAFETY

PART 02

인간공학 및 위험성 평가 · 관리

CHAPTER 01 안전과 인간공학
CHAPTER 02 위험성 파악 · 결정 및 감소 대책 수립 · 실행
CHAPTER 03 근골격계질환 예방관리
CHAPTER 04 유해요인 관리
CHAPTER 05 작업환경 관리
■ 예상문제

CHAPTER 01 안전과 인간공학

PART 02

SECTION 01 인간공학의 정의

1 정의 및 목적

1) 정의
인간의 신체적, 정신적 능력 한계를 고려해 인간에게 적절한 형태로 작업을 맞추는 것

(1) 자스트러제보스키(Jastrzebowski)의 정의

Ergon(일 또는 작업)과 Nomos(자연의 원리 또는 법칙)로부터 인간공학(Ergonomics)의 용어를 얻음

(2) 차파니스(A. Chapanis)의 정의

기계와 환경조건을 인간의 특성, 능력 및 한계에 잘 조화되도록 설계하기 위한 방법을 연구하는 학문

2) 목적
(1) 작업장의 배치, 작업방법, 기계설비, 전반적인 작업환경 등에서 작업자의 신체적인 특성이나 행동하는 데 받는 제약조건 등이 고려된 시스템을 디자인함
(2) 건강, 안전, 만족 등과 같은 특정한 인생의 가치기준(Human Values)을 유지하거나 높임
(3) 인간과 기계 및 작업환경과의 조화가 잘 이루어질 수 있도록 하여 작업자의 안전, 작업능률, 편리성, 쾌적성(만족도)을 향상시킴

2 배경 및 필요성

1) 인간공학의 배경
(1) 초기(1940년 이전) : 기계 위주의 설계 철학
(2) 체계수립과정(1945~1960년) : 기계에 맞는 인간선발 또는 훈련을 통해 기계에 적합하도록 유도
(3) 급성장기(1960~1980년) : 우주경쟁과 더불어 군사, 산업분야에서 인간공학이 주요분야로 위치
(4) 성숙의 시기(1980년 이후) : 인간 요소를 고려한 기계 시스템의 중요성 부각 등

2) 필요성
(1) 산업재해 감소
(2) 생산원가 절감
(3) 재해로 인한 손실 감소
(4) 직무만족도 향상
(5) 기업의 이미지와 상품선호도 향상
(6) 노사 간 신뢰구축

3 사업장에서의 인간공학 적용 분야
(1) 작업관련 유해·위험 작업 분석
(2) 제품설계 시 인간에 대한 안전성평가
(3) 작업공간 설계
(4) 인간-기계 인터페이스 디자인

SECTION 02
인간-기계 체계

1 인간-기계 체계의 정의 및 유형

1) 인간-기계 통합체계는 인간과 기계의 상호작용으로 인간의 역할에 중점을 두고 시스템을 설계하는 것이 바람직함

2) 인간-기계 체계의 기본기능

구분	인간	기계
감지기능	시각, 청각, 촉각 등의 감각기관	전자, 사진, 음파탐지기 등 기계적인 감지장치
정보저장기능	기억된 학습 내용	펀치카드(Punch Card), 자기테이프, 형판(Template), 기록, 자료표 등 물리적 기구
정보처리 및 의사결정기능	행동을 한다는 결심	모든 입력된 정보에 대해서 미리 정해진 방식으로 반응하게 하는 프로그램(Program)
행동기능	물리적인 조정행위 : 조종장치 작동, 물체나 물건을 취급, 이동, 변경, 개조 등	통신행위 : 음성(사람의 경우), 신호, 기록 등

3) 인간의 정보처리능력

인간이 신뢰성 있게 정보 전달을 할 수 있는 기억은 5가지 미만이며 감각에 따라 정보를 신뢰성 있게 전달할 수 있는 한계 개수는 5~9가지임

$$정보량\ H = \log_2 n = \log_2 \frac{1}{p},\ p = \frac{1}{n}$$

여기서, 정보량의 단위는 bit(Binary Digit)임,
p : 실현 확률, n : 대안 수

4) **시배분(Time-Sharing)** : 사람이 주의를 번갈아 가며 두 가지 이상을 돌보아야 하는 상황

5) 자극과 반응에 관련된 정보량

그림은 정보전달과 관련된 자극 정보량(Stimulus Information) 및 반응정보량(Response Information)을 나타냄. 자극 정보량을 $H(x)$, 반응 정보량을 $H(y)$, 자극과 반응 정보량의 합집합을 결합 정보량 $H(x,y)$라 하면 전달된 정보량(Transmitted Information) $T(x,y)$, 소음 정보량과 손실 정보량은 다음 수식으로 표현

$$T(x,y) = H(x) + H(y) - H(x,y)$$
$$손실\ 정보량 = H(x) - T(x,y) = H(x,y) - H(y)$$
$$소음\ 정보량 = H(y) - T(x,y) = H(x,y) - H(x)$$

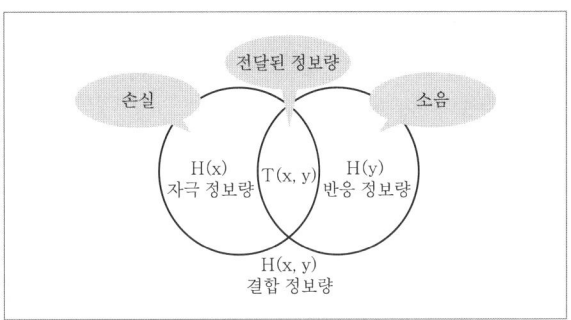

[자극과 반응 정보량]

2 인간-기계 통합체계의 특성

1) 수동체계 : 자신의 신체적인 힘을 동력원으로 사용하여 작업을 통제하는 인간 사용자와 결합(수공구 사용)
2) 기계화 또는 반자동체계 : 운전자가 조종장치를 사용하여 통제하며 동력은 전형적으로 기계가 제공
3) 자동체계 : 기계가 감지, 정보처리, 의사결정 등 행동을 포함한 모든 임무를 수행하고 인간은 감시, 프로그래밍, 정비유지 등의 기능을 수행하는 체계

(1) 입력정보의 코드화(Chunking)

(2) 암호(코드)체계 사용상의 일반적 지침

① 암호의 검출성 : 타 신호가 존재하더라도 검출이 가능해야 함
② 암호의 변별성 : 다른 암호표시와 구분이 되어야 함
③ 암호의 표준화 : 표준화되어야 함
④ 부호의 양립성 : 인간의 기대와 모순되지 않아야 함
⑤ 부호의 의미 : 사용자가 부호의 의미를 알 수 있어야 함
⑥ 다차원 암호의 사용 : 2가지 이상의 암호를 조합해서 사용하면 정보전달이 촉진됨

3 인간공학적 설계의 일반적인 원칙

(1) 인간의 특성을 고려
(2) 시스템을 인간의 예상과 양립
(3) 표시장치나 제어장치의 중요성, 사용빈도, 사용순서, 기능에 따라 배치

4 인간-기계시스템 설계과정 6가지 단계

(1) 목표 및 성능명세 결정 : 시스템 설계 전 그 목적이나 존재이유가 있어야 함
(2) 시스템 정의 : 목적을 달성하기 위한 특정한 기본기능들이 수행되어야 함
(3) 기본설계 : 시스템의 형태를 갖추기 시작하는 단계(직무분석, 작업설계, 기능할당)
(4) 인터페이스 설계 : 사용자 편의와 시스템 성능에 관여
(5) 촉진물 설계 : 인간의 성능을 증진시킬 보조물을 설계
(6) 시험 및 평가 : 시스템 개발과 관련된 평가와 인간적인 요소를 평가

SECTION 03
체계설계와 인간요소

1 체계기준의 구비조건(연구조사의 기준척도)

(1) 실제적 요건 : 객관적·정량적이며, 강요적이 아니고, 수집이 쉬우며, 특수한 자료 수집기법이나 기기가 필요 없고, 돈이나 실험자의 수고가 적게 드는 것
(2) 신뢰성(반복성) : 시간이나 대표적 표본의 선정과 관계없이, 변수 측정의 일관성이나 안정성
(3) 타당성(적절성) : 어느 것이나 공통적으로 변수가 실제로 의도하는 바를 어느 정도 측정하는가를 결정하는 것(시스템의 목표를 잘 반영하는가를 나타내는 척도)
(4) 순수성(무오염성) : 측정하는 구조 외적인 변수의 영향은 받지 않는 것
(5) 민감도 : 피검자 사이에서 볼 수 있는 예상 차이점에 비례하는 단위로 측정

2 인간과 기계의 상대적 기능

1) 인간이 현존하는 기계를 능가하는 기능

(1) 매우 낮은 수준의 시각, 청각, 촉각, 후각, 미각적인 자극 감지
(2) 주위의 이상하거나 예기치 못한 사건 감지
(3) 다양한 경험을 토대로 의사결정(상황에 따라 적절한 결정)
(4) 관찰을 통해 일반적으로 귀납적(Inductive)으로 추진 가능
(5) 주관적으로 추산하고 평가

2) 현존하는 기계가 인간을 능가하는 기능

(1) 인간의 정상적인 감지범위 밖에 있는 자극 감지
(2) 자극을 연역적(Deductive)으로 추리 가능
(3) 암호화(Coded)된 정보를 신속하게, 대량으로 보관 가능
(4) 반복적인 작업을 신뢰성 있게 추진
(5) 과부하시에도 효율적으로 작동

3) 인간-기계 시스템에서 유의하여야 할 사항

(1) 인간과 기계의 비교가 항상 적용되지는 않음. 컴퓨터는 단순반복 처리가 우수하나 일이 적은 양일 때는 사람의 암산 이용이 더 용이
(2) 과학기술의 발달로 인하여 현재 기계가 열세한 점이 극복 가능
(3) 인간은 감성을 지닌 존재
(4) 인간이 기능적으로 기계보다 못하다고 해서 항상 기계가 선택되지는 않음

SECTION 04
인간요소와 휴먼에러

1 휴먼에러(인간실수)

1) 휴먼에러의 관계

$$SP = K(HE) = f(HE)$$

여기서, SP : 시스템퍼포먼스(체계성능),
HE : 인간과오(Human Error), K : 상수,
f : 관수(함수)

(1) $K \fallingdotseq 1$: 중대한 영향
(2) $K < 1$: 위험
(3) $K \fallingdotseq 0$: 무시

2) 휴먼에러의 분류

(1) 심리적(행위에 의한) 분류(Swain)

① 생략에러(Omission Error) : 작업 혹은 필요한 절차를 수행하지 않는 데서 기인하는 에러
② 실행(작위적)에러(Commission Error) : 작업 혹은 절차를 수행했으나 잘못한 실수 – 선택착오, 순서착오, 시간착오
③ 과잉행동에러(Extraneous Error) : 불필요한 작업 혹은 절차를 수행함으로써 기인한 에러
④ 순서에러(Sequential Error) : 작업수행의 순서를 잘못한 실수
⑤ 시간에러(Timing Error) : 소정의 기간에 수행하지 못한 실수(너무 빨리 혹은 늦게)

(2) 원인 레벨(level)적 분류

① Primary Error : 작업자 자신으로부터 발생한 에러(안전 교육을 통하여 제거)
② Secondary Error : 작업형태나 작업조건 중에서 다른 문제가 생겨 그 때문에 필요한 사항을 실행할 수 없는 오류나 어떤 결함으로부터 파생하여 발생하는 에러
③ Command Error : 요구되는 것을 실행하고자 하여도 필요한 정보, 에너지 등이 공급되지 않아 작업자가 움직이려 해도 움직이지 않는 에러

(3) 정보처리 과정에 의한 분류

① 인지확인 오류 : 외부의 정보를 받아들여 대뇌의 감각중추에서 인지할 때까지의 과정에서 일어나는 실수
② 판단, 기억오류 : 상황을 판단하고 수행하기 위한 행동을 의사결정하여 운동중추로부터 명령을 내릴 때까지 대뇌과정에서 일어나는 실수
③ 동작 및 조작오류 : 운동중추에서 명령을 내렸으나 조작을 잘못하는 실수

(4) 인간의 행동과정에 따른 분류

① 입력 에러 : 감각 또는 지각의 착오
② 정보처리 에러 : 정보처리 절차 착오
③ 의사결정 에러 : 주어진 의사결정의 착오
④ 출력 에러 : 신체반응 착오
⑤ 피드백 에러 : 인간제어 착오

(5) 제임스리즌(James Reason)의 불안전한 행동 분류

① 라스무센(Rasmussen)의 인간행동모델에 따른 원인기준에 의한 휴먼에러 분류 방법
② 인간의 불안전한 행동을 의도적인 경우와 비의도적인 경우로 나눔. 비의도적 행동은 모두 숙련기반의 에러, 의도적 행동은 규칙기반 에러와 지식기반에러, 고의사고로 분류

(6) 인간의 오류모형

① 착오(Mistake) : 상황해석을 잘못하거나 목표를 잘못 이해하고 착각하여 행하는 경우
② 실수(Slip) : 상황이나 목표의 해석을 제대로 했으나 의도와는 다른 행동을 하는 경우
③ 건망증(Lapse) : 여러 과정이 연계적으로 일어나는 행동 중에서 일부를 잊어버리고 하지 않거나 또는 기억의 실패에 의하여 발생하는 오류
④ 위반(Violation) : 정해진 규칙을 알고 있음에도 고의로 따르지 않거나 무시하는 행위

(7) 인간실수 확률(HEP, Human Error Probability)

특정 직무에서 하나의 착오가 발생할 확률

$$HEP = \frac{인간실수의\ 수}{실수발생의\ 전체\ 기회수}$$

$$인간의\ 신뢰도(R) = (1-HEP) = 1-P$$

3) 휴먼에러 대책

(1) 배타설계(Exclusion design)

설계 단계에서 사용하는 재료나 기계 작동 메커니즘 등 모든 면에서 휴먼에러 요소를 근원적으로 제거하도록 하는 디자인 원칙임. 예를 들어, 유아용 완구의 표면을 칠하는 도료는 위험한 화학물질일 수 있으며 이런 경우 도료를 먹어도 무해한 재료로 바꾸어 설계하였다면 이는 에러 제거 디자인의 원칙을 지킨 것이 됨

(2) 보호설계(Preventive design)

신체적 조건이나 정신적 능력이 낮은 사용자라 하더라도 사고를 낼 확률을 낮게 설계해 주는 것을 에러 예방 디자인이며 풀-푸르프(Fool proof)디자인이라고 하고 세제나 약병의 뚜껑을 열기 위해서는 힘을 아래 방향으로 가해 돌려야 하는데 이것은 위험성을 모르는 아이들이 마실 확률을 낮추는 디자인이라 할 수 있음

(3) 안전설계(Fail-safe design)

안전장치 등의 부착을 통한 디자인 원칙을 페일-세이프(Fail safe)디자인이라고 하며, Fail-safe 설계를 위해서는 보통 시스템 설계 시 부품의 병렬체계설계나 대기체계설계와 같은 중복설계를 시행

병렬체계설계의 특징은 다음과 같다.
① 요소의 중복도가 증가할수록 계의 수명은 증가
② 요소의 수가 많을수록 고장의 기회는 감소
③ 요소의 어느 하나가 정상적이면 계는 정상
④ 시스템의 수명은 요소 중 수명이 가장 긴 것으로 정할 수 있음

4) 바이오리듬의 종류

(1) 육체리듬(주기 23일, 청색 실선표시) : 식욕, 소화력, 활동력, 지구력 등
(2) 지성리듬(주기 33일, 녹색 일점쇄선표시) : 상상력(추리력), 사고력, 기억력, 인지, 판단력 등
(3) 감성리듬(주기 28일, 적색 점선표시) : 감정, 주의력, 창조력, 예감 및 통찰력

CHAPTER 02 위험성 파악 · 결정 및 감소 대책 수립 · 실행

SECTION 01 위험성 평가

1 위험성 평가의 정의 및 개요

1) 정의
사업주가 스스로 사업장의 유해·위험 요인을 파악하고 해당 유해·위험요인의 위험성 수준을 결정하여, 위험성을 낮추기 위한 적절한 조치를 마련하고 실행하는 과정

2) 실시 주체
사업주 주도하에 안전보건관리책임자, 관리감독자, 안전관리자 등이 대상 작업의 근로자가 위험성평가 전 과정에 참여하여 각자의 역할에 따라 위험성평가를 실시하여야 함
※ 현장의 유해·위험요인을 제대로 파악하기 위해서는 관리감독와 근로자의 적극적인 참여가 중요

3) 실시절차
(1) 1단계 사전준비 : 위험성평가 실시규정 작성, 위험성의 수준 등 확정, 평가에 필요한 각종 자료 수집 단계
(2) 2단계 유해·위험요인 파악 : 사업장 순회점검 및 근로자들의 상시적 제안 등을 활용하여 사업장 내 유해·위험요인 파악
(3) 3단계 위험성 결정 : 사업장에서 설정한 허용 가능한 위험성의 기준과 비교하여 판단된 위험성의 수준이 허용 가능한지 여부 결정
(4) 4단계 위험성 감소대책 수립 및 실행 : 위험성의 결정 결과 허용 불가능한 위험성을 합리적으로 실천 가능한 범위에서 가능한 낮은 수준으로 감소시키기 위한 대책을 수립·실행
(5) 5단계 위험성평가의 공유 : 근로자에게 위험성평가 결과를 게시, 주지 등의 방법으로 알리고, 작업 전 안전점검회의(TBM) 등을 통해 상시적으로 주지
(6) 6단계 기록 및 보존 : 위험성평가의 유해·위험요인 파악, 위험성 결정의 내용 및 그에 따른 조치 사항 등을 기록 및 보존(보존기간 3년)

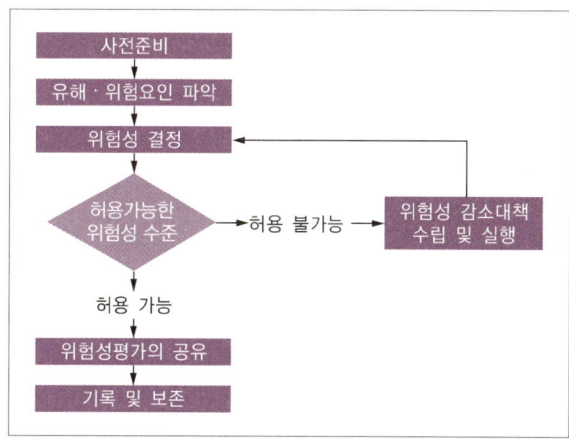

2 평가대상 선정
(1) 합리적으로 예견 가능한 모든 유해·위험요인
(2) 아차사고를 일으킨 유해·위험요인
(3) 중대재해가 발생한 경우

3 위험성 개선대책 종류 및 실행
(1) 각 유해·위험요인에 대해 위험성을 결정하고, 결정한 후 허용 가능하지 않은 수준의 위험성을 가진 유해·위험요인들에 대해서는 허용 가능한 수준으로 위험성을 낮추는 대책 필요

(2) 위험성 감소대책 고려순서

① 산업안전보건법령 등에 규정된 사항이 있는지를 검토하여 법령에 규정된 방법으로 조치
② 위험한 작업을 아예 폐지하거나, 기계·기구, 물질의 변경 또는 대체를 통해 위험을 본질적으로 제거하는 방안을 우선 고려
③ ①,② 방법으로 위험성을 줄이기 어렵다면, 인터록, 안전장치, 방호문, 국소배기장치 설치 등 유해·위험요인의 유해성이나 위험에의 접근 가능성을 줄이는 공학적 방법을 검토
④ ①,②,③ 방법들로도 위험이 다 줄어들지 않는다면, 작업매뉴얼을 정비하거나, 출입금지·작업허가 제도를 도입하고 근로자들에게 주의사항을 교육하는 등 관리적 방법 적용
⑤ 상기 모든 조치로도 줄이기 어려운 위험에 대해 최후의 방법으로 개인보호구의 사용 검토

4 4M 위험성 평가

작업공정 내 잠재하고 있는 위험요인을 Man(인간), Machine(기계), Media(작업매체), Management(관리) 등 4가지 분야로 위험성을 파악하여 위험제거대책을 제시하는 방법

(1) Man(인간) : 작업자의 불안전 행동을 유발시키는 인적 위험 평가
(2) Machine(기계) : 생산설비의 불안전 상태를 유발시키는 설계·제작·안전장치 등을 포함한 기계 자체 및 기계 주변의 위험 평가
(3) Media(작업매체) : 소음, 분진, 유해물질 등 작업환경 평가
(4) Management(관리) : 안전의식 해이로 사고를 유발시키는 관리적인 사항 평가

[4M의 항목별 위험요인(예시)]

항목	위험요인
Man (인간)	• 미숙련자 등 작업자 특성에 의한 불안전 행동 • 작업자세, 작업동작의 결함 • 작업방법의 부적절 등 • 휴먼에러(Human error) • 개인 보호구 미착용
Machine (기계)	• 기계·설비 구조상의 결함 • 위험 방호장치의 불량 • 위험기계의 본질안전 설계의 부족 • 비상시 또는 비정상 작업 시 안전연동장치 및 경고장치의 결함 • 사용 유틸리티(전기, 압축공기 및 물)의 결함 • 설비를 이용한 운반수단의 결함 등
Media (작업매체)	• 작업공간(작업장 상태 및 구조)의 불량 • 가스, 증기, 분진, 흄 및 미스트 발생 • 산소결핍, 병원체, 방사선, 유해광선, 고온, 저온, 초음파, 소음, 진동, 이상기압 등 • 취급 화학물질에 대한 중독 등 • 작업에 대한 안전보건 정보의 부적절
Management (관리)	• 관리조직의 결함 • 규정, 매뉴얼의 미작성 • 안전관리계획의 미흡 • 교육·훈련의 부족 • 부하에 대한 감독·지도의 결여 • 안전수칙 및 각종 표지판 미게시 • 건강검진 및 사후관리 미흡 • 고혈압 예방 등 건강관리 프로그램 운영 미흡

SECTION 02
시스템 위험성 추정 및 결정

1 시스템 정의

요소의 집합에 의해 구성되고 System 상호 간의 관계를 유지하면서 정해진 조건 아래서 어떤 목적을 위하여 작용하는 집합체

2 시스템의 안전성 확보방법

(1) 위험 상태의 존재 최소화
(2) 안전장치의 채용

(3) 경보 장치의 채택
(4) 특수 수단 개발과 표식 등의 규격화
(5) 중복(Redundancy)설계
(6) 부품의 단순화와 표준화
(7) 인간공학적 설계와 보전성 설계

3 작업위험분석 및 표준화

1) 작업표준의 목적
(1) 작업의 효율화
(2) 위험요인의 제거
(3) 손실요인의 제거

2) 작업표준의 작성절차
(1) 작업 분류정리
(2) 작업분해
(3) 작업분석 및 연구토의(동작순서 등을 정함)
(4) 작업표준안 작성
(5) 작업표준의 제정

3) 작업표준의 구비조건
(1) 작업의 실정에 적합할 것
(2) 표현은 구체적으로 나타낼 것
(3) 이상 시의 조치기준에 대해 정해둘 것
(4) 좋은 작업의 표준일 것
(5) 생산성과 품질의 특성에 적합할 것
(6) 다른 규정 등에 위배되지 않을 것

4) 작업표준 개정시의 검토사항
(1) 작업목적이 충분히 달성되고 있는가
(2) 생산흐름에 애로가 없는가
(3) 직장의 정리정돈 상태는 좋은가
(4) 작업속도는 적당한가
(5) 위험물 등의 취급장소는 일정한가

5) 작업개선의 4단계(표준 작업을 작성하기 위한 TWI 과정의 개선 4단계)
(1) 제1단계 : 작업분해
(2) 제2단계 : 요소작업의 세부내용 검토
(3) 제3단계 : 작업분석
(4) 제4단계 : 새로운 방법 적용

6) 작업분석(새로운 작업방법의 개발원칙) E. C. R. S
(1) 제거(Eliminate)
(2) 결합(Combine)
(3) 재조정(Rearrange)
(4) 단순화(Simplify)

SECTION 03
위험분석 기법

1 PHA(예비위험 분석, Preliminary Hazards Analysis)

시스템 내의 위험요소가 얼마나 위험상태에 있는가를 평가하는 시스템안전프로그램 최초단계의 분석 방식이다(정성적).

□ PHA에 의한 위험등급
  Class - 1 : 파국(Catastrophic)
  Class - 2 : 중대(Critical)
  Class - 3 : 한계적(Marginal)
  Class - 4 : 무시가능(Negligible)

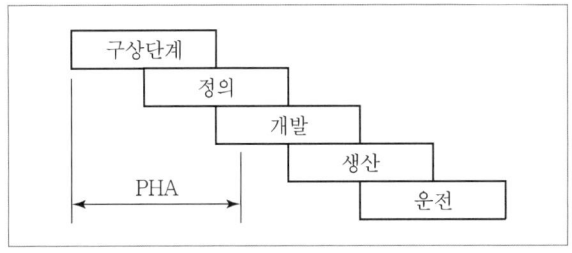

[시스템 수명 주기에서의 PHA]

2 FHA(결함위험분석, Fault Hazards Analysis)

분업에 의해 여럿이 분담 설계한 서브시스템 간의 인터페이스를 조정하여 각각의 서브시스템 및 전체 시스템에 악영향을 미치지 않게 하기 위한 분석방법

[FHA의 기재사항]
(1) 구성요소 명칭
(2) 구성요소 위험방식
(3) 시스템 작동방식
(4) 서브시스템에서의 위험영향
(5) 서브시스템, 대표적 시스템 위험영향
(6) 환경적 요인
(7) 위험영향을 받을 수 있는 2차 요인
(8) 위험수준
(9) 위험관리

3 FMEA(고장형태와 영향분석법, Failure Mode and Effect Analysis)

시스템에 영향을 미치는 모든 요소의 고장을 형별로 분석하고 그 고장이 미치는 영향을 분석하는 방법으로 치명도 해석(CA)을 추가(귀납적, 정성적)

1) 특징
(1) FTA보다 서식이 간단하고 적은 노력으로 분석 가능
(2) 논리성이 부족하고, 특히 각 요소 간의 영향을 분석하기 어렵기 때문에 동시에 두 가지 이상의 요소가 고장 날 경우에 분석 곤란
(3) 요소가 물체로 한정되어 있기 때문에 인적 원인을 분석하는 데 곤란

2) 시스템에 영향을 미치는 고장형태
(1) 폐로 또는 폐쇄된 고장
(2) 개로 또는 개방된 고장
(3) 기동 및 정지의 고장
(4) 운전계속의 고장
(5) 오동작

3) 순서
(1) 1단계 : 대상시스템의 분석
① 기본방침의 결정
② 시스템의 구성 및 기능의 확인
③ 분석레벨의 결정
④ 기능별 블록도와 신뢰성 블록도 작성

(2) 2단계 : 고장형태와 그 영향의 해석
① 고장형태의 예측과 설정
② 고장형태에 대한 추정원인 열거
③ 상위 아이템의 고장영향의 검토
④ 고장등급의 평가

(3) 3단계 : 치명도 해석과 그 개선책의 검토
① 치명도 해석
② 해석결과의 정리 및 설계개선으로 제안

4) 고장등급의 결정
(1) 고장 평점법

$$C = (C_1 \times C_2 \times C_3 \times C_4 \times C_5)^{\frac{1}{5}}$$

여기서, C_1 : 기능적 고장의 영향의 중요도,
C_2 : 영향을 미치는 시스템의 범위
C_3 : 고장발생의 빈도
C_4 : 고장방지의 가능성
C_5 : 신규 설계의 정도

(2) 고장등급의 결정
① 고장등급 Ⅰ(치명고장) : 임무수행 불능, 인명손실(설계변경 필요)
② 고장등급 Ⅱ(중대고장) : 임무의 중대부분 미달성(설계의 재검토 필요)
③ 고장등급 Ⅲ(경미고장) : 임무의 일부 미달성(설계변경 불필요)
④ 고장등급 Ⅳ(미소고장) : 영향 없음(설계변경 불필요)

5) 고장의 영향분류

영향	발생확률
실제의 손실	$\beta = 1.00$
예상되는 손실	$0.10 \leq \beta < 1.00$
가능한 손실	$0 < \beta < 0.10$
영향 없음	$\beta = 0$

6) FMEA의 위험성 분류의 표시

(1) Category 1 : 생명 또는 가옥의 상실
(2) Category 2 : 사명(작업) 수행의 실패
(3) Category 3 : 활동의 지연
(3) Category 4 : 영향 없음

4 ETA(Event Tree Analysis)

정량적, 귀납적 기법으로 DT에서 변천해 온 것으로 설비의 설계, 심사, 제작, 검사, 보전, 운전, 안전대책의 과정에서 그 대응조치가 성공인가 실패인가를 확대해 가는 과정 검토

5 CA(Criticality Analysis, 위험성 분석법)

고장이 직접 시스템의 손해와 인원의 사상에 연결되는 높은 위험도를 가지는 경우에 위험도를 가져오는 요소 또는 고장의 형태에 따른 분석(정량적 분석)하는 것. 항공기의 안전성 평가에 널리 사용되는 기법으로서 각 중요 부품의 고장률, 운용형태, 보정계수, 사용시간비율 등을 고려하여 정량적, 귀납적으로 부품의 위험도를 평가하는 분석기법

6 THERP(인간과오율 추정법, Techanique of Human Error Rate Prediction)

확률론적 안전기법으로서 인간의 과오에 기인된 사고원인을 분석하기 위하여 100만 운전시간당 과오도수를 기본 과오율로 하여 인간의 기본 과오율을 평가하는 기법
(1) 인간 실수율(HEP) 예측 기법
(2) 사건들을 일련의 Binary 의사결정 분기들로 모형화해서 예측
(3) 나무를 통한 각 경로의 확률 계산

7 MORT(Management Oversight and Risk Tree)

FTA와 같은 논리기법을 이용하여 관리, 설계, 생산, 보전 등에 대해서 광범위하게 안전성을 확보하기 위한 기법(원자력 산업에 이용, 미국의 W. G. Johnson에 의해 개발)

8 FTA(결함수분석법, Fault Tree Analysis)

기계, 설비 또는 Man-machine 시스템의 고장이나 재해의 발생요인을 논리적 도표에 의하여 분석하는 정량적, 연역적 기법

9 O&SHA(Operation and Support Hazard Analysis)

시스템의 모든 사용단계에서 생산, 보전, 시험, 저장, 구조 훈련 및 폐기 등에 사용되는 인원, 순서, 설비에 대한 위험을 평가하고 안전요건을 결정하기 위한 해석방법(운영 및 지원 위험해석)

10 DT(Decision Tree)

요소의 신뢰도를 이용하여 시스템의 신뢰도를 나타내는 시스템 모델의 하나로 귀납적이고 정량적인 분석방법

11 위험성 및 운전성 검토(Hazard and Operability Study)

1) 위험성 및 운전성 검토(HAZOP)

각각의 장비에 대해 잠재된 위험이나 기능저하, 운전, 잘못 등과 전체로서의 시설에 결과적으로 미칠 수 있는 영향 등을 평가하기 위해서 공정이나 설계도 등에 체계적이고 비판적인 검토를 행하는 것

2) 위험성 및 운전성 검토의 성패를 좌우하는 요인

(1) 팀의 기술능력과 통찰력
(2) 사용된 도면, 자료 등의 정확성
(3) 발견된 위험의 심각성을 평가할 때 팀의 균형감각 유지 능력

(4) 이상(Deviation), 원인(Cause), 결과(Consequence)들을 발견하기 위해 상상력을 동원하는 데 보조수단으로 사용할 수 있는 팀의 능력

3) 위험 및 운전성 검토절차
(1) 1단계 : 목적의 범위 결정
(2) 2단계 : 검토팀의 선정
(3) 3단계 : 검토 준비
(4) 4단계 : 검토 실시
(5) 5단계 : 후속 조치 후 결과기록

4) 위험 및 운전성 검토목적
(1) 기존시설(기계설비 등)의 안전도 향상
(2) 설비 구입 여부 결정
(3) 설계의 검사
(4) 작업수칙의 검토
(5) 공장 건설 여부와 건설장소의 결정

5) 위험 및 운전성 검토 시 고려해야 할 위험의 형태
(1) 공장 및 기계설비에 대한 위험
(2) 작업 중인 인원 및 일반대중에 대한 위험
(3) 제품 품질에 대한 위험
(4) 환경에 대한 위험

6) 위험을 억제하기 위한 일반적인 조치사항
(1) 공정의 변경(원료, 방법 등)
(2) 공정 조건의 변경(압력, 온도 등)
(3) 설계 외형의 변경
(4) 작업방법의 변경

※ 위험 및 운전성 검토를 수행하기 가장 좋은 시점은 설계 완료 단계로서 설계가 상당히 구체화된 시점

7) 유인어(Guide Words)
간단한 용어로서 창조적 사고를 유도하고 자극하여 이상을 발견하고 의도를 한정하기 위하여 사용
(1) NO 또는 NOT : 설계의도의 완전한 부정
(2) MORE 또는 LESS : 양(압력, 반응, 온도 등)의 증가 또는 감소
(3) AS WELL AS : 성질상의 증가(설계의도와 운전조건의 어떤 부가적인 행위)와 함께 일어남
(4) PART OF : 일부변경, 성질상의 감소(어떤 의도는 성취되나 어떤 의도는 성취되지 않음)
(5) REVERSE : 설계의도의 논리적인 역
(6) OTHER THAN : 완전한 대체(통상 운전과 다르게 되는 상태)

SECTION 04
결함수 분석

1 FTA의 정의 및 특징

1) FTA(Fault Tree Analysis) 정의
시스템의 고장을 논리게이트로 찾아가는 연역적, 정성적, 정량적 분석기법

(1) 1962년 미국 벨 연구소의 H. A. Watson에 의해 개발된 기법으로 최초에는 미사일 발사사고를 예측하는 데 활용해오다 점차 우주선, 원자력산업, 산업안전 분야에 소개
(2) 시스템의 고장을 발생시키는 사상(Event)과 그 원인과의 관계를 논리기호(AND 게이트, OR 게이트 등)를 활용하여 나뭇가지 모양(Tree)의 고장 계통도를 작성하고 이를 기초로 시스템의 고장확률을 구함

2) 특징
(1) Top down 형식(연역적)
(2) 정량적 해석기법(컴퓨터 처리가 가능)
(3) 논리기호를 사용한 특정사상에 대한 해석
(4) 서식이 간단해서 비전문가도 짧은 훈련으로 사용 가능
(5) Human Error의 검출이 어려움

3) FTA의 기본적인 가정
(1) 중복사상은 없어야 함
(2) 기본사상들의 발생은 독립적
(3) 모든 기본사상은 정상사상과 관련

4) FTA의 기대효과

(1) 사고원인 규명의 간편화
(2) 사고원인 분석의 일반화
(3) 사고원인 분석의 정량화
(4) 노력, 시간의 절감
(5) 시스템의 결함진단
(6) 안전점검 체크리스트 작성

2 FTA에 사용되는 논리기호 및 사상기호

번호	기호	명칭	설명
1		결함사상 (사상기호)	개별적인 결함사상
2		기본사상 (사상기호)	더 이상 전개되지 않는 기본사상
3		기본사상 (사상기호)	인간의 실수
4		생략사상 (최후사상)	정보부족, 해석기술 불충분으로 더 이상 전개할 수 없는 사상
5		통상사상 (사상기호)	통상발생이 예상되는 사상
6		AND게이트 (논리기호)	모든 입력사상이 공존할 때 출력사상이 발생한다.
7		OR게이트 (논리기호)	입력사상 중 어느 하나가 존재할 때 출력사상이 발생한다.
8		우선적 AND 게이트	입력사상 중 어떤 현상이 다른 현상보다 먼저 일어날 경우에만 출력사상이 발생
9		조합 AND 게이트	3개 이상의 입력현상 중 2개가 일어나면 출력현상이 발생
10		배타적 OR 게이트	OR 게이트로 2개 이상의 입력이 동시에 존재할 때는 출력사상이 생기지 않는다.
11	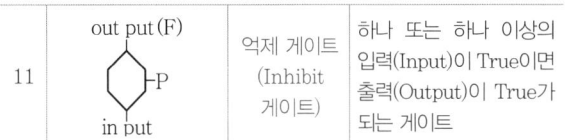	억제 게이트 (Inhibit 게이트)	하나 또는 하나 이상의 입력(Input)이 True이면 출력(Output)이 True가 되는 게이트

3 FTA의 순서 및 작성방법

1) FTA의 실시순서

(1) 대상으로 한 시스템의 파악
(2) 정상사상의 선정
(3) FT도의 작성과 단순화
(4) 정량적 평가
① 재해발생 확률 목표치 설정
② 실패 대수 표시
③ 고장발생 확률과 인간에러 확률
④ 재해발생 확률계산
⑤ 재검토
(5) 종결(평가 및 개선권고)

2) FTA에 의한 재해사례 연구순서(D. R. Cheriton)

(1) Top 사상의 선정
(2) 사상마다의 재해원인 규명
(3) FT도의 작성
(4) 개선계획의 작성

4 컷셋 및 패스셋

(1) 컷셋(Cut Set) : 정상사상을 발생시키는 기본사상의 집합으로 그 안에 포함되는 모든 기본사상이 발생할 때 정상사상을 발생시키는 기본사상의 집합
(2) 패스셋(Path Set) : 포함되어 있는 모든 기본사상이 일어나지 않을 때 처음으로 정상사상이 일어나지 않는 기본사상의 집합

SECTION 05
정성적, 정량적 분석

1 확률사상의 계산

1) 논리곱의 확률(독립사상)

$A(x_1 \cdot x_2 \cdot x_3) = Ax_1 \cdot Ax_2 \cdot Ax_3$

$G_1 = ① \times ② = 0.2 \times 0.1 = 0.02$

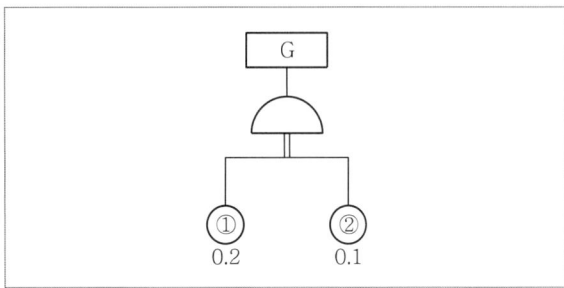

[논리곱의 예]

2) 논리합의 확률(독립사상)

$A(x_1 + x_2 + x_3) = 1 - (1 - Ax_1)(1 - Ax_2)(1 - Ax_3)$

3) 불 대수의 법칙

(1) 동정법칙 : $A + A = A$, $AA = A$

(2) 교환법칙 : $AB = BA$, $A + B = B + A$

(3) 흡수법칙 : $A(AB) = (AA)B = AB$
$A + AB = A \cup (A \cap B)$
$= (A \cup A) \cap (A \cup B)$
$= A \cap (A \cup B) = A$
$\overline{A \cdot B} = \overline{A} + \overline{B}$

(4) 분배법칙 : $A(B+C) = AB + AC$,
$A + (BC) = (A+B) \cdot (A+C)$

(5) 결합법칙 : $A(BC) = (AB)C$,
$A + (B+C) = (A+B) + C$

(6) 기타 : $A \cdot 0 = 0$, $A + 1 = 1$, $A \cdot 1 = A$,
$A + \overline{A} = 1$, $A \cdot \overline{A} = 0$

4) 드 모르간의 법칙

(1) $\overline{A+B} = \overline{A} \cdot \overline{B}$

(2) $A + \overline{A} \cdot B = A + B$

①의 발생확률은 0.3
②의 발생확률은 0.4
③의 발생확률은 0.3
④의 발생확률은 0.5

$G_1 = G_2 \times G_3$
$= ① \times ② \times [1 - (1 - ③)(1 - ④)]$
$= 0.3 \times 0.4 \times [1 - (1 - 0.3)(1 - 0.5)] = 0.078$

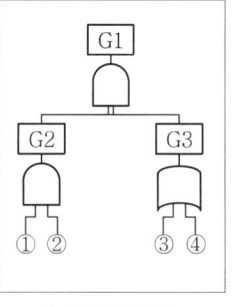

[FTA의 분석 예]

2 미니멀 컷셋과 미니멀 패스셋

(1) 컷셋과 미니멀 컷셋 : 컷셋이란 그 속에 포함되어 있는 모든 기본사상이 일어났을 때 정상사상을 일으키는 기본사상의 집합을 말하며, 미니멀 컷셋은 정상사상을 일으키기 위한 필요 최소한의 컷을 말함. 즉 미니멀 컷셋은 컷셋 중에 타 컷셋을 포함하고 있는 것을 배제하고 남은 컷셋들을 의미(시스템의 위험성 또는 안전성을 말함)

(2) 패스셋과 미니멀 패스셋 : 패스셋이란 그 속에 포함되어 있는 기본사상이 일어나지 않을 때 처음으로 정상사상이 일어나지 않는 기본사상의 집합으로서 미니멀 패스셋은 그 필요한 최소한의 컷을 의미(시스템의 신뢰성을 말함)

3 미니멀 컷셋 구하는 법

(1) 정상사상에서 차례로 하단의 사상으로 치환하면서 AND 게이트는 가로로 OR 게이트는 세로로 나열

(2) 중복사상이나 컷을 제거하면 미니멀 컷셋이 됨

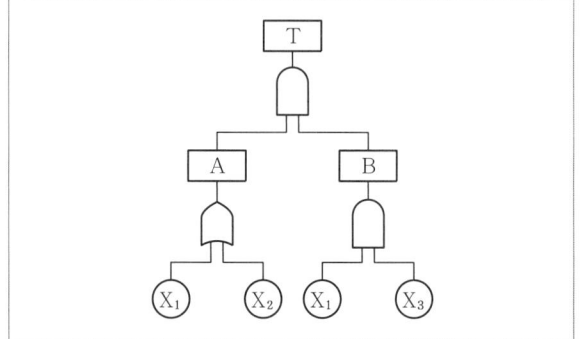

$$T = A \cdot B = \frac{X_1}{X_2} \cdot B = \frac{X_1\,X_1\,X_3}{X_1\,X_2\,X_3}$$

즉, 컷셋은 $(X_1\,X_3)$, $(X_1\,X_2\,X_3)$ 미니멀 컷셋은 $(X_1\,X_3)$ 이 됨

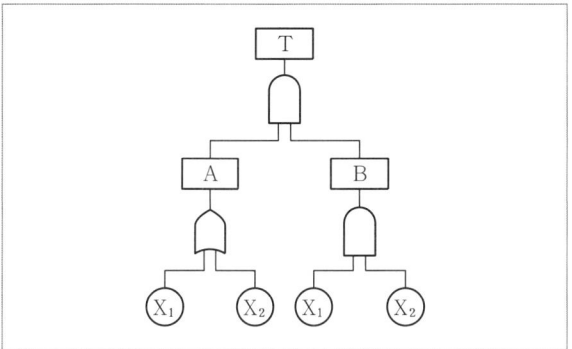

$$T = A \cdot B = \frac{X_1}{X_2} \cdot B = \frac{X_1\,X_1\,X_2}{X_2\,X_1\,X_2}$$

즉, 컷셋이 미니멀 컷셋과 동일하며 $(X_1\,X_2)$ 임

SECTION 06
신뢰도 계산 등

1 신뢰도

체계 혹은 부품이 주어진 운용조건하에서 의도되는 사용기간 중에 의도한 목적에 만족스럽게 작동할 확률을 의미

2 기계의 신뢰도

$$R = e^{-\lambda t} = e^{-t/t_0}$$

여기서, λ : 고장률, t : 가동시간, t_0 : 평균수명

예 1시간 가동 시 고장발생확률이 0.004일 경우
① 평균고장간격(MTBF) $= 1/\lambda = 1/0.004 = 250\,(hr)$
② 10시간 가동 시 신뢰도
 : $R(t) = e^{-\lambda t} = e^{-0.004 \times 10} = e^{-0.04}$
③ 고장 발생확률 : $F(t) = 1 - R(t)$

3 고장률의 유형

1) 초기고장(감소형)

제조가 불량하거나 생산과정에서 품질관리가 안 돼 생기는 고장 유형
(1) 디버깅(Debugging) 기간 : 결함을 찾아내어 고장률을 안정시키는 기간
(2) 번인(Burn-in) 기간 : 장시간 움직여보고 그동안에 고장난 것을 제거시키는 기간

2) 우발고장(일정형)

실제 사용하는 상태에서 발생하는 고장으로 예측할 수 없는 랜덤의 간격으로 생기는 고장 유형

신뢰도 : $R(t) = e^{-\lambda t}$

(평균수명이 t_0인 요소가 t 시간 동안 고장을 일으키지 않을 확률)

3) 마모고장(증가형)

설비 또는 장치가 수명을 다하여 생기는 고장 유형

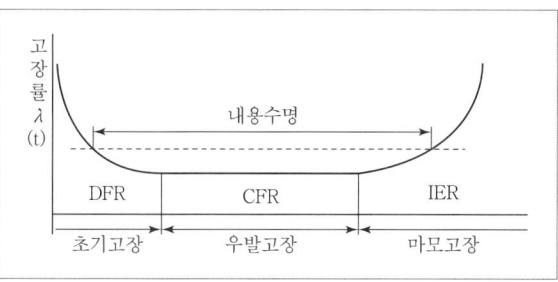

[기계의 고장률(욕조곡선, Bathtub curve)]

4 인간-기계 통제 시스템의 유형 4가지

(1) Fail-Safe   (2) Lock System
(3) 작업자 제어장치   (4) 비상 제어장치

5 Lock System의 종류

(1) Interlock System : 기계 설계 시 불안전한 요소에 대하여 통제를 가함
(2) Intralock System : 인간의 불안전한 요소에 대하여 통제를 가함
(3) Translock System : Interlock과 Intralock 사이에 두어 불안전한 요소에 대하여 통제를 가함

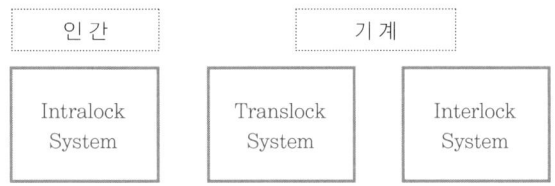

6 백업 시스템

(1) 인간이 작업하고 있을 때에 발생하는 위험 등에 대해서 경고를 발하여 지원하는 시스템
(2) 구체적으로 경보 장치, 감시 장치, 감시인 등
(3) 공동작업의 경우나 작업자가 언제나 위치를 이동하면서 작업을 하는 경우에도 백업의 필요 유무 검토
(4) 비정상 작업의 작업지휘자는 백업을 겸하고 있다고 생각할 수 있지만, 외부로부터 침입해 오는 위험 등 기타 감지하기 어려운 위험이 존재할 우려가 있는 경우는 특히 백업시스템을 구비할 필요가 있음
(5) 백업에 의한 경고는 청각에 의한 호소가 좋으며, 필요에 따라서 점멸 램프 등 시각에 호소하는 것을 병용하면 좋음

7 시스템 안전관리업무를 수행하기 위한 내용

(1) 다른 시스템 프로그램 영역과의 조정
(2) 시스템 안전에 필요한 사람의 동일성의 식별
(3) 시스템 안전에 대한 목표를 유효하게 실현하기 위한 프로그램의 해석검토
(4) 안전활동의 계획 조직 및 관리

8 인간에 대한 Monitoring 방식

(1) 셀프 모니터링(Self Monitoring) 방법(자기감지) : 자극, 고통, 피로, 권태, 이상감각 등의 지각에 의해서 자신의 상태를 알고 행동하는 감시방법
(2) 생리학적 모니터링(Monitoring) 방법 : 맥박수, 체온, 호흡 속도, 혈압, 뇌파 등으로 인간 자체의 상태를 생리적으로 모니터링하는 방법
(3) 비주얼 모니터링(Visual Monitoring) 방법(시각적 감지) : 작업자의 태도를 보고 작업자의 상태를 파악하는 방법
(4) 반응에 의한 모니터링(Monitoring) 방법 : 자극(청각 또는 시각에 의한 자극)을 가하여 이에 대한 반응을 보고 정상 또는 비정상을 판단하는 방법
(5) 환경의 모니터링(Monitoring) 방법 : 간접적인 감시방법으로서 환경조건의 개선으로 인체의 안락과 기분을 좋게 하여 정상작업을 할 수 있도록 만드는 방법

9 Fail safe 정의 및 기능면 3단계

1) 정의

(1) 기계나 그 부품에 고장이나 기능불량이 생겨도 항상 안전을 유지하는 구조와 기능
(2) 인간 또는 기계의 과오나 오작동이 있어도 사고 및 재해가 발생하지 않도록 2중, 3중으로 안전장치를 한 시스템(System)

2) Fail safe의 종류

(1) 다경로 하중구조　　　(2) 하중경감구조
(3) 교대구조　　　　　　(4) 중복구조

3) Fail safe의 기능분류

(1) Fail passive(자동감지) : 부품이 고장나면 통상 정지하는 방향으로 이동
(2) Fail active(자동제어) : 부품이 고장나면 기계는 경보를 울리며 짧은 시간 동안 운전이 가능
(3) Fail operational(차단 및 조정) : 부품에 고장이 있더라도 추후 보수가 있을 때까지 안전한 기능을 유지

4) Fail safe의 예시

(1) 승강기 정전시 마그네틱 브레이크가 작동하여 운전을 정지시키는 경우와 정격속도 이상의 주행시 조속기가 작동하여 긴급정지시키는 것
(2) 석유난로가 일정각도 이상 기울어지면 자동적으로 불이 꺼지도록 소화기구를 내장시킨 것
(3) 한쪽 밸브 고장시 다른 쪽 브레이크의 압축공기를 배출시켜 급정지시키도록 한 것

10 풀 프루프(Fool proof)

기계장치 설계단계에서 안전화를 도모하는 것으로 근로자가 기계 등의 취급을 잘못해도 사고로 연결되는 일이 없도록 하는 안전기구 즉, 인간과오(Human Error)를 방지하기 위한 것
예 (1) 가드 (2) 록(Lock, 시건) 장치 (3) 오버런 기구

11 템퍼 프루프(Temper-proof)

사용자가 고의로 안전장치(예 휴즈 등)를 제거할 경우 작동하지 않는 시스템

12 리던던시(Redundancy)의 정의 및 종류

시스템 일부에 고장이 나더라도 전체가 고장이 나지 않도록 기능적인 부분을 부가해서 신뢰도를 향상시키는 중복설계
예 병렬 리던던시(Redundancy), 대기 리던던시, M out of N 리던던시, 스페어에 의한 교환, Fail Safe

---

SECTION 07
안전성 평가의 개요

1 안전성 평가 정의

설비나 제품의 제조, 사용 등에 있어 안전성을 사전에 평가하고 적절한 대책을 강구하기 위한 평가행위

2 안전성 평가의 종류

(1) 테크놀로지 어세스먼트(Technology Assessment) : 기술 개발과정에서의 효율성과 위험성을 종합적으로 분석, 판단하는 프로세스
(2) 세이프티 어세스먼트(Safety Assessment) : 인적, 물적 손실을 방지하기 위한 설비 전 공정에 걸친 안전성 평가
(3) 리스크 어세스먼트(Risk Assessment) : 생산활동에 지장을 줄 수 있는 리스크(Risk)를 파악하고 제거하는 활동
(4) 휴먼 어세스먼트(Human Assessment)

3 안전성 평가 6단계

1) 제1단계 : 관계자료의 정비검토
(1) 입지조건
(2) 화학설비 배치도
(3) 제조공정 개요
(4) 공정 계통도
(5) 안전설비의 종류와 설치장소

2) 제2단계 : 정성적 평가(안전확보를 위한 기본적인 자료의 검토)
(1) 설계관계 : 공장 내 배치, 소방설비, 공장의 입지조건 등
(2) 운전관계 : 원재료, 운송, 저장 등

3) 제3단계 : 정량적 평가(재해중복 또는 가능성이 높은 것에 대한 위험도 평가)
(1) 평가항목(5가지 항목)
① 물질 ② 온도 ③ 압력 ④ 용량 ⑤ 조작
(2) 화학설비 정량평가 등급
① 위험등급 I : 합산점수 16점 이상
② 위험등급 II : 합산점수 11~15점
③ 위험등급 III : 합산점수 10점 이하

4) 제4단계 : 안전대책
(1) 설비대책 : 10종류의 안전장치 및 방재 장치에 관해서 대책 수립
(2) 관리적 대책 : 인원배치, 교육훈련 등에 관해서 대책 수립

5) 제5단계 : 재해정보에 의한 재평가

6) 제6단계 : FTA에 의한 재평가

위험등급 I (16점 이상)에 해당하는 화학설비에 대해 FTA에 의한 재평가 실시

4 안전성 평가 4가지 기법

(1) 위험의 예측평가(Layout의 검토)
(2) 체크리스트(Check-list)에 의한 방법
(3) 고장형태와 영향분석법(FMEA법)
(4) 결함수분석법(FTA법)

5 기계, 설비의 레이아웃(Lay Out)의 원칙

(1) 이동거리 단축 및 기계배치 집중화
(2) 인력활동이나 운반작업 기계화
(3) 중복부분 제거
(4) 인간과 기계의 흐름 라인화

SECTION 08
유해위험방지계획서(제조업)

1 유해위험방지계획서 제출대상(산업안전보건법 제42조)

1) 유해위험방지계획서를 제출하여야 할 사업의 종류

전기 계약용량이 300킬로와트(kW) 이상인 다음의 업종으로서 제품생산 공정과 직접적으로 관련된 건설물·기계·기구 및 설비 등 일체를 설치·이전하거나 그 주요 구조부를 변경하는 경우

① 금속가공제품(기계 및 가구는 제외) 제조업
② 비금속 광물제품 제조업
③ 기타 기계 및 장비제조업
④ 자동차 및 트레일러 제조업
⑤ 식료품 제조업
⑥ 고무제품 및 플라스틱제품 제조업
⑦ 목재 및 나무제품 제조업
⑧ 기타 제품 제조업
⑨ 1차 금속 제조업
⑩ 가구 제조업
⑪ 화학물질 및 화학제품 제조업
⑫ 반도체 제조업
⑬ 전자부품 제조업
  • 제출처 및 제출수량 : 한국산업안전보건공단에 2부 제출
  • 제출시기 : 작업시작 15일 전
  • 제출서류 : 건축물 각 층 평면도, 기계·설비의 개요를 나타내는 서류, 기계설비 배치도면, 원재료 및 제품의 취급·제조 등의 작업방법의 개요, 그 밖에 고용노동부장관이 정하는 도면 및 서류

2) 유해위험방지계획서를 제출하여야 할 기계·기구 및 설비

① 금속이나 그 밖의 광물의 용해로
② 화학설비
③ 건조설비
④ 가스집합용접장치
⑤ 근로자의 건강장해 우려물질로서 고용노동부령으로 정하는 물질의 밀폐·환기·배기를 위한 설비
  • 제출처 및 제출수량 : 한국산업안전보건공단에 2부 제출
  • 제출시기 : 작업시작 15일 전
  • 제출서류 : 설치장소의 개요를 나타내는 서류, 설비의 도면, 그 밖에 고용노동부장관이 정하는 도면 및 서류

2 유해위험방지계획서 제출 서류(「산업안전보건법 시행규칙」 제42조)

사업주가 유해·위험방지계획서를 제출하려면 사업장별로 제조업 등 유해·위험방지계획서에 다음 각 호의 서류를 첨부하여 해당 작업 시작 15일 전까지 한국산업안전보건공단에 2부를 제출하여야 함. 이 경우 유해위험방지계획서의 작성기준, 작성자, 심사기준, 그 밖에 심사에 필요한 사항은 고용노동부장관이 정하여 고시

(1) 건축물 각 층의 평면도
(2) 기계·설비의 개요를 나타내는 서류

(3) 기계·설비의 배치도면
(4) 원재료 및 제품의 취급, 제조 등의 작업방법의 개요 등

SECTION 09 설비관리의 개요

1 예방보전

1) 보전 정의
설비 또는 제품의 고장이나 결함을 회복시키기 위한 수리, 교체 등을 통해 시스템을 사용가능한 상태로 유지시키는 것

2) 보전의 종류
(1) 예방보전(Preventive Maintenance) : 설비를 항상 정상, 양호한 상태로 유지하기 위한 정기적인 검사와 초기의 단계에서 성능의 저하나 고장을 제거하던가 조정 또는 수복하기 위한 설비의 보수 활동을 의미
(2) 사후보전(Breakdown Maintenance) : 고장이 발생한 이후에 시스템을 원래 상태로 되돌리는 것

SECTION 10 설비의 운전 및 유지관리

1 교체주기
(1) 수명교체 : 부품고장 시 즉시 교체하고 고장이 발생하지 않을 경우에도 교체주기(수명)에 맞추어 교체하는 방법
(2) 일괄교체 : 부품이 고장나지 않아도 관련부품을 일괄적으로 교체하는 방법. 교체비용을 줄이기 위해 사용

2 청소 및 청결
(1) 청소 : 쓸데없는 것을 버리고 더러워진 것을 깨끗하게 하는 것
(2) 청결 : 청소 후 깨끗한 상태를 유지하는 것

3 평균고장간격(MTBF ; Mean Time Between Failure)

시스템, 부품 등의 고장 간(수리가능고장)의 동작시간 평균치이다.

(1) $\text{MTBF} = \dfrac{1}{\lambda}$, $\lambda(\text{평균고장률}) = \dfrac{\text{고장건수}}{\text{총가동시간}}$

(2) $\text{MTBF} = \text{MTTF} + \text{MTTR}$
   $= \text{평균고장시간} + \text{평균수리시간}$

4 평균고장시간(MTTF ; Mean Time To Failure)

시스템, 부품 등이 고장 나기(수리불가상태)까지 동작시간의 평균치. 평균수명이라고도 한다.

(1) 직렬계의 경우 : System의 수명은 $= \dfrac{\text{MTTF}}{n} = \dfrac{1}{\lambda}$

(2) 병렬계의 경우 : System의 수명은
$$= \text{MTTF}\left(1 + \dfrac{1}{2} + \dfrac{1}{3} + \cdots + \dfrac{1}{n}\right)$$
여기서, n : 직렬 또는 병렬계의 요소

5 평균수리시간(MTTR ; Mean Time To Repair)

총 수리시간을 그 기간의 수리 횟수로 나눈 시간. 즉 사후보전에 필요한 수리시간의 평균치를 나타낸다.

6 가용도(Availability, 이용률)

일정 기간에 시스템이 고장없이 가동될 확률을 말한다.

(1) 가용도(A) $= \dfrac{\text{MTTF}}{\text{MTTF} + \text{MTTR}} = \dfrac{\text{MTBF}}{\text{MTBF} + \text{MTTR}}$
$= \dfrac{\text{MTTF}}{\text{MTBF}}$

(2) 가용도(A) $= \dfrac{\mu}{\lambda + \mu}$

여기서, λ : 평균고장률, μ : 평균수리율

CHAPTER 03 근골격계질환 예방관리

SECTION 01 근골격계 유해요인

1 근골격계질환

1) 정의(「안전보건규칙」 제656조)

반복적인 동작, 부적절한 작업자세, 무리한 힘의 사용, 날카로운 면과의 신체접촉, 진동 및 온도 등의 요인에 의하여 발생하는 건강장해로서 목, 어깨, 허리, 팔·다리의 신경·근육 및 그 주변 신체조직 등에 나타나는 질환

※ 근골격계질환 발생 원인 : 부적절한 작업자세, 과도한 힘(중량물취급 수공구취급), 접촉스트레스, 진동, 반복작업

2) 유해요인조사(「안전보건규칙」 제657조)

사업주는 근로자가 근골격계부담작업을 하는 경우에 3년마다 다음 각 호의 사항에 대한 유해요인조사를 하여야 함. 다만, 신설되는 사업장의 경우에는 신설일부터 1년 이내에 최초의 유해요인 조사를 하여야 함. ① 설비·작업공정·작업량·작업속도 등 작업장 상황 ② 작업시간·작업자세·작업방법 등 작업조건 ③ 작업과 관련된 근골격계질환 징후와 증상 유무 등

2 근골격계 부담작업의 범위

근골격계부담작업이란 다음 각 호의 어느 하나에 해당하는 작업. 다만, 단기간작업 또는 간헐적인 작업은 제외
※ "단기간 작업"이란 2개월 이내에 종료되는 1회성 작업 "간헐적인 작업"이란 연간 총 작업일수가 60일을 초과하지 않는 작업

(1) 하루에 4시간 이상 집중적으로 자료입력 등을 위해 키보드 또는 마우스를 조작하는 작업
(2) 하루에 총 2시간 이상 목, 어깨, 팔꿈치, 손목 또는 손을 사용하여 같은 동작을 반복하는 작업
(3) 하루에 총 2시간 이상 머리 위에 손이 있거나, 팔꿈치가 어깨 위에 있거나, 팔꿈치를 몸통으로부터 들거나, 팔꿈치를 몸통 뒤쪽에 위치하도록 하는 상태에서 이루어지는 작업
(4) 지지되지 않은 상태이거나 임의로 자세를 바꿀 수 없는 조건에서, 하루에 총 2시간 이상 목이나 허리를 구부리거나 트는 상태에서 이루어지는 작업
(5) 하루에 총 2시간 이상 쪼그리고 앉거나 무릎을 굽힌 자세에서 이루어지는 작업
(6) 하루에 총 2시간 이상 지지되지 않은 상태에서 1kg 이상의 물건을 한 손의 손가락으로 집어 옮기거나, 2kg 이상에 상응하는 힘을 가하여 한 손의 손가락으로 물건을 쥐는 작업
(7) 하루에 총 2시간 이상 지지되지 않은 상태에서 4.5kg 이상의 물건을 한 손으로 들거나 동일한 힘으로 쥐는 작업
(8) 하루에 10회 이상 25kg 이상의 물체를 드는 작업
(9) 하루에 25회 이상 10kg 이상의 물체를 무릎 아래에서 들거나, 어깨 위에서 들거나, 팔을 뻗은 상태에서 드는 작업
(10) 하루에 총 2시간 이상, 분당 2회 이상 4.5kg 이상의 물체를 드는 작업
(11) 하루에 총 2시간 이상 시간당 10회 이상 손 또는 무릎을 사용하여 반복적으로 충격을 가하는 작업

3 중량물 취급 방법

(1) 허리를 곧게 유지하고 무릎을 구부려서 들기
(2) 손가락만으로 잡아서 들지않고 손 전체로 잡아서 들기
(3) 중량물 밑을 잡고 앞으로 운반하기
(4) 중량물을 테이블이나 선반 위로 옮길 때 등을 곧게 펴고 옮기기
(5) 가능한 한 허리부분에서 중량물을 들어올리고, 무릎을 구부리고 양손을 중량물 밑에 넣어서 중량물을 지탱시키기

SECTION 02
인간공학적 유해요인 평가

1 작업유해요인 분석평가법

1) OWAS(Ovako Working-posture Analysis System)
OWAS 평가도구는 근력을 발휘하기에 부적절한 작업자세를 구별해내기 위한 목적으로 개발함. 평가는 상지, 하지, 허리, 하중을 이용해 실시

2) RULA(Rapid Upper Limb Assessment)
(1) RULA는 어깨, 팔목, 손목, 목 등 상지(Upper Limb)에 초점을 맞추어서 작업자세로 인한 작업부하를 쉽고 빠르게 평가하기 위하여 만들어진 기법
(2) 평가방법은 팔(상완 및 전완), 손목, 목, 몸통(허리), 다리 부위에 대해 각각의 기준에서 정한 값을 표에서 찾고 그런 다음, 근육의 사용 정도와 사용빈도를 정해진 표에서 찾아 점수를 더하여 최종적인 값을 산출

3) REBA(Rapid Entire Body Assessment)
(1) REBA는 전체적인 신체에 대한 부담정도와 위해인자에 의한 노출정도를 분석하는 데 적합
(2) REBA는 크게 신체부위별 작업자세를 나타내는 4개의 배점표로 구성되어 있음. 평가대상이 되는 주요 작업요소로는 반복성, 정적작업, 힘, 작업자세, 연속작업시간 등이 고려되어지게 되며, 평가방법은 크게 신체부위별로 A와 B 그룹으로 나누어지고 A, B의 각 그룹별로 작업자세, 그리고 근육과 힘에 대한 평가로 이루어짐

4) NIOSH Lifting Equation(NLE)
들기작업에 대한 권장무게한계(RWL, Recommended Weight Limit)를 쉽게 산출하도록 하여 작업자의 위험성을 예측하여 인간공학적인 작업방법의 개선을 통해 작업자의 직업성 요통을 사전에 예방

권장무게한계(RWL)
$= 23 \times HM \times VM \times DM \times AM \times FM \times CM$

여기서, HM : 수평계수, VM : 수직계수,
DM : 거리계수, AM : 비대칭계수,
FM : 빈도계수, CM : 커플링계수

SECTION 03
근골격계 유해요인 관리

1 작업관리의 목적

(1) 최선의 방법모색(방법개선)
(2) 방법, 재료, 설비, 공구 등의 표준화
(3) 제품의 품질 균일화
(4) 생산비 절감
(5) 새로운 방법의 작업지도
(6) 안전성 향상

2 방법연구(작업방법의 개선)

작업 중에 포함된 불필요한 동작을 제거하기 위해 작업을 과학적으로 분석하여 필요한 동작만으로 구성된 효과적, 합리적 작업방법 설계기법
① 문제발견 → ② 현장분석 → ③ 중요도발견 → ④ 검토 → ⑤ 개선안 수립 및 실시 → ⑥ 결과평가 → ⑦ 표준작업과 표준시간 설정 → ⑧ 표준의 유지

3 문제해결절차(기본형 5단계)

(1) 연구대상 선정(경제성 기술 및 인간적인면 고려)
(2) 분석과 기록(차트와 도표사용)
(3) 자료의 검토(5W1H의 설문방식 도입, 개선의 ECRS)
(4) 개선안의 수립
(5) 개선안의 도입

CHAPTER 04 유해요인 관리

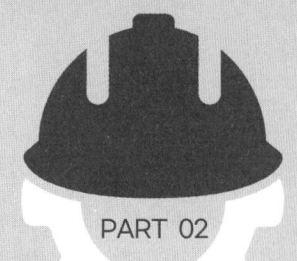

SECTION 01 유해요인 관리

1 물리적 유해요인 관리

1) 소음
(1) 발생원 : 발생원 저감화, 제거, 차음, 방진, 운전 방법 개선 등
(2) 전파 경로 : 거리 이격, 차폐, 흡음, 지향성 등
(3) 수음자 : 작업방법의 개선, 보호구 착용 등

2) 진동
(1) 발생원 : 진동 댐핑, 진동 격리
(2) 작업 방법 개선 : 진동 공구의 적절한 유지 보수, 낮은 속력에서 공구 작동, 정기 휴식제공, 교육 등
(3) 방진 장갑 등 개인 보호구 착용

3) 유해 광선
방사선 노출 시간은 짧게, 방사선원으로부터 거리는 멀게 하며, 차폐 시설 설치 및 개인 보호구 착용 등

4) 이상 기압
(1) 고기압에 대한 대책(잠함 작업 시 시설 점검, 고압 하의 작업시간 규정 준수 철저 등)
(2) 저기압에 대한 대책(환기, 산소농도 측정, 보호구 착용, 근로자 건강을 고려한 작업배치 등)

5) 이상 기온
(1) 고열장해 : 방열, 환기, 복사열 차단, 냉방, 적성배치, 고온순화, 작업량/시간 조절, 물과 소금 공급 등
(2) 저열장해 : 전신온도 상승, 난방, 단열의복 착용, 작업량/시간 조절, 한랭순화 등

2 화학적 유해요인 관리

1) 화학적 유해요인
(1) 산업안전보건법상 화학적 인자의 종류
① 물리적 위험성 분류기준 : 폭발성 물질, 인화성 가스, 인화성 액체 등
② 건강 및 환경 유해성 분류기준 : 급성 독성 물질, 피부 부식성 또는 자극성 물질, 발암성 물질, 수생 환경 유해성 물질 등
③ 위험물질의 종류(「안전보건규칙」 [별표 1]) : 폭발성 물질 및 유기과산화물, 물반응성 물질 및 인화성 고체, 산화성 액체 및 산화성 고체 등
④ 관리대상 유해물질(「안전보건규칙」 [별표 12]) : 유기화합물(123종), 금속류(25종), 산·알칼리류(18종), 가스 상태 물질류(15종)

(2) 작업환경관리상 화학적 유해인자의 분류
① 입자상물질(분진, 미스트)
② 가스상물질(가스, 증기)

2) 화학적 유해요인 관리대책 수립
(1) 유해요인 제거 및 대체
(2) 공학적 대책 : 밀폐, 환기(전체환기, 국소배기)
(3) 관리적 대책 : 작업시간/휴식시간 조정, 교대근무, 작업전환, 교육, 명칭 등의 게시, 출입금지 등
(4) 개인보호구 착용

3 생물학적 유해요인 관리

1) 생물학적 유해요인

(1) 공기매개 감염인자 : 비말핵, 인플루엔자, 유행성 수막염, 결핵, 수두, 홍역 등

(2) 곤충 및 동물매개 감염인자
① 동물의 배설물 등에 의한 전염 인자 : 쯔쯔가무시증, 렙토스피라증, 유행성 출혈열 등
② 가축 또는 야생동물로부터 감염되는 인자 : 탄저병, 브루셀라병 등

(3) 혈액매개 감염인자 : 인간면역결핍증, B형간염 및 C형간염, 매독 등

2) 생물학적 유해요인 관리대책 수립

(1) 감염병 예방을 위한 계획수립, 보호구 지급, 예방접종 등
(2) 감염병 예방을 위한 유해성 주지, 감염병의 종류와 원인, 전파 및 감염경로 파악 등
(3) 보안경, 보호마스크, 보호장갑, 보호앞치마 등 개인보호구 지급 및 착용

CHAPTER 05 작업환경 관리

SECTION 01 인체 계측 및 체계제어

1 인체측정(계측)

1) 인체측정 방법
(1) 구조적 인체 치수 : 표준 자세에서 움직이지 않는 피측정자를 인체 측정기로 측정
  예) 마틴측정기, 실루엣 사진기
(2) 기능적 인체 치수 : 움직이는 몸의 자세로부터 측정
  예) 사이클그래프, 마르티스트로브, 시네필름, VTR

2 인체계측자료의 응용원칙

1) 최대치수와 최소치수
특정한 설비를 설계할 때, 거의 모든 사람을 수용할 수 있는 경우(최대치수)가 필요하다. 문, 통로, 탈출구 등을 예로 들 수 있음
예) 선반의 높이, 조종장치까지의 거리 등
(1) 최소치수 : 하위 백분위 수(퍼센타일, Percentile) 기준 1, 5, 10%
  예) 선반의 높이, 조종장치까지의 거리 등
(2) 최대치수 : 상위 백분위 수(퍼센타일, Percentile) 기준 90, 95, 99%
  예) 문, 통로, 탈출구 등

2) 조절 범위(5~95%)
체격이 다른 여러 사람에 맞도록 조절식으로 만드는 것이 바람직하다.
예) 자동차 좌석의 전후 조절, 사무실 의자의 상하 조절 등

3) 평균치를 기준으로 한 설계
최대치수나 최소치수를 기준으로 설계하기도 부적절하고 조절식으로 하기도 불가능할 때, 평균치를 기준으로 설계를 한다.
예) 손님의 평균 신장을 기준으로 만든 은행의 계산대 등

3 신체반응의 측정

1) 작업의 종류에 따른 측정
(1) 정적 근력작업 : 에너지 대사량과 심박수의 상관관계와 시간적 경과, 근전도 등
(2) 동적 근력작업 : 에너지 대사량과 산소소비량, CO_2 배출량, 호흡량, 심박수 등
(3) 신경적 작업 : 매회 평균호흡진폭, 맥박수, 피부전기반사(GSR) 등을 측정
(4) 심적작업 : 플리커 값 등을 측정

2) 심장활동의 측정 : 심장주기, 심박수, 심전도(ECG) 등

4 제어장치의 종류

1) 개폐에 의한 제어(On-Off 제어)
$\dfrac{C}{D}$ 비로 동작을 제어하는 제어장치

(1) 누름단추(Push Button)
(2) 발(Foot) 푸시
(3) 토글 스위치(Toggle Switch)
(4) 로터리 스위치(Rotary Switch)
※ 토글스위치(Toggle Switch), 누름단추(Push Botton)를 작동할 때에는 중심으로부터 30° 이하를 원칙으로 하며 25°쯤 되는 위치에 있을 때가 작동시간이 가장 짧음

2) 양의 조절에 의한 통제
연료량, 전기량 등으로 양을 조절하는 통제장치
예) 노브(Knob), 핸들(Hand Wheel), 페달(Pedal), 크랭크

3) 반응에 의한 통제
계기, 신호, 감각에 의하여 통제 또는 자동경보 시스템

5 조정-반응 비율(통제비, C/D비, C/R비, Control Display, Ratio)

1) 통제표시비(선형조정장치)

$$\frac{X}{Y} = \frac{C}{D} = \frac{통제기기의\ 변위량}{표시계기지침의\ 변위량}$$

2) 조종구의 통제비

$$\frac{C}{D}비 = \frac{\left(\frac{a}{360}\right) \times 2\pi L}{표시계기지침의\ 이동거리}$$

여기서, a : 조종장치가 움직인 각도,
L : 조종장치(노브)의 길이

3) 통제 표시비의 설계 시 고려해야 할 요소
(1) 계기의 크기 : 조절시간이 짧게 소요되는 사이즈를 선택하되 너무 작으면 오차가 클 수 있음
(2) 공차 : 짧은 주행시간 내에 공차의 인정범위를 초과하지 않은 계기를 마련
(3) 목시거리 : 목시거리(눈과 계기표 시간과의 거리)가 길수록 조절의 정확도는 적어지고 시간이 걸림
(4) 조작시간 : 조작시간이 지연되면 통제비가 크게 작용함
(5) 방향성 : 계기의 방향성은 안전과 능률에 영향을 미침

4) 통제비의 3요소
(1) 시각감지시간
(2) 조절시간
(3) 통제기기의 주행시간

5) 최적 C/D비
(1) C/D비가 증가함에 따라 조정시간은 급격히 감소하다가 안정되며 이동시간은 이와 반대가 됨
(2) C/D비가 적을수록 이동시간이 짧고 조정이 어려워 조정장치가 민감(최적통제비 : 1.18~2.42)

6 양립성(Compatibility)

안전을 근원적으로 확보하기 위한 전략으로서 외부의 자극과 인간의 기대가 서로 모순되지 않아야 하는 것. 제어장치와 표시장치 사이의 연관성이 인간의 예상과 어느 정도 일치 여부

1) 공간적 양립성
어떤 사물들, 특히 표시장치나 조정장치의 물리적 형태나 공간적인 배치의 양립성

2) 운동적 양립성
표시장치, 조정장치, 체계반응 등의 운동방향의 양립성을 말하는데, 예를 들어 그림에서는 오른 나사의 전진방향에 대한 기대가 해당

3) 개념적 양립성
외부로부터의 자극에 대해 인간이 가지고 있는 개념적 연상의 일관성을 말하는데, 예를 들어 파란색 수도꼭지와 빨간색 수도꼭지가 있는 경우 빨간색 수도꼭지를 보고 따뜻한 물이라고 연상하는 것을 말함

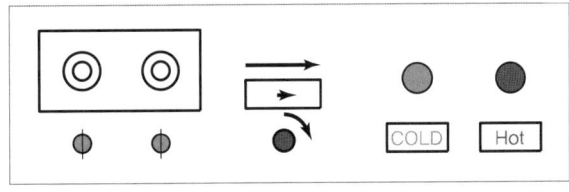

[공간 양립성]   [운동 양립성]   [개념 양립성]

4) 양식 양립성
기계가 특정 음성에 대해 정해진 반응을 하는 경우

7 수공구와 장치 설계의 원리

(1) 손목을 곧게 유지
(2) 조직의 압축응력을 피함
(3) 반복적인 손가락 움직임을 피함(모든 손가락 사용)
(4) 안전작동을 고려하여 설계
(5) 손잡이는 손바닥의 접촉면적이 크게 설계

SECTION 02
신체활동의 생리학적 측정방법

1 신체역학

인간은 근육, 뼈, 신경, 에너지 대사 등을 바탕으로 물리적인 활동을 수행하게 되는데 이러한 활동에 대하여 생리적 조건과 역학적 특성을 고려한 접근방법

1) 신체부위의 운동

(1) 팔, 다리
① 외전(벌림, Abduction) : 몸의 중심선으로부터 멀리 떨어지게 하는 동작(예 팔을 옆으로 들기)
② 내전(모음, Adduction) : 몸의 중심선으로의 이동(예 팔을 수평으로 편 상태에서 수직위치로 내리는 것)

(2) 팔꿈치
① 굴곡(굽힘, Flexion) : 관절이 만드는 각도가 감소하는 동작 (예 팔꿈치 굽히기)
② 신전(폄, Extension) : 관절이 만드는 각도가 증가하는 동작 (예 굽힌 팔꿈치 펴기)

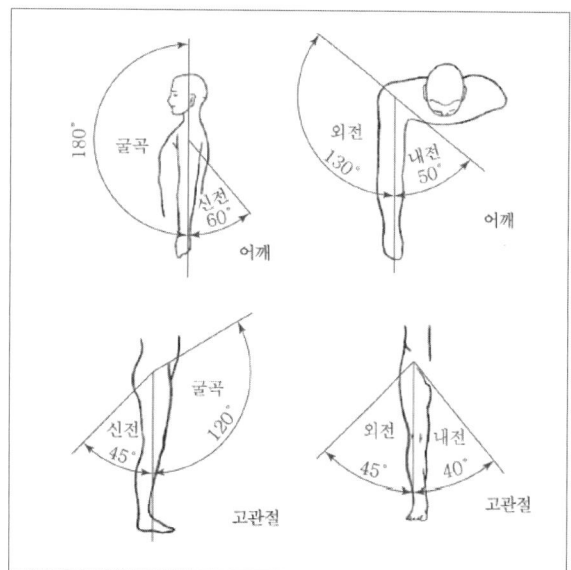

[신체부위의 운동]

2) 근력 및 지구력

(1) 근력 : 근육이 낼 수 있는 최대 힘으로 정적 조건에서 힘을 낼 수 있는 근육의 능력
(2) 지구력 : 근육을 사용하여 특정한 힘을 유지할 수 있는 시간

2 신체활동의 에너지 소비

1) 에너지 대사율(RMR, Relative Metabolic Rate)

$$RMR = \frac{운동 \ 대사량}{기초 \ 대사량}$$

$$= \frac{운동시 \ 산소 \ 소모량 - 안정시 \ 산소 \ 소모량}{기초 \ 대사량(산소 \ 소비량)}$$

2) 에너지 대사율(RMR)에 따른 작업의 분류

(1) 초경작업(初經作業) : 0~1
(2) 경작업(經作業) : 1~2
(3) 보통 작업(中作業) : 2~4
(4) 무거운 작업(重作業) : 4~7
(5) 초중작업(初重作業) : 7 이상

3) 휴식시간 산정

$$R(분) = \frac{60(E-5)}{E-1.5} \ (60분 \ 기준)$$

여기서, E : 작업의 평균에너지(kcal/min),
에너지 값의 상한 : 5(kcal/min)

4) 에너지 소비량에 영향을 미치는 인자

작업방법, 작업자세, 작업속도, 도구설계

3 생리학적 측정방법

1) 근전도(EMG, Electromyogram)

근육활동의 전위차를 기록한 것으로 심장근의 근전도를 특히 심전도(ECG, Electrocardiogram)라 함(정신활동의 부담을 측정하는 방법이 아님)

2) 피부전기반사(GSR, Galvanic Skin Relex)

작업부하의 정신적 부담도가 피로와 함께 증대하는 양상을 전기저항의 변화에서 측정하는 방법

3) 플리커값(Flicker Frequency of Fusion light)

뇌의 피로값을 측정하기 위해 실시하며 빛의 성질을 이용하여 뇌의 기능을 측정. 저주파에서 차츰 주파수를 높이면 깜박거림이 없어지고 빛이 일정하게 보이는데, 이 성질을 이용하여 뇌가 피로한지 여부를 측정하는 방법. 일반적으로 피로도가 높을수록 주파수가 낮아짐

> ☐ 적절한 온도에서 한랭 환경으로 변할 때의 신체의 조절작용 (저온스트레스)
> 1. 피부온도가 내려간다.
> 2. 혈액은 피부를 경유하는 순환량이 감소하고 많은 양의 혈액이 몸의 중심부를 순환한다.
> 3. 소름이 돋고 몸이 떨린다.
> 4. 직장(直腸)온도가 약간 올라간다.

SECTION 03
작업공간 및 작업자세

1 부품배치의 원칙

(1) 중요성의 원칙 : 부품의 작동성능이 목표달성에 긴요한 정도에 따라 우선순위 결정
(2) 사용빈도의 원칙 : 부품이 사용되는 빈도에 따른 우선순위를 결정
(3) 기능별 배치의 원칙 : 기능적으로 관련된 부품을 모아서 배치
(4) 사용순서의 원칙 : 사용순서에 맞게 순차적으로 부품들을 배치

2 개별 작업공간 설계지침

1) 작업공간

(1) 작업공간 포락면(Envelope) : 한 장소에 앉아서 수행하는 작업활동에서 사람이 작업하는 데 사용하는 공간
(2) 파악한계(Grasping Reach) : 앉은 작업자가 특정한 수작업을 편히 수행할 수 있는 공간의 외곽한계
(3) 특수작업역 : 특정 공간에서 작업하는 구역

2) 수평작업대의 정상 작업역과 최대 작업역

(1) 정상 작업영역 : 상완을 자연스럽게 수직으로 늘어뜨린 채, 전완만으로 편하게 뻗어 파악할 수 있는 구역(34~45cm)
(2) 최대 작업영역 : 전완과 상완을 곧게 펴서 파악할 수 있는 구역(55~65cm)
(3) 파악한계 : 앉은 작업자가 특정한 수작업을 편히 수행할 수 있는 공간의 외곽한계

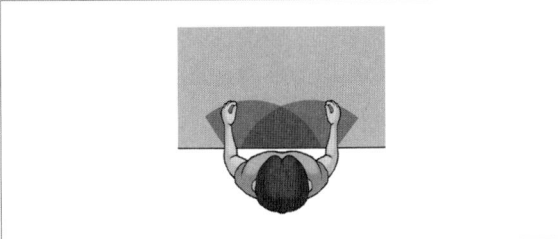

(a) 정상작업영역

(b) 최대작업영역]

3) 작업대 높이

(1) 최적높이 설계지침

작업대의 높이는 상완을 자연스럽게 수직으로 늘어뜨리고 전완은 수평 또는 약간 아래로 편안하게 유지할 수 있는 수준

(2) 착석식(의자식) 작업대 높이

① 의자의 높이를 조절할 수 있도록 설계하는 것이 바람직
② 섬세한 작업은 작업대를 약간 높게, 거친 작업은 작업대를 약간 낮게 설계
③ 작업면 하부 여유공간이 대퇴부가 가장 큰 사람이 자유롭게 움직일 수 있을 정도로 설계

(3) 입식 작업대 높이

① 정밀작업 : 팔꿈치 높이보다 5~10cm 높게 설계
② 일반작업 : 팔꿈치 높이보다 5~10cm 낮게 설계
③ 힘든작업(重작업) : 팔꿈치 높이보다 10~20cm 낮게 설계

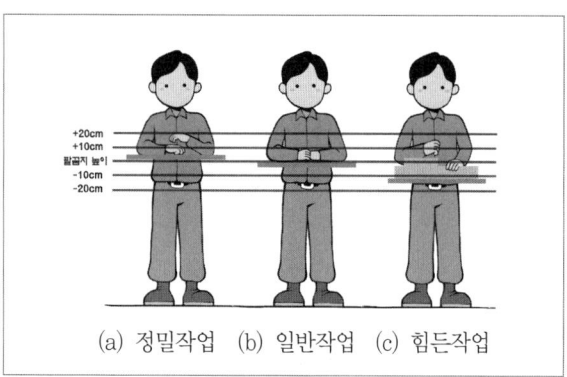

(a) 정밀작업 (b) 일반작업 (c) 힘든작업

[팔꿈치 높이와 작업대 높이의 관계]

3 의자설계 원칙

(1) 체중분포 : 의자에 앉았을 때 대부분의 체중이 골반뼈에 실려야 편안
(2) 의자 좌판의 높이 : 좌판 앞부분 오금 높이보다 높지 않게 설계(치수는 5% 되는 사람까지 수용할 수 있게 설계)
(3) 의자 좌판의 깊이와 폭 : 폭은 큰 사람에게 맞도록, 깊이는 대퇴를 압박하지 않도록 작은 사람에게 맞도록 설계
(4) 몸통의 안정 : 체중이 골반뼈에 실려야 몸통안정이 쉬워짐
(5) 요추의 전만곡선이 유지

4 동작경제의 3원칙

1) 신체 사용에 관한 원칙

(1) 두 손의 동작은 같이 시작하고 같이 끝나도록 함
(2) 휴식시간을 제외하고는 양손이 동시에 쉬지 않도록 함
(3) 두 팔의 동작은 동시에 서로 반대방향으로 대칭적으로 움직이도록 함
(4) 손과 신체의 동작은 작업을 원만하게 처리할 수 있는 범위 내에서 가장 낮은 동작등급을 사용하도록 함
(5) 가능한 한 관성(Momentum)을 이용하여 작업을 하도록 하되 작업자가 관성을 억제하여야 하는 경우에는 발생되는 관성을 최소한으로 줄임. 등

2) 작업장 배치에 관한 원칙

(1) 모든 공구나 재료는 정해진 위치에 있도록 함
(2) 공구, 재료 및 제어장치는 사용위치에 가까이 두도록 함(정상작업영역, 최대작업영역)
(3) 중력이송원리를 이용한 부품상자(Gravity feed bath)나 용기를 이용하여 부품을 부품사용장소에 가까이 보낼 수 있도록 함
(4) 가능하다면 낙하식 운반(Drop Delivery)방법을 사용함
(5) 공구나 재료는 작업동작이 원활하게 수행되도록 그 위치를 정해줌 등

3) 공구 및 설비 설계(디자인)에 관한 원칙

(1) 치구나 족답장치(Foot-operated Device)를 효과적으로 사용할 수 있는 작업에서는 이러한 장치를 사용하도록 하여 양손이 다른 일을 할 수 있도록 함
(2) 가능하면 공구 기능을 결합하여 사용하도록 함
(3) 공구와 자세는 가능한 한 사용하기 쉽도록 미리 위치를 잡아줌(Pre-position) 등

SECTION 04 작업측정

1 작업측정

1) 정의
제품과 서비스를 생산하는 작업 시스템을 과학적으로 계획·관리하기 위해 그 활동에 소요되는 시간과 자원을 측정 또는 추정하는 것

2) 목적
표준시간의 설정, 유휴시간의 제거, 작업성과의 측정

2 표준시간 및 연구

1) 표준시간의 계산
(1) 기본공식 : 표준시간(ST) = 정미시간(NT) + 여유시간(AT)
① 정미시간(NT, Normal Time) : 매회 또는 일정한 주기로 발생하는 작업요소의 수행시간
② 여유시간(AT, Allowance Time) : 작업지연이나 기계고장, 가공재료의 부족 등으로 작업을 중단할 경우, 이로 인한 소요시간을 정미시간에 더하는 형식으로 보상하는 시간값

(2) 외경법 : 정미시간에 대한 비율을 여유율로 사용
① 여유율(A) = $\dfrac{여유시간의\ 총계}{정미시간의\ 총계} \times 100$
② 표준시간(ST) = 정미시간 × (1 + 여유율)

(3) 내경법 : 근무시간에 대한 비율을 여유율로 사용
① 여유율(A) = $\dfrac{(일반)여유시간}{정미시간의\ 총계} \times 100$
   = $\dfrac{여유시간}{정미시간 + 여유시간} \times 100$
② 표준시간(ST) = 정미시간 × $\left(\dfrac{1}{1-여유율}\right)$

3 워크샘플링

1) 정의
관측대상을 무작위로 선정한 시점에서 작업자나 기계의 가동상태를 순간적으로 관측하여 그 상황을 비율로 추정(이항분포)하는 방법

2) 목적
여유율산정, 가동률산정, 표준시간의 산정, 업무개선과 정원설정 등

3) 단점
시간연구법보다 부정확하고 짧은 주기나 반복 작업인 경우 적절하지 않음

4 표준자료법

1) 정의
시간연구법 또는 PTS법 등 과거에 측정된 기록을 검토, 가공한 뒤 요소별 표준자료들을 다중회귀분석법을 이용하여 표준시간 산출하는 방법(=합성법(synthetic method))

2) 단점
표준시간의 정도가 떨어지고, 초기비용이 크며, 작업조건이 불안정하거나 표준화가 곤란한 경우에는 표준자료 설정이 곤란함

5 PTS(Predetermined Time Standards)법

1) 정의
(1) 기본동작 요소(therblig)와 같은 요소동작이나 또는 운동에 대해 미리 정해 놓은 일정한 표준요소 시간값을 나타낸 표를 적용하여 개개의 작업을 수행하는데 소요되는 시간값을 합성하여 산출하는 방법(=기정시간표준법)
(2) 기본원리(PTS법의 가정) : 언제, 어디서든 동작의 변동요인이 같으면 소요시간은 기준시간값과 동일함

2) 장점

(1) 표준시간 설정과정에 있어서 현재 방법보다 합리적인 개선 가능
(2) 정확한 원가의 견적이 용이
(3) 작업방법만 알고 있으면 그 작업을 행하기 전 표준시간 예측가능함

3) 단점

(1) 수작업에만 적용 가능하며, 분석에 많은 시간 소요
(2) 도입초기에 전문가의 자문 또는 적용을 위한 교육/훈련 비용이 큼

4) WF법(Work Factor System)

(1) 시간단위

① Detailed WF(DWF) : 1WFU(Work Factor Unit)
  =0.0001분(1/10,000분)
② Ready WF(RWF) : 1RU(Ready WF Unit)
  =0.001분(1/1,000분)

(2) 표준요소(8가지) : 동작-이동(T), 쥐기(Gr), 미리놓기(PP), 조립(Asy), 사용(US), 분해(Dsy), 내려놓기(RI), 해석(MP)

5) MTM(Method Time Measurement)법

(1) 1TMU(time measurement unit)
  =0.00001시간
  =0.0006분=0.036초
(2) 기본동작 : 손을 뻗음(R), 운반(M), 회전(T), 누름(AP), 쥐기(G), 위치(P), 놓음(RL), 떼어놓음(D), 크랭크(K), 눈의 이동(ET), 눈의 초점맞추기(eye focus, EF)

SECTION 05
작업조건과 환경조건

1 반사율과 휘광

1) 반사율(%)

단위면적당 표면에서 반사 또는 방출되는 빛의 양을 의미

$$반사율(\%) = \frac{휘도(fL)}{조도(fC)} \times 100 = \frac{cd/m^2 \times \pi}{lux}$$

$$= \frac{광속발산도}{소요조명} \times 100$$

□ 옥내 추천 반사율
1. 천장 : 80~90%   2. 벽 : 40~60%
3. 가구 : 25~45%   4. 바닥 : 20~40%

2) 휘광(Glare, 눈부심)

휘도가 높거나 휘도대비가 클 경우 생기는 눈부심을 의미

(1) 광원으로부터의 휘광(Glare)의 처리방법
① 광원의 휘도를 줄이고, 광원의 수를 늘림
② 광원을 시선에서 멀리 위치시킴
③ 휘광원 주위를 밝게 하여 광도비를 줄임
④ 가리개(Shield), 갓(Hood) 혹은 차양(Visor)을 사용

2 조도와 광도

(1) 조도 : 어떤 물체나 표면에 도달하는 빛의 밀도로서 단위는 fc와 lux가 있음

$$조도(lux) = \frac{광속(lumen)}{거리(m)^2}$$

(2) 광도 : 단위면적당 표면에서 반사 또는 방출되는 광량
(3) 대비 : 표적의 광속 발산도와 배경의 광속 발산도의 차

$$대비 = 100 \times \frac{L_b - L_t}{L_b}$$

여기서, L_b : 배경의 광속 발산도,
L_t : 표적의 광속 발산도

3 소요조명(fc)

$$소요조명(fc) = \frac{소요광속발산도(fL)}{반사율(\%)} \times 100$$

4 소음과 청력손실

1) 소음(Noise)
인간이 감각적으로 원하지 않는 소리, 불쾌감을 주거나 주의력을 상실케 하여 작업에 방해를 주며 청력손실을 가져옴
(1) 가청주파수 : 20~20,000Hz / 유해주파수 : 4,000Hz
(2) 소리은폐현상(Sound Masking) : 한쪽 음의 강도가 약할 때는 강한 음에 묻혀 들리지 않게 되는 현상

2) 소음의 영향
(1) 일반적인 영향 : 불쾌감을 주거나 대화, 마음의 집중, 수면, 휴식을 방해하며 피로를 가중시킴
(2) 청력손실 : 진동수가 높아짐에 따라 청력손실이 증가. 청력손실은 4,000Hz(C5-dip 현상)에서 크게 나타냄
① 청력손실의 정도는 노출 소음수준에 따라 증가
② 약한 소음에 대해서는 노출기간과 청력손실의 관계가 없음
③ 강한 소음에 대해서는 노출기간에 따라 청력손실도 증가함

3) 소음을 통제하는 방법(소음대책)
(1) 소음원의 통제
(2) 소음의 격리
(3) 차폐장치 및 흡음재료 사용
(4) 음향처리제 사용
(5) 적절한 배치

5 열교환 과정과 열압박
(1) 열균형 방정식 : S(열축적)=M(대사율)-E(증발)±R(복사)±C(대류)-W(한 일)
(2) 열압박 지수(HSI) = $\dfrac{E_{req}(요구되는 증발량)}{E_{max}(최대증발량)} \times 100$

6 실효온도(Effective temperature, 감각온도, 실감온도)
온도, 습도, 기류 등의 조건에 따라 인간의 감각을 통해 느껴지는 온도로 상대습도 100% 일 때의 건구온도에서 느끼는 것과 동일한 온도감을 말함

(1) 옥스퍼드(Oxford) 지수(습건지수)

$$W_D = 0.85W(습구온도) + 0.15d(건구온도)$$

(2) 작업환경의 온열요소 : 온도, 습도, 기류(공기유동), 복사열

7 진동과 가속도

1) 진동의 생리적 영향
(1) 단시간 노출 시 : 과도호흡, 혈액이나 내분비 성분은 불변
(2) 장기간 노출 시 : 근육긴장의 증가

2) 전신 진동이 인간성능에 끼치는 영향
(1) 시성능 : 진동은 진폭에 비례하여 시력을 손상하며, 10~25Hz의 경우에 가장 심함.
(2) 운동성능 : 진동은 진폭에 비례하여 추적능력을 손상하며, 5Hz 이하의 낮은 진동수에서 가장 심함
(3) 신경계 : 반응시간, 감시, 형태식별 등 주로 중앙신경처리에 달린 임무는 진동의 영향을 덜 받음
(4) 안정되고, 정확한 근육조절을 요하는 작업은 진동에 의해서 저하됨

3) 가속도
물체의 운동변화율(변화속도)로서 기본단위는 g로 사용하며 중력에 의해 자유낙하하는 물체의 가속도인 9.8m/s²을 1g라 함

SECTION 06
작업환경과 인간공학

1 작업별 조도기준 및 소음기준

1) 작업별 조도기준(「안전보건규칙」 제8조)
(1) 초정밀작업 : 750lux 이상
(2) 정밀작업 : 300lux 이상
(3) 보통작업 : 150lux 이상
(4) 기타작업 : 75lux 이상

2) VDT를 위한 조명

(1) 조명수준 : VDT 조명은 화면에서 반사하여 화면상의 정보를 더 어렵게 할 수 있으므로 대부분 300~500lux를 지정

(2) 화면반사 : 화면반사는 화면으로부터 정보를 읽기 어렵게 하므로 화면반사를 줄이는 방법에는 ① 창문 가리기, ② 반사원의 위치변경, ③ 광도를 줄이기, ④ 산란된 간접 조명을 사용 등이 있음

3) 소음기준(「안전보건규칙」 제512조)

(1) 소음작업

1일 8시간 작업기준으로 85데시벨(dB) 이상의 소음이 발생하는 작업

(2) 강렬한 소음작업

① 90dB 이상의 소음이 1일 8시간 이상 발생하는 작업

② 소음의 크기가 5dB 증가할 때마다 노출시간 한계는 1/2로 감소(소음이 120dB를 초과해서는 안 됨)

(3) 충격 소음작업

① 120dB을 초과하는 소음이 1일 1만 회 이상 발생하는 작업
② 130dB을 초과하는 소음이 1일 1천 회 이상 발생하는 작업
③ 140dB을 초과하는 소음이 1일 1백 회 이상 발생하는 작업

SECTION 07
시각적 표시장치

1 시각과정

1) 눈의 구조

(1) 홍채 : 눈으로 들어가는 빛의 양을 조절(카메라 조리개 역할)
(2) 수정체 : 빛을 굴절시켜 망막에 상이 맺힘(카메라 렌즈 역할)
(3) 망막 : 상이 맺히는 곳, 감광세포가 존재(상이 상하좌우 전환되어 맺힘)
(4) 맥락막 : 망막을 둘러싼 검은 막(어둠상자 역할)

2) 시력과 눈의 이상

(1) 시각(Visual Angle) : 보는 물체에 대한 눈의 대각

$$시각[분] = 60 \times \tan^{-1}\frac{L}{D} = L \times 57.3 \times \frac{60}{D}$$

(2) 시력 $= \dfrac{1}{시각}$

3) 눈의 이상

(1) 원시 : 가까운 물체의 상이 망막 뒤에 맺힘, 멀리 있는 물체는 잘 볼 수 있으나 가까운 물체는 보기 어려움
(2) 근시 : 먼 물체의 상이 망막 앞에 맺힘, 가까운 물체는 잘 볼 수 있으나 멀리 있는 물체는 보기 어려움

4) 순응(조응)

눈이 광도수준에 대한 적응하는 것을 순응(Adaption) 또는 조응이라고 함

(1) 암순응(암조응) : 우선 약 5분 정도 원추세포의 순응단계를 거쳐 약 30~35분 정도 걸리는 간상세포의 순응단계(완전 암순응)로 이어짐
(2) 명순응(명조응) : 어두운 곳에 있는 동안 빛에 민감하게 된 시각계통을 강한 광선이 압도하기 때문에 일시적으로 안 보이게 되나 명순응에는 길게 잡아 1~2분이면 충분함

2 정량적 표시장치

1) 정량적 표시장치

온도나 속도 같은 동적으로 변하는 변수나 자로 재는 길이 같은 계량치에 관한 정보를 제공하는 데 사용함

2) 정량적 동적 표시장치의 기본형

(1) 동침형(Moving Pointer)

고정된 눈금상에서 지침이 움직이면서 값을 나타내는 방법으로 지침의 위치가 일종의 인식상의 단서로 작용하는 이점이 있음

(2) 동목형(Moving Scale)

값의 범위가 클 경우 작은 계기판에 모두 나타낼 수 없는 동침형의 단점을 보완한 것으로 표시장치의 공간을 적게 차지하는 이점이 있음. 빠른 인식을 요구하는 작업장에서는 사용을 피하는 것이 좋음

(3) 계수형(Digital Display)

수치를 정확히 읽어야 할 경우 인접 눈금에 대한 지침의 위치를 추정할 필요가 없기 때문에 Analog Type(동침형, 동목형)보다 더욱 적합함. 값이 빨리 변하는 경우 읽기가 곤란할 뿐만 아니라 시각 피로를 많이 유발함

3 정성적 표시장치

(1) 온도, 압력, 속도와 같은 연속적으로 변하는 변수의 대략적인 값이나 변화추세 등을 알고자 할 때 사용함
(2) 나타내는 값이 정상인지 여부를 판정하는 등 상태점검을 하는 데 사용함

4 묘사적 표시장치

1) 항공기의 이동표시

배경이 변화하는 상황을 중첩하여 나타내는 표시장치로 효과적인 상황판단을 위해 사용한다.
(1) 항공기 이동형(외견형) : 지평선이 고정되고 항공기가 움직이는 형태
(2) 지평선 이동형(내견형) : 항공기가 고정되고 지평선이 이동되는 형태(대부분의 항공기의 표시장치가 이에 속함)
(3) 빈도 분리형 : 외견형과 내견형의 혼합형

5 시각적 암호, 부호, 기호

(1) 묘사적 부호 : 사물이나 행동을 단순하고 정확하게 묘사 (도로표지판의 보행신호, 유해물질의 해골과 뼈 등)
(2) 추상적 부호 : 메시지(傳言)의 기본요소를 도식적으로 압축한 부호
(3) 임의적 부호 : 부호가 이미 고안되어 있으므로 이를 배워야 하는 것(산업안전표지의 원형 → 금지표지, 사각형 → 안내표지 등)

SECTION 08
청각적 표시장치

1 청각과정

1) 귀의 구조
(1) 바깥귀(외이) : 소리를 모으는 역할
(2) 가운데귀(중이) : 고막의 진동을 속귀로 전달하는 역할
(3) 속귀(내이) : 달팽이관에 청세포가 분포되어 있어 소리자극을 청신경으로 전달

2) 음의 특성 및 측정

(1) 음파의 진동수(Frequency of Sound Wave) : 인간이 감지하는 음의 높낮이

소리굽쇠를 두드리면 고유진동수로 진동하게 되는데 소리굽쇠가 진동함에 따라 공기의 입자가 전후방으로 움직이며 이에 따라 공기의 압력은 증가 또는 감소함. 소리굽쇠와 같은 간단한 음원의 진동은 정현파(사인파)를 만들며 사인파는 계속 반복되는데 1초당 사이클 수를 음의 진동수(주파수)라 하며 Hz(herz) 또는 CPS(cycle/s)로 표시함

(2) 음의 강도(Sound intensity)

① SPL(dB)

$$SPL(dB) = 10\log\left(\frac{P_1^2}{P_0^2}\right)$$

여기서, P_1 : 측정하고자 하는 음압,
P_0 : 기준음압($20\mu N/m^2$)

② 거리에 따른 음의 변화는 d_1은 d_1거리에서 단위면적당 음이고 d_2는 d_2거리에서 단위면적당 음이라면 음압은 거리에 반비례하므로 식으로 나타내면 다음과 같음

$$dB2 = dB1 - 20\log\left(\frac{d_2}{d_1}\right)$$

3) 음량(Loudness)

(1) Phon 음량수준 : 정량적 평가를 위한 음량 수준 척도, Phon으로 표시한 음량 수준은 이 음과 같은 크기로 들리는 1,000Hz 순음의 음압수준(dB)
(2) Sone 음량수준 : 다른 음의 상대적인 주관적 크기 비교, 40dB의 1,000Hz 순음 크기(=40Phon)를 1sone으로 정의, 기준음보다 10배 크게 들리는 음이 있다면 이 음의 음량은 10sone임

$$sone치 = 2^{(Phon치-40)/10}$$

4) 은폐(Masking) 효과

음의 한 성분이 다른 성분에 대한 귀의 감수성을 감소시키는 상황으로 피은폐된 한 음의 가청 역치가 다른 은폐된 음 때문에 높아지는 현상을 말함
예) 사무실의 자판소리 때문에 말소리가 묻히는 경우

5) 통화 이해도

음성 메시지를 수화자가 얼마나 정확하게 인지할 수 있는가를 의미함
예) 통화 이해도 시험, 명료도 지수, 이해도 점수, 통화 간섭 수준, 소음 기준 곡선

2 청각적 표시장치

1) 시각장치와 청각장치의 비교

시각장치 사용	청각장치 사용
• 경고나 메시지가 길거나 복잡할 때	• 경고나 메시지가 짧거나 간단할 때
• 경고나 메시지가 후에 재참조될 때	• 경고나 메시지가 후에 재참조되지 않을 때
• 경고나 메시지가 즉각적인 행동을 요구하지 않을 때	• 경고나 메시지가 즉각적인 행동을 요구될 때
• 수신자의 청각 계통이 과부하 상태일 때	• 수신자의 시각계통이 과부하 상태일 때
• 수신 장소가 너무 시끄러울 때	• 수신장소가 너무 밝거나 암조응 유지가 필요할 때
• 직무상 수신자가 한곳에 머무를 때	• 직무상 수신자가 자주 움직일 때

2) 청각적 표시장치가 시각적 표시장치보다 유리한 경우

(1) 신호음 자체가 음일 때
(2) 무선거리 신호, 항로정보 등과 같이 연속적으로 변하는 정보를 제시할 때
(3) 음성통신(전화 등) 경로가 전부 사용되고 있을 때
(4) 정보가 즉각적인 행동을 요구하는 경우
(5) 조명으로 인해 시각을 이용하기 어려운 경우

3) 경계 및 경보신호 선택 시 지침

(1) 귀는 중음역에 가장 민감하므로 500~3,000Hz가 좋음
(2) 300m 이상 장거리용 신호에는 1,000Hz 이하의 진동수를 사용함
(3) 칸막이를 돌아가는 신호는 500Hz 이하의 진동수를 사용함
(4) 배경소음과 다른 진동수를 갖는 신호를 사용하고 신호는 최소 0.5~1초 지속됨
(5) 주의를 끌기 위해서는 변조된 신호를 사용함
(6) 경보효과를 높이기 위해서는 개시시간이 짧은 고강도의 신호 사용함

SECTION 09
촉각 및 후각적 표시장치

1 피부감각

(1) 통각 : 아픔을 느끼는 감각
(2) 압각 : 압박이나 충격이 피부에 주어질 때 느끼는 감각
(3) 감각점의 분포량 순서 : ① 통점 → ② 압점 → ③ 냉점 → ④ 온점

2 조정장치의 촉각적 암호화

(1) 표면촉감을 사용하는 경우
(2) 형상을 구별하는 경우
(3) 크기를 구별하는 경우

3 동적인 촉각적 표시장치

(1) 기계적 진동(Mechanical Vibration) : 진동기를 사용하여 피부에 전달, 진동장치의 위치, 주파수, 세기, 지속시간 등 물리적 매개변수
(2) 전기적 임펄스(Electrical Impulse) : 전류자극을 사용하여 피부에 전달, 전극위치, 펄스속도, 지속시간, 강도 등

4 후각적 표시장치

후각은 사람의 감각기관 중 가장 예민하고 빨리 피로해지기 쉬운 기관으로 사람마다 개인차가 심하다. 코가 막히면 감도도 떨어지고 냄새에 순응하는 속도가 빠름

5 웨버(Weber)의 법칙

특정 감각의 변화감지역(ΔI)은 사용되는 표준자극(I)에 비례한다. 웨버(Weber)비가 작을수록 인간의 분별력이 좋아짐

$$웨버비 = \frac{\Delta I}{I}$$

여기서, I : 기준자극크기, ΔI : 변화감지역

SECTION 10
인간의 특성과 안전

1 인간성능

1) 인간성능(Human Performance) 연구에 사용되는 변수
(1) 독립변수 : 관찰하고자 하는 현상에 대한 변수
(2) 종속변수 : 평가척도나 기준이 되는 변수
(3) 통제변수 : 종속변수에 영향을 미칠 수 있지만, 독립변수에 포함되지 않은 변수

2 성능신뢰도

1) 인간의 신뢰성 요인
(1) 주의력수준
(2) 의식수준(경험, 지식, 기술)
(3) 긴장수준(에너지 대사율)

2) 신뢰도
(1) 인간과 기계의 직·병렬 작업
① 직렬 : $R_s = r_1 \times r_2$

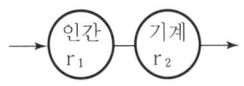

② 병렬 : $R_p = r_1 + r_2(1-r_1) = 1-(1-r_1)(1-r_2)$

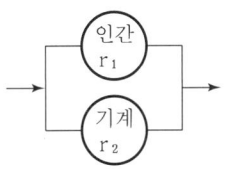

3 산업재해와 산업인간공학

1) 산업인간공학
인간의 능력과 관련된 특성이나 한계점을 체계적으로 응용하여 작업체계의 개선에 활용하는 연구분야

2) 산업인간공학의 가치
(1) 인력 이용률의 향상
(2) 훈련비용의 절감
(3) 사고 및 오용으로부터의 손실 감소
(4) 생산성의 향상
(5) 사용자의 수용도 향상
(6) 생산 및 정비유지의 경제성 증대

PART 02

2과목 예상문제

01 다음 중 인간공학(Ergonomics)의 기원에 대한 설명으로 가장 적합한 것은?

① 차패니스(Chapanis, A.)에 의해서 처음 사용되었다.
② 민간기업에서 시작하여 군이나 군수회사로 전파되었다.
③ 'ergon(작업)+nomos(법칙)+ics(학문)'의 조합된 단어이다.
④ 관련 학회는 미국에서 처음 설립되었다.

[해설] **자스트러제보스키(Jastrzebowski)의 인간공학 정의**
Ergon(일 또는 작업)과 Nomos(자연의 원리 또는 법칙)로부터 인간공학(Ergonomics)의 용어를 얻었다.

02 각 부품의 신뢰도가 R인 다음과 같은 시스템의 전체 신뢰도는?

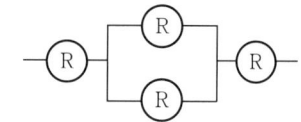

① R^4
② $2R-R^2$
③ $2R^2-R^3$
④ $2R^3-R^4$

[해설] 신뢰도 $=R\times[1-(1-R)(1-R)]\times R$
$=R\times[1-(1-2R+R^2)]\times R$
$=R\times[2R-R^2)]\times R$
$=2R^3-R^4$

03 다음 중 인간이 현존하는 기계보다 우월한 기능이 아닌 것은?

① 귀납적으로 추리한다.
② 원칙을 적용하여 다양한 문제를 해결한다.
③ 다양한 경험을 토대로 하여 의사결정을 한다.
④ 명시된 절차에 따라 신속하고, 정량적인 정보처리를 한다.

[해설] 명시된 절차에 따라 신속하고, 정량적인 정보처리를 하는 것은 기계가 인간보다 우월한 기능이다.

04 다음 중 고장형태와 영향분석(FMEA)에 관한 설명으로 틀린 것은?

① 각 요소가 영향의 해석이 가능하기 때문에 동시에 2가지 이상의 요소가 고장 나는 경우에 적합하다.
② 해석영역이 물체에 한정되기 때문에 인적 원인 해석이 곤란하다.
③ 양식이 간단하여 특별한 훈련 없이 해석이 가능하다.
④ 시스템 해석의 기법은 정성적, 귀납적 분석법 등에 사용한다.

[해설] **FMEA**
각 요소 간의 영향을 분석하기 어렵기 때문에 동시에 두 가지 이상의 요소가 고장 날 경우에 분석이 곤란하다.

05 체계설계 과정의 주요단계가 다음과 같을 때 인간·하드웨어·소프트웨어의 기능 할당, 인간성능 요건 명세, 직무분석, 작업설계 등의 활동을 하는 단계는?

• 목표 및 성능 명세 결정	• 체계의 정의
• 기본 설계	• 계면 설계
• 촉진물 설계	• 시험 및 평가

① 체계의 정의
② 기본 설계
③ 계면 설계
④ 촉진물 설계

[해설] **기본 설계**
인간·하드웨어·소프트웨어의 기능 할당, 인간성능 요건 명세, 직무분석, 작업설계 등을 한다.

정답 | 01 ③ 02 ④ 03 ④ 04 ① 05 ②

06 다음 설명에 해당하는 설비보전방식의 유형은?

> 설비보전 정보와 신기술을 기초로 신뢰성, 조작성, 보전성, 안전성, 경제성 등이 우수한 설비의 선정, 조달 또는 설계를 통하여 궁극적으로 설비의 설계, 제작 단계에서 보전활동이 불필요한 체제를 목표로 한 설비보전 방법을 말한다.

① 개량보전
② 사후보전
③ 일상보전
④ 보전예방

해설 **보전예방(Maintenance Preventive)**
설비를 새로이 계획·설계하는 단계에서 보전 정보나 새로운 기술을 채용해서 신뢰성, 보전성, 경제성, 조작성, 안전성 등을 고려하여 보전비나 열화 손실을 적게 하는 활동이다.

07 산업안전보건법령상 다음의 안전보건표지 중 기본모형이 다른 것은?

① 위험장소 경고
② 레이저 광선 경고
③ 방사성 물질 경고
④ 부식성 물질 경고

해설 **안전보건표지**

215 위험장소경고	213 레이저광선경고	206 방사성 물질경고	205 부식성 물질경고
	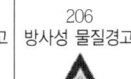		

08 다음 중 인간의 귀에 대한 구조를 설명한 것으로 틀린 것은?

① 외이(external ear)는 귓바퀴와 외이도로 구성된다.
② 중이(middle ear)에는 인두와 교통하여 고실 내압을 조절하는 유스타키오관이 존재한다.
③ 내이(inner ear)는 신체의 평형감각수용기인 반규관과 청각을 담당하는 전정기관 및 와우로 구성되어 있다.
④ 고막은 중이와 내이의 경계부위에 위치해 있으며 음파를 진동으로 바꾼다.

해설 **귀의 구조**
고막 : 외이와 중이의 경계에 위치하는 얇고 투명한 두께 0.1mm의 막으로서 전달된 음파를 진동시키는 역할을 한다. 고막은 피부층, 중간층, 점막층의 세 겹으로 되어 있는데, 이 막을 통해 청소골로 전달된 음파가 내이의 달팽이관으로 전달되게 된다.

09 산업안전보건기준에 관한 규칙상 작업장의 작업면에 따른 적정 조명 수준은 초정밀 작업에서 (㉠)lux 이상이고, 보통작업에서는 (㉡)lux 이상이다. ( ) 안에 들어갈 내용은?

① ㉠ : 650, ㉡ : 150
② ㉠ : 650, ㉡ : 250
③ ㉠ : 750, ㉡ : 150
④ ㉠ : 750, ㉡ : 250

해설 **작업별 조도기준**
- 초정밀작업 : 750lux 이상
- 보통작업 : 150lux 이상

10 다음 중 인체 측정과 작업공간의 설계에 관한 설명으로 옳은 것은?

① 구조적 인체 치수는 움직이는 몸의 자세로부터 측정하는 것이다.
② 선반의 높이, 조작에 필요한 힘 등을 정할 때에는 인체측정치의 최대집단치를 적용한다.
③ 수평 작업대에서의 정상작업영역은 상완을 자연스럽게 늘어뜨린 상태에서 전완을 뻗어 파악할 수 있는 영역을 말한다.
④ 수평 작업대에서의 최대작업영역은 다리를 고정시킨 후 최대한으로 파악할 수 있는 영역을 말한다.

해설 **정상작업역**
위팔(상완)을 자연스럽게 수직으로 늘어뜨린 채, 아래팔(전완)만으로 편하게 뻗어 파악할 수 있는 구역이다.

11 다음 중 개선의 E.C.R.S의 원칙에 해당하지 않는 것은?

① 제거(Eliminate)
② 결합(Combine)
③ 재조정(Rearrange)
④ 안전(Safety)

해설 **작업방법의 개선원칙 - E.C.R.S**
1. 제거(Eliminate)
2. 결합(Combine)
3. 재조정(Rearrange)
4. 단순화(Simplify)

정답 | 06 ④ 07 ④ 08 ④ 09 ③ 10 ③ 11 ④

12 다음 중 시스템 신뢰도에 관한 설명으로 옳지 않은 것은?

① 시스템의 성공적 퍼포먼스를 확률로 나타낸 것이다.
② 각 부품이 동일한 신뢰도를 가질 경우 직렬 구조의 신뢰도는 병렬 구조에 비해 신뢰도가 낮다.
③ 시스템의 병렬구조는 시스템의 어느 한 부품이 고장나면 시스템이 고장나는 구조이다.
④ n중 k구조는 n개의 부품으로 구성된 시스템에서 k개 이상의 부품이 작동하면 시스템이 정상적으로 가동되는 구조이다.

[해설] 시스템을 구성하는 어느 한 개소에서 고장이 생기면 즉시 시스템이 정지상태가 되는 구조는 직렬구조이다.

13 다음 FT도에서 정상사상(Top Event)이 발생하는 최소 컷셋의 P(T)는 약 얼마인가? (단, 원 안의 수치는 각 사상의 발생확률이다.)

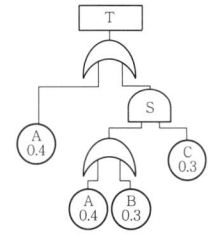

① 0.311
② 0.454
③ 0.204
④ 0.928

[해설] 최소컷셋 = {A, A, C} 또는 {A, B, C}
① A, A, C일 경우 : T = 1(1−A)(1−S)
  = 1−(1−0.4)(1−0.12) = 0.472
  여기서, S = A×C = 0.4×0.3 = 0.12
② A, B, C일 경우 : T = 1−(1−A)(1−S) = 1−(1−0.4)(1−0.09)
  = 0.454
  여기서, S = B×C = 0.3×0.3 = 0.09

14 다음 중 FT도에서 사용하는 논리기호에 있어 주어진 시스템의 기본사상을 나타내는 것은?

①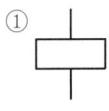
②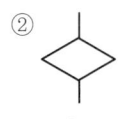
③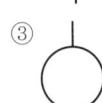
④

[해설] FTA에 사용되는 논리기호 및 사상기호

번호	기호	명칭	설명
1	□	결함사상 (사상기호)	개별적인 결함사상
2	◇	생략사상 (최후사상)	정보부족, 해석기술 불충분으로 더 이상 전개할 수 없는 사상
3	○	기본사상 (사상기호)	더 이상 전개되지 않는 기본 사상
4	△(IN)	전이기호	FT도 상에서 부분에의 이행 또는 연결을 나타낸다. 삼각형 정상의 선은 정보의 전입을 뜻한다.

15 인체에서 뼈의 주요 기능이 아닌 것은?

① 인체의 지주
② 장기의 보호
③ 골수의 조혈
④ 근육의 대사

[해설] 뼈의 주요기능은 지주역할, 장기보호, 골수조혈기능 등이 있다.

16 다음 중 NIOSH Lifting Guideline에서 권장무게한계(RWL) 산출에 사용되는 평가 요소가 아닌 것은?

① 수평거리
② 수직거리
③ 휴식시간
④ 비대칭각도

[해설] 권장무게한계(RWL) = 23×HM×VM×DM×AM×FM×CM
HM : 수평계수, VM : 수직계수, DM : 거리계수, AM : 비대칭계수,
FM : 빈도계수, CM : 커플링계수

17 다음 중 수공구 설계의 기본원리로 가장 적절하지 않은 것은?

① 손잡이의 단면이 원형을 이루어야 한다.
② 정밀작업을 요하는 손잡이의 직경은 2.5~4cm로 한다.
③ 일반적으로 손잡이의 길이는 95%tile 남성의 손 폭을 기준으로 한다.
④ 동력공구의 손잡이는 두 손가락 이상으로 작동하도록 한다.

[해설] 수공구의 설계에서 정밀작업을 요하는 손잡이의 직경은 0.7~1.3cm이다.
※ 권장직경은 1.1cm이다.

정답 | 12 ③ 13 ② 14 ③ 15 ④ 16 ③ 17 ②

18 다음 중 신체의 열교환과정을 나타내는 공식으로 올바른 것은? (단, ΔS는 신체열함량변화, M은 대사열발생량, W는 수행한 일, R는 복사열교환량, C는 대류열교환량, E는 증발열발산량을 의미한다.)

① $\Delta S = (M-W) \pm R \pm C - E$
② $\Delta S = (M+W) \pm R \pm C + E$
③ $\Delta S = (M-W) + R + C \pm E$
④ $\Delta S = (M-W) - R - C \pm E$

[해설] 열균형 방정식 S(열축적)=M(대사율)−E(증발)±R(복사)±C(대류)−W(한 일)

19 건습구온도계에 건구온도가 24℃이고, 습구온도가 20℃일 때 Oxford 지수는 얼마인가?

① 20.6℃
② 21.0℃
③ 23.0℃
④ 23.4℃

[해설] 옥스퍼드 지수(습건지수)
W_D = 0.85W(습구온도) + 0.15d(건구온도)
　　= 0.85×20 + 0.15×24 = 17 + 3.6
　　= 20.6

20 다음 중 복잡한 시스템을 설계, 가동하기 전의 구상단계에서 시스템의 근본적인 위험성을 평가하는 가장 기초적인 위험도 분석기법은?

① 예비위험분석(PHA)
② 결함수분석법(FTA)
③ 고장형태와 영향분석(FMEA)
④ 운용안전성분석(OSA)

[해설] PHA(예비위험분석)
시스템 내의 위험요소가 얼마나 위험상태에 있는가를 평가하는 시스템 안전프로그램 최초단계의 분석방식(정성적)이다.

21 중복사상이 있는 FT(Fault Tree)에서 모든 컷셋(Cut Set)을 구한 경우에 최소 컷셋(Minimal Cut Set)으로 옳은 것은?

① 모든 컷셋이 바로 최소 컷셋이다.
② 모든 컷셋에서 중복되는 컷셋만이 최소 컷셋이다.
③ 최소 컷셋은 시스템의 고장을 방지하는 기본 고장들의 집합이다.
④ 중복되는 사상의 컷셋 중 다른 컷셋에 포함되는 셋을 제거한 컷셋과 중복되지 않는 사상의 컷셋을 합한 것이 최소 컷셋이다.

[해설] 최소 컷셋(Minimal cut set)
정상사상을 일으키기 위한 필요 최소한의 컷으로 컷셋 중에 타 컷셋을 포함하고 있는 것을 배제하고 남은 컷셋을 의미한다.

22 다음 설명에서 해당하는 용어를 올바르게 나타낸 것은?

> ⊙ 요구된 기능을 실행하고자 하여도 필요한 물건, 정보, 에너지 등의 공급이 없기 때문에 작업자가 움직이려고 해도 움직일 수 없으므로 발생하는 과오
> ⓒ 작업자 자신으로부터 발생한 과오

① ⊙ : Secondary Error　ⓒ : Command Error
② ⊙ : Command Error　ⓒ : Primary Error
③ ⊙ : Primary Error　ⓒ : Secondary Error
④ ⊙ : Command Error　ⓒ : Secondary Error

[해설] 원인 레벨(Level)적 분류
1. Primary Error : 작업자 자신으로부터 발생한 에러
2. Secondary Error : 작업형태나 작업조건 중에서 다른 문제가 생겨 그 때문에 필요한 사항을 실행할 수 없는 오류나 어떤 결함으로부터 파생하여 발생하는 에러
3. Command Error : 요구되는 것을 실행하고자 하여도 필요한 정보, 에너지 등이 공급되지 않아 작업자가 움직이려 해도 움직이지 않는 에러

23 산업안전보건법에 따라 유해위험방지계획서의 제출대상 사업은 해당 사업으로서 전기 계약용량이 얼마 이상인 사업을 말하는가?

① 150kW
② 200kW
③ 300kW
④ 500kW

[해설] 유해위험방지계획서 제출대상사업
전기 계약용량이 300킬로와트 이상인 다음의 업종으로서 제품생산 공정과 직접적으로 관련된 건설물·기계·기구 및 설비 등 일체를 설치·이전·변경하는 경우

정답 | 18 ① 19 ① 20 ① 21 ④ 22 ② 23 ③

24 프레스기의 안전장치 수명은 지수분포를 따르며, 평균 수명은 100시간이다. 새로 구입한 안전장치가 향후 50시간 동안 고장 없이 작동할 확률(A)과 이미 100시간을 사용한 안전장치가 향후 50시간 이상 견딜 확률(B)은 각각 얼마인가?

① A : 0.606, B : 0.606
② A : 0.996, B : 0.606
③ A : 0.990, B : 0.951
④ A : 0.951, B : 0.606

[해설]
- A : $R = e^{-\lambda t} = e^{-\frac{t}{t_0}} = e^{-\frac{50}{100}} = e^{-0.5} = 0.606$
- B : $R = e^{-\lambda t} = e^{-\frac{t}{t_0}} = e^{-\frac{50}{100}} = e^{-0.5} = 0.606$
  (λ : 고장률, t : 가동시간, t_0 : 평균수명)

25 적절한 온도의 작업환경에서 추운 환경으로 온도가 변할 때 우리의 신체가 수행하는 조절작용이 아닌 것은?

① 발한(發汗)이 시작된다.
② 피부의 온도가 내려간다.
③ 직장(直腸)온도가 약간 올라간다.
④ 혈액의 많은 양이 몸의 중심부를 위주로 순환한다.

[해설] **추운 환경으로 변할 때 신체 조절작용(저온스트레스)**
1. 피부온도가 내려간다.
2. 피부를 경유하는 혈액순환량이 감소하고, 많은 양의 혈액이 몸의 중심부를 순환한다.
3. 직장(直腸)온도가 약간 올라간다.
4. 소름이 돋고 몸이 떨린다.

26 다음 중 소음에 의한 청력손실이 가장 크게 나타나는 주파수대는?

① 2,000Hz
② 4,000Hz
③ 10,000Hz
④ 20,000Hz

[해설] **소음의 영향**
1. 일반적인 영향 : 불쾌감을 주거나 대화, 마음의 집중, 수면, 휴식을 방해하며 피로를 가중시킨다.
2. 청력손실 : 진동수가 높아짐에 따라 청력손실이 증가한다. 청력손실은 4,000Hz에서 크게 나타난다.

27 자동생산시스템에서 3가지 고장 유형에 따라 각기 다른 색의 신호등에 불이 들어오고 운전원은 색에 따라 다른 조종장치를 조작하도록 하려고 한다. 이때 운전원이 신호를 보고 어떤 장치를 조작해야 할지를 결정하기까지 걸리는 시간을 예측하기 위해서 사용할 수 있는 이론은?

① 웨버(Weber) 법칙
② 피츠(Fitts) 법칙
③ 힉 – 하이만(Hick – Hyman) 법칙
④ 학습효과(Learning Effect) 법칙

[해설] **힉 – 하이만 법칙**
힉(Hick)은 선택 반응 직무에서 발생률이 같은 자극의 수가 변화할 때 반응 시간은 정보(Bit)로 측정된 자극의 수에 선형적인 관계를 갖음을 발견했고, 하이만(Hyman)은 자극의 수가 일정할 때 자극들의 발생 확률을 변화시켜서, 반응시간이 정보(Bit)에 선형함수 관계를 갖음을 증명했다. 따라서 선택 반응 시간은 자극정보의 선형 함수(Linear Function) 관계에 있다.

28 다음 중 중추신경계 피로(정신 피로)의 척도로 사용할 수 있는 시각적 점멸융합주파수(VFF)를 측정할 때 영향을 주는 변수에 관한 설명으로 틀린 것은?

① 휘도만 같다면 색상은 영향을 주지 않는다.
② 표적과 주변의 휘도가 같을 때 최대가 된다.
③ 조명 강도의 대수치에 선형적으로 반비례한다.
④ 사람들 간에는 큰 차이가 있으나 개인의 경우 일관성이 있다.

[해설] 점멸융합주파수(VFF)는 조명 강도의 대수치에 선형적으로 비례한다.

29 다음 중 불대수의 관계식으로 틀린 것은?

① $A + AB = A$
② $A(A + B) = A + B$
③ $A + \overline{A}B = A + B$
④ $A + \overline{A} = 1$

[해설] $A(A+B) = A$이다.

30 인간의 오류모형에서 "알고 있음에도 의도적으로 따르지 않거나 무시한 경우"를 무엇이라 하는가?

① 실수(Slip)
② 착오(Mistake)
③ 건망증(Lapse)
④ 위반(Violation)

정답 | 24 ① 25 ① 26 ② 27 ③ 28 ③ 29 ② 30 ④

해설 위반(Violation)
정해진 규칙을 알고 있음에도 고의로 따르지 않거나 무시하는 행위

31 다음 중 강한 음영 때문에 근로자의 눈 피로도가 큰 조명방법은?

① 간접조명   ② 반간접조명
③ 직접조명   ④ 전반조명

해설 **직접조명**
광선이 광원으로부터 바로 비치므로 조명 효과가 크고 빛의 낭비가 적다. 그러나 눈이 쉽게 피로해지고 작업할 때에 손 그늘이 생기는 단점이 있다. 정원·공장 등에 사용한다.

32 다음 중 인간의 눈이 일반적으로 완전암조응에 걸리는 데 소요되는 시간은?

① 5~10분   ② 10~20분
③ 30~40분   ④ 50~60분

해설 1. 암순응(암조응) : 우선 약 5분 정도 원추세포의 순응단계를 거쳐, 약 30~35분 정도 걸리는 간상세포의 순응단계(완전 암순응)로 이어진다.
2. 명순응(명조응) : 어두운 곳에 있는 동안 빛에 민감하게 된 시각계통을 강한 광선이 압도하기 때문에 일시적으로 안 보이게 되나 명순응에는 길게 잡아 1~2분이면 충분하다.

33 시스템 안전 프로그램에 있어 시스템의 수명주기를 일반적으로 5단계로 구분할 수 있는데 다음 중 시스템 수명주기의 단계에 해당하지 않는 것은?

① 구상단계   ② 생산단계
③ 운전단계   ④ 분석단계

해설 **시스템 수명주기**
구상단계 → 정의 → 개발 → 생산 → 운전

34 다음 중 청각적 표시장치보다 시각적 표시장치를 이용하는 경우가 더 유리한 경우는?

① 메시지가 간단한 경우
② 메시지가 추후에 재참조되는 경우
③ 직무상 수신자가 자주 움직이는 경우
④ 메시지가 즉각적인 행동을 요구하는 경우

해설 ②를 제외한 나머지 문항은 청각적 표시장치를 사용하는 경우의 장점이다.

35 설비관리 책임자 A는 동종 업종의 TPM 추진사례를 벤치마킹하여 설비관리 효율화를 꾀하고자 한다. 그중 작업자 본인이 직접 운전하는 설비의 마모율 저하를 위하여 설비의 윤활관리를 일상에서 직접 행하는 활동과 가장 관계가 깊은 TPM 추진단계는?

① 개별개선활동단계   ② 자주보전활동단계
③ 계획보전활동단계   ④ 개량보전활동단계

해설 **자주보전활동**
작업자 개개인의 자신의 설비에 대한 보전을 목적으로 일상점검·급유·부품교환·수리 등을 통해 설비의 이상을 조기에 발견하고 정밀도 등을 검사하는 활동

36 어떠한 신호가 전달하려는 내용과 연관성이 있어야 하는 것으로 정의되며, 예로써 위험신호는 빨간색, 주의신호는 노란색, 안전신호는 파란색으로 표시하는 것은 다음 중 어떠한 양립성(Compatibility)에 해당하는가?

① 공간양립성   ② 개념양립성
③ 동작양립성   ④ 형식양립성

해설 **개념적 양립성**
외부로부터의 자극에 대해 인간이 가지고 있는 개념적 연상의 일관성을 말하는데, 예를 들어 파란색 수도꼭지와 빨간색 수도꼭지가 있는 경우 빨간색 수도꼭지를 보고 따뜻한 물이라고 연상하는 것을 말한다.

37 중량물 들기 작업을 수행하는데, 5분간의 산소소비량을 측정한 결과, 90L의 배기량 중에 산소가 16%, 이산화탄소가 4%로 분석되었다. 해당 작업에 대한 분당 산소소비량은 얼마인가? (단, 공기 중 질소는 79vol%, 산소는 21vol%이다)

① 0.948   ② 1.948
③ 4.74   ④ 5.74

해설 공기 중에서 산소는 21%, 질소가 79%를 차지하지만 호흡을 거쳐 나온 배기량에는 산소가 소비되고 에너지가 발생되면서 이산화탄소가 포함된다.
- 분당 배기량 = 90/5 = 18L
- 흡기량 = {(100−16−4)×18}/79 = 18.228(L/min)
- 산소소비량 = 0.21×18.228−0.16×18 = 0.948(L/min)

정답 | 31 ③ 32 ③ 33 ④ 34 ② 35 ② 36 ② 37 ①

38 다음 중 근골격계부담작업에 속하지 않는 것은?

① 하루에 10회 이상 25kg 이상의 물체를 드는 작업
② 하루에 총 2시간 이상 목, 어깨, 팔꿈치, 손목 또는 손을 사용하여 같은 동작을 반복하는 작업
③ 하루에 총 2시간 이상 쪼그리고 앉거나 무릎을 굽힌 자세에서 이루어지는 작업
④ 하루에 총 2시간 이상 시간당 5회 이상 손 또는 무릎을 사용하여 반복적으로 충격을 가하는 작업

[해설] **근골격계부담작업의 범위(고용노동부 고시)**
하루에 총 2시간 이상 시간당 10회 이상 손 또는 무릎을 사용하여 반복적으로 충격을 가하는 작업

39 다음 중 컷셋과 패스셋에 관한 설명으로 옳은 것은?

① 동일한 시스템에서 패스셋의 개수와 컷셋의 개수는 같다.
② 패스셋은 동시에 발생했을 때 정상사상을 유발하는 사상들의 집합이다.
③ 일반적으로 시스템에서 최소 컷셋의 개수가 늘어나면 위험수준이 높아진다.
④ 일반적으로 시스템에서 최소 컷셋 내의 사상 개수가 적어지면 위험 수준이 낮아진다.

[해설]
- 컷셋과 미니멀 컷셋 : 컷이란 그 속에 포함되어 있는 모든 기본사상이 일어났을 때 정상사상을 일으키는 기본사상의 집합을 말하며, 미니멀 컷셋은 정상사상을 일으키기 위해 필요한 최소한의 컷을 말한다. 즉 미니멀 컷셋은 컷셋 중에 타 컷셋을 포함하고 있는 것을 배제하고 남은 컷셋들을 의미한다(시스템이 고장나는 데 필요한 최소 요인의 집합).
- 패스셋과 미니멀 패스셋 : 패스란 그 속에 포함되어 있는 기본사상이 일어나지 않을 때 처음으로 정상사상이 일어나지 않는 기본사상의 집합으로서 미니멀 패스셋은 그 필요한 최소한의 컷을 의미한다(시스템이 살리는 데 필요한 최소한 요인의 집합).

40 다음 중 자동화시스템에서 인간의 기능으로 적절하지 않은 것은?

① 설비 보전
② 작업계획 수립
③ 조정 장치로 기계를 통제
④ 모니터로 작업상황 감시

[해설] **시스템의 특성**
- 수동체계 : 자신의 신체적인 힘을 동력원으로 사용(수공구 사용)
- 기계화 또는 반자동체계 : 운전자의 조종장치를 사용하여 통제하며 동력은 전형적으로 기계가 제공
- 자동체계 : 기계가 감지, 정보처리, 의사결정 등 행동을 포함한 모든 임무를 수행하고 인간은 감시, 프로그래밍, 정비유지 등의 기능을 수행하는 체계

41 다음 중 안전성 평가의 기본원칙 6단계에 해당되지 않는 것은?

① 정성적 평가
② 관계 자료의 정비검토
③ 안전대책
④ 작업 조건의 평가

[해설] **안전성 평가 6단계**
1. 제1단계 : 관계자료의 정비검토
2. 제2단계 : 정성적 평가
3. 제3단계 : 정량적 평가
4. 제4단계 : 안전대책
5. 제5단계 : 재해정보에 의한 재평가
6. 제6단계 : FTA에 의한 재평가

42 한 화학공장에는 24개의 공정제어회로가 있으며, 4,000시간의 공정 가동 중 14번의 고장이 발생하였고, 고장이 발생하였을 때마다 회로는 즉시 교체되었다. 이 회로의 평균고장시간(MTTF)은 약 얼마인가?

① 6,857시간
② 7,571시간
③ 8,240시간
④ 9,800시간

[해설] **평균고장시간(MTTF, Mean Time To Failure)**
시스템, 부품 등이 고장 나기까지 동작시간의 평균치. 평균수명이라고도 한다.

$$MTTF = \frac{총가동시간}{고장건수} = \frac{24 \times 4,000}{14} = 6,857시간$$

43 다음 중 인간공학 연구조사에 사용하는 기준의 구비조건과 가장 거리가 먼 것은?

① 적절성
② 무오염성
③ 다양성
④ 기준 척도의 신뢰성

[해설] **체계기준의 구비조건**
1. 적절성(Validity) : 기준이 의도된 목적에 적당하다고 판단되는 정도
2. 무오염성(Free from Contamination) : 측정하고자 하는 측정변수 이외의 다른 변수의 영향을 받지 않을 것
3. 기준척도의 신뢰성(Reliability of Criterion Measure)

44 다음 중 정량적 표시장치에 관한 설명으로 옳은 것은?

① 연속적으로 변화하는 양을 나타내는 데에는 일반적으로 아날로그보다 디지털 표시장치가 유리하다.
② 정확한 값을 읽어야 하는 경우 일반적으로 디지털보다 아날로그 표시장치가 유리하다.
③ 동침형(Moving Pointer) 아날로그 표시장치는 바늘의 진행 방향과 증감속도에 대한 인식적인 암시 신호를 얻는 것이 불가능한 단점이 있다.
④ 동목형(Moving Scale) 아날로그 표시장치는 표시장치의 면적을 최소화할 수 있는 장점이 있다.

> 해설 **동목형(Moving Scale)**
> 값의 범위가 클 경우 작은 계기판에 모두 나타낼 수 없는 동침형의 단점을 보완한 것으로 표시장치의 공간을 적게 차지하는 이점이 있다.

45 다음의 결함수분석(FTA) 절차에서 가장 먼저 수행해야 하는 것은?

① Cut Set을 구한다.
② Top 사상을 정의한다.
③ Minimal Cut Set을 구한다.
④ FT(Fault Tree)도를 작성한다.

> 해설 **FTA에 의한 재해사례연구순서**
> 1. Top 사상의 선정
> 2. 사상마다의 재해원인 규명
> 3. FT도의 작성
> 4. 개선계획의 작성
> 5. 개선안 실시계획

46 다음 FT도에서 최소컷셋(Minimal Cut Set)으로만 올바르게 나열한 것은?

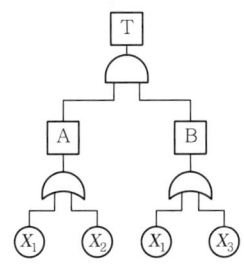

① [X_1], [X_2]
② [X_1, X_2], [X_1, X_3]
③ [X_1], [X_2, X_3]
④ [X_1, X_2, X_3]

> 해설 정상사상에서 차례로 하단의 사상으로 치환하면서 AND 게이트는 가로로 OR 게이트는 세로로 나열한 후 중복사상을 제거한다.
>
> $T = A \cdot B = \dfrac{X_1}{X_2} \cdot \dfrac{X_1}{X_3}$
>
> 즉, 미니멀 컷셋은(X_1) 또는 (X_2, X_3) 중 1개이다.

47 다음 중 의자 설계의 일반적인 원리로 가장 적절하지 않은 것은?

① 등근육의 정적 부하를 줄인다.
② 디스크가 받는 압력을 줄인다.
③ 요부전만(腰部前灣)을 유지한다.
④ 일정한 자세를 계속 유지하도록 한다.

> 해설 **의자설계 원칙**
> 1. 요부전만(腰部前灣)을 유지한다.
> 2. 디스크가 받는 압력을 줄인다.
> 3. 등근육의 정적 부하를 줄인다.
> 4. 자세고정을 줄인다.
> 5. 쉽고 간편하게 조절할 수 있도록 설계한다.

48 다음 중 조종-반응비율(C/R비)에 관한 설명으로 틀린 것은?

① C/R비가 클수록 민감한 제어장치이다.
② 'X'가 조종장치의 변위량, 'Y'가 표시장치의 변위량일 때 $\dfrac{X}{Y}$로 표현된다.
③ Knob C/R비는 제어장치의 종류나 표시장치의 크기, 허용오차 등에 의해 달라진다.
④ 최적의 C/R비는 제어장치의 종류나 표시장치의 크기, 허용오차 등에 의해 달라진다.

> 해설 **통제표시비(선형조정장치)**
>
> $\dfrac{X}{Y} = \dfrac{C}{D} = \dfrac{\text{통제기기의 변위량}}{\text{표시계기지침의 변위량}}$
>
> 1. C/D비가 증가함에 따라 조정시간은 급격히 감소하다가 안정되며 이동시간은 이와 반대가 된다.
> (최적통제비 : 1.18~2.42)
> 2. C/D비가 적을수록 이동시간이 짧고 조정이 어려워 조정장치가 민감하다.

정답 | 44 ④ 45 ② 46 ③ 47 ④ 48 ①

49 다음 중 톱다운(Top-down) 접근방법으로 일반적 원리로부터 논리의 절차를 밟아서 각각의 사실이나 명제를 이끌어내는 연역적 평가기법은?

① FTA
② ETA
③ FMEA
④ HAZOP

해설 FTA(Fault Tress Analysis) 정의 및 특징

시스템의 고장을 논리게이트로 찾아가는 연역적, 정성적, 정량적 분석 기법
1. Top 사상의 선정
2. 사상마다의 재해원인 규명
3. FT도의 작성
4. 개선계획의 작성
5. 개선안 실시계획

50 다음 중 열중독증(Heat Illness)의 강도를 올바르게 나열한 것은?

ⓐ 열소모(Heat Exhaustion)
ⓑ 열발진(Heat Rash)
ⓒ 열경련(Heat Cramp)
ⓓ 열사병(Heat Stroke)

① ⓒ<ⓑ<ⓐ<ⓓ
② ⓒ<ⓑ<ⓓ<ⓐ
③ ⓑ<ⓒ<ⓐ<ⓓ
④ ⓑ<ⓓ<ⓐ<ⓒ

해설 열중독증 강도

열발진(Heat Rash)<열경련(Heat Cramp)<열소모(Heat Exhaustion)<열사병(Heat Stroke)

51 다음 중 아날로그 표시장치를 선택하는 일반적인 요구사항으로 틀린 것은?

① 일반적으로 동침형보다는 동목형을 선호한다.
② 일반적으로 동침과 동목은 혼용하여 사용하지 않는다.
③ 움직이는 요소에 대한 수동 조절을 설계할 때는 바늘(Pointer)을 조정하는 것이 눈금을 조정하는 것보다 좋다.
④ 중요한 미세한 움직임이나 변화에 대한 정보를 표시할 때는 동침형을 사용한다.

해설 동목형(Moving Scale)

값의 범위가 클 경우 작은 계기판에 모두 나타낼 수 없는 동침형의 단점을 보완한 것으로 표시장치의 공간을 적게 차지하는 이점이 있다.

52 다음 중 산업안전보건법상 유해·위험방지계획서의 심사결과에 따른 구분·판정의 종류에 해당하지 않는 것은?

① 보류
② 부적정
③ 적정
④ 조건부 적정

해설 심사 결과의 구분(「산업안전보건법 시행규칙」 제123조)

공단은 유해·위험방지계획서의 심사 결과에 따라 다음 각 호와 같이 구분·판정한다.
1. 적정 : 근로자의 안전과 보건을 위하여 필요한 조치가 구체적으로 확보되었다고 인정되는 경우
2. 조건부 적정 : 근로자의 안전과 보건을 확보하기 위하여 일부 개선이 필요하다고 인정되는 경우
3. 부적정 : 기계·설비 또는 건설물이 심사기준에 위반되어 공사착공 시 중대한 위험발생의 우려가 있거나 계획에 근본적 결함이 있다고 인정되는 경우

53 다음 중 은행 창구나 슈퍼마켓의 계산대에 적용하기에 가장 적합한 인체 측정 자료의 응용원칙은?

① 평균치 설계
② 최대 집단치 설계
③ 극단치 설계
④ 최소 집단치 설계

해설 평균치를 기준으로 한 설계

최대치수나 최소치수를 기준으로 설계하기도 부적절하고 조절식으로 하기도 불가능할 때, 평균치를 기준으로 설계를 한다. 예를 들면, 손님의 평균 신장을 기준으로 만든 은행의 계산대 등이 있다.

54 다음 설명 중 ㉠과 ㉡에 해당하는 내용이 올바르게 연결된 것은?

예비위험분석(PHA)의 식별된 4가지 사고 카테고리 중 작업자의 부상 및 시스템의 중대한 손해를 초래하거나 작업자의 생존 및 시스템의 유지를 위하여 즉시 수정 조치를 필요로 하는 상태를 (㉠), 작업자의 부상 및 시스템의 중대한 손해를 초래하지 않고 대처 또는 제어할 수 있는 상태를 (㉡)(이)라 한다.

① ㉠-파국적, ㉡-중대
② ㉠-중대, ㉡-파국적
③ ㉠-한계적, ㉡-중대
④ ㉠-중대, ㉡-한계적

해설 PHA에 의한 위험등급

1. Class-1 : 파국(Catastrophic)[시스템 손상]
2. Class-2 : 중대(Critical)[시스템 생존을 위해 즉시 시정조치 필요]
3. Class-3 : 한계적(Marginal)[시스템 손상없이 배제 또는 제거 가능]
4. Class-4 : 무시가능(Negligible)[시스템 성능 손상 없음]

정답 | 49 ① 50 ③ 51 ① 52 ① 53 ① 54 ④

55 HAZOP 기법에서 사용하는 가이드 워드와 의미가 잘못 연결된 것은?

① No/Not - 설계 의도의 완전한 부정
② More/Less - 정량적인 증가 또는 감소
③ Part of - 성질상의 감소
④ Other than - 기타 환경적인 요인

해설 유인어(Guide Words)
1. NO 또는 NOT : 설계의도의 완전한 부정
2. MORE 또는 LESS : 양(압력, 반응, 온도 등)의 증가 또는 감소
3. PART OF : 일부변경, 성질상의 감소(어떤 의도는 성취되나 어떤 의도는 성취되지 않음)
4. OTHER THAN : 완전한 대체(통상 운전과 다르게 되는 상태)

56 란돌트(Landolt) 고리에 있는 1.5mm의 틈새 5m의 거리에서 겨우 구분할 수 있는 사람의 최소분간시력은 약 얼마인가?

① 0.1　　② 0.3
③ 0.7　　④ 1.0

해설 시각(Visual Angle)

$$\text{시각[분]} = 60 \times \tan^{-1}\frac{L}{D} = L \times 57.3 \times \frac{60}{D}$$

$$= 1.5 \times 57.3 \times \frac{60}{5,000} = 1.0(\text{분})$$

여기서, L : 시선과 직각으로 측정한 물체의 크기(획폭),
D : 물체와 눈 사이의 거리

57 다음 중 인간이 감지할 수 있는 외부의 물리적 자극변화의 최소범위는 기준이 되는 자극의 크기에 비례하는 현상을 설명한 이론은?

① 웨버(Weber) 법칙
② 피치(Fitts) 법칙
③ 신호검출이론(SDT)
④ 힉-하이만(Hick-Hyman) 법칙

해설 웨버(Weber)의 법칙
- 특정 감관의 변화감지역(ΔL)은 사용되는 표준자극(I)에 비례한다.
- 웨버 비 = $\frac{\Delta L}{I}$

여기서, I : 기준자극크기, ΔL : 변화감지역

58 산업안전보건법령상 위험성평가의 실시내용 및 결과의 기록·보존에 관한 설명으로 옳지 않은 것은?

① 위험성평가 대상의 유해·위험요인이 포함되어야 한다.
② 위험성 결정 및 결정에 따른 조치의 내용이 포함되어야 한다.
③ 위험성평가의 실시내용을 확인하기 위하여 필요한 사항으로서 고용노동부장관이 정하여 고시하는 사항이 포함되어야 한다.
④ 사업주는 위험성평가 실시내용 및 결과의 기록·보존에 따른 자료를 5년간 보존하여야 한다.

해설 위험성평가 실시내용 및 결과에 따른 자료 보존기간은 3년이다.

59 다음 중 작업관리의 내용과 거리가 먼 것은?

① 작업관리는 작업시간을 단축하는 것이 주목적이다.
② 작업관리는 방법연구와 작업측정을 주 영역으로 하는 경영기법의 하나이다.
③ 작업관리는 생산과정에서 인간이 관여하는 작업을 주 연구대상으로 한다.
④ 작업관리는 생산성과 함께 작업자의 안전과 건강을 함께 추구한다.

해설 각 생산작업을 가장 합리적이고 효율적으로 개선하여 표준화하여 제품의 품질 균일화, 생산비 절감, 안전성을 향상시키기는 등의 목적이 있으며, 작업시간을 단축하는 것이 주 목적은 아니다.

60 다음 중 5 TMU(Time Measurement Unit)를 초단위로 환산하면 몇 초인가?

① 1.8초　　② 0.18초
③ 0.036초　　④ 0.00036초

해설 1 TMU = 0.00001시간 = 0.0006분 = 0.036초
5 TMU = 5 × 0.036초 = 0.18초

정답 | 55 ④　56 ④　57 ①　58 ④　59 ①　60 ②

산업안전기사 필기 ENGINEER INDUSTRIAL SAFETY

PART 03

기계·기구 및 설비 안전 관리

CHAPTER 01 기계공정의 안전
CHAPTER 02 기계분야 산업재해 조사 및 관리
CHAPTER 03 기계설비 위험요인 분석
CHAPTER 04 설비진단 및 검사
■ 예상문제

CHAPTER 01 기계공정의 안전

SECTION 01 기계공정의 특수성 분석

1 관련 공정 특성 분석(위험요인 도출)

1) 공정 설계(process design) 정의
공정에 투입하는 기계 설비, 인력 등과 같이 제품을 생산하기 위한 요소, 생산 활동, 작업순서 등을 선정하는 공정 선택과 생산 요소, 인력, 설비 등을 활용하여 제품을 어떻게 생산할 것인지 계획하는 공정계획으로 구분하며, 이러한 내용을 결정하는 것이다.

2) 공정관리의 정의
품질·수량·가격의 제품을 일정한 시간 동안 가장 효율적으로 생산하기 위해 총괄 관리하는 활동으로 협의의 생산관리인 생산통제로 쓰이기도 한다. 즉, 부품 조립의 흐름을 순서 정연하게 능률적 방법으로 계획하고, 처리하는 절차를 말한다.

3) 공정관리의 기능

(1) 계획 기능

생산계획을 통칭하는 것으로 공정계획을 행하여 작업의 순서와 방법을 결정하고, 일정계획을 통해 공정별 부하를 고려한 개개 작업의 착수 시기와 완성 일자를 결정하여 납기를 준수하고 유지하게 한다.

(2) 통제 기능

계획 기능에 따른 실제 과정의 지도, 조정 및 결과와 계획을 비교하고 측정, 통제하는 것을 말한다.

(3) 감사 기능

계획과 실행의 결과를 비교 검토하여 차이를 찾아내고 그 원인을 분석하여 적절한 조치를 취하며, 개선해 나감으로써 생산성을 향상하는 기능을 갖는다.

4) 공정(절차) 계획

(1) 절차 계획(Routing)

특정 제품을 만드는 데 필요한 공정순서를 정의한 것으로 작업의 순서, 표준시간, 각 작업이 행해질 장소를 결정하고 할당한다. 즉, 리드타임 및 자원의 양을 계산하고 원가 계산 시 기초자료로 활용할 수 있다.

(2) 공수 계획

① 부하 계획: 일반적으로 할당된 작업에 관해, 최대 작업량과 평균 작업량의 비율인 부하율을 최적으로 유지할 수 있는 작업량의 할당 계획한다.
② 능력 계획: 작업 수행상의 능력에 관해, 기준 조업도와 실제 조업도와의 비율을 최적으로 유지하기 위해 능력을 계획한다.

(3) 일정 계획

① 대일정 계획: 납기에 따른 월별생산량이 예정되면 기준 일정표에 의거한 각 직장·제품·부분품별로 작업개시일과 작업시간 및 완성 기일을 지시할 수 있다.
② 중일정 계획: 제작에 필요한 세부 작업 즉, 공정·부품별 일정계획으로, 일정계획의 기본이 된다.
③ 소일정 계획: 특정 기계 내지 작업자에게 할당될 작업을 결정하고 그 작업의 개시일과 종료일을 나타내며, 이로 진도관리 및 작업분배가 이루어진다.

5) 공정 분석의 개요

(1) 공정 분석의 정의
원재료가 출고되면서부터 제품으로 출하될 때까지 다양한 경로에 따른 경과 시간과 이동 거리를 공정 도시 기호를 이용하여 계통적으로 나타냄으로써 공정계열의 합리화를 위한 개선 방안을 모색할 때 쓰는 방법이다.

(2) 요소 공정 분류
① 가공 공정 : ○
  제조의 목적을 직접적으로 달성하는 공정이다.
② 운반 공정 : →
  제품이나 부품이 하나의 작업 장소에서 다른 작업 장소로 이동하기 위해 발생하는 작업이다.
③ 검사 공정 : ◇(품질 검사), □(수량 검사)
  - 양의 검사 : 수량, 중량
  - 질적 검사 : 가공부품의 가공정도, 품질, 등급별 분류
④ 정체 공정 : ▽(저장), D(대기, 정체)
  - 대기 : 부품의 다음 가공, 조립을 일시 기다림
  - 저장 : 계획적인 보관

2 표준안전작업절차서

1) 표준안전작업방법의 정의
현재 각종 표준안전작업을 위한 지침이 많이 정립되어 있다. 그러나 산업현장에 알맞은 표준안전작업 지침은 각 사업장에서 작성하여야 하므로, 대부분의 사업장에서는 자체적으로 마련한 표준안전작업 지침을 보유하고 있다. 즉, 현장의 크고 작은 위험요소로부터 근로자들을 보호하기 위하여 작업에 관한 표준방법을 정하고 그 기준에 따라 안전하게 행동하도록 제시한 것이 바로 표준안전작업방법이다.

2) 표준안전작업방법의 필요성
현장의 안전한 작업을 유지하고, 새로운 작업에 대해 학습·지도하기 위한 교재로 활용하기 위하여 표준안전작업 지침이 필요하다. 표준안전작업 지침은 현장에서 올바르게 작업하는 방법을 가장 쉽고 안전하게 실행할 수 있도록 제시한 것으로, 작업의 순서를 정해서 능률적으로 행할 수 있도록 단위 요소별 작업순서, 작업조건, 작업방법, 위험요소, 보수 방법 등을 제시하는 것이다. 그러므로 표준화된 작업순서는 근로자로서 반드시 지켜야 하는 것이다. 특히, 반복작업, 정확도를 요구하는 작업, 위험하거나 사고가 우려되는 작업, 개인에 따라 불규칙적인 방법을 취하고 있는 작업 등에는 사고 예방을 위해서 반드시 표준안전작업지침이 마련되어 있어야 한다.

3 KS 규격과 ISO 규격

1) KS 규격(Korean Industrial Standards)
한국공업규격의 기호이다. 산업표준화를 위해 제정된 산업 규격을 활용 및 보급하여 생산능률 향상, 품질 개선, 소비자 보호 및 공정화를 위해서 만든 제도이다.

기호	부문	기호	부문
A	기본	G	일용품
B	기계	H	식료품
C	전기	K	섬유
D	금속	L	요업
E	광산	M	화학
F	토건		

2) ISO 규격
국제표준화기구(ISO)가 세계 공통적으로 제정한 품질 및 환경시스템 규격으로 ISO 9001(품질), ISO 14001(환경경영시스템), ISO 45001(안전보건경영시스템) 등이 있다.

4 파레토도, 특성요인도, 클로즈 분석, 관리도

(1) 파레토도 : 분류 항목을 큰 순서대로 도표화한 분석법
(2) 특성요인도 : 특성과 요인관계를 도표로 하여 어골상으로 세분화한 분석법(원인과 결과를 연계하여 상호관계를 파악)
(3) 클로즈(Close)분석도 : 데이터(Data)를 집계하고 표로 표시하여 요인별 결과 내역을 교차한 클로즈 그림을 작성하여 분석하는 방법
(4) 관리도 : 재해발생 건수 등의 추이를 파악하여 목표관리를 행하는 데 필요한 월별 재해발생수를 그래프화하여 관리선을 설정 관리하는 방법

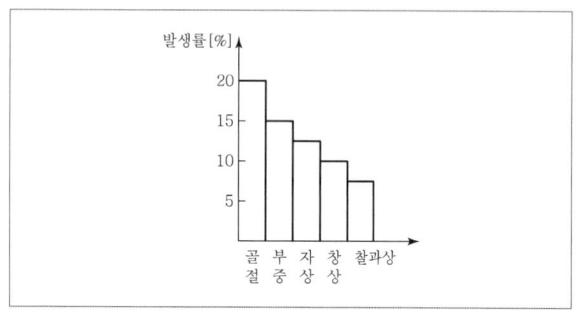

[파레토도]

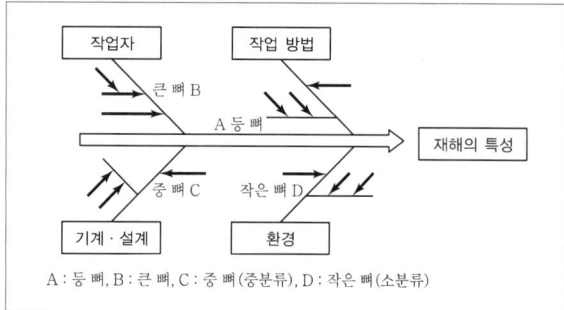

A : 등 뼈, B : 큰 뼈, C : 중 뼈(중분류), D : 작은 뼈(소분류)

[특성 요인도]

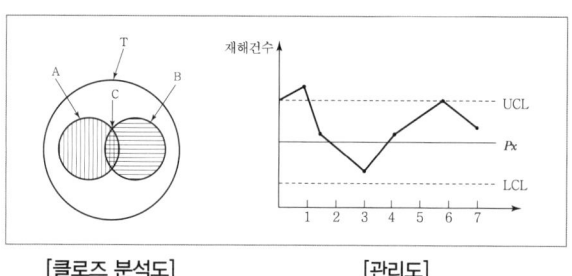

[클로즈 분석도]　　　　[관리도]

SECTION 02
안전시설 관리 계획하기

1 작업 공정도 및 공정배관계장도

1) 작업 공정도(PFD ; Process Flow Diagram)

장치 설계 기준과 공정 계통을 표시하는 도면으로 중요한 장치 및 장치와 장치 간의 운전조건, 공정 연관성, 제어 설비, 운전변수, 연동장치 등의 기술적 정보를 파악할 수 있다. 또한, 작업의 진행 순서에 따라서 작업의 명칭과 내용, 사용 기계를 나타내는 부품가공용과 조립작업용이 있다.

2) 공정 도시 기호

(1) 기본 도시 기호

요소 공정을 도시하기 위하여 쓰이는 기호로서 가공, 운반, 저장, 지체, 수량 검사 및 품질 검사의 각 기호로 나눈다.

(2) 보조 도시 기호

공정 계열에서 계열의 상태를 도시하기 위하여 쓰이는 기호로서 흐름선, 구분 및 생략의 각 기호로 나눈다.

(3) 작업 공정도 흐름선 그리기

요소 공정 사이 내에서 재료, 원료, 부품 또는 제품이 합류 또는 분리되는 경우 사용한다.

(4) 작업 공정도 형태

① 직렬형 공정 분석도
② 합류형을 주로 하는 공정 계획도
③ 분리형을 주로 하는 공정도

3) 물질수지(Material balance)

공정 중에 사용하는 주원료와 부원료의 제품이나 양, 부산물의 양 또는 폐가스, 폐액 등으로 배출되는 손실량 간의 수지 계산이다.

4) 열수지(Heat balance)
원하는 공정 조건을 충족하기 위하여 냉각, 가열 또는 화학반응의 결과로 반응열이 발생하거나 또는 흡수되는 등 공정 중에서 물질계의 상태변화에 따른 열 및 에너지 변화량에 관한 수지계산이다.

5) 공정흐름도에 표시되어야 할 사항
제조공정의 공정 흐름, 개요, 공정제어의 원리, 제조설비의 기본사양 및 종류 등을 표기하며 아래의 사항을 포함한다.

6) 공정배관계장도(P&ID ; Piping & Instrument Diagram)
공정의 시운전, 정상운전, 운전정지 및 비상 운전에 필요한 모든 동력 기계, 공정장치, 공정제어, 배관과 계기등을 표기한다. 그리고 이러한 설비들 상호 간에 연관관계를 나타내 주며 건설, 상세 설계, 유지보수 및 운전, 변경을 하는 데 필요한 기술적 정보를 파악할 수 있다.

2 풀 프루프(Fool proof)

1) 정의
기계장치 설계단계에서 안전화를 도모하는 것으로 근로자가 기계 등의 취급을 잘못해도 사고로 연결되는 일이 없도록 하는 안전기구 즉, 인간과오(Human Error)를 방지하기 위한 것

2) Fool proof의 예
(1) 가드(안내, 조정, 고정)
(2) 록(Lock, 시건) 장치
(3) 오버런 기구

3 페일 세이프(Fail safe) 정의 및 기능면 3단계

1) 정의
(1) 기계나 그 부품에 고장이나 기능불량이 생겨도 항상 안전을 유지하는 구조와 기능

(2) 인간 또는 기계의 과오나 오작동이 있어도 사고 및 재해가 발생하지 않도록 2중, 3중으로 안전장치를 한 시스템(System)

2) 페일 세이프의 종류
(1) 다경로 하중구조   (2) 하중경감구조
(3) 교대구조   (4) 중복구조

3) 페일세이프의 기능분류
(1) Fail passive(자동감지) : 부품이 고장나면 통상 정지하는 방향으로 이동
(2) Fail active(자동제어) : 부품이 고장나면 기계는 경보를 울리며 짧은 시간 동안 운전이 가능
(3) Fail operational(차단 및 조정) : 부품에 고장이 있더라도 추후 보수가 있을 때까지 안전한 기능을 유지

4) Fail safe의 예
(1) 승강기 정전시 마그네틱 브레이크가 작동하여 운전을 정지시키는 경우와 정격속도 이상의 주행시 조속기가 작동하여 긴급 정지시키는 것
(2) 석유난로가 일정각도 이상 기울어지면 자동적으로 불이 꺼지도록 소화기구를 내장시킨 것
(3) 한쪽 밸브 고장시 다른 쪽 브레이크의 압축공기를 배출시켜 급정지시키도록 한 것

SECTION 03
기계의 위험 안전조건 분석

1 기계의 위험 안전조건 분석

1) 기계설비의 위험점 분류
(1) 협착점(Squeeze Point) : 기계의 왕복운동을 하는 운동부와 고정부 사이에 형성되는 위험점이다(왕복운동+고정부).

[프레스 상금형과 하금형 사이]

(2) 끼임점(Shear Point) : 기계가 회전운동을 하는 부분과 고정부 사이의 위험점이다. 예로서 연삭숫돌과 작업대, 교반기의 교반날개와 몸체사이 및 반복되는 링크기구 등이 있다(회전 또는 직선운동+고정부).

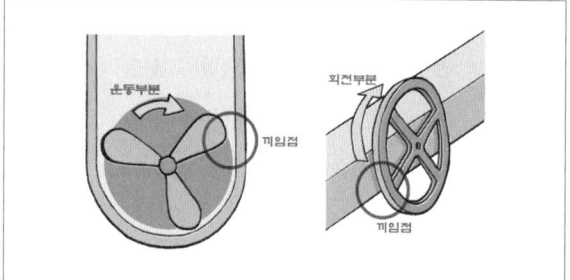

(3) 절단점(Cutting Point) : 회전하는 운동부 자체의 위험이나 운동하는 기계 부분 자체의 위험에서 초래되는 위험점이다. 예로서 밀링커터와 회전둥근톱날이 있다(회전운동 자체).

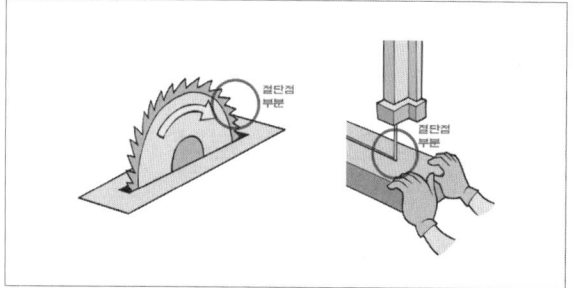

(4) 물림점(Nip Point) : 롤, 기어, 압연기와 같이 두 개의 회전체 사이에 신체가 물리는 위험점이다(회전운동+회전운동).

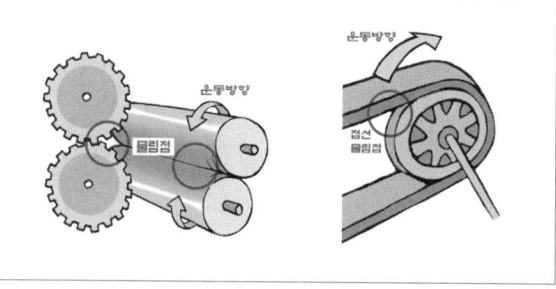

[물림점]　　　　[접선물림점]

(5) 접선물림점(Tangential Nip Point) : 회전하는 부분이 접선방향으로 물려 들어가 위험이 만들어지는 위험점이다(회전운동+접선부).

(6) 회전말림점(Trapping Point) : 회전하는 물체(회전축, 커플링)의 길이, 굵기, 속도 등이 불규칙한 부위와 돌기 회전부위에 장갑 및 작업복 등이 말려드는 위험점이다(돌기회전부).

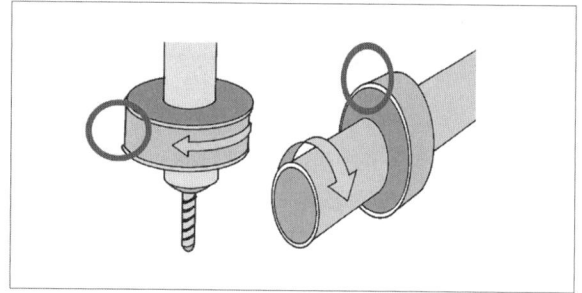

2) 위험점의 5요소

(1) 함정(Trap) : 기계 요소의 운동에 의해서 트랩점이 발생하지 않는가?
(2) 충격(Impact) : 움직이는 속도에 의해서 사람이 상해를 입을 수 있는 부분은 없는가?
(3) 접촉(Contact) : 날카로운 물체, 연마체, 뜨겁거나 차가운 물체 또는 흐르는 전류에 사람이 접촉함으로써 상해를 입을 수 있는 부분은 없는가?
(4) 말림, 얽힘(Entanglement) : 가공 중에 기계로부터 기계요소나 가공물이 튀어나올 위험은 없는가?
(5) 튀어나옴(Ejection) : 기계요소와 피가공재가 튀어나올 위험이 있는가?

3) 기초역학

(1) 피로 한도(Fatigue Limit)
반복응력을 받게 되는 기계구조 부분의 설계에서 허용응력을 결정하기 위한 기초강도

(2) 크리프시험
금속이나 합금에 외력이 일정하게 작용할 경우 온도가 높은 상태에서는 시간이 경과함에 따라 연신율이 일정한도 늘어나다가 파괴된다. 금속재료를 고온에서 긴 시간 외력을 걸면 시간이 경과됨에 따라 서서히 변형이 증가하는 현상을 말한다.

(3) 인장시험
재료의 항복점, 인장강도, 신장 등을 알 수 있는 시험이다.

(4) 훅(Hooke)의 법칙
비례한도 이내에서 응력과 변형률은 비례한다. $\sigma = E\varepsilon$

2 통행과 통로

1) 작업장 내 통로의 안전

(1) 사다리식 통로의 구조(「안전보건규칙」 제24조)
① 발판과 벽과의 사이는 15센티미터 이상의 간격을 유지할 것
② 폭은 30센티미터 이상으로 할 것
③ 사다리의 상단은 걸쳐놓은 지점으로부터 60센티미터 이상 올라가도록 할 것
④ 사다리식 통로의 길이가 10미터 이상인 경우에는 5미터 이내마다 계단참을 설치할 것
⑤ 사다리식 통로의 기울기는 75도 이하로 할 것

(2) 통로의 조명(「안전보건규칙」 제21조)
근로자가 안전하게 통행할 수 있도록 통로에 75럭스 이상의 채광 또는 조명시설을 하여야 한다.

2) 계단의 안전
(1) 계단 및 계단참을 설치하는 경우 매제곱미터당 500킬로그램 이상의 하중에 견딜 수 있는 강도를 가진 구조로 설치하여야 하며, 안전율은 4 이상으로 하여야 한다(「안전보건규칙」 제26조).
(2) 높이가 3미터를 초과하는 계단에 높이 3미터 이내마다 너비 1.2미터 이상의 계단참을 설치하여야 한다(「안전보건규칙」 제28조).

3 기계의 안전조건

1) 외형의 안전화

(1) 묻힘형이나 덮개의 설치(「안전보건규칙」 제87조)
① 사업주는 기계의 원동기·회전축·기어·풀리·플라이휠·벨트 및 체인 등 근로자가 위험에 처할 우려가 있는 부위에 덮개·울·슬리브 및 건널다리 등을 설치하여야 한다.
② 사업주는 회전축·기어·풀리 및 플라이휠 등에 부속하는 키·핀 등의 기계요소는 묻힘형으로 하거나 해당 부위에 덮개를 설치하여야 한다.
③ 사업주는 벨트의 이음 부분에 돌출된 고정구를 사용하여서는 아니 된다.
④ 사업주는 제1항의 건널다리에는 안전난간 및 미끄러지지 아니하는 구조의 발판을 설치하여야 한다.

(2) 별실 또는 구획된 장소에의 격리
원동기 및 동력전달장치(벨트, 기어, 샤프트, 체인 등)

(3) 안전색채를 사용
기계설비의 위험 요소를 쉽게 인지할 수 있도록 주의를 요하는 안전색채를 사용
① 시동단추식 스위치 : 녹색
② 정지단추식 스위치 : 적색
③ 가스배관 : 황색
④ 물배관 : 청색

2) 작업의 안전화
작업 중의 안전은 그 기계설비가 자동, 반자동, 수동에 따라서 다르며 기계 또는 설비의 작업환경과 작업방법을 검토하고 작업위험분석을 하여 작업을 표준 작업화할 수 있도록 한다.

3) 작업점의 안전화
작업점이란 일이 물체에 행해지는 점 혹은 일감이 직접 가공되는 부분을 작업점(Point of Operation)이라 하며, 이와 같은 작업점은 특히 위험하므로 방호장치나 자동제어 및 원격장치를 설치할 필요가 있다.

4) 기능상의 안전화
기계설비가 이상이 있을 때 기계를 급정지시키거나 방호장치가 작동되도록 하는 것과 전기회로를 개선하여 오동작을 방지하거나 별도의 안전한 회로에 의해 정상기능을 찾을 수 있도록 하는 것
예 전압 강하시 기계의 자동정지, 안전장치의 일정방식

5) 구조적 안전(강도적 안전화)
(1) 재료에 있어서의 결함

(2) 설계에 있어서의 결함

(3) 가공에 있어서의 결함

(4) 안전율(Safety Factor), 안전계수

안전율은 응력계산 및 재료의 불균질 등에 대한 부정확을 보충하고 각 부분의 불충분한 안전율과 더불어 경제적 치수결정에 대단히 중요한 것으로서 다음과 같이 표시된다.

$$S = \frac{인장강고}{허용응력} = \frac{판단(최대)하중}{안전(정격)하중} = \frac{항복강도}{사용응력}$$

4 방호장치의 종류

1) 격리형 방호장치
작업자가 작업점에 접촉되어 재해를 당하지 않도록 기계설비 외부에 차단벽이나 방호망을 설치하는 것으로 작업장에서 가장 많이 사용하는 방식이다(덮개).
예 완전 차단형 방호장치, 덮개형 방호장치, 안전 울타리

2) 위치제한형 방호장치
조작자의 신체부위가 위험한계 밖에 있도록 기계의 조작장치를 위험구역에서 일정거리 이상 떨어지게 한 방호장치이다(양수조작식 안전장치).

3) 접근거부형 방호장치
작업자의 신체부위가 위험한계 내로 접근하면 기계의 동작위치에 설치해놓은 기구가 접근하는 신체부위를 안전한 위치로 되돌리는 것이다(손쳐내기식 안전장치).

4) 접근반응형 방호장치
작업자의 신체부위가 위험한계로 들어오게 되면 이를 감지하여 작동 중인 기계를 즉시 정지시키거나 스위치가 꺼지도록 하는 기능을 가지고 있다(광전자식 안전장치).

5) 포집형 방호장치
목재가공기의 반발예방장치와 같이 위험장소에 설치하여 위험원이 비산하거나 튀는 것을 방지하는 등 작업자로부터 위험원을 차단하는 방호장치이다.

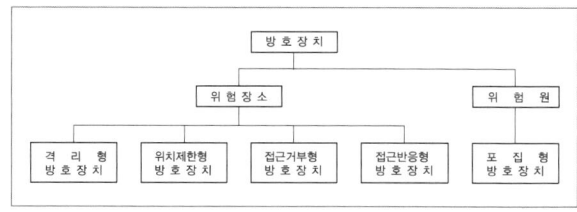

CHAPTER 02 기계분야 산업재해 조사 및 관리

SECTION 01 재해조사

1 재해조사의 목적

1) 목적
(1) 동종재해의 재발 방지
(2) 유사재해의 재발 방지
(3) 재해원인의 규명 및 예방자료 수집

2) 재해조사에서 방지대책까지의 순서(재해사례연구)

(1) 1단계
사실의 확인(① 사람 ② 물건 ③ 관리 ④ 재해발생까지의 경과)

(2) 2단계
직접원인과 문제점의 확인

(3) 3단계
근본 문제점의 결정

(4) 4단계
대책의 수립
① 동종재해의 재발방지
② 유사재해의 재발방지
③ 재해원인의 규명 및 예방자료 수집

3) 사례연구 시 파악하여야 할 상해의 종류
(1) 상해의 부위
(2) 상해의 종류
(3) 상해의 성질

2 재해조사 시 유의사항
(1) 사실을 수집한다.
(2) 객관적인 입장에서 공정하게 조사하며 조사는 2인 이상이 한다.
(3) 책임추궁보다는 재발방지를 우선으로 한다.
(4) 조사는 신속하게 행하고 긴급 조치하여 2차 재해의 방지를 도모한다.
(5) 피해자에 대한 구급조치를 우선한다.
(6) 사람, 기계 설비 등의 재해요인을 모두 도출한다.

3 재해발생 시 조치사항

1) 긴급처리
(1) 재해발생기계의 정지 및 피해확산 방지
(2) 재해자의 구조 및 응급조치(가장 먼저 해야 할 일)
(3) 관계자에게 통보
(4) 2차 재해방지
(5) 현장보존

2) 재해조사
누가, 언제, 어디서, 어떤 작업을 하고 있을 때, 어떤 환경에서, 불안전 행동이나 상태는 없었는지 등에 대한 조사 실시

3) 원인강구
인간(Man), 기계(Machine), 작업매체(Media), 관리(Management) 측면에서의 원인분석

4) 대책수립
유사한 재해를 예방하기 위한 3E 대책수립
3E : 기술적(Engineering), 교육적(Education), 관리적(Enforcement)

5) 대책실시계획

6) 실시

7) 평가

4 재해발생의 원인분석 및 조사기법

1) 사고발생의 연쇄성(하인리히의 도미노 이론)

사고의 원인이 어떻게 연쇄반응(Accident Sequence)을 일으키는가를 설명하기 위해 흔히 도미노(Domino)를 세워놓고 어느 한쪽 끝을 쓰러뜨리면 연쇄적, 순차적으로 쓰러지는 현상을 비유. 도미노 골패가 연쇄적으로 넘어지려고 할 때 불안전한 행동이나 상태를 제거함으로써 연쇄성을 끊어 사고를 예방하게 된다. 하인리히는 사고의 발생과정을 다음과 같이 5단계로 정의했다.

(1) 1단계 사회적 환경 및 유전적 요소(기초원인)
(2) 2단계 개인의 결함 : 간접원인
(3) 3단계 불안전한 행동 및 불안전한 상태(직접원인)
　　　　⇒ 제거(효과적임)
(4) 4단계 사고
(5) 5단계 재해

2) 최신 도미노 이론(버드의 관리모델)

프랭크 버드 주니어(Frank Bird Jr.)는 하인리히와 같이 연쇄반응의 개별요인이라 할 수 있는 5개의 골패로 상징되는 손실요인이 연쇄적으로 반응되어 손실을 일으키는 것으로 보았는데 이를 다음과 같이 정리했다.

(1) 통제의 부족(관리) : 관리의 소홀, 전문기능 결함
(2) 기본원인(기원) : 개인적 또는 과업과 관련된 요인
(3) 직접원인(징후) : 불안전한 행동 및 불안전한 상태
(4) 사고(접촉)
(5) 상해(손해, 손실)

3) 재해예방의 4원칙

(1) 손실우연의 원칙 : 재해손실은 사고발생시 사고대상의 조건에 따라 달라지므로 한 사고의 결과로서 생긴 재해손실은 우연성에 의해서 결정
(2) 원인계기의 원칙 : 재해발생은 반드시 원인이 있음
(3) 예방가능의 원칙 : 재해는 원칙적으로 원인만 제거하면 예방이 가능
(4) 대책선정의 원칙 : 재해예방을 위한 가능한 안전대책은 반드시 존재

5 재해구성비율

1) 하인리히의 법칙

1 : 29 : 300

330회의 사고 가운데 중상 또는 사망 1회, 경상 29회, 무상해사고 300회의 비율로 사고가 발생한다.

2) 버드의 법칙

1 : 10 : 30 : 600

(1) 1 : 중상 또는 폐질
(2) 10 : 경상(인적, 물적 상해)
(3) 30 : 무상해사고(물적 손실 발생)
(4) 600 : 무상해, 무사고 고장(위험순간)

6 산업재해 발생과정

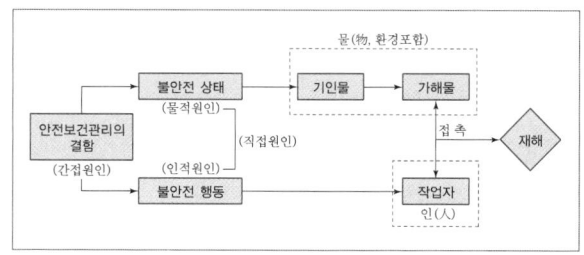

[재해발생의 메커니즘(모델, 구조)]

SECTION 02
산재분류 및 통계분석

1 재해율의 종류 및 계산

1) 재해율

임금근로자수 100명당 발생하는 재해자수의 비율을 의미한다.

$$재해율 = \frac{재해자수}{임금근로자수} \times 100$$

2) 사망만인율
임금근로자수 10,000명당 발생하는 사망자수의 비율을 의미한다.

3) 연천인율(年千人率)
1년간 발생하는 임금근로자 1,000명당 재해자수

$$연천인율 = \frac{재해자수}{연평균근로자수} \times 1,000$$

$$연천인율 = 도수율(빈도율) \times 2.4$$

4) 도수율(빈도율)(F.R ; Frequency Rate of Injury)
(1) 근로자 100만 명이 1시간 작업시 발생하는 재해건수
(2) 근로자 1명이 100만 시간 작업시 발생하는 재해건수

$$도수율 = \frac{재해발생건수}{연근로시간수} \times 1,000,000$$

연근로시간수 = 실근로자수 × 근로자 1인당 연간 근로시간수

여기서, 1년 : 300일, 2,400시간, 1월 : 25일, 200시간, 1일 : 8시간

5) 강도율(S.R ; Severity Rate of Injury)
연근로시간 1,000시간당 재해로 인해서 잃어버린 근로손실일수를 의미한다.

$$강도율 = \frac{근로손실일수}{연근로시간수} \times 1,000$$

근로손실일수
(1) 사망 및 영구 전노동 불능(장애등급 1~3급) : 7,500일
(2) 영구 일부노동 불능(4~14등급)

등급	4	5	6	7	8	9	10	11	12	13	14
일수	5500	4000	3000	2200	1500	1000	600	400	200	100	50

(3) 일시 전노동 불능(의사의 진단에 따라 일정기간 노동에 종사할 수 없는 상해)

$$휴직일수 \times \frac{300}{365}$$

6) 평균강도율
재해 1건당 평균 근로손실일수를 의미한다.

$$평균강도율 = \frac{강도율}{도수율} \times 1,000$$

7) 환산강도율
근로자가 입사하여 퇴직할 때까지 잃을 수 있는 근로손실일수를 의미한다.

$$환산강도율 = 강도율 \times 100$$

8) 환산도수율
근로자가 입사하여 퇴직할 때까지(40년=10만 시간) 당할 수 있는 재해건수를 의미한다.

$$환산도수율 = \frac{도수율}{10}$$

9) 종합재해지수(F.S.I ; Frequency Severity Indicator)
재해 빈도의 다수와 상해 정도의 강약을 종합을 의미한다.

$$종합재해지수(FSI) = \sqrt{도수율(FR) \times 강도율(SR)}$$

10) 세이프티스코어(Safe T. Score)
(1) 의미

과거와 현재의 안전성적을 비교, 평가하는 방법으로 단위가 없으며 계산결과가 (+)이면 나쁜 기록이, (-)이면 과거에 비해 좋은 기록으로 본다.

(2) 공식

$$\text{Safe T. Score} = \frac{\text{도수율(현재)} - \text{도수율(과거)}}{\sqrt{\dfrac{\text{도수율(과거)}}{\text{총 근로시간수}} \times 1{,}000{,}000}}$$

(3) 평가방법

① +2.0 이상인 경우 : 과거보다 심각하게 나쁨
② +2.0~-2.0인 경우 : 심각한 차이가 없음
③ -2.0 이하 : 과거보다 좋음

2 재해손실비의 종류 및 계산

업무상 재해로서 인적재해를 수반하는 재해에 의해 생기는 비용으로 재해가 발생하지 않았다면 발생하지 않아도 되는 직·간접 비용이다.

1) 하인리히 방식

$$\text{총 재해코스트} = \text{직접비} + \text{간접비}$$

(1) 직접비

법령으로 정한 피해자에게 지급되는 산재보험비를 말한다.
① 요양급여　　　② 휴업급여
③ 장해급여　　　④ 간병급여
⑤ 유족급여　　　⑥ 상병보상연금
⑦ 장의비　　　　⑧ 직업재활급여
⑨ 기타비용

(2) 간접비

재산손실, 생산중단 등으로 기업이 입은 손실을 말한다.
① 인적손실 : 본인 및 제 3자에 관한 것을 포함한 시간손실
② 물적손실 : 기계, 공구, 재료, 시설의 복구에 소비된 시간손실 및 재산손실
③ 생산손실 : 생산감소, 생산중단, 판매감소 등에 의한 손실
④ 특수손실
⑤ 기타손실

(3) 직접비 : 간접비 = 1 : 4

※ 우리나라의 재해손실비용은 「경제적 손실 추정액」이라 칭하며 하인리히 방식으로 산정한다.

2) 시몬즈 방식

$$\text{총 재해비용} = \text{산재보험비용} + \text{비보험비용}$$

비보험비용 = 휴업상해건수 × A + 통원상해건수 × B + 응급조치건수 × C + 무상해상고건수 × D

A, B, C, D는 장해정도별에 의한 비보험비용의 평균치

3) 버드의 방식

$$\text{총 재해비용} = \text{보험비}(1) + \text{비보험비}(5\sim50) + \text{비보험 기타비용}(1\sim3)$$

(1) 보험비 : 의료, 보상금
(2) 비보험 재산비용 : 건물손실, 기구 및 장비손실, 조업중단 및 지연
(3) 비보험 기타비용 : 조사시간, 교육 등

3 재해통계 분류방법

1) 상해정도별 구분

(1) 사망
(2) 영구 전노동 불능 상해(신체장애 등급 1~3등급)
(3) 영구 일부노동 불능 상해(신체장애 등급 4~14등급)
(4) 일시 전노동 불능 상해 : 장해가 남지 않는 휴업상해
(5) 일시 일부노동 불능 상해 : 일시 근무 중에 업무를 떠나 치료를 받는 정도의 상해
(6) 구급처치상해 : 응급처치 후 정상작업을 할 수 있는 정도의 상해

2) 통계적 분류
(1) 사망 : 노동손실일수 7,500일
(2) 중상해 : 부상으로 8일 이상 노동손실을 가져온 상해
(3) 경상해 : 부상으로 1일 이상 7일 이하의 노동손실을 가져온 상해
(4) 경미상해 : 8시간 이하의 휴무 또는 작업에 종사하면서 치료를 받는 상해(통원치료)

3) 상해의 종류
(1) 골절 : 뼈에 금이 가거나 부러진 상해
(2) 동상 : 저온물 접촉으로 생긴 동상상해
(3) 부종 : 국부의 혈액순환 이상으로 몸이 퉁퉁 부어오르는 상해
(4) 중독, 질식 : 음식, 약물, 가스 등에 의해 중독이나 질식된 상태

4 재해사례 분석절차

1) 재해통계 목적 및 역할
(1) 재해원인을 분석하고 위험한 작업 및 여건을 도출
(2) 합리적이고 경제적인 재해예방 정책방향 설정
(3) 재해실태를 파악하여 예방활동에 필요한 기초자료 및 지표 제공
(4) 재해예방사업 추진실적을 평가하는 측정 수단

2) 재해의 통계적 원인분석 방법
(1) 파레토도 : 분류 항목을 큰 순서대로 도표화한 분석법
(2) 특성요인도 : 특성과 요인관계를 도표로 하여 어골상으로 세분화한 분석법(원인과 결과를 연계하여 상호관계를 파악)
(3) 클로즈(Close)분석도 : 데이터(Data)를 집계하고 표로 표시하여 요인별 결과 내역을 교차한 클로즈 그림을 작성하여 분석하는 방법
(4) 관리도 : 재해발생 건수 등의 추이를 파악하여 목표관리를 행하는 데 필요한 월별 재해발생수를 그래프화하여 관리선을 설정 관리하는 방법

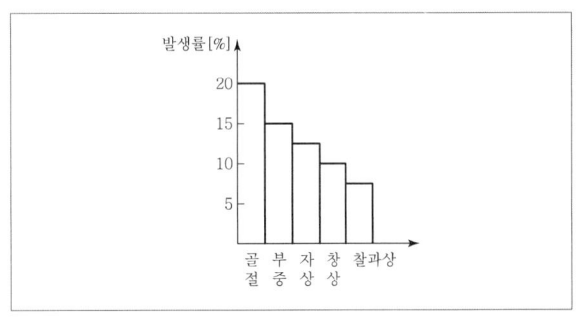

[파레토도]

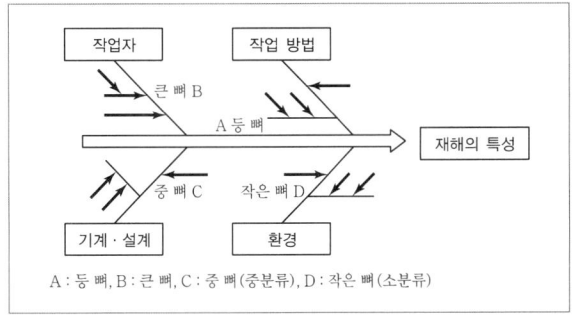

A : 등 뼈, B : 큰 뼈, C : 중 뼈(중분류), D : 작은 뼈(소분류)

[특성 요인도]

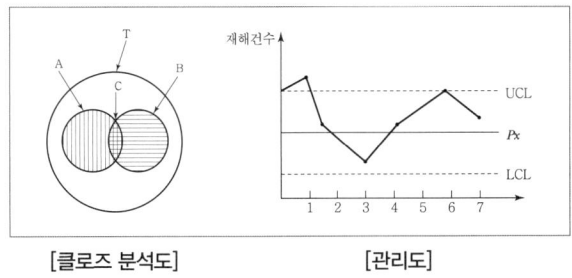

[클로즈 분석도]   [관리도]

3) 재해통계 작성 시 유의할 점
(1) 활용목적을 수행할 수 있도록 충분한 내용이 포함되어야 한다.
(2) 재해통계는 구체적으로 표시되고 그 내용은 용이하게 이해되며 이용할 수 있을 것
(3) 재해통계는 항목 내용 등 재해요소가 정확히 파악될 수 있도록 예방대책이 수립될 것
(4) 재해통계는 정량적으로 정확하게 수치적으로 표시되어야 한다.

4) 재해발생 원인의 구분

(1) 기술적 원인
① 건물, 기계장치의 설계불량
② 구조, 재료의 부적합
③ 생산방법의 부적합
④ 점검, 정비, 보존불량

(2) 교육적 원인
① 안전지식의 부족
② 안전수칙의 오해
③ 경험, 훈련의 미숙

(3) 관리적 원인
① 안전관리조직의 결함
② 안전수칙 미제정
③ 작업준비 불충분
④ 인원배치 부적당

(4) 정신적 원인
① 안전의식의 부족
② 주의력의 부족
③ 방심 및 공상
④ 개성적 결함 요소 : 도전적인 마음, 과도한 집착, 다혈질 및 인내심 부족
⑤ 판단력 부족 또는 그릇된 판단

(5) 신체적 원인
① 피로
② 시력 및 청각기능의 이상
③ 근육운동의 부적합
④ 육체적 능력 초과

5 산업재해

1) 산업재해의 정의
노무를 제공하는 사람이 업무에 관계되는 건설물·설비·원재료·가스·증기·분진 등에 의하거나 작업 또는 그 밖의 업무로 인하여 사망 또는 부상하거나 질병에 걸리는 재해이다.

2) 조사보고서 제출
사업주는 산업재해로 사망자가 발생하거나 3일 이상의 휴업이 필요한 부상을 입거나 질병에 걸린 사람이 발생한 경우에는 해당 산업재해가 발생한 날부터 1개월 이내에 산업재해조사표를 작성하여 관할 지방고용노동청장 또는 지청장에게 제출해야 한다.

3)
사업주는 산업재해가 발생한 때에는 고용노동부령이 정하는 바에 따라 재해발생원인 등을 기록하여야 하며 이를 3년간 보존하여야 한다.

> □ 산업재해 기록·보존해야 할 사항
> ① 사업장의 개요 및 근로자의 인적사항
> ② 재해발생의 일시 및 장소
> ③ 재해발생의 원인 및 과정
> ④ 재해 재발방지 계획

6 중대재해

(1) 사망자가 1명 이상 발생한 재해
(2) 3개월 이상의 요양이 필요한 부상자가 동시에 2명 이상 발생한 재해
(3) 부상자 또는 직업성 질병자가 동시에 10명 이상 발생한 재해

7 산업재해의 직접원인

1) 불안전한 행동(인적 원인, 전체 재해발생 원인의 88% 정도)
사고를 가져오게 한 작업자 자신의 행동에 대한 불안전한 요소를 말한다.

(1) 불안전한 행동의 예
① 위험장소 접근
② 안전장치의 기능 제거
③ 복장·보호구의 잘못된 사용
④ 기계·기구의 잘못된 사용

(2) 불안전한 행동을 일으키는 내적요인과 외적요인의 발생 형태 및 대책

① 내적요인
 ㉠ 소질적 조건 : 적성배치
 ㉡ 의식의 우회 : 상담
 ㉢ 경험 및 미경험 : 교육

② 외적요인
 ㉠ 작업 및 환경조건 불량 : 환경정비
 ㉡ 작업순서의 부적당 : 작업순서정비

③ 적성배치에 있어서 고려되어야 할 기본사항
  ㉠ 적성검사를 실시하여 개인의 능력을 파악할 것
  ㉡ 직무평가를 통하여 자격수준을 정할 것
  ㉢ 인사관리의 기준원칙을 고수할 것

2) 불안전한 상태(물적 원인, 전체 재해발생 원인의 10% 정도)

직접 상해를 가져오게 한 사고에 직접관계가 있는 위험한 물리적 조건 또는 환경을 말한다.

(1) 불안전한 상태의 예

① 물(物) 자체 결함
② 안전방호장치의 결함
③ 복장·보호구의 결함

8 사고의 본질적 특성

(1) 사고의 시간성
(2) 우연성 중의 법칙성
(3) 필연성 중의 우연성
(4) 사고의 재현 불가능성

9 재해(사고) 발생 시의 유형(모델)

1) 단순자극형(집중형)

상호자극에 의하여 순간적으로 재해가 발생하는 유형으로 재해가 일어난 장소나 그 시점에 일시적으로 요인이 집중한다.

2) 연쇄형(사슬형)

하나의 사고요인이 또 다른 요인을 발생시키면서 재해를 발생시키는 유형이다. 단순 연쇄형과 복합 연쇄형이 있다.

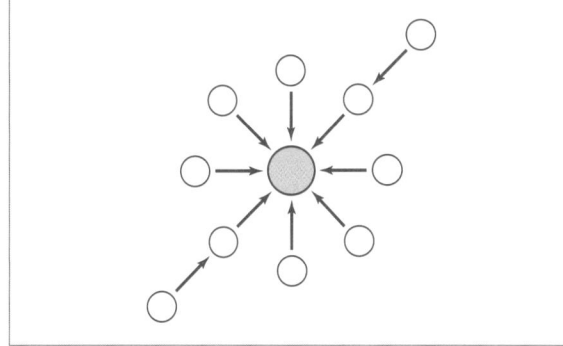

3) 복합형

단순 자극형과 연쇄형의 복합적인 발생유형이다. 일반적으로 대부분의 산업재해는 재해원인들이 복잡하게 결합되어 있는 복합형이다. 연쇄형의 경우에는 원인 중에 하나를 제거하면 재해가 일어나지 않는다. 그러나 단순 자극형이나 복합형은 하나를 제거하더라도 재해가 일어나지 않는다는 보장이 없으므로, 도미노 이론은 적용되지 않는다.

SECTION 03 안전점검·검사·인증 및 진단

1 안전점검의 정의, 목적, 종류

1) 정의

안전점검은 설비의 불안전상태나 인간의 불안전행동으로부터 일어나는 결함을 발견하여 안전대책을 세우기 위한 활동을 말한다.

2) 안전점검의 목적

(1) 기기 및 설비의 결함이나 불안전한 상태의 제거로 사전에 안전성을 확보하기 위함이다.
(2) 기기 및 설비의 안전상태 유지 및 본래의 성능을 유지하기 위함이다.
(3) 재해 방지를 위하여 그 재해 요인의 대책과 실시를 계획적으로 하기 위함이다.

3) 종류

(1) 일상점검(수시점검) : 작업 전·중·후 수시로 실시하는 점검
(2) 정기점검 : 정해진 기간에 정기적으로 실시하는 점검
(3) 특별점검 : 기계 기구의 신설 및 변경 시 고장, 수리 등에 의해 부정기적으로 실시하는 점검, 안전강조기간에 실시하는 점검 등
(4) 임시점검 : 이상 발견 시 또는 재해발생 시 임시로 실시하는 점검

2 안전점검표(체크리스트)의 작성

1) 안전점검표(체크리스트)에 포함되어야 할 사항

(1) 점검대상
(2) 점검부분(점검개소)
(3) 점검항목(점검내용 : 마모, 균열, 부식, 파손, 변형 등)
(4) 점검주기 또는 기간(점검시기)
(5) 점검방법(육안점검, 기능점검, 기기점검, 정밀점검)
(6) 판정기준(법령에 의한 기준 등)
(7) 조치사항(점검결과에 따른 결과의 시정)

2) 안전점검표(체크리스트) 작성 시 유의사항

(1) 위험성이 높은 순이나 긴급을 요하는 순으로 작성할 것
(2) 정기적으로 검토하여 재해예방에 실효성이 있는 내용일 것
(3) 내용은 이해하기 쉽고 표현이 구체적일 것

■ 작업 시작 전 점검사항

작업의 종류	점검내용
1. 프레스등을 사용하여 작업을 할 때	가. 클러치 및 브레이크의 기능 나. 크랭크축·플라이휠·슬라이드·연결봉 및 연결 나사의 풀림 여부 다. 1행정 1정지기구·급정지장치 및 비상정지장치의 기능 라. 슬라이드 또는 칼날에 의한 위험방지 기구의 기능 마. 프레스의 금형 및 고정볼트 상태 바. 방호장치의 기능 사. 전단기(剪斷機)의 칼날 및 테이블의 상태
2. 로봇의 작동 범위에서 그 로봇에 관하여 교시 등의 작업을 할 때	가. 외부 전선의 피복 또는 외장의 손상 유무 나. 매니퓰레이터(Manipulator) 작동의 이상 유무 다. 제동장치 및 비상정지장치의 기능
4. 크레인을 사용하여 작업을 할 때	가. 권과방지장치·브레이크·클러치 및 운전장치의 기능 나. 주행로의 상측 및 트롤리(Trolley)가 횡행하는 레일의 상태 다. 와이어로프가 통하고 있는 곳의 상태
5. 이동식 크레인을 사용하여 작업을 할 때	가. 권과방지장치나 그 밖의 경보장치의 기능 나. 브레이크·클러치 및 조정장치의 기능 다. 와이어로프가 통하고 있는 곳 및 작업장소의 지반상태
9. 지게차를 사용하여 작업을 할 때	가. 제동장치 및 조종장치 기능의 이상 유무 나. 하역장치 및 유압장치 기능의 이상 유무 다. 바퀴의 이상 유무 라. 전조등·후미등·방향지시기 및 경보장치 기능의 이상 유무
13. 컨베이어등을 사용하여 작업을 할 때	가. 원동기 및 풀리(Pulley) 기능의 이상 유무 나. 이탈 등의 방지장치 기능의 이상 유무 다. 비상정지장치 기능의 이상 유무 라. 원동기·회전축·기어 및 풀리 등의 덮개 또는 울 등의 이상 유무

3 안전검사 및 안전인증

1) 안전인증대상 기계·기구

(1) 안전인증대상기계·기구

① 프레스
② 전단기 및 절곡기
③ 크레인
④ 리프트
⑤ 압력용기
⑥ 롤러기
⑦ 사출성형기(射出成形機)
⑧ 고소(高所) 작업대
⑨ 곤돌라

(2) 안전인증대상 방호장치
① 프레스 및 전단기 방호장치
② 양중기용(揚重機用) 과부하방지장치
③ 보일러 압력방출용 안전밸브
④ 압력용기 압력방출용 안전밸브
⑤ 압력용기 압력방출용 파열판
⑥ 절연용 방호구 및 활선작업용(活線作業用) 기구
⑦ 방폭구조(防爆構造) 전기기계·기구 및 부품

(3) 안전인증대상 보호구
① 추락 및 감전 위험방지용 안전모
② 안전화
③ 안전장갑
④ 방진마스크
⑤ 방독마스크
⑥ 송기마스크
⑦ 전동식 호흡보호구
⑧ 보호복
⑨ 안전대
⑩ 차광(遮光) 및 비산물(飛散物) 위험방지용 보안경
⑪ 용접용 보안면
⑫ 방음용 귀마개 또는 귀덮개

2) 자율안전확인의 신고

(1) 자율안전확인대상 기계·기구
① 연삭기 또는 연마기(휴대용은 제외한다)
② 산업용 로봇
③ 혼합기
④ 파쇄기 또는 분쇄기
⑤ 식품가공용 기계(파쇄·절단·혼합·제면기만 해당한다)
⑥ 컨베이어
⑦ 자동차 정비용 리프트
⑧ 공작기계(선반, 드릴기, 평삭·형삭기, 밀링만 해당한다)
⑨ 고정형 목재가공용 기계(둥근톱, 대패, 루타기, 띠톱, 모떼기 기계만 해당한다)
⑩ 인쇄기

(2) 자율안전확인대상 기계·기구의 방호장치
① 아세틸렌 용접장치용 또는 가스집합 용접장치용 안전기
② 교류 아크용접기용 자동전격방지기
③ 롤러기 급정지장치
④ 연삭기(研削機) 덮개
⑤ 목재 가공용 둥근톱 반발 예방장치와 날 접촉 예방장치

⑥ 동력식 수동대패용 칼날 접촉 방지장치
⑦ 추락·낙하 및 붕괴 등의 위험 방지 및 보호에 필요한 가설기자재

(3) 자율안전확인대상 보호구
① 안전모(추락 및 감전 위험방지용 안전모 제외)
② 보안경(차광 및 비산물 위험방지용 보안경 제외)
③ 보안면(용접용 보안면 제외)

3) 안전검사

(1) 안전검사 대상 유해·위험기계 등
① 프레스
② 전단기
③ 크레인(정격하중이 2톤 미만인 것은 제외한다)
④ 리프트
⑤ 압력용기
⑥ 곤돌라
⑦ 국소배기장치(이동식은 제외한다)
⑧ 원심기(산업용만 해당한다)
⑨ 롤러기(밀폐형 구조는 제외한다)
⑩ 사출성형기[형 체결력(型 締結力) 294킬로뉴턴(kN) 미만은 제외한다]
⑪ 고소작업대(화물자동차 또는 특수자동차에 탑재한 고소작업대로 한정한다)
⑫ 컨베이어
⑬ 산업용 로봇

(2) 안전검사의 주기 및 합격표시·표시방법

안전검사대상 유해·위험기계 등의 검사주기는 다음과 같다.
① 크레인, 리프트 및 곤돌라 : 사업장에 설치가 끝난 날부터 3년 이내에 최초 안전검사를 실시하되, 그 이후부터 2년마다(건설현장에서 사용하는 것은 최초로 설치한 날부터 6개월마다)
② 이동식 크레인, 이삿짐운반용 리프트 및 고소작업대 : 「자동차관리법」제8조에 따른 신규등록 이후 3년 이내에 최초 안전검사를 실시하되, 그 이후부터 2년마다
③ 프레스, 전단기, 압력용기, 국소배기장치, 원심기, 롤러기, 사출성형기, 컨베이어 및 산업용 로봇 : 사업장에 설치가 끝난 날부터 3년 이내에 최초 안전검사를 실시하되, 그 이후부터 2년마다(공정안전보고서를 제출하여 확인을 받은 압력용기는 4년마다)

(3) 안전검사 실적보고

안전검사기관은 분기마다 다음 달 10일까지 분기별 실적과, 매년 1월 20일까지 전년도 실적을 고용노동부장관에게 제출하여야 하며, 공단은 분기마다 다음 달 10일까지 분기별 실적과, 매년 1월 20일까지 전년도 실적을 고용노동부장관에게 제출하여야 한다.

4 안전·보건진단

1) 종류
(1) 안전진단
(2) 보건진단
(3) 종합진단(안전진단과 보건진단을 동시에 진행하는 것)

2) 대상사업장
(1) 산업재해율이 같은 업종 평균 산업재해율의 2배 이상인 사업장
(2) 사업주가 필요한 안전조치 또는 보건조치를 이행하지 아니하여 중대재해가 발생한 사업장
(3) 직업성 질병자가 연간 2명 이상(상시근로자 1천 명 이상 사업장의 경우 3명 이상) 발생한 사업장

CHAPTER 03 기계설비 위험요인 분석

SECTION 01 공작기계의 안전

1 선반의 안전장치 및 작업시 유의사항

1) 선반의 안전장치

(1) 칩브레이커(Chip Breaker)

칩을 짧게 끊어지도록 하는 장치

(2) 덮개(Shield)

가공재료의 칩이나 절삭유 등이 비산되어 나오는 위험으로 작업자의 보호를 위하여 이동이 가능한 덮개 설치

2) 선반작업시 유의사항

(1) 긴 물건 가공시 주축대쪽으로 돌출된 회전가공물에는 덮개 설치
(2) 바이트는 짧게 장치하고 일감의 길이가 직경의 12배 이상일 때 방진구 사용
(3) 절삭 중 일감에 손을 대서는 안되며 면장갑 착용금지
(4) 바이트에는 칩 브레이크를 설치하고 보안경 착용
(5) 치수 측정, 주유, 청소 시에는 반드시 기계 정지
(6) 기계 운전 중 백기어 사용금지
(7) 절삭 칩 제거는 반드시 브러시 사용
(8) 가공물장착 후에는 척 렌치를 바로 벗겨 놓기

2 밀링머신작업

1) 밀링작업의 절삭속도

$$v = \frac{\pi d N}{1,000}$$

여기서, v : 절삭속도(m/min), d : 밀링커터의 지름(mm)
N : 밀링커터의 회전수(rpm)

2) 밀링작업시 안전대책

(1) 밀링커터에 작업복의 소매나 작업모가 말려 들어가지 않도록 할 것
(2) 칩은 기계를 정지시킨 다음에 브러시로 제거할 것
(3) 일감, 커터 및 부속장치 등을 제거할 때 시동레버를 건드리지 않도록 할 것
(4) 상하 이송장치의 핸들은 사용 후, 반드시 빼 둘 것
(5) 일감 또는 부속장치 등을 설치하거나 제거시킬 때, 또는 일감을 측정할 때에는 반드시 정지시킨 다음에 측정할 것
(6) 커터를 교환할 때는 반드시 테이블 위에 목재를 받쳐 놓을 것
(7) 강력절삭을 할 때는 일감을 바이스에 깊게 물릴 것
(8) 면장갑을 끼지 말 것
(9) 밀링작업에서 생기는 칩은 가늘고 예리하며 부상을 입히기 쉬우므로 보안경을 착용할 것
(10) 급송이송은 백래시 제거장치를 작동 안 시킬 때 이송한다.

3 플레이너와 셰이퍼의 방호장치 및 안전수칙

1) 플레이너(Planer)

(1) 플레이너의 안전작업수칙

① 바이트는 되도록 짧게 설치할 것
② 테이블과 고정벽 또는 다른 기계와의 최소 거리가 40cm 이하가 될 때는 기계의 양쪽에 울타리를 설치하여 통행을 차단할 것

(2) 절삭속도

$$v_m = \frac{2L}{t} = \frac{2v_s}{1+1/n}(\text{m/min}), \quad t = \frac{L}{v_s} + \frac{L}{v_r}$$

여기서, v_m : 평균속도(m/min),
　　　　v_r : 귀환속도(m/min)
　　　　v_s : 절삭속도(m/min), L : 행정(m)
　　　　t : 1회 왕복시간(min),
　　　　n : 속도비=v_r/v_s (보통 3~4)

$$\therefore v_s = \left(1+\frac{1}{n}\right) \times \frac{L}{t} = \left(1+\frac{1}{n}\right) \times N \times L$$

2) 셰이퍼(Shaper, 형삭기)

(1) 셰이퍼 안전작업수칙

① 램 행정은 공작물 길이보다 20~30mm 길게 할 것
② 시동하기 전에 행정조정용 핸들을 빼놓을 것

(2) 셰이퍼의 안전장치

① 울타리
② 칩받이
③ 칸막이(방호울)

(3) 위험요인

① 가공칩(Chip) 비산
② 램(Ram) 말단부 충돌
③ 바이트(Bite)의 이탈

(4) Shaper Bite의 설치

가능한 범위 내에서 짧게 고정하고, 날 끝은 샹크의 뒷면과 일직선상에 있게 한다.

4 드릴링 머신(Drilling Machine)

1) 드릴의 절삭속도

$$v = \frac{\pi dN}{1,000} = \frac{\pi d}{1,000} \times \frac{tT}{S}$$

여기서, v : 절삭속도(m/min), d : 드릴의 직경(mm)
　　　　N : 1분간 회전수(rpm), S : 이송(mm)
　　　　t : 길이(mm), T : 공구수명(min)

2) 드릴링 머신의 안전작업수칙(드릴의 작업안전수칙)

(1) 일감은 견고하게 고정시켜야 하며 손으로 쥐고 구멍을 뚫지 말 것
(2) 드릴을 끼운 후에 척렌치(Chuck Wrench)를 반드시 뺄 것
(3) 장갑을 끼고 작업을 하지 말 것
(4) 구멍을 뚫을 때 관통된 것을 확인하기 위하여 손을 집어넣지 말 것
(5) 드릴작업에서 칩은 회전을 중지시킨 후 솔로 제거할 것

5 연삭기(Grinding Machine)

1) 연삭숫돌의 구성

〈표시의 보기〉

WA	60	K	m	V
(숫돌입자)	(입도)	(결합도)	(조직)	(결합제)

1호	A	203 × 16 × 19.1
(모양)	(연삭면모양)	(바깥지름) (두께) (구멍지름)

300m/min	1,700~2,000m/min
(회전시험 원주속도)	(사용원주 속도범위)

2) 숫돌의 원주속도 및 플랜지의 지름

(1) 숫돌의 원주속도

$$\text{원주속도} : v = \frac{\pi DN}{1,000}(\text{m/min}) = \pi DN(\text{mm/min})$$

여기서, 지름 : D(mm), 회전수 : N(rpm)

(2) 플랜지의 지름

플랜지의 지름은 숫돌 직경의 1/3 이상인 것이 적당하다.

3) 연삭기 숫돌의 파괴 및 재해원인

(1) 숫돌이 고속으로 회전하는 경우
(2) 현저하게 플랜지 지름이 적을 때(플랜지 지름은 숫돌직경의 1/3 이상)

4) 연삭숫돌의 수정

(1) 드레싱(Dressing)
숫돌면의 표면층을 깎아내어 절삭성이 나빠진 숫돌의 면에 새롭고 날카로운 날끝을 발생시켜 주는 방법이다.

① 눈메움(Loading) : 결합도가 높은 숫돌에 구리와 같이 연한 금속을 연삭하였을 때 숫돌 표면의 기공에 칩이 메워져 연삭이 잘 안 되는 현상
② 글레이징(Glazing) : 숫돌의 결합도가 높아 무디어진 입자가 탈락하지 않아 절삭이 어렵고, 일감을 상하게 하고 표면이 변질되는 현상

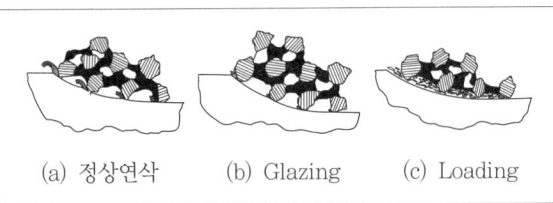

[숫돌의 결합도와 연삭상태]

(a) 정상연삭 (b) Glazing (c) Loading

③ 입자탈락 : 숫돌바퀴의 결합도가 그 작업에 대하여 지나치게 낮을 경우 숫돌입자의 파쇄가 일어나기 전에 결합체가 파쇄되어 숫돌입자가 입자 그대로 떨어져 나가는 것

(2) 트루잉(Truing)
숫돌의 연삭면을 숫돌과 축에 대하여 평행 또는 정확한 모양으로 성형시켜 주는 방법이다.

① 크러시롤러(Crush Roller) : 총형 연삭을 할 때 숫돌을 일감의 반대모양으로 성형하며 드레싱하기 위한 강철롤러로 저속회전하는 숫돌바퀴에 접촉시켜 숫돌면을 부수며 총형으로 드레싱과 트루잉을 진행
② 자생작용 : 연삭작업을 할 때 연삭숫돌의 입자가 무디어졌을 때 떨어져 나가고 새로운 입자가 나타나 연삭을 함으로써 마모, 파쇄, 탈락, 생성이 숫돌 스스로 반복하면서 연삭하여 주는 현상

5) 연삭기의 방호장치

(1) 연삭숫돌의 덮개 등(「안전보건규칙」 제122조)

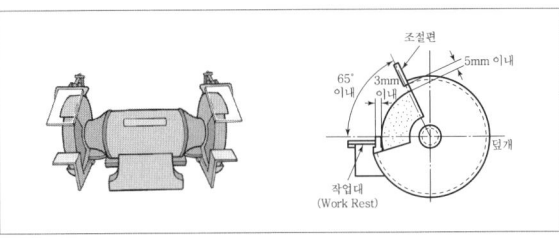

① 회전 중인 연삭숫돌(지름이 5센티미터 이상인 것으로 한정한다)이 근로자에게 위험을 미칠 우려가 있는 경우에 그 부위에 덮개를 설치하여야 한다.
② 연삭숫돌을 사용하는 작업의 경우 작업을 시작하기 전에는 1분 이상, 연삭숫돌을 교체한 후에는 3분 이상 시험운전을 하고 해당 기계에 이상이 있는지를 확인하여야 한다.
③ 시험운전에 사용하는 연삭숫돌은 작업시작 전에 결함이 있는지를 확인한 후 사용하여야 한다.
④ 연삭숫돌의 최고 사용회전속도를 초과하여 사용하도록 해서는 아니 된다.
⑤ 측면을 사용하는 것을 목적으로 하지 않는 연삭숫돌을 사용하는 경우 측면을 사용하도록 해서는 아니 된다.

(2) 안전덮개의 각도

① 탁상용 연삭기의 덮개
  ㉠ 일반 연삭작업 등에 사용하는 것을 목적으로 하는 경우의 노출각도 : 125° 이내
  ㉡ 연삭숫돌의 상부사용을 목적으로 할 경우의 노출각도 : 60° 이내
② 원통연삭기, 만능연삭기 덮개의 노출각도 : 180° 이내
③ 휴대용 연삭기, 스윙(Swing) 연삭기 덮개의 노출각도 : 180° 이내
④ 평면연삭기, 절단연삭기 덮개의 노출각도 : 150° 이내
숫돌의 주축에서 수평면 밑으로 이루는 덮개의 각도 : 15° 이상

6 목재가공용 둥근톱 기계

1) 둥근톱 기계의 방호장치

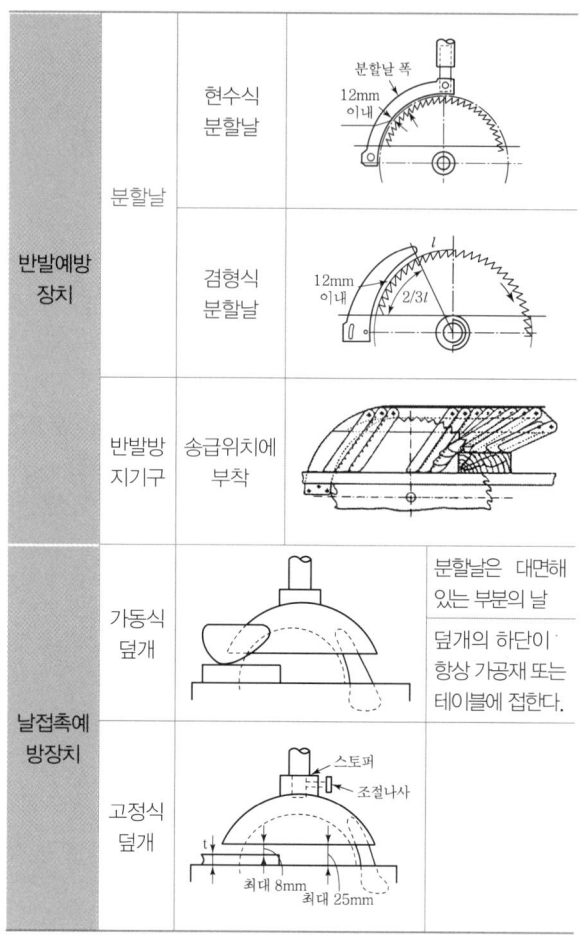

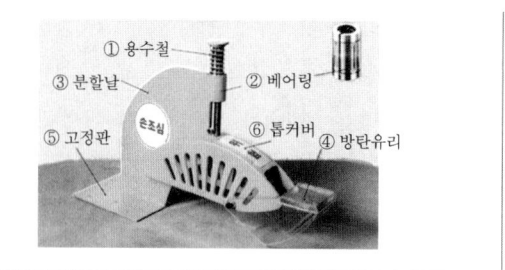

(2) 고정식 접촉예방장치
박판가공의 경우에만 사용할 수 있는 것이다.

(3) 가동식 접촉예방장치
본체덮개 또는 보조덮개가 항상 가공재에 자동적으로 접촉되어 톱니를 덮을 수 있도록 되어 있는 것이다.

3) 반발예방장치의 구조 및 기능

(1) 둥근톱기계의 반발예방장치(「안전보건규칙」 제105조)
목재가공용 둥근톱기계(가로절단용 둥근톱기계 및 반발에 의하여 근로자에게 위험을 미칠 우려가 없는 것은 제외한다)에 분할날 등 반발예방장치를 설치하여야 한다.

(2) 분할날(Spreader)

① 분할날의 두께

분할날은 톱 뒷(back)날 바로 가까이에 설치되고 절삭된 가공재의 홈 사이로 들어가면서 가공재의 모든 두께에 걸쳐서 쐐기작용을 하여 가공재가 톱날을 조이지 않게 하는 것을 말한다.

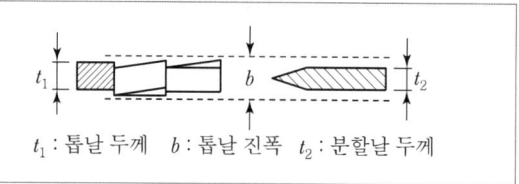

t_1 : 톱날 두께 b : 톱날 진폭 t_2 : 분할날 두께

분할날의 두께는 톱날 두께 1.1배 이상이고 톱날의 치진폭 미만으로 할 것

$$1.1t_1 \leq t_2 < b$$

② 분할날의 길이

$$l = \frac{\pi D}{4} \times \frac{2}{3} = \frac{\pi D}{6}$$

2) 톱날접촉예방장치의 구조

(1) 둥근톱기계의 톱날접촉예방장치(「안전보건규칙」 제106조)
목재가공용 둥근톱기계(휴대용 둥근톱을 포함하되, 원목제재용 둥근톱기계 및 자동이송장치를 부착한 둥근톱기계를 제외한다)에는 톱날접촉예방장치를 설치하여야 한다.

③ 톱의 후면 날과 12mm 이내가 되도록 설치함
④ 재료는 탄성이 큰 탄소공구강 5종에 상당하는 재질이어야 함
⑤ 표준 테이블 위 톱의 후면날 2/3 이상을 커버해야 함
⑥ 설치부는 둥근톱니와 분할날과의 간격 조절이 가능한 구조여야 함
⑦ 둥근톱 직경이 610mm 이상일 때의 분할날은 양단 고정식의 현수식이어야 함

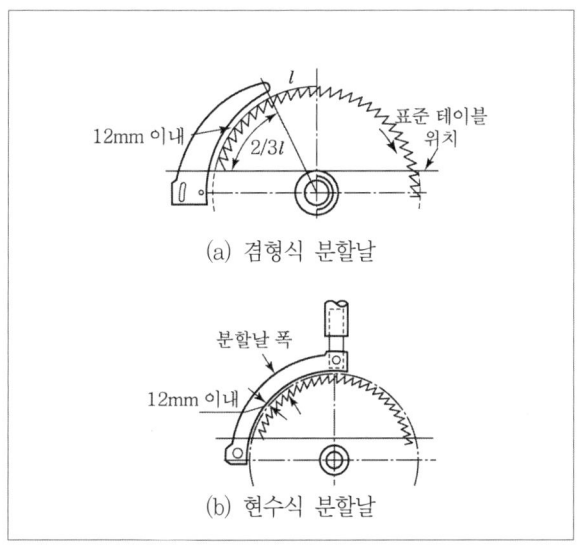

[둥근톱 분할날의 종류]

(3) 반발방지기구(Finger)

가공재가 톱날 후면에서 조금 들뜨고 역행하려고 할 때에 가공재면 사이에서 쐐기작용을 하여 반발을 방지하기 위한 기구를 반발방지기구(Finger)라고 한다.

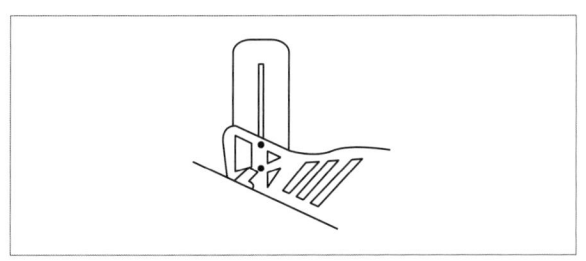

[반발방지기구]

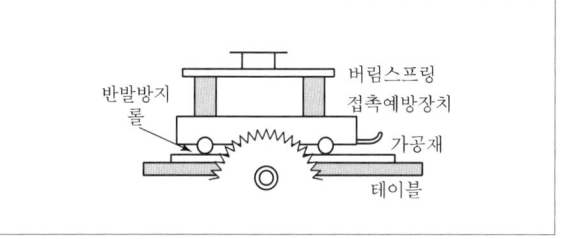

[반발방지롤]

(4) 반발방지롤(Roll)

(5) 보조안내판

주안내판과 톱날 사이의 공간에서 나무가 퍼질 수 있게 하여 죄임으로 인한 반발을 방지하도록 한다.

(6) 반발예방장치의 설치요령

① 분할날에 대면하고 있는 부분과 가공재를 절단하는 부분 이외의 톱날을 덮을 수 있는 구조로 날접촉 예방장치를 설치할 것
② 목재의 반발을 충분히 방지할 수 있도록 반발방지기구를 설치할 것
③ 두께가 1.1mm 이상이 되게 분할날을 설치할 것(톱날과의 간격 12mm 이내)
④ 표준 테이블 위의 톱 후면 날을 2/3 이상 덮을 수 있도록 분할날을 설치할 것

4) 둥근톱기계의 안전작업수칙

(1) 장갑을 끼고 작업하지 않아야 한다.
(2) 작업자는 작업 중에 톱날 회전방향의 정면에 서지 않아야 한다.
(3) 두께가 얇은 재료의 절단에는 압목 등의 적당한 도구를 사용하여야 한다.

5) 모떼기기계의 날접촉예방장치(「안전보건규칙」 제110조)

모떼기기계(자동이송장치를 부착한 것은 제외한다)에 날접촉예방장치를 설치하여야 한다.

7 동력식 수동대패

1) 대패기계의 날접촉예방장치(안전보건규칙 제109조)

작업대상물이 수동으로 공급되는 동력식 수동대패기계에 날접촉예방장치를 설치하여야 한다.

2) 동력식 수동대패의 방호장치의 구비조건

(1) 대패날을 항상 덮을 수 있는 덮개를 설치하고 그 덮개는 가공재를 자유롭게 통과시킬 수 있어야 한다.
(2) 대패기의 테이블 개구부는 가능한 작게 하고, 또한 테이블 개구단과 대패날 선단과의 빈틈은 3mm 이하로 해야 한다.
(3) 수동대패기에서 테이블 하방에 노출된 날부분에도 방호 덮개를 설치하여야 한다.

3) 방호장치(날접촉예방장치)의 구조

(1) 가동식 날 접촉예방장치
① 가공재의 절삭에 필요하지 않은 부분은 항상 자동적으로 덮고 있는 구조를 말한다.
② 소량 다품종 생산에 적합하다.

(2) 고정식 날 접촉예방장치
① 가공재의 폭에 따라서 그때마다 덮개의 위치를 조절하여 절삭에 필요한 대패날만을 남기고 덮는 구조를 말한다.
② 동일한 폭의 가공재를 대량생산하는 데 적합하다.

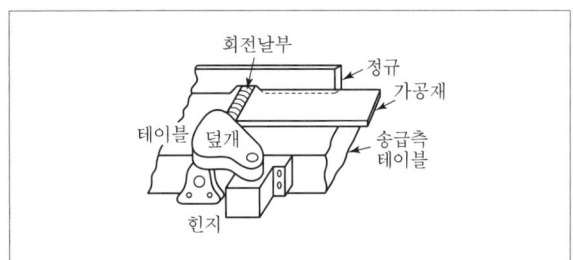

[가동식 접촉예방장치(덮개의 수평이동)]

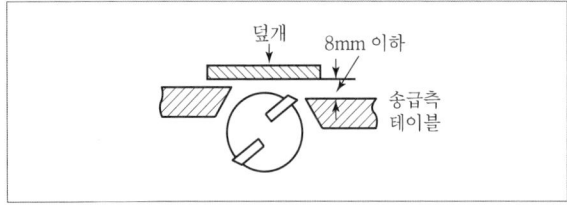

[덮개와 테이블과의 간격]

8 공작기계(「안전보건규칙」 제100조~제102조)

(1) 사업주는 띠톱기계(목재가공용 띠톱기계를 제외한다)의 절단에 필요한 톱날 부위 외의 위험한 톱날 부위에 덮개 또는 울 등을 설치하여야 한다.
(2) 사업주는 원형톱기계(목재가공용 둥근톱기계를 제외한다)에는 톱날접촉예방장치를 설치하여야 한다.

9 소성가공의 종류

1) 작업 방법에 따른 분류

(1) 단조가공(Forging)

보통 열간가공에서 적당한 단조기계로 재료를 소성가공하여 조직을 미세화시키고, 균질상태에서 성형하며 자유단조와 형 단조(Die Forging)가 있다.

(2) 압연가공(Rolling)

재료를 열간 또는 냉간 가공하기 위하여 회전하는 롤러 사이를 통과시켜 예정된 두께, 폭 또는 직경으로 가공한다.

(3) 인발가공(Drawing)

금속 파이프 또는 봉재를 다이(Die)를 통과시켜, 축방향으로 인발하여 외경을 감소시키면서 일정한 단면을 가진 소재로 가공하는 방법이다.

단조가공

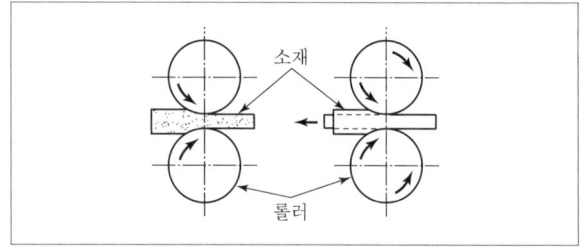

[압연가공]

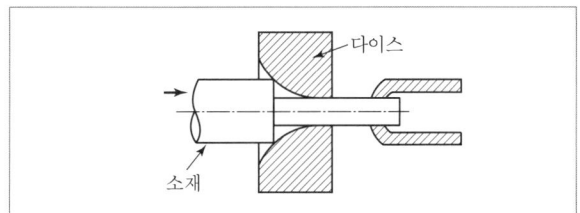

[인발가공]

(4) 압출가공(Extruding)

상온 또는 가열된 금속을 실린더 형상을 한 컨테이너에 넣고, 한쪽에 있는 램에 압력을 가하여 압출한다.

(5) 판금가공(Sheet Metal Working)

판상 금속재료를 형틀로써 프레스(Press), 펀칭, 압축, 인장 등으로 가공하여 목적하는 형상으로 변형 가공한다.

(6) 전조가공

작업은 압연과 유사하나 전조 공구를 이용하여 나사(Thread), 기어(Gear) 등을 성형하는 방법이다.

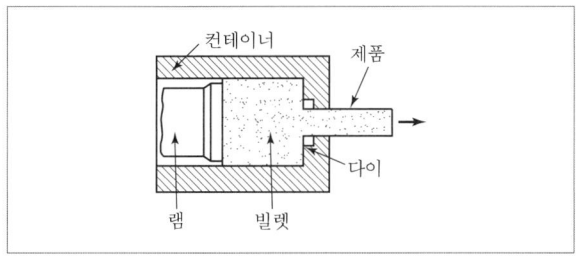

[압출가공]

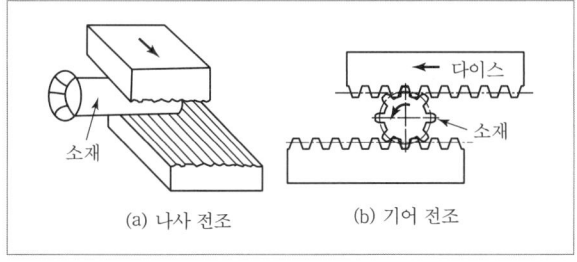

[전조가공]

2) 냉간가공 및 열간가공

(1) 냉간가공(상온가공 : Cold Working)

재결정온도 이하에서 금속의 인장강도, 항복점, 탄성한계, 경도, 연율, 단면수축률 등과 같은 기계적 성질을 변화시키는 가공 방법이다.

(2) 열간가공(고온가공 : Hot Working)

재결정온도 이상에서 하는 가공 방법이다.

SECTION 02
프레스 및 전단기의 안전

1 프레스 작업점에 대한 방호방법

1) No-hand In Die 방식(금형 안에 손이 들어가지 않는 구조)

(1) 안전울 설치
(2) 안전금형
(3) 자동화 또는 전용 프레스

2) Hand In Die 방식(금형 안에 손이 들어가는 구조)

(1) 가드식   (2) 수인식
(3) 손쳐내기식   (4) 양수조작식
(5) 광전자식

2 프레스 방호장치

1) 게이트가드(Gate Guard)식 방호장치

가드의 개폐를 이용한 방호장치로서 기계의 작동을 서로 연동하여 가드가 열려 있는 상태에서는 기계의 위험부분이 가동되지 않고, 또한 기계가 작동하여 위험한 상태로 있을 때에는 가드를 열 수 없게 한 장치를 말한다.

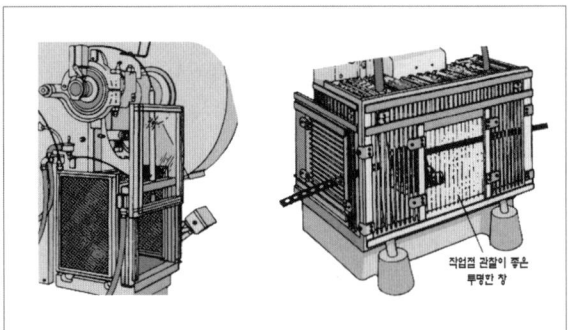

[게이트가드식 방호장치]

2) 양수조작식 방호장치(Two-hand Control Safety Device)

(1) 양수조작식

기계의 조작을 양손으로 동시에 하지 않으면 기계가 가동하지 않으며 한 손이라도 떼어내면 기계가 급정지 또는 급상승하게 하는 장치를 말한다(급정지기구가 있는 마찰프레스에 적합).

(2) 안전거리

$$D = 1,600 \times (T_c + T_s)(mm)$$

여기서, T_c : 방호장치의 작동시간[즉 누름버튼으로부터 한 손이 떨어질 때부터 급정지기구가 작동을 개시할 때까지의 시간(초)]
T_s : 프레스의 급정지시간[즉 급정지 기구가 작동을 개시할 때부터 슬라이드가 정지할 때까지의 시간(초)]

(3) 양수조작식 방호장치 설치 및 사용

① 양수조작식 방호장치는 안전거리를 확보하여 설치하여야 한다.
② 누름버튼의 상호 간 내측거리는 300mm 이상으로 한다.
③ 누름버튼 윗면이 버튼케이스 또는 보호링의 상면보다 25mm 낮은 매립형으로 한다.
④ SPM(Stroke Per Minute : 매분 행정수) 120 이상의 것에 사용한다.

3) 손쳐내기식(Push Away, Sweep Guard) 방호장치

(1) 기계의 작동에 연동시켜 위험상태로 되기 전에 손을 위험영역에서 밀어내거나 쳐냄으로써 위험을 배재하는 장치를 말한다.
(2) 방호장치의 설치기준 : SPM이 120 이하이고 슬라이드의 행정길이가 40mm 이상의 것에 사용한다.

3 수인식(Pull Out) 방호장치

슬라이드와 작업자 손을 끈으로 연결하여 슬라이드 하강 시 작업자 손을 당겨 위험영역에서 빼낼 수 있도록 한 장치를 말한다.

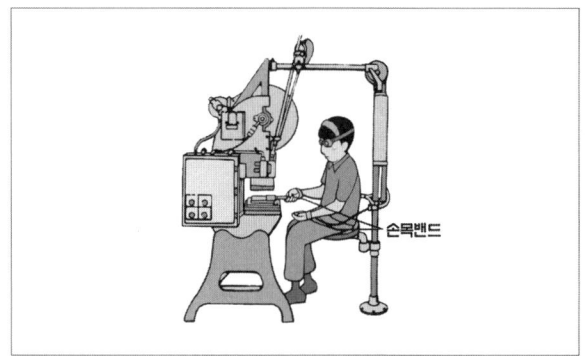

[수인식 방호장치]

4 광전자식(감응식) 방호장치(Photosensor Type Safety Device)

광선 검출트립기구를 이용한 방호장치로서 신체의 일부가 광선을 차단하면 기계를 급정지 또는 급상승시켜 안전을 확보하는 장치를 말한다.

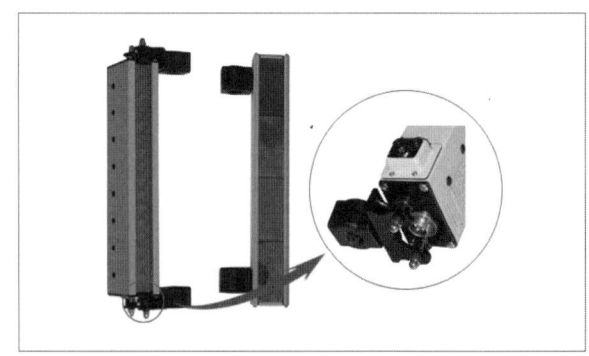

[광전자식 안전장치]

(1) 방호장치의 설치방법

$$D = 1{,}600(T_c + T_s)$$

여기서, D : 안전거리(mm)
T_c : 방호장치의 작동시간(초)
T_s : 프레스의 최대정지시간(초)

5 금형의 안전화

1) 안전금형의 채용

(1) 금형의 사이에 신체의 일부가 들어가지 않도록 안전망을 설치한다.
(2) 상사점에 있어서 상형과 하형과의 간격, 가이드 포스트와 부쉬의 간격이 8mm 이하가 되도록 설치하여 손가락이 들어가지 않도록 한다.
(3) 금형 사이에 손을 넣을 필요가 없도록 강구한다.

2) 금형파손에 의한 위험방지방법

(1) 금형의 조립에 이용하는 볼트 또는 너트는 스프링와셔, 조립너트 등에 의해 이완방지를 하여야 한다.
(2) 금형은 그 하중중심이 원칙적으로 프레스 기계의 하중중심에 맞는 것으로 하여야 한다.
(3) 캠 기타 충격이 반복해서 가해지는 부품에는 완충장치를 하여야 한다.
(4) 금형에서 사용하는 스프링은 압축형으로 하여야 한다.

6 프레스 작업 시 안전수칙

1) 금형조정작업의 위험 방지(「안전보건규칙」제104조)

프레스 등의 금형을 부착·해체 또는 조정하는 작업을 할 때에 해당 작업에 종사하는 근로자의 신체가 위험한계 내에 있는 경우 슬라이드가 갑자기 작동함으로써 근로자에게 발생할 우려가 있는 위험을 방지하기 위하여 안전블록을 사용하는 등 필요한 조치를 하여야 한다.

2) 프레스기계의 위험을 방지하기 위한 본질안전화

(1) 금형에 안전울 설치
(2) 안전금형의 사용
(3) 전용프레스 사용

SECTION 03
기타 산업용 기계 기구

1 롤러기

1) 울(Guard)의 설치(개구부 간격)

가드를 설치할 때 일반적인 개구부의 간격은 다음의 식으로 계산한다.

$$Y = 6 + 0.15X \, (X < 160\mathrm{mm})$$
(단, $X \geq 160\mathrm{mm}$이면 $Y = 30$)

여기서, Y : 개구부의 간격(mm)
X : 개구부에서 위험점까지의 최단거리(mm)

다만, 위험점이 전동체인 경우 개구부의 간격은 다음 식으로 계산한다.

$$Y = 6 + X/10 \ (단, \ X < 760\mathrm{mm}에서 \ 유효)$$

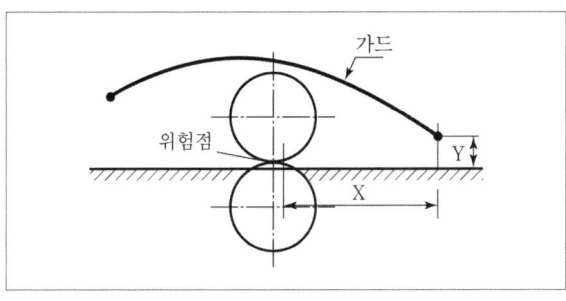

[안전개구부]

2) 롤러기 급정지 거리

(1) 급정지장치의 성능

앞면 롤러의 표면속도(m/min)	급정지 거리
30 미만	앞면 롤러 원주의 1/3
30 이상	앞면 롤러 원주의 1/2.5

(2) 앞면 롤러의 표면속도

$$V = \frac{\pi DN}{1{,}000} (\mathrm{m/min})$$

3) 롤러기 방호장치의 종류

(1) 급정지장치

① 손조작식 : 비상안전제어로프(Safety Trip Wire Cable) 장치는 송급 및 인출 컨베이어, 슈트 및 호퍼 등에 의해서 제한이 되는 밀기에 사용한다.
② 복부조작식
③ 무릎조작식
④ 급정지장치 조작부의 위치

급정지장치조작부의 종류	위치	비고
손조작식	밑면으로부터 1.8m 이내	위치는 급정지장치 조작부의 중심점을 기준으로 한다.
복부조작식	밑면에서 0.8m 이상 1.1m 이내	
무릎조작식	밑면으로부터 0.4m 이상 0.6m 이내	

(2) 가드

공간함정(Trap)을 막기 위한 가드와 손가락과의 최소 틈새 : 25mm

2 원심기

1) 덮개의 설치(「안전보건규칙」 제87조)

원심기에는 덮개를 설치하여야 한다.

2) 안전검사 내용

원심기의 표면 및 내면, 작업용 발판, 금속부분, 도장, 원심기의 구조, 회전차, 변속장치, 원심기의 덮개 등 안전장치, 과부하 안전장치, 안전표지의 부착 등

3 아세틸렌 용접장치 및 가스집합 용접장치

1) 압력의 제한(「안전보건규칙」 제285조)

아세틸렌 용접장치를 사용하여 금속의 용접·용단 또는 가열작업을 하는 경우에는 게이지압력이 127킬로파스칼(kPa)(매 제곱센티미터당 1.3킬로그램)을 초과하는 압력의 아세틸렌을 발생시켜 사용해서는 아니 된다.

2) 발생기실의 설치장소 및 발생기실의 구조

(1) 발생기실의 설치장소(「안전보건규칙」 제286조)

① 사업주는 아세틸렌 용접장치의 아세틸렌 발생기를 설치하는 경우에는 전용의 발생기실에 설치하여야 한다.
② 제1항의 발생기실은 건물의 최상층에 위치하여야 하며, 화기를 사용하는 설비로부터 3미터를 초과하는 장소에 설치하여야 한다.
③ 제1항의 발생기실을 옥외에 설치한 경우에는 그 개구부를 다른 건축물로부터 1.5미터 이상 떨어지도록 하여야 한다.

(2) 발생기실의 구조(「안전보건규칙」 제287조)

① 벽은 불연성의 재료로 하고 철근콘크리트 또는 그 밖에 이와 동등하거나 그 이상의 강도를 가진 구조로 할 것
② 지붕과 천장에는 얇은 철판이나 가벼운 불연성 재료를 사용할 것
③ 바닥면적의 16분의 1 이상의 단면적을 가진 배기통을 옥상으로 돌출시키고 그 개구부를 창이나 출입구로부터 1.5미터 이상 떨어지도록 할 것

3) 안전기의 설치(「안전보건규칙」 제289조)

(1) 사업주는 아세틸렌 용접장치의 취관마다 안전기를 설치하여야 한다.
(2) 사업주는 가스용기가 발생기와 분리되어 있는 아세틸렌 용접장치에 대하여 발생기와 가스용기 사이에 안전기를 설치하여야 한다.

4) 아세틸렌 용접장치의 관리(「안전보건규칙」 제290조)

(1) 발생기의 종류·형식·제작업체명·매 시 평균 가스발생량 및 1회의 카바이드 공급량을 발생기실 내의 보기 쉬운 장소에 게시할 것
(2) 발생기실에는 관계근로자가 아닌 사람이 출입하는 것을 금지할 것
(3) 발생기에서 5미터 이내 또는 발생기실에서 3미터 이내의 장소에서는 흡연, 화기의 사용 또는 불꽃이 발생할 위험한 행위를 금지시킬 것

4 보일러 및 압력용기

1) 보일러의 구조

보일러는 일반적으로 연료를 연소시켜 얻어진 열을 이용해서 보일러 내의 물을 가열하여 필요한 증기 또는 온수를 얻는 장치로서 본체, 연소장치와 연소실, 과열기(Superheater), 절탄기(Economizer)(급수를 예열하는 부속장치), 공기예열기(Air Preheater), 급수장치 등으로 구성되어 있다.

2) 보일러의 사고형태 및 원리

(1) 사고형태

수위의 이상(저수위일 때)

(2) 발생증기의 이상

① 프라이밍(Priming) : 보일러가 과부하로 사용될 경우에 수위가 올라가던가 드럼 내의 부착품에 기계적 결함이 있으면 보일러수가 극심하게 끓어서 수면에서 끊임없이 격심한 물방울이 비산하고 증기부가 물방울로 충만하여 수위가 불안정하게 되는 현상을 말한다.
② 포밍(Foaming) : 보일러수에 불순물이 많이 포함되었을 경우 보일러수의 비등과 함께 수면부위에 거품층을 형성하여 수위가 불안정하게 되는 현상을 말한다.
③ 캐리오버(Carry Over) : 보일러 증기관쪽에 보내는 증기에 대량의 물방울이 포함되는 수가 있는데 이것을 캐리오버라 하며, 프라이밍이나 포밍이 생기면 필연적으로 캐리오버가 일어난다.

3) 보일러 안전장치의 종류(「안전보건규칙」 제119조)

보일러의 폭발 사고를 예방하기 위하여 압력방출장치·압력제한스위치·고저수위조절장치·화염검출기 등의 기능이 정상적으로 작동될 수 있도록 유지·관리하여야 한다.

(1) 고저수위 조절장치(「안전보건규칙」 제118조)

사업주는 고저수위 조절장치의 동작상태를 작업자가 쉽게 감시하도록 하기 위하여 고저수위지점을 알리는 경보등·경보음장치 등을 설치하여야 하며, 자동으로 급수되거나 단수되도록 설치하여야 한다.

(2) 압력방출장치(안전밸브)(「안전보건규칙」 제116조)

사업주는 보일러의 안전한 가동을 위하여 보일러 규격에 맞는 압력방출장치를 1개 또는 2개 이상 설치하고 최고사용압력(설계압력 또는 최고허용압력을 말한다) 이하에서 작동되도록 하여야 한다. 다만, 압력방출장치가 2개 이상 설치된 경우에는 최고사용압력 이하에서 1개가 작동되고, 다른 압력방출장치는 최고사용압력 1.05배 이하에서 작동되도록 부착하여야 한다.

(3) 압력제한스위치(「안전보건규칙」 제117조)

사업주는 보일러의 안전한 가동을 위하여 최고사용압력과 상용압력 사이에서 보일러의 버너연소를 차단할 수 있도록 압력제한스위치를 부착하여 사용하여야 한다. 압력제한 스위치는 상용운전압력 이상으로 압력이 상승할 경우 보일러의 파열을 방지하기 위하여 버너의 연소를 차단하여 열원을 제거함으로써 정상압력으로 유도하는 장치이다.

4) 압력방출장치(안전밸브)의 설치(「안전보건규칙」 제261조)

(1) 압력용기 등에 대해서는 과압에 따른 폭발을 방지하기 위하여 폭발방지 성능과 규격을 갖춘 안전밸브 또는 파열판을 설치하여야 한다.
(2) 다단형 압축기 또는 직렬로 접속된 공기압축기에 대해서는 각 단 또는 각 공기압축기별로 안전밸브 등을 설치하여야 한다.
(3) 안전밸브에 대해서는 다음의 구분에 따른 검사주기마다 국가교정기관에서 교정을 받은 압력계를 이용하여 설정압력에서 안전밸브가 적정하게 작동하는지를 검사한 후 납으로 봉인하여 사용하여야 한다.
① 화학공정 유체와 안전밸브의 디스크 또는 시트가 직접 접촉될 수 있도록 설치된 경우 : 2년마다 1회 이상
② 안전밸브 전단에 파열판이 설치된 경우 : 3년마다 1회 이상
③ 공정안전보고서 제출대상으로서 고용노동부장관이 실시하는 공정안전보고서 이행상태 평가결과가 우수한 사업장의 안전밸브의 경우 : 4년마다 1회 이상

5) 압력용기의 두께

(1) 원주방향의 응력(Circumferential Stress)

$$\sigma_t = \frac{P}{A} = \frac{pDl}{2tl} = \frac{pD}{2t} (\text{kg/cm}^2)$$

여기서, p : 단위면적당 압력(최대허용 내부압)

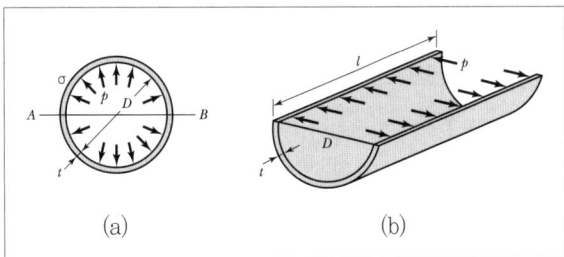

[원주방향의 응력]

(2) 축방향의 응력(Longitudinal Stress)

$$\text{세로방향응력} : \sigma_z = \frac{\frac{\pi}{4}D^2 p}{\pi D t} = \frac{pD}{4t} (\text{kg/cm}^2)$$

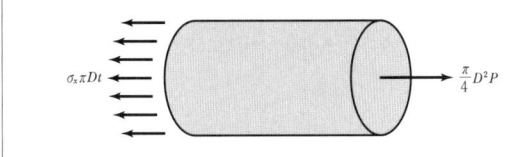

[축방향의 응력]

압력용기의 원주방향응력은 축방향응력의 2배이다.

(3) 동판의 두께

$$\sigma_a \eta = \frac{pd}{2t}, \quad t = \frac{pd}{2\eta \sigma_t}$$

여기서, σ_t : 허용응력, η : 용접효율

(4) 압력용기에 표시하여야 할 사항(이름판)

압력용기에는 제조자, 설계압력 또는 최대허용사용압력, 설계온도, 제조연도, 비파괴시험, 적용규격 등이 표시된 이름판이 붙어 있어야 한다.

5 산업용 로봇

1) 기능수준에 따른 분류

구분	특징
매니퓰레이터형	인간의 팔이나 손의 기능과 유사한 기능을 가지고 대상물을 공간적으로 이동시킬 수 있는 로봇
수동 매니퓰레이터형	사람이 직접 조작하는 매니퓰레이터
시퀀스 로봇	미리 설정된 순서와 조건 및 위치에 따라 동작의 각 단계를 점차 진행해 가는 로봇
플레이백 로봇	미리 사람이 작업의 순서, 위치 등의 정보를 기억시켜 그것을 필요에 따라 읽어내어 작업을 할 수 있는 로봇
수치제어(NC) 로봇	로봇을 움직이지 않고 순서, 조건, 위치 및 기타 정보를 수치, 언어 등에 의해 교시하고, 그 정보에 따라 작업을 할 수 있는 로봇
지능로봇	감상기능 및 인식기능에 의해 행동 결정을 할 수 있는 로봇

2) 매니퓰레이터와 가동범위

산업용 로봇에 있어서 인간의 팔에 해당하는 암(Arm)이 기계 본체의 외부에 조립되어 암의 끝부분으로 물건을 잡기도 하고 도구를 잡고 작업을 행하기도 하는데, 이와 같은 기능을 갖는 암을 매니퓰레이터라고 한다.

3) 방호장치

(1) 동력차단장치
(2) 비상정지기능
(3) 안전방호 울타리(방책)
(4) 안전매트 : 위험한계 내에 근로자가 들어갈 때 압력 등을 감지할 수 있는 방호조치

4) 교시등(「안전보건규칙」 제222조)

(1) 사업주는 산업용 로봇의 작동범위에서 해당 로봇에 대하여 교시 등(매니퓰레이터(manipulator)의 작동순서, 위치·속도의 설정·변경 또는 그 결과를 확인하는 것을 말한다)의 작업을 하는 경우에는 해당 로봇의 예기치 못한 작동 또는 오(誤)조작에 의한 위험을 방지하기 위하여 다음 각 호의 조치를 하여야 한다.
   ① 로봇의 조작방법 및 순서
   ② 작업 중의 매니퓰레이터의 속도
   ③ 2명 이상의 근로자에게 작업을 시킬 경우의 신호방법

④ 이상을 발견한 경우의 조치
⑤ 이상을 발견하여 로봇의 운전을 정지시킨 후 이를 재가동시킬 경우의 조치
⑥ 그 밖의 로봇의 예기치 못한 작동 또는 오조작에 의한 위험을 방지하기 위하여 필요한 조치

(2) 작업에 종사하고 있는 근로자 또는 그 근로자를 감시하는 사람은 이상을 발견하면 즉시 로봇의 운전을 정지시키기 위한 조치를 할 것
(3) 작업을 하고 있는 동안 로봇의 기동스위치 등에 작업 중이라는 표시를 하는 등 작업에 종사하고 있는 근로자가 아닌 사람이 그 스위치 등을 조작할 수 없도록 필요한 조치를 할 것

5) 운전 중 위험방지(「안전보건규칙」 제223조)

사업주는 로봇의 운전으로 인하여 근로자에게 발생할 수 있는 부상 등의 위험을 방지하기 위하여 높이 1.8미터 이상의 울타리를 설치하여야 하며, 컨베이어 시스템의 설치 등으로 울타리를 설치할 수 없는 일부 구간에 대해서는 안전매트 또는 광전자식 방호장치 등 감응형(感應形) 방호장치를 설치하여야 한다.

SECTION 04
운반기계 및 양중기

1 지게차(Fork Lift)

1) 지게차 안정도

지게차는 화물 적재시에 지게차 균형추(Counter Balance) 무게에 의하여 안정된 상태를 유지할 수 있도록 아래 그림과 같이 최대하중 이하로 적재하여야 한다.

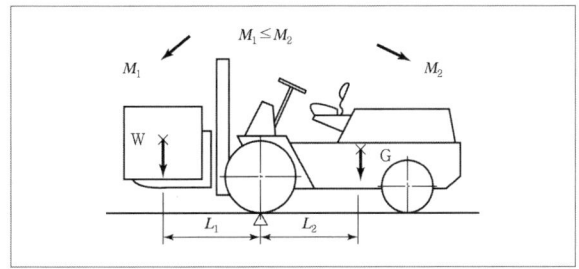

[지게차의 안정조건]

$$M_1 < M_2$$

화물의 모멘트 $M_1 = W \times L_1$,

지게차의 모멘트 $M_2 = G \times L_2$

여기서, W : 화물중심에서의 화물의 중량,
G : 지게차 중심에서의 지게차 중량,
L_1 : 앞바퀴에서 화물 중심까지의 최단거리,
L_2 : 앞바퀴에서 지게차 중심까지의 최단거리

안정도	지게차의 상태	
	옆에서 본 경우	앞에서 본 경우
하역작업시의 전후 안정도 : 4% (5톤 이상은 3.5%)		
주행시의 전후 안정도 : 18%		
하역 작업시의 좌우 안정도 : 6%		
주행시의 좌우 안정도 : (15+1.1V)% V는 최고 속도 (km/h)		

$$안정도 = \frac{높이(h)}{수평거리(l)} \times 100(\%)$$

2) 헤드가드(Head Guard)(「안전보건규칙」 제180조)

(1) 강도는 지게차의 최대하중의 2배의 값(4톤을 넘는 값에 대해서는 4톤으로 한다)의 등분포정하중에 견딜 수 있는 것일 것
(2) 상부틀의 각 개구의 폭 또는 길이가 16센티미터 미만일 것

(3) 운전자가 앉아서 조작하거나 서서 조작하는 지게차의 헤드가드는 「산업표준화법」 제12조에 따른 한국산업표준에서 정하는 높이 기준 이상일 것(좌승식 : 좌석기준점(SIP)으로부터 903mm 이상, 입승식 : 조종사가 서 있는 플랫폼으로부터 1,880mm 이상)

2 컨베이어(Conveyor)

1) 컨베이어의 종류 및 용도

(1) 롤러(Roller) 컨베이어 : 나란히 배열한 여러 개의 롤을 비스듬히 놓거나 기어를 회전시켜 그 위에 실려 있는 물건을 운반하는 기계이다.
(2) 스크루(Screw) 컨베이어 : 반원통 속에서 나선 모양의 날개가 달린 축이 돌면서 물건을 나르는 컨베이어이다.
(3) 벨트(Belt) 컨베이어 : 두 개의 바퀴에 벨트를 걸어 돌리면서 그 위에 물건을 올려 연속적으로 운반하는 장치이다.
(4) 체인(Chain) 컨베이어 : 체인을 사용하여 물품을 운반하는 기계 장치를 통틀어 이르는 말. 버킷 컨베이어, 에이프런 컨베이어, 슬롯 컨베이어가 있다.

2) 컨베이어의 안전조치 사항

(1) 인력으로 적하하는 컨베이어에는 하중 제한 표시를 하여야 한다.
(2) 기어 · 체인 또는 이동 부위에는 덮개를 설치하여야 한다.
(3) 지면으로부터 2m 이상 높이에 설치된 컨베이어에는 승강계단을 설치하여야 한다.
(4) 컨베이어는 마지막 쪽의 컨베이어부터 시동하고, 처음 쪽의 컨베이어부터 정지하여야 한다.

3) 컨베이어 안전장치의 종류

(1) 비상정지장치(「안전보건규칙」 제192조) : 컨베이어 등에 해당 근로자의 신체의 일부가 말려드는 등 근로자가 위험해질 우려가 있는 경우 및 비상시에는 즉시 컨베이어 등의 운전을 정지시킬 수 있는 장치를 설치하여야 한다.
(2) 덮개 또는 울(「안전보건규칙」 제193조) : 컨베이어 등으로부터 화물이 떨어져 근로자가 위험에 처할 우려가 있는 경우에는 해당 컨베이어 등에 덮개 또는 울을 설치하는 등 낙하방지를 위한 조치를 하여야 한다.
(3) 건널다리(「안전보건규칙」 제195조) : 운전 중인 컨베이어 등의 위로 근로자를 넘어가도록 하는 경우에는 위험을 방지하기 위하여 건널다리를 설치하는 등 필요한 조치를 하여야 한다.
(4) 역전방지장치(「안전보건규칙」 제191조) : 컨베이어, 이송용 롤러 등을 사용하는 경우에는 정전 · 전압강하 등에 따른 화물 또는 운반구의 이탈 및 역주행을 방지하는 장치를 갖추어야 한다. 역전방지장치의 형식으로는 롤러식, 라쳇식, 전기브레이크가 있다.

3 양중기

1) 크레인의 방호장치(「안전보건규칙」 제134조)

양중기에 과부하방지장치 · 권과방지장치 · 비상정지장치 및 제동장치, 그 밖의 방호장치(승강기의 파이널 리미트 스위치, 속도조절기, 출입문 인터록 등을 말한다)가 정상적으로 작동될 수 있도록 미리 조정하여 두어야 한다.

(1) 권과방지장치 : 양중기에 설치된 권상용 와이어로프 또는 지브 등의 붐 권상용 와이어로프의 권과를 방지하기 위한 장치이다. 리밋스위치를 사용하여 권과를 방지한다.
(2) 과부하방지장치 : 하중이 정격을 초과하였을 때 자동적으로 상승이 정지되는 장치이다.
(3) 훅해지장치 : 훅걸이용 와이어로프 등이 훅으로부터 벗겨지는 것을 방지하는 방호장치이다.

2) 크레인 작업 시의 조치(「안전보건규칙」 제146조)

(1) 인양할 하물(荷物)을 바닥에서 끌어당기거나 밀어내는 작업을 하지 아니할 것
(2) 유류드럼이나 가스통 등 운반 도중에 떨어져 폭발하거나 누출될 가능성이 있는 위험물용기는 보관함(또는 보관고)에 담아 안전하게 매달아 운반할 것
(3) 고정된 물체를 직접 분리 · 제거하는 작업을 하지 아니할 것

3) 와이어로프

(1) 와이어로프의 구성

① 와이어로프는 강선(이것을 소선이라 한다)을 여러 개 합하여 꼬아 작은 줄(Strand)을 만들고, 이 줄을 꼬아 로프를 만드는데 그 중심에 심(대마를 꼬아 윤활유를 침투시킨 것)을 넣는다.

② 로프의 구성은 로프의 "스트랜드 수×소선의 개수"로 표시하며, 크기는 단면 외접원의 지름으로 나타낸다.

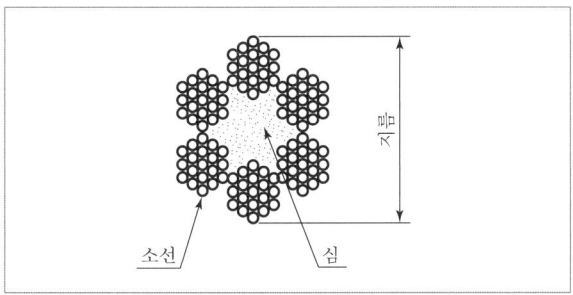

[로프의 지름 표시]

(2) 와이어로프의 꼬임모양과 꼬임방향

① 보통 꼬임(Regular Lay) : 스트랜드의 꼬임방향과 소선의 꼬임방향이 반대인 것
② 랭 꼬임(Lang's Lay) : 스트랜드의 꼬임방향과 소선의 꼬임방향이 같은 것. 킹크 또는 풀림이 쉽다.

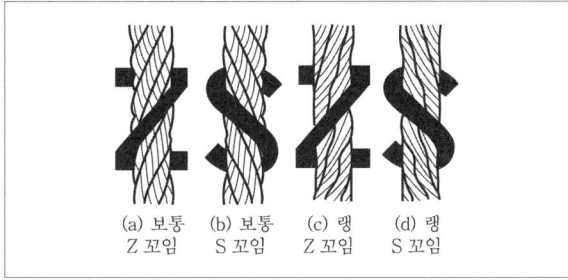

[와이어로프의 꼬임명칭]

(3) 와이어로프에 걸리는 하중의 변화

와이어로프에 걸리는 하중은 매다는 각도에 따라서 로프에 걸리는 장력이 달라진다.
아래 그림을 예로 T'에 걸리는 하중을 계산하면
평행법칙에 의해서 : $2 \times T' \times \cos 30 = 500$, ∴ $T' = 288\,\mathrm{kg}$

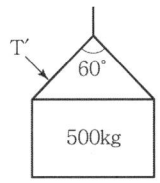

와이어로프로 중량물을 달아 올릴 때 각도가 클수록 힘이 크게 걸린다.

(4) 와이어로프 등 달기구의 안전계수(「안전보건규칙」 제163조)

사업주는 양중기의 와이어로프 등 달기구의 안전계수(달기구 절단하중의 값을 그 달기구에 걸리는 하중의 최대값으로 나눈 값을 말한다)가 다음 각 호의 구분에 따른 기준에 맞지 아니한 경우에는 이를 사용해서는 아니 된다.

① 근로자가 탑승하는 운반구를 지지하는 달기와이어로프 또는 달기체인의 경우 : 10 이상
② 화물의 하중을 직접 지지하는 달기와이어로프 또는 달기체인의 경우 : 5 이상
③ 훅, 샤클, 클램프, 리프팅 빔의 경우 : 3 이상
④ 그 밖의 경우 : 4 이상

(5) 와이어로프의 사용금지기준(「안전보건규칙」 제166조)

① 이음매가 있는 것
② 와이어로프의 한 꼬임(Strand)에서 끊어진 소선의 수가 10퍼센트 이상인 것
③ 지름의 감소가 공칭지름의 7퍼센트를 초과하는 것
④ 꼬인 것
⑤ 심하게 변형되거나 부식된 것
⑥ 열과 전기충격에 의해 손상된 것

(6) 늘어난 체인 등의 사용금지(「안전보건규칙」 제167조)

① 달기체인의 길이가 달기체인이 제조된 때의 길이의 5퍼센트를 초과한 것
② 링의 단면지름이 달기체인이 제조된 때의 해당 링의 지름의 10퍼센트를 초과하여 감소한 것
③ 균열이 있거나 심하게 변형된 것

(7) 와이어로프의 절단 등(「안전보건규칙」 제165조)

① 사업주는 와이어로프를 절단하여 양중(揚重)작업용구를 제작하는 경우 반드시 기계적인 방법으로 절단하여야 하며, 가스용단(溶斷) 등 열에 의한 방법으로 절단해서는 아니 된다.
② 사업주는 아크, 화염, 고온부 접촉 등으로 인하여 열영향을 받은 와이어로프를 사용하여서는 아니 된다.

4) 리프트

(1) 리프트의 안전장치

① 권과방지장치(「안전보건규칙」 제151조)

리프트의 운반구 이탈 등의 위험을 방지하기 위하여 권과방지장치, 과부하방지장치, 비상정지장치 등을 설치하는 등 필요한 조치를 하여야 한다.

② 과부하방지장치(「안전보건규칙」 제135조)

리프트에 그 적재하중을 초과하는 하중을 걸어서 사용하도록 해서는 아니 된다.

③ 비상정지장치 및 제동장치

(2) 리프트의 종류

① 건설용 리프트
② 산업용 리프트
③ 자동차정비용 리프트
④ 이삿짐운반용 리프트

5) 승강기

(1) 승강기의 종류(「안전보건규칙」 제132조)

① 승객용 엘리베이터 : 사람의 운송에 적합하게 제조·설치된 엘리베이터
② 승객화물용 엘리베이터 : 사람의 운송과 화물 운반을 겸용하는 데 적합하게 제조·설치된 엘리베이터
③ 화물용 엘리베이터 : 화물 운반에 적합하게 제조·설치된 엘리베이터로서 조작자 또는 화물취급자 1명은 탑승할 수 있는 것(적재용량이 300킬로그램 미만인 것은 제외한다)
④ 소형화물용 엘리베이터 : 음식물이나 서적 등 소형 화물의 운반에 적합하게 제조·설치된 엘리베이터로서 사람의 탑승이 금지된 것
⑤ 에스컬레이터 : 일정한 경사로 또는 수평로를 따라 위·아래 또는 옆으로 움직이는 디딤판을 통해 사람이나 화물을 승강장으로 운송시키는 설비

(2) 승강기 방호장치(「안전보건규칙」 제134조)

① 양중기에 과부하방지장치, 권과방지장치, 비상정지장치 및 제동장치, 그 밖의 방호장치[(승강기의 파이널 리미트 스위치(final limit switch), 속도조절기, 출입문 인터록(interlock) 등을 말한다]가 정상적으로 작동될 수 있도록 미리 조정해 두어야 한다.
② 속도조절기는 카의 속도가 정격속도의 1.3배(카의 정격속도가 45m/min 이하의 엘리베이터에 있어서는 60m/min)를 초과하지 않는 범위 내에서 과속 스위치가 동작하여 전원을 끊고 브레이크를 작동시킨다.

CHAPTER 04 설비진단 및 검사

SECTION 01 비파괴검사의 종류 및 특징

1 개요

용접부의 검사 실시 후 정확한 해석 및 올바른 판단을 내리는 것은 공사의 시공 및 품질관리 측면에서 매우 중요하다. 일반적으로 사용되는 용접부 검사방법으로는 외관검사가 주로 사용되나 필요시에는 비파괴검사를 실시해야 한다.

2 비파괴검사

1) 비파괴검사의 의의

비파괴검사는 금속재료 내부의 기공·균열 등의 결함이나 용접 부위의 내부결함 등을 재료가 갖고 있는 물리적 성질을 이용해서 제품을 파괴하지 않고 외부에서 검사하는 방법이다.

2) 비파괴시험의 종류

(1) 표면결함 검출을 위한 비파괴시험방법

① 외관검사 : 확대경, 치수측정, 형상확인
② 침투탐상시험 : 금속, 비금속 적용가능, 표면개구 결함 확인
③ 자분탐상시험 : 강자성체에 적용, 표면, 표면의 저부결함 확인
④ 와전류탐상법 : 도체 표층부 탐상, 봉, 관의 결함 확인

(2) 내부결함 검출을 위한 비파괴시험방법

① 초음파 탐상시험 : 균열 등 면상 결함 검출능력이 우수하다.
② 방사선 투과시험 : 결함종류, 형상판별 우수, 구상결함을 검출한다.

3) 비파괴검사의 종류 및 특징

(1) 방사선에 의한 투과검사(RT ; Radiographic Testing)

① 재료 및 용접부의 내부 결함 검사에 활용. X-ray 촬영검사와 γ-ray 촬영검사가 있다.
② 방사선 투과검사에서 투과사진에 영향을 미치는 인자는 크게 콘트라스트(명암도)와 명료도로 나누어 검토할 수 있다. 콘크라스트에 영향을 주는 인자는 필름의 종류, 스크린의 종류, 방사선의 선질, 현상액의 강도가 있다.

(2) 초음파 탐상검사(UT ; Ultrasonic Testing)

설비의 내부에 균열 결함 및 용접부에 발생한 미세균열, 용입부족, 융합불량의 검출에 가장 적합한 검사방법. 초음파탐상법의 종류는 원리에 따라 크게 반사식, 투과식, 공진식으로 분류된다.

(3) 액체침투탐상검사(LPT ; Liquid Penetrant Testing)

① 물체의 표면에 침투력이 강한 적색 또는 형광성의 침투액을 표면 개구 결함에 침투시켜 직접 또는 자외선 등으로 관찰하여 결함장소와 크기를 판별하는 비파괴시험. 검사물 표면의 균열이나 피트 등의 결함을 비교적 간단하고 신속하게 검출할 수 있고, 특히 비자성 금속재료의 검사에 자주 이용된다.
② 전처리 → 침투처리 → 세척처리 → 현상처리 → 관찰 → 후처리 순서로 작업함

(4) 자분탐상검사(MT ; Magnetic Particle Testing)

강자성체의 결함을 찾을 때 사용하는 비파괴시험법으로 표면 또는 표층에 결함이 있을 경우 누설자속을 이용하여 육안으로 결함을 검출하는 시험법. 자화방법으로는 축통전법, 전류광통법, 극간법 등이 있다.

(5) 와전류탐상검사(Eddy Current Test)

금속 등의 도체에 교류를 통한 코일을 접근시 켰을 때, 결함이 존재하면 코일에 유기되는 전압이나 전류가 변하는 것을 이용한 검사방법. 비접촉으로 고속탐상이 가능하므로 튜브, 파이프, 봉 등의 자동탐상에 많이 이용된다. 검사 대상 이외의 재료적 인자(투과율, 열처리, 운동 등)에 대한 영향이 크다.

(6) 음향방출시험(AE ; Acoustic Emission Exam)

재료가 변형 시에 외부응력이나 내부의 변형과정에서 방출되는 낮은 응력파(Stress Wave)를 감지하여 측정하는 비파괴시험. AE란 재료가 변형을 일으킬 때나 균열이 발생하여 성장할 때 원자의 재배열이 일어나며 이때 탄성파를 방출하게 된다. 따라서 재료의 종류나 물성 등의 특성과 관계가 있다.

3 비파괴검사의 실시(「안전보건규칙」 제115조)

사업주는 고속회전체(회전축의 중량이 1톤을 초과하고 원주 속도가 초당 120미터 이상인 것으로 한정한다)의 회전시험을 하는 경우 미리 회전축의 재질 및 형상 등에 상응하는 종류의 비파괴검사를 해서 결함 유무를 확인하여야 한다.

SECTION 02
소음 · 진동 방지 기술

1 소음방지 방법

1) 소음작업의 정의

"소음작업"이란 1일 8시간 작업을 기준으로 85데시벨 이상의 소음이 발생하는 작업을 말한다.

2) 강렬한 소음작업

(1) 90데시벨 이상의 소음이 1일 8시간 이상 발생하는 작업
(2) 95데시벨 이상의 소음이 1일 4시간 이상 발생하는 작업
(3) 100데시벨 이상의 소음이 1일 2시간 이상 발생하는 작업
(4) 105데시벨 이상의 소음이 1일 1시간 이상 발생하는 작업
(5) 110데시벨 이상의 소음이 1일 30분 이상 발생하는 작업
(6) 115데시벨 이상의 소음이 1일 15분 이상 발생하는 작업

3) 충격소음작업

(1) 120데시벨을 초과하는 소음이 1일 1만회 이상 발생하는 작업
(2) 130데시벨을 초과하는 소음이 1일 1천회 이상 발생하는 작업
(3) 140데시벨을 초과하는 소음이 1일 1백회 이상 발생하는 작업

4) 소음감소 조치(「안전보건규칙」 제513조)

사업주는 강렬한 소음작업이나 충격소음작업 장소에 대하여 기계 · 기구 등의 대체, 시설의 밀폐 · 흡음 또는 격리 등 소음 감소를 위한 조치를 하여야 한다.

5) 소음수준의 주지 등(「안전보건규칙」 제514조)

사업주는 근로자가 소음작업, 강렬한 소음작업 또는 충격소음작업에 종사하는 경우에 다음 각호의 관한 사항을 근로자에게 널리 알려야 한다.
(1) 해당 작업장소의 소음 수준
(2) 인체에 미치는 영향과 증상
(3) 보호구의 선정과 착용방법
(4) 그 밖에 소음으로 인한 건강장해 방지에 필요한 사항

2 진동방지 방법

1) 진동작업의 정의

"진동작업"이라 함은 다음에 해당하는 기계 · 기구를 사용하는 작업을 말한다.
(1) 착암기　　　　　　(2) 동력을 이용한 해머
(3) 체인톱　　　　　　(4) 엔진 커터
(5) 동력을 이용한 연삭기　(6) 임팩트 렌치

2) 진동보호구의 지급 등(「안전보건규칙」 제518조)

사업주는 진동작업에 근로자를 종사하도록 하는 경우에 방진 장갑 등 진동보호구를 지급하여 착용하도록 하여야 한다.

3) 유해성 등의 주지(「안전보건규칙」 제519조)

사업주는 근로자가 진동작업에 종사하는 경우에 다음 각호의 사항을 근로자에게 충분히 알려야 한다.
(1) 인체에 미치는 영향과 증상
(2) 보호구의 선정과 착용방법
(3) 진동 기계·기구 관리방법
(4) 진동 장해 예방방법

4) 진동장애의 예방대책
(1) 저진동공구를 사용한다.
(2) 진동업무를 자동화한다.
(3) 방진장갑과 귀마개를 한다.

PART 03

3과목 예상문제

01 다음 중 회전축, 커플링 등 회전하는 물체에 작업복 등이 말려드는 위험을 초래하는 위험점은?

① 협착점 ② 접선물림점
③ 절단점 ④ 회전말림점

[해설] **회전말림점**
회전하는 물체의 길이, 굵기, 속도 등이 불규칙한 부위와 돌기 회전부위에 장갑 및 작업 등이 말려드는 위험점 형성(돌기회전부)

02 다음 중 공정관리의 기능이 아닌 것은?

① 계획기능 ② 실행기능
③ 통제기능 ④ 감사기능

[해설] 공정관리의 기능으로는 계획기능, 통제기능, 감사기능이 있다.

03 다음 중 설비의 내부에 균열 결함을 확인할 수 있는 가장 적절한 검사방법은?

① 육안검사 ② 액체침투탐상검사
③ 초음파 탐상검사 ④ 피로검사

[해설] 초음파 탐상시험 : 균열 등 면상 결함 검출능력이 우수하다.

04 다음 중 산업안전보건법상 컨베이어에 설치하는 방호장치가 아닌 것은?

① 비상정지장치 ② 역주행방지장치
③ 잠금장치 ④ 건널다리

[해설] **컨베이어 안전장치의 종류**
1. 비상정지장치(「안전보건규칙」 제192조)
2. 덮개 또는 울(「안전보건규칙」 제193조)
3. 건널다리(「안전보건규칙」 제195조)
4. 역전방지장치(「안전보건규칙」 제191조)

05 산업재해의 분석 및 평가를 위하여 재해발생 건수 등의 추이에 대해 한계선을 설정하여 목표 관리를 수행하는 재해 통계 분석기법은?

① 관리도 ② 안전 T점수
③ 파레토도 ④ 특성 요인도

[해설] **재해의 통계적 원인분석방법**
관리도(Control Chart) : 재해발생 건수 등의 추이를 파악하여 목표관리를 행하는 데 필요한 월별 재해발생수를 그래프화하여 관리선을 설정 관리하는 방법

06 다음 중 수평거리 20m, 높이가 5m인 경우 지게차의 안정도는 얼마인가?

① 20% ② 25%
③ 30% ④ 35%

[해설] 안정도 $= \dfrac{높이(h)}{수평거리(l)} \times 100 = \dfrac{5}{20} \times 100 = 25\%$

07 사람이 작업하는 기계장치에서 작업자가 실수를 하거나 오조작을 하여도 안전하게 유지되게 하는 안전설계방법은?

① Fail Safe ② 다중계화
③ Fool proof ④ Back up

[해설] **풀 프루프(Fool Proof)**
작업자가 기계를 잘못 취급하여 불안전 행동이나 실수를 하여도 기계설비의 안전기능이 작용되어 재해를 방지할 수 있는 기능

08 다음 중 산업안전보건법상 보일러에 설치되어 있는 압력방출장치의 검사주기로 옳은 것은?

① 분기별 1회 이상 ② 6개월에 1회 이상
③ 매년 1회 이상 ④ 2년마다 1회 이상

정답 | 01 ④ 02 ② 03 ③ 04 ③ 05 ① 06 ② 07 ③ 08 ③

해설 **압력방출장치(『안전보건규칙』 제116조 제2항)**
압력방출장치는 매년 1회 이상 국가교정업무 전담기관에서 교정을 받은 압력계를 이용하여 설정압력에서 압력방출장치가 적정하게 작동하는지를 검사한 후 납으로 봉인하여 사용하여야 한다. 다만, 공정안전보고서 제출 대상으로서 공정안전보고서 이행 상태 평가결과가 우수한 사업장은 압력방출장치에 대하여 4년마다 1회 이상 설정압력에서 압력방출장치가 적정하게 작동하는지를 검사할 수 있다.

09 A사업장의 강도율이 2.5이고, 연간 재해발생건수가 12건, 연간 총 근로시간수가 120만 시간일 때 이 사업장의 종합재해지수는 약 얼마인가?

① 1.6
② 5.0
③ 27.6
④ 230

해설 강도율 = 2.5

- 도수율 = $\dfrac{\text{재해발생건수}}{\text{연근로시간수}} \times 1{,}000{,}000$

  $= \dfrac{12}{1{,}200{,}000} \times 1{,}000{,}000 = 10$

- 종합재해지수(FSI)

  $= \sqrt{\text{도수율(FR)} \times \text{강도율(SR)}}$
  $= \sqrt{10 \times 2.5} = 5$

10 재해예방의 4원칙이 아닌 것은?

① 손실우연의 원칙
② 사전준비의 원칙
③ 원인계기의 원칙
④ 대책선정의 원칙

해설 **재해예방의 4원칙**
1. 손실우연의 원칙 : 재해손실은 사고발생 시 사고대상의 조건에 따라 달라지므로 한 사고의 결과로서 생긴 재해손실은 우연성에 의해서 결정된다.
2. 원인계기의 원칙 : 재해발생은 반드시 원인이 있다.
3. 예방가능의 원칙 : 재해는 원칙적으로 원인만 제거하면 예방이 가능하다.
4. 대책선정의 원칙 : 재해예방을 위한 가능한 안전대책은 반드시 존재한다.

11 연삭숫돌의 지름이 20cm이고, 원주속도가 250m/min일 때 연삭숫돌의 회전수는 약 얼마인가?

① 397.89rpm
② 403.25rpm
③ 393.12rpm
④ 406.80rpm

해설 숫돌의 원주속도 : $v = \dfrac{\pi DN}{1{,}000}$ (m/min)

(여기서, 지름 : D(mm), 회전수 : N(rpm))

$N = \dfrac{1{,}000 \times v}{\pi D} = \dfrac{1{,}000 \times 250}{\pi \times 200} = 397.89\text{rpm}$

12 재해의 발생형태 중 다음 그림이 나타내는 것은?

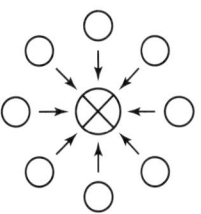

① 1단순연쇄형
② 2복합연쇄형
③ 단순자극형
④ 복합형

해설 **단순자극형(집중형)** : 상호자극에 의하여 순간적으로 재해가 발생하는 유형으로 재해가 일어난 장소나 그 시점에 일시적으로 요인이 집중된다.

13 크레인의 방호장치에 해당되지 않은 것은?

① 권과방지장치
② 과부하방지장치
③ 비상정지장치
④ 자동보수장치

해설 **크레인의 방호장치**
크레인에는 과부하방지장치 · 권과방지장치 · 비상정지장치 및 브레이크장치 등 방호장치를 부착하고 유효하게 작동될 수 있도록 미리 조정하여 두어야 한다.

14 SPM(Stroke Per Minute)이 100인 프레스에서 클러치 맞물림 개소수가 4인 경우 양수조작식 방호장치의 설치거리는 얼마인가?

① 160mm
② 240mm
③ 300mm
④ 720mm

해설 **양수기동식 안전거리**

$D_m = 1{,}600 \times T_m$

$= 1{,}600 \times \left(\dfrac{1}{4} + \dfrac{1}{2}\right) \times \dfrac{60}{100}$

$= 720\text{mm}$

$T_m = \left(\dfrac{1}{\text{클러치개소수}} + \dfrac{1}{2}\right) \times \dfrac{60}{\text{매분행정수(SPM)}}$

정답 | 09 ② 10 ② 11 ① 12 ③ 13 ④ 14 ④

15 다음 중 산업안전보건법상 승강기의 종류에 해당하지 않는 것은?

① 승객용 엘리베이터　② 리프트
③ 에스컬레이터　　　 ④ 화물용 엘리베이터

해설 승강기의 종류(「안전보건규칙」 제132조)
　1. 승객용 엘리베이터　　 2. 승객화물용 엘리베이터
　3. 화물용 엘리베이터　　 4. 소형화물용 엘리베이터
　5. 에스컬레이터

16 다음 중 산업안전보건법상 아세틸렌 가스용접장치에 관한 기준으로 틀린 것은?

① 전용의 발생기실을 옥외에 설치한 경우에는 그 개구부를 다른 건축물로부터 1.5m 이상 떨어지도록 하여야 한다.
② 아세틸렌 용접장치를 사용하여 금속의 용접·용단 또는 가열작업을 하는 경우에는 게이지 압력이 127kPa을 초과하는 압력의 아세틸렌을 발생시켜 사용해서는 아니 된다.
③ 전용의 발생기실을 설치하는 경우 벽을 불연성 재료로 하고 철근 콘크리트 또는 그 밖에 이와 동등하거나 그 이상의 강도를 가진 구조로 할 것
④ 전용의 발생기실은 건물의 최상층에 위치하여야 하며, 화기를 사용하는 설비로부터 1m를 초과하는 장소에 설치하여야 한다.

해설 발생기실의 설치장소 등(「안전보건규칙」 제286조)
　1. 사업주는 아세틸렌 용접장치의 아세틸렌 발생기를 설치하는 경우에는 전용의 발생기실에 설치하여야 한다.
　2. 제1항의 발생기실은 건물의 최상층에 위치하여야 하며, 화기를 사용하는 설비로부터 3미터를 초과하는 장소에 설치하여야 한다.
　3. 제1항의 발생기실을 옥외에 설치한 경우에는 그 개구부를 다른 건축물로부터 1.5미터 이상 떨어지도록 하여야 한다.

17 다음 중 산업안전보건법상 지게차의 헤드가드에 관한 설명으로 틀린 것은?

① 강도는 지게차의 최대하중의 1.5배 값의 등분포정하중(等分布靜荷重)에 견딜 수 있을 것
② 상부틀의 각 개구의 폭 또는 길이가 16cm 미만일 것
③ 운전자가 앉아서 조작하는 방식의 지게차의 경우에는 운전자의 좌석 윗면에서 헤드가드의 상부를 아랫면까지의 높이가 0.903m 이상일 것
④ 운전자가 서서 조작하는 방식의 지게차의 경우에는 운전석의 바닥면에서 헤드가드의 상부를 하면까지의 높이가 1.88m 이상일 것

해설 헤드가드(Head Guard, 「안전보건규칙」 제180조)
　1. 강도는 지게차의 최대하중의 2배의 값(4톤을 넘는 것에 대하여서는 4톤으로 한다)의 등분포정하중에 견딜 수 있는 것일 것
　2. 상부틀의 각 개구의 폭 또는 길이가 16센티미터 미만일 것
　3. 운전자가 앉아서 조작하거나 서서 조작하는 지게차의 헤드가드는 「산업표준화법」 제12조에 따른 한국산업표준에서 정하는 높이 기준 이상일 것(좌승식 : 좌석기준점(SIP)으로부터 903mm 이상, 입승식 : 조종사가 서 있는 플랫폼으로부터 1,880mm 이상)

18 롤러기의 앞면 롤의 지름이 300mm, 분당회전수가 30회일 경우 허용되는 급정지장치의 급정지거리는 약 얼마인가?

① 9.42mm　　　　② 28.27mm
③ 100mm　　　　④ 314.16mm

해설 급정지장치의 표면속도에 따른 급정지거리

앞면 롤의 표면속도(m/min)	급정지거리
30 미만	앞면 롤원주의 1/3
30 이상	앞면 롤원주의 1/2.5

- $V = \dfrac{\pi DN}{1,000} = \dfrac{\pi \times 300 \times 30}{1,000} = 28.27$ m/min.
- 급정지거리 $= \dfrac{앞면\ 롤\ 원주}{3} = \dfrac{\pi \times 300}{3} = 314.16$ mm

19 산업안전보건법상 보일러의 안전한 가동을 위하여 보일러 규격에 맞는 압력방출장치가 2개 이상 설치된 경우에 최고사용압력 이하에서 1개가 작동되고, 다른 압력방출장치는 최고사용압력의 몇 배 이하에서 작동되도록 부착하여야 하는가?

① 1.03배　　　　② 1.05배
③ 1.2배　　　　 ④ 1.5배

해설 압력방출장치(안전밸브)의 설치(「안전보건규칙」 제116조)
사업주는 보일러의 안전한 가동을 위하여 보일러 규격에 맞는 압력방출장치를 1개 또는 2개 이상 설치하고 최고사용압력 이하에서 작동되도록 하여야 한다. 다만, 압력방출장치가 2개 이상 설치된 경우에는 최고사용압력 이하에서 1개가 작동되고, 다른 압력방출장치는 최고사용압력 1.05배 이하에서 작동되도록 부착하여야 한다.

정답 | 15 ② 16 ④ 17 ① 18 ④ 19 ②

20 산업용 로봇의 작동범위 내에서 교시 등의 작업을 하는 경우, 작업시작전 점검사항에 해당하지 않는 것은?

① 외부 전선의 피복 또는 외장의 손상 유무
② 매니퓰레이터 작동의 이상 유무
③ 제동장치 및 비상정지 장치의 기능
④ 압력방출장치의 기능

[해설] 작업시작 전 점검사항(로봇의 작동범위 내에서 그 로봇에 관하여 교시 등의 작업을 하는 때)(「안전보건규칙」[별표 3])
1. 외부전선의 피복 또는 외장의 손상유무
2. 매니퓰레이터(Manipulator) 작동의 이상유무
3. 제동장치 및 비상정지장치의 기능

21 롤러기의 물림점(Nip point)의 가드 개구부의 간격이 15mm일 때 가드와 위험점 간의 거리는 몇 mm인가? (단, 위험점이 전동체는 아니다)

① 15mm
② 30mm
③ 60mm
④ 90mm

[해설] 가드를 설치할 때 일반적인 개구부의 간격은 다음 식으로 계산한다.
$Y=6+0.15X$, $15=6+0.15X$,
$X=60mm$
여기서, X : 개구부에서 위험점까지의 최단거리(mm)
Y : 개구부의 간격(mm)

22 산업안전보건법상 롤러기에 사용하는 급정지장치 중 작업자의 무릎으로 조작하는 것의 위치로 옳은 것은?

① 밑면에서 0.2m 이상 0.4m 이하
② 밑면에서 0.4m 이상 0.6m 이하
③ 밑면에서 0.8m 이상 1.1m 이하
④ 밑면에서 1.8m 이하

[해설] 급정지장치 조작부의 위치

급정지장치 조작부의 종류	위치	비고
손으로 조작 (로프식)하는 것	밑면으로부터 1.8m 이하	위치는 급정지장치 조작부의 중심점을 기준으로 한다.
복부로 조작하는 것	밑면으로부터 0.8m 이상 1.1m 이하	
무릎으로 조작하는 것	밑면으로부터 0.4m 이상 0.6m 이하	

23 산업안전보건법상 프레스 작업시작 전 점검해야 할 사항에 해당하는 것은?

① 언로드 밸브의 기능
② 하역장치 및 유압장치 기능
③ 권과방지장치 및 그 밖의 경보장치의 기능
④ 1행정 1정지기구 · 급정지장치 및 비상정지장치의 기능

[해설] 프레스 작업시작 전의 점검사항(「안전보건규칙」[별표 3])
1. 클러치 및 브레이크의 기능
2. 크랭크축 · 플라이휠 · 슬라이드 · 연결봉 및 연결 나사의 풀림 유무
3. 1행정 1정지기구 · 급정지장치 및 비상정지장치의 기능
4. 슬라이드 또는 칼날에 의한 위험방지 기구의 기능
5. 프레스의 금형 및 고정볼트 상태
6. 방호장치의 기능
7. 전단기의 칼날 및 테이블의 상태

24 지게차의 중량이 8kN, 화물줄량이 2kN, 앞바퀴에서 화물의 무게중심까지의 최단거리가 0.5m이면 지게차가 안정되기 위한 앞바퀴에서 지게차의 무게중심까지의 거리는 최소 몇 m 이상이어야 하는가?

① 0.450m
② 0.325m
③ 0.225m
④ 0.125m

[해설] 지게차의 무게중심은 앞바퀴에 있다.

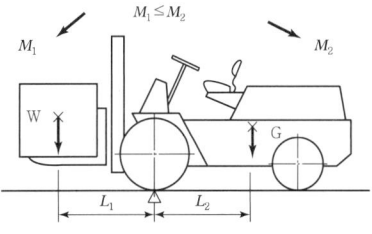

[지게차의 안정조건]
$M_1 \leq M_2$
화물의 모멘트 $M_1 = W \times L_1$,
지게차의 모멘트 $M_2 = G \times L_2$
$2 \times 0.5 \leq 8 \times L_2$, $L_2 \geq 0.125m$

25 천장크레인에 중량 3kN의 화물을 2줄로 매달았을 때 매달기용 와이어(Sling Wire)에 걸리는 장력은 얼마인가? (단, 슬링와이어 2줄 사이의 각도는 55°이다.)

① 1.3kN
② 1.7kN
③ 2.0kN
④ 2.3kN

정답 | 20 ④ 21 ③ 22 ② 23 ④ 24 ④ 25 ②

해설 슬링와이어에 걸리는 하중(T)을 먼저 구하면 평형법칙에 의해서
2×T×cos(55/2) = 3, T = 1.69 ≒ 1.7[kN]
여기서, 2는 2줄로 매단 것이 되고, 각도 55/2는 하나의 하중에 걸리는 힘을 계산하기 위해 각도를 반으로 나눈 것이다.

26
산업안전보건법령에 따라 산업용 로봇을 운전하는 경우에 근로자가 로봇에 부딪칠 위험이 있을 때에는 안전매트 및 높이 얼마 이상의 울타리를 설치하는 등 위험을 방지하기 위하여 필요한 조치를 하여야 하는가?

① 1.0m 이상
② 1.5m 이상
③ 1.8m 이상
④ 2.5m 이상

해설 운전 중 위험방지

사업주는 로봇의 운전으로 인하여 근로자에게 발생할 수 있는 부상 등의 위험을 방지하기 위하여 높이 1.8미터 이상의 울타리를 설치하여야 하며, 컨베이어 시스템의 설치 등으로 울타리를 설치할 수 없는 일부 구간에 대해서는 안전매트 또는 광전자식 방호장치 등 감응형(感應形) 방호장치를 설치하여야 한다.

27
산업안전보건법령에 따라 아세틸렌 용접장치의 아세틸렌 발생기실을 설치하는 경우 준수하여야 하는 사항으로 옳은 것은?

① 벽은 가연성 재료로 하고 철근콘크리트 또는 그밖에 이와 동등하거나 그 이상의 강도를 가진 구조로 할 것
② 바닥면적의 $\frac{1}{16}$ 이상의 단면적을 가진 배기통을 옥상으로 돌출시키고 그 개구부를 창이나 출입구로부터 1.5m 이상 떨어지도록 할 것
③ 출입구의 문은 불연성 재료로 하고 두께 1.0mm 이하의 철판이나 그밖에 그 이상의 강도를 가진 구조로 할 것
④ 발생기실을 옥외에 설치한 경우에는 그 개구부를 다른 건축물로부터 1.0m 이내 떨어지도록 하여야 한다.

해설 발생기실의 구조(「안전보건규칙」 제287조)

1. 벽은 불연성의 재료로 하고 철근콘크리트 또는 그 밖에 이와 동등 이상의 강도를 가진 구조로 할 것
2. 지붕과 천장에는 얇은 철판이나 가벼운 불연성 재료를 사용할 것
3. 바닥면적의 16분의 1 이상의 단면적을 가진 배기통을 옥상으로 돌출시키고 그 개구부를 창이나 출입구로부터 1.5미터 이상 떨어지도록 할 것
4. 출입구의 문은 불연성 재료로 하고 두께 1.5밀리미터 이상의 철판이나 그 밖에 그 이상의 강도를 가진 구조로 할 것
5. 벽과 발생기 사이에는 발생기의 조정 또는 카바이드 공급 등의 작업을 방해하지 않도록 간격을 확보할 것

28
단면적이 1,800mm²인 알루미늄 봉의 파괴강도는 70MPa이다. 안전율을 2.0으로 하였을 때 봉에 가해질 수 있는 최대하중은 얼마인가?

① 6.3kN
② 126kN
③ 63kN
④ 12.6kN

해설 안전율(Safety Factor), 안전계수

안전율 $S = \dfrac{파괴강도}{허용응력}$

• 허용응력 $= \dfrac{파괴강도}{안전율} = \dfrac{70}{2} = 35MPa$

• 허용응력 $= \dfrac{최대하중}{면적}$

• 최대하중 = 35,000 × 0.0018 = 63kN

29
롤러기의 앞면 롤의 지름이 300mm, 분당회전수가 30회일 경우 허용되는 급정지장치의 급정지거리는 약 몇 mm 이내이어야 하는가?

① 37.7
② 31.4
③ 377
④ 314

해설 $V = \dfrac{\pi DN}{1,000} = \dfrac{\pi \times 300 \times 30}{1,000}$
　　　$= 28.2m/min$

급정지거리 $= \dfrac{앞면 롤러 원주}{3} = \dfrac{\pi \times 300}{3}$
　　　　　$= 314mm$

30
다음 중 위치제한형 방호장치에 해당되는 프레스 방호장치는?

① 수인식 방호장치
② 광전자식 방호장치
③ 양수조작식 방호장치
④ 손쳐내기식 방호장치

해설 위치제한형 방호장치

조작자의 신체부위가 위험한계 밖에 있도록 기계의 조작장치를 위험구역에서 일정거리 이상 떨어지게 한 방호장치(양수조작식 안전장치)

정답 | 26 ③ 27 ② 28 ③ 29 ④ 30 ③

31 다음 중 산업안전보건법령상 연삭숫돌을 사용하는 작업의 안전수칙으로 틀린 것은?

① 연삭숫돌을 사용하는 경우 작업시작 전과 연삭숫돌을 교체한 후에는 1분 이상 시운전을 통해 이상 유무를 확인한다.
② 회전 중인 연삭숫돌이 근로자에게 위험을 미칠 우려가 있는 경우에 덮개를 설치하여야 한다.
③ 연삭숫돌의 최고 사용회전속도를 초과하여 사용하도록 하여서는 안 된다.
④ 측면을 사용하는 것을 목적으로 하는 연삭숫돌 이외에는 측면을 사용하도록 해서는 안 된다.

[해설] **연삭숫돌의 덮개 등 「안전보건규칙」제122조)**
연삭숫돌을 사용하는 작업의 경우 작업을 시작하기 전에 1분 이상, 연삭숫돌을 교체한 후에 3분 이상 시운전을 하고 해당 기계에 이상이 있는지의 여부를 확인하여야 한다.

32 산소-아세틸렌 용접작업에 있어 고무호스에 역화현상이 발생하였다면 가장 먼저 취하여 할 조치사항은?

① 산소밸브를 잠근다.
② 토치를 물에 넣는다.
③ 아세틸렌 밸브를 잠근다.
④ 산소밸브 및 아세틸렌 밸브를 동시에 잠근다.

[해설] 아세틸렌 용접시 역화가 일어나면 산소밸브를 즉시 잠그고 아세틸렌 밸브를 잠근다.

33 프레스기의 SPM(Stroke Per Minute)이 200이고, 클러치 맞물림 개소수가 6인 경우 양수조작식 방호장치의 설치거리는 얼마인가?

① 120mm ② 200mm
③ 320mm ④ 400mm

[해설] **양수기동식 안전거리**
$$D_m = 1,600 \times T_m$$
$$= 1,600 \times \left(\frac{1}{6} + \frac{1}{2}\right) \times \frac{60}{200}$$
$$= 320mm$$
$$T_m = \left(\frac{1}{클러치개소수} + \frac{1}{2}\right) \times \frac{60}{매분행정수(SPM)}$$

34 와이어로프의 꼬임은 일반적으로 특수로프를 제외하고는 보통꼬임(Regular Lay)과 랭꼬임(Lang's Lay)으로 분류할 수 있다. 다음 중 보통꼬임에 관한 설명으로 틀린 것은?

① 킹크가 잘 생기지 않는다.
② 내마모성, 유연성, 저항성이 우수하다.
③ 로프의 변형이나 하중을 걸었을 때 저항성이 크다.
④ 스트랜드의 꼬임 방향과 로프의 꼬임 방향이 반대이다.

[해설] 내마모성, 유연성, 내피로성이 우수한 것은 랭꼬임의 특성이다.
보통꼬임(Regular Lay): 스트랜드의 꼬임방향과 소선의 꼬임방향이 반대인 것

35 롤러의 급정지를 위한 방호장치를 설치하고자 한다. 앞면 롤러 직경이 36cm이고, 분당회전수가 50rpm이라면 급정지거리는 약 얼마 이내이어야 하는가? (단, 무부하동작에 해당한다)

① 45cm ② 50cm
③ 55cm ④ 60cm

[해설]

앞면 롤의 표면속도(m/min)	급정지거리
30 미만	앞면 롤원주의 1/3
30 이상	앞면 롤원주의 1/2.5

$$V = \frac{\pi DN}{1,000} = \frac{\pi \times 360 \times 50}{1,000} = 56.55 m/min$$
속도가 30m/min 이상이므로
$$급정지거리 = \frac{앞면 롤러 원주}{2.5} = \frac{\pi \times 360}{2.5}$$
$$= 452.4mm ≒ 45cm$$

36 다음 중 동력프레스기 중 Hand In Die 방식의 프레스기에서 사용하는 방호대책에 해당하는 것은?

① 가드식 방호장치
② 전용프레스의 도입
③ 자동프레스의 도입
④ 안전울을 부착한 프레스

[해설] Hand In Die 방식(금형 안에 손이 들어가는 구조)의 방호장치로는 가드식, 수인식, 손쳐내기식, 양수조작식, 광전자식이 있다.

정답 | 31 ① 32 ① 33 ③ 34 ② 35 ① 36 ①

37 지게차의 높이가 6m이고, 안정도가 30%일 때 지게차의 수평거리는 얼마인가?

① 10m ② 20m
③ 30m ④ 40m

해설 안정도 = $\dfrac{높이(h)}{수평거리(l)} \times 100$, $30 = \dfrac{6}{l} \times 100$
∴ $l = 20$m

38 다음 중 밀링작업에 대한 안전조치사항으로 옳지 않은 것은?

① 급송이송은 한 방향으로만 한다.
② 커터는 될 수 있는 한 컬럼에 가깝게 설치한다.
③ 백래시(Back Lash) 제거장치는 급송이송시 작동한다.
④ 이송장치의 핸들은 사용 후 반드시 빼 두어야 한다.

해설 **밀링작업시 안전대책**
급송이송은 백래시 제거장치를 작동시키지 않을 때 이송한다.

39 다음 중 소음방지대책으로 가장 적절하지 않은 것은?

① 소음의 통제 ② 소음의 적응
③ 흡음재 사용 ④ 보호구 착용

해설 **소음 감소 조치(「안전보건규칙」 제513조)**
사업주는 강렬한 소음작업이나 충격소음작업 장소에 대하여 기계·기구 등의 대체, 시설의 밀폐·흡음(吸音) 또는 격리 등 소음 감소를 위한 조치를 하여야 한다.

청력보호구의 지급 등(「안전보건규칙」 제516조)
사업주는 근로자가 소음작업, 강렬한 소음작업 또는 충격소음작업에 종사하는 경우에 근로자에게 청력보호구를 지급하고 착용하도록 하여야 한다.

40 크레인 작업시 와이어로프에 4ton의 중량을 걸어 $2m/sec^2$의 가속도로 감아올릴 때, 로프에 걸리는 총 하중은 얼마인가?

① 약 4,063kgf ② 약 4,193kgf
③ 약 4,43kgf ④ 약 4,816kgf

해설 동하중 = $\dfrac{정하중}{중력가속도(g)} \times 가속도$
= $\dfrac{4,000}{9.8} \times 2 = 816$kgf

총하중 = 정하중 + 동하중
= 4,000 + 816 = 4,816kgf

41 산업안전보건법령에 따라 사다리식 통로를 설치하는 경우 준수하여야 하는 사항으로 틀린 것은?

① 사다리식 통로의 기울기는 60도 이하로 할 것
② 발판과 벽과의 사이는 15cm 이상의 간격을 유지할 것
③ 사다리의 상단은 걸쳐놓은 지점으로부터 60cm 이상 올라가도록 할 것
④ 사다리식 통로의 길이가 10m 이상인 경우에는 5m 이내마다 계단참을 설치할 것

해설 **사다리식 통로의 구조(「안전보건규칙」 제24조)**
사다리식 통로의 기울기는 75° 이하로 할 것. 다만, 고정식 사다리식 통로의 기울기는 90° 이하로 하고, 그 높이가 7m 이상인 경우에는 바닥으로부터 높이가 2.5m 되는 지점부터 등받이울을 설치할 것

42 용해아세틸렌의 가스집합용접장치의 배관 및 부속기구에는 구리나 구리 함유량이 얼마 이상인 합금을 사용해서는 아니 되는가?

① 50% ② 65%
③ 70% ④ 85%

해설 **구리의 사용 제한(「안전보건규칙」 제294조)**
사업주는 용해아세틸렌의 가스집합용접장치의 배관 및 부속기구는 구리나 구리 함유량이 70퍼센트 이상인 합금을 사용해서는 아니 된다.

43 재료에 대한 시험 중 비파괴시험이 아닌 것은?

① 방사선투과시험 ② 자분탐상시험
③ 초음파탐상시험 ④ 피로시험

해설 피로시험은 파괴시험이다.

44 다음 중 산업안전보건법령상 안전인증대상 방호장치에 해당하지 않는 것은?

① 산업용 로봇 안전매트
② 압력용기 압력방출용 파열판
③ 압력용기 압력방출용 안전밸브
④ 방폭구조 전기기계·기구 및 부품

해설 **안전인증대상 방호장치**
1. 프레스 및 전단기 방호장치
2. 양중기용 과부하방지장치
3. 보일러 압력방출용 안전밸브
4. 압력용기 압력방출용 안전밸브
5. 압력용기 압력방출용 파열판
6. 절연용 방호구 및 활선작업용 기구
7. 방폭구조 전기기계·기구 및 부품

45 산업안전보건법에 따라 선반 등으로부터 돌출하여 회전하고 있는 가공물을 작업할 때 설치하여야 할 방호조치로 가장 적합한 것은?

① 안전난간
② 울 또는 덮개
③ 방진장치
④ 건널다리

해설 **원동기·회전축 등의 위험방지(「안전보건규칙」 제87조)**
사업주는 선반 등으로부터 돌출하여 회전하고 있는 가공물이 근로자에게 위험을 미칠 우려가 있는 경우에 덮개 또는 울 등을 설치하여야 한다.

46 다음 중 금속 등의 도체에 교류를 통한 코일을 접근시켰을 때, 결함이 존재하면 코일에 유기되는 전압이나 전류가 변하는 것을 이용한 검사방법은?

① 자분탐상검사
② 초음파탐상검사
③ 와류탐상검사
④ 침투형광탐상검사

해설 **와류탐상검사**
코일을 이용하여 도체에 시간적으로 변화하는 자계(교류 등)를 걸어, 도체에 발생한 와전류가 결함 등에 의해 변화하는 것을 이용하여 결함을 검출하는 비파괴시험 방법이다.

47 둥근톱기계의 방호장치 중 반발예방장치의 종류로 틀린 것은?

① 분할날
② 반발방지기구
③ 보조 안내판
④ 안전덮개

해설 둥근톱기계의 반발예방장치는 반발방지기구, 분할날, 반발방지롤, 보조안내판 등이 있다.

48 다음 중 보일러의 방호장치와 가장 거리가 먼 것은?

① 언로드밸브
② 압력방출장치
③ 압력제한스위치
④ 고저수위조절장치

해설 보일러의 폭발사고예방을 위하여 압력방출장치·압력제한스위치·고저수위조절장치·화염검출기 등의 기능이 정상적으로 작동될 수 있도록 유지·관리하여야 한다.

49 산업용 로봇은 크게 입력정보교시에 의한 분류와 동작형태에 의한 분류로 나눌 수 있다. 다음 중 입력정보교시에 의한 분류에 해당되는 것은?

① 관절 로봇
② 극좌표 로봇
③ 원통좌표 로봇
④ 수치제어 로봇

해설 **기능수준에 따른 분류**

구분	특징
수치제어 (NC) 로봇	로봇을 움직이지 않고 순서, 조건, 위치 및 기타 정보를 수치·언어 등에 의해 교시하고, 그 정보에 따라 작업을 할 수 있는 로봇

50 다음 중 선반의 방호장치로 적당하지 않은 것은?

① 실드(Shield)
② 슬라이딩(Sliding)
③ 척 커버(Chuck Cover)
④ 칩 브레이커(Chip Breaker)

해설 **선반의 안전장치**
1. 칩 브레이커(Chip Breaker) : 칩을 짧게 끊어지도록 하는 장치
2. 덮개(Shield) : 가공재료의 칩이나 절삭유 등이 비산되어 나오는 위험으로 작업자의 보호를 위하여 이동이 가능한 덮개 설치
3. 브레이크(Brake) : 가공 작업 중 선반을 급정지시킬 수 있는 장치
4. 척 커버(Chuck Cover) : 척이나 척에 물건 가공물의 돌출부에 작업복이 말려 들어가는 것을 방지

정답 | 44 ① 45 ② 46 ③ 47 ④ 48 ① 49 ④ 50 ②

51 둥근톱의 톱날 직경이 500mm일 경우 분할날의 최소 길이는 약 얼마이어야 하는가?

① 262mm ② 314mm
③ 333mm ④ 410mm

[해설] 분할날의 길이

$$l = \frac{\pi D}{4} \times \frac{2}{3} = \frac{\pi D}{6}$$

$$= \frac{\pi \times 500}{6} \approx 261.8$$

약 262mm

52 질량 100kg의 화물이 와이어로프에 매달려 2m/s²의 가속도로 권상되고 있다. 이때 와이어로프에 작용하는 장력의 크기는 몇 N인가? (단, 여기서 중력가속도는 10m/s²로 한다.)

① 200N ② 300N
③ 1,200N ④ 2,000N

[해설]
• 동하중 = $\frac{정하중}{중력가속도(g)} \times 가속도$

$= \frac{100}{10} \times 2 = 20kg$

• 총하중 = 정하중 + 동하중 = 100 + 20 = 120kg
• 장력의 크기(N) = 총하중 × 중력가속도 = 120 × 10 = 1,200N

53 다음 중 밀링작업에 있어서의 안전조치 사항으로 틀린 것은?

① 절삭유의 주유는 가공 부분에서 분리된 커터의 위에서 하도록 한다.
② 급속이송은 백래시 제거장치가 동작하지 않고 있음을 확인한 다음 행한다.
③ 밀링 커터의 칩은 작고 날카로우므로 반드시 칩 브레이커로 한다.
④ 상하좌우의 이송장치의 핸들은 사용 후 풀어 놓는다.

[해설] 밀링작업에서 생기는 칩은 가늘고 예리하며 부상을 입히기 쉬우므로 보안경을 착용할 것. 칩 브레이커는 선반의 안전장치이다.

54 다음 중 아세틸렌 용접 시 역화가 일어날 때 가장 먼저 취해야 할 행동으로 가장 적절한 것은?

① 산소밸브를 즉시 잠그고, 아세틸렌 밸브를 잠근다.
② 아세틸렌 밸브를 즉시 잠그고, 산소밸브를 잠근다.
③ 산소밸브는 열고, 아세틸렌 밸브는 즉시 닫아야 한다.
④ 아세틸렌의 사용압력을 1kgf/cm² 이하로 즉시 낮춘다.

[해설] 아세틸렌 용접 시 역화가 일어나면 산소밸브를 즉시 잠그고 아세틸렌 밸브를 잠근다.

55 다음 중 산업안전보건법령에 따라 산업용 로봇의 사용 및 수리 등에 관한 사항으로 틀린 것은?

① 작업을 하고 있는 동안 로봇의 기동스위치 등에 '작업 중'이라는 표시를 하여야 한다.
② 해당 작업에 종사하고 있는 근로자의 안전한 작업을 위하여 작업종사자 외의 사람이 기동스위치를 조작할 수 있도록 하여야 한다.
③ 로봇을 운전하는 경우에 근로자가 로봇에 부딪힐 위험이 있을 때에는 안전매트 및 높이 1.8m 이상의 울타리를 설치하는 등 필요한 조치를 하여야 한다.
④ 로봇의 작동범위에서 해당 로봇의 수리 · 검사 · 조정 · 청소 · 급유 또는 결과에 대한 확인작업을 하는 경우에는 해당 로봇의 운전을 정지함과 동시에 그 작업을 하고 있는 동안 로봇의 기동스위치를 열쇠로 잠근 후 열쇠를 별도 관리하여야 한다.

[해설] 교시 등(「안전보건규칙」 제222조)

작업을 하고 있는 동안 로봇의 기동스위치 등에 '작업 중'이라는 표시를 하는 등 작업에 종사하고 있는 근로자가 아닌 사람이 그 스위치 등을 조작할 수 없도록 필요한 조치를 할 것

56 다음 중 밀링작업시 하향절삭의 장점에 해당되지 않는 것은?

① 일감의 고정이 간편하다.
② 일감의 가공면이 깨끗하다.
③ 이송기구의 백래시(Backlash)가 자연히 제거된다.
④ 밀링커터의 날이 마찰작용을 하지 않으므로 수명이 길다.

[해설] 하향절삭시에는 떨림이 나타나 공작물과 커터를 손상시키며 백래시 제거 장치가 없으면 작업을 할 수 없다.

정답 | 51 ① 52 ③ 53 ③ 54 ① 55 ② 56 ③

상향밀링(Up Milling)과 하향밀링(Down Milling)
1. 상향밀링 : 일감의 이송방향과 커터의 회전방향이 반대인 밀링
2. 하향밀링 : 커터의 회전방향과 일감의 이송방향이 같은 밀링

57 다음 중 상부를 사용할 것을 목적으로 하는 탁상용 연삭기 덮개의 노출 각도로 옳은 것은?

① 180° 이상
② 120° 이내
③ 60° 이내
④ 15° 이내

[해설] **탁상용 연삭기의 덮개 설치방법**
1. 덮개의 최대노출각도 : 90° 이내
2. 숫돌의 주축에서 수평면 위로 이루는 원주각도 : 65° 이내
3. 수평면 이하에서 연삭할 경우의 노출각도 : 125°까지 증가
4. 숫돌의 상부사용을 목적으로 할 경우의 노출각도 : 60° 이내

58 다음 중 산업안전보건법령상 보일러 및 압력용기에 관한 사항으로 틀린 것은?

① 보일러의 안전한 가동을 위하여 보일러 규격에 맞는 압력방출장치를 1개 또는 2개 이상 설치하고 최고 사용압력 이하에서 작동되도록 하여야 한다.
② 공정안전보고서 제출 대상으로서 이행수준 평가결과가 우수한 사업장의 경우 보일러의 압력방출장치에 대하여 5년에 1회 이상으로 설정압력에서 압력방출장치가 적정하게 작동하는지를 검사할 수 있다.
③ 보일러의 과열을 방지하기 위하여 최고사용압력과 상용압력 사이에서 보일러의 버너 연소를 차단할 수 있도록 압력제한스위치를 부착하여 사용하여야 한다.
④ 압력용기 등을 식별할 수 있도록 하기 위하여 그 압력용기 등의 최고사용압력, 제조연월일, 제조회사명 등이 지워지지 않도록 각인(刻印) 표시된 것을 사용하여야 한다.

[해설] **압력방출장치(안전밸브)의 설치(「안전보건규칙」 제116조)**
압력방출장치는 2년에 1회 이상 국가교정업무 전담기관에서 교정을 받은 압력계를 이용하여 설정압력에서 압력방출장치가 적정하게 작동하는지를 검사한 후 납으로 봉인하여 사용하여야 한다. 다만, 공정안전보고서 제출대상으로서 고용노동부장관이 실시하는 공정안전보고서 이행상태 평가결과가 우수한 사업장은 압력방출장치에 대하여 4년마다 1회 이상 설정압력에서 압력방출장치가 적정하게 작동하는지를 검사할 수 있다.

59 다음 중 프레스의 방호장치에 관한 설명으로 틀린 것은?

① 양수조작식 방호장치는 1행정 1정지 기구에 사용할 수 있어야 한다.
② 손쳐내기식 방호장치는 슬라이드 하행정거리의 3/4 위치에서 손을 완전히 밀어내야 한다.
③ 광전자식 방호장치의 정상동작표시램프는 붉은색, 위험표시램프는 녹색으로 하며, 쉽게 근로자가 볼 수 있는 곳에 설치해야 한다.
④ 게이트 가드 방호장치는 가드가 열린 상태에서 슬라이드를 동작시킬 수 없고 또한 슬라이드 작동 중에는 게이트 가드를 열 수 없어야 한다.

[해설] **광전자식 방호장치의 일반구조**
정상동작표시램프는 녹색, 위험표시램프는 붉은색으로 하며, 쉽게 근로자가 볼 수 있는 곳에 설치해야 한다.

60 "강렬한 소음작업"이라 함은 90dB 이상의 소음이 1일 몇 시간 이상 발생되는 작업을 말하는가?

① 2시간
② 4시간
③ 8시간
④ 10시간

[해설] **강렬한 소음작업**
• 90dB 이상의 소음이 1일 8시간 이상 발생되는 작업
• 95dB 이상의 소음이 1일 4시간 이상 발생되는 작업

정답 | 57 ③ 58 ② 59 ③ 60 ③

산업안전기사 필기　ENGINEER INDUSTRIAL SAFETY

PART 04

전기설비 안전관리

CHAPTER 01 전기안전관리 업무수행
CHAPTER 02 감전재해 및 방지대책
CHAPTER 03 정전기 장·재해 관리
CHAPTER 04 전기 방폭 관리
CHAPTER 05 전기설비 위험요인 관리
■ 예상문제

CHAPTER 01 전기안전관리 업무수행

PART 04

SECTION 01 전기안전관리

1 배(분)전반

(1) 전기사용 장소에서 임시 분전반을 설치하여 반드시 콘센트에서 플러그로 전원을 인출한다.
(2) 분기회로에는 감전보호용 지락과 과부하 겸용의 누전차단기를 설치한다.
(3) 충전부가 노출되지 않도록 내부 보호판을 설치하고 콘센트에 220V, 380V 등의 전압을 표시한다.
(4) 철제 분전함의 외함은 반드시 접지 실시한다.
(5) 외함에 회로도 및 회로명, 점검일지를 비치하고 주 1회 이상 절연 및 접지상태 등을 점검한다.
(6) 분전함 Door에 시건장치를 하고 "취급자 외 조작금지" 표지를 부착한다.

2 개폐기

개폐기는 전로의 개폐에만 사용되고, 통전상태에서 차단능력이 없다.

1) 개폐기의 시설

(1) 전로 중에 개폐기를 시설하는 경우에는 그곳의 각극에 설치하여야 한다.
(2) 고압용 또는 특별고압용의 개폐기는 그 작동에 따라 그 개폐상태를 표시하는 장치가 되어 있는 것이어야 한다(그 개폐상태를 쉽게 확인할 수 있는 것은 제외).
(3) 고압용 또는 특별고압용의 개폐기로서 중력 등에 의하여 자연히 작동할 우려가 있는 것은 자물쇠 장치 기타 이를 방지하는 장치를 시설하여야 한다.
(4) 고압용 또는 특별고압용의 개폐기로서 부하전류를 차단하기 위한 것이 아닌 개폐기는 부하전류가 통하고 있을 경우에는 개로할 수 없도록 시설하여야 한다(개폐기를 조작하는 곳의 보기 쉬운 위치에 부하전류의 유무를 표시한 장치 또는 전화기 기타의 지령장치를 시설하거나 테블렛 등을 사용함으로써 부하전류가 통하고 있을 때에 개로조작을 방지하기 위한 조치를 하는 경우는 제외).

2) 개폐기의 종류

(1) 주상유입개폐기(PCS ; Primary Cutout Switch 또는 COS ; Cut Out Switch)

① 고압컷아웃스위치라 부르고 있는 기기로서 주로 3kV 또는 6kV용 300kVA까지 용량의 1차측 개폐기로 사용하고 있다.
② 개폐의 표시가 되어 있는 고압개폐기이다.
③ 배전선로의 개폐, 고장구간의 구분, 타 계통으로의 변환, 접지사고의 차단 및 콘덴서의 개폐 등에 사용한다.

(2) 단로기(DS ; Disconnection Switch)

① 단로기는 개폐기의 일종으로 수용가구 내 인입구에 설치하여 무부하 상태의 전로를 개폐하는 역할을 하거나 차단기, 변압기, 피뢰기 등 고전압 기기의 1차측에 설치하여 기기를 점검, 수리할 때 전원으로부터 이들 기기를 분리하기 위해 사용한다.
② 다른 개폐기가 전류 개폐 기능을 가지고 있는 반면에, 단로기는 전압 개폐 기능(부하전류 차단 능력 없음)만 가진다. 그러므로 부하전류가 흐르는 상태에서 차단(개방)하면 매우 위험함. 반드시 무부하 상태에서 개폐한다.
③ 단로기 및 차단기의 투입, 개방시의 조작순서

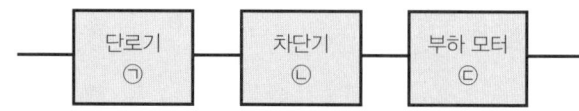

- 전원 투입 시 : 단로기를 투입한 후에 차단기 투입
  (㉠ ▶ ㉡ ▶ ㉢)
- 전원 개방 시 : 차단기를 개방한 후에 단로기 개방
  (㉢ ▶ ㉡ ▶ ㉠)

(3) 부하개폐기(LBS ; Load Breaker Switch)

① 수변전설비의 인입구 개폐기로 많이 사용되며 부하전류를 개폐할 수는 있으나, 고장전류는 차단할 수 없어 전력퓨즈를 함께 사용한다.
② LBS는 한류퓨즈가 있는 것과 한류퓨즈가 없는 것 2종류가 있다.
③ 3상이 동시에 개로되므로 결상의 우려가 없고, 단락사고 시 한류퓨즈가 고속도 차단이 되므로 사고의 피해범위가 작다.

(4) 자동개폐기(AS ; Automatic Switch)

(5) 저압개폐기(스위치 내에 퓨즈 삽입)

3 보호계전기

1) 기능

전력계통의 운전에 이상이 있을 때 즉시 이를 검출 동작하여 고장부분을 분리시킴으로써 전력 공급지장을 방지하고 고장기기나 시설의 손상을 최소한으로 억제하는 기능을 갖는다.

2) 보호계전기의 종류

보호계전기	용도
과전류계전기	전류의 크기가 일정치 이상으로 되었을 때 동작하는 계전기
과전압계전기	전압의 크기가 일정치 이상으로 되었을 때 동작하는 계전기
차동계전기	피보호설비(또는 구간)에 유입하는 어떤 입력의 크기와 유출되는 출력의 크기 간의 차이가 일정치 이상이 되면 동작하는 계전기
비율차동계전기	총입력전류와 총출력전류 간의 차이가 총입력전류에 대하여 일정비율 이상으로 되었을 때 동작하는 계전기이며 많은 전력기기들의 주된 보호계전기로 사용(주변압기나 발전기 보호용)

4 과전류 차단기

1) 차단기의 개요

(1) 정상상태의 전로를 투입, 차단하고 단락과 같은 이상상태의 전로도 일정시간 개폐할 수 있도록 설계된 개폐장치이다.
(2) 차단기는 전선로에 전류가 흐르고 있는 상태에서 그 선로를 개폐하며, 차단기 부하측에서 과부하, 단락 및 지락사고가 발생했을 때 각종 계전기와의 조합으로 신속히 선로를 차단하는 역할을 한다.

2) 과전류의 종류

(1) 단락전류 (2) 과부하전류 (3) 과도전류

3) 차단기의 종류

차단기의 종류	사용장소
배선용 차단기(MCCB), 기중차단기(ACB)	저압전기설비
종래 : 유입차단기(OCB) 최근 : 진공차단기(VCB), 가스차단기(GCB)	변전소 및 자가용 고압 및 특고압 전기설비
공기차단기(ABB), 가스차단기(GCB)	특고압 및 대전류 차단용량을 필요로 하는 대규모 전기설비

[정격전류에 따른 배선용 차단기의 동작시간]

정격전류[A]	동작시간(분)		
	100% 전류	125% 전류	200% 전류
30 이하	연속 통전	60 이내	2
30 초과~50 이하		60 이내	4
50 초과~100 이하		120 이내	6
100 초과~225 이하		120 이내	8
225 초과~400 이하		120 이내	10
401 초과~600 이하		120 이내	12
600 초과~800 이하		120 이내	14

4) 차단기의 소호원리

구분	소호원리
진공차단기 (VCB)	10^{-4}Torr 이하의 진공 상태에서의 높은 절연특성과 Arc확대에 의한 소호
유입차단기 (OCB)	절연유의 절연성능과 발생 GAS압력 및 냉각효과에 의한 소호
가스차단기 (GCB)	SF6가스의 높은 절연성능과 소호성능을 이용
공기차단기 (ABB)	별도 설치한 압축공기 장치를 통해 Arc를 분산, 냉각시켜 소호
자기차단기 (MBB)	아크와 차단전류에 의해서 만들어진 자계사이의 전자력에 의해서 소호
기중차단기 (ACB)	공기 중에서 자연소호

5) 차단기의 작동(투입 및 차단)순서

(1) 차단기 작동순서

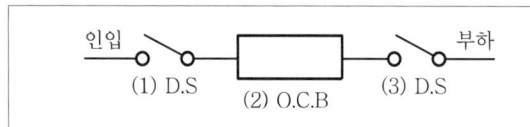

① 투입순서 : (3)-(1)-(2)
② 차단순서 : (2)-(3)-(1)

(2) 바이패스 회로 설치 시 차단기 작동순서

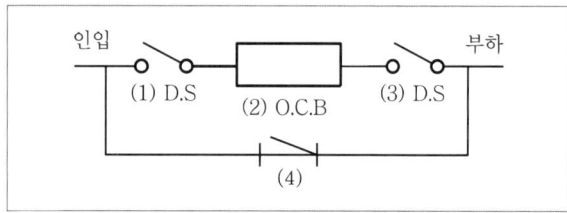

작동순서 : (4) 투입, (2)-(3)-(1) 차단

5 누전차단기

1) 개요

누전차단기는 저압 전로에 있어서 인체의 감전사고 및 누전에 의한 화재를 방지하기 위해 사용한다.

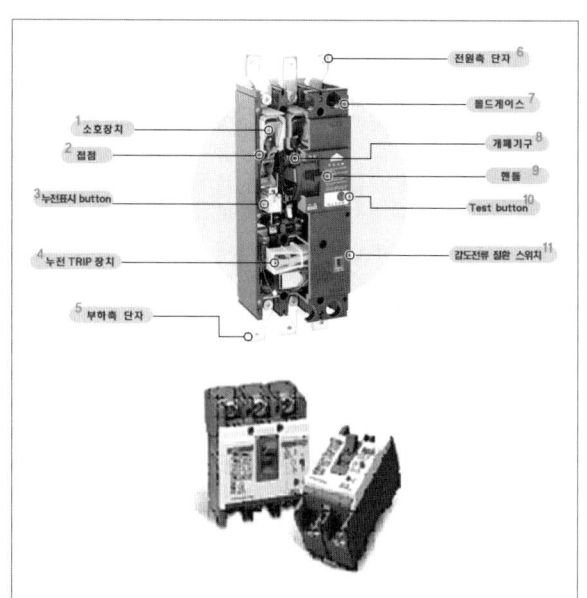

[누전차단기의 구조]

영상변류기, 누전검출부, 트립코일, 차단장치 및 시험버튼으로 구성되어 정상상태에서는 영상변류기의 유입(I_a) 및 유출전류(I_b)가 같기 때문에 차단기가 동작하지 않으나 지락사고 시는 영상변류기를 관통하는 유출입전류가 지락사고 전류(I_g)만큼 달라져 검출기가 이 차이를 검출하여 차단기를 차단시키므로 인체가 감전되는 것을 방지한다.

- 누전이 발생하지 않을 경우 : $I_a + I_b = 0$
- 누전이 발생할 경우 : $I_a + I_b = I_g$

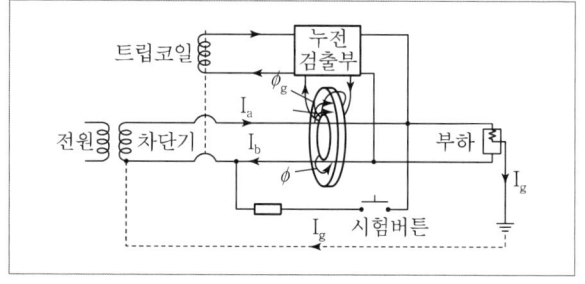

[누전차단기의 동작원리(전류동작형)]

2) 보호목적

지락보호, 과부하보호 및 단락보호 겸용

3) 감전보호용 누전차단기

감전보호용 누전차단기 : 정격감도전류 30mA 이하, 동작시간 0.03초 이내

4) 누전차단기의 적용범위(「안전보건규칙」 제304조)

적용 대상	적용 비대상
(1) 대지전압이 150볼트를 초과하는 이동형 또는 휴대형 전기기계·기구 (2) 물 등 도전성이 높은 액체가 있는 습윤장소에서 사용하는 저압(1,500볼트 이하 직류전압이나 1,000볼트 이하의 교류전압을 말한다)용 전기기계·기구 (3) 철판·철골 위 등 도전성이 높은 장소에서 사용하는 이동형 또는 휴대형 전기기계·기구 (4) 임시배선의 전로가 설치되는 장소에서 사용하는 이동형 또는 휴대형 전기기계·기구	(1) 「전기용품 및 생활용품 안전관리법」이 적용되는 이중절연 또는 이와 같은 수준 이상으로 보호되는 구조로 된 전기기계·기구 (2) 절연대 위 등과 같이 감전 위험이 없는 장소에서 사용하는 전기기계·기구 (3) 비접지방식의 전로

5) 누전차단기의 설치 환경조건

(1) 주위온도(-10~40℃ 범위 내)에 유의할 것
(2) 표고 1,000m 이하의 장소로 할 것
(3) 비나 이슬에 젖지 않는 장소로 할 것
(4) 먼지가 적은 장소로 할 것
(5) 이상한 진동 또는 충격을 받지 않는 장소
(6) 습도가 적은 장소로 할 것
(7) 전원전압의 변동(정격전압의 85~110% 사이)에 유의할 것
(8) 배선상태를 건전하게 유지할 것
(9) 불꽃 또는 아크에 의한 폭발의 위험이 없는 장소(비방폭지역)에 설치할 것

6 정격차단용량[kA](KEC 212.5.5)

정격차단용량은 단락전류 보호장치 설치 점에서 예상되는 최대 크기의 단락전류 보다 커야 한다. 다만, 전원측 전로에 단락고장전류 이상의 차단능력이 있는 과전류차단기가 설치되는 경우에는 그러하지 아니하다.

(1) 단상

정격차단용량 = 정격차단전압 × 정격차단전류

(2) 3상

정격차단용량 = $\sqrt{3}$ × 정격차단전압 × 정격차단전류

CHAPTER 02 감전재해 및 방지대책

SECTION 01 감전재해 예방 및 조치

1 안전전압

(1) 회로의 정격전압이 일정 수준 이하의 낮은 전압으로 절연파괴 등의 사고시에도 인체에 위험을 주지 않게 되는 전압을 말하며 이 전압 이하를 사용하는 기기들은 제반 안전대책을 강구하지 않아도 된다.
(2) 안전전압은 주위의 작업환경과 밀접한 관계가 있다. 예를 들면 일반사업장과 농경사업장 또는 목욕탕 등의 수중에서의 안전전압은 각각 다를 수 밖에 없다.
(3) 일반사업장의 경우 안전전압은 「산업안전보건기준에 관한 규칙」 제324조에서 30[V]로 규정한다.

2 허용접촉 및 보폭 전압

1) 허용전압

(1) 접촉전압
대지에 접촉하고 있는 발과 발 이외의 다른 신체부분과의 사이에서 인가되는 전압을 말한다.

(2) 보폭전압
① 사람의 양발 사이에 인가되는 전압을 말한다.
② 접지극을 통하여 대지로 전류가 흘러갈 때 접지극 주위의 지표면에 형성되는 전위분포 때문에 양발 사이에 인가되는 전위차를 말한다.

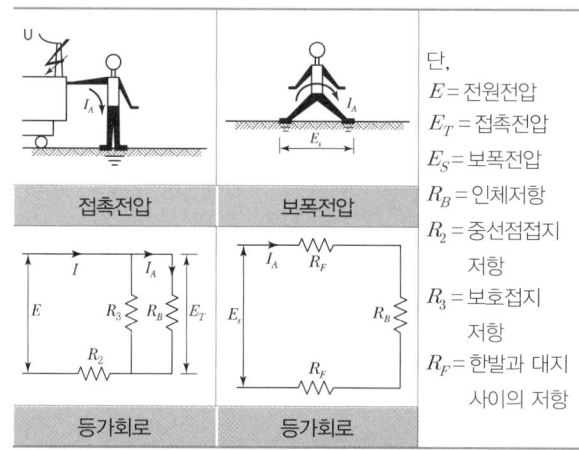

단,
E = 전원전압
E_T = 접촉전압
E_S = 보폭전압
R_B = 인체저항
R_2 = 중선점접지 저항
R_3 = 보호접지 저항
R_F = 한발과 대지 사이의 저항

2) 허용접촉전압

종별	접촉상태	허용접촉전압
제1종	• 인체의 대부분이 수중에 있는 상태	2.5[V] 이하
제2종	• 인체가 현저히 젖어 있는 상태 • 금속성의 전기·기계장치나 구조물에 인체의 일부가 상시 접촉되어 있는 상태	25[V] 이하
제3종	• 제1종, 제2종 이외의 경우로서 통상의 인체상태에서 접촉전압이 가해지면 위험성이 높은 상태	50[V] 이하
제4종	• 제1종, 제2종 이외의 경우로서 통상의 인체상태에 접촉전압이 가해지더라도 위험성이 낮은 상태 • 접촉전압이 가해질 우려가 없는 경우	제한 없음

3) 허용접촉전압과 허용보폭전압

허용접촉전압	허용보폭전압
$E = \left(R_b + \dfrac{3\rho_S}{2}\right) \times I_k$	$E = (R_b + 6\rho_S) \times I_k$

여기서, $I_k = \dfrac{0.165}{\sqrt{T}}$ [A], R_b = 인체저항[Ω], ρ_S = 지표상층 저항률 [Ω·m]

3 인체의 저항

통전전류의 크기는 인체의 전기저항 즉, 임피던스의 값에 의해 결정되며 임피던스는 인체의 각 부위(피부, 혈액 등)의 저항성분과 용량성분이 합성된 값이 되며, 이 값은 여러 인자 특히 습기, 접촉전압, 인가시간, 접촉면적 등에 따라 변화한다.

1) 인체임피던스의 등가회로
인체의 임피던스는 내부임피던스와 피부임피던스의 합성임피던스로 구성된다.

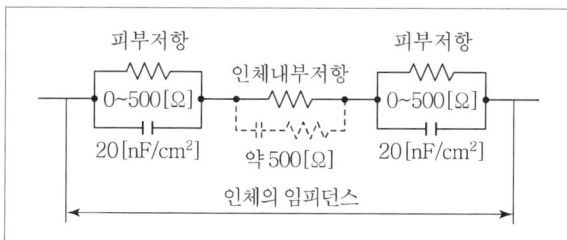

[인체임피던스의 등가회로]

2) 인체 각부의 저항

인체의 전기저항	저항치[Ω]	비고
피부저항	약 2,500Ω	피부에 땀이 있을 경우 건조시의 1/12~1/20, 물에 젖어 있을 경우 1/25로 저항 감소
내부조직저항	약 300Ω	교류, 직류에 따라 거의 일정하지만 통전시간이 길어지면 인체의 온도상승에 의해 저항치 감소
발과 신발 사이의 저항	약 1,500Ω	–
신발과 대지 사이의 저항	약 700Ω	–
전체저항	약 5,000Ω	피부가 젖은 정도, 인가전압 등에 의해 크게 변화하며 인가전압이 커짐에 따라 약 500Ω까지 감소

□ 인체 부위별 저항률 및 피전점
1. 인체 부위별 저항률 : 피부>뼈>근육>혈액>내부 조직
2. 피전점 : 인체의 전기저항이 약한 부분(턱, 볼, 손등, 정강이 등)

SECTION 02
감전재해의 요인

1 감전재해

1) 감전(感電, Electric Shock) 정의
인체의 일부 또는 전체에 전류가 흐르는 현상을 말하며 이에 의해 인체가 받게 되는 충격을 전격(電擊, Electric Shock)이라고 한다.

2) 감전(전격)에 의한 재해 정의
인체의 일부 또는 전체에 전류가 흘렀을 때 인체 내에서 일어나는 생리적인 현상으로 근육의 수축, 호흡곤란, 심실세동 등으로 부상·사망하거나 추락·전도 등의 2차적 재해가 일어나는 것을 말한다.

2 감전요소

1) 전격의 위험을 결정하는 주된 인자
(1) 통전전류의 크기(가장 근본적인 원인이며 감전피해의 위험도에 가장 큰 영향을 미침)
(2) 통전시간
(3) 통전경로
(4) 전원의 종류(교류 또는 직류)
(5) 주파수 및 파형
(6) 전격인가위상(심장 맥동주기의 어느 위상에서의 통전 여부)

심장의 맥동주기	구성
(심장의 맥동주기 파형 그림: P, Q, R, S, T)	① P : 심방수축에 따른 파형 ② Q-R-S파 : 심실수축에 따른 파형 ③ T파 : 심실의 수축 종료 후 심실의 휴식 시 발생하는 파형 ④ R-R : 심장의 맥동주기

※ 전격이 인가되면 심실세동을 일으키는 확률이 가장 크고 위험한 부분 : 심실이 수축종료하는 T파 부분

(7) 기타 간접적으로는 인체저항과 전압의 크기 등이 관계함
(8) 통전경로별 위험도

3. 1차적 감전요소

1) 통전전류의 크기

(1) 통전전류가 인체에 미치는 영향은 통전전류의 크기와 통전시간에 의해 결정된다(통전전류가 클수록 위험하고 감전피해의 위험도에 가장 큰 영향을 미침).

(2) 전류$(I) = \dfrac{전압(V)}{저항(R)}$

통전전류는 인가전압에 비례하고 인체저항에 반비례한다.

2) 통전경로

전류의 경로에 따라 그 위험성은 달라지며 전류가 심장 또는 그 주위를 통과하면 심장에 영향을 주어 더욱 위험하게 된다.

통전경로	위험도	통전경로	위험도
왼손 – 가슴	1.5	왼손 – 등	0.7
오른손 – 가슴	1.3	한 손 또는 양손 – 앉아 있는 자리	0.7
왼손 – 한발 또는 양발	1.0	왼손 – 오른손	0.4
양손 – 양발	1.0	오른손 – 등	0.3
오른손 – 한발 또는 양발	0.8	※ 숫자가 클수록 위험도가 높아짐	

3) 통전시간에 따른 위험

통전시간이 길수록 위험하다.

4) 전원의 종류에 따른 위험

(1) 전압이 동일한 경우 교류가 직류보다 위험(∵ 교착성)하다.
(2) 통전전류가 크고 장시간 흐르며 신체의 중요부분에 흐를수록 전격에 대한 위험성은 커진다.

4 2차적 감전요소

(1) 인체의 조건(인체의 저항) : 피부가 젖은 정도, 인가전압 등에 의해 크게 변화하며 인가전압이 커짐에 따라 약 500Ω까지 감소한다.
(2) 전압의 크기 : 전압의 크기가 클수록 위험하다.
(3) 계절 등 주위환경 : 계절, 작업장 등 주위환경에 따라 인체의 저항이 변화하므로 이 또한 전격에 대한 위험도에 영향을 준다.

5 전압의 구분

구분	(개정 전) 기술기준	(개정 후)KEC
저압	교류 : 600V 이하 직류 : 750V 이하	교류 : 1,000V 이하 직류 : 1,500V 이하
고압	교류 : 600V 초과 7kV 이하 직류 : 750V 초과 7kV 이하	교류 : 1,000V 초과 7kV 이하 직류 : 1,500V 초과 7kV 이하
특고압	7kV 초과	7kV 초과

6 통전전류의 세기 및 그에 따른 영향

1) 통전전류와 인체반응

□ 통전전류별 인체 반응

1mA	5mA	10mA	15mA	50~100mA
약간 느낄 정도	경련을 일으킨다.	불편해진다.(통증)	격렬한 경련을 일으킨다.	심실세동으로 사망위험

통전전류 구분	전격의 영향	통전전류(교류) 값
최소감지전류	고통을 느끼지 않으면서 짜릿하게 전기가 흐르는 것을 감지할 수 있는 최소전류	상용주파수 60Hz에서 성인남자의 경우 1mA
고통한계전류	통전전류가 최소감지전류보다 커지면 어느 순간부터 고통을 느끼게 되지만 이것을 참을 수 있는 전류	상용주파수 60Hz에서 7~8mA
가수전류 (이탈전류)	인체가 자력으로 이탈 가능한 전류(마비한계전류라고 하는 경우도 있음)	상용주파수 60Hz에서 10~15mA ▶ 최저가수전류치 • 남자 : 9mA • 여자 : 6mA

통전전류 구분	전격의 영향	통전전류(교류) 값
불수전류 (교착전류)	통전전류가 고통한계전류보다 커지면 인체 각 부의 근육이 수축현상을 일으키고 신경이 마비되어 신체를 자유로이 움직일 수 없는 전류(인체가 자력으로 이탈 불가능한 전류)	상용주파수 60Hz에서 20~50mA
심실세동전류 (치사전류)	심근의 미세한 진동으로 혈액을 송출하는 펌프의 기능이 장애를 받는 현상을 심실세동이라 하며 이때의 전류	$I=\dfrac{165}{\sqrt{T}}[\text{mA}]$ I : 심실세동전류(mA), T : 통전 시간(s)

2) 심실세동전류

(1) 통전전류가 더욱 증가되면 전류의 일부가 심장부분을 흐르게 된다. 이렇게 되면 심장이 정상적인 맥동을 하지 못하며 불규칙적으로 세동하게 되어 결국 혈액의 순환에 큰 장애를 가져오게 되며 이에 따라 산소의 공급 중지로 인해 뇌에 치명적인 손상을 입히게 된다. 이와 같이 심근의 미세한 진동으로 혈액을 송출하는 펌프의 기능이 장애를 받는 현상을 심실세동이라 하며 이때의 전류를 심실세동전류라 한다.

(2) 심실세동상태가 되면 전류를 제거하여도 자연적으로는 건강을 회복하지 못하며 그대로 방치하여 두면 수분 내에 사망한다.

(3) 심실세동전류와 통전시간과의 관계

$$I=\dfrac{165}{\sqrt{T}}[\text{mA}]\left(\dfrac{1}{120}\sim 5\text{초}\right)$$

여기서, 전류 I는 1,000명 중 5명 정도가 심실세동을 일으키는 값

3) 위험한계에너지

심실세동을 일으키는 위험한 전기에너지를 의미한다.

> □ **위험한계에너지**
> 인체의 전기저항 R을 500[Ω]으로 보면
> $$W=I^2RT=\left(\dfrac{165}{\sqrt{T}}\times 10^{-3}\right)^2\times 500T$$
> $$=(165^2\times 10^{-6})\times 500$$
> $$=13.6[\text{W}-\text{sec}]=13.6[\text{J}]=13.6\times 0.24[\text{cal}]=3.3[\text{cal}]$$
> 즉, 13.6[W]의 전력이 1sec간 공급되는 아주 미약한 전기에너지이지만 인체에 직접 가해지면 생명을 위험할 정도로 **위험한 상태**가 된다.

SECTION 03
절연용 안전장구

전기작업용(절연용) 안전장구에는 ① 절연용 보호구, ② 절연용 방호구, ③ 표시용구, ④ 검출용구, ⑤ 접지용구, ⑥ 활선장구 등이 있다.

1 절연용 안전보호구

절연용 보호구는 작업자가 전기작업에 임하여 위험으로부터 작업자가 자신을 보호하기 위하여 착용하는 것으로서 그 종류는 다음과 같다.

① 전기안전모(절연모)
② 절연고무장갑(절연장갑)
③ 절연고무장화
④ 절연복(절연상의 및 하의, 어깨받이 등) 및 절연화

1) 전기 안전모(절연모)

머리의 감전사고 및 물체의 낙하에 의한 머리의 상해를 방지하기 위해서 사용한다.

[안전모의 종류]

종류(기호)		사용 구분	모체의 재질	비 고
일반 작업용	A	물체의 낙하 및 비래에 의한 위험을 방지 또는 경감시키기 위한 것	합성수지 금속	비내 전압성
	AB	물체의 낙하 또는 비래 및 추락에 의한 위험을 방지 또는 경감시키기 위한 것	합성수지	비내 전압성
전기 작업용	AE	물체의 낙하 및 비래에 의한 위험을 방지 또는 경감하고, 머리부위 감전에 의한 위험을 방지하기 위한 것	합성수지	내전압성
	ABE	물체의 낙하 또는 비래 및 추락에 의한 위험을 방지 또는 경감하고, 머리부위 감전에 의한 위험을 방지하기 위한 것	합성수지	내전압성

- 내전압성 : 7[kV] 이하의 고압에 견딜 수 있는 것
- 추락 : 높이 2[m] 이상의 고소작업, 굴착작업, 하역작업 등에 있어서의 추락을 의미

2) 절연고무장갑(절연장갑)

7,000[V] 이하 전압의 전기작업 시 손이 활선 부위에 접촉되어 인체가 감전되는 것을 방지하기 위해 사용한다(고무장갑의 손상 우려시에는 반드시 가죽장갑을 외부에 착용하여야 함).

[절연장갑의 등급에 따른 최대사용전압]

등급	최대사용전압		최소내전압시험 (kV, 실효값)
	교류(V, 실효값)	직류(V)	
00	500	750	5
0	1,000	1,500	10
1	7,500	11,250	20
2	17,000	25,500	30
3	26,500	39,750	30
4	36,000	54,000	40

3) 절연고무장화(절연장화)

저압 및 고압(7,000[V])의 전기를 취급하는 작업시 전기에 의한 감전으로부터 인체를 보호하기 위해 사용한다.

2 절연용 안전방호구

절연용 방호구는 위험설비에 시설하여 작업자 및 공중에 대한 안전을 확보하기 위한 용구로서 그 종류는 다음과 같다.

(1) 방호관
(2) 점퍼호스
(3) 건축지장용 방호관
(4) 고무블랭킷
(5) 컷아웃 스위치 커버
(6) 애자후드
(7) 완금커버 등

3 접지(단락접지)용구

접지용구는 정전작업 착수 전 작업하고자 하는 전로의 정해진 개소에 설치하여 오송전 또는 근접활선의 유도에 의한 충전되는 경우 작업자가 감전되는 것을 방지하기 위한 용구로서 그 종류는 다음과 같다.

(1) 갑종 접지용구(발·변전소용)
(2) 을종 접지용구(송전선로용)
(3) 병종 접지용구(배전선로용)

4 활선장구

활선장구는 활선작업시 감전의 위험을 방지하고 안전한 작업을 하기 위한 공구 및 장치로서 그 종류는 다음과 같다.

(1) 활선시메라
(2) 활선커터
(3) 가완목
(4) 커트아웃 스위치 조작봉(배선용 후크봉)
(5) 디스콘스위치 조작봉(D·S조작봉)
(6) 활선작업대
(7) 주상작업대
(8) 점퍼선
(9) 활선애자 청소기
(10) 활선작업차
(11) 염해세제용 펌프
(12) 활선사다리
(13) 기타 활선공구 등

CHAPTER 03 정전기 장·재해 관리

SECTION 01 정전기 위험요소 파악

1 정전기 발생원리

1) 정전기의 정의

구분	정의
문자적 정의 (협의의 정의)	공간의 모든 장소에서 전하의 이동이 전혀 없는 전기
구체적 정의 (광의의 정의)	전하의 공간적 이동이 적고 그 전류에 의한 자계의 효과가 정전기 자체가 보유하고 있는 전계의 효과에 비해 무시할 수 있을 만큼 적은 전기

2) 정전기 발생원리

(1) 물질의 작은 알갱이를 원자라 하며, 평상시 물질(원자) 내에는 전자와 양성자가 일정한 형태를 갖고 있다.

(2) 두 종의 다른 물질이 접촉할 때 한 물질에서 다른 물질로 전자의 이동이 일어나고, 그 결과 한 물질은 (+)전하, 다른 물질은 (−)전하가 발생한다(전하이중층 형성).

(3) 마찰 또는 분리를 가하면 전자의 이동이 발생되고 원자가 전자를 잃은 쪽은 양전하(+), 전자를 얻은 쪽은 음전하(−)를 띠고 자유전자가 되며, 이러한 상태를 정전기라고 한다.

(4) 두 물체 접촉 시 정전기 발생원인(접촉전위 발생원인)
일반적으로 물질 내부에는 그 물질을 구성하는 입자 사이를 자유롭게 이동하는 자유전자가 있으며, 그 입자(원자)들 사이에서 전기적인 힘에 의하여 속박되어 있는 구속전자가 있다. 그러나 실제로 정전기 발생에 기여하는 전자는 자유전자로서 물체에 빛을 쪼이거나 가열하는 등 외부에서 물리적 힘을 가하면 이 자유전자는 입자 외부로 방출되는데 이때 필요한 최소에너지를 일함수(Work function)라 하며 물체의 종류에 따라 서로 다른 고유한 값을 가지는데 V(Volt)단위를 사용한다. 그리고 두 종류의 다른 물체를 접촉시키면 그 접촉면에는 두 물체의 일함수의 차로서 접촉전위가 발생한다.

∴ 전위차 $V = \phi_B - \phi_A$, $\phi_B > \phi_A$ (ϕ_A : A금속의 일함수, ϕ_B : B금속의 일함수)

3) 정전기 발생에 영향을 주는 요인

(1) 물체의 특성

① 정전기 발생은 접촉 분리하는 두 가지 물체의 상호특성에 의하여 지배되며, 한 가지 물체만의 특성에는 전혀 영향을 받지 않는다.
② 일반적으로 대전량은 접촉이나 분리하는 두 가지 물체가 대전서열 내에서 가까운 위치에 있으면 적고 먼 위치에 있으면 대전량이 큰 경향이 있다.
③ 물체가 불순물을 포함하고 있으면 이 불순물로 인해 정전기 발생량은 커진다.

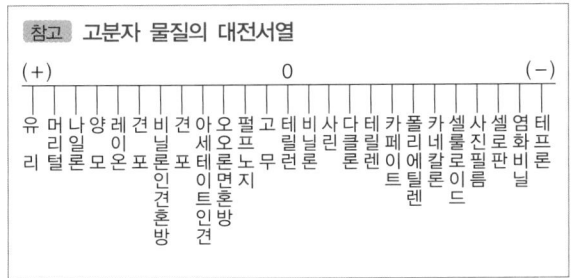

(2) 물체의 표면상태

물체의 표면이 원활하면 발생이 적고 수분이나 기름 등에 의해 오염되었을 때에는 산화, 부식에 의해 정전기가 발생이 크다.

(3) 물질의 이력

① 정전기 발생은 일반적으로 처음 접촉, 분리가 일어날 때 최대가 되면 이후 접촉, 분리가 반복됨에 따라 발생량도 점차 감소된다.
② 접촉, 분리가 처음으로 일어났을 때 재해발생 확률도 최대로 나타난다.

(4) 접촉면적 및 압력

접촉면적 및 압력이 클수록 정전기 발생량도 증가한다.

(5) 분리속도

① 분리과정에서는 전하의 완화시간에 따라 정전기 발생량이 좌우되며 전하의 완화시간이 길면 전하분리에 주는 에너지도 커져서 발생량이 증가한다.
② 일반적으로 분리속도가 빠를수록 정전기의 발생량은 커진다.

4) 정전기의 물리적 현상

(1) 역학현상

정전기는 전기적 작용인 쿨롱(Coulomb)력에 대전물체 가까이 있는 물체를 흡인하거나 반발하게 하는 성질이 있는데, 이를 정전기의 역학현상이라 한다. 이 현상은 일반적으로 대전물체의 표면저하에 의해 작용하기 때문에 무게에 비해 표면적이 큰 종이, 필름, 섬유분체, 미세 입자 등에 많이 발생되기 쉬워, 각종 생산장해의 원인이 된다.

(2) 유도현상

대전물체 부근에 절연된 도체가 있을 경우에는 정전계에 의해 대전물체에 가까운 쪽의 도체 표면에는 대전물체와 반대극성의 전하(電荷)가 반대쪽에는 같은 극성의 전하가 대전되게 되는데, 이를 정전유도현상이라고 한다. 정전유도의 크기는 전계에 비례하고 대전체로부터의 거리에 반비례하며, 도체의 형상에 의해서도 영향을 받는데, 이는 유도대전을 일으켜 각종 장·재해의 원인이 되기도 하며, 이 원리를 이용하여 대전전위, 전하량 등을 측정하기도 한다.

(3) 방전현상

정전기의 대전물체 주위에는 정전계가 형성된다. 이 정전계의 강도는 물체의 대전량에 비례하지만 이것이 점점 커지게 되어 결국, 공기의 절연파괴강도(약 30kV/cm)에 도달하게 되면 공기의 절연파괴현상, 즉 방전이 일어나게 된다.

2 정전기의 발생현상

발생(대전)종류	대전현상
마찰대전	① 두 물체의 마찰이나 마찰에 의한 접촉위치의 이동으로 전하의 분리 및 재배열이 일어나서 정전기 발생 ② 고체, 액체류 또는 분체류에 의하여 발생하는 정전기
박리대전	① 서로 밀착되어 있는 물체가 떨어질 때 전하의 분리가 일어나 정전기 발생 ② 접촉면적, 접촉면의 밀착력, 박리속도 등에 의해서 정전기 발생량이 변화하며 일반적으로 마찰에 의한 것보다 더 큰 정전기 발생
유동대전	① 액체류가 파이프 등 내부에서 유동할 때 액체와 관벽 사이에 정전기 발생 ② 정전기 발생에 가장 크게 영향을 미치는 요인은 유동속도이나 흐름의 상태, 배관의 굴곡, 밸브 등과 관계가 있음
분출대전	① 분체류, 액체류, 기체류가 단면적이 작은 분출구를 통해 공기 중으로 분출될 때 분출하는 물질과 분출구와의 마찰로 정전기 발생 ② 분출되는 물질의 구성입자 상호 간의 충돌에 의해 더 큰 정전기 발생
충돌대전	분체류와 같은 입자상호 간이나 입자와 고체와의 충돌에 의해 빠른 접촉, 분리가 행하여짐으로써 정전기 발생
파괴대전	고체나 분체류와 같은 물체가 파괴되었을 때 전하분리 또는 부전하의 균형이 깨지면서 정전기 발생
교반(진동)이나 침강 대전	액체가 교반될 때 대전

3 방전의 형태 및 영향

구분(형태)	방전현상 및 대상	영향(위험성)
코로나 방전	① 돌기형 도체와 평판 도체 사이에 전압이 상승하면 그림과 같은 모양의 코로나 방전이 발생 ② 정코로나 > 부코로나 ③ 돌기부에서 발생하기 쉽고 이때 발광현상 ④ 직경 5mm 이하의 가는 도전체 코로나방전 발생시 공기 중에 생성되는 물질 : 오존(O_3)	방전에너지가 작기 때문에 재해원인이 될 확률이 비교적 적음 • 0.2mJ로 방전에너지가 적음 • 가스나 증기 미점화
스트리머 방전	① 일반적으로 브러시 코로나에서 다소 강해져서 파괴음과 발광을 수반하는 방전 ② 공기 중에서 나뭇가지 형태의 발광이 진전되어감 ③ 대전량을 많이 가진 부도체와 평편한 형상을 갖는 금속과의 기상 공간에서 발생하기 쉽다. ④ 직경 10mm 이상 곡률반경이 큰 도체, 절연물질	코로나 방전에 비해서 점화원이 되기도 하고 전격을 일으킬 확률이 높음 • 4mJ까지 방전에너지 발생 • 화재, 폭발 위험성이 높음
불꽃방전	① 전극 간의 전압을 더욱 상승시키면 코로나방전에 의한 도전로를 통하여 강한 빛과 큰 소리를 발하며 공기 절연이 완전 파괴되거나 단락되는 과도현상 ② 대전체에 축적된 전하가 방전된 후 곧 중단되던가 글로우코로나로 이행되나 회로전압이 높으면 아크방전으로 발전 ③ 절연판, 도체의 표면전하밀도가 높게 축적	착화원 및 전격을 일으킬 확률이 대단히 높음 • 방전에너지가 높음 • 화재, 폭발의 원인이 됨
연면방전	① 정전기가 대전되어 있는 부도체에 접지체를 접근한 경우 대전물체와 접지체 사이에서 발생하는 방전과 거의 동시에 부도체 표면을 따라서 발생 ② 별표 마크를 가지는 나뭇가지 형태의 발광을 수반하는 방전 ③ 연면방전의 조건 • 부도체의 대전량이 극히 큰 경우 • 대전된 부도체의 표면 가까이에 접지체가 있는 경우 ④ 드럼이나 사일로의 분진이 높은 전하 보유	착화원 및 전격을 일으킬 확률이 대단히 높음 • 방전에너지가 높음 • 화재, 폭발의 원인이 됨
뇌상방전	공기 중에 뇌상으로 부유하는 대전입자의 규모가 커졌을 때 대전운에서 번개형의 발광을 수반하여 발생하는 방전	착화원 및 전격을 일으킬 확률이 대단히 높음 • 방전에너지가 높음 • 화재, 폭발의 원인이 됨

□ **코로나방전의 진행과정**
글로우코로나(Glow Corona) – 브러시코로나(Brush Corona) – 스트리머코로나(Streamer Corona)

4 정전기의 장해

1) 전격

대전된 인체에서 도체로 또는 대전물체에서 인체로 방전되는 현상에 의해 인체 내로 전류가 흘러 나타나는 전격현상으로, 그 대부분이 전격사로 이어질 만큼 강렬한 것은 아니나, 전격시 받는 충격으로 인해 고소에서의 추락 등이 2차적 재해를 일으키는 요인으로 작용하기도 하며, 또한 전격에 의한 불쾌감, 공포감 등으로 인해 생산성이 저하되는 원인이 되기도 한다.

2) 화재 및 폭발의 발생(정전기 방전에너지와 착화한계)

정전기에 의한 방전에너지가 최소 착화에너지보다 큰 경우에는 가연성 또는 폭발성 물질이 존재할 경우에 화재 및 폭발이 발생할 수 있다.

> ▫ 정전기에 의한 화재·폭발이 일어나기 위한 조건
> - 가연성 물질이 폭발한계 이내일 것
> - 정전기에너지가 가연성 물질의 최소착화에너지 이상일 것
> - 방전하기에 충분한 전위차가 있을 것

3) 생산장해

생산장해는 역학현상에 의한 것과 방전현상에 의한 것이 있다.

(1) 역학현상에 의한 장해

정전기의 흡인력 또는 반발력에 의해 발생되는 것으로, 분진의 막힘, 실의 엉킴, 인쇄의 얼룩, 제품의 오염 등 그 예가 아주 많다.

(2) 방전현상에 의한 장해

정전기의 방전시 발생하는 방전전류, 전자파, 발광에 의한 것이 있다.
① 방전전류 : 반도체 소자 등의 전자부품의 파괴, 오동작 등
② 전자파 : 전자기기, 장치 등의 오동작, 잡음 발생
③ 발광 : 사진 필름 등의 감광

SECTION 02
정전기 위험요소 제거

> ▫ 정전기재해 방지를 위한 기본 단계
> 1. 정전기 발생 억제(방지)되어야 한다.
> 2. 발생된 전하의 대전방지되어야 한다.
> 3. 대전·축적된 전하의 위험분위기 하에서 방전이 방지되어야 한다.

1 정전기 발생방지 대책

정전기 발생을 방지·억제하는 것은 재료의 특성·성능 및 공정상의 제약 등에서 곤란한 경우가 많지만, 다음의 사항을 적용하여 설비를 설계하거나 물질을 취급하여야 한다.

(1) 설비와 물질 및 물질 상호 간의 접촉 면적 및 접촉압력 감소
(2) 접촉횟수의 감소
(3) 접촉·분리 속도의 저하(속도의 변화는 서서히)
(4) 접촉물의 급속 박리방지
(5) 표면상태의 청정·원활화
(6) 불순물 등의 이물질 혼입방지
(7) 정전기 발생이 적은 재료 사용(대전서열이 가까운 재료의 사용)

2 정전기 대전방지 대책

2-1 도체의 대전방지

정전기 장해·재해의 대부분은 도체가 대전된 결과로 인한 불꽃방전에 의해 발생되므로, 도체의 대전방지를 위해서는 도체와 대지 사이를 전기적으로 접속해서 대지와 등전위화(접지)함으로써, 정전기 축적을 방지하는 방법이다.

1) 접지에 의한 대전방지

(1) 정전기의 축적 및 대전방지
(2) 대전물체 주위의 물체 또는 이와 접촉되어 있는 물체 사이의 정전유도 방지
(3) 대전물체의 전위 상승 및 정전기방전 억제

2) 배관 내 액체의 유속제한

불활성화할 수 없는 탱크, 탱커, 탱크로리, 탱크차, 드럼통 등에 위험물을 주입하는 배관은 유속의 값 이하로 제한한다.

(1) 저항률이 $10^{10}\Omega \cdot cm$ 미만인 도전성 위험물의 배관유속은 7m/s 이하
(2) 에테르, 이황화탄소 등과 같이 유동대전이 심하고 폭발위험성이 높은 것은 배관 내 유속을 1m/s 이하
(3) 물이나 가스를 혼합한 비수용성 위험물은 배관 내 유속을 1m/s 이하
(4) 저항률 $10^{10}\Omega \cdot cm$ 이상인 위험물의 배관 내 유속은 표[관경과 유속제한] 이하로 해야 한다. 단, 주입구가 액면 밑에 충분히 침하할 때까지의 배관 내 유속은 1m/s 이하

2-2 부도체의 대전방지

부도체의 대전방지는 부도체에 발생한 정전기는 다른 곳으로 이동하지 않기 때문에 접지에 의해서는 대전방지를 하기 어려우므로 다음과 같은 방법(도전성 향상)으로 대전을 방지할 수 있다.

1) 부도체의 사용제한
(1) 금속재료의 사용을 제한한다.
(2) 도전성 재료의 사용을 제한한다.

2) 대전방지제의 사용
대전방지제는 섬유나 수지의 표면에 흡습성과 이온성을 부여하여 도전성을 증가시키고 이것에 의하여 대전방지를 도모하는 것이며 대전방지제에 주로 많이 사용하는 물질은 계면활성제이다.

3) 가습
(1) 대부분의 물체는 습도가 증가하면 전기 저항치가 저하하고 이에 따라 대전성이 저하된다.
(2) 일반사업장에서는 작업장 내의 습도를 70% 정도로 유지하는 것이 바람직하다.
(3) 공기 중의 상대습도를 60~70% 정도로 유지하기 위한 가습방법으로는 물 또는 증기를 분무하는 방법과 증발법이 있다.

4) 도전성 섬유의 사용

5) 대전물체의 차폐
대전물체의 표면을 금속 또는 도전성 물질로 덮는 것을 차폐라 하며 차폐의 목적은 부도체의 정전기 대전을 방지하는 것보다는 대전에 의해 발생하는 대전물체 근방의 전기적 작용을 억제하는 것이 주목적이며 결과적으로는 부도체의 대전에 의해 대전물체 근방에 발생하는 역학현상 및 방전현상을 억제하는 것이다.

6) 제전기 사용
제전의 원리는 제전기를 대전체에 가까이 설치하면 제전기에서 생성된 이온(정, 부ion) 중 대전물체와 역극성의 이온이 대전물체의 방향으로 이동해서, 그 이온과 대전물체의 전하와 재결합 또는 중화됨으로써 대전물체의 정전기가 제전되어지는 것

2-3 인체의 대전방지

대전되어 있는 인체에서의 방전시에는 생체장애 등의 전격재해뿐만 아니라, 폭발위험 분위기에서는 점화원이 될 수도 있으며, 미소한 반도체 소재를 다루는 작업에서는 이들 부품을 파괴하거나 손상을 일으키는 등 생산장애를 가져올 수 있으므로 안전화, 손목접지대 등으로 인체의 접지를 하도록 한다.

1) 보호구 착용
(1) 손목 접지대(Wrist Strap)

이는 앉아서 작업할 때에 유효한 것으로 손목에 가요성이 있는 밴드를 차고 그 밴드는 도선을 이용하여 접지선에 연결함으로써 인체를 접지하는 기구로, 이 접지대에는 $1M\Omega$ ($10^6\Omega$) 정도의 저항을 직렬로 삽입하여 동전기의 누설로 인한 감전사고가 일어나지 않도록 하고 있다.

(2) 정전기 대전방지용 안전화

인체의 대전은 신고있는 구두와 밀접한 관련이 있는데, 보통 구두의 바닥저항이 약 $10^{12}\Omega$ 정도로 정전기 대전이 잘 일어난다. 대전방지용 안전화는 구두 바닥의 저항을 $10^8 \sim 10^5 \Omega$로 유지하여 도전성 바닥과 전기적으로 연결시킴으로써, 정전기의 발생방지는 물론 대전방지의 목적도 가하는 것으로 효과가 매우 크다.

(3) 발 접지대(Heelstrap)

서서 하는 작업자와 이동하면서 하는 작업자에게 적합한 인체 대전 방지기구로는, Heelstrap, Toestrap, Bootstrap과 같은 발 접지대가 있다. 발 접지대는 양발 모두에 착용하되, 발목 위의 피부가 접지될 수 있도록 하여야 한다.

(4) 대전방지용 작업복(제전복)

제전복은 폭발위험분위기(가연성 가스, 증기, 분진)의 발생 우려가 있는 작업장에서 작업복 대전에 의한 착화를 방지하기 위한 것으로, 인체 대전방지 효과도 있으며 이는 일반 화학섬유 중간에 일정한 간격으로 도전성 섬유를 짜 넣은 것이다.
※ 제전복을 착용하지 않아도 되는 장소 : 전산실 등 전자기계 취급 장소

2) 대전물체 차폐

3) 바닥의 재료 등 고유저항이 큰 물질의 사용 금지(작업장 바닥을 도전성을 갖추도록 할 것)

2-4 제전기에 의한 대전방지

1) 제전기에 의한 대전방지 일반

(1) 제전의 원리

제전기를 대전체에 가까이 설치하면 제전기에서 생성된 이온(정, 부 ion) 중 대전물체와 역극성의 이온이 대전물체의 방향으로 이동해서, 그 이온과 대전물체의 전하와 재결합 또는 중화됨으로써 대전물체의 정전기가 제전되어진다.

(2) 제전의 목적

① 주로 부도체의 정전기 대전을 방지
② 대전물체의 정전기를 완전히 제전하는 것은 아니고 방지하고자 하는 재해 및 장해가 발생하지 않을 정도까지만 제전하는 것

(3) 제전기의 제전효과에 영향을 미치는 요인

① 제전기의 이온 생성능력
② 제전기의 설치위치 및 설치각도
③ 대전물체의 대전전위 및 대전분포

2) 제전기의 종류 및 특성

제전기의 종류로는 제전에 필요한 이온의 생성방법에 따라 전압인가식 제전기, 자기방전식 제전기, 방사선식 제전기가 있다.

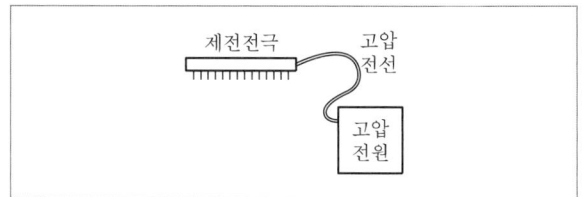

[전압인가식 제전기]

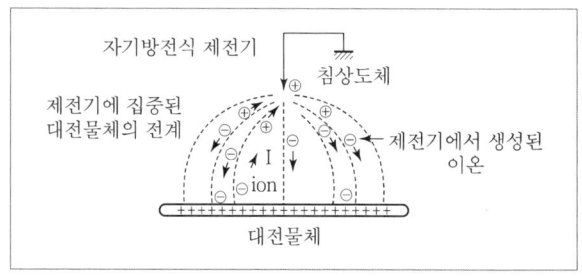

[자기방전식 제전기]

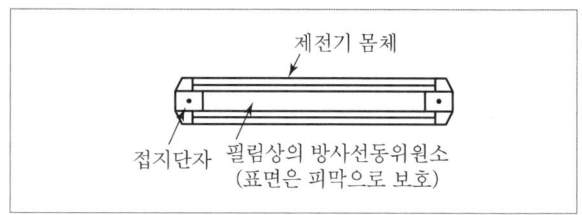

[방사선식 제전기]

(1) 전압인가식 제전기

① 이온(ion) 생성방법
금속세침이나 세선 등을 전극으로 하는 제전전극에 고전압을 인가하여 전극의 선단에 코로나 방전을 일으켜 제전에 필요한 이온을 발생시키는 것으로서 코로나 방전식 제전기라고도 한다.

② 특징(장·단점)
㉠ 제전전극의 형상, 구조 등에 따라 그 기종이 풍부하므로 대전물체, 사용목적 등에 따라 적절한 것 선택 가능함
㉡ 다른 제전기에 비해 제전능력이 크므로 단시간에 제전가능하며 이동하는 대전물체의 제전에 유효함

ⓒ 대전전하량, 발생전하량이 큰 대전물체의 제전에 유효함
ⓔ 설치 및 취급이 다른 제전기에 비해 복잡함

(2) 자기방전식 제전기

① 이온(ion) 생성방법
접지된 도전성의 침상이나 세선상의 전극에 제전하고자 하는 물체의 발산정전계를 모으고 이 정전계에 의해 제전에 필요한 이온을 만드는 제전기(코로나 방전을 일으켜 공기 이온화하는 방식)

② 특징(장·단점)
㉠ 전원을 사용하지 않으며 간단한 구조의 제전전극만으로 구성되어 있으므로 설치가 용이하고 협소한 공간에서도 설치 가능함
㉡ 전압인가식 제전기처럼 제전기로 인한 착화원이 되는 경우가 적어서 안정성이 높은 제전기
㉢ 제전기의 설치방법에 따라 제전효율이 크게 변화하므로 설치하는 데에는 세심한 주의가 필요함
㉣ 제전능력은 피제전물체의 대전전위에 크게 영향을 받으므로 만일 대전전위가 낮으면 제전 불가능함

(3) 방사선식 제전기

① 이온(ion) 생성방법
방사선 동위원소의 전리작용에 의해 제전에 필요한 이온을 만들어내는 제전기

② 특징(장·단점)
㉠ 착화원으로 될 위험은 적지만 방사선 동위원소를 내장하고 있기 때문에 취급하는 데 있어서 충분한 주의를 요함
㉡ 대전물체(피제전물체)가 방사선의 영향을 받아 변화할 위험이 있음
㉢ 제전능력이 작기 때문에 제전에 시간을 요하며 이동하는 대전물체의 제전에 부적합함

CHAPTER 04 전기 방폭 관리

SECTION 01 전기방폭설비

1 방폭화 이론

1) 폭발의 기본조건
폭발이 성립되기 위한 기본조건은 다음과 같은 3가지 요소가 동시에 존재하여야 하며, 이 중 한 가지라도 결핍되면 연소 혹은 폭발이 일어나지 않는다.

(1) 가연성 가스 또는 증기의 존재
(2) 폭발위험 분위기의 조성(가연성 물질 + 지연성 물질)
(3) 최소 착화에너지 이상의 점화원 존재

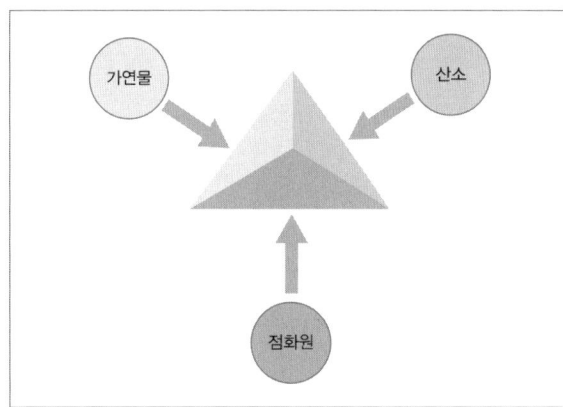

[연소의 3요소]

2) 방폭이론
전기설비로 인한 화재 · 폭발 방지를 위해서는 위험분위기 생성확률과 전기설비가 점화원으로 되는 확률과의 곱이 0이 되도록 해야 한다.

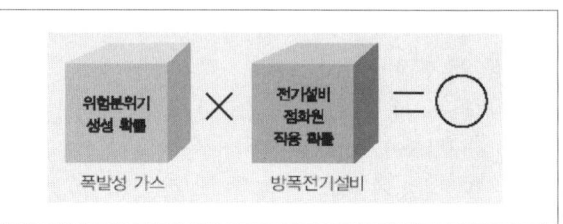

(1) 위험분위기 생성방지

① 가연성 물질 누설 및 방출방지
   ㉠ 가연성 물질의 사용량을 최대한 억제하고 개방상태에서 사용금지
   ㉡ 배관의 이음부분이나 펌프의 회전축 틈새 등에서 누설 방지
   ㉢ 이상반응이나 장치의 열화, 파손, 오동작 등의 사고에 따른 누설 방지
② 가연성 물질의 체류방지
   ㉠ 가연성 물질이 누설되거나 방출되기 쉬운 설비는 옥외에 설치하거나 외벽이 개방된 건물에 설치
   ㉡ 환기가 불충분한 장소에서는 강제 환기를 하여 체류 방지

(2) 전기설비의 점화원 억제

① 전기설비의 점화원

현재적(정상상태에서) 점화원	잠재적(이상상태에서) 점화원
• 직류전동기의 정류자, 권선형 유도전동기의 슬립링 등 • 고온부로서 전열기, 저항기, 전동기의 고온부 등 • 개폐기 및 차단기류의 접점, 제어기 및 보호계전기의 전기접점 등	전동기의 권선, 변압기의 권선, 마그넷 코일, 전기적 광원, 케이블, 기타 배선 등

② 전기설비 방폭화의 기본

방폭화의 기본	적요	방폭구조
점화원의 방폭적 격리	전기설비에서는 점화원으로 되는 부분을 가연성 물질과 격리시켜 서로 접촉하지 못하도록 하는 방법	압력방폭구조 유입방폭구조
	전기설비 내부에서 발생한 폭발이 설비 주변에 존재하는 가연성 물질로 파급되지 않도록 실질적으로 격리하는 방법	내압방폭구조
전기설비의 안전도 증강	정상상태에서 점화원으로 되는 전기불꽃의 발생부 및 고온부가 존재하지 않는 전기설비에 대하여 특히 안전도를 증가시켜 고장이 발생할 확률을 0에 가깝게 하는 방법	안전증방폭구조
점화능력의 본질적 억제	약전류회로의 전기설비와 같이 정상 상태 뿐만 아니라 사고시에도 발생하는 전기불꽃 고온부가 최소착화에너지 이하의 값으로 되어 가연물에 착화할 위험이 없는 것으로 충분히 확인된 것은 본질적으로 점화능력이 억제된 것으로 볼 수 있다.	본질안전방폭구조

2 방폭구조의 종류 및 특징

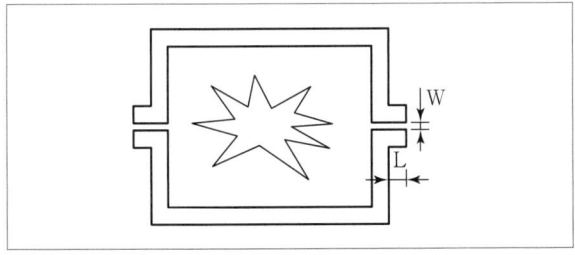

[내압방폭구조]

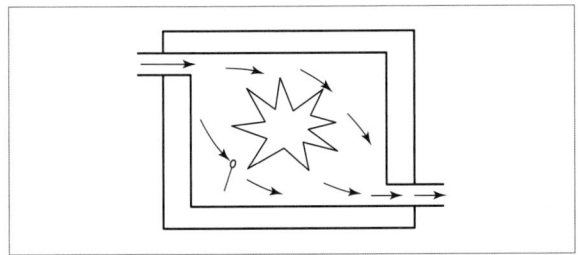

[압력방폭구조]

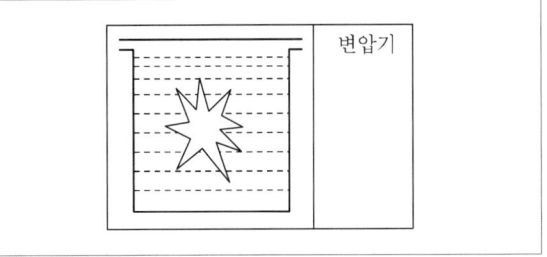

[유입방폭구조]

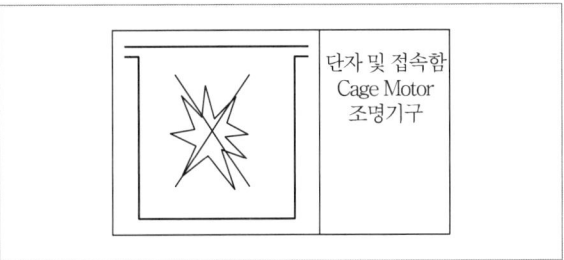

[안전증방폭구조]

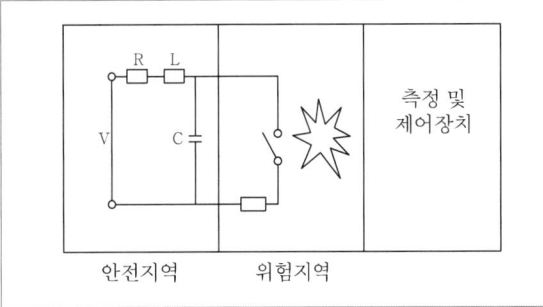

[본질안전방폭구조]

□ 내압방폭구조
1. 내부에서 폭발할 경우 그 압력에 견딜 것
2. 폭발화염이 외부로 유출되지 않을 것
3. 외함 표면온도가 주위의 가연성 가스에 점화하지 않을 것

1) 본질안전방폭구조의 장·단점

(1) 본질안전구조는 전기기기의 에너지가 아주 적기 때문에 어떠한 이상시에도 절대로 점화원으로 작용하지 않도록 본질적으로 안전하게 된 것이다.

(2) 본질안전기기의 장·단점을 방폭구조 중 가장 성능이 뛰어난 내압 방폭구조와 비교하면 다음과 같다.

장점	단점
• 구조적으로 아주 경제적이며, 좁은 장소에 설치가능함 • 0종장소(Zone 0)에 유일하게 설치가능함 • 제품의 외관, 원가, 신뢰성 등이 우수함 • 유지 보수시 정전을 시키지 않아도 되므로 시간과 경비 절감 가능함	• 본질안전 장비로 활용할 수 있는 설비가 온도계, 유량계, 압력계 등으로 제한적임 • 배리어(Barrier)의 추가설치 등으로 설비 복잡함 • 케이블의 허용길이 제한됨

3 방폭구조 선정 및 유의사항

1) 방폭구조의 선정

[가스폭발 위험장소]

폭발위험장소 분류	방폭구조의 전기기계·기구
0종 장소	• 본질안전방폭구조(ia) • 그 밖에 관련 공인 인증기관이 0종 장소에서 사용이 가능한 방폭구조로 인증한 방폭구조
1종 장소	• 내압방폭구조(d) • 압력방폭구조(p) • 충전방폭구조(q) • 유입방폭구조(o) • 안전증방폭구조(e) • 본질안전방폭구조(ia, ib) • 몰드방폭구조(m) • 그 밖에 관련 공인 인증기관이 1종 장소에서 사용이 가능한 방폭구조로 인증한 방폭구조
2종 장소	• 0종 장소 및 1종 장소에 사용 가능한 방폭구조 • 비점화방폭구조(n) • 그 밖에 2종 장소에서 사용하도록 특별히 고안된 비방폭형 구조

2) 방폭구조의 선정 및 유의사항

(1) 방폭전기기기가 설치될 지역의 방폭지역 등급 구분
(2) 가스 등의 발화온도
(3) 내압방폭구조의 경우 최대 안전틈새
(4) 본질 안전방폭 구조의 경우 최소점화 전류
(5) 압력방폭구조, 유입방폭구조, 안전증 방폭구조의 경우 최고 표면온도
(6) 방폭전기기기가 설치될 장소의 주변온도, 표고 또는 상대습도, 먼지, 부식성 가스 또는 습기 등의 환경조건
(7) 모든 방폭전기기기는 가스 등의 발화온도의 분류와 적절히 대응하는 온도등급의 것을 선정하여야 한다.
(8) 사용장소에 가스 등의 2종류 이상 존재할 수 있는 경우에는 가장 위험도가 높은 물질의 위험특성과 적절히 대응하는 방폭전기기기를 선정하여야 한다. 단, 가스 등의 2종 이상의 혼합물인 경우에는 혼합물의 위험특성에 적절히 대응하는 방폭전기기기를 선정하여야 한다.
(9) 사용 중에 전기적 이상상태에 의하여 방폭성능에 영향을 줄 우려가 있는 전기기기는 사전에 적절한 전기적 보호장치를 설치하여야 한다.

4 방폭형 전기기기 선정

1) 폭발위험장소 방폭형 전기기기 선정 시 요구사항

(1) 폭발위험장소 구분도(기기보호등급 요구사항 포함)
(2) 요구되는 전기기기 그룹 또는 세부 그룹에 적용되는 가스·증기 또는 분진 등급 구분
(3) 가스나 증기의 온도등급 또는 최저발화온도
(4) 분진운의 최저발화온도, 분진 층의 최저발화온도
(5) 기기의 용도
(6) 외부 영향 및 주위온도
(7) 기타(피해결과에 대한 위험성 평가 등)

2) 기기보호등급(EPL)과 허용장소

[가스폭발 위험장소]

종별 장소	기기보호등급(EPL)
0	"Ga"
1	"Ga" 또는 "Gb"
2	"Ga", "Gb" 또는 "Gc"
20	"Da"
21	"Da" 또는 "Db"
22	"Da", "Db" 또는 "Dc"

3) 기기 그룹과 가스, 증기 또는 분진 간의 허용장소

[가스폭발 위험장소]

가스, 증기 또는 분진 분류 장소	허용 기기 그룹
IIA	II, IIA, IIB 또는 IIC
IIB	II, IIB 또는 IIC
IIC	II 또는 IIC
IIIA	IIIA, IIIB 또는 IIIC
IIIB	IIIB 또는 IIIC
IIIC	IIIC

SECTION 02
전기방폭 사고예방 및 대응

1 전기폭발등급

1) 폭발등급의 개요

(1) 혼합가스폭발에 의한 화염은 좁은 틈을 통과하면 냉각되어 소멸되게 되는데 이것은 틈의 폭, 길이, 혼합가스의 성질에 따라 달라진다.
표준용기에 의해 외부가스가 폭발하지 않는 값인 화염일주한계(화염이 소멸하는 한계, 최대안전틈새 ; MESG)값에 따라 폭발성 가스를 분류하여 등급을 정한 것을 폭발 등급이라고 한다.

> □ 화염일주한계[최대안전틈새(MESG : Maximum Experimental Safe Gap)]
> 폭발성 분위기 내에 방치된 표준용기의 접합면 틈새를 통하여 폭발화염이 내부에서 외부로 전파되는 것을 저지(최소점화에너지 이하)할 수 있는 틈새의 최대간격치이며 폭발성 가스의 종류에 따라 다르다.

(2) 화염일주를 일으키지 않는 틈새의 최대치에 따라 3등급으로 구분하고 있다.

	폭발등급		
IEC, CENELEC, 한국	II A	II B	II C
	W≥0.9	0.9 > W < 0.5	W≤0.5

(3) 안전간격(화염일주한계)에 따른 폭발등급

폭발등급	해당물질
I	메탄, 에탄, 프로판, n-부탄, 가솔린, 일산화탄소, 암모니아, 아세톤, 벤젠, 에틸에테르
II	에틸렌, 석탄가스
III	수소, 아세틸렌, 이황화탄소, 수성가스

2) 폭발성 가스와 방폭전기기기의 분류

(1) 내압방폭구조를 대상으로 하는 가스 또는 증기의 분류

최대안전틈새 (MESG)	가스 또는 증기의 분류	내압방폭구조 전기기기의 분류
0.9mm 이상	A	II A d
0.5mm 초과 0.9mm 미만	B	II B d
0.5mm 이하	C	II C d

(2) 본질안전방폭구조를 대상으로 하는 가스 또는 증기의 분류

최소점화전류비(MIC)	가스 또는 증기의 분류	본질안전방폭구조 전기기기의 분류
0.8 초과	A	II A ia(b)
0.45 이상 0.8 이하	B	II B ia(b)
0.45 미만	C	II C ia(b)

※ 최소점화전류비는 메탄(CH_4)가스의 최소점화전류를 기준으로 나타냄

3) 방폭구조 및 폭발성 분위기의 생성조건에 관계있는 위험특성

방폭구조에 관계있는 위험특성	폭발성 분위기의 생성조건에 관계있는 위험특성
발화온도	폭발한계
화염일주한계(최대안전틈새), 폭발등급	인화점
최소점화전류	증기밀도

4) 발화도

발화도는 폭발성 가스의 발화점에 따라 분류

KSC		IEC	
발화도	발화점의 범위 (℃)	Class	최대표면온도 (℃)
G1	450 초과	T1	300 초과 450 이하
G2	300 초과 450 이하	T2	200 초과 300 이하
G3	200 초과 300 이하	T3	135 초과 200 이하
G4	135 초과 200 이하	T4	100 초과 135 이하
G5	100 초과 135 이하	T5	85 초과 100 이하
		T6	85 이하

2 위험장소의 선정

위험분위기가 존재하는 시간과 빈도에 따라 구분한다.

1) 가스폭발 위험장소

폭발위험장소 분류	적요	예(장소)
0종 장소	인화성 액체의 증기 또는 가연성 가스에 의한 폭발위험이 지속적으로 또는 장기간 존재하는 장소	용기·장치·배관 등의 내부 등
1종 장소	정상 작동상태에서 인화성 액체의 증기 또는 가연성 가스에 의한 폭발위험분위기가 존재하기 쉬운 장소	맨홀·벤트·피트 등의 주위 등
2종 장소	정상작동상태에서 인화성 액체의 증기 또는 가연성가스에 의한 폭발위험분위기가 존재할 우려가 없으나, 존재할 경우 그 빈도가 아주 적고 단기간만 존재할 수 있는 장소	개스킷·패킹 등의 주위

2) 분진폭발 위험장소

분진위험장소란 공장 기타의 사업장에서 폭발을 일으킬 수 있는 충분한 양의 분진이 공기중에 부유하여 위험분위기가 생성될 우려가 있거나 분진이 퇴적되어 있어 부유할 우려가 있는 장소이다.

[위험장소 구분]

폭발위험장소 분류	적요	예(장소)
20종 장소	분진운 형태의 가연성 분진이 폭발농도를 형성할 정도로 충분한 양이 정상작동 중에 연속적으로 또는 자주 존재하거나, 제어할 수 없을 정도의 양 및 두께의 분진층이 형성될 수 있는 장소	호퍼·분진저장소·집진장치·필터 등의 내부
21종 장소	20종 장소 외의 장소로서 분진운 형태의 가연성 분진이 폭발농도를 형성할 정도의 충분한 양이 정상작동 중에 존재할 수 있는 장소	집진장치·백필터·배기구 등의 주위, 이송밸트의 샘플링 지역 등
22종 장소	20종 장소 외의 장소로서 가연성 분진운 형태가 드물게 발생 또는 단기간 존재할 우려가 있거나 이상작동 상태하에서 가연성 분진층이 형성될 수 있는 장소	21종 장소에서 예방조치가 취하여진 지역, 환기설비 등과 같은 안전장치 배출구 주위 등

CHAPTER 05 전기설비 위험요인 관리

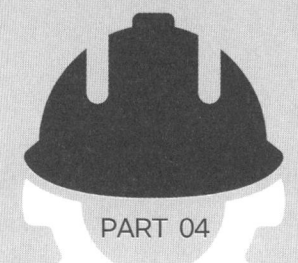

SECTION 01 전기설비 위험요인 파악

1 단락(합선)

전선의 피복이 벗겨지거나 전선에 압력이 가해지게 되면 두 가닥의 전선이 직접 또는 낮은 저항으로 접촉되는 경우에는 전류가 전선에 연결된 전기기기 쪽보다는 저항이 적은 접촉부분으로 집중적으로 흐르게 되는데 이러한 현상을 단락(Short, 합선)이라고 하며 저압전로에서의 단락전류는 대략 1,000[A] 이상으로 보고 있으며, 단락하는 순간 폭음과 함께 스파크가 발생하고 단락점이 용융된다.

2 누전(지락)

전선의 피복 또는 전기기기의 절연물이 열화되거나 기계적인 손상 등을 입게 되면 전류가 금속체를 통하여 대지로 새어나가게 되는데 이러한 현상을 누전이라 하며 이로 인하여 주위의 인화성 물질이 발화되는 현상을 누전화재라고 한다.

> □ 누전화재의 요인 파악 시 중요사항
> 1. 누전점(전류의 유입점)
> 2. 발화점(발화된 장소)
> 3. 접지점(접지점의 소재)

3 과전류

전선에 전류가 흐르면 전류의 제곱과 전선의 저항값의 곱(I^2R)에 비례하는 열(I^2RT)이 발생($H=I^2RT[J]=0.24I^2RT[cal]$)하며 이때 발생하는 열량과 주위 공간에 빼앗기는 열량이 서로 같은 점에서 전선의 온도는 일정하게 된다. 이 일정하게 되는 온도(최고허용온도)는 전선의 피복을 상하지 않는 범위 이내로 제한되어야 하며 그때의 전류를 전선의 허용전류라 하며 이 허용전류를 초과하는 전류를 과전류라 한다.

4 스파크(Spark, 전기불꽃)

개폐기로 전기회로를 개폐할 때 또는 퓨즈가 용단될 때 스파크가 발생하는데 특히 회로를 끊을 때 심하다. 직류인 경우는 더욱 심하며 또 아크가 연속되기 쉽다.

5 접촉부 과열

전선과 전선, 전선과 단자 또는 접속편 등의 도체에 있어서 접촉이 불완전한 상태에서 전류가 흐르면 접촉저항에 의해서 접촉부가 발열된다.

> □ 아산화동 현상
> 1. 동선과 단자의 접속부분에 접촉불량이 있을 때, 이 부분의 동이 산화 및 발열하여 주위의 동을 용해하여 들어가면서 아산화동(Cu_2O)이 증식되어 발열하는 현상
> 2. 발생부위는 스위치 등 스파크 발생개소, 코일의 층간단락, 반단선 등이다.

6 절연열화에 의한 발열

배선 또는 기구의 절연체는 그 대부분이 유기질로 되어 있는데 일반적으로 유기질은 장시일이 경과하면 열화하여 그 절연저항이 떨어진다. 또한, 유기질 절연체는 고온상태에서 공기의 유통이 나쁜 곳에서 가열되면 탄화과정을 거쳐 도전성을 띠게 되며 이것에 전압이 걸리면 전류로 인한 발열로 탄화현상이 누진적으로 촉진되어 유기질 자체가 타거나 부근의 가연물에 착화하게 되는데 이 현상을 트래킹(Tracking)현상이라고 한다.

구분	가네하라 현상	트래킹 현상
개념	누전회로에 발생하는 스파크 등에 의하여 목재 등은 탄화도전로가 생성되어 도전로가 증식, 확대되어 발열량이 증대, 발화하는 현상	전기 제품 등에서 충전 전극 사이의 절연물 표면에 경년변화나 먼지 등 어떤 원인으로 탄화전로가 생성되어 결국은 지락, 단락으로 진전되어 발화하는 현상
발생대상물	유기물질의 전기절연체	전기기계 · 기구
발화 여부	• 저압 누전화재의 발화과정(기구) • 발화까지 포함한 의미	• 전기재료의 절연성능, 열화의 일종 • 발화 미포함

7 낙뢰

낙뢰는 일종의 정전기로서 구름과 대지 간의 방전현상으로 낙뢰가 생기면 전기회로에 이상전압이 유기되어 절연을 파괴시킬 뿐만 아니라 이때 흐르는 대전류가 화재의 원인이다.

8 정전기 스파크

정전기는 물질의 마찰에 의하여 발생되는 것으로서 정전기의 크기 및 구성은 대전서열에 의해 결정되며 대전된 도체 사이에서 방전이 생길 경우 스파크 발생한다. 정전기 방전 시 발생하는 스파크에 의하여 주위에 있던 가연성 가스 및 증기에 인화되는 경우 다음 조건이 만족되어야 한다.

(1) 가연성 가스 및 증기가 폭발한계 내에 있을 것
(2) 정전스파크의 에너지가 가연성 가스 및 증기의 최소착화 에너지 이상일 것
(3) 방전하기에 충분한 전위가 나타나 있을 것 등

SECTION 02
전기설비 위험요인 점검 및 개선

1 전기설비 위험요인 예방대책

1) 전기기기 등의 대책

발화원 구분		화재예방대책
전기배선		① 코드의 연결금지 ② 코드의 고정사용 금지 ③ 사용전선의 적정 굵기 사용 : 허용전류 이하로 사용
전기기기 및 장치	개폐기 등 (아크를 발생하는 시설)	개폐기 계폐 시 발생하는 스파크에 의한 발열 등으로 발생하는 화재를 예방하기 위해서는 다음과 같이 하여야 한다. ① 개폐기를 설치할 경우 목재벽이나 천장으로부터 고압용은 1[m] 이상, 특고압은 2[m] 이상 떨어져야 한다. ② 가연성 증기 및 분진 등 위험한 물질이 있는 곳에서는 방폭형 개폐기 사용 ③ 개폐기를 불연성 박스 내에 내장하거나 통형 퓨즈를 사용한다. ④ 접촉부분의 변형이나 산화 또는 나사 풀림으로 인한 접촉저항 증가 방지 ⑤ 유입개폐기를 절연유의 열화 정도, 유량에 유의하고 주위에는 내화벽을 설치할 것

2) 출화의 경과에 의한 대책

구분	예방대책
단락 및 혼촉방지	① 이동전선의 관리 철저 ② 전선 인출부 보강 ③ 규격전선의 사용 ④ 전원스위치를 차단 후 작업할 것
누전방지	① 절연파괴의 원인 제거 □ **절연불량의(파괴)의 주요원인** 1. 높은 이상전압 등에 의한 전기적 요인 2. 진동, 충격 등에 의한 기계적 요인 3. 산화 등에 의한 화학적 요인 4. 온도상승에 의한 열적 요인 ② 퓨즈나 누전차단기를 설치하여 누전 시 전원차단 ③ 누전화재경보기 설치 등 □ **절연물의 절연계급** <table><tr><td>종별</td><td>Y</td><td>A</td><td>E</td><td>B</td><td>F</td><td>H</td><td>C</td></tr><tr><td>최고허용 온도[°C]</td><td>90</td><td>105</td><td>120</td><td>130</td><td>155</td><td>180</td><td>180 이상</td></tr></table>
과전류 방지	① 적정용량의 퓨즈 또는 배선용 차단기의 사용 ② 문어발식 배선사용 금지 ③ 스위치 등의 접촉부분 점검 ④ 고장난 전기기기 또는 누전되는 전기기기의 사용금지 ⑤ 동일전선관에 많은 전선 삽입금지

2 접지시스템 구분

1) 공통접지
고압 및 특고압 접지계통과 저압 접지계통이 등전위가 되도록 공통으로 접지하는 방식이다.

2) 통합접지
(1) 전기설비 접지, 통신설비 접지, 피뢰설비 접지 및 수도관, 가스관, 철근, 철골 등과 같이 전기설비와 무관한 계통외 도전부도 모두 함께 접지하여 그들 간에 전위차가 없도록 함으로써 인체의 감전우려를 최소화하는 방식을 말한다.
(2) 통합접지의 본질적 목적은 건물 내에 사람이 접촉할 수 있는 모든 도전부가 항상 같은 대지전위를 유지할 수 있도록 등전위을 형성하는 것이다.
(3) 하나의 접지이기 때문에 사고나 문제가 발생하면 접지선을 타고 들어가 모든 계통에 손상이 발생할 수 있으므로 반드시 과전압 보호장치나 서지보호장치(SPD)를 피뢰설비와 통신설비에 설치해야 한다.

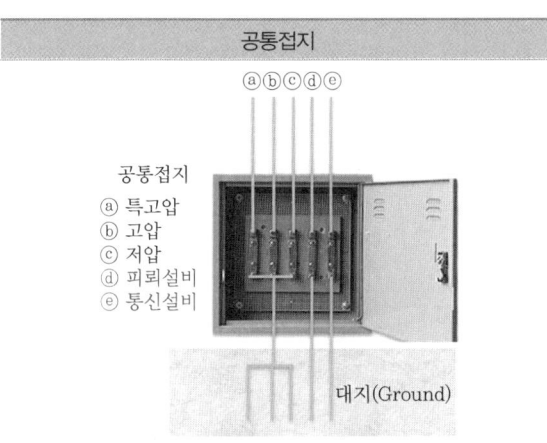

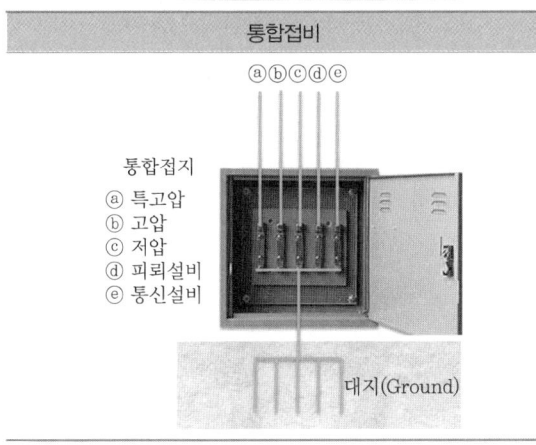

3 계통접지방식

1) 용어의 정의
(1) 계통외 도전부(Extraneous Conductive Part) : 전기설비의 일부는 아니지만, 지면에 전위 등을 전해줄 위험이 있는 도전성 부분을 말함
(2) 노출 도전부(Exposed Conductive Part) : 충전부는 아니지만, 고장 시에 충전될 위험이 있고, 사람이 쉽게 접촉할 수 있는 기기의 도전성 부분을 말함
(3) 등전위 본딩(Equipotential Bonding) : 등전위를 형성하기 위해 도전부 상호 간을 전기적으로 연결하는 것을 말함
(4) 보호 등전위 본딩(Protective Equipotential Bonding) : 감전에 대한 보호 등과 같은 안전을 목적으로 하는 등전위본딩을 말함
(5) 보호 본딩 도체(Protective Bonding Conductor) : 등전위본딩을 확실하게하기 위한 보호도체를 말함
(6) 보호접지/보호도체(Protective Earthing) : 고장 시 감전에 대한 보호를 목적으로 기기의 한 점 또는 여러 점을 접지하는 것을 말함
(7) PEN 도체[Combined Protective (Earthing) and Neutral (PEN) Conductor] : 중성선 겸용 보호도체를 말함

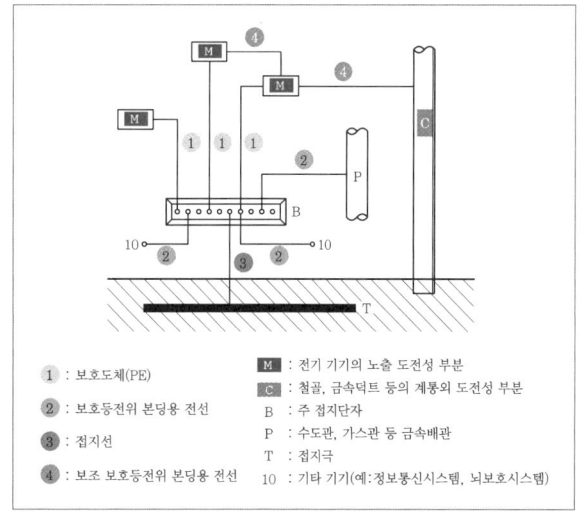

2) 문자의 의미

이니셜	영단어	뜻
T	Terra	땅, 대지, 흙
N	Netural	중성선
I	Insulation or Impedence	절연 또는 임피던스
C	Combine	결합
S	Seperator	구분, 분리

TT, TN, IT의 문자의미

- 첫 번째 문자 : 전원측 변압기의 접지상태
- 두 번째 문자 : 설비의 접지상태

3) 계통접지방식(TN방식, TT방식, IT방식)

(1) TN방식

대지(T)-중성선(N)을 연결하는 방식으로 다중접지방식이라고도 하며 TN방식은 보다 세분화되어 TN-S, TN-C, TN-C-S 방식으로 구분된다.

① TN-S

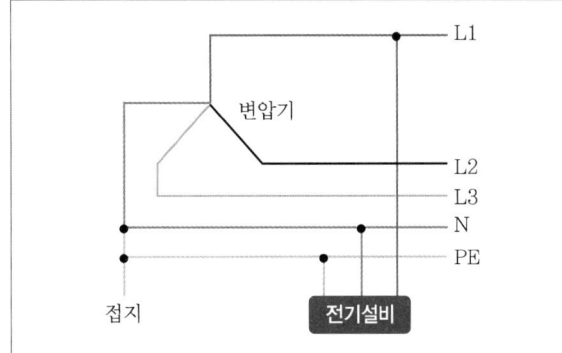

- 변압기(전원부)는 접지되어 있고 중성선과 보호도체는 각각 분리(S)되어 사용
- 통신기기나 전산센터, 병원 등 예민한 전기설비가 있는 경우 많이 사용

② TN-C

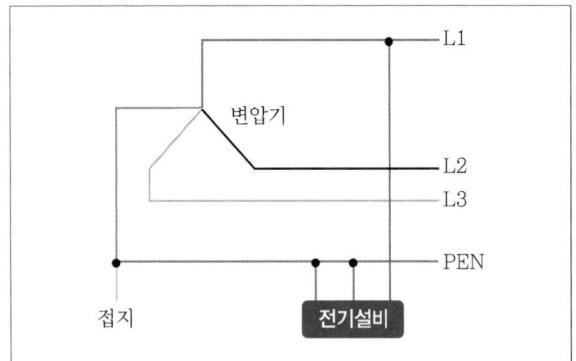

- 변압기(전원부)는 접지되어 있고 중성선과 보호도체는 각각 결합(C)되어 사용하므로 PE+N을 합해서 PEN으로 기재
- 접지선과 중성선을 공유하므로 누전차단기를 사용할 수 없고 배선용 차단기 사용(3상 불평형이 흐르면 중성선에도 전류가 흐르므로 이를 누전차단기가 정확히 판단하기 어렵기 때문)
- 현재 우리나라 배전선로에서 사용

③ TN-C-S

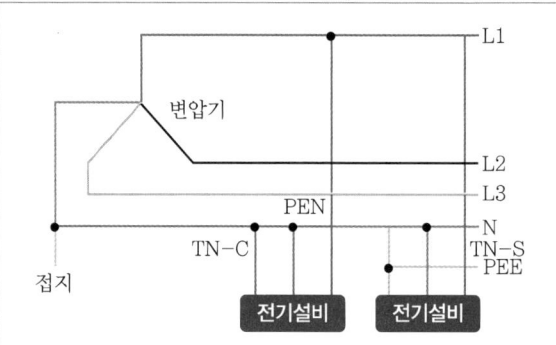

- TN-S방식과 TN-C방식의 결합형태로 계통의 중간에서 나누는데 이때 TN-C부분에서는 누전차단기를 사용할 수 없음
- 보통 자체 수변전실을 갖춘 대형 건축물에서는 이러한 방식을 사용하는데 전원부는 TN-C를 적용하고 간선계통에서는 TN-S를 사용함

(2) TT방식

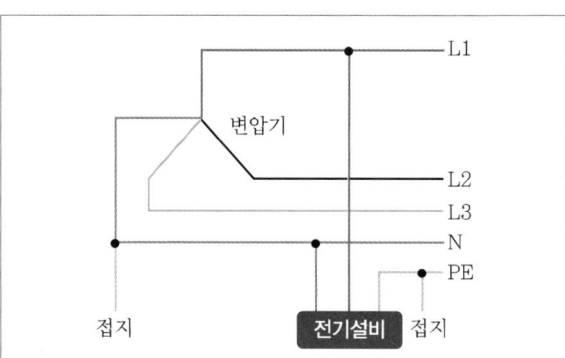

- 변압기측과 전기설비측이 개별적으로 접지하는 방식으로 독립접지방식이라고도 함
- TT방식은 반드시 누전차단기를 설치

(3) IT방식

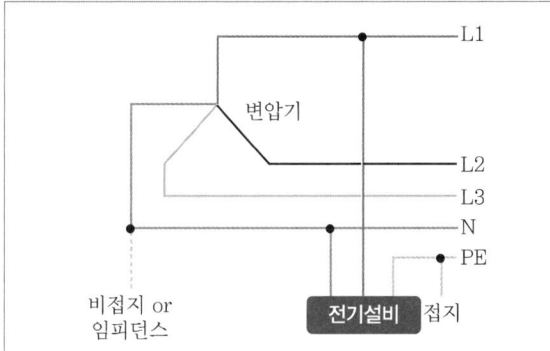

- 변압기(전원부)의 중성점 접지를 비접지로 하고 설비쪽은 접지를 실시함
- 병원과 같이 전원이 차단되어서는 안되는 곳에서 사용하며, 절연 또는 임피던스와 같이 전류가 흐르기 매우 어려운 상태이므로 변압기가 있는 전원분의 지락전류가 매우 작기 때문에 감전 위험이 적음

4 변압기 중성점 접지

1) 중성점 접지 저항값

(1) 일반적으로 변압기의 고압·특고압측 전로 1선 지락전류로 150을 나눈 값과 같은 저항 값 이하이다.
(2) 변압기의 고압·특고압측 전로 또는 사용전압이 35kV 이하의 특고압전로가 저압측 전로와 혼촉하고 저압전로의 대지전압이 150V를 초과하는 경우는 저항값은 다음에 의한다.
① 1초 초과 2초 이내에 고압·특고압 전로를 자동으로 차단하는 장치를 설치할 때는 300을 나눈 값 이하이여야 한다.
② 1초 이내에 고압·특고압 전로를 자동으로 차단하는 장치를 설치할 때는 600을 나눈 값 이하이여야 한다.
(3) 전로의 1선 지락전류는 실측값에 의한다. 다만, 실측이 곤란한 경우에는 선로정수 등으로 계산한 값에 의한다.

2) 공통접지 및 통합접지

(1) 고압 및 특고압과 저압 전기설비의 접지극이 서로 근접하여 시설되어 있는 변전소 또는 이와 유사한 곳에서는 다음과 같이 공통접지시스템으로 할 수 있다.

① 저압 전기설비의 접지극이 고압 및 특고압 접지극의 접지저항 형성영역에 완전히 포함되어 있다면 위험전압이 발생하지 않도록 이들 접지극을 상호 접속하여야 한다.
② 접지시스템에서 고압 및 특고압 계통의 지락사고 시 저압 계통에 가해지는 상용주파 과전압은 아래표에서 정한 값을 초과해서는 안 된다.

[저압설비 허용 상용주파 과전압]

고압계통에서 지락고장시간(초)	저압설비 허용 상용주파 과전압(V)	비고
>5	U_0 + 250	중성선 도체가 없는 계통에서 U_0는 선간전압을 말한다.
≤5	U_0 + 1,200	

[비고]
1. 순시 상용주파 과전압에 대한 저압기기의 절연 설계기준과 관련된다.
2. 중성선이 변전소 변압기의 접지계통에 접속된 계통에서, 건축물 외부에 설치한 외함이 접지되지 않은 기기의 절연에는 일시적 상용주파 과전압이 나타날 수 있다.

③ 기타 공통접지와 관련한 사항은 KS C IEC 61936-1(교류 1kV 초과 전력설비-제1부 : 공통규정)의 "10 접지시스템"에 의한다.

(2) 전기설비의 접지계통·건축물의 피뢰설비·전자통신설비 등의 접지극을 공용하는 통합접지시스템으로 하는 경우 다음과 같이 하여야 한다.
① 통합접지시스템은 제(1)에 의한다.
② 낙뢰에 의한 과전압 등으로부터 전기전자기기 등을 보호하기 위해 KEC 153.1의 규정에 따라 서지보호장치를 설치하여야 한다.

5 접지극의 시설

1) 접지극의 시설

토양 또는 콘크리트에 매입되는 접지극의 재료 및 최소 굵기 등은 KS C IEC 60364-5-54(저압전기설비-제5-54부 : 전기기기의 선정 및 설치-접지설비 및 보호도체)의 표54.1(토양 또는 콘크리트에 매설되는 접지극으로 부식방지 및 기계적 강도를 대비하여 일반적으로 사용되는 재질의 최소 굵기)에 따라야 한다.

2) 접지극의 매설

(1) 접지극은 매설하는 토양을 오염시키지 않아야 하며, 가능한 다습한 부분에 설치한다.
(2) 접지극은 지표면으로부터 지하 0.75m 이상으로 하되 동결 깊이를 감안하여 매설 깊이를 정해야 한다.
(3) 접지도체를 철주 기타의 금속체를 따라서 시설하는 경우에는 접지극을 철주의 밑면으로부터 0.3m 이상의 깊이에 매설하는 경우 이외에는 접지극을 지중에서 그 금속체로부터 1m 이상 떼어 매설하여야 한다.

□ 접지저항 저감법

물리적 저감법	화학적 저감법
① 접지극의 병렬 접속 ② 접지극의 치수 확대 ③ 접지봉 심타법 ④ 매설지선 및 평판접지극 사용 ⑤ 메시(Mesh)공법 ⑥ 다중접지 시드 ⑦ 보링 공법 등	① 저감제의 종류 　㉠ 비반응형 : 염, 황산암모니아 분말, 벤토나이트 　㉡ 반응형 : 화이트아스론, 티코겔 ② 저감제의 조건 　㉠ 저감효과가 크고 연속적일 것 　㉡ 접지극의 부식이 안될 것 　㉢ 공해가 없을 것 　㉣ 경제적이고 공법이 용이할 것

6 접지도체

1) 접지도체의 선정

(1) 접지도체의 단면적은 보호도체의 최소 단면적에 의하며 큰 고장전류가 접지도체를 통하여 흐르지 않을 경우 접지도체의 최소 단면적은 다음과 같다.
① 구리는 $6mm^2$ 이상
② 철제는 $50mm^2$ 이상
(2) 접지도체에 피뢰시스템이 접속되는 경우, 접지도체의 단면적은 구리 $16mm^2$ 또는 철 $50mm^2$ 이상으로 하여야 한다.

2) 접지도체 몰드 공사

접지도체는 지하 0.75m부터 지표 상 2m까지 부분은 합성수지관(두께 2mm 미만의 합성수지제 전선관 및 가연성 콤바인덕트관은 제외한다) 또는 이와 동등 이상의 절연효과와 강도를 가지는 몰드로 덮어야 한다.

3) 특고압·고압 전기설비 및 변압기 중성점 접지시스템의 경우

(1) 접지도체는 절연전선(옥외용 비닐절연전선은 제외) 또는 케이블(통신용 케이블은 제외)을 사용하여야 한다. 다만, 접지도체를 철주 기타의 금속체를 따라서 시설하는 경우 이외의 경우에는 접지도체의 지표상 0.6m를 초과하는 부분에 대하여는 절연전선을 사용하지 않을 수 있다.
(2) 접지극 매설은 4항(접지극의 매설)에 따른다.

4) 접지도체의 굵기

(1) 특고압·고압 전기설비용 접지도체는 단면적 $6mm^2$ 이상의 연동선 또는 동등 이상의 단면적 및 강도를 가져야 한다.
(2) 중성점 접지용 접지도체는 공칭단면적 $16mm^2$ 이상의 연동선 또는 동등 이상의 단면적 및 세기를 가져야 한다. 다만, 다음의 경우에는 공칭단면적 $6mm^2$ 이상의 연동선 또는 동등 이상의 단면적 및 강도를 가져야 한다.
① 7kV 이하의 전로
② 사용전압이 25kV 이하인 특고압 가공전선로. 다만, 중성선 다중접지식의 것으로서 전로에 지락이 생겼을 때 2초 이내에 자동적으로 이를 전로로부터 차단하는 장치가 되어 있는 것
(3) 이동하여 사용하는 전기기계기구의 금속제 외함 등의 접지시스템의 경우
① 특고압·고압 전기설비용 접지도체 및 중성점 접지용 접지도체는 클로로프렌캡타이어케이블(3종 및 4종) 또는 클로로설포네이트폴리에틸렌캡타이어케이블(3종 및 4종)의 1개 도체 또는 다심 캡타이어케이블의 차폐 또는 기타의 금속체로 단면적이 $10mm^2$ 이상인 것을 사용한다.
② 저압 전기설비용 접지도체는 다심 코드 또는 다심 캡타이어케이블의 1개 도체의 단면적이 $0.75mm^2$ 이상인 것을 사용한다. 다만, 기타 유연성이 있는 연동연선은 1개 도체의 단면적이 $1.5mm^2$ 이상인 것을 사용한다.

7 보호도체

1) 보호도체의 최소 단면적

(1) 보호도체의 최소 단면적은 아래 표에 따라 선정해야 하며, 보호도체용 단자도 이 도체의 크기에 적합하여야 한다. 다만, "(2)"에 따라 계산한 값 이상이어야 한다.

[보호도체의 최소 단면적]

상도체의 단면적 S (mm², 구리)	보호도체의 최소 단면적(mm², 구리)	
	보호도체의 재질	
	상도체와 같은 경우	상도체와 다른 경우
S ≤ 16	S	$(k_1/k_2) \times S$
16 < S ≤ 35	16(a)	$(k_1/k_2) \times 16$
S > 35	S(a)/2	$(k_1/k_2) \times (S/2)$

(2) 보호도체의 단면적은 다음의 계산 값 이상이어야 한다.
① 차단시간이 5초 이하인 경우에만 다음 계산식을 적용한다.

$$S = \frac{\sqrt{I^2 t}}{k}$$

여기서, S : 단면적(mm²)
I : 보호장치를 통해 흐를 수 있는 예상 고장전류 실효값(A)
t : 자동차단을 위한 보호장치의 동작시간(s)
k : 보호도체, 절연, 기타 부위의 재질 및 초기온도와 최종온도에 따라 정해지는 계수로 KS C IEC 60364-4-41(저압전기설비-제4-41부 : 안전을 위한 보호-감전에 대한 보호)의 부속서 A(기본보호에 관한 규정)에 의한다.

② 계산 결과가 위 표의 값 이상으로 산출된 경우, 계산 값 이상의 단면적을 가진 도체를 사용하여야 한다.

(3) 보호도체가 케이블의 일부가 아니거나 상도체와 동일 외함에 설치되지 않으면 단면적은 다음의 굵기 이상으로 하여야 한다.
① 기계적 손상에 대해 보호가 되는 경우는 구리 2.5mm², 알루미늄 16mm² 이상
② 기계적 손상에 대해 보호가 되지 않는 경우는 구리 4mm², 알루미늄 16mm² 이상

③ 케이블의 일부가 아니라도 전선관 및 트렁킹 내부에 설치되거나, 이와 유사한 방법으로 보호되는 경우 기계적으로 보호되는 것으로 간주한다.

8 피뢰기(LA ; Lightning Arrester)

피뢰기는 피보호기 근방의 선로와 대지 사이에 접속되어 평상시에는 직렬갭에 의해 대지절연되어 있으나 계통에 이상전압이 발생되면 직렬갭이 방전 이상 전압의 파고값을 내려서 기기의 속류를 신속히 차단하고 원상으로 복귀시키는 작용을 한다.

(1) 전력시스템에서 발생하는 이상전압에 대해 변전설비 자체의 절연을 높게 설계해서 운용하는 것은 경제적으로 불가능하기 때문에 이상전압의 파고값을 낮추어서(절연레벨을 낮게 잡음) 애자나 기기를 보호
(2) 구성요소 : 직렬갭+특성요소

피뢰기의 동작책무	피뢰기의 성능
① 이상전압의 내습으로 피뢰 단자전압이 어느 일정값 이상이 되면 즉시 방전해서 전압상승을 억제하여 기기를 보호한다. ② 이상전압이 소멸하여 피뢰기 단자전압이 일정값 이하가 되면 즉시 방전을 정지해서 원래의 송전 상태로 돌아가게 한다.	① 제한전압 또는 충격방전개시 전압이 충분히 낮고 보호능력이 있을 것 ② 속류차단이 완전히 행해져 동작책무특성이 충분할 것 ③ 뇌전류 방전능력이 클 것 ④ 대전류의 방전, 속류차단의 반복동작에 대하여 장기간 사용에 견딜 수 있을 것 ⑤ 상용주파 방전개시전압은 회로 전압보다 충분히 높아서 상용주파방전을 하지 않을 것

9 피뢰기의 설치장소

고압 및 특별고압 전로 중 다음의 장소에는 피뢰기를 설치하고 접지공사(접지저항 10Ω 이하)를 하여야 한다.
(1) 발전소, 변전소 또는 이에 준하는 장소의 가공전선 인입구 및 인출구
(2) 가공전선로가 접속하는 배전용 변압기의 고압측 및 특별고압측
(3) 고압 또는 특별고압의 가공전선로로부터 공급받는 수용장소의 인입구
(4) 가공전선로와 지중전선로가 접속되는 곳

10 피뢰설비의 설치

1) 외부 뇌보호(피뢰) 시스템(External lightning protection system)

외부 뇌보호(피뢰) 시스템은 수뢰부, 인하도선과 접지시스템으로 구성되며 뇌격이 피보호범위 내로 침입할 확률은 수뢰부 시스템을 적절하게 설계함으로써 상당히 감소된다.

(1) 수뢰부 시스템 구성요소

① 돌침(Air terminal)
② 수평도체(Catenary wires)
③ 메시도체(Mesh conductors)

(2) 수뢰부 시스템 설계방법

① 보호각 방법(Protection Angle Method ; PAM)
② 회전구체법(Rolling Sphere Method ; RSM)
③ 메시법(Mesh Method ; MM)

(3) 인하도선 시스템

① 다수의 병렬 전류통로를 형성할 것
② 전류통로의 길이는 최소로 유지할 것

(3) 접지시스템

위험한 과전압을 발생시키지 않고 뇌전류를 대지로 방류하기 위해서 접지시스템의 형상과 크기가 중요하다. 그러나 일반적으로 낮은 접지저항을 권장한다. 뇌보호의 관점에서 구조체를 사용한 통합 단일의 접지시스템이 바람직하며, 모든 접지목적 즉, 뇌보호, 저압 전력시스템, 통신시스템에도 적합하다.

PART 04 / 4과목 예상문제

01 활선 작업 시 필요한 보호구 중 가장 거리가 먼 것은?

① 내전압 고무장갑   ② 안전화
③ 대전방지용 구두   ④ 안전모

해설 대전방지용은 정전기 발생 방지용이다.

02 최고표면온도에 의한 폭발성가스의 분류와 방폭전기기기의 온도등급 기호와의 관계를 올바르게 나타낸 것은?

① 200℃ 초과 300℃ 이하 : T2
② 300℃ 초과 450℃ 이하 : T3
③ 450℃ 초과 600℃ 이하 : T4
④ 600℃ 초과 : T5

해설 최고표면온도에 의한 방폭전기기기의 온도등급 기호 관계

Class	최대표면온도(℃)
T1	300 초과 450 이하
T2	200 초과 300 이하
T3	135 초과 200 이하
T4	100 초과 135 이하
T5	85 초과 100 이하
T6	85 이하

03 하나의 피뢰침 인하도선에 2개 이상의 접지극을 병렬 접속할 때 그 간격은 몇 [m] 이상이어야 하는가?

① 1   ② 2
③ 3   ④ 4

해설 인하도선에 2개 이상의 접지극을 병렬로 접속할 경우, 그 간격은 2m 이상으로 하여야 한다.

04 인체의 전격 시의 통전시간이 4초일 때 심실세동전류를 Dalziel이 주장한 식으로 계산한 것으로 다음 중 알맞은 것은?

① 53mA   ② 82.5mA
③ 102.5mA   ④ 143mA

해설 심실세동전류$(I) = \dfrac{165}{\sqrt{T}} = \dfrac{165}{\sqrt{4}} = 82.5\text{mA}$

05 방전의 종류 중 도체가 대전되었을 때 접지된 도체와의 사이에서 발생하는 강한 발광과 파괴음을 수반하는 방전을 무엇이라 하는가?

① 연면 방전   ② 자외선 방전
③ 불꽃 방전   ④ 스트리머 방전

해설 **불꽃방전 방전현상 및 대상**
1. 전극 간의 전압을 더욱 상승시키면 코로나방전에 의한 도전로를 통하여 강한 빛과 큰 소리를 발하며 공기 절연이 완전 파괴되거나 단락되는 과도현상
2. 절연판, 도체의 표면전하밀도가 높게 축적

06 가스폭발위험이 있는 "0"종 장소에 전기기계·기구를 사용할 때 요구되는 방폭구조는?

① 내압 방폭구조   ② 압력 방폭구조
③ 유입 방폭구조   ④ 본질안전 방폭구조

해설 **0종 장소에 사용되는 방폭구조**
1. 본질안전 방폭구조(ia)
2. 그 밖에 관련 공인 인증기관이 0종 장소에서 사용이 가능한 방폭구조로 인증한 방폭구조

정답 | 01 ③   02 ①   03 ②   04 ②   05 ③   06 ④

07 폭발위험장소의 분류 중 인화성 액체의 증기 또는 가연성 가스에 의한 폭발위험이 지속적으로 또는 장기간 존재하는 장소는 몇 종 장소로 분류되는가?

① 0종 장소　　② 1종 장소
③ 2종 장소　　④ 3종 장소

해설　**0종 장소** : 인화성 액체의 증기 또는 가연성 가스에 의한 폭발위험이 지속적으로 또는 장기간 존재하는 장소

08 정전기 재해를 예방하기 위해 설치하는 제전기의 제전 효율은 설치시에 얼마 이상이 되어야 하는가?

① 50% 이상　　② 70% 이상
③ 90% 이상　　④ 100% 이상

해설　**제전기 설치에 관한 일반사항**
제전기를 설치하기 전과 후의 대전물체의 전위를 측정해서 제전의 목표값을 만족하는 위치 또는 제전효율이 90% 이상이 되는 위치

09 다음 중 전격의 위험을 가장 잘 설명하고 있는 것은?

① 통전전류가 크고, 주파수가 높고, 장시간 흐를수록 위험하다.
② 통전접압이 높고, 주파수가 높고, 인체저항이 낮을수록 위험하다.
③ 통전전류가 크고, 장시간 흐르고, 인체의 주요한 부분을 흐를수록 위험하다.
④ 통전전압이 높고, 인체저항이 높고, 인체의 주요한 부분을 흐를수록 위험하다.

해설　통전전류는 클수록, 주파수는 낮을수록, 통전시간은 길수록, 인체저항이 낮고, 인체의 주요한 부분을 흐를수록 전격의 위험이 크다.

10 보폭전압에서 지표상에 근접 격리된 두 점 간의 거리는?

① 0.5[m]　　② 1.0[m]
③ 1.5[m]　　④ 2.0[m]

해설　보폭전압에서 지락전류가 흘렀을 때 지표면상에 근접 격리된 두 점 간의 거리 : 보통 1m
보폭전압 : 지락사고 시 접지극을 통하여 대지로 지락전류가 흐르게 되면 접지극 주위 지표면 전위가 상승하여 인체의 양발 사이(1m)에 전위차가 발생하는 현상

11 폭발성 가스의 발화온도가 450℃를 초과하는 가스의 발화도 등급은?

① G1　　② G2
③ G3　　④ G4

해설　발화도는 폭발성 가스의 발화점에 따라 분류한 것을 말한다. 발화온도가 450℃를 초과하는 가스의 발화도 등급은 G1이다.

12 저압 충전부에 인체가 접촉할 때 전격으로 인한 재해사고중 1차적인 인자로 볼 수 없는 것은?

① 통전전류의 크기　　② 통전경로
③ 인가전압　　④ 통전시간

해설　1. 1차적 감전요소 : 통전전류의 크기, 통전경로, 통전시간, 전원의 종류
2. 2차적 감전요소 : 인체저항, 전압의 크기, 계절 등 주위환경

13 정전기 방지대책 중 틀린 것은?

① 대전서열이 가급적 먼 것으로 구성한다.
② 카본 블랙을 도포하여 도전성을 부여한다.
③ 유속을 저감 시킨다.
④ 도전성 재료를 도포하여 대전을 감소시킨다.

해설　대전서열상 두 물질이 서로 가깝게 있으면 정전기의 발생량이 적고 반대로 먼 위치에 있으면 정전기의 발생량이 많게 된다.

14 제전기의 종류가 아닌 것은?

① 전압인가식 제전기　　② 정전식 제전기
③ 방사선식 제전기　　④ 자기방전식 제전기

해설　제전기의 종류로는 전압인가식 제전기, 자기방전식 제전기, 방사선식 제전기가 있다.

정답 | 07 ① 08 ③ 09 ③ 10 ② 11 ① 12 ③ 13 ① 14 ②

15 최소 감지전류를 설명한 것이다. 옳은 것은? (단, 건강한 성인 남녀인 경우이며, 교류 60[Hz] 정형파이다.)

① 남여 모두 직류 5.2[mA]이며, 교류(평균치) 1.1[mA]이다.
② 남자의 경우 직류 5.2[mA]이며, 교류(실효치) 1.1[mA]이다.
③ 남여 모두 직류 3.5[mA]이며, 교류(실효치) 1.1[mA]이다.
④ 여자의 경우 직류 3.5[mA]이며, 교류(평균치) 0.7[mA]이다.

해설 **통전전류와 전격영향**

통전전류 구분	전격의 영향	직류[mA]		교류(실효치)[mA]	
		남	여	남	여
최소 감지 전류	고통을 느끼지 않으면서 짜릿하게 전기가 흐르는 것을 감지할 수 있는 최소 전류	5.2	3.5	1.1	0.7

16 마찰 정전기를 발생하는 대전서열의 순서에 맞는 것은?

      (+)   (-)
① 폴리에틸렌 - 셀룰로이드 - 염화비닐 - 테프론
② 셀룰로이드 - 폴리에틸렌 - 염화비닐 - 테프론
③ 염화비닐 - 폴리에틸렌 - 셀룰로이드 - 테프론
④ 테프론 - 셀룰로이드 - 염화비닐 - 폴리에틸렌

해설 **고분자 물질의 대전서열**

17 다음 중 누전차단기를 설치하지 않아도 되는 장소는?

① 기계·기구를 건조한 곳에 시설하는 경우
② 파이프라인 등의 발열장치의 시설에 공급하는 선로
③ 대지전압이 150[V] 이하인 기계·기구를 물기가 있는 장소에 시설하는 경우
④ 콘크리트에 직접 매설하여 시설하는 케이블의 임시 배선 전원의 경우

해설 **누전차단기 적용 비대상「안전보건규칙」제304호**
1. 「전기용품 및 생활용품 안전관리법」에 따른 이중절연구조 또는 이와 동등 이상으로 보호되는 전기기계·기구
2. 절연대 위 등과 같이 감전위험이 없는 장소에서 사용하는 전기기계·기구
3. 비접지방식의 전로

18 다음 중 가수전류(Let-go Current)에 대한 설명이 옳은 것은?

① 마이크 사용 중 전격으로 사망에 이르는 전류
② 전격을 일으킨 전류가 교류인지 직류인지 구별할 수 없는 전류
③ 충전부로부터 자력으로 이탈할 수 있는 전류
④ 몸이 물에 젖어 전압이 낮은 데도 전격을 일으키는 전류

해설 **통전전류와 인체반응**

통전전류 구분	전격의 영향	통전전류(교류) 값

가수전류 (이탈전류)	인체가 자력으로 이탈 가능한 전류(마비한계 전류라고 하는 경우도 있음)	상용주파수 60Hz에서 10~15mA
		• 최저가수전류치
		  - 남자: 9mA
		  - 여자: 6mA

19 다음 중 정전기에 대한 설명으로 가장 알맞은 것은?

① 전하의 공간적 이동이 적고, 그것에 의한 자계의 효과가 전계의 효과에 비해 매우 큰 전기
② 전하의 공간적 이동이 적고, 그것에 의한 자계의 효과가 무시할 정도의 적은 전기
③ 전하의 공간적 이동이 적고, 그것에 의한 전계의 효과와 자계의 효과가 서로 비슷한 전기
④ 전하의 공간적 이동이 크고, 그것에 의한 자계의 효과와 전계의 효과를 서로 비교할 수 없는 전기

해설 **정전기의 정의**

구분	정의
문자적 정의	공간의 모든 장소에서 전하의 이동이 전혀 없는 전기
구체적 정의	전하의 공간적 이동이 적고 그 전류에 의한 자계의 효과가 정전기 자체가 보유하고 있는 전계의 효과에 비해 무시할 수 있을 만큼 적은 전기

20 피뢰기의 설치장소가 아닌 것은?

① 저압 수용가의 인입구
② 가공전선로가 접속하는 배전용 변압기의 고압측 및 특별고압측
③ 가공전선로와 지중전선로가 접속되는 곳
④ 발전소, 변전소 또는 이에 준하는 장소의 가공전선 인입구 및 인출구

해설 **피뢰기의 설치장소**
1. 발전소, 변전소 또는 이에 준하는 장소의 가공전선 인입구 및 인출구
2. 가공전선로가 접속하는 배전용 변압기의 고압측 및 특별고압측
3. 고압 또는 특별고압의 가공전선로로부터 공급받는 수용장소의 인입구
4. 가공전선로와 지중전선로가 접속되는 곳

21 440[V]의 회로에 ELB(누전차단기)를 설치할 때 어느 규격의 ELB를 설치하는 것이 안전한가? (단, 인체의 저항은 500[Ω]이다.)

① 30mA, 0.1sec
② 30mA, 0.03sec
③ 30mA, 0.3sec
④ 30mA, 1sec

해설 (인체) 감전보호용 누전차단기 : 정격감도전류 30mA 이하, 동작시간 0.03초 이내

22 개폐조작의 순서에 있어서 그림의 기구 번호의 경우 차단순서와 투입순서가 안전수칙에 적합한 것은?

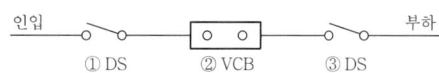

① 차단 ①→②→③, 투입 ①→②→③
② 차단 ②→③→①, 투입 ②→①→③
③ 차단 ③→②→①, 투입 ③→②→①
④ 차단 ②→③→①, 투입 ③→①→②

해설 **작동순서**

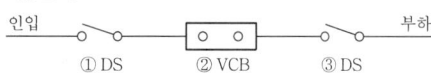

- 투입순서 : ③ → ① → ②
- 차단순서 : ② → ③ → ①
1. 전선 단선 시 아크 발생
2. 차단기는 아크 차단능력 있으나, 단로기는 차단능력이 없음
3. 투입 시 차단기부터 조작할 경우 단로기 조작 때 아크차단 능력이 없어 화재 발생 → 단로기부터 조작
4. 차단 시 단로기부터 조작할 경우 아크차단 능력이 없어 화재 발생 → 차단기부터 조작

23 누전차단기의 설치 장소로 적합하지 않은 것은?

① 주위 온도는 -10~40℃ 범위 내에서 설치할 것
② 먼지가 많고 표고가 높은 장소에 설치할 것
③ 상대습도가 45~80% 사이의 장소에 설치할 것
④ 전원전압이 정격전압의 85~110% 사이에서 사용할 것

해설 표고 1,000m 이하의 장소로 할 것, 먼지가 적은 장소로 할 것

24 다음 설명과 가장 관계가 깊은 것은?

- 파이프 속에 저항이 높은 액체가 흐를 때 발생된다.
- 액체의 흐름이 정전기 발생에 영향을 준다.

① 충돌대전
② 박리대전
③ 유동대전
④ 분출대전

해설 **유동대전**
1. 액체류가 파이프 등 내부에서 유동할 때 액체와 관벽 사이에 정전기 발생
2. 정전기 발생에 가장 크게 영향을 미치는 요인은 유동속도이나 흐름의 상태, 배관의 굴곡, 밸브 등과 관계가 있음

25 220[V] 전압에 접촉된 사람의 인체저항이 약 1,000[Ω]일 때 인체 전류와 그 결과치의 위험성 여부로 알맞은 것은?

① 10[mA], 안전
② 45[mA], 위험
③ 50[mA], 안전
④ 220[mA], 위험

해설 전류(I) = $\dfrac{전압(V)}{저항(R)}$ = $\dfrac{220}{1,000}$ = 0.22A = 220mA

1mA	5mA	10mA	15mA	50~100mA
약간 느낄 정도	경련을 일으킨다.	불편해진다.(통증)	격렬한 경련을 일으킨다.	심실세동으로 사망위험

26 내압방폭구조의 기본적 성능에 관한 사항으로 옳지 않은 것은?

① 내부에서 폭발할 경우 그 압력에 견딜 것
② 폭발화염이 외부로 유출되지 않을 것
③ 습기침투에 대한 보호가 될 것
④ 외함 표면온도가 주위의 가연성 가스에 점화하지 않을 것

정답 | 20 ① 21 ② 22 ④ 23 ② 24 ③ 25 ④ 26 ③

해설 **내압방폭구조**
1. 내부에서 폭발할 경우 그 압력에 견딜 것
2. 폭발화염이 외부로 유출되지 않을 것
3. 외함 표면온도가 주위의 가연성 가스에 점화하지 않을 것

27 인체 피부의 전기저항에 영향을 주는 주요 인자와 거리가 먼 것은?

① 접지경로
② 접촉면적
③ 접촉부위
④ 인가전압

해설 인체 피부의 전기저항은 접지경로와 연관이 없다.

28 인체의 전기저항을 500Ω이라 한다면 심실세동을 일으키는 위험에너지는 몇 J인가? (단, 달지엘(Dalziel) 주장, 통전시간 T는 1초, 체중은 60kg 정도)

① 3.3
② 13.0
③ 13.6
④ 272.2

해설
$$W = I^2 RT = \left(\frac{165}{\sqrt{T}} \times 10^{-3}\right)^2 \times 500\,T$$
$$= (165^2 \times 10^{-6}) \times 500$$
$$= 13.6[W-sec] = 13.6[J]$$

29 전기설비의 방폭구조와 기호의 연결이 옳지 않은 것은?

① 압력방폭구조 : p
② 내압방폭구조 : d
③ 안전증방폭구조 : s
④ 본질안전방폭구조 : ia 또는 ib

해설 안전증방폭구조 : e, 특수방폭구조: s

30 전기기기의 Y종 절연물의 최고 허용온도는?

① 80℃
② 85℃
③ 90℃
④ 105℃

해설 **절연물의 절연계급**

종별	Y	A	E	B	F	H	C
최고허용 온도[℃]	90	105	120	130	155	180	180 이상

31 단로기를 사용하는 주된 목적은?

① 변성기의 개폐
② 이상전압의 차단
③ 과부하 차단
④ 무부하 선로의 개폐

해설 **단로기(DS ; Disconnection Switch)** : 개폐기의 일종으로 수용가 구내 인입구에 설치하여 무부하상태의 전로를 개폐하는 역할을 한다.

32 다음은 정전기에 관련한 설명으로 잘못된 것은?

① 정전유도에 의한 힘은 반발력이다.
② 발생한 정전기와 완화한 정전기의 차가 마찰을 받은 물체에 축적되는 현상을 대전이라 한다.
③ 같은 부호의 전하는 반발력이 작용한다.
④ 겨울철에 나일론 소재 셔츠 등을 벗을 때 경험한 부착현상이나 스파크 발생은 박리대전현상이다.

해설 **정전유도현상**
대전물체 부근에 절연된 도체가 있을 경우에는 정전계에 의해 대전물체에 가까운 쪽의 도체 표면에는 대전물체와 반대극성의 전하(電荷)가 반대 쪽에는 같은 극성의 전하가 대전되는 현상이다.

33 정전기 발생에 영향을 주는 요인과 관계가 가장 적은 것은?

① 물체의 표면상태
② 접촉면적 및 압력
③ 분리속도
④ 물의 음이온

해설 **정전기 발생에 영향을 주는 요인**
물체의 특성, 물체의 표면상태, 물질의 이력, 접촉면적 및 압력, 분리속도

34 화염일주한계에 대한 설명으로 옳은 것은?

① 폭발성 가스와 공기의 혼합기에 온도를 높인 경우 화염이 발생 할 때까지의 시간 한계치
② 폭발성 분위기에 있는 용기의 접합면 틈새를 통해 화염이 내부에서 외부로 전파되는 것을 저지할 수 있는 틈새의 최대간격치
③ 폭발성 분위기 속에서 전기불꽃에 의하여 폭발을 일으킬 수 있는 화염을 발생시키기에 충분한 교류파형의 1주기치
④ 방폭설비에서 이상이 발생하여 불꽃이 생성된 경우에 그것이 점화원으로 작용하지 않도록 화염의 에너지를 억제하여 폭발하한계로 되도록 화염 크기를 조정하는 한계치

정답 | 27 ① 28 ③ 29 ③ 30 ③ 31 ④ 32 ① 33 ④ 34 ②

해설 **화염일주한계**
폭발성 분위기 내에 방치된 표준용기의 접합면 틈새를 통하여 폭발화염이 내부에서 외부로 전파되는 것을 저지(최소점화에너지 이하)할 수 있는 틈새의 최대간격치이며 폭발성 가스의 종류에 따라 다르다.

35 정전기에 의한 생산장해가 아닌 것은?

① 가루(분진)에 의한 눈금의 막힘
② 제사공장에서의 실의 절단, 보푸라기 발생(보풀일기)
③ 인쇄공정의 종이파손, 인쇄선명도 불량, 겹침, 오손
④ 방전전류에 의한 반도체 소자의 입력임피던스 상승

해설 **정전기 생산장해**
1. 역학현상에 의한 장해
   정전기의 흡인력 또는 반발력에 의해 발생되는 것으로, 분진의 막힘, 실의 엉킴, 인쇄의 얼룩, 제품의 오염 등 그 예가 아주 많다.
2. 방전현상에 의한 장해
   1) 방전전류 : 반도체 소자 등의 전자부품의 파괴, 오동작 등
   2) 전자파 : 전자기기, 장치 등의 오동작, 잡음 발생
   3) 발광 : 사진 필름 등의 감광

36 방폭전기기기의 등급에서 위험장소의 등급분류에 해당되지 않는 것은?

① 3종 장소   ② 2종 장소
③ 1종 장소   ④ 0종 장소

해설 위험장소 : 0, 1, 2종 장소로 구분

37 전격사고에 관한 사항과 관계가 없는 것은?

① 감전사고의 피해 정도는 접촉시간에 따라 위험성이 결정된다.
② 전압이 동일한 경우 교류가 직류보다 더 위험하다.
③ 교류에 감전된 경우 근육에 경련과 수축이 일어나서 접촉시간이 길어지게 된다.
④ 주파수가 높을수록 더 위험하다.

해설 주파수가 높을수록 전격의 영향은 감소한다.

38 제전기의 설명 중 잘못된 것은?

① 전압인가식은 교류 7,000V를 걸어 방전을 일으켜 발생한 이온으로 대전체의 전하를 중화시킨다.
② 방사선식은 특히 이동물체에 적합하고 α 및 β선원이 사용되며, 방사선 장해, 취급에 주의를 요하지 않아도 된다.
③ 이온식은 방사선의 전리작용으로 공기를 이온화시키는 방식, 제전효율은 낮으나 폭발위험지역에 적당하다.
④ 자기방전식은 필름의 권취, 셀로판 제조, 섬유공장 등에 유효하나, 2kV 내외의 대전이 남는 결점이 있다.

해설 **방사선식 제전기**
대전물체가 방사선의 영향을 받아 변화할 위험이 있음

39 전기설비에 접지를 하는 목적에 대하여 틀린 것은?

① 누설전류에 의한 감전방지
② 낙뢰에 의한 피해방지
③ 지락사고 시 대지전위 상승유도
④ 지락사고 시 보호계전기 신속동작

해설 대지전위 상승으로 인한 감전 위험(보폭전압 등)발생 우려가 있으므로 접지의 목적과 관련이 없다.

40 정전기 방전현상에 해당되지 않는 것은?

① 연면방전   ② 코로나방전
③ 낙뢰방전   ④ 스팀방전

해설 **정전기 방전의 종류**
코로나방전, 스트리머방전, 불꽃방전, 연면방전, 뇌상방전

41 방폭전기설비의 용기 내부에 보호가스를 압입하여 내부 압력을 유지함으로써 폭발성 가스 또는 증기가 내부로 유입하지 않도록 된 방폭구조는?

① 내압방폭구조   ② 압력방폭구조
③ 안전증방폭구조   ④ 유입방폭구조

해설 **압력방폭구조**
용기 내부에 보호기체(신선한 공기 또는 불연성 기체)를 압입하여 내부 압력을 유지함으로써 폭발성 가스 또는 증기가 침입하는 것을 방지하는 구조

정답 | 35 ④ 36 ① 37 ④ 38 ② 39 ③ 40 ④ 41 ②

42 내압(耐壓)방폭 구조의 화염일주한계를 작게 하는 이유로 가장 알맞은 것은?

① 최소점화에너지를 높게 하기 위하여
② 최소점화에너지를 낮게 하기 위하여
③ 최소점화에너지 이하로 열을 식히기 위하여
④ 최소점화에너지 이상으로 열을 높이기 위하여

해설 폭발화염이 외부로 유출되지 않도록 하기 위함, 즉 최소점화에너지 이하로 열을 식히기 위함이다.

43 정전기 발생에 영향을 주는 요인이 아닌 것은?

① 물체의 분리속도
② 물체의 특성
③ 물체의 접촉시간
④ 물체의 표면상태

해설 정전기 발생에 영향을 주는 요인
물체의 특성, 물체의 표면상태, 물질의 이력, 접촉면적 및 압력, 물체의 분리 속도

44 다음은 어떤 방전에 대한 설명인가?

> 대전이 큰 엷은 층상의 부도체를 박리할 때 또는 엷은 층상의 대전된 부도체의 뒷면에 밀접한 접지체가 있을 때 표면에 연한 복수의 수지상 발광을 수반하여 발생하는 방전

① 코로나방전
② 뇌상방전
③ 연면방전
④ 불꽃방전

해설 연면방전
1. 정전기가 대전되어 있는 부도체에 접지체를 접근한 경우 대전물체와 접지체 사이에서 발생하는 방전과 거의 동시에 부도체 표면을 따라서 발생
2. 별표 마크를 가지는 나뭇가지 형태의 발광을 수반하는 방전

45 종별 허용접촉전압의 연결이 틀린 것은?

① 제1종 : 2.5V 초과
② 제2종 : 25V 이하
③ 제3종 : 50V 이하
④ 제4종 : 제한 없음

해설 허용접촉전압

종별	접촉상태	허용접촉전압
제1종	인체의 대부분이 수중에 있는 상태	2.5[V] 이하

46 방폭구조와 관계있는 위험 특성이 아닌 것은?

① 발화온도
② 증기밀도
③ 화염일주한계
④ 최소점화전류

해설 방폭구조에 관계있는 위험특성
- 발화온도
- 화염일주한계(최대안전틈새), 폭발등급
- 최소점화전류

47 다음 중 정전기의 발생 현상에 포함되지 않는 것은?

① 파괴에 의한 발생
② 분출에 의한 발생
③ 전도에 의한 대전
④ 유동에 의한 대전

해설 정전기 대전의 종류
마찰대전, 박리대전, 유동대전, 분출대전, 충돌대전, 파괴대전, 교반(진동)이나 침강 대전

48 방폭기기에 별도의 주위 온도 표시가 없을 때 방폭기기의 주위 온도 범위는? (단, 기호 "X"의 표시가 없는 기기이다.)

① 20℃~40℃
② -20℃~40℃
③ 10℃~50℃
④ -10℃~50℃

해설 방폭기기에 별도의 주위 온도 표시가 없을 때 방폭기기의 주위 온도 범위 : -20℃~40℃

49 정전기 화재폭발 원인인 인체대전에 대한 예방대책으로 옳지 않은 것은?

① 대전물체를 금속판 등으로 차폐한다.
② 대전방지제를 넣은 제전복을 착용한다.
③ 대전방지 성능이 있는 안전화를 착용한다.
④ 바닥재료는 고유저항이 큰 물질로 사용한다.

해설 인체에 대전된 정전기로 인하여 화재 또는 폭발의 위험이 발생할 우려 시 대책

정전기 대전방지용 안전화 착용, 제전복 착용, 정전기 제전용구 사용 등의 조치를 하거나 작업장 바닥 등에 도전성을 갖추도록 하는 등 필요한 조치 적용

50 피뢰기가 갖추어야 할 이상적인 성능 중 잘못된 것은?

① 제한전압이 낮아야 한다.
② 반복동작이 가능하여야 한다.
③ 충격방전 개시전압이 높아야 한다.
④ 뇌전류의 방전능력이 크고 속류의 차단이 확실해야 한다.

해설 | **피뢰기의 성능 조건**
제한전압 또는 충격방전개시전압이 충분히 낮고 보호능력이 있을 것

51 다음은 어떤 방폭구조에 대한 설명인가?

> 전기기구의 권선, 에어갭, 접점부, 단자부 등과 같이 정상적인 운전 중에 불꽃, 아크 또는 과열이 생겨서는 안 될 부분에 대하여 이를 방지하거나 온도상승을 제한하기 위하여 전기기기의 안전도를 증가시킨 구조이다.

① 압력 방폭구조 ② 유입 방폭구조
③ 안전증 방폭구조 ④ 본질안전 방폭구조

해설 | **안전증 방폭구조**
정상운전 중에 폭발성 가스 또는 증기에 점화원이 될 전기불꽃, 아크 또는 고온이 되어서는 안 될 부분에 이런 것의 발생을 방지하기 위하여 기계적·전기적 구조상 또는 온도상승에 대해서 특히 안전도를 증가시킨 구조

52 다음 그림은 심장 맥동주기를 나타낸 것이다. T파는 어떤 경우인가?

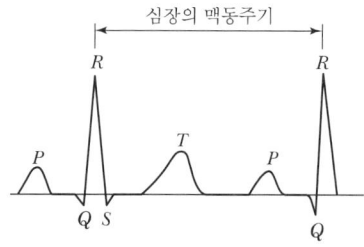

① 심방의 수축에 따른 파형
② 심실의 수축에 따른 파형
③ 심실의 휴식 시 발생하는 파형
④ 심방의 휴식 시 발생하는 파형

해설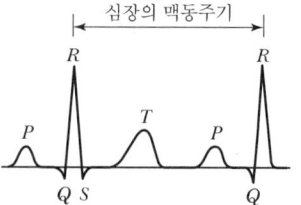

심실이 수축종료하는 T파 부분에 전격이 인가되면 심실세동을 일으키는 확률이 가장 크고 위험함
1. P파 : 심방수축에 따른 파형
2. Q-R-S파 : 심실수축에 따른 파형
3. T파 : 심실의 수축 종료 후 심실의 휴식 시 발생하는 파형
4. R-R : 심장의 맥동주기

53 다음 중 정기검사 대상 전기설비와 검사시기가 옳은 것은?

① 의료기관, 공연장, 호텔, 대규모 점포, 전통시장, 예식장, 지정 문화재, 단란주점, 유흥주점, 목욕장, 노래연습장에 설치한 고압 이상의 수전설비 및 비상용 예비발전설비 – 2년마다 2개월 전후
② 전기안전관리자의 선임이 면제된 제조업자 또는 제조업 관련 서비스업자의 수용설비 및 비상용 예비발전설비 – 1년마다 1개월 전후
③ 태양광·전기설비 계통 – 3년 이내
④ 연료전지·전기설비 계통 – 2년 이내

해설 | ② 전기안전관리자의 선임이 면제된 제조업자 또는 제조업 관련 서비스업자의 수용설비 및 비상용 예비발전설비 – 2년마다 2개월 전후
③ 태양광·전기설비 계통 – 4년 이내
④ 연료전지·전기설비 계통 – 4년 이내

54 다음 중 기기보호등급(EPL)과 허용장소를 바르게 짝지은 것은?

① ZONE 0 – Ga ② ZONE 20 – Gc
③ ZONE 21 – DC ④ ZONE 22 – Dd

해설 | **기기보호등급(EPL)과 허용장소**

종별 장소	기기보호등급(EPL)
0	"Ga"
1	"Ga" 또는 "Gb"
2	"Ga", "Gb" 또는 "Gc"
20	"Da"
21	"Da" 또는 "Db"
22	"Da", "Db" 또는 "Dc"

정답 | 50 ③ 51 ③ 52 ③ 53 ① 54 ①

55 3상용 차단기의 정격 차단용량은?

① $\sqrt{3}$ × 정격전압 × 정격차단전류
② $\sqrt{3}$ × 정격전압 × 정격전류
③ 3 × 정격전압 × 정격차단전류
④ 3 × 정격전압 × 정격전류

[해설] 3상용 차단기의 정격용량
$P_3 = \sqrt{3}$ × 정격전압 × 정격차단전류[MVA]

56 저압전로의 보호도체 및 중성선의 접속 방식에 따른 접지계통의 분류가 아닌 것은?

① IT 계통　　② TN 계통
③ TT 계통　　④ TC 계통

[해설] 계통접지 구성(KEC 203.1조)
저압전로의 보호도체 및 중성선의 접속 방식에 따른 분류
① TN 계통
② TT 계통
③ IT 계통

57 내접압용절연장갑의 등급에 따른 최대사용전압이 틀린 것은? (단, 교류 전압은 실효값이다.)

① 등급 00 : 교류 500V
② 등급 1 : 교류 7,500V
③ 등급 2 : 직류 17,000V
④ 등급 3 : 직류 39,750V

[해설] 절연장갑의 등급 및 색상

등급	최대 사용전압		색상
	교류[V] (실효값)	직류[V]	
00	500	750	갈색
0	1,000	1,500	빨간색
1	7,500	11,250	흰색
2	17,000	25,500	노란색
3	26,500	39,750	녹색
4	36,000	54,000	등색

58 저압전로의 절연성능에 관한 설명으로 적합하지 않는 것은?

① 전로의 사용전압이 SELV 및 PELV일 때 절연저항은 0.5MΩ 이상이어야 한다.
② 전로의 사용전압이 FELV일 때 절연저항은 1MΩ 이상이어야 한다.
③ 전로의 사용전압이 FELV일 때 DC 시험 전압은 500V이다
④ 전로의 사용전압이 600V일 때 절연저항은 1.5MΩ 이상이어야 한다.

[해설] 전로의 사용전압이 600V일 때 절연저항은 1MΩ 이상이어야 한다.

59 한국전기설비규정에 따라 보호등전위본딩 도체로서 주접지단자에 접속하기 위한 등전위본딩 도체(구리 도체)의 단면적은 몇 mm² 이상이어야 하는가? (단, 등전위본딩 도체는 설비 내에 있는 가장 큰 보호접지 도체 단면적의 1/2 이상의 단면적을 가지고 있다.)

① 2.5　　② 6
③ 16　　④ 50

[해설] 한국전기설비규정에 따라 보호등전위본딩 도체로서 주접지단자에 접속하기 위한 등전위본딩 도체(구리도체)의 단면적은 6mm² 이상이어야 한다.
[참고]
알루미늄 도체의 단면적은 16mm² 이상, 강철 도체의 단면적은 50mm² 이상이어야 한다.

60 개폐기, 차단기, 유도 전압조정기의 최대 사용 전압이 7kV 이하인 전로의 경우 절연 내력 시험은 최대 사용전압의 1.5배의 전압을 몇 분간 가하는가?

① 10　　② 15
③ 20　　④ 25

[해설] 개폐기, 차단기, 유도 전압조정기의 최대 사용 전압이 7kV 이하인 전로의 경우 절연 내력 시험은 최대 사용 전압의 1.5배의 전압을 10분간 가한다.

정답 | 55 ① 56 ④ 57 ③ 58 ④ 59 ② 60 ①

산업안전기사 필기 ENGINEER INDUSTRIAL SAFETY

PART 05

화학설비 안전관리

CHAPTER 01 화재 · 폭발 검토
CHAPTER 02 화학 물질안전관리 실행
CHAPTER 03 화공안전 비상조치 계획 · 대응
CHAPTER 04 화공 안전운전 · 점검
■ 예상문제

CHAPTER 01 화재 · 폭발 검토

PART 05

SECTION 01 화재 · 폭발 이론 및 발생 이해

1 연소(Combustion)의 정의

어떤 물질이 산소와 만나 급격히 산화(Oxidation)하면서 열과 빛을 동반하는 현상을 말한다.

2 연소의 3요소

물질이 연소하기 위해서는 가연성 물질(가연물), 산소공급원(공기 또는 산소), 점화원(불씨)이 필요하며, 이들을 연소의 3요소라 한다.

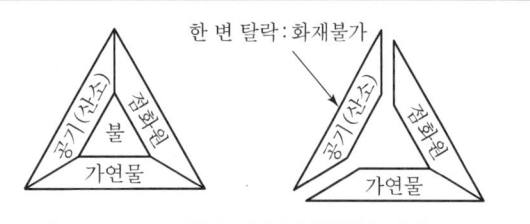

[연소의 3요소]

1) 가연물의 조건
(1) 산소와 화합이 잘 되며, 연소 시 연소열(발열량)이 커야 한다.
(2) 산소와 화합 시 열전도율이 작아야 한다(축적열량이 많아야 연소가 용이함).
(3) 산소와 접촉할 수 있는 입자의 표면적이 커야 한다(물질의 상태에 따른 표면적 : 기체>액체>고체).
(4) 산소와 화합하여 점화될 때 점화열이 작아야 한다.

2) 산소공급원
산화성 물질 또는 조연성 물질(연소 시 촉매작용을 하는 물질)

(1) 공기 중의 산소(약 21%)
(2) 자기연소성 물질(5류 위험물)
(3) 산화제
(4) 통풍이 불충분한 장소에서의 용접 등(「안전보건규칙」제241조 관련)
① 통풍이나 환기가 충분하지 않은 장소에서 용접 · 용단 및 금속의 가열 등 화기를 사용하는 작업 또는 연삭숫돌에 의한 건식연마작업 등 그 밖에 불꽃이 튈 우려가 있는 작업 등을 하는 경우에 통풍 또는 환기를 위하여 산소를 사용하여서는 아니 된다.

3) 점화원
(1) 연소반응을 일으킬 수 있는 최소의 에너지(활성화 에너지)를 제공할 수 있는 것
(2) 점화원의 종이가 작고, 인화온도가 높은 액체에서는 그 차이가 커지는 경향을 보인다.

3 인화점(Flash Point)

(1) 가연성 증기를 발생하는 액체 또는 고체가 공기 중에서 점화원에 의해 표면 부근에서 연소하기에 충분한 농도(폭발하한계)를 발생시키는 최저의 온도를 인화점이라 한다. 즉, 가연성 액체 또는 고체가 공기 중에서 생성한 가연성 증기가 폭발(연소)범위의 하한계에 도달할 때의 온도를 말한다.
(2) 인화점은 가연성 물질의 위험성을 나타내는 대표적인 척도이며, 낮을수록 위험한 물질이라 할 수 있다.
(3) 밀폐용기에 인화성 액체가 저장되어 있는 경우 용기의 온도가 낮아 액체의 인화점 이하가 되면 용기 내부의 혼합가스는 인화의 위험이 없다.

4 발화점(AIT ; Auto Ignition Temperature)

1) 정의

가연성 물질을 외부에서 화염, 전기불꽃 등의 착화원을 주지 않고 물질을 공기 중 또는 산소 중에서 가열할 경우에 착화 또는 폭발을 일으키는 최저온도를 발화점(발화온도, 착화점, 착화온도)이라 한다.

이는 외부의 직접적인 점화원 없이 열의 축적에 의해 연소반응이 일어나는 것이다.

2) 발화점에 영향을 주는 인자
(1) 가연성 가스와 공기와의 혼합비
(2) 용기의 크기와 형태
(3) 용기벽의 재질
(4) 가열속도와 지속시간
(5) 압력
(6) 산소농도
(7) 유속 등

3) 발화점이 낮아질 수 있는 조건
(1) 물질의 반응성이 높은 경우
(2) 산소와의 친화력이 좋은 경우
(3) 물질의 발열량이 높은 경우
(4) 압력이 높은 경우

▢ 주요물질 인화점

구분	품명	인화점(℃)
특수인화물 (-20℃ 이하)	디에틸에테르	-45
	산화프로필렌	-37
	이황화탄소	-30
제1석유류 (21℃ 미만)	아세톤	-20
	휘발유	-20~-43
알코올류	메탄올	11
	에탄올	13
제1석유류 (70℃ 미만)	등유	43~72
	경유	50~70
나프탈렌		80

▢ 주요물질 발화점

물질	발화온도(℃)	물질	발화온도(℃)
황린	34	에틸알코올	363
황화린	100	종이류	405~410
이황화탄소	100	아세틸렌	406~440
셀룰로이드	180	목재	410~450
아세트알데히드	185	프로판	440~460
등유	257	톨루엔	480
적린	260	에탄	520~630
가솔린	300	메탄	537
역청탄	360	아세톤	560

5 연소의 분류

1) 가연물의 종류에 따른 연소 형태

기체	확산연소	가연성 가스가 공기(산소) 중에 확산되어 연소범위에 도달했을 때 연소하는 현상
	예혼합연소	연소되기 전에 미리 연소범위의 혼합가스를 만들어 연소하는 형태
액체	증발연소	액체 표면에서 가연성 증기가 발생하여 공기(산소)와 혼합하여 연소범위를 형성하게 되고, 점화원에 의해 연소하는 현상
	분무연소	점도가 높고 비휘발성인 액체의 경우 액체입자를 분무하여 연소하는 형태
고체	표면연소	연소물 표면에서 산소와의 급격한 산화반응으로 빛과 열을 수반하는 연소반응. 가연성 가스 발생이나 열분해 없이 진행되는 연소반응으로, 불꽃이 없는 것이 특징이다(코크스, 목탄, 금속분 등).
	분해연소	고체 가연물이 가열됨에 따라 가연성 증기가 발생하여, 공기와 가스의 혼합으로 연소범위를 형성하게 되어 연소하는 형태(목재, 종이, 석탄, 플라스틱 등)
	증발연소	고체 가연물이 가열되어 융해되며 가연성 증기가 발생, 공기와 혼합하여 연소하는 형태(황, 나프탈렌, 파라핀 등)
	자기연소	분자 내 산소를 함유하고 있는 고체 가연물이 외부 산소 공급원 없이 점화원에 의해 연소하는 형태(질산에스테르류, 셀룰로이드류, 니트로화합물 등의 폭발성물질)

2) 연소의 형태에 따른 분류

(1) 확산연소 : 가연성 가스가 공기 중의 지연성 가스와 접촉하여 접촉면에서 연소가 일어나는 현상

(2) 증발연소 : 알코올, 에테르, 가솔린, 벤젠 등 인화성 액체가 증발하여 증기를 형성하고, 공기 중에 확산, 혼합하여 연소범위에 이르고, 점화원에 의해 점화되어 연소하게 되는 현상

(3) 분해연소 : 석탄, 목재 등 고체 가연물이 온도 상승에 따른 열분해로 인해 가연성 가스가 방출되어 연소하는 현상

(4) 표면연소 : 고체 표면의 공기와 접촉하는 부분에서 착화하는 현상

(5) 수소 – 산소계 분기연쇄반응(Branching Chain Reaction) : 연소가 진행 중인 상황에서 열분해에 의해 수소와 산소가 생성되고, 그것에 의해 연쇄적으로 계속하여 연소가 진행되는 현상

① 연소가스에는 최종생성물, 중간생성물 및 반응물질이 포함되어 있다.
② 연쇄반응을 유지시키는 활성기는 OH · H · O이다.
③ 연소가스 중에 중간생성물이 들어있는 것은 1,700℃ 정도에서의 열해리에 의한 것이다.
④ 가열, 분해, 연소, 전파의 4단계 연소반응 중 분해단계 반응의 속도가 가장 빠르다.

6 연소범위

가연성 가스나 인화성 액체의 증기에 대한 연소범위는 밀폐식 측정장치에서 가스나 증기와 공기의 혼합기체를 실험장치에 주입하여 점화시키면서 폭발압력을 측정하는데, 가스나 증기의 농도를 변화시키면서 연소범위를 결정한다.

□ 주요 가스 연소범위

가스	하한계	상한계	위험도
이황화탄소	1.2	44.0	35.67
아세틸렌	2.5	81.0	31.40
수소	4.0	75.0	17.75
프로필렌	2.4	11.0	3.58
프로판	2.1	9.5	3.52
부탄	1.8	8.4	3.67

※ 디에틸에테르 연소범위 : 1.9~48(위험도 : 24.26)

1) 가스나 증기혼합물의 연소범위

(1) 혼합가스의 연소범위 : 르샤틀리에(Le Chatelier) 법칙. (KOSHA GUIDE)

$$L = \frac{100}{\frac{V_1}{L_1} + \frac{V_2}{L_2} + \cdots\cdots + \frac{V_n}{L_n}}$$

(순수한 혼합가스일 경우) 또는

$$L = \frac{V_1 + V_2 + \cdots + V_n}{\frac{V_1}{L_1} + \frac{V_2}{L_2} + \cdots + \frac{V_n}{L_n}}$$

(혼합가스가 공기와 섞여있을 경우)

여기서, L : 혼합가스의 연소한계(%) – 연소상한, 연소하한 모두 적용 가능
$L_1, L_2, L_3, \cdots, L_n$: 각 성분가스의 연소한계(%) – 연소상한계, 연소하한계
$V_1, V_2, V_3, \cdots, V_n$: 전체 혼합가스 중 각 성분가스의 비율(%) – 부피비

(2) 실험데이터가 없어서 연소한계를 추정하는 경우에는 다음 식을 이용한다(Jones 식).(KOSHA GUIDE)

$$\text{LFL} = 0.55 C_{st}, \text{UFL} = 3.50 C_{st}$$

여기서, C_{st} : 완전연소가 일어나기 위한 연료, 공기의 혼합기체 중 연료의 부피(%)

$$C_{st}(\text{화학양론조성}) = \frac{\text{연료의 몰수}}{\text{연료의 몰수} + \text{공기의 몰수}} \times 100$$

(단일성분일 경우)

$$C_{st}(\text{화학양론조성}) = \frac{1}{\frac{V_1}{C_{st1}} + \frac{V_2}{C_{st2}} + \frac{V_n}{C_{stn}}} \times 100$$

(혼합가스일 경우)

여기서, $C_{st1}, C_{st2}, \cdots, C_{stn}$는 각 가스의 화학양론 조성,
$V_1, V_2, \cdots, V_n$은 각 가스의 부피비

(3) 최소산소농도(MOC, C_m)(KOSHA GUIDE)

최소산소농도(C_m)
= 폭발하한(%) × $\frac{\text{산소mol수}}{\text{연소가스mol수}}$

2) 연소범위에 대한 온도의 영향(KOSHA GUIDE)

(1) 연소범위는 온도에 따라 증감하는데 다음 식은 인화성 물질의 증기에 유용한 경험식이다.
(2) 연소하한계는 온도증가와 함께 감소하고, 연소상한계는 온도증가와 함께 증가한다.

3) 연소범위에 대한 압력의 영향(KOSHA GUIDE)

압력은 연소하한계에 거의 영향을 주지 않으며, 절대압력 50mmHg 이하에서는 화염이 전파되지 않는다.

4) 가스의 최대 연소속도 : 공기구멍에서 받아들인 공기량에 의해 결정

7 위험도

연소하한계 값과 연소상한계 값의 차이를 연소하한계 값으로 나눈 것으로, 기체의 연소 위험수준을 나타낸다. 일반적으로 위험도 값이 큰 가스는 연소상한계 값과 연소하한계 값의 차이가 크며, 위험도가 클수록 공기 중에서 연소 위험이 크다고 보면 된다.

$$H = \frac{U - L}{L}$$

여기서, H : 위험도, L : 연소하한계 값(%),
U : 연소상한계 값(%)

8 완전연소 조성농도(C_{st})(KOSHA GUIDE)

1) 정의

화학양론농도라고도 하며, 가연성 물질 1몰이 완전히 연소할 수 있는 공기와의 혼합비를 부피비(%)로 표현한 것이다. 화학양론에 따른 가연성 물질과 산소와의 결합 몰수를 기준으로 계산된다. 일반적으로 완전연소 시 발열량과 폭발력은 최대가 된다.

2) 계산식

유기물 $C_nH_xO_y$에 대하여 완전연소 시 반응식과 공기몰수, 양론농도는 다음과 같이 계산할 수 있다.

완전연소 반응식

$$: C_nH_xO_y + \left(n + \frac{x}{4} - \frac{y}{2}\right)O_2 \rightarrow nCO_2 + \left(\frac{x}{2}\right)H_2O$$

여기서, n : CO_2 몰수, $\frac{x}{2}$: H_2O 몰수

공기몰수
$= \left(n + \frac{x}{4} - \frac{y}{2}\right) \times \frac{100}{21} = 4.77n + 1.19x - 2.38y$

∴ 양론농도

$$C_{st} = \frac{1}{(4.77n + 1.19x - 2.38y) + 1} \times 100 (\text{vol}.\%)$$

9 화재의 종류(한국산업규격 KS B 6259)

구분	A급 화재	B급 화재	C급 화재	D급 화재
명칭	일반 화재	유류·가스 화재	전기 화재	금속 화재
가연물	목재, 종이, 섬유, 석탄 등	각종 유류 및 가스	전기기기, 기계, 전선 등	Mg 분말, Al 분말 등
표현색	백색	황색	청색	색표시 없음

1) 일반 화재(A급 화재)
(1) 목재, 종이 섬유 등의 일반 가연물에 의한 화재이다.
(2) 물 또는 물을 많이 함유한 용액에 의한 냉각소화, 산·알칼리, 강화액, 포말 소화기 등이 유효하다.

2) 유류 및 가스화재(B급 화재)
(1) 제4류 위험물(특수인화물, 석유류, 에스테르류, 케톤류, 알코올류, 동식물류 등)과 제4류 준위험물(고무풀, 나프탈렌, 송진, 파라핀, 제1종 및 제2종 인화물 등)에 의한 화재, 인화성 액체, 기체 등에 의한 화재이다.
(2) 연소 후에 재가 거의 없는 화재로 가연성 액체 등에 발생한다.
(3) 공기 차단에 의한 질식소화효과를 위해 포말소화기, CO_2 소화기, 분말소화기, 할로겐화물(할론) 소화기 등이 유효하다.
(4) 유류화재 시 발생할 수 있는 화재 현상
① 보일 오버(Boil Over) : 유류탱크 화재 시 유면에서부터 열파(Heat Wave)가 서서히 아래쪽으로 전파하여 탱크 저부의 물에 도달했을 때 이 물이 급히 증발하여 대량의 수증기가 되어 상층의 유류를 밀어올려 거대한 화염을 불러일으키는 동시에 다량의 기름을 탱크 밖으로 불이 붙은 채 방출시키는 현상
② 슬롭 오버(Slop Over) : 위험물 저장탱크 화재 시 물 또는 포를 화염이 왕성한 표면에 방사할 때 위험물과 함께 탱크 밖으로 흘러넘치는 현상

3) 전기화재(C급 화재)
(1) 전기를 이용하는 기계·기구 또는 전선 등 전기적 에너지에 의해서 발생하는 화재이다.
(2) 질식, 냉각효과에 의한 소화가 유효하며, 전기적 절연성을 가진 소화기로 소화해야 한다. 유기성 소화기, CO_2 소화기, 분말소화기, 할로겐화물(할론) 소화기 등이 유효하다.

4) 금속화재(D급 화재)
(1) Mg분말, Al분말 등 공기 중에 비산한 금속분진에 의한 화재이다.
(2) 소화에 물을 사용하면 안 되며, 건조사, 팽창 진주암 등 질식소화가 유효하다.

10 화재의 예방대책(KOSHA GUIDE)

화재를 예방하는 방법에는 위험물 관리, 점화원 관리 또는 산소 관리 등의 방법이 있다.

1) 위험물 관리
(1) 폭발성 물질 : 화기 기타 점화원이 될 우려가 있는 것에 접근시키거나 가열하거나 마찰시키거나 충격을 가하지 않는다.
(2) 발화성 물질 : 각각 그 특성에 따라 화기 기타 점화원이 될 우려가 있는 것에 접근시키거나 산화를 촉진하는 물질 또는 물에 접촉시키거나 가열하거나 충격을 가하지 않는다.
(3) 인화성 물질 : 화기 기타 점화원이 될 우려가 있는 것에 접근시키거나 주입 또는 가열하거나 증발시키지 않는다.

2) 점화원 관리
점화원의 종류 : 점화원의 종류에는 기계적 점화원(예 충격, 마찰, 단열압축 등), 전기적 점화원(예 전기적 스파크, 정전기 등), 열적 점화원(예 불꽃, 고열표면, 용융물 등) 및 자연 발화 등으로 구분된다.

3) 산소 관리
(1) 최소산소농도
① 산소농도를 최소산소농도 이하로 관리하면 연소하지 않는다.
② 대부분 가연성 가스의 최소산소농도는 10% 정도이고, 가연성 분진인 경우에는 8% 정도이다.
③ 인화성 액체의 증기에 대한 최소산소농도는 12~16% 정도이고 고체화재 중에 표면화재는 약 5% 이하, 심부화재에 대해서는 약 2% 이하이다.

(2) 불활성화(Inerting)(KOSHA GUIDE)
① 불활성화란 가연성 혼합가스나 혼합분진에 불활성가스를 주입하여 희석(불활성 가스의 치환), 산소의 농도를 최소산소농도 이하로 낮게 유지하는 것이다.
② 불활성 가스는 질소, 이산화탄소, 수증기 또는 연소배기가스 등이 사용된다. 연소억제를 위하여 관리되어야 할 산소의 농도는 안전율을 고려하여 해당물질의 최소산소농도보다 4% 정도 낮게 관리되어야 한다.

③ 안정적이고 지속적인 불활성화를 유지하기 위해서 대상설비에 산소농도측정기를 설치하고 산소농도를 관리하여야 한다.
④ 산소농도측정기는 정확한 농도측정을 위하여 제조회사에서 제시하는 기간이 초과되기 전에 교정이 필요하며, 감지부(Sensor)를 주기적으로 교체해 주어야 한다.

(3) 불활성화방법

① 진공치환 : 압력용기류에 주로 적용하며 완전진공설계가 이루어진 용기류에 적용이 가능하고, 큰 용기에는 사용이 어렵다.
② 압력치환 : 용기류에 적용이 가능하며 가압시키는 압력은 설계압력 이내에서 결정되어야 한다. 목표로 하는 농도에 대한 치환횟수는 진공치환의 방법과 같다.
③ 스위프치환 : 한쪽의 개구부로 치환가스를 공급하고 다른 한쪽으로 배출시키는 방법으로, 주로 배관류에 적용하는 것이 바람직하다.
④ 사이폰치환 : 대상 기기에 물이나 적합한 액체를 채운 뒤 액체를 배출시키면서 치환가스를 주입하는 방법으로 이루어진다. 액체를 채웠을 때 하중에 문제가 되는 경우에는 적용이 불가능하다.

(4) 치환 요령

① 대상가스의 물성을 파악한다.
② 사용하는 불활성가스의 물성을 파악한다.
③ 장치내부를 물로 먼저 세정한 후 퍼지용 가스를 송입한다.
④ 퍼지용 가스는 장시간에 걸쳐 천천히 주입한다.

(5) 치환 시의 특징

① 진공퍼지가 압력퍼지에 비해 퍼지시간이 길다.
② 진공퍼지는 압력퍼지보다 불활성가스 소모가 적다.
③ 사이폰 퍼지가스의 부피는 용기의 부피와 같다.
④ 스위프퍼지는 용기나 장치에 압력을 가하거나 진공으로 할 수 없을 때 사용된다.

11 연소파와 폭굉파

1) 연소파

가연성 가스와 적당한 공기가 미리 혼합되어 폭발범위 내에 있을 경우, 확산의 과정이 생략되기 때문에 화염의 전파 속도가 매우 빠른데, 이러한 혼합 가스에 착화하게 되면 착화원에 국한된 반응영역이 형성되어 혼합가스 중으로 퍼져나간다. 그 진행 속도가 0.1~1.0m/s 정도 될 때, 이를 연소파(Combustion Wave)라 한다.

2) 폭굉파

연소파가 일정 거리를 진행한 후 연소 전파 속도가 1,000~3,500m/s 정도에 달할 경우 이를 폭굉현상(Detonation Phenomenon)이라 하며, 이때의 국한된 반응영역을 폭굉파(Detonation Wave)라 한다. 폭굉파의 속도는 음속을 앞지르므로, 진행후면에는 그에 따른 충격파가 있다.

(1) 폭발한계와 폭굉한계

폭굉은 폭발이 발생된 후에 일어나는 것이므로 폭굉한계는 폭발한계 내에 존재한다. 따라서 폭발한계는 폭굉한계보다 농도범위가 넓다.

(2) 폭굉 유도거리

최초의 완만한 연소속도가 격렬한 폭굉으로 변할 때까지의 시간. 다음의 경우 짧아진다.
① 정상 연소속도가 큰 혼합물일 경우
② 점화원의 에너지가 큰 경우
③ 고압일 경우
④ 관 속에 방해물이 있을 경우
⑤ 관경이 작을 경우

3) 폭발위력이 미치는 거리

$$r_2 = r_1 \times \left(\frac{W_2}{W_1}\right)^{1/3}$$

여기서, r_1, r_2 : 폭발점과의 거리,
W_1, W_2 : 폭발물의 양

12 폭발의 분류

1) 기상폭발

(1) 혼합가스의 폭발 : 가연성 가스와 조연성 가스의 혼합가스가 폭발범위 내에 있을 때
(2) 가스의 분해폭발 : 반응열이 큰 가스분자 분해시 단일성분이라도 점화원에 의해 폭발
(3) 분진폭발 : 가연성 고체의 미분이나 가연성 액체의 액적(mist)에 의한 폭발

2) 액상폭발(응상폭발)

(1) 혼합위험성에 의한 폭발 : 산화성 물질과 환원성 물질 혼합 시 폭발
(2) 혼합위험의 영향인자 : 온도, 압력, 농도
(3) 폭발성 화합물의 폭발 : 반응성 물질의 분자 내의 연소에 의한 폭발과 흡열화합물의 분해 반응에 의한 폭발
(4) 증기폭발 : 물, 유기액체 또는 액화가스 등의 과열 시 급속하게 증발된 증기에 의한 폭발

3) 분진폭발(KOSHA GUIDE)

(1) 정의 : 가연성 고체의 미분이나 가연성 액체의 액적에 의한 폭발
(2) 입자의 크기 : $75\mu m$ 이하의 고체입자가 공기 중에 부유하여 폭발분위기 형성
(3) 분진폭발의 순서 : 퇴적분진 → 비산 → 분산 → 발화원 → 전면폭발 → 2차 폭발
(4) 분진폭발의 특성
① 가스폭발보다 발생에너지가 크다.
② 폭발압력과 연소속도는 가스폭발보다 작다.
③ 불완전연소로 인한 가스중독의 위험성은 크다.
④ 화염의 파급속도보다 압력의 파급속도가 크다.
⑤ 가스폭발에 비하여 불완전 연소가 많이 발생한다.
⑥ 주위 분진에 의해 2차, 3차 폭발로 파급될 수 있다.
(5) 분진폭발에 영향을 주는 인자
① 분진의 입경이 작을수록 폭발하기 쉽다.
② 일반적으로 부유분진이 퇴적분진에 비해 발화온도가 높다.
③ 연소열이 큰 분진일 수록 저농도에서 폭발하고 폭발위력도 크다.
④ 분진의 비표면적이 클수록 폭발성이 높아진다.
(6) 분진폭발 시험장치 : 하트만(Hartmann)식 시험장치
(7) 분진폭발을 방지하기 위한 불활성 분진폭발 첨가물 : 탄산칼슘, 모래, 석분, 질석가루 등

4) 폭발형태 분류

(1) 증기운 폭발(UVCE ; Unconfined Vapor Cloud Explosion)
① 증기운 : 저온 액화가스의 저장탱크나 고압의 가연성 액체용기가 파괴되어 다량의 가연성 증기가 폐쇄공간이 아닌 대기 중으로 급격히 방출되어 공기 중에 분산 확산되어 있는 상태
② 가연성 증기운에 착화원이 주어지면 폭발하여 Fire Ball을 형성하는데 이를 증기운 폭발이라고 한다.
③ 증기운 크기가 증가하면 점화 확률이 높아진다.

(2) 비등액팽창 증기폭발(BLEVE ; Boiling Liquid Expanding Vapor Explosion)(KOSHA GUIDE)
① 비점이 낮은 액체 저장탱크 주위에 화재가 발생했을 때 저장탱크 내부의 비등현상으로 인한 압력 상승으로 탱크가 파열되어 그 내용물이 증발, 팽창하면서 발생되는 폭발현상
② BLEVE 방지 대책
  ㉠ 열의 침투 억제 : 보온조치 열의 침투속도를 느리게 한다(액의 이송시간 확보).
  ㉡ 탱크의 과열방지 : 물분무 설치 냉각조치(살수장치)
  ㉢ 탱크로 화염의 접근 금지 : 방액재 내부 경사조정, 화염차단 최대한 지연

13 가스폭발의 원리

1) 용어의 정의

(1) 폭발한계(Explosion Limit)

가스 등의 폭발현상이 일어날 수 있는 농도 범위. 농도가 지나치게 낮거나 지나치게 높아도 폭발은 일어나지 않는다.

(2) 폭발하한계(LEL ; Lower Explosive Limit)

가스 등이 공기 중에서 점화원에 의해 착화되어 화염이 전파되는 최소 농도이다.

(3) 폭발상한계(UEL ; Upper Explosive Limit)

가스 등이 공기 중에서 점화원에 의해 착화되어 화염이 전파되는 최대 농도이다.

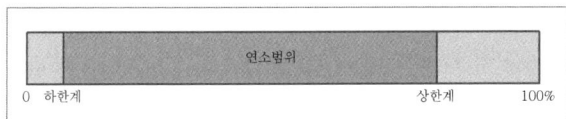

[연소(폭발)범위의 정의]

2) 폭발압력(KOSHA GUIDE)

(1) 폭발압력과 가스농도 및 온도와의 관계

① 가스농도 및 온도와의 관계 : 폭발압력은 초기압력, 가스농도, 온도변화에 비례

$$P_m = P_1 \times \frac{n_2}{n_1} \times \frac{T_2}{T_1}$$

② 폭발압력과 가연성가스 농도와의 관계
  ㉠ 가연성 가스의 농도가 너무 희박하거나 진하여도 폭발압력은 낮아진다.
  ㉡ 폭발압력은 양론농도보다 약간 높은 농도에서 최대폭발압력이 된다.
  ㉢ 최대폭발압력의 크기는 공기보다 산소의 농도가 큰 혼합기체에서 더 높아진다.
  ㉣ 가연성 가스의 농도가 클수록 폭발압력은 비례하여 높아진다.

(2) 밀폐된 용기 내에서 최대폭발압력에 영향을 주는 요인

① 가연성 가스의 초기온도 : 온도 증가에 따라 최대폭발압력(P_m)은 감소
② 가연성 가스의 초기압력 : 압력 증가에 따라 최대폭발압력(P_m)은 증가
③ 가연성 가스의 농도 : 농도 증가에 따라 최대폭발압력(P_m)은 증가
④ 발화원의 강도 : 발화원의 강도가 클수록 최대폭발압력(P_m)은 증가
⑤ 용기의 형태 : 용기가 작을수록 최대폭발압력(P_m)은 증가
⑥ 가연성 가스의 유량 : 유량이 클수록 최대폭발압력(P_m)은 증가

3) 최소발화에너지(MIE ; Minimum Ignition Energy) (KOSHA GUIDE)

(1) 정의 : 물질을 발화시키는 데 필요한 최저 에너지

(2) 최소발화에너지에 영향을 주는 인자
① 가연성 물질의 조성
② 발화 압력 : 압력에 반비례(압력이 클수록 최소발화에너지는 감소한다)
③ 혼입물 : 불활성 물질이 증가하면 최소발화에너지는 증가

(3) 최소발화에너지의 특징
① 일반적으로 분진의 최소발화에너지는 가연성 가스보다 큰 에너지 준위를 가진다.
② 온도의 변화에 따라 최소발화에너지는 변한다.
③ 유속이 커지면 발화에너지는 커진다.
④ 화학양론농도 보다도 조금 높은 농도일 때에 최소값이 된다.

(4) 전기(정전기)로서의 최소발화에너지

$$E = \frac{1}{2}CV^2 (\text{mJ})$$

여기서, E : 방전에너지, C : 전기용량, V : 불꽃전압

14 폭발등급

1) 안전간격(=화염일주한계)

내측의 가스점화 시 외측의 폭발성 혼합가스까지 화염이 전달되지 않는 한계의 틈이다. 8ℓ 의 둥근 용기 안에 폭발성 혼합가스를 채우고 점화시켜 발생된 화염이 용기 외부의 폭발성 혼합가스에 전달

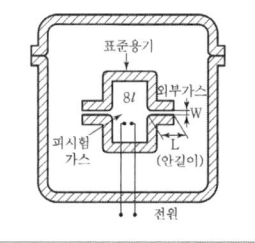

되는가의 여부를 측정하였을 때 화염을 전달시킬 수 없는 한계의 틈 사이를 말한다. 안전간격이 작은 가스일수록 폭발 위험이 크다. 가스폭발 한계 측정시 화염 방향이 상향일 때 가장 넓은 값을 나타낸다.

2) 폭발등급

안전간격(=화염일주한계) 값에 따라 폭발성 가스를 분류하여 등급을 정한다.

3) 폭발등급에 따른 안전간격과 해당물질

폭발등급	안전간격 (mm)	해당물질
1등급	0.6 이상	메탄, 에탄, 프로판, n-부탄, 가솔린, 일산화탄소, 암모니아, 아세톤, 벤젠, 에틸에테르
2등급	0.6~0.4	에틸렌, 석탄가스, 이소프렌, 산화에틸렌
3등급	0.4 이하	수소, 아세틸렌, 이황화탄소, 수성가스

15 자연발화

1) 정의
물질이 공기(산소) 중에서 천천히 산화되며 축적된 열로 인해 온도가 상승하고, 발화온도에 도달하여 점화원 없이도 발화하는 현상이다.

2) 자연발화의 형태
산화열에 의한 발열, 분해열에 의한 발열, 흡착열에 의한 발열, 미생물발효에 의한 발열, 중합에 의한 발열 등이 있다.

3) 자연발화의 조건
(1) 표면적이 넓을 것
(2) 발열량이 클 것
(3) 물질의 열전도율이 작을 것
(4) 주변온도가 높을 것

4) 자연발화 방지대책
(1) 통풍이 잘 되게 할 것
(2) 주변온도를 낮출 것
(3) 습도가 높지 않도록 할 것
(4) 열전도가 잘 되는 용기에 보관할 것

SECTION 02
소화원리 이해

1 제거소화

1) 정의
가연물의 공급을 중단하여 소화하는 방법이다.

2) 제거소화의 예
(1) 가스의 화재 : 공급밸브를 차단하여 가스 공급을 중단
(2) 산불 : 화재 진행방향의 목재를 제거하여 진화

2 질식소화

1) 정의
산소(공기)공급을 차단하여 연소에 필요한 산소 농도 이하가 되게 하여 소화하는 방법이다.

2) 질식소화의 방법
(1) 포말(거품)을 사용하여 연소물을 감싸는 방법
(2) 소화분말을 이용하여 연소물을 감싸는 방법
(3) 이산화탄소로 산소 공급을 차단하는 방법
(4) 할로겐 화합물로 산소 공급을 차단하는 방법
(5) 물을 분무상으로 방사하는 방법

3) 질식소화를 이용한 소화기 종류
(1) 포말소화기
(2) 분말소화기
(3) 탄산가스 소화기
(4) 건조사, 팽창 진주암, 팽창 질석

3 냉각소화

1) 정의
물 등 액체의 증발잠열을 이용, 가연물을 인화점 및 발화점 이하로 낮추어 소화하는 방법이다.

2) 냉각소화를 이용한 소화기 종류
(1) 물   (2) 강화액 소화기   (3) 산·알칼리 소화기

4 억제소화

1) 정의
가연물 분자가 산화됨으로 인해 연소가 계속되는 과정을 억제하여 소화하는 방법이다.

2) 억제소화를 이용한 소화기 종류

(1) 사염화탄소(C.T.C) 소화기 : 할론 1040
(2) 일취화 일염화 메탄(C.B) 소화기 : 할론 1011
(3) 일취화 삼불화 메탄(B.M.T) 소화기 : 할론 1301 등

5 소화기의 종류

1) 포소화기

가연물의 표면을 포(거품)로 둘러싸고 덮는 질식소화를 이용한 소화기이다.

(1) 기계포

에어포(공기포)라고도 하며, 가수분해단백질, 계면활성제가 주성분인 소화제 원액을 발포기로 공기와 혼합하여 포를 만들어 방사한다.

① 저팽창형 포제 : 4~12배 팽창하며 내열성과 점성을 더하기 위해 철염 또는 방부제를 혼합한다. 주로 유류화재 소화 시 사용
② 고팽창형 포제 : 100배 이상 팽창하며 단시간에 빠르게 화염 표면을 덮을 수 있다. 고층 건물, 화학약품 공장 등의 화재 소화 시 사용
③ 혼합장치의 종류
  ㉠ 관로혼합장치 ㉡ 차압혼합장치 ㉢ 펌프혼합장치

(2) 화학포

중탄산나트륨과 황산알미늄의 화학반응에 의해 포말을 생성, 방사한다.

① 소화약제 화학 반응식

$$6NaHCO_3 + Al_2(SO_4)_4 + 18H_2O \rightarrow 3Na_2SO_4 + 2Al(OH)_3 + 6CO_2 + 18H_2O$$

② 구조에 따라 보통전도식, 내통밀폐식, 내통밀봉식 등이 있다.

2) 분말소화기

(1) 분말 입자로 가연물 표면을 덮어 소화하는 것으로, 질식소화 효과를 얻을 수 있다.
(2) 모든 화재에 사용할 수 있으며, 전기화재와 유류화재에 효과적이다.
(3) 구조에 따라 축압식과 가스가압식이 있다.

(4) 소화약제 종류와 화학반응식

① 제1종분말[중탄산나트륨(중조)] : 약제 분해에 의해 생긴 이산화탄소와 수증기로 소화한다.

$$2NaHCO_3 \rightarrow Na_2CO_3 + CO_2 + H_2O$$

② 제2종분말[중탄산칼륨] : 중탄산나트륨보다 소화력이 크다.

$$2KHCO_3 \rightarrow K_2CO_3 + CO_2 + H_2O$$

③ 제3종분말[인산암모늄] : 열분해에 의해 부착성이 좋은 메타인산을 생성하여 다른 소화분말보다 30% 이상 소화력이 좋다. 모든 화재에 효과적이다.

$$NH_4H_2PO_4 \rightarrow HPO_3 + NH_3 + H_2O$$

(5) 금속화재용으로는 염화바륨($BaCl_2$), 염화나트륨(NaCl), 염화칼슘($CaCl_2$) 등을 사용한다.

3) 증발성 액체 소화기(할로겐 화합물 소화기)

(1) 소화원리

① 증발성 강한 액체를 화재표면에 뿌려 증발잠열을 이용해 온도를 낮추어 냉각소화 효과로 소화한다.
② 소화약제 중 할로겐 원소가 가연물이 산소와 결합하는 것을 방해하는 부촉매 효과로 연소가 계속되는 것을 억제하여 소화한다.

(2) 종류

① 사염화탄소(CCl_4)(할론1040) : 무색투명한 불연성 액체. 고온에서는 이산화탄소와 반응하여 포스겐 가스(발생
② 일취화 일염화 메탄(CH_2ClBrM)(할론 1011) : 무색투명하고 증발하기 쉬운 불연성 액체이다.
③ 일취화 삼불화 메탄(CF_3BrM)(할론 1301) : 비점이 −57.7℃로 할로겐화물 소화약제 중 비점이 가장 낮아 빠르게 증발한다.
④ 이취화 사불화 에탄($C_2F_4Br_2M$)(할론 2402) : 독성 및 부식성이 적어 안정도가 높으며, 증발성 액체 소화기 중 소화효과가 가장 크다.

⑤ 일취화 일염화 이불화 메탄(CF_2ClBrM)(할론 1211) : 무색, 무취이며 전기적으로 부도체여서, 전기화재 소화에 쓸 수 있다.

(3) 소화효과의 크기
① 할로겐 원소별 : $F_2 < Cl_2 < Br_2 < I_2$
② 소화기 종류별 : 1040 < 2402 < 1211 < 1301

4) 이산화탄소(탄산가스) 소화기

(1) 이산화탄소를 고압으로 압축, 액화하여 용기에 담아놓은 것으로 가스 상태로 방사된다. 연소 중 산소농도를 필요한 농도 이하로 낮추는 질식소화가 주된 소화효과이며, 냉각효과를 동반하여 상승적으로 작용하여 소화한다.

(2) 이산화탄소 소화기의 특징
① 용기 내 액화탄산가스를 기화하여 가스 형태로 방출한다.
② 불연성 기체로, 절연성이 높아 전기화재(C급)에 적당하며, 유류(B급) 화재에도 유효하다.
③ 방사 거리가 짧아 화재현장이 광범위할 경우 사용이 제한적이다.
④ 공기보다 무거우며, 기체상태이기 때문에 화재 심부까지 침투가 용이하다.
⑤ 반응성이 매우 낮아 부식성이 거의 없다.

5) 강화액 소화기

(1) 물 소화약제의 단점을 보완하기 위하여 물에 탄산칼륨(K_2CO_3) 등을 녹인 수용액으로서 부동성이 높은 알칼리성 소화약제이다.
(2) 탄산칼륨으로 인해 빙점이 $-30°C$까지 낮아져 한랭지 또는 겨울철에 사용할 수 있다.
(3) 유류 또는 전기 화재에 유효하다.

6) 간이 소화제

소화기 및 소화제가 없는 곳에서 초기소화에 사용하거나 소화를 보강하기 위해 간이로 사용할 수 있는 소화제를 말한다.

(1) 건조사
질식소화 효과로, 모든 화재(A급, B급, C급, D급)에 사용할 수 있다.

(2) 팽창질석, 팽창진주암
질식소화 효과의 간이소화제로 질석, 진주암 등 암석을 1,000~1,400°C로 가열, 10~15배 팽창시켜 분쇄한 분말이다. 비중이 매우 작고 가볍다. 발화점이 낮은 알킬알미늄류, 칼륨 등 금속분진 화재에 유효하다.

7) 가압방식에 의한 소화기 분류

(1) 축압식
① 소화기 용기 내부에 소화약제와 압축공기 또는 불연성 가스인 이산화탄소, 질소를 충전하여 그 압력에 의해 약제가 방출되는 방식이다.
② 이산화탄소 소화기, 할로겐화물 소화기 등이 해당한다.

(2) 가압식
① 수동펌프식 : 피스톤식 수동펌프에 의한 가압으로 소화약제 방출
② 화학반응식 : 소화약제의 화학반응에 의해 생성된 가스의 압력으로 소화약제 방출
③ 가스가압식 : 소화기 내부 또는 외부에 별도의 가압가스용기를 설치하여 그 압력에 의해 소화약제 방출

SECTION 03
폭발방지대책 수립

1 폭발방지대책

1) 예방대책

(1) 폭발을 일으킬 수 있는 위험성 물질과 발화원의 특성을 알고 그에 따른 폭발이 일어나지 않도록 관리해야 한다.
① 인화성 액체의 증기, 인화성 가스 또는 인화성 고체에 의한 폭발·화재 예방 – 폭발범위 이하로 농도를 관리하기 위한 방법(「안전보건규칙」 제232조 관련)
  ㉠ 통풍   ㉡ 환기   ㉢ 분진제거
(2) 공정에 대하여 폭발 가능성을 충분히 검토하여 예방할 수 있도록 설계단계부터 페일 세이프(Fail Safe) 원칙을 적용해야 한다.

2) 국한대책

폭발의 피해를 최소화하기 위한 대책이다(안전장치, 방폭설비 설치 등).

3) 폭발방호(Explosion Protection)

(1) 폭발봉쇄
(2) 폭발억제
(3) 폭발방산
(4) 대기방출

4) 분진폭발의 방지(KOSHA GUIDE)

(1) 분진 생성 방지 : 보관, 작업장소의 통풍에 의한 분진 제거
(2) 발화원 제거 : 불꽃, 전기적 점화원(전원, 정전기 등) 제거
(3) 불활성물질 첨가 : 시멘트분, 석회, 모래, 질석 등 돌가루
(4) 2차 폭발방지

2 폭발하한계 및 폭발상한계의 계산 (KOSHA GUIDE)

1) 폭발하한계 계산

$$LEL_{mix} = \frac{1}{\sum_{n=1}^{n} \frac{y_i}{LEL_i}}$$

여기서, LEL_{mix} : 가스 등 혼합물의 폭발하한계(vol%)
LEL_i : 가스 등의 성분 중 i 성분의 폭발하한계(vol%)
y_i : 가스 등의 성분 중 i 성분의 mol 분율
n : 가스 등의 성분의 수

2) 폭발상한계 계산

$$UEL_{mix} = \frac{1}{\sum_{n=1}^{n} \frac{y_i}{UEL_i}}$$

여기서, UEL_{mix} : 가스 등 혼합물의 폭발상한계(vol%)
UEL_i : 가스 등의 성분 중 i 성분의 폭발상한계 (vol%)

3) 폭발(연소)한계에 영향을 주는 요인(KOSHA GUIDE)

(1) 온도

기준이 되는 25℃에서 100℃씩 증가할 때마다 폭발(연소) 하한계는 값의 8%가 감소하며, 폭발(연소)상한은 8% 증가한다.

① 폭발(연소)하한계

$$L_t = L_{25℃} - (0.8 L_{25℃} \times 10^{-3})(T-25)$$

② 폭발(연소)상한계

$$U_t = U_{25℃} + (0.8 U_{25℃} \times 10^{-3})(T-25)$$

(2) 압력

폭발(연소)하한계에는 영향이 경미하나 폭발(연소)상한계에는 크게 영향을 준다. 보통의 경우 가스압력이 높아질수록 폭발(연소)범위는 넓어진다.

(3) 산소

폭발(연소)하한계는 공기나 산소 중에서 변함이 없으나 폭발(연소)상한계는 산소농도와 비례하여 상승하게 된다.

(4) 화염의 진행 방향

4) 혼합가스의 폭발범위

(1) 르샤틀리에(Le Chatelier) 법칙(KOSHA GUIDE)

$$L = \frac{100}{\frac{V_1}{L_1} + \frac{V_2}{L_2} + \cdots\cdots + \frac{V_n}{L_n}}$$

(순수한 혼합가스일 경우) 또는,

$$L = \frac{V_1 + V_2 + \cdots + V_n}{\frac{V_1}{L_1} + \frac{V_2}{L_2} + \cdots + \frac{V_n}{L_n}}$$

(혼합가스가 공기와 섞여 있을 경우)

여기서, L : 혼합가스의 폭발한계(%) – 폭발상한, 폭발하한 모두 적용 가능
$L_1, L_2, L_3, \cdots, L_n$: 각 성분가스의 폭발한계(%) – 폭발상한계, 폭발하한계
$V_1, V_2, V_3, \cdots, V_n$: 전체 혼합가스 중 각 성분가스의 비율(%) – 부피비

(2) 실험데이터가 없어서 연소한계를 추정하는 경우에는 다음 식을 이용한다.(Jones 식)(KOSHA GUIDE)

$$LFL = 0.55C_{st},\ UFL = 3.50C_{st}$$

여기서, C_{st} : 완전연소가 일어나기 위한 연료, 공기의 혼합기체 중 연료의 부피(%)

$$C_{st} = \frac{연료의\ 몰수}{연료의\ 몰수 + 공기의\ 몰수} \times 100$$

(단일성분일 경우)

$$C_{st} = \frac{1}{\frac{V_1}{C_{st1}} + \frac{V_2}{C_{st2}} + \frac{V_3}{C_{st3}} + \cdots + \frac{V_n}{C_{stn}}} \times 100$$

(혼합가스일 경우)

5) 위험도

(1) 폭발하한계 값과 폭발상한계 값의 차이를 폭발하한계 값으로 나눈 것이다.
(2) 기체의 폭발 위험수준을 나타낸다.
(3) 일반적으로 위험도 값이 클수록 공기 중에서 폭발 위험이 크다.

$$H = \frac{U - L}{L}$$

여기서, H : 위험도, L : 폭발하한계 값(%),
U : 폭발상한계 값(%)

6) Brugess – Wheeler의 법칙

포화탄화수소계의 가스에서는 폭발하한계의 농도 $X(\text{vol}\%)$와 그의 연소열(kcal/mol) Q의 곱은 일정하다.

$$X \cdot \frac{Q}{100} = 11(일정)$$

CHAPTER 02 화학물질 안전관리 실행

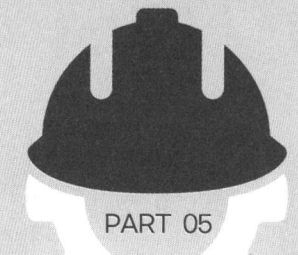

SECTION 01 화학물질(위험물, 유해화학물질) 확인

1 위험물의 기초화학

1) 물질의 상태
물질의 상태는 일반적으로 기체, 액체, 고체의 세 가지로 나눌 수 있다.
- 예 물의 경우, 기체 : 수증기, 액체 : 물, 고체 : 얼음으로 그 상태를 나눌 수 있다.

2) 물질의 종류

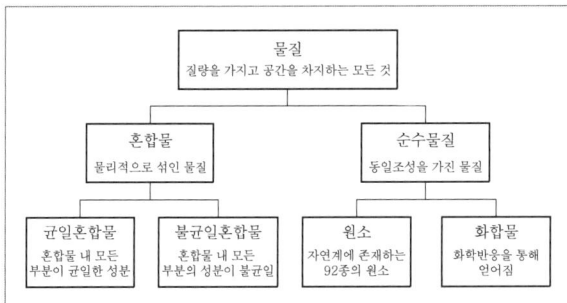

[물질의 분류]

3) 화학반응 기초

(1) 온도
① 상대온도 : 해면의 평균대기압하에서 물의 끓는점과 어는점을 기준하여 정한 온도로써 섭씨온도(℃)와 화씨온도(℉)가 해당한다.
② 절대온도 : 분자운동이 완전 정지하여 운동에너지가 0이 되는 온도로써 켈빈온도(K)와 랭킨온도(R)가 해당한다.

(2) 압력
단위면적에 미치는 힘으로, 그 단위는 kg/cm^2, lb/in^2, N/m^2, Pa 등이 있다.

(3) 기체반응 기초법칙

① 보일의 법칙
기체에 대한 부피 대 압력의 법칙. 온도가 일정할 때 기체의 부피는 주어진 압력에 반비례한다.

$$P_1 V_1 = P_2 V_2$$

② 샤를의 법칙
기체에 대한 부피 대 온도의 법칙. 압력이 일정할 때 기체의 부피는 주어진 온도에 비례한다.

$$\frac{V_1}{T_1} = \frac{V_2}{T_2}$$

③ 보일-샤를의 법칙
보일의 법칙과 샤를의 법칙을 수학적으로 합해놓은 연합 기체법칙

$$\frac{P_1 V_1}{T_1} = \frac{P_2 V_2}{T_2}$$

여기서, P : 압력, V : 부피, T : 온도

④ 이상기체 상태방정식
기체의 압력은 기체 몰수와 온도의 곱을 부피로 나눈 값에 비례한다는 것을 표현한 식

$$PV = nRT = \frac{W}{M} RT$$

여기서, P : 절대압력(atm), V : 부피(ℓ)
R : $0.082(\ell \cdot atm/mol \cdot K)$, T : 절대온도(K)
n : 몰수(mol), M : 분자량, W : 질량(g)

⑤ 단열변화(단열압축, 단열팽창)

주변계와의 열교환이 없는 상태에서의 온도 변화시 기체의 부피와 압력의 변화

$$\frac{T_2}{T_1} = \left(\frac{V_1}{V_2}\right)^{r-1} = \left(\frac{P_2}{P_1}\right)^{\frac{(r-1)}{r}}$$

⑥ 부피변화에 따른 열량계산

$$Q = AP(V_2 - V_1)$$

여기서, Q : 열량(kcal), A : 열당량(kcal/kg.m)(=1/427)
P : 압력(kg/cm^2), V : 비체적(m^3/kg)

⑦ 액화가스의 부피

액화가스 무게(kg)×가스 정수=액화가스 부피

⑧ Flash율 : 엔탈피 변화에 따른 액체의 기화율

$$\text{Flash율} = \frac{e_1 - e_2}{\text{기화열/분자량}}$$

여기서, e_1 : 본래 엔탈피, e_2 : 변화된 엔탈피

⑨ 액화가스의 기화량 : 액화가스가 대기 중으로 방출될 때의 기화되는 양

$$\text{기화량(kg)} = \text{액화가스 질량(kg)} \times \frac{\text{비열(kJ/kg)}}{\text{증발잠열(kJ/kg)}}$$
$$\times [\text{외기온도(℃)} - \text{비점(℃)}]$$

⑩ 0℃, 1기압에서 기체 1몰의 부피 : 22.4ℓ

4) 화학반응의 분류

(1) 부가반응

① 둘이나 그 이상의 물질이 화합하여 하나의 화합물을 만드는 반응
② A+Z → AZ

(2) 분해반응 : 하나의 화합물이 둘 또는 그 이상의 물질로 분해되는 반응

(3) 단일치환반응

① 하나의 금속이 하나의 화합물 또는 수용액으로부터 다른 금속 또는 수소를 치환하는 반응
② 수소취성 : 수소는 고온, 고압에서 강(Fe_3C) 중의 탄소와 반응하여 메탄을 생성한다.

(4) 이중치환반응 : 두 화합물의 음이온이 서로 교환되어 완전히 다른 화합물을 생성하는 반응

(5) 중화반응 : 이중치환반응의 특별한 유형으로, 산과 염기가 반응하여 물을 생성하고 중화되는 반응

(6) 중합반응(Polymerization)

① 단량체(Monomer)가 촉매 등에 의해 반응하여 다량체(Polymer)를 만들어내는 반응이다.
② A+A+⋯+A → [A]$_n$

2 위험물의 종류

위험물 종류	물질의 구분
폭발성 물질 및 유기과산화물 ([별표 1] 제1호)	가. 질산에스테르류 나. 니트로 화합물 다. 니트로소 화합물 라. 아조 화합물 마. 디아조 화합물 바. 하이드라진 유도체 사. 유기과산화물 아. 그 밖에 가목부터 사목까지의 물질과 같은 정도의 폭발의 위험이 있는 물질 자. 가목부터 아목까지의 물질을 함유한 물질
부식성 물질 ([별표 1] 제6호)	가. 부식성 산류 　(1) 농도가 20퍼센트 이상인 염산·황산·질산 그 밖에 이와 같은 정도 이상의 부식성을 가지는 물질 　(2) 농도가 60퍼센트 이상인 인산·아세트산·불산 그 밖에 이와 같은 정도 이상의 부식성을 가지는 물질 나. 부식성 염기류 　농도가 40퍼센트 이상인 수산화나트륨·수산화칼륨 그 밖에 이와 같은 정도 이상의 부식성을 가지는 염기류
급성 독성 물질 ([별표 1] 제7호)	가. 쥐에 대한 경구투입실험에 의하여 실험동물의 50퍼센트를 사망시킬 수 있는 물질의 양, 즉 LD50(경구, 쥐)이 킬로그램당 300밀리그램 –(체중) 이하인 화학물질 나. 쥐 또는 토끼에 대한 경피흡수실험에 의하여 실험동물의 50퍼센트를 사망시킬 수 있는 물질의 양, 즉 LD50(경피, 토끼 또는 쥐)이 킬로그램당 1,000밀리그램 –(체중) 이하인 화학물질

다. 쥐에 대한 4시간 동안의 흡입실험에 의하여 실험동물의 50퍼센트를 사망시킬 수 있는 물질의 농도, 즉 가스 LC50(쥐, 4시간 흡입)이 2,500ppm 이하인 화학물질, 증기 LC50(쥐, 4시간 흡입)이 10mg/ℓ 이하인 화학물질, 분진 또는 미스트 1mg/ℓ 이하인 화학물질

※ LD50 : 실험동물 한 무리(10마리 이상)에서 50%가 죽는 양, LC50 : 실험동물 한 무리(10마리 이상)에서 50%가 죽는 농도

3 노출기준

1) 정의
유해·위험한 물질이 보통의 건강수준을 가진 사람에게 건강상 나쁜 영향을 미치지 않는 정도의 농도이다.

2) 표시단위
(1) 가스 및 증기 : ppm 또는 mg/m³
(2) 분진 : mg/m³(단, 석면은 개/cm³)
(3) 단위환산 : $mg/l = \dfrac{체적\% \times 분자량}{24.45}$,

$mg/m^3 = \dfrac{체적\% \times 분자량}{24.45}$

3) 유독물의 종류와 성상

구분	성상	입자의 크기
흄 (Fume)	고체 상태의 물질이 액체화된 다음 증기화되고, 증기화된 물질의 응축 및 산화로 인하여 생기는 고체상의 미립자(금속 또는 중금속 등)	0.01~1μm
미스트 (Mist)	공기 중에 분산된 액체의 작은 입자(기름, 도료, 액상 화학물질 등)	0.1~100μm
분진 (Dust)	공기 중 분산된 고체의 작은 입자(연마, 파쇄, 폭발 등에 의해 발생됨. 광물, 곡물, 목재 등)	0.01~500μm
가스 (Gas)	상온·상압(25℃, 1atm) 상태에서 기체인 물질	분자상
증기 (Vapor)	상온·상압(25℃, 1atm) 상태에서 액체로부터 증발되는 기체	분자상

4) 유해물질의 노출기준

(1) 시간가중 평균 노출기준(TWA ; Time Weighted Average)

1일 8시간 작업을 기준으로 하여 유해인자의 측정치에 발생시간을 곱하여 8시간으로 나눈 값이다.

$$TWA환산값 = \dfrac{C_1T_1 + C_2T_2 + \cdots + C_nT_n}{8}$$

여기서, C : 유해요인의 측정치(단위 : ppm 또는 mg/m³)
T : 유해요인의 발생시간(단위 : 시간)

(2) 단시간 노출기준(STEL ; Short Time Exposure Limit)

15분간의 시간가중평균 노출값으로서 노출농도가 시간가중평균노출기준(TWA)을 초과하고 단시간노출기준(STEL) 이하인 경우에는 1회 노출 지속시간이 15분 미만이어야 하고, 이러한 상태가 1일 4회 이하로 발생하여야 하며, 각 노출의 간격은 60분 이상이어야 한다.

(3) 최고 노출기준(C ; Ceiling)

근로자가 1일 작업시간동안 잠시라도 노출되어서는 안 되는 기준

(4) 혼합물인 경우의 노출기준(위험도)

① 오염원이 여러 개인 경우, 각각의 물질 간의 유해성이 인체의 서로 다른 부위에 작용한다는 증거가 없는 한 유해작용은 가중되므로, 노출기준은 다음 식에서 산출되는 수치가 1을 초과하지 않아야 한다.

$$위험도\ R = \dfrac{C_1}{T_1} + \dfrac{C_2}{T_2} + \cdots + \dfrac{C_n}{T_n}$$

여기서, C : 화학물질 각각의 측정치(위험물질에서는 취급 또는 저장량)
T : 화학물질 각각의 노출기준(위험물질에서는 규정수량)

㉠ 위험물질의 경우는 규정수량에 대한 취급 또는 저장량을 적용한다.
㉡ 화학설비에서 혼합 위험물의 R값이 1을 초과할 경우 특수화학설비로 분류된다.

② TLV(Threshold Limit Value) : 미국 산업위생전문가회의(ACGIH)에서 채택한 허용농도기준. 근로자가 유해인자에 노출되는 경우 노출기준 이하 수준에서는 거의 모든 근로자에게 건강상 나쁜 영향을 미치지 아니하는 기준

> 혼합물의 노출기준
> $$= \frac{1}{\frac{f_1}{TLV_1} + \frac{f_2}{TLV_2} + \cdots + \frac{f_n}{TLV_n}}$$
> 여기서, f_x : 화학물질 각각의 측정치(위험물질에서는 취급 또는 저장량)
> TLV_x : 화학물질 각각의 노출기준(위험물질에서는 규정수량)

4 유해화학물질의 유해요인

1) 방사선 물질의 유해성

(1) 투과력 : α선 < β선 < x선 < γ선

① 200~300rem 조사 시 : 탈모, 경도발적 등
② 450~500rem 조사 시 : 사망

(2) 인체 내 미치는 위험도에 영향을 주는 인자

① 반감기가 길수록 위험성이 작다.
② α입자를 방출하는 핵종일수록 위험성이 크다.
③ 방사선의 에너지가 높을수록 위험성이 크다.
④ 체내에 흡수되기 쉽고 잘 배설되지 않는 것일수록 위험성이 크다.

2) 중금속의 유해성

(1) 카드뮴 중독

① 이타이이타이 병 : 일본 도야마현 진쯔강 유역에서 1910년 경 발병-폐광에서 흘러나온 카드뮴이 원인
② 허리와 관절에 심한 통증, 골절 등의 증상을 보인다.

(2) 수은 중독

① 미나마타 병 : 1953년 이래 일본 미나마타만 연안에서 발생
② 흡인 시 인체의 구내염과 혈뇨, 손떨림 등의 증상을 일으킨다.

(3) 크롬 화합물(Cr 화합물) 중독

① 크롬 정련 공정에서 발생하는 6가 크롬에 의한 중독으로 비중격 천공증을 유발한다.

SECTION 02
화학물질(위험물, 유해화학물질) 유해 위험성 확인

1 위험물의 성질 및 위험성

(1) 일반적으로 위험물은 폭발물, 독극물, 인화물, 방사선물질 등 그 종류가 많다.

(2) 위험물의 분류

물리적 성질에 따른 분류	가연성 가스, 가연성 액체, 가연성 고체, 가연성 분체
화학적 성질에 따른 분류	폭발성 물질, 산화성 물질, 금수성 물질, 자연발화성 물질

2 위험물의 저장 및 취급방법

1) 가연성 액체(인화성 액체)

(1) 가연성 액체는 액체의 표면에서 계속적으로 가연성 증기를 발산하여 점화원에 의해 인화·폭발의 위험성이 있다.
(2) 가연성 액체는 인화점 이하로 유지되도록 가열을 피해야 한다. 또한 액체나 증기의 누출을 방지하고 정전기 및 화기 등의 점화원에 대해서도 항상 관리해야 한다.
(3) 저장 탱크에 액체 가연성 물질이 인입될 때의 유체의 속도는 API 기준으로 1m/s 이하로 하여야 한다.

2) 가연성 고체

(1) 종이, 목재, 석탄 등 일반 가연물 및 연료류의 일부가 이 부류에 속한다.
(2) 가연성 고체에 의한 화재는 발화온도 이하로 냉각하든가, 공기를 차단시키면 연소를 막을 수 있다.

3) 가연성 분체

(1) 가연성 고체가 분체 또는 액적으로 되어, 공기 중에 분산하여 있는 상태에서 착화시키면 분진폭발을 일으킬 위험이 있다. 이와 같은 상태의 가연성 분체를 폭발성 분진이라고 한다. 공기 중에 분산된 분진으로는 석탄, 유황, 나무, 밀, 합성수지, 금속(알루미늄, 마그네슘, 칼슘실리콘 등의 분말) 등이 있다.
(2) 분진폭발이 발생하려면 공기 중에 적당한 농도로 분체가 분산되어 있어야 한다.
(3) 분진폭발의 위험성은 주로 분진의 폭발한계농도, 발화온도, 최소발화에너지, 연소열 그리고 분진폭발의 최고압력, 압력상승속도 및 분진폭발에 필요한 한계산소농도 등에 의해 정의되고, 분진폭발의 한계농도는 분진의 입자크기와 형상에 의해 형상을 받는다.
(4) 가연성 분체 중 금속분말(칼슘실리콘, 알루미늄, 마그네슘 등)은 다른 분진보다 화재발생 가능성이 크고 화재 시 화상을 심하게 입는다.

4) 폭발성 물질

(1) 폭발성 물질은 가연성 물질인 동시에 산소 함유물질이다.
(2) 자신의 산소를 소비하면서 연소하기 때문에 다른 가연성 물질과 달리 연소속도가 대단히 빠르며, 폭발적이다.
(3) 폭발성 물질은 분해에 의하여 산소가 공급되기 때문에 연소가 격렬하며 그 자체의 분해도 격렬하다.

(4) 니트로셀룰로오스
① 건조한 상태에서는 자연 분해되어 발화할 수 있다.
② 에틸알코올 또는 이소프로필 알코올로서 습면의 상태로 보관한다.

5) 산화성 물질

(1) 산화성 물질은 산화성 염류, 무기 과산화물, 산화성 산류, 산화성 액화가스 등으로 구분된다.

(2) 산화성 물질의 분류

산화성 산류	아염소산, 염소산, 과염소산, 브롬산(취소산), 질산, 황산(황과 혼합시 발화 또는 폭발 위험) 등
산화성 액화가스	아산화질소, 염소, 공기, 산소, 불소 등이 있으며, 산화성 가스에는 아산화질소, 공기, 산소, 이산화염소, 오존, 과산화수소 등

(3) 산화성 물질의 특징
① 일반적으로 자신은 불연성이지만 다른 물질을 산화시킬 수 있는 산소를 대량으로 함유하고 있는 강산화제이다.
② 반응성이 풍부하고 가열, 충격, 마찰 등에 의해 분해하여 산소 방출이 용이하다.
③ 가연물과 화합해 급격한 산화·환원반응에 따른 과격한 연소 및 폭발이 가능하다.

(4) 산화성 물질의 취급
① 가열, 충격, 마찰, 분해를 촉진하는 약품류와의 접촉을 피한다.
② 환기가 잘 되고 차가운 곳에 저장해야 한다.
③ 내용물이 누출되지 않도록 하며, 조해성이 있는 것은 습기를 피해 용기를 밀폐하는 것이 필요하다.
④
⑤ 알칼리 금속의 과산화물(과산화칼륨, 과산화나트륨 등)은 물과 반응하여 발열하는 성질(공기 중의 수분에 의해서도 서서히 분해한다)이 있으므로 저장·취급시 특히 물이나 습기에 접촉되는 것을 방지해야 한다.

6) 금수성 물질

(1) 공기 중의 습기를 흡수하거나 수분이 접촉했을 때 발화 또는 발열을 일으킬 위험이 있는 물질이다.
(2) 금수성 물질은 수분과 반응하여 가연성 가스를 발생하여 발화하는 것과 발열하는 것이 있다.

7) 자연발화성 물질

(1) 외부로부터 어떠한 발화원도 없이 물질이 상온의 공기 중에서 자연발열하여 그 열이 오랜 시간 축적되면서 발화점에 도달하여 결과적으로 발화 연소에 이르는 현상을 일으키는 물질이다.

(2) 자연발열의 원인
① 분해열, 산화열, 흡착열, 중합열, 발효열 등
② 공기 중에서 고온과 다습은 자연발화를 촉진하는 효과를 가지게 된다.
③ 공기 중에서 조해성(스스로 공기 중의 수분을 흡수해 분해)을 가지는 물질 : $CuCl_2$, $Cu(NO_3)$, $Zn(NO_3)_2$ 등

(3) 자연발화성 물질의 분류

유류	식물유와 어유 등
금속분말류	아연, 알루미늄, 철, 마그네슘, 망간 등과 이들의 합금으로 된 분말
광물 및 섬유, 고무	황철광, 원면, 고무 및 석탄가루 등
중합반응으로 발열	액화시안화수소, 스티렌, 비닐아세틸렌 등

8) 「위험물안전관리법」상 위험물

(1) 위험물의 정의

① 「위험물안전관리법」상의 위험물은 화재 위험이 큰 것으로서 인화성 또는 발화성 등의 성질을 가진 물품을 말한다.

② 이들 물품은 그 자체가 인화 또는 발화하는 것과, 인화 또는 발화를 촉진하는 것들이 있으며, 이러한 물품들의 일반성질, 화재예방방법 및 소화방법 등의 공통점을 묶어 제1류에서 제6류까지 분류한다.

(2) 위험물의 분류(「위험물안전관리법 시행령」 [별표 1])

① 제1류 위험물(산화성 고체)
  ㉠ 산화성 고체의 정의 : 액체 또는 기체 이외의 고체로서 산화성 또는 충격에 민감한 것
  ㉡ 제1류 위험물의 종류 : 무기과산화물, 아염소산, 염소산, 과염소산 염류 등
  ㉢ 제1류 위험물은 열분해 시 산소를 발생시킨다.
  ㉣ 제1류 위험물의 종류 : 아염소산염류, 염소산염류(염소산칼륨), 과염소산염류(과염소산칼륨, 과염소산나트륨 등) 등

② 제2류 위험물(가연성 고체)
  ㉠ 가연성 고체의 정의 : 고체로서 화염에 의한 발화의 위험성 또는 인화의 위험성이 있는 것
  ㉡ 제2류 위험물(가연성 고체)의 종류 : 황화린, 적린, 유황, 철분, 금속분 등
  ㉢ 제2류 위험물(가연성 고체) 설명
  • 황린은 보통 인 또는 백린이라고도 불리며, 맹독성 물질이다. 자연발화성이 있어서 물속에 보관해야 한다.
  • 황화린은 3황화린(P_4S_3), 5황화린(P_4S_5), 7황화린(P_4S_7)이 있으며, 자연발화성 물질이므로 통풍이 잘되는 냉암소에 보관한다.
  • 적린은 독성이 없고 공기 중에서 자연발화하지 않는다.
  • 황은 황산, 화약, 성냥 등의 제조원료로 사용된다. 황은 산화제, 목탄가루 등과 함께 있으면 약간의 가열, 충격, 마찰에 의해서도 폭발을 일으키므로, 산화제와 격리하여 저장하고, 분말이 비산되지 않도록 주의하고, 정전기의 축적을 방지해야 한다.
  • 마그네슘은 은백색의 경금속으로서, 공기 중에서 습기와 서서히 작용하여 발화한다. 일단 착화하면 발열량이 매우 크며, 고온에서 유황 및 할로겐, 산화제와 접촉하면 매우 격렬하게 발열한다.

③ 제3류 위험물(자연발화성 및 금수성 물질)

자연발화성 물질	고체 또는 액체로서 공기 중에서 발화의 위험성이 있는 것
금수성 물질	고체 또는 액체로서 물과 접촉하여 발화하거나 가연성 가스를 발생할 위험성이 있는 것

자연발화성 물질 및 금수성 물질의 종류 : 알킬리튬, 유기금속화합물, 금속의 인화물 등

㉠ 공통적 성질
  • 물과 반응 시에 가연성 가스(수소)를 발생시키는 것이 많다.
  • 생석회는 물과 반응하여 발열만을 한다.

㉡ 저장 및 취급방법
저장용기의 부식을 막으며 수분의 접촉을 방지한다.

㉢ 소화방법
  • 소량의 초기화재는 건조사에 의해 질식 소화한다.
  • 금속화재는 소화용 특수분말 소화약제(NaCl, $NH_4H_2PO_4$ 등)로 소화한다.

㉣ 제3류 위험물(자연발화성 및 금수성 물질) 성질
  • 칼륨 : 은백색의 무른 금속으로 상온에서 물과 격렬히 반응하여 수소를 발생시키므로 보호액(석유) 속에 저장한다.
  • 금속나트륨 : 화학적 활성이 크고, 물과 심하게 반응하여 수소를 내며 열을 발생시키며, 찬물(냉수)과 반응하기도 쉽다.
  • 알킬알루미늄 : 알킬기(R−)와 알루미늄의 화합물로서, 물과 접촉하면 폭발적으로 반응하여 에탄가스를 발생한다. 용기는 밀봉하고 질소 등 불활성가스를 봉입한다.
  • 금속리튬 : 은백색의 고체로 물과는 심하게 발열반응을 하여 수소 가스를 발생시킨다.

- 금속마그네슘 : 은백색의 경금속으로 분말을 수중에서 끓이면 서서히 반응하여 수소를 발생한다.
- 금속칼슘 : 은백색의 고체로 연성이 있고 물과는 발열반응을 하여 수소 가스를 발생시킨다.
- CaC_2(탄화칼슘, 카바이드) : 백색 결정체로 자신은 불연성이나 물과 반응하여 아세틸렌을 발생시킨다.
- 인화칼슘 : 인화석회라고도 하며 적갈색의 고체로 수분(H_2O)과 반응하여 유독성 가스인 포스핀 가스를 발생시킨다.
- 칼슘실리콘 : 외관상 금속 상태이고, 물과 작용하여 수소를 방출하며, 공기 중에서 자연발화의 위험이 있다. 가연성 분체 중 다른 분진보다 화재발생 가능성이 크고 화재시 화상을 심하게 입을 수 있다.

④ 제4류 위험물(인화성 액체)
  ㉠ 제4류 위험물(인화성 액체) : 액체(제3석유류, 제4석유류 및 동식물유류에 있어서는 1기압과 20℃에서 액상인 것)로서 인화의 위험성이 있는 것
    ※ 주요 4류 위험물 인화점 : 벤젠(-11℃), 디에틸에테르(-45℃), 아세톤(-18℃), 아세트산(41.7℃)
  ㉡ 제4류 위험물(인화성 액체)의 종류 : 특수인화물, 제1석유류, 알코올류, 제2석유류, 제3석유류, 제4석유류, 동식물유류로 분류된다.

⑤ 제5류 위험물(자기반응성 물질)
  ㉠ 자기반응성 물질 : 고체 또는 액체로서 폭발의 위험성 또는 가열분해의 격렬함을 판단하기 위하여 고시로 정하는 시험에서 고시로 정하는 성질과 상태를 나타내는 것
  ㉡ 제5류 위험물(자기반응성 물질)의 종류 : 유기과산화물, 질산에스테르류(니트로글리세린, 니트로글리콜 등), 아조화합물, 디아조화합물 등(하이드라진은 위험물임)
  ㉢ 일반적 성질
    - 가연성으로서 산소를 함유하므로 자기연소가 용이하다.
    - 연소속도가 극히 빨라 폭발적인 연소를 하며 소화가 곤란하다.
    - 가열, 충격, 마찰 또는 접촉에 의해 착화·폭발이 용이하다.

  ㉣ 저장 및 취급방법
    - 가열, 마찰, 충격을 피한다.
    - 고온체와의 접근을 피한다.
    - 유기용제와의 접촉을 피한다.
  ㉤ 소화방법
    - 대량의 주수소화가 가능하다.
    - 자기 산소 함유 물질이므로 질식소화는 효과가 없다.

⑥ 제6류 위험물(산화성 액체)
  ㉠ 제6류 위험물(산화성 액체) : 액체로서 산화력의 잠재적인 위험성을 판단하기 위하여 고시로 정하는 시험에서 고시로 정하는 성질과 상태를 나타내는 것
  ㉡ 제6류 위험물(산화성 액체)의 종류 : 과염소산, 질산, 과산화수소(36 중량% 이상인 것) 등
  ㉢ 진한 질산이 공기 중에서 햇빛에 의해 분해되면 적갈색 이산화질소(NO_2) 가스가 발생한다.

3 인화성 가스취급 시 주의사항

1) 가연성 가스에는 NPT(Normal Temp & Press)에서 기체 상태인 가연성 가스(수소, 아세틸렌, 메탄, 프로판 등) 및 가연성 액화가스(LPG, LNG, 액화수소 등)가 있다.
   지연성 가스인 산소, 염소, 불소, 산화질소, 이산화질소 등은 가연성 가스(아세틸렌 등)와 공존할 때, 가스폭발의 위험이 있다.
2) 가연성 가스 및 증기가 공기 또는 산소와 혼합하여 혼합가스의 조성이 어느 농도 범위에 있을 때, 점화원(발화원)에 의해 발화(착화)하면 화염은 순식간에 혼합가스에 전파하여 가스 폭발을 일으킨다.
3) 가연성 가스 중에는 공기의 공급 없이 분해폭발(폭발상한계 100%)을 일으키는 것이 있는데 이러한 물질로는 아세틸렌, 에틸렌, 산화에틸렌 등이 있으며, 고압일수록 분해폭발을 일으키기 쉽다.

(1) 아세틸렌(C_2H_2)의 폭발성

① 화합폭발 : C_2H_2는 Ag(은), Hg(수은), Cu(구리)와 반응하여 폭발성의 금속 아세틸리드를 생성한다.
② 분해폭발 : C_2H_2는 1기압 이상으로 가압하면 분해폭발을 일으킨다.
③ 산화폭발 : C_2H_2는 공기 중에서 산소와 반응하여 연소폭발을 일으킨다.

(2) 아세틸렌(C_2H_2)의 충전

아세틸렌은 가압하면 분해폭발을 하므로 아세톤 등에 침윤시켜 다공성물질이 들어있는 용기에 충전시킨다.

4) 가연성 가스가 고압상태이기 때문에 발생하는 사고형태로는 가스용기의 파열, 고압가스의 분출 및 그에 따른 폭발성 혼합가스의 폭발, 분출가스의 인화에 의한 화재 등을 들 수 있다.

4 물질안전보건자료(MSDS)

1) 물질안전보건자료에 포함되어야 할 사항(「산업안전보건법」 제110조)

화학물질 또는 이를 포함한 혼합물로서 제104조에 따른 분류기준에 해당하는 것(대통령령으로 정하는 것은 제외한다. 이하 "물질안전보건자료대상물질"이라 한다)을 제조하거나 수입하려는 자는 다음 각 호의 사항을 적은 자료(이하 "물질안전보건자료"라 한다)를 고용노동부령으로 정하는 바에 따라 작성하여 고용노동부장관에게 제출하여야 한다. 이 경우 고용노동부장관은 고용노동부령으로 물질안전보건자료의 기재 사항이나 작성 방법을 정할 때 「화학물질관리법」 및 「화학물질의 등록 및 평가 등에 관한 법률」과 관련된 사항에 대해서는 환경부장관과 협의하여야 한다.
(1) 제품명
(2) 물질안전보건자료대상물질을 구성하는 화학물질 중 제104조에 따른 분류기준에 해당하는 화학물질의 명칭 및 함유량
(3) 안전 및 보건상의 취급 주의사항
(4) 건강 및 환경에 대한 유해성, 물리적 위험성
(5) 물리·화학적 특성 등 고용노동부령으로 정하는 사항(「산업안전보건법」 제110조)

SECTION 03
화학물질 취급설비 개념 확인

1 각종 장치 종류

1) 화학설비(「안전보건규칙」 [별표7] 제1호)
(1) 반응기·혼합조 등 화학물질 반응 또는 혼합장치
(2) 증류탑·흡수탑·추출탑·감압탑 등 화학물질 분리장치
(3) 저장탱크·계량탱크·호퍼·사일로 등 화학물질 저장설비 또는 계량설비
(4) 응축기·냉각기·가열기·증발기 등 열교환기류
(5) 고로 등 점화기를 직접 사용하는 열교환기류
(6) 캘린더(Calender)·혼합기·발포기·인쇄기·압출기 등 화학제품 가공설비
(7) 분쇄기·분체분리기·용융기 등 분체화학물질 취급장치
(8) 결정조·유동탑·탈습기·건조기 등 분체화학물질 분리장치
(9) 펌프류·압축기·이젝터(Ejector) 등의 화학물질 이송 또는 압축설비

2) 화학설비의 부속설비(「안전보건규칙」 [별표7] 제2호)
(1) 배관·밸브·관·부속류 등 화학물질 이송 관련설비
(2) 온도·압력·유량 등을 지시·기록 등을 하는 자동제어 관련설비
(3) 안전밸브·안전판·긴급차단 또는 방출밸브 등 비상조치 관련설비
(4) 가스누출감지 및 경보관련 설비
(5) 세정기·응축기·벤트스택(Bent Stack)·플레어스택(Flare Stack) 등 폐가스처리설비
(6) 사이클론·백필터(Bag Filter)·전기집진기 등 분진처리 설비
(7) (1)~(6)의 설비를 운전하기 위하여 부속된 전기관련 설비
(8) 정전기 제거장치·긴급 샤워설비 등 안전관련 설비

3) 특수화학설비(「안전보건규칙」 제273조 관련)

안전보건규칙에서 정한 기준량 이상으로 제조 또는 취급하는 다음 각 호의 어느 하나에 해당하는 화학설비이다.
(1) 발열반응이 일어나는 반응장치
(2) 증류·정류·증발·추출 등 분리를 하는 장치
(3) 가열시켜주는 물질의 온도가 가열되는 위험물질의 분해온도 또는 발화점보다 높은 상태에서 운전되는 설비
(4) 반응폭주 등 이상화학반응에 의하여 위험물질이 발생할 우려가 있는 설비
(5) 온도가 350℃ 이상이거나 게이지압력이 980킬로파스칼(제곱센티미터당 10킬로그램) 이상인 상태에서 운전되는 설비
(6) 가열로 또는 가열기

4) 화학설비 안전대책

(1) 화학설비 및 그 부속설비를 내부에 설치하는 건축물의 구조(「안전보건규칙」 제255조 관련) : 건축물의 바닥·벽·기둥·계단 및 지붕 등에 불연성 재료를 사용하여야 한다.
(2) 부식방지(「안전보건규칙」 제256조 관련) : 화학설비 또는 그 배관 중 위험물 또는 인화점이 섭씨 60도 이상인 물질이 접촉하는 부분에 대해서는 위험물질 등에 의하여 그 부분이 부식되어 폭발·화재 또는 누출되는 것을 방지하기 위하여 위험물질 등의 종류·온도·농도 등에 따라 부식이 잘되지 않는 재료를 사용하거나 도장 등의 조치를 하여야 한다.
① 부식이 잘 되지 않는 재료 : 티타늄, 유리, 도자기, 고무, 합성수지 등 내식성 재료
② 가스의 금속 부식성
  ㉠ 암모니아
    ⓐ 동, 동합금, 알루미늄 합금에 대해서는 심한 부식성을 나타내므로 사용해서는 안 된다.
    ⓑ 탄소강(Fe_3C)은 부식시키지 않는다.
  ㉡ 염화수소(HCl), 산화질소(NO_2), 염소(Cl_2) 등은 수분(H_2O) 존재 시 탄소강을 부식시키므로 사용할 수 없다.

(3) 안전밸브 등의 설치(「안전보건규칙」 제261조 관련)

다음에 해당하는 설비에는 안전밸브 또는 파열판을 설치하여야 한다.
① 압력용기(안지름이 150밀리미터 이하인 압력용기는 제외하며, 압력용기 중 관형 열교환기의 경우에는 관의 파열로 인하여 상승한 압력이 압력용기의 최고사용압력을 초과할 우려가 있는 경우에 한정한다)
② 정변위 압축기
③ 정변위 펌프(토출축에 차단밸브가 설치된 것만 해당한다)
④ 배관(2개 이상의 밸브에 의하여 차단되어 대기온도에서 액체의 열팽창에 의하여 파열될 우려가 있는 것으로 한정한다)
⑤ 그 밖에 화학설비 및 그 부속설비로서 해당 설비의 최고사용압력을 초과할 우려가 있는 경우

(4) 안전거리(「안전보건규칙」 제271조 관련)

위험물을 저장·취급하는 화학설비 및 그 부속설비를 설치하는 경우에는 폭발이나 화재에 따른 피해를 줄일 수 있도록 충분한 안전거리를 유지하여야 한다.

[안전거리 기준(「안전보건규칙」 제271조, 「안전보건규칙」 [별표8]]

구분	안전거리
단위공정시설 및 설비로부터 다른 단위공정시설 및 설비의 사이	설비의 바깥 면으로부터 10m 이상
플레어스텍으로부터 단위공정시설 및 설비, 위험물질 저장탱크 또는 위험물질 하역설비의 사이	플레어스텍으로부터 반경 20m 이상. 다만, 단위공정시설 등이 불연재로 시공된 지붕 아래에 설치된 경우는 그러하지 아니하다.
위험물질 저장탱크로부터 단위공정 시설 및 설비, 보일러 또는 가열로의 사이	저장탱크 외면으로부터 20m 이상. 다만, 저장탱크의 방호벽, 원격조정 소화설비 또는 살수설비를 설치한 경우에는 그러하지 아니하다.
사무실, 연구실, 실험실, 정비실 또는 식당으로부터 단위공정시설 및 설비, 위험물질 저장탱크, 위험물질 하역설비, 보일러 또는 가열로의 사이	사무실 등의 외면으로부터 20m 이상. 다만, 난방용 보일러인 경우 또는 사무실 등의 벽을 방호구조로 설치한 경우 그러하지 아니하다.

(5) 특수화학설비 안전장치
① 계측장치(온도계·유량계·압력계 등)
② 자동경보장치
③ 긴급차단장치
④ 예비동력원

(6) 방유제 설치(「안전보건규칙」 제272조)

위험물을 액체상태로 저장하는 저장탱크를 설치하는 경우 위험물질의 누출 확산을 방지하기 위하여 방유제를 설치하여야 한다.

2 화학장치 특성

1) 반응기

반응기는 화학반응을 최적 조건에서 수율이 좋도록 행하는 기구이다. 화학반응은 물질, 온도, 농도, 압력, 시간, 촉매 등의 영향을 받으므로, 이런 인자들을 고려하여 설계·설치·운전하여야 안전한 작업을 할 수 있다.

(1) 반응기의 분류

① 조작방법에 의한 분류
  ㉠ 회분식 반응기　　㉡ 반회분식 반응기
  ㉢ 연속식 반응기

② 구조에 의한 분류
- ㉠ 교반조형 반응기
- ㉡ 관형 반응기
- ㉢ 탑형 반응기
- ㉣ 유동층형 반응기

(2) 반응기의 안전조치
① 폭발 · 화재 분위기 형성 방지
② 반응잔류물 등의 축적으로 인한 혼합 및 반응 폭주를 방지한다.
- 반응폭주 : 온도, 압력 등 제어상태가 규정의 조건을 벗어나는 것에 의해 반응 속도가 지수 함수적으로 증대되고 반응 용기 내의 온도, 압력이 급격히 이상 상승되어 규정 조건을 벗어나고, 반응이 과격화되는 현상

③ 인화성 액체와 같은 위험물질을 드럼을 통해 주입하는 경우 드럼을 접지하고 전도성 파이프를 이용, 정전기 및 전하에 의한 점화에 주의한다.
④ 계측기 및 제어기의 점검을 통해 오류가 없도록 한다.
⑤ 환기설비, 가스누출 검지기 및 경보설비, 소화설비, 물분무설비, 비상조명설비, 통신설비 등을 갖춘다.
⑥ 이상반응 시 내부의 반응물을 안전하게 방출하기 위한 장치를 설치한다.
⑦ 잔류가스 제거 시에는 질소 등의 불활성가스를 이용한다.

2) 증류탑
증류탑은 두 개 또는 그 이상의 액체의 혼합물을 끓는점(비점) 차이를 이용하여 특정 성분을 분리하는 것을 목적으로 하는 장치이다. 기체와 액체를 접촉시켜 물질전달 및 열전달을 이용하여 분리해 내게 된다.

(1) 증류방식의 분류
① 단순 증류 : 끓는점 차이가 큰 액체 혼합물을 분리하는 가장 간단한 증류방법으로 기화된 기체를 응축기에서 액화시켜 분리하는 방법
② 평형 증류(플래시 증류, Flash Distillation) : 성분의 분리 또는 그 외의 목적으로 용액을 증기와 액체로 급속히 분리하는 방법이다. 고온으로 가열된 액체를 감압하면, 용액은 자신의 증기와 평형을 유지하면서 급속히 증발하는 원리를 이용하는 증류 방법
③ 감압 증류(또는 진공 증류) : 끓는점이 비교적 높은 액체 혼합물을 분리하기 위하여 증류공정의 압력을 감소시켜 증류 속도를 빠르게(끓는점을 낮게) 하여 증류하는 방법이다. 상압 하에서 끓는점까지 가열하면 분해할 우려가 있는 물질 또는 감압 하에서는 물질의 끓는점이 낮아지는 현상을 이용하는 증류 방법
④ 공비 증류 : 일반적인 증류로는 분리하기 어려운 혼합물을 분리할 때 제3의 성분을 첨가해 공비혼합물을 만들어 증류에 의해 분리하는 방법

(2) 증류탑 점검항목
① 일상점검 항목
- ㉠ 도장의 열화 상태
- ㉡ 기초볼트 상태
- ㉢ 보온재 및 보냉재 상태
- ㉣ 배관 등 연결부 상태
- ㉤ 외부 부식 상태
- ㉥ 감시창, 출입구, 배기구 등 개구부의 이상 유무

② 자체검사(개방점검) 항목
- ㉠ 트레이 부식상태, 정도, 범위
- ㉡ 용접선의 상태, 내부 부식 및 오염 여부 등

3) 열교환기
열교환기는 열에너지 보유량이 서로 다른 두 유체가 그 사이에서 열에너지를 교환하게 해 주는 장치이다. 상대적으로 고온 또는 저온인 유체 간의 온도차에 의해 열교환이 이루어진다.

(1) 열교환기의 분류
① 기능에 따른 분류
- ㉠ 열교환기(Heat exchanger) : 두 공정흐름 사이의 열을 교환하는 장치
- ㉡ 냉각기(Cooler) : 냉각수 등을 이용하여 목적 공정흐름 유체를 냉각시키는 장치
- ㉢ 예열기(Preheater) : 공정에 유입되기 전 유체를 가열(예열)하는 장치
- ㉣ 기화기(Evaporator) : 저온측 유체에 열을 가하여 기화시키는 장치
- ㉤ 재비기(Reboiler) : 탑저액의 재증발을 위한 장치. 공정흐름을 거쳐 나온 유체를 다시 공정으로 투입하기 위해 증발시키는 장치
- ㉥ 응축기(Condenser) : 고온측 유체에서 열을 빼앗아 액화시키는 장치

② 구조에 의한 분류

코일식, 이중관식, 다관식(고정관판식, 유동관판식, U자형관식 등) 등으로 분류할 수 있다.

(2) 열교환기 점검항목

① 일상점검 항목
  ㉠ 도장부 결함 및 벗겨짐
  ㉡ 보온재 및 보냉재 상태
  ㉢ 기초부 및 기초 고정부 상태
  ㉣ 배관 등과의 접속부 상태

② 자체검사(개방점검) 항목
  ㉠ 내부 부식의 형태 및 정도
  ㉡ 내부 관의 부식 및 누설 유무
  ㉢ 용접부 상태
  ㉣ 라이닝, 코팅, 개스킷 손상 여부
  ㉤ 부착물에 의한 오염의 상황

3 건조설비 취급시 주의사항(「안전보건규칙」 제283조 관련)

(1) 위험물 건조설비를 사용하는 경우에는 미리 내부를 청소하거나 환기할 것
(2) 위험물 건조설비를 사용하는 경우에는 건조로 인하여 발생하는 가스·증기 또는 분진에 의하여 폭발·화재의 위험이 있는 물질을 안전한 장소로 배출시킬 것
(3) 위험물 건조설비를 사용하여 가열건조하는 건조물은 쉽게 이탈되지 않도록 할 것
(4) 고온으로 가열건조한 인화성 액체는 발화의 위험이 없는 온도로 냉각한 후에 격납시킬 것
(5) 건조설비(바깥이 현저히 고온이 되는 설비만 해당한다)에 가까운 장소에는 인화성 액체를 두지 않도록 할 것

4 건조설비의 구조

1) 위험물 건조설비를 설치하는 건축물 구조(「안전보건규칙」 제280조 관련)

다음 각 호의 어느 하나에 해당하는 위험물 건조설비 중 건조실을 설치하는 건축물의 구조는 독립된 단층건물로 하여야 한다. 다만, 해당 건조실을 건축물의 최상층에 설치하거나 건축물이 내화구조인 경우에는 그러하지 아니하다.

(1) 위험물 또는 위험물이 발생하는 물질을 가열·건조하는 경우 내용적이 1세제곱미터 이상인 건조설비
(2) 위험물이 아닌 물질을 가열·건조하는 경우로서 다음 각 목의 어느 하나의 용량에 해당하는 건조설비
① 고체 또는 액체연료의 최대사용량이 시간당 10킬로그램 이상
② 기체연료의 최대사용량이 시간당 1세제곱미터 이상
③ 전기사용 정격용량이 10킬로와트 이상

2) 건조설비의 구조(「안전보건규칙」 제281조 관련)

(1) 건조설비의 바깥 면은 불연성 재료로 만들 것
(2) 건조설비(유기과산화물을 가열 건조하는 것은 제외한다)의 내면과 내부의 선반이나 틀은 불연성 재료로 만들 것
(3) 위험물 건조설비의 측벽이나 바닥은 견고한 구조로 할 것
(4) 위험물 건조설비는 그 상부를 가벼운 재료로 만들고 주위 상황을 고려하여 폭발구를 설치할 것
(5) 위험물 건조설비는 건조하는 경우에 발생하는 가스·증기 또는 분진을 안전한 장소로 배출시킬 수 있는 구조로 할 것
(6) 액체연료 또는 인화성 가스를 열원의 연료로 사용하는 건조설비는 점화하는 경우에는 폭발이나 화재를 예방하기 위하여 연소실이나 그 밖에 점화하는 부분을 환기시킬 수 있는 구조로 할 것
(7) 건조설비의 내부는 청소하기 쉬운 구조로 할 것
(8) 건조설비의 감시창·출입구 및 배기구 등과 같은 개구부는 발화 시에 불이 다른 곳으로 번지지 아니하는 위치에 설치하고 필요한 경우에는 즉시 밀폐할 수 있는 구조로 할 것
(9) 건조설비는 내부의 온도가 국부적으로 상승되지 아니하는 구조로 설치할 것
(10) 위험물건조설비의 열원으로서 직화를 사용하지 아니할 것
(11) 위험물건조설비가 아닌 건조설비의 열원으로서 직화를 사용하는 경우에는 불꽃 등에 의한 화재를 예방하기 위하여 덮개를 설치하거나 격벽을 설치할 것

CHAPTER 03 화공안전 비상조치 계획·대응

PART 05

SECTION 01 비상조치계획 및 평가

1 비상조치계획(「산업안전보건법 시행규칙」 제50조)

(1) 비상조치를 위한 장비·인력보유현황
(2) 사고발생 시 각 부서·관련기관과의 비상연락체계
(3) 사고발생 시 비상조치를 위한 조직의 임무 및 수행절차
(4) 비상조치계획에 따른 교육계획
(5) 주민홍보계획
(6) 그 밖에 비상조치 관련사항

2 비상대응 교육 훈련 및 평가

비상조치계획에 따라 사고발생 시 신속하고 효과적으로 대응조치를 취할 수 있도록 계획에 규정된 인력들이 각자의 역할을 숙지하고 실행하는 교육훈련이 필요하다.

1) 평가

비상조치계획은 사고 발생을 가정하여 정기적으로 재검토하고, 미비점이 발견될 시 이를 보완한다. 이 평가는 현장 및 현장 외 비상조치 계획 모두 해당된다. 평가 대상은 다음과 같다.
(1) 비상조치계획의 정확성, 일관성 및 완성도와 실행 가능성 그리고 관련 문서 전반
(2) 사용 장비 및 시설의 적절성 및 사용 용이성
(3) 계획 실행자의 수행 능력 또는 장비 및 시설 사용 능력
(4) 현장 통제센터의 기능과 역할
(5) 경보시스템

2) 교육훈련 및 평가 방법

(1) 화재훈련, 경보 테스트, 소개 및 탐색, 통신 등에 대한 직접 점검
(2) 세미나 토의를 통한 평가
(3) 온라인을 통한 모의 훈련
(4) 비상조치계획의 수정 및 보완

3) 평가서 작성

교육훈련 및 평가 실행 후 참여자들의 의견을 반영하여 비상조치계획 전반에 대한 평가서를 작성한다. 이 평가내용은 해당 조직은 물론 관련기관들에 공지하고, 필요 시 개정 조치를 취한다. 계획의 개정이 필요한 경우는 다음과 같다.
(1) 조직 활동 부분의 변화
(2) 계획과 관련된 기관 부분의 변화
(3) 계획 및 대응조치에 있어서의 새로운 지식 혹은 기술 부분의 향상
(4) 인력자원 부분의 변화
(5) 유사 사고 사례로부터 획득한 새로운 지식
(6) 평가를 통해 얻은 지식과 교훈
(7) 수정조치계획에 대한 수정 및 보완

3 중대산업사고 사업장 자체 대응 매뉴얼

1) 사업장개요

2) 주요위험요인

(1) 주요공정
(2) 공정별 주요 위험요소
(3) 공정개요
(4) 유해위험물질 목록
(5) 장치 및 설비 명세

3) 유해위험설비 배치도
(1) 공장 배치 및 설비 위치도
(2) 폭발위험장소 구분도

4) 사업장 비상연락망

5) 유관기관 비상연락망
(1) 유관기관 비상 연락망
(2) 주변 사업장(주민) 비상연락망
(3) 주변 사업장(주민) 배치도

6) 자체 비상 대응체제
(1) 비상 시 대피절차와 비상대피로
(2) 대피 전 안전조치를 취해야 할 주요 공정설비 및 절차
(3) 비상대피 후 직원이 취해야 할 임무와 절차
(4) 비상사태 발생 시 통제조직 및 업무분장
(5) 사고 발생 시와 비상 대피 시의 보호구 착용 지침
(6) 비상 대응 장비 현황

7) 부록
(1) 피해예측결과
(2) 피해 영향 범위에 대한 도면

CHAPTER 04 화공 안전운전 · 점검

SECTION 01 공정안전 기술

1 공정안전의 개요(공정안전보고서)

1) 정의
공정안전보고서는 사업장의 공정안전관리 추진에 필요한 사항들을 규정한 것이다.

2) 공정안전보고서의 내용
(1) 공정안전자료 (2) 공정위험성 평가서
(3) 안전운전계획 (4) 비상조치계획
(5) 그 밖에 공정상의 안전과 관련하여 고용노동부장관이 필요하다고 인정하여 고시하는 사항

3) 공정안전보고서의 제출시기
유해 · 위험설비의 설치 · 이전 또는 주요 구조부분의 변경공사의 착공일 30일 전까지 공정안전보고서를 2부 작성하여 공단에 제출하여야 한다.

2 제어장치

1) 제어장치의 정의
공정의 제어는 장치의 운전 성패와 더불어 안전성 확보에 가장 중요한 역할을 하는 것이다. 수동제어는 사람이 직접 제어하는 반면, 자동제어는 기계 또는 장치의 운전을 사람 대신 기계에 의해 행하도록 하는 기술이다.

2) 제어장식

(1) 인터록 제어
어느 한쪽의 조건이 구비되지 않으면 다른 제어를 정지시키는 제어방식

(2) 피드백 제어
결과가 원인으로 되어 제어단계를 진행하는 제어방식

(3) 자동제어
① 일반적 자동제어 시스템 작동순서 : 공정상황 → 검출부 → 조절계 → 조작부 → 공정설비
② 각 부분별 기능
  ㉠ 검출부 : 피드백(feedback)요소라고도 하며, 제어량(공정량)을 검출하여 신호를 만들어 조절부로 보내주는 장치
  ㉡ 조절부 : 검출부에서 신호를 받아 제어알고리즘을 이용하여 제어할 값을 결정하는 장치
  ㉢ 조작부 : 조절부의 신호에 의해 실제로 개폐 등의 동작을 하는 밸브 등의 장치

3 안전장치의 종류

1) 안전밸브(Safety Valve)
설비나 배관의 압력이 설정압력을 초과하는 경우 작동하여 내부압력을 분출하는 장치이다.

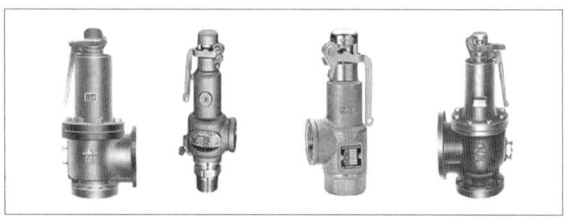

[안전밸브의 여러 가지 형상]

(1) 안전밸브의 종류

스프링식(화학설비에서 가장 많이 사용), 중추식, 지렛대식

(2) 차단밸브의 설치금지(「안전보건규칙」 제266조 관련)

안전밸브 등의 전·후단에 차단밸브를 설치해서는 아니 된다. 다만, 다음 각호의 어느 하나에 해당하는 경우에는 자물쇠형 또는 이에 준하는 형식의 차단밸브를 설치할 수 있다.

① 인접한 화학설비 및 그 부속설비에 안전밸브 등이 각각 설치되어 있고, 해당 화학설비 및 그 부속설비의 연결배관에 차단밸브가 없는 경우
② 안전밸브 등의 배출용량의 2분의 1 이상에 해당하는 용량의 자동압력조절밸브(구동용 동력원의 공급을 차단하는 경우 열리는 구조인 것에 한정한다)와 안전밸브 등이 병렬로 연결된 경우
③ 화학설비 및 그 부속설비에 안전밸브 등이 복수방식으로 설치되어 있는 경우
④ 예비용 설비를 설치하고 각각의 설비에 안전밸브 등이 설치되어 있는 경우
⑤ 열팽창에 의하여 상승된 압력을 낮추기 위한 목적으로 안전밸브가 설치된 경우
⑥ 하나의 플레어스택(flare stack)에 둘 이상의 단위공정의 플레어헤더(flare header)를 연결하여 사용하는 경우로서 각각의 단위공정의 플레어헤더에 설치된 차단밸브의 열림·닫힘상태를 중앙제어실에서 알 수 있도록 조치한 경우

2) 파열판(Rupture Disk)

밀폐된 압력용기나 화학설비 등이 설정압력 이상으로 급격하게 압력이 상승하면 파단되면서 압력을 토출하는 장치이다. 짧은 시간 내에 급격하게 압력이 변하는 경우 적합하다.

[파열판의 형태]

(1) 파열판 설치기준(「안전보건규칙」 제262조 관련)

① 반응폭주 등 급격한 압력상승의 우려가 있는 경우
② 급성 독성물질의 누출로 인하여 주위의 작업환경을 오염시킬 우려가 있는 경우
③ 운전 중 안전밸브에 이상물질이 누적되어 안전밸브가 작동되지 아니한 우려가 있는 경우

(2) 파열판과 스프링식 안전밸브를 병용하는 경우

① 부식물질로부터 스프링식 안전밸브를 보호하는 경우
② 스프링식 안전밸브에 막힘을 유발시킬 수 있는 슬러리를 방출시키는 경우
③ 독성이 매우 강한 물질을 완벽히 격리하는 경우
④ 압력방출장치가 작동된 후 방출구가 개방되지 않아야 하는 경우

(3) 파열판 설계기준식

$$P = 3.5\sigma_u \times (\frac{t}{d}) \times 100$$

여기서, P : 파열압력(kg/cm²), d : 직경
σ_u : 재료의 인장강도(kg/mm²),
t : 두께(mm)

(4) 파열판의 특징

① 압력 방출속도가 빠르며, 분출량이 많다.
② 높은 점성의 슬러리나 부식성 유체에 적용할 수 있다.
③ 설정 파열압력 이하에서 파열될 수 있다.
④ 한번 작동하면 파열되므로 교체하여야 한다.

(5) 파열판 및 안전밸브의 직렬설치(「안전보건규칙」 제263조 관련)

급성 독성물질이 지속적으로 외부에 유출될 수 있는 화학설비 및 그 부속설비에 파열판과 안전밸브를 직렬로 설치하고 그 사이에는 압력지시계 또는 자동경보장치를 설치하여야 한다.

① 부식물질로부터 스프링식 안전밸브를 보호할 때
② 독성이 매우 강한 물질을 취급 시 완벽하게 격리할 때
③ 스프링식 안전밸브에 막힘을 유발시킬 수 있는 슬러리를 방출시킬 때
④ 릴리프 장치가 작동 후 방출라인이 개방되지 않아야 할 때

3) 통기밸브(Breather Valve)(「안전보건규칙」 제268조 관련)

대기압 근처의 압력으로 운전되거나 저장되는 용기의 내부압력과 대기압 차이가 발생하였을 경우 대기를 탱크 내에 흡입 또는 탱크 내의 압력을 방출하여 항상 탱크 내부를 대기압과 평형한 상태로 유지하여 보호하는 밸브이다.

(1) 인화성 액체를 저장·취급하는 대기압탱크에는 통기관 또는 통기밸브(Breather Valve) 등(통기설비)을 설치하여야 한다.
(2) 통기설비는 정상운전 시에 대기압탱크 내부가 진공 또는 가압되지 않도록 충분한 용량의 것을 사용하여야 하며, 철저하게 유지·보수를 하여야 한다.

4) 역화방지기(Flame Arrester)(「안전보건규칙」 제269조)
(1) 비교적 저압 또는 상압에서 가연성 증기를 발생하는 인화성 물질 등을 저장하는 탱크에서 외부에 그 증기를 방출하거나 탱크 내에 외기를 흡입하는 부분에 설치하는 안전장치이다.
(2) 외기에서 흡입하는 대기 중의 불꽃이나 화염을 소염거리와 소염직경의 원리를 이용하여 막아주는 역할을 한다.
(3) 일반적으로 40mesh 이상의 가는 눈금의 철망을 여러 겹 겹친 구조이다.
(4) 대기로 연결된 통기관에 통기밸브가 설치되어 있거나, 인화점이 섭씨 38도 이상 60도 이하인 인화성 액체를 저장·취급할 때에 화염방지 기능을 가지는 인화방지망을 설치한 경우에는 제외한다.

5) 밴트스택(Ventstack)
(1) 탱크 내의 압력을 정상 상태로 유지하기 위한 안전장치이다.
(2) 상압탱크에서 직사광선에 의한 온도상승 시 탱크 내의 공기를 자동으로 대기에 방출하여 내부 압력의 상승을 막아주는 역할이다.
(3) 가연성 가스나 증기를 직접 방출할 경우 그 배출구는 지상보다 높고 안전한 장소에 설치하여야 한다.

4 송풍기

기체를 수송하는 장치로, 토출 압력이 $1kg/cm^2$ 이하의 저압을 요구하는 경우 사용한다.

1) 송풍기의 분류

구분	회전형	용적형
종류	원심식, 축류식	회전식, 왕복동식
원리	기계적 회전에너지를 이용하여 기체를 송풍	실린더 내에 기체를 흡입, 분출하여 송풍

2) 송풍기의 상사법칙(안전설계 시 고려할 사항)
(1) 송풍량(Q)은 회전수(N)와 비례한다.
(2) 정압(P)은 회전수(N)의 제곱에 비례한다. 또 직경의 제곱에 비례한다.
(3) 축동력(L)은 회전수(N)의 세제곱에 비례한다.

5 압축기

토출 압력이 $1kg/cm^2$ 이상의 공기 또는 기체를 수송하는 장치이다.

1) 압축기의 분류

구분	회전형	용적형
종류	원심식, 축류식	회전식, 왕복동식, 다이어프램식
원리	기계적 회전에너지를 이용하여 기체를 송풍	실린더 내에 기체를 흡입, 분출하여 송풍

2) 펌프의 이상현상

(1) 공동현상(캐비테이션 : Cavitation)

관 속에 물이 흐를 때 물속의 어느 부분이 증기압보다 낮은 부분이 생기면 물이 증발을 일으키고 또한 물속의 공기가 기포를 다수 발생하는 현상이다.

① 발생조건
  ㉠ 흡입양정이 지나치게 클 경우
  ㉡ 흡입관의 저항이 증대될 경우
  ㉢ 흡입액이 과속으로 유량이 증대될 경우
  ㉣ 관내의 온도가 상승할 경우

② 예방방법
  ㉠ 펌프의 회전수를 낮춘다.
  ㉡ 흡입비 속도를 작게 한다.
  ㉢ 펌프의 흡입관의 두(head) 손실을 줄인다.
  ㉣ 펌프의 설치위치를 되도록 낮추고 유효흡입 head를 크게 한다.

(2) 수격작용(Water hammering)

펌프에서 물의 압송 시 정전 등에 의해 펌프가 급히 멈춘 경우 또는 수량조절 밸브를 급히 개폐한 경우 관내 유속이 급변하면서 물에 심한 압력변화가 발생하는 현상이다.

(3) 서징(Surging)

펌프의 운전 시 특별한 변동을 주지 않아도 진동이 발생하여 주기적으로 운동, 양정, 토출량이 변동하는 현상

> □ 서징 방지법
> ① 풍량을 감소시킨다.
> ② 배관의 경사를 완만하게 한다.
> ③ 토출가스를 흡입측에 바이패스 시키거나 방출밸브에 의해 대기로 방출시킨다.
> ④ 교축밸브를 압축기 가까이에 설치한다.

(4) 베이퍼 록 현상(Vaporlock)

액체가 관 속을 흐를 때 유동하는 물속의 어느 부분의 정압이 그때의 액체의 증기압보다 낮을 경우 액체가 증발하여 부분적으로 증기가 발생되는 현상. 배관의 부식을 초래하는 경우가 있다.

3) 왕복식 압축기의 주요 이상현상 및 원인

실린더 주변 이상음	• 피스톤과 실린더 헤드와의 틈새가 너무 넓은 것 • 피스톤 링의 마모, 파손 • 실린더 내에 물 등 이물질이 들어가 있는 경우
크랭크 주변 이상음	• 베어링의 마모와 헐거움 • 크로스헤드의 마모와 헐거움
가스온도 상승	흡입, 토출 밸브의 불량
밸브 작동음 이상	
토축압력이 갑자기 증가	토출관 내에 저항 발생

6 배관 및 피팅류

1) 관이음 및 개스킷

(1) 관이음

고압관에서는 누설방지를 위해 용접이음이 좋고, 보수를 위해 분리하여야 할 필요가 있을 경우에는 플랜지 등 일시적 접합을 사용한다. 또한, 관이 길고 온도변화가 클 때에는 신축을 고려하여 신축 이음을 사용한다.

① 관 부속품(Pipe Joint)

② 용도에 따른 관 부속품

용도	관 부속품
관로를 연결할 때	플랜지(Flange), 유니온(Union), 커플링(Coupling), 니플(Nipple), 소켓(Socket)
관로의 방향을 변경할 때	엘보(Elbow), Y자관(Y-branch), 티(Tee), 십자관(Cross)
관의 지름을 변경할 때	리듀서(Reducer), 부싱(Bushing)
가지관을 설치할 때	티(Tee), Y자관(Y-branch), 십자관(Cross)
유로를 차단할 때	플러그(Plug), 캡(Cap), 밸브(Valve)
유량을 조절할 때	밸브(Valve)

③ 배관설계 시 배관특성을 결정하는 요소 : 설계압력, 온도, 유량

(2) 개스킷(Gasket)

관 플랜지 고정 접합면에 끼워 볼트 및 기타 방법으로 죄어 유체의 누설을 방지하는 부속품. 복원성, 유연성이 좋아야 하며, 금속 사이에 밀착되어야 하며, 기계적 강도가 강하고 가공성이 좋아야 한다.

2) 밸브(Valve)

유체의 흐름을 조절하는 장치. 크게 Stop 밸브와 Gate 밸브로 나눌 수 있다.

(1) Stop 밸브 : 배관에서 흐름 차단장치로 사용된다.
(2) Gate 밸브 : 유량의 가감 및 차단장치로 사용된다.
(3) 기능별로는 감압밸브, 조정밸브, 체크밸브, 안전밸브 등이 있다.

7 계측장치

1) 압력계

(1) 1차 압력계 : 압력과 힘의 물리적 관계로부터 압력을 직접 측정하는 압력계
   예 자유피스톤형 압력계, 액주식 압력계(Manometer) 등
(2) 2차 압력계 : 탄성, 전기적 변화, 물질변화 등을 이용하여 압력을 측정하는 압력계
   예 부르동관식(Bourdon), 압력계벨로스식(Bellows), 압력계다이어프램식(Diaphragm) 압력계 등

2) 유량계

(1) 직접식 유량계 : 유체의 부피나 질량을 직접 측정하는 유량계
(2) 간접식(가변류) 유량계 : 유량과 관계있는 다른 양을 측정하여 유량을 구하는 유량계
(3) 차압식: 유체가 흘러가는 배관에 장해물을 설치하고 그 전후 압력차를 측정하여 유량을 구하는 유량계
　예 피토관, 오리피스미터, 벤투리미터 등
(4) 면적식 : 유체의 면적과 시간의 함수를 이용하여 유량을 구하는 유량계
　예 로타미터(Rota Meter) 등

8 아세틸렌 용접장치 및 가스접합 용접장치

1) 안전기 설치 기준

(1) 아세틸렌 용접장치의 취관마다 안전기를 설치하여야 한다. 다만, 주관 및 취관에 가장 가까운 분기관마다 안전기를 부착한 경우에는 그러하지 아니하다.
(2) 가스용기가 발생기와 분리되어 있는 아세틸렌 용접장치에 대하여 발생기와 가스용기 사이에 안전기를 설치한다.
(3) 제조설비의 고압 건조기와 충전용 교체밸브 사이에는 역화방지장치를 설치한다.

2) 가스 등의 용기

금속의 용접·용단 또는 가열에 사용되는 가스 등의 용기를 취급하는 경우에 다음 각 호의 사항을 준수하여야 한다.
(1) 통풍이나 환기가 불충분한 장소, 화기를 사용 장소 등에서는 사용하거나 해당 장소에 설치·저장 또는 방치하지 않도록 할 것
(2) 용기의 온도를 40℃ 이하로 유지할 것
(3) 전도의 위험이 없도록 할 것

3) 압력의 제한

아세틸렌 용접장치를 사용하여 금속의 용접·용단 또는 가열작업을 하는 경우에는 게이지압력이 127킬로파스칼을 초과하는 압력의 아세틸렌을 발생시켜 사용해서는 아니 된다.

9 가스누출감지경보기(KOSHA GUIDE)

가연성 또는 독성 물질의 가스를 감지하여 그 농도를 지시하고, 미리 설정해 놓은 가스 농도에서 자동적으로 경보가 울리도록 하는 장치이다.

1) 선정기준

(1) 감지대상 가스의 특성을 충분히 고려하여 가장 적절한 것을 선정한다.
(2) 감지대상 가스가 가연성이면서 독성인 경우에는 독성을 기준하여 가스누출감지경보기를 선정한다.

2) 경보 설정점검

감지대상 가스의 폭발하한계 25% 이하, 독성 가스누출감지경보기는 당해 독성 물질의 허용농도 이하에서 경보가 발하여지도록 설정한다. 다만, 독성 가스누출감지경보기로서 당해 독성 물질의 허용농도 이하에서 감지부가 감지할 수 없는 경우에는 그러하지 아니하다.

SECTION 02
안전 점검 계획 수립

1 안전운전계획

(1) 안전운전지침서
(2) 설비점검·검사 및 보수계획, 유지계획 및 지침서
(3) 안전작업허가
(4) 도급업체 안전관리계획
(5) 근로자 등 교육계획
(6) 가동 전 점검지침
(7) 변경요소 관리계획
(8) 자체감사 및 사고조사계획
(9) 그 밖에 안전운전에 필요한 사항

SECTION 03
공정안전보고서 작성심사 · 확인

1 공정안전자료(「산업안전보건법 시행규칙」 제50조)

(1) 취급 · 저장하고 있거나 취급 · 저장하려는 유해 · 위험물질의 종류 및 수량
(2) 유해 · 위험물질에 대한 물질안전보건자료
(3) 유해 · 위험설비의 목록 및 사양
(4) 유해 · 위험설비의 운전방법을 알 수 있는 공정도면
(5) 각종 건물 · 설비의 배치도
(6) 폭발위험장소 구분도 및 전기단선도
(7) 위험설비의 안전설계 · 제작 및 설치 관련 지침서

2 공정위험성평가

공정의 특성 등을 고려하여 다음 위험성평가기법 중 한 가지 이상을 선정하여 위험성평가를 실시한 후 그 결과에 따라 작성하여야 하며, 사고예방 · 피해최소화대책의 작성은 위험성평가결과 잠재위험이 있다고 인정되는 경우만 해당한다.

(1) 체크리스트(Check List) : 공정 및 설비의 오류, 결함상태, 위험상황 등을 목록화한 형태로 작성하여 경험적으로 비교함으로써 위험성을 파악하는 방법이다. 기존 공장의 분리/이송 시스템, 전기/계측 시스템에 대한 위험성을 평가하는 데는 적절하지 않다.
(2) 상대위험순위 결정(Dow and Mond Indices)
(3) 작업자 실수 분석(HEA)
(4) 사고예상 질문 분석(What-if) : 공정에 잠재하고 있는 위험요소에 의해 야기될 수 있는 사고를 사전에 예상해 질문을 통하여 확인 · 예측하여 공정의 위험성 및 사고의 영향을 최소화하기 위한 대책을 제시하는 방법이다.
(5) 위험과 운전 분석(HAZOP) : 공정에 존재하는 위험 요소들과 공정의 효율을 떨어뜨릴 수 있는 운전상의 문제점을 찾아내어 그 원인을 제거하는 방법. 공정변수(Process Parameter)와 가이드 워드(Guide Word)를 사용하여 비정상상태(Deviation)가 일어날 수 있는 원인을 찾고 결과를 예측함과 동시에 대책을 세워나가는 방법이다.
(6) 이상위험도 분석(FMECA)
(7) 결함수 분석(FTA)
(8) 사건수 분석(ETA)
(9) 원인결과 분석(CCA)
(10) (1)~(9)까지의 규정과 같은 수준 이상의 기술적 평가기법
① 안전성 검토법 : 공장의 운전 및 유지 절차가 설계목적과 기준에 부합되는지를 확인하는 것을 그 목적으로 하며, 결과의 형태로 검사보고서를 제공한다.
② 예비위험분석 기법

5과목 예상문제

01 비교적 저압 또는 상압에서 가연성의 증기를 발생하는 유류를 저장하는 탱크에서 외부에 그 증기를 방출하기도 하고, 탱크 내에 외기를 흡입하기도 하는 부분에 설치하며, 가는 눈금의 금망이 여러 개 겹쳐진 구조로 된 안전장치는?

① Check Valve ② Flame Arrester
③ Ventstack ④ Rupture Disk

해설 문제의 설명은 화염방지기(Flame Arrester)에 대한 것이다.

02 사업주는 가스폭발 위험장소 또는 분진폭발 위험장소에 설치되는 건축물 등에 대해서는 규정에서 정한 부분을 내화구조로 하여야 한다. 다음 중 내화구조로 하여야 하는 부분에 대한 기준이 틀린 것은?

① 건축물 기둥 : 지상 1층(지상 1층의 높이가 6미터를 초과하는 경우에는 6미터)까지
② 위험물 저장·취급용기의지지대(높이가 30센티미터 이하인 것은 제외) : 지상으로부터 지지대의 끝부분까지
③ 건축물의 보 : 지상 2층(지상 2층의 높이가 10미터를 초과하는 경우에는 10미터)까지
④ 배관·전선관 등의 지지대 : 지상으로부터 1단(1단의 높이가 6미터를 초과하는 경우에는 6미터)까지

해설 건축물의 보는 지상 1층(지상 1층의 높이가 6미터를 초과하는 경우에는 6미터)까지 내화구조로 하여야 한다.

03 메탄, 에탄, 프로판의 폭발하한계가 각각 5vol%, 2vol%, 2.1vol%일 때 다음 중 폭발하한계가 가장 낮은 것은? (단, Le Chatelier의 법칙을 이용한다.)

① 메탄 20vol%, 에탄 30vol%, 프로판 50vol%의 혼합가스
② 메탄 30vol%, 에탄 30vol%, 프로판 40vol%의 혼합가스
③ 메탄 40vol%, 에탄 30vol%, 프로판 30vol%의 혼합가스
④ 메탄 50vol%, 에탄 30vol%, 프로판 20vol%의 혼합가스

해설 폭발하한 $= \dfrac{100}{\dfrac{V_1}{L_1}+\dfrac{V_2}{L_2}+\dfrac{V_3}{L_3}}$ 식을 이용하여 계산할 수 있다.

04 「산업안전보건기준에 관한 규칙」 중 급성 독성물질에 관한 기준 중 일부이다. (A)와 (B)에 알맞은 수치를 옳게 나타낸 것은?

- 쥐에 대한 경구투입실험에 의하여 실험동물의 50퍼센트를 사망시킬 수 있는 물질의 양, 즉 LD50(경구, 쥐)이 킬로그램당 (A)밀리그램−(체중) 이하인 화학물질
- 쥐 또는 토끼에 대한 경피흡수실험에 의하여 실험동물의 50퍼센트를 사망시킬 수 있는 물질의 양, 즉 LD50(경피, 토끼 또는 쥐)이 킬로그램당 (B)밀리그램−(체중) 이하인 화학물질

① A : 1,000, B : 300 ② A : 1,000, B : 1,000
③ A : 300, B : 300 ④ A : 300, B : 1,000

해설 **산업안전보건법령상 급성독성물질의 기준**
- LD50(경구, 쥐)이 킬로그램당 300밀리그램−(체중) 이하인 화학물질
- LD50(경피, 토끼 또는 쥐)이 킬로그램당 1,000밀리그램−(체중) 이하인 화학물질

05 위험물을 산업안전보건법령에서 정한 기준량 이상으로 제조하거나 취급하는 설비로서 특수화학설비에 해당하는 것은?

① 가열시켜 주는 물질의 온도가 가열되는 위험물질의 분해온도보다 높은 상태에서 운전되는 설비
② 상온에서 게이지 압력으로 200kPa의 압력으로 운전되는 설비
③ 대기압 하에서 300℃로 운전되는 설비
④ 흡열반응이 행하여지는 반응설비

정답 | 01 ② 02 ③ 03 ① 04 ④ 05 ①

[해설] 가열시켜 주는 물질의 온도가 가열되는 위험물질의 분해온도 또는 발화점보다 높은 상태에서 운전되는 설비는 특수화학설비에 해당한다.

06 다증기 배관 내에 생성하는 응축수를 제거할 때 증기가 배출되지 않도록 하면서 응축수를 자동적으로 배출하기 위한 장치를 무엇이라 하는가?

① Vent stack
② Steam trap
③ Blow down
④ Relief valve

[해설] Steam trap(스팀트랩) : 기기, 배관 등에서 응축수를 자동적으로 배출하는 자동식 밸브의 총칭

07 위험물 또는 위험물이 발생하는 물질을 가열·건조하는 경우 내용적이 몇 세제곱미터 이상인 건조설비인 경우 건조실을 설치하는 건축물의 구조를 독립된 단층건물로 하여야 하는가? (단, 건조실을 건축물의 최상층에 설치하거나 건축물이 내화구조인 경우는 제외한다.)

① 1
② 10
③ 100
④ 1,000

[해설] 위험물 또는 위험물이 발생하는 물질을 가열·건조하는 경우 내용적이 1세제곱미터 이상인 건조설비를 설치한다면, 독립된 단층건물 또는 건축물의 최상층에 설치하거나 내화구조를 가지고 있어야 한다.

08 다음 물질 중 물에 가장 잘 융해되는 것은?

① 아세톤
② 벤젠
③ 톨루엔
④ 휘발유

[해설] 아세톤은 물에 잘 녹으며 유기용매로서 다른 유기물질과도 잘 섞이는 성질이 있어 일상생활에서 물로 지워지지 않은 유성페이트나 손톱용 에나멜 등을 지우는 데 많이 쓰인다.

09 위험물안전관리법령상 제3류 위험물 중 금수성 물질에 대하여 적응성이 있는 소화기는?

① 포 소화기
② 이산화탄소 소화기
③ 할로겐화합물 소화기
④ 탄산수소염류 분말 소화기

[해설] 탄산수소염류 분말 소화기는 분말 소화제를 사용하는 분말 소화기의 일종으로, 모든 화재에 사용할 수 있으며, 전기화재와 유류화재에 효과적이다.

10 [보기]의 물질을 폭발 범위가 넓은 것부터 좁은 순서로 옳게 배열한 것은?

| 보기 |
| H_2 C_3H_8 CH_4 CO |

① $CO > H_2 > C_3H_8 > CH_4$
② $H_2 > CO > CH_4 > C_3H_8$
③ $C_3H_8 > CO > CH_4 > H_2$
④ $CH_4 > H_2 > CO > C_3H_8$

[해설] 각 물질의 폭발 범위 및 위험도는 다음과 같다.

구분	수소(H_2)	프로판(C_3H_8)	메탄(CH_4)	일산화탄소(CO)
UFL	75	9.5	15	74
LEL	4	2.4	5	10.5
폭발범위	71	7.1	10	63.5
위험도	17.75	2.96	2	6.05

11 크롬에 대한 설명으로 옳은 것은?

① 은백색 광택이 있는 금속이다.
② 중독 시 미나마타병이 발병한다.
③ 비중이 물보다 작은 값을 나타낸다.
④ 3가 크롬이 인체에 가장 유해하다.

[해설] 크롬은 은백색의 광택을 띠는 금속으로 3가와 6가의 화합물이 있다.

12 다음 중 위험물과 그 소화방법이 잘못 연결된 것은?

① 염소산칼륨 – 다량의 물로 냉각소화
② 마그네슘 – 건조사 등에 의한 질식소화
③ 칼륨 – 이산화탄소에 의한 질식소화
④ 아세트알데히드 – 다량의 물에 의한 희석소화

[해설] 칼륨에 의한 화재는 금속화재이므로 건조사 등에 의한 질식소화가 효과적이다.

정답 | 06 ② 07 ① 08 ① 09 ④ 10 ② 11 ① 12 ③

13 화염방지기의 설치에 관한 사항으로 ( )에 알맞은 것은?

> 사업주는 인화성 액체 및 인화성 가스를 저장·취급하는 화학설비에서 증기나 가스를 대기로 방출하는 경우에는 외부로부터의 화염을 방지하기 위하여 화염방지기를 그 설비 ( )에 설치하여야 한다.

① 상단 ② 하단
③ 중앙 ④ 무게중심

해설 **화염방지기**
비교적 저압 또는 상압에서 가연성 증기를 발생시키는 인화성 물질 등을 저장하는 탱크에서 외부에 그 증기를 방출하거나 탱크 내에 외기를 흡입하는 부분에 설치하는 안전장치이다. 일반적으로 저장탱크의 상부에 설치된 통기밸브 후단에 설치한다.

14 탄화수소 증기의 연소하한값 추정식은 연료의 양론농도(C_{st})의 0.55배이다. 프로판 1몰의 연소반응식이 다음과 같을 때 연소하한값은 약 몇 vol%인가?

$$C_3H_8 + 5O_2 \rightarrow 3CO_2 + 4H_2O$$

① 2.22 ② 4.03
③ 4.44 ④ 8.06

해설 ① 탄화수소증기의 C_{st} 구하기
보기의 탄화수소증기(프로판)의 연소식
$C_3H_8 + 5O_2 \rightarrow 3CO_2 + 4H_2O$
프로판의 양론농도(C_{st})
$$C_{st} = \frac{연료몰수}{연료몰수 + 공기몰수} \times 100$$
$$= \frac{1}{1 + \frac{5}{0.21}} \times 100 = 4.031$$
② 연소하한값 추정식에 대입
$0.55 \times C_{st} = 0.55 \times C_{st} = 0.55 \times 4.031 = 2.22$

15 다음 중 물질의 자연발화를 촉진시키는 요인으로 가장 거리가 먼 것은?

① 표면적이 넓고, 발열량이 클 것
② 열전도율이 클 것
③ 주위 온도가 높을 것
④ 적당한 수분을 보유할 것

해설 열전도율이 작을수록, 고온 다습할수록, 표면적이 클수록, 통풍이 안 될수록, 발열량이 크고 열 축적이 클수록 자연발화가 쉽게 발생할 수 있다.

16 산업안전보건법령상 사업주가 인화성액체 위험물을 액체상태로 저장하는 저장탱크를 설치하는 경우에는 위험물질이 누출되어 확산되는 것을 방지하기 위하여 무엇을 설치하여야 하는가?

① Flame Arrester ② Ventstack
③ 긴급방출장치 ④ 방유제

해설 위험물질을 액체상태로 저장하는 저장탱크를 설치하는 때에는 위험물질이 누출되어 확산되는 것을 방지하기 위하여 방유제를 설치하여야 한다.

17 처음 온도가 20℃인 공기를 절대압력 1기압에서 3기압으로 단열압축하면 최종온도는 약 몇 도인가? (단, 공기의 비열비 1.40이다.)

① 68℃ ② 75℃
③ 128℃ ④ 164℃

해설 **단열압축 시, 압력, 부피, 온도의 상관관계식**(단, 온도 단위는 절대온도로 한다.)

$$\frac{T_2}{T_1} = \left(\frac{V_1}{V_2}\right)^{r-1} = \left(\frac{P_2}{P_1}\right)^{\frac{(r-1)}{r}}$$

여기서, r : 비열비, T_1 : 초기온도, T_2 : 최종온도, P_1 : 초기압력, P_2 : 최종압력

$$T_2 = T_1 \times \left(\frac{P_2}{P_1}\right)^{\frac{(r-1)}{r}} = (273+20) \times \left(\frac{3}{1}\right)^{\frac{1.4-1}{1.4}}$$
$$= 401[K] = 128[℃]$$

18 제1종 분말소화약제의 주성분에 해당하는 것은?

① 사염화탄소 ② 브롬화메탄
③ 수산화암모늄 ④ 탄산수소나트륨

해설 제1종 분말소화약제의 주성분은 탄산수소나트륨이다.

19 다음 중 C급 화재에 해당하는 것은?

① 금속화재 ② 전기화재
③ 일반화재 ④ 유류화재

정답 | 13 ① 14 ① 15 ② 16 ④ 17 ③ 18 ④ 19 ②

해설) 전기화재를 C급 화재라고 한다.

20 산업안전보건법령상 특수화학설비를 설치할 때 내부의 이상상태를 조기에 파악하는 데 필요한 계측장치를 설치하여야 한다. 이러한 계측장치로 거리가 먼 것은?

① 압력계　　　　② 유량계
③ 온도계　　　　④ 비중계

해설) 화학설비 및 그 부속설비, 특수화학설비에는 내부의 상태를 파악하기 위하여 필요한 온도계·유량계·압력계 등의 계측장치를 설치하여야 한다.

21 다음 중 분진폭발의 특징으로 옳은 것은?

① 가스폭발보다 연소시간이 짧고, 발생에너지가 작다.
② 압력의 파급속도보다 화염의 파급속도가 빠르다.
③ 가스폭발에 비하여 불완전연소의 발생이 없다.
④ 주위의 분진에 의해 2차, 3차의 폭발로 파급될 수 있다.

해설) 분진폭발은 주위 분진에 의해 2차, 3차 폭발로 파급될 수 있다.

22 다음 중 외부에서 화염, 전기불꽃 등의 착화원을 주지 않고 물질을 공기 중 또는 산소 중에서 가열할 경우에는 착화 또는 폭발을 일으키는 최저온도는 무엇인가?

① 인화온도　　　② 연소점
③ 비등점　　　　④ 발화온도

해설) 가연성 물질을 공기 또는 산소 중에서 가열할 경우, 외부로부터의 점화원을 부여하지 않아도 스스로 연소가 시작되는 최저온도를 발화점(발화온도, 착화점, 착화온도)이라 한다.

23 산업안전보건법령상 위험물질의 종류를 구분할 때 다음 물질들이 해당하는 것은?

> 리튬, 칼륨, 나트륨, 황, 황린, 황화인, 적린

① 폭발성 물질 및 유기과산화물
② 산화성 액체 및 산화성 고체
③ 물반응성 물질 및 인화성 고체
④ 급성 독성 물질

해설) 물반응성 물질 및 인화성 고체로 위험물질이 구분된다.

24 포스겐가스 누설검지의 시험지로 사용되는 것은?

① 연당지　　　　② 염화파라듐지
③ 하리슨시험지　④ 초산벤젠지

해설) 포스겐가스 누설검지의 시험지는 하리슨시험지이며 반응색은 유자색이다.

25 압축하면 폭발할 위험성이 높아 아세톤 등에 용해시켜 다공성 물질과 함께 저장하는 물질은?

① 염소　　　　　② 아세틸렌
③ 에탄　　　　　④ 수소

해설) 아세틸렌은 폭발 위험이 있어 아세톤 등에 침전하여 다공성 물질이 있는 용기에 충전한다.

26 다음 중 소화설비와 주된 소화적용방법의 연결이 옳은 것은?

① 포소화설비 – 질식소화
② 스프링클러설비 – 억제소화
③ 이산화탄소소화설비 – 제거소화
④ 할로겐화합물소화설비 – 냉각소화

해설) 포(포말)소화설비는 산소(공기)와의 접촉을 차단하여 소화하는 방식으로, 질식소화에 해당한다.

27 폭발한계와 완전연소조성 관계인 Jones 식을 이용한 부탄(C_4H_{10})의 폭발하한계는 약 얼마인가? (단, 공기 중 산소의 농도는 21%로 가정한다.)

① 1.4%v/v　　　② 1.7%v/v
③ 2.0%v/v　　　④ 2.3%v/v

해설) **부탄(C_4H_{10})의 폭발범위**
$C_4H_{10} + 6.5O_2 = 4CO_2 + 5H_2O$
$C_{st} = 100/(1 + 6.5/0.21) = 3.13$
따라서, 하한 = 0.55 × 3.13 = 1.72%vol
상한 = 3.50 × 3.13 = 10.96%vol

정답 | 20 ④　21 ④　22 ④　23 ③　24 ③　25 ②　26 ①　27 ②

28 다음 중 가연성 기체의 폭발한계와 폭굉한계를 가장 올바르게 설명한 것은?

① 폭발한계와 폭굉한계는 농도범위가 같다.
② 폭굉한계와 폭발한계의 최상한치에 존재한다.
③ 폭발한계는 폭굉한계보다 농도범위가 넓다.
④ 두 한계의 하한계는 같으나, 상한계는 폭굉한계가 더 높다.

해설) 폭굉은 폭발이 발생된 후에 일어나는 것이므로 폭굉한계는 폭발한계 내에 존재한다.

29 반응기를 설계할 때 고려하여야 할 요인으로 가장 거리가 먼 것은?

① 부식성
② 상의 형태
③ 온도 범위
④ 중간생성물의 유무

해설) 중간생성물의 유무는 반응기를 설계할 때의 고려사항과는 거리가 멀다.

30 펌프의 사용 시 공동현상(Cavitation)을 방지하고자 할 때의 조치사항으로 틀린 것은?

① 펌프의 회전수를 높인다.
② 흡입비 속도를 작게 한다.
③ 펌프의 흡입관의 두(head) 손실을 줄인다.
④ 펌프의 설치높이를 낮추어 흡입양정을 짧게 한다.

해설) 공동현상은 유속이 빠를 경우 발생할 수 있으므로, 펌프의 회전수를 낮춰야 한다.

31 산업안전보건법령에 따라 유해하거나 위험한 설비의 설치·이전 또는 주요 구조부분의 변경공사 시 공정안전보고서의 제출시기는 착공일 며칠 전까지 관련기관에 제출하여야 하는가?

① 15일
② 30일
③ 60일
④ 90일

해설) 사업주는 유해·위험설비의 설치, 이전 또는 주요 구조부분의 변경 공사의 착공 30일 전까지 공정안전보고서를 2부를 산업안전보건공단에 제출해야 한다.

32 다음 중 질식소화에 해당하는 것은?

① 가연성 기체의 분출화재 시 주 밸브를 닫는다.
② 가연성 기체의 연쇄반응을 차단하여 소화한다.
③ 연료 탱크를 냉각하여 가연성 가스의 발생속도를 작게 한다.
④ 연소하고 있는 가연물이 존재하는 장소를 기계적으로 폐쇄하여 공기의 공급을 차단한다.

해설) **질식소화**
산소를 차단하여 산소농도가 15% 이하가 되면 연소가 지속될 수 없으므로 이를 이용하여 소화하는 방법으로 일명 희석소화라고도 한다. 대표적으로 CO_2, 포말, 물 분무설비가 있으며 이외 수계(水系)소화설비도 보조적으로 수증기에 의한 질식효과가 있다.

33 다음 중 인화성 물질이 아닌 것은?

① 디에틸에테르
② 아세톤
③ 에탄올
④ 과염소산칼륨

해설) 과염소산칼륨은 위험물 안전관리법에 따라 제1류 위험물(산화성고체)에 해당하며 제1류 위험물은 열분해 시 산소를 발생시킨다.

34 다음 중 마그네슘의 저장 및 취급에 관한 설명으로 틀린 것은?

① 산화제와 접촉을 피한다.
② 고온의 물이나 과열 수증기와 접촉하면 격렬히 반응하므로 주의한다.
③ 분말은 분진폭발성이 있으므로 누설되지 않도록 포장한다.
④ 화재 발생 시 물의 사용을 금하고, 이산화탄소 소화기를 사용하여야 한다.

해설) 마그네슘은 물과 반응하면 수소발생, 이산화탄소와는 폭발적인 반응을 하므로 소화는 마른 모래나 분말 소화약제를 사용한다.

35 산업안전보건법령상 위험물질의 종류에서 "폭발성 물질 및 유기과산화물"에 해당하는 것은?

① 리튬
② 아조화합물
③ 아세틸렌
④ 셀룰로이드류

해설) 아조화합물은 폭발성 물질 및 유기과산화물에 해당한다.

정답 | 28 ③ 29 ④ 30 ① 31 ② 32 ④ 33 ④ 34 ④ 35 ②

36 다음 중 반응기를 조작방식에 따라 분류할 때 이에 해당하지 않는 것은?

① 회분식 반응기   ② 반회분식 반응기
③ 연속식 반응기   ④ 관형식 반응기

[해설] 관형식 반응기는 구조에 의한 분류이다.

37 5% NaOH 수용액과 10% NaOH 수용액을 반응기에 혼합하여 6% 100kg의 NaOH 수용액을 만들려면 각각 몇 kg의 NaOH 수용액이 필요한가?

① 5% NaOH 수용액 : 33.3, 10% NaOH 수용액 : 66.7
② 5% NaOH 수용액 : 50, 10% NaOH 수용액 : 50
③ 5% NaOH 수용액 : 66.7, 10% NaOH 수용액 : 33.3
④ 5% NaOH 수용액 : 80, 10% NaOH 수용액 : 20

[해설] 5% NaOH 수용액 양 : x, 10[%] NaOH 수용액 양 : y
① x + y = 100kg,
② 0.05x + 0.1y = 0.06 × 100
①식과 ②식을 연립하여 풀면
∴ x = 80kg, y = 20kg

38 다음 중 산업안전보건법령상 산화성 액체 및 산화성 고체에 해당하지 않는 것은?

① 염소산   ② 과망간산
③ 과산화수소   ④ 피크린산

[해설] 피크린산(트리니트로페놀)은 니트로화합물로 산업안전보건법령상 폭발성 물질 및 유기과산화물에 해당한다.

39 산업안전보건법령상 금속의 용접, 용단에 사용하는 가스 용기를 취급할 때 유의사항으로 틀린 것은?

① 밸브의 개폐는 서서히 할 것
② 운반하는 경우에는 캡을 벗길 것
③ 용기의 온도는 40℃ 이하로 유지할 것
④ 통풍이나 환기가 불충분한 장소에는 설치하지 말 것

[해설] 가스용기를 운반하는 경우에는 캡을 씌울 것

40 다음 중 인화점에 대한 설명으로 틀린 것은?

① 가연성 액체의 발화와 관계가 있다.
② 반드시 점화원의 존재와 관련된다.
③ 연소가 지속적으로 확산될 수 있는 최저온도이다.
④ 연료의 조성, 점도, 비중에 따라 달라진다.

[해설] 인화점(Flash Point)
가연성 증기가 발생하는 액체 또는 고체가 공기 중에서 점화원에 의해 표면 부근에서 연소하기에 충분한 농도(폭발하한계)를 만드는 최저의 온도를 말한다.

41 25℃ 액화프로판가스 용기에 10kg의 LPG가 들었다. 용기가 파열되어 대기압으로 되었다고 한다. 파열되는 순간 증발되는 프로판의 질량은 약 얼마인가? (단, LPG의 비열은 2.4kJ/kg·℃이고, 표준비점은 -42.2℃, 증발잠열은 384.2kJ/kg이라고 한다.)

① 0.42kg   ② 0.52kg
③ 4.2kg   ④ 7.62kg

[해설] 기화량(kg) = 액화가스 질량(kg) × $\dfrac{\text{비열(kJ/kg)}}{\text{증발잠열(kJ/kg)}}$ × [외기온도(℃) - 비점(℃)]

$= 10\text{kg} \times \dfrac{2.4}{384.2} \times [25 - (-42.2)]$

$= 4.20\text{kg}$

42 다음 중 자연발화의 방지법으로 적절하지 않은 것은?

① 통풍을 잘 시킬 것
② 습도가 높은 곳에 저장할 것
③ 저장실의 온도상승을 피할 것
④ 공기가 접촉되지 않도록 불활성물질 중에 저장할 것

[해설] ② 습도는 미생물의 번식 또는 가수분해에 의한 자연발화를 일으킬 수 있다.

43 금속의 증기가 공기 중에서 응고되어 화학변화를 일으켜 고체의 미립자로 되어 공기 중에 부유하는 것을 의미하는 용어는?

① 흄(fume)   ② 분진(dust)
③ 미스트(mist)   ④ 스모크(smoke)

정답 | 36 ④   37 ④   38 ④   39 ②   40 ③   41 ③   42 ②   43 ①

해설 **흄(Fume)**
고체 상태의 물질이 액체화된 다음 증기화되고, 증기화된 물질의 응축 및 산화로 인하여 생기는 고체상의 미립자(금속 또는 중금속 등)를 말한다.

44 다음 중 가연성 물질과 산화성 고체가 혼합하고 있을 때 연소에 미치는 현상으로 옳은 것은?

① 착화온도(발화점)가 높아진다.
② 최소점화에너지가 감소하며, 폭발의 위험성이 증가한다.
③ 가스나 가연성 증기의 경우 공기혼합보다 연소범위가 축소된다.
④ 공기 중에서 보다 산화작용이 약하게 발생하여 화염 온도가 감소하며 연소속도가 늦어진다.

해설 산화성 고체가 가연성 물질의 연소 또는 폭발을 가속화할 수 있다.

45 압축기의 운전 중 흡입배기 밸브의 불량으로 인한 주요 현상으로 볼 수 없는 것은?

① 가스온도가 상승한다.
② 가스압력에 변화가 초래된다.
③ 밸브 작동음에 이상을 초래한다.
④ 피스톤링의 마모와 파손이 발생한다.

해설 가스온도의 상승은 흡입 또는 배기 밸브의 불량과는 관계없다.

46 산업안전보건법상 부식성 물질 중 부식성 산류에 해당하는 물질과 기준농도가 올바르게 연결된 것은?

① 염산 : 15% 이상
② 황산 : 10% 이상
③ 질산 : 15% 이상
④ 아세트산 : 60% 이상

해설 산업안전보건법상 부식성 물질 중 아세트산 60% 이상이 부식성 산류로 정의된다.

47 에틸렌(C_2H_4)이 완전연소하는 경우 다음의 Jones 식을 이용하여 계산할 경우 연소하한계는 약 몇 vol%인가?

Jones 식 : $LFL = 0.55 \times C_{st}$

① 0.55
② 3.6
③ 6.3
④ 8.5

해설 $C_nH_xO_y$일 때의 화학양론 농도

$$C_{st} = \frac{1}{(4.77n + 1.19x - 2.38y) + 1} \times 100 (\text{vol\%})$$

에틸렌 : C_2H_4, $C_{st} = \frac{1}{4.77 \times 2 + 1.19 \times 4 + 1} \times 100 = 6.54(\text{vol\%})$

$LFL = 0.55 \times 6.54 = 3.6$

48 다음 중 산업안전보건법에 따라 안지름 150mm 이상의 압력용기, 정변위 압축기 등에 대해서 과압에 따른 폭발을 방지하기 위하여 설치하여야 하는 방호장치는?

① 역화방지기
② 안전밸브
③ 감지기
④ 체크밸브

해설 문제의 설명은 안전밸브의 설치위치에 대한 것이다.

49 산업안전보건법령상 폭발성 물질을 취급하는 화학설비를 설치하는 경우에 단위공정설비로부터 다른 단위공정설비 사이의 안전거리는 설비 바깥 면으로부터 몇 m 이상이어야 하는가?

① 10
② 15
③ 20
④ 30

해설 단위공정 시설 및 설비 사이는 외면으로부터 10m 이상의 안전거리를 두어야 한다.

50 다음 중 TLV-TWA상 독성이 가장 강한 가스는?

① NH_3
② $COCl_2$
③ $C_6H_5CH_3$
④ H_2S

해설 $COCl_2$(포스겐)는 맹독성 가스로 TWA 0.1ppm의 맹독성 물질이다.

51 다음 중 산업안전보건법상 공정안전보고서의 안전운전 계획에 포함되지 않는 항목은?

① 안전작업허가
② 안전운전지침서
③ 가동 전 점검지침
④ 비상조치계획에 따른 교육계획

해설 비상조치계획에 따른 교육계획은 비상조치계획에 포함되는 항목이다.

정답 | 44 ② 45 ① 46 ④ 47 ② 48 ② 49 ① 50 ② 51 ④

52 고압(高壓)의 공기 중에서 장시간 작업하는 경우에 발생하는 잠함병(潛函病) 또는 잠수병(潛水病)은 다음 중 어떤 물질에 의하여 중독현상이 일어나 발생하는가?

① 질소
② 황화수소
③ 일산화탄소
④ 이산화탄소

해설 **잠함병**
잠수병, 감압증이라고도 하며 대기압 이상의 높은 기압하에서 장시간 작업한 사람이 갑자기 감압하면 체내에 용해되었던 질소(N_2)가 기포로 되어 혈관 색전, 파열 등으로 신체장해를 가져오게 된다.

53 산업안전보건법령상 각 물질이 해당하는 위험물질의 종류를 옳게 연결한 것은?

① 아세트산(농도 90%) - 부식성 산류
② 아세톤(농도 90%) - 부식성 염기류
③ 이황화탄소 - 인화성 가스
④ 수산화칼륨 - 인화성 가스

해설 **부식성 물질(「안전보건규칙」 [별표 1] 제6호)**

구분	물질
부식성 산류	• 농도 20퍼센트 이상인 염산(HCl), 황산(H_2SO_4), 질산(HNO_3) 그 밖에 이와 동등 이상의 부식성을 가지는 물질 • 농도 60퍼센트 이상인 인산, 아세트산, 불산, 기타 이와 동등 이상의 부식성을 가지는 물질
부식성 염기류	• 농도 40퍼센트 이상인 수산화나트륨, 수산화칼륨 그 밖에 이와 동등 이상의 부식성을 가지는 염기류

54 뜨거운 금속에 물이 닿으면 튀는 현상과 같이 핵비등(Nucleate Boiling) 상태에서 막비등(Film Boiling)으로 이행하는 온도를 무엇이라 하는가?

① Burn-out Point
② Leidenfrost Point
③ Entrainment Point
④ Sub-cooling Boiling Point

해설 뜨거운 금속에 물이 닿으면 튀는 현상과 같이 핵비등 상태에서 막비등으로 이행하는 온도를 Leidenfrost Point라 한다.

55 다음 중 최소발화에너지가 가장 작은 가연성 가스는?

① 수소
② 메탄
③ 에탄
④ 프로판

해설 수소의 최소발화에너지가 0.019×10^{-3} Joule로 가장 작다.

56 다음 중 물질안전보건자료(MSDS)의 작성 · 비치대상에서 제외되는 물질이 아닌 것은? (단, 해당하는 관계 법령의 명칭은 생략한다.)

① 화장품
② 사료
③ 플라스틱 원료
④ 식품 및 식품첨가물

해설 플라스틱 원료는 물질안전보건자료의 작성 · 비치대상이다.

57 다음 설명이 의미하는 것은?

> 온도, 압력 등 제어상태가 규정의 조건을 벗어나는 것에 의해 반응속도가 지수함수적으로 증대되고, 반응용기 내의 온도, 압력이 급격히 이상 상승되어 규정 조건을 벗어나고, 반응이 과격화되는 현상이다.

① 비등
② 과열 · 과압
③ 폭발
④ 반응폭주

해설 화학반응에서의 반응폭주에 대한 설명이다.

58 다음 중 가스나 증기가 용기 내에서 폭발할 때 최대폭발압력(P_m)에 영향을 주는 요인에 관한 설명으로 틀린 것은?

① P_m은 화학양론비에 최대가 된다
② P_m은 용기의 형태 및 부피에 큰 영향을 받지 않는다.
③ P_m은 다른 조건이 일정할 때 초기온도가 높을수록 증가한다.
④ P_m은 다른 조건이 일정할 때 초기압력이 상승할수록 증가한다.

해설 최대폭발압력(P_m)은 초기온도가 높을수록 감소한다. 그 이유는 다른 조건이 동일하다면 높은 온도에서는 물질의 양(농도)이 감소하기 때문이다.

정답 | 52 ① 53 ① 54 ② 55 ① 56 ③ 57 ④ 58 ③

59 다음 중 분진의 폭발위험성을 증대시키는 조건에 해당하는 것은?

① 분진의 발열량이 적을수록
② 분위기 중 산소 농도가 작을수록
③ 분진 내의 수분농도가 작을수록
④ 분진의 표면적이 입자체적에 비교하여 작을수록

해설 분진 내의 수분농도가 낮을 경우 정전기 발생 등의 위험이 높아져 분진 폭발 위험성이 높아진다.

60 질화면(Nitrocellulose)은 저장·취급 중에는 에탄올 등으로 습면상태를 유지해야 한다. 그 이유를 옳게 설명한 것은?

① 질화면은 건조 상태에서는 자연적으로 분해하면서 발화할 위험이 있기 때문이다.
② 질화면은 알코올과 반응하여 안정한 물질을 만들기 때문이다.
③ 질화면은 건조 상태에서 공기 중의 산소와 환원반응을 하기 때문이다.
④ 질화면은 건조 상태에서 유독한 중합물을 형성하기 때문이다.

해설 질화면(니트로셀룰로오스)은 건조한 상태에서는 자연발열을 일으켜 분해폭발을 일으킬 수 있어 에탄올 또는 이소프로필 알코올을 적셔놓는다.

정답 | 59 ③ 60 ①

memo

산업안전기사 필기　ENGINEER INDUSTRIAL SAFETY

PART 06

건설공사 안전관리

CHAPTER 01 건설공사 특성분석
CHAPTER 02 건설공사 위험성
CHAPTER 03 건설업 산업안전보건관리비
CHAPTER 04 건설현장 안전시설 관리
CHAPTER 05 비계·거푸집 가시설 위험방지
CHAPTER 06 공사 및 작업종류별 안전
■ 예상문제

CHAPTER 01 건설공사 특성분석

SECTION 01 건설공사 특수성 분석

1 안전관리 계획 수립

1) 안전관리계획서 작성 내용
(1) 입지 및 환경조건 : 주변교통, 부지상황, 매설물 등의 현황
(2) 안전관리 중점 목표 : 착공에서 준공까지 각 단계의 중점 목표를 결정
(3) 공정, 공종별 위험요소 판단 : 공정, 공종별 유해위험요소를 판단하여 대책수립
(4) 안전관리조직 : 원활한 안전활동, 안전관리의 확립을 위해 필요한 조직
(5) 안전행사계획 : 일일, 주간, 월간계획
(6) 긴급연락망 : 긴급사태 발생시 연락할 경찰서, 소방서, 발주처, 병원 등의 연락처 게시

2) 공종별 안전관리계획
(1) 가설공사 : 가설구조물에 대한 도면, 자료, 기술대책
(2) 굴착 및 발파공사 : 공법개요, 굴착계획, 발파계획
(3) 콘크리트공사 : 콘크리트공사 공정에 대한 안전관리대책
(4) 강구조물공사 : 강구조물공사 공정에 대한 안전관리대책
(5) 성토 및 절도공사 : 자재, 장비 등에 대한 자료
(6) 해체공사 : 해체대상, 해체기계, 공법 등
(7) 건축설비공사 등

2 공사장 작업환경의 특수성

1) 건설공사 특수성
(1) 작업환경의 특수성
(2) 작업 자체 위험성
(3) 공사계약의 일방성
(4) 법적 규제 및 정책의 한계
(5) 신기술 · 신공법으로 인한 위험대처 미흡
(6) 원 · 하도급 간 관계의 복잡성
(7) 근로자의 안전의식 부족
(8) 근로자의 이동성
(9) 전문 기능 인력 수급 부족

2) 공사계획 시 고려사항
(1) 현장원 편성 : 공사계획 중 가장 우선
(2) 공정표의 작성 : 공사 착수 전 단계에서 작성
(3) 실행예산의 편성 : 재료비, 노무비, 경비
(4) 하도급 업체의 선정
(5) 가설 준비물 결정
(6) 재료, 설비 반입계획
(7) 재해방지계획
(8) 노무 동원계획

3 공사계약

1) 도급계약서에 첨부되는 서류
(1) 필요서류
① 계약서류 : 계약서, 공사도급 규정
② 설계도서 : 설계도, 시방서(공통시방서, 특기시방서)

(2) 참고서류
① 공사비 내역서
② 현장설명서, 질의 응답서
③ 공정표 등

SECTION 02
안전관리 고려사항 확인

1 설계도서 검토

1) 안전관리 고려사항
(1) 설계도서 검토 : 현장설명서, 시방서, 내역서, 설계도면, 수량산출서, 설계보고서, 구조계산서 등
(2) 공정관리 계획 : 현황조사 및 자료분석, 작업분류체계 수립, 공사일정 및 자원투입계획, 공기분석 등
(3) 안전관리 조직 : 안전보건관리체계, 조직 구성원, 역할 등
(4) 재해사례 : 주요 공종별 재해사례 및 대책

2) 설계도서 검토
(1) 시방서의 종류
① 표준시방서 : 각종 공사에 쓰이는 표준적인 공법에 대해서 작성된 공통의 시방서
② 특기시방서 : 표준시방서에 기재되지 않은 특수공법, 재료 등에 대한 설계자의 상세한 기준 정리 및 해설(공사시방서)

(2) 시방서의 기재내용
① 재료의 품질
② 공법내용 및 시공방법
③ 일반사항, 유의사항
④ 시험, 검사
⑤ 보충사항, 특기사항
⑥ 시공기계, 장비

(3) 시방서와 설계도면의 관계
① 시방서와 설계도면에 기재된 내용이 다를 때나 시공상 부적당하다고 판단될 경우 현장책임자는 공사 감리자와 협의한다.
② 시방서와 설계도면의 우선순위
특기시방서 > 표준시방서 > 설계도면 > 내역명세서

2 안전보건관리조직

1) 안전보건조직의 목적
기업 내에서 안전관리조직을 구성하는 목적은 근로자의 안전과 설비의 안전을 확보하여 생산합리화를 기하는 데 있다.

2) 안전관리 조직의 3가지 형태
(1) 직계식 조직
① 안전의 모든 것을 생산조직을 통하여 행하는 방식이다.
② 근로자수 1,000명 이하의 소규모 사업장에 적합하다.

(2) 참모식 조직
① 안전관리를 담당하는 Staff(안전관리자)을 둔다.
② 근로자수 100명 이상 1,000명 이하의 중규모 사업장에 적합하다.

(3) 직계 · 참모식 조직
① 직계식과 참모식의 복합형이다.
② 근로자수 1,000명 이상의 대규모 사업장에 적합하다.

CHAPTER 02 건설공사 위험성

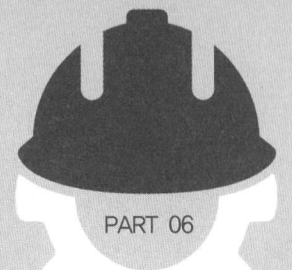

SECTION 01 건설공사 유해 · 위험요인

1 유해 · 위험방지계획서

1) 제출대상 공사(「산업안전보건법 시행규칙」 제120조 제2항)

(1) 지상높이가 31m 이상인 건축물 또는 인공구조물, 연면적 30,000m² 이상인 건축물 또는 연면적 5,000m² 이상의 문화 및 집회시설(전시장 및 동물원 · 식물원은 제외한다), 판매시설, 운수시설(고속철도의 역사 및 집배송시설은 제외한다), 종교시설, 의료시설 중 종합병원, 숙박시설 중 관광숙박시설, 지하도상가 또는 냉동 · 냉장창고시설의 건설 · 개조 또는 해체(이하 "건설 등"이라 한다)

(2) 연면적 5,000m² 이상의 냉동 · 냉장창고시설의 설비공사 및 단열공사

(3) 최대지간 길이가 50m 이상인 교량건설 등 공사

(4) 터널건설 등의 공사

(5) 다목적 댐, 발전용 댐 및 저수용량 2천만톤 이상의 용수 전용 댐, 지방상수도 전용댐 건설 등의 공사

(6) 깊이가 10m 이상인 굴착공사

2) 제출시기

유해 · 위험방지계획서 작성 대상공사를 착공하려고 하는 사업주는 일정한 자격을 갖춘 자의 의견을 들은 후 동 계획서를 작성하여 공사착공 전일까지 한국산업안전보건공단 관할 지역본부 및 지사에 2부를 제출히야 한다.

3) 제출 시 첨부서류

(1) 공사 개요 및 안전보건관리계획

① 공사 개요서(별지 제45호 서식)
② 공사현장의 주변 현황 및 주변과의 관계를 나타내는 도면(매설물 현황을 포함한다.)
③ 건설물, 사용 기계설비 등의 배치를 나타내는 도면
④ 전체 공정표
⑤ 산업안전보건관리비 사용계획
⑥ 안전관리 조직표
⑦ 재해 발생 위험 시 연락 및 대피방법

(2) 작업공사 종류별 유해 · 위험방지계획

① 건축물, 인공구조물 건설 등의 공사
② 냉동 · 냉장창고시설의 설비공사 및 단열공사
③ 교량 건설 등의 공사
④ 터널 건설 등의 공사
⑤ 댐 건설 등의 공사
⑥ 굴착공사

SECTION 02 건설공사 위험성 평가

1 위험성 평가

1) 개요

(1) 정의

위험성평가란 사업주가 건설현장의 스스로 유해 · 위험요인을 파악하고 해당 유해 · 위험요인의 위험성 수준을 결정하여, 위험성을 낮추기 위한 적절한 조치를 마련하고 실행하는 과정

(2) 관련법령(「산업안전보건법」 제36조)

① 사업주는 건설물, 기계·기구·설비, 원재료, 가스, 증기, 분진, 근로자의 작업행동 또는 그 밖의 업무로 인한 유해·위험 요인을 찾아내어 부상 및 질병으로 이어질 수 있는 위험성의 크기가 허용 가능한 범위인지를 평가하여야 하고, 그 결과에 따라 이 법과 이 법에 따른 명령에 따른 조치를 하여야 하며, 근로자에 대한 위험 또는 건강장해를 방지하기 위하여 필요한 경우에는 추가적인 조치를 하여야 한다.

② 사업주는 제1항에 따른 평가 시 고용노동부장관이 정하여 고시하는 바에 따라 해당 작업장의 근로자를 참여시켜야 한다.

2) 실시주체

(1) 사업주는 스스로 사업장의 유해위험요인을 파악하고 이를 평가하여 관리 개선하는 등 위험성평가를 실시하여야 한다.

(2) 법 제63조에 따른 작업의 일부 또는 전부를 도급에 의하여 행하는 사업의 경우는 도급을 준 도급인(이하 "도급사업주"라 한다)과 도급을 받은 수급인(이하 "수급사업주"라 한다)은 각각 제1항에 따른 위험성평가를 실시하여야 한다.

(3) 제2항에 따른 도급사업주는 수급사업주가 실시한 위험성평가 결과를 검토하여 도급사업주가 개선할 사항이 있는 경우 이를 개선하여야 한다.

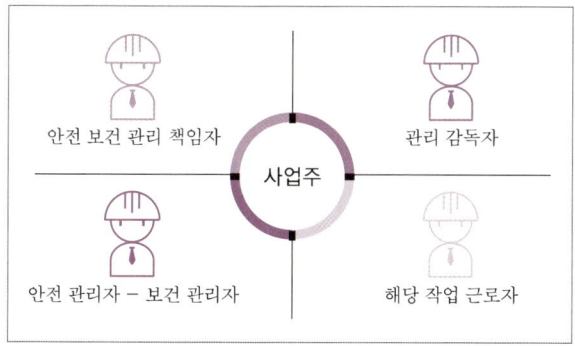

3) 실시 시기

사업주는 위험성평가를 실시할 때, 법 제36조제2항에 따라 다음 각 호에 해당하는 경우 해당 작업에 종사하는 근로자를 참여시켜야 한다.

(1) 유해·위험요인의 위험성 수준을 판단하는 기준을 마련하고, 유해·위험요인별로 허용 가능한 위험성 수준을 정하거나 변경하는 경우
(2) 해당 사업장의 유해·위험요인을 파악하는 경우
(3) 유해·위험요인의 위험성이 허용 가능한 수준인지 여부를 결정하는 경우
(4) 위험성 감소대책을 수립하여 실행하는 경우
(5) 위험성 감소대책 실행 여부를 확인하는 경우

4) 실시 절차

① 사전준비 : 사업주는 위험성평가를 효과적으로 실시하기 위하여 최초 위험성평가 시 평가 목적, 방법, 담당자, 시기, 절차 등이 포함된 위험성평가 실시규정을 작성하고, 지속적으로 관리
② 유해위험요인파악 : 사업주는 순회점검, 제안, 설문조사 인터뷰 등 청취조사, 물질안전보건자료, 작업환경측정·특수건강진단 결과 등 자료에 의한 방법들로 사업장 내 유해·위험요인 파악
③ 위험성결정 : 사업주는 파악된 유해·위험요인이 근로자에게 노출되었을 때의 허용 가능한 위험성 수준인지 판단
④ 위험성 감소대책 수립 및 실행 : 사업주는 허용 가능한 위험성이 아니라고 판단한 경우에는 위험성의 수준, 영향을 받는 근로자 수 및 개선대책 순서(제거-공학적 대책-관리적 대책-보호구)를 고려하여 위험성 감소를 위한 대책 수립·실행

CHAPTER 03 건설업 산업안전보건관리비

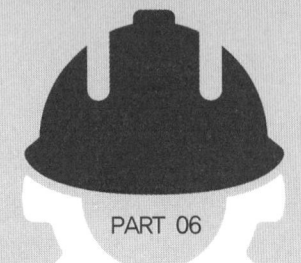

SECTION 01
건설업 산업안전보건관리비 규정

1 건설업 산업안전보건관리비의 계상 및 사용

1) 적용범위
(1) 총공사금액 2천만 원 이상인 공사에 적용
(2) 「전기공사업법」 제2조에 따른 전기공사(고압 또는 특별고압작업) 및 「정보통신공사업법」 제2조에 따른 정보통신공사(지하맨홀, 관로 또는 통신주 작업)로서 단가계약에 의하여 행하는 공사에 대하여는 총계약금액을 기준으로 이를 적용

2) 계상기준
(1) 대상액이 5억 원 미만 또는 50억 원 이상일 경우 : 대상액 × 계상기준표의 비율(%)
(2) 대상액이 5억 원 이상 50억 원 미만일 경우 : 대상액 × 계상기준표의 비율(X) + 기초액(C)
(3) 대상액이 구분되어 있지 않은 경우 : 도급계약 또는 자체 사업계획상의 총공사금액의 70%를 대상액으로 하여 안전관리비를 계상
(4) 발주자가 재료를 제공하거나 물품이 완제품의 형태로 제작 또는 납품되어 설치되는 경우 : ① 해당 재료비 또는 완제품의 가액을 대상액에 포함시킬 경우의 안전관리비는 ② 해당 재료비 또는 완제품의 가액을 포함시키지 않은 대상액을 기준으로 계상한 안전관리비의 1.2배를 초과할 수 없다. 즉, ①과 ②를 비교하여 적은 값으로 계상

[공사종류 및 규모별 안전관리비 계상기준표]

구분 공사종류	대상액 5억 원 미만인 경우 적용 비율(%)	대상액 5억 원 이상 50억 원 미만인 경우 적용 비율(%)	대상액 5억 원 이상 50억 원 미만인 경우 기초액	대상액 50억 원 이상인 경우 적용 비율(%)	영 별표 5에 따른 보건관리자 선임 대상 건설공사의 적용비율(%)
건축공사	2.93%	1.86%	5,349,000원	1.97%	2.15%
토목공사	3.09%	1.99%	5,499,000원	2.10%	2.29%
중건설공사	3.43%	2.35%	5,400,000원	2.44%	2.66%
특수건설공사	1.85%	1.20%	3,250,000원	1.27%	1.38%

2 건설업 산업안전보건관리비의 사용기준

1) 사용기준
(1) 안전관리자 · 보건관리자의 임금 등
(2) 안전시설비 등
① 산업재해 예방을 위한 안전난간, 추락방호망, 안전대 부착설비, 방호장치 등 안전시설의 구입 · 임대 및 설치를 위해 소요되는 비용
② 스마트안전장비 지원사업 및 스마트 안전장비 구입 · 임대 비용
③ 용접 작업 등 화재 위험작업 시 사용하는 소화기의 구입 · 임대 비용
(3) 보호구 등
(4) 안전보건진단비 등
(5) 안전보건교육비 등
(6) 근로자 건강장해예방비 등
(7) 건설재해예방전문지도기관의 지도에 대한 대가로 자기공사자가 지급하는 비용

(8) 「중대재해 처벌 등에 관한 법률 시행령」 제4조 제2호 나목에 해당하는 건설사업자가 아닌 자가 운영하는 사업에서 안전보건 업무를 총괄·관리하는 3명 이상으로 구성된 본사 전담조직에 소속된 근로자의 임금 및 업무수행 출장비 전액
(9) 법 제36조에 따른 위험성평가 또는 「중대재해 처벌 등에 관한 법률 시행령」 제4조제3호에 따라 유해·위험요인 개선을 위해 필요하다고 판단하여 산업안전보건위원회 또는 노사협의체에서 사용하기로 결정한 사항을 이행하기 위한 비용

[공사진척에 따른 안전관리비 사용기준]

공정률	50% 이상 70% 미만	70% 이상 90% 미만	90% 이상
사용기준	50% 이상	70% 이상	90% 이상

2) 사용불가 사항

(1) 「(계약예규)예정가격작성기준」 제19조 제3항 중 각 호 (단, 제14호는 제외한다)에 해당되는 비용
(2) 다른 법령에서 의무사항으로 규정한 사항을 이행하는 데 필요한 비용
(3) 근로자 재해예방 외의 목적이 있는 시설·장비나 물건 등을 사용하기 위해 소요되는 비용
(4) 환경관리, 민원 또는 수방대비 등 다른 목적이 포함된 경우

3) 재해예방전문지도기관의 지도를 받아 안전관리비를 사용해야 하는 사업

(1) 공사금액 1억 원 이상 120억 원(토목공사는 150억 원) 미만인 공사를 행하는 자는 산업안전보건관리비를 사용하고자 하는 경우에는 미리 그 사용방법·재해예방조치 등에 관하여 재해예방전문지도기관의 기술지도를 받아야 한다.

(2) 기술지도에서 제외되는 공사
① 공사기간이 1개월 미만인 공사
② 육지와 연결되지 아니한 섬지역(제주특별자치도는 제외)에서 이루어지는 공사
③ 안전관리자 자격을 가진 자를 선임하여 안전관리자의 직무만을 전담하도록 하는 공사
④ 유해·위험방지계획서를 제출하여야 하는 공사

CHAPTER 04 건설현장 안전시설 관리

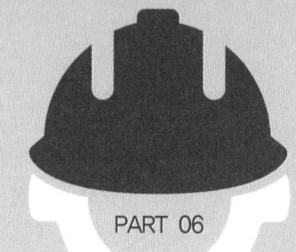

SECTION 01 안전시설 설치 및 관리

1 추락재해 방호 및 방지설비

1) 추락방호망

(1) 추락방호망의 구조

① 방망 : 그물코가 다수 연결된 것
② 그물코 : 사각 또는 마름모로서 크기는 10cm 이하
③ 테두리로프 : 방망 주변을 형성하는 로프
④ 달기로프 : 방망을 지지점에 부착하기 위한 로프

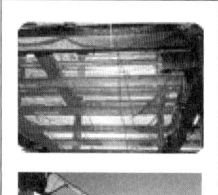

(2) 방망사의 강도

① 추락방호망의 인장강도

 ( ) : 폐기기준 인장강도

그물코의 크기 (단위 : cm)	방망의 종류(단위 : kgf)	
	매듭 없는 방망	매듭방망
10	240(150)	200(135)
5	–	110(60)

② 지지점의 강도 : 600kg의 외력에 견딜 수 있는 강도로 한다.
③ 테두리로프, 달기로프 인장강도는 1,500kg 이상이어야 한다.

2) 안전난간

(1) 정의

안전난간이란 개구부, 작업발판, 가설계단의 통로 등에서의 추락사고를 방지하기 위해 설치하는 것으로 상부난간, 중간난간, 난간기둥 및 발끝막이판으로 구성된다.

(2) 안전난간의 구성요소

① 상부난간대 · 중간난간대 · 발끝막이판 및 난간기둥으로 구성할 것
② 상부 난간대는 바닥면 · 발판 또는 경사로의 표면(이하 "바닥면등"이라 한다)으로부터 90cm 이상 지점에 설치하고, 상부 난간대를 120cm 이하에 설치하는 경우에는 중간 난간대는 상부 난간대와 바닥면등의 중간에 설치하여야 하며, 120cm 이상 지점에 설치하는 경우에는 중간 난간대를 2단 이상으로 균등하게 설치하고 난간의 상하 간격은 60cm 이하가 되도록 할 것
③ 발끝막이판은 바닥면 등으로부터 10cm 이상의 높이를 유지할 것
④ 난간대는 지름 2.7cm 이상의 금속제파이프나 그 이상의 강도를 가진 재료일 것
⑤ 안전난간은 구조적으로 가장 취약한 지점에서 가장 취약한 방향으로 작용하는 100kg 이상의 하중에 견딜 수 있는 튼튼한 구조일 것

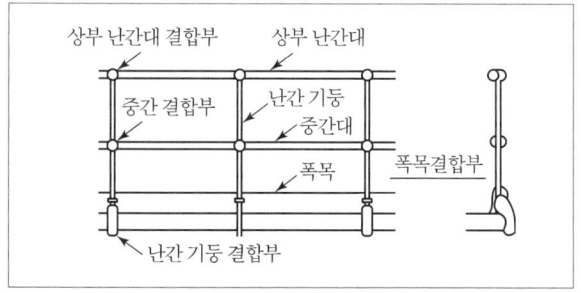

[안전난간의 구조 및 설치기준]

3) 개구부 등의 방호조치

(1) 개요
건설현장에는 추락위험이 있는 중·소형 개구부가 많이 발생되므로 개구부로 근로자가 추락하지 않도록 안전난간, 수직방망, 덮개 등으로 방호조치를 하여야 한다.

(2) 개구부의 분류 및 방호조치

① 바닥 개구부
- ㉠ 소형 바닥 개구부 : 안전한 구조의 덮개 설치 및 표면에는 개구부임을 표시, 덮개의 재료는 손상·변형·부식이 없는 것, 덮개의 크기는 개구부보다 10cm 정도 여유 있게 설치하고 유동이 없도록 스토퍼(stopper)를 설치
- ㉡ 대형 바닥 개구부 : 안전난간 설치(상부 90~120cm), 하부에는 발끝막이판 설치(10cm 이상)

② 벽면 개구부
- ㉠ 슬래브 단부 개구부 : 안전난간은 강관파이프를 설치하고 수평력 100kg 이상 확보
- ㉡ 엘리베이터 개구부 : 기성제품의 안전난간을 사용하여 설치, 엘리베이터 시공 시 방호막 설치
- ㉢ 발코니 개구부 : 기성제품 난간기둥을 발코니턱에 체결, 난간은 강관파이프 사용
- ㉣ 계단실 개구부 : 안전난간은 기성 조립식 제품 사용
- ㉤ 흙막이(굴착선단) 단부 개구부 : 안전난간 2단 설치 및 추락방호망을 수직으로 설치, 난간 하부에 발끝막이판 (높이 10cm 이상) 설치

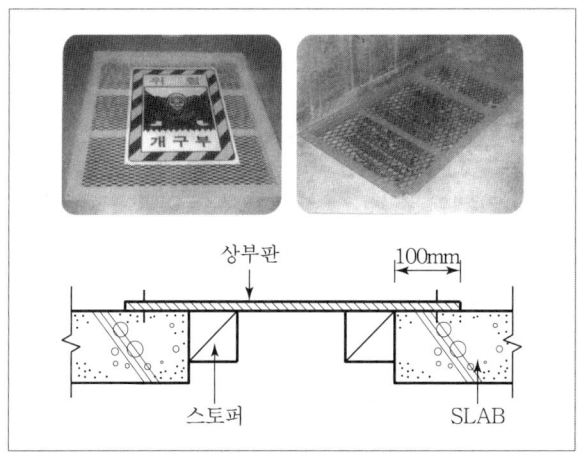

[바닥 개구부 설치 예]

4) 안전대

(1) 안전대의 종류 및 등급

종류	사용구분
벨트식 안전그네식	1개 걸이용
	U자 걸이용
	추락방지대
	안전블록

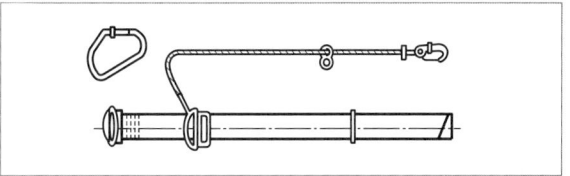

[1개걸이 전용안전대]

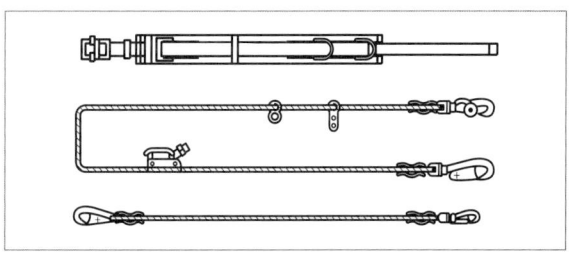

[U자걸이 전용안전대]

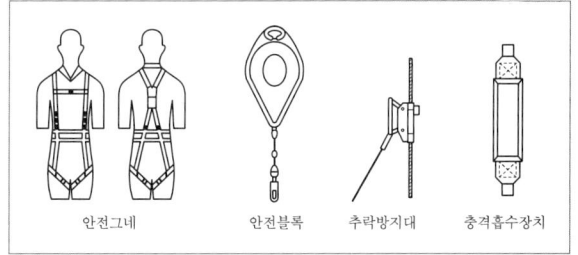

[안전대의 종류 및 부품]

(2) 최하사점

① 정의 : 최하사점이란 1개걸이 안전대를 사용할 때 로프의 길이, 로프의 신장길이, 작업자의 키 등을 고려하여 적정 길이의 로프를 사용해야 추락 시 근로자의 안전을 확보할 수 있다는 이론이다.

② 최하사점 공식
   ㉠ H>h=로프의 길이(l)+로프의 신장길이($l \cdot \alpha$)+작업자 키의 $\frac{1}{2}(T/2)$
   ㉡ H : 로프지지 위치에서 바닥면까지의 거리
   ㉢ h : 추락 시 로프지지 위치에서 신체 최하사점까지의 거리
③ 로프 길이에 따른 결과
   ㉠ H > h : 안전
   ㉡ H=h : 위험
   ㉢ H < h : 중상 또는 사망

2 붕괴재해 방호 및 방지설비

1) 토석 붕괴의 위험방지

(1) 개요

굴착작업을 하는 경우에는 지반의 붕괴 또는 토석의 낙하에 의한 근로자의 위험을 방지하기 위하여 관리감독자로 하여금 작업시작 전에 작업장소 및 그 주변의 부석·균열의 유무, 함수·용수 및 동결상태의 변화를 점검하도록 하여야 한다.

(2) 사면의 붕괴형태

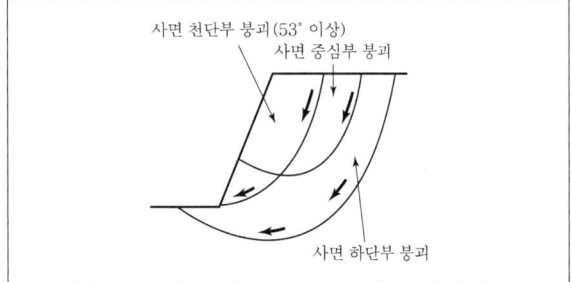

[붕괴 형태]

① 사면 선단 파괴(Toe Failure)
② 사면 내 파괴(Slope Failure)
③ 사면 저부 파괴(Base Failure)

(3) 토석 붕괴의 외적 원인

① 사면, 법면의 경사 및 기울기의 증가
② 절토 및 성토 높이의 증가
③ 공사에 의한 진동 및 반복하중의 증가
④ 지표수 및 지하수의 침투에 의한 토사 중량의 증가
⑤ 지진, 차량, 구조물의 하중작용
⑥ 토사 및 암석의 혼합층 두께

(4) 토석 붕괴의 내적 원인

① 절토 사면의 토질, 암질
② 성토 사면의 토질구성 및 분포
③ 토석의 강도 저하

(5) 토석 붕괴 예방조치

① 적절한 경사면의 기울기 계획(굴착면 기울기 기준 준수)
② 경사면의 기울기가 당초 계획과 차이 발생 시 즉시 재검토하여 계획변경
③ 활동할 가능성이 있는 토석은 제거
④ 경사면의 하단부에 압성토 등 보강공법으로 활동에 대한 저항대책 강구
⑤ 말뚝(강관, H형강, 철근콘크리트)을 타입하여 지반 강화
⑥ 지표수와 지하수의 침투를 방지

(6) 비탈면 보호공법(억제공)

① 식생공 : 떼붙임공, 식생공, 식수공, 파종공
② 뿜어붙이기공 : Con'c 또는 Cement Mortar를 뿜어 붙임
③ 블록공 : Block을 덮어서 비탈면 보호
④ 돌쌓기공 : 견치석 또는 Con'c Block을 쌓아 보호
⑤ 배수공 : 지반의 강도를 저하시키는 물을 배제
⑥ 표층안정공 : 약액 또는 Cement를 지반에 그라우팅

(7) 비탈면 보강공법(억지공)

① 말뚝공 : 안정지반까지 말뚝을 일렬로 박아 활동 억제
② 앵커공 : 고강도 강재를 앵커재로 하여 비탈면에 삽입
③ 옹벽공 : 비탈면의 활동 토괴를 관통하여 부동지반까지 말뚝을 박는 공법
④ 절토공 : 활동하려는 토사를 제거하여 활동하중 경감
⑤ 압성토공 : 자연사면의 선단부에 압성토하여 활동에 대한 저항력을 증가
⑥ Soil Nailing 공법 : 강철봉을 타입 또는 천공 후 삽입시켜 지반안정 도모

2) 지반굴착 시 붕괴위험 방지

(1) 사전 지반조사 항목
① 형상·지질 및 지층의 상태
② 균열·함수(含水)·용수 및 동결의 유무 또는 상태
③ 매설물 등의 유무 또는 상태
④ 지반의 지하수위 상태

(2) 굴착면의 기울기 기준

지반의 종류	굴착면의 기울기
모래	1 : 1.8
연암 및 풍화암	1 : 1.0
경암	1 : 0.5
그 밖의 흙	1 : 1.2

※ 굴착면의 기울기 기준에 관한 문제는 거의 매회 출제되므로 기울기 기준은 반드시 암기

3) 옹벽의 안정성 조건

(1) 정의
옹벽이란 토사가 무너지는 것을 방지하기 위해 설치하는 토압에 저항하는 구조물로 자연사면의 절취 및 성토사면의 흙막이를 하여 부지의 활용도를 높이고 붕괴의 방지를 위해 설치한다.

(2) 옹벽의 안정조건
① 활동에 대한 안정

$$F_s = \frac{활동에\ 저항하려는\ 힘}{활동하려는\ 힘} \geq 1.5$$

② 전도에 대한 안정

$$F_s = \frac{저항\ 모멘트}{전도\ 모멘트} \geq 2.0$$

③ 기초지반의 지지력(침하)에 대한 안정

$$F_s = \frac{저반의\ 극한지지력}{지반의\ 최대반력} \geq 1.0$$

4) 터널 굴착공사

(1) 터널 굴착공법의 종류
① 재래공법(ASSM ; American Steel Supported Method)
  광산 목재나 Steel Rib로 하중을 지지하는 공법
② NATM공법(New Austrian Tunneling Method) : 산악터널
  원지반을 주지보재로 하고 숏크리트, 와이어메쉬, 스틸리브, 락볼트 등의 지보재를 사용, 이완된 지반의 하중을 지반자체에 전달하여 시공하는 공법
③ TBM공법(Tunnel Boring Machine) : 암반터널
  폭약을 사용하지 않고 터널보링머신의 회전에 의해 터널 전단면을 굴착하는 공법
④ Shield공법 : 토사구간 터널
  지반 내에 Shield라는 강제 원통 굴삭기를 추진시켜 터널을 구축하는 공법

(2) 터널굴착작업 작업계획서 포함내용
① 굴착의 방법
② 터널지보공 및 복공의 시공방법과 용수의 처리방법
③ 환기 또는 조명시설을 설치할 때에는 그 방법

(3) 자동경보장치의 작업시작 전 점검사항
① 계기의 이상 유무
② 검지부의 이상 유무
③ 경보장치의 작동상태

(4) 터널지보공 수시 점검사항
① 부재의 손상·변형·부식·변위 탈락의 유무 및 상태
② 부재의 긴압 정도
③ 부재의 접속부 및 교차부의 상태
④ 기둥침하의 유무 및 상태

(5) 터널의 뿜어 붙이기 콘크리트 효과(Shotcrete)
① 원지반의 이완방지
② 굴착면의 요철을 줄이고 응력집중방지
③ Rock Bolt의 힘을 지반에 분산시켜 전달
④ 암반의 이동 및 크랙방지
⑤ 아치를 형성 전단저항력 증대
⑥ 굴착면을 덮음으로써 지반의 침식을 방지

(6) 암질판별의 실시

① 암질변화 구간 및 이상 암질 출현 시 반드시 암질판별 실시
② 암질판별의 기준(암질의 판별방식)
  ㉠ R.M.R(Rock Mass Rating)(%)
  ㉡ R.Q.D(Rock Quality Designation)(%)
  ㉢ 일축압축강도(kg/cm^2)
  ㉣ 탄성파 속도(m/sec)
  ㉤ 진동치 속도(진동값 속도 : cm/sec=Kine)

5) 잠함 내 굴착작업 위험방지

(1) 잠함 또는 우물통의 급격한 침하로 인한 위험방지
(「안전보건규칙」 제376조)

① 침하관계도에 따라 굴착방법 및 재하량 등을 정할 것
② 바닥으로부터 천장 또는 보까지의 높이는 1.8m 이상으로 할 것

(2) 잠함 등 내부에서의 작업(「안전보건규칙」 제377조)

① 산소 결핍 우려가 있는 경우에는 산소의 농도를 측정하는 사람을 지명하여 측정하도록 할 것
② 근로자가 안전하게 오르내리기 위한 설비를 설치할 것
③ 굴착 깊이가 20m를 초과하는 경우에는 해당 작업장소와 외부와의 연락을 위한 통신설비 등을 설치할 것
④ 산소농도 측정결과 산소의 결핍이 인정되거나 굴착 깊이가 20m를 초과하는 경우에는 송기를 위한 설비를 설치하여 필요한 양의 공기를 공급할 것

6) 발파 작업 시 위험방지

(1) 발파의 작업기준

① 얼어붙은 다이나마이트는 화기에 접근시키거나 그 밖의 고열물에 직접 접촉시키는 등 위험한 방법으로 융해되지 않도록 할 것
② 화약 또는 폭약을 장전하는 경우에는 그 부근에서 화기의 사용 또는 흡연을 하지 않도록 할 것
③ 장전구는 마찰·충격·정전기 등에 의한 폭발이 발생할 위험이 없는 안전한 것을 사용할 것
④ 발파공의 충진재료는 점토·모래 등 발화성 또는 인화성의 위험이 없는 재료를 사용할 것
⑤ 점화 후 장전된 화약류가 폭발하지 아니한 경우 또는 장전된 화약류의 폭발 여부를 확인하기 곤란한 경우에는 다음 각 목의 사항을 따를 것
  ㉠ 전기뇌관에 의한 경우에는 발파모선을 점화기에서 떼어 그 끝을 단락시켜 놓는 등 재점화되지 않도록 조치하고 그때부터 5분 이상 경과한 후가 아니면 화약류의 장전장소에 접근시키지 않도록 할 것
  ㉡ 전기뇌관 외의 것에 의한 경우에는 점화한 때부터 15분 이상 경과한 후가 아니면 화약류의 장전장소에 접근시키지 않도록 할 것
⑥ 전기뇌관에 의한 발파의 경우에는 점화하기 전에 화약류를 장전한 장소로부터 30m 이상 떨어진 안전한 장소에서 전선에 대하여 저항측정 및 도통시험을 할 것
⑦ 발파모선은 적당한 치수 및 용량의 절연된 도전선을 사용할 것
⑧ 점화는 충분한 용량을 갖는 발파기를 사용하고 규정된 스위치를 반드시 사용할 것
⑨ 발파 후 즉시 발파모선을 발파기로부터 분리하고 그 단부를 절연시킨 후 재점화가 되지 않도록 할 것

(2) 발파허용 진동치

구분	문화재	주택·아파트	상가	철골 콘크리트 빌딩 및 상가
건물기초에서의 허용진동치 (cm/sec)	0.2	0.5	1.0	1.0~4.0

7) 연약지반의 개량공법

(1) 연약지반의 정의

① 연약지반이란 점토나 실트와 같은 미세한 입자의 흙이나 간극이 큰 유기질토 또는 이탄토, 느슨한 모래 등으로 이루어진 토층으로 구성
② 지하수위가 높고 제체 및 구조물의 안정과 침하문제를 발생시키는 지반

(2) 점성토 연약지반 개량공법

① 치환공법 : 연약지반을 양질의 흙으로 치환하는 공법으로 굴착, 활동, 폭파 치환

② 재하공법(압밀공법)
   ㉠ 프리로딩공법(Pre-Loading) : 사전에 성토를 미리하여 흙의 전단강도를 증가
   ㉡ 압성토공법(Surcharge) : 측방에 압성토하여 압밀에 의해 강도증가
   ㉢ 사면선단 재하공법 : 성토한 비탈면 옆부분을 덧붙임하여 비탈면 끝의 전단강도를 증가
③ 탈수공법 : 연약지반에 모래말뚝, 페이퍼드레인, 팩을 설치하여 물을 배제시켜 압밀을 촉진하는 것으로 샌드드레인, 페이퍼드레인, 팩드레인공법
④ 배수공법 : 중력배수(집수정, Deep Well), 강제배수(Well Point, 진공 Deep Well)
⑤ 고결공법 : 생석회 말뚝공법, 동결공법, 소결공법

(3) 사질토 연약지반 개량공법
① 진동다짐공법(Vibro Floatation) : 봉상진동기를 이용, 진동과 물다짐을 병용
② 동다짐(압밀)공법 : 무거운 추를 자유낙하시켜 지반충격으로 다짐효과
③ 약액주입공법 : 지반 내 화학약액(LW, Bentonite, Hydro)을 주입하여 지반고결
④ 폭파다짐공법 : 인공지진을 발생시켜 모래지반을 다짐
⑤ 전기충격공법 : 지반 속에서 고압방전을 일으켜 발생하는 충격력으로 지반 다짐
⑥ 모래다짐말뚝공법 : 충격, 진동 타입에 의해 모래를 압입시켜 모래 말뚝을 형성하여 다짐에 의한 지지력을 향상

3 낙하재해 방호 및 방지시설

1) 낙하물 방지망

(1) 설치기준
① 첫 단은 가능한 한 낮게 설치하고, 설치간격은 매 10m 이내
② 비계 외측으로 2m 이상 내밀어 설치하고 각도는 20~30°
③ 내민 길이는 비계 외측으로부터 수평거리 2.0m 이상
④ 방지망의 가장자리는 테두리 로프를 그물코마다 엮어 긴결하며, 긴결재의 강도는 100kgf 이상
⑤ 방지망과 방지망 사이의 틈이 없도록 방지망의 겹침폭은 30cm 이상
⑥ 최하단의 방지망은 크기가 작은 못·볼트·콘크리트 덩어리 등의 낙하물이 떨어지지 못하도록 방지망 위에 그물코 크기가 0.3cm 이하인 망을 추가로 설치

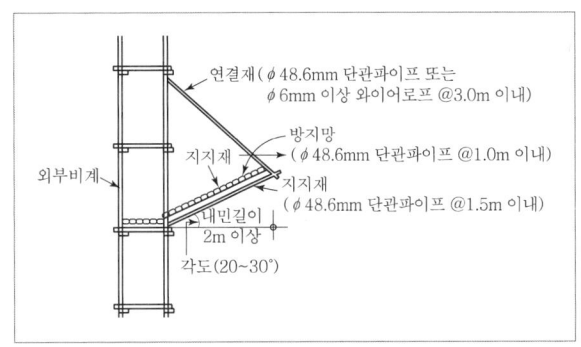

[낙하물 방지망 설치 예]

2) 낙하물 방호선반
고소작업 시 재료나 공구 등의 낙하로 인한 피해를 방지하기 위해 합판 또는 철판 등의 재료를 사용하여 비계 내측 및 비계 외측에 설치하는 설비로서 외부 비계용 방호선반, 출입구 방호선반, Lift 주변 방호선반, 가설통로 방호선반 등이 있다.

3) 수직보호망
비계 등 가설구조물의 외측면에 수직으로 설치하여 작업장소에서 낙하물 및 비래 등에 의한 재해를 방지할 목적으로 설치하는 보호망이다.

4) 투하설비
높이 3m 이상인 장소에서 자재 투하 시 재해를 예방하기 위하여 설치하는 설비를 말한다.

SECTION 02
건설공구 및 장비 안전수칙

1 건설공구

1) 석재가공 순서
(1) 혹두기 : 쇠메로 치거나 손잡이 있는 날메로 거칠게 가공하는 단계
(2) 정다듬 : 섬세하게 튀어나온 부분을 정으로 가공하는 단계
(3) 도드락다듬 : 정다듬하고 난 약간 거친면을 고기 다지듯이 도드락 망치로 두드리는 것
(4) 잔다듬 : 정다듬한 면을 양날망치로 쪼아 표면을 더욱 평탄하게 다듬는 것
(5) 물갈기 : 잔다듬한 면을 숫돌 등으로 간 다음, 광택을 내는 것

2) 석재가공 수공구의 종류
(1) 원석할석기   (2) 다이아몬드 원형 절단기
(3) 전동톱   (4) 망치
(5) 정   (6) 양날망치
(7) 도드락망치

3) 철근가공 공구 등
(1) 철선작두 : 철선을 필요로 하는 길이나 크기로 사용하기 위해 철선을 끊는 기구
(2) 철선가위 : 철선을 필요한 치수로 절단하는 것으로 철선을 자르는 기구
(3) 철근절단기 : 철근을 필요한 치수로 절단하는 기계로 핸드형, 이동형 등이 있다.
(4) 철근굽히기 : 철근을 필요한 치수 또는 형태로 굽힐 때 사용하는 기계

2 굴삭장비

1) 파워 셔블(Power Shovel)
(1) 개요
파워 셔블은 셔블계 굴삭기의 기본 장치로서 버킷의 작동이 삽을 사용하는 방법과 같이 굴삭한다.

(2) 특성
① 굴삭기가 위치한 지면보다 높은 곳을 굴삭하는 데 적합하다.
② 비교적 단단한 토질의 굴삭도 가능하며 적재, 석산 작업에 편리하다.
③ 크기는 버킷과 디퍼의 크기에 따라 결정한다.

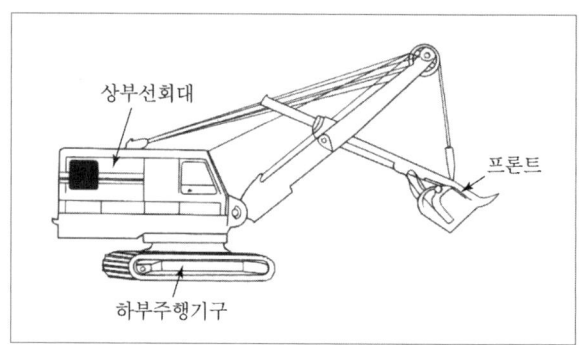

[파워 셔블]

2) 드래그 셔블(Drag Shovel)(백호 : Back Hoe)
(1) 개요
굴삭기가 위치한 지면보다 낮은 곳을 굴삭하는 데 적합하고 단단한 토질의 굴삭이 가능하다. Trench, Ditch, 배관작업 등에 편리하다. 사면절취, 끝손질, 배관작업 등에 편리하다.

(2) 특성
① 동력 전달이 유압 배관으로 되어 있어 구조가 간단하고 정비가 쉽다.
② 비교적 경량, 이동과 운반이 편리하고, 협소한 장소에서 선취와 작업이 가능하다.
③ 우선 조작이 부드럽고 사이클 타임이 짧아서 작업능률이 좋다.
④ 주행 또는 굴삭기에 충격을 받아도 흡수가 되어서 과부하로 인한 기계의 손상이 최소화한다.

3) 드래그라인(Drag Line)
(1) 개요
와이어로프에 의하여 고정된 버킷을 지면에 따라 끌어당기면서 굴삭하는 방식으로서 높은 붐을 이용하므로 작업 반경이 크고 지반이 불량하여 기계 자체가 들어갈 수 없는 장소에서 굴삭작업이 가능하나 단단하게 다져진 토질에는 적합하지 않다.

(2) 특성

① 굴삭기가 위치한 지면보다 낮은 장소를 굴삭하는 데 사용한다.
② 작업 반경이 커서 넓은 지역의 굴삭작업에 용이하다
③ 정확한 굴삭작업을 기대할 수는 없지만 수중굴삭 및 모래 채취 등에 많이 이용한다.

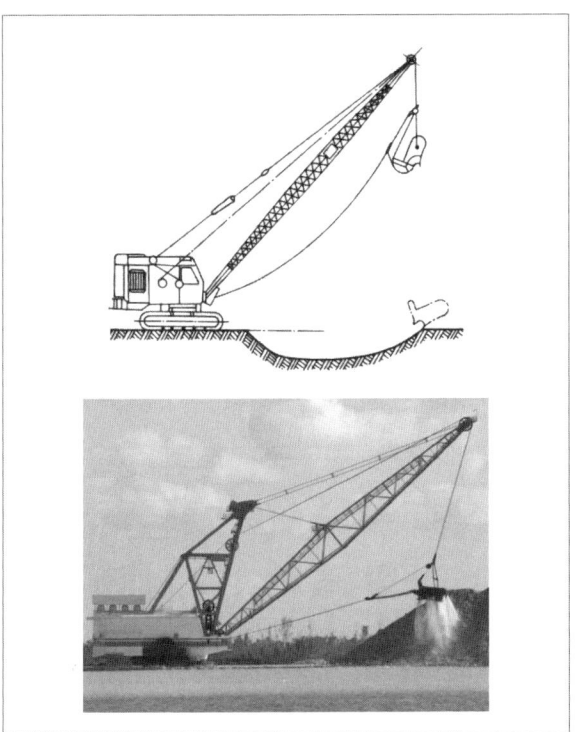

[드래그라인]

4) 클램셸(Clamshell)

(1) 개요

굴삭기가 위치한 지면보다 낮은 곳을 굴삭하는 데 적합하고 좁은 장소의 깊은 굴삭에 효과적이다. 정확한 굴삭과 단단한 지반작업은 어렵지만 수중굴삭, 교량기초, 건축물 지하실 공사 등에 쓰인다. 그래브 버킷(Grab Bucket)은 양개식의 구조로서 와이어로프를 달아서 조작한다.

(2) 특성

① 기계 위치와 굴삭 지반의 높이 등에 관계없이 고저에 대하여 작업이 가능하다.
② 정확한 굴삭이 불가능하다.

③ 능력은 크레인의 기울기 각도의 한계각 중량의 75%가 일반적인 한계이다.
④ 사이클 타임이 길어 작업능률이 떨어진다.

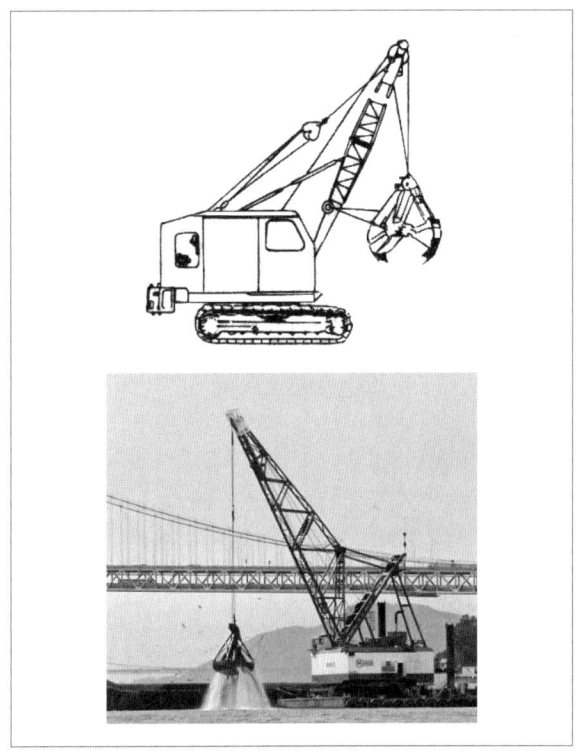

[클램셸]

3 운반장비

1) 스크레이퍼

(1) 개요

대량 토공작업을 위한 기계로서 굴삭, 신기, 운반, 부설(敷設) 등 4가지 작업을 일관하여 연속작업을 할 수 있을 뿐만 아니라 대단위 대량 운반이 용이하고 운반 속도가 빠르며 비교적 운반 거리가 장거리에도 적합하다. 따라서 댐, 도로 등 대단위 공사에 적합하다.

(2) 분류

① 자주식 : Motor Scraper
② 피견인식 : Towed Scraper(트랙터 또는 불도저에 의하여 견인)

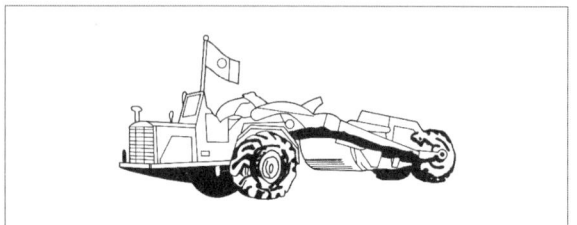

[자주식 모터 스크레이퍼]

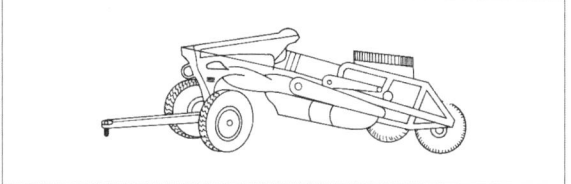

[피견인식 스크레이퍼]

(3) 용도

굴착(Digging), 싣기(Loading), 운반(Hauling), 하역(Dumping)

4 다짐장비

1) 롤러(Roller)

(1) 개요

다짐기계는 공극이 있는 토사나 쇄석 등에 진동이나 충격 등으로 힘을 가하여 지지력을 높이기 위한 기계로 도로의 기초나 구조물의 기초 다짐에 사용한다.

(2) 분류

① 탠덤 롤러(Tandem Roller)

2축 탠덤 롤러는 앞쪽에 단일 큰 직경 구동 롤과 뒤쪽에 단일 틸러 롤을 가지고 있다. 3축 탠덤 롤러는 앞쪽에 단일 큰 직경 구동 롤과 뒤쪽에 2개의 작은 직경 틸러 롤을 가지고 있으며 두꺼운 흙을 다지는 데 적합하나 단단한 각재를 다지는 데는 부적당하다.

[2축 탠덤 롤러]   [3축 탠덤 롤러]

② 머캐덤 롤러(Macadam Roller)

앞쪽 1개의 조향륜과 뒤쪽 2개의 구동을 가진 자주식이며 아스팔트 포장의 초기 다짐, 함수량이 적은 토사를 얇게 다질 때 유효하다.

[머캐덤 롤러]

③ 타이어 롤러(Tire Roller)

전륜에 3~5개 후륜에 4~6개의 고무 타이어를 달고 자중(15~25톤)으로 자주식 또는 피견인식으로 주행하며 Rockfill Dam, 도로, 비행장 등 대규모의 토공에 적합하다.

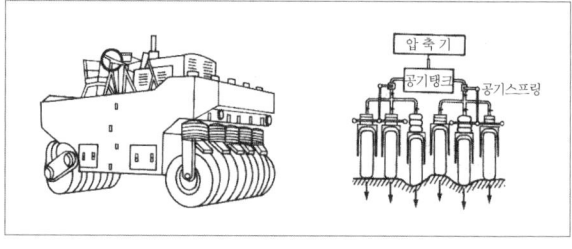

[타이어 롤러]

④ 진동 롤러(Vibration Roller)

자기 추진 진동 롤러는 도로 경사지 기초와 모서리의 건설에 사용하는 진흙, 바위, 부서진 돌 알맹이 등의 다지기 또는 안정된 흙, 자갈, 흙 시멘트와 아스팔트 콘크리트 등의 다지기에 가장 효과적이고 경제적으로 사용할 수 있다.

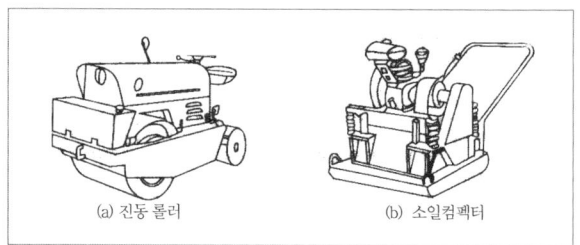

ⓐ 진동 롤러   ⓑ 소일컴팩터

[진동 롤러]

⑤ 탬핑 롤러(Tamping Roller)

롤러 드럼의 표면에 양의 발굽과 같은 형의 돌기물이 붙어 있어 Sheep Foot Roller라고도 하며 흙속의 과잉 수압은 돌기물의 바깥쪽에 압축, 제거되어 성토 다짐질에 좋다. 종류로는 자주식과 피견인식이 있으며 탬핑 롤러에는 Sheep Foot Roller, Grid Roller가 있다.

[탬핑 롤러]

5 차량계 건설기계의 안전수칙

1) 차량계 건설기계의 종류

(1) 도저형 건설기계(불도저, 스트레이트도저, 틸트도저, 앵글도저, 버킷도저 등)
(2) 모터그레이더
(3) 로더(포크 등 부착물 종류에 따른 용도 변경 형식을 포함한다)
(4) 스크레이퍼
(5) 크레인형 굴착기계(크램쉘, 드래그라인 등)
(6) 굴삭기(브레이커, 크러셔, 드릴 등 부착물 종류에 따른 용도 변경형식을 포함한다.)
(7) 항타기 및 항발기
(8) 천공용 건설기계(어스드릴, 어스오거, 크롤러드릴, 점보드릴 등)
(9) 지반압밀침하용 건설기계(샌드드레인머신, 페이퍼드레인머신, 팩드레인머신 등)
(10) 지반다짐용 건설기계(타이어롤러, 매커덤롤러, 탠덤롤러 등)
(11) 준설용 건설기계(버킷준설선, 그래브준설선, 펌프준설선 등)
(12) 콘크리트 펌프카
(13) 덤프트럭
(14) 콘크리트 믹서 트럭
(15) 도로포장용 건설기계(아스팔트 살포기, 콘크리트 살포기, 아스팔트 피니셔, 콘크리트 피니셔 등)

2) 차량계 건설기계의 작업계획서 내용

(1) 사용하는 차량계 건설기계의 종류 및 성능
(2) 차량계 건설기계의 운행경로
(3) 차량계 건설기계에 의한 작업방법

3) 차량계 건설기계의 안전수칙

(1) 미리 작업장소의 지형 및 지반상태 등에 적합한 제한속도를 정하고(최고속도가 10km/h 이하인 것을 제외) 운전자로 하여금 이를 준수하도록 하여야 한다.
(2) 차량계 건설기계가 넘어지거나 굴러 떨어짐으로써 근로자가 위험해질 우려가 있는 경우에는 유도하는 사람을 배치하고 지반의 부동침하방지, 갓길의 붕괴방지 및 도로 폭의 유지 등 필요한 조치를 하여야 한다.
(3) 운전 중인 당해 차량계 건설기계에 접촉되어 근로자에게 위험을 미칠 우려가 있는 장소에 근로자를 출입시켜서는 아니 된다.
(4) 유도자를 배치한 경우에는 일정한 신호방법을 정하여 신호하도록 하여야 하며, 차량계 건설기계의 운전자는 그 신호에 따라야 한다.
(5) 운전자가 운전위치를 이탈하는 경우에는 당해 운전자로 하여금 버킷·디퍼 등 작업장치를 지면에 내려두고 원동기를 정지시키고 브레이크를 거는 등 이탈을 방지하기 위한 조치를 하여야 한다.
(6) 차량계 건설기계가 넘어지거나 붕괴될 위험 또는 붐(Boom)·암 등 작업장치가 파괴될 위험을 방지하기 위하여 당해 기계에 대한 구조 및 사용상의 안전도 및 최대 사용하중을 준수하여야 한다.
(7) 차량계 건설기계의 붐·암 등을 올리고 그 밑에서 수리·점검작업 등을 하는 경우에는 붐·암 등이 갑자기 내려옴으로써 발생하는 위험을 방지하기 위하여 해당 작업에 종사하는 근로자에게 안전지지대 또는 안전블록 등을 사용하도록 하여야 한다.

4) 헤드가드

(1) 헤드가드 구비 작업장소

암석이 떨어질 우려가 있는 등 위험한 장소

(2) 헤드가드를 갖추어야 하는 차량계 건설기계

① 불도저
② 트랙터
③ 셔블(Shovel)
④ 로더(Loader)
⑤ 파워 셔블(Power Shovel)
⑥ 드래그 셔블(Darg Shovel)

6 항타기 · 항발기의 안전수칙

1) 무너짐 등의 방지준수사항

(1) 연약한 지반에 설치하는 경우에는 각부나 가대의 침하를 방지하기 위하여 깔판·깔목 등을 사용할 것
(2) 시설 또는 가설물 등에 설치하는 경우에는 그 내력을 확인하고 내력이 부족하면 그 내력을 보강할 것
(3) 각부나 가대가 미끄러질 우려가 있는 경우에는 말뚝 또는 쐐기 등을 사용하여 각부나 가대를 고정시킬 것
(4) 궤도 또는 차로 이동하는 항타기 또는 항발기에 대해서는 불시에 이동하는 것을 방지하기 위하여 레일 클램프 및 쐐기 등으로 고정시킬 것
(5) 버팀대만으로 상단부분을 안정시키는 경우에는 버팀대를 3개 이상으로 하고 그 하단부분은 견고한 버팀·말뚝 또는 철골 등으로 고정시킬 것
(6) 버팀줄만으로 상단부분을 안정시키는 경우에는 버팀줄을 3개 이상으로 하고 같은 간격으로 배치할 것
(7) 평형추를 사용하여 안정시키는 경우에는 평형추의 이동을 방지하기 위하여 가대에 견고하게 부착시킬 것

2) 권상용 와이어로프의 준수사항

(1) 사용금지조건(「안전보건규칙」 제210조)

① 이음매가 있는 것
② 와이어로프의 한 꼬임(스트랜드)에서 끊어진 소선(素線, 필러(pillar)선은 제외한다)의 수가 10% 이상(비자전로프의 경우에는 끊어진 소선의 수가 와이어로프 호칭지름의 6배 길이 이내에서 4개 이상이거나 호칭지름 30배 길이 이내에서 8개 이상)인 것
③ 지름의 감소가 공칭지름의 7%를 초과하는 것
④ 꼬인 것
⑤ 심하게 변형되거나 부식된 것
⑥ 열과 전기충격에 의해 손상된 것

(2) 안전계수 조건(「안전보건규칙」 제211조)

와이어로프의 안전계수가 5 이상이 아니면 이를 사용해서는 아니 된다.

(3) 사용 시 준수사항(「안전보건규칙」 제212조)

① 권상용 와이어로프는 추 또는 해머가 최저의 위치에 있을 때 또는 널말뚝을 빼내기 시작할 때를 기준으로 권상장치의 드럼에 적어도 2회 감기고 남을 수 있는 충분한 길이일 것
② 권상용 와이어로프는 권상장치의 드럼에 클램프·클립 등을 사용하여 견고하게 고정할 것
③ 항타기의 권상용 와이어로프에 있어서 추·해머 등과의 연결은 클램프·클립 등을 사용하여 견고하게 할 것

(4) 도르래의 부착 등(「안전보건규칙」 제216조)

① 사업주는 항타기나 항발기에 도르래나 도르래 뭉치를 부착하는 경우에는 부착부가 받는 하중에 의하여 파괴될 우려가 없는 브래킷·샤클 및 와이어로프 등으로 견고하게 부착하여야 한다.
② 사업주는 항타기 또는 항발기의 권상장치의 드럼축과 권상장치로부터 첫 번째 도르래의 축과의 거리를 권상장치의 드럼폭의 15배 이상으로 하여야 한다.
③ 제2항의 도르래는 권상장치의 드럼의 중심을 지나야 하며 축과 수직면상에 있어야 한다.
④ 항타기나 항발기의 구조상 권상용 와이어로프가 꼬일 우려가 없는 경우에는 제2항과 제3항을 적용하지 아니한다.

(5) 조립 시 점검사항

① 본체 연결부의 풀림 또는 손상의 유무
② 권상용 와이어로프·드럼 및 도르래의 부착상태의 이상 유무
③ 권상장치의 브레이크 및 쐐기장치 기능의 이상 유무
④ 권상기의 설치상태의 이상 유무
⑤ 버팀의 방법 및 고정상태의 이상 유무

CHAPTER 05 비계·거푸집 가시설 위험방지

SECTION 01 비계

1 비계의 종류 및 기준

1) 가설구조물의 특성
(1) 연결재가 적은 구조로 되기 쉽다.
(2) 부재의 결합이 간단하나 불완전 결합이 많다.
(3) 구조물이라는 통상의 개념이 확고하지 않아 조립의 정밀도가 낮다.
(4) 부재는 과소단면이거나 결함이 있는 재료를 사용하기 쉽다.
(5) 전체구조에 대한 구조계산 기준이 부족하다.

2) 비계 설치기준

(1) 강관비계 및 강관틀비계

① 조립 시 준수사항
  ㉠ 비계기둥에는 미끄러지거나 침하하는 것을 방지하기 위하여 밑받침철물을 사용하거나 깔판·깔목 등을 사용하여 밑둥잡이를 설치하는 등의 조치를 할 것
  ㉡ 강관의 접속부 또는 교차부는 적합한 부속철물을 사용하여 접속하거나 단단히 묶을 것
  ㉢ 교차가새로 보강할 것
  ㉣ 외줄비계·쌍줄비계 또는 돌출비계에 대하여는 다음 각목의 정하는 바에 따라 벽이음 및 버팀을 설치할 것. 다만, 창틀의 부착 또는 벽면의 완성 등의 작업을 위하여 벽이음 또는 버팀을 제거하는 경우, 그 밖에 작업의 필요상 부득이한 경우로서 해당 벽이음 또는 버팀 대신 비계기둥 또는 띠장에 사재를 설치하는 등 해당 비계의 무너짐 방지를 위한 조치를 한 경우에는 그러하지 아니하다.
  ⓐ 강관비계의 조립간격은 아래의 기준에 적합하도록 할 것

강관비계의 종류	조립간격(단위 : m)	
	수직방향	수평방향
단관비계	5	5
틀비계(높이가 5m 미만의 것을 제외한다)	6	8

  ⓑ 강관·통나무 등의 재료를 사용하여 견고한 것으로 할 것
  ⓒ 인장재와 압축재로 구성되어 있는 경우에는 인장재와 압축재의 간격을 1m 이내로 할 것
  ⓓ 가공전로에 근접하여 비계를 설치하는 경우에는 가공전로를 이설하거나 가공전로에 절연용 방호구를 장착하는 등 가공전로와의 접촉을 방지하기 위한 조치를 할 것

② 강관비계의 구조(「안전보건규칙」 제60조)

구분	준수사항
비계기둥의 간격	• 띠장 방향에서 1.85m 이하 • 장선 방향에서 1.5m 이하
띠장간격	2m 이하로 설치
강관보강	비계기둥의 최고부로부터 31m 되는 지점 밑부분의 비계기둥은 2본의 강관으로 묶어 세울 것
적재하중	비계 기둥 간 적재하중 : 400kg 초과하지 않도록 할 것
벽연결	• 수직 방향에서 5m 이하 • 수평 방향에서 5m 이하
장선간격	1.5m 이하
가새	• 기둥간격 10m 이내마다 45° 각도의 처마방향으로 비계기둥 및 띠장에 결속 • 모든 비계기둥은 가새에 결속

③ 강관틀비계의 구조(「안전보건규칙」 제62조)

구분	준수사항
비계기둥의 밑둥	• 밑받침 철물을 사용 • 고저차가 있는 경우에는 조절형 밑받침 철물을 사용하여 수평 및 수직유지
주틀 간 간격	• 높이가 20미터를 초과하거나 중량물의 적재를 수반하는 작업을 할 경우에는 주틀 간의 간격 1.8m 이하
가새 및 수평재	• 주틀 간에 교차가새를 설치하고 최상층 및 5층 이내마다 수평재를 설치할 것
벽이음	• 수직방향에서 6m 이내 • 수평방향에서 8m 이내
버팀기둥	• 길이가 띠장방향에서 4m 이하이고 높이가 10m를 초과하는 경우에는 10m 이내마다 띠장방향으로 버팀기둥을 설치할 것
적재하중	• 비계 기둥 간 적재하중 : 400kg 초과하지 않도록 할 것
높이 제한	• 40m 이하

(2) 달비계

① 정의 : 달비계란 와이어로프, 체인, 강재, 철선 등의 재료로 상부지점에서 작업용 널판을 매다는 형식의 비계이다.
② 곤돌라형 달비계 사용금지 조건

구분	사용금지 조건
달비계의 와이어로프	• 이음매가 있는 것 • 와이어로프의 한 꼬임(스트랜드)에서 끊어진 소선의 수가 10% 이상(비자전로프의 경우에는 끊어진 소선의 수가 와이어로프 호칭지름의 6배 길이 이내에서 4개 이상이거나 호칭지름 30배 길이 이내에서 8개 이상)인 것 • 지름의 감소가 공칭지름의 7%를 초과하는 것 • 꼬인 것 • 심하게 변형되거나 부식된 것 • 열과 전기충격에 의한 손상된 것
달비계의 달기체인	• 달기체인의 길이가 달기체인이 제조된 때의 길이의 5%를 초과한 것 • 링의 단면지름이 달기체인이 제조된 때의 해당 링의 지름의 10%를 초과하여 감소한 것 • 균열이 있거나 심하게 변형된 것
달기강선 및 달기강대	• 심하게 손상변형 또는 부식된 것

(3) 말비계

① 조립 시 준수사항(「안전보건규칙」 제67조)
  ㉠ 지주부재의 하단에는 미끄럼 방지장치를 하고, 근로자가 양측 끝부분에 올라서서 작업하지 않도록 할 것
  ㉡ 지주부재와 수평면과의 기울기를 75° 이하로 하고, 지주부재와 지주부재 사이를 고정시키는 보조부재를 설치할 것
  ㉢ 말비계의 높이가 2m를 초과할 경우에는 작업발판의 폭을 40cm 이상으로 할 것

(4) 이동식 비계

① 조립 시 준수사항
  ㉠ 이동식 비계의 바퀴에는 뜻밖의 갑작스러운 이동 또는 전도를 방지하기 위하여 브레이크·쐐기 등으로 바퀴를 고정시킨 다음 비계의 일부를 견고한 시설물에 고정하거나 아웃트리거(Outrigger)을 설치하는 등 필요한 조치를 할 것
  ㉡ 승강용 사다리는 견고하게 설치할 것
  ㉢ 비계의 최상부에서 작업을 할 경우에는 안전난간을 설치할 것
  ㉣ 작업발판은 항상 수평을 유지하고 작업발판 위에서 안전난간을 딛고 작업을 하거나 받침대 또는 사다리를 사용하여 작업하지 않도록 할 것
  ㉤ 작업발판의 최대 적재하중은 250kg을 초과하지 않도록 할 것

② 사용 시 준수사항
  ㉠ 관리감독자의 지휘하에 작업을 실시할 것
  ㉡ 비계의 최대높이는 밑변 최소폭의 4배 이하일 것
  ㉢ 작업대의 발판은 전면에 걸쳐 빈틈없이 깔 것
  ㉣ 비계의 일부를 건물에 체결하여 이동, 전도 등을 방지할 것
  ㉤ 승강용 사다리는 견고하게 부착할 것
  ㉥ 최대적재하중을 표시할 것
  ㉦ 부재의 접속부, 교차부는 확실하게 연결
  ㉧ 작업대에는 안전난간을 설치하여야 하며 낙하물 방지 조치를 설치
  ㉨ 불의의 이동을 방지하기 위한 제동장치를 반드시 갖출 것
  ㉩ 이동할 경우에는 작업원이 없는 상태

ⓚ 비계의 이동에는 충분한 인원 배치
ⓔ 안전모를 착용하여야 하며 지지로프를 설치
ⓟ 재료, 공구의 오르내리기에는 포대, 로프 등을 이용
ⓗ 작업장 부근에 고압선 등이 있는가를 확인하고 적절한 방호조치

(5) 시스템비계

① 시스템비계의 구조
　㉠ 수직재·수평재·가새재를 견고하게 연결하는 구조가 되도록 할 것
　㉡ 비계 밑단의 수직재와 받침철물은 밀착되도록 설치하고 수직재와 받침철물의 연결부의 겹침길이는 받침철물 전체길이의 1/3 이상이 되도록 할 것
　㉢ 수평재는 수직재와 직각으로 설치하여야 하며, 체결 후 흔들림이 없도록 견고하게 설치할 것
　㉣ 수직재와 수직재의 연결철물은 이탈되지 않도록 견고한 구조로 할 것
　㉤ 벽 연결재의 설치간격은 제조사가 정한 기준에 따라 설치할 것

② 조립 작업 시 준수사항
　㉠ 비계기둥의 밑둥에는 밑받침철물을 사용하여야 하며, 밑받침에 고저차가 있는 경우에는 조절형 밑받침철물을 사용하여 시스템비계가 항상 수평 및 수직을 유지하도록 할 것
　㉡ 경사진 바닥에 설치하는 경우에는 피벗형 받침철물 또는 쐐기 등을 사용하여 밑받침철물의 바닥면이 수평을 유지하도록 할 것
　㉢ 가공전로에 근접하여 비계를 설치하는 경우에는 가공전로를 이설하거나 가공전로에 절연용 방호구를 설치하는 등 가공전로와의 접촉을 방지하기 위하여 필요한 조치를 할 것
　㉣ 비계 내에서 근로자가 상하 또는 좌우로 이동하는 경우에는 반드시 지정된 통로를 이용하도록 주지시킬 것
　㉤ 비계 작업 근로자는 같은 수직면상의 위와 아래 동시 작업을 금지할 것
　㉥ 작업발판에는 제조사가 정한 최대 적재하중을 초과하여 적재해서는 아니 되며, 최대 적재하중이 표기된 표지판을 부착하고 근로자에게 주지시키도록 할 것

SECTION 02 작업통로 및 발판

1 작업통로의 종류 및 설치기준

1) 통로의 구조

(1) 가설통로의 구조

① 견고한 구조로 할 것
② 경사는 30° 이하로 할 것. 단, 계단을 설치하거나 높이 2m 미만의 가설통로로서 튼튼한 손잡이를 설치한 경우에는 그러하지 아니하다.
③ 경사가 15°를 초과하는 경우에는 미끄러지지 아니하는 구조로 할 것
④ 추락의 위험이 있는 장소에는 안전난간을 설치할 것. 다만 작업상 부득이한 경우에는 필요한 부분만 임시로 해체할 수 있다.
⑤ 수직갱에 가설된 통로의 길이가 15m 이상인 경우에는 10m 이내마다 계단참을 설치할 것
⑥ 건설공사에 사용하는 높이 8m 이상인 비계다리에는 7m 이내마다 계단참을 설치할 것

(2) 사다리식 통로의 구조

① 발판과 벽과의 사이는 15cm 이상의 간격을 유지할 것
② 폭은 30cm 이상으로 할 것
③ 사다리의 상단은 걸쳐놓은 지점으로부터 60cm 이상 올라가도록 할 것
④ 사다리식 통로의 길이가 10m 이상인 경우에는 5m 이내마다 계단참을 설치할 것
⑤ 사다리식 통로의 기울기는 75° 이하로 할 것. 다만, 고정식 사다리식 통로의 기울기는 90° 이하로 하고, 그 높이가 7m 이상인 경우 바닥으로부터 높이가 2.5m 되는 지점부터 등받이울을 설치할 것

2) 가설통로의 종류 및 설치기준

(1) 경사로

① 정의 : 경사로란 건설현장에서 상부 또는 하부로 재료운반이나 작업원이 이동할 수 있도록 설치된 통로로 경사가 30° 이내일 때 사용한다.

② 사용 시 준수사항
  ㉠ 시공하중 또는 폭풍, 진동 등 외력에 대하여 안전하도록 설계하여야 한다.
  ㉡ 경사로는 항상 정비하고 안전통로를 확보하여야 한다.
  ㉢ 비탈면의 경사각은 30° 이내로 하고 미끄럼막이 간격은 다음 표에 의한다.

경사각	미끄럼막이 간격	경사각	미끄럼막이 간격
30° 이내	30cm	22°	40cm
29°	33cm	19°20′	43cm
27°	35cm	17°	45cm
24°15′	37cm	14° 초과	47cm

  ㉣ 경사로의 폭은 최소 90cm 이상이어야 한다.
  ㉤ 높이 7m 이내마다 계단참을 설치하여야 한다.
  ㉥ 추락방호용 안전난간을 설치하여야 한다.
  ㉦ 목재는 미송, 육송 또는 그 이상의 재질을 가진 것이어야 한다.
  ㉧ 경사로 지지기둥은 3m 이내마다 설치하여야 한다.
  ㉨ 발판은 폭 40cm 이상으로 하고, 틈은 3cm 이내로 설치하여야 한다.

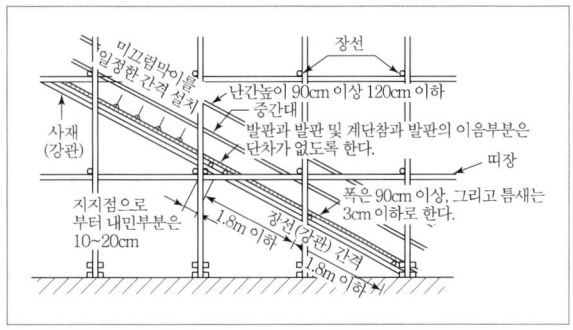

[미끄럼막이 설치 등]

(2) 가설계단
① 정의 : 작업장에서 근로자가 사용하기 위한 계단식 통로로 경사는 35°가 적정하다.
② 설치기준(「안전보건규칙」제26조~30조)

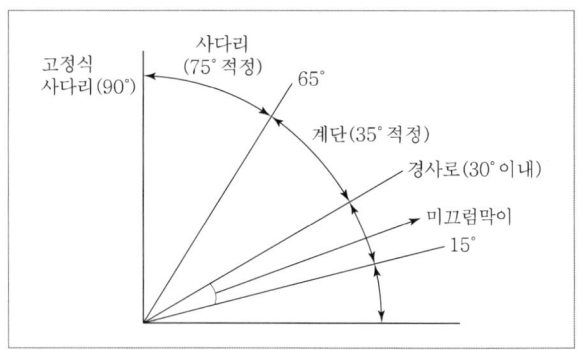

[가설통로의 형태]

구분	설치기준
강도	• 계단 및 계단참을 설치하는 경우에는 500kg/m² 이상의 하중에 견딜 수 있는 강도를 가진 구조 • 안전율 4 이상(안전률 = $\frac{재료의\ 파괴응력도}{재료의\ 허용응력도} \geq 4$) • 계단 및 승강구바닥을 구멍이 있는 재료로 만들 경우 렌치 그 밖의 공구 등이 낙하할 위험이 없는 구조
폭	• 계단설치 시 폭은 1m 이상 • 계단에는 손잡이 외의 다른 물건 등을 설치 또는 적재금지
계단참의 높이	• 높이가 3m를 초과하는 계단에는 높이 3m 이내마다 너비 1.2m 이상의 계단참을 설치
천장의 높이	• 바닥면으로부터 높이 2m 이내의 공간에 장애물이 없도록 할 것
계단의 난간	• 높이 1m 이상인 계단의 개방된 측면에 안전난간을 설치

2 작업발판 설치기준

1) 작업발판의 최대적재하중

(1) 비계의 구조 및 재료에 따라 작업발판의 최대적재하중을 정하고 이를 초과하여 싣지 않을 것

(2) 달비계의 안전계수

구분		안전계수
달기와이어로프 및 달기강선		10 이상
달기체인 및 달기훅		5 이상
달기강대와 달비계의 하부 및 상부지점	강재	2.5 이상
	목재	5 이상

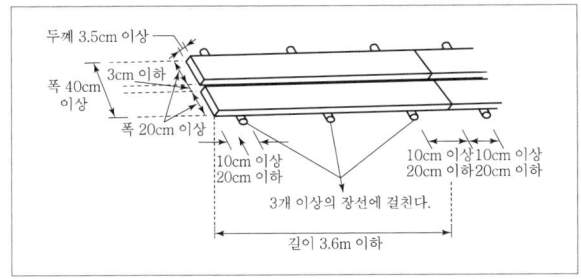

[작업발판의 구조]

2) 작업발판의 구조
(1) 발판재료는 작업할 때의 하중을 견딜 수 있도록 견고한 것으로 할 것
(2) 작업발판의 폭은 40cm 이상으로 하고, 발판재료간의 틈은 3cm 이하로 할 것
(3) (2)에도 불구하고 선박 및 보트 건조작업의 경우 선박블록 또는 엔진실 등의 좁은 작업공간에 작업발판을 설치하기 위하여 필요하면 작업발판의 폭을 30cm 이상으로 할 수 있고, 걸침비계의 경우 강관기둥 때문에 발판재료 간의 틈을 3cm 이하로 유지하기 곤란하면 5cm 이하로 할 수 있다. 이 경우 그 틈 사이로 물체 등이 떨어질 우려가 있는 곳에는 출입금지 등의 조치를 하여야 한다.

SECTION 03
거푸집 및 동바리

1 거푸집동바리 조립 시 안전조치사항

1) 거푸집동바리의 조립도
(1) 거푸집동바리 등을 조립하는 경우에는 그 구조를 검토한 후 조립도를 작성하고 그 조립도에 따라 조립해야 한다.
(2) 조립도에는 동바리·멍에 등 부재의 재질·단면규격·설치간격 및 이음방법 등을 명시해야 한다.

2) 구조검토 시 고려하여야 할 하중
(1) 종류
① 연직방향하중 : 타설 콘크리트 고정하중, 타설 시 충격하중 및 작업원 등의 작업하중

② 횡방향 하중 : 작업 시 진동, 충격, 풍압, 유수압, 지진 등
③ 콘크리트 측압 : 콘크리트가 거푸집을 안쪽에서 밀어내는 압력
④ 특수하중 : 시공 중 예상되는 특수한 하중(콘크리트 편심 하중 등)

(2) 거푸집동바리의 연직방향 하중
① 계산식

$$W = 고정하중 + 활하중$$
$$= (콘크리트 + 거푸집)중량 + (충격 + 작업)하중$$
$$= \gamma \cdot t + 40 kg/m^2 + 250 kg/m^2$$

여기서, γ : 철근콘크리트 단위중량(kg/m^3),
t : 슬래브 두께(m)

② 고정하중 : 철근콘크리트와 거푸집의 중량을 합한 하중이며 거푸집 하중은 최소 $40kg/m^2$ 이상 적용, 특수 거푸집의 경우 실제 중량 적용
③ 활하중 : 작업원, 경량의 장비하중, 기타 콘크리트에 필요한 자재 및 공구 등의 시공하중 및 충격하중을 포함하며 구조물의 수평투영면적(연직방향으로 투영시킨 수평면적) 당 최소 $250kg/m^2$ 이상 적용
④ 상기 고정하중과 활하중을 합한 수직하중은 슬래브 두께에 관계없이 $500kg/m^2$ 이상으로 적용

3) 거푸집 동바리 조립 시 준수사항
(1) 깔목의 사용, 콘크리트 타설, 말뚝박기 등 동바리의 침하를 방지하기 위한 조치를 할 것
(2) 개구부 상부에 동바리를 설치하는 경우에는 상부하중을 견딜 수 있는 견고한 받침대를 설치할 것
(3) 동바리의 상하고정 및 미끄러짐 방지조치를 하고, 하중의 지지상태를 유지할 것
(4) 동바리의 이음은 맞댄이음 또는 장부이음으로 하고 같은 품질의 재료를 사용할 것
(5) 강재와 강재의 접속부 및 교차부는 볼트·클램프 등 전용 철물을 사용하여 단단히 연결할 것
(6) 거푸집이 곡면인 경우에는 버팀대의 부착 등 그 거푸집의 부상(浮上)을 방지하기 위한 조치를 할 것
(7) 동바리로 사용하는 강관(파이프서포트를 제외한다)에 대하여는 다음 각목의 정하는 바에 의할 것

① 높이 2m 이내마다 수평연결재를 2개 방향으로 만들고 수평연결재의 변위를 방지할 것
② 멍에 등을 상단에 올릴 경우에는 해당 상단에 강재의 단판을 붙여 멍에 등을 고정시킬 것

(8) 동바리로 사용하는 파이프서포트에 대하여는 다음 각목의 정하는 바에 의할 것
① 파이프서포트를 3개 이상 이어서 사용하지 않도록 할 것
② 파이프서포트를 이어서 사용할 경우에는 4개 이상의 볼트 또는 전용철물을 사용하여 이을 것
③ 높이가 3.5m를 초과할 경우에는 제(7)호 ①의 조치를 할 것

(9) 시스템동바리(규격화, 부품화된 수직재, 수평재 및 가새재 등의 부재를 현장에서 조립하여 거푸집으로 지지하는 동바리 형식을 말한다)는 다음 각 목의 방법에 따라 설치할 것
① 수평재는 수직재와 직각으로 설치하여야 하며, 흔들리지 않도록 견고하게 설치할 것
② 연결철물을 사용하여 수직재를 견고하게 연결하고, 연결부위가 탈락 또는 꺾어지지 않도록 할 것
③ 수직 및 수평하중에 의한 동바리 본체의 변위로부터 구조적 안전성이 확보되도록 조립도에 따라 수직재 및 수평재에는 가새재를 견고하게 설치하도록 할 것
④ 동바리 최상단과 최하단의 수직재와 받침철물은 서로 밀착되도록 설치하고, 수직재와 받침철물의 연결부의 겹침길이는 받침철물 전체길이의 3분의 1 이상이 되도록 할 것

2 거푸집 존치기간

1) 콘크리트 압축강도를 시험할 경우(콘크리트표준시방서)

부재	콘크리트의 압축강도(f_{cu})
확대기초, 보 옆, 기둥, 벽 등의 측벽	5MPa 이상
슬래브 및 보의 밑면, 아치 내면	설계기준강도 × $\frac{2}{3}(f_{ck} \geq \frac{2}{3}f_{ck})$ 다만, 14MPa 이상

2) 콘크리트 압축강도를 시험하지 않을 경우(기초, 보 옆, 기둥 및 보의 측벽)

시멘트의 종류 평균 기온	조강포틀랜드시멘트	보통포틀랜드시멘트 고로슬래그시멘트(특급) 포틀랜드포졸란시멘트(A종) 플라이애시시멘트(A종)	고로슬래그시멘트 포틀랜드포졸란시멘트(B종) 플라이애시시멘트(B종)
20℃ 이상	2일	4일	5일
20℃ 미만 10℃ 이상	3일	6일	8일

3) 동바리의 존치기간

Slab 밑, 보 밑 모두 설계기준강도(f_{ck})의 100% 이상의 콘크리트 압축강도가 얻어질 때까지 존치한다.

SECTION 04
흙막이

1 흙막이 설치기준

1) 흙막이 지보공의 재료
흙막이 지보공의 재료로 변형 · 부식되거나 심하게 손상된 것을 사용 금지한다.

2) 흙막이 지보공의 조립도
(1) 흙막이 지보공을 조립하는 경우에 미리 조립도를 작성하여 그 조립도에 따라 조립해야 한다.
(2) 조립도는 흙막이판 · 말뚝 · 버팀대 및 띠장 등 부재의 배치 · 치수 · 재질 및 설치방법과 순서가 명시해야 한다.

2 흙막이 공법

1) 공법의 종류
(1) 흙막이 지지방식에 따른 분류
① 경사 Open Cut 공법 : 토질이 양호하고 부지에 여유가 있을 때 지반의 자립성에 의존하는 공법
② 자립공법 : 흙막이벽 벽체의 근입깊이에 의해 흙막이벽을 지지

③ 타이로드공법(Tie Rod Method) : 흙막이벽의 상부를 당 김줄로 당겨 흙막이벽의 이동을 방지
④ 버팀대식 공법 : 띠장, 버팀대, 지지말뚝을 설치하여 토압, 수압에 저항
⑤ 어스앵커공법(Earth Anchor) : 흙막이벽을 천공 후 앵커 체를 삽입하여 인장력을 가하여 흙막이벽을 잡아매는 공법, 버팀대가 없어 작업공간의 확보가 용이하나 인접한 구조물이 있을 경우 부적합

(2) 흙막이 구조방식에 의한 분류

① H-Pile 공법 : H-Pile을 1~2m 간격으로 박고 굴착과 동시에 토류판을 끼워 흙막이벽을 설치하는 공법
② 널말뚝공법 : 강재널말뚝 또는 강관널말뚝을 연속으로 연결하여 흙막이벽을 설치하여 버팀대로 지지하는 공법
③ 벽식 지하연속벽 공법 : 지중에 연속된 철근콘크리트 벽체를 형성하는 공법으로 진동과 소음이 적어 도심지 공사에 적합, 높은 차수성 및 벽체의 강성이 큼
④ 주열식 지하연속벽 공법 : 현장타설 콘크리트말뚝을 연속으로 연결하여 주열식으로 흙막이벽을 축조
⑤ 탑다운공법(Top Down Method) : 지하연속벽과 기둥을 시공한 후 영구구조물 슬래브를 시공하여 벽체를 지지하면서 위에서 아래로 굴착하면서 동시에 지상층도 시공하는 공법으로 주변지반의 침하가 적고 진동과 소음이 적어 도심지 대심도 굴착에 유리

2) 흙막이 지보공 붕괴위험방지

(1) 정기적 점검사항

흙막이 지보공을 설치하였을 때에는 정기적으로 다음 사항을 점검하고 이상을 발견하면 즉시 보수하여야 한다.
① 부재의 손상 · 변형 · 부식 · 변위 및 탈락의 유무와 상태
② 버팀대의 긴압의 정도
③ 부재의 접속부 · 부착부 및 교차부의 상태
④ 침하의 정도
⑤ 흙막이 공사의 계측관리

(2) 흙막이에 작용하는 토압의 종류

① 주동토압(P_a) : 벽체의 앞쪽으로 변위를 발생시키는 토압
② 정지토압(P_0) : 벽체에 변위가 없을 때의 토압
③ 수동토압(P_p) : 벽체의 뒤쪽으로 변위를 발생시키는 토압
④ 토압의 크기 : 수동토압(P_p) > 정지토압(P_0) > 주동토압(P_a)

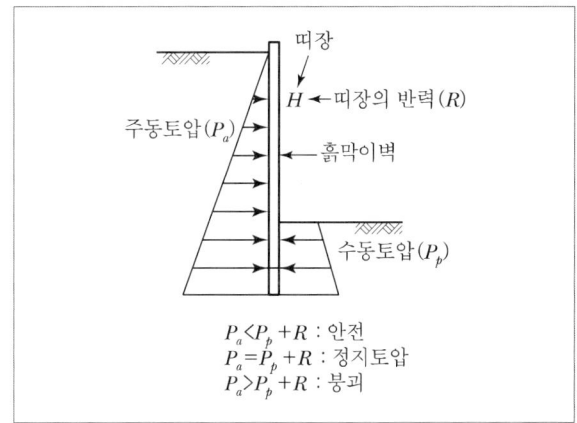

[토압의 종류]

(3) 붕괴예방 조치사항

① 사전조사 : 지하매설물 종류, 위치, 지반, 지하수 상태 등
② 토압 검토 : 토질에 따른 토압분포를 이용하여 흙막이 지보공의 설계
③ 히빙(Heaving)현상 예방 : 흙막이의 근입깊이를 경질지반까지, 지반개량
④ 보일링(Boiling)현상 예방 : 흙막이의 근입깊이를 경질지반까지, 지하수위 저하
⑤ 지반조사 시 피압수층을 파악하여 배수공법으로 피압수위의 저하
⑥ 차수 배수대책 수립 : Slurry Wall, Sheet Pile 등의 차수성이 우수한 공법 선택
⑦ 구조상 안전한 흙막이공법 선정
⑧ 계측관리계획 수립하여 흙막이의 변형 사전예측 및 보강

3 흙막이 가시설 계측관리

1) 계측의 목적

(1) 지반의 거동을 사전에 파악
(2) 각종 지보재의 지보효과 확인
(3) 구조물의 안전성 확인
(4) 공사의 경제성 도모
(5) 장래 공사에 대한 자료 축적
(6) 주변 구조물의 안전 확보

2) 계측기의 종류 및 사용 목적

(1) 지표침하계 : 흙막이벽 배면에 동결심도보다 깊게 설치하여 지표면 침하량 측정
(2) 지중경사계 : 흙막이벽 배면에 설치하여 토류벽의 기울어짐 측정
(3) 하중계 : Strut, Earth Anchor에 설치하여 축하중 측정으로 부재의 안정성 여부 판단
(4) 간극수압계 : 굴착, 성토에 의한 간극수압의 변화 측정
(5) 균열측정기 : 인접구조물, 지반 등의 균열부위에 설치하여 균열크기와 변화측정
(6) 변형계 : Strut, 띠장 등에 부착하여 굴착작업 시 구조물의 변형을 측정
(7) 지하수위계 : 굴착에 따른 지하수위 변동을 측정

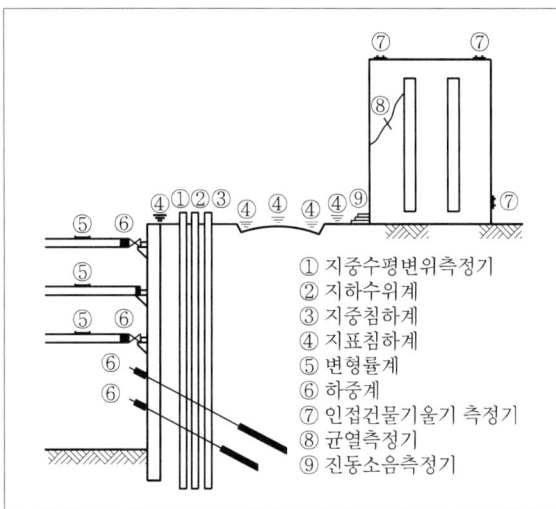

[계측기의 종류]

4 지반의 이상현상 및 안전대책

1) 히빙(Heaving)

(1) 정의

연약한 점토지반을 굴착할 때 흙막이벽 배면 흙의 중량이 굴착저면 이하의 흙보다 중량이 클 경우 굴착저면 이하의 지지력보다 크게 되어 흙막이 배면에 있는 흙이 안으로 밀려들어 굴착저면이 솟아오르는 현상이다.

(2) 지반조건

연약한 점토지반, 굴착저면 하부의 피압수

(3) 피해

① 흙막이의 전면적이 파괴된다.
② 흙막이 주변 지반침하로 인한 지하매설물이 파괴된다.

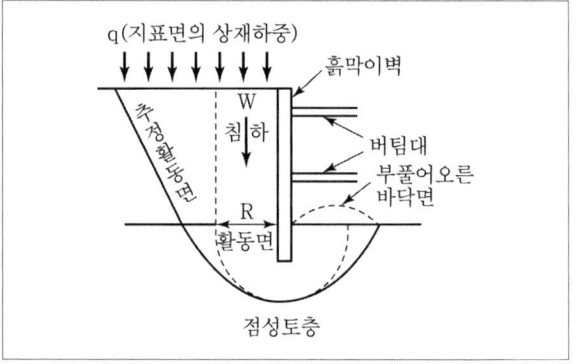

[히빙 현상]

(4) 안전대책

① 흙막이벽의 근입장 깊이를 경질지반까지 연장시킨다.
② 굴착주변의 상재하중을 제거시킨다.
③ 시멘트, 약액주입공법 등으로 Grouting을 실시한다.
④ Well Point, Deep Well 공법으로 지하수위를 저하시킨다.
⑤ 굴착방식을 개선한다(Island Cut, Caisson 공법 등).

2) 보일링(Boiling)

(1) 정의

투수성이 좋은 사질토 지반을 굴착할 때 흙막이벽 배면의 지하수위가 굴착저면보다 높을 때 굴착저면 위로 모래와 지하수가 솟아오르는 현상이다.

(2) 지반조건

투수성이 좋은 사질지반, 굴착저면 하부의 피압수

(3) 피해

① 흙막이의 전면적이 파괴된다.
② 흙막이 주변 지반침하로 인한 지하매설물이 파괴된다.
③ 굴착저면의 지지력이 감소된다.

(4) 안전대책

① 흙막이벽의 근입장 깊이를 경질지반까지 연장시킨다.
② 차수성이 높은 흙막이를 설치한다(지하연속벽, Sheet Pile 등).
③ 시멘트, 약액주입공법 등으로 Grouting 실시한다.
④ Well Point, Deep Well 공법으로 지하수위 저하시킨다.
⑤ 굴착토를 즉시 원상태로 매립한다.

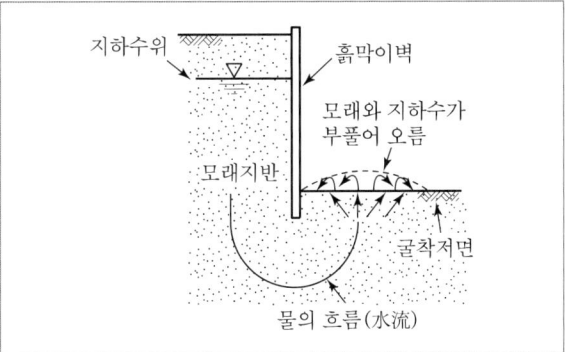

[보일링 현상]

CHAPTER 06 공사 및 작업종류별 안전

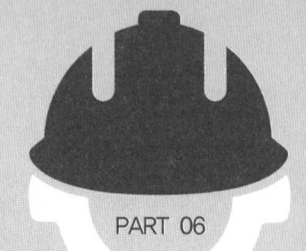

SECTION 01 양중 및 해체공사

1 양중기의 종류

1) 종류
(1) 크레인(호이스트(hoist)를 포함한다.)
(2) 이동식 크레인
(3) 리프트(이삿짐운반용 리프트의 경우에는 적재하중이 0.1톤 이상인 것으로 한정)
(4) 곤돌라
(5) 승강기

2) 양중기

(1) 크레인
① 정의 : 동력을 사용하여 중량물을 매달아 상하 및 좌우(수평 또는 선회를 말한다)로 운반하는 것을 목적으로 하는 기계 또는 기계장치
② 타워크레인 선정 시 사전 검토사항
  ㉠ 작업반경
  ㉡ 입지조건
  ㉢ 건립기계의 소음 영향
  ㉣ 건물형태
  ㉤ 인양능력

(2) 리프트
① 정의 : 동력을 사용하여 사람이나 화물을 운반하는 것을 목적으로 하는 기계설비
② 종류
  ㉠ 건설용 리프트   ㉡ 산업용 리프트
  ㉢ 자동차정비용 리프트 ㉣ 이삿짐운반용 리프트

③ 방호장치
  ㉠ 권과방지장치
  ㉡ 과부하방지장치
  ㉢ 비상정지장치

(3) 곤돌라
달기발판 또는 운반구·승강장치 그 밖의 장치 및 이들에 부속된 기계부품에 의하여 구성되고, 와이어로프 또는 달기강선에 의하여 달기발판 또는 운반구가 전용의 승강장치에 의하여 상승 또는 하강하는 설비이다.

(4) 승강기
① 정의 : 동력을 사용하여 운반하는 것으로서 가이드레일을 따라 상승 또는 하강하는 운반구에 사람이나 화물을 상·하 또는 좌·우로 이동·운반하는 기계·설비로서 탑승장을 가진 설비
② 종류
  ㉠ 승객용 엘리베이터
  ㉡ 승객화물용 엘리베이터
  ㉢ 화물용 엘리베이터
  ㉣ 소형화물용 엘리베이터
  ㉤ 에스컬레이터
③ 승강기의 안전장치
  ㉠ 과부하 방지장치
  ㉡ 파이널 리밋 스위치(Final Limit Switch)
  ㉢ 비상정지장치
  ㉣ 조속기
  ㉤ 출입문 인터록

2 양중기의 안전수칙

1) 정격하중 등의 표시

2) 신호(「안전보건규칙」제40조)

3) 운전위치의 이탈금지(「안전보건규칙」제41조)

4) 폭풍에 의한 이탈방지(「안전보건규칙」제140조)

순간풍속 30m/sec를 초과하는 바람이 불어올 우려가 있는 경우에는 옥외에 설치되어 있는 주행크레인에 대하여 이탈방지장치를 작동시키는 등 그 이탈을 방지하기 위한 조치를 하여야 한다.

5) 크레인의 설치·조립·수리·점검 또는 해체작업 시 조치사항(「안전보건규칙」제141조)

(1) 작업순서를 정하고 그 순서에 따라 작업을 할 것
(2) 작업을 할 구역에 관계근로자가 아닌 사람의 출입을 금지하고 그 취지를 보기 쉬운 곳에 표시할 것
(3) 비·눈 그 밖의 기상상태의 불안정으로 날씨가 몹시 나쁠 경우에는 그 작업을 중지시킬 것
(4) 작업장소는 안전한 작업이 이루어질 수 있도록 충분한 공간을 확보하고 장애물이 없도록 할 것
(5) 들어올리거나 내리는 기자재는 균형을 유지하면서 작업을 하도록 할 것
(6) 크레인의 성능, 사용조건 등에 따라 충분한 응력을 갖는 구조로 기초를 설치하고 침하 등이 일어나지 않도록 할 것
(7) 규격품인 조립용 볼트를 사용하고 대칭되는 곳을 차례로 결합하고 분해할 것

6) 타워크레인의 조립·해체·사용 시 준수사항

(1) 작업계획서의 내용
① 타워크레인의 종류 및 형식
② 설치·조립 및 해체순서
③ 작업도구·장비·가설설비 및 방호설비
④ 작업인원의 구성 및 작업근로자의 역할 범위
⑤ 타워크레인의 지지방법

(2) 타워크레인의 지지 시 준수사항
① 벽체에 지지하는 경우 준수사항
  ㉠ 서면심사에 관한 서류 또는 제조사의 설치작업설명서 등에 따라 설치할 것
  ㉡ 서면심사 서류 등이 없거나 명확하지 아니한 경우에는 「국가기술자격법」에 의한 건축구조·건설기계·기계안전·건설안전기술사 또는 건설안전분야 산업안전지도사의 확인을 받아 설치하거나 기종별·모델별 공인된 표준방법으로 설치할 것
  ㉢ 콘크리트구조물에 고정시키는 경우에는 매립이나 관통 또는 이와 동등 이상의 방법으로 충분히 지지되도록 할 것
  ㉣ 건축 중인 시설물에 지지하는 경우에는 그 시설물의 구조적 안정성에 영향이 없도록 할 것
② 와이어로프 지지하는 경우 준수사항
  ㉠ 벽체에 지지하는 경우의 제㉠호 또는 제㉡호의 조치를 취할 것
  ㉡ 와이어로프를 고정하기 위한 전용 지지프레임을 사용할 것
  ㉢ 와이어로프 설치각도는 수평면에서 60도 이내로 하되, 지지점은 4개소 이상으로 하고, 같은 각도로 설치할 것

(3) 강풍 시 타워크레인의 작업중지

순간풍속이 초당 10미터를 초과하는 경우에는 타워크레인의 설치·수리·점검 또는 해체작업을 중지하여야 하며, 순간풍속이 초당 20미터를 초과하는 경우에는 타워크레인의 운전작업을 중지하여야 한다.

(4) 충돌방지 조치 및 영상 기록관리

타워크레인 사용 중 충돌방지를 위한 조치를 취하도록 하고, 타워크레인을 사용한 작업 시 타워크레인 설치·상승·해체 작업과정 전반을 영상으로 기록하여 대여기간 동안 보관하여야 한다.

(5) 타워크레인 전담 신호수 배치(「안전보건규칙」제146조)

타워크레인을 사용하여 작업을 하는 경우 타워크레인마다 근로자와 조종 작업을 하는 사람 간에 신호업무를 담당하는 사람을 각각 두어야 한다.

7) 이동식 크레인 작업의 안전기준

(1) 방호장치의 조정(「안전보건규칙」 제134조)

(2) 안전밸브의 조정(「안전보건규칙」 제148조)

(3) 해지장치의 사용(「안전보건규칙」 제149조)

하물을 운반하는 경우에는 해지장치를 사용해야 한다.

(4) 과부하의 제한(「안전보건규칙」 제135조)

양중기에 그 적재하중을 초과하는 하중을 걸어서 사용금지한다.

(5) 출입의 금지(「안전보건규칙」 제20조)

8) 크레인의 방호장치

(1) 권과방지장치 : 권과를 방지하기 위하여 자동적으로 동력을 차단하고 작동을 제동하는 장치
(2) 과부하방지장치 : 크레인에 있어서 정격하중 이상의 하중이 부하되었을 때 자동적으로 상승이 정지되면서 경보음 발생
(3) 비상정지장치 : 이동 중 이상상태 발생시 급정지시킬 수 있는 장치
(4) 브레이크 장치 : 운동체를 감속하거나 정지상태로 유지하는 기능을 가진 장치
(5) 훅 해지장치 : 훅에서 와이어로프가 이탈하는 것을 방지하는 장치

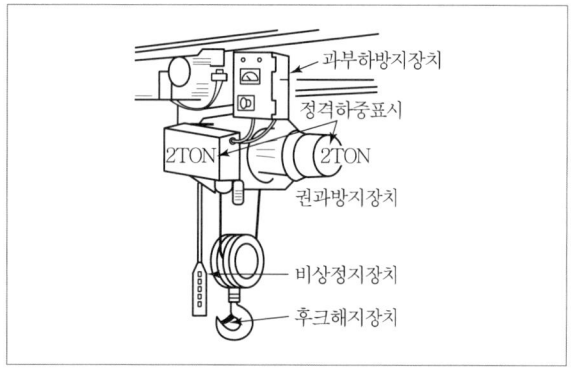

[크레인의 방호장치]

9) 양중기의 와이어로프

(1) 정의 : 와이어로프란 양질의 고탄소강에서 인발한 소선(Wire)를 꼬아서 가닥(Strand)으로 만들고 이 가닥을 심(Core) 주위에 일정한 피치(Pitch)로 감아서 제작한 로프

(2) 안전계수 = $\dfrac{절단하중}{최대사용하중}$

(3) 안전계수의 구분

구분	안전계수
근로자가 탑승하는 운반구를 지지하는 경우 (달기와이어로프 또는 달기체인)	10 이상
화물의 하중을 직접 지지하는 경우 (달기와이어로프 또는 달기체인)	5 이상
훅, 샤클, 클램프, 리프팅 빔의 경우	3 이상
그 밖의 경우	4 이상

(4) 부적격한 와이어로프의 사용금지

① 이음매가 있는 것
② 와이어로프의 한 꼬임(스트랜드)에서 끊어진 소선(素線, 필러(pillar)선을 제외한다)의 수가 10% 이상(비자전로프의 경우에는 끊어진 소선의 수가 와이어로프 호칭지름의 6배 길이 이내에서 4개 이상이거나 호칭지름 30배 길이 이내에서 8개 이상인 것)인 것
③ 지름의 감소가 공칭지름의 7%를 초과하는 것
④ 꼬인 것
⑤ 심하게 변형되거나 부식된 것
⑥ 열과 전기충격에 의해 손상된 것

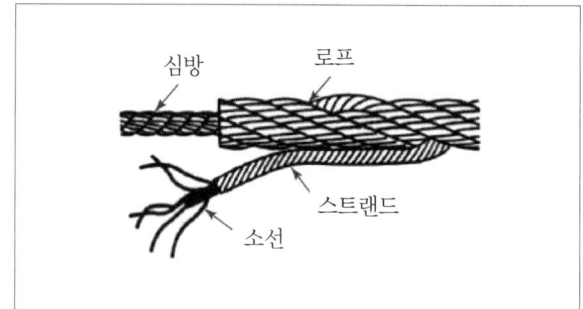

[와이어로프의 구성]

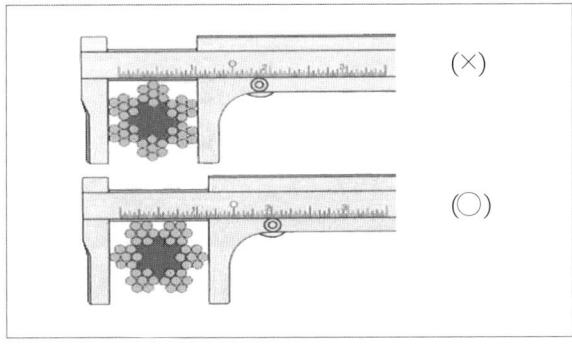

[와이어로프 직경 측정방법]

10) 작업시작 전 점검사항

(1) 개요

① 크레인, 리프트, 곤돌라 등을 사용하는 작업시작 전에 필요한 사항을 점검한다.
② 점검결과 이상이 발견된 경우에는 즉시 보수 그 밖에 필요한 조치 실시한다.

(2) 작업시작 전 점검사항

① 크레인
  ㉠ 권과방지장치·브레이크·클러치 및 운전장치의 기능
  ㉡ 주행로의 상측 및 트롤리가 횡행(橫行)하는 레일의 상태
  ㉢ 와이어로프가 통하고 있는 곳의 상태

② 이동식 크레인
  ㉠ 권과방지장치 그 밖의 경보장치의 기능
  ㉡ 브레이크·클러치 및 조정장치의 기능
  ㉢ 와이어로프가 통하고 있는 곳 및 작업장소의 지반상태

③ 리프트
  ㉠ 방호장치·브레이크 및 클러치의 기능
  ㉡ 와이어로프가 통하고 있는 곳의 상태

④ 곤돌라
  ㉠ 방호장치·브레이크의 기능
  ㉡ 와이어로프·슬링와이어 등의 상태

⑤ 양중기의 와이어로프·달기체인·섬유로프·섬유벨트 또는 훅·샤클·링 등의 철구(이하 "와이어로프 등"이라 한다)를 사용하여 고리걸이작업을 할 때
  ㉠ 와이어로프 등의 이상 유무

3 해체용 기구의 종류

1) 압쇄기
(1) 콘크리트 구조물 파쇄 시 굴삭기에 장착하여 유압의 힘으로 압축하여 콘크리트 및 벽돌을 깨거나 절단할 때 사용한다.
(2) 해체 시공 시 소음, 진동 등 공해를 발생시키지 않아 도심 내에서의 시공에 적합하다.

2) 대형 브레이커
(1) 셔블에 설치하여 사용하는 것으로 대형 브레이커는 소음이 많은 결점이 있지만 파쇄력이 커서 해체대상 범위가 넓으며 응용범위도 넓다.
(2) 일반적으로 방음시설을 하고 브레이커를 상층으로 올려 위층으로부터 순차 아래층으로 해체한다.

3) 철제 해머
(1) 크롤러 크레인에 설치하여 구조물에 충격을 주어 파쇄하는 기구이다.
(2) 소규모 건물에 적합, 소음과 진동이 크다.

4) 핸드브레이커
(1) 압축공기, 유압의 급속한 충격력에 의거 콘크리트 등을 해체할 때 사용한다.
(2) 작은 부재에 유리, 소음, 진동 및 분진 발생한다.

5) 팽창제
(1) 광물의 수화반응에 의한 팽창압을 이용하여 파쇄하는 공법이다.
(2) 무소음, 무진동공법으로 팽창재료가 고가이다.

6) 절단기(톱)
(1) 절단톱을 전동기, 가솔린 엔진 등으로 고속회전시켜 절단하는 기구이다.
(2) 진동, 분진이 거의 없다.

4 해체용 기구의 취급안전

1) 기구사용 시 준수사항

(1) 압쇄기

① 중기의 안전성을 확인하고 지반침하 방지를 위한 지반다짐 확인해야 한다.
② 해체물이 비산, 낙하할 위험이 있으므로 수평 낙하물 방호책을 설치해야 한다.
③ 파쇄작업순서는 슬래브, 보, 벽체, 기둥의 순서로 해체해야 한다.

(2) 대형 브레이커

① 소음, 진동기준은 관계법에 의거 처리해야 한다.
② 장비 간 안전거리 확보해야 한다.

(3) 핸드 브레이커

① 소음, 진동 및 분진이 발생하므로 보호구 착용해야 한다.
② 작업원의 작업시간을 제한하여야 한다.
③ 작업자세는 하향 수직 방향이어야 한다(끌의 부러짐을 방지).

(4) 절단기(톱)

① 회전날에는 접촉방지 Cover 부착해야 한다.
② 회전날의 조임상태는 작업 전에 안전점검해야 한다.
③ 절단 중 회전날의 냉각수 점검 및 과열 시 일시 중단해야 한다.

(5) 팽창제

① 팽창제와 물과의 혼합비율을 확인해야 한다.
② 천공간격은 콘크리트 강도에 의해 결정되나 30~70cm 정도가 적당하다.
③ 개봉된 팽창제는 사용금지, 쓰다 남은 팽창제는 처리 시 유의하여야 한다.
④ 팽창제를 저장하는 경우에는 건조한 장소에 보관하고 직접 바닥에 두지 말고 습기를 피하여야 한다.

2) 해체작업의 안전

(1) 건물 등의 해체 작업계획서 내용

① 해체의 방법 및 해체순서 도면
② 가설설비, 방호설비, 환기설비 및 살수·방화설비 등의 방법
③ 사업장 내 연락방법
④ 해체물의 처분계획
⑤ 해체작업용 기계·기구 등의 작업계획서
⑥ 해체작업용 화약류 등의 사용계획서
⑦ 그 밖에 안전·보건에 관련된 사항

(2) 해체공사 시 안전대책

① 작업구역 내에는 관계자 외 출입금지
② 강풍, 폭우, 폭설 등 악천후 시 작업중지
③ 사용기계, 기구 등을 인양하거나 내릴 때 그물망 또는 그물포 등을 사용

SECTION 02
콘크리트 및 철골공사

1 콘크리트 타설작업의 안전

1) 콘크리트 타설작업 시 준수사항

(1) 당일의 작업을 시작하기 전에 해당 작업에 관한 거푸집동바리 등의 변형·변위 및 지반의 침하유무 등을 점검하고 이상이 있으면 보수할 것
(2) 작업 중에는 거푸집동바리 등의 변형·변위 및 침하유무 등을 감시할 수 있는 감시자를 배치하여 이상이 있으면 작업을 중지시키고 근로자를 대피시킬 것
(3) 콘크리트 타설작업 시 거푸집 붕괴의 위험이 발생할 우려가 있으면 충분한 보강조치를 할 것
(4) 설계도서상의 콘크리트 양생기간을 준수하여 거푸집동바리 등을 해체할 것
(5) 콘크리트를 타설하는 경우에는 편심이 발생하지 않도록 골고루 분산하여 타설할 것

2) 콘크리트 펌프 등 사용 시 준수사항

(1) 작업을 시작하기 전에 콘크리트 펌프용 비계를 점검하고 이상을 발견하였으면 즉시 보수할 것
(2) 건축물의 난간 등에서 작업하는 근로자가 호스의 요동·선회로 인하여 추락하는 위험을 방지하기 위하여 안전난간 설치 등 필요한 조치를 할 것

(3) 콘크리트 펌프카의 붐을 조정하는 경우에는 주변의 전선 등에 의한 위험을 예방하기 위한 적절한 조치를 할 것
(4) 작업 중에 지반의 침하, 아웃트리거의 손상 등에 의하여 콘크리트 펌프카가 넘어질 우려가 있는 경우에는 이를 방지하기 위한 적절한 조치를 할 것

3) 콘크리트 타설 시 유의사항
(1) 슈트, 펌프배관, 버킷 등으로 타설 시에는 배출구와 치기 면까지의 가능한 높이를 낮게
(2) 비비기로부터 타설 시까지 시간은 25℃ 이상에서는 1.5시간 이하
(3) 타설 시 콘크리트의 재료분리는 가능한 적게 일어나도록 해야 한다.
(4) 최상부의 슬래브는 이어붓기를 되도록 피하고, 일시에 전체를 타설한다.
(5) 슬래브는 먼 곳에서 가까운 곳으로 부어넣기 시작
(6) 보는 양단에서 중앙으로 부어넣기

2 콘크리트 측압

1) 정의
(1) 측압(Lateral Pressure)이란 콘크리트 타설 시 기둥·벽체의 거푸집에 가해지는 콘크리트의 수평방향의 압력이다.
(2) 콘크리트의 타설높이가 증가함에 따라 측압은 증가하나, 일정높이 이상이 되면 측압은 감소한다.

2) 콘크리트 헤드(Concrete Head)
(1) 측압이 최대가 되는 콘크리트의 타설높이
(2) 콘크리트 헤드 및 측압의 최대값
① 콘크리트 헤드 : 벽(0.5m), 기둥(1.0m)
② 측압의 최대값 : 벽($1.0 ton/m^2$), 기둥($2.5 ton/m^2$)

3) 측압이 커지는 조건
(1) 거푸집 부재단면이 클수록
(2) 거푸집 수밀성이 클수록
(3) 거푸집의 강성이 클수록
(4) 거푸집 표면이 평활할수록
(5) 시공연도(Workability)가 좋을수록
(6) 철골 또는 철근량이 적을수록
(7) 외기온도가 낮을수록 습도가 높을수록
(8) 콘크리트의 타설속도가 빠를수록
(9) 콘크리트의 다짐이 좋을수록
(10) 콘크리트의 Slump가 클수록
(11) 콘크리트의 비중이 클수록

3 철골공사 작업의 안전

1) 공사 전 검토사항
(1) 설계도 및 공작도의 확인 및 검토사항
① 부재의 형상 및 치수, 접합부의 위치, 브래킷의 내민치수, 건물의 높이
② 철골의 건립형식, 건립상의 문제점, 관련 가설설비
③ 건립기계의 종류선정, 건립공정 검토, 건립기계 대수 결정

(2) 공작도(Shop Drawing)에 포함사항
① 외부비계 및 화물승강설비용 브래킷
② 기둥 승강용 트랩
③ 구명줄 설치용 고리
④ 건립에 필요한 와이어로프 걸이용 고리
⑤ 안전난간 설치용 부재
⑥ 기둥 및 보 중앙의 안전대 설치용 고리
⑦ 방망 설치용 부재
⑧ 비계 연결용 부재
⑨ 방호선반 설치용 부재
⑩ 양중기 설치용 보강재

(3) 철골의 자립도를 위한 대상 건물(강풍 시 철골의 자립도 검토대상 구조물)
① 높이 20m 이상의 구조물
② 구조물의 폭과 높이의 비가 1 : 4 이상인 구조물
③ 단면구조에 현저한 차이가 있는 구조물
④ 연면적당 철골량이 50kg/m^2 이하인 구조물
⑤ 기둥이 타이플레이트(Tie Plate)형인 구조물
⑥ 이음부가 현장용접인 구조물

2) 건립순서 계획 시 검토사항(철골공사 표준안전작업지침)

(1) 철골건립에 있어서는 현장 건립순서와 공장 제작순서가 일치되도록 계획하고 제작검사의 사전 실시, 현장 운반계획 등을 확인하여야 한다.
(2) 어느 한면만을 2절점 이상 동시에 세우는 것은 피해야 하며 1경간(Span) 이상 수평방향으로도 조립이 진행되도록 계획하여 좌굴, 탈락에 의한 무너짐을 방지하여야 한다.
(3) 건립기계의 작업반경과 진행방향을 고려하여 조립순서를 결정하고 조립설치된 부재에 의해 후속작업이 지장을 받지 않도록 계획하여야 한다.
(4) 연속기둥 설치 시 기둥을 2개 세우면 기둥 사이의 보를 동시에 설치하도록 하며 그 다음의 기둥을 세울 경우에는 계속 보를 연결시킴으로써 좌굴 및 편심에 의한 탈락방지 등의 안전성을 확보하면서 건립을 진행시켜야 한다.
(5) 건립 중 무너짐을 방지하기 위하여 가볼트 체결기간을 단축시킬 수 있도록 후속공사를 계획하여야 한다.

3) 작업의 제한 기준

(1) 작업의 제한 기준

구분	내용
강풍	풍속이 초당 10m 이상인 경우
강우	강우량이 시간당 1mm 이상인 경우
강설	강설량이 시간당 1cm 이상인 경우

(2) 강풍 시 조치
① 높은 곳에 있는 부재나 공구류가 낙하, 비래하지 않도록 조치한다.
② 와이어로프, 턴버클, 임시가새 등으로 쓰러지지 않도록 보강한다.

4) 철골세우기용 기계의 종류

(1) 고정식 크레인
① 고정식 타워크레인 : 설치가 용이, 작업범위가 넓으며 철골구조물 공사에 적합
② 이동식 타워크레인 : 이동하면서 작업할 수 있으므로 작업반경을 최소화할 수 있음

(2) 이동식 크레인
① 트럭 크레인 : 타이어 트럭 위에 크레인 본체를 설치한 크레인, 기동성이 우수하고 안전을 확보하기 위해 아웃트리거 장치 설치. 크롤러 크레인보다 흔들림이 적다.
② 크롤러 크레인 : 무한궤도 위에 크레인 본체 설치, 안전성이 우수하고 연약지반에서의 주행성능이 좋으나 기동성 저조
③ 유압 크레인 : 유압식 조작방식으로 안정성 우수, 이동속도가 빠르고 아웃트리거 장치 설치

(3) 데릭(Derrick)
① 가이데릭(Guy Derrick) : 360° 회전 가능, 인양하중 능력이 크나 타워크레인에 비해 선회성 및 안전성이 떨어짐
② 삼각데릭(Stiff Leg Derrick) : 주기둥을 지탱하는 지선 대신에 2본의 다리에 의해 고정, 회전반경은 270°로 가이데릭과 비슷하며 높이가 낮은 건물에 유리함
③ 진폴(Gin Pole) : 철파이프, 철골 등으로 기둥을 세우고 윈치를 이용하여 철골부재를 인상, 경미한 철골건물에 사용함

5) 철골접합방법의 종류

(1) 리벳(Rivet) 접합
① Rivet을 900~1,000℃ 정도로 가열하여 조 리벳터(Jaw Riveter) 또는 뉴매틱 리베터(Pneumatic Riveter) 등의 기계로 타격하여 접합하다.
② 타격 시 소음, 화재의 위험, 시공효율 등이 다른 방법보다 낮다.

(2) 볼트(Bolt) 접합
① 전단, 지압접합 등의 방식으로 접합하며 경미한 구조재나 가설건물에 사용한다.
② 주요 구조재의 접합에는 사용되지 않는다.

(3) 고장력볼트(High Tension Bolt) 접합
① 고탄소강 또는 합금강을 열처리한 항복강도 $7t/cm^2$, 인장강도 $9t/cm^2$ 이상의 고장력볼트를 조여서 부재 간의 마찰력으로 접합하는 방식이다.
② 접합방식 : 마찰접합, 인장접합, 지압접합

(4) 용접(Welding) 접합

① 철골부재의 접합부를 열로 녹여 일체가 되도록 결합시키는 방법이다.
② 용접의 이음형식
    ㉠ 맞대기용접(Butt Welding) : 접합하는 두 부재 사이에 홈을 두고 용착금속을 채워 넣는 방법
    ㉡ 모살용접(Fillet Welding) : 모살을 덧붙이는 용접으로 한쪽의 모재 끝을 다른 모재면에 겹치거나 맞대어 그 접촉부분의 모서리를 용접하는 방법
③ 용접결함의 종류
    ㉠ Blow Hole(기공) : 용접부에 수소+CO_2 Gas의 기공이 발생
    ㉡ Slag 감싸돌기 : 모재와의 융합부에 Slag 부스러기가 잔존하는 현상
    ㉢ Crater(항아리) : Arc 용접 시 Bead 끝이 오목하게 패인 것
    ㉣ Under Cut : 과대전류 또는 용입 부족으로 모재가 파이는 현상
    ㉤ Pit(피트) : 용접부 표면에 생기는 작은 기포구멍
    ㉥ 용입 부족 : 용착금속이 채워지지 않고 홈으로 남게 되는 것

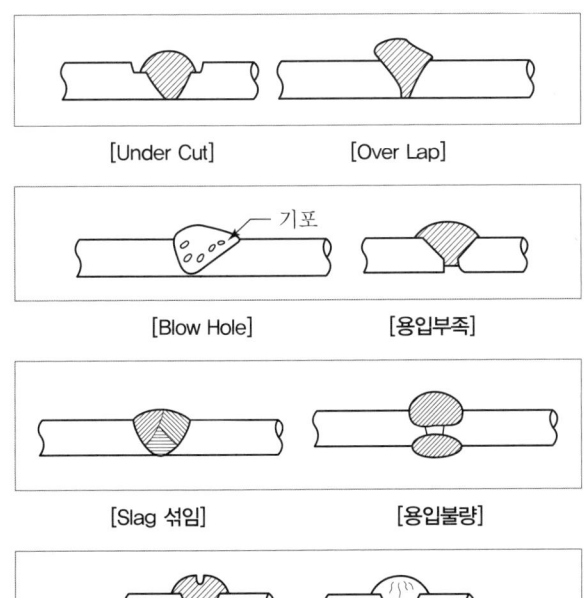

SECTION 03
운반작업

1 운반작업의 안전수칙

1) 길이가 긴 장척물 운반 시 준수사항
(1) 운반 가능한 중량인가 파악한다.
(2) 운반경로 및 장애물 유무를 확인한다.
(3) 대상물의 특성에 따라 필요한 보호구를 확인, 착용한다.
(4) 전체 장척물 길이의 1/2 되는 지점에 얇은 각목을 받쳐 놓고 감싸 잡는다.
(5) 허리를 편 상태에서 정강이와 대퇴부 사이의 각도를 90° 이상 유지하면서 다리의 힘으로 일어선다.
(6) 장척물을 60° 이상의 각도로 세우면서 그 사이에 한쪽 다리를 구부려 허벅지에 대어 받침대로 삼는다.
(7) 대상물의 중심에 대칭을 잡고 다리 힘으로 선다.

2) 취급, 운반의 5원칙
(1) 직선운반을 할 것
(2) 연속운반을 할 것
(3) 운반작업을 집중화시킬 것
(4) 생산을 최고로 하는 운반을 생각할 것
(5) 최대한 시간과 경비를 절약할 수 있는 운반방법을 고려할 것

2 중량물 취급운반

1) 작업계획서 내용(「안전보건규칙」 제38조)
(1) 추락위험을 예방할 수 있는 안전대책
(2) 낙하위험을 예방할 수 있는 안전대책
(3) 전도위험을 예방할 수 있는 안전대책
(4) 협착위험을 예방할 수 있는 안전대책
(5) 붕괴위험을 예방할 수 있는 안전대책

2) 중량물 취급 안전기준

(1) 하역운반기계·운반용구 사용(「안전보건규칙」 제385조)
(2) 작업지휘자를 지정(「안전보건규칙」 제39조)하여 다음 각 사항을 준수(「안전보건규칙」 제177조)(단위화물의 무게가 100kg 이상인 화물을 싣는 작업 또는 내리는 작업)
① 작업순서 및 그 순서 마다의 작업방법을 정하고 작업을 지휘할 것
② 기구와 공구를 점검하고 불량품을 제거할 것
③ 해당 작업을 하는 장소에 관계근로자가 아닌 사람의 출입을 금지할 것
④ 로프 풀기 작업 또는 덮개 벗기기 작업은 적재함의 화물이 떨어질 위험이 없음을 확인한 후에 하도록 할 것

(3) 중량물을 2명 이상의 근로자가 취급 또는 운반하는 경우에는 일정한 신호방법을 정하고 신호에 따라 작업(「안전보건규칙」 제40조)

SECTION 04
하역작업

1 하역작업의 안전수칙

1) 하역작업장의 조치기준(「안전보건규칙」 제390조)
(1) 작업장 및 통로의 위험한 부분에는 안전하게 작업할 수 있는 조명을 유지할 것
(2) 부두 또는 안벽의 선을 따라 통로를 설치하는 경우에는 폭을 90cm 이상으로 할 것
(3) 육상에서의 통로 및 작업장소로서 다리 또는 선거(船渠)의 갑문을 넘는 보도 등의 위험한 부분에는 안전난간 또는 울타리 등을 설치할 것

2) 항만하역작업 시 안전수칙
(1) 통행설비의 설치
갑판의 윗면에서 선창 밑바닥까지의 깊이가 1.5m를 초과하는 선창의 내부에서 화물취급작업을 하는 경우에 그 작업에 종사하는 근로자가 안전하게 통행할 수 있는 설비를 설치해야 한다.

(2) 선박 승강설비의 설치
① 300톤급 이상의 선박에서 하역작업을 하는 경우에는 근로자들이 안전하게 오르내릴 수 있는 현문사다리를 설치하여야 하며, 이 사다리 밑에 안전망을 설치해야 한다.
② 현문사다리는 견고한 재료로 제작된 것으로 너비는 55cm 이상이어야 하고, 양측에 82cm 이상의 높이로 울타리를 설치하여야 하며, 바닥은 미끄러지지 않도록 적합한 재질로 처리해야 한다.
③ 현문사다리는 근로자의 통행에만 사용하여야 하며 화물용 발판 또는 화물용 보판으로 사용금지한다.

2 화물취급작업 안전수칙

1) 꼬임이 끊어진 섬유로프 등의 사용금지
(1) 꼬임이 끊어진 것
(2) 심하게 손상되거나 부식된 것

2) 화물의 적재 시 준수사항
(1) 침하의 우려가 없는 튼튼한 기반 위에 적재할 것
(2) 건물의 칸막이나 벽 등이 화물의 압력에 견딜 만큼의 강도를 지니지 아니한 경우에는 칸막이나 벽에 기대어 적재하지 않도록 할 것

3 차량계 하역운반기계의 안전수칙

1) 넘어짐 등의 방지
(1) 기계가 넘어지거나 굴러 떨어짐으로써 근로자에게 위험을 미칠 우려가 있는 경우에는 그 기계를 유도하는 유도자를 배치해야 한다.
(2) 지반의 부동침하 방지 조치해야 한다.
(3) 갓길의 붕괴를 방지 조치해야 한다.

2) 운전위치 이탈 시의 조치
(1) 포크, 버킷, 디퍼 등의 장치를 가장 낮은 위치 또는 지면에 내려 두어야 한다.
(2) 원동기를 정지시키고 브레이크를 확실히 거는 등 갑작스러운 주행이나 이탈을 방지하기 위한 조치하여야 한다.

(3) 운전석을 이탈하는 경우에는 시동키를 운전대에서 분리시킬 것. 다만, 운전석에 잠금장치를 하는 등 운전자가 아닌 사람이 운전하지 못하도록 조치한 경우에는 그러하지 아니하다.

3) 단위화물의 무게가 100kg 이상인 화물을 싣는 작업 또는 내리는 작업 시 작업지휘자 준수사항(「안전보건규칙」 제177조)

(1) 작업순서 및 그 순서마다의 작업방법을 정하고 작업을 지휘할 것
(2) 기구 및 공구를 점검하고 불량품을 제거할 것
(3) 해당 작업을 하는 장소에 관계근로자가 아닌 사람의 출입을 금지할 것
(4) 로프 풀기 작업 또는 덮개 벗기기 작업은 적재함의 화물이 떨어질 위험이 없음을 확인한 후에 하도록 할 것

4) 지게차 안전수칙

(1) 지게차의 안전기준

① 전조등 및 후미등을 구비(「안전보건규칙」 제179조)
② 헤드가드(Head Guard)를 구비(「안전보건규칙」 제180조)
③ 백레스트를 구비(「안전보건규칙」 제181조)
④ 적재하는 화물의 중량에 따른 충분한 강도를 가지고 심한 손상·변형 또는 부식이 없는 팔레트(Pallet) 또는 스키드(Skid)를 사용(「안전보건규칙」 제182조)
⑤ 앉아서 조작하는 방식의 지게차의 운전자는 좌석안전띠 착용(「안전보건규칙」 제183조)

(2) 헤드가드의 구비조건

① 강도는 지게차의 최대하중의 2배 값(4Ton을 넘는 값에 대해서는 4Ton으로 한다)의 등분포정하중에 견딜 수 있을 것
② 상부틀의 각 개구의 폭 또는 길이가 16cm 미만일 것
③ 운전자가 앉아서 조작하거나 서서 조작하는 지게차의 헤드가드는 「산업표준화법」 제12조에 따른 한국산업표준에서 정하는 높이 기준 이상일 것
(좌승식 : 좌석기준점(SIP)으로부터 903mm 이상, 입승식 : 조종사가 서 있는 플랫폼으로부터 1,880mm 이상)

(3) 지게차 작업시작 전 점검사항

① 제동장치 및 조종장치 기능의 이상 유무
② 하역장치 및 유압장치 기능의 이상 유무
③ 바퀴의 이상 유무
④ 전조등·후미등·방향지시기 및 경보장치 기능의 이상 유무

PART 06

6과목 예상문제

01 강관비계의 수직방향 벽이음 조립간격(m)으로 옳은 것은? (단, 틀비계이며 높이는 10m이다.)

① 2m ② 4m
③ 6m ④ 9m

[해설] 강관틀비계의 경우 벽이음이나 연결재의 간격은 수직방향 6m 이하, 수평방향 8m 이하로 설치하여야 한다.

02 항타기 또는 항발기의 권상장치 드럼축과 권상장치로부터 첫 번째 도르래의 축 간 거리는 권상장치 드럼폭의 몇 배 이상으로 하여야 하는가?

① 5배 ② 8배
③ 10배 ④ 15배

[해설] **도르래의 부착 등(「안전보건규칙」 제216조)**
항타기 또는 항발기의 권상장치의 드럼축과 권상장치로부터 첫 번째 도르래의 축 간의 거리를 권상장치 드럼 폭의 15배 이상으로 하여야 한다.

03 다음의 토사붕괴 원인 중 외부의 힘이 작용하여 토사붕괴가 발생되는 외적 요인이 아닌 것은?

① 사면, 법면의 경사 및 기울기의 증가
② 공사에 의한 진동 및 반복하중의 증가
③ 지표수 및 지하수의 침투에 의한 토사량의 증가
④ 함수비 증가로 인한 점착력 증가

[해설] 함수비 증가로 인한 점착력의 감소가 외적 원인이다.

04 안전난간의 구조 및 설치요건에 대한 기준으로 옳지 않은 것은?

① 상부난간대는 바닥면·발판 또는 경사로의 표면으로부터 90cm 이상 지점에 설치할 것
② 발끝막이판은 바닥면 등으로부터 10cm 이상의 높이를 유지할 것
③ 난간대는 지름 1.5cm 이상의 금속제 파이프나 그 이상의 강도를 가진 재료일 것
④ 안전난간은 구조적으로 가장 취약한 지점에서 가장 취약한 방향으로 작용하는 100kg 이상의 하중에 견딜 수 있는 튼튼한 구조일 것

[해설] 안전난간의 난간대는 지름 2.7cm 이상의 금속제 파이프나 그 이상의 강도를 가진 재료이어야 한다.

05 굴착작업 시 굴착 깊이가 최소 몇 m 이상인 경우 사다리, 계단 등 승강설비를 설치하여야 하는가?

① 1.5m ② 2.5m
③ 3.5m ④ 4.5m

[해설] 굴착 깊이가 1.5m 이상인 경우 적어도 30m 간격 이내로 사다리, 계단 등 승강설비를 설치하여야 한다.

06 터널 지보공을 조립하거나 변경하는 경우에 조치하여야 하는 사항으로 옳지 않은 것은?

① 주재를 구성하는 1세트의 부재는 동일 평면 내에 배치할 것
② 목재의 터널 지보공은 그 터널 지보공의 각 부재의 긴압 정도가 위치에 따라 차이 나도록 할 것
③ 기둥에는 침하를 방지하기 위하여 받침목을 사용하는 등의 조치를 할 것
④ 강아치 지보공의 조립은 연결볼트 및 띠장 등을 사용하여 주재 상호 간을 튼튼하게 연결할 것

[해설] 목재의 터널 지보공은 그 터널 지보공의 각 부재의 긴압 정도가 균등하게 되도록 하여야 한다.

정답 | 01 ③ 02 ④ 03 ④ 04 ③ 05 ① 06 ②

07 추락방호용 방망의 그물코의 크기가 10cm인 신품 매듭방망사의 인장강도는 몇 킬로그램 이상이어야 하는가?

① 80 ② 110
③ 150 ④ 200

해설) 그물코 10cm, 매듭방망의 인장강도는 200kgf이다.

08 터널공사 시 인화성 가스가 농도 이상으로 상승하는 것을 조기에 파악하기 위하여 설치하는 자동경보장치의 작업시작 전 점검해야 할 사항이 아닌 것은?

① 계기의 이상 유무 ② 발열 여부
③ 검지부의 이상 유무 ④ 경보장치의 작동상태

해설) **자동경보장치의 작업시작 전 점검사항**
1. 계기의 이상 유무
2. 검지부의 이상 유무
3. 경보장치의 작동상태

09 차량계 하역운반기계의 안전조치사항 중 옳지 않은 것은?

① 최대제한속도가 시속 10km를 초과하는 차량계 건설기계를 사용하는 작업을 하는 경우 미리 작업장소의 지형 및 지반상태 등에 적합한 제한속도를 정하고, 운전자로 하여금 준수하도록 할 것
② 차량계 건설기계의 운전자가 운전위치를 이탈하는 경우 해당 운전자로 하여금 포크 및 버킷 등의 하역장치를 가장 높은 위치에 둘 것
③ 차량계 하역운반기계 등에 화물을 적재하는 경우 하중이 한쪽으로 치우지지 않도록 적재할 것
④ 차량계 건설기계를 사용하여 작업을 하는 경우 승차석이 아닌 위치에 근로자를 탑승시키지 말 것

해설) 운전위치 이탈 시에는 포크 및 버킷 등의 하역장치를 가장 낮은 위치에 두어야 한다.

10 토질시험 중 연약한 점토 지반의 점착력을 판별하기 위하여 실시하는 현장시험은?

① 베인테스트(Vane Test) ② 표준관입시험(SPT)
③ 하중재하시험 ④ 삼축압축시험

해설) 베인테스트는 연약한 점토질 지반의 시험에 주로 적용하는 지반조사 방법이다.

11 크레인을 사용하는 작업을 할 때 작업시작 전 점검사항이 아닌 것은?

① 권과방지장치 · 브레이크 · 클러치 및 운전장치의 기능
② 방호장치의 이상 유무
③ 와이어로프가 통하고 있는 곳의 상태
④ 주행로의 상측 및 트롤리가 횡행하는 레일의 상태

해설) **크레인의 작업시작 전 점검사항**
1. 권과방지장치 · 브레이크 · 클러치 및 운전장치의 기능
2. 주행로의 상측 및 트롤리가 횡행(橫行)하는 레일의 상태
3. 와이어로프가 통하고 있는 곳의 상태

12 악천후 및 강풍 시 타워크레인의 운전작업을 중지해야 할 순간풍속기준으로 옳은 것은?

① 매초당 5m를 초과 ② 매초당 10m를 초과
③ 매초당 15m를 초과 ④ 매초당 30m를 초과

해설) 순간풍속이 매초당 10m를 초과하는 경우에는 타워크레인의 설치 · 수리 · 점검 또는 해체작업을 중지하여야 하며, 순간풍속이 매초당 15m를 초과하는 경우에는 타워크레인의 운전작업을 중지하여야 한다.

13 강관을 사용하여 비계를 구성하는 경우 준수하여야 하는 사항으로 옳지 않은 것은?

① 비계기둥의 간격은 띠장방향에서는 1.85m 이하로 할 것
② 비계기둥 간의 적재하중은 300kg을 초과하지 않도록 할 것
③ 비계기둥의 제일 윗부분으로부터 31m되는 지점 밑부분의 비계기둥은 2개의 강관으로 묶어 세울 것
④ 띠장간격은 2m 이하로 설치할 것

해설) 비계기둥 간의 적재하중은 400kg을 초과하지 않도록 하여야 한다.

14 다음 중 토사붕괴의 내적원인인 것은?

① 토석의 강도 저하
② 사면법면의 기울기 증가
③ 절토 및 성토 높이 증가
④ 공사에 의한 진동 및 반복 하중 증가

정답 | 07 ④ 08 ② 09 ② 10 ① 11 ② 12 ③ 13 ② 14 ①

해설 토석의 강도 저하가 토석붕괴의 내적원인이다.

15 물체가 떨어지거나 날아올 위험을 방지하기 위한 낙하물방지망 또는 방호선반을 설치 할 때 수평면과의 적정한 각도는?

① 10~20°
② 20~30°
③ 30~40°
④ 40~45°

해설 낙하물방지망은 10m 이내마다 설치하고 설치각도는 20~30°를 유지한다.

16 항만하역 작업 시 근로자 승강용 현문사다리 몇 안전망을 설치하여야 하는 선박은 최소 몇 톤 이상일 경우인가?

① 500톤
② 300톤
③ 200톤
④ 100톤

해설 선박승강설비의 설치의 기준에 관한 내용으로 300톤급 이상의 선박에서 하역작업을 하는 때에는 근로자들이 안전하게 승강할 수 있는 현문사다리를 설치하여야 하며, 이 사다리 밑에 안전망을 설치하여야 한다.

17 다음 중 그물코의 크기가 5cm인 매듭방망의 폐기기준 인장강도는?

① 200kg
② 100kg
③ 60kg
④ 30kg

해설 그물코 5cm, 매듭방망의 폐기기준 인장강도는 60kg이다.

18 다음 중 흙막이 지보공을 조립하는 경우 작성하는 조립도에 명시되어야 하는 사항과 가장 거리가 먼 것은?

① 부재의 치수
② 버팀대의 긴압의 정도
③ 부재의 재질
④ 설치방법과 순서

해설 흙막이 지보공의 조립도에는 흙막이판·말뚝·버팀대 및 띠장 등 부재의 배치·치수·재질 및 설치방법과 순서가 명시되어야 한다.

19 이동식 비계를 조립하여 작업을 하는 경우에 작업발판의 최대적재하중은 몇 kg을 초과하지 않도록 해야 하는가?

① 150kg
② 200kg
③ 250kg
④ 300kg

해설 이동 시 비계 작업발판의 최대적재하중은 250kg이다.

20 차량계 건설기계를 사용하여 작업을 하는 때에 작업계획에 포함되지 않아도 되는 사항은?

① 사용하는 차량계 건설기계의 종류 및 성능
② 차량계 건설기계의 운행경로
③ 차량계 건설기계에 의한 작업방법
④ 차량계 건설기계 사용 시 유도자 배치 위치

해설 차량계건설기계의 작업계획 포함내용(「안전보건규칙」 제38조 [별표 4])
1. 사용하는 차량계 건설기계의 종류 및 능력
2. 차량계 건설기계의 운행경로
3. 차량계 건설기계에 의한 작업방법

21 다음 중 터널공사의 전기발파작업에 대한 설명 중 옳지 않은 것은?

① 점화는 충분한 허용량을 갖는 발파기를 사용한다.
② 발파 후 즉시 발파모선을 발파기로부터 분리하고 그 단부를 절연시킨다.
③ 전선의 도통시험은 화약장전 장소로부터 최소 30m 이상 떨어진 장소에서 행한다.
④ 발파모선은 고무 등으로 절연된 전선 20m 이상의 것을 사용한다.

해설 발파의 작업기준에 관한 내용으로 발파모선은 발파에 의한 파손이 없도록 10m 정도의 것을 사용한다.

22 선창의 내부에서 화물취급작업을 하는 근로자가 안전하게 통행할 수 있는 설비를 설치하여야 하는 기준은 갑판의 윗면에서 선창 밑바닥까지의 깊이가 최소 얼마를 초과할 때인가?

① 1.3m
② 1.5m
③ 1.8m
④ 2.0m

해설 갑판의 윗면에서 선창 밑바닥까지의 깊이가 1.5미터를 초과하는 선창의 내부에서 화물취급작업을 하는 경우에 그 작업에 종사하는 근로자가 안전하게 통행할 수 있는 설비를 설치하여야 한다.

정답 | 15 ② 16 ② 17 ③ 18 ② 19 ③ 20 ④ 21 ④ 22 ②

23 지름 0.3~1.5m 정도의 우물을 굴착하여 이 속에 우물 측관을 삽입하여 속으로 유입하는 지하수를 펌프로 양수하여 지하수위를 낮추는 방법은 무엇인가?

① Well Point 공법
② Deep Well 공법
③ Under Pinning 공법
④ Vertical Drain 공법

해설 **Deep Well(깊은 우물공법) 공법**
심정호 공법으로 지름 0.3m~1.5m 정도의 우물을 파서 수중 펌프로 배수하고 강제적으로 지하수위를 저하시키는 공법이며, 이 공법은 페이퍼 드레인과 병용할 때가 많으며 넓은 지역의 투수성이 큰 지역에 적합한 지하수위 저하공법이다.

24 유해위험방지계획서를 제출해야 될 건설공사 대상사업장 기준으로 옳지 않은 것은?

① 최대 지간길이가 40m 이상인 교량건설 등의 공사
② 지상높이가 31m 이상인 건축물
③ 터널 건설 등의 공사
④ 깊이 10m 이상인 굴착공사

해설 최대지간 길이가 50m 이상인 교량공사가 제출대상이다.

25 일반적으로 사면의 붕괴위험이 가장 큰 것은?

① 사면의 수위가 서서히 상승할 때
② 사면의 수위가 급격히 하강할 때
③ 사면이 완전 건조상태에 있을 때
④ 사면이 완전 포화상태에 있을 때

해설 사면수위가 가장 위험한 때는 수위가 급격히 하강할 때이다.

26 잠함 또는 우물통의 내부에서 굴착작업을 할 때의 준수사항으로 옳지 않은 것은?

① 굴착깊이가 10m를 초과하는 때에는 해당 작업장소와 외부와의 연락을 위한 통신설비 등을 설치한다.
② 산소결핍의 우려가 있는 때에는 산소의 농도를 측정하는 자를 지명하여 측정하도록 한다.
③ 근로자가 안전하게 승강하기 위한 설비를 설치한다.
④ 측정결과 산소의 결핍이 인정될 때에는 송기를 위한 설비를 설치하여 필요한 양의 공기를 송급하여야 한다.

해설 굴착 깊이가 20m를 초과하는 때 연락을 위한 통신설비 등을 설치하여야 한다.

27 히빙(Heaving) 현상의 방지대책으로 옳지 않은 것은?

① 흙막이 벽체의 근입 깊이를 깊게 한다.
② 흙막이 벽체 배면의 지반을 개량하여 흙의 전단강도를 높인다.
③ 부풀어 솟아오르는 바닥면의 토사를 제거한다.
④ 소단을 두면서 굴착한다.

해설 솟아오르는 바닥면의 토사를 제거하는 것은 올바른 히빙 현상 방지대책이 아니다.

28 표준관입시험에서 30cm 관입에 필요한 타격횟수(N)가 50 이상일 때 모래의 상대밀도는 어떤 상태인가?

① 몹시 느슨하다.
② 느슨하다.
③ 보통이다.
④ 대단히 조밀하다.

해설 **표준관입시험**
현 위치에서 직접 흙(주로 사질지반)의 다짐상태를 판단하는 시험으로 타격회수(N)가 클수록 토질이 밀실하다. N값이 50일 때 모래의 상대밀도는 대단히 조밀하다.

29 다음 중 수중굴착 공사에 가장 적합한 건설기계는?

① 파워 셔블
② 스크레이퍼
③ 불도저
④ 클램셸

해설 **클램셸**
굴삭기가 위치한 지면보다 낮은 곳을 굴삭하는 데 적합하고 좁은 장소의 깊은 굴삭에 효과적이다. 정확한 굴삭과 단단한 지반작업은 어렵지만 수중굴삭, 교량기초, 건축물 지하실 공사 등에 쓰인다.

30 시스템 동바리를 조립하는 경우 수직재와 받침철물 연결부의 겹침길이 기준으로 옳은 것은?

① 받침철물 전체길이 1/2 이상
② 받침철물 전체길이 1/3 이상
③ 받침철물 전체길이 1/4 이상
④ 받침철물 전체길이 1/5 이상

해설 시스템비계 밑단의 수직재와 받침철물은 밀착되도록 설치하고 수직재와 받침철물의 연결부의 겹침길이는 받침철물 전체 길이의 1/3 이상이 되도록 하여야 한다.

정답 | 23 ② 24 ① 25 ② 26 ① 27 ③ 28 ④ 29 ④ 30 ②

31 굴착, 싣기, 운반, 흙깔기 등의 작업을 하나의 기계로써 연속적으로 행할 수 있으며 비행장과 같이 대규모 정지작업에 적합하고 피견인식 자주식으로 구분할 수 있는 차량계 건설 기계는?

① 클램쉘(Clamshell)   ② 로더(Loader)
③ 불도저(Bulldozer)   ④ 스크레이퍼(Scraper)

해설   **스크레이퍼**
대량 토공 작업을 위한 기계로서 굴삭, 운반, 부설(敷設), 다짐 등 4가지 작업을 일관하여 연속 작업을 할 수 있다.

32 부두 등의 하역작업장에서 부두 또는 안벽의 선에 따라 통로를 설치할 때의 최소 폭 기준은?

① 90cm 이상   ② 75cm 이상
③ 60cm 이상   ④ 45cm 이상

해설   부두 또는 안벽의 선을 따라 통로를 설치할 때는 폭을 90cm 이상으로 하여야 한다.

33 가설통로의 설치기준으로 옳지 않은 것은?

① 추락할 위험이 있는 장소에는 안전난간을 설치할 것
② 경사가 10°를 초과하는 경우에는 미끄러지지 않는 구조로 할 것
③ 경사는 30° 이하로 할 것
④ 건설공사에 사용하는 높이 8m 이상인 비계다리에는 7m 이내마다 계단참을 설치할 것

해설   경사가 15°를 초과하는 경우에는 미끄러지지 않는 구조로 하여야 한다.

34 점토지반의 토공사에서 흙막이 밖에 있는 흙이 안으로 밀려 들어와 내측 흙이 부풀어 오르는 현상은?

① 보일링(Boiling)   ② 히빙(Heaving)
③ 파이핑(Piping)   ④ 액상화(Liquefaction)

해설   **히빙(Heaving)**
연약한 점토지반을 굴착할 때 흙막이벽 배면 흙의 중량이 굴착저면 이하의 흙보다 중량이 클 경우 굴착저면 이하의 지지력보다 크게 되어 흙막이 배면에 있는 흙이 안으로 밀려들어 굴착저면이 솟아오르는 현상이다.

35 공사진척에 따른 안전관리비 사용기준은 얼마 이상인가? (단, 공정률이 70% 이상~90% 미만인 경우이다.)

① 50%   ② 60%
③ 70%   ④ 90%

해설   공정률이 70% 이상일 경우 안전관리비 사용기준은 70% 이상이다.

36 잠함 또는 우물통의 내부에서 굴착작업을 하는 경우에 잠함 또는 우물통의 급격한 침하에 의한 위험방지를 위해 바닥으로부터 천장 또는 보까지의 높이는 최소 얼마이상으로 하여야 하는가?

① 1.8m   ② 2m
③ 2.5m   ④ 3m

해설   **잠함 또는 우물통의 급격한 침하로 인한 위험방지의 기준**
- 침하관계도에 따라 굴착방법 및 재하량 등을 정할 것
- 바닥으로부터 천장 또는 보까지의 높이는 1.8m 이상으로 할 것

37 철골작업에서는 강풍과 같은 악천후 시 작업을 중지하도록 하여야 하는데, 건립작업을 중지하여야 하는 풍속기준은?

① 7m/s 이상   ② 10m/s 이상
③ 14m/s 이상   ④ 17m/s 이상

해설   강풍 시 작업의 제한 기준은 풍속이 초당 10m 이상인 경우이다.

38 거푸집동바리 등을 조립하는 경우에 준수하여야 할 안전조치기준으로 옳지 않은 것은?

① 동바리로 사용하는 강관은 높이 2m 이내마다 수평연결재를 2개 방향으로 만들고 수평연결재의 변위를 방지할 것
② 동바리로 사용하는 파이프 서포트는 3개 이상 이어서 사용하지 않도록 할 것
③ 동바리로 사용하는 파이프 서포트를 이어서 사용하는 경우에는 5개 이상의 볼트 또는 전용철물을 사용하여 이을 것
④ 동바리로 사용하는 강관틀과 강관틀 사이에는 교차가새를 설치할 것

해설   파이프 서포트를 이어서 사용할 경우에는 4개 이상의 볼트 또는 전용철물을 사용하여야 한다.

정답 | 31 ④ 32 ① 33 ② 34 ② 35 ③ 36 ① 37 ② 38 ③

39 이동식 비계를 조립하여 사용할 때 밑변 최소폭의 길이가 2m라면 이 비계의 사용가능한 최대 높이는?

① 4m ② 8m
③ 10m ④ 14m

해설 이동식 비계 조립 시 비계의 최대높이는 밑면 최소폭의 4배 이하여야 하므로 최소폭의 길이가 2m라면 최대높이는 2m×4＝8m이다.

40 중량물 운반 시 크레인에 매달아 올릴 수 있는 최대하중으로부터 달아올리기 기구의 중량에 상당하는 하중을 제외한 하중은?

① 정격하중 ② 적재하중
③ 임계하중 ④ 작업하중

해설 • 정격하중 : 크레인의 권상하중에서 훅, 그래브 또는 버킷 등 달기기구의 중량에 상당하는 하중을 뺀 하중을 말한다.
• 권상하중 : 크레인이 들어올릴 수 있는 최대의 하중을 말한다.

41 건축공사로서 대상액이 5억원 이상 50억원 미만인 경우에 산업안전보건관리비의 비율 (가) 및 기초액 (나)으로 옳은 것은?

① (가) 비율 : 1.86%, (나) 기초액 : 5,349,000원
② (가) 비율 : 1.99%, (나) 기초액 : 5,499,000원
③ (가) 비율 : 2.35%, (나) 기초액 : 5,400,000원
④ (가) 비율 : 1.57%, (나) 기초액 : 4,411,000원

해설 **공사종류 및 규모별 안전관리비 계상기준표**

공사종류	대상액 5억 원 미만인 경우 적용비율(%)	대상액 5억 원 이상 50억 원 미만인 경우 적용비율(%)		대상액 50억 원 이상인 경우 적용 비율(%)	영 별표 5에 따른 보건관리자 선임대상 건설공사의 적용비율(%)
		적용비율(%)	기초액		
건축공사	2.93%	1.86%	5,349,000원	1.97%	2.15%
토목공사	3.09%	1.99%	5,499,000원	2.10%	2.29%
중건설공사	3.43%	2.35%	5,400,000원	2.44%	2.66%
특수건설공사	1.85%	1.20%	3,250,000원	1.27%	1.38%

42 지반조건에 따른 지반개량공법 중 점성토 개량공법과 가장 거리가 먼 것은?

① 바이브로 플로테이션공법 ② 치환공법
③ 압밀공법 ④ 생석회 말뚝 공법

해설 **진동다짐공법(Vibro Floatation)**
사질지반 개량공법이다. 점성토 연약지반 개량공법에는 ① 치환공법 ② 재하공법(프리로딩공법(Pre-Loading), 압성토공법(Surcharge), 사면선단 재하공법) ③ 탈수공법(샌드드레인, 페이퍼드레인, 팩드레인공법) ④ 배수공법(중력배수, 강제배수) ⑤ 고결공법 등이 있다.

43 터널지보공을 설치한 때 수시 점검하여 이상을 발견할 시 즉시 보강하거나 보수해야 할 사항이 아닌 것은?

① 부재의 손상·변형·부식·변위 탈락의 유무 및 상태
② 부재의 긴압 정도
③ 부재의 접속부 및 교차부 상태
④ 계측기 설치상태

해설 **터널지보공 수시 점검사항**
1. 부재의 손상·변형·부식·변위 탈락의 유무 및 상태
2. 부재의 긴압 정도
3. 부재의 접속부 및 교차부의 상태
4. 기둥침하의 유무 및 상태

44 취급·운반의 원칙으로 옳지 않은 것은?

① 운반작업을 집중하여 시킬 것
② 곡선 운반을 할 것
③ 생산을 최고로 하는 운반을 생각할 것
④ 연속 운반을 할 것

해설 곡선 운반이 아니라 직선 운반을 하여야 한다.
취급, 운반의 5원칙
1. 직선 운반을 할 것
2. 연속 운반을 할 것
3. 운반작업을 집중화시킬 것
4. 생산을 최고로 하는 운반을 생각할 것
5. 최대한 시간과 경비를 절약할 수 있는 운반방법을 고려할 것

정답 | 39 ② 40 ① 41 ① 42 ① 43 ④ 44 ②

45 터널 지보공을 조립하는 경우에는 미리 그 구조를 검토한 후 조립도를 작성하고, 그 조립도에 따라 조립하도록 하여야 하는데 이 조립도에 명시해야 할 사항과 가장 거리가 먼 것은?

① 이음방법
② 단면규격
③ 재료의 재질
④ 재료의 구입처

해설 터널 지보공을 조립하는 경우에는 미리 그 구조를 검토한 후 조립도를 작성하고, 그 조립도에 따라 조립하도록 하여야 하며, 조립도에는 재료의 재질, 단면규격, 설치간격 및 이음방법 등을 명시하여야 한다.

46 다음은 통나무비계를 조립하는 경우의 준수사항에 대한 내용이다. ( )에 알맞은 내용을 고르면?

> 통나무 비계는 지상높이 (㉠) 이하 또는 (㉡) 이하인 건축물·공작물 등의 건조·해체 및 조립 등의 작업에만 사용할 수 있다.

① ㉠ 4층 ㉡ 12m
② ㉠ 4층 ㉡ 15m
③ ㉠ 6층 ㉡ 12m
④ ㉠ 6층 ㉡ 15m

해설 통나무 비계는 지상높이 4층 이하 또는 12m 이하인 건축물·공작물 등의 건조·해체 및 조립 등 작업에서만 사용할 수 있다.

47 차량계 건설기계를 사용하여 작업을 할 때 기계의 넘어짐, 굴러 떨어짐에 의해 근로자가 위해를 입을 우려가 있을 때 사업주가 조치하여야 할 사항 중 옳지 않은 것은?

① 근로자의 출입금지 조치
② 하역운반기계를 유도하는 자 배치
③ 지반의 부동침하방지 조치
④ 갓길의 붕괴를 방지하기 위한 조치

해설 차량계 건설기계의 안전수칙 중 차량계 건설기계가 넘어지거나 굴러 떨어짐으로써 근로자에게 위험을 미칠 우려가 있는 경우에는 유도하는 자를 배치하고 지반의 부동침하방지, 갓길의 붕괴방지 및 도로의 폭 유지 등 필요한 조치를 하여야 한다.

48 연약지반의 침하로 인한 문제를 예방하기 위한 점토질 지반의 개량공법에 해당되지 않는 것은?

① 생석회 말뚝(Chemico Pile) 공법
② 페이퍼드레인(Paper Drain) 공법
③ 진동다짐(Vibro Flotation) 공법
④ 샌드드레인(Sand Drain) 공법

해설 진동다짐 공법은 사질토 연약지반 개량공법이다. 점성토 연약지반 개량공법에는 ① 치환공법 ② 재하공법(프리로딩공법(Pre-Loading), 압성토공법(Surcharge), 사면선단 재하공법) ③ 탈수공법(샌드드레인, 페이퍼드레인, 팩드레인 공법) ④ 배수공법(중력배수, 강제배수) ⑤ 고결공법 등이 있다.

49 건설작업용 타워크레인의 안전장치가 아닌 것은?

① 권과방지장치
② 과부하방지장치
③ 브레이크장치
④ 호이스트 스위치

해설 호이스트 스위치는 타워크레인의 안전장치가 아니라 호이스트를 조정하는 스위치이다.

50 이동식 비계를 조립하여 작업을 하는 경우에 작업발판의 최대적재 하중으로 옳은 것은?

① 350kg
② 300kg
③ 250kg
④ 200kg

해설 이동식 비계 작업발판의 최대적재하중은 250kg이다.

51 항만하역작업에서의 선반승강설비 설치기준으로 옳지 않은 것은?

① 200톤급 이상의 선박에서 하역작업을 하는 때에는 근로자들이 안전하게 승강할 수 있는 현문사다리를 설치하여야 한다.
② 현문사다리는 견고한 재료로 제작된 것으로 너비는 55cm 이상이어야 한다.
③ 현문사다리의 양측에는 82cm 이상의 높이로 울타리를 설치하여야 한다.
④ 현문사다리는 근로자의 통행에만 사용하여야 하며 화물용 발판 또는 화물용 보판으로 사용하도록 하여서는 아니 된다.

해설 300톤급 이상의 선박에서 하역작업을 하는 때에는 근로자들이 안전하게 승강할 수 있는 현문사다리를 설치하여야 하며, 이 사다리 밑에 안전망을 설치하여야 한다.

정답 | 45 ④ 46 ① 47 ① 48 ③ 49 ④ 50 ③ 51 ①

52 착공을 위한 공사계획에 필요사항이 아닌 것은?

① 설계여건 숙지
② 설계도면, 공사시방서 숙지
③ 현장여건 조사
④ 공사의 특성과 공종별 공사 수량 파악

해설 착공을 위한 공사계획 시 설계도면 숙지, 현장여건 조사, 공사 특성 파악 등이 필요하다.

53 콘크리트 타설작업을 할 때 준수하여야 할 사항으로 가장 거리가 먼 것은?

① 콘크리트 타설 전에 거푸집 동바리 등의 변형·변위 등을 점검하고 이상이 있는 경우 보수할 것
② 작업 중 거푸집 동바리 등의 이상 유무를 점검하여 이상을 발견한 경우에는 근로자를 대피시킬 것
③ 진동기의 사용은 많이 할수록 균일한 콘크리트를 얻을 수 있으므로 가급적 많이 사용할 것
④ 설계도서상의 콘크리트 양생기간을 준수하여 거푸집동바리 등을 해체할 것

해설 진동기의 사용이 길어지면 재료분리의 원인이 되므로 각별히 주의하여야 한다.

54 최고 52m 높이의 강관비계를 세우려고 한다. 지상에서 몇 미터(m)까지를 2본으로 세워야 하는가?

① 11m   ② 16m
③ 21m   ④ 26m

해설 비계기둥의 제일 윗부분으로부터 31m 되는 지점 밑부분의 비계기둥은 2본의 강관으로 묶어야 하므로 52 − 31 = 21m이다.

55 콘크리트의 타설을 위한 거푸집 동바리의 구조검토 시 가장 선행되어야 할 작업은?

① 각 부재에 생기는 응력에 대하여 안전한 단면을 산정한다.
② 하중·외력에 의하여 각 부재에 생기는 응력을 구한다.
③ 가설물에 작용하는 하중 및 외력의 종류, 크기를 산정한다.
④ 사용할 거푸집 동바리의 설치간격을 결정한다.

해설 거푸집 동바리의 구조 검토 시 가설물에 작용하는 하중 및 외력의 종류, 크기를 우선적으로 산정한다.

56 클램셸의 용도로 옳지 않은 것은?

① 잠함 안의 굴착에 사용된다.
② 수면 아래의 자갈, 모래를 굴착하고 준설선에 많이 사용된다.
③ 건축구조물의 기초 등 정해진 범위의 깊은 굴착에 적합하다.
④ 단단한 지반의 작업도 가능하며, 굴착속도가 빠르고 특히 암반굴착에 적합하다.

해설 클램셸은 좁은 장소의 깊은 굴삭에 효과적이다. 정확한 굴삭과 단단한 지반작업은 어렵지만 수중굴삭, 교량기초, 건축물 지하실 공사 등에 쓰인다.

57 시공계획 수립에 있어 우선순위에 따른 고려사항으로 거리가 먼 것은?

① 공종별 재료량 및 품셈   ② 재해방지 대책
③ 공정표 작성   ④ 원척도(原尺圖)의 제작

해설 **공사계획 단계에서 사전검토 내용**
- 현장원 편성
- 실행예산의 편성
- 노무 동원계획
- 재해방지계획
- 공정표의 작성
- 하도급 업체의 선정
- 재료, 설비 반입계획

58 다음 중 계측기의 설치 목적에 맞지 않은 것은?

① 지표침하계 – 지표면의 침하량 변화 측정
② 지하수위계 – 지반 내 지하수위 변화 측정
③ 하중계 – 상부 적재하중의 변화 측정
④ 지중경사계 – 지중의 수평변위 측정

해설 하중계는 버팀보, 어스앵커(Earth Anchor) 등의 실제 축 하중 변화를 측정한다.

정답 | 52 ① 53 ③ 54 ③ 55 ③ 56 ④ 57 ④ 58 ③

59 옥외에 설치되어 있는 주행 크레인은 순간풍속이 얼마 이상일 때 이탈방지장치를 작동시키는 등 이탈을 방지하기 위한 조치를 해야 하는가?

① 순간풍속이 매초당 20m 초과 시
② 순간풍속이 매초당 25m 초과 시
③ 순간풍속이 매초당 30m 초과 시
④ 순간풍속이 매초당 35m 초과 시

[해설] **폭풍에 의한 이탈 방지(「안전보건규칙」 제140조)**
순간풍속이 30m/sec를 초과하는 바람이 불어올 우려가 있는 경우에는 옥외에 설치되어 있는 주행크레인에 대하여 이탈방지장치를 작동시키는 등 그 이탈을 방지하기 위한 조치를 하여야 한다.

60 흙막이 벽을 설치하여 기초굴착작업 중 굴착부 바닥이 솟아올랐다. 이에 대한 대책으로 옳지 않은 것은?

① 굴착주변의 상재하중을 증가시킨다.
② 흙막이 벽의 근입 깊이를 깊게 한다.
③ 지하수 유입을 막는다.
④ 토류벽의 배면토압을 경감시킨다.

[해설] 연약 점토지반에서 기초굴착작업 중 굴착부 바닥이 솟아오르는 현상은 히빙 현상이다.

히빙현상 방지대책
1. 흙막이벽의 근입장 깊이를 경질지반까지 연장
2. 굴착주변의 상재하중 제거
3. 시멘트, 약액주입공법 등으로 Grouting 실시
4. Well Point, Deep Well 공법으로 지하수위 저하
5. 굴착방식 개선(Island Cut, Caisson 공법 등)

정답 | 59 ③ 60 ①

memo

산업안전기사 필기 ENGINEER INDUSTRIAL SAFETY

부록

과년도 기출문제

2017년 1회
2017년 2회
2017년 3회
2018년 1회
2018년 2회
2018년 3회
2019년 1회
2019년 2회
2019년 3회
2020년 1·2회
2020년 3회
2020년 4회

2021년 1회
2021년 2회
2021년 3회
2022년 1회
2022년 2회
2022년 3회
2023년 1회
2023년 2회
2023년 3회
2024년 1회
2024년 2회
2024년 3회

부록

2017년 1회

1과목
산업재해 예방 및 안전보건교육

01 재해예방의 4원칙이 아닌 것은?

① 손실우연의 원칙
② 사실확인의 원칙
③ 원인계기의 원칙
④ 대책선정의 원칙

[해설] **재해예방의 4원칙**
1. 손실우연의 원칙
2. 원인계기의 원칙
3. 예방가능의 원칙
4. 대책 선정의 원칙

02 교육훈련 기법 중 OFF JT의 장점에 해당되지 않는 것은?

① 우수한 전문가를 강사로 활용할 수 있다.
② 특별 교재, 교구, 설비를 유효하게 활용할 수 있다.
③ 다수의 근로자에게 조직적 훈련이 가능하다.
④ 직장의 실정에 맞는 실제적인 교육이 가능하다.

[해설] **OFF JT(직장 외 교육훈련)**
계층별 직능별로 공통된 교육대상자를 현장 이외의 한 장소에 모아 집합교육을 실시하는 교육형태(집단교육에 적합)
1. 다수의 근로자에게 조직적 훈련을 행하는 것이 가능
2. 각각 전문가를 강사로 초청하는 것이 가능

03 매슬로(Maslow)의 욕구단계이론 중 2단계에 해당되는 것은?

① 생리적 욕구
② 안전에 대한 욕구
③ 자아실현의 욕구
④ 존경과 긍지에 대한 욕구

[해설] **매슬로의 욕구단계이론(제2단계) : 안전의 욕구**

04 맥그리거(Mcgregor)의 X, Y이론에서 X이론에 대한 관리처방으로 볼 수 없는 것은?

① 직무의 확장
② 권위주의적 리더십의 확립
③ 경제적 보상체제의 강화
④ 면밀한 감독과 엄격한 통제

[해설] **X이론에 대한 관리처방**
1. 경제적 보상체계의 강화
2. 권위주의적 리더십의 확립
3. 면밀한 감독과 엄격한 통제
4. 상부책임제도의 강화
5. 통제에 의한 관리

05 산업현장에서 재해발생 시 조치 순서로 옳은 것은?

① 긴급처리 → 재해조사 → 원인분석 → 대책수립 → 실시계획 → 실시 → 평가
② 긴급처리 → 원인분석 → 재해조사 → 대책수립 → 실시 → 평가
③ 긴급처리 → 재해조사 → 원인분석 → 실시계획 → 실시 → 대책수립 → 평가
④ 긴급처리 → 실시계획 → 재해조사 → 대책수립 → 평가 → 실시

[해설] **재해발생 시의 조치 순서**
긴급처리 → 재해조사 → 원인강구 → 대책수립 → 대책실시계획 → 실시 → 평가

06 산업안전보건기준에 관한 규칙에 따른 프레스기의 작업 시작 전 점검사항이 아닌 것은?

① 클러치 및 브레이크의 기능
② 금형 및 고정볼트 상태
③ 방호장치의 기능
④ 언로드밸브의 기능

정답 | 01 ② 02 ④ 03 ② 04 ① 05 ① 06 ④

[해설] **작업시작 전 점검사항**
1. 클러치 및 브레이크의 기능
2. 크랭크축 · 플라이휠 · 슬라이드 · 연결봉 및 연결 나사의 풀림 유무
3. 1행정 1정지기구 · 급정지장치 및 비상정지장치의 기능
4. 슬라이드 또는 칼날에 의한 위험방지 기구의 기능
5. 프레스의 금형 및 고정볼트 상태
6. 방호장치의 기능
7. 전단기의 칼날 및 테이블의 상태

07 버드(Bird)의 재해발생에 관한 연쇄이론 중 직접적인 원인은 몇 단계에 해당되는가?

① 1단계 ② 2단계
③ 3단계 ④ 4단계

[해설] **버드(Frank Bird)의 신도미노 이론**
1단계 : 통제의 부족(관리 소홀) → 2단계 : 기본원인(기원) → 3단계 : 직접원인(징후) → 4단계 : 사고(접촉) → 5단계 : 상해(손해)

08 무재해 운동에 관한 설명으로 틀린 것은?

① 제3자의 행위에 의한 업무상 재해는 무재해로 본다.
② 작업 시간 중 천재지변 또는 돌발적인 사고로 인한 구조행위 또는 긴급피난 중 발생한 사고는 무재해로 본다.
③ 무재해란 무재해 운동 시행사업장에서 근로자가 업무에 기인하여 사망 또는 2일 이상의 요양을 요하는 부상 또는 질병에 이환되지 않는 것을 말한다.
④ 작업 시간 외에 천재지변 또는 돌발적인 사고 우려가 많은 장소에서 사회통념상 인정되는 업무수행 중 발생한 사고는 무재해로 본다.

[해설] "무재해"란 산업재해로 사망자가 발생하거나 3일 이상의 휴업이 필요한 부상을 입거나 질병에 걸린 사람이 발생되지 않는 것을 말한다.

09 안전교육훈련의 진행 제3단계에 해당하는 것은?

① 적용 ② 제시
③ 도입 ④ 확인

[해설] **안전교육의 진행 4단계**
- 1단계 : 도입(준비)
- 2단계 : 제시(설명)
- 3단계 : 적용(응용)
- 4단계 : 평가(확인)

10 근로자 수 300명, 총 근로시간 수 48시간×50주이고, 연재해건수는 200건일 때 이 사업장의 강도율은? (단, 연근로손실일수는 800일로 한다.)

① 1.11 ② 0.90
③ 0.16 ④ 0.84

[해설] 강도율 $= \dfrac{\text{근로손실일수}}{\text{연근로시간수}} \times 1{,}000$

$= \dfrac{800}{48 \times 50 \times 300} \times 1{,}000$

$= 1.11$

11 안전교육의 3요소에 해당되지 않는 것은?

① 강사 ② 교육방법
③ 수강자 ④ 교재

[해설] **안전교육의 3요소**
1. 주체 : 강사
2. 객체 : 수강자(학생)
3. 매개체 : 교재(교육내용)

12 산업안전보건법상 안전관리자가 수행해야 할 업무가 아닌 것은?

① 사업장 순회점검 · 지도 및 조치의 건의
② 산업재해에 관한 통계의 유지 · 관리 · 분석을 위한 보좌 및 조언 · 지도
③ 작업장 내에서 사용되는 전체 환기장치 및 국소배기장치 등에 관한 설비의 점검과 작업방법의 공학적 개선에 관한 보좌 및 지도 · 조언
④ 해당 사업장 안전교육계획의 수립 및 안전교육 실시에 관한 보좌 및 조언 · 지도

[해설] 전체 환기장치 및 국소배기장치 점검 및 작업방법의 개선 보좌 업무는 보건관리자의 업무에 해당한다.

정답 | 07 ③ 08 ③ 09 ① 10 ① 11 ② 12 ③

13 산업안전보건법령상 근로자 안전·보건교육 중 채용 시의 교육 및 작업내용 변경 시의 교육내용에 포함되지 않는 것은?

① 물질안전보건자료에 관한 사항
② 작업 개시 전 점검에 관한 사항
③ 유해·위험 작업환경 관리에 관한 사항
④ 기계·기구의 위험성과 작업의 순서 및 동선에 관한 사항

해설 ③은 관리감독자의 정기안전보건교육내용에 포함된다.

14 산업안전보건법령상 안전·보건표지의 색채와 사용 사례의 연결이 틀린 것은?

① 노란색 – 정지신호, 소화설비 및 그 장소, 유해행위의 금지
② 파란색 – 특정 행위의 지시 및 사실의 고지
③ 빨간색 – 화학물질 취급장소에서의 유해·위험 경고
④ 녹색 – 비상구 및 피난소, 사람 또는 차량의 통행표지

해설 안전보건표지의 색도기준 및 용도

색채	색도 기준	용도	사용 예
노란색	5Y 8.5/12	경고	화학물질 취급장소에서의 유해·위험 경고

15 라인(Line)형 안전관리 조직의 특징으로 옳은 것은?

① 안전에 관한 기술의 축적이 용이하다.
② 안전에 관한 지시나 조치가 신속하다.
③ 조직원 전원을 자율적으로 안전활동에 참여시킬 수 있다.
④ 권한 다툼이나 조정 때문에 통제수속이 복잡해지며, 시간과 노력이 소모된다.

해설 Line(직계)형 조직은 안전에 관한 지시나 조치가 신속하고, 철저하며 100명 미만의 소규모 기업에 적합하다.

16 인간의 적응기제 중 방어기제로 볼 수 없는 것은?

① 승화
② 고립
③ 합리화
④ 보상

해설 방어적 기제(Defense Mechanism)
보상, 합리화(변명), 승화, 동일시

17 플리커 검사(Flicker Test)의 목적으로 가장 적절한 것은?

① 혈중 알코올 농도 측정
② 체내 산소량 측정
③ 작업강도 측정
④ 피로의 정도 측정

해설 플리커 검사(Flicker Test)
정신적 부담이 대뇌피질의 피로수준에 미치고 있는 영향을 측정하는 것으로 피로의 정도를 측정하는 검사이다.

18 ABE종 안전모에 대하여 내수성 시험을 할 때 물에 담그기 전의 질량이 400g이고, 물에 담근 후의 질량이 410g이었다면 질량증가율과 합격 여부로 옳은 것은?

① 질량증가율 : 2.5%, 합격 여부 : 불합격
② 질량증가율 : 2.5%, 합격 여부 : 합격
③ 질량증가율 : 102.5%, 합격 여부 : 불합격
④ 질량증가율 : 102.5%, 합격 여부 : 합격

해설 AE, ABE종 안전모는 질량증가율이 1% 미만이어야 한다.
$\frac{410-400}{400} \times 100 = 2.5\%$이므로 불합격이다.

19 참가자에게 일정한 역할을 주어 실제적으로 연기를 시켜봄으로써 자기의 역할을 보다 확실히 인식할 수 있도록 체험학습을 시키는 교육방법은?

① Role Playing
② Brain Storming
③ Action Playing
④ Fish Bowl Playing

해설 롤 플레잉(Role Playing)
작업 전 5분간 미팅의 시나리오를 작성하여 그 시나리오를 보고 멤버들이 연기함으로써 체험학습을 시키는 교육방법이다.

20 산업재해의 분석 및 평가를 위하여 재해발생건수 등의 추이에 대해 한계선을 설정하여 목표관리를 수행하는 재해통계 분석기법은?

① 폴리건(Polygon)
② 관리도(Control Chart)
③ 파레토도(Pareto Diagram)
④ 특성 요인도(Cause & Effect Diagram)

정답 | 13 ③ 14 ① 15 ② 16 ② 17 ④ 18 ① 19 ① 20 ②

해설 **재해의 통계적 원인분석방법**

관리도(Control Chart) : 재해발생 건수 등의 추이를 파악하여 목표관리를 행하는 데 필요한 월별 재해발생 수를 그래프화하여 관리선을 설정·관리하는 방법

2과목
인간공학 및 위험성 평가·관리

21 반사형 없이 모든 방향으로 빛을 발하는 점광원에서 5m 떨어진 곳의 조도가 120lux라면 2m 떨어진 곳의 조도는?

① 150lux
② 192.2lux
③ 750lux
④ 3,000lux

해설 5m 떨어진 곳의 조도를 가지고 광도를 구하면
광속(lumen) = 조도 × (거리)^2
= 120lux × 5m^2
= 3,000lumen
따라서, 2m 떨어진 곳의 조도는
조도(lux) = $\frac{광속(lumen)}{거리(m)^2}$ = $\frac{3,000(lumen)}{(2m)^2}$
= 750lux

22 의자 설계에 대한 조건 중 틀린 것은?

① 좌판의 깊이는 작업자의 등이 등받이에 닿을 수 있도록 설계한다.
② 좌판은 엉덩이가 앞으로 미끄러지지 않는 재질과 구조로 설계한다.
③ 좌판의 넓이는 작은 사람에게 적합하도록, 깊이는 큰 사람에게 적합하도록 설계한다.
④ 등받이는 충분한 넓이를 가지고 요추 부위부터 어깨 부위까지 편안하게 지지하도록 설계한다.

해설 의자 좌판의 깊이와 폭(넓이) : 폭은 큰 사람에게 맞도록, 깊이는 대퇴를 압박하지 않도록 작은 사람에게 맞도록 설계한다.

23 시스템이 저장되어 이동되고 실행됨에 따라 발생하는 작동시스템의 기능이나 과업, 활동으로부터 발생되는 위험에 초점을 맞춘 위험분석차트는?

① 결함수분석(FTA ; Fault Tree Analysis)
② 사상수분석(ETA ; Event Tree Analysis)
③ 결함위험분석(FHA ; Fault Hazard Analysis)
④ 운용위험분석(OHA ; Operating Hazard Analysis)

해설 **OHA(운용위험분석, Operating Hazard Analysis)**
- 시스템의 모든 사용 단계에서 생산, 보전, 시험, 운반, 저장, 운전, 비상탈출, 구조, 훈련 및 폐기 등에 사용되는 인원, 순서, 설비에 관하여 위험을 동정하고 제어한다.
- 안전 요건을 결정하기 위하여 실시하는 해석이며 위험에 초점을 맞춘 위험분석차트이다.

24 육체작업의 생리학적 부하측정 척도가 아닌 것은?

① 맥박수
② 산소소비량
③ 근전도
④ 점멸융합주파수

해설 점멸융합주파수(Flicker-Fusion Frequency)는 정신작업의 생리학적 부하측정 척도에 해당한다.

25 다음 FT도에서 최소 컷셋을 올바르게 구한 것은?

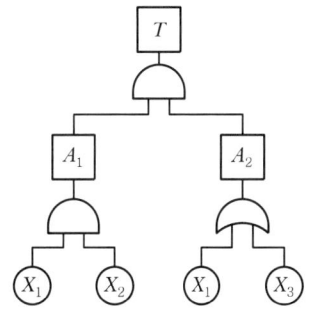

① (X_1, X_2)
② (X_1, X_3)
③ (X_2, X_3)
④ (X_1, X_2, X_3)

해설 $T = A_1 \cdot B_2 = \begin{matrix} X_1 \\ X_1 \end{matrix} \cdot \begin{matrix} X_2 & X_1 \\ X_2 & X_3 \end{matrix}$

컷셋 (X_1, X_2, X_1)과 (X_1, X_2, X_3) 중 중복되는 사상이 미니멀 컷셋이다. 따라서, 상기 두 조건에서 중복되는 (X_1, X_2)가 미니멀 컷셋이다.

정답 | 21 ③ 22 ③ 23 ④ 24 ④ 25 ①

26 조종장치의 우발작동을 방지하는 방법 중 틀린 것은?

① 오목한 곳에 둔다.
② 조종장치를 덮거나 방호해서는 안 된다.
③ 작동을 위해서 힘이 요구되는 조종장치에는 저항을 제공한다.
④ 순서적 작동이 요구되는 작업일 때 순서를 지나치지 않도록 잠김장치를 설치한다.

해설 조종장치는 덮거나 방호해서 우발작동을 방지하여야 한다.

27 설비보전에서 평균수리시간의 의미로 맞는 것은?

① MTTR   ② MTBF
③ MTTF   ④ MTBP

해설 **평균수리시간(MTTR ; Mean Time To Repair)**
총 수리시간을 그 기간의 수리 횟수로 나눈 시간이다. 즉, 사후보전에 필요한 수리시간의 평균치를 나타낸다.

28 시스템 분석 및 설계에 있어서 인간공학의 가치와 가장 거리가 먼 것은?

① 훈련비용의 절감
② 인력 이용률의 향상
③ 생산 및 보전의 경제성 감소
④ 사고 및 오용으로부터의 손실 감소

해설 인간공학은 생산 및 정비유지의 경제성을 증대시킬 수 있다.

29 통화 이해도를 측정하는 지표로서, 각 옥타브(Octave) 대의 음성과 잡음의 데시벨(dB) 값에 가중치를 곱하여 합계를 구하는 것을 무엇이라 하는가?

① 명료도 지수   ② 통화 간섭 수준
③ 이해도 점수   ④ 소음 기준 곡선

해설 **명료도 지수**
통화 이해도를 측정하는 명료도 지수는 각 옥타브 대의 음성과 소음의 dB 값에 가중치를 곱하여 합계를 구한 것이다. 음성통신계통의 명료도 지수가 약 0.3 이하이면 이러한 음성통신계통은 음성통신자료를 전송하기에는 부적당한 것으로 본다.

30 자동화시스템에서 인간의 기능으로 적절하지 않은 것은?

① 설비보전
② 작업계획 수립
③ 조정장치로 기계를 통제
④ 모니터로 작업 상황 감시

해설 **시스템의 특성**
1. 수동체계 : 자신의 신체적인 힘을 동력원으로 사용(수공구 사용)
2. 기계화 또는 반자동체계 : 운전자의 조종장치를 사용하여 통제하며 동력은 전형적으로 기계가 제공
3. 자동체계 : 기계가 감지, 정보처리, 의사결정 등 행동을 포함한 모든 임무를 수행하고 인간은 감시, 프로그래밍, 정비유지 등의 기능을 수행하는 체계

31 화학설비의 안전성 평가 6단계 중 제2단계에 속하는 것은?

① 작성준비   ② 정량적 평가
③ 안전대책   ④ 정성적 평가

해설 안전성 평가 제2단계 : 정성적 평가

32 일반적으로 위험(Risk)은 3가지 기본요소로 표현되며 3요소(Triplets)로 정의된다. 3요소에 해당되지 않는 것은?

① 사고 시나리오(S_i)   ② 사고 발생 확률(P_i)
③ 시스템 불이용도(Q_i)   ④ 파급효과 또는 손실(X_i)

해설 **Risk의 3가지 기본요소**
1. 사고 시나리오(S_i)
2. 사고 발생 확률(P_i)
3. 파급효과 또는 손실(X_i)

33 FT도에 사용되는 다음 기호의 명칭으로 옳은 것은?

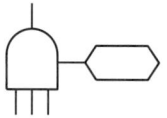

① 억제 게이트   ② 조합적 AND 게이트
③ 부정 게이트   ④ 배타적 OR 게이트

정답 | 26 ② 27 ① 28 ③ 29 ① 30 ③ 31 ④ 32 ③ 33 ②

[해설] **논리기호 및 사상기호**

기호	명칭	설명
Ai, Aj, Ak	조합 AND 게이트	3개 이상의 입력현상 중 2개가 일어나면 출력현상이 발생

34 그림과 같이 FTA로 분석된 시스템에서 현재 모든 기본사상에 대한 부품이 고장 난 상태이다. 부품 X_1부터 부품 X_5까지 순서대로 복구한다면 어느 부품을 수리 완료하는 순간부터 시스템은 정상 가동이 되겠는가?

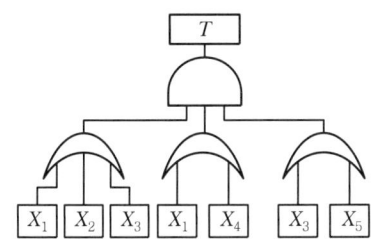

① 부품 X_2 ② 부품 X_3
③ 부품 X_4 ④ 부품 X_5

[해설] OR 게이트는 입력사상 중 어느 것이나 존재할 때 출력사상이 발생하므로 X_1과 X_3가 복구된다면 TOP사상이 정상 가동된다.

35 손이나 특정 신체부위에 발생하는 누적손상장애(CTDs)의 발생인자와 가장 거리가 먼 것은?

① 무리한 힘   ② 다습한 환경
③ 장시간의 진동   ④ 반복도가 높은 작업

[해설] 누적손상장애(CTDs) 발생원인 : 과도한 힘의 요구, 부적합한 작업자세의 반복, 장시간의 진동

36 작업자가 용이하게 기계 · 기구를 식별하도록 암호화(Coding)를 한다. 암호화 방법이 아닌 것은?

① 강도   ② 형상
③ 크기   ④ 색채

[해설] **암호화 방법**
1. 형상, 2. 크기, 3. 색채

37 산업안전보건법령상 유해 · 위험방지계획서 제출대상 사업은 기계 및 가구를 제외한 금속가공제품 제조업으로서 전기 계약용량이 얼마 이상인 사업을 말하는가?

① 50kW   ② 100kW
③ 200kW   ④ 300kW

[해설] **유해 · 위험방지계획서를 제출대상**
금속가공제품 제조업 등 13개 업종에 해당하는 사업장으로서 전기사용설비의 정격용량의 합이 300킬로와트(kW) 이상인 사업

38 프레스에 설치된 안전장치의 수명은 지수분포를 따르며 평균수명은 100시간이다. 새로 구입한 안전장치가 50시간 동안 고장 없이 작동할 확률(A)과 이미 100시간을 사용한 안전장치가 앞으로 100시간 이상 견딜 확률(B)은 약 얼마인가?

① A : 0.368, B : 0.368   ② A : 0.607, B : 0.368
③ A : 0.368, B : 0.607   ④ A : 0.607, B : 0.607

[해설] A : $R = e^{-\lambda t} = e^{-\frac{t}{t_o}} = e^{-\frac{50}{100}}$
$= e^{-0.5} = 0.607$

B : $R = e^{-\lambda t} = e^{-\frac{t}{t_o}} = e^{-\frac{100}{100}}$
$= e^{-1} = 0.368$

39 건구온도 30℃, 습구온도 35℃일 때의 옥스퍼드(Oxford) 지수는 얼마인가?

① 20.75℃   ② 24.58℃
③ 32.78℃   ④ 34.25℃

[해설] **옥스퍼드(Oxford) 지수(습건지수)**
W_D = 0.85W(습구온도) + 0.15d(건구온도)
= 0.85×35 + 0.15×30
= 34.25℃

40 일반적으로 보통 작업자의 정상적인 시선으로 가장 적합한 것은?

① 수평선을 기준으로 위쪽 5° 정도
② 수평선을 기준으로 위쪽 15° 정도
③ 수평선을 기준으로 아래쪽 5° 정도
④ 수평선을 기준으로 아래쪽 15° 정도

정답 | 34 ② 35 ② 36 ① 37 ④ 38 ② 39 ④ 40 ④

[해설] 디스플레이(Display)가 형성하는 목시각

수평작업조건	수직작업조건
• 최적조건 : 15° 좌우 및 아래쪽 • 제한조건 : 95° 좌우	• 최적조건 : 0~30° 하한 • 제한조건 : 75° 상한, 85° 하한

3과목
기계 · 기구 및 설비 안전관리

41 크레인 로프에 2ton의 중량을 걸어 20m/sec² 가속도로 감아올릴 때 로프에 걸리는 총 하중은 약 몇 kN인가?

① 42.8　　② 59.6
③ 74.5　　④ 91.3

[해설] 동하중 $= \dfrac{정하중}{중력가속도(g)} \times 가속도$

$= \dfrac{2,000}{9.8} \times 20 = 4,082 \text{kg}$

총 하중 = 정하중 + 동하중 = 2,000 + 4,082 = 6,082kg
총 하중 = 6,082 × 9.8 = 59.6kN

42 다음 (　　) 안에 들어갈 용어로 알맞은 것은?

> 사업주는 보일러의 과열을 방지하기 위하여 최고사용압력과 상용압력 사이에서 보일러의 버너연소를 차단할 수 있도록 (　　)을(를) 부착하여 사용하여야 한다.

① 고저수위 조절장치　　② 압력방출장치
③ 압력제한스위치　　　④ 파열판

[해설] 사업주는 보일러의 과열을 방지하기 위하여 최고사용압력과 상용압력 사이에서 보일러의 버너연소를 차단할 수 있도록 압력제한스위치를 부착하여 사용하여야 한다.

43 롤러기의 급정지장치로 사용되는 정지봉 또는 로프의 설치에 관한 설명으로 틀린 것은?

① 복부 조작식은 밑면으로부터 1,200~1,400mm 이내의 높이로 설치한다.
② 손 조작식은 밑면으로부터 1,800mm 이내의 높이로 설치한다.
③ 손 조작식은 앞면 롤 끝단으로부터 수평거리 50mm 이내에 설치한다.
④ 무릎 조작식은 밑면으로부터 400~600mm 이내의 높이로 설치한다.

[해설] 급정지장치 조작부의 위치

급정지장치 조작부의 종류	위치	비고
손으로 조작 (로프식)하는 것	밑면으로부터 1.8m 이하	위치는 급정지장치 조작부의 중심점을 기준으로 한다.
복부로 조작하는 것	밑면으로부터 0.8m 이상 1.1m 이하	
무릎으로 조작하는 것	밑면으로부터 0.4m 이상 0.6m 이하	

44 다음 중 드릴작업의 안전사항이 아닌 것은?

① 옷소매가 길거나 찢어진 옷은 입지 않는다.
② 작고 길이가 긴 물건은 플라이어로 잡고 뚫는다.
③ 회전하는 드릴에 걸레 등을 가까이하지 않는다.
④ 스핀들에서 드릴을 뽑아낼 때에는 드릴 아래에 손을 내밀지 않는다.

[해설] 드릴작업 중 작고 길이가 긴 물건은 플라이어가 아닌 바이스나 클램프를 사용하여 일감을 고정한다.

45 다음 중 금속 등의 도체에 교류를 통한 코일을 접근시켰을 때, 결함이 존재하면 코일에 유기되는 전압이나 전류가 변하는 것을 이용한 검사방법은?

① 자분탐상검사　　　② 초음파탐상검사
③ 와류탐상검사　　　④ 침투형광탐상검사

[해설] **와류탐상검사**
코일을 이용하여 도체에 시간적으로 변화하는 자계(교류 등)를 걸어, 도체에 발생한 와전류가 결함 등에 의해 변화하는 것을 이용하여 결함을 검출하는 비파괴시험 방법이다.

정답 | 41 ② 42 ③ 43 ① 44 ② 45 ③

46 단면적이 1,800mm²인 알루미늄 봉의 파괴강도는 70MPa이다. 안전율을 2.0으로 하였을 때 봉에 가해질 수 있는 최대하중은 얼마인가?

① 6.3kN　　② 126kN
③ 63kN　　④ 12.6kN

해설 안전율(Safety Factor), 안전계수
안전율은 응력계산 및 재료의 불균질 등에 대한 부정확성을 보충하고 각 부분의 불충분한 안전율과 더불어 경제적 치수결정에 대단히 중요한 것으로서 다음과 같이 표시된다.

$$안전율(S) = \frac{파괴강도}{허용응력}$$

$$허용응력 = \frac{파괴강도}{안전률} = \frac{70}{2} = 35MPa$$

$$허용응력 = \frac{최대하중}{면적}$$

최대하중 = 35,000 × 0.0018 = 63kN

47 산업안전보건법령에서 정하는 간이리프트의 정의에 대한 설명 중 ( ) 안에 들어갈 말로 옳은 것은?

간이리프트란 동력을 사용하여 가이드 레일을 따라 움직이는 운반구를 매달아 소형화물 운반을 주목적으로 하며 승강기와 유사한 구조로서 운반구의 바닥 면적이 (㉠)이거나 천장높이가 (㉡)인 것을 말한다.

① ㉠ 1m² 이상, ㉡ 1.2m 이상
② ㉠ 2m² 이상, ㉡ 2.4m 이상
③ ㉠ 1m² 이하, ㉡ 1.2m 이하
④ ㉠ 2m² 이하, ㉡ 2.4m 이상

해설 간이리프트(현재는 법에서 삭제됨)
동력을 사용하여 가이드레일을 따라 움직이는 운반구를 매달아 소형화물 운반을 주목적으로 하며 승강기와 유사한 구조로서 운반구의 바닥 면적이 1제곱미터 이하이거나 천장높이가 1.2미터 이하인 것 또는 동력을 사용하여 가이드레일을 따라 움직이는 지지대로 자동차 등을 일정한 높이로 올리거나 내리는 구조의 자동차정비용 리프트이다.

48 슬라이드가 내려옴에 따라 손을 쳐내는 막대가 좌우로 왕복하면서 위험점으로부터 손을 보호하여 주는 프레스의 안전장치는?

① 손쳐내기식 방호장치　　② 수인식 방호장치
③ 게이트 가드식 방호장치　　④ 양손조작식 방호장치

해설 손쳐내기식(Push Away, Sweep Guard) 방호장치
기계의 작동에 연동시켜 위험상태로 되기 전에 손을 위험 영역에서 밀어내거나 쳐냄으로써 위험을 배제하는 장치를 말한다.

49 양중기(승강기를 제외한다)를 사용하여 작업하는 운전자 또는 작업자가 보기 쉬운 곳에 해당 양중기에 대해 표시하여야 할 내용이 아닌 것은?

① 정격하중　　② 운전속도
③ 경고표시　　④ 최대 인양 높이

해설 양중기(승강기는 제외한다) 및 달기구를 사용하여 작업하는 운전자 또는 작업자가 보기 쉬운 곳에 해당 기계의 정격하중, 운전속도, 경고표시 등을 부착하여야 한다.

50 두께 2mm이고 치진폭이 2.5mm인 목재가공용 둥근톱에서 반발예방장치 분할날의 두께(t)로 적절한 것은?

① 2.2mm ≦ t < 2.5mm
② 2.0mm ≦ t < 3.5mm
③ 1.5mm ≦ t < 2.5mm
④ 2.5mm ≦ t < 3.5mm

해설 분할날의 두께
두께는 톱날 두께 1.1배 이상이고 톱날의 치진폭 이하로 할 것

$$1.1t_1 \leq t_2 < b$$

여기서, t_1 : 톱날 두께
t_2 : 분할 날의 두께
b : 치진폭

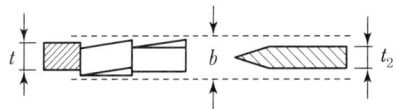

51 다음 중 비파괴시험의 종류에 해당하지 않는 것은?

① 와류 탐상시험　　② 초음파 탐상시험
③ 인장시험　　④ 방사선 투과시험

해설 인장시험은 파괴시험의 일종이다.

정답 | 46 ③　47 ③　48 ①　49 ④　50 ①　51 ③

52 롤러기의 앞면 롤러 원주의 지름이 300mm, 분당회전수가 30회일 경우 허용되는 급정지장치의 급정지거리는 약 몇 mm 이내이어야 하는가?

① 37.7
② 31.4
③ 377
④ 314

해설 $V = \dfrac{\pi DN}{1,000} = \dfrac{\pi \times 300 \times 30}{1,000}$
$= 28.2 \text{m/min}$

급정지거리 = $\dfrac{\text{앞면 롤러 원주}}{3} = \dfrac{\pi \times 300}{3}$
$= 314\text{mm}$

앞면 롤러의 표면속도(m/min)	급정지거리
30 미만	앞면 롤러 원주의 1/3
30 이상	앞면 롤러 원주의 1/2.5

53 원동기, 풀리, 기어 등 근로자에게 위험을 미칠 우려가 있는 부위에 설치하는 위험방지 장치가 아닌 것은?

① 덮개
② 슬리브
③ 건널다리
④ 램

해설 기계의 원동기·회전축·기어·풀리·플라이휠·벨트 및 체인 등 근로자가 위험에 처할 우려가 있는 부위에 덮개·울·슬리브 및 건널다리 등을 설치하여야 한다(「안전보건규칙」 제87조).

54 아세틸렌용접장치 및 가스집합용접장치에서 가스의 역류 및 역화를 방지하기 위한 안전기의 형식에 속하는 것은?

① 주수식
② 침지식
③ 투입식
④ 수봉식

해설 **저압용 수봉식 안전기**
게이지압력이 0.07kg/cm² 이하의 저압식 아세틸렌용접장치 안전기의 성능기준은 다음과 같다.
1. 주요부분은 두께 2mm 이상의 강판 또는 강관을 사용하여 내부압력에 견디어야 한다.
2. 도입부는 수봉식이어야 한다.

55 아세틸렌 용접장치에서 사용하는 발생기실의 구조에 대한 요구사항으로 틀린 것은?

① 벽의 재료는 불연성의 재료를 사용할 것
② 천장과 벽은 견고한 콘크리트 구조로 할 것
③ 출입구의 문은 두께 1.5mm 이상의 철판 또는 이와 동등 이상의 강도를 가진 구조로 할 것
④ 바닥 면적의 16분의 1 이상의 단면적을 가진 배기통을 옥상으로 돌출시킬 것

해설 **발생기실의 구조**
1. 벽은 불연성 재료로 하고 철근콘크리트 또는 그 밖에 이와 동등 이상의 강도를 가진 구조로 할 것
2. 지붕과 천장에는 얇은 철판이나 가벼운 불연성 재료를 사용할 것

56 산업안전보건법령에서 정하는 압력용기에서 안전인증된 파열판에는 안전인증 표시 외에 추가로 나타내어야 하는 사항이 아닌 것은?

① 분출차(%)
② 호칭지름
③ 용도(요구성능)
④ 유체의 흐름방향 지시

해설 **파열판 추가표시**
1. 호칭지름
2. 용도(요구성능)
3. 설정파열압력(MPa) 및 설정온도(℃)
4. 분출용량(kg/h) 또는 공칭분출계수
5. 파열판의 재질
6. 유체의 흐름방향 지시

57 연삭기의 연삭숫돌을 교체했을 경우 시운전은 최소 몇 분 이상 실시해야 하는가?

① 1분
② 3분
③ 5분
④ 7분

해설 **연삭숫돌의 덮개 등(「안전보건규칙」 제122조)**
연삭숫돌을 사용하는 작업의 경우 작업을 시작하기 전에 1분 이상, 연삭숫돌을 교체한 후에 3분 이상 시운전을 하고 해당 기계의 이상 여부를 확인하여야 한다.

정답 | 52 ④ 53 ④ 54 ④ 55 ② 56 ① 57 ②

58 다음 프레스의 방호장치에 관한 설명으로 틀린 것은?

① 양수조작식 방호장치는 1행정 1정지기구에 사용할 수 있어야 한다.
② 손쳐내기식 방호장치는 슬라이드 하행정거리의 3/4 위치에서 손을 완전히 밀어내야 한다.
③ 광전자식 방호장치의 정상동작 표시램프는 붉은색, 위험 표시램프는 녹색으로 하며, 쉽게 근로자가 볼 수 있는 곳에 설치해야 한다.
④ 게이트 가드 방호장치는 가드가 열린 상태에서 슬라이드를 동작시킬 수 없고 또한 슬라이드 작동 중에는 게이트 가드를 열 수 없어야 한다.

[해설] **광전자식 방호장치의 일반구조**
정상동작 표시램프는 녹색, 위험표시램프는 붉은색으로 하며, 쉽게 근로자가 볼 수 있는 곳에 설치해야 한다.

59 산업안전보건법령상 용접장치의 안전에 관한 준수사항 설명으로 옳은 것은?

① 아세틸렌 용접장치의 발생기실을 옥외에 설치한 때에는 그 개구부를 다른 건축물로부터 1m 이상 떨어지도록 하여야 한다.
② 가스집합장치로부터 3m 이내의 장소에서는 화기의 사용을 금지시킨다.
③ 아세틸렌 발생기에서 10m 이내 또는 발생기실에서 4m 이내의 장소에서는 흡연행위를 금지시킨다.
④ 아세틸렌 용접장치를 사용하여 용접작업을 할 경우 게이지 압력이 127kPa을 초과하는 아세틸렌을 발생시켜 사용해서는 아니 된다.

[해설] 아세틸렌 용접장치를 사용하여 금속의 용접·용단 또는 가열작업을 하는 때에는 게이지 압력이 127킬로 파스칼을 초과하는 압력의 아세틸렌을 발생시켜 사용하여서는 아니 된다.

60 마찰 클러치가 부착된 프레스에 부적합한 방호장치는? (단, 방호장치는 한 가지 형식만 사용할 경우로 한정한다.)

① 양수조작식　　② 광전자식
③ 가드식　　　　④ 수인식

[해설] 수인식 방호장치는 마찰 클러치가 부착된 프레스에는 부적합하다.

4과목
전기설비 안전관리

61 방폭전기설비의 용기 내부에서 폭발성 가스 또는 증기가 폭발하였을 때 용기가 그 압력에 견디고 접합면이나 개구부를 통해서 외부의 폭발성 가스나 증기에 인화되지 않도록 한 방폭구조는?

① 내압 방폭구조　　② 압력 방폭구조
③ 유입 방폭구조　　④ 본질안전 방폭구조

[해설] **내압 방폭구조**
- 내부에서 폭발할 경우 그 압력에 견딜 것
- 폭발화염이 외부로 유출되지 않을 것
- 외함 표면온도가 주위의 가연성 가스에 점화하지 않을 것

62 피뢰기의 설치장소가 아닌 것은?

① 저압을 공급받는 수용장소의 인입구
② 지중전선로와 가공전선로가 접속되는 곳
③ 가공전선로에 접속하는 배전용 변압기의 고압 측
④ 발전소 또는 변전소의 가공전선 인입구 및 인출구

[해설] **피뢰기의 설치장소**
저압을 공급받는 수용장소의 인입구는 피뢰기 설치장소와 관련이 없다.

63 전기시설의 직접 접촉에 의한 감전방지방법으로 적절하지 않은 것은?

① 충전부는 내구성이 있는 절연물로 완전히 덮어 감쌀 것
② 충전부가 노출되지 않도록 폐쇄형 외함이 있는 구조로 할 것
③ 충전부에 충분한 절연효과가 있는 방호망 또는 절연 덮개를 설치할 것
④ 충전부는 관계자 외 출입이 용이한 전개된 장소에 설치하고 위험표시 등의 방법으로 방호를 강화할 것

[해설] 관계근로자가 아닌 사람의 출입이 금지되는 장소에 충전부를 설치할 것

정답 | 58 ③　59 ④　60 ④　61 ①　62 ①　63 ④

64 접지저항치를 결정하는 저항이 아닌 것은?

① 접지선, 접지극의 도체저항
② 접지선극과 주 회로 사이의 낮은 절연저항
③ 접지전극 주위의 토양이 나타내는 저항
④ 접지전극의 표면과 접하는 토양 사이의 접촉저항

해설) 접지저항치를 결정하는 저항
1. 접지선, 접지전극 등 도체의 저항
2. 접지전극과 토양과의 접촉저항
3. 접지전극 주위의 토양의 저항

65 작업장소 중 제전복을 착용하지 않아도 되는 장소는?

① 상대 습도가 높은 장소
② 분진이 발생하기 쉬운 장소
③ LCD 등 display 제조 작업 장소
④ 반도체 등 전기소자 취급 작업 장소

해설) 습도가 높은 장소는 정전기가 발생하지 않는다.

66 인체의 최소감지전류에 대한 설명으로 알맞은 것은?

① 인체가 고통을 느끼는 전류이다.
② 성인 남자의 경우 상용주파수 60Hz 교류에서 약 1mA이다.
③ 직류를 기준으로 한 값이며, 성인 남자의 경우 약 1mA에서 느낄 수 있는 전류이다.
④ 직류를 기준으로 여자의 경우 성인 남자의 70%인 0.7mA에서 느낄 수 있는 전류의 크기를 말한다.

해설) **최소감지전류**

통전전류 구분	전격의 영향	통전전류 (교류) 값
최소 감지전류	고통을 느끼지 않으면서 짜릿하게 전기가 흐르는 것을 감지할 수 있는 최소전류	상용주파수 60Hz에서 성인 남자의 경우 1mA

67 감전 재해자가 발생하였을 때 취하여야 할 최우선 조치는? (단, 감전자가 질식상태라 가정한다.)

① 부상 부위를 치료한다.
② 심폐소생술을 실시한다.
③ 의사의 왕진을 요청한다.
④ 우선 병원으로 이동시킨다.

해설) 감전자의 상태를 살핀 후 질식상태인 경우 인공호흡(심폐소생술)을 실시한다.

68 물질의 접촉과 분리에 따른 정전기 발생량의 정도를 나타낸 것으로 틀린 것은?

① 표면이 오염될수록 크다.
② 분리속도가 빠를수록 크다.
③ 대전서열이 서로 멀수록 크다.
④ 접촉과 분리가 반복될수록 크다.

해설) 최초 접촉과 분리 시 정전기 발생량이 크다.

69 방폭지역에서 저압케이블 공사 시 사용해서는 안 되는 케이블은?

① MI 케이블
② 연피 케이블
③ 0.6/1kN 고무캡타이어 케이블
④ 0.6/1kN 폴리에틸렌 외장 케이블

해설) 0.6/1kN 고무캡타이어 케이블은 저압케이블 공사와 관계가 없다.

70 인체에 미치는 전격 재해의 위험을 결정하는 주된 인자 중 가장 거리가 먼 것은?

① 통전전압의 크기   ② 통전전류의 크기
③ 통전경로   ④ 통전시간

해설) 통전전류가 크고, 장시간 흐르고, 인체의 주요한 부분을 흐를수록 전격의 위험이 크다.

정답 | 64 ② 65 ① 66 ② 67 ② 68 ④ 69 ③ 70 ①

71 정전기 발생에 영향을 주는 요인이 아닌 것은?

① 분리속도 ② 물체의 질량
③ 접촉면적 및 압력 ④ 물체의 표면상태

[해설] 물체의 질량은 정전기 발생과는 무관하다.

72 방폭지역 0종 장소로 결정해야 할 곳으로 틀린 것은?

① 인화성 또는 가연성 가스가 장기간 체류하는 곳
② 인화성 또는 가연성 물질을 취급하는 설비의 내부
③ 인화성 또는 가연성 액체가 존재하는 피트 등의 내부
④ 인화성 또는 가연성 증기의 순환통로를 설치한 내부

[해설] 0종 장소
1. 설비의 내부
2. 인화성 또는 가연성 액체가 존재하는 Pit의 내부
3. 인화성 물질의 증기 또는 가연성 가스가 지속적 또는 장기간 체류하는 곳

73 교류아크 용접기에 전격 방지기를 설치하는 요령 중 틀린 것은?

① 이완 방지 조치를 한다.
② 직각으로만 부착해야 한다.
③ 동작 상태를 알기 쉬운 곳에 설치한다.
④ 테스트 스위치는 조작이 용이한 곳에 위치시킨다.

[해설] 연직 또는 수평에 대해서 전격방지기의 부착편의 경사가 20°를 넘지 않은 상태여야 한다.

74 그림에서 인체의 허용접촉전압은 약 몇 V 인가? (단, 심실세동 전류는 $\frac{0.165}{\sqrt{T}}$ 이며, 인체 저항 $R_k=1,000\Omega$, 발의 저항 $R_f=300\Omega$이고, 접촉 시간은 1초로 한다.)

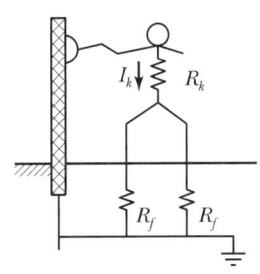

① 107 ② 132
③ 190 ④ 215

[해설] 허용접촉전압
$$E = \left(Rb + \frac{3\rho_S}{2}\right) \times I_k$$
$$= 1,150 \times 0.165 = 190V$$

여기서, Rb : 인체저항(Ω),
ρ_S : 지표상층 저항률(Ω·m)

75 입욕자에게 전기적 자극을 주기 위한 전기욕기의 전원장치에 내장되어 있는 전원 변압기의 2차 측 전로의 사용전압은 몇 V 이하로 하여야 하는가?

① 10 ② 15
③ 30 ④ 60

[해설] 내장되어 있는 전원 변압기의 2차 측 전로의 사용전압이 10V 이하인 것에 한한다.

76 저압방폭구조 배선 중 노출 도전성 부분의 보호접지선으로 알맞은 항목은?

① 전선관이 충분한 지락전류를 흐르게 할 시에도 결합부에 본딩(Bonding)을 해야 한다.
② 전선관이 최대지락전류를 안전하게 흐르게 할 시 접지선으로 이용 가능하다.
③ 접지선의 전선 또는 선심은 그 절연피복을 흰색 또는 검은색을 사용한다.
④ 접지선은 1,000V 비닐절연전선 이상 성능을 갖는 전선을 사용한다.

[해설] 전선관이 최대지락전류를 안전하게 흐르게 할 경우 접지선으로 이용할 수 있다.

77 방전의 분류에 속하지 않는 것은?

① 연면 방전 ② 불꽃 방전
③ 코로나 방전 ④ 스프레이 방전

[해설] 정전기 방전의 종류
코로나 방전, 스트리머 방전, 불꽃 방전, 연면 방전, 뇌상 방전

정답 | 71 ② 72 ④ 73 ② 74 ③ 75 ① 76 ② 77 ④

78 피뢰침의 제한전압이 800kV, 충격절연강도가 1,000kV라 할 때, 보호여유도는 몇 %인가?

① 25
② 33
③ 47
④ 63

해설) 보호여유도(%)

$$보호여유도(\%) = \frac{충격절연강도 - 제한전압}{제한전압} \times 100$$
$$= \frac{1,000-800}{800} \times 100 = 25\%$$

79 누전화재가 발생하기 전에 나타나는 현상으로 거리가 먼 것은?

① 인체 감전현상
② 전등 밝기의 변화현상
③ 빈번한 퓨즈 용단현상
④ 전기 사용 기계장치의 오동작 감소

해설) 전기 사용 기계장치의 오동작 감소와 누전화재와는 무관하다.

80 정전용량 $C = 20\mu F$, 방전 시 전압 $V = 2kV$일 때 정전에너지는 몇 J인가?

① 40
② 80
③ 400
④ 800

해설) 정전에너지

$$W = \frac{1}{2}CV^2 = 40$$

5과목

화학설비 안전관리

81 다음 중 분진폭발을 일으킬 위험이 가장 높은 물질은?

① 염소
② 마그네슘
③ 산화칼슘
④ 에틸렌

해설) 분진의 폭발한계(공기 중)

분진의 종류	발화점 ℃	폭발하한계 kg/m³	최소화 에너지 m³
마그네슘	520	20	80

82 다음 중 산업안전보건법령상 화학설비의 부속설비로만 이루어진 것은?

① 사이클론, 백필터, 전기집진기 등 분진처리설비
② 응축기, 냉각기, 가열기, 증발기 등 열교환기류
③ 고로 등 점화기를 직접 사용하는 열교환기류
④ 혼합기, 발포기, 압출기 등 화학제품 가공설비

해설) 사이클론 · 백필터(Bag Filter) · 전기집진기 등 분진처리설비는 산업안전보건법상 화학설비의 부속설비에 해당한다.

83 각 물질(A~D)의 폭발상한계와 하한계가 다음 [표]와 같을 때 다음 중 위험도가 가장 큰 물질은?

구분	A	B	C	D
폭발상한계	9.5	8.4	15.0	13
폭발하한계	2.1	1.8	5.0	2.6

① A
② B
③ C
④ D

해설) $H = \dfrac{U-L}{L}$

여기서, H : 위험도
L : 폭발하한계값(%)
U : 폭발상한계값(%)

84 다음 중 분진폭발의 특징으로 옳은 것은?

① 가스폭발보다 연소시간이 짧고, 발생에너지가 작다.
② 압력의 파급속도보다 화염의 파급속도가 빠르다.
③ 가스폭발에 비하여 불완전 연소가 적게 발생한다.
④ 주위의 분진에 의해 2차, 3차의 폭발로 파급될 수 있다.

해설) 분진폭발은 주위 분진에 의해 2차, 3차 폭발로 파급될 수 있다.

정답 | 78 ① 79 ④ 80 ① 81 ② 82 ① 83 ④ 84 ④

85 트리에틸알루미늄에 화재가 발생하였을 때 다음 중 가장 적합한 소화약제는?

① 팽창질석 ② 할로겐화합물
③ 이산화탄소 ④ 물

[해설] 트리에틸알루미늄 등 3류 위험물(자연발화성 및 금수성 물질)의 화재 시에는 마른 모래, 건조분말, 팽창질석 등에 의한 질식소화가 가장 적합하다.

86 다음 중 최소발화에너지(E[J])를 구하는 식으로 옳은 것은? (단, I는 전류[A], R은 저항[Ω], V는 전압[V], C는 콘덴서용량[F], T는 시간[초]이라 한다.)

① $E = I^2 RT$ ② $E = 0.24 I^2 RT$
③ $E = \frac{1}{2}CV^2$ ④ $E = \sqrt{\frac{1}{2}CV}$

[해설] 전기(정전기)로서의 최소발화에너지를 구하는 식은 $E = \frac{1}{2}CV^2$(mJ)이다.

87 고압가스의 분류 중 압축가스에 해당되는 것은?

① 질소 ② 프로판
③ 산화에틸렌 ④ 염소

[해설] 압축가스로는 수소, 질소, 산소, 메탄 등이 있다.

88 NH_4NO_3의 가열, 분해로부터 생성되는 무색의 가스로 일명 웃음가스라고도 하는 것은?

① N_2O ② NO_2
③ N_2O_4 ④ NO

[해설] 아산화질소(N_2O)는 일명 웃음가스로 불린다.

89 다음 중 산업안전보건법령상 물질안전보건자료의 작성·비치 제외 대상이 아닌 것은?

① 원자력법에 의한 방사성 물질
② 농약관리법에 의한 농약
③ 비료관리법에 의한 비료
④ 관세법에 의해 수입되는 공업용 유기용제

[해설] 관세법에 의해 수입되는 공업용 유기용제는 물질안전보건자료(MSDS) 작성·비치 등의 제외 대상 물질에 해당하지 않는다.

90 가스 또는 분진 폭발 위험장소에 설치되는 건축물의 내화 구조를 설명한 것으로 틀린 것은?

① 건축물 기둥 및 보는 지상 1층까지 내화구조로 한다.
② 위험물 저장·취급용기의 지지대는 지상으로부터 지지대의 끝부분까지 내화구조로 한다.
③ 건축물 주변에 자동소화설비를 설치한 경우 건축물 화재 시 1시간 이상 그 안전성을 유지한 경우는 내화구조로 하지 아니할 수 있다.
④ 배관·전선관 등의 지지대는 지상으로부터 1단까지 내화구조로 한다.

[해설] 건축물 등의 주변에 화재에 대비하여 물 분무시설 또는 폼 헤드(Foam Head)설비 등의 자동소화설비를 설치하여 건축물 등이 화재 시에 2시간 이상 그 안전성을 유지할 수 있도록 한 경우에는 내화구조로 하지 아니할 수 있다.

91 산업안전보건법령상 위험물질의 종류와 해당 물질의 연결이 옳은 것은?

① 폭발성 물질 : 마그네슘분말
② 인화성 고체 : 중크롬산
③ 산화성 물질 : 니트로소화합물
④ 인화성 가스 : 에탄

[해설] 에탄은 산업안전보건법령상 인화성 가스에 해당한다.

92 자연 발화성을 가진 물질이 자연발열을 일으키는 원인으로 거리가 먼 것은?

① 분해열 ② 증발열
③ 산화열 ④ 중합열

[해설] **증발열**
어떤 물질이 기화할 때 외부로부터 흡수하는 열량이다. 이 열이 클수록 주변에서 더 많은 열을 빼앗으므로 주위의 온도를 낮추게 된다. 이는 냉각현상에 응용된다.

정답 | 85 ① 86 ③ 87 ① 88 ① 89 ④ 90 ③ 91 ④ 92 ②

93 사업주는 특수화학설비를 설치할 때 내부의 이상상태를 조기에 파악하기 위하여 필요한 계측장치를 설치하여야 한다. 다음 중 이에 해당하는 특수화학설비가 아닌 것은?

① 발열 반응이 일어나는 반응장치
② 증류, 증발 등 분리를 행하는 장치
③ 가열로 또는 가열기
④ 액체의 누설을 방지하는 방유장치

해설 액체의 누설을 방지하는 방유장치는 특수화학설비에 해당하지 않는다.

94 증류탑에서 포종탑 내에 설치되어 있는 포종의 주요 역할로 옳은 것은?

① 압력을 증가시켜 주는 역할
② 탑 내 액체를 이송하는 역할
③ 화학적 반응을 시켜주는 역할
④ 증기와 액체의 접촉을 용이하게 해주는 역할

해설 Bubble Cap이라고 하며 증기와 액체의 접촉을 용이하게 해주는 역할을 한다.

95 건조설비를 사용하여 작업을 하는 경우에 폭발이나 화재를 예방하기 위하여 준수하여야 하는 사항으로 틀린 것은?

① 위험물 건조설비를 사용하는 경우에는 미리 내부를 청소하거나 환기할 것
② 위험물 건조설비를 사용하여 가열건조하는 건조물은 쉽게 이탈되도록 할 것
③ 고온으로 가열건조한 인화성 액체는 발화의 위험이 없는 온도로 냉각한 후에 격납시킬 것
④ 바깥 면이 현저히 고온이 되는 건조설비에 가까운 장소에는 인화성 액체를 두지 않도록 할 것

해설 위험물 건조설비를 사용하여 가열건조하는 건조물은 쉽게 이탈되어서는 안 된다.

96 가연성 기체의 분출 화재 시 주 공급밸브를 닫아서 연료공급을 차단하여 소화하는 방법은?

① 제거소화   ② 냉각소화
③ 희석소화   ④ 억제소화

해설 연료공급을 차단하여 소화하는 방법은 제거소화이다.

97 다음 중 누설 발화형 폭발재해의 예방대책으로 가장 거리가 먼 것은?

① 발화원 관리   ② 밸브의 오동작 방지
③ 가연성 가스의 연소 ④ 누설물질의 검지 경보

해설 **누설 발화형 폭발재해 예방대책**
발화원 관리, 밸브의 오동작 방지, 누설물질의 검지 경보 등

98 다음 가스 중 TVL-TWA상 가장 독성이 큰 것은?

① CO ② $COCl_2$
③ NH_3 ④ H_2

해설 **포스겐($COCl_2$)가스**
허용농도 0.1ppm의 유독성 가스로, 독가스실에 사용된 가스이다.

99 액화 프로판 310kg을 내용적 50L 용기에 충전할 때 필요한 소요 용기의 수는 몇 개인가? (단, 액화 프로판의 가스정수는 2.35이다.)

① 15   ② 17
③ 19   ④ 21

해설 액화가스의 부피=액화가스 무게(kg)×가스 정수
$310(kg) \times 2.35 = 728.5(l)$, $\frac{728.5}{50} ≒ 15$

100 화재 감지에 있어서 열감지 방식 중 차동식에 해당하지 않는 것은?

① 공기관식   ② 열전대식
③ 바이메탈식 ④ 열반도체식

해설 바이메탈식 화재 감지장치는 정온식 스포트형 감지기에 해당한다.

정답 | 93 ④ 94 ④ 95 ② 96 ① 97 ③ 98 ② 99 ① 100 ③

6과목 건설공사 안전관리

101 건설공사 시공단계에 있어서 안전관리의 문제점에 해당되는 것은?

① 발주자의 조사, 설계 발주능력 미흡
② 용역자의 조사, 설계능력 부실
③ 발주자의 감독 소홀
④ 사용자의 시설 운영관리 능력 부족

[해설] 건설공사 진행 중 발주자의 감독 소홀은 시공사의 안전관리 부실을 초래할 수 있다.

102 크레인을 사용하여 작업을 할 때 작업시작 전에 점검하여야 하는 사항에 해당하지 않는 것은?

① 권과방지장치·브레이크·클러치 및 운전장치의 기능
② 주행로의 상측 및 트롤리가 횡행하는 레일의 상태
③ 와이어로프가 통하고 있는 곳의 상태
④ 압력방출장치의 기능

[해설] ④ 공기압축기를 가동할 때 작업시작 전 점검사항이다.

103 다음 중 차량계 건설기계에 속하지 않는 것은?

① 불도저　　　② 스크레이퍼
③ 타워크레인　④ 항타기

[해설] 타워크레인은 양중기에 해당된다.

104 산소결핍이라 함은 공기 중 산소농도가 몇 퍼센트(%) 미만일 때를 의미하는가?

① 20%　　　② 18%
③ 15%　　　④ 10%

[해설] 산소결핍은 공기 중 산소농도가 18% 미만일 때를 의미한다.

105 흙막이 지보공을 설치하였을 때 정기적으로 점검하여 이상 발견 시 즉시 보수하여야 할 사항이 아닌 것은?

① 굴착 깊이의 정도
② 버팀대의 긴압의 정도
③ 부재의 접속부·부착부 및 교차부의 상태
④ 부재의 손상·변형·부식·변위 및 탈락의 유무와 상태

[해설] 흙막이 지보공을 설치한 때 정기적 점검사항
- 부재의 손상·변형·부식·변위 및 탈락의 유무와 상태
- 버팀대 긴압의 정도
- 부재의 접속부·부착부 및 교차부의 상태
- 침하의 정도
- 흙막이 공사의 계측관리

106 그물코의 크기가 10cm인 매듭 없는 방망사 신품의 인장강도는 최소 얼마 이상이어야 하는가?

① 240kgf　　② 320kgf
③ 400kgf　　④ 500kgf

[해설] 추락방호망의 인장강도

그물코의 크기 (단위 : cm)	방망의 종류(단위 : kgf)	
	매듭 없는 방망	매듭 방망
10	240	200
5	–	110

107 콘크리트 타설 시 거푸집의 측압에 영향을 미치는 인자들에 관한 설명으로 옳지 않은 것은?

① 슬럼프가 클수록 작다.
② 타설 속도가 빠를수록 크다.
③ 거푸집 속의 콘크리트 온도가 낮을수록 크다.
④ 콘크리트의 타설 높이가 높을수록 크다.

[해설] 슬럼프가 클수록 측압이 커진다.

108 유해위험방지 계획서를 제출하려고 할 때 그 첨부서류와 가장 거리가 먼 것은?

① 공사개요서
② 산업안전보건관리비 작성요령
③ 전체공정표
④ 재해발생 위험 시 연락 및 대피방법

정답 | 101 ③　102 ④　103 ③　104 ②　105 ①　106 ①　107 ①　108 ②

해설 유해·위험방지계획서 제출 시 첨부서류
1. 공사개요
2. 안전보건관리계획
   ㉠ 산업안전보건관리비 사용계획
   ㉡ 안전관리조직표, 안전·보건교육계획
   ㉢ 개인보호구 지급계획
   ㉣ 재해발생 위험 시 연락 및 대피방법
3. 작업공종별 유해·위험방지계획

109 흙막이 공법을 흙막이 지지방식에 의한 분류와 구조방식에 의한 분류로 나눌 때 다음 중 지지방식에 의한 분류에 해당하는 것은?

① 수평 버팀대식 흙막이 공법
② H-Pile 공법
③ 지하연속벽 공법
④ Top down method 공법

해설 수평 버팀대식 흙막이 공법은 지지방식의 분류에 해당한다.

110 항타기 및 항발기에 관한 설명으로 옳지 않은 것은?

① 무너짐 방지를 위해 시설 또는 가설물 등에 설치하는 때에는 그 내력을 확인하고 내력이 부족하면 그 내력을 보강해야 한다.
② 와이어로프의 한 꼬임에서 끊어진 소선(필러선을 제외한다)의 수가 10% 이상인 것은 권상용 와이어로프 사용을 금한다.
③ 지름 감소가 공칭지름의 7%를 초과하는 것은 권상용 와이어로프 사용을 금한다.
④ 권상용 와이어로프의 안전계수가 4 이상이 아니면 이를 사용하여서는 안 된다.

해설 권상용 와이어로프의 안전계수가 5 이상 아니면 이를 사용하여서는 안 된다.

111 크레인의 운전실 또는 운전대를 통하는 통로의 끝과 건설물 등의 벽체의 간격은 최대 얼마 이하로 하여야 하는가?

① 0.2m
② 0.3m
③ 0.4m
④ 0.5m

해설 크레인의 운전실 또는 운전대를 통하는 통로의 끝과 건설물 등 벽체의 간격은 0.3m 이하로 하여야 한다.

112 산업안전보건관리비 계상 및 사용기준에 따른 공사 종류별 계상기준으로 옳은 것은? (단, 특수건설공사이고, 대상액이 5억 원 미만인 경우이다.)

① 1.85%
② 2.45%
③ 3.09%
④ 3.43%

해설 공사 종류 및 규모별 안전관리비 계상기준

구분 공사종류	대상액 5억 원 미만인 경우 적용 비율(%)	대상액 5억 원 이상 50억 원 미만인 경우 적용비율(%)		대상액 50억 원 이상인 경우 적용비율(%)	영 별표 5에 따른 보건관리자 선임대상 건설공사의 적용비율(%)
		적용비율(%)	기초액		
건축공사	2.93%	1.86%	5,349,000원	1.97%	2.15%
토목공사	3.09%	1.99%	5,499,000원	2.10%	2.29%
중건설공사	3.43%	2.35%	5,400,000원	2.44%	2.66%
특수건설공사	1.85%	1.85%	3,250,000원	1.27%	1.38%

113 흙의 투수계수에 영향을 주는 인자에 관한 설명으로 옳지 않은 것은?

① 공극비 : 공극비가 클수록 투수계수는 작다.
② 포화도 : 포화도가 클수록 투수계수는 크다.
③ 유체의 점성계수 : 점성계수가 클수록 투수계수는 작다.
④ 유체의 밀도 : 유체의 밀도가 클수록 투수계수는 크다.

해설 공극비가 클수록 투수계수는 크다.

$$K = D_s^2 \cdot \frac{\gamma_w}{\eta} \cdot \frac{e^3}{(1+2)} \cdot C$$

여기서, K : 투수계수
D_s : 유효입경
γ_w : 물의 단위중량
η : 물의 점성계수
e : 공극비
C : 형상계수

114 풍화암의 굴착면 붕괴에 따른 재해를 예방하기 위한 굴착면의 적정한 기울기 기준은?

① 1 : 1.0
② 1 : 0.8
③ 1 : 0.5
④ 1 : 0.3

정답 | 109 ① 110 ④ 111 ② 112 ① 113 ① 114 ①

해설 **굴착면의 기울기 기준**

지반의 종류	굴착면의 기울기
모래	1 : 1.8
연암 및 풍화암	1 : 1.0
경암	1 : 0.5
그 밖의 흙	1 : 1.2

115 크레인 등 건설장비의 가공전선로 접근 시 안전대책으로 거리가 먼 것은?

① 안전 이격거리를 유지하고 작업한다.
② 장비의 조립, 준비 시부터 가공전선로에 대한 감전 방지 수단을 강구한다.
③ 장비 사용 현장의 장애물, 위험물 등을 점검 후 작업계획을 수립한다.
④ 장비를 가공전선로 밑에 보관한다.

해설 장비를 가공전선로 밑에 보관하면 감전의 위험이 있다.

116 다음은 강관을 사용하여 비계를 구성하는 경우에 대한 내용이다. 빈칸에 들어갈 내용으로 옳은 것은?

> 비계기둥 간격은 띠장방향에서는 ( ), 장선방향에서는 1.5m 이하로 할 것

① 1.5m 이하
② 1.8m 이하
③ 1.85m 이하
④ 2.0m 이하

해설 비계기둥의 간격은 띠장방향에서 1.85m, 장선방향에서는 1.5m 이하로 하여야 한다.

117 달비계를 설치할 때 작업발판의 폭은 최소 얼마 이상으로 하여야 하는가?

① 30cm
② 40cm
③ 50cm
④ 60cm

해설 달비계를 설치할 때 작업발판 최소 폭은 40cm 이상이다.

118 굴착과 싣기를 동시에 할 수 있는 토공기계가 아닌 것은?

① Power shovel
② Tractor shovel
③ Back hoe
④ Motor grader

해설 모터 그레이더(Motor grader)는 정지 및 배토기계이다.

119 지반조사의 목적에 해당되지 않는 것은?

① 토질의 성질 파악
② 지층의 분포 파악
③ 지하수위 및 피압수 파악
④ 구조물의 편심에 의한 적절한 침하 유도

해설 지반조사의 목적은 토질의 성질, 지층의 분포, 지하수위 및 피압수의 파악에 있다.

120 작업발판 및 통로의 끝이나 개구부로서 근로자가 추락할 위험이 있는 장소에서 난간 등의 설치가 매우 곤란하거나 작업의 필요상 임시로 난간 등을 해체하여야 하는 경우에 설치하여야 하는 것은?

① 구명구
② 수직보호망
③ 추락방호망
④ 석면포

해설 추락재해방지 설비 중 작업대 설치가 어렵거나 개구부 주위에 난간설치가 어려울 때 추락방호망을 설치한다.

정답 | 115 ④ 116 ③ 117 ② 118 ④ 119 ④ 120 ③

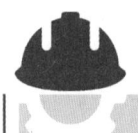

2017년 2회

1과목
산업재해 예방 및 안전보건교육

01 산업안전보건법상 안전관리자의 업무에 해당되지 않는 것은?

① 업무수행 내용의 기록, 유지
② 산업재해에 관한 통계의 유지, 관리, 분석을 위한 보좌 및 조언, 지도
③ 법 또는 법에 따른 명령으로 정한 안전에 관한 사항의 이행에 관한 보좌 및 조언, 지도
④ 작업장 내에서 사용되는 전체 환기 장치 및 국소배기장치 등에 관한 설비의 점검과 작업방법의 공학적 개선에 관한 보좌 및 조언, 지도

[해설] ④는 보건관리자의 업무이다.

02 버드(Bird)의 재해분포에 따르면 20건의 경상(물적, 인적 상해) 사고가 발생했을 때 무상해, 무사고(위험순간) 고장은 몇 건이 발생하겠는가?

① 600
② 800
③ 1,200
④ 1,600

[해설] **버드의 법칙**
1 : 10 : 30 : 600
① 1 : 중상 또는 폐질
② 10 : 경상(인적, 물적 상해)
③ 30 : 무상해사고(물적 손실 발생)
④ 600 : 무상해, 무사고 고장(위험순간)
10 : 600 = 20 : X
∴ X = 1,200

03 산업안전보건법상 사업 내 안전·보건교육 중 관리감독자 정기 안전·보건교육의 교육내용이 아닌 것은?

① 유해·위험 작업환경 관리에 관한 사항
② 표준안전작업방법 및 지도 요령에 관한 사항
③ 작업공정의 유해·위험과 재해 예방대책에 관한 사항
④ 기계·기구의 위험성과 작업의 순서 및 동선에 관한 사항

[해설] ④는 채용 시의 교육 및 작업내용 변경 시의 교육내용이다.

04 산업안전보건법상 방독마스크 사용이 가능한 공기 중 최소 산소농도 기준은 몇 % 이상인가?

① 14%
② 16%
③ 18%
④ 20%

[해설] **방독마스크의 등급 및 사용장소**
방독마스크는 산소농도가 18% 이상인 장소에서 사용하여야 하고, 고농도와 중농도에서 사용하는 방독마스크는 전면형(격리식, 직결식)을 사용해야 한다. 산소결핍 장소(산소농도 18% 미만)에서는 방독마스크 착용 금지이다.

05 시몬즈(Simonds)의 재해손실비용 산정방식에 있어 비보험코스트에 포함되지 않는 것은?

① 영구 전노동 불능 상해
② 영구 부분노동 불능 상해
③ 일시 전노동 불능 상해
④ 일시 부분노동 불능 상해

[해설] 영구 전노동 불능 상해 건수는 보험코스트로 비보험코스트에 해당되지 않는다.

정답 | 01 ④ 02 ③ 03 ④ 04 ③ 05 ①

06 하인리히 사고예방대책의 기본원리 5단계로 옳은 것은?

① 조직 → 사실의 발견 → 분석 → 시정방법의 선정 → 시정책의 적용
② 조직 → 분석 → 사실의 발견 → 시정방법의 선정 → 시정책의 적용
③ 사실의 발견 → 조직 → 분석 → 시정방법의 선정 → 시정책의 적용
④ 사실의 발견 → 분석 → 조직 → 시정방법의 선정 → 시정책의 적용

해설 **사고예방대책의 기본원리 5단계**
- 1단계 : 조직(안전관리조직)
- 2단계 : 사실의 발견(현상파악)
- 3단계 : 분석·평가(원인규명)
- 4단계 : 시정방법의 선정
- 5단계 : 시정방법의 적용

07 교육훈련의 4단계를 올바르게 나열한 것은?

① 도입 → 적용 → 제시 → 확인
② 도입 → 확인 → 제시 → 적용
③ 적용 → 제시 → 도입 → 확인
④ 도입 → 제시 → 적용 → 확인

해설 **교육법의 4단계**
1. 도입(1단계)   2. 제시(2단계)
3. 적용(3단계)   4. 확인(4단계)

08 직무적성검사의 특징과 가장 거리가 먼 것은?

① 재현성   ② 객관성
③ 타당성   ④ 표준화

해설 **심리검사(직무적성검사)의 특성**
1. 표준화   2. 타당도
3. 신뢰도   4. 객관도
5. 실용도

09 아담스(Edward Adams)의 사고연쇄 반응이론 중 관리자가 의사결정을 잘못하거나 감독자가 관리적 잘못을 하였을 때의 단계에 해당되는 것은?

① 사고   ② 작전적 에러
③ 관리구조 결함   ④ 전술적 에러

해설 아담스의 사고연쇄 반응이론에서 전술적 과오의 기초가 되는 원인은 관리자나 감독자에 의해서 만들어진 작전적 에러로부터 발생한다.

10 재해조사의 목적에 해당되지 않는 것은?

① 재해발생원인 및 결함 규명
② 재해 관련 책임자 문책
③ 재해 예방자료 수집
④ 동종 및 유사재해 재발 방지

해설 **재해조사의 목적**
1. 동종재해의 재발 방지
2. 유사재해의 재발 방지
3. 재해 원인의 규명 및 예방자료 수집

11 주의의 특성에 관한 설명 중 틀린 것은?

① 한 지점에 주의를 집중하면 다른 곳의 주의는 약해진다.
② 장시간 주의를 집중하려 해도 주기적으로 부주의의 리듬이 존재한다.
③ 의식이 과잉상태인 경우 최고의 주의집중이 가능해진다.
④ 여러 자극을 지각할 때 소수의 현란한 자극에 선택적 주의를 기울이는 경향이 있다.

해설 **주의의 특성**
- 선택성 : 한 번에 많은 종류의 자극을 지각·수용하기 곤란하다.
- 방향성 : 시선의 초점에 맞았을 때는 쉽게 인지되지만, 시선에서 벗어난 부분은 무시되기 쉽다.
- 변동성 : 주의는 리듬이 있어 언제나 일정한 수순을 지키지는 못한다.

12 무재해 운동의 기본이념 3원칙 중 다음에서 설명하는 것은?

> 직장 내의 모든 잠재위험요인을 적극적으로 사전에 발견, 파악, 해결함으로써 뿌리에서부터 산업재해를 제거하는 것

① 무의 원칙   ② 선취의 원칙
③ 참가의 원칙   ④ 확인의 원칙

해설 **무의 원칙**
모든 잠재위험요인을 사전에 발견·파악·해결함으로써 근원적으로 산업재해를 없앤다.

정답 | 06 ① 07 ④ 08 ① 09 ② 10 ② 11 ③ 12 ①

13 위험예지훈련 중 작업현장에서 그때 그 장소의 상황에 즉응하여 실시하는 것은?

① 자문자답 위험예지훈련
② TBM 위험예지훈련
③ 시나리오 역할연기훈련
④ 1인 위험예지훈련

해설 | **TBM(Tool Box Meeting) 위험예지훈련**
작업현장에서 그때 그 장소의 상황에 즉시 응하여 실시하는 위험예지 활동으로서 즉시즉응법이라고 한다.

14 도수율이 12.5인 사업장에서 근로자 1명에게 평생 동안 약 몇 건의 재해가 발생하겠는가? (단, 평생근로년수는 40년, 평생근로시간은 잔업시간 4,000시간을 포함하여 80,000시간으로 가정한다.)

① 1   ② 2
③ 4   ④ 12

해설 | 도수율 $= \dfrac{\text{재해건수}}{\text{연근로시간수}} \times 10^6$

$12.5 = \dfrac{\text{재해건수}}{80,000} \times 10^6$

재해건수 $= \dfrac{12.5 \times 80,000}{10^6} = 1$건

15 토의법의 유형 중 다음에서 설명하는 것은?

> 새로운 자료나 교재를 제시하고, 문제점을 피교육자로 하여금 제기하도록 하거나 피교육자의 의견을 여러 가지 방법으로 발표하게 하고 청중과 토론자 간 활발한 의견개진 과정을 통하여 합의를 도출해 내는 방법이다.

① 포럼   ② 심포지엄
③ 자유토의   ④ 패널 디스커션

해설 | **포럼(The Forum)**
1~2명의 전문가가 10~20분 동안 공개 연설을 한 다음 사회자의 진행하에 질의응답의 과정을 통해 토론하는 형식이다.

16 레빈(Lewin)은 인간의 행동 특성을 다음과 같이 표현하였다. 변수 "E"가 의미하는 것은?

$$f(P \cdot E)$$

① 연령   ② 성격
③ 작업환경   ④ 지능

해설 | **레빈(Lewin. k)의 법칙**
B = f(P · E)
여기서, B : Behavior(인간의 행동)
　　　　f : Function(함수관계)
　　　　P : Person(개체 : 연령, 경험, 심신상태, 성격, 지능 등)
　　　　E : Environment(심리적 환경 : 인간관계, 작업환경 등)

17 산업안전보건법상 안전 · 보건표지의 종류 중 보안경 착용이 표시된 안전 · 보건표지는?

① 안내표지   ② 금지표지
③ 경고표지   ④ 지시표지

해설 | 지시표지는 작업에 관한 지시, 즉 안전보건보호구(보안경 등) 착용에 사용되며 9종류가 있다.

18 OFF JT 교육의 특징에 해당되는 것은?

① 많은 지식, 경험을 교류할 수 있다.
② 교육 효과가 업무에 신속히 반영된다.
③ 현장의 관리감독자가 강사가 되어 교육을 한다.
④ 다수의 대상자를 일괄적으로 교육하기 어려운 점이 있다.

해설 | **OFF JT(직장 외 교육훈련)**
계층별 · 직능별로 공통된 교육대상자를 현장 이외의 한 장소에 모아 집합교육을 실시하는 교육형태(집단교육에 적합)
1. 다수의 근로자에게 조직적 훈련을 행하는 것이 가능
2. 훈련에만 전념
3. 각각 전문가를 강사로 초청하는 것이 가능

정답 | 13 ② 14 ① 15 ① 16 ③ 17 ④ 18 ①

19 산업안전보건법상 안전보건관리책임자 등에 대한 교육시간 기준으로 틀린 것은?

① 보건관리자, 보건관리전문기관의 종사자 보수교육 : 24시간 이상
② 안전관리자, 안전관리전문기관의 종사자 신규교육 : 34시간 이상
③ 안전보건관리책임자의 보수교육 : 6시간 이상
④ 재해예방 전문지도기관의 종사자 신규교육 : 24시간 이상

해설) 안전보건관리책임자 등에 대한 교육

교육대상	교육시간	
	신규교육	보수교육
라. 재해 예방 전문지도기관의 종사자	34시간 이상	24시간 이상

20 안전점검표(Check list)에 포함되어야 할 사항이 아닌 것은?

① 점검대상　　② 판정기준
③ 점검방법　　④ 조치결과

해설) 조치결과가 아니라 조치사항(점검결과에 따른 결과의 시정)이다.

2과목
인간공학 및 위험성 평가·관리

21 A 제지회사의 유아용 화장지 생산 공정에서 작업자의 불안전한 행동을 유발하는 상황이 자주 발생하고 있다. 이를 해결하기 위한 개선의 ECRS에 해당하지 않는 것은?

① Combine　　② Standard
③ Eliminate　　④ Rearrange

해설) 작업방법의 개선원칙 – ECRS
1. 제거(Eliminate)　2. 결합(Combine)
3. 재조정(Rearrange)　4. 단순화(Simplify)

22 결함수분석법에서 Path Set에 관한 설명으로 맞는 것은?

① 시스템의 약점을 표현한 것이다.
② TOP 사상을 발생시키는 조합이다.
③ 시스템이 고장 나지 않도록 하는 사상의 조합이다.
④ 시스템 고장을 유발시키는 필요불가결한 기본사상들의 집합이다.

해설) 패스셋(Path Set)
포함되어있는 모든 기본사상이 일어나지 않을 때 처음으로 정상사상이 일어나지 않는 기본사상의 집합이다.

23 고령자의 정보처리 과업을 설계할 경우 지켜야 할 지침으로 틀린 것은?

① 표시 신호를 더 크게 하거나 밝게 한다.
② 개념, 공간, 운동 양립성을 높은 수준으로 유지한다.
③ 정보처리 능력에 한계가 있으므로 시분할 요구량을 늘린다.
④ 제어표시장치를 설계할 때 불필요한 세부내용을 줄인다.

해설) 고령자의 정보처리 과업 설계원칙
- 표시 신호를 더 크게 하거나 밝게 한다.
- 개념, 공간, 운동 양립성을 높은 수준으로 유지한다.
- 고령자는 정보처리능력 한계가 있으므로 시분할 요구량을 줄인다.
- 제어표시장치를 설계할 때 불필요한 세부내용을 줄인다.

24 자극과 반응의 실험에서 자극 A가 나타날 경우 1로 반응하고 자극 B가 나타날 경우 2로 반응하는 것으로 하고, 100회 반복하여 표와 같은 결과를 얻었다. 제대로 전달된 정보량을 계산하면 약 얼마인가?

자극＼반응	1	2
A	50	–
B	10	40

① 0.610　　② 0.871
③ 1.000　　④ 1.361

해설)

자극＼반응	1	2	계
A	50		50
B	10	40	50
계	60	40	

정답 | 19 ④　20 ④　21 ②　22 ③　23 ③　24 ①

• 자극정보량

$$H(x) = 0.5 \times \frac{1}{0.5} + 0.5\log_2\frac{1}{0.5} = 1.0$$

• 반응정보량

$$H(y) = 0.6\log_2\frac{1}{0.6} + 0.4\log_2\frac{1}{0.4} = 0.9709$$

$$H(x,y) = 0.5\log_2\frac{1}{0.5} + 0.1\log_2\frac{1}{0.1} + 0.4\log_2\frac{1}{0.4} = 1.3609$$

$$T(x,y) = H(x) + H(y) - H(x,y) = 0.610$$

25 결함수분석법(FTA)에서의 미니멀 컷셋과 미니멀 패스 셋에 관한 설명으로 맞는 것은?

① 미니멀 컷셋은 시스템의 신뢰성을 표시하는 것이다.
② 미니멀 패스셋은 시스템의 위험성을 표시하는 것이다.
③ 미니멀 패스셋은 시스템의 고장을 발생시키는 최소의 패스셋이다.
④ 미니멀 컷셋은 정상사상(Top Event)을 일으키기 위한 최소한의 컷셋이다.

해설
• 미니멀 컷셋 : 정상사상을 일으키기 위해 필요한 최소한의 컷을 말한다. 즉, 미니멀 컷셋은 컷셋 중에 타 컷셋을 포함하고 있는 것을 배제하고 남은 컷셋들을 의미한다(시스템이 고장 나는 데 필요한 최소 요인의 집합).
• 미니멀 패스셋 : 정상사상이 일어나지 않는 최소한의 컷을 말한다(시스템이 살리는 데 필요한 최소한 요인의 집합).

26 자극-반응 조합의 관계에서 인간의 기대와 모순되지 않는 성질을 무엇이라 하는가?

① 양립성 ② 적응성
③ 변별성 ④ 신뢰성

해설 부호의 양립성 : 인간의 기대와 모순되지 않아야 한다.

27 인간-기계시스템에 관한 내용으로 틀린 것은?

① 인간 성능의 고려는 개발의 첫 단계에서부터 시작되어야 한다.
② 기능 할당 시에 인간 기능에 대한 초기의 주의가 필요하다.
③ 평가 초점은 인간 성능의 수용 가능한 수준이 되도록 시스템을 개선하는 것이다.
④ 인간-컴퓨터 인터페이스 설계는 인간보다 기계의 효율이 우선적으로 고려되어야 한다.

해설 인간-컴퓨터 인터페이스 설계는 인간의 효율을 우선적으로 고려한다.

28 반사율이 85%, 글자의 밝기가 400cd/m²인 VDT화면에 350lx의 조명이 있다면 대비는 약 얼마인가?

① -2.8 ② -4.2
③ -5.0 ④ -6.0

해설 반사율(%) = $\frac{휘도(fL)}{조도(fC)} \times 100 = \frac{cd/m^2 \times \pi}{lux}$

$L_b = (0.85 \times 350)/3.14 = 94.75$
$L_t = 400 + 94.75 = 494.75$
따라서,
대비 $= \frac{L_b - L_t}{L_b} \times 100[\%]$
$= \frac{94.75 - 494.75}{94.75} \times 100$
$= -4.22\%$

29 신호검출이론에 대한 설명으로 틀린 것은?

① 신호와 소음을 쉽게 식별할 수 없는 상황에 적용된다.
② 일반적인 상황에서 신호검출을 간섭하는 소음이 있다.
③ 통제된 실험실에서 얻은 결과를 현장에 그대로 적용 가능하다.
④ 긍정(Hit), 허위(False Alarm), 누락(Miss), 부정(Correct Rejection)의 네 가지 결과로 나눌 수 있다.

해설 **신호검출이론**
• 신호와 소음을 쉽게 식별할 수 없는 상황에 적용된다.
• 일반적인 상황에서 신호 검출을 간섭하는 소음이 있다.
• 긍정(Hit), 허위(False Alarm), 누락(Miss), 부정(Correct Rejection)의 네 가지 결과로 나눌 수 있다.

30 근섬유의 직경이 작아서 큰 힘을 발휘하지 못하지만 장시간 지속시키고 피로가 쉽게 발생하지 않는 골격근의 근섬유는 무엇인가?

① Type S 근섬유 ② Type Ⅱ 근섬유
③ Type F 근섬유 ④ Type Ⅲ 근섬유

해설 **지근섬유(Slow-twitch fiber ; Type S ; Type Ⅰ) 특성**
• 지구성 운동 특성
• 에너지 효율이 높고 피로에 대한 저항이 강함

정답 | 25 ④ 26 ① 27 ④ 28 ② 29 ③ 30 ①

31 의자 설계의 인간공학적 원리로 틀린 것은?

① 쉽게 조절할 수 있도록 한다.
② 추간판의 압력을 줄일 수 있도록 한다.
③ 등근육의 정적 부하를 줄일 수 있도록 한다.
④ 고정된 자세로 장시간 유지할 수 있도록 한다.

해설 의자설계 원칙
- 요부전만(腰部前灣)을 유지한다.
- 디스크가 받는 압력을 줄인다.
- 등근육의 정적 부하를 줄인다.
- 자세 고정을 줄인다.
- 쉽고 간편하게 조절할 수 있도록 설계한다.

32 그림과 같은 시스템의 전체 신뢰는 약 얼마인가? (단, 네모 안의 수치는 각 구성요소의 신뢰도이다.)

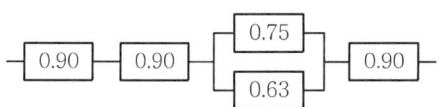

① 0.5275　　② 0.6616
③ 0.7575　　④ 0.8516

해설 신뢰도
$$R = 0.9 \times 0.9 \times [1-(1-0.75) \times (1-0.63)] \times 0.9$$
$$= 0.6615675$$

33 시각적 부호의 유형과 내용으로 틀린 것은?

① 임의적 부호 - 주의를 나타내는 삼각형
② 명시적 부호 - 위험표지판의 해골과 뼈
③ 묘사적 부호 - 보도 표지판의 걷는 사람
④ 추상적 부호 - 별자리를 나타내는 12궁도

해설 시각적 암호, 부호, 기호
- 묘사적 부호
- 추상적 부호
- 임의적 부호

34 병렬 시스템에 대한 특성이 아닌 것은?

① 요소의 수가 많을수록 고장의 기회는 줄어든다.
② 요소의 중복도가 늘어날수록 시스템의 수명은 길어진다.
③ 요소의 어느 하나라도 정상이면 시스템은 정상이다.
④ 시스템의 수명은 요소 중에서 수명이 가장 짧은 것으로 정해진다.

해설 병렬체계설계의 특징
- 요소의 중복도가 증가할수록 계의 수명은 길어진다.
- 요소의 수가 많을수록 고장의 기회는 줄어든다.
- 요소의 어느 하나가 정상적이면 계는 정상이다.
- 시스템의 수명은 요소 중 수명이 가장 긴 것으로 정할 수 있다.

35 적절한 온도의 작업환경에서 추운 환경으로 변할 때, 우리의 신체가 수행하는 조절작용이 아닌 것은?

① 발한이 시작된다.
② 피부 온도가 내려간다.
③ 직장 온도가 약간 올라간다.
④ 혈액의 많은 양이 몸의 중심부를 순환한다.

해설 발한이 시작되는 현상은 고온스트레스에 대한 신체의 반응이다.

36 부품에 고장이 있더라도 플래이너 공작기계를 가장 안전하게 운전할 수 있는 방법은?

① Fail-Soft　　② Fail-Active
③ Fail-Passive　　④ Fail-Operational

해설 Fail Operational(차단 및 조정) : 부품에 고장이 있더라도 추후 보수가 있을 때까지 안전한 기능을 유지한다.

37 산업안전보건법상 유해·위험방지계획서를 제출한 사업주는 건설공사 중 얼마 이내마다 관련법에 따라 유해·위험방지계획서의 내용과 실제 공사 내용이 부합하는지의 여부 등을 확인받아야 하는가?

① 1개월　　② 3개월
③ 6개월　　④ 12개월

해설 유해·위험방지계획서의 확인 시기
1. 건설공사 중 6개월 이내마다 공단의 확인을 받아야 한다.
2. 자체심사 및 확인업체의 사업주는 해당 공사 준공 시까지 6개월 이내마다 자체 확인을 실시해야 한다.

정답 | 31 ④　32 ②　33 ②　34 ④　35 ①　36 ④　37 ③

38 다음 설명에 해당하는 설비보전방식의 유형은?

> 설비보전 정보와 신기술을 기초로 신뢰성, 조작성, 보전성, 안전성, 경제성 등이 우수한 설비의 선정, 조달 또는 설계를 통하여 궁극적으로 설비의 설계, 제작단계에서 보전활동이 불필요한 체제를 목표로 한 설비보전 방법을 말한다.

① 개량보전 ② 보전예방
③ 사후보전 ④ 일상보전

해설 | **보전예방**
설비 또는 제품의 고장이나 결함을 회복시키기 위한 수리, 교체 등을 통해 시스템을 사용가능한 상태로 유지시키는 것

39 다음 설명 중 ( ) 안에 알맞은 용어가 올바르게 짝지어진 것은?

> (㉠) : FTA와 동일의 논리적 방법을 사용하여 관리, 설계, 생산, 보전 등에 대한 넓은 범위에 걸쳐 안전성을 확보하려는 시스템 안전 프로그램
> (㉡) : 사고 시나리오에서 연속된 사건들의 발생경로를 파악하고 평가하기 위한 귀납적이고 정량적인 시스템 안전 프로그램

① ㉠ : PHA, ㉡ : ETA ② ㉠ : ETA, ㉡ : MORT
③ ㉠ : MORT, ㉡ : ETA ④ ㉠ : MORT, ㉡ : PHA

해설
- MORT(Management Oversight and Risk Tree) : FTA와 같은 논리기법을 이용하여 관리, 설계, 생산, 보전 등에 대해서 광범위하게 안전성을 확보하기 위한 기법
- ETA(Event Tree Analysis) : 정량적, 귀납적 기법으로 DT에서 변천해 온 것으로 설비의 설계, 심사, 제작, 검사, 보전, 운전, 안전대책의 과정에서 그 대응조치가 성공인가 실패인가를 확인해 가는 과정을 검토

40 FTA에서 사용하는 다음 사상기호에 대한 설명으로 맞는 것은?

① 시스템 분석에서 좀 더 발전시켜야 하는 사상
② 시스템의 정상적인 가동상태에서 일어날 것이 기대되는 사상
③ 불충분한 자료로 결론을 내릴 수 없어 더 이상 전개할 수 없는 사상
④ 주어진 시스템의 기본사상으로 고장원인이 분석되었기 때문에 더 이상 분석할 필요가 없는 사상

해설

번호	기호	명칭	설명
1	◇	생략 사상 (최후사상)	정보부족, 해석기술 불충분으로 더 이상 전개할 수 없는 사상

3과목
기계·기구 및 설비 안전관리

41 반복응력을 받게 되는 기계구조부분의 설계에서 허용응력을 결정하기 위한 기초강도로 가장 적합한 것은?

① 항복점(Yield Point)
② 극한 강도(Ultimate Strength)
③ 크리프 한도(Creep Limit)
④ 피로 한도(Fatigue Limit)

해설 | **피로와 피로 한도**
- 피로(Fatigue) : 재료에 반복하여 하중을 가하면, 반복하는 횟수가 많아짐에 따라 재료의 강도가 저하되는 현상
- 피로 한도(Fatigue Limit) : 허용응력을 결정하기 위한 기초강도

42 그림과 같이 목재가공용 둥근톱 기계에서 분할날(t_2) 두께가 4.0mm일 때 톱날 두께 및 톱날 진폭과의 관계로 옳은 것은?

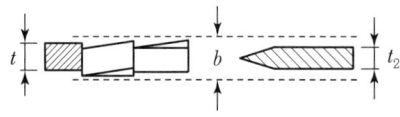

t : 톱날 두께 b : 치 진폭 t_2 : 분할날 두께

① $b > 4.0$mm, $t \leq 3.6$mm
② $b > 4.0$mm, $t \leq 4.0$mm
③ $b < 4.0$mm, $t \leq 4.4$mm
④ $b > 4.0$mm, $t \geq 3.6$mm

정답 | 38 ② 39 ③ 40 ③ 41 ④ 42 ①

[해설] **분할날의 두께**
두께는 톱날두께 1.1배 이상이고 톱날의 치진폭 이하로 할 것
$1.1t_1 \leq t_2 < b$

43 컨베이어, 이송용 롤러 등을 사용하는 때에 정전, 전압강하 등에 의한 위험을 방지하기 위하여 설치하는 안전장치는?

① 덮개 또는 울
② 비상정지장치
③ 과부하방지장치
④ 이탈 및 역주행 방지장치

[해설] **역전방지장치**(「안전보건규칙」 제191조)
컨베이어, 이송용 롤러 등을 사용하는 경우에는 정전 · 전압강하 등에 따른 화물 또는 운반구의 이탈 및 역주행을 방지하는 장치를 갖추어야 한다. 역전방지장치의 형식으로는 롤러식, 래칫식, 전기브레이크가 있다.

44 드릴링 머신에서 드릴의 지름이 20mm이고 원주속도가 62.8m/min일 때 드릴의 회전수는 약 몇 RPM인가?

① 500   ② 1,000
③ 2,000   ④ 3,000

[해설] **드릴의 원주속도**
$v = \dfrac{\pi DN}{1,000}(\text{m/min})$
$N = \dfrac{1,000 \times v}{\pi D}$
$= \dfrac{1,000 \times 62.8}{\pi \times 20} = 999.49$
$\fallingdotseq 1,000\text{RPM(m/min)}$

45 롤러 작업 시 위험점에서 가드(Guard) 개구부까지의 최단거리를 60mm라고 할 때, 최대로 허용할 수 있는 가드 개구부 틈새는 약 몇 mm인가? (단, 위험점이 비전동체이다.)

① 6   ② 10
③ 15   ④ 18

[해설] 가드를 설치할 때 일반적인 개구부의 간격은 다음 식으로 계산한다.
$Y = 6 + 0.15X$ $Y = 6 + 0.15 \times 60 = 15\text{mm}$

46 지게차의 안정을 유지하기 위한 안정도 기준으로 틀린 것은?

① 5톤 미만의 부하 상태에서 하역작업 시의 전후 안정도는 4% 이내이어야 한다.
② 부하 상태에서 하역작업 시의 좌우 안정도는 10% 이내이어야 한다.
③ 무부하 상태에서 주행 시의 좌우 안정도는 (15+1.1XV)% 이내이어야 한다. (단, V는 구내 최고속도[km/h]이다.)
④ 부하 상태에서 주행 시 전후 안정도는 18% 이내이어야 한다.

[해설] **지게차의 안정도**

안정도
하역작업 시의 전후 안정도 : 4% (5톤 이상은 3.5%)
주행 시의 전후 안정도 : 18%
하역작업 시의 좌우 안정도 : 6%
주행 시의 좌우 안정도 : (15+1.1V)% V는 최고 속도(km/h)

47 산업용 로봇에서 근로자에게 발생할 수 있는 부상 등의 위험을 방지하기 위하여 울타리를 세우고자 할 때 일반적으로 높이는 몇 m 이상으로 해야 하는가?

① 1.8   ② 2.1
③ 2.4   ④ 2.7

[해설] **운전 중 위험방지**
사업주는 로봇의 운전으로 인하여 근로자에게 발생할 수 있는 부상 등의 위험을 방지하기 위하여 높이 1.8미터 이상의 울타리를 설치하여야 하며, 컨베이어 시스템의 설치 등으로 울타리를 설치할 수 없는 일부 구간에 대해서는 안전매트 또는 광전자식 방호장치 등 감응형 방호장치를 설치하여야 한다.

정답 | 43 ④ 44 ② 45 ③ 46 ② 47 ①

48 프레스 방호장치에서 수인식 방호장치를 사용하기에 가장 적합한 기준은?

① 슬라이드 행정길이가 100mm 이상, 슬라이드 행정수가 100SPM 이하
② 슬라이드 행정길이가 50mm 이상, 슬라이드 행정수가 100SPM 이하
③ 슬라이드 행정길이가 100mm 이상, 슬라이드 행정수가 200SPM 이하
④ 슬라이드 행정길이가 50mm 이상, 슬라이드 행정수가 200SPM 이하

해설 │ **손쳐내기식(수인식) 방호장치의 설치기준**
- SPM이 120 이하이고 슬라이드의 행정길이가 40mm 이상의 것에 사용한다.
- 손쳐내기식 막대는 그 길이 및 진폭을 조정할 수 있는 구조이어야 한다.
- 금형 크기의 절반 이상의 크기를 가진 손쳐내기판을 손쳐내기 막대에 부착한다.

49 숫돌지름이 60cm인 경우 숫돌 고정 장치인 평형 플랜지 지름은 몇 cm 이상이어야 하는가?

① 10cm   ② 20cm
③ 30cm   ④ 60cm

해설 │ 플랜지의 지름은 숫돌 직경의 1/3 이상인 것이 적당하다.
$$D = \frac{60}{3} = 20(\text{cm}) \text{ 이상}$$

50 다음 중 산업안전보건법령상 프레스 등을 사용하여 작업을 할 때에 작업시작 전 점검사항으로 볼 수 없는 것은?

① 압력방출장치의 기능
② 클러치 및 브레이크의 기능
③ 프레스의 금형 및 고정볼트의 상태
④ 1행정 1정지기구・급정지장치 및 비상정지장치의 기능

해설 │ **프레스 작업시작 전 점검사항(「안전보건규칙」 [별표 3])**
1. 클러치 및 브레이크의 기능
2. 크랭크축・플라이휠・슬라이드・연결봉 및 연결나사의 풀림 유무
3. 1행정 1정지기구・급정지장치 및 비상정지장치의 기능
4. 슬라이드 또는 칼날에 의한 위험방지 기구의 기능
5. 프레스의 금형 및 고정볼트 상태

51 산업안전보건법령에 따른 가스집합 용접장치의 안전에 관한 설명으로 옳지 않은 것은?

① 가스집합장치에 대해서는 화기를 사용하는 설비로부터 5m 이상 떨어진 장소에 설치해야 한다.
② 가스집합 용접장치의 배관에서 플랜지, 밸브 등의 접합부에는 개스킷을 사용하고 접합면을 상호 밀착시킨다.
③ 주관 및 분기관에 안전기를 설치해야 하며 이 경우 하나의 취관에 2개 이상의 안전기를 설치해야 한다.
④ 용해아세틸렌을 사용하는 가스집합 용접장치의 배관 및 부속기구는 구리나 구리 함유량이 60퍼센트 이상인 합금을 사용해서는 아니 된다.

해설 │ **구리의 사용제한(「안전보건규칙」 제294조)**
사업주는 용해아세틸렌의 가스집합용접장치의 배관 및 부속기구는 구리나 구리 함유량이 70퍼센트 이상인 합금을 사용해서는 아니 된다.

52 다음 중 안전율을 구하는 계산식으로 옳은 것은?

① $\dfrac{허용응력}{초강도}$ ② $\dfrac{허용응력}{인장강도}$
③ $\dfrac{인장강도}{허용응력}$ ④ $\dfrac{안전하중}{파단하중}$

해설 │ **안전율(Safety Factor), 안전계수**
$$안전율(S) = \frac{극한(최대, 인장) 강도}{허용응력} = \frac{파단(최대)하중}{사용(정격)하중}$$

53 다음 중 선반의 방호장치로 볼 수 없는 것은?

① 덮개(Shield)   ② 슬라이드(Sliding)
③ 척커버(Chuck Cover)   ④ 칩 브레이커(Chip Breaker)

해설 │ **선반의 방호장치**
1. 칩 브레이커(Chip Breaker) : 칩을 짧게 끊어지도록 하는 장치
2. 덮개(Shield) : 가공재료의 칩이나 절삭유 등이 비산되어 나오는 위험으로 작업자의 보호를 위하여 이동이 가능한 덮개 설치
3. 브레이크(Brake) : 가공 작업 중 선반을 급정지시킬 수 있는 장치
4. 척 커버(Chuck Cover) : 척이나 척에 물린 가공물의 돌출부에 작업복이 말려 들어가는 것을 방지

정답 │ 48 ② 49 ② 50 ① 51 ④ 52 ③ 53 ②

54 다음 중 프레스기에 사용되는 방호장치에 있어 원칙적으로 급정지 기구가 부착되어야만 사용할 수 있는 방식은?

① 양수조작식　② 손쳐내기식
③ 가드식　④ 수인식

해설) **양수조작식 방호장치(Two-hand Control Safety Device)**
기계의 조작을 양손으로 동시에 하지 않으면 기계가 가동되지 않으며 한 손이라도 떼어내면 기계가 급정지 또는 급상승하게 하는 장치를 말한다(급정지기구가 있는 마찰프레스에 적합).

55 다음 중 보일러의 방호장치와 가장 거리가 먼 것은?

① 언로드밸브　② 압력방출장치
③ 압력제한스위치　④ 고저수위조절장치

해설) **보일러 안전장치의 종류(「안전보건규칙」제119조)**
보일러의 폭발 사고를 예방하기 위하여 압력방출장치·압력제한스위치·고저수위조절장치·화염검출기 등의 기능이 정상적으로 작동될 수 있도록 유지·관리하여야 한다.

56 안전계수가 5인 체인의 최대설계하중이 1,000N이라면 이 체인의 극한하중은 약 몇 N인가?

① 200　② 2,000
③ 5,000　④ 12,000

해설) 안전계수 = $\dfrac{극한강도}{허용응력}$

$5 = \dfrac{극한강도}{1,000}$

극한강도 = 5,000

57 산업안전보건법령에 따른 아세틸렌 용접장치 발생기실의 구조에 관한 설명으로 옳지 않은 것은?

① 벽은 불연성 재료로 할 것
② 지붕과 천장에는 얇은 철판과 같은 가벼운 불연성 재료를 사용할 것
③ 벽과 발생기 사이에는 작업에 필요한 공간을 확보할 것
④ 배기통을 옥상으로 돌출시키고 그 개구부를 출입구로부터 1.5m 거리 이내에 설치할 것

해설) **발생기실의 구조(「안전보건규칙」제287조)**
④ 바닥면적의 16분의 1 이상의 단면적을 가진 배기통을 옥상으로 돌출시키고 그 개구부를 창이나 출입구로부터 1.5미터 이상 떨어지도록 할 것

58 지름 5cm 이상을 갖는 회전 중인 연삭숫돌의 파괴에 대비하여 필요한 방호장치는?

① 받침대　② 과부하 방지장치
③ 덮개　④ 프레임

해설) **연삭숫돌의 덮개 등(「안전보건규칙」제122조)**
회전 중인 연삭숫돌(직경이 5센티미터 이상인 것으로 한정한다)이 근로자에게 위험을 미칠 우려가 있는 경우에 그 부위에 덮개를 설치하여야 한다.

59 다음 중 와전류비파괴검사법의 특징과 가장 거리가 먼 것은?

① 관, 환봉 등의 제품에 대해 자동화 및 고속화된 검사가 가능하다.
② 검사 대상 이외의 재료적 인자(투과율, 열처리, 운동 등)에 대한 영향이 적다.
③ 가는 선, 얇은 관의 경우도 검사가 가능하다.
④ 표면 아래 깊은 위치에 있는 결함은 검출이 곤란하다.

해설) **와전류탐상검사(Eddy Current Test)**
검사 대상 이외의 재료적 인자(투과율, 열처리, 운동 등)에 대한 영향이 크다.

60 재료에 대한 시험 중 비파괴시험이 아닌 것은?

① 방사선 투과시험　② 자분탐상시험
③ 초음파탐상시험　④ 피로시험

해설) 피로시험은 파괴시험이다.

정답 | 54 ① 55 ① 56 ③ 57 ④ 58 ③ 59 ② 60 ④

4과목
전기설비 안전관리

61 전기설비에 작업자의 직접 접촉에 의한 감전방지 대책이 아닌 것은?

① 충전부는 절연 방호망을 설치할 것
② 충전부는 내구성이 있는 절연물로 완전히 덮어 감쌀 것
③ 충전부가 노출되지 않도록 폐쇄형 외함구조로 할 것
④ 관계자 외에도 쉽게 출입이 가능한 장소에 충전부를 설치할 것

[해설] 관계 근로자가 아닌 사람의 출입이 금지되는 장소에 충전부를 설치해야 한다.

62 교류 아크용접기의 자동전격방지장치는 아크 발생이 중단된 후 출력 측 무부하 전압을 1초 이내 몇 V 이하로 저하시켜야 하는가?

① 25~30
② 35~50
③ 55~75
④ 80~100

[해설] 자동전격방지기는 아크 발생을 중지하는 경우 단시간 내(1.5초 이내)에 해당 용접기의 2차 무부하 전압을 안전전압인 25V 이하로 유지하여 작업자를 보호한다.

63 그림과 같은 설비에 누전되었을 때 인체가 접촉하여도 안전하도록 ELB를 설치하려고 한다. 누전차단기 동작전류 및 시간으로 가장 적당한 것은?

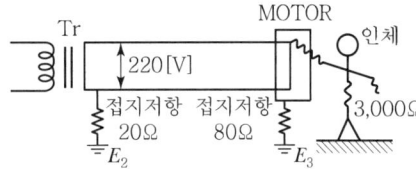

① 30mA, 0.1초
② 60mA, 0.1초
③ 90mA, 0.1초
④ 120mA, 0.1초

[해설]

인체 통과전류	ELB 설치 시 인체 통과전류
① 인체가 외함에 접촉 시 지락전류를 I[A]라고 하면 $I = \dfrac{V}{R_2 + \dfrac{RR_3}{R+R_3}}$ A $= 2.25$A (인체가 접촉하지 않을 경우 지락전류 $I = \dfrac{V}{R_2 + R_3}$) ② 인체가 외함에 접촉하면 이때 인체를 통해서 흐르게 될 전류(감전전류) I_2는 $I_2 = I \times \dfrac{R_3}{R_3 + R}$ $= \dfrac{R_3 V}{R_2 R_3 + R_3 R + RR_2}$ $= 2.25 \times \dfrac{80}{80+3,000}$ $= 58.4$mA	이 회로에 30mA 0.1초 정격의 ELB를 설치하게 되면 인체 통과전류는 58mA×0.1초=5.6 mA·초 ∴ 30mA, 0.1sec 정격의 ELB 설치 시 안전한 회로가 된다.

64 고압 및 특고압의 전로에 시설하는 피뢰기의 접지저항은 몇 Ω 이하로 하여야 하는가?

① 10Ω 이하
② 100Ω 이하
③ 10^6Ω 이하
④ 1kΩ 이하

[해설] 피뢰기의 접지저항 : 10Ω 이하

65 절연전선의 과전류에 의한 연소단계 중 착화단계의 전선전류밀도(A/mm²)로 알맞은 것은?

① 40
② 50
③ 65
④ 120

[해설] 과전류 단계

과전류 단계	인화 단계	착화 단계	발화단계		순시 용단 단계
			발화 후 용단	용단과 동시발화	
전선전류 밀도(A/mm²)	40~43	43~60	60~70	75~120	120

정답 | 61 ④ 62 ① 63 ① 64 ① 65 ②

66 변압기의 중성점을 제2종 접지한 수전전압 22.9kV, 사용전압 220V인 공장에서 외함을 제3종 접지공사를 한 전동기가 운전 중에 누전되었을 경우에 작업자가 접촉될 수 있는 최소전압은 약 몇 V인가? (단, 1선 지락전류 10A, 제3종 접지저항 30Ω, 인체저항 : 10,000Ω이다.)

① 116.7　　② 127.5
③ 146.7　　④ 165.6

해설 법이 개정되어 앞으로 출제되지 않음

67 전압은 저압, 고압 및 특별고압으로 구분되고 있다. 다음 중 저압에 대한 설명으로 가장 알맞은 것은?

① 직류 1,500V 미만, 교류 1,000V 미만
② 직류 1,500V 이하, 교류 1,000V 이하
③ 직류 1,500V 이하, 교류 750V 이하
④ 직류 1,500V 미만, 교류 750V 미만

해설 **전압의 구분**

구분	KEC
저압	교류 : 1,000V 이하 직류 : 1,500V 이하
고압	교류 1,000V 초과 7kV 이하 직류 1,500V 초과 7kV 이하
특고압	7kV 초과

68 대전의 완화를 나타내는 데 중요한 인자인 시정수(Time Constant)는 최초의 전하가 약 몇 %까지 완화되는 시간을 말하는가?

① 20　　② 37
③ 45　　④ 50

해설 **완화시간(시정수)**

일반적으로 절연체에 발생한 정전기는 일정장소에 축적되었다가 점차 소멸되는데 처음 값의 36.8%로 감소되는 시간을 그 물체에 대한 시정수 또는 완화시간이라고 한다.

69 금속성의 전기기계장치나 구조물에 인체의 일부가 상시 접촉되어 있는 상태의 허용접촉 전압으로 옳은 것은?

① 2.5V 이하　　② 25V 이하
③ 50V 이하　　④ 제한 없음

해설 **허용접촉 전압**

종별	접촉상태	허용접촉전압
제2종	• 인체가 현저히 젖어 있는 상태 • 금속성의 전기·기계장치나 구조물에 인체의 일부가 상시 접촉되어 있는 상태	25V 이하

70 정전기 대전현상의 설명으로 틀린 것은?

① 충돌대전 : 분체류와 같은 입자 상호 간이나 입자와 고체와의 충돌에 의해 빠른 접촉 또는 분리가 행하여짐으로써 정전기가 발생되는 현상
② 유동대전 : 액체류가 파이프 등 내부에서 유동할 때 액체와 관 벽 사이에서 정전기가 발생되는 현상
③ 박리대전 : 고체나 분체류와 같은 물체가 파괴되었을 때 전하분리에 의해 정전기가 발생되는 현상
④ 분출대전 : 분체류, 액체류, 기체류가 단면적이 작은 분출구를 통해 공기 중으로 분출될 때 분출하는 물질과 분출구의 마찰로 인해 정전기가 발생되는 현상

해설 **박리대전**

서로 밀착되어 있는 물체가 떨어질 때 전하의 분리가 일어나 정전기가 발생하는 현상

71 상용주파수 60Hz 교류에서 성인 남자의 경우 고통 한계 전류로 가장 알맞은 것은?

① 15~20mA　　② 10~15mA
③ 7~8mA　　④ 1mA

해설 **통전전류와 인체 반응**

통전전류 구분	전격의 영향	통전전류(교류) 값
고통 한계 전류	통전전류가 최소감지전류보다 커지면 어느 순간부터 고통을 느끼게 되지만 이것을 참을 수 있는 전류	상용주파수 60Hz에서 7~8mA

72 정상작동 상태에서 폭발 가능성이 없으나 이상상태에서 짧은 시간 동안 폭발성 가스 또는 증기가 존재하는 지역에 사용 가능한 방폭용기를 나타내는 기호는?

① ib　　② p
③ e　　④ n

해설 2종 장소에 대한 설명이므로 2종 장소에서 사용 가능한 방폭구조는 비점화방폭구조(n)이다.

정답 | 66 ③　67 ②　68 ②　69 ②　70 ③　71 ③　72 ④

73 정전기 발생에 영향을 주는 요인에 대한 설명으로 틀린 것은?

① 물체의 분리속도가 빠를수록 발생량은 적어진다.
② 접촉면적이 크고 접촉압력이 높을수록 발생량이 많아진다.
③ 물체 표면이 수분이나 기름으로 오염되면 산화 및 부식에 의해 발생량이 많아진다.
④ 정전기의 발생은 처음 접촉, 분리할 때가 최대로 되고 접촉, 분리가 반복됨에 따라 발생량은 감소한다.

[해설] 물체의 분리속도가 빠를수록 발생량은 많아진다.

74 분진방폭 배선시설에 분진침투 방지재료로 가장 적합한 것은?

① 분진침투 케이블
② 컴파운드(Compound)
③ 자기융착성 테이프
④ 실링피팅(Sealing Fitting)

[해설] 컴파운드나 실링피팅은 가스방폭에 사용된다.

75 인체의 저항을 1,000Ω으로 볼 때 심실세동을 일으키는 전류에서의 전기에너지는 약 몇 J인가? (단, 심실세동전류는 65mA이며, 통전시간 T는 1초, 전원은 정현파 교류이다.)

① 13.6
② 27.2
③ 136.6
④ 272.2

[해설] $W = I^2RT = (0.165)^2 \times 1,000\,T$
$= (165^2 \times 10^{-6}) \times 1,000$
$= 27.2\,\text{W} \cdot \text{sec}$
$= 27.2\,\text{J}$

76 정전작업 시 조치사항으로 부적합한 것은?

① 작업 전 전기설비의 잔류 저하를 확실히 방전한다.
② 개로된 전로의 충전 여부를 검전기구에 의하여 확인한다.
③ 개폐기에 시건장치를 하고 통전금지에 관한 표지판은 제거한다.
④ 예비 동력원의 역송전에 의한 감전의 위험을 방지하기 위해 단락접지 기구를 사용하여 단락 접지를 한다.

[해설] 차단장치나 단로기 등에 잠금장치 및 꼬리표를 부착해야 한다.

77 300A의 전류가 흐르는 저압 가공전선로의 1(한) 선에서 허용 가능한 누설전류는 몇 mA인가?

① 600
② 450
③ 300
④ 150

[해설] 저압전선로는 사용전압에 대한 누설전류가 최대 공급전류의 1/2,000이 넘지 않도록 유지해야 한다.

∴ 누설전류 = 최대공급전류 $\times \dfrac{1}{2,000}$
$= 300 \times \dfrac{1}{2,000}$
$= 150\,\text{mA}$

78 방폭 전기기기의 성능을 나타내는 기호표시 EX P II A T5를 나타내었을 때 관계가 없는 표시 내용은?

① 온도등급
② 폭발성능
③ 방폭구조
④ 폭발등급

[해설] 방폭구조, 폭발등급, 온도등급 순으로 나타낸다.

79 다음 중 1종 위험장소로 분류되지 않는 것은?

① Floting Roof Tank상의 Shell 내의 부분
② 인화성 액체의 용기 내부의 액면 상부의 공간부
③ 점검수리 작업에서 가연성 가스 또는 증기를 방출하는 경우의 밸브 부근
④ 탱크로리, 드럼관 등이 인화성 액체를 충전하고 있는 경우의 개구부 부근

[해설] 설비의 내부는 0종 장소에 해당된다.

80 저압 전기기기의 누전으로 인한 감전재해의 방지대책이 아닌 것은?

① 보호접지
② 안전전압의 사용
③ 비접지식 전로의 채용
④ 배선용 차단기(MCCB)의 사용

[해설] MCCB
과부하나 단로 등의 이상상태 시 자동적으로 전류를 차단하는 기구

정답 | 73 ① 74 ③ 75 ② 76 ③ 77 ④ 78 ② 79 ② 80 ④

5과목
화학설비 안전관리

81 다음 중 화학공장에서 주로 사용되는 불활성 가스는?

① 수소　　　② 수증기
③ 질소　　　④ 일산화탄소

[해설] 가연성 가스의 연소 시 산소농도를 일정한 값 이하로 낮추어 주는 가스를 불활성 가스라고 하며, 질소, 이산화탄소, 헬륨 등은 불활성 가스에 해당한다.

82 위험물안전관리법령에서 정한 위험물의 유별 구분이 나머지 셋과 다른 하나는?

① 질산　　　② 질산칼륨
③ 과염소산　④ 과산화수소

[해설] 제6류 위험물 : 과염소산, 과산화수소, 질산 등

83 다음 중 압축기 운전 시 토출압력이 갑자기 증가하는 이유로 가장 적절한 것은?

① 윤활유의 과다
② 피스톤 링의 가스 누설
③ 토출관 내에 저항 발생
④ 저장조 내 가스압의 감소

[해설] 토출관 내에 저항이 발생하면 토출압력이 증가하게 된다.

84 프로판(C_3H_8)가스가 공기 중 연소할 때의 화학양론농도는 약 얼마인가? (단, 공기 중의 산소농도는 21 vol%이다.)

① 2.5vol%　　② 4.0vol%
③ 5.6vol%　　④ 9.5vol%

[해설]
・$C_nH_xO_y$에 대하여 양론농도
$$C_{st} = \frac{1}{(4.77n+1.19x-2.38y)+1} \times 100 (\text{vol}\%)$$

・프로판 : C_3H_8
$$C_{st} = \frac{1}{4.77 \times 3 + 1.19 \times 8 + 1} \times 100$$
$$= 4.0(\text{vol}\%)$$

85 다음 중 CO_2 소화약제의 장점으로 볼 수 없는 것은?

① 기체 팽창률 및 기화 잠열이 작다.
② 액화하여 용기에 보관할 수 있다.
③ 전기에 대해 부도체이다.
④ 자체 증기압이 높기 때문에 자체 압력으로 방사가 가능하다.

[해설] CO_2 약제는 기체상태로, 팽창률이 크고, 기화 잠열에 의한 소화효과가 있다.

86 아세톤에 대한 설명으로 틀린 것은?

① 증기는 유독하므로 흡입하지 않도록 주의해야 한다.
② 무색이고 휘발성이 강한 액체이다.
③ 비중이 0.79이므로 물보다 가볍다.
④ 인화점이 20℃이므로 여름철에 더 인화 위험이 높다.

[해설] 아세톤의 인화점은 −20℃이다.

87 다음 중 인화점이 가장 낮은 것은?

① 벤젠　　　② 메탄올
③ 이황화탄소　④ 경유

[해설] **인화점**

가연성 증기를 발생하는 액체 또는 고체가 공기 중에서 점화원에 의해 표면 부근에서 연소하기에 충분한 농도(폭발하한계)를 발생시키는 최저의 온도로 정의하며, 일반적으로 분자구조가 간단하고 분자량이 낮을수록 인화점은 낮아진다.

88 다음 중 왕복펌프에 속하지 않는 것은?

① 피스톤 펌프　② 플런저 펌프
③ 기어 펌프　　④ 격막 펌프

[해설] **왕복펌프**

원통형 실린더 내의 피스톤의 왕복운동에 의해서 직접 액체에 압력을 주는 펌프(플런저형, 버킷형, 피스톤형)

89 다음 중 아세틸렌을 용해가스로 만들 때 사용되는 용제로 가장 적합한 것은?

① 아세톤　　② 메탄
③ 부탄　　　④ 프로판

[해설] 아세틸렌은 폭발 위험이 있어 아세톤 등에 침전하여 다공성 물질이 있는 용기에 충전한다.

정답 | 81 ③　82 ②　83 ③　84 ②　85 ①　86 ④　87 ③　88 ③　89 ①

90 다음 금속 중 산(Acid)과 접촉하여 수소를 가장 잘 방출시키는 원소는?

① 칼륨　　② 구리
③ 수은　　④ 백금

해설) 칼륨은 금수성 물질로 산과 접촉하여 수소를 가장 잘 방출시킨다.

91 비점이 낮은 액체 저장탱크 주위에 화재가 발생했을 때 저장탱크 내부의 비등 현상으로 인한 압력 상승으로 탱크가 파열되어 그 내용물이 증발, 팽창하면서 발생되는 폭발현상은?

① Back Draft　　② BLEVE
③ Flash Over　　④ UVCE

해설) BLEVE(Boiling Liquid Expanding Vapour Explosion ; 비등액 팽창 증기폭발)
비점이 낮은 액체 저장탱크 주위에 화재가 발생했을 때 저장탱크 내부의 비등현상으로 인한 압력 상승으로 탱크가 파열되어 그 내용물이 증발, 팽창하면서 발생되는 폭발현상

92 가연성 가스의 폭발범위에 관한 설명으로 틀린 것은?

① 압력 증가에 따라 폭발 상한계와 하한계가 모두 현저히 증가한다.
② 불활성 가스를 주입하면 폭발범위는 좁아진다.
③ 온도의 상승과 함께 폭발범위는 넓어진다.
④ 산소 중에서의 폭발범위는 공기 중에서 보다 넓어진다.

해설) 압력은 폭발 하한계에는 영향이 경미하나, 폭발 상한계에는 크게 영향을 준다. 보통의 경우 가스압력이 높아질수록 폭발범위는 넓어진다.

93 고체 가연물의 일반적인 4가지 연소방식에 해당하지 않는 것은?

① 분해연소　　② 표면연소
③ 확산연소　　④ 증발연소

해설) 고체의 연속방식
분해연소, 표면연소, 자기연소, 분무연소

94 산업안전보건법령에 따라 정변위 압축기 등에 대해서 과압에 따른 폭발을 방지하기 위하여 설치하여야 하는 것은?

① 역화방지기　　② 안전밸브
③ 감지기　　④ 체크밸브

해설) 산업안전보건법령에 따라 정변위 압축기 등에 대해서 과압에 따른 폭발을 방지하기 위하여 안전밸브를 설치하여야 한다.

95 다음 중 응상폭발이 아닌 것은?

① 분해폭발　　② 수증기 폭발
③ 전선폭발　　④ 고상 간의 전이에 의한 폭발

해설) 응상폭발
수증기 폭발, 증기폭발, 고상 간의 전의에 의한 폭발, 전선(도선)의 폭발

96 5% NaOH 수용액과 10% NaOH 수용액을 반응기에 혼합하여 6% 100kg의 NaOH 수용액을 만들려면 각각 몇 kg의 NaOH 수용액이 필요한가?

① 5% NaOH 수용액 : 33.3, 10% NaOH 수용액 : 66.7
② 5% NaOH 수용액 : 50, 10% NaOH 수용액 : 50
③ 5% NaOH 수용액 : 66.7, 10% NaOH 수용액 : 33.3
④ 5% NaOH 수용액 : 80, 10% NaOH 수용액 : 20

해설) 5% NaOH 수용액 양 : x, 10% NaOH 수용액 양 : y
$x + y = 100$, $0.05x + 0.1y = 6$
∴ $x = 80, y = 20$

97 다음 설명이 의미하는 것은?

> 온도, 압력 등 제어상태가 규정의 조건을 벗어나는 것에 의해 반응속도가 지수함수적으로 증대되고, 반응용기 내의 온도, 압력이 급격히 이상 상승되어 규정 조건을 벗어나고, 반응이 과격화되는 현상

① 비등　　② 과열, 과압
③ 폭발　　④ 반응폭주

해설) 반응폭주
온도, 압력 등 제어상태가 규정의 조건을 벗어나는 것에 의해 반응속도가 지수함수적으로 증대되고, 반응 용기 내의 온도, 압력이 급격히 이상 상승하여 규정 조건을 벗어나고, 반응이 과격화되는 현상

정답 | 90 ① 91 ② 92 ① 93 ③ 94 ② 95 ① 96 ④ 97 ④

98 분진폭발의 발생 순서로 옳은 것은?

① 비산 → 분산 → 퇴적분진 → 발화원 → 2차 폭발 → 전면폭발
② 비산 → 퇴적분진 → 분산 → 발화원 → 2차 폭발 → 전면폭발
③ 퇴적분진 → 발화원 → 분산 → 비산 → 전면폭발 → 2차 폭발
④ 퇴적분진 → 비산 → 분산 → 발화원 → 전면폭발 → 2차 폭발

[해설] **분진폭발 순서**
퇴적분진 → 비산(날림) → 분산 → 발화원 발생(폭발의 진행) → 전면폭발 → 2차 폭발

99 건축물 공사에 사용되고 있으나, 불에 타는 성질이 있어서 화재 시 유독한 시안화수소가스가 발생되는 물질은?

① 염화비닐   ② 염화에틸렌
③ 메타크릴산메틸   ④ 우레탄

[해설] 우레탄에 대한 설명이다.

100 다음 중 밀폐 공간 내 작업 시의 조치사항으로 가장 거리가 먼 것은?

① 산소결핍이 우려되거나 유해가스 등의 농도가 높아서 폭발할 우려가 있는 경우는 진행 중인 작업에 방해되지 않도록 주의하면서 환기를 강화하여야 한다.
② 해당 작업장을 적정한 공기상태로 유지되도록 환기하여야 한다.
③ 해당 장소에 근로자를 입장시킬 때와 퇴장시킬 때에 각각 인원을 점검하여야 한다.
④ 해당 작업장과 외부의 감시인 사이에 상시 연락을 취할 수 있는 설비를 설치하여야 한다.

[해설] 산소결핍이 우려되거나 유해가스 등의 농도가 높아서 폭발할 우려가 있는 경우는 작업을 중지하고 안전조치를 취하여야 한다.

6과목
건설공사 안전관리

101 로드(Rod), 유압잭(Jack) 등을 이용하여 거푸집을 연속적으로 이동시키면서 콘크리트를 타설할 때 사용되는 것으로 Silo 공사 등에 적합한 거푸집은?

① 메탈폼   ② 슬라이딩폼
③ 워플폼   ④ 페코빔

[해설] 슬라이딩폼(Sliding Form)은 요크(Yoke)로 거푸집을 수직으로 연속 이동시키면서 콘크리트를 타설하는 거푸집이다.

102 가설통로의 구조에 관한 기준으로 옳지 않은 것은?

① 경사가 15°를 초과하는 경우에는 미끄러지지 아니하는 구조로 할 것
② 경사는 20° 이하로 할 것
③ 추락의 위험이 있는 장소에는 안전난간을 설치할 것
④ 수직갱에 가설된 통로의 길이가 15m 이상인 경우에는 10m 이내마다 계단참을 설치할 것

[해설] 가설통로의 경사는 30° 이하로 해야 한다.

103 타워크레인을 자립고 이상의 높이로 설치할 때 지지벽체가 없어 와이어로프로 지지하는 경우의 준수사항으로 옳지 않은 것은?

① 와이어로프를 고정하기 위한 전용 지지프레임을 사용할 것
② 와이어로프 설치각도는 수평면에서 60° 이내로 하되, 지지점은 4개소 이상으로 하고, 같은 각도로 설치할 것
③ 와이어로프와 그 고정부위는 충분한 강도와 장력을 갖도록 설치하되, 와이어로프를 클립, 샤클 등의 기구를 사용하여 고정하지 않도록 유의할 것
④ 와이어로프가 가공전선에 근접하지 않도록 할 것

[해설] 와이어로프의 고정부위는 충분한 강도와 장력을 갖도록 설치하고, 와이어로프를 클립·샤클 등의 고정기구를 사용하여 견고하게 고정시켜 풀리지 아니하도록 한다.

정답 | 98 ④ 99 ④ 100 ① 101 ② 102 ② 103 ③

104 동바리로 사용하는 파이프 서포트는 최대 몇 개 이상이어서 사용하지 않아야 하는가?

① 2개
② 3개
③ 4개
④ 5개

[해설] 동바리로 사용하는 파이프 서포트는 3개 이상이어서 사용하지 않도록 해야 한다.

105 다음 설명에 해당하는 안전대와 관련된 용어로 옳은 것은? (단, 보호구 안전인증 고시 기준이다.)

> 신체지지의 목적으로 전신에 착용하는 띠 모양의 것으로서 상체 등 신체 일부분만 지지하는 것은 제외한다.

① 안전그네
② 벨트
③ 죔줄
④ 버클

[해설] 안전그네는 골반 부분과 어깨에 위치하는 띠를 가져야 하고, 사용자에게 잘 맞게 조절할 수 있어야 한다.

106 말비계를 조립하여 사용할 때의 준수사항으로 옳지 않은 것은?

① 지주부재의 하단에는 미끄럼 방지장치를 한다.
② 지주부재와 수평면과의 기울기는 75° 이하로 한다.
③ 말비계의 높이가 2m를 초과할 경우에는 작업발판의 폭을 30cm 이상으로 한다.
④ 지주부재와 지주부재 사이를 고정시키는 보조부재를 설치한다.

[해설] 말비계의 높이가 2m를 초과할 경우에는 작업발판의 폭을 40cm 이상으로 해야 한다.

107 양중기에 사용하는 와이어로프에서 화물의 하중을 직접 지지하는 달기와이어로프 또는 달기체인의 안전계수 기준은?

① 3 이상
② 4 이상
③ 5 이상
④ 10 이상

[해설] 양중기 와이어로프의 안전계수 구분

구분	안전계수
근로자가 탑승하는 운반구를 지지하는 경우	10 이상
화물의 하중을 직접 지지하는 경우	5 이상
훅, 샤클, 클램프, 리프팅 빔의 경우	3 이상
상기 조건 이외의 경우	4 이상

108 흙막이 지보공의 안전조치로 옳지 않은 것은?

① 굴착배면에 배수로 설치 없이 콘크리트 타설
② 지하매설물에 대한 조사 실시
③ 조립도의 작성 및 점검 철저
④ 흙막이 지보공에 대한 조사 및 점검 철저

[해설] 굴착배면에 배수로 없이 콘크리트를 타설하면 우수 등 지표수가 굴착 저면으로 침투하여 흙막이 지보공의 안전을 저하시킨다.

109 흙막이 계측기의 종류 중 주변 지반의 변형을 측정하는 기계는?

① Tilt Meter
② Inclino Meter
③ Strain Gauge
④ Load Cell

[해설] Inclino Meter(지중경사계)는 흙막이벽 배면에 설치하여 토류벽의 기울어짐을 측정하는 계측기이다.

110 화물취급작업과 관련한 위험방지를 위해 조치하여야 할 사항으로 옳지 않은 것은?

① 작업장 및 통로의 위험한 부분에는 안전하게 작업할 수 있는 조명을 유지할 것
② 차량 등에서 화물을 내리는 작업을 하는 경우에 해당 작업에 종사하는 근로자에게 쌓여 있는 화물 중간에서 화물을 빼내도록 하지 말 것
③ 육상에서의 통로 및 작업장소로서 다리 또는 선거 갑문을 넘는 보도 등의 위험한 부분에는 안전난간 또는 울타리 등을 설치할 것
④ 부두 또는 안벽의 선을 따라 통로를 설치하는 경우에는 폭을 50cm 이상으로 할 것

[해설] 부두 또는 안벽의 선을 따라 통로를 설치할 때는 폭을 90cm 이상으로 하여야 한다.

정답 | 104 ② 105 ① 106 ③ 107 ③ 108 ① 109 ② 110 ④

111 건설현장에서 설치하는 사다리식 통로의 설치기준으로 옳지 않은 것은?

① 발판과 벽과의 사이는 15cm 이상의 간격을 유지할 것
② 발판의 간격은 일정하게 할 것
③ 사다리의 상단은 걸쳐 놓은 지점으로부터 60cm 이상 올라가도록 할 것
④ 사다리식 통로의 길이가 10m 이상인 경우에는 3m 이내마다 계단참을 설치할 것

[해설] 사다리식 통로의 길이가 10m 이상인 경우에는 5m 이내마다 계단참을 설치해야 한다.

112 철골 작업 시 기상조건에 따라 안전상 작업을 중지하여야 하는 경우에 해당되는 기준으로 옳은 것은?

① 강우량이 시간당 5mm 이상인 경우
② 강우량이 시간당 10mm 이상인 경우
③ 풍속이 초당 10m 이상인 경우
④ 강설량이 시간당 20mm 이상인 경우

[해설] 풍속이 초당 10m 이상인 경우 작업중지 대상이다.

철골작업 시 작업의 제한기준

구분	내용
강풍	풍속이 초당 10m 이상인 경우
강우	강우량이 시간당 1mm 이상인 경우
강설	강설량이 시간당 1cm 이상인 경우

113 공정률이 65%인 건설현장의 경우 공사 진척에 따른 산업안전보건관리비의 최소 사용기준으로 옳은 것은?

① 40% 이상　　② 50% 이상
③ 60% 이상　　④ 70% 이상

[해설] 공사 진척에 따른 안전관리비 사용기준은 다음과 같다.

공사 진척에 따른 안전관리비 사용기준

공정률	50% 이상 70% 미만	70% 이상 90% 미만	90% 이상
사용기준	50% 이상	70% 이상	90% 이상

114 항타기 또는 항발기의 권상용 와이어로프의 사용금지 기준에 해당하지 않는 것은?

① 이음매가 없는 것
② 지름의 감소가 공칭지름의 7%를 초과하는 것
③ 꼬인 것
④ 열과 전기충격에 의해 손상된 것

[해설] 이음매가 있는 것이 사용금지 기준에 해당된다.

115 설치·이전하는 경우 안전인증을 받아야 하는 기계·기구에 해당되지 않는 것은?

① 크레인　　② 리프트
③ 곤돌라　　④ 고소작업대

[해설] 고소작업대의 경우 설치·이전하는 경우 안전인증을 받아야 한다.

116 터널공사의 전기발파작업에 관한 설명으로 옳지 않은 것은?

① 전선은 점화하기 전에 화약류를 충전한 장소로부터 30m 이상 떨어진 안전한 장소에서 도통시험 및 저항시험을 하여야 한다.
② 점화는 충분한 허용량을 갖는 발파기를 사용하고 규정된 스위치를 반드시 사용하여야 한다.
③ 발파 후 발파기와 발파모선의 연결을 유지한 채 그 단부를 절연시킨다.
④ 점화는 선임된 발파 책임자가 행하고 발파기의 핸들을 점화할 때 이외는 시건장치를 하거나 모선을 분리하여야 하며 발파책임자의 엄중한 관리하에 두어야 한다.

[해설] 발파 후 즉시 발파모선을 발파기로부터 분리하고 그 단부를 절연시킨다.

117 건설업의 산업안전보건관리비 사용항목에 해당되지 않는 것은?

① 안전시설비　　② 근로자 건강관리비
③ 운반기계 수리비　　④ 안전진단비

[해설] 운반기계 수리비는 산업안전보건관리비 사용불가 항목에 해당된다.

정답 | 111 ④　112 ③　113 ②　114 ①　115 ④　116 ③　117 ③

118 거푸집 동바리 등을 조립 또는 해체하는 작업을 하는 경우의 준수사항으로 옳지 않은 것은?

① 재료, 기구 또는 공구 등을 올리거나 내리는 경우에는 근로자로 하여금 달줄·달포대 등의 사용을 금하도록 할 것
② 낙하·충격에 의한 돌발적 재해를 방지하기 위하여 버팀목을 설치하고 거푸집 동바리 등을 인양장비에 매단 후에 작업을 하도록 하는 등 필요한 조치를 할 것
③ 비, 눈, 그 밖의 기상상태의 불안정으로 날씨가 몹시 나쁜 경우에는 그 작업을 중지할 것
④ 해당 작업을 하는 구역에는 관계 근로자가 아닌 사람의 출입을 금지할 것

해설 │ 근로자가 달줄 또는 달포대 등을 사용하게 하는 것은 달비계 또는 높이 5m 이상의 비계를 조립·해체하거나 변경하는 작업을 하는 경우 준수하여야 할 사항이다.

119 차량계 하역운반기계 등에 화물을 적재하는 경우에 준수해야 할 사항으로 옳지 않은 것은?

① 하중이 한쪽으로 치우치도록 하여 공간상 효율적으로 적재할 것
② 구내운반차 또는 화물자동차의 경우 화물의 붕괴 또는 낙하에 의한 위험을 방지하기 위하여 화물에 로프를 거는 등 필요한 조치를 할 것
③ 운전자의 시야를 가리지 않도록 화물을 적재할 것
④ 화물을 적재하는 경우 최대적재량을 초과하지 않을 것

해설 │ 하중이 한쪽으로 치우치지 않도록 적재해야 한다.

120 유해·위험방지계획서 첨부서류에 해당되지 않는 것은?

① 안전관리를 위한 교육자료
② 안전관리 조직표
③ 건설물, 사용 기계설비 등의 배치를 나타내는 도면
④ 재해발생 위험 시 연락 및 대피방법

해설 │ **유해·위험방지계획서 제출 시 첨부서류**
1. 공사개요
2. 안전보건관리계획
   ㉠ 산업안전보건관리비 사용계획
   ㉡ 안전관리조직표, 안전·보건교육계획
   ㉢ 개인보호구 지급계획
   ㉣ 재해발생 위험 시 연락 및 대피방법
3. 작업공종별 유해·위험방지계획

정답 | 118 ① 119 ① 120 ①

1과목
산업재해 예방 및 안전보건교육

01 하인리히의 재해발생 이론은 다음과 같이 표현할 수 있다. 이때 α가 의미하는 것으로 옳은 것은?

> 재해의 발생
> =물적 불안전상태+인적 불안전행위+α
> =설비적 결함+관리적 결함+α

① 노출된 위험의 상태　　② 재해의 직접원인
③ 재해의 간접원인　　　④ 잠재된 위험의 상태

해설 하인리히 재해발생 이론

　재해의 발생
　　=물적 불안전상태+인적 불안전행위+잠재된 위험의 상태
　　=설비적 결함+관리적 결함+잠재된 위험의 상태

02 다음 그림과 같은 안전관리 조직의 특징으로 틀린 것은?

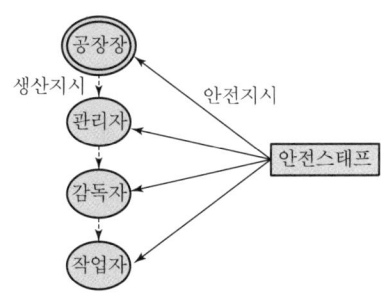

① 1,000명 이상의 대규모 사업장에 적합하다.
② 생산부분은 안전에 대한 책임과 권한이 없다.
③ 사업장의 특수성에 적합한 기술연구를 전문적으로 할 수 있다.
④ 권한 다툼이나 조정 때문에 통제수속이 복잡해지며, 시간과 노력이 소모된다.

해설 문제의 그림은 스태프형 조직으로 100~1,000명 이하의 사업장에 적합하다.

라인 · 스태프(Line-staff)형 조직(직계참모조직)
대규모 사업장에 적합한 조직으로서 라인형과 스태프형의 장점만을 채택한 형태이며 안전업무를 전담하는 스태프를 두고 생산라인의 각 계층에서도 각 부서장으로 하여금 안전업무를 수행케 하여 스태프에서 안전에 관한 사항이 결정되면 라인을 통하여 실천하도록 편성된 조직(대규모, 1,000명 이상)

03 브레인스토밍(Brain-storming) 기법의 4원칙에 관한 설명으로 틀린 것은?

① 한 사람이 많은 의견을 제시할 수 있다.
② 타인의 의견을 수정하여 발언할 수 있다.
③ 타인의 의견에 대하여 비판, 비평하지 않는다.
④ 의견을 발언할 때에는 주어진 요건에 맞추어 발언한다.

해설 브레인스토밍

1. 비판금지 : "좋다, 나쁘다." 등의 비평을 하지 않는다.
2. 자유분방 : 자유로운 분위기에서 발표한다.
3. 대량발언 : 무엇이든지 좋으니 많이 발언한다.
4. 수정발언 : 자유자재로 변하는 아이디어를 개발한다(타인 의견의 수정발언).

04 부주의의 현상으로 볼 수 없는 것은?

① 의식의 단절　　② 의식수준 지속
③ 의식의 과잉　　④ 의식의 우회

해설 부주의 발생원인 및 대책

1. 소질적 조건 : 적성배치
2. 경험 및 미경험 : 교육
3. 의식의 우회 : 상담
4. 작업환경조건 불량 : 환경정비
5. 작업순서의 부적당 : 작업순서정비

정답 | 01 ④　02 ①　03 ④　04 ②

05 보호구 안전인증 고시에 따른 방음용 귀마개 또는 귀덮개와 관련된 용어의 정의 중 다음 (   ) 안에 알맞은 것은?

> 음압수준이란 음압을 다음 식에 따라 데시벨(dB)로 나타낸 것을 말하며 적분평균소음계(KS C 1505) 또는 소음계(KS C 1502)에 규정하는 소음계의 (   ) 특성을 기준으로 한다.

① A ② B
③ C ④ D

해설) 보호구 안전인증 고시(고용노동부고시 제2020-35호)
"음압수준"이란 음압을 다음 식에 따라 데시벨(dB)로 나타낸 것을 말하며 적분평균소음계(KS C 1505) 또는 소음계(KS C 1502)에 규정하는 소음계의 "C" 특성을 기준으로 한다.

06 인간의 행동 특성과 관련한 레빈의 법칙(Lewin) 중 P가 의미하는 것은?

$$B = f(P \cdot E)$$

① 사람의 경험, 성격 등
② 인간의 행동
③ 심리에 영향을 주는 인간관계
④ 심리에 영향을 미치는 작업환경

해설) 레빈(Lewin.K)의 법칙 : $B = f(P \cdot E)$
P : Person(개체 : 연령, 경험, 심신상태, 성격, 지능 등)

07 재해발생 시 조치순서 중 재해조사 단계에서 실시하는 내용으로 옳은 것은?

① 현장보존
② 관계자에게 통보
③ 잠재재해 위험요인의 색출
④ 피재자의 응급조치

해설) ①, ②, ④는 긴급처리 단계에서 이루어지는 내용이다.

08 안전교육의 단계에 있어 교육대상자가 스스로 행함으로써 습득하게 하는 교육은?

① 의식교육 ② 기능교육
③ 지식교육 ④ 태도교육

해설) 안전교육의 3단계
1. 지식교육(1단계) : 지식의 전달과 이해
2. 기능교육(2단계) : 실습, 시범을 통한 이해
3. 태도교육(3단계) : 안전의 습관화(가치관 형성)

09 산업안전보건법상 근로시간 연장의 제한에 관한 기준에서 아래의 (   ) 안에 알맞은 것은?

> 사업주는 유해하거나 위험한 작업으로서 대통령령으로 정하는 작업에 종사하는 근로자에게는 1일 (㉠)시간, 1주 (㉡)시간을 초과하여 근로하게 하여서는 아니 된다.

① ㉠ 6, ㉡ 34 ② ㉠ 7, ㉡ 36
③ ㉠ 8, ㉡ 40 ④ ㉠ 8, ㉡ 44

해설) 유해·위험작업에 대한 근로시간 제한등(「산업안전보건법」, 제139조)
사업주는 유해하거나 위험한 작업으로서 높은 기압에서 하는 작업 등 대통령령으로 정하는 작업에 종사하는 근로자에게는 1일 6시간, 1주 34시간을 초과하여 근로하게 해서는 아니 된다.

10 산업안전보건법령상 근로자 안전·보건교육 중 관리감독자 정기안전·보건교육의 교육내용이 아닌 것은?

① 작업 개시 전 점검에 관한 사항
② 산업보건 및 직업병 예방에 관한 사항
③ 유해·위험 작업환경 관리에 관한 사항
④ 작업공정의 유해·위험과 재해 예방대책에 관한 사항

해설) ①은 관리감독자의 업무에 대한 내용이다.

11 무재해 운동 추진기법 중 위험예지훈련 4라운드 기법에 해당하지 않는 것은?

① 현상파악 ② 행동 목표설정
③ 대책수립 ④ 안전평가

[해설] **위험예지훈련의 추진을 위한 문제해결 4라운드**

1라운드 : 현상파악 → 2라운드 : 본질추구 → 3라운드 : 대책수립 → 4라운드 : 목표설정

12 안전교육방법 중 구안법(Project Method)의 4단계의 순서로 옳은 것은?

① 목적결정 → 계획수립 → 활동 → 평가
② 계획수립 → 목적결정 → 활동 → 평가
③ 활동 → 계획수립 → 목적결정 → 평가
④ 평가 → 계획수립 → 목적결정 → 활동

[해설] **구안법의 학습단계**

1. 목적의 단계
2. 계획의 단계
3. 실행의 단계
4. 비판(평가)의 단계

13 안전점검보고서 작성내용 중 주요 사항에 해당되지 않는 것은?

① 작업현장의 현 배치 상태와 문제점
② 재해다발요인과 유형 분석 및 비교 데이터 제시
③ 안전관리 스태프의 인적사항
④ 보호구, 방호장치 작업환경 실태와 개선 제시

[해설] 안전관리 스태프의 인적사항은 안전점검보고서에 수록될 내용이 아니다.

14 성인학습의 원리에 해당되지 않는 것은?

① 간접경험의 원리
② 자발학습의 원리
③ 상호학습의 원리
④ 참여교육의 원리

[해설] **성인학습의 원리**

- 참여의 자발성
- 현실지향성과 능률성
- 다양성과 창의성
- 상호협동성

15 재해원인 분석방법의 통계적 원인분석 중 사고의 유형, 기인물 등 분류항목을 큰 순서대로 도표화한 것은?

① 파레토도
② 특성요인도
③ 크로스도
④ 관리도

[해설] **파레토도**

분류항목을 큰 순서대로 도표화한 분석법

16 산업안전보건법령상 안전·보건표지의 종류 중 안내표지에 해당하지 않는 것은?

① 들것
② 비상용기구
③ 출입구
④ 세안장치

[해설] 안전·보건표지로 '비상구' 표지가 있다.

17 일반적으로 시간의 변화에 따라 야간에 상승하는 생체리듬은?

① 맥박수
② 염분량
③ 혈압
④ 체중

[해설] **생체리듬의 변화**

1. 야간에는 체중이 감소
2. 야간에는 말초운동기능이 저하, 피로의 자각증상 증대
3. 혈액의 수분, 염분량은 주간에 감소하고 야간에 증가
4. 체온, 혈압, 맥박은 주간에 상승하고 야간에 감소

18 학습지도 형태 중 다음 토의법 유형에 대한 설명으로 옳은 것은?

> 6-6회의라고도 하며, 6명씩 소집단으로 구분하고, 집단별로 각각의 사회자를 선발하여 6분간 자유토의를 행하여 의견을 종합하는 방법

① 버즈세션
② 포럼
③ 심포지엄
④ 패널 디스커션

[해설] **버즈세션(Buzz Session Discussion)**

참가자가 다수인 경우에 전원을 토의에 참가시키기 위한 방법으로 소집단을 구성하여 회의를 진행시키며 일명 6-6회의라고도 한다.

19 A사업장의 강도율이 2.5이고, 연간 재해발생건수가 12건, 연간 총 근로시간수가 120만 시간일 때 이 사업장의 종합재해지수는 약 얼마인가?

① 1.6
② 5.0
③ 27.6
④ 230

정답 | 12 ① 13 ③ 14 ① 15 ① 16 ③ 17 ② 18 ① 19 ②

해설 강도율 = 2.5

$$도수율 = \frac{재해발생건수}{연근로시간수} \times 1,000,000$$
$$= \frac{12}{1,200,000} \times 1,000,000 = 10$$

종합재해지수(FSI) = $\sqrt{도수율(FR) \times 강도율(SR)}$
$= \sqrt{10 \times 2.5} = 5$

20 위치, 순서, 패턴, 형상, 기억오류 등 외부적 요인에 의해 나타나는 것은?

① 메트로놈 ② 리스크테이킹
③ 부주의 ④ 착오

해설 **착오의 종류**
위치착오, 순서착오, 패턴의 착오, 기억의 착오, 형(모양)의 착오

2과목
인간공학 및 위험성 평가·관리

21 인간의 에러 중 불필요한 작업 또는 절차를 수행함으로써 기인한 에러를 무엇이라 하는가?

① Omission Error
② Sequential Error
③ Extraneous Error
④ Commission Error

해설 과잉행동에러(Extraneous Error) : 불필요한 작업 내지 절차의 수행에 기인한 에러

22 화학설비에 대한 안전성 평가에서 정성적 평가 항목이 아닌 것은?

① 건조물 ② 취급물질
③ 공장 내의 배치 ④ 입지조건

해설 ②는 정량적 평가(제3단계)의 평가항목이다.

23 4m 또는 그보다 먼 물체만을 잘 볼 수 있는 원시 안경은 몇 D인가? (단, 명시거리는 25cm로 한다.)

① $1.75D$ ② $2.75D$
③ $3.75D$ ④ $4.75D$

해설 렌즈의 굴절률 diopter(D)
$= \frac{1}{\text{m 단위의 초점거리}} = \frac{1}{0.25} = 4D$
원시안경의 $D = 4 - 0.25 = 3.75D$

24 시스템의 운용단계에서 이루어져야 할 주요한 시스템 안전 부문의 작업이 아닌 것은?

① 생산시스템 분석 및 효율성 검토
② 안전성 손상 없이 사용설명서의 변경과 수정을 평가
③ 운용, 안전성 수준 유지를 보증하기 위한 안전성 검사
④ 운용, 보전 및 위급 시 절차를 평가하여 설계 시 고려사항과 같은 타당성 여부 식별

해설 생산시스템 분석 및 효율성 검토는 시스템 운영전에 이루어져야 하는 작업이다.

25 격렬한 육체적 작업의 작업부담 평가 시 활용되는 주요 생리적 척도로만 이루어진 것은?

① 부정맥, 작업량 ② 맥박수, 산소 소비량
③ 점멸융합주파수, 폐활량 ④ 점멸융합주파수, 근전도

해설 작업이 인체에 미치는 생리적 부담은 주로 맥박수(심박수)와 호흡에 의한 산소 소비량으로 측정한다.

26 산업안전보건기준에 관한 규칙상 작업장의 작업면에 따른 적정 조명 수준은 초정밀 작업에서 (㉠)lux 이상이고, 보통작업에서는 (㉡)lux 이상이다. ( ) 안에 들어갈 내용은?

① ㉠ : 650, ㉡ : 150 ② ㉠ : 650, ㉡ : 250
③ ㉠ : 750, ㉡ : 150 ④ ㉠ : 750, ㉡ : 250

해설 **작업별 조도기준(「안전보건규칙」 제8조)**
1. 초정밀작업 : 750lux 이상
2. 보통작업 : 150lux 이상

정답 | 20 ④ 21 ③ 22 ② 23 ③ 24 ① 25 ② 26 ③

27 산업안전보건법령상 유해·위험방지계획서의 심사 결과에 따른 구분, 판정의 종류에 해당하지 않는 것은?

① 보류 ② 부적정
③ 적정 ④ 조건부 적정

해설 공단은 유해·위험방지계획서의 심사 결과에 따라 다음 각 호와 같이 구분·판정한다.
1. 적정
2. 조건부 적정
3. 부적정

28 초음파 소음(Ultrasonic Noise)에 대한 설명으로 잘못된 것은?

① 전형적으로 20,000Hz 이상이다.
② 가청영역 위의 주파수를 갖는 소음이다.
③ 소음이 3dB 증가하면 허용기간은 반감한다.
④ 20,000Hz 이상에서 노출 제한은 110dB이다.

해설 초음파 소음의 수준이 2dB 증가하면 허용 가능한 시간은 반감되어야 한다.

29 FTA(Fault Tree Analysis)의 기호 중 다음의 사상기호에 적합한 각각의 명칭은?

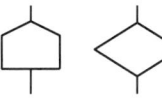

① 전이기호와 통상사상 ② 통상사상과 생략사상
③ 통상사상과 전이기호 ④ 생략사상과 전이기호

해설 FTA에 사용되는 논리기호 및 사상기호

기호	명칭	설명
◇	생략사상 (최후사상)	정보부족, 해석기술 불충분으로 더 이상 전개할 수 없는 사상
⌂	통상사상 (사상기호)	통상발생이 예상되는 사상

30 인체측정치의 응용원리에 해당하지 않는 것은?

① 조절식 설계 ② 극단치 설계
③ 평균치 설계 ④ 다차원식 설계

해설 인체계측자료의 응용원칙
1. 최대치수와 최소치수(극단치 설계)
2. 조절 범위(5~95%)
3. 평균치를 기준으로 한 설계

31 인간-기계 통합 체계의 인간 또는 기계에 의해서 수행되는 기본기능의 유형에 해당하지 않는 것은?

① 감지 ② 환경
③ 행동 ④ 정보보관

해설 인간-기계 체계의 기본기능
1. 감지기능
2. 정보저장기능
3. 정보처리 및 의사결정기능
4. 행동기능

32 다음 그림과 같은 시스템의 신뢰도는 약 얼마인가? (단, 각각의 네모 안의 수치는 각 공정의 신뢰도를 나타낸 것이다.)

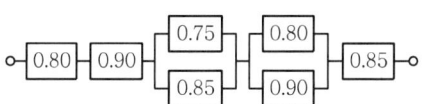

① 0.378 ② 0.478
③ 0.579 ④ 0.675

해설 신뢰도 $= 0.80 \times 0.90 \times [1-(1-0.75) \times (1-0.85)]$
$\times [1-(1-0.80) \times (1-0.90)] \times 0.85$
$\fallingdotseq 0.579$

정답 | 27 ① 28 ③ 29 ② 30 ④ 31 ② 32 ③

33 FTA 결과 다음과 같은 패스셋을 구하였다. X_4가 중복사상인 경우, 최소 패스셋(Minimal Path Sets)으로 맞는 것은?

┤다음├
$\{X_2, X_3, X_4\}$ $\{X_1, X_3, X_4\}$ $\{X_3, X_4\}$

① $\{X_3, X_4\}$
② $\{X_1, X_3, X_4\}$
③ $\{X_2, X_3, X_4\}$
④ $\{X_2, X_3, X_4\}$와 $\{X_3, X_4\}$

[해설] **패스셋과 미니멀 패스셋**
패스란 그 속에 포함되어 있는 기본사상이 일어나지 않을 때 처음으로 정상사상이 일어나지 않는 기본사상의 집합으로서 미니멀 패스셋은 그 필요한 최소한의 컷을 말한다(시스템의 신뢰성을 말함).

34 작업공간 설계에 있어 "접근제한요건"에 대한 설명으로 맞는 것은?

① 조절식 의자와 같이 누구나 사용할 수 있도록 설계한다.
② 비상벨의 위치를 작업자의 신체조건에 맞추어 설계한다.
③ 트럭운전이나 수리작업을 위한 공간을 확보하여 설계한다.
④ 박물관의 미술품 전시와 같이, 장애물 뒤에 타깃과의 거리를 확보하여 설계한다.

[해설] 작업공간 설계에 있어서 접근제한(Access Restriction, Access Control)은 어떤 물건에 접근을 제한하는 것이다.

35 인간공학 연구조사에 사용되는 기준의 구비조건과 가장 거리가 먼 것은?

① 적절성   ② 다양성
③ 무오염성   ④ 기준 척도의 신뢰성

[해설] **체계기준의 구비조건**
1. 실제적 요건   2. 신뢰성(반복성)
3. 타당성(적절성)   4. 순수성(무오염성)
5. 민감도

36 설비보전을 평가하기 위한 식으로 틀린 것은?

① 성능가동률＝속도가동률×정미가동률
② 시간가동률＝(부하시간－정지시간)/부하시간
③ 설비종합효율＝시간가동률×성능가동률×양품률
④ 정미가동률＝(생산량×기준주기시간)/가동시간

[해설] 정미가동률은 일정 스피드로 안정적으로 가동되고 있는가의 여부, 즉 지속을 산출하는 것이다.

정미가동률 $= \dfrac{(생산량 \times 실제 사이클타임)}{부하시간 - 정지시간}$

$= \dfrac{(생산량 \times 실제 사이클타임)}{가동시간}$

37 "표시장치와 이에 대응하는 조종장치 간의 위치 또는 배열이 인간의 기대와 모순되지 않아야 한다."는 인간공학적 설계원리와 가장 관계가 깊은 것은?

① 개념양립성   ② 운동양립성
③ 문화양립성   ④ 공간양립성

[해설] **공간적 양립성**
어떤 사물들, 특히 표시장치나 조정장치의 물리적 형태나 공간적인 배치의 양립성을 말한다.

38 청각에 관한 설명으로 틀린 것은?

① 인간에게 음의 높고 낮은 감각을 주는 것은 음의 진폭이다.
② 1,000Hz 순음의 가청최소음압을 음의 강도 표준치로 사용한다.
③ 일반적으로 음이 한 옥타브 높아지면 진동수는 2배 높아진다.
④ 복합음은 여러 주파수대의 강도를 표현한 주파수별 분포를 사용하여 나타낸다.

[해설] 인간에게 음의 높고 낮은 감각을 주는 것은 음파의 진동수(Frequency of Sound Wave)이다.

정답 | 33 ① 34 ④ 35 ② 36 ④ 37 ④ 38 ①

39 다음 그림은 THERP를 수행하는 예이다. 작업개시점 N_1에서부터 작업종점 N_4까지 도달할 확률은? (단, $P(B_i)$, i = 1, 2, 3, 4는 해당 확률을 나타내며, 각 직무과오의 발생은 상호독립이라 가정한다.)

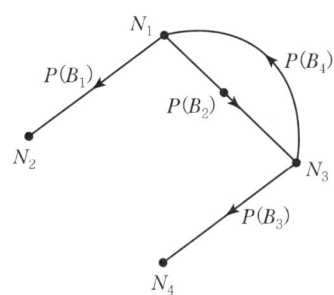

① $1 - P(B_1)$
② $P(B_2) \cdot (B_3)$
③ $\dfrac{P(B_2) \cdot P(B_3)}{1 - P(B_4)}$
④ $\dfrac{P(B_2) \cdot P(B_3)}{1 - P(B_2) \cdot P(B_4)}$

해설 확률 = $\dfrac{P(B_2) \cdot P(B_3)}{1 - P(B_2) \cdot P(B_4)}$

40 FTA에 대한 설명으로 틀린 것은?

① 정성적 분석만 가능하다.
② 하향식(Top-Down) 방법이다.
③ 짧은 시간에 점검할 수 있다.
④ 비전문가라도 쉽게 할 수 있다.

해설 FTA(Fault Tress Analysis) 정의 및 특징
시스템의 고장을 논리게이트로 찾아가는 연역적, 정성적, 정량적 분석 기법
1. Top 사상의 선정
2. 사상마다의 재해원인 규명
3. FT도의 작성
4. 개선계획의 작성
5. 개선안 실시계획

3과목
기계 · 기구 및 설비 안전관리

41 보일러에서 압력방출장치가 2개 설치된 경우 최고 사용압력이 1MPa일 때 압력방출장치의 설정방법으로 가장 옳은 것은?

① 2개 모두 1.1MPa 이하에서 작동되도록 설정하였다.
② 하나는 1MPa 이하에서 작동되고 나머지는 1.1MPa 이하에서 작동되도록 설정하였다.
③ 하나는 1MPa 이하에서 작동되고 나머지는 1.05MPa 이하에서 작동되도록 설정하였다.
④ 2개 모두 1.05MPa 이하에서 작동되도록 설정하였다.

해설 압력방출장치(안전밸브)의 설치 「안전보건규칙」 제116조
사업주는 보일러의 안전한 가동을 위하여 보일러 규격에 맞는 압력방출장치를 1개 또는 2개 이상 설치하고 최고사용압력 이하에서 작동되도록 하여야 한다. 다만, 압력방출장치가 2개 이상 설치된 경우에는 최고사용압력 이하에서 1개가 작동되고, 다른 압력방출장치는 최고사용압력 1.05배 이하에서 작동되도록 부착하여야 한다.

42 크레인의 방호장치에 대한 설명으로 틀린 것은?

① 권과방지장치를 설치하지 않은 크레인에 대해서는 권상용 와이어로프에 위험표시를 하고 경보장치를 설치하는 등 권상용 와이어로프가 지나치게 감겨서 근로자가 위험해질 상황을 방지하기 위한 조치를 하여야 한다.
② 운반물의 중량이 초과되지 않도록 과부하방지장치를 설치하여야 한다.
③ 크레인이 필요한 상황에서는 저속으로 중지시킬 수 있도록 브레이크 장치와 충돌 시 충격을 완화시킬 수 있는 완충장치를 설치한다.
④ 작업 중에 이상 발견 또는 긴급히 정지시켜야 할 경우에는 비상정지장치를 사용할 수 있도록 설치하여야 한다.

해설 크레인의 방호장치
과부하방지장치, 권과방지장치, 비상정지장치, 브레이크, 훅해지장치

정답 | 39 ④ 40 ① 41 ③ 42 ③

43 취성재료의 극한강도가 128MPa이며, 허용응력이 64MPa일 경우 안전계수는?

① 1
② 2
③ 4
④ 1/2

해설 **안전계수**

$$안전율(S) = \frac{극한(최대, 인장)강도}{허용응력} = \frac{128}{64} = 2$$

44 슬라이드 행정수가 100SPM 이하이거나, 행정길이가 50mm 이상의 프레스에 설치해야 하는 방호장치 방식은?

① 양수조작식
② 수인식
③ 가드식
④ 광전자식

해설 **수인식 방호장치의 선정조건(KOSHA GUIDE)**
1. 슬라이드 행정수가 100SPM 이하 프레스에 사용한다.
2. 슬라이드 행정길이가 50mm 이상 프레스에 사용한다.
3. 완전회전식 클러치 프레스에 적합하다.
4. 가공재를 손으로 이동하는 거리가 너무 클 때에는 작업에 불편하므로 사용하지 않는다.

45 보일러에서 압력이 규정 압력 이상으로 상승하여 과열되는 원인으로 가장 관계가 적은 것은?

① 수관 및 본체의 청소 불량
② 관수가 부족할 때 보일러 가동
③ 절탄기의 미부착
④ 수면계의 고장으로 인한 드럼 내의 물의 감소

해설 **보일러 과열의 원인**
- 수관과 본체의 청소 불량
- 관수 부족 시 보일러의 가동
- 수면계의 고장으로 드럼 내 물의 감소

46 프레스의 작업시작 전 점검사항이 아닌 것은?

① 권과방지장치 및 그 밖의 경보장치의 기능
② 슬라이드 또는 칼날에 의한 위험방지 기구의 기능
③ 프레스기의 금형 및 고정볼트 상태
④ 전단기의 칼날 및 테이블의 상태

해설 **프레스 작업시작 전의 점검사항(「안전보건규칙」[별표 3])**
1. 클러치 및 브레이크의 기능
2. 크랭크축·플라이휠·슬라이드·연결봉 및 연결 나사의 풀림 유무
3. 1행정 1정지기구·급정지장치 및 비상정지장치의 기능
4. 슬라이드 또는 칼날에 의한 위험방지 기구의 기능
5. 프레스의 금형 및 고정볼트 상태
6. 방호장치의 기능
7. 전단기의 칼날 및 테이블의 상태

47 컨베이어 작업시작 전 점검사항에 해당하지 않는 것은?

① 브레이크 및 클러치 기능의 이상 유무
② 비상정지장치 기능의 이상 유무
③ 이탈 등의 방지장치 기능의 이상 유무
④ 원동기 및 풀리 기능의 이상 유무

해설 **컨베이어 작업시작 전의 점검사항(「안전보건규칙」[별표 3])**
1. 원동기 및 풀리 기능의 이상 유무
2. 이탈 등의 방지장치 기능의 이상 유무
3. 비상정지장치 기능의 이상 유무
4. 원동기·회전축·기어 및 풀리 등의 덮개 또는 울 등의 이상 유무

48 "강렬한 소음작업"이라 함은 90dB 이상의 소음이 1일 몇 시간 이상 발생되는 작업을 말하는가?

① 2시간
② 4시간
③ 8시간
④ 10시간

해설 **강렬한 소음작업**
- 90dB 이상의 소음이 1일 8시간 이상 발생되는 작업
- 95dB 이상의 소음이 1일 4시간 이상 발생되는 작업

49 프레스기에 금형 설치 및 조정작업 시 준수하여야 할 안전수칙으로 틀린 것은?

① 금형을 부착하기 전에 하사점을 확인한다.
② 금형의 체결은 올바른 치공구를 사용하고 균등하게 체결한다.
③ 금형은 하형부터 잡고 무거운 금형의 받침은 인력으로 하지 않는다.
④ 슬라이드의 불시하강을 방지하기 위하여 안전블록을 제거한다.

해설 **금형조정작업의 위험 방지(「안전보건규칙」 제104조)**
프레스 등의 금형을 부착·해체 또는 조정하는 작업을 할 때에 해당 작업에 종사하는 근로자의 신체가 위험한계 내에 있는 경우 슬라이드가 갑자기 작동함으로써 근로자에게 발생할 우려가 있는 위험을 방지하기 위하여 안전블록을 사용하는 등 필요한 조치를 하여야 한다.

정답 | 43 ② 44 ② 45 ③ 46 ① 47 ① 48 ③ 49 ④

50 다음 설명에 해당하는 기계는?

- Chip이 가늘고 예리하여 손을 잘 다치게 한다.
- 주로 평면공작물을 절삭 가공하나, 더브테일 가공이나 나사 가공 등의 복잡한 가공도 가능하다.
- 장갑은 착용을 금하고, 보안경을 착용해야 한다.

① 선반 ② 호빙 머신
③ 연삭기 ④ 밀링

[해설] 밀링작업에서 생기는 칩은 가늘고 예리하며 부상을 입히기 쉬우므로 보안경을 착용해야 한다.

51 다음 중 용접부에 발생한 미세균열, 용입부족, 융합불량의 검출에 가장 적합한 비파괴검사법은?

① 방사선 투과 검사 ② 침투 탐상 검사
③ 자분 탐상 검사 ④ 초음파 탐상 검사

[해설] **초음파 탐상 검사(UT ; Ultrasonic Testing)**
설비의 내부에 균열 결함 및 용접부에 발생한 미세균열, 용입부족, 융합불량의 검출에 가장 적합한 검사방법

52 다음 중 롤러기에 설치하여야 할 방호장치는?

① 반발예방장치 ② 급정지장치
③ 접촉예방장치 ④ 파열판장치

[해설] **롤러기 방호장치의 종류**
1. 급정지장치
2. 가드
3. 발광다이오드 광선식 장치

53 컨베이어에 사용되는 방호장치와 그 목적에 관한 설명이 옳지 않은 것은?

① 운전 중인 컨베이어 등의 위로 넘어가고자 할 때를 위하여 급정지장치를 설치한다.
② 근로자의 신체 일부가 말려들 위험이 있을 때 이를 즉시 정지시키기 위한 비상정지장치를 설치한다.
③ 정전, 전압강하 등에 따른 화물 이탈을 방지하기 위해 이탈 및 역주행 방지장치를 설치한다.
④ 낙하물에 의한 위험 방지를 위한 덮개 또는 울을 설치한다.

[해설] 운전 중인 컨베이어 등의 위로 넘어가고자 할 때 설치하는 것은 "건널다리"이다.

54 보일러에서 프라이밍(Priming)과 포밍(Forming)의 발생 원인으로 가장 거리가 먼 것은?

① 역화가 발생되었을 경우
② 기계적 결함이 있을 경우
③ 보일러가 과부하로 사용될 경우
④ 보일러 수에 불순물이 많이 포함되었을 경우

[해설] **발생증기의 이상**
- 프라이밍(Priming) : 보일러가 과부하로 사용될 경우에 수위가 올라가던가 드럼 내의 부착품에 기계적 결함이 있으면 보일러수가 극심하게 끓어서 수면에서 끊임없이 격심한 물방울이 비산하고 증기부가 물방울로 충만하여 수위가 불안정하게 되는 현상
- 포밍(Forming) : 보일러수에 불순물이 많이 포함되었을 경우 보일러수의 비등과 함께 수면부 위에 거품층을 형성하여 수위가 불안정하게 되는 현상

55 범용 수동 선반의 방호조치에 관한 설명으로 옳지 않은 것은?

① 척 가드의 폭은 공작물의 가공작업에 방해가 되지 않는 범위 내에서 척 전체 길이를 방호할 수 있을 것
② 척 가드의 개방 시 스핀들의 작동이 정지되도록 연동회로를 구성할 것
③ 전면 칩 가드의 폭은 새들 폭 이하로 설치할 것
④ 전면 칩 가드는 심압대가 베드 끝단부에 위치하고 있고 공작물 고정 장치에서 심압대까지 가드를 연장시킬 수 없는 경우에는 부착위치를 조정할 수 있을 것

[해설] **공작기계의 제작 및 안전기준**
1. 가드의 폭은 새들 폭 이상일 것
2. 심압대(Tailstock)가 베드 끝단부에 위치하고 있고 공작물 고정장치에서 심압대까지 가드를 연장시킬 수 없는 경우에는 새들에 부착하는 등 부착위치를 조정할 수 있을 것

56 연삭숫돌의 지름이 20cm이고, 원주속도가 250m/min일 때 연삭숫돌의 회전수는 약 몇 rpm인가?

① 398 ② 433
③ 489 ④ 552

정답 | 50 ④ 51 ④ 52 ② 53 ① 54 ① 55 ③ 56 ①

[해설] 숫돌의 원주속도

$$v = \frac{\pi DN}{1{,}000} (\text{m/min})$$

여기서, 지름 : D(mm)
　　　회전수 : N(rpm)

$$N = \frac{1{,}000 \times v}{\pi D}$$
$$= \frac{1{,}000 \times 250}{\pi \times 200}$$
$$= 397.89(\text{rpm})$$

57 크레인에서 일반적인 권상용 와이어로프 및 권상용 체인의 안전율 기준은?

① 10 이상　　　② 2.7 이상
③ 4 이상　　　④ 5 이상

[해설] 와이어로프의 안전율 기준

와이어로프의 종류	안전율
• 권상용 와이어로프 • 지브 기복용 와이어로프 및 케이블 • 크레인의 주행용 와이어로프	5.0
• 지브 지지용 와이어로프 • 보조로프 및 고정용 와이어로프	4.0

58 기계설비에 대한 본질적인 안전화 방안의 하나인 풀 프루프(Fool Proof)에 관한 설명으로 거리가 먼 것은?

① 계기나 표시를 보기 쉽게 하거나 이른바 인체공학적 설계도 넓은 의미의 풀 프루프에 해당된다.
② 설비 및 기계장치 일부가 고장이 난 경우 기능의 저하는 가져오나 전체기능은 정지하지 않는다.
③ 인간이 에러를 일으키기 어려운 구조나 기능을 가진다.
④ 조작순서가 잘못되어도 올바르게 작동한다.

[해설] 설비 및 기계장치 일부가 고장이 난 경우 다음 절차를 행하지 못하도록 하는 것이 풀 프루프(Fool Proof)이다.

59 허용응력이 1kN/mm²이고, 단면적이 2mm²인 강판의 극한하중이 4,000N이라면 안전율은 얼마인가?

① 2　　　② 4
③ 5　　　④ 50

[해설] 안전율(Safety Factor), 안전계수

$$\text{안전율}(S) = \frac{\text{극한(최대, 인장)강도}}{\text{허용응력}}$$

$$= \frac{\dfrac{4{,}000\text{N}}{2\text{mm}^2}}{1{,}000\text{N/mm}^2} = 2$$

60 연삭기의 숫돌 지름이 300mm일 경우 평형 플랜지의 지름은 몇 mm 이상으로 해야 하는가?

① 50　　　② 100
③ 150　　　④ 200

[해설] 플랜지의 지름$(D) = \dfrac{300}{3} = 100(\text{mm})$ 이상

4과목
전기설비 안전관리

61 누전차단기를 설치하여야 하는 곳은?

① 기계기구를 건조한 장소에 시설한 경우
② 대지전압이 220V에서 기계기구를 물기가 없는 장소에 시설한 경우
③ 전기용품 안전관리법의 적용을 받는 2중 절연구조의 기계기구
④ 전원 측에 절연변압기(2차 전압이 300V 이하)를 시설한 경우

[해설] 누전차단기의 적용범위(「안전보건규칙」 제304조)
　대지전압이 150볼트를 초과하는 이동형 또는 휴대형 전기기계기구

62 누전으로 인한 화재의 3요소에 대한 요건이 아닌 것은?

① 접속점　　　② 출화점
③ 누전점　　　④ 접지점

[해설] 누전화재의 요인

누전점	발화점	접지점
전류의 유입점	발화된 장소	접지점의 소재

정답 | 57 ④　58 ②　59 ①　60 ②　61 ②　62 ①

63 다음 중 전압을 구분한 것으로 알맞은 것은?

① 저압이란 교류 600V 이하, 직류는 교류의 $\sqrt{2}$ 배 이하인 전압을 말한다.
② 고압이란 교류 7,000V 이하, 직류 7,500V 이하의 전압을 말한다.
③ 특고압이란 교류, 직류 모두 7,000V를 초과하는 전압을 말한다.
④ 고압이란 교류, 직류 모두 7,500V를 넘지 않는 전압을 말한다.

해설 **전압의 구분**

구분	KEC
저압	교류 : 1,000V 이하 직류 : 1,500V 이하
고압	교류 1,000V 초과 7kV 이하 직류 1,500V 초과 7kV 이하
특고압	7kV 초과

64 어느 변전소에서 고장전류가 유입되었을 때 도전성 구조물과 그 부근 지표상의 점과의 사이(약 1m)의 허용접촉전압은 약 몇 V인가? (단, 심실세동전류 $I_k = \dfrac{0.165}{\sqrt{t}}$ A, 인체의 저항 : 1,000Ω, 지표면의 저항률 : 150Ω·m, 통전시간을 1초로 한다.)

① 202　　　　② 186
③ 228　　　　④ 164

해설 **허용접촉전압**

$$E = \left(Rb + \dfrac{3\rho_S}{2}\right) \times I_k$$
$$= \left(1,000 + \dfrac{3 \times 150}{2}\right) \times 0.165$$
$$= 202[V]$$

여기서, Rb : 인체저항[Ω]
ρ_S : 지표상층 저항률[Ω·m]

65 방폭구조와 기호의 연결이 틀린 것은?

① 압력방폭구조 : p
② 내압방폭구조 : d
③ 안전증방폭구조 : s
④ 본질안전방폭구조 : ia 또는 ib

해설 안전증방폭구조 : e

66 다음은 전기안전에 관한 일반적인 사항을 기술한 것이다. 옳게 설명된 것은?

① 220V 동력용 전동기의 외함에 특별 제3종 접지공사를 하였다.
② 배선에 사용할 전선의 굵기를 허용전류, 기계적 강도, 전압강하 등을 고려하여 결정하였다.
③ 누전을 방지하기 위해 피뢰침 설비를 설치하였다.
④ 전선 접속 시 전선의 세기가 30% 이상 감소되었다.

해설 ① 법 개정으로 앞으로 출제되지 않음
③ 피뢰침 설비 : 낙뢰로 인하여 생기는 화재, 파손 또는 인축에 상해를 방지할 목적으로 하는 것을 총칭
④ 전선 접속 시 전선의 강도를 20% 이상 감소시키지 아니할 것

67 감전되어 사망하는 주된 메커니즘으로 틀린 것은?

① 심장부에 전류가 흘러 심실세동이 발생하여 혈액순환기능이 상실되어 일어난 것
② 흉골에 전류가 흘러 혈압이 약해져 뇌에 산소공급기능이 정지되어 일어난 것
③ 뇌의 호흡중추 신경에 전류가 흘러 호흡기능이 정지되어 일어난 것
④ 흉부에 전류가 흘러 흉부수축에 의한 질식으로 일어난 것

해설 **전격현상의 메커니즘**
1. 심실세동에 의한 혈액 순환기능 상실
2. 호흡중추신경 마비에 따른 호흡중지
3. 흉부수축에 의한 질식

68 고압 및 특고압의 전로에 시설하는 피뢰기에 접지공사를 할 때 접지저항의 최대값은 몇 Ω 이하로 해야 하는가?

① 100　　　　② 20
③ 10　　　　 ④ 5

해설 **피뢰기의 접지공사**
접지저항은 10Ω 이하여야 한다.

정답 | 63 ③　64 ①　65 ③　66 ②　67 ②　68 ③

69 인체의 손과 발 사이에 과도전류를 인가한 경우에 파두장 700μs에 따른 전류파고치의 최대값은 약 몇 mA 이하인가?

① 4　　　　　　　② 40
③ 400　　　　　　④ 800

해설) 과도전류에 대한 감지전류

전압파형(μs)	전류파고치(mA)
7×100	40 이하

70 인체저항에 대한 설명으로 옳지 않은 것은?

① 인체저항은 접촉면적에 따라 변한다.
② 피부저항은 물에 젖어 있는 경우 건조 시의 약 1/12로 저하된다.
③ 인체저항은 한 개의 단일 저항체로 보아 최악의 상태를 적용한다.
④ 인체에 전압이 인가되면 체내로 전류가 흐르게 되어 전격의 정도를 결정한다.

해설) 인체 각부의 저항은 피부의 건습의 차에 의해서 결정되며 건조한 경우에 비하여 땀이 난 경우에는 1/12, 물에 젖은 경우에는 1/25로 인체저항이 감소한다.

71 욕실 등 물기가 많은 장소에서 인체감전보호형 누전차단기의 정격감도전류와 동작시간은?

① 정격감도전류 30mA, 동작시간 0.01초 이내
② 정격감도전류 30mA, 동작시간 0.03초 이내
③ 정격감도전류 15mA, 동작시간 0.01초 이내
④ 정격감도전류 15mA, 동작시간 0.03초 이내

해설) 감전보호용 누전차단기
정격감도전류 30mA 이하, 동작시간 0.03초 이내(욕실 내 콘센트 15mA 적용)

72 정격사용률이 30%, 정격 2차 전류가 300A인 교류아크 용접기를 200A로 사용하는 경우의 허용사용률(%)은?

① 67.5　　　　　　② 91.6
③ 110.3　　　　　　④ 130.5

해설) 허용사용률 = 정격사용률 × $\left(\dfrac{\text{정격2차 전류}}{\text{실제 용접전류}}\right)^2$

$= 30 \times \left(\dfrac{300}{200}\right)^2 = 67.5\%$

73 전동기용 퓨즈의 사용 목적으로 알맞은 것은?

① 과전압 차단　　　② 누선전류 차단
③ 지락과전류 차단　④ 회로에 흐르는 과전류 차단

해설) 퓨즈의 역할
부하전류를 안전하게 통전(과전류를 차단하여 전로나 기기보호)

74 단로기를 사용하는 주된 목적은?

① 과부하 차단　　　② 변성기의 개폐
③ 이상전압의 차단　④ 무부하 선로의 개폐

해설) 단로기(DS ; Disconnection Switch)
단로기는 개폐기의 일종으로 수용가 구내 인입구에 설치하여 무부하상태의 전로를 개폐하는 역할

75 전격에 의해 심실세동이 일어날 확률이 가장 큰 심장 맥동주기 파형의 설명으로 옳은 것은? (단, 심장 맥동주기를 심전도에서 보았을 때의 파형이다.)

① 심실의 수축에 따른 파형이다.
② 심실의 팽창에 따른 파형이다.
③ 심실의 수축 종료 후 심실의 휴식 시 발생하는 파형이다.
④ 심실의 수축 시작 후 심실의 휴식 시 발생하는 파형이다.

해설) T파
심실의 수축 종료 후 심실의 휴식 시 발생하는 파형

정답 | 69 ② 70 ② 71 ④ 72 ① 73 ④ 74 ④ 75 ③

76 Freiberger가 제시한 인체의 전기적 등가회로는 다음 중 어느 것인가? (단, 단위는 $R(\Omega)$, $L(H)$, $C(F)$이다.)

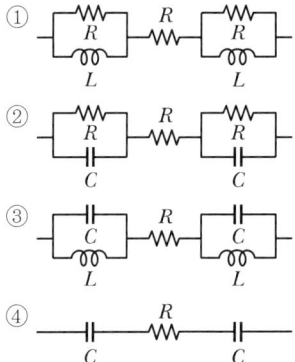

[해설] 인체임피던스의 등가회로

인체의 임피던스는 내부임피던스와 피부임피던스의 합성임피던스로 구성된다.

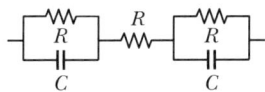

77 아크용접 작업 시 감전사고 방지대책으로 틀린 것은?

① 절연 장갑의 사용
② 절연 용접봉의 사용
③ 적정한 케이블의 사용
④ 절연 용접봉 홀더의 사용

[해설] 교류아크용접기의 감전방지 대책

절연 용접봉의 사용은 감전사고 방지대책과 무관하다.

78 전격의 위험을 결정하는 주된 인자로 가장 거리가 먼 것은?

① 통전전류　　　② 통전시간
③ 통전경로　　　④ 통전전압

[해설] 전격의 위험을 결정하는 주된 인자

통전전압은 전격 위험을 결정하는 주된 인자와 무관하다.

79 교류아크 용접기의 자동전격 방지장치란 용접기의 2차 전압을 25V 이하로 자동조절하여 안전을 도모하는 것이다. 다음 사항 중 어떤 시점에서 그 기능이 발휘되어야 하는가?

① 전체 작업시간 동안
② 아크를 발생시킬 때만
③ 용접작업을 진행하고 있는 동안만
④ 용접작업 중단 직후부터 다음 아크 발생 시

[해설] 용접을 행하지 않을 때 작업자가 용접봉과 모재 사이에 접촉함으로써 발생하는 감전의 위험을 방지한다(용접작업중단 직후부터 다음 아크 발생 시까지 유지).

80 저압방폭전기의 배관방법에 대한 설명으로 틀린 것은?

① 전선관용 부속품은 방폭구조에 정한 것을 사용한다.
② 전선관용 부속품은 유효 접속면의 깊이를 5mm 이상 되도록 한다.
③ 배선에서 케이블의 표면온도가 대상하는 발화온도에 충분한 여유가 있도록 한다.
④ 가요성 피팅(Fitting)은 방폭 구조를 이용하되 내측 반경을 5배 이상으로 한다.

[해설] 관용 평형나사에 의해 나사산이 5산 이상 결합된다.

5과목
화학설비 안전관리

81 다음 중 산업안전보건법령상 위험물질의 종류와 해당 물질이 올바르게 연결된 것은?

① 부식성 산류 – 아세트산(농도 90%)
② 부식성 염기류 – 아세톤(농도 90%)
③ 인화성 가스 – 이황화탄소
④ 인화성 가스 – 수산화칼륨

해설 | 부식성 물질(「안전보건규칙」 [별표 1] 제6호

구분	물질
부식성 산류	• 농도 20퍼센트 이상인 염산(HCl), 황산(H_2SO_4), 질산(HNO_3) 그 밖에 이와 동등 이상의 부식성을 가지는 물질 • 농도 60퍼센트 이상인 인산, 아세트산, 불산, 기타 이와 동등 이상의 부식성을 가지는 물질
부식성 염기류	• 농도 40퍼센트 이상인 수산화나트륨, 수산화칼륨 그 밖에 이와 동등 이상의 부식성을 가지는 염기류

82 다음의 2가지 물질을 혼합 또는 접촉하였을 때 발화 또는 폭발의 위험성이 가장 낮은 것은?

① 니트로셀룰로오스와 물　② 나트륨과 물
③ 염소산칼륨과 유황　　　④ 황화인과 무기과산화물

해설 | 니트로셀룰로오스는 물과 접촉하여도 발화 또는 폭발의 위험성이 낮다.

83 다음 중 자연발화에 대한 설명으로 틀린 것은?

① 분해열에 의해 자연발화가 발생할 수 있다.
② 입자의 표면적이 넓을수록 자연발화가 발생하기 쉽다.
③ 자연발화가 발생하지 않기 위해 습도를 가능한 한 높게 유지시킨다.
④ 열의 축적은 자연발화를 일으킬 수 있는 인자이다.

해설 | 적당한 수분을 보유할 경우 자연발화를 촉진한다.

84 다음 물질 중 인화점이 가장 낮은 물질은?

① 이황화탄소　② 아세톤
③ 크실렌　　　④ 경유

해설 | 인화점
가연성 증기를 발생하는 액체 또는 고체가 공기 중에서 점화원에 의해 표면 부근에서 연소하기에 충분한 농도(폭발하한계)를 발생시키는 최저의 온도로 정의하며, 일반적으로 분자구조가 간단하고 분자량이 낮을수록 인화점은 낮아진다.

85 폭발을 기상폭발과 응상폭발로 분류할 때 다음 중 기상폭발에 해당되지 않는 것은?

① 분진폭발　② 혼합가스폭발
③ 분무폭발　④ 수증기폭발

해설 | 증기폭발은 액상폭발에 해당한다.

86 [보기]의 물질을 폭발 범위가 넓은 것부터 좁은 순서로 바르게 배열한 것은?

┤보기├
　　H_2　　C_3H_8　　CH_4　　CO

① $CO > H_2 > C_3H_8 > CH_4$
② $H_2 > CO > CH_4 > C_3H_8$
③ $C_3H_8 > CO > CH_4 > H_2$
④ $CH_4 > H_2 > CO > C_3H_8$

해설 | 각 물질의 폭발 범위 및 위험도는 다음과 같다.

구분	수소(H_2)	프로판(C_3H_8)	메탄(CH_4)	일산화탄소(CO)
UFL	75	9.5	15	74
LEL	4	2.4	5	10.5
폭발범위	71	7.1	10	63.5
위험도	17.75	2.96	2	6.05

87 다음 중 관의 지름을 변경하고자 할 때 필요한 관 부속품은?

① Reducer　② Elbow
③ Plug　　　④ Valve

해설 | 관로의 크기를 바꿀 때는 축소관(Reduce), 부싱(Bushing) 등의 부속을 사용한다.

88 메탄(CH_4) 70vol%, 부탄(C_4H_{10}) 30vol%, 혼합가스의 25℃, 대기압에서의 공기 중 폭발하한계(vol%)는 약 얼마인가? (단, 각 물질의 폭발하한계는 다음 식을 이용하여 추정, 계산한다.)

$$C_{st} = \frac{1}{1+4.77 \times O_2} \times 100$$
$$L_{25} \fallingdotseq 0.55 C_{st}$$

① 1.2　② 3.2
③ 5.7　④ 7.7

정답 | 82 ① 83 ③ 84 ① 85 ④ 86 ② 87 ① 88 ②

해설 ① 메탄(CH_4)의 폭발범위
반응식 : $CH_4 + 2O_2 = CO_2 + 2H_2O$
Cst = 100/(1+(2/0.21)) = 9.50
따라서,
하한 = 0.55 × 9.50 = 5.23%vol
상한 = 3.50 × 9.50 = 33.25%vol

② 부탄(C_4H_{10})의 폭발범위
$C_4H_{10} + 6.5O_2 = 4CO_2 + 5H_2O$
Cst = 100/(1+6.5/0.21) = 3.13
따라서,
하한 = 0.55 × 3.13 = 1.72%vol
상한 = 3.50 × 3.13 = 10.96%vol

③ 르샤틀리에 공식에 의해
$$L = \frac{100}{\frac{V_1}{L_1}+\frac{V_2}{L_2}} = \frac{100}{\frac{70}{5.23}+\frac{30}{1.72}} = 3.2(vol\%)$$

89 다음 중 완전연소 조성농도가 가장 낮은 것은?

① 메탄(CH_4) ② 프로판(C_3H_8)
③ 부탄(C_4H_{10}) ④ 아세틸렌(C_2H_2)

해설 $C_nH_xO_y$일 때의 화학양론 농도

$$C_{st} = \frac{1}{(4.77n + 1.19x - 2.38y) + 1} \times 100(vol\%)$$

물질	완전연소 조성농도
① 메탄(CH_4)	$C_{st} = \frac{1}{4.77 \times 1 + 1.19 \times 4 + 1} \times 100$ = 9.50(Vol%)
② 프로탄(C_3H_8)	$C_{st} = \frac{1}{4.77 \times 3 + 1.19 \times 8 + 1} \times 100$ = 4.0(Vol%)
③ 부탄(C_4H_{10})	$C_{st} = \frac{1}{4.77 \times 4 + 1.19 \times 10 + 1} \times 100$ = 3.13(Vol%)
④ 아세틸렌(C_2H_2)	$C_{st} = \frac{1}{4.77 \times 2 + 1.19 \times 2 + 1} \times 100$ = 7.74(Vol%)

90 산업안전보건법령상 안전밸브 등의 전단·후단에는 차단밸브를 설치하여서는 아니 되지만 다음 중 자물쇠형 또는 이에 준하는 형식의 차단밸브를 설치할 수 있는 경우로 틀린 것은?

① 인접한 화학설비 및 그 부속설비에 안전밸브 등이 각각 설치되어 있고, 해당 화학설비 및 그 부속설비의 연결배관에 차단밸브가 없는 경우
② 안전밸브 등의 배출용량이 4분의 1 이상에 해당하는 용량의 자동압력조절밸브와 안전밸브 등이 직렬로 연결된 경우
③ 화학설비 및 그 부속설비에 안전밸브 등이 복수방식으로 설치되어 있는 경우
④ 열팽창에 의하여 상승된 압력을 낮추기 위한 목적으로 안전밸브가 설치된 경우

해설 안전밸브 등의 배출용량의 2분의 1 이상에 해당하는 용량의 자동압력조절밸브(구동용 동력원의 공급을 차단하는 경우 열리는 구조인 것에 한정한다)와 안전밸브 등이 병렬로 연결된 경우 안전밸브 등의 전단·후단에 자물쇠형 또는 이에 준하는 형식의 차단밸브를 설치할 수 있다.

91 다음 중 상온에서 물과 격렬히 반응하여 수소를 발생시키는 물질은?

① An ② K
③ S ④ Ag

해설 K(칼륨) 등 알칼리 금속은 상온에서 물과 격렬히 반응하여 수소(H_2)가스를 발생한다.
$2K + 2H_2O \rightarrow 2KOH + H_2$

92 반응성 화학물질의 위험성은 실험에 의한 평가 대신 문헌조사 등을 통해 계산에 의해 평가하는 방법을 사용할 수 있다. 이에 관한 설명으로 옳지 않은 것은?

① 위험성이 너무 커서 물성을 측정할 수 없는 경우 계산에 의한 평가 방법을 사용할 수도 있다.
② 연소열, 분해열, 폭발열 등의 크기에 의해 그 물질의 폭발 또는 발화의 위험예측이 가능하다.
③ 계산에 의한 평가를 하기 위해서는 폭발 또는 분해에 따른 생성물의 예측이 이루어져야 한다.
④ 계산에 의한 위험성 예측은 모든 물질에 대해 정확성이 있으므로 더 이상의 실험을 필요로 하지 않는다.

해설 계산에 의한 위험성 예측은 실제와 다를 가능성이 있으므로 실험을 통해 실제 위험성을 평가할 필요가 있다.

정답 | 89 ③ 90 ② 91 ② 92 ④

93 유체의 역류를 방지하기 위해 설치하는 밸브는?

① 체크밸브　　　② 게이트밸브
③ 대기밸브　　　④ 글로브밸브

[해설] 체크밸브는 방향성이 있어 역류를 방지한다.

94 다음 중 마그네슘의 저장 및 취급에 관한 설명으로 틀린 것은?

① 산화제와 접촉을 피한다.
② 고온의 물이나 과열 수증기와 접촉하면 격렬히 반응하므로 주의한다.
③ 분말은 분진폭발성이 있으므로 누설되지 않도록 포장한다.
④ 화재 발생 시 물의 사용을 금하고, 이산화탄소소화기를 사용하여야 한다.

[해설] 마그네슘의 저장 및 취급
　　물과 반응하면 수소발생, 이산화탄소와는 폭발적인 반응을 하므로 소화는 마른 모래나 분말 소화약제를 사용한다.

95 다음 중 화재 시 주수에 의해 오히려 위험성이 증대되는 물질은?

① 황린　　　② 니트로셀룰로오스
③ 적린　　　④ 금속나트륨

[해설] 금속나트륨(Na)은 찬물과도 쉽게 반응하여 수소(H_2)가스를 발생한다.
　　$2Na + 2H_2O \rightarrow 2NaOH + H_2 + 88.2kcal$

96 압축기와 송풍의 관로에 심한 공기의 맥동과 진동을 발생하면서 불안정한 운전이 되는 서징(Surging)현상의 방지법으로 옳지 않은 것은?

① 풍량을 감소시킨다.
② 배관의 경사를 완만하게 한다.
③ 교축밸브를 기계에서 멀리 설치한다.
④ 토출가스를 흡입 측에 바이패스시키거나 방출밸브에 의해 대기로 방출시킨다.

[해설] 교축밸브를 압축기 가까이에 설치해서 부하에 따라 풍량을 적절히 조절한다.

97 다음 물질 중 공기에서 폭발상한계값이 가장 큰 것은?

① 사이클로헥산　　　② 산화에틸렌
③ 수소　　　④ 이황화탄소

[해설] 산화에틸렌(C_2H_4O)은 분자 자체 내에 산소(O_2)를 포함하여 공기 또는 산소가 없어도 연소·폭발할 수 있다(폭발상 한계 100%).

98 산업안전보건법령상 위험물질의 종류를 구분할 때 다음 물질들이 해당하는 것은?

> 리튬, 칼륨·나트륨, 황, 황린, 황화인·적린

① 폭발성 물질 및 유기과산화물
② 산화성 액체 및 산화성 고체
③ 물반응성 물질 및 인화성 고체
④ 급성 독성 물질

[해설] 보기의 물질들은 물반응성 물질 및 인화성 고체로 위험물질이 구분된다.

99 물과 탄화칼슘이 반응하면 어떤 가스가 생성되는가?

① 염소가스　　　② 아황산가스
③ 수성가스　　　④ 아세틸렌가스

[해설] 탄화칼슘(CaC_2, 카바이트)은 물과 반응하여 아세틸렌(C_2H_2)가스를 발생시킨다.

100 다음 중 분진폭발에 관한 설명으로 틀린 것은?

① 가스폭발에 비교하여 연소시간이 짧고, 발생에너지가 작다.
② 최초의 부분적인 폭발이 분진의 비산으로 2차, 3차 폭발로 파급되어 피해가 커진다.
③ 가스에 비하여 불완전 연소를 일으키기 쉬우므로 연소 후 가스에 의한 중독 위험이 있다.
④ 폭발 시 입자가 비산하므로 이것에 부딪치는 가연물은 국부적으로 탄화를 일으킬 수 있다.

[해설] 분진폭발은 압력의 파급속도가 커서 화염보다는 압력으로 인한 피해가 크다.

정답 | 93 ① 94 ④ 95 ④ 96 ③ 97 ② 98 ③ 99 ④ 100 ①

6과목
건설공사 안전관리

101 터널지보공을 조립하는 경우에는 미리 그 구조를 검토한 후 조립도를 작성하고, 그 조립도에 따라 조립하도록 하여야 하는데 이 조립도에 명시하여야 할 사항과 가장 거리가 먼 것은?

① 이음방법
② 단면규격
③ 재료의 재질
④ 재료의 구입처

해설 조립도에는 재료의 재질, 단면규격, 설치간격 및 이음방법 등을 명시하여야 한다.

102 취급·운반의 원칙으로 옳지 않은 것은?

① 연속운반을 할 것
② 생산을 최고로 하는 운반을 생각할 것
③ 운반작업을 집중하여 시킬 것
④ 곡선운반을 할 것

해설 곡선운반이 아니라 직선운반을 하여야 한다.

103 콘크리트 타설을 위한 거푸집 동바리의 구조검토 시 가장 선행되어야 할 작업은?

① 각 부재에 생기는 응력에 대하여 안전한 단면을 산정한다.
② 가설물에 작용하는 하중 및 외력의 종류, 크기를 산정한다.
③ 하중·외력에 의하여 각 부재에 생기는 응력을 구한다.
④ 사용할 거푸집 동바리의 설치간격을 결정한다.

해설 거푸집 동바리의 구조검토 시 가설물에 작용하는 하중 및 외력의 종류, 크기를 우선적으로 산정한다.

104 산업안전보건법령에 따른 유해하거나 위험한 기계·기구에 설치하여야 할 방호장치를 연결한 것으로 옳지 않은 것은?

① 포장기계 - 헤드 가드
② 예초기 - 날접촉 예방장치
③ 원심기 - 회전체 접촉 예방장치
④ 금속절단기 - 날접촉 예방장치

해설 포장기계에는 구동부 방호 연동장치를 방호장치로 설치한다.

105 이동식 비계를 조립하여 작업을 하는 경우에 대한 준수사항으로 옳지 않은 것은?

① 승강용 사다리는 견고하게 설치할 것
② 비계의 최상부에서 작업을 하는 경우에는 안전난간을 설치할 것
③ 작업발판의 최대적재하중은 400kg을 초과하지 않도록 할 것
④ 작업발판은 항상 수평을 유지하고 작업발판 위에서 안전난간을 딛고 작업을 하거나 받침대 또는 사다리를 사용하여 작업하지 않도록 할 것

해설 이동식 비계 작업발판의 최대적재하중은 250kg이다.

106 철골구조의 앵커볼트매립과 관련된 준수사항 중 옳지 않은 것은?

① 기둥중심은 기준선 및 인접기둥의 중심에서 3mm 이상 벗어나지 않을 것
② 앵커 볼트는 매립 후에 수정하지 않도록 설치할 것
③ 베이스플레이트의 하단은 기준 높이 및 인접기둥의 높이에서 3mm 이상 벗어나지 않을 것
④ 앵커 볼트는 기둥중심에서 2mm 이상 벗어나지 않을 것

해설 기둥중심은 기준선 및 인접기둥의 중심에서 5mm 이상 벗어나지 않아야 한다.

107 비계(달비계, 다대비계 및 말비계는 제외)의 높이가 2m 이상인 작업장소에 설치하는 작업발판의 구조 및 설비에 관한 기준으로 옳지 않은 것은?

① 작업발판의 폭이 40cm 이상이 되도록 한다.
② 발판재료 간의 틈은 3cm 이하로 한다.
③ 작업발판을 작업에 따라 이동시킬 경우에는 위험방지에 필요한 조치를 한다.
④ 작업발판재료는 뒤집히거나 떨어지지 않도록 하나 이상의 지지물에 연결하거나 고정시킨다.

해설 작업발판재료는 뒤집히거나 떨어지지 않도록 둘 이상의 지지물에 연결하거나 고정시킬 것

정답 | 101 ④ 102 ④ 103 ② 104 ① 105 ③ 106 ① 107 ④

108 산업안전보건관리비계상기준에 따른 건축공사, 대상액 (5억 원 이상~50억 원 미만)의 비율 및 기초액으로 옳은 것은?

① 비율 : 1.86%, 기초액 : 5,349,000원
② 비율 : 1.99%, 기초액 : 5,499,000원
③ 비율 : 2.35%, 기초액 : 5,400,000원
④ 비율 : 1.57%, 기초액 : 4,411,000원

해설) 산업안전보건관리비 계상기준은 다음과 같다.

공사 종류 및 규모별 안전관리비 계상기준

구분 공사종류	대상액 5억 원 미만인 경우 적용 비율(%)	대상액 5억 원 이상 50억 원 미만인 경우		대상액 50억 원 이상인 경우 적용비율(%)	영 별표 5에 따른 보건관리자 선임대상 건설공사의 적용비율(%)
		적용비율(%)	기초액		
건축공사	2.93%	1.86%	5,349,000원	1.97%	2.15%
토목공사	3.09%	1.99%	5,499,000원	2.10%	2.29%
중건설공사	3.43%	2.35%	5,400,000원	2.44%	2.66%
특수건설공사	1.85%	1.85%	3,250,000원	1.27%	1.38%

109 강관비계를 조립할 때 준수하여야 할 사항으로 옳지 않은 것은?

① 띠장간격은 1.8m 이하로 설치할 것
② 비계기둥의 간격은 띠장방향에서 1.85m 이하로 할 것
③ 비계기둥의 제일 윗부분으로부터 31m 되는 지점 밑부분의 비계기둥은 2개의 강관으로 묶어 세울 것
④ 비계기둥 간의 적재하중은 400kg을 초과하지 않도록 할 것

해설) 띠장간격은 2m 이하로 설치해야 한다.

110 지반조사의 간격 및 깊이에 대한 내용으로 옳지 않은 것은?

① 조사간격은 지층상태, 구조물 규모에 따라 정한다.
② 절토, 개착, 터널구간은 기반암의 심도 5~6m까지 확인한다.
③ 지층이 복잡한 경우에는 기조사한 간격 사이에 보완조사를 실시한다.
④ 조사깊이는 액상화문제가 있는 경우에는 모래층 하단에 있는 단단한 지지층까지 조사한다.

해설) 절토, 개착, 터널구간에서 기반암의 확인이 안 된 경우 기반암의 심도 2m까지 확인한다.

111 옥외에 설치되어 있는 주행크레인에 대하여 이탈방지장치를 작동시키는 등 이탈 방지를 위한 조치를 하여야 하는 풍속기준으로 옳은 것은?

① 순간풍속이 20m/sec를 초과할 때
② 순간풍속이 25m/sec를 초과할 때
③ 순간풍속이 30m/sec를 초과할 때
④ 순간풍속이 35m/sec를 초과할 때

해설) 순간풍속이 30m/sec를 초과하는 바람이 불어올 우려가 있는 경우가 해당된다.

112 토사붕괴 재해를 방지하기 위한 흙막이 지보공설비를 구성하는 부재와 거리가 먼 것은?

① 말뚝   ② 버팀대
③ 띠장   ④ 턴버클

해설) 턴버클은 안전대 부착설비 등의 지지철물이다.

113 작업장소의 지형 및 지반 상태 등에 적합한 제한속도를 미리 정하지 않아도 되는 차량계 건설기계는 최대제한속도가 최대 시속 얼마 이하인 것을 의미하는가?

① 5km/hr 이하   ② 10km/hr 이하
③ 15km/hr 이하   ④ 20km/hr 이하

해설) 최고속도가 매시 10킬로미터 이하인 것은 제외 대상이다.

114 건설현장에서 작업 중 물체가 떨어지거나 날아올 우려가 있는 경우에 대한 안전조치에 해당하지 않는 것은?

① 수직보호망 설치   ② 방호선반 설치
③ 울타리 설치   ④ 낙하물 방지망 설치

해설) 울타리는 추락재해 방지설비이다.

115 항타기 또는 항발기의 권상용 와이어로프의 절단하중이 100ton일 때 와이어로프가 걸리는 최대하중을 얼마까지 할 수 있는가?

① 20ton   ② 33.3ton
③ 40ton   ④ 50ton

정답 | 108 ① 109 ① 110 ② 111 ③ 112 ④ 113 ② 114 ③ 115 ①

해설) 안전계수 = 절단하중/최대하중 이므로

최대하중 = 절단하중/안전계수 = 100/5 = 20

116 유해위험방지계획서를 제출해야 할 건설공사 대상 사업장 기준으로 옳지 않은 것은?

① 최대 지간길이가 40m 이상인 교량건설 등의 공사
② 지상높이가 31m 이상인 건축물
③ 터널 건설 등의 공사
④ 깊이 10m 이상인 굴착공사

해설) 최대지간 길이가 50m 이상인 교량공사가 제출대상이다.

117 공사현장에서 가설계단을 설치하는 경우 높이가 3m를 초과하는 계단에는 높이 3m 이내마다 최소 얼마 이상의 너비를 가진 계단참을 설치하여야 하는가?

① 3.5m   ② 2.5m
③ 1.2m   ④ 1.0m

해설) 높이가 3m를 초과하는 계단에는 높이 3m 이내마다 너비 1.2m 이상의 계단참을 설치해야 한다.

118 이동식 비계를 조립하여 작업을 하는 경우에 작업발판의 최대적재하중은 몇 kg을 초과하지 않도록 해야 하는가?

① 150kg   ② 200kg
③ 250kg   ④ 300kg

해설) 이동식 비계 작업발판의 최대적재하중은 250kg이다.

119 차량계 하역운반기계 등에 화물을 적재하는 경우의 준수사항이 아닌 것은?

① 하중이 한쪽으로 치우치지 않도록 적재할 것
② 구내운반차 또는 화물자동차의 경우 화물의 붕괴 또는 낙하에 의한 위험을 방지하기 위하여 화물에 로프를 거는 등 필요한 조치를 할 것
③ 운전자의 시야를 가리지 않도록 화물을 적재할 것
④ 차륜의 이상 유무를 점검할 것

해설) 차륜의 이상 유무는 지게차의 작업시작 전 점검사항이다.

120 보일링(Boiling) 현상에 관한 설명으로 옳지 않은 것은?

① 지하수위가 높은 모래 지반을 굴착할 때 발생하는 현상이다.
② 보일링 현상에 대한 대책의 일환으로 공사기간 중 지하수위를 일정하게 유지시켜야 한다.
③ 보일링 현상이 발생하는 경우 흙막이 보는 지지력이 저하된다.
④ 아랫부분의 토사가 수압을 받아 굴착한 곳으로 밀려나와 굴착부분을 다시 메우는 현상이다.

해설) 보일링(Boiling) 현상의 예방방법은 흙막이의 근입깊이를 경질지반까지 증가시키고, 지하수위를 저하시켜야 한다.

정답 | 116 ① 117 ③ 118 ③ 119 ④ 120 ②

2018년 1회

1과목
산업재해 예방 및 안전보건교육

01 기업 내 정형교육 중 TWI(Training Within Industry)의 교육내용이 아닌 것은?

① Job Method Training
② Job Relation Training
③ Job Instruction Training
④ Job Standardization Training

해설 관리감독자 훈련의 종류(TWI)
1. 작업지도기법(JI)
2. 작업개선기법(JM)
3. 인간관계관리기법(JR)
4. 작업안전기법(JS)

02 재해사례연구의 진행단계 중 다음 ( ) 안에 알맞은 것은?

재해 상황의 파악 → (㉠) → (㉡) → 근본적 문제점의 결정 → (㉢)

① ㉠ 사실의 확인, ㉡ 문제점의 발견, ㉢ 대책 수립
② ㉠ 문제점의 발견, ㉡ 사실의 확인, ㉢ 대책 수립
③ ㉠ 사실의 확인, ㉡ 대책수립, ㉢ 문제점의 발견
④ ㉠ 문제점의 발견, ㉡ 대책수립, ㉢ 사실의 확인

해설 재해사례 연구단계
재해상황의 파악 → 사실 확인(1단계) → 문제점 발견(2단계) → 근본 문제점 결정(3단계) → 대책 수립(4단계)

03 교육심리학의 학습이론에 관한 설명 중 옳은 것은?

① 파블로프(Pavlov)의 조건반사설은 맹목적 시행을 반복하는 가운데 자극과 반응이 결합하여 행동하는 것이다.
② 레빈(Lewin)의 장설은 후천적으로 얻게 되는 반사작용으로 행동을 발생시킨다는 것이다.
③ 톨만(Tolman)의 기호형태설은 학습자의 머릿속의 인지적 지도 같은 인지구조를 바탕으로 학습하려는 것이다.
④ 손다이크(Thorndike)의 시행착오설은 내적, 외적의 전체구조를 새로운 시점에서 파악하여 행동하는 것이다.

해설 톨만의 기호형태설에 따르면 학습은 행동에 따른 결과와, 목표를 위한 수단을 배우는 일이다.

04 레빈(Lewin)의 법칙 B=f(P·E) 중 B가 의미하는 것은?

① 인간관계   ② 행동
③ 환경   ④ 함수

해설 레빈(K·Lewin)의 법칙
레빈은 인간의 행동은 그 사람이 가진 자질, 즉, 개체와 심리적 환경과의 상호 함수관계에 있다고 하였다.
여기서, B : behavior(인간의 행동)
   f : Function(함수관계)
   P : person(개체 : 연령, 경험, 심신상태, 성격, 지능 등)
   E : environment(심리적 환경 : 인간관계, 작업환경 등)

05 학습지도의 형태 중 몇 사람의 전문가에 의해 과정에 관한 견해를 발표하고 참가자로 하여금 의견이나 질문을 하게 하는 토의 방식은?

① 포럼(Forum)
② 심포지엄(Symposium)
③ 버즈세션(Buzz session)
④ 자유토의법(Free discussion method)

정답 | 01 ④ 02 ① 03 ③ 04 ② 05 ②

[해설] **심포지엄(The Symposium)**
몇 사람의 전문가에 의하여 과제에 관한 견해를 발표한 뒤에 참가자로 하여금 의견이나 질문을 하게 하여 토의하는 방법

06 산업안전보건법령상 지방고용노동관서의 장이 사업주에게 안전관리자·보건관리자 또는 안전보건관리 담당자를 정수 이상으로 증원하게 하거나 교체하여 임명할 것을 명할 수 있는 경우의 기준 중 다음 (   ) 안에 알맞은 것은?

- 중대재해가 연간 (㉠)건 이상 발생한 경우
- 해당사업장의 연간재해율이 같은 업종의 평균재해율의 (㉡)배 이상인 경우

① ㉠ 3, ㉡ 2
② ㉠ 2, ㉡ 3
③ ㉠ 2, ㉡ 2
④ ㉠ 3, ㉡ 3

[해설] **안전관리자 등의 증원·교체임명 명령**
1. 중대재해가 연간 2건 이상 발생한 경우
2. 해당 사업장의 연간재해율이 같은 업종의 평균재해율의 2배 이상인 경우

07 하인리히(Heinrich)의 재해구성비율에 따른 58건의 경상이 발생한 경우 무상해 사고는 몇 건이 발생하겠는가?

① 58건
② 116건
③ 600건
④ 900건

[해설] **하인리히의 재해구성비율**
사망 및 중상 : 경상 : 무상해 사고
= 1 : 29 : 300 = 2 : 58 : 600

08 상해 정도별 분류 중 의사의 진단으로 일정 기간 정규 노동에 종사할 수 없는 상해에 해당하는 것은?

① 영구 일부노동 불능 상해
② 일시 전노동 불능 상해
③ 영구 전노동 불능 상해
④ 구급처치 상해

[해설] '일시 전노동 불능'은 장해가 남지 않는 휴업상해(의사의 진단 필요)이다.

09 데이비스(Davis)의 동기부여이론 중 동기유발의 식으로 옳은 것은?

① 지식×기능
② 지식×태도
③ 상황×기능
④ 상황×태도

[해설] 상황(Situation)×태도(Attitude)=동기유발(Motivation)

10 안전보건관리조직의 유형 중 스탭형(Staff) 조직의 특징이 아닌 것은?

① 생산부문은 안전에 대한 책임과 권한이 없다.
② 권한 다툼이나 조정 때문에 통제수속이 복잡해지며 시간과 노력이 소모된다.
③ 생산 부문에 협력하여 안전명령을 전달, 실시하므로 안전지시가 용이하지 않으며 안전과 생산을 별개로 취급하기 쉽다.
④ 명령 계통과 조언 권고적 참여가 혼동되기 쉽다.

[해설] **스태프(STAFF)형 조직**
중소규모사업장에 적합한 조직으로서 안전업무를 관장하는 참모(STAFF)를 두고 안전관리에 관한 계획·조정·조사·검토·보고 등의 업무와 현장에 대한 기술지원을 담당하도록 편성된 조직(중규모, 100~1,000명 이하)
※ 명령계통과 조언 권고적 참여가 혼동되기 쉬운 조직은 라인·스태프(Line-Staff)형 조직이다.

11 자율검사프로그램을 인정받기 위해 보유하여야 할 검사장비의 이력카드 작성, 교정주기와 방법 설정 및 관리 등의 관리주체는?

① 사업주
② 제조자
③ 안전관리전문기관
④ 안전보건관리책임자

[해설] **사업주가 자율검사프로그램을 인정받기 위한 충족 요건**
1. 관련 법에 따른 검사원을 고용하고 있을 것
2. 고용노동부장관이 정하여 고시하는 바에 따라 검사를 할 수 있는 장비를 갖추고 이를 유지·관리할 수 있을 것
3. 관련 법에 따른 검사 주기의 2분의 1에 해당하는 주기마다 검사를 할 것
4. 자율검사프로그램의 검사기준이 안전검사기준을 충족할 것

정답 | 06 ① 07 ③ 08 ② 09 ④ 10 ④ 11 ①

12 다음의 방진마스크 형태로 옳은 것은?

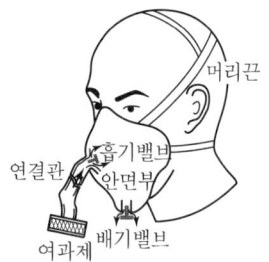

① 직결식 전면형 ② 직결식 반면형
③ 격리식 전면형 ④ 격리식 반면형

해설) 방진마스크 종류

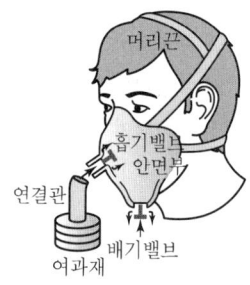

[격리식 반면형]

13 작업자 적성의 요인이 아닌 것은?

① 성격(인간성) ② 지능
③ 인간의 연령   ④ 흥미

해설) 적성의 요인 4가지
1. 직업적성   2. 지능
3. 흥미   4. 인간성

14 산업안전보건법령상 근로자 안전·보건 교육 기준 중 관리감독자 정기안전·보건교육의 교육내용으로 틀린 것은? (단, 산업안전보건법 및 일반관리에 관한 사항은 제외한다.)

① 산업안전 및 사고 예방에 관한 사항
② 표준안전 작업방법 및 지도 요령에 관한 사항
③ 건강증진 및 질병 예방에 관한 사항
④ 산업보건 및 직업병 예방에 관한 사항

해설) ③은 근로자 정기 안전·보건교육 내용이다.

15 산업안전보건법령상 안전·보건표지의 색채와 색도기준의 연결이 틀린 것은? [단, 색도기준은 한국산업표준(KS)에 따른 색의 3속성에 의한 표시방법에 따른다.]

① 빨간색 - 7.5R 4/14
② 노란색 - 5Y 8.5/12
③ 파란색 - 2.5PB 4/10
④ 흰색 - N0.5

해설) 안전보건표지의 색도기준 및 용도

색채	색도기준	용도
빨간색	7.5R 4/14	금지/경고
노란색	5Y 8.5/12	경고
파란색	2.5PB 4/10	지시
흰색	N9.5	

16 강도율에 관한 설명 중 틀린 것은?

① 사망 및 영구 전노동불능(신체장해등급 1~3급)의 근로손실일수는 7500일로 환산한다.
② 신체장해 등급 중 제14급은 근로손실일수를 50일로 환산한다.
③ 영구 일부 노동불능은 신체 장해등급에 따른 근로손실일수에 $\frac{300}{365}$을 곱하여 환산한다.
④ 일시 전노동 불능은 휴업일수에 $\frac{300}{365}$을 곱하여 근로손실일수를 환산한다.

해설) 장애 등급에 따른 손실일수(영구일부노동불능)에는 300/365를 곱하지 않는다.

17 산업안전보건법령상 안전·보건표지의 종류 중 경고표지의 기본모형(형태)이 다른 것은?

① 폭발성 물질 경고 ② 방사성 물질 경고
③ 매달린 물체 경고 ④ 고압전기 경고

해설) 경고표지

203 폭발성 물질 경고	206 방사성 물질 경고	208 매달린 물체 경고	207 고압전기 경고

정답 | 12 ④ 13 ③ 14 ③ 15 ④ 16 ③ 17 ①

18 석면 취급장소에서 사용하는 방진마스크의 등급으로 옳은 것은?

① 특급 ② 1급
③ 2급 ④ 3급

해설) **방진마스크의 등급**
1. 특급 : 석면 취급장소 등
2. 1급 : 금속흄 등과 같이 열적으로 생기는 분진 등 발생장소
3. 2급 : 특급 및 1급 마스크 착용장소를 제외한 분진 등 발생장소

19 적응기제 중 도피기제의 유형이 아닌 것은?

① 합리화 ② 고립
③ 퇴행 ④ 억압

해설) **도피적 기제(Ascape Mechanism)**
욕구불만이나 압박으로부터 벗어나기 위해 현실을 벗어나 마음의 안정을 찾으려는 것(고립, 퇴행, 억압, 백일몽)

20 생체 리듬(Bio Rhythm) 중 일반적으로 33일을 주기로 반복되며 상상력, 사고력, 기억력 또는 의지, 판단 및 비판력 등과 깊은 관련성을 갖는 리듬은?

① 육체적 리듬 ② 지성적 리듬
③ 감성적 리듬 ④ 생활 리듬

해설) **지성적 리듬(주기 33일)**
상상력(추리력), 사고력, 기억력, 인지, 판단력 등

2과목
인간공학 및 위험성 평가 · 관리

21 에너지 대사율(RMR)에 대한 설명으로 틀린 것은?

① $R = \dfrac{운동대사량}{기초대사량}$
② 보통 작업 시 RMR은 4~7임
③ 가벼운 작업 시 RMR은 0~2임
④ $R = \dfrac{운동 시 산소소모량 - 안정 시 산소소모량}{기초대사량(산소소비량)}$

해설) 에너지 대사율(RMR) 4~7은 무거운 작업(重作業)에 해당한다.

22 FMEA의 특징에 대한 설명으로 틀린 것은?

① 세부시스템 분석 시 FTA보다 효과적이다.
② 시스템 해석기법은 정성적·귀납적 분석법 등에 사용된다.
③ 각 요소 간 영향 해석이 어려워 2가지 이상 동시 고장은 해석이 곤란하다.
④ 양식이 비교적 간단하고 적은 노력으로 특별한 훈련 없이 해석이 가능하다.

해설) 세부시스템 분석에는 FTA가 더욱 효과적이다.

23 A사의 안전관리자는 자사 화학 설비의 안전성 평가에서 제2단계인 정성적 평가를 진행하기 위하여 평가 항목 대상을 분류하였다. 주요 평가 항목 중에서 설계관계 항목이 아닌 것은?

① 건조물 ② 공장 내 배치
③ 입지조건 ④ 원재료, 중간제품

해설) **안전성 평가 제2단계 : 정성적 평가**
1. 설계관계 : 공장 내 배치, 소방설비, 공장의 입지조건 등
2. 운전관계 : 원재료, 운송, 저장 등

24 기계설비 고장 유형 중 기계의 초기결함을 찾아내 고장률을 안정시키는 기간은?

① 마모고장 기간 ② 우발고장 기간
③ 에이징(Aging) 기간 ④ 디버깅(Debugging) 기간

해설) 디버깅(Debugging) 기간이란 기계의 초기결함을 찾아내 고장률을 안정시키는 기간을 뜻한다.

25 들기 작업 시 요통재해예방을 위하여 고려할 요소와 가장 거리가 먼 것은?

① 들기 빈도 ② 작업자 신장
③ 손잡이 형상 ④ 허리 비대칭 각도

해설) 작업자의 신장은 요통재해예방과는 무관하다.

26 일반적으로 작업장에서 구성요소를 배치할 때, 공간의 배치 원칙에 속하지 않는 것은?

① 사용빈도의 원칙 ② 중요도의 원칙
③ 공정개선의 원칙 ④ 기능성의 원칙

해설) **부품배치의 원칙**
1. 중요성의 원칙 2. 사용빈도의 원칙
3. 기능별 배치의 원칙 4. 사용순서의 원칙

27 반사율이 60%인 작업 대상물에 대하여 근로자가 검사작업을 수행할 때 휘도(Lumi-nance)가 90fL이라면 이 작업에서의 소요조명(fc)은 얼마인가?

① 75 ② 150
③ 200 ④ 300

해설) 소요조명(fc) = $\dfrac{\text{소요광속발산도(fL)}}{\text{반사율(\%)}} \times 100$
= $\dfrac{90}{60} \times 100 = 150$

28 산업안전보건법령상 유해하거나 위험한 장소에서 사용하는 기계·기구 및 설비를 설치·이전하는 경우 유해·위험방지계획서를 작성, 제출하여야 하는 대상이 아닌 것은?

① 화학설비 ② 금속 용해로
③ 건조설비 ④ 전기용접장치

해설) **유해·위험방지계획서 제출대상**
1. 금속이나 그 밖의 광물의 용해로
2. 화학설비
3. 건조설비
4. 가스집합용접장치

29 동작경제의 원칙에 해당하지 않는 것은?

① 공구의 기능을 각각 분리하여 사용하도록 한다.
② 두 팔의 동작은 동시에 서로 반대방향으로 대칭적으로 움직이도록 한다.
③ 공구나 재료는 작업동작이 원활하게 수행되도록 그 위치를 정해준다.
④ 가능하다면 쉽고도 자연스러운 리듬이 작업동작에 생기도록 작업을 배치한다.

해설) **동작경제의 원칙(공구 및 설비 디자인에 관한 원칙)**
• 물체 고정장치나 발을 사용함으로써 손의 작업을 보조하고 손은 다른 동작을 담당하도록 한다.
• 가능한 한 두 개 이상의 공구를 결합하도록 해야 한다.
• 공구나 재료는 미리 배치한다.

30 휴먼 에러 예방대책 중 인적 요인의 대책이 아닌 것은?

① 설비 및 환경 개선
② 소집단 활동의 활성화
③ 작업에 대한 교육 및 훈련
④ 전문인력의 적재적소 배치

해설) 설비 및 환경 개선은 인적 요인의 대책에 해당하지 않는다.

31 다음 시스템에 대하여 톱사상(Top event)에 도달할 수 있는 최소 컷셋(Minimal cut sets)을 구할 때 올바른 집합은?
[단, a, b, c, d는 각 부품의 고장확률을 의미하며 집합 (a, b)는 a 부품과 b 부품이 동시에 고장나는 경우를 의미한다.]

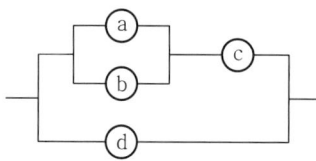

① {a, b}, {c, d} ② {a, c}, {b, d}
③ {a, b, d}, {c, d} ④ {a, c, d}, {b, c, d}

해설) 그림에서 a와 b를 B로 표시하고 c와 B를 A로 표시하여 FT도를 작성하면

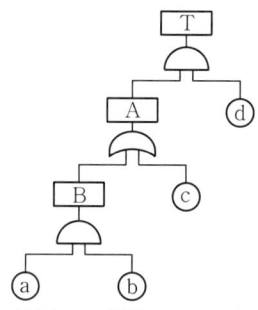

논리곱은 행으로 나열하고 논리합은 종으로 표시하면
T → Ad → Bd → abdcd   cd
T→A·d→$\begin{pmatrix}B\\c\end{pmatrix}$·d→$\begin{pmatrix}a·b\\c\end{pmatrix}$·d

따라서, 최소컷셋(미니멀컷셋, Minimal Cut Sets)은 {a, b, d} 또는 {c, d}가 된다.

정답 | 26 ③ 27 ② 28 ④ 29 ① 30 ① 31 ③

32 운동관계의 양립성을 고려하여 동목(Moving scale)형 표시장치를 바람직하게 설계한 것은?

① 눈금과 손잡이가 같은 방향으로 회전하도록 설계한다.
② 눈금의 숫자는 우측으로 감소하도록 설계한다.
③ 꼭지의 시계 방향 회전이 지시치를 감소시키도록 설계한다.
④ 위의 세 가지 요건을 동시에 만족시키도록 설계한다.

[해설] 동목형 표시장치는 눈금과 손잡이가 같은 방향으로 회전하도록 설계하는 것이 바람직하다.

33 신뢰성과 보전성 개선을 목적으로 한 효과적인 보전기록자료에 해당하는 것은?

① 자재관리표   ② 주유지시서
③ 재고관리표   ④ MTBF 분석표

[해설] 자재관리표는 신뢰성이나 보전성을 개선 목적으로 하지 않는다.

34 보기의 실내면에서 빛의 반사율이 낮은 곳에서부터 높은 순서대로 나열한 것은?

┌─보기─────────────────────────────┐
│   A : 바닥   B : 천장   C : 가구   D : 벽   │
└────────────────────────────────┘

① A<B<C<D   ② A<C<B<D
③ A<C<D<B   ④ A<D<C<B

[해설] 옥내 추천 반사율
  1. 천장 : 80~90%   2. 벽 : 40~60%
  3. 가구 : 25~45%   4. 바닥 : 20~40%

35 다음 시스템의 신뢰도는 얼마인가? (단, 각 요소의 신뢰도는 a, b가 각 0.8, c, d가 각 0.6이다.)

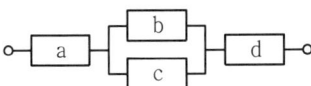

① 0.2245   ② 0.3754
③ 0.4416   ④ 0.5756

[해설] 신뢰도 $= a \times [1-(1-b)(1-c)] \times d$
       $= 0.8 \times [1-(1-0.8)(1-0.6)] \times 0.6 = 0.4416$

36 FTA(Fault Tree Analysis)에 사용되는 논리기호와 명칭이 올바르게 연결된 것은?

[해설] ① 생략사상, ② 결함사상, ④ 기본사상

37 HAZOP 기법에서 사용하는 가이드워드와 그 의미가 잘못 연결된 것은?

① Other than : 기타 환경적인 요인
② No/Not : 디자인 의도의 완전한 부정
③ Reverse : 디자인 의도의 논리적 반대
④ More/Less : 정량적인 증가 또는 감소

[해설] OTHER THAN은 완전한 대체(통상 운전과 다르게 되는 상태)를 의미한다.

38 경계 및 경보신호의 설계지침으로 틀린 것은?

① 주의를 환기시키기 위하여 변조된 신호를 사용한다.
② 배경소음의 진동수와 다른 진동수의 신호를 사용한다.
③ 귀는 중음역에 민감하므로 500~3,000Hz의 진동수를 사용한다.
④ 300m 이상의 장거리용으로는 1,000Hz를 초과하는 진동수를 사용한다.

[해설] 300m 이상 장거리용 신호에는 1,000Hz 이하의 진동수를 사용한다.

39 동작의 합리화를 위한 물리적 조건으로 적절하지 않은 것은?

① 고유 진동을 이용한다.
② 접촉 면적을 크게 한다.
③ 대체로 마찰력을 감소시킨다.
④ 인체표면에 가해지는 힘을 적게 한다.

[해설] **동작의 합리화를 위한 물리적 조건**
  1. 마찰력을 감소시킨다.
  2. 부하를 최소화한다.
  3. 접촉면을 적게 한다.

정답 | 32 ① 33 ① 34 ③ 35 ③ 36 ③ 37 ① 38 ④ 39 ②

40 정량적 표시장치에 관한 설명으로 옳은 것은?

① 정확한 값을 읽어야 하는 경우 일반적으로 디지털보다 아날로그 표시장치가 유리하다.
② 동목(Moving scale)형 아날로그 표시장치는 표시장치의 면적을 최소화할 수 있는 장점이 있다.
③ 연속적으로 변화하는 양을 나타내는 데에는 일반적으로 아날로그보다 디지털 표시장치가 유리하다.
④ 동침(Moving pointer)형 아날로그 표시장치는 바늘의 진행 방향과 증감 속도에 대한 인식적인 암시 신호를 얻는 것이 불가능하다는 단점이 있다.

[해설] **정량적 표시장치 – 동목형(Moving Scale)**
값의 범위가 클 경우 작은 계기판에 모두 나타낼 수 없는 동침형의 단점을 보완한 것으로 표시장치의 공간을 적게 차지하는 이점이 있다.

3과목
기계 · 기구 및 설비 안전관리

41 로봇의 작동범위 내에서 그 로봇에 관하여 교시 등(로봇의 동력원을 차단하고 행하는 것을 제외한다)의 작업을 행하는 때 작업시작 전 점검사항으로 옳은 것은?

① 과부하방지장치의 이상 유무
② 압력제한 스위치 등의 기능의 이상 유무
③ 외부전선의 피복 또는 외장의 손상 유무
④ 권과방지장치의 이상 유무

[해설] **작업시작 전 점검사항**(로봇의 작동범위 내에서 그 로봇에 관하여 교시 등의 작업을 하는 때)
1. 외부전선의 피복 또는 외장의 손상 유무
2. 머니퓰레이터(Manipulator) 작동의 이상 유무
3. 제동장치 및 비상정지장치의 기능

42 방사선 투과검사에서 투과사진에 영향을 미치는 인자는 크게 콘트라스트(명암도)와 명료도로 나누어 검토할 수 있다. 다음 중 투과사진의 콘트라스트(명암도)에 영향을 미치는 인자에 속하지 않는 것은?

① 방사선의 선질   ② 필름의 종류
③ 현상액의 강도   ④ 초점 – 필름 간 거리

[해설] **방사선 투과사진의 콘트라스트에 영향을 미치는 인자**
1. 필름의 종류   2. 스크린의 종류
3. 방사선의 선질   4. 현상액의 강도

43 보기와 같은 기계요소가 단독으로 발생시키는 위험점은?

┌ 보기 ┐
| |
| 밀링커터, 둥근톱날 |

① 협착점   ② 끼임점
③ 절단점   ④ 물림점

[해설] **절단점**
회전하는 운동부 자체의 위험이나 운동하는 기계부분 자체의 위험에서 초래되는 위험점이다. 예로써 밀링커터와 회전둥근톱날이 있다.

44 프레스 및 전단기에서 위험한계 내에서 작업하는 작업자의 안전을 위하여 안전블록의 사용 등 필요한 조치를 취해야 한다. 다음 중 안전블록을 사용해야 하는 작업으로 가장 거리가 먼 것은?

① 금형 가공작업   ② 금형 해체작업
③ 금형 부착작업   ④ 금형 조정작업

[해설] **금형 조정작업의 위험 방지**(「안전보건규칙」 제104조)
프레스 등의 금형을 부착 · 해체 또는 조정하는 작업을 할 때 해당 작업에 종사하는 근로자의 신체가 위험한계 내에 있는 경우 슬라이드가 갑자기 작동함으로써 근로자에게 발생할 우려가 있는 위험을 방지하기 위하여 안전블록을 사용하는 등 필요한 조치를 하여야 한다.

45 아세틸렌 용접장치를 사용하여 금속의 용접 · 용단 또는 가열작업을 하는 경우 아세틸렌을 발생시키는 게이지 압력은 최대 몇 kPa 이하이어야 하는가?

① 17   ② 88
③ 127   ④ 210

정답 | 40 ② 41 ③ 42 ④ 43 ③ 44 ① 45 ③

[해설] 사업주는 아세틸렌 용접장치를 사용하여 금속의 용접·용단 또는 가열 작업을 하는 경우에는 게이지 압력이 127킬로파스칼(kPa)을 초과하는 압력의 아세틸렌을 발생시켜 사용해서는 아니 된다.

46 산업안전보건법령상 프레스 작업시작 전 점검해야 할 사항에 해당하는 것은?

① 언로드 밸브의 기능
② 하역장치 및 유압장치 기능
③ 권과방지장치 및 그 밖의 경보장치의 기능
④ 1행정 1정지기구·급정지장치 및 비상정지장치의 기능

[해설] 프레스 작업시작 전의 점검사항(「안전보건규칙」[별표 3])
- 클러치 및 브레이크의 기능
- 크랭크축·플라이휠·슬라이드·연결봉 및 연결 나사의 풀림 유무
- 1행정 1정지기구·급정지장치 및 비상정지장치의 기능
- 슬라이드 또는 칼날에 의한 위험방지 기구의 기능
- 프레스의 금형 및 고정볼트 상태

47 화물중량이 200kgf, 지게차의 중량이 400kgf, 앞바퀴에서 화물의 무게중심까지의 최단거리가 1m일 때 지게차가 안정되기 위하여 앞바퀴에서 지게차의 무게중심까지 최단거리는 최소 몇 m를 초과해야 하는가?

① 0.2m
② 0.5m
③ 1m
④ 2m

[해설] 지게차의 무게중심은 앞바퀴에 있다.

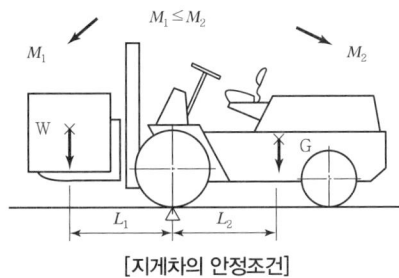

[지게차의 안정조건]

$M_1 < M_2$
화물의 모멘트 $M_1 = W \times L_1$
지게차의 모멘트 $M_2 = G \times L_2$
$200 \times 1 = 400 \times L_2$
∴ $L_2 = 0.5m$

48 다음 중 셰이퍼에서 근로자의 보호를 위한 방호장치가 아닌 것은?

① 울타리
② 칩받이
③ 칸막이
④ 급속귀환장치

[해설] 셰이퍼의 안전장치는 방책, 칩받이, 칸막이(방호울)이다.

49 지게차 및 구내 운반차의 작업시작 전 점검사항이 아닌 것은?

① 버킷, 디퍼 등의 이상 유무
② 제동장치 및 조종장치 기능의 이상 유무
③ 하역장치 및 유압장치 기능의 이상 유무
④ 전조등, 후미등, 경보장치 기능의 이상 유무

[해설] 작업시작 전 점검사항
1. 지게차를 사용하여 작업을 하는 때
   ㉠ 제동장치 및 조종장치 기능의 이상 유무
   ㉡ 하역장치 및 유압장치 기능의 이상 유무
   ㉢ 바퀴의 이상 유무
   ㉣ 전조등·후미등·방향지시기 및 경보장치 기능의 이상 유무
2. 구내운반차를 사용하여 작업을 할 때
   ㉠ 제동장치 및 조종장치 기능의 이상 유무
   ㉡ 하역장치 및 유압장치 기능의 이상 유무
   ㉢ 바퀴의 이상 유무
   ㉣ 전조등·후미등·방향지시기 및 경음기 기능의 이상 유무
   ㉤ 충전장치를 포함한 홀더 등의 결합상태의 이상 유무

50 다음 중 선반에서 절삭가공 시 발생하는 칩을 짧게 끊어지도록 공구에 설치되어 있는 방호장치의 일종인 칩 제거기구를 무엇이라 하는가?

① 칩 브레이커
② 칩 받이
③ 칩 쉴드
④ 칩 커터

[해설] 칩브레이커(Chip Breaker)는 칩을 짧게 끊어지도록 하는 장치이다.

정답 | 46 ④ 47 ② 48 ④ 49 ① 50 ①

51 아세틸렌 용접장치에 사용하는 역화방지기에서 요구되는 일반적인 구조로 옳지 않은 것은?

① 재사용 시 안전에 우려가 있으므로 역화방지 후 바로 폐기하도록 해야 한다.
② 다듬질 면이 매끈하고 사용상 지장이 있는 부식, 흠, 균열 등이 없어야 한다.
③ 가스의 흐름방향은 지워지지 않도록 돌출 또는 각인하여 표시하여야 한다.
④ 소염소자는 금망, 소결금속, 스틸울(Steel wool), 다공성 금속물 또는 이와 동등 이상의 소염성능을 갖는 것이어야 한다.

해설 │ 역화방지기는 재사용이 가능하다.

52 초음파 탐상법의 종류에 해당하지 않는 것은?

① 반사식　　② 투과식
③ 공진식　　④ 침투식

해설 │ 초음파 탐상법은 원리에 따라 크게 펄스반사법, 투과법, 공진법으로 분류된다.

53 다음 목재가공용 기계에서 사용되는 방호장치의 연결이 옳지 않은 것은?

① 둥근톱기계 : 톱날접촉예방장치
② 띠톱기계 : 날접촉예방장치
③ 모떼기기계 : 날접촉예방장치
④ 동력식 수동대패기계 : 반발예방장치

해설 │ **대패기계의 날접촉예방장치(「안전보건규칙」 제109조)**
사업주는 작업대상물이 수동으로 공급되는 동력식 수동대패기계에 날접촉예방장치를 설치하여야 한다.

54 급정지기구가 부착되어 있지 않아도 유효한 프레스의 방호장치로 옳지 않은 것은?

① 양수기동식　　② 가드식
③ 손쳐내기식　　④ 양수조작식

해설 │ 양수조작식은 기계의 조작을 양손으로 동시에 하지 않으면 기계가 가동하지 않으며 한 손이라도 떼어내면 기계가 급정지 또는 급상승하게 하는 장치를 말한다(급정지기구가 있는 마찰프레스에 적합).

55 인장강도가 350MPa인 강판의 안전율이 4라면 허용응력은 몇 N/mm²인가?

① 76.4　　② 87.5
③ 98.7　　④ 102.3

해설 │ 허용응력 = $\dfrac{\text{인장강도}}{\text{안전율}}$

$= \dfrac{350}{4}\text{MPa} = 87.5\text{MPa} = 87.5\text{N/mm}^2$

56 그림과 같이 50kN의 중량물을 와이어로프를 이용하여 상부에 60°의 각도가 되도록 들어 올릴 때, 로프 하나에 걸리는 하중(T)은 약 몇 kN인가?

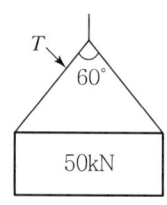

① 16.8　　② 24.5
③ 28.9　　④ 37.9

해설 │ 평행법칙에 의해서
$2 \times T' \times \cos 30 = 500$
∴ $T' = 28.867$

57 다음 중 휴대용 동력 드릴 작업 시 안전사항에 관한 설명으로 틀린 것은?

① 드릴의 손잡이를 견고하게 잡고 작업하여 드릴손잡이 부위가 회전하지 않고 확실하게 제어 가능하도록 한다.
② 절삭하기 위하여 구멍에 드릴날을 넣거나 뺄 때 반발에 의하여 손잡이 부분이 튀거나 회전하여 위험을 초래하지 않도록 팔을 드릴과 직선으로 유지한다.
③ 드릴이나 리머를 고정시키거나 제거하고자 할 때 금속성 망치 등을 사용하여 확실히 고정 또는 제거한다.
④ 드릴을 구멍에 맞추거나 스핀들의 속도를 낮추기 위해서 드릴날을 손으로 잡아서는 안 된다.

해설 │ **휴대용 동력 드릴의 안전한 작업방법**
드릴이나 리머를 고정시키거나 제거하고자 할 때 공구를 사용하고 해머 등으로 두드려서는 안 된다.

정답 | 51 ① 52 ④ 53 ④ 54 ④ 55 ② 56 ③ 57 ③

58 보일러의 폭발사고를 미연에 방지하기 위해 화염 상태를 검출할 수 있는 장치가 필요하다. 이 중 바이메탈을 이용하여 화염을 검출하는 것은?

① 프레임 아이 ② 스택 스위치
③ 전자 개폐기 ④ 프레임 로드

해설 스택 스위치(stack switch)는 화염의 발열체를 이용 검출한다.

59 밀링작업 시 안전 수칙에 관한 설명으로 옳지 않은 것은?

① 칩은 기계를 정지시킨 다음에 브러시 등으로 제거한다.
② 일감 또는 부속장치 등을 설치하거나 제거할 때는 반드시 기계를 정지시키고 작업한다.
③ 커터는 가능한 한 컬럼에서 멀게 설치한다.
④ 강력 절삭을 할 때는 일감을 바이스에 깊게 물린다.

해설 밀링작업 시 안전대책
커터는 가능한 한 컬럼에서 가깝게 설치한다.

60 다음 중 방호장치의 기본목적과 가장 관계가 먼 것은?

① 작업자의 보호
② 기계기능의 향상
③ 인적·물적 손실의 방지
④ 기계위험 부위의 접촉방지

해설 기계기능의 향상은 방호장치의 목적과 상관이 없다.

4과목
전기설비 안전관리

61 화재·3폭발 위험분위기의 생성 방지 방법으로 옳지 않은 것은?

① 폭발성 가스의 누설 방지
② 가연성 가스의 방출 방지
③ 폭발성 가스의 체류 방지
④ 폭발성 가스의 옥내 체류

해설 위험분위기 생성 방지
폭발성 가스의 옥내 체류 시 화재·폭발의 위험이 더 높아진다.

62 우리나라에서 사용하고 있는 전압(교류와 직류)을 크기에 따라 구분한 것으로 알맞은 것은?

① 저압 : 직류는 1,000V 이하
② 저압 : 교류는 1,000V 이하
③ 고압 : 직류는 1,500V를 초과하고, 6kV 이하
④ 고압 : 교류는 1,000V를 초과하고, 6kV 이하

해설 전압의 구분

구분	KEC
저압	· 교류 : 1,000V 이하 · 직류 : 1,500V 이하
고압	· 교류 : 1,000V 초과 7kV 이하 · 직류 : 1,500V 초과 7kV 이하
특고압	7kV 초과

63 내압방폭구조의 주요 시험항목이 아닌 것은?

① 폭발강도 ② 인화시험
③ 절연시험 ④ 기계적 강도시험

해설 내압방폭구조 주요 시험항목
폭발압력(기준압력) 측정, 폭발강도(정적 및 동적) 시험, 폭발인화 시험, 용기의 재료 및 기계적 강도 시험 등

64 교류아크 용접기의 접점방식(Magnet 식)의 전격방지장치에서 지동시간과 용접기 2차측 무부하전압(V)을 바르게 표현한 것은?

① 0.06초 이내, 25V 이하
② 1±0.3초 이내, 25V 이하
③ 2±0.3초 이내, 50V 이하
④ 1.5±0.06초 이내, 50V 이하

해설 1. 지동시간 : 출력측의 무부하 전압이 발생한 후 주접점에 개방될 때까지의 시간(1±0.3초 이내)
2. 무부하전압 : 용접기 2차(출력)측의 무부하전압(보통 60~95[V])을 안전전압(25~30[V] 이하 : 산안법 30V 이하)으로 저하시켜 감전의 위험을 방지

정답 | 58 ② 59 ③ 60 ② 61 ④ 62 ② 63 ③ 64 ②

65 누전차단기의 시설방법 중 옳지 않은 것은?

① 시설장소는 배전반 또는 분전반 내에 설치한다.
② 정격전류용량은 해당 전로의 부하전류 값 이상이어야 한다.
③ 정격감도전류는 정상의 사용상태에서 불필요하게 동작하지 않도록 한다.
④ 인체감전보호형은 0.05초 이내에 동작하는 고감도고속형이어야 한다.

[해설] 감전보호용 누전차단기 기준
정격감도전류 30mA 이하, 동작시간 0.03초 이내

66 방폭전기기기의 온도등급에서 기호 T₂의 의미로 맞는 것은?

① 최고표면온도의 허용치가 135℃ 이하인 것
② 최고표면온도의 허용치가 200℃ 이하인 것
③ 최고표면온도의 허용치가 300℃ 이하인 것
④ 최고표면온도의 허용치가 450℃ 이하인 것

[해설] 최고표면온도에 의한 폭발성가스의 분류와 방폭전기기기의 온도등급 기호와의 관계는 다음과 같다.

Class	최대표면온도(℃)
T₂	200 초과 300 이하

67 사업장에서 많이 사용되고 있는 이동식 전기기계·기구의 안전대책으로 가장 거리가 먼 것은?

① 충전부 전체를 절연한다.
② 절연이 불량인 경우 접지저항을 측정한다.
③ 금속제 외함이 있는 경우 접지를 한다.
④ 습기가 많은 장소는 누전차단기를 설치한다.

[해설] 절연이 불량인 경우 절연저항을 측정하여 조치를 하여야 한다.

68 감전사고를 방지하기 위한 허용보폭전압의 수식으로 알맞은 것은?

E : 허용보폭전압 R_b : 인체의 저항
ρ_s : 지표상층 저항률 I_K : 심실세동전류

① $E=(R_b+3\rho_s)I_K$
② $E=(R_b+4\rho_s)I_K$
③ $E=(R_b+5\rho_s)I_K$
④ $E=(R_b+6\rho_s)I_K$

[해설] 허용접촉전압 및 허용보폭전압

허용접촉전압	허용보폭전압
$E=\left(R_b+\dfrac{3\rho_S}{2}\right)\times I_k$	$E=(R_b+6\rho_S)\times I_k$

69 인체저항이 5,000Ω이고, 전류가 3mA가 흘렀을 때, 인체의 정전용량이 0.1μF라면 인체에 대전된 정전하는 몇 μC인가?

① 0.5
② 1.0
③ 1.5
④ 2.0

[해설] Q=CV에서 V=IR=5,000×3×10⁻³=15V
C=0.1μF이므로
∴ Q=CV=15×0.1=1.5μC

70 저압전로의 절연성능 시험에서 전로의 사용전압이 500V인 경우 전로의 전선 상호 간 및 전로와 대지 사이의 절연저항은 최소 몇 MΩ 이상이어야 하는가?

① 0.5MΩ
② 1.0MΩ
③ 0.3MΩ
④ 0.1MΩ

[해설] 저압전로의 절연성능(전기설비기술기준 제52조)

전로의 사용전압(V)	DC시험전압(V)	절연저항(MΩ)
SELV 및 PELV	250	0.5
FELV, 500V 이하	500	1.0
500V 초과	1,000	1.0

71 방폭전기기기의 등급에서 위험장소의 등급분류에 해당되지 않는 것은?

① 3종 장소
② 2종 장소
③ 1종 장소
④ 0종 장소

[해설] 가스 및 증기 폭발 위험장소 구분은 0, 1, 2종 장소로 구분된다.

정답 | 65 ④ 66 ③ 67 ② 68 ④ 69 ③ 70 ② 71 ①

72 다음은 무슨 현상을 설명한 것인가?

> 전위차가 있는 2개의 대전체가 특정거리에 접근하게 되면 등전위가 되기 위하여 전하가 절연공간을 깨고 순간적으로 빛과 열을 발생하며 이동하는 현상

① 대전 ② 충전
③ 방전 ④ 열전

[해설] 정전기 방전 현상에 대한 내용이다.

73 다음 그림은 심장맥동주기를 나타낸 것이다. 이 중 T파는 어떤 경우인가?

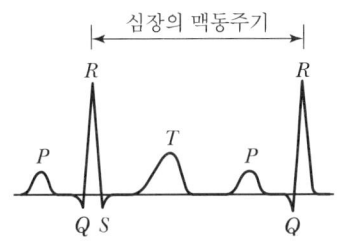

① 심방의 수축에 따른 파형
② 심실의 수축에 따른 파형
③ 심실의 휴식 시 발생하는 파형
④ 심방의 휴식 시 발생하는 파형

[해설] T파
심실의 수축 종료 후 심실의 휴식 시 발생하는 파형

74 교류 아크 용접기의 자동전격장치는 전격의 위험을 방지하기 위하여 아크 발생이 중단된 후 약 1초 이내에 출력측 무부하 전압을 자동적으로 몇 V 이하로 저하시켜야 하는가?

① 85 ② 70
③ 50 ④ 25

[해설] 자동전격방지기란 아크 발생을 중지하는 경우 단시간 내(1.5초 이내)에 해당 용접기의 2차 무부하 전압을 안전전압인 25V 이하로 유지하여 작업자를 보호한다.

75 인체의 대부분이 수중에 있는 상태에서 허용접촉전압은 몇 V 이하인가?

① 2.5V ② 25V
③ 30V ④ 50V

[해설] 허용접촉전압

종별	접촉상태	허용접촉 전압
제1종	인체의 대부분이 수중에 있는 상태	2.5[V] 이하

76 우리나라의 안전전압으로 볼 수 있는 것은 약 몇 V인가?

① 30V ② 50V
③ 60V ④ 70V

[해설] 안전전압
안전보건기준에 관한 규칙 제324조에 의거 대지전압 30V 이하

77 22.9kV 충전전로에 대해 필수적으로 작업자와 이격시켜야 하는 접근한계 거리는?

① 45cm ② 60cm
③ 90cm ④ 110cm

[해설] 충전전로의 사용전압에 따른 접근 한계거리는 안전보건규칙으로 개정되면서 삭제되었고, 충전전로의 선간전압에 따른 접근한계거리가 신설되었다.

「안전보건규칙」 제321조(충전전로에서의 전기작업)

충전전로의 선간전압(단위 : kV)	충전전로에 대한 접근 한계거리(단위 : cm)
15 초과 37 이하	90

78 개폐조작 시 안전절차에 따른 차단 순서와 투입 순서로 가장 올바른 것은?

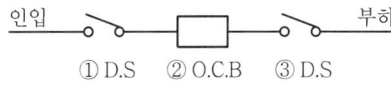

① 차단 (2) → (1) → (3), 투입 (1) → (2) → (3)
② 차단 (2) → (3) → (1), 투입 (1) → (2) → (3)
③ 차단 (2) → (1) → (3), 투입 (3) → (2) → (1)
④ 차단 (2) → (3) → (1), 투입 (3) → (1) → (2)

[해설]
1. 차단 순서 : (2)-(3)-(1)
2. 투입 순서 : (3)-(1)-(2)

79 정전기에 대한 설명으로 가장 옳은 것은?

① 전하의 공간적 이동이 크고, 자계의 효과가 전계의 효과에 비해 매우 큰 전기
② 전하의 공간적 이동이 크고, 자계의 효과와 전계의 효과를 서로 비교할 수 없는 전기
③ 전하의 공간적 이동이 적고, 전계의 효과와 자계의 효과가 서로 비슷한 전기
④ 전하의 공간적 이동이 적고, 자계의 효과가 전계에 비해 무시할 정도의 적은 전기

[해설] **정전기의 정의**

구분	정의
문자적 정의 (협의의 정의)	공간의 모든 장소에서 전하의 이동이 전혀 없는 전기
구체적 정의 (광의의 정의)	전하의 공간적 이동이 적고 그 전류에 의한 자계의 효과가 정전기 자체가 보유하고 있는 전계의 효과에 비해 무시할 수 있을 만큼 적은 전기

80 인체저항을 500Ω이라 한다면, 심실세동을 일으키는 위험한계 에너지는 약 몇 J인가? (단, 심실세동전류값 $I=\dfrac{165}{\sqrt{T}}\mathrm{mA}$의 Dalziel의 식을 이용하며, 통전시간은 1초로 한다.)

① 11.5 ② 13.6
③ 15.3 ④ 16.2

[해설]
$$W = I^2RT = \left(\dfrac{165}{\sqrt{T}} \times 10^{-3}\right)^2 \times 500\,T$$
$$= (165^2 \times 10^{-6}) \times 500$$
$$= 13.6[\mathrm{W-sec}] = 13.6[\mathrm{J}]$$

5과목
화학설비 안전관리

81 다음 물질 중 물에 가장 잘 용해되는 것은?

① 아세톤 ② 벤젠
③ 톨루엔 ④ 휘발유

[해설] 아세톤은 물에 잘 녹는 유기용매로서 다른 유기물질과도 잘 섞이는 성질이 있어 일상생활에서 물로 지워지지 않는 유성페이트나 손톱용 에나멜 등을 지우는 데 많이 쓰인다.

82 다음 중 최소 발화 에너지가 가장 작은 가연성 가스는?

① 수소 ② 메탄
③ 에탄 ④ 프로판

[해설] 수소의 최소 발화 에너지가 0.019×10^{-3} Joule로 가장 작다.

83 안전설계의 기초에 있어 기상폭발대책을 예방대책, 긴급대책, 방호대책으로 나눌 때, 다음 중 방호대책과 가장 관계가 깊은 것은?

① 경보 ② 발화의 저지
③ 방폭벽과의 안전거리 ④ 가연조건의 성립저지

[해설] 방호대책은 폭발 시 피해를 최소화하기 위한 대책으로, 방폭벽 설치와 안전거리 유지가 방호대책에 해당한다.

84 공정안전보고서 중 공정안전자료에 포함하여야 할 세부내용에 해당하는 것은?

① 비상조치계획에 따른 교육계획
② 안전운전지침서
③ 각종 건물·설비의 배치도
④ 도급업체 안전관리계획

[해설] 각종 건물·설비의 배치도는 공정안전보고서 중 공정안전자료에 포함하여야 할 세부내용에 해당한다.

정답 | 79 ④ 80 ② 81 ① 82 ① 83 ③ 84 ③

85 다음 중 물질에 대한 저장방법으로 잘못된 것은?

① 나트륨 - 유동 파라핀 속에 저장
② 니트로글리세린 - 강산화제 속에 저장
③ 적린 - 냉암소에 격리 저장
④ 칼륨 - 등유 속에 저장

[해설] 니트로글리세린 등은 가열, 마찰, 충격을 피하고 화기 및 다른 물질과의 접촉을 금한다.

86 화학설비 가운데 분체화학물질 분리장치에 해당하지 않는 것은?

① 건조기　　② 분쇄기
③ 유동탑　　④ 결정조

[해설] 결정조 · 유동탑 · 탈습기 · 건조기 등이 분체화학물질 분리장치에 해당한다.

87 특수화학설비를 설치할 때 내부의 이상상태를 조기에 파악하기 위하여 필요한 계측장치로 가장 거리가 먼 것은?

① 압력계　　② 유량계
③ 온도계　　④ 비중계

[해설] 화학설비 및 그 부속설비, 특수화학설비에는 내부의 상태를 파악하기 위하여 필요한 온도계 · 유량계 · 압력계 등의 계측장치를 설치하여야 한다.

88 위험물 또는 위험물이 발생하는 물질을 가열 · 건조하는 경우 내용적이 몇 세제곱미터 이상인 건조설비는 건조실을 설치하는 건축물의 구조를 독립된 단층건물로 하여야 하는가? (단, 건조실을 건축물의 최상층에 설치하거나 건축물이 내화구조인 경우는 제외한다.)

① 1　　② 10
③ 100　　④ 1,000

[해설] 위험물 또는 위험물이 발생하는 물질을 가열 · 건조하는 경우 내용적이 1세제곱미터 이상인 건조설비는 건조실을 설치하는 건축물의 구조를 독립된 단층건물로 하여야 한다.

89 공기 중에서 폭발범위가 12.5~74vol%인 일산화탄소의 위험도는 얼마인가?

① 4.92　　② 5.26
③ 6.26　　④ 7.05

[해설] 위험도 $H = \dfrac{U-L}{L} = \dfrac{74-12.5}{12.5} = 4.92$

90 숯, 코크스, 목탄의 대표적인 연소 형태는?

① 혼합연소　　② 증발연소
③ 표면연소　　④ 비혼합연소

[해설] **표면연소**
연소물 표면에서 산소와의 급격한 산화반응으로 빛과 열을 수반하는 연소반응이다. 가연성 가스 발생이나 열분해 없이 진행되는 연소반응으로, 불꽃이 없는 것이 특징이다(코크스, 목탄, 금속분 등).

91 다음 중 자연발화가 가장 쉽게 일어나기 위한 조건에 해당하는 것은?

① 큰 열전도율　　② 고온, 다습한 환경
③ 표면적이 작은 물질　　④ 공기의 이동이 많은 장소

[해설] 주위 온도가 높을수록, 발열량이 크고 열 축적이 클수록, 적당량의 수분이 존재할 때, 표면적이 클수록 자연발화가 쉽게 발생한다.

92 위험물에 관한 설명으로 틀린 것은?

① 이황화탄소의 인화점은 0℃보다 낮다.
② 과염소산은 쉽게 연소되는 가연성 물질이다.
③ 황린은 물 속에 저장한다.
④ 알킬알루미늄은 물과 격렬하게 반응한다.

[해설] 과염소산은 부식력이 강하고 유기물 등과 접촉하면 폭발하는 경우가 있으나 가연성 물질은 아니다.

93 물과 반응하여 가연성 기체를 발생시키는 것은?

① 피크린산　　② 이황화탄소
③ 칼륨　　④ 과산화칼륨

[해설] 칼륨은 물과 격렬히 반응하여 수산화칼륨과 수소를 생성하며 연소 또는 폭발한다.

정답 | 85 ② 86 ② 87 ④ 88 ① 89 ① 90 ③ 91 ② 92 ② 93 ③

94 프로판(C_3H_8)의 연소 하한계가 2.2vol%일 때 연소를 위한 최소산소농도(MOC)는 몇 vol%인가?

① 5.0 ② 7.0
③ 9.0 ④ 11.0

해설 최소산소농도(C_m)

$$= 폭발하한(\%) \times \frac{산소 mol수}{연소가스 mol수} = 2.2 \times \frac{5}{1} = 11\%$$

95 다음 중 유기과산화물로 분류되는 것은?

① 메틸에틸케톤 ② 과망간산칼륨
③ 과산화마그네슘 ④ 과산화벤조일

해설 산업안전보건법령상 과산화벤조일은 폭발성 물질 및 유기과산화물에 해당한다.

96 연소이론에 대한 설명으로 틀린 것은?

① 착화온도가 낮을수록 연소위험이 크다.
② 인화점이 낮은 물질은 반드시 착화점도 낮다.
③ 인화점이 낮을수록 일반적으로 연소위험이 크다.
④ 연소범위가 넓을수록 연소위험이 크다.

해설 인화점이 낮은 물질이라도 착화점이 낮은 것은 아니다.

97 디에틸에테르의 연소범위에 가장 가까운 값은?

① 2~10.4% ② 1.9~48%
③ 2.5~15% ④ 1.5~7.8%

해설 **디에틸에테르**
인화점 −45℃, 착화점 180℃, 증기비중 2.55, 연소범위 1.9~48%

98 송풍기의 회전차 속도가 1,300rpm일 때 송풍량이 분당 300m³였다. 이때 송풍량을 분당 400m³으로 증가시키고자 한다면 송풍기의 회전차 속도는 약 몇 rpm으로 하여야 하는가?

① 1,533 ② 1,733
③ 1,967 ④ 2,167

해설 송풍량(Q)은 회전수(N)와 비례하므로, 다음 비례식을 사용하여 구할 수 있다.
1,300rpm : 300m³ = x : 400m³
x = 1,733

99 다음 중 물과 반응하였을 때 흡열반응을 나타내는 것은?

① 질산암모늄 ② 탄화칼슘
③ 나트륨 ④ 과산화칼륨

해설 질산암모늄을 물에 용해하면 흡열반응이 강하게 일어나서 온도를 낮출 수 있다.

100 다음 중 노출기준(TWA)이 가장 낮은 물질은?

① 염소 ② 암모니아
③ 에탄올 ④ 메탄올

해설 염소의 TWA가 0.5 ppm으로 가장 낮다.

여러가지 화학물질의 노출기준

유해물질의 명칭		화학식	노출기준			
			TWA		STEL	
국문표기	영문표기		ppm	mg/m³	ppm	mg/m³
염소	Chlorine	Cl_2	0.5	1.5	1	3
암모니아	Ammonia	NH_3	25	18	35	27
에탄올	Ethanol	C_2H_5OH	1,000	1,900	−	−
메탄올	Methanol	CH_3OH	200	260	250	310

(고용노동부고시)

6과목
건설공사 안전관리

101 강관을 사용하여 비계를 구성하는 경우 준수해야 할 사항으로 옳지 않은 것은?

① 비계기둥의 간격은 띠장 방향에서는 1.85m 이하, 장선(長線) 방향에서는 1.5m 이하로 할 것
② 띠장 간격은 2m 이하로 설치할 것
③ 비계기둥의 제일 윗부분으로부터 31m가 되는 지점 밑부분의 비계기둥은 3개의 강관으로 묶어 세울 것
④ 비계기둥 간의 적재하중은 400kg을 초과하지 않도록 할 것

해설 비계기둥의 제일 윗부분으로부터 31m가 되는 지점 밑부분의 비계기둥은 2개의 강관으로 묶어 세워야 한다.

정답 | 94 ④ 95 ④ 96 ② 97 ② 98 ② 99 ① 100 ① 101 ③

102 이동식비계 조립 및 사용 시 준수사항으로 옳지 않은 것은?

① 비계의 최상부에서 작업을 하는 경우에는 안전난간을 설치할 것
② 승강용사다리는 견고하게 설치할 것
③ 작업발판은 항상 수평을 유지하고 작업발판 위에서 작업을 위한 거리가 부족할 경우 사다리를 사용할 것
④ 작업발판의 최대적재하중은 250kg을 초과하지 않도록 할 것

해설) 작업발판은 항상 수평을 유지하고 작업발판 위에서 안전난간을 딛고 작업을 하거나 받침대 또는 사다리를 사용하여 작업하지 않도록 해야 한다.

103 작업장소의 지형 및 지반상태 등에 적합한 제한속도를 미리 정하지 않아도 되는 차량계 건설기계의 속도 기준은?

① 최대 제한 속도가 10km/h 이하
② 최대 제한 속도가 20km/h 이하
③ 최대 제한 속도가 30km/h 이하
④ 최대 제한 속도가 40km/h 이하

해설) 차량계 건설기계의 안전수칙으로 미리 작업장소의 지형 및 지반상태 등에 적합한 제한속도를 정하고(최고속도가 10km/h 이하인 것을 제외) 운전자로 하여금 이를 준수하도록 하여야 한다.

104 터널공사에서 발파작업 시 안전대책으로 옳지 않은 것은?

① 발파 전 도화선 연결상태, 저항치 조사 등의 목적으로 도통시험 실시 및 발파기의 작동상태에 대한 사전점검 실시
② 모든 동력선은 발원점으로부터 최소한 15m 이상 후방으로 옮길 것
③ 지질, 암의 절리 등에 따라 화약량에 대한 검토 및 시방기준과 대비하여 안전조치 실시
④ 발파용 점화회선은 타동력선 및 조명회선과 한곳으로 통합하여 관리

해설) 발파용 점화회선은 타동력선 및 조명회선으로부터 분리되어야 한다.

105 건립 중 강풍에 의한 풍압 등 외압에 대한 내력이 설계에 고려되었는지 확인하여야 하는 철골 구조물이 아닌 것은?

① 단면이 일정한 구조물
② 기둥이 타이플레이트형인 구조물
③ 이음부가 현장용접인 구조물
④ 구조물의 폭과 높이의 비가 1 : 4 이상인 구조물

해설) 단면구조에 현저한 차이가 있는 구조물이 해당된다.

106 화물운반하역 작업 중 걸이작업에 관한 설명으로 옳지 않은 것은?

① 와이어로프 등은 크레인의 후크 중심에 걸어야 한다.
② 인양 물체의 안정을 위하여 2줄 걸이 이상을 사용하여야 한다.
③ 매다는 각도는 60° 이상으로 하여야 한다.
④ 근로자를 매달린 물체 위에 탑승시키지 않아야 한다.

해설) 매다는 각도는 60° 이내로 해야 한다.

107 타워크레인을 와이어로프로 지지하는 경우에 준수해야 할 사항으로 옳지 않은 것은?

① 와이어로프를 고정하기 위한 전용 지지프레임을 사용할 것
② 와이어로프 설치각도는 수평면에서 60° 이상으로 하되, 지지점은 4개소 미만으로 할 것
③ 와이어로프와 그 고정부위는 충분한 강도와 장력을 갖도록 설치할 것
④ 와이어로프가 가공전선에 근접하지 않도록 할 것

해설) 타워크레인을 와이어로프로 지지하는 경우 와이어로프 설치각도는 수평면과 60도 이내로 하되, 지지점은 4개소 이상으로 하고, 같은 각도로 설치하여야 한다.

108 작업 중이던 미장공이 상부에서 떨어지는 공구에 의해 상해를 입었다면 어느 부분에 대한 결함이 있었던 것인가?

① 작업대 설치   ② 작업방법
③ 낙하물 방지시설 설치   ④ 비계설치

해설) 떨어지는 공구에 의한 상해는 낙하 재해예방 시설물의 결함이 원인이다.

정답 | 102 ③ 103 ① 104 ④ 105 ① 106 ③ 107 ② 108 ③

109 유해 · 위험 방지를 위한 방호조치를 하지 아니하고는 양도, 대여, 설치 또는 사용에 제공하거나, 양도 · 대여를 목적으로 진열해서는 아니 되는 기계 · 기구에 해당하지 않는 것은?

① 지게차 ② 공기압축기
③ 원심기 ④ 덤프트럭

[해설] 덤프트럭은 차량계 건설기계에 해당된다.

110 달비계의 최대 적재하중을 정함에 있어서 활용하는 안전계수의 기준으로 옳은 것은? (단, 곤돌라의 달비계를 제외한다.)

① 달기 와이어로프 : 5 이상   ② 달기 강선 : 5 이상
③ 달기 체인 : 3 이상   ④ 달기 훅 : 5 이상

[해설] 달비계의 안전계수는 다음과 같다.

구분		안전계수
달기 와이어로프 및 달기 강선		10 이상
달기 체인 및 달기 훅		5 이상
달기 강대와 달비계의 하부 및 상부지점	강재	2.5 이상
	목재	5 이상

111 사업의 종류가 건설업이고, 공사금액이 850억 원일 경우 산업안전보건법령에 따른 안전관리자를 최소 몇 명 이상 두어야 하는가? (단, 상시근로자는 600명으로 가정한다.)

① 1명 이상 ② 2명 이상
③ 3명 이상 ④ 4명 이상

[해설] 공사금액 800억 원 이상일 경우 안전관리자를 최소 2명 이상 두어야 한다.

112 이동식 크레인을 사용하여 작업을 할 때 작업시작 전 점검사항이 아닌 것은?

① 주행로의 상측 및 트롤리(trolley)가 횡행하는 레일의 상태
② 권과방지장치 그 밖의 경보장치의 기능
③ 브레이크 · 클러치 및 조정장치의 기능
④ 와이어로프가 통하고 있는 곳 및 작업장소의 지반상태

[해설] **이동식 크레인 작업 전 점검사항**
1. 권과방지장치 · 브레이크 · 클러치 및 운전장치의 기능
2. 주행로의 상측 및 트롤리(trolley)가 횡행하는 레일의 상태
3. 와이어로프가 통하고 있는 곳의 상태

113 선박에서 하역작업 시 근로자들이 안전하게 오르내릴 수 있는 현문 사다리 및 안전망을 설치하여야 하는 것은 선박이 최소 몇 톤급 이상일 경우인가?

① 500톤급 ② 300톤급
③ 200톤급 ④ 100톤급

[해설] 300톤급 이상의 선박에서 하역작업을 하는 때에는 근로자들이 안전하게 승강할 수 있는 현문 사다리를 설치하여야 하며, 이 사다리 밑에 안전망을 설치하여야 한다.

114 건설업 산업안전보건관리비 중 안전시설비로 사용할 수 없는 것은?

① 안전통로
② 비계에 추가 설치하는 추락방호용 안전난간
③ 사다리 전도방지장치
④ 통로의 낙하물 방호선반

[해설] 안전통로는 산업안전보건관리비의 안전시설비 항목에서 제외하므로 사용할 수 없다.

115 흙막이 지보공을 조립하는 경우 미리 조립도를 작성하여야 하는데 이 조립도에 명시되어야 할 사항과 가장 거리가 먼 것은?

① 부재의 배치 ② 부재의 치수
③ 부재의 긴압정도 ④ 설치방법과 순서

[해설] 흙막이 지보공의 조립도에는 흙막이판 · 말뚝 · 버팀대 및 띠장 등 부재의 배치 · 치수 · 재질 및 설치방법과 순서가 명시되어야 한다.

116 다음 보기의 (   ) 안에 알맞은 내용은?

> 동바리로 사용하는 파이프 서포트의 높이가 (   )m를 초과하는 경우에는 높이 2m 이내마다 수평연결재를 2개 방향으로 만들고 수평연결재의 변위를 방지할 것

① 3 ② 3.5
③ 4 ④ 4.5

[해설] 파이프서포트의 높이가 3.5미터를 초과할 때에는 높이 2미터 이내마다 수평연결재를 2개 방향으로 만들고 수평연결재의 변위를 방지하여야 한다.

정답 | 109 ④ 110 ④ 111 ② 112 ① 113 ② 114 ① 115 ③ 116 ②

117 경암을 다음 그림과 같이 굴착하고자 한다. 굴착면의 기울기를 1 : 0.5로 하고자 할 경우 L의 길이로 옳은 것은?

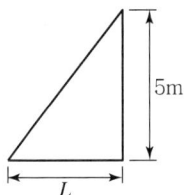

① 2m
② 2.5m
③ 5m
④ 10m

[해설] 1 : 0.5 = 5 : L이므로 L = 2.5이다.

118 거푸집 동바리 등을 조립하는 경우에 준수하여야 할 사항으로 옳지 않은 것은?

① 깔목의 사용, 콘크리트 타설, 말뚝박기 등 동바리의 침하를 방지하기 위한 조치를 할 것
② 개구부 상부에 동바리를 설치하는 경우에는 상부하중을 견딜 수 있는 견고한 받침대를 설치할 것
③ 거푸집이 곡면인 경우에는 버팀대의 부착 등 그 거푸집의 부상(浮上)을 방지하기 위한 조치를 할 것
④ 동바리의 이음은 맞댄이음이나 장부이음을 피할 것

[해설] 동바리의 이음은 맞댄이음 또는 장부이음으로 하고 같은 품질의 재료를 사용해야 한다.

119 터널붕괴를 방지하기 위한 지보공에 대한 점검사항과 가장 거리가 먼 것은?

① 부재의 긴압 정도
② 부재의 손상·변형·부식·변위 탈락의 유무 및 상태
③ 기둥침하의 유무 및 상태
④ 경보장치의 작동상태

[해설] **터널지보공 수시 점검사항**
1. 부재의 손상·변형·부식·변위 탈락의 유무 및 상태
2. 부재의 긴압 정도
3. 부재의 접속부 및 교차부의 상태
4. 기둥침하의 유무 및 상태

120 터널 등의 건설작업을 하는 경우에 낙반 등에 의하여 근로자가 위험해질 우려가 있는 경우에 필요한 조치와 가장 거리가 먼 것은?

① 터널 지보공을 설치한다.
② 록볼트를 설치한다.
③ 환기, 조명시설을 설치한다.
④ 부석을 제거한다.

[해설] 환기, 조명시설은 낙반과 직접적인 관련이 없다.

2018년 2회

1과목
산업재해 예방 및 안전보건교육

01 6~12명의 구성원으로 타인의 비판 없이 자유로운 토론을 통하여 다량의 독창적인 아이디어를 이끌어내고, 대안적 해결안을 찾기 위한 집단적 사고기법은?

① Role playing
② Brain storming
③ Action playing
④ Fish Bowl playing

해설 **브레인스토밍(Brain Storming)**
알렉스 오스본(A. F. Osborn)이 창안한 소집단 활동의 하나로서 수 명의 멤버가 마음을 터놓고 편안한 분위기 속에서 공상, 연상의 연쇄반응을 일으키면서 자유분방하게 아이디어를 대량으로 발언하여 나가는 발상법

02 재해의 발생형태 중 다음 그림이 나타내는 것은?

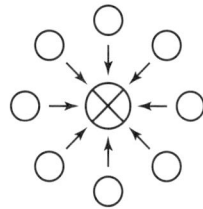

① 1단순연쇄형
② 2복합연쇄형
③ 단순자극형
④ 복합형

해설 **단순자극형(집중형)**
상호자극에 의하여 순간적으로 재해가 발생하는 유형으로 재해가 일어난 장소나 그 시점에 일시적으로 요인이 집중된다.

03 산업안전보건법령상 근로자에 대한 일반건강진단의 실시 시기 기준으로 옳은 것은?

① 사무직에 종사하는 근로자 : 1년에 1회 이상
② 사무직에 종사하는 근로자 : 2년에 1회 이상
③ 사무직 외의 업무에 종사하는 근로자 : 6월에 1회 이상
④ 사무직 외의 업무에 종사하는 근로자 : 2년에 1회 이상

해설 「산업안전보건법 시행규칙」 제197조에 의하면 사무업무에 종사하는 근로자에 대하여는 2년에 1회 이상 일반건강진단을 실시하여야 한다.

04 재해통계에 있어 강도율이 2.0인 경우에 대한 설명으로 옳은 것은?

① 한 건의 재해로 인해 전체 작업비용의 2.0%에 해당하는 손실이 발생하였다.
② 근로자 1,000명당 2.0건의 재해가 발생하였다.
③ 근로시간 1,000시간당 2.0건의 재해가 발생하였다.
④ 근로시간 1,000시간당 2.0일의 근로 손실이 발생하였다.

해설 **강도율(S.R ; Severity Rate of Injury)**
연 근로시간 1,000시간당 재해로 잃어버린 근로 손실일수

$$강도율 = \frac{근로\ 손실\ 일수}{연\ 근로시간\ 수} \times 1,000$$

05 산업안전보건법령상 교육대상별 교육내용 중 관리감독자의 정기안전 · 보건교육 내용이 아닌 것은? (단, 산업안전보건법 및 일반관리에 관한 사항은 제외한다.)

① 산업재해보상보험 제도에 관한 사항
② 산업보건 및 직업병 예방에 관한 사항
③ 유해 · 위험 작업환경 관리에 관한 사항
④ 표준안전작업방법 및 지도 요령에 관한 사항

해설 ①은 근로자의 정기안전 · 보건교육 내용이다.

정답 | 01 ② 02 ③ 03 ② 04 ④ 05 ①

06 Off JT(Off the Job Training)의 특징으로 옳은 것은?

① 훈련에만 전념할 수 있다.
② 상호신뢰 및 이해도가 높아진다.
③ 개개인에게 적절한 지도훈련이 가능하다.
④ 직장의 실정에 맞게 실제적 훈련이 가능하다.

해설 OFF JT(직장 외 교육훈련)
계층별 직능별로 공통된 교육대상자를 현장 이외의 한 장소에 모아 집합교육을 실시하는 교육형태(집단교육에 적합)
1. 다수의 근로자에게 조직적 훈련을 행하는 것이 가능
2. 훈련에만 전념
3. 각각 전문가를 강사로 초청하는 것이 가능

07 산업안전보건법령상 안전·보건표지의 종류 중 다음 안전·보건 표지의 명칭은?

① 화물적재금지
② 차량통행금지
③ 물체이동금지
④ 화물출입금지

해설 108
물체이동금지

08 AE형 안전모에 있어 내전압성이란 최대 몇 V 이하의 전압에 견디는 것을 말하는가?

① 750
② 1,000
③ 3,000
④ 7,000

해설 내전압성은 7,000V 이하의 전압에 견디는 것을 의미한다.

09 안전점검의 종류 중 태풍, 폭우 등에 의한 침수, 지진 등의 천재지변이 발생한 경우나 이상사태 발생 시 관리자나 감독자가 기계·기구, 설비 등의 기능상 이상 유무에 대하여 점검하는 것은?

① 일상점검
② 정기점검
③ 특별점검
④ 수시점검

해설 특별점검
기계·기구의 신설 및 변경 시 고장, 수리 등에 의해 부정기적으로 실시하는 점검으로 안전강조기간 등에 실시하는 점검

10 재해발생의 직접원인 중 불안전한 상태가 아닌 것은?

① 불안전한 인양
② 부적절한 보호구
③ 결함 있는 기계설비
④ 불안전한 방호장치

해설 불안전한 인양은 불안전한 행동에 포함된다.

11 매슬로(Maslow)의 욕구단계 이론 중 제2단계 욕구에 해당하는 것은?

① 자아실현의 욕구
② 안전에 대한 욕구
③ 사회적 욕구
④ 생리적 욕구

해설 매슬로(Maslow)의 욕구단계 이론
안전의 욕구(제2단계) : 안전을 기하려는 욕구

12 대뇌의 Human error로 인한 착오요인이 아닌 것은?

① 인지과정 착오
② 조치과정 착오
③ 판단과정 착오
④ 행동과정 착오

해설 착오요인(대뇌의 Human error)
1. 인지과정 착오
2. 판단과정 착오
3. 조치과정 착오

13 주의의 수준이 'Phase 0'인 상태에서의 의식상태로 옳은 것은?

① 무의식 상태
② 의식의 이완 상태
③ 명료한 상태
④ 과긴장 상태

해설 인간의 의식 Level

단계	의식의 상태	신뢰성	의식의 작용
Phase 0	무의식, 실신	0	없음

정답 | 06 ① 07 ③ 08 ④ 09 ③ 10 ① 11 ② 12 ④ 13 ①

14 생체리듬의 변화에 대한 설명으로 틀린 것은?

① 야간에는 체중이 감소한다.
② 야간에는 말초운동 기능이 저하된다.
③ 체온, 혈압, 맥박수는 주간에 상승하고 야간에 감소한다.
④ 혈액의 수분과 염분량은 주간에 증가하고 야간에 감소한다.

[해설] **생체리듬(바이오리듬)의 변화**
- 야간에는 체중이 감소한다.
- 야간에는 말초운동 기능이 저하, 피로의 자각증상이 증대한다.
- 혈액의 수분, 염분량은 주간에 감소하고 야간에 증가한다.
- 체온, 혈압, 맥박은 주간에 상승하고 야간에 감소한다.

15 어떤 사업장의 상시근로자 1,000명이 작업 중 2명 사망자와 의사진단에 의한 휴업일수 90일 손실을 가져온 경우의 강도율은? (단, 1일 8시간, 연 300일 근무한다.)

① 7.32　　② 6.28
③ 8.12　　④ 5.92

[해설] 강도율 = $\dfrac{\text{총 근로 손실일 수}}{\text{연 근로시간 수}} \times 1,000$

$= \dfrac{(7,500 \times 2) + 90 \times \dfrac{300}{365}}{1,000 \times 8 \times 300} \times 1,000 = 6.28$

16 교육심리학의 기본이론 중 학습지도의 원리가 아닌 것은?

① 직관의 원리　　② 개별화의 원리
③ 계속성의 원리　　④ 사회화의 원리

[해설] **학습지도 이론**
- 자발성의 원리
- 개별화의 원리
- 사회화의 원리
- 통합원리
- 직관의 원리

17 안전보건교육 계획에 포함하여야 할 사항이 아닌 것은?

① 교육의 종류 및 대상　　② 교육의 과목 및 내용
③ 교육장소 및 방법　　④ 교육지도안

[해설] **안전교육계획 수립 시 고려사항**
- 교육대상
- 교육의 종류
- 교육과목 및 교육내용
- 교육기간 및 시간
- 교육장소
- 교육방법
- 교육담당자 및 강사

18 인간관계의 메커니즘 중 다른 사람의 행동양식이나 태도를 투입시키거나 다른 사람 가운데서 자기와 비슷한 것을 발견하는 것은?

① 동일화　　② 일체화
③ 투사　　④ 공감

[해설] **동일화(Identification)**
다른 사람의 행동양식이나 태도를 투입시키거나 다른 사람에게서 자기와 비슷한 점을 발견하는 것

19 유기화합물용 방독마스크 시험가스의 종류가 아닌 것은?

① 염소가스 또는 증기　　② 시클로헥산
③ 디메틸에테르　　④ 이소부탄

[해설] **방독마스크의 종류 및 시험가스**

종류	시험가스
유기화합물용	시클로헥산(C_6H_{12})
	디메틸에테르(CH_3OCH_3)
	이소부탄(C_4H_{10})

20 Line-Staff형 안전보건관리조직에 관한 특징이 아닌 것은?

① 조직원 전원을 자율적으로 안전활동에 참여시킬 수 있다.
② 스탭이 월권행위를 할 경우가 있으며 라인스탭에 의존 또는 활용치 않는 경우가 있다.
③ 생산부문은 안전에 대한 책임과 권한이 없다.
④ 명령계통과 조언의 권고적 참여가 혼동되기 쉽다.

[해설] **라인·스태프(LINE-STAFF)형 조직(직계참모조직)**
대규모사업장에 적합한 조직으로서 라인형과 스태프형의 장점만을 채택한 형태이며, 안전업무를 전담하는 스태프를 두고 생산라인의 각 계층의 부서장이 안전업무를 수행하도록 하여 스태프에서 안전에 관한 사항이 결정되면 라인을 통하여 실천하도록 편성된 조직

정답 | 14 ④　15 ②　16 ③　17 ④　18 ①　19 ①　20 ③

2과목
인간공학 및 위험성 평가·관리

21 사업장에서 인간공학의 적용분야로 거리가 먼 것은?

① 제품설계 ② 설비의 고장률
③ 재해·질병 예방 ④ 장비·공구·설비의 배치

[해설] **사업장에서의 인간공학 적용분야**
- 작업관련성 유해·위험 작업 분석
- 제품설계에 있어 인간에 대한 안전성 평가
- 작업공간의 설계
- 인간-기계 인터페이스 디자인
- 재해·질병 예방

22 결함수 분석법(FTA)의 특징으로 볼 수 없는 것은?

① Top Down 형식 ② 특정사상에 대한 해석
③ 정량적 해석의 불가능 ④ 논리기호를 사용한 해석

[해설] **FTA의 특징**
정량적 해석기법(컴퓨터 처리가 가능)

23 음향기기 부품 생산공장에서 안전업무를 담당하는 OOO 대리는 공장 내부에 경보등을 설치하는 과정에서 도움이 될 만한 몇 가지 지식을 적용하고자 한다. 적용 지식으로 옳은 것은?

① 신호 대 배경의 휘도대비가 작을 때는 백색신호가 효과적이다.
② 광원의 노출시간이 1초 미만이면 광속발산도는 작아야 한다.
③ 표적의 크기가 커짐에 따라 광도의 역치가 안정되는 노출시간은 증가한다.
④ 배경광 중 점멸 잡음광의 비율이 10% 이상이면 점멸등은 사용하지 않는 것이 좋다.

[해설] **배경광**
- 배경 불빛이 신호등과 비슷하면 신호광의 식별이 힘들어진다.
- 만약 점멸 잡음광의 비율이 $\frac{1}{10}$(10%) 이상이면 상점등을 신호로 사용하는 것이 더 효과적이다.

24 인간이 기계와 비교하여 정보처리 및 결정의 측면에서 상대적으로 우수한 것은? (단, 인공지능은 제외한다.)

① 연역적 추리 ② 정량적 정보처리
③ 관찰을 통한 일반화 ④ 정보의 신속한 보관

[해설] 인간이 현존하는 기계를 능가하는 기능은 관찰을 통해 일반적으로 귀납적(Inductive)으로 추진하는 것이다.

25 제한된 실내 공간에서 소음문제의 음원에 관한 대책이 아닌 것은?

① 저소음 기계로 대체한다.
② 소음 발생원을 밀폐한다.
③ 방음 보호구를 착용한다.
④ 소음 발생원을 제거한다.

[해설] **소음을 통제하는 방법(소음대책)**
- 소음원의 통제
- 소음의 격리
- 차폐장치 및 흡음재료 사용
- 음향처리제 사용
- 적절한 배치

26 인간실수확률에 대한 추정기법으로 가장 적절하지 않은 것은?

① CIT(Critical Incident Technique) : 위급사건기법
② FMEA(Failure Mode and Effect Analysis) : 고장형태 영향분석
③ TCRAM(Task Criticality Rating Analysis Method) : 직무위급도 분석법
④ THERP(Technique for Human Error Rate Prediction) : 인간 실수율 예측기법

[해설] FMEA(고장형태와 영향분석법)는 시스템에 영향을 미치는 모든 요소의 고장을 유형별로 분석하고 그 고장이 미치는 영향을 분석하는 방법으로 인간실수확률과는 무관하다.

정답 | 21 ② 22 ③ 23 ④ 24 ③ 25 ③ 26 ②

27 음성통신에 있어 소음환경과 관련하여 성격이 다른 지수는?

① AI(Articulation Index) : 명료도 지수
② MAA(Minimum Audible Angle) : 최소 가청각도
③ PSIL(Preferred-Octave Speech Inter-ference Level) : 음성간섭수준
④ PNC(Preferred Noise Criteria Curves) : 선호 소음판단 기준곡선

[해설] MAMA(Minimum Audible Movement Angle)
동적 음향 이벤트를 측정하는 데 사용되는 인덱스로 소리의 방위각이 증가함에 따라 MAMA는 증가한다.
- 명료도 지수(Articulation Index)
- PNC 곡선(Preferred Noise Criteria Curves)
- 선호옥타브 음성간섭수준(Preferred-Octave Speech Interference Level)

28 A 회사에서는 새로운 기계를 설계하면서 레버를 위로 올리면 압력이 올라가도록 하고, 오른쪽 스위치를 눌렀을 때 오른쪽 전등이 켜지도록 하였다면, 이것은 각각 어떤 유형의 양립성을 고려한 것인가?

① 레버 - 공간양립성, 스위치 - 개념양립성
② 레버 - 운동양립성, 스위치 - 개념양립성
③ 레버 - 개념양립성, 스위치 - 운동양립성
④ 레버 - 운동양립성, 스위치 - 공간양립성

[해설] 양립성(Compatibility)
- 공간적 양립성 : 어떤 사물들, 특히 표시장치나 조정장치의 물리적 형태나 공간적인 배치의 양립성을 말한다.
- 운동적 양립성 : 표시장치, 조정장치, 체계반응 등의 운동방향의 양립성을 말한다.

29 압력 B_1과 B_2의 어느 한쪽이 일어나면 출력 A가 생기는 경우를 논리합의 관계라 한다. 이때 입력과 출력 사이는 무슨 게이트로 연결되는가?

① OR 게이트 ② 억제 게이트
③ AND 게이트 ④ 부정 게이트

[해설] OR 게이트
2개 중 1개라도 입력이 된다면 출력사상을 발생시키는 게이트

30 다음의 FT도에서 사상 A의 발생 확률값은?

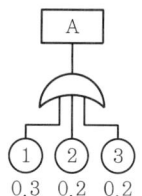

① 게이트 기호가 OR이므로 0.012
② 게이트 기호가 AND이므로 0.012
③ 게이트 기호가 OR이므로 0.552
④ 게이트 기호가 AND이므로 0.552

[해설] $T = 1 - (1-0.3)(1-0.2)(1-0.2) = 0.552$

31 작업공간의 포락면(包絡面)에 대한 설명으로 맞는 것은?

① 개인이 그 안에서 일하는 일차원 공간이다.
② 작업복 등은 포락면에 영을 미치지 않는다.
③ 가장 작은 포락면은 몸통을 움직이는 공간이다.
④ 작업의 성질에 따라 포락면의 경계가 달라진다.

[해설] 작업의 성질에 따라 포락면 경계가 달라진다.
작업공간 포락면(Envelope)
한 장소에 앉아서 수행하는 작업활동에서 사람이 작업하는 데 사용하는 공간

32 안전교육을 받지 못한 신입직원이 작업 중 전극을 반대로 끼우려고 시도했으나, 플러그의 모양이 반대로 끼울 수 없도록 설계되어 있어서 사고를 예방할 수 있었다. 작업자가 범한 오류와 이와 같은 사고 예방을 위해 적용된 안전설계 원칙으로 가장 적합한 것은?

① 누락(omission)오류, fail safe 설계원칙
② 누락(omission)오류, fool proof 설계원칙
③ 작위(commission)오류, fail safe 설계원칙
④ 작위(commission)오류, fool proof 설계원칙

[해설]
- 실행(작위적)에러(Commission Error) : 작업 내지 절차를 수행했으나 잘못한 실수 - 선택착오, 순서착오, 시간착오
- 풀 프루프(Fool proof) : 기계장치 설계단계에서 안전화를 도모하는 것으로 근로자가 기계 등의 취급을 잘못해도 사고로 연결되는 일이 없도록 하는 안전기구, 즉 인간과오(Human Error)를 방지하기 위한 것

정답 | 27 ② 28 ④ 29 ① 30 ③ 31 ④ 32 ④

33 FMEA에서 고장 평점을 결정하는 5가지 평가요소에 해당하지 않는 것은?

① 생산능력의 범위
② 고장발생의 빈도
③ 고장방지의 가능성
④ 영향을 미치는 시스템의 범위

해설 고장평점법: $C = (C_1 \times C_2 \times C_3 \times C_4 \times C_5)^{\frac{1}{5}}$
여기서, C_1 : 기능적 고장의 영향의 중요도
C_2 : 영향을 미치는 시스템의 범위
C_3 : 고장발생의 빈도
C_4 : 고장방지의 가능성
C_5 : 신규 설계의 정도

34 어떤 소리가 1,000Hz, 60dB인 음과 같은 높이임에도 4배 더 크게 들린다면, 이 소리의 음압수준은 얼마인가?

① 70dB
② 80dB
③ 90dB
④ 100dB

해설 **음압수준**
- 10dB 증가 시 소음은 2배 증가
- 20dB 증가 시 소음은 4배 증가

35 작업장 배치 시 유의사항으로 적절하지 않은 것은?

① 작업의 흐름에 따라 기계를 배치한다.
② 생산효율 증대를 위해 기계설비 주위에 재료나 반제품을 충분히 놓아둔다.
③ 공장 내외에는 안전한 통로를 두어야 하며, 통로는 선을 그어 작업장과 명확히 구별하도록 한다.
④ 비상시에 쉽게 대비할 수 있는 통로를 마련하고 사고 전압을 위한 활동통로가 반드시 마련되어야 한다.

해설 기계설비의 주위에는 충분한 공간을 두는 것이 좋다.

36 시스템의 수명 및 신뢰성에 관한 설명으로 틀린 것은?

① 병렬설계 및 디레이팅 기술로 시스템의 신뢰성을 증가시킬 수 있다.
② 직렬시스템에서는 부품들 중 최소 수명을 갖는 부품에 의해 시스템 수명이 정해진다.
③ 수리가 가능한 시스템의 평균 수명(MTBF)은 평균 고장률(λ)과 정비례 관계가 성립한다.
④ 수리가 불가능한 구성요소로 병렬구조를 갖는 설비는 중복도가 늘어날수록 시스템 수명이 길어진다.

해설 평균 고장간격(MTBF)은 평균 고장률과 반비례한다.
$MTBF = \dfrac{1}{\lambda}$

37 스트레스에 반응하는 신체의 변화로 옳은 것은?

① 혈소판이나 혈액응고인자가 증가한다.
② 더 많은 산소를 얻기 위해 호흡이 느려진다.
③ 중요한 장기인 뇌·심장·근육으로 가는 혈류가 감소한다.
④ 상황 판단과 빠른 행동 대응을 위해 감각기관은 매우 둔감해진다.

해설 **스트레스에 반응하는 신체의 변화**
- 더 많은 산소를 얻기 위해 호흡 속도 증가
- 뇌, 심장, 근육으로 가는 혈류 증가
- 모든 감각기관 속도 증가
- 혈소판, 혈액응고인자 증가

38 산업안전보건법령에 따라 제조업 등 유해·위험 방지 계획서를 작성하고자 할 때 관련 규정에 따라 1명 이상 포함시켜야 하는 사람의 자격으로 적합하지 않은 것은?

① 한국산업안전보건공단이 실시하는 관련 교육을 8시간 이수한 사람
② 기계, 재료, 화학, 전기, 전자, 안전관리 또는 환경분야 기술사 자격을 취득한 사람
③ 관련분야 기사 자격을 취득한 사람으로서 해당 분야에서 3년 이상 근무한 경력이 있는 사람
④ 기계안전, 전기안전, 화공안전분야의 산업안전지도사 또는 산업보건지도사 자격을 취득한 사람

해설 해당 기술사, 지도사를 취득하거나 기사, 산업기사 자격증 취득자, 관련 대학, 고등학교 졸업 후 해당 분야에서 n년 이상 근무한 경력이 있는 등의 자격요건이 필요하며, 관련 교육 이수만으로는 자격이 부여되지 않는다.

정답 | 33 ① 34 ② 35 ② 36 ③ 37 ① 38 ①

39 다음 그림과 같은 직·병렬 시스템의 신뢰도는? (단, 병렬 각 구성요소의 신뢰도는 R이고, 직렬 구성요소의 신뢰도는 M이다.)

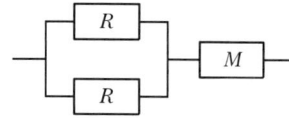

① MR^3 ② $R^2(1-MR)$
③ $M(R^2+R)-1$ ④ $M(2R-R^2)$

해설 | 신뢰도 $= 1-(1-R)(1-R) \times M = M(2R-R^2)$

40 시험문제에서 4지택일형 문제의 정보량은 얼마인가?

① 2bit ② 4bit
③ 2byte ④ 4byte

해설 | 정보량 $= \log_2 n = \log_2 4 = \dfrac{\log 4}{\log 2} = 2\text{bit}$

3과목
기계·기구 및 설비 안전관리

41 연삭숫돌의 상부를 사용하는 것을 목적으로 하는 탁상용 연삭기에서 안전덮개의 노출부위 각도는 몇 ° 이내이어야 하는가?

① 90° 이내 ② 75° 이내
③ 60° 이내 ④ 105° 이내

해설 | **탁상용 연삭기의 덮개 설치방법**
- 덮개의 최대 노출각도 : 90° 이내
- 숫돌의 주축에서 수평면 위로 이루는 원주각도 : 65° 이내
- 수평면 이하에서 연삭할 경우의 노출각도 : 125°까지 증가
- 숫돌의 상부사용을 목적으로 할 경우의 노출각도 : 60° 이내

42 다음 중 산업안전보건법령상 아세틸렌 가스용접장치에 관한 기준으로 틀린 것은?

① 전용의 발생기실은 건물의 최상층에 위치하여야 하며, 화기를 사용하는 설비로부터 1m를 초과하는 장소에 설치하여야 한다.
② 전용의 발생기실을 옥외에 설치한 경우에는 그 개구부를 다른 건축물로부터 1.5m 이상 떨어지도록 하여야 한다.
③ 아세틸렌 용접장치를 사용하여 금속의 용접·용단 또는 가열작업을 하는 경우에는 게이지 압력이 127kPa을 초과하는 압력의 아세틸렌을 발생시켜 사용해서는 아니 된다.
④ 전용의 발생기실을 설치하는 경우 벽은 불연성 재료로 하고 철근 콘크리트 또는 그 밖에 이와 동등하거나 그 이상의 강도를 가진 구조로 하여야 한다.

해설 | **아세틸렌 발생기실 설치장소(「안전보건규칙」 제286조)**
건물의 최상층에 위치하여야 하며, 화기를 사용하는 설비로부터 3미터를 초과하는 장소에 설치해야 한다.

43 다음 중 포터블 벨트 컨베이어(Potable Belt Conveyor)의 안전사항과 관련한 설명으로 옳지 않은 것은?

① 포터블 벨트 컨베이어 차륜 간의 거리는 전도 위험이 최소가 되도록 하여야 한다.
② 기복장치는 포터블 벨트 컨베이어의 옆면에서만 조작하도록 한다.
③ 포터블 벨트 컨베이어를 사용하는 경우는 차륜을 고정하여야 한다.
④ 전동식 포터블 벨트 컨베이어를 이동하는 경우는 먼저 전원을 내린 후 컨베이어를 이동시킨 다음 컨베이어를 최저의 위치로 내린다.

해설 | **포터블 벨트 컨베이어 준수사항**
포터블 벨트 컨베이어를 이동하는 경우는 먼저 컨베이어를 최저의 위치로 내리고 전동식의 경우 전원을 차단하여야 한다.

44 사람이 작업하는 기계장치에서 작업자가 실수를 하거나 오조작을 하여도 안전하게 유지되게 하는 안전설계방법은?

① Fail Safe ② 다중계화
③ Fool proof ④ Back up

정답 | 39 ④ 40 ① 41 ③ 42 ① 43 ④ 44 ③

해설 **풀 프루프(Fool Proof)**
작업자가 기계를 잘못 취급하여 불안전 행동이나 실수를 하여도 기계설비의 안전기능이 작용되어 재해를 방지할 수 있는 기능

45 질량 100kg인 화물이 와이어로프에 매달려 2m/s²의 가속도로 권상되고 있다. 이때 와이어로프에 작용하는 장력의 크기는 몇 N인가? (단, 여기서 중력가속도는 10m/s²로 한다.)

① 200N　② 300N
③ 1,200N　④ 2,000N

해설
- 동하중 = $\dfrac{정하중}{중력가속도(g)} \times 가속도 = \dfrac{100}{20} \times 2 = 20\,kg$
- 총하중 = 정하중 + 동하중 = 100 + 20 = 120kg
- 장력의 크기(N) = 총하중 × 중력가속도 = 120 × 10 = 1,200N

46 광전자식 방호장치의 광선에 신체의 일부가 감지된 후로부터 급정지기구가 작동 개시하기까지의 시간이 40ms이고, 광축의 최소 설치거리(안전거리)가 200mm일 때 급정지기구가 작동 개시한 때로부터 프레스기의 슬라이드가 정지될 때까지의 시간은 약 몇 ms인가?

① 60ms　② 85ms
③ 105ms　④ 130ms

해설 **광전자식 방호장치의 설치방법**
$D = 1,600(T_c + T_s)$
$200 = 1,600(0.04 + TS)$
$TS = 0.085(초) = 85ms$

47 방사선 투과검사에서 투과사진의 상질을 점검할 때 확인해야 할 항목으로 거리가 먼 것은?

① 투과도계의 식별도
② 시험부의 사진농도 범위
③ 계조계의 값
④ 주파수의 크기

해설 용접부의 방사선투과검사를 행하는 경우, 촬영된 투과사진이 규정하는 상질을 가지고 있는지의 여부를 확인해야 한다. 확인해야 할 항목은 다음과 같다.
- 투과도계의 식별 최소선경
- 시험부의 사진농도
- 계조계의 값(농도차/농도)

48 양중기의 과부하장치에서 요구하는 일반적인 성능기준으로 틀린 것은?

① 과부하방지장치 작동 시 경보음과 경보램프가 작동되어야 하며 양중기는 작동이 되지 않아야 한다.
② 외함의 전선 접촉 부분은 고무 등으로 밀폐되어 물과 먼지 등이 들어가지 않도록 한다.
③ 과부하방지장치와 타 방호장치는 기능에 서로 장애를 주지 않도록 부착할 수 있는 구조이어야 한다.
④ 방호장치의 기능을 제거하더라도 양중기는 원활하게 작동시킬 수 있는 구조이어야 한다.

해설 **양중기 과부하방지장치 일반적인 성능기준**
방호장치의 기능을 제거 또는 정지할 때 양중기의 기능도 동시에 정지할 수 있는 구조이어야 한다.

49 프레스 작업에서 제품 및 스크랩을 자동적으로 위험한계 밖으로 배출하기 위한 장치로 볼 수 없는 것은?

① 피더　② 키커
③ 이젝터　④ 공기 분사 장치

해설 피더는 재료의 자동송급 도구로서 위험한계 밖에서 안전하게 가공물을 투입하기 위한 장치이다.

50 용접장치에서 안전기의 설치 기준에 관한 설명으로 옳지 않은 것은?

① 아세틸렌 용접장치에 대하여는 일반적으로 각 취관마다 안전기를 설치하여야 한다.
② 아세틸렌 용접장치의 안전기는 가스용기와 발생기가 분리되어 있는 경우 발생기와 가스용기 사이에 설치한다.
③ 가스집합 용접장치에서는 주관 및 분기관에 안전기를 설치하며, 이 경우 하나의 취관에 2개 이상의 안전기를 설치한다.
④ 가스집합 용접장치의 안전기 설치는 화기사용설비로부터 3m 이상 떨어진 곳에 설치한다.

해설 가스집합장치는 화기를 사용하는 설비에서 5미터 이상 떨어진 장소에 설치하여야 한다.

정답 | 45 ③　46 ②　47 ④　48 ④　49 ①　50 ④

51 산업안전보건법상 보일러의 안전한 가동을 위하여 보일러 규격에 맞는 압력방출장치가 2개 이상 설치된 경우에 최고사용압력 이하에서 1개가 작동되고, 다른 압력방출장치는 최고사용압력의 몇 배 이하에서 작동되도록 부착하여야 하는가?

① 1.03배 ② 1.05배
③ 1.2배   ④ 1.5배

해설 **안전밸브 등의 작동요건**
안전밸브 등은 이를 통하여 보호하려는 설비의 최고사용압력 이하에서 작동되도록 하여야 한다. 다만, 안전밸브 등이 2개 이상 설치된 경우에 1개는 최고 사용압력의 1.05배 이하에서 작동되도록 설치할 수 있다.

52 밀링작업에서 주의해야 할 사항으로 옳지 않은 것은?

① 보안경을 쓴다.
② 일감 절삭 중 치수를 측정한다.
③ 커터에 옷이 감기지 않게 한다.
④ 커터는 가능한 한 컬럼에 가깝게 설치한다.

해설 일감 또는 부속장치 등을 설치하거나 제거할 때, 또는 일감을 측정할 때에는 반드시 정지시킨 다음에 측정해야 한다.

53 작업자의 신체부위가 위험한계 내로 접근하였을 때 기계적인 작용에 의하여 접근을 못하도록 하는 방호장치는?

① 위치제한형 방호장치   ② 접근거부형 방호장치
③ 접근반응형 방호장치   ④ 감지형 방호장치

해설 **접근거부형 방호장치**
작업자의 신체부위가 위험한계 내로 접근하면 기계의 동작위치에 설치해놓은 기구가 접근하는 신체부위를 안전한 위치로 되돌리는 것(손쳐내기식 안전장치)

54 사업주가 보일러의 폭발사고 예방을 위하여 기능이 정상적으로 작동될 수 있도록 유지·관리할 대상이 아닌 것은?

① 과부하방지장치   ② 압력방출장치
③ 압력제한스위치   ④ 고저수위조절장치

해설 **보일러 안전장치의 종류**(「안전보건규칙」 제119조)
보일러의 폭발사고를 예방하기 위하여 압력방출장치, 압력제한스위치, 고저수위조절장치, 화염 검출기 등의 기능이 정상적으로 작동될 수 있도록 유지·관리하여야 한다.

55 산업안전보건법령에 따라 프레스 등을 사용하여 작업을 하는 경우 작업시작 전 점검사항과 거리가 먼 것은?

① 전단기의 칼날 및 테이블의 상태
② 프레스의 금형 및 고정 볼트 상태
③ 슬라이드 또는 칼날에 의한 위험방지 기구의 기능
④ 전자밸브, 압력조정밸브 기타 공압 계통의 이상 유무

해설 **작업시작 전의 점검사항**(「안전보건규칙」 [별표 3])
- 클러치 및 브레이크의 기능
- 크랭크축·플라이휠·슬라이드·연결봉 및 연결 나사의 풀림 유무
- 1행정 1정지기구·급정지장치 및 비상정지장치의 기능
- 슬라이드 또는 칼날에 의한 위험방지 기구의 기능
- 프레스의 금형 및 고정볼트 상태
- 방호장치의 기능
- 전단기의 칼날 및 테이블의 상태

56 숫돌 바깥지름이 150mm일 경우 평형 플랜지의 지름은 최소 몇 mm 이상이어야 하는가?

① 25mm   ② 50mm
③ 75mm   ④ 100mm

해설 플랜지의 지름은 숫돌 직경의 1/3 이상인 것이 적당하다.
따라서, D(플랜지의 지름) = 150/3 = 50mm이다.

57 다음 중 아세틸렌 용접장치에서 역화의 원인으로 가장 거리가 먼 것은?

① 아세틸렌의 공급 과다
② 토치 성능의 부실
③ 압력조정기의 고장
④ 토치 팁에 이물질이 묻은 경우

해설 **역화의 원인**
- 팁의 막힘(팁에 불순물이 부착)
- 팁과 모재의 접촉
- 토치의 기능 불량
- 토치의 팁 과열

58 설비의 고장형태를 크게 초기고장, 우발고장, 마모고장으로 구분할 때 다음 중 마모고장과 가장 거리가 먼 것은?

① 부품, 부재의 마모   ② 열화에 생기는 고장
③ 부품, 부재의 반복피로   ④ 순간적 외력에 의한 파손

정답 | 51 ② 52 ② 53 ② 54 ① 55 ④ 56 ② 57 ① 58 ④

해설 순간적 외력에 의한 파손은 우발고장에 해당한다고 볼 수 있다.
- 초기고장(감소형) : 제조가 불량하거나 생산과정에서 품질관리가 안 되어 생기는 고장
- 우발고장(일정형) : 실제 사용하는 상태에서 발생하는 고장으로 예측할 수 없는 랜덤의 간격으로 생기는 고장
- 마모고장(증가형) : 설비 또는 장치가 수명을 다하여 생기는 고장

59 와이어로프 호칭이 '6×19'라고 할 때 숫자 '6'이 의미하는 것은?

① 소선의 지름(mm)
② 소선의 수량(wire 수)
③ 꼬임의 수량(strand 수)
④ 로프의 최대 인장강도(MPa)

해설 로프의 구성은 로프의 "스트랜드 수×소선의 개수"로 표시하며, 크기는 단면 외접원의 지름으로 나타낸다.

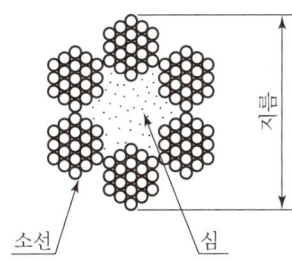

60 목재가공용 둥근톱에서 안전을 위해 요구되는 구조로 옳지 않은 것은?

① 톱날은 어떤 경우에도 외부에 노출되지 않고 덮개가 덮여 있어야 한다.
② 작업 중 근로자의 부주의에도 신체의 일부가 날에 접촉할 염려가 없도록 설계되어야 한다.
③ 덮개 및 지지부는 경량이면서 충분한 강도를 가져야 하며, 외부에서 힘을 가했을 때 쉽게 회전될 수 있는 구조로 설계되어야 한다.
④ 덮개의 가동부는 원활하게 상하로 움직일 수 있고 좌우로 움직일 수 없는 구조로 설계되어야 한다.

해설 덮개 및 지지부는 경량이면서 충분한 강도를 가져야 하며, 외부에서 힘을 가했을 때 지지부가 회전되지 않는 구조로 설계되어야 한다.

4과목
전기설비 안전관리

61 전기기기의 충격 전압시험 시 사용하는 표준충격파형(T_f, T_t)은?

① $1.2 \times 50 \mu s$
② $1.2 \times 100 \mu s$
③ $2.4 \times 50 \mu s$
④ $2.4 \times 100 \mu s$

해설 표준충격파형 : $1.2 \times 50\mu s$에서 T_f(파두장)=$1.2\mu s$, T_t(파미장)=$50\mu s$을 나타낸다.

62 심실세동 전류란?

① 최소 감지전류
② 치사적 전류
③ 고통 한계전류
④ 마비 한계전류

해설 **통전전류와 인체반응**

통전전류 구분	전격의 영향	통전전류(교류)값
심실세동 전류 (치사 전류)	심근의 미세한 진동으로 혈액을 송출하는 펌프의 기능이 장애를 받는 현상을 심실세동이라 하며 이때의 전류를 심실세동 전류라고 함	$I = \dfrac{165}{\sqrt{T}}$[mA] I : 심실세동 전류(mA) T : 통전시간(s)

63 인체의 전기저항을 0.5kΩ이라고 하면 심실세동을 일으키는 위험한계 에너지는 몇 J인가? (단, 심실세동 전류값 $I = \dfrac{165}{\sqrt{T}}$ mA의 Dalziel의 식을 이용하며, 통전시간은 1초로 한다.)

① 13.6
② 12.6
③ 11.6
④ 10.6

해설
$$W = I^2 RT = \left(\dfrac{165}{\sqrt{T}} \times 10^{-3}\right)^2 \times 500 T$$
$$= (165^2 \times 10^{-6}) \times 500$$
$$= 13.6[W\text{-}sec] = 13.6[J]$$

정답 | 59 ③ 60 ③ 61 ① 62 ② 63 ①

64 지구를 고립한 지구도체라 생각하고 1[C]의 전하가 대전되었다면 지구 표면의 전위는 대략 몇 [V] 인가? (단, 지구의 반경은 6,367km이다.)

① 1,414V ② 2,828V
③ 9×10^4V ④ 9×10^9V

해설) **지구의 표면전위**

$$E = \frac{Q}{4\pi\varepsilon_0 r^2} ≒ 9 \times 10^9 \times \frac{Q}{r^2} [\text{V/m}]$$

$$\therefore V = \frac{E}{r} = 9 \times 10^9 \times \frac{Q}{r} [\text{V}]$$

$$= 9 \times 10^9 \times \frac{1}{6,367 \times 10^3} = 1,413.54 [\text{V}]$$

65 감전사고로 인한 전격사의 메커니즘으로 가장 거리가 먼 것은?

① 흉부수축에 의한 질식
② 심실세동에 의한 혈액순환기능의 상실
③ 내장파열에 의한 소화기계통의 기능 상실
④ 호흡중추신경 마비에 따른 호흡기능 상실

해설) **전격현상의 메커니즘**
- 심실세동에 의한 혈액 순환기능 상실
- 호흡중추신경 마비에 따른 호흡 중지
- 흉부수축에 의한 질식

66 조명기구를 사용함에 따라 작업면의 조도가 점차적으로 감소되어가는 원인으로 가장 거리가 먼 것은?

① 점등 광원의 노화로 인한 광속의 감소
② 조명기구에 붙은 먼지, 오물, 반사면의 변질에 의한 광속 흡수율 감소
③ 실내 반사면에 붙은 먼지, 오물, 반사면의 화학적 변질에 의한 광속 반사율 감소
④ 공급전압과 광원의 정격전압의 차이에서 오는 광속의 감소

해설) 조명기구에 붙은 먼지, 오물, 반사면의 변질에 따라 광속 흡수율이 증가되는 것이 작업면의 조도 감소의 원인이다.

67 정전작업 시 정전시킨 전로에 잔류전하를 방전할 필요가 있다. 이때 전원차단 이후에도 잔류전하가 남아 있을 가능성이 가장 낮은 것은?

① 방전 코일 ② 전력 케이블
③ 전력용 콘덴서 ④ 용량이 큰 부하기기

해설) 방전 코일이나 방전기구 등을 이용하여 전력 케이블, 전력 콘덴서 등의 잔류전하를 방전시킨다.

68 이동식 전기기기의 감전사고를 방지하기 위한 가장 적정한 시설은?

① 접지설비 ② 폭발방지설비
③ 시건장치 ④ 피뢰기설비

해설) 접지설비는 기기의 지락사고 발생 시 사람에게 걸리는 분담전압을 억제시킨다(감전사고 방지).

69 인체의 피부 전기저항은 여러 가지의 제반조건에 의해서 변화를 일으키는데 제반조건으로서 가장 가까운 것은?

① 피부의 청결 ② 피부의 노화
③ 인가전압의 크기 ④ 통전경로

해설) 인체의 피부 전기저항은 인체의 각 부위(피부, 혈액 등)의 저항성분과 용량성분이 합성된 값이 되며, 이 값은 여러 인자, 특히 습기, 접촉전압, 인가시간, 접촉면적 등에 따라 변화한다.

70 자동차가 통행하는 도로에서 고압의 지중전선로를 직접 매설식으로 시설할 때 사용되는 전선으로 가장 적합한 것은?

① 비닐 외장 케이블
② 폴리에틸렌 외장 케이블
③ 클로로프렌 외장 케이블
④ 콤바인 덕트 케이블(combine duct cable)

해설) 콤바인 덕트 케이블을 사용하여 저압 또는 고압의 지중전선로를 직접 매설식으로 시설한다.

정답 | 64 ① 65 ③ 66 ② 67 ① 68 ① 69 ③ 70 ④

71 산업안전보건법에는 보호구 사용 시 안전인증을 받은 제품을 사용토록 하고 있다. 다음 중 안전인증 대상이 아닌 것은?

① 안전화
② 고무장화
③ 안전장갑
④ 감전위험방지용 안전모

해설 고무장화는 안전인증 대상이 아니다.

72 감전사고로 인한 호흡 정지 시 구강대 구강법에 의한 인공호흡의 매분 회수와 시간은 어느 정도 하는 것이 가장 바람직한가?

① 매분 5~10회, 30분 이하
② 매분 12~15회, 30분 이상
③ 매분 20~30회, 30분 이하
④ 매분 30회 이상, 20분~30분 정도

해설 **구강대 구강법**
구강대 구강법은 1분간 12회 정도 반복한다. 어린이의 경우는 1분간 20회 정도 실시한다.

73 누전차단기의 구성요소가 아닌 것은?

① 누전검출부
② 영상변류기
③ 차단장치
④ 전력퓨즈

해설 **누전차단기 구성요소**
누전검출부, 영상변류기, 차단장치 등

74 1[C]을 갖는 2개의 전하가 공기 중에서 1[m]의 거리에 있을 때 이들 사이에 작용하는 정전력은?

① 8.854×10^{-12}[N]
② 1.0[N]
③ 3×10^3[N]
④ 9×10^9[N]

해설 정전력 $F = 9 \times 10^9 \times \dfrac{Q_1 Q_2}{r^2} = 9 \times 10^9 \times \dfrac{1 \times 1}{1^2} = 9 \times 10^9$[N]

75 고장전류와 같은 대전류를 차단할 수 있는 것은?

① 차단기(CB)
② 유입 개폐기(OS)
③ 단로기(DS)
④ 선로 개폐기(LS)

해설 **차단기(CB)**
고장전류와 같은 대전류를 차단한다.

76 금속제 외함을 가지는 기계기구에 전기를 공급하는 전로에 지락이 발생했을 때 자동적으로 전로를 차단하는 누전차단기 등을 설치하여야 한다. 이때 누전차단기를 설치해야 하는 경우로 옳은 것은?

① 기계기구가 고무, 합성수지 기타 절연물로 피복된 것일 경우
② 기계기구가 유도전동기의 2차 측 전로에 접속된 저항기일 경우
③ 대지전압이 150V를 초과하는 전동기계 · 기구를 시설하는 경우
④ 전기용품안전관리법의 적용을 받는 2중절연구조의 기계기구를 시설하는 경우

해설 **누전차단기 적용 범위(「안전보건규칙」 제304호)**
대지전압이 150V를 초과하는 이동형 또는 휴대형 전기기계 · 기구

77 전기화재의 경로별 원인으로 거리가 먼 것은?

① 단락
② 누전
③ 저전압
④ 접촉부의 과열

해설 ①, ②, ④는 경로별 원인이고, 저전압과는 거리가 멀다.

78 다음 중 내압 방폭구조는 어느 경우에 가장 가까운가?

① 점화 능력의 본질적 억제
② 점화원의 방폭적 격리
③ 전기설비의 안전도 증강
④ 전기설비의 밀폐화

해설 내압 방폭구조는 전기설비 내부에 폭발 시 외부로 파급되지 않도록 방폭적 격리를 시키는 방법이다.

79 인입개폐기를 개방하지 않고 전등용 변압기 1차 측 COS만 개방한 후 전등용 변압기 접속용 볼트 작업 중 동력용 COS에 접촉, 사망한 사고에 대한 원인으로 가장 거리가 먼 것은?

① 안전장구 미사용
② 동력용 변압기 COS 미개방
③ 전등용 변압기 2차 측 COS 미개방
④ 인입구 개폐기 미개방한 상태에서 작업

해설 전등용 변압기 1차 측 COS가 개방된 상태이므로 2차 측과 무관하다.

정답 | 71 ② 72 ② 73 ④ 74 ④ 75 ① 76 ③ 77 ③ 78 ② 79 ③

80 인체통전으로 인한 전격(electric shock)의 정도를 정함에 있어 그 인자로서 가장 거리가 먼 것은?

① 전압의 크기
② 통전시간
③ 전류의 크기
④ 통전경로

해설
- 1차적 감전요소 : 통전전류의 크기, 통전경로, 통전시간, 전원의 종류
- 2차적 감전요소 : 인체의 조건(인체의 저항), 전압의 크기, 계절 등 주위환경

5과목
화학설비 안전관리

81 다음 중 가연성 물질과 산화성 고체가 혼합하고 있을 때 연소에 미치는 현상으로 옳은 것은?

① 착화온도(발화점)가 높아진다.
② 최소점화에너지가 감소하며, 폭발의 위험성이 증가한다.
③ 가스나 가연성 증기의 경우 공기혼합보다 연소범위가 축소된다.
④ 공기 중에서보다 산화작용이 약하게 발생하여 화염 온도가 감소하며 연소속도가 늦어진다.

해설 산화성 고체가 가연성 물질의 연소 또는 폭발을 가속화할 수 있다.

82 다음 중 전기화재의 종류에 해당하는 것은?

① A급
② B급
③ C급
④ D급

해설 전기화재는 C급 화재이다.

83 사업주는 산업안전보건법령에서 정한 설비에 대해서는 과압에 따른 폭발을 방지하기 위하여 안전밸브 등을 설치하여야 한다. 다음 중 이에 해당하는 설비가 아닌 것은?

① 원심펌프
② 정변위 압축기
③ 정변위 펌프(토출 측에 차단밸브가 설치된 것만 해당)
④ 배관(2개 이상의 밸브에 의하여 차단되어 대기온도에서 액체의 열팽창에 의하여 파열될 우려가 있는 것으로 한정)

해설 산업안전보건법상 원심펌프는 안전밸브의 설치 대상이 아니다.

84 니트로셀룰로오스의 취급 및 저장방법에 관한 설명으로 틀린 것은?

① 저장 중 충격과 마찰 등을 방지하여야 한다.
② 물과 격렬히 반응하여 폭발하므로 습기를 제거하고, 건조 상태를 유지한다.
③ 자연발화 방지를 위하여 안전용제를 사용한다.
④ 화재 시 질식소화는 적응성이 없으므로 냉각소화를 한다.

해설 니트로셀룰로오스는 건조하면 자연 분해되어 발화할 수 있으므로 에틸 알코올 또는 이소프로필 알코올에 적신 상태로 보관한다.

85 위험물을 산업안전보건법령에서 정한 기준량 이상으로 제조하거나 취급하는 설비로서 특수화학설비에 해당되는 것은?

① 가열시켜 주는 물질의 온도가 가열되는 위험물질의 분해온도보다 높은 상태에서 운전되는 설비
② 상온에서 게이지 압력으로 200kPa의 압력으로 운전되는 설비
③ 대기압하에서 섭씨 300℃로 운전되는 설비
④ 흡열반응이 행하여지는 반응설비

해설 가열시켜 주는 물질의 온도가 가열되는 위험물질의 분해온도 또는 발화점보다 높은 상태에서 운전되는 설비는 산업안전보건법령상의 특수화학설비에 해당한다.

86 폭발에 관한 용어 중 "BLEVE"가 의미하는 것은?

① 고농도의 분진 폭발
② 저농도의 분해 폭발
③ 개방계 증기운 폭발
④ 비등액 팽창증기 폭발

해설 BLEVE는 'Boiling Liquid Expanding Vapor Explosion'의 약자로 비등액 팽창증기 폭발을 뜻한다.

87 다음 중 인화점이 가장 낮은 물질은?

① CS_2
② C_2H_5OH
③ CH_3COCH_3
④ $CH_3COOC_2H_5$

해설 인화점은 가연성 증기를 발생하는 액체 또는 고체가 공기 중에서 점화원에 의해 표면 부근에서 연소하기에 충분한 농도(폭발 하한계)를 발생시키는 최저의 온도로 정의되며, 일반적으로 분자구조가 간단하고 분자량이 낮을수록 인화점은 낮아진다.

정답 | 80 ① 81 ② 82 ③ 83 ① 84 ② 85 ① 86 ④ 87 ①

88 아세틸렌 압축 시 사용되는 희석제로 적당하지 않은 것은?

① 메탄 ② 질소
③ 산소 ④ 에틸렌

[해설] **희석제**
에틸렌, 메탄, 질소, 일산화탄소

89 수분을 함유하는 에탄올에서 순수한 에탄올을 얻기 위해 벤젠과 같은 물질은 첨가하여 수분을 제거하는 증류 방법은?

① 공비증류 ② 추출증류
③ 가압증류 ④ 감압증류

[해설] **공비증류**
공비혼합물 또는 끓는점이 비슷하여 분리하기 어려운 액체혼합물의 성분을 완전히 분리하기 위해 쓰는 증류법으로 수분을 함유하는 에탄올에서 순수한 에탄올을 얻기 위해 쓰는 대표적인 증류법이다.

90 다음 중 벤젠(C_6H_6)의 공기 중 폭발하한계값(vol%)에 가장 가까운 것은?

① 1.0 ② 1.5
③ 2.0 ④ 2.5

[해설] 벤젠의 폭발하한계값은 1.40이다.

91 다음 중 퍼지의 종류에 해당하지 않는 것은?

① 압력퍼지 ② 진공퍼지
③ 스위프퍼지 ④ 가열퍼지

[해설] **불활성화(퍼지)의 종류**
압력퍼지, 진공퍼지, 사이폰퍼지, 스위프퍼지 등

92 공업용 용기의 몸체 도색으로 가스명과 도색명의 연결이 옳은 것은?

① 산소-청색 ② 질소-백색
③ 수소-주황색 ④ 아세틸렌-회색

[해설] 고압가스용기 중 수소용기는 주황색으로 도색한다.

93 다음 중 분말 소화약제로 가장 적절한 것은?

① 사염화탄소 ② 브롬화메탄
③ 수산화암모늄 ④ 제1인산암모늄

[해설] 제1인산암모늄은 제3종 분말소화약제의 주성분이다.

94 비중이 1.5이고, 직경이 74μm인 분체가 종말속도 0.2m/s로 직경 6m인 사일로(silo)에서 질량유속 400kg/h로 흐를 때 평균 농도는 약 얼마인가?

① 10.6mg/L ② 14.6mg/L
③ 19.6mg/L ④ 25.6mg/L

[해설] **분체의 평균농도**

$$400\text{kg/h} = \frac{400}{60분 \times 60초} = 0.111\text{kg/s}$$

$$0.111\text{kg/s} = 0.111 \times 10^6 = 111,000\text{mg/s}$$

$$평균농도 = \frac{111,000}{\frac{\pi}{4} \times 6^2 \times 0.2} = 19,629\text{mg/m}^3$$

$$= 19.6\text{mg/L}$$

95 다음 중 분진폭발이 발생하기 쉬운 조건으로 적절하지 않은 것은?

① 발열량이 클 때
② 입자의 표면적이 작을 때
③ 입자의 형상이 복잡할 때
④ 분진의 초기 온도가 높을 때

[해설] 입자의 표면적이 작으면 산소와의 접촉면적이 작아지기 때문에 연소 및 폭발이 어려워진다.

96 다음 중 폭발 또는 화재가 발생할 우려가 있는 건조설비의 구조로 적절하지 않은 것은?

① 건조설비의 바깥 면은 불연성 재료로 만들 것
② 위험물 건조설비의 열원으로서 직화를 사용하지 아니할 것
③ 위험물 건조설비의 측벽이나 바닥은 견고한 구조로 할 것
④ 위험물 건조설비는 상부를 무거운 재료로 만들고 폭발구를 설치할 것

[해설] 상부는 불의의 폭발 시 압력방산을 위해 가벼운 재료를 사용한다.

정답 | 88 ③ 89 ① 90 ② 91 ④ 92 ② 93 ④ 94 ③ 95 ② 96 ④

97 위험물안전관리법령에 의한 위험물의 분류 중 제1류 위험물에 속하는 것은?

① 염소산염류　　② 황린
③ 금속칼륨　　　④ 질산에스테르

해설 **제1류 위험물**
산화성 고체로 아염소산염류, 염소산염류, 과염소산염류, 무기과산화물, 브롬산염류, 질산염류, 요오드산염류, 중크롬산염류 등

98 산업안전보건법령상 위험물질의 종류 중 "폭발성 물질 및 유기과산화물"에 해당하는 것은?

① 리튬　　　　　② 아조화합물
③ 아세틸렌　　　④ 셀룰로이드류

해설 아조화합물은 산업안전보건법령상 폭발성 물질 및 유기과산화물에 해당한다.

99 다음 중 축류식 압축기에 대한 설명으로 옳은 것은?

① Casing 내에 1개 또는 수 개의 회전체를 설치하여 이것을 회전시킬 때 Casing과 피스톤 사이의 체적이 감소해서 기체를 압축하는 방식이다.
② 실린더 내에서 피스톤을 왕복시켜 이것에 따라 개폐하는 흡입밸브 및 배기밸브의 작용에 의해 기체를 압축하는 방식이다.
③ Casing 내에 넣어진 날개바퀴를 회전시켜 기체에 작용하는 원심력에 의해서 기체를 압송하는 방식이다.
④ 프로펠러의 회전에 의한 추진력에 의해 기체를 압송하는 방식이다.

해설 축류식 압축기는 프로펠러의 회전에 의한 추진력에 의해 기체를 압송하는 설비이다.

100 메탄 50vol%, 에탄 30vol%, 프로판 20vol% 혼합가스의 폭발하한계값(vol%)은 약 얼마인가? (단, 메산, 에탄, 프로판의 폭발하한계값은 각각 5.0, 3.0, 2.1vol%이다.)

① 1.6　　　　② 2.1
③ 3.4　　　　④ 4.8

해설 $L = \dfrac{V_1 + V_2 + \cdots + V_n}{\dfrac{V_1}{L_1} + \dfrac{V_2}{L_2} + \cdots + \dfrac{V_n}{L_n}}$

(혼합가스가 공기와 섞여 있을 경우)

$L = \dfrac{50 + 30 + 20}{\dfrac{50}{5} + \dfrac{30}{3} + \dfrac{20}{2.1}} = 3.4(\text{vol\%})$

6과목
건설공사 안전관리

101 차량계 건설기계를 사용하여 작업할 때에 그 기계가 넘어지거나 굴러떨어짐으로써 근로자가 위험해질 우려가 있는 경우에 조치하여야 할 사항과 거리가 먼 것은?

① 갓길의 붕괴 방지　　② 작업반경 유지
③ 지반의 부동침하 방지　　④ 도로 폭의 유지

해설 차량계 건설기계의 안전수칙 중 차량계 건설기계가 넘어지거나 굴러떨어짐으로써 근로자에게 위험을 미칠 우려가 있는 경우에는 유도하는 자를 배치하고 지반의 부동침하 방지, 갓길의 붕괴 방지 및 도로의 폭 유지 등 필요한 조치를 하여야 한다.

102 유해위험방지계획서 제출 대상 공사로 볼 수 없는 것은?

① 지상 높이가 31m 이상인 건축물의 건설공사
② 터널건설공사
③ 깊이 10m 이상인 굴착공사
④ 교량의 전체 길이가 40m 이상인 교량공사

해설 최대 지간 길이가 50m 이상인 교량 건설 등 공사가 해당된다.

103 건설업 산업안전보건관리비 계상 및 사용기준에 따른 안전관리비의 개인보호구 및 안전장구 구입비 항목에서 안전관리비로 사용이 가능한 경우는?

① 안전·보건관리자가 선임되지 않은 현장에서 안전·보건업무를 담당하는 현장관계자용 무전기, 카메라, 컴퓨터, 프린터 등 업무용 기기
② 혹한·혹서에 장기간 노출로 인해 건강장해를 일으킬 우려가 있는 경우 특정 근로자에게 지급되는 기능성 보호 장구
③ 근로자에게 일률적으로 지급하는 보냉·보온장구
④ 감리원이나 외부에서 방문하는 인사에게 지급하는 보호구

정답 | 97 ① 98 ② 99 ④ 100 ③ 101 ② 102 ④ 103 ②

해설 혹한·혹서에 장기간 노출로 인해 건강장해를 일으킬 우려가 있는 경우 특정 근로자에게 지급되는 기능성 보호 장구는 안전관리비로 사용이 가능하다.

104 지반에서 나타나는 보일링(Boiling) 현상의 직접적인 원인으로 볼 수 있는 것은?

① 굴착부와 배면부의 지하수위의 수두차
② 굴착부와 배면부의 흙의 중량차
③ 굴착부와 배면부의 흙의 함수비차
④ 굴착부와 배면부의 흙의 토압차

해설 **보일링(Boiling)**
투수성이 좋은 사질토 지반을 굴착할 때 흙막이벽 배면의 지하수위가 굴착저면보다 높을 때 굴착저면 위로 모래와 지하수가 솟아오르는 현상이다.

105 강풍이 불어올 때 타워크레인의 운전작업을 중지하여야 하는 순간풍속의 기준으로 옳은 것은?

① 순간풍속이 초당 10m 초과
② 순간풍속이 초당 15m 초과
③ 순간풍속이 초당 25m 초과
④ 순간풍속이 초당 30m 초과

해설 순간풍속이 매 초당 15m를 초과하는 경우에는 타워크레인의 운전작업을 중지하여야 한다.

106 말비계를 조립하여 사용하는 경우에 지주부재와 수평면의 기울기는 최대 몇 도 이하로 하여야 하는가?

① 30°   ② 45°
③ 60°   ④ 75°

해설 말비계를 조립하여 사용하는 경우 지주부재와 수평면의 기울기를 75° 이하로 하고, 지주부재와 지주부재 사이를 고정하는 보조부재를 설치해야 한다.

107 추락의 위험이 있는 개구부에 대한 방호조치와 거리가 먼 것은?

① 안전난간, 울타리, 수직형 추락방망 등으로 방호조치를 한다.
② 충분한 강도를 가진 구조의 덮개를 뒤집히거나 떨어지지 않도록 설치한다.
③ 어두운 장소에서도 식별이 가능한 개구부 주의 표지를 부착한다.
④ 폭 30cm 이상의 발판을 설치한다.

해설 작업 발판은 개구부에 대한 직접 방호조치와 거리가 멀다.

108 로프 길이 2m인 안전대를 착용한 근로자가 추락으로 인한 부상을 당하지 않기 위한 지면으로부터 안전대 고정점까지의 높이(H)의 기준으로 옳은 것은? (단, 로프의 신율 30%, 근로자의 신장 180cm이다.)

① H＞1.5m   ② H＞2.5m
③ H＞3.5m   ④ H＞4.5m

해설 지면에서 안전대 고정점까지의 높이는 H＞3.5m이어야 한다.

109 가설통로의 설치기준으로 옳지 않은 것은?

① 추락할 위험이 있는 장소에는 안전난간을 설치할 것
② 경사가 10°를 초과하는 경우에는 미끄러지지 아니하는 구조로 할 것
③ 경사는 30° 이하로 할 것
④ 건설공사에 사용하는 높이 8m 이상인 비계다리에는 7m 이내마다 계단참을 설치할 것

해설 경사가 15°를 초과하는 경우에는 미끄러지지 않는 구조로 해야 한다.

110 터널 지보공을 조립하거나 변경하는 경우에 조치하여야 하는 사항으로 옳지 않은 것은?

① 목재의 터널 지보공은 그 터널 지보공의 각 부재에 작용하는 긴압 정도를 체크하여 그 정도가 최대한 차이나도록 할 것
② 강(鋼)아치 지보공의 조립은 연결볼트 및 띠장 등을 사용하여 주재 상호 간을 튼튼하게 연결할 것
③ 기둥에는 침하를 방지하기 위하여 받침목을 사용하는 등의 조치를 할 것
④ 주재(主材)를 구성하는 1세트의 부재는 동일 평면 내에 배치할 것

해설 목재의 터널 지보공은 그 터널 지보공 각 부재의 긴압 정도가 균등하게 되도록 하여야 한다.

정답 | 104 ① 105 ② 106 ④ 107 ④ 108 ③ 109 ② 110 ①

111 콘크리트 타설작업 시 안전에 대한 유의사항으로 옳지 않은 것은?

① 콘크리트를 치는 도중에는 지보공·거푸집 등의 이상 유무를 확인한다.
② 높은 곳으로부터 콘크리트를 타설할 때는 호퍼로 받아 거푸집 내에 꽂아 넣는 슈트를 통해서 부어 넣어야 한다.
③ 진동기를 가능한 한 많이 사용할수록 거푸집에 작용하는 측압상 안전하다.
④ 콘크리트를 한 곳에만 치우쳐서 타설하지 않도록 주의한다.

해설) 진동기를 넣고 나서 뺄 때까지 시간은 보통 5~15초가 적당하며, 진동기를 많이 사용하면 거푸집 측압이 상승한다.

112 개착식 흙막이 벽의 계측 내용에 해당되지 않는 것은?

① 경사측정 ② 지하수위 측정
③ 변형률 측정 ④ 내공변위 측정

해설) 내공변위 측정은 터널의 계측 관리에 해당한다.

113 다음은 산업안전보건법령에 따른 달비계를 설치하는 경우에 준수해야 할 사항이다. ( )에 들어갈 내용으로 옳은 것은?

작업발판은 폭을 ( ) 이상으로 하고 틈새가 없도록 할 것

① 15cm ② 20cm
③ 40cm ④ 60cm

해설) 달비계를 설치하는 경우 작업발판은 폭을 40cm 이상으로 하고 틈새가 없도록 해야 한다.

114 강관 틀비계를 조립하여 사용하는 경우 준수해야 하는 사항으로 옳지 않은 것은?

① 길이가 띠장 방향으로 4m 이하이고 높이가 10m를 초과하는 경우에는 10m 이내마다 띠장 방향으로 버팀기둥을 설치할 것
② 높이가 20m를 초과하거나 중량물의 적재를 수반하는 작업을 할 경우에는 주틀 간의 간격을 1.8m 이하로 할 것
③ 주틀 간에 교차가새를 설치하고 최상층 및 10층 이내마다 수평재를 설치할 것
④ 수직 방향으로 6m, 수평 방향으로 8m 이내마다 벽이음을 할 것

해설) 주틀 간에 교차 가새를 설치하고 최상층 및 5층 이내마다 수평재를 설치해야 한다.

115 철골 기둥, 빔 및 트러스 등의 철골구조물을 일체화하거나 지상에서 조립하는 이유로 가장 타당한 것은?

① 고소작업의 감소 ② 화기사용의 감소
③ 구조체 강성 증가 ④ 운반물량의 감소

해설) 철골을 일체화하거나 지상에서 조립하여 거치하는 이유는 고소작업을 최소화하기 위해서다.

116 다음 중 압쇄기를 사용하여 건물해체 시 그 순서로 옳은 것은?

A : 보, B : 기둥, C : 슬래브, D : 벽체

① A - B - C - D ② A - C - B - D
③ C - A - D - B ④ D - C - B - A

해설) 압쇄기의 파쇄작업은 슬래브, 보, 벽체, 기둥의 순서로 한다.

117 흙의 간극비를 나타낸 식으로 옳은 것은?

① $\dfrac{(공기+물의\ 체적)}{(흙+물의\ 체적)}$ ② $\dfrac{(공기+물의\ 체적)}{흙의\ 체적}$

③ $\dfrac{물의\ 체적}{(물+흙의\ 체적)}$ ④ $\dfrac{(공기+물의\ 체적)}{(공기+흙+물의\ 체적)}$

해설) 간극비 = $\dfrac{(공기+물의\ 체적)}{흙의\ 체적}$

118 부두·안벽 등 하역작업을 하는 장소에서 부두 또는 안벽의 선을 따라 통로를 설치하는 경우에는 그 폭을 최소 얼마 이상으로 하여야 하는가?

① 80cm ② 90cm
③ 100cm ④ 120cm

해설) 부두 또는 안벽의 선을 따라 통로를 설치하는 경우에는 폭을 90cm 이상으로 해야 한다.

정답 | 111 ③ 112 ④ 113 ③ 114 ③ 115 ① 116 ③ 117 ② 118 ②

119 취급 · 운반의 원칙으로 옳지 않은 것은?

① 곡선 운반을 할 것
② 운반 작업을 집중화할 것
③ 생산을 최고로 하는 운반을 생각할 것
④ 연속 운반을 할 것

해설   직선 운반을 해야 한다.

120 사면 보호 공법 중 구조물에 의한 보호 공법에 해당되지 않는 것은?

① 식생공   ② 블록공
③ 돌쌓기공 ④ 현장타설 콘크리트 격자공

해설   식생공은 식생에 의한 사면 보호 공법에 해당된다.
  식생공
  떼붙임공, 식생공, 식수공, 파종공

2018년 3회

1과목
산업재해 예방 및 안전보건교육

01 집단에서의 인간관계 메커니즘(Mechanism)과 가장 거리가 먼 것은?

① 모방, 암시
② 분열, 강박
③ 동일화, 일체화
④ 커뮤니케이션, 공장

[해설] **인간관계 메커니즘**
- 동일화(Identification)
- 투사(Projection)
- 커뮤니케이션(Communication)
- 모방(Imitation)
- 암시(Suggestion)

02 산업안전보건법령에 따른 안전보건관리규정에 포함되어야 할 세부내용이 아닌 것은?

① 위험성 감소대책 수립 및 시행에 관한 사항
② 하도급 사업장에 대한 안전·보건관리에 관한 사항
③ 질병자의 근로 금지 및 취업 제한 등에 관한 사항
④ 물질안전보건자료에 관한 사항

[해설] 물질안전보건자료에 관한 사항은 안전보건관리규정의 세부내용에 포함되지 않는다.

03 안전교육 중 프로그램 학습법의 장점이 아닌 것은?

① 학습자의 학습 과정을 쉽게 알 수 있다.
② 여러 가지 수업 매체를 동시에 다양하게 활용할 수 있다.
③ 지능, 학습속도 등 개인차를 충분히 고려할 수 있다.
④ 매 반응마다 피드백이 주어지기 때문에 학습자가 흥미를 가질 수 있다.

[해설] **프로그램 학습법(Programmed Self-instruction Method)**
학습자가 프로그램을 통해 단독으로 학습하는 방법으로 개발된 프로그램은 변경이 어렵다.

04 산업안전보건법령에 따른 근로자 안전·보건교육 중 근로자 정기 안전·보건교육의 교육내용에 해당하지 않는 것은? (단, 산업안전보건법 및 일반관리에 관한 사항은 제외한다.)

① 건강증진 및 질병 예방에 관한 사항
② 산업보건 및 직업병 예방에 관한 사항
③ 유해·위험 작업환경 관리에 관한 사항
④ 작업공정의 유해·위험과 재해 예방대책에 관한 사항

[해설] ④는 관리감독자 정기안전·보건교육 내용이다.

05 최대 사용전압이 교류(실효값) 500V 또는 직류 750V인 내전압용 절연장갑의 등급은?

① 00
② 0
③ 1
④ 2

[해설] **절연장갑의 등급 및 색상**

등급	최대 사용전압		비고
	교류(V, 실효값)	직류(V)	
00	500	750	갈색

정답 | 01 ② 02 ④ 03 ② 04 ④ 05 ①

06 산업재해 기록·분류에 관한 지침에 따른 분류기준 중 다음의 ( ) 안에 들어갈 내용으로 알맞은 것은?

> 재해자가 넘어짐으로 인하여 기계의 동력 전달부위 등에 끼이는 사고가 발생하여 신체부위가 절단되는 경우는 ( )으로 분류한다.

① 넘어짐 ② 끼임
③ 깔림 ④ 절단

해설 협착(끼임)·감김
두 물체 사이의 움직임에 의하여 일어난 것으로 직선운동하는 물체 사이의 협착, 회전부와 고정체 사이의 끼임, 롤러 등 회전체 사이에 물리거나 또는 회전체·돌기부 등에 감긴 경우이다.

07 산업안전보건법령에 따라 사업주가 사업장에서 중대재해가 발생한 사실을 알게 된 경우 관할 지방고용노동관서의 장에게 보고하여야 하는 시기로 옳은 것은? (단, 천재지변 등 부득이한 사유가 발생한 경우는 제외한다.)

① 지체 없이 ② 12시간 이내
③ 24시간 이내 ④ 48시간 이내

해설 중대재해 발생 시 보고사항
사업주는 중대재해가 발생한 사실을 알게 된 경우에는 지체 없이 다음 사항을 관할 지방고용노동관서의 장에게 전화·팩스 또는 그 밖의 적절한 방법으로 보고하여야 한다.

08 유기화합물용 방독마스크의 시험가스가 아닌 것은?

① 염소가스 또는 증기(Cl_2) ② 디메틸에테르(CH_3OCH_3)
③ 시클로헥산(C_6H_{12}) ④ 이소부탄(C_4H_{10})

해설 방독마스크의 종류 및 시험가스

종류	시험 가스
유기화합물용	시클로헥산(C_6H_{12})
	디메틸에테르(CH_3OCH_3)
	이소부탄(C_4H_{10})

09 안전교육의 학습경험 선정 원리에 해당되지 않는 것은?

① 계속성의 원리 ② 가능성의 원리
③ 동기유발의 원리 ④ 다목적 달성의 원리

해설 학습경험 선정의 원리
동기유발의 원리, 가능성의 원리, 다목적 달성의 원리

10 재해사례 연구의 진행순서로 옳은 것은?

① 재해 상황 파악 → 사실의 확인 → 문제점 발견 → 근본적 문제점 결정 → 대책 수립
② 사실의 확인 → 재해 상황 파악 → 문제점 발견 → 근본적 문제점 결정 → 대책 수립
③ 재해 상황 파악 → 사실의 확인 → 근본적 문제점 결정 → 문제점 발견 → 대책 수립
④ 사실의 확인 → 재해 상황 파악 → 근본적 문제점 결정 → 문제점 발견 → 대책 수립

해설 재해사례 연구단계
재해 상황의 파악 → 사실 확인(1단계) → 문제점 발견(2단계) → 근본 문제점 결정(3단계) → 대책 수립(4단계)

11 산업안전보건법령에 따른 특정 행위의 지시 및 사실의 고지에 사용되는 안전·보건표지의 색도기준으로 옳은 것은?

① 2.5G 4/10 ② 2.5PB 4/10
③ 5Y 8.5/12 ④ 7.5R 4/14

해설 안전·보건표지의 색채, 색도기준 및 용도

색채	색도기준	용도	사용 예
파란색	2.5PB 4/10	지시	특정 행위의 지시 및 사실의 고지

12 부주의에 대한 사고방지대책 중 기능 및 작업 측면의 대책이 아닌 것은?

① 작업표준의 습관화 ② 적성 배치
③ 안전의식의 제고 ④ 작업조건의 개선

해설 부주의 발생원인 및 대책
1. 내적 원인 및 대책
   • 소질적 조건 : 적성 배치
   • 경험 및 미경험 : 교육
   • 의식의 우회 : 상담
2. 외적 원인 및 대책
   • 작업환경조건 불량 : 환경 정비
   • 작업순서의 부적당 : 작업순서 정비

정답 | 06 ② 07 ① 08 ① 09 ① 10 ① 11 ② 12 ③

13 버드(Bird)의 신연쇄성 이론 중 재해발생의 근원적 원인에 해당하는 것은?

① 상해 발생   ② 징후 발생
③ 접촉 발생   ④ 관리의 부족

해설 | 버드(Frank Bird)의 신도미노 이론
1단계 : 통제의 부족(관리소홀), 재해발생의 근원적 요인

14 브레인스토밍(Brain-storming) 기법의 4원칙에 관한 설명으로 옳은 것은?

① 주제와 관련이 없는 내용은 발표할 수 없다.
② 동료의 의견에 대하여 좋고 나쁨을 평가한다.
③ 발표 순서를 정하고, 동일한 발표기회를 부여한다.
④ 타인의 의견에 대하여는 수정하여 발표할 수 있다.

해설 | 브레인스토밍(Brain Storming)
- 비판 금지 : "좋다, 나쁘다" 등의 비평을 하지 않는다.
- 자유 분방 : 자유로운 분위기에서 발표한다.
- 대량 발언 : 무엇이든지 좋으니 많이 발언한다.
- 수정 발언 : 자유자재로 변하는 아이디어를 개발한다(타인 의견의 수정발언).

15 주의의 특성에 해당되지 않는 것은?

① 선택성   ② 변동성
③ 가능성   ④ 방향성

해설 | 주의의 특성
선택성, 방향성, 변동성

16 OJT(On Job Training)의 특징에 대한 설명으로 옳은 것은?

① 특별한 교재·교구·설비 등을 이용하는 것이 가능하다.
② 외부의 전문가를 위촉하여 전문교육을 실시할 수 있다.
③ 직장의 실정에 맞는 구체적이고 실제적인 지도 교육이 가능하다.
④ 다수의 근로자들에게 조직적 훈련이 가능하다.

해설 | OJT(직장 내 교육훈련)
직속 상사가 직장 내에서 작업표준을 가지고 업무상의 개별교육이나 지도훈련을 하는 것(개별교육에 적합)
- 개인 개인에게 적절한 지도훈련이 가능
- 직장의 실정에 맞게 실제적 훈련이 가능
- 효과가 곧 업무에 나타나며 훈련의 좋고 나쁨에 따라 개선이 쉬움

17 연간 근로자 수가 1,000명인 공장의 도수율 10 경우 이 공장에서 연간 발생한 재해건수는 몇 건인가?

① 20건   ② 22건
③ 24건   ④ 26건

해설 | 연천인율 = 도수율×2.4 = 10×2.4 = 24건

18 산업안전보건법령상 안전검사 대상 유해·위험 기계 등에 해당하는 것은?

① 정격 하중이 2톤 미만인 크레인
② 이동식 국소배기장치
③ 밀폐형 구조 롤러기
④ 산업용 원심기

해설 | 안전검사 대상 유해·위험기계 등
1. 크레인(정격 하중이 2톤 미만인 것은 제외한다.)
2. 국소배기장치(이동식은 제외한다.)
3. 원심기(산업용만 해당한다.)
4. 롤러기(밀폐형 구조는 제외한다.)

19 안전교육 방법의 4단계의 순서로 옳은 것은?

① 도입 → 확인 → 적용 → 제시
② 도입 → 제시 → 적용 → 확인
③ 제시 → 도입 → 적용 → 확인
④ 제시 → 확인 → 도입 → 적용

해설 | 안전교육법의 4단계
도입(1단계) → 제시(2단계) → 적용(3단계) → 확인(4단계)

20 관리 그리드 이론에서 인간관계 유지에는 낮은 관심을 보이지만 과업에 대해서는 높은 관심을 가지는 리더십의 유형은?

① 1.1형   ② 1.9형
③ 9.1형   ④ 9.9형

해설 | 과업형(9.1)
생산에 대한 관심은 매우 높지만 인간에 대한 관심은 매우 낮아서, 인간적인 요소보다도 과업 수행에 대한 능력을 중요시하는 리더유형

정답 | 13 ④ 14 ④ 15 ③ 16 ③ 17 ③ 18 ④ 19 ② 20 ③

2과목
인간공학 및 위험성 평가·관리

21 고용노동부 고시의 근골격계부담작업의 범위에서 근골격계부담작업에 대한 설명으로 틀린 것은?

① 하루에 10회 이상 25kg 이상의 물체를 드는 작업
② 하루에 총 2시간 이상 쪼그리고 앉거나 무릎을 굽힌 자세에서 이루어지는 작업
③ 하루에 총 2시간 이상 집중적으로 자료입력 등을 위해 키보드 또는 마우스를 조작하는 작업
④ 하루에 총 2시간 이상 지지되지 않은 상태에서 4.5kg 이상의 물건을 한 손으로 들거나 동일한 힘으로 쥐는 작업

[해설] 하루에 4시간 이상 집중적으로 자료입력 등을 위해 키보드 또는 마우스를 조작하는 작업이 근골격계부담작업에 해당한다.

22 양립성(compatibility)에 대한 설명 중 틀린 것은?

① 개념 양립성, 운동 양립성, 공간 양립성 등이 있다.
② 인간의 기대에 맞는 자극과 반응의 관계를 의미한다.
③ 양립성의 효과가 크면 클수록, 코딩의 시간이나 반응의 시간은 길어진다.
④ 양립성이 인간의 예상과 어느 정도 일치하는 것을 의미한다.

[해설] 양립성의 효과가 크면 클수록, 코딩의 시간이나 반응의 시간은 짧아진다.

23 정보처리과정에서 부적절한 분석이나 의사결정의 오류에 의하여 발생하는 행동은?

① 규칙에 기초한 행동(rule-based behavior)
② 기능에 기초한 행동(skill-based behavior)
③ 지식에 기초한 행동(knowledge-based behavior)
④ 무의식에 기초한 행동(unconsciousness-based behavior)

[해설] **Knowledge-based Mistake(지식 기반 착오)**
- 추론 혹은 유추 과정에서 실패해 오답을 찾은 경우의 에러
- 외국에서 자동차를 운전할 때 그 나라 교통 표지판의 문자를 몰라서 교통 규칙을 위반하게 되는 경우의 에러

24 욕조곡선의 설명으로 맞는 것은?

① 마모고장 기간의 고장 형태는 감소형이다.
② 디버깅(Debugging) 기간은 마모고장에 나타난다.
③ 부식 또는 산화로 인하여 초기고장이 일어난다.
④ 우발고장기간에는 고장률이 비교적 낮고 일정한 현상이 나타난다.

[해설] **우발고장(일정형)**
실제 사용하는 상태에서 발생하는 고장으로 예측할 수 없는 랜덤의 간격으로 생기는 고장으로 고장률이 비교적 낮고 일정한 현상이 나타난다.

25 시력에 대한 설명으로 적절한 것은?

① 배열 시력(vernier acuity) – 배경과 구별하여 탐지할 수 있는 최소의 점
② 동적 시력(dynamic visual acuity) – 비슷한 두 물체가 다른 거리에 있다고 느껴지는 시차각의 최소차로 측정되는 시력
③ 입체 시력(stereoscopic acuity) – 거리가 있는 한 물체에 대한 약간 다른 상이 두 눈의 망막에 맺힐 때 이것을 구별하는 능력
④ 최소지각 시력(minimum perceptible acuity) – 하나의 수직선이 중간에서 끊겨 아래 부분이 옆으로 옮겨진 경우에 탐지할 수 있는 최소 측변방위

[해설] **입체 시력(Stereoscopic Visual Acuity)**
두 물체 사이의 최소 거리 차이를 식별할 수 있는 능력

26 인간의 귀의 구조에 대한 설명으로 틀린 것은?

① 외이는 귓바퀴와 외이도로 구성된다.
② 고막은 중이와 내이의 경계 부위에 위치하며 음파를 진동으로 바꾼다.
③ 중이에는 인두와 교통하여 고실 내압을 조절하는 유스타키오관이 존재한다.
④ 내이는 신체의 평형감각수용기인 반규관과 청각을 담당하는 전정기관 및 와우로 구성되어 있다.

[해설] **고막**
외이와 중이의 경계에 위치하는 얇고 투명한 두께 0.1mm의 막으로서 전달된 음파를 진동시키는 역할을 한다. 고막은 피부층, 중간층, 점막층의 세 겹으로 되어 있는데, 이 막을 통해 청소골로 전달된 음파가 내이의 달팽이관으로 전달된다.

정답 | 21 ③ 22 ③ 23 ③ 24 ④ 25 ③ 26 ②

27 FTA를 수행함에 있어 기본사상들의 발생이 서로 독립인가 아닌가의 여부를 파악하기 위해서는 어느 값을 계산해 보는 것이 가장 적합한가?

① 공분산   ② 분산
③ 고장률   ④ 발생확률

해설 FTA 수행 시 기본사상 간의 독립 여부는 공분산으로 판단한다.

28 산업안전보건법령에 따라 제출된 유해·위험방지계획서의 심사 결과에 따른 구분·판정결과에 해당하지 않는 것은?

① 적정   ② 일부 적정
③ 부적정   ④ 조건부 적정

해설 공단은 유해·위험방지계획서의 심사 결과에 따라 다음 각 호와 같이 구분·판정한다.
1. 적정
2. 조건부 적정
3. 부적정

29 일반적으로 기계가 인간보다 우월한 기능에 해당되는 것은? (단, 인공지능은 제외한다.)

① 귀납적으로 추리한다.
② 원칙을 적용하여 다양한 문제를 해결한다.
③ 다양한 경험을 토대로 하여 의사결정을 한다.
④ 명시된 절차에 따라 신속하고, 정량적인 정보처리를 한다.

해설 대량의 데이터를 신속하고 정량적으로 정보처리 하는 것은 기계의 장점에 해당한다.

30 섬유유연제 생산 공정이 복잡하게 연결되어 있어 작업자의 불안전한 행동을 유발하는 상황이 발생하고 있다. 이것을 해결하기 위한 위험처리 기술에 해당하지 않는 것은?

① Transfer(위험 전가)
② Retention(위험 보류)
③ Reduction(위험 감축)
④ Rearrange(작업순서의 변경 및 재배열)

해설 리스크(Risk) 통제방법(조정기술)
 • 회피(Avoidance)   • 경감, 감축(Reduction)
 • 보류(Retention)   • 전가(Transfer)

31 다음 그림의 결함수에서 최소 패스셋(minmal path sets)과 그 신뢰도 R(t)는? (단, 각각의 부품 신뢰도는 0.9이다.)

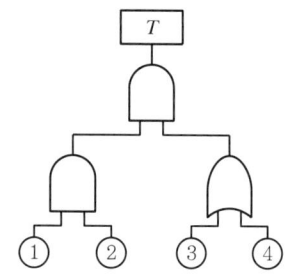

① 최소 패스셋 : {1}, {2}, {3, 4}, R(t)=0.9081
② 최소 패스셋 : {1}, {2}, {3, 4}, R(t)=0.9981
③ 최소 패스셋 : {1, 2, 3}, {1, 2, 4}, R(t)=0.9081
④ 최소 패스셋 : {1, 2, 3}, {1, 2, 4}, R(t)=0.9981

해설
• 최소 패스셋(Minamal Path Sets) : {1}, {2}, {3, 4}
• 고장확률 = $0.1 \times 0.1 \times \{1-(1-0.1) \times (1-0.1)\}$
       = 1.9×10^{-3}
• R(t) = 1 − 고장확률 = $1 - 1.9 \times 10^{-3} = 0.9981$

32 3개 공정의 소음 수준 측정 결과 1공정은 100dB에서 1시간, 2공정은 95dB에서 1시간, 3공정은 90dB에서 1시간이 소요될 때 총소음량(TND)과 소음설계의 적합성을 옳게 나열한 것은? (단, 90dB에 8시간 노출될 때를 허용기준으로 하며, 5dB 증가할 때 허용시간은 1/2로 감소되는 법칙을 적용한다.)

① TND = 0.785, 적합   ② TND = 0.875, 적합
③ TND = 0.985, 적합   ④ TND = 1.085, 부적합

해설 소음 정도에 따른 허용기준(90dB에 8시간 노출될 때를 허용기준으로 하며, 5dB 증가할 때 허용시간은 1/2로 감소)

소음 음압(dB)	노출시간(시간)
90	8
95	4
100	2
105	1

소음량 = $\dfrac{\text{실제 노출시간}}{\text{최대 허용시간}}$ 이므로,

총소음량 = $\dfrac{1}{2} + \dfrac{1}{4} + \dfrac{1}{8} = 0.875$로 1보다 작아 적합하다.

정답 | 27 ① 28 ② 29 ④ 30 ④ 31 ② 32 ②

33 인간공학에 있어 기본적인 가정에 관한 설명으로 틀린 것은?

① 인간 기능의 효율은 인간-기계 시스템의 효율과 연계된다.
② 인간에게 적절한 동기부여가 된다면 좀 더 나은 성과를 얻게 된다.
③ 개인이 시스템에서 효과적으로 기능을 하지 못하여도 시스템의 수행도는 변함없다.
④ 장비, 물건, 환경 특성이 인간의 수행도와 인간-기계 시스템의 성과에 영향을 준다.

[해설] **인간공학**
인간의 신체적, 심리적 능력 한계를 고려하여 인간에게 적절한 형태로 작업을 맞추는 것으로 개인이 시스템에서 효과적으로 기능을 하지 못하면 시스템의 수행이 변해야 한다.

34 안전성 평가의 기본원칙 6단계에 해당하지 않는 것은?

① 안전대책
② 정성적 평가
③ 작업환경 평가
④ 관계 자료의 정비검토

[해설] **안전성 평가 6단계**
- 제1단계 : 관계자료의 정비검토
- 제2단계 : 정성적 평가
- 제3단계 : 정량적 평가
- 제4단계 : 안전대책
- 제5단계 : 재해정보에 의한 재평가
- 제6단계 : FTA에 의한 재평가

35 다음 내용의 (   ) 안에 들어갈 내용을 순서대로 정리한 것은?

> 근섬유의 수축단위는 (A)(이)라 하는데, 이것은 두 가지 기본형의 단백질 필라멘트로 구성되어 있으며, (B)이(가) (C) 사이로 미끄러져 들어가는 현상으로 근육의 수축을 설명하기도 한다.

① A : 근막, B : 마이오신, C : 액틴
② A : 근막, B : 액틴, C : 마이오신
③ A : 근원섬유, B : 근막, C : 근섬유
④ A : 근원섬유, B : 액틴, C : 마이오신

[해설] 근수축(筋收縮)은 근육의 근원섬유들을 이루는 마이오신 단백질의 결합체인 굵은 필라멘트와 액틴 단백질로 구성된 가는 필라멘트 간 교차결합으로 이루어진다. 이때 마이오신이나 액틴섬유 자체가 수축하는 것이 아니라 액틴과 마이오신 분자들 간 미끄러짐에 의해 활주가 일어난다는 것이 필라멘트 활주이론이다.

36 소음 발생에 있어 음원에 대한 대책으로 볼 수 없는 것은?

① 설비의 격리
② 적절한 재배치
③ 저소음 설비 사용
④ 귀마개 및 귀덮개 사용

[해설] 귀마개 및 귀덮개를 사용하는 것은 작업자에 대한 대책에 해당한다.

37 인간공학적 의자 설계의 원리로 가장 적합하지 않은 것은?

① 자세고정을 줄인다.
② 요부측만을 촉진한다.
③ 디스크 압력을 줄인다.
④ 등근육의 정적 부하를 줄인다.

[해설] 요부전만(腰部前灣)을 유지한다.

38 FTA에서 사용되는 논리게이트 중 입력과 반대되는 현상으로 출력되는 것은?

① 부정 게이트
② 억제 게이트
③ 배타적 OR 게이트
④ 우선적 AND 게이트

[해설]

기호	명칭	설명
$\overline{A}$	부정 게이트 (Not 게이트)	부정 모디파이어(Not modifier)라고도 하며 입력현상의 반대현상이 출력된다.

정답 | 33 ③ 34 ③ 35 ④ 36 ④ 37 ② 38 ①

39 다음 그림에서 시스템 위험분석 기법 중 PHA(예비위험분석)가 실행되는 사이클의 영역에 해당하는 것은?

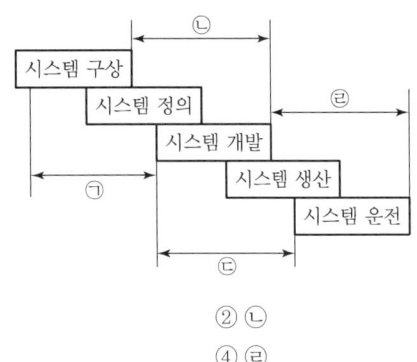

① ㉠
② ㉡
③ ㉢
④ ㉣

[해설] 시스템 수명 주기에서의 PHA

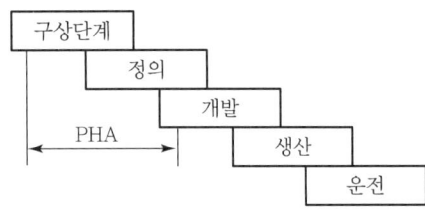

40 인간과 기계의 신뢰도가 인간 0.40, 기계 0.95인 경우, 병렬작업 시 전체 신뢰도는?

① 0.89
② 0.92
③ 0.95
④ 0.97

[해설] 신뢰도 = 1 − (1 − 0.40)(1 − 0.95) = 0.97

3과목
기계 · 기구 및 설비 안전관리

41 어떤 양중기에서 3,000kg의 질량을 가진 물체를 한쪽이 45°인 각도로 그림과 같이 2개의 와이어로프로 직접 들어올릴 때, 안전율이 고려된 가장 적절한 와이어로프 지름을 표에서 구하면? (단, 안전율은 산업안전보건법령을 따르고, 두 와이어로프의 지름은 동일하며, 기준을 만족하는 가장 작은 지름을 선정한다.)

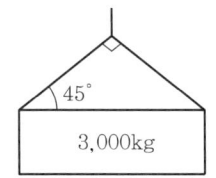

와이어로프 지름 및 절단강도

와이어로프 지름[mm]	절단강도[kN]
10	56kN
12	88kN
14	110kN
16	144kN

① 10mm
② 12mm
③ 14mm
④ 16mm

[해설] 평형법칙에 따른 와이어로프 한 줄에 걸리는 하중 계산

$2 \times T_1$(와이어로프 한 줄에 걸리는 하중) $\times \cos(90/2) = 3,000$kg

$T_1 = \dfrac{3,000}{2 \times \cos(90/2)} = 2,121.32$kg

$= 20,788.93937 N ≒ 20.79$kN

화물의 하중을 직접 지지하는 와이어로프의 경우 안전율은 5 이상이므로 20.79kN × 5 = 103.95kN 이상의 절단강도를 가진 와이어로프 중 가장 작은 지름인 와이어로프는 14mm가 된다.

정답 | 39 ① 40 ④ 41 ③

42 다음 중 금형 설치·해체작업의 일반적인 안전사항으로 틀린 것은?

① 금형을 설치하는 프레스의 T홈 안길이는 설치 볼트 직경 이하로 한다.
② 금형의 설치용구는 프레스의 구조에 적합한 형태로 한다.
③ 고정볼트는 고정 후 가능하면 나사산을 3~4개 정도 짧게 남겨 슬라이드 면과의 사이에 협착이 발생하지 않도록 해야 한다.
④ 금형 고정용 브래킷(물림판)을 고정할 때 고정용 브래킷은 수평이 되게 하고, 고정볼트는 수직이 되게 고정하여야 한다.

[해설] 금형을 설치하는 프레스의 T홈 안길이는 설치 볼트 직경의 2배 이상으로 한다.

43 휴대용 동력드릴 사용 시 주의해야 할 사항에 대한 설명으로 옳지 않은 것은?

① 드릴 작업 시 과도한 진동을 일으키면 즉시 작업을 중단한다.
② 드릴이나 리머를 고정하거나 제거할 때는 금속성 망치 등을 사용한다.
③ 절삭하기 위하여 구멍에 드릴날을 넣거나 뺄 때는 팔을 드릴과 직선이 되도록 한다.
④ 작업 중에는 드릴을 구멍에 맞추거나 하기 위해서 드릴 날을 손으로 잡아서는 안 된다.

[해설] 드릴이나 리머를 고정하거나 제거하고자 할 때 공구를 사용하고 해머 등으로 두드려서는 안 된다.

44 방호장치를 분류할 때는 크게 위험장소에 대한 방호장치와 위험원에 대한 방호장치로 구분할 수 있는데, 다음 중 위험장소에 대한 방호장치가 아닌 것은?

① 격리형 방호장치
② 접근거부형 방호장치
③ 접근반응형 방호장치
④ 포집형 방호장치

[해설] **포집형 방호장치**
목재가공기의 반발예방장치와 같이 위험장소에 설치하여 위험원이 비산하거나 튀는 것을 방지하는 등 작업자로부터 위험원을 차단하는 방호장치

45 다음 A와 B에 들어갈 내용을 옳게 나타낸 것은?

> 아세틸렌용접장치의 관리상 발생기에서 (A)미터 이내 또는 발생기실에서 (B)미터 이내의 장소에서는 흡연, 화기의 사용 또는 불꽃이 발생할 위험한 행위를 금지해야 한다.

① A : 7, B : 5
② A : 3, B : 1
③ A : 5, B : 5
④ A : 5, B : 3

[해설] 발생기에서 5미터 이내 또는 발생기실에서 3미터 이내의 장소에서는 흡연, 화기의 사용 또는 불꽃이 발생할 위험한 행위를 금지한다.

46 크레인의 로프에 질량 100kg인 물체를 5m/s²의 가속도로 감아올릴 때, 로프에 걸리는 하중은 약 몇 N인가?

① 500N
② 1,480N
③ 2,540N
④ 4,900N

[해설] 동하중 = $\dfrac{정하중}{중력가속도(g)} \times 가속도 = \dfrac{100}{9.8} \times 5 = 51kg$
총하중 = 정하중 + 동하중 = 51 + 100 = 151kg
∴ 하중(N) = 총하중(kg) × 중력가속도(g) = 151 × 9.8 = 1,480N

47 침투탐상검사에서 일반적인 작업순서로 옳은 것은?

① 전처리 → 침투처리 → 세척처리 → 현상처리 → 관찰 → 후처리
② 전처리 → 세척처리 → 침투처리 → 현상처리 → 관찰 → 후처리
③ 전처리 → 현상처리 → 침투처리 → 세척처리 → 관찰 → 후처리
④ 전처리 → 침투처리 → 현상처리 → 세척처리 → 관찰 → 후처리

[해설] **침투탐상시험법의 시험순서**
전처리 → 침투처리 → 세척처리 → 현상처리 → 관찰 → 후처리

정답 | 42 ① 43 ② 44 ④ 45 ④ 46 ② 47 ①

48 연삭기 덮개의 개구부 각도가 그림과 같이 150° 이하여야 하는 연삭기의 종류로 옳은 것은?

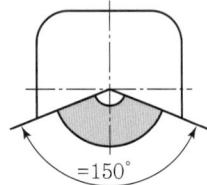

① 센터리스 연삭기 ② 탁상용 연삭기
③ 내면 연삭기 ④ 평면 연삭기

해설 **안전덮개의 설치방법**
- 평면 연삭기, 절단 연삭기 덮개의 노출각도 : 150° 이내

49 다음 중 선반에서 사용하는 바이트와 관련된 방호장치는?

① 심압대 ② 터릿
③ 칩브레이커 ④ 주축대

해설 **선반의 안전장치**
- 칩브레이커(Chip Breaker) : 칩을 짧게 끊어주는 장치
- 덮개(Shield) : 가공재료의 칩이나 절삭유 등이 비산되어 나오는 위험에서 작업자를 보호하기 위하여 이동이 가능한 덮개 설치
- 브레이크(Brake) : 가공 작업 중 선반을 급정지시킬 수 있는 장치
- 척 커버(Chuck Cover) : 척이나 척에 물건 가공물의 돌출부에 작업복이 말려 들어가는 것을 방지

50 프레스기를 사용하여 작업할 때 작업시작 전 점검사항으로 틀린 것은?

① 클러치 및 브레이크의 기능
② 압력방출장치의 기능
③ 크랭크축·플라이휠·슬라이드·연결봉 및 연결나사의 풀림 유무
④ 금형 및 고정볼트의 상태

해설 **프레스 작업시작 전의 점검사항**
- 클러치 및 브레이크의 기능
- 크랭크축·플라이휠·슬라이드·연결봉 및 연결 나사의 풀림 유무
- 1행정 1정지기구·급정지장치 및 비상정지장치의 기능
- 슬라이드 또는 칼날에 의한 위험방지 기구의 기능
- 프레스의 금형 및 고정볼트 상태
- 방호장치의 기능
- 전단기의 칼날 및 테이블의 상태

51 다음 중 기계설비에서 재료 내부의 균열결함을 확인할 수 있는 가장 적절한 검사 방법은?

① 육안검사 ② 초음파 탐상검사
③ 피로검사 ④ 액체침투 탐상검사

해설 **내부결함 검출을 위한 비파괴 시험방법**
- 초음파 탐상시험 : 균열 등 면상 결함 검출능력이 우수하다.
- 방사선 투과시험 : 결함종류, 형상판별 우수, 구상결함을 검출한다.

52 다음은 프레스 제작 및 안전기준에 따라 높이 2m 이상인 작업용 발판의 설치기준을 설명한 것이다. ( ) 안에 들어갈 내용으로 알맞은 것은?

> [안전난간 설치기준]
> - 상부 난간대는 바닥면으로부터 (가) 이상, 120cm 이하에 설치하고, 중간 난간대는 상부 난간대와 바닥면 등의 중간에 설치할 것
> - 발끝막이판은 바닥면 등으로부터 (나) 이상의 높이를 유지할 것

① 가 : 90cm, 나 : 10cm ② 가 : 60cm, 나 : 10cm
③ 가 : 90cm, 나 : 20cm ④ 가 : 60cm, 나 : 20cm

해설 **안전난간의 구조 및 설치요건 「안전보건규칙」 제13조**
2. 상부 난간대는 바닥면·발판 또는 경로로의 표면으로부터 90cm 이상 지점에 설치하고, 상부 난간대를 120cm 이하에 설치하는 경우에는 중간 난간대는 상부 난간대와 바닥면 등의 중간에 설치하여야 하며, 120cm 이상 지점에 설치하는 경우에는 중간 난간대를 2단 이상으로 균등하게 설치하고 난간의 상하 간격이 60cm 이하가 되도록 할 것
3. 발끝막이판은 바닥면 등으로부터 10cm 이상의 높이를 유지할 것. 다만, 물체가 떨어지거나 날아올 위험이 없거나 그 위험을 방지할 수 있는 망을 설치하는 등 필요한 예방 조치를 한 장소는 제외한다.

정답 | 48 ④ 49 ③ 50 ② 51 ② 52 ①

53 다음 중 산업안전보건법령상 보일러 및 압력용기에 관한 사항으로 틀린 것은?

① 공정안전보고서 제출 대상으로서 이행상태 평가결과가 우수한 사업장의 경우 보일러의 압력방출장치에 대하여 8년에 1회 이상으로 설정압력에서 압력방출장치가 적정하게 작동하는지를 검사할 수 있다.
② 보일러의 안전한 가동을 위하여 보일러 규격에 맞는 압력방출장치를 1개 이상 설치하고 최고 사용압력 이하에서 작동되도록 하여야 한다.
③ 보일러의 과열을 방지하기 위하여 최고 사용압력과 상용압력 사이에서 보일러의 버너 연소를 차단할 수 있도록 압력제한스위치를 부착하여 사용하여야 한다.
④ 압력용기에서는 이를 식별할 수 있도록 하기 위하여 그 압력용기의 최고 사용압력, 제조연월일, 제조회사명이 지워지지 않도록 각인(刻印) 표시된 것을 사용하여야 한다.

[해설] **안전밸브 등의 설치**(「안전보건규칙」 제261조 제3항)
1. 화학공정 유체와 안전밸브의 디스크 또는 시트가 직접 접촉될 수 있도록 설치된 경우 : 2년마다 1회 이상
2. 안전밸브 전단에 파열판이 설치된 경우 : 3년마다 1회 이상
3. 공정안전보고서 제출 대상으로서 고용노동부장관이 실시하는 공정안전보고서 이행상태 평가결과가 우수한 사업장의 안전밸브의 경우 : 4년마다 1회 이상

54 목재가공용 둥근톱 기계에서 가동식 접촉예방장치에 대한 요건으로 옳지 않은 것은?

① 덮개의 하단이 송급되는 가공재의 상면에 항상 접하는 방식의 것이고 절단 작업을 하고 있지 않을 때에는 톱날에 접촉되는 것을 방지할 수 있어야 한다.
② 절단 작업 중 가공재의 절단에 필요한 날 이외의 부분을 항상 자동적으로 덮을 수 있는 구조여야 한다.
③ 지지부는 덮개의 위치를 조정할 수 있고 체결볼트에는 이완방지조치를 해야 한다.
④ 톱날이 보이지 않게 완전히 가려진 구조이어야 한다.

[해설] **가동식 덮개**
이 형식은 덮개, 보조 덮개가 가공물의 크기에 따라 위아래로 움직이며 가공할 수 있는 것으로 그 덮개의 하단이 송급되는 가공재의 윗면에 항상 접하는 구조이다. 또한, 가공재를 절단하고 있지 않을 때는 덮개가 테이블 면까지 내려가 어떠한 경우에도 근로자의 손등이 톱날에 접촉되는 것을 방지하도록 한 구조이다.

55 다음 중 기계설비에서 반대로 회전하는 두 개의 회전체가 맞닿는 사이에 발생하는 위험점을 무엇이라 하는가?

① 물림점(Nip point)
② 협착점(Squeeze pint)
③ 접선물림점(Tangential point)
④ 회전말림점(Trapping point)

[해설] **물림점**
롤, 기어, 압연기와 같이 두 개의 회전체 사이에 신체가 물리는 위험점 형성

56 롤러의 가드 설치방법 중 안전한 작업공간에서 사고를 일으키는 공간함정(Trap)을 막기 위해 확보해야 할 신체 부위별 최소 틈새가 바르게 짝지어진 것은?

① 다리 : 240mm
② 발 : 180mm
③ 손목 : 150mm
④ 손가락 : 25mm

[해설] 공간함정(Trap)을 막기 위한 가드와 손가락과의 최소 틈새는 25mm이다.

57 지게차가 부하상태에서 수평거리가 12m이다. 수직높이가 1.5m인 오르막길을 주행할 때, 이 지게차의 전후 안정도와 지게차 안정도 기준의 전후 안정도와 지게차 안정도 기준의 만족 여부로 옳은 것은?

① 지게차 전후 안정도는 12.5%이고 안정도 기준을 만족하지 못한다.
② 지게차 전후 안정도는 12.5%이고 안정도 기준을 만족한다.
③ 지게차 전후 안정도는 25%이고 안정도 기준을 만족하지 못한다.
④ 지게차 전후 안정도는 25%이고 안정도 기준을 만족한다.

[해설] 지게차 안정도 $= \dfrac{h}{l} \times 100(\%) = \dfrac{1.5}{12} \times 100 = 12.5\%$

∴ 지게차의 전후 안정도는 18% 이내이므로 기준을 만족한다.

정답 | 53 ① 54 ④ 55 ① 56 ④ 57 ②

58 사출성형기에서 동력 작동 시 금형고정장치의 안전사항에 대한 설명으로 옳지 않은 것은?

① 금형 또는 부품의 낙하를 방지하기 위해 기계적 억제장치를 추가하거나 자체 고정장치(Self Retain Clamping Unit) 등을 설치해야 한다.
② 자석식 금형 고정장치는 상·하(좌·우) 금형의 정확한 위치가 자동적으로 모니터(Monitor)되어야 한다.
③ 상·하(좌·우)의 두 금형 중 어느 하나가 위치를 이탈하는 경우 플레이트를 작동시켜야 한다.
④ 전자석 금형 고정장치를 사용하는 경우에는 전자기파에 의한 영향을 받지 않도록 전자파 내성 대책을 고려해야 한다.

[해설] **동력작동식 금형고정장치**
자석식 금형 고정장치는 상·하(좌·우) 금형의 정확한 위치가 자동적으로 모니터(monitor)되어야 하며, 두 금형 중 어느 하나가 위치를 이탈하는 경우 플레이트를 더 이상 움직이지 않아야 한다.

59 인장강도 2N/mm²인 강판의 안전율이 4라면 이 강판의 허용응력(N/mm²)은 얼마인가?

① 4.25   ② 6.25
③ 8.25   ④ 10.25

[해설] 안전율 = $\dfrac{기초강도}{허용응력}$, $4 = \dfrac{25}{허용응력}$
허용응력 = 6.25N/mm²

60 다음 설명 중 ( ) 안에 들어갈 내용으로 알맞은 것은?

> 롤러기의 급정지장치는 롤러를 무부하로 회전시킨 상태에서 앞면 롤러의 표면속도가 30m/min 미만일 때에는 급정지거리가 앞면 롤러 원주의 ( ) 이내에서 롤러를 정지시킬 수 있는 성능을 보유하여야 한다.

① 1/2   ② 1/4
③ 1/3   ④ 1/2.5

[해설]

앞면 롤러의 표면속도(m/min)	급정지 거리
30 미만	앞면 롤러 원주의 1/3
30 이상	앞면 롤러 원주의 1/2.5

4과목
전기설비 안전관리

61 심장의 맥동주기 중 어느 때에 전격이 인가되면 심실세동을 일으킬 확률이 높고, 위험한가?

① 심방의 수축이 있을 때
② 심실의 수축이 있을 때
③ 심실의 수축 종료 후 심실의 휴식이 있을 때
④ 심실의 수축이 있고 심방의 휴식이 있을 때

[해설] 심실이 수축을 종료하는 T파 부분에 전격이 인가되면 심실세동을 일으키는 확률이 가장 높고 위험하다.

62 교류 아크 용접기의 전격방지장치에서 시동감도를 바르게 정의한 것은?

① 용접봉을 모재에 접촉시켜 아크를 발생시킬 때 전격방지장치가 동작할 수 있는 용접기의 2차 측 최대 저항을 말한다.
② 안전전압(24V 이하)이 2차 측 전압(85~95V)으로 얼마나 빨리 전환되는가를 말한다.
③ 용접봉을 모재로부터 분리시킨 후 주접점이 개로되어 용접기의 2차 측 전압이 무부하 전압(25V 이하)으로 될 때까지의 시간을 말한다.
④ 용접봉에서 아크를 발생시키고 있을 때 누설전류가 발생하면 전격방지장치를 작동시켜야 할지 운전을 계속해야 할지를 결정해야 하는 민감도를 말한다.

[해설] **시동감도**
용접봉을 모재에 접촉시켜 아크를 시동시킬 때 전격방지장치가 동작할 수 있는 용접기 2차 측의 최대 저항으로, Ω 단위로 표시한다(용접봉과 모재 사이의 접촉저항).

정답 | 58 ③ 59 ② 60 ③ 61 ③ 62 ①

63 다음 ( ) 안에 들어갈 내용으로 옳은 것은?

> A. 감전 시 인체에 흐르는 전류는 인가전압에 (㉠)하고 인체저항에 (㉡)한다.
> B. 인체는 전류의 열작용이 (㉢)×(㉣)이 어느 정도 이상이 되면 발생한다.

① ㉠ 비례, ㉡ 반비례, ㉢ 전류의 세기, ㉣ 시간
② ㉠ 반비례, ㉡ 비례, ㉢ 전류의 세기, ㉣ 시간
③ ㉠ 비례, ㉡ 반비례, ㉢ 전압, ㉣ 시간
④ ㉠ 반비례, ㉡ 비례, ㉢ 전압, ㉣ 시간

해설
- 전류$(I) = \dfrac{\text{전압}(V)}{\text{저항}(R)}$(통전전류는 인가전압에 비례하고 인체저항에 반비례한다.)
- 열량$(Q) = 0.24I^2Rt$(전류에 의해 생기는 열량 Q는 전류의 세기의 제곱과, 도체의 전기저항 R과, 전류를 통한 시간 t에 비례한다.)

64 폭발 위험장소 분류 시 분진폭발 위험장소의 종류에 해당하지 않는 것은?

① 20종 장소   ② 21종 장소
③ 22종 장소   ④ 23종 장소

해설
- 가스폭발 위험장소 : 0종, 1종, 2종 장소
- 분진폭발 위험장소 : 20종, 21종, 22종 장소

65 분진폭발 방지대책으로 가장 거리가 먼 것은?

① 작업장 등은 분진이 퇴적하지 않는 형상으로 한다.
② 분진 취급 장치에는 유효한 집진 장치를 설치한다.
③ 분체 프로세스 장치는 밀폐화하고 누설이 없도록 한다.
④ 분진폭발의 우려가 있는 작업장에는 감독자를 상주시킨다.

해설 ④는 분진폭발 방지대책과 거리가 멀다.

66 정전유도를 받고 있는 접지되어 있지 않는 도전성 물체에 접촉한 경우 전격을 당하게 되는데 이때 물체에 유도된 전압(V)을 옳게 나타낸 것은? (단, E는 송전선의 대지전압, C_1은 송전선과 물체 사이의 정전용량, C_2는 물체와 대지 사이의 정전용량이며, 물체와 대지 사이의 저항은 무시한다.)

① $V = \dfrac{C_1}{C_1 + C_2} \cdot E$ ② $V = \dfrac{C_1 + C_2}{C_1} \cdot E$
③ $V = \dfrac{C_1}{C_1 \times C_2} \cdot E$ ④ $V = \dfrac{C_1 \times C_2}{C_1} \cdot E$

해설 물체의 정전유도 등가회로는 다음과 같고 물체와 대지 사이의 저항은 무한대인 경우, 정전유도전압은 $V = \dfrac{C_1}{C_1 + C_2} \cdot E$이다.

67 화염일주한계에 대해 가장 잘 설명한 것은?

① 화염이 발화온도로 전파될 가능성의 한곗값이다.
② 화염이 전파되는 것을 저지할 수 있는 틈새의 최대 간격치이다.
③ 폭발성 가스와 공기가 혼합되어 폭발한계 내에 있는 상태를 유지하는 한곗값이다.
④ 폭발성 분위기가 전기 불꽃에 의하여 화염을 일으킬 수 있는 최소의 전류값이다.

해설 **화염일주한계**
폭발성 분위기 내에 방치된 표준용기의 접합면 틈새를 통하여 폭발화염이 내부에서 외부로 전파되는 것을 저지할 수 있는 틈새의 최대 간격치

68 정전기 발생의 일반적인 종류가 아닌 것은?

① 마찰   ② 중화
③ 박리   ④ 유동

해설 **정전기 대전의 종류**
마찰대전, 박리대전, 유동대전, 분출대전, 충돌대전, 파괴대전, 교반(진동)이나 침강 대전

69 전기기계·기구의 조작 시 안전조치로서 사업주는 근로자가 안전하게 작업할 수 있도록 전기 기계·기구로부터 폭 얼마 이상의 작업공간을 확보하여야 하는가?

① 30cm   ② 50cm
③ 70cm   ④ 100cm

정답 | 63 ① 64 ④ 65 ④ 66 ① 67 ② 68 ② 69 ③

해설 **전기기계 · 기구의 조작 시 등의 안전조치**
전기기계 · 기구의 조작 부분을 점검하거나 보수하는 경우에는 전기기계 · 기구로부터 폭 70cm 이상의 작업공간을 확보해야 한다.

70 가수전류(Let-go Current)에 대한 설명으로 옳은 것은?

① 마이크 사용 중 전격으로 사망에 이른 전류
② 전격을 일으킨 전류가 교류인지 직류인지 구별할 수 없는 전류
③ 충전부로부터 인체가 자력으로 이탈할 수 있는 전류
④ 몸이 물에 젖어 전압이 낮은데도 전격을 일으킨 전류

해설 가수전류란 인체가 자력으로 이탈 가능한 전류(마비한계전류라고 하는 경우도 있음)이다.

71 정전작업 시 작업 전 안전조치사항으로 가장 거리가 먼 것은?

① 단락접지
② 잔류 전하 방전
③ 절연 보호구 수리
④ 검전기에 의한 정전확인

해설 **정전작업 시 작업 전 안전조치사항**
단락접지, 잔류 전하 방전, 검전기에 의한 정전확인 등

72 감전사고의 방지대책으로 가장 거리가 먼 것은?

① 전기 위험부의 위험 표시
② 충전부가 노출된 부분에 절연방호구 사용
③ 충전부에 접근하여 작업하는 작업자 보호구 착용
④ 사고발생 시 처리프로세스 작성 및 조치

해설 감전사고 후 처리는 감전사고의 방지대책이 아니다.

73 위험방지를 위한 전기기계 · 기구의 설치 시 고려할 사항으로 거리가 먼 것은?

① 전기기계 · 기구의 충분한 전기적 용량 및 기계적 강도
② 전기기계 · 기구의 안전효율을 높이기 위한 시간 가동율
③ 습기 · 분진 등 사용장소의 주위환경
④ 전기적 · 기계적 방호수단의 적정성

해설 **전기기계 · 기구의 설치 시 고려사항**
- 전기기계 · 기구의 충분한 전기적 용량 및 기계적 강도
- 습기 · 분진 등 사용장소의 주위환경
- 전기적 · 기계적 방호수단의 적정성 등

74 200A의 전류가 흐르는 단상 전로의 한 선에서 누전되는 최소 전류(mA)의 기준은?

① 100
② 200
③ 10
④ 20

해설 누전전류의 한계

$$= 최대\ 공급전류 \times \frac{1}{2,000} = 200 \times \frac{1}{2,000} = 0.1[A] = 100[mA]$$

75 정전기 방전에 의한 폭발로 추정되는 사고를 조사함에 있어서 필요한 조치로서 가장 거리가 먼 것은?

① 가연성 분위기 규명
② 사고현장의 방전 흔적 조사
③ 방전에 따른 점화 가능성 평가
④ 전하 발생 부위 및 축적기구 규명

해설 **정전기 폭발사고 조사 시 필요한 조치**
가연성 분위기 규명, 전하 발생 부위 및 축적기구 규명, 방전에 따른 점화 가능성 평가 등

76 감전쇼크에 의해 호흡이 정지되었을 경우 일반적으로 약 몇 분 이내에 응급처치를 개시하면 95% 정도를 소생시킬 수 있는가?

① 1분 이내
② 3분 이내
③ 5분 이내
④ 7분 이내

해설 **감전사고 후 응급조치 개시시간에 따른 소생률**
1분 이내 95%, 3분 이내 75%, 4분 이내 50%, 5분 이내이면 25%로 크게 감소한다.

77 다음 중 방폭구조의 종류가 아닌 것은?

① 본질안전 방폭구조
② 고압 방폭구조
③ 압력 방폭구조
④ 내압 방폭구조

해설 고압 방폭구조는 없다.

78 전선의 절연 피복이 손상되어 동선이 서로 직접 접촉한 경우를 무엇이라 하는가?

① 절연
② 누전
③ 접지
④ 단락

정답 | 70 ③ 71 ③ 72 ④ 73 ② 74 ① 75 ② 76 ① 77 ② 78 ④

해설 단락(합선)
전선의 절연 피복이 손상되어 동선이 서로 직접 접촉하는 것

79 이상적인 피뢰기가 가져야 할 성능으로 틀린 것은?

① 제한전압이 낮을 것
② 방전개시전압이 낮을 것
③ 뇌전류 방전능력이 작을 것
④ 속류차단을 확실하게 할 수 있을 것

해설 피뢰기는 뇌전류 방전능력이 커야 한다.

80 인체의 전기저항이 5,000Ω이고, 세동전류와 통전시간과의 관계를 $I = \dfrac{165}{\sqrt{T}}$ mA라 할 경우, 심실세동을 일으키는 위험 에너지는 약 몇 J인가? (단, 통전시간은 1초로 한다.)

① 5
② 30
③ 136
④ 825

해설 $W = I^2 RT = \left(\dfrac{165}{\sqrt{T}} \times 10^{-3}\right)^2 \times 5{,}000\,T$
$= (165^2 \times 10^{-6}) \times 5{,}000$
$= 136[\text{W}-\text{sec}] = 136[\text{J}]$

5과목
화학설비 안전관리

81 사업주는 인화성 액체 및 인화성 가스를 저장 취급하는 화학설비에서 증기나 가스를 대기로 방출하는 경우에는 외부로부터의 화염을 방지하기 위하여 화염방지기를 설치하여야 한다. 다음 중 화염방지기의 설치 위치로 옳은 것은?

① 설비의 상단
② 설비의 하단
③ 설비의 측면
④ 설비의 조작부

해설 화염방지기는 비교적 저압 또는 상압에서 가연성 증기를 발생시키는 인화성 물질 등을 저장하는 탱크에서 외부에 그 증기를 방출하거나 탱크 내에 외기를 흡입하는 부분에 설치하는 안전장치이다. 일반적으로 저장탱크의 상부에 설치된 통기밸브 후단에 설치한다.

82 다음 중 자연발화가 쉽게 일어나는 조건으로 틀린 것은?

① 주위온도가 높을수록
② 열 축적이 클수록
③ 적당량의 수분이 존재할 때
④ 표면적이 작을수록

해설 입자의 표면적이 작으면 산소와의 접촉면적이 작아지기 때문에 연소가 어려워진다.

83 8% NaOH 수용액과 5% NaOH 수용액을 반응기에 혼합하여 6% 100kg의 NaOH 수용액을 만들려면 각각 약 몇 kg의 NaOH 수용액이 필요한가?

① 5% NaOH 수용액 : 33.3kg, 8% NaOH 수용액 : 66.7kg
② 5% NaOH 수용액 : 56.8kg, 8% NaOH 수용액 : 43.2kg
③ 5% NaOH 수용액 : 66.7kg, 8% NaOH 수용액 : 33.3kg
④ 5% NaOH 수용액 : 43.2kg, 8% NaOH 수용액 : 56.8kg

해설 8% NaOH 수용액 양 : x
5% NaOH 수용액 양 : y
$x + y = 100$, $0.08x + 0.05y = 6$
∴ $x = 33.3$, $y = 66.7$

84 사업주는 산업안전보건기준에 관한 규칙에서 정한 위험물을 기준량 이상으로 제조하거나 취급하는 특수화학설비를 설치하는 경우에는 내부의 이상 상태를 조기에 파악하기 위하여 필요한 온도계·유량계·압력계 등의 계측장치를 설치하여야 한다. 이때 위험물질별 기준량으로 옳은 것은?

① 부탄 : 25m³
② 부탄 : 150m³
③ 시안화수소 : 5kg
④ 시안화수소 : 200kg

해설 부탄 : 50m³, 시안화수소 : 5kg

85 폭발의 위험성을 고려하기 위해 정전에너지 값을 구하고자 한다. 다음 중 정전에너지를 구하는 식은? (단, E는 정전에너지, C는 정전용량, V는 전압을 의미한다.)

① $E = \dfrac{1}{2}CV^2$
② $E = \dfrac{1}{2}VC^2$
③ $E = VC^2$
④ $E = \dfrac{1}{4}VC$

정답 | 79 ③ 80 ③ 81 ① 82 ④ 83 ③ 84 ③ 85 ①

[해설] $E = \frac{1}{2}CV^2 = \frac{1}{2}QV = \frac{1}{2}\frac{Q^2}{C}$

여기서, C : 도체의 정전용량
Q : 대전전하량
V : 대전전위 $\Rightarrow Q = CV$

86 다음 중 유류화재에 해당하는 화재의 급수는?

① A급　　　　② B급
③ C급　　　　④ D급

[해설] 유류 및 가스화재는 B급 화재로 분류된다.

87 할론 소화약제 중 Halon 2402의 화학식으로 옳은 것은?

① $C_2F_4Br_2$　　　　② $C_2H_4Br_2$
③ $C_2Br_4H_2$　　　　④ $C_2Br_4F_2$

[해설] 이취화 사불화 에탄($C_2F_4Br_2$)(할론 2402)

88 위험물의 저장방법으로 적절하지 않은 것은?

① 탄화칼슘은 물속에 저장한다.
② 벤젠은 산화성 물질과 격리시킨다.
③ 금속나트륨은 석유 속에 저장한다.
④ 질산은 갈색병에 넣어 냉암소에 보관한다.

[해설] 탄화칼슘(CaC_2 : 카바이트)은 물과 반응하여 아세틸렌(C_2H_2)가스를 발생시키므로 화재·폭발의 위험이 있다.

89 다음 중 산업안전보건법령상 공정안전 보고서의 안전운전 계획에 포함되지 않는 항목은?

① 안전작업허가
② 안전운전지침서
③ 가동 전 점검지침
④ 비상조치계획에 따른 교육계획

[해설] 비상조치계획에 따른 교육계획은 비상조치 계획에 포함되는 항목이다.

90 마그네슘의 저장 및 취급에 관한 설명으로 틀린 것은?

① 화기를 엄금하고, 가열, 충격, 마찰을 피한다.
② 분말이 비산하지 않도록 밀봉하여 저장한다.
③ 제6류 위험물과 같은 산화제와 혼합되지 않도록 격리, 저장한다.
④ 일단 연소하면 소화가 곤란하지만, 초기 소화 또는 소규모 화재 시 물, CO_2 소화설비를 이용하여 소화한다.

[해설] **마그네슘의 저장 및 취급**
물과 반응하면 수소 발생, 이산화탄소와는 폭발적인 반응을 하므로 소화는 마른 모래나 분말 소화약제를 사용한다.

91 다음 중 분진이 발화 폭발하기 위한 조건으로 거리가 먼 것은?

① 불연성질
② 미분상태
③ 점화원의 존재
④ 지연성 가스 중에서의 교반과 운동

[해설] 불연성 및 난연성 물질의 분진은 분진폭발이 일어나지 않는다.

92 다음 중 산업안전보건법령상 산화성 액체 또는 산화성 고체에 해당하지 않는 것은?

① 질산　　　　② 중크롬산
③ 과산화수소　④ 질산에스테르

[해설] 질산에스테르는 폭발성 물질 및 유기과산화물에 해당한다.

93 열교환기의 열교환 능률을 향상시키기 위한 방법이 아닌 것은?

① 유체의 유속을 적절하게 조절한다.
② 유체가 흐르는 방향을 병류로 한다.
③ 열교환하는 유체의 온도차를 크게 한다.
④ 열전도율이 높은 재료를 사용한다.

[해설] 유체의 흐르는 방향을 병류로 하여도 열교환기의 열교환 능률은 향상되지 않는다.

정답 | 86 ② 87 ① 88 ① 89 ④ 90 ④ 91 ① 92 ④ 93 ②

94 다음 중 고체의 연소방식에 관한 설명으로 옳은 것은?

① 분해연소란 고체가 표면의 고온을 유지하며 타는 것을 말한다.
② 표면연소란 고체가 가열되어 열분해가 일어나고 가연성 가스가 공기 중의 산소와 타는 것을 말한다.
③ 자기연소란 공기 중 산소를 필요로 하지 않고 자신이 분해되며 타는 것을 말한다.
④ 분무연소란 고체가 가열되어 가연성 가스를 발생시키며 타는 것을 말한다.

[해설] **자기연소**
분자 내 산소를 함유하고 있는 고체 가연물이 외부 산소 공급원 없이 점화원에 의해 연소하는 방식을 말하며, 대표적인 물질로는 질산에스테르류, 셀룰로이드류, 니트로화합물 등의 폭발성 물질이 있다.

95 사업주는 안전밸브 등의 전단·후단에 차단밸브를 설치해서는 아니 된다. 다만, 별도로 정한 경우에 해당할 때는 자물쇠형 또는 이에 준하는 형식의 차단밸브를 설치할 수 있다. 이에 해당하는 경우가 아닌 것은?

① 화학설비 및 그 부속설비에 안전밸브 등이 복수방식으로 설치되어 있는 경우
② 예비용 설비를 설치하고 각각의 설비에 안전밸브 등이 설치되어 있는 경우
③ 파열판과 안전밸브를 직렬로 설치한 경우
④ 열팽창에 의하여 상승된 압력을 낮추기 위한 목적으로 안전밸브가 설치된 경우

[해설] 파열판과 안전밸브를 직렬로 설치한 경우는 안전밸브 전후단에 차단밸브를 설치할 수 있는 경우에 해당하지 않는다.

96 위험물안전관리법령에서 정한 제3류 위험물에 해당하지 않는 것은?

① 나트륨
② 알킬알루미늄
③ 황린
④ 니트로글리세린

[해설] **제3류 위험물(자연발화성 물질 및 금수성 물질)**
칼륨, 나트륨, 알킬알루미늄, 알킬리튬, 황린 등

97 다음 표를 참조하여 메탄 70vol%, 프로판 21vol%, 부탄 9vol%인 혼합가스의 폭발범위를 구하면 약 몇 vol%인가?

가스	폭발하한계(vol%)	폭발상한계(vol%)
C_4H_{10}	1.8	8.4
C_3H_9	2.1	9.5
C_2H_8	3.0	12.4
CH_4	5.0	15.0

① 3.45~9.11
② 3.45~12.58
③ 3.85~9.11
④ 3.85~12.58

[해설] $L = \dfrac{100}{\dfrac{V_1}{L_1} + \dfrac{V_2}{L_2} + \cdots + \dfrac{V_n}{L_n}}$ (순수한 혼합가스일 경우)

• 폭발하한 $= \dfrac{100}{\dfrac{70}{5} + \dfrac{21}{2.1} + \dfrac{9}{1.8}} = 3.45$

• 폭발상한 $= \dfrac{100}{\dfrac{70}{15} + \dfrac{21}{9.5} + \dfrac{9}{8.4}} = 12.58$

98 ABC급 분말 소화약제의 주성분에 해당하는 것은?

① $NH_4H_2PO_4$
② Na_2CO_3
③ Na_2SO_3
④ K_2CO_3

[해설] ABC급 분말 소화약제의 주성분은 $NH_4H_2PO_4$(제1인산암모늄)이다.

99 공기 중 아세톤의 농도가 200ppm(TLV 500ppm), 메틸에틸케톤(MEK)의 농도가 100ppm(TLV 200ppm)일 때 혼합물질의 허용농도는 약 몇 ppm인가? (단, 두 물질은 서로 상가작용을 하는 것으로 가정한다.)

① 150
② 200
③ 270
④ 333

[해설] $R = \dfrac{C_1}{T_1} + \dfrac{C_2}{T_2} + \cdots + \dfrac{C_n}{T_n} = \dfrac{200}{500} + \dfrac{100}{200} = 0.9$

여기서, C : 화학물질 각각의 측정치(위험물질에서는 취급 또는 저장량)
T : 화학물질 각각의 노출기준(위험물질에서는 규정수량)

$TLV = \dfrac{C_1 + C_2 + \cdots + C_n}{R} = \dfrac{200 + 100}{0.9} = 333\text{(ppm)}$

정답 | 94 ③ 95 ③ 96 ④ 97 ② 98 ① 99 ④

100 다음의 설명에 해당하는 안전장치는?

> 대형의 반응기, 탑, 탱크 등에서 이상상태가 발생할 때 밸브를 정지시켜 원료공급을 차단하기 위한 안전장치로, 공기압식, 유압식, 전기식 등이 있다.

① 파열판　　② 안전밸브
③ 스팀트랩　④ 긴급차단장치

[해설] 긴급차단장치 설치(「안전보건규칙」 제275조)
특수화학설비에는 이상상태 발생에 따른 폭발·화재 또는 위험물 누출을 방지하기 위해 원재료 공급의 긴급차단, 제품의 방출, 불활성가스 주입 또는 냉각용수 공급 등을 위한 필요한 장치를 설치하여야 한다.

6과목
건설공사 안전관리

101 단관비계의 무너짐 또는 전도를 방지하기 위하여 사용하는 벽이음의 간격기준으로 옳은 것은?

① 수직 방향 5m 이하, 수평 방향 5m 이하
② 수직 방향 6m 이하, 수평 방향 6m 이하
③ 수직 방향 7m 이하, 수평 방향 7m 이하
④ 수직 방향 8m 이하, 수평 방향 8m 이하

[해설] 단관비계의 벽이음은 수직, 수평 5m 이하로 설치해야 한다.

102 건설업 산업안전보건관리비 내역 중 계상비용에 해당되지 않는 것은?

① 근로자 건강관리비
② 건설재해예방 기술지도비
③ 개인보호구 및 안전장구 구입비
④ 외부비계, 작업발판 등의 가설구조물 설치 소요비

[해설] 외부비계, 작업발판 등의 가설구조물 설치 소요비는 산업안전보건관리비 사용 불가 항목이다.

103 다음은 산업안전보건법령에 따른 동바리로 사용하는 파이프 서포트에 관한 사항이다. (　) 안에 들어갈 내용을 순서대로 옳게 나타낸 것은?

> 가. 파이프 서포트를 (A) 이상 이어서 사용하지 않도록 할 것
> 나. 파이프 서포트를 이어서 사용하는 경우에는 (B) 이상의 볼트 또는 전용철물을 사용하여 이을 것

① A : 2개, B : 2개　　② A : 3개, B : 4개
③ A : 4개, B : 3개　　④ A : 4개, B : 4개

[해설] 파이프 서포트를 3개 이상 이어서 사용하면 안 되고, 파이프 서포트를 이어서 사용하는 경우 4개 이상의 볼트 또는 전용철물을 사용하여야 한다.

104 화물취급 작업 시 준수사항으로 옳지 않은 것은?

① 꼬임이 끊어지거나 심하게 부식된 섬유로프는 화물운반용으로 사용해서는 안 된다.
② 섬유로프 등을 사용하여 화물취급작업을 하는 경우 해당 섬유로프 등을 점검하고 이상을 발견한 섬유로프 등을 즉시 교체하여야 한다.
③ 차량 등에서 화물을 내리는 작업을 하는 경우 해당 작업에 종사하는 근로자에게 쌓여 있는 화물의 중간에서 필요한 화물을 빼낼 수 있도록 허용한다.
④ 하역작업을 하는 장소에서 작업장 및 통로의 위험한 부분에는 안전하게 작업할 수 있는 조명을 유지한다.

[해설] 쌓여 있는 화물의 중간에서 필요한 화물을 빼내서는 안 된다.

105 시스템 비계를 사용하여 비계를 구성하는 경우의 준수사항으로 옳지 않은 것은?

① 수직재·수평재·가새재를 견고하게 연결하는 구조가 되도록 할 것
② 수평재는 수직재와 직각으로 설치하여야 하며, 체결 후 흔들림이 없도록 견고하게 설치할 것
③ 비계 밑단의 수직재와 받침철물은 밀착되도록 설치하고, 수직재와 받침철물의 연결부의 겹침길이는 받침철물 전체길이의 3분의 1 이상이 되도록 할 것
④ 벽 연결재의 설치간격은 시공자가 안전을 고려하여 임의대로 결정한 후 설치할 것

정답 | 100 ④　101 ①　102 ④　103 ②　104 ③　105 ④

[해설] 시스템비계의 벽 연결재의 설치간격은 제조사가 정한 기준에 따라 설치해야 한다.

106 건설공사 위험성평가에 관한 내용으로 옳지 않은 것은?

① 건설물, 기계·기구, 설비 등에 의한 유해·위험요인을 찾아내어 위험성을 결정하고 그 결과에 따른 조치를 하는 것을 말한다.
② 사업주는 위험성평가의 실시내용 및 결과를 기록·보존하여야 한다.
③ 위험성평가 기록물의 보존 기간은 2년이다.
④ 위험성평가 기록물에는 평가대상의 유해·위험요인, 위험성 결정의 내용 등이 포함된다.

[해설] 위험성평가 기록물은 3년 이상 보존하여야 한다.

107 철골작업에서의 승강로 설치기준 중 ( ) 안에 들어갈 내용으로 알맞은 것은?

> 사업주는 근로자가 수직 방향으로 이동하는 철골부재에는 답단간격이 ( ) 이내인 고정된 승강로를 설치하여야 한다.

① 20cm ② 30cm
③ 40cm ④ 50cm

[해설] 철골부재에는 답단간격이 30cm 이내인 고정된 승강로를 설치해야 한다.

108 사다리식 통로 등을 설치하는 경우 폭은 최소 얼마 이상으로 하여야 하는가?

① 30cm ② 40cm
③ 50cm ④ 60cm

[해설] 사다리식 통로의 폭은 최소 30cm 이상으로 설치해야 한다.

109 추락재해에 대한 예방 차원에서 고소작업의 감소를 위한 근본적인 대책으로 옳은 것은?

① 방망 설치
② 지붕트러스의 일체화 또는 지상에서 조립
③ 안전대 사용
④ 비계 등에 의한 작업대 설치

[해설] 지붕트러스의 일체화 또는 지상에서 조립하는 경우 고소작업을 최소화할 수 있다.

110 다음 중 건설공사 유해·위험방지계획서 제출대상 공사가 아닌 것은?

① 지상높이가 50m인 건축물 또는 인공구조물 건설공사
② 연면적이 3,000m²인 냉동·냉장창고시설의 설비공사
③ 최대 지간길이가 60m인 교량건설공사
④ 터널건설공사

[해설] 연면적이 5,000m²인 냉동·냉장창고시설의 설비공사가 해당한다.

111 겨울철 공사 중인 건축물의 벽체 콘크리트 타설 시 거푸집이 터져서 콘크리트 쏟아지는 사고가 발생하였다. 이 사고의 발생원인으로 추정 가능한 사안 중 가장 타당한 것은?

① 콘크리트의 타설속도가 빨랐다.
② 진동기를 사용하지 않았다.
③ 철근 사용량이 많았다.
④ 콘크리트의 슬럼프가 작았다.

[해설] 콘크리트 타설속도가 빠를 경우 측압이 증가하므로 사고 위험이 발생한다.

112 다음 중 운반작업 시 주의사항으로 옳지 않은 것은?

① 운반 시의 시선은 진행 방향을 향하고 뒷걸음 운반을 하여서는 안 된다.
② 무거운 물건을 운반할 때 무게 중심이 높은 화물은 인력으로 운반하지 않는다.
③ 어깨높이보다 높은 위치에서 화물을 들고 운반하여서는 안 된다.
④ 단독으로 긴 물건을 어깨에 메고 운반할 때에는 뒤쪽을 위로 올린 상태로 운반한다.

[해설] 철근 등 긴 물체를 부득이하게 한 사람이 운반할 경우에는 한쪽을 어깨에 메고 한쪽 끝을 끌면서 운반하여야 한다.

113 다음 중 직접기초의 터파기 공법이 아닌 것은?

① 개착 공법 ② 시트 파일 공법
③ 트렌치 컷 공법 ④ 아일랜드 컷 공법

[해설] 시트 파일 공법은 흙막이 공법의 한 종류이다.

정답 | 106 ③ 107 ② 108 ① 109 ② 110 ② 111 ① 112 ④ 113 ②

114 건설재해대책의 사면보호공법 중 식물을 생육시켜 그 뿌리로 사면의 표층토를 고정하여 빗물에 의한 침식, 동상, 이완 등을 방지하고, 녹화에 의한 경관 조성을 목적으로 시공하는 것은?

① 식생공 ② 실드공
③ 뿜어 붙이기공 ④ 블록공

[해설] 식생공에 해당하는 내용이다.

115 훅걸이용 와이어로프 등이 훅으로부터 벗겨지는 것을 방지하기 위한 장치는?

① 해지장치 ② 권과방지장치
③ 과부하방지장치 ④ 턴버클

[해설] 와이어로프 등이 훅에서 벗겨지는 것을 방지하기 위해 훅에 해지장치를 설치한다.

116 장비가 위치한 지면보다 낮은 장소를 굴착하는 데 적합한 장비는?

① 트럭크레인 ② 파워 셔블
③ 백호우 ④ 진폴

[해설] 백호우는 기계가 위치한 지면보다 낮은 곳의 땅을 파는 데 적합하다.

117 추락방호용 방망 중 그물코의 크기가 5cm인 매듭방망 신품의 인장강도는 최소 몇 kg 이상이어야 하는가?

① 60 ② 110
③ 150 ④ 200

[해설] **추락방호망의 인장강도 기준**

그물코의 크기(단위 : cm)	방망의 종류(단위 : kgf)	
	매듭 없는 방망	매듭방망
10	240	200
5	–	110

118 잠함 또는 우물통의 내부에서 굴착작업을 할 때의 준수사항으로 옳지 않은 것은?

① 굴착 깊이가 10m를 초과하는 경우에는 해당 작업장소와 외부와의 연락을 위한 통신설비 등을 설치하여야 한다.
② 산소 결핍의 우려가 있는 경우에는 산소의 농도를 측정하는 자를 지명하여 측정하도록 한다.
③ 근로자가 안전하게 승강하기 위한 설비를 설치한다.
④ 측정 결과 산소의 결핍이 인정될 경우에는 송기를 위한 설비를 설치하여 필요한 양의 공기를 공급하여야 한다.

[해설] 굴착 깊이가 20m를 초과하는 때 연락을 위한 통신설비 등을 설치하여야 한다.

119 이동식 비계를 조립하여 작업하는 경우의 준수사항으로 옳지 않은 것은?

① 비계의 최상부에서 작업하는 경우에는 안전난간을 설치할 것
② 작업발판은 항상 수평을 유지하고 작업발판 위에서 안전난간을 딛고 작업을 하거나 받침대 또는 사다리를 사용하여 작업하지 않도록 할 것
③ 작업발판의 최대 적재하중은 150kg을 초과하지 않도록 할 것
④ 이동식 비계의 바퀴에는 뜻밖의 갑작스러운 이동 또는 전도를 방지하기 위하여 브레이크·쐐기 등으로 바퀴를 고정한 다음 비계의 일부를 견고한 시설물에 고정하거나 아웃트리거(outrigger)를 설치하는 등 필요한 조치를 할 것

[해설] 이동식 비계의 작업발판 최대 적재중량은 250kg을 초과하지 않도록 해야 한다.

120 항타기 또는 항발기의 권상장치 드럼축과 권상장치로부터 첫 번째 도르래의 축 간의 거리는 권상장치 드럼폭의 몇 배 이상으로 하여야 하는가?

① 5배 ② 8배
③ 10배 ④ 15배

[해설] 항타기 또는 항발기의 권상장치의 드럼축과 권상장치에서부터 첫 번째 도르래의 축 간의 거리를 권상장치 드럼 폭의 15배 이상으로 하여야 한다.

정답 | 114 ① 115 ① 116 ③ 117 ② 118 ① 119 ③ 120 ④

2019년 1회

1과목
산업재해 예방 및 안전보건교육

01 제일선의 감독자를 교육대상으로 하고, 작업을 지도하는 방법, 작업개선방법 등의 주요 내용을 다루는 기업 내 교육방법은?

① TWI
② MTP
③ ATT
④ CCS

해설 **TWI(Training Within Industry)**
주로 관리감독자를 대상으로 하며 전체 교육시간은 10시간(1일 2시간씩 5일 교육)으로 실시한다. 한 그룹에 10명 내외로 토의법과 실연법 중심으로 강의가 실시된다.

02 안전검사기관 및 자율검사프로그램 인정기관은 고용노동부장관에게 그 실적을 보고하도록 관련법에 명시되어 있는데 그 주기로 옳은 것은?

① 매월
② 격월
③ 분기
④ 반기

해설 **안전검사 실적보고(안전검사 절차에 관한 고시)**
안전검사기관은 별지 제1호 서식에 따라 분기마다 다음 달 10일까지 분기별 실적과 매년 1월 20일까지 전년도 실적을 고용노동부장관에게 제출하여야 하며, 공단은 별지 제2호 서식에 따라 분기마다 다음 달 10일까지 분기별 실적과 매년 1월 20일까지 전년도 실적을 고용노동부장관에게 제출하여야 한다.

03 다음 재해사례에서 기인물에 해당하는 것은?

기계작업에 배치된 작업자가 반장의 지시를 받기 전에 정지된 선반을 운전시키면서 변속치차의 덮개를 벗겨내고 치차를 저속으로 운전하면서 급유하려고 할 때 오른손이 변속치차에 맞물려 손가락이 절단되었다.

① 덮개
② 급유
③ 선반
④ 변속치차

해설
- 기인물 : 선반
- 가해물 : 변속치차
- 재해형태 : 협착
- 상해종류 : 절단

04 보호구 안전인증 고시에 따른 분리식 방진마스크의 성능기준에서 포집효율이 특급인 경우, 염화나트륨(NaCl) 및 파라핀 오일(Paraffin oil) 시험에서의 포집효율은?

① 99.95% 이상
② 99.9% 이상
③ 99.5% 이상
④ 99.0% 이상

해설

형태 및 등급		염화나트륨(NaCl) 및 파라핀 오일(Paraffin oil) 시험(%)
분리식	특급	99.95 이상

05 산업안전보건법상 특별교육에서 방사선 업무에 관계되는 작업을 할 때 교육내용으로 거리가 먼 것은?

① 방사선의 유해·위험 및 인체에 미치는 영향
② 방사선 측정기기 기능의 점검에 관한 사항
③ 비상시 응급처리 및 보호구 착용에 관한 사항
④ 산소농도측정 및 작업환경에 관한 사항

해설 ④는 방사선 업무에 관계되는 작업을 할 때의 교육내용에 해당하지 않는다.

정답 | 01 ① 02 ③ 03 ③ 04 ① 05 ④

06 주의의 수준이 Phase 0인 상태에서의 의식상태는?

① 무의식 상태
② 의식의 이완 상태
③ 명료한 상태
④ 과긴장 상태

해설 | **인간의 의식 Level의 단계별 신뢰성**

단계	의식의 상태	신뢰성	의식의 작용
Phase 0	무의식, 실신	0	없음
Phase I	의식의 둔화	0.9 이하	부주의
Phase II	이완 상태	0.99~0.99999	마음이 안쪽으로 향함(Passive)
Phase III	명료한 상태	0.99999 이상	전향적(Active)
Phase IV	과긴장 상태	0.9 이하	한 점에 집중, 판단 정지

07 한 사람, 한 사람의 위험에 대한 감수성 향상을 도모하기 위하여 삼각 및 원포인트 위험예지훈련을 통합한 활용기법은?

① 1인 위험예지훈련
② TBM 위험예지훈련
③ 자문자답 위험예지훈련
④ 시나리오 역할연기훈련

해설 | **1인 위험예지훈련**
각자마다의 위험에 대한 감수성 향상을 도모하기 위하여 삼각 및 원포인트 위험예지훈련을 실시한다.

08 재해예방의 4원칙에 관한 설명으로 틀린 것은?

① 재해의 발생에는 반드시 원인이 존재한다.
② 재해의 발생과 손실의 발생은 우연적이다.
③ 재해를 예방할 수 있는 안전대책은 반드시 존재한다.
④ 재해는 원인 제거가 불가능하므로 예방만이 최선이다.

해설 | **재해예방의 4원칙(예방 가능의 원칙)** : 재해는 원칙적으로 원인만 제거하면 예방이 가능하다.

09 적응기제(適應機制, Adjustment Mechanism)의 종류 중 도피적 기제(행동)에 해당하지 않는 것은?

① 고립
② 퇴행
③ 억압
④ 합리화

해설 | **도피적 기제(Escape Mechanism) : 욕구**
불만이나 압박으로부터 벗어나기 위해 현실을 벗어나 마음의 안정을 찾으려는 것(고립, 퇴행, 억압, 백일몽)

10 인간오류에 관한 분류 중 독립행동에 의한 분류가 아닌 것은?

① 생략오류
② 실행오류
③ 명령오류
④ 시간오류

해설 | **독립행동에 관한 분류**
- 생략에러(Omission Error)
- 실행(작위적)에러(Commission Error)
- 과잉행동에러(Extraneous Error)
- 순서에러(Sequential Error)
- 시간에러(Timing Error)

11 다음 중 안전·보건교육계획을 수립할 때 고려할 사항으로 가장 거리가 먼 것은?

① 현장의 의견을 충분히 반영한다.
② 대상자의 필요한 정보를 수집한다.
③ 안전교육 시행체계와의 연관성을 고려한다.
④ 정부 규정에 의한 교육에 한정하여 실시한다.

해설 | **안전교육계획 수립 시 고려사항**
- 필요한 정보를 수집
- 현장의 의견을 충분히 반영
- 안전교육 시행체계와의 관련을 고려
- 법 규정에 의한 교육에만 그치지 않는다.

12 사고의 원인분석방법에 해당하지 않는 것은?

① 통계적 원인분석
② 종합적 원인분석
③ 클로즈(close) 분석
④ 관리도

해설 | **재해의 통계적 원인분석 방법**
- 파레토도
- 특성요인도
- 클로즈(Close) 분석도
- 관리도

13 하인리히의 재해 코스트 평가방식 중 직접비에 해당하지 않는 것은?

① 산재보상비
② 치료비
③ 간호비
④ 생산손실

정답 | 06 ① 07 ① 08 ④ 09 ④ 10 ③ 11 ④ 12 ② 13 ④

[해설] **하인리히 방식에서의 직접비**
- 법령으로 정한 피해자에게 지급되는 산재보험비
- 휴업보상비
- 장해보상비
- 요양보상비
- 유족보상비
- 장의비, 간병비

14 안전관리조직의 참모식(Staff형)에 대한 장점이 아닌 것은?

① 경영자의 조언과 자문역할을 한다.
② 안전정보 수집이 용이하고 빠르다.
③ 안전에 관한 명령과 지시는 생산라인을 통해 신속하게 전달한다.
④ 안전전문가가 안전계획을 세워 문제해결 방안을 모색하고 조치한다.

[해설] **참모(STAFF)형 조직의 장점**
- 사업장 특성에 맞는 전문적인 기술연구가 가능하다.
- 경영자에게 조언과 자문역할을 할 수 있다.
- 안전정보 수집이 빠르다.

15 산업안전보건법령상 안전인증대상 기계·기구 및 설비가 아닌 것은?

① 연삭기
② 롤러기
③ 압력용기
④ 고소(高所) 작업대

[해설] **안전인증대상 기계·기구**
- 압력용기
- 롤러기
- 고소(高所) 작업대 등

16 안전교육방법 중 학습자가 이미 설명을 듣거나 시범을 보고 알게 된 지식이나 기능을 강사의 감독 아래 직접적으로 연습하여 적용할 수 있도록 하는 교육방법은?

① 모의법
② 토의법
③ 실연법
④ 반복법

[해설] **실연법**
학습자가 이미 설명을 듣거나 시범을 보고 알게 된 지식이나 기능을 강사의 감독 아래 직접적으로 연습해 적용해 보게 하는 교육방법이다. 다른 방법보다 교사 대 학습자 수의 비율이 높다.

17 산업안전보건법상의 안전·보건표지 종류 중 관계자 외 출입금지표지에 해당되는 것은?

① 안전모 착용
② 폭발성물질 경고
③ 방사성물질 경고
④ 석면취급 및 해체·제거

[해설] **안전보건표지의 종류와 형태**

5 관계자외 출입금지	501 허가대상물질 작업장	502 석면취급/해체 작업장	503 금지대상물질의 취급실험실 등
	관계자외 출입금지 (허가물질 명칭) 제조/사용/보관 중 보호구/보호복 착용 흡연 및 음식물 섭취 금지	관계자외 출입금지 석면 취급/해체 중 보호구/보호복 착용 흡연 및 음식물 섭취 금지	관계자외 출입금지 발암물질 취급 중 보호구/보호복 착용 흡연 및 음식물 섭취 금지

18 국제노동기구(ILO)의 산업재해 정도 구분에서 부상 결과 근로자가 신체장해등급 제12급 판정을 받았다면 이는 어느 정도의 부상을 의미하는가?

① 영구 전노동불능
② 영구 일부노동불능
③ 일시 전노동불능
④ 일시 일부노동불능

[해설] **노동불능상태의 구분**
- 영구 전노동불능 : 장해등급 1~3급
- 영구 일부노동불능 : 장해등급 4~14급
- 일시 전노동불능 : 장해가 남지 않는 휴업상해
- 일시 일부노동불능 : 일시 근무 중에 업무를 떠나 치료를 받는 정도의 상해
- 구급처치상해 : 응급처치 후 정상작업을 할 수 있는 정도의 상해

19 특정과업에서 에너지 소비수준에 영향을 미치는 인자가 아닌 것은?

① 작업방법
② 작업속도
③ 작업관리
④ 도구

[해설] **에너지 소비량에 영향을 미치는 인자**
- 작업방법
- 작업자세
- 작업속도
- 도구설계

20 사고예방대책의 기본원리 5단계 중 틀린 것은?

① 1단계 : 안전관리계획
② 2단계 : 현상파악
③ 3단계 : 분석평가
④ 4단계 : 대책의 선정

정답 | 14 ③ 15 ① 16 ③ 17 ④ 18 ② 19 ③ 20 ①

해설 | 사고예방대책의 기본원리 5단계
- 1단계 : 조직(안전관리조직)
- 2단계 : 사실의 발견(현상파악)
- 3단계 : 분석·평가(원인규명)
- 4단계 : 시정방법(대책)의 선정
- 5단계 : 시정책의 적용

2과목
인간공학 및 위험성 평가·관리

21 음량수준을 측정할 수 있는 3가지 척도에 해당되지 않는 것은?

① sone
② 럭스
③ phon
④ 인식소음 수준

해설 | 럭스(lux)는 어떤 물체나 표면에 도달하는 빛의 밀도를 의미한다.

22 FTA에서 시스템의 기능을 살리는 데 필요한 최소 요인의 집합을 무엇이라 하는가?

① Critical set
② Minimal gate
③ Minimal path set
④ Boolean indicated cut set

해설 | 미니멀 패스셋
정상사상이 일어나지 않는데 필요한 최소한의 컷을 말한다(시스템을 살리는 데 필요한 최소 요인의 집합).

23 시스템의 수명주기 단계 중 마지막 단계인 것은?

① 구상단계
② 개발단계
③ 운전단계
④ 생산단계

해설 | 시스템 수명주기
구상단계 → 정의단계 → 개발단계 → 생산단계 → 운전단계

24 생명유지에 필요한 단위시간당 에너지량을 무엇이라 하는가?

① 기초대사량
② 산소 소비율
③ 작업대사량
④ 에너지 소비율

해설 | 기초대사량
생명 유지에 필요한 최소의 열량을 말한다.

25 인간-기계시스템의 설계를 6단계로 구분할 때, 첫 번째 단계에서 시행하는 것은?

① 기본설계
② 시스템의 정의
③ 인터페이스 설계
④ 시스템의 목표와 성능명세 결정

해설 | 인간-기계시스템 설계과정 6가지 단계
- 목표 및 성능명세 결정 : 시스템 설계 전 그 목적이나 존재 이유가 있어야 한다.
- 시스템 정의 : 목적을 달성하기 위한 특정한 기본기능들이 수행되어야 한다.
- 기본설계 : 시스템의 형태를 갖추기 시작하는 단계
- 인터페이스 설계 : 사용자 편의와 시스템 성능에 관여
- 촉진물 설계 : 인간의 성능을 증진시킬 보조물 설계
- 시험 및 평가 : 시스템 개발과 관련된 평가와 인간적인 요소 평가 실시

26 염산을 취급하는 A 업체에서는 신설 설비에 관한 안전성 평가를 실시해야 한다. 정성적 평가단계의 주요 진단 항목에 해당하는 것은?

① 공장 내의 배치
② 제조공정의 개요
③ 재평가 방법 및 계획
④ 안전·보건교육 훈련계획

해설 | 안전성 평가 제2단계
정성적 평가(안전확보를 위한 기본적인 자료의 검토)
- 설계관계 : 공장 내 배치, 소방설비 등
- 운전관계 : 원재료, 운송, 저장 등

27 실린더 블록에 사용하는 개스킷의 수명은 평균 10,000시간이며, 표준편차는 200시간으로 정규분포를 따른다. 사용시간이 9,600시간일 경우에 신뢰도는 약 얼마인가? (단, 표준정규분포표에서 $u_{0.8413}=1$, $u_{0.9772}=2$이다.)

① 84.13%
② 88.73%
③ 92.72%
④ 97.72%

정답 | 21 ② 22 ③ 23 ③ 24 ① 25 ④ 26 ① 27 ④

해설 정규분포 표준화 공식에 따라
$$P_r(X \leq 9{,}600) = P_r\left(Z \leq \frac{9{,}600 - 10{,}000}{200}\right)$$
$$= P_r(Z \leq -2) = 0.9772 = 97.72\%$$

28. FMEA의 장점이라 할 수 있는 것은?

① 분석방법에 대한 논리적 배경이 강하다.
② 물적, 인적요소 모두가 분석대상이 된다.
③ 서식이 간단하고 비교적 적은 노력으로 분석이 가능하다.
④ 두 가지 이상의 요소가 동시에 고장 나는 경우에도 분석이 용이하다.

해설 FTA보다 간단하고 적은 노력으로도 분석이 가능하다.

29. 의도는 올바른 것이었지만, 행동이 의도한 것과는 다르게 나타나는 오류를 무엇이라 하는가?

① Slip   ② Mistake
③ Lapse ④ Violation

해설 실수(Slip)
상황이나 목표의 해석을 제대로 했으나 의도와는 다른 행동을 하는 경우

30. 동작 경제 원칙에 해당되지 않는 것은?

① 신체 사용에 관한 원칙
② 작업장 배치에 관한 원칙
③ 사용자 요구 조건에 관한 원칙
④ 공구 및 설비 디자인에 관한 원칙

해설 동작 경제의 3원칙
- 신체 사용에 관한 원칙
- 작업장 배치에 관한 원칙
- 공구 및 설비 설계(디자인)에 관한 원칙

31. 음압수준이 70dB인 경우, 1,000Hz에서 순음의 phon 치는?

① 50phon   ② 70phon
③ 90phon   ④ 100phon

해설 phon 음량수준
정량적 평가를 위한 음량수준 척도, phon으로 표시한 음량수준은 이 음과 같은 크기로 들리는 1,000Hz 순음의 음압수준(dB)
70dB의 1,000Hz 순음크기 = 70phon

32. 인체계측자료의 응용원칙 중 조절 범위에서 수용하는 통상의 범위는 얼마인가?

① 5~95%tile   ② 20~80%tile
③ 30~70%tile   ④ 40~60%tile

해설 조절 범위(5~95%)
체격이 다른 여러 사람에게 맞도록 조절식으로 만드는 것이 바람직하다. 그 예로는 자동차 좌석의 전후 조절, 사무실 의자의 상하 조절 등이 있다.

33. 산업안전보건법령에 따라 제조업 중 유해·위험방지계획서 제출대상 사업의 사업주가 유해·위험방지계획서를 제출하고자 할 때 첨부하여야 하는 서류에 해당하지 않는 것은? (단, 기타 고용노동부장관이 정하는 도면 및 서류 등은 제외한다.)

① 공사개요서
② 기계·설비의 배치도면
③ 기계·설비의 개요를 나타내는 서류
④ 원재료 및 제품의 취급, 제조 등의 작업방법의 개요

해설 제출서류
건축물 각 층의 평면도, 기계·설비의 배치도면, 기계·설비의 개요를 나타내는 서류, 원재료 및 제품의 취급, 제조 등의 작업방법의 개요

34. 수리가 가능한 어떤 기계의 가용도(Availability)는 0.9이고, 평균수리시간(MTTR)이 2시간일 때, 이 기계의 평균수명(MTBF)은?

① 15시간   ② 16시간
③ 17시간   ④ 18시간

해설 가용도(일정 기간에 시스템이 고장 없이 가동될 확률)가 90%일 경우 시스템을 20시간 운영한다 가정하면 수리시간이 2시간 발생한다는 의미이다. 따라서, 평균수명(MTBF) = 20시간 − 2시간 = 18시간이 된다.

정답 | 28 ③ 29 ① 30 ③ 31 ② 32 ① 33 ① 34 ④

35 다음의 각 단계를 결함수분석법(FTA)에 의한 재해사례의 연구 순서대로 나열한 것은?

> ㉠ 정상사상의 선정
> ㉡ FT도 작성 및 분석
> ㉢ 개선 계획의 작성
> ㉣ 각 사상의 재해원인 규명

① ㉠ → ㉡ → ㉢ → ㉣
② ㉠ → ㉣ → ㉢ → ㉡
③ ㉠ → ㉢ → ㉡ → ㉣
④ ㉠ → ㉣ → ㉡ → ㉢

[해설] FTA에 의한 재해사례 연구순서(D. R. Cheriton)
1. Top 사상의 선정
2. 사상마다의 재해원인 규명
3. FT도의 작성
4. 개선계획의 작성

36 점광원으로부터 0.3m 떨어진 구면에 비추는 광량이 5Lumen일 때, 조도는 약 몇 럭스인가?

① 0.06
② 16.7
③ 55.6
④ 83.4

[해설] 조도(lux) = $\frac{광속(lumen)}{거리(m)^2}$ = $\frac{5}{0.3^2}$ = 55.6lux

37 쾌적환경에서 추운 환경으로 변화 시 신체의 조절작용이 아닌 것은?

① 피부온도가 내려간다.
② 직장온도가 약간 내려간다.
③ 몸이 떨리고 소름이 돋는다.
④ 피부를 경유하는 혈액 순환량이 감소한다.

[해설] 적절한 온도에서 한랭 환경으로 변할 때의 신체의 조절작용
- 피부온도가 내려간다.
- 혈액은 피부를 경유하는 순환량이 감소하고 많은 양의 혈액이 몸의 중심부를 순환한다.
- 소름이 돋고 몸이 떨린다.
- 직장(直腸)온도가 약간 올라간다.

38 FT도에 사용되는 다음 게이트의 명칭은?

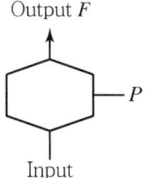

① 부정 게이트
② 억제 게이트
③ 배타적 OR 게이트
④ 우선적 AND 게이트

[해설] 억제 게이트
하나 또는 하나 이상의 입력이 참값이면 출력되는 게이트

39 정신적 작업 부하에 관한 생리적 척도에 해당하지 않는 것은?

① 부정맥 지수
② 근전도
③ 점멸융합주파수
④ 뇌파도

[해설] 정신적 작업 부하에 관한 생리적 측정치
점멸융합주파수(플리커법), 눈꺼풀의 깜박임률(Blink rate), 부정맥, 동공지름(Pupil diameter), 뇌의 활동전위를 측정하는 뇌파도(EEG ; ElecroEncephaloGram)

40 인간-기계시스템의 연구 목적으로 가장 적절한 것은?

① 정보 저장의 극대화
② 운전 시 피로의 평준화
③ 시스템의 신뢰성 극대화
④ 안전의 극대화 및 생산능률의 향상

[해설] 인간-기계체제의 연구목적은 안전성 제고와 능률의 극대화이다.

정답 | 35 ④ 36 ③ 37 ② 38 ② 39 ② 40 ④

3과목
기계·기구 및 설비 안전관리

41 휴대용 연삭기 덮개의 개방부 각도는 몇 도(°) 이내여야 하는가?

① 60°   ② 90°
③ 125° ④ 180°

[해설] 휴대용 연삭기, 스윙(Swing) 연삭기 덮개의 노출각도 180° 이내

42 롤러기 급정지장치 조작부에 사용하는 로프의 성능 기준으로 적합한 것은? (단, 로프의 재질은 관련 규정에 적합한 것으로 본다.)

① 지름 1mm 이상의 와이어로프
② 지름 2mm 이상의 합성섬유로프
③ 지름 3mm 이상의 합성섬유로프
④ 지름 4mm 이상의 와이어로프

[해설] **롤러기 급정지장치 일반요구사항**
조작부에 로프를 사용할 경우는 직경 4밀리미터 이상의 와이어로프 또는 직경 6밀리미터 이상이고 절단하중이 2.94킬로뉴턴(kN) 이상의 합성섬유로프를 사용하여야 한다.

43 다음 중 공장 소음에 대한 방지계획에 있어 소음원에 대한 대책에 해당하지 않는 것은?

① 해당 설비의 밀폐
② 설비실의 차음벽 시공
③ 작업자의 보호구 착용
④ 소음기 및 흡음장치 설치

[해설] **소음을 통제하는 방법(소음대책)**
- 소음원의 통제
- 소음의 격리
- 차폐장치 및 흡음재료 사용
- 음향처리제 사용
- 적절한 배치

44 와이어로프의 꼬임은 일반적으로 특수로프를 제외하고는 보통 꼬임(Ordinary Lay)과 랭 꼬임(Lang's Lay)으로 분류할 수 있다. 다음 중 랭 꼬임과 비교하여 보통 꼬임의 특징에 관한 설명으로 틀린 것은?

① 킹크가 잘 생기지 않는다.
② 내마모성, 유연성, 저항성이 우수하다.
③ 로프의 변형이나 하중을 걸었을 때 저항성이 크다.
④ 스트랜드의 꼬임 방향과 로프의 꼬임 방향이 반대이다.

[해설] **와이어로프 보통 꼬임(Regular Lay)**
스트랜드의 꼬임방향과 소선의 꼬임방향이 반대인 것
- 로프 자체의 변형이 적다.
- 킹크가 잘 생기지 않는다.
- 하중을 걸었을 때 저항성이 크다.

45 보일러 등에 사용하는 압력방출장치의 봉인은 무엇으로 실시해야 하는가?

① 구리 테이프   ② 납
③ 봉인용 철사   ④ 알루미늄 실(Seal)

[해설] **압력방출장치(안전밸브)의 설치(「안전보건규칙」 제261조)**
안전밸브에 대해서는 다음의 구분에 따른 검사주기마다 국가교정기관에서 교정을 받은 압력계를 이용하여 설정압력에서 안전밸브가 적정하게 작동하는지를 검사한 후 납으로 봉인하여 사용하여야 한다.

46 프레스 및 전단기에 사용되는 손쳐내기식 방호장치의 성능기준에 대한 설명 중 옳지 않은 것은?

① 진동각도·진폭시험 : 행정길이가 최소일 때 진동각도는 60~90°이다.
② 진동각도·진폭시험 : 행정길이가 최대일 때 진동각도는 30~60°이다.
③ 완충시험 : 손쳐내기봉에 의한 과도한 충격이 없어야 한다.
④ 무부하 동작시험 : 1회의 오동작도 없어야 한다.

[해설] **방호장치 안전인증 고시 [별표 1]**

손쳐내기식 방호장치의 성능기준	
진동각도· 진폭시험	행정길이가 최소일 때 : (60~90)° 진동각도 최대일 때 : (45~90)° 진동각도

정답 | 41 ④ 42 ④ 43 ③ 44 ② 45 ② 46 ②

47 다음 중 산업안전보건법령상 연삭숫돌을 사용하는 작업의 안전수칙으로 틀린 것은?

① 연삭숫돌을 사용하는 경우 작업시작 전과 연삭숫돌을 교체한 후에는 1분 정도 시운전을 통해 이상 유무를 확인한다.
② 회전 중인 연삭숫돌이 근로자에 위험을 미칠 우려가 있는 경우에 그 부위에 덮개를 설치하여야 한다.
③ 연삭숫돌의 최고 사용회전속도를 초과하여 사용하여서는 안 된다.
④ 측면을 사용하는 목적으로 하는 연삭숫돌 이외에는 측면을 사용해서는 안 된다.

해설) 연삭숫돌을 사용하는 작업의 경우 작업을 시작하기 전에 1분 이상, 연삭숫돌을 교체한 후에 3분 이상 시운전을 하고 해당 기계에 이상이 있는지의 여부를 확인하여야 한다.

48 다음 중 산업용 로봇에 의한 작업 시 안전조치 사항으로 적절하지 않은 것은?

① 로봇이 운전으로 인해 근로자가 로봇에 부딪칠 위험이 있을 때에는 1.8m 이상의 울타리를 설치하여야 한다.
② 작업을 하고 있는 동안 로봇의 기동스위치 등은 작업에 종사하고 있는 근로자가 아닌 사람이 그 스위치 등을 조작할 수 없도록 필요한 조치를 한다.
③ 로봇의 조작방법 및 순서, 작업 주의 매니퓰레이터의 속도 등에 관한 지침에 따라 작업을 하여야 한다.
④ 작업에 종사하는 근로자가 이상을 발견하면, 관리 감독자에게 우선 보고하고, 지시에 따라 로봇의 운전을 정지시킨다.

해설) 교시 등(「안전보건규칙」 제222조)
　작업에 종사하고 있는 근로자 또는 그 근로자를 감시하는 사람은 이상을 발견하면 즉시 로봇의 운전을 정지시키기 위한 조치를 할 것

49 프레스 작업시작 전 점검해야 할 사항으로 거리가 먼 것은?

① 매니퓰레이터 작동의 이상 유무
② 클러치 및 브레이크 기능
③ 슬라이드, 연결봉 및 연결 나사의 풀림 여부
④ 프레스 금형 및 고정볼트 상태

해설) 프레스 작업시작 전의 점검사항
　• 클러치 및 브레이크의 기능
　• 크랭크축·플라이휠·슬라이드·연결봉 및 연결 나사의 풀림 유무
　• 1행정 1정지기구·급정지장치 및 비상정지장치의 기능
　• 슬라이드 또는 칼날에 의한 위험방지기구의 기능
　• 프레스의 금형 및 고정볼트 상태
　• 방호장치의 기능
　• 전단기의 칼날 및 테이블의 상태

50 압력용기 등에 설치하는 안전밸브에 관련한 설명으로 옳지 않은 것은?

① 안지름이 150mm를 초과하는 압력용기에 대해서는 과압에 따른 폭발을 방지하기 위하여 규정에 맞는 안전밸브를 설치해야 한다.
② 급성 독성물질이 지속적으로 외부에 유출될 수 있는 화학설비 및 그 부속설비에는 파열판과 안전밸브를 병렬로 설치한다.
③ 안전밸브는 보호하려는 설비의 최고사용압력 이하에서 작동되도록 하여야 한다.
④ 안전밸브의 배출용량은 그 작동원인에 따라 각각의 소요분출량을 계산하여 가장 큰 수치를 해당 안전밸브의 배출용량으로 하여야 한다.

해설) 파열판 및 안전밸브의 직렬설치(「안전보건규칙」 제263조)
　사업주는 급성 독성물질이 지속적으로 외부에 유출될 수 있는 화학설비 및 그 부속설비에 파열판과 안전밸브를 직렬로 설치하고 그 사이에는 압력지시계 또는 자동경보장치를 설치하여야 한다.

51 유해·위험기계·기구 중에서 진동과 소음을 동시에 수반하는 기계설비로 가장 거리가 먼 것은?

① 컨베이어　　　　② 사출 성형기
③ 가스 용접기　　　④ 공기 압축기

해설) 유해·위험기계·기구 중 소음과 진동을 동시에 수반하는 기계
　컨베이어, 사출 성형기, 공기 압축기

52 기능의 안전화 방안을 소극적 대책과 적극적 대책으로 구분할 때 다음 중 적극적 대책에 해당하는 것은?

① 기계의 이상을 확인하고 급정지시켰다.
② 원활한 작동을 위해 급유를 하였다.
③ 회로를 개선하여 오동작을 방지하도록 하였다.
④ 기계를 볼트 및 너트가 이완되지 않도록 다시 조립하였다.

해설) **기능적 안전화의 적극적(2차적) 대책**
　회로를 개선하여 오동작을 사전에 방지하거나 또는 별도의 안전한 회로에 의한 정상기능을 찾도록 하는 대책

정답 | 47 ① 48 ④ 49 ① 50 ② 51 ③ 52 ③

53 프레스기의 비상정지스위치 작동 후 슬라이드가 하사점까지 도달시간이 0.15초 걸렸다면 양수기동식 방호장치의 안전거리는 최소 몇 cm 이상이어야 하는가?

① 24
② 240
③ 15
④ 150

해설 | 양수기동식 방호장치 안전거리

$$D_m = 1,600 \times T_m (\text{mm}) = 1,600 \times 0.15 = 240\text{mm} = 24\text{cm}$$

54 컨베이어(Conveyor) 역전방지장치의 형식을 기계식과 전기식으로 구분할 때 기계식에 해당하지 않는 것은?

① 라쳇식
② 밴드식
③ 스러스트식
④ 롤러식

해설 | 기계식 역전방지장치
라쳇식, 밴드식, 롤러식

55 재료의 강도시험 중 항복점을 알 수 있는 시험의 종류는?

① 비파괴시험
② 충격시험
③ 인장시험
④ 피로시험

해설 | 인장시험
재료의 항복점, 인장강도, 신장 등을 알 수 있는 시험

56 다음 중 프레스를 제외한 사출성형기·주형조형기 및 형단조기 등에 관한 안전조치 사항으로 틀린 것은?

① 근로자의 신체 일부가 말려 들어 갈 우려가 있는 경우에는 양수조작식 방호장치를 설치하여 사용한다.
② 게이트가드식 방호장치를 설치할 경우에는 연동구조를 적용하여 문을 닫지 않아도 동작할 수 있도록 한다.
③ 사출성형기의 전면에 작업용 발판을 설치할 경우 근로자가 쉽게 미끄러지지 않는 구조여야 한다.
④ 기계의 히터 등의 가열부위, 감전우려가 있는 부위에는 방호덮개를 설치하여 사용한다.

해설 | 사출성형기·주형조형기 및 형단조기 등에 근로자의 신체의 일부가 말려 들어 갈 우려가 있을 때에는 게이트가드 또는 양수조작식 등에 의한 방호장치, 기타 필요한 방호조치를 하여야 한다. 게이트가드식 방호장치를 설치할 경우에는 인터록(연동)장치를 사용하여 문을 닫지 않으면 동작되지 않는 구조로 한다.

57 자분탐상검사에서 사용하는 자화방법이 아닌 것은?

① 축통전법
② 전류관통법
③ 극간법
④ 임피던스법

해설 | 자분탐상검사의 자화방법
- 축통전법
- 직각통전법
- 프로드법
- 전류관통법
- 코일법
- 극간법
- 자속관통법

58 다음 중 소성가공을 열간가공과 냉간가공으로 분류하는 가공온도의 기준은?

① 융해점 온도
② 공석점 온도
③ 공정점 온도
④ 재결정 온도

해설 | 냉간가공(Cold Working)
재결정 온도 이하에서 금속의 인장강도, 항복점, 탄성한계, 경도, 연율, 단면수축률 등과 같은 기계적 성질을 변화시키는 가공

59 컨베이어 설치 시 주의사항에 관한 설명으로 옳지 않은 것은?

① 컨베이어에 설치된 보도 및 운전실 상면은 가능한 수평이어야 한다.
② 근로자가 컨베이어를 횡단하는 곳에는 바닥면 등으로부터 90cm 이상 120cm 이하에 상부난간대를 설치하고, 바닥면과의 중간에 중간난간대가 설치된 건널다리를 설치한다.
③ 폭발의 위험이 있는 가연성 분진 등을 운반하는 컨베이어 또는 폭발의 위험이 있는 장소에 사용되는 컨베이어의 전기기계 및 기구는 방폭구조이어야 한다.
④ 보도, 난간, 계단, 사다리의 설치 시 컨베이어를 가동시킨 후에 설치하면서 설치상황을 확인한다.

해설 | 보도, 난간, 계단, 사다리의 설치 시 컨베이어 가동을 정지한 후 설치상황을 확인한다.

60 다음 중 용접 결함의 종류에 해당하지 않는 것은?

① 비드
② 기공
③ 언더컷
④ 용입 불량

해설 | 비드(Bead)는 용접작업에서 모재와 용접봉이 녹아서 생긴 가늘고 긴 파형의 띠이다.

정답 | 53 ① 54 ③ 55 ③ 56 ② 57 ④ 58 ④ 59 ④ 60 ①

4과목
전기설비 안전관리

61 정전작업 시 작업 중의 조치사항으로 옳은 것은?

① 검전기에 의한 정전확인 ② 개폐기의 관리
③ 잔류전하의 방전 ④ 단락접지 실시

[해설] 개폐기의 관리만 작업 중 조치사항이고 ①, ③, ④번은 작업 전 조치사항이다.

62 자동전격방지장치에 대한 설명으로 틀린 것은?

① 무부하 시 전력손실을 줄인다.
② 무부하 전압을 안전전압 이하로 저하시킨다.
③ 용접을 할 때에만 용접기의 주회로를 개로(OFF)시킨다.
④ 교류 아크용접기의 안전장치로서 용접기의 1차 또는 2차 측에 부착한다.

[해설] 용접을 할 때에만 용접기의 주회로를 폐로(ON)시키고, 용접을 행하지 않을 때에는 용접기 주회로를 개로(OFF)시켜 용접기 2차(출력) 측의 무부하전압(보통 60~95V)을 25V으로 저하시킨다.

63 인체의 전기저항 R을 1,000Ω이라고 할 때 위험 한계 에너지의 최저는 약 몇 J인가? (단, 통전 시간은 1초이고, 심실세동전류 $I = \frac{165}{\sqrt{T}}$ mA이다.)

① 17.23 ② 27.23
③ 37.23 ④ 47.23

[해설] $W = I^2RT = \left(\frac{165}{\sqrt{T}} \times 10^{-3}\right)^2 \times 1,000T$
$= (165^2 \times 10^{-6}) \times 1,000$
$= 27.23 [W \cdot sec] = 27.23J$

64 다음 그림과 같이 완전 누전되고 있는 전기기기의 외함에 사람이 접촉하였을 경우 인체에 흐르는 전류(I_m)는? (단, E(V)는 전원의 대지전압, R_2(Ω)는 변압기 1선 접지, 제2종 접지저항, R_3(Ω)은 전기기기 외함 접지, 제3종 접지저항, R_m(Ω)은 인체저항이다.)

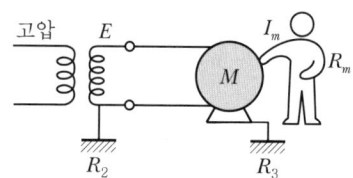

① $\dfrac{E}{R_2 + \left(\dfrac{R_3 \times R_m}{R_3 + R_m}\right)} \times \dfrac{R_3}{R_3 + R_m}$

② $\dfrac{E}{R_2 + \left(\dfrac{R_3 + R_m}{R_3 \times R_m}\right)} \times \dfrac{R_3}{R_3 + R_m}$

③ $\dfrac{E}{R_2 + \left(\dfrac{R_3 \times R_m}{R_3 + R_m}\right)} \times \dfrac{R_m}{R_3 + R_m}$

④ $\dfrac{E}{R_3 + \left(\dfrac{R_2 \times R_m}{R_2 + R_m}\right)} \times \dfrac{R_3}{R_3 + R_m}$

[해설] 법 개정으로 해당문제 출제되지 않음

65 전기화재가 발생되는 비중이 가장 큰 발화원은?

① 주방기기 ② 이동식 전열기
③ 회전체 전기기계 및 기구 ④ 전기배선 및 배선기구

[해설] 전기배선 및 배선기구가 전기화재가 발생의 가장 큰 발화원이다.

66 역률개선용 커패시터(Capacitor)가 접속되어 있는 전로에서 정전작업을 할 경우 다른 정전작업과는 달리 주의 깊게 취해야 할 조치사항으로 옳은 것은?

① 안전표지 부착 ② 개폐기 전원투입 금지
③ 잔류전하 방전 ④ 활선 근접작업에 대한 방호

[해설] 개로된 전로에서 유도전압 또는 전기에너지가 축적되어 근로자에게 전기위험을 끼칠 수 있는 전기기기 등은 접촉하기 전에 잔류전하를 완전히 방전시킬 것

정답 | 61 ② 62 ③ 63 ② 64 ① 65 ④ 66 ③

67 감전사고를 방지하기 위한 방법으로 틀린 것은?

① 전기기기 및 설비의 위험부에 위험표지
② 전기설비에 대한 누전차단기 설치
③ 전기기기에 대한 정격표시
④ 무자격자는 전기기계 및 기구에 전기적인 접촉 금지

해설 ③은 기기보호이다.

68 전기기기 방폭의 기본 개념이 아닌 것은?

① 점화원의 방폭적 격리
② 전기기기의 안전도 증강
③ 점화능력의 본질적 억제
④ 전기설비 주위 공기의 절연능력 향상

해설 **방폭의 기본 개념**
점화원의 방폭적 격리, 전기설비의 안전도 증강, 점화능력의 본질적 억제

69 대전물체의 표면전위를 검출전극에 의한 용량분할을 통해 측정할 수 있다. 대전물체의 표면전위 V_s는? (단, 대전물체와 검출전극 간의 정전용량은 C_1, 검출전극과 대지 간의 정전용량은 C_2, 검출전극의 전위는 V_e이다.)

① $V_s = \left(\dfrac{C_1 + C_2}{C_1} + 1\right) V_e$

② $V_s = \dfrac{C_1 + C_2}{C_1} V_e$

③ $V_s = \dfrac{C_2}{C_1 + C_2} V_e$

④ $V_s = \left(\dfrac{C_1}{C_1 + C_2} + 1\right) V_e$

해설 대전물체의 표면전위 $V_s = \dfrac{C_1 + C_2}{C_1} V_e$ 이다.

70 다음 중 불꽃(Spark)방전의 발생 시 공기 중에 생성되는 물질은?

① O_2 ② O_3
③ H_2 ④ C

해설 불꽃(Spark)방전 발생 시 공기 중에 생성되는 물질은 오존(O_3)이다.

71 감전사고가 발생했을 때 피해자를 구출하는 방법으로 틀린 것은?

① 피해자가 계속하여 전기설비에 접촉되어 있다면 우선 그 설비의 전원을 신속히 차단한다.
② 감전 사항을 빠르게 판단하고 피해자의 몸과 충전부가 접촉되어 있는지를 확인한다.
③ 충전부에 감전되어 있으면 몸이나 손을 잡고 피해자를 곧바로 이탈시켜야 한다.
④ 절연 고무장갑, 고무장화 등을 착용한 후에 구원해 준다.

해설 2차 재해예방을 위해 전원을 차단하고 피해자를 위험지역에서 신속히 대피시켜야 한다.

72 샤워시설이 있는 욕실에 콘센트를 시설하고자 한다. 이때 설치되는 인체감전보호용 누전차단기의 정격감도전류는 몇 mA 이하인가?

① 5   ② 15
③ 30   ④ 60

해설 욕실 내 콘센트에 적용되는 감전보호용 누전차단기의 정격감도전류 : 15mA 적용

73 인체의 저항을 500Ω이라 할 때 단상 440V의 회로에서 누전으로 인한 감전재해를 방지할 목적으로 설치하는 누전 차단기의 규격은?

① 30mA, 0.1초   ② 30mA, 0.03초
③ 50mA, 0.1초   ④ 50mA, 0.3초

해설 **감전보호용 누전차단기**
정격감도전류 30mA 이하, 동작시간 0.03초 이내

74 접지의 종류와 목적이 바르게 짝지어지지 않은 것은?

① 계통접지 – 고압전로와 저압전로가 혼촉되었을 때의 감전이나 화재 방지를 위하여
② 지락검출용 접지 – 차단기의 동작을 확실하게 하기 위하여
③ 기능용 접지 – 피뢰기 등의 기능손상을 방지하기 위하여
④ 등전위 접지 – 병원에 있어서 의료기기 사용 시 안전을 위하여

해설 **기능용 접지**
전기방식 설비 등의 접지, 피뢰기 접지 : 낙뢰로부터 전기기기 손상 방지

75 방폭기기 – 일반요구사항(KS C IEC 60079–0) 규정에서 제시하고 있는 방폭기기 설치 시 표준환경조건이 아닌 것은?

① 압력 : 80~110kpa
② 상대습도 : 40~80%
③ 주위온도 : −20~40℃
④ 산소 함유율 : 21%v/v의 공기

해설 **방폭기기 설치 시 표준환경조건에서 상대습도 조건은 없다.**
KS C IEC 60079–0에서 제시하는 상대습도에 대한 표준환경조건은 없다.

76 정격감도전류에서 동작시간이 가장 짧은 누전차단기는?

① 시연형 누전차단기   ② 반한시형 누전차단기
③ 고속형 누전차단기   ④ 감전보호용 누전차단기

해설 고감도형 고속형의 경우 동작시간 0.1초 이내이고, 감전보호용 누전차단기의 동작시간이 0.03초 이내로 가장 짧다.

77 방폭지역 구분 중 폭발성 가스 분위기가 정상상태에서 조성되지 않거나 조성된다 하더라도 짧은 기간에만 존재할 수 있는 장소는?

① 0종 장소   ② 1종 장소
③ 2종 장소   ④ 비방폭지역

해설 2종 장소란 정상작동상태에서 인화성 액체의 증기 또는 가연성 가스에 의한 폭발위험 분위기가 존재할 우려가 없으나, 존재할 경우 그 빈도가 아주 적고 단기간만 존재할 수 있는 장소를 말한다.

78 전기설비기술기준에서 정의하는 전압의 구분으로 틀린 것은?

① 교류 저압 : 1,000V 이하
② 직류 저압 : 1,500V 이하
③ 직류 고압 : 1,500V 초과 7,000V 이하
④ 특고압 : 7,000V 이상

해설 **전압의 구분**

구분	KEC
저압	교류 : 1,000 V 이하 직류 : 1,500 V 이하
고압	교류 1,000V 초과 7 kV 이하 직류 1,500V 초과 7 kV 이하
특고압	7 kV 초과

79 피뢰기의 구성요소로 옳은 것은?

① 직렬갭, 특성요소   ② 병렬갭, 특성요소
③ 직렬갭, 충격요소   ④ 병렬갭, 충격요소

해설 **피뢰기의 구성요소**
직렬갭 + 특성요소

80 내압방폭구조의 필요충분조건에 대한 사항으로 틀린 것은?

① 폭발화염이 외부로 유출되지 않을 것
② 습기침투에 대한 보호를 충분히 할 것
③ 내부에서 폭발한 경우 그 압력에 견딜 것
④ 외함의 표면온도가 외부의 폭발성 가스를 점화하지 않을 것

해설 **내압방폭구조의 필요충분조건**
• 내부에서 폭발할 경우 그 압력에 견딜 것
• 폭발화염이 외부로 유출되지 않을 것
• 외함 표면온도가 주위의 가연성 가스에 점화하지 않을 것

정답 | 74 ③ 75 ② 76 ④ 77 ③ 78 ④ 79 ① 80 ②

5과목
화학설비 안전관리

81 위험물 또는 가스에 의한 화재를 경보하는 기구에 필요한 설비가 아닌 것은?

① 간이완강기
② 자동화재감지기
③ 축전지설비
④ 자동화재수신기

[해설] **간이완강기**
화재 시나 응급한 상황에 처하였을 때 완강기에 지지대(앵커볼트)를 걸어서 사용자의 몸무게에 의하여 자동적으로 하강하는 기계·기구로서 완강기와 같은 용도로 사용된다.

82 산업안전보건기준에 관한 규칙에서 지정한 '화학설비 및 그 부속설비의 종류' 중 화학설비의 부속설비에 해당하는 것은?

① 응축기·냉각기·가열기 등의 열교환기류
② 반응기·혼합조 등의 화학물질 반응 또는 혼합장치
③ 펌프류·압축기 등의 화학물질 이송 또는 압축설비
④ 온도·압력·유량 등을 지시·기록하는 자동제어 관련 설비

[해설] 온도·압력·유량 등을 지시·기록 등을 하는 자동제어 관련 설비는 산업안전보건법상 화학설비의 부속설비에 해당한다.

83 다음 중 반응기를 조작방식에 따라 분류할 때 이에 해당하지 않는 것은?

① 회분식 반응기
② 반회분식 반응기
③ 연속식 반응기
④ 관형식 반응기

[해설] 관형식 반응기는 구조에 의한 분류이다.

84 다음 중 물과 반응하여 수소가스를 발생할 위험이 가장 낮은 물질은?

① Mg
② Zn
③ Cu
④ Na

[해설] Mg(마그네슘), Zn(아연), Li(리튬) 등은 물과 반응하여 수소가스(H_2)를 발생시킨다.

85 다음 중 가연성 물질이 연소하기 쉬운 조건으로 옳지 않은 것은?

① 연소 발열량이 클 것
② 점화에너지가 작을 것
③ 산소와 친화력이 클 것
④ 입자의 표면적이 작을 것

[해설] 입자의 표면적이 작으면 산소와의 접촉면적이 작아지기 때문에 연소가 어려워진다.

86 다음 중 열교환기의 보수에 있어 일상점검항목과 정기적 개방점검항목으로 구분할 때 일상점검항목으로 가장 거리가 먼 것은?

① 도장의 노후상황
② 부착물에 의한 오염의 상황
③ 보온재, 보냉재의 파손 여부
④ 기초볼트의 체결 정도

[해설] 부착물에 의한 오염은 Shell이나 Tube 내부에서 일어나는 현상이므로, 일상점검항목이 아니라 개방검사 시 항목이라 할 수 있다.

87 헥산 1vol%, 메탄 2vol%, 에틸렌 2vol%, 공기 95vol%로 된 혼합가스의 폭발하한계 값(vol%)은 약 얼마인가? (단, 헥산, 메탄, 에틸렌의 폭발하한계 값은 각각 1.1, 5.0, 2.7vol%이다.)

① 2.44
② 12.89
③ 21.78
④ 48.78

[해설] $L = \dfrac{V_1 + V_2 + \cdots + V_n}{\dfrac{V_1}{L_1} + \dfrac{V_2}{L_2} + \cdots + \dfrac{V_n}{L_n}}$

(혼합가스가 공기와 섞여 있을 경우)

$\Rightarrow L = \dfrac{1+2+2}{\dfrac{1}{1.1} + \dfrac{2}{5} + \dfrac{2}{2.7}} = 2.44(\text{vol\%})$

정답 | 81 ① 82 ④ 83 ④ 84 ③ 85 ④ 86 ② 87 ①

88 이산화탄소소화약제의 특징으로 가장 거리가 먼 것은?

① 전기절연성이 우수하다.
② 액체로 저장할 경우 자체 압력으로 방사할 수 있다.
③ 기화상태에서 부식성이 매우 강하다.
④ 저장에 의한 변질이 없어 장기간 저장이 용이한 편이다.

[해설] 이산화탄소 소화기는 반응성이 매우 낮아 부식성이 거의 없는 특징을 가지고 있다.

89 산업안전보건기준에 관한 규칙 중 급성 독성물질에 관한 기준 중 일부이다. (A)와 (B)에 알맞은 수치를 옳게 나타낸 것은?

> - 쥐에 대한 경구투입실험에 의하여 실험동물의 50퍼센트를 사망시킬 수 있는 물질의 양, 즉 LD50(경구, 쥐)이 킬로그램당 (A)밀리그램−(체중) 이하인 화학물질
> - 쥐 또는 토끼에 대한 경피흡수실험에 의하여 실험동물의 50퍼센트를 사망시킬 수 있는 물질의 양, 즉 LD50(경피, 토끼 또는 쥐)이 킬로그램당 (B)밀리그램−(체중) 이하인 화학물질

① A : 1,000, B : 300
② A : 1,000, B : 1,000
③ A : 300, B : 300
④ A : 300, B : 1,000

[해설] **산업안전보건법령상 급성독성물질의 기준**
- LD50(경구, 쥐)이 킬로그램당 300밀리그램−(체중) 이하인 화학물질
- LD50(경피, 토끼 또는 쥐)이 킬로그램당 1,000밀리그램−(체중) 이하인 화학물질

90 분진폭발을 방지하기 위하여 첨가하는 불활성첨가물로 적합하지 않은 것은?

① 탄산칼슘   ② 모래
③ 석분   ④ 마그네슘

[해설] 마그네슘은 폭연성 분진에 해당하며 분진폭발을 유발할 수 있는 물질이다.

91 다음 중 가연성 가스이며 독성 가스에 해당하는 것은?

① 수소   ② 프로판
③ 산소   ④ 일산화탄소

[해설] 일산화탄소는 산소보다 혈액 중 헤모글로빈과의 반응성이 좋아 중독현상을 일으킬 수 있는 독성가스이며, 공기 중 연소범위가 12.5~74vol%인 가연성 가스이기도 하다.

92 위험물질을 저장하는 방법으로 틀린 것은?

① 황인은 물속에 저장   ② 나트륨은 석유 속에 저장
③ 칼륨은 석유 속에 저장   ④ 리튬은 물속에 저장

[해설] Li(리튬) 등은 물과 반응하여 수소가스(H_2)를 발생시킨다.

93 다음 중 인화성 가스가 아닌 것은?

① 부탄   ② 메탄
③ 수소   ④ 산소

[해설] 산소는 연소를 도와주는 조연성 가스이다.

94 다음 중 자연 발화의 방지법으로 가장 거리가 먼 것은?

① 직접 인화할 수 있는 불꽃과 같은 점화원만 제거하면 된다.
② 저장소 등의 주위 온도를 낮게 한다.
③ 습기가 많은 곳에는 저장하지 않는다.
④ 통풍이나 저장법을 고려하여 열의 축적을 방지한다.

[해설] 자연 발화는 점화원 없이 발화되는 것을 말한다.

95 인화성 가스가 발생할 우려가 있는 지하 작업장에서 작업을 할 경우 폭발이나 화재를 방지하기 위한 조치사항 중 가스의 농도를 측정하는 기준으로 적절하지 않은 것은?

① 매일 작업을 시작하기 전에 측정한다.
② 가스의 누출이 의심되는 경우 측정한다.
③ 장시간 작업할 때에는 매 8시간마다 측정한다.
④ 가스가 발생하거나 정체할 위험이 있는 장소에 대하여 측정한다.

[해설] 장시간 작업할 경우는 매 4시간마다 인화성 가스의 농도를 측정해야 한다.

정답 | 88 ③ 89 ④ 90 ④ 91 ④ 92 ④ 93 ④ 94 ① 95 ③

96 다음 중 가연성 가스가 밀폐된 용기 안에서 폭발할 때 최대폭발압력에 영향을 주는 인자로 가장 거리가 먼 것은?

① 가연성 가스의 농도(몰수)
② 가연성 가스의 초기온도
③ 가연성 가스의 유속
④ 가연성 가스의 초기압력

해설 최대폭발압력(P_m)은 가연성 가스의 유속에 영향을 받지 않는다.

97 물이 관 속을 흐를 때 유동하는 물속의 어느 부분의 정압이 그때의 물의 증기압보다 낮을 경우 물이 증발하여 부분적으로 증기가 발생되어 배관의 부식을 초래하는 경우가 있다. 이러한 현상을 무엇이라 하는가?

① 서징현상   ② 공동현상
③ 비말동반   ④ 수격작용

해설 공동현상(Cavitation)
관 속에 물이 흐를 때 물속에 어느 부분이 증기압보다 낮은 부분이 생기면 물이 증발을 일으키고 또한 물속의 공기가 기포를 다수 발생시키는 현상

98 메탄이 공기 중에서 연소될 때의 이론혼합비(화학양론 조성)는 약 몇 vol%인가?

① 2.21   ② 4.03
③ 5.76   ④ 9.50

해설 $C_nH_xO_y$에 대하여 양론농도는
$$C_{st} = \frac{1}{(4.77n + 1.19x - 2.38y) + 1} \times 100(\text{vol}\%)$$

메탄(CH_4) : $C_{st} = \frac{1}{4.77 \times + 1.19 \times 4 + 1} \times 100 ≒ 9.50(\text{vol}\%)$

99 고압의 환경에서 장시간 작업하는 경우에 발생할 수 있는 잠함병(潛函病) 또는 잠수병(潛水病)은 다음 중 어떤 물질에 의하여 중독현상이 일어나는가?

① 질소   ② 황화수소
③ 일산화탄소   ④ 이산화탄소

해설 잠함병
잠수병, 감압증이라고도 하며 대기압 이상의 높은 기압하에서 장시간 작업한 사람이 갑자기 감압하면 체내에 용해되었던 질소(N_2)가 기포로 되어 혈관 색전, 파열 등으로 신체장해를 가져오게 된다.

100 공기 중에서 A 가스의 폭발하한계는 2.2vol%이다. 이 폭발하한계 값을 기준으로 하여 표준 상태에서 A 가스와 공기의 혼합기체 1m³에 함유되어 있는 A 가스의 질량을 구하면 약 몇 g인가? (단, A 가스의 분자량은 26이다.)

① 19.02   ② 25.54
③ 29.02   ④ 35.54

해설 A 가스가 2.2vol%일 때 혼합기체 1m³ 중 A 가스의 부피
$= 1,000 \times \frac{2.2}{100} = 22l$

아보가드로의 법칙에 의하면 표준상태(0℃, 1기압)에서 A 가스 22.4l의 무게는 26g이므로, A 가스의 질량
$= 22l \times \frac{26g}{22.4l} = 25.54g$

6과목
건설공사 안전관리

101 산업안전보건법령에 따른 거푸집 동바리를 조립하는 경우의 준수사항으로 옳지 않은 것은?

① 개구부 상부에 동바리를 설치하는 경우에는 상부하중을 견딜 수 있는 견고한 받침대를 설치할 것
② 동바리의 이음은 맞댄이음이나 장부이음으로 하고 같은 품질의 제품을 사용할 것
③ 강재와 강재의 접속부 및 교차부는 철선을 사용하여 단단히 연결할 것
④ 거푸집이 곡면인 경우에는 버팀대의 부착 등 그 거푸집의 부상(浮上)을 방지하기 위한 조치를 할 것

해설 거푸집 동바리를 조립하는 경우 강재와 강재의 접속부 및 교차부는 볼트·클램프 등 전용철물을 사용하여 단단히 연결해야 한다.

정답 | 96 ③ 97 ② 98 ④ 99 ① 100 ② 101 ③

102 타워 크레인(Tower Crane)을 선정하기 위한 사전 검토 사항으로서 가장 거리가 먼 것은?

① 붐의 모양
② 인양능력
③ 작업반경
④ 붐의 높이

[해설] 붐의 모양은 타워크레인을 선정하기 위한 사전 검토사항에 해당하지 않는다.

103 건설현장에서 근로자의 추락재해를 예방하기 위한 안전난간을 설치하는 경우 그 구성요소와 거리가 먼 것은?

① 상부 난간대
② 중간 난간대
③ 사다리
④ 발끝막이판

[해설] 안전난간의 구조는 상부 난간대, 중간 난간대, 발끝막이판 및 난간기둥으로 구성된다.

104 달비계(곤돌라의 달비계는 제외)의 최대적재하중을 정하는 경우에 사용하는 안전계수의 기준으로 옳은 것은?

① 달기체인의 안전계수 : 10 이상
② 달기강대와 달비계의 하부 및 상부지점의 안전계수(목재의 경우) : 2.5 이상
③ 달기와이어로프의 안전계수 : 5 이상
④ 달기강선의 안전계수 : 10 이상

[해설] 달기체인 : 5, 달기강선 : 10, 달기와이어로프 : 10, 달기강대와 달비계의 하부 및 상부지점 : 목재는 5, 강재 2.5 이상

105 달비계의 구조에서 달비계 작업발판의 폭은 최소 얼마 이상이어야 하는가?

① 30cm
② 40cm
③ 50cm
④ 60cm

[해설] 달비계의 구조에서 작업발판의 최소 폭은 40센티미터 이상으로 하고 틈새가 없도록 해야 한다.

106 건설업 중 교량건설 공사의 유해위험방지계획서를 제출하여야 하는 기준으로 옳은 것은?

① 최대지간길이가 40m 이상인 교량건설 등 공사
② 최대지간길이가 50m 이상인 교량건설 등 공사
③ 최대지간길이가 60m 이상인 교량건설 등 공사
④ 최대지간길이가 70m 이상인 교량건설 등 공사

[해설] 최대지간길이가 50m 이상인 교량공사가 제출대상에 해당된다.

107 구축물이 풍압·지진 등에 의하여 붕괴 또는 전도하는 위험을 예방하기 위한 조치와 가장 거리가 먼 것은?

① 설계도서에 따라 시공했는지 확인
② 건설공사 시방서에 따라 시공했는지 확인
③ 「건축물의 구조기준 등에 관한 규칙」에 따른 구조기준을 준수했는지 확인
④ 보호구 및 방호장치의 성능검정 합격품을 사용했는지 확인

[해설] 구축물 또는 유사한 시설물에 대한 조치사항은 다음과 같다.
1. 설계도서에 따라 시공했는지 확인
2. 건설공사 시방서(示方書)에 따라 시공했는지 확인
3. 「건축물의 구조기준 등에 관한 규칙」에 따른 구조기준을 준수했는지 확인

108 철골건립준비를 할 때 준수하여야 할 사항과 가장 거리가 먼 것은?

① 지상 작업장에서 건립준비 및 기계기구를 배치할 경우에는 낙하물의 위험이 없는 평탄한 장소를 선정하여 정비하고 경사지에는 작업대나 임시발판 등을 설치하는 등 안전조치를 한 후 작업하여야 한다.
② 건립작업에 다소 지장이 있다 하더라도 수목은 제거하여서는 안 된다.
③ 사용 전에 기계기구에 대한 정비 및 보수를 철저히 실시하여야 한다.
④ 기계에 부착된 앵커 등 고정장치와 기초구조 등을 확인하여야 한다.

[해설] 철골 건립작업에 지장 수목을 제거하여 안전한 작업을 실시하여야 한다.

정답 | 102 ① 103 ③ 104 ④ 105 ② 106 ② 107 ④ 108 ②

109 건설현장에서 높이 5m 이상인 콘크리트 교량의 설치작업을 하는 경우 재해예방을 위해 준수해야 할 사항으로 옳지 않은 것은?

① 작업을 하는 구역에는 관계 근로자가 아닌 사람의 출입을 금지할 것
② 재료, 기구 또는 공구 등을 올리거나 내릴 경우에는 근로자로 하여금 크레인을 이용하도록 하고, 달줄, 달포대 등의 사용을 금하도록 할 것
③ 중량물 부재를 크레인 등으로 인양하는 경우에는 부재에 인양용 고리를 견고하게 설치하고, 인양용 로프는 부재에 두 군데 이상 결속하여 인양하여야 하며, 중량물이 안전하게 거치되기 전까지는 걸이로프를 해제시키지 아니할 것
④ 자재나 부재의 낙하·전도 또는 붕괴 등에 의하여 근로자에게 위험을 미칠 우려가 있을 경우에는 출입금지구역의 설정, 자재 또는 가설시설의 좌굴(挫屈) 또는 변형 방지를 위한 보강재 부착 등의 조치를 할 것

해설 재료·기구 또는 공구 등을 올리거나 내리는 경우에는 근로자가 달줄 또는 달포대 등을 사용하게 해야 한다.

110 건축공사로서 대상액이 5억 원 이상 50억 원 미만인 경우에 산업안전보건관리비의 비율(가) 및 기초액(나)으로 옳은 것은?

① (가) 1.86%, (나) 5,349,000원
② (가) 1.99%, (나) 5,499,000원
③ (가) 2.35%, (나) 5,400,000원
④ (가) 1.57%, (나) 4,411,000원

해설 건축공사 대상액이 5억 원 이상 50억 원 미만일 경우 산업안전보건관리비의 계상기준은 비율 1.86%, 기초액 5,349,000원이다.

111 중량물을 운반할 때의 바른 자세로 옳은 것은?

① 허리를 구부리고 양손으로 들어올린다.
② 중량은 보통 체중의 60%가 적당하다.
③ 물건은 최대한 몸에서 멀리 떼어서 들어올린다.
④ 길이가 긴 물건은 앞쪽을 높게 하여 운반한다.

해설 중량물을 운반할 때에는 길이가 긴 물건은 앞쪽을 높게 하여 운반한다.

112 추락방호용 방망의 그물코의 크기가 10cm인 신품 매듭방망사의 인장강도는 몇 킬로그램 이상이어야 하는가?

① 80   ② 110
③ 150 ④ 200

해설 그물코 10cm인 매듭 있는 방망의 인장강도는 200kgf이다.

113 다음 중 방망에 표시해야 할 사항이 아닌 것은?

① 방망의 신축성   ② 제조자명
③ 제조연월   ④ 재봉 치수

해설 방망에 표시해야 할 사항은 다음과 같다.
- 제조회사
- 제조연월
- 방망규격
- 그물코의 크기
- 방망사의 강도(신품)

114 강관비계 조립 시의 준수사항으로 옳지 않은 것은?

① 비계기둥에는 미끄러지거나 침하하는 것을 방지하기 위하여 밑받침철물을 사용한다.
② 지상높이가 4층 이하 또는 12m 이하인 건축물의 해체 및 조립 등의 작업에서만 사용한다.
③ 교차가새로 보강한다.
④ 외줄비계·쌍줄비계 또는 돌출비계에 대해서는 벽이음 및 버팀을 설치한다.

해설 통나무 비계의 경우 지상높이가 4층 이하 또는 12m 이하인 건축물의 해체 및 조립 등의 작업에서만 사용해야 한다.

115 사다리식 통로 등을 설치하는 경우 고정식 사다리식 통로의 기울기는 최대 몇 도 이하로 하여야 하는가?

① 60도   ② 75도
③ 80도   ④ 90도

해설 고정식 사다리식 통로의 기울기는 최대 90도 이하로 해야 한다.

정답 | 109 ② 110 ① 111 ④ 112 ④ 113 ① 114 ② 115 ④

116 부두·안벽 등 하역작업을 하는 장소에서 부두 또는 안벽의 선을 따라 통로를 설치하는 경우에는 폭을 최소 얼마 이상으로 해야 하는가?

① 70cm   ② 80cm
③ 90cm   ④ 100cm

해설 부두·안벽 등 하역작업을 하는 장소에서 부두 또는 안벽의 선을 따라 통로를 설치하는 경우에는 폭을 최소 90cm 이상으로 해야 한다.

117 건설작업장에서 근로자가 상시 작업하는 장소의 작업면 조도기준으로 옳지 않은 것은? (단, 갱내 작업장과 감광재료를 취급하는 작업장의 경우는 제외)

① 초정밀 작업 : 600럭스(lux) 이상
② 정밀작업 : 300럭스(lux) 이상
③ 보통작업 : 150럭스(lux) 이상
④ 초정밀, 정밀, 보통작업을 제외한 기타 작업 : 75럭스(lux) 이상

해설 **작업별 조도기준**
- 초정밀작업 : 750lux 이상
- 정밀작업 : 300lux 이상
- 보통작업 : 150lux 이상
- 기타 작업 : 75lux 이상

118 승강기 강선의 과다감기를 방지하는 장치는?

① 비상정지장치   ② 권과방지장치
③ 해지장치   ④ 과부하방지장치

해설 권과방지장치는 와이어로프가 일정한도 이상으로 감기는 것을 방지하는 장치이다.

119 흙막이 지보공을 설치하였을 때 정기적으로 점검하여야 할 사항과 거리가 먼 것은?

① 경보장치의 작동상태
② 부재의 손상·변형·부식·변위 및 탈락의 유무와 상태
③ 버팀대의 긴압(緊壓)의 정도
④ 부재의 접속부·부착부 및 교차부의 상태

해설 **흙막이 지보공을 설치한 경우 점검 및 보수사항**
1. 부재의 손상·변형·부식·변위 및 탈락의 유무와 상태
2. 버팀대의 긴압의 정도
3. 부재의 접속부·부착부 및 교차부의 상태
4. 침하의 정도
5. 흙막이 공사의 계측관리

120 사질지반 굴착 시, 굴착부와 지하수위 차가 있을 때 수두차에 의하여 삼투압이 생겨 흙막이벽 근입부분을 침식하는 동시에 모래가 액상화되어 솟아오르는 현상은?

① 동상 현상   ② 연화 현상
③ 보일링 현상   ④ 히빙 현상

해설 보일링 현상은 흙막이 배면지반과 굴착저면의 지하수위 차로 인해 모래가 부풀어 솟아오르는 현상이다.

정답 | 116 ③ 117 ① 118 ② 119 ① 120 ③

1과목
산업재해 예방 및 안전보건교육

01 연천인율 45인 사업장의 도수율은 얼마인가?

① 10.8 ② 18.75
③ 108   ④ 187.5

[해설] 연천인율 = 도수율 × 2.4, 도수율 = $\frac{연천인율}{2.4}$

∴ 도수율 = $\frac{45}{2.4}$ = 18.75

02 다음 중 산업안전보건법상 안전인증대상 기계·기구 등의 안전인증 표시로 옳은 것은?

①  ②

③  ④

[해설] 안전인증대상 기계·기구의 안전표시는 ①이다.

03 불안전 상태와 불안전 행동을 제거하는 안전관리의 시책에는 적극적인 대책과 소극적인 대책이 있다. 다음 중 소극적인 대책에 해당하는 것은?

① 보호구의 사용
② 위험공정의 배제
③ 위험물질의 격리 및 대체
④ 위험성평가를 통한 작업환경 개선

[해설] 보호구란 재해의 방지, 건강장애 등을 방지하기 위한 목적으로 근로자가 직접적으로 몸에 부착하거나 사용하면서 작업을 하는 소극적인 안전대책 방법이다.

04 안전조직 중에서 라인-스탭(Line-Staff) 조직의 특징으로 옳지 않은 것은?

① 라인형과 스탭형의 장점을 취한 절충식 조직형태이다.
② 중규모 사업장(100명 이상~500명 미만)에 적합하다.
③ 라인의 관리, 감독자에게도 안전에 관한 책임과 권한이 부여된다.
④ 안전 활동과 생산업무가 분리될 가능성이 낮기 때문에 균형을 유지할 수 있다.

[해설] 라인·스태프(Line-Staff)형 조직(직계참모조직)은 대규모(1,000명 이상) 사업장에 적합한 조직이다.

05 다음 중 브레인스토밍(Brainstorming)의 4원칙을 올바르게 나열한 것은?

① 자유분방, 비판금지, 대량발언, 수정발언
② 비판자유, 소량발언, 자유분방, 수정발언
③ 대량발언, 비판자유, 자유분방, 수정발언
④ 소량발언, 자유분방, 비판금지, 수정발언

[해설] 브레인스토밍(Brainstorming)
- 비판금지 : "좋다, 나쁘다" 등의 비평을 하지 않는다.
- 자유분방 : 자유로운 분위기에서 발표한다.
- 대량발언 : 무엇이든지 좋으니 많이 발언한다.
- 수정발언 : 자유자재로 변하는 아이디어를 개발한다(타인 의견의 수정발언).

정답 | 01 ② 02 ① 03 ① 04 ② 05 ①

06 매슬로의 욕구단계이론 중 자기의 잠재력을 최대한 살리고 자기가 하고 싶었던 일을 실현하려는 인간의 욕구에 해당하는 것은?

① 생리적 욕구
② 사회적 욕구
③ 자아실현의 욕구
④ 학생의 학습과 과정의 평가를 과학적으로 할 수 있다.

해설 **매슬로(Maslow)의 욕구단계이론**
- 자아실현의 욕구(제5단계) : 잠재적인 능력을 실현하고자 하는 욕구 (성취욕구)

07 수업매체별 장·단점 중 '컴퓨터 수업(Computer Assisted Instruction)'의 장점으로 옳지 않은 것은?

① 개인차를 최대한 고려할 수 있다.
② 학습자가 능동적으로 참여하고, 실패율이 낮다.
③ 교사와 학습자가 시간을 효과적으로 이용할 수 없다.
④ 학생의 학습과 과정의 평가를 과학적으로 할 수 있다.

해설 컴퓨터 수업의 경우 교사와 학습자는 원하는 시간대에 강의 및 학습이 가능하다.

08 산업안전보건법령상 산업안전보건위원회의 구성에서 사용자위원 구성원이 아닌 것은? (단, 해당 위원이 사업장에 선임되어 있는 경우에 한한다.)

① 안전관리자
② 보건관리자
③ 산업보건의
④ 명예산업안전감독관

해설 명예산업안전감독관은 근로자위원에 해당된다.
사용자 위원
- 해당 사업의 대표자
- 안전관리자
- 보건관리자
- 산업보건의
- 해당 사업의 대표자가 지명하는 9명 이내의 해당 사업장 부서의 장

09 다음 중 상황성 누발자의 재해유발원인으로 옳지 않은 것은?

① 작업의 난이성
② 기계설비의 결함
③ 도덕성의 결여
④ 심신의 근심

해설 **상황성 누발자**
작업이 어렵거나, 기계설비의 결함, 환경상 주의력의 집중이 혼란된 경우, 심신의 근심으로 사고 경향자가 되는 경우(상황이 변하면 안전한 성향으로 바뀜)

10 다음 중 안전·보건교육의 단계별 교육과정 순서로 옳은 것은?

① 안전 태도교육 → 안전 지식교육 → 안전 기능교육
② 안전 지식교육 → 안전 기능교육 → 안전 태도교육
③ 안전 기능교육 → 안전 지식교육 → 안전 태도교육
④ 안전 자세교육 → 안전 지식교육 → 안전 기능교육

해설 **안전교육의 3단계**
- 지식교육(1단계)
- 기능교육(2단계)
- 태도교육(3단계)

11 산업안전보건법령상 안전모의 시험성능기준 항목으로 옳지 않은 것은?

① 내열성
② 턱 끈 풀림
③ 내관통성
④ 충격흡수성

해설 **안전모의 성능시험 항목**
내관통성시험, 내전압성시험, 내수성시험, 난연성시험, 충격흡수성시험, 턱 끈 풀림

12 재해통계에 있어 강도율이 2.0인 경우에 대한 설명으로 옳은 것은?

① 재해로 인해 전체 작업비용의 2.0%에 해당하는 손실이 발생하였다.
② 근로자 100명당 2.0건의 재해가 발생하였다.
③ 근로시간 1,000시간당 2.0건의 재해가 발생하였다.
④ 근로시간 1,000시간당 2.0일의 근로손실일수가 발생하였다.

해설 **강도율(SR ; Severity Rate of Injury)**
연근로시간 1,000시간당 재해로 인해서 잃어버린 근로손실일수를 의미하는 것으로 강도율이 2.0인 경우에는 연근로시간 1,000시간당 2.0일의 근로손실일수가 발생했음을 의미한다.

정답 | 06 ③ 07 ③ 08 ④ 09 ③ 10 ② 11 ① 12 ④

13 다음 중 산업안전심리의 5대 요소에 포함되지 않는 것은?

① 습관 ② 동기
③ 감정 ④ 지능

[해설] 산업안전심리의 5대 요소
- 동기(Motive)
- 기질(Temper)
- 감정(Emotion)
- 습성(Habits)
- 습관(Custom)

14 교육훈련 방법 중 OJT(On the Job Training)의 특징으로 옳지 않은 것은?

① 동시에 다수의 근로자들을 조직적으로 훈련이 가능하다.
② 개개인에게 적절한 지도 훈련이 가능하다.
③ 훈련효과에 의해 상호 신뢰 및 이해도가 높아진다.
④ 직장의 실정에 맞게 실제적 훈련이 가능하다.

[해설] 동시에 다수의 근로자들을 훈련하는 것은 Off JT의 특징이다.

OJT(직장 내 교육훈련)
- 개인 개인에게 적절한 지도훈련이 가능
- 직장의 실정에 맞게 실제적 훈련이 가능
- 효과가 곧 업무에 나타나며 훈련의 좋고 나쁨에 따라 개선이 쉬움

15 기술교육의 형태 중 존 듀이(J. Dewey)의 사고과정 5단계에 해당하지 않는 것은?

① 추론한다. ② 시사를 받는다.
③ 가설을 설정한다. ④ 가슴으로 생각한다.

[해설] 존 듀이(Jone Dewey)의 5단계 사고과정
- 제1단계 : 시사(Suggestion)를 받는다.
- 제2단계 : 지식화(Intellectualization)한다.
- 제3단계 : 가설(Hypothesis)을 설정한다.
- 제4단계 : 추론(Reasoning)한다.
- 제5단계 : 행동에 의하여 가설을 검토한다.

16 허츠버그(Herzberg)의 일을 통한 동기부여 원칙으로 틀린 것은?

① 새롭고 어려운 업무의 부여
② 교육을 통한 간접적 정보 제공
③ 자기과업을 위한 작업자의 책임감 증대
④ 작업자에게 불필요한 통제를 배제

[해설] 허츠버그(Herzberg)의 일을 통한 동기부여 원칙
- 직무에 따라 자유와 권한 부여
- 개인적 책임이나 책무를 증가시킴
- 더욱 새롭고 어려운 업무수행을 하도록 과업 부여
- 완전하고 자연스러운 작업단위를 제공
- 특정의 직무에 전문가가 될 수 있도록 전문화된 임무를 배당

17 산업안전보건법상 환기가 극히 불량한 좁고 밀폐된 장소에서 용접작업을 하는 근로자 대상의 특별교육 교육내용에 해당하지 않는 것은? (단, 기타 안전·보건관리에 필요한 사항은 제외한다.)

① 환기설비에 관한 사항
② 작업환경 점검에 관한 사항
③ 질식 시 응급조치에 관한 사항
④ 화재예방 및 초기대응에 관한 사항

[해설] ④는 아세틸렌 용접장치 또는 가스집합 용접장치를 사용하는 금속의 용접·용단 또는 가열 작업을 하는 근로자에 대한 특별교육 내용이다.

18 다음의 무재해운동의 이념 중 "선취의 원칙"에 대한 설명으로 가장 적절한 것은?

① 사고의 잠재요인을 사후에 파악하는 것
② 근로자 전원이 일체감을 조성하여 참여하는 것
③ 위험요소를 사전에 발견, 파악하여 재해를 예방 또는 방지하는 것
④ 관리감독자 또는 경영층에서의 자발적 참여로 안전 활동을 촉진하는 것

[해설] 안전제일의 원칙(선취의 원칙)
직장의 위험요인을 행동하기 전에 발견·파악·해결하여 재해를 예방한다.

19 산업안전보건법령상 유기화합물용 방독마스크의 시험가스로 옳지 않은 것은?

① 이소부탄 ② 시클로헥산
③ 디메틸에테르 ④ 염소가스 또는 증기

정답 | 13 ④ 14 ① 15 ④ 16 ② 17 ④ 18 ③ 19 ④

해설 | 방독마스크의 시험가스

종류	시험가스	정화통 흡수제(정화제)
유기화합물용	시클로헥산(C_6H_{12})	활성탄
	디메틸에테르(CH_3OCH_3)	
	이소부탄(C_4H_{10})	

20 산업안전보건법령상 근로자 안전보건교육 중 작업내용 변경 시의 교육을 할 때 일용근로자 교육시간으로 옳은 것은?

① 1시간 이상 ② 2시간 이상
③ 4시간 이상 ④ 8시간 이상

해설 | 근로자 안전·보건교육

교육과정	교육대상	교육시간
다. 작업내용 변경 시 교육	1) 일용근로자 및 근로계약 기간이 1주일 이하인 기간제근로자	1시간 이상
	2) 그 밖의 근로자	2시간 이상

2과목
인간공학 및 위험성 평가 · 관리

21 FT도에 사용하는 기호에서 3개의 입력 현상 중 임의의 시간에 2개가 발생하면 출력이 생기는 기호의 명칭은?

① 억제 게이트 ② 조합 AND 게이트
③ 배타적 OR 게이트 ④ 우선적 AND 게이트

해설 | 논리기호 및 사상기호

기호	명칭	설명
A_i, A_j, A_k	조합 AND 게이트	3개 이상의 입력현상 중 2개가 일어나면 출력현상이 발생

22 고장형태와 영향분석(FMEA)에서 평가요소로 틀린 것은?

① 고장발생의 빈도 ② 고장의 영향 크기
③ 고장방지의 가능성 ④ 기능적 고장 영향의 중요도

해설 | 고장 평점법

$$C = (C_1 \times C_2 \times C_3 \times C_4 \times C_5)^{\frac{1}{5}}$$

여기서, C_1 : 기능적 고장의 영향의 중요도
C_2 : 영향을 미치는 시스템의 범위
C_3 : 고장발생의 빈도
C_4 : 고장방지의 가능성
C_5 : 신규 설계의 정도

23 소음방지 대책에 있어 가장 효과적인 방법은?

① 음원에 대한 대책
② 수음자에 대한 대책
③ 전파경로에 대한 대책
④ 거리감쇠와 지향성에 대한 대책

해설 | 소음을 통제하는 가장 효과적인 방법은 소음원에 대한 대책(통제, 격리, 저소음 설비대체 등)이다.

24 다음 그림과 같이 7개의 기기로 구성된 시스템의 신뢰도는 약 얼마인가? (단, 네모 안의 숫자는 각 부품의 신뢰도이다.)

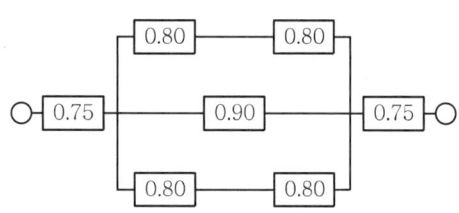

① 0.5552 ② 0.5427
③ 0.6234 ④ 0.9740

해설 | $R = 0.75 \times [1-(1-0.8 \times 0.8)(1-0.9)(1-0.8 \times 0.8)]$
$\quad \times 0.75$
$= 0.5552$

정답 | 20 ① 21 ② 22 ② 23 ① 24 ①

25 산업안전보건법에 따라 유해위험방지계획서의 제출 대상 사업은 해당 사업으로서 전기 계약용량이 얼마 이상인 사업을 말하는가?

① 150kW ② 200kW
③ 300kW ④ 500kW

해설 금속가공제품 제조업 등 13개 업종에 해당하는 사업장으로서 전기사용설비의 정격용량의 합이 300킬로와트(kW) 이상인 사업의 사업주는 해당 제품생산 공정과 직접적으로 관련된 건설물·기계·기구 및 설비 등 일체를 설치·이전하거나 그 주요 구조부분을 변경할 때는 유해·위험방지계획서를 제출하여야 한다.

26 화학설비에 대한 안전성 평가(Safety Assessment)에서 정량적 평가 항목이 아닌 것은?

① 습도 ② 온도
③ 압력 ④ 용량

해설 • 안전성 평가 6단계 중 3단계 : 정량적 평가
• 평가항목 : ① 물질, ② 온도, ③ 압력, ④ 용량, ⑤ 조작

27 인간의 오류모형에서 "알고 있음에도 의도적으로 따르지 않거나 무시한 경우"를 무엇이라 하는가?

① 실수(Slip) ② 착오(Mistake)
③ 건망증(Lapse) ④ 위반(Violation)

해설 위반(Violation) : 정해진 규칙을 알고 있음에도 고의로 따르지 않거나 무시하는 행위

28 아령을 사용하여 30분간 훈련한 후, 이두근의 근육 수축작용에 대한 전기적인 신호 데이터를 모았다. 이 데이터들을 이용하여 분석할 수 있는 것은 무엇인가?

① 근육의 질량과 밀도 ② 근육의 활성도와 밀도
③ 근육의 피로도와 크기 ④ 근육의 피로도와 활성도

해설 생리학적 측정방법 중 근육 수축작용에 대한 전기적인 데이터를 수집하는 근전도(EMG)는 근육 수축정도(근 활성도) 및 피로도를 분석할 수 있다.

29 신체 부위의 운동에 대한 설명으로 틀린 것은?

① 굴곡(Flexion)은 부위 간의 각도가 증가하는 신체의 움직임을 의미한다.
② 외전(Abduction)은 신체 중심선으로부터 이동하는 신체의 움직임을 의미한다.
③ 내선(Adduction)은 신체의 외부에서 중심선으로 이동하는 신체의 움직임을 의미한다.
④ 외선(Lateral Rotation)은 신체의 중심선으로부터 회전하는 신체의 움직임을 의미한다.

해설 굴곡(굽힘, Flexion)은 부위 간의 각도가 감소하는 신체의 움직임이며, 부위 간의 각도가 증가하는 신체의 움직임은 신전(폄, Extension)이다.

30 공정안전관리(PSM : Process Safety Management)의 적용대상 사업장이 아닌 것은?

① 복합비료 제조업
② 농약 원제 제조업
③ 차량 등의 운송 설비업
④ 합성수지 및 기타 플라스틱물질 제조업

해설 **공정안전보고서의 제출 대상**
1. 석유화학계 기초화학물질 제조업 또는 합성수지 및 기타 플라스틱물질 제조업
2. 복합비료 제조업
3. 화학 살균·살충제 및 농업용 약제 제조업(농약 원제 제조만 해당한다) 등

31 어떤 결함수를 분석하여 Minimal Cut Set을 구한 결과 다음과 같았다. 각 기본사상의 발생확률을 q_i, $i = 1, 2, 3$이라 할 때 정상사상의 발생확률함수로 맞는 것은?

$$k_1 = [1, 2] \quad k_2 = [1, 3] \quad k_3 = [2, 3]$$

① $q_1 q_2 + q_1 q_2 - q_2 q_3$
② $q_1 q_2 + q_1 q_3 - q_2 q_3$
③ $q_1 q_2 + q_1 q_3 + q_2 q_3 - q_1 q_2 q_3$
④ $q_1 q_2 + q_1 q_3 + q_2 q_3 - 2 q_1 q_2 q_3$

해설 $T = 1 - (1 - q_1 q_2)(1 - q_1 q_3)(1 - q_2 q_3)$
$= 1 - (1 - q_1 q_2 - q_2 q_3 + q_1 q_2 q_3)(1 - q_1 q_3)$
$= q_1 q_2 + q_1 q_3 + q_2 q_3 - 2 q_1 q_2 q_3$

정답 | 25 ③ 26 ① 27 ④ 28 ④ 29 ① 30 ③ 31 ④

32 n개의 요소를 가진 병렬 시스템에 있어 요소의 수명(MTTF)이 지수 분포를 따를 경우, 이 시스템의 수명을 구하는 식으로 맞는 것은?

① $MTTF \times n$
② $MTTF \times \frac{1}{n}$
③ $MTTF \times (1 + \frac{1}{2} + \cdots + \frac{1}{n})$
④ $MTTF \times (1 \times \frac{1}{2} \times \cdots \times \frac{1}{n})$

해설
- 병렬계의 경우 : System의 수명은
$= MTTF\left(1 + \frac{1}{2} + \frac{1}{3} + \cdots + \frac{1}{n}\right)$
n : 직렬 또는 병렬계의 요소

33 결함수분석의 기대효과와 가장 관계가 먼 것은?

① 시스템의 결함 진단
② 시간에 따른 원인 분석
③ 사고원인 규명의 간편화
④ 사고원인 분석의 정량화

해설 시간에 따른 원인 분석은 불가하다.

34 인간 전달 함수(Human Transfer Function)의 결점이 아닌 것은?

① 입력의 협소성
② 시점적 제약성
③ 정신운동의 묘사성
④ 불충분한 직무 묘사

해설 인간전달함수의 결점
- 입력의 협소성
- 불충분한 직무 묘사
- 시점적 제약성

35 다음과 같은 실내 표면에서 일반적으로 추천반사율의 크기를 맞게 나열한 것은?

| ㉠ 바닥 | ㉡ 천정 |
| ㉢ 가구 | ㉣ 벽 |

① ㉠<㉣<㉢<㉡
② ㉣<㉠<㉡<㉢
③ ㉠<㉢<㉣<㉡
④ ㉣<㉡<㉠<㉢

해설 옥내 추천 반사율
- 천장 : 80~90%
- 벽 : 40~60%
- 가구 : 25~45%
- 바닥 : 20~40%

36 인간공학에 대한 설명으로 틀린 것은?

① 인간이 사용하는 물건, 설비, 환경의 설계에 적용된다.
② 인간을 작업과 기계에 맞추는 설계 철학이 바탕이 된다.
③ 인간-기계 시스템이 안전성과 편리성, 효율성을 높인다.
④ 인간의 생리적, 심리적인 면에서 특성이나 한계점을 고려한다.

해설 인간공학의 정의
인간의 신체적·심리적 능력 한계를 고려하여 인간에게 적절한 형태로 작업을 맞추는 것. 인간의 특성과 능력을 공학적으로 분석, 평가하여 이를 복잡한 체계의 설계에 응용함으로써 효율을 최대로 활용할 수 있도록 하는 학문분야

37 정성적 표시장치의 설명으로 틀린 것은?

① 정성적 표시장치의 근본 자료 자체는 정량적인 것이다.
② 전력계에서와 같이 기계적 혹은 전자적으로 숫자가 표시된다.
③ 색채 부호가 부적합한 경우에는 계기판 표시 구간을 형상 부호화하여 나타낸다.
④ 연속적으로 변하는 변수의 대략적인 값이나 변화추세, 변화율 등을 알고자 할 때 사용된다.

해설 정성적 표시장치
온도, 압력, 속도와 같은 연속적으로 변하는 변수의 대략적인 값이나 변화추세 등을 나타낼 때 사용한다. 기계적 혹은 전자적으로 숫자가 표시되는 것은 계수형 표시장치이다.

38 착석식 작업대의 높이 설계를 할 경우 고려해야 할 사항과 가장 관계가 먼 것은?

① 의자의 높이
② 작업의 성질
③ 대퇴 여유
④ 작업대의 형태

해설 작업대의 높이 설계 시 의자의 높이, 대퇴 여유, 작업의 성질(정밀, 경·중작업 등)은 고려하나 작업대의 형태가 고려대상은 아니다.

39 음량수준을 평가하는 척도와 관계없는 것은?

① HSI
② phon
③ dB
④ sone

정답 | 32 ③ 33 ② 34 ③ 35 ③ 36 ② 37 ② 38 ④ 39 ①

[해설] HSI는 열압박지수이다. 열압박지수에서 고려할 항목에는 공기속도, 습도, 온도가 있다.

40 빨강, 노랑, 파랑의 3가지 색으로 구성된 교통신호등이 있다. 신호등은 항상 3가지 색 중 하나가 켜지도록 되어 있다. 1시간 동안 조사한 결과, 파란등은 총 30분 동안, 빨간등과 노란등은 각각 총 15분 동안 켜진 것으로 나타났다. 이 신호등의 총 정보량은 몇 bit인가?

① 0.5
② 0.75
③ 1.0
④ 1.5

[해설] 각각의 확률은 $P_{파란등}=0.5$, $P_{빨간등}=0.25$, $P_{노란등}=0.25$이다.
각각의 정보량은 $H_{파란등}=\log_2 \frac{1}{0.5}=1\text{bit}$,
$H_{빨간등}=\log_2 \frac{1}{0.25}=2\text{bit}$, $H_{노란등}=\log_2 \frac{1}{0.25}=2\text{bit}$
$H=P_{파란등} \times H_{파란등}+P_{빨간등} \times H_{빨간등}+P_{노란등} \times H_{노란등}$
$=0.5 \times 1+0.25 \times 2+0.25 \times 2=1.50$이다.

3과목
기계·기구 및 설비 안전관리

41 지게차의 방호장치인 헤드가드에 대한 설명으로 맞는 것은?

① 상부틀의 각 개구의 폭 또는 길이는 16센티미터 미만일 것
② 운전자가 앉아서 조작하는 방식의 지게차의 경우에는 운전자의 좌석 윗면에서 헤드가드의 상부틀 아랫면까지의 높이는 1.5m 이상일 것
③ 강도는 지게차의 최대하중의 2배 값(5톤을 넘는 값에 대해서는 5톤으로 한다)의 등분포정하중에 견딜 수 있을 것
④ 운전자가 서서 조작하는 방식의 지게차의 경우에는 운전석의 바닥면에서 헤드가드의 상부틀 하면까지의 높이가 2.5m 이상일 것

[해설] **헤드가드(Head Guard, 「안전보건규칙」 제180조)**
1. 강도는 지게차 최대하중의 2배의 값(4톤을 넘는 것에 대하여서는 4톤으로 한다)의 등분포정하중에 견딜 수 있는 것일 것
2. 상부틀의 각 개구의 폭 또는 길이가 16센티미터 미만일 것
3. 운전자가 앉아서 조작하거나 서서 조작하는 지게차의 헤드가드는 「산업표준화법」 제12조에 따른 한국산업표준에서 정하는 높이 기준 이상일 것(좌승식 : 좌석기준점(SIP)으로부터 903mm 이상, 입승식 : 조종사가 서 있는 플랫폼으로부터 1,880mm 이상)

42 회전수가 300rpm, 연삭숫돌의 지름이 200mm일 때 숫돌의 원주속도는 몇 m/min인가?

① 60.0
② 94.2
③ 150.0
④ 188.5

[해설] **숫돌의 원주속도**
$$v=\frac{\pi DN}{1,000}=\frac{\pi \times 200 \times 300}{1,000} \simeq 188.5(\text{m/min})$$
여기서, 지름 : D(mm), 회전수 : N(rpm)

43 일반적으로 장갑을 착용하고 작업해야 하는 것은?

① 드릴작업
② 밀링작업
③ 선반작업
④ 전기용접작업

[해설] 드릴작업, 밀링작업, 선반작업 시 장갑을 착용하고 작업하면 손이 말려 들어 갈 위험이 있다.
전기용접작업 시에는 장갑을 착용하고 작업을 한다.

44 다음 중 프레스기에 설치하는 방호장치에 관한 사항으로 틀린 것은?

① 수인식 방호장치의 수인끈 재료는 합성섬유로 직경이 4mm 이상이어야 한다.
② 양수조작식 방호장치는 1행정마다 누름버튼에서 양손을 떼지 않으면 다음 작업의 동작을 할 수 없는 구조이어야 한다.
③ 광전자식 방호장치는 정상동작 표시램프는 붉은색, 위험 표시램프는 녹색으로 하며, 쉽게 근로자가 볼 수 있는 곳에 설치해야 한다.
④ 손쳐내기식 방호장치는 슬라이드 하행정거리의 3/4 위치에서 손을 완전히 밀어내야 한다.

[해설] **광전자식 방호장치의 일반구조**
정상동작 표시램프는 녹색, 위험표시램프는 붉은색으로 하며, 쉽게 근로자가 볼 수 있는 곳에 설치해야 한다.

정답 | 40 ④ 41 ① 42 ④ 43 ④ 44 ③

45 가스 용접에 이용되는 아세틸렌가스 용기의 색상으로 옳은 것은?

① 녹색　　　② 회색
③ 황색　　　④ 청색

[해설] **고압가스용기의 도색**

가스의 종류	용기 도색	가스의 종류	용기 도색
액화 탄산가스	청색	아세틸렌	황색
산소	녹색	액화 암모니아	백색
수소	주황색	액화염소	갈색

46 다음 중 와이어로프의 꼬임에 관한 설명으로 틀린 것은?

① 보통꼬임에는 S 꼬임이나 Z 꼬임이 있다.
② 보통꼬임은 스트랜드의 꼬임 방향과 로프의 꼬임 방향이 반대로 된 것을 말한다.
③ 랭꼬임은 로프의 끝이 자유로이 회전하는 경우나 킹크가 생기기 쉬운 곳에 적당하다.
④ 랭꼬임은 보통꼬임에 비하여 마모에 대한 저항성이 우수하다.

[해설] 1. 랭꼬임의 장점
- 벤딩 경사가 적다.
- 내구성이 우수하다.
- 마모가 큰 곳에 사용이 가능하다.

2. 랭꼬임의 단점
킹크 또는 풀림이 쉽다.

47 비파괴시험의 종류가 아닌 것은?

① 자분탐상시험　　　② 침투탐상시험
③ 완류탐상시험　　　④ 샤르피충격시험

[해설] 샤르피충격시험은 비파괴시험이 아니고 파괴시험이다.

48 다음 중 기계설비의 정비·청소·급유·검사·수리 등의 작업 시 근로자가 위험해질 우려가 있는 경우 필요한 조치와 거리가 먼 것은?

① 근로자에게 위험을 미칠 우려가 있는 때에는 근로자의 위험방지를 위하여 해당 기계를 정지시켜야 한다.
② 작업지휘자를 배치하여 갑자기 기계가동을 시키지 않도록 한다.
③ 기계 내부에 압축된 기체나 액체가 불시에 방출될 수 있는 경우에는 사전에 방출조치를 실시한다.
④ 해당 기계의 운전을 정지한 때에는 기동장치에 잠금장치를 하고 그 열쇠는 다른 작업자가 임의로 사용할 수 있도록 눈에 띄기 쉬운 곳에 보관한다.

[해설] 기계의 운전을 정지한 경우에 다른 사람이 그 기계를 운전하는 것을 방지하기 위하여 기계의 기동장치에 잠금장치를 하고 그 열쇠를 별도 관리하거나 표지판을 설치하는 등 필요한 방호 조치를 하여야 한다.

49 다음 중 선반작업 시 지켜야 할 안전수칙으로 거리가 먼 것은?

① 작업 중 절삭 칩이 눈에 들어가지 않도록 보안경을 착용한다.
② 공작물 세팅에 필요한 공구는 세팅이 끝난 후 바로 제거한다.
③ 상의의 옷자락은 안으로 넣고, 끈을 이용하여 소맷자락을 묶어 작업을 준비한다.
④ 공작물은 전원스위치를 끄고 바이트를 충분히 멀리 위치시킨 후 고정한다.

[해설] 선반작업 시 상의의 옷자락은 안으로 넣는다. 소맷자락을 묶을 때는 끈을 사용하지 않는다.

50 프레스의 금형부착, 수리 작업 등의 경우 슬라이드의 낙하를 방지하기 위하여 설치하는 것은?

① 슈트　　　② 키이록
③ 안전블록　　　④ 스트리퍼

[해설] **금형의 설치 및 조정·해체 작업 시 안전수칙**
프레스 등의 금형을 부착·해체 또는 조정하는 작업을 함에 있어서 해당 작업에 종사하는 근로자의 신체가 위험한계 내에 있는 경우에 슬라이드가 갑자기 작동함으로써 근로자에게 발생할 우려가 있는 위험을 방지하기 위하여 안전블록을 사용하는 등 필요한 조치를 하여야 한다.

51 다음 용접 중 불꽃 온도가 가장 높은 것은?

① 산소-메탄 용접　　　② 산소-수소 용접
③ 산소-프로판 용접　　　④ 산소-아세틸렌 용접

[해설] 산소와 아세틸렌가스가 혼합하여 연소될 때 약 3,600℃의 열이 발생하여 가장 높다.

52 회전 중인 연삭숫돌이 근로자에게 위험을 미칠 우려가 있을 시 해당 부위에 설치하여야 할 덮개의 최소 단위 지름은?

① 지름이 5cm 이상인 것
② 지름이 10cm 이상인 것
③ 지름이 15cm 이상인 것
④ 지름이 20cm 이상인 것

해설 연삭숫돌의 덮개 등
회전 중인 연삭숫돌(직경이 5센티미터 이상인 것에 한한다.)이 근로자에게 위험을 미칠 우려가 있는 때에는 해당 부위에 덮개를 설치하여야 한다.

53 다음 중 아세틸렌 용접 시 역류를 방지하기 위하여 설치하여야 하는 것은?

① 안전기
② 청정기
③ 발생기
④ 유량기

해설 안전기(Cutout Switch, Safety Switch)
가스 등의 역류(逆流) 또는 역화(逆火)가 발생장치 등에 전달되어 폭발을 방지하기 위해 설치하는 것을 말하며, 아세틸렌 용접장치의 안전기 및 가스집합장치의 안전기 규격에 적합한 것을 사용해야 한다.

54 구내운반차의 제동장치 준수사항에 대한 설명으로 틀린 것은?

① 조명이 없는 장소에 작업 시 전조등과 후미등을 갖출 것
② 운전자석이 차 실내에 있는 것은 좌우에 한 개씩 방향지시기를 갖출 것
③ 핸들의 중심에서 차체 바깥 측까지의 거리가 70센티미터 이상일 것
④ 주행을 제동하거나 정지상태를 유지하기 위하여 유효한 제동장치를 갖출 것

해설 구내운반차 구비조건
• 주행을 제동하거나 정지상태를 유지하기 위하여 유효한 제동장치를 갖출 것
• 경음기를 갖출 것
• 운전석이 차 실내에 있는 것은 좌우에 한 개씩 방향지시기를 갖출 것
• 전조등과 후미등을 갖출 것

55 산업용 로봇에 사용되는 안전매트의 종류 및 일반 구조에 관한 설명으로 틀린 것은?

① 단선경보장치가 부착되어 있어야 한다.
② 감응시간을 조절하는 장치는 부착되어 있어야 한다.
③ 감응도 조정장치가 있는 경우 봉인되어 있어야 한다.
④ 안전매트의 종류는 연결사용 가능 여부에 따라 단일 감지기와 복합 감지기가 있다.

해설 안전매트의 성능기준 일반구조
• 단선경보장치가 부착되어 있어야 한다.
• 감응시간을 조절하는 장치는 부착되어 있지 않아야 한다.
• 감응도 조절장치가 있는 경우 봉인되어 있어야 한다.

56 소음에 관한 설명으로 틀린 것은?

① 소음에는 익숙해지기 쉽다.
② 소음계는 소음에 한하여 계측할 수 있다.
③ 소음의 피해는 정신적, 심리적인 것이 주가 된다.
④ 소음이란 귀에 불쾌한 음이나 생활을 방해하는 음을 통틀어 말한다.

해설 소음계는 소음에 한하여 계측할 수 없다.

57 컨베이어 방호장치에 대한 설명으로 맞는 것은?

① 역전방지장치에는 롤러식, 래칫식, 권과방지식, 전기브레이크식 등이 있다.
② 작업자가 임의로 작업을 중단할 수 없도록 비상정지장치를 부착하지 않는다.
③ 구동부 측면에 롤러 안내가이드 등의 이탈방지장치를 설치한다.
④ 롤러컨베이어 롤 사이에 방호관을 설치할 때 롤과의 최대 간격은 8mm이다.

해설 컨베이어 구동부 측면에 롤러 안내가이드 등의 이탈방지장치를 설치한다.

58 기계설비 구조의 안전화 중 가공결함 방지를 위해 고려할 사항이 아닌 것은?

① 안전율
② 열처리
③ 가공경하
④ 응력집중

해설 가공결함 방지를 위해 열처리, 가공경화, 응력집중 등을 고려한다. 안전율은 기계설계 시 고려할 사항이다.

정답 | 52 ① 53 ① 54 ③ 55 ② 56 ② 57 ③ 58 ①

59 롤러기 맞물림점의 전방에 개구부의 간격을 30mm로 하여 가드를 설치하고자 한다. 가드의 설치 위치는 맞물림점에서 적어도 얼마의 간격을 유지하여야 하는가?

① 154　　② 160
③ 166　　④ 172

[해설] **개구부의 간격**
$Y = 6 + 0.15X (X < 160\text{mm})$
$Y = 6 + 0.15X = 6 + 0.15 \times X = 30\text{mm}$
$\therefore X = 160\text{mm}$

60 프레스의 방호장치 중 광전자식 방호장치에 관한 설명으로 틀린 것은?

① 연속 운전작업에 사용할 수 있다.
② 핀클러치 구조의 프레스에 사용할 수 있다.
③ 기계적 고장에 의한 2차 낙하에는 효과가 없다.
④ 시계를 차단하지 않기 때문에 작업에 지장을 주지 않는다.

[해설] 프레스의 광전자식 방호장치는 핀클러치 구조의 프레스에는 사용할 수 없다.

4과목
전기설비 안전관리

61 교류 아크용접기의 허용사용률(%)은? (단, 정격사용률은 10%, 2차 정격전류는 500A, 교류 아크용접기의 사용전류는 250A이다.)

① 30　　② 40
③ 50　　④ 60

[해설] 허용사용률 = 정격사용률 $\times \left(\dfrac{\text{정격2차전류}}{\text{실제용접전류}}\right)^2$
$= 10 \times \left(\dfrac{500}{250}\right)^2 = 40\%$

62 피뢰기의 여유도가 33%이고, 충격절연강도가 1,000kV라고 할 때 피뢰기의 제한전압은 약 몇 kV인가?

① 852　　② 752
③ 652　　④ 552

[해설] 보호여유도(%) = $\dfrac{\text{충격절연강도} - \text{제한전압}}{\text{제한전압}} \times 100$

63 전력용 피뢰기에서 직렬갭의 주된 사용 목적은?

① 방전내량을 크게 하고 장시간 사용 시 열화를 적게 하기 위하여
② 충격방전 개시전압을 높게 하기 위하여
③ 이상전압 발생 시 신속히 대지로 방류함과 동시에 속류를 즉시 차단하기 위하여
④ 충격파 침입 시에 대지로 흐르는 방전전류를 크게 하여 제한전압을 낮게 하기 위하여

[해설] 계통에 이상전압이 발생되면 직렬갭이 방전 이상 전압의 파고값을 내려서 기기의 속류를 신속히 차단하고 원상으로 복귀시키는 작용을 한다.

64 방전전극에 약 7,000V의 전압을 인가하면 공기가 전리되어 코로나 방전을 일으킴으로써 발생한 이온으로 대전체의 전하를 중화시키는 방법을 이용한 제전기는?

① 전압인가식 제전기　　② 자기방전식 제전기
③ 이온스프레이식 제전기　　④ 이온식 제전기

[해설] **전압인가식 제전기**
금속세침이나 세선 등을 전극으로 하는 제전전극에 고전압을 인가하여 전극의 선단에 코로나 방전을 일으켜 제전에 필요한 이온을 발생시키는 것으로서 코로나 방전식 제전기라고도 한다.

65 전류가 흐르는 상태에서 단로기를 끊었을 때 여러 가지 파괴작용을 일으킨다. 다음 그림에서 유입차단기의 차단순위와 투입순위가 안전수칙에 가장 적합한 것은?

전원 ─○ ○─ DS ─[OCB]─ ○ ○─ DS ─ 부하
　　　　(가)　　(나)　　(다)

① 차단 : ㉮ → ㉯ → ㉰, 투입 : ㉮ → ㉯ → ㉰
② 차단 : ㉯ → ㉰ → ㉮, 투입 : ㉯ → ㉰ → ㉮
③ 차단 : ㉰ → ㉯ → ㉮, 투입 : ㉰ → ㉮ → ㉯
④ 차단 : ㉯ → ㉰ → ㉮, 투입 : ㉰ → ㉮ → ㉯

[해설] 유입차단기 작동순서

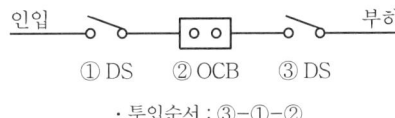

① DS ② OCB ③ DS

- 투입순서 : ③-①-②
- 차단순서 : ②-③-①

66 내압 방폭구조에서 안전간극(Safe Gap)을 적게 하는 이유로 옳은 것은?

① 최소점화에너지를 높게 하기 위해
② 폭발화염이 외부로 전파되지 않도록 하기 위해
③ 폭발압력에 견디고 파손되지 않도록 하기 위해
④ 설치류가 전선 등을 훼손하지 않도록 하기 위해

[해설] 폭발화염이 외부로 유출되지 않도록 하기 위해 안전간극을 적게 한다.

67 정전작업 시 작업 전 조치하여야 할 실무사항으로 틀린 것은?

① 잔류전하의 방전
② 단락 접지기구의 철거
③ 검전기에 의한 정전 확인
④ 개로개폐기의 잠금 또는 표시

[해설] ①, ③, ④는 작업 전 조치사항이고 ②는 작업 후 조치사항이다.

68 인체감전보호용 누전차단기의 정격감도전류(mA)와 동작시간(초)의 최대값은?

① 10mA, 0.03초
② 20mA, 0.01초
③ 30mA, 0.03초
④ 50mA, 0.1초

[해설] 감전보호용 누전차단기
정격감도전류 30mA 이하, 동작시간 0.03초 이내

69 방폭전기기기의 온도등급의 기호는?

① E
② S
③ T
④ N

[해설] 방폭전기기기의 온도등급의 기호는 T이다.

70 산업안전보건기준에 관한 규칙에서 일반 작업장에 전기위험 방지 조치를 취하지 않아도 되는 전압은 몇 V 이하인가?

① 24
② 30
③ 50
④ 100

[해설] 산업안전보건기준에 관한 규칙에서 일반 작업장의 안전전압 : 30V 이하

71 폭발위험장소에서의 본질안전 방폭구조에 대한 설명으로 틀린 것은?

① 본질안전 방폭구조의 기본적 개념은 점화능력의 본질적 억제이다.
② 본질안전 방폭구조는 Exib는 Fault에 대한 2중 안전보장으로 0~2종 장소에 사용할 수 있다.
③ 이론적으로는 모든 전기기기를 본질안전 방폭구조를 적용할 수 있으나, 동력을 직접 사용하는 기기는 실제적으로 적용이 곤란하다.
④ 온도, 압력, 액면유량 등의 검출용 측정기는 대표적인 본질 안전 방폭구조의 예이다.

[해설] 본질안전 방폭구조는 Exib
1종 또는 2종 장소에서 사용 가능하나, 0종 장소에서 사용 불가하다.

72 감전사고를 방지하기 위한 대책으로 틀린 것은?

① 전기설비에 대한 보호 접지
② 전기기기에 대한 정격 표시
③ 전기설비에 대한 누전차단기 설치
④ 충전부가 노출된 부분에는 절연 방호구 사용

[해설] 전기기기에 대한 정격 표시는 전기기기 보호와 관련있다.

73 인체 피부의 전기저항에 영향을 주는 주요인자와 가장 거리가 먼 것은?

① 접촉면적
② 인가전압의 크기
③ 통전경로
④ 인가시간

[해설] 인체피부의 전기저항에 영향을 주는 주요 인자는 접촉면적, 인가전압의 크기, 인가시간 등이며, 통전경로와는 무관하다.

정답 | 66 ② 67 ② 68 ③ 69 ③ 70 ② 71 ② 72 ② 73 ③

74 다음 중 전동기를 운전하고자 할 때 개폐기의 조작순서로 옳은 것은?

① 메인 스위치 → 분전반 스위치 → 전동기용 개폐기
② 분전반 스위치 → 메인 스위치 → 전동기용 개폐기
③ 전동기용 개폐기 → 분전반 스위치 → 메인 스위치
④ 분전반 스위치 → 전동기용 스위치 → 메인 스위치

해설 전동기 운전 시 개폐기 조작순서
메인 스위치, 분전반 스위치, 전동기용 개폐기

75 정전기 발생현상의 분류에 해당되지 않는 것은?

① 유체대전
② 마찰대전
③ 박리대전
④ 교반대전

해설 정전기 대전의 종류
마찰대전, 박리대전, 유동대전, 분출대전, 충돌대전, 파괴대전, 교반(진동)이나 침강 대전

76 전기기기, 설비 및 전선로 등의 충전 유무 등을 확인하기 위한 장비는?

① 위상검출기
② 디스콘 스위치
③ COS
④ 저압 및 고압용 검전기

해설 전기기기, 설비 및 전선로 등은 검전기로 충전 유무를 확인한다.

77 다음 (   ) 안에 들어갈 내용으로 알맞은 것은?

> 과전류차단장치는 반드시 접지선이 아닌 전로에 (   )로 연결하여 과전류 발생 시 전로를 자동으로 차단하도록 설치할 것

① 직렬
② 병렬
③ 임시
④ 직병렬

해설 과전류차단장치(「안전보건규칙」 제305조)
과전류차단장치는 반드시 접지선 외의 전로에 직렬로 연결하여 과전류 발생 시 전로를 자동으로 차단하도록 설치할 것

78 일반 허용접촉 전압과 그 종별을 짝지은 것으로 틀린 것은?

① 제1종 : 0.5V 이하
② 제2종 : 25V 이하
③ 제3종 : 50V 이하
④ 제4종 : 제한 없음

해설 제1종 : 2.5V 이하

79 누전된 전동기에 인체가 접촉하여 500mA의 누전전류가 흘렀고 정격감도전류 500mA인 누전차단기가 동작하였다. 이때 인체전류를 약 10mA로 제한하기 위해서는 전동기 외함에 설치할 접지저항의 크기는 약 몇 Ω인가?

① 5
② 10
③ 50
④ 100

해설 누전전류(지락전류)를 I, 인체가 외함에 접촉할 때 인체를 통해서 흐르게 될 전류(감전전류)를 I_2, 접지저항을 R_3, 인체저항을 R_b라 하면,

$$I_2 = \frac{R_3}{R_3 + R_b} \times I$$

$$10 = \frac{R_3}{R_3 + 500} \times 500 \quad \therefore R_3 \fallingdotseq 10\Omega$$

80 내부에서 폭발하더라도 틈의 냉각 효과로 인하여 외부의 폭발성 가스에 착화될 우려가 없는 방폭구조는?

① 내압 방폭구조
② 유입 방폭구조
③ 안전증 방폭구조
④ 본질안전 방폭구조

해설 내압 방폭구조
전폐구조로 용기 내부에서 폭발성 가스 및 증기가 폭발하였을 때 용기가 그 압력에 견디며 또한 접합면, 개구부 등을 통해서 외부의 폭발성 가스에 인화될 우려가 없는 구조

5과목 화학설비 안전관리

81 가연성 가스 혼합물을 구성하는 각 성분의 조성과 연소범위가 다음 표와 같을 때 혼합 가스의 연소하한값은 약 몇 vol%인가?

성분	조성 (vol%)	연소하한값 (vol%)	연소상한값 (vol%)
헥산	1	1.1	7.4
메탄	2.5	5.0	15.0
에틸렌	0.5	2.7	36.0
공기	96	–	–

① 2.51 ② 7.51
③ 12.07 ④ 15.01

해설
$$LEL = \frac{V_1 + V_2 + \cdots + V_n}{\frac{V_1}{L_1} + \frac{V_2}{L_2} + \cdots + \frac{V_n}{L_n}}$$
(혼합가스가 공기와 섞여 있을 경우)
$$L = \frac{1 + 2.5 + 0.5}{\frac{1}{1.1} + \frac{2.5}{5.0} + \frac{0.5}{2.7}} = 2.51(\text{vol\%})$$

82 다음 중 자연발화의 방지법으로 적절하지 않은 것은?

① 통풍을 잘 시킬 것
② 습도가 높은 곳에 저장할 것
③ 저장실의 온도 상승을 피할 것
④ 공기가 접촉되지 않도록 불활성물질 중에 저장할 것

해설 습도는 미생물의 번식 또는 가수분해에 의한 자연발화를 일으킬 수 있다.

83 알루미늄 분이 고온의 물과 반응하였을 때 생성되는 가스는?

① 산소 ② 수소
③ 메탄 ④ 에탄

해설 알루미늄 분은 물과의 반응으로 수소를 생성한다.

84 20℃, 1기압의 공기를 5기압으로 단열압축하면 공기의 온도는 약 몇 ℃가 되겠는가? (단, 공기의 비열비는 1.4이다.)

① 32 ② 191
③ 305 ④ 464

해설
$$\frac{T_2}{T_1} = \left(\frac{V_1}{V_2}\right)^{r-1} = \left(\frac{P_2}{P_1}\right)^{\frac{(r-1)}{r}}$$
$$T_2 = \left(\frac{5}{1}\right)^{\frac{(1.4-1)}{1.4}} \times (273 + 20) = 464°K = 191℃$$

85 가연성 물질을 취급하는 장치를 퍼지하고자 할 때 잘못된 것은?

① 대상물질의 물성을 파악한다.
② 사용하는 불활성가스의 물성을 파악한다.
③ 퍼지용 가스를 가능한 한 빠른 속도로 단시간에 다량 송입한다.
④ 장치 내부를 세정한 후 퍼지용 가스를 송입한다.

해설 퍼지용 가스는 장시간에 걸쳐 천천히 주의하여 주입하여야 한다

86 다음 물질이 물과 접촉하였을 때 위험성이 가장 낮은 것은?

① 과산화칼륨 ② 나트륨
③ 메틸리튬 ④ 이황화탄소

해설 이황화탄소는 가연성 증기의 발생을 억제하기 위해 물속에 저장하는 만큼 물과 접촉 시 위험성은 극히 낮다.

87 폭발원인물질의 물리적 상태에 따라 구분할 때 기상폭발(Gas Explosion)에 해당되지 않는 것은?

① 분진폭발 ② 응상폭발
③ 분무폭발 ④ 가스폭발

해설 응상폭발은 가연성 고체의 미분이나 가연성 액체의 액적 등에 의한 폭발로, 폭발원인물질의 물리적 상태에 따른 분류상 가스 등 기체에 의한 폭발인 기상폭발에 해당되지 않는다.

정답 | 81 ① 82 ② 83 ② 84 ② 85 ③ 86 ④ 87 ②

88 화염방지기의 설치에 관한 사항으로 (   )에 알맞은 것은?

> 사업주는 인화성 액체 및 인화성 가스를 저장 취급하는 화학설비에서 증기나 가스를 대기로 방출하는 경우에는 외부로부터의 화염을 방지하기 위하여 화염방지기를 그 설비 (   )에 설치하여야 한다.

① 상단
② 하단
③ 중앙
④ 무게중심

해설 화염방지기는 비교적 저압 또는 상압에서 가연성 증기를 발생시키는 인화성 물질 등을 저장하는 탱크에서 외부에 그 증기를 방출하거나 탱크 내에 외기를 흡입하는 부분에 설치하는 안전장치이다. 일반적으로 설비 상단에 설치한다.

89 공정안전보고서에 포함하여야 할 세부 내용 중 공정안전자료의 세부내용이 아닌 것은?

① 유해·위험설비의 목록 및 사양
② 폭발위험장소 구분도 및 전기단선도
③ 유해·위험물질에 대한 물질안전보건자료
④ 설비점검·검사 및 보수계획, 유지계획 및 지침서

해설 설비점검·검사 및 보수계획, 유지계획 및 지침서는 공정안전자료의 세부내용이 아니다.

90 산업안전보건법령상 화학설비와 화학설비의 부속설비를 구분할 때 화학설비에 해당하는 것은?

① 응축기·냉각기·가열기·증발기 등 열 교환기류
② 사이클론·백필터·전기집진기 등 분진처리설비
③ 온도·압력·유량 등을 지시·기록 등을 하는 자동제어 관련 설비
④ 안전밸브·안전판·긴급차단 또는 방출밸브 등 비상조치 관련 설비

해설 응축기·냉각기·가열기·증발기 등 열 교환기류는 산업안전보건법상 화학설비에 해당한다.

91 산업안전보건법령에 따라 사업주가 특수화학설비를 설치하는 때에 그 내부의 이상상태를 조기에 파악하기 위하여 설치하여야 하는 장치는?

① 자동경보장치
② 긴급차단장치
③ 자동문개폐장치
④ 스크러버개방장치

해설 특수화학설비에는 내부 이상상태를 조기에 파악하기 위해 필요한 자동경보장치를 설치하여야 한다.

92 다음 중 위험물과 그 소화방법이 잘못 연결된 것은?

① 염소산칼륨 - 다량의 물로 냉각소화
② 마그네슘 - 건조사 등에 의한 질식소화
③ 칼륨 - 이산화탄소에 의한 질식소화
④ 아세트알데히드 - 다량의 물에 의한 희석소화

해설 칼륨에 의한 화재는 금속화재이므로 건조사 등에 의한 질식소화가 효과적이다.

93 부탄(C_4H_{10})의 연소에 필요한 최소산소농도(MOC)를 추정하여 계산하면 약 몇 vol%인가? (단, 부탄의 폭발하한계는 공기 중에서 1.6vol%이다.)

① 5.6
② 7.8
③ 10.4
④ 14.1

해설 최소산소농도(C_m)

$$= 폭발하한(\%) \times \frac{산소 mol수}{연소가스 mol수}$$

부탄의 폭발하한계 1.6
부탄의 산소와의 반응식은
$C_4H_{10} + 6.5O_2 \rightarrow 4CO_2 + 5H_2O$

부탄 1mol이 반응할 때 산소는 6.5mol 반응하므로,

$$최소산소농도 = 폭발하한(\%) \times \frac{산소 mol수}{연소가스 mol수}$$

$$= 1.6 \times \frac{6.5}{1} = 10.4$$

즉, 부탄의 연소에 필요한 최소산소농도는 10.4vol%가 된다.

94 다음 중 산화성 물질이 아닌 것은?

① KNO_3
② NH_4ClO_3
③ HNO_3
④ P_4S_3

해설 P_4S_3(삼황화린)는 가연성 고체에 해당한다.

정답 | 88 ① 89 ④ 90 ① 91 ① 92 ③ 93 ③ 94 ④

95 위험물안전관리법령상 제4류 위험물 중 제2석유류로 분류되는 물질은?

① 실린더유 ② 휘발유
③ 등유   ④ 중유

해설 ③은 제2석유류에 해당한다(실린더유 : 4석유류, 휘발유 : 제1석유류, 중유 : 제3석유류).

96 산업안전보건법령상 사업주가 인화성액체 위험물을 액체상태로 저장하는 저장탱크를 설치하는 경우에는 위험물질이 누출되어 확산되는 것을 방지하기 위하여 무엇을 설치하여야 하는가?

① Flame Arrester   ② Ventstack
③ 긴급방출장치   ④ 방유제

해설 방유제 설치
위험물질을 액체상태로 저장하는 저장탱크를 설치하는 때에는 위험물질이 누출되어 확산되는 것을 방지하기 위하여 방유제를 설치하여야 한다.

97 다음 가스 중 TLV-TWA상 가장 독성이 큰 것은?

① CO   ② $COCl_2$
③ NH_3 ④ H_2

해설 포스겐($COCl_2$)가스
허용농도 0.1ppm의 유독성 가스로, 독가스실에 사용된 가스이다.

98 건조설비를 사용하여 작업을 하는 경우에 폭발이나 화재를 예방하기 위하여 준수하여야 하는 사항으로 틀린 것은?

① 위험물 건조설비를 사용하는 경우에는 미리 내부를 청소하거나 환기할 것
② 위험물 건조설비를 사용하여 가열건조하는 건조물은 쉽게 이탈되도록 할 것
③ 고온으로 가열건조한 인화성 액체는 발화의 위험이 없는 온도로 냉각한 후에 격납시킬 것
④ 바깥 면이 현저히 고온이 되는 건조설비에 가까운 장소에는 인화성 액체를 두지 않도록 할 것

해설 위험물 건조설비에서 건조물이 이탈되면 위험하므로, 쉽게 이탈되지 않아야 한다.

99 가솔린(휘발유)의 일반적인 연소범위에 가장 가까운 값은?

① 2.7~27.8vol%   ② 3.4~11.8vol%
③ 1.4~7.6vol%   ④ 5.1~18.2vol%

해설 가솔린의 연소범위는 1.4~6.2vol% 정도이다.

100 가스 또는 분진 폭발 위험장소에 설치되는 건축물의 내화 구조를 설명한 것으로 틀린 것은?

① 건축물 기둥 및 보는 지상 1층까지 내화구조로 한다.
② 위험물 저장·취급용기의 지지대는 지상으로부터 지지대의 끝부분까지 내화구조로 한다.
③ 건축물 주변에 자동소화설비를 설치한 경우 건축물 화재 시 1시간 이상 그 안전성을 유지한 경우는 내화구조로 하지 아니할 수 있다.
④ 배관·전선관 등의 지지대는 지상으로부터 1단까지 내화구조로 한다.

해설 건축물 주변에 화재에 대비하여 자동소화설비를 설치하여 건축물 등이 화재 시에 2시간 이상 그 안전성을 유지할 수 있도록 한 경우에는 내화구조로 하지 아니할 수 있다.

6과목
건설공사 안전관리

101 건설현장의 가설계단 및 계단참을 설치하는 경우 얼마 이상의 하중에 견딜 수 있는 강도를 가진 구조로 설치하여야 하는가?

① $200kg/m^2$ ② $300kg/m^2$
③ $400kg/m^2$ ④ $500kg/m^2$

해설 계단 및 계단참을 설치하는 경우 매제곱미터당 500킬로그램 이상의 하중에 견딜 수 있는 강도를 가진 구조로 설치하여야 한다.

정답 | 95 ③ 96 ④ 97 ② 98 ② 99 ③ 100 ③ 101 ④

102 차량계 하역운반기계 등에 화물을 적재하는 경우에 준수해야 할 사항으로 옳지 않은 것은?

① 하중이 한쪽으로 치우치도록 하여 공간상 효율적으로 적재할 것
② 구내운반차 또는 화물자동차의 경우 화물의 붕괴 또는 낙하에 의한 위험을 방지하기 위하여 화물에 로프를 거는 등 필요한 조치를 할 것
③ 운전자의 시야를 가리지 않도록 화물을 적재할 것
④ 화물을 적재하는 경우 최대적재량을 초과하지 않을 것

[해설] 차량계 하역운반기계 등에 화물을 적재하는 경우 하중이 한쪽으로 치우치지 않도록 적재해야 한다.

103 안전대의 종류는 사용구분에 따라 벨트식과 안전그네식으로 구분되는데 이 중 안전그네식에만 적용하는 것으로 나열된 것은?

① 추락방지대, 안전블록
② 1개걸이용, U자걸이용
③ 1개걸이용, 추락방지대
④ U자걸이용, 안전블록

[해설] 안전대의 안전인증기준에서 추락방지대와 안전블록은 안전그네식에만 적용한다.

104 그물코의 크기가 5cm인 매듭방망일 경우 방망사의 인장강도는 최소 얼마 이상이어야 하는가? (단, 방망사는 신품인 경우이다.)

① 50kg
② 100kg
③ 110kg
④ 150kg

[해설] 그물코 5cm인 매듭방망의 인장강도는 110kgf 이상이어야 한다.

105 강관을 사용하여 비계를 구성하는 경우 준수해야 할 기준으로 옳지 않은 것은?

① 비계기둥의 간격은 띠장 방향에서는 1.85m 이하, 장선(長線) 방향에서는 1.5m 이하로 할 것
② 띠장간격은 1.8m 이하로 설치할 것
③ 비계기둥의 제일 윗부분으로부터 31m되는 지점 밑부분의 비계기둥은 2개의 강관으로 묶어 세울 것
④ 비계기둥 간의 적재하중은 400kg을 초과하지 않도록 할 것

[해설] 강관을 사용하여 비계를 구성하는 경우 띠장간격은 2m 이하로 설치하여야 한다.

106 크레인 또는 데릭에서 붐 각도 및 작업반경별로 작용시킬 수 있는 최대하중에서 후크, 와이어로프 등 달기구의 중량을 공제한 하중은?

① 작업하중
② 정격하중
③ 이동하중
④ 적재하중

[해설] 정격하중이란 크레인의 권상하중에서 훅, 그래브 또는 버킷 등 달기기구의 중량에 상당하는 하중을 뺀 하중을 말한다.

107 흙막이 가시설 공사 시 사용되는 각 계측기 설치 목적으로 옳지 않은 것은?

① 지표침하계 – 지표면 침하량 측정
② 수위계 – 지반 내 지하수위의 변화 측정
③ 하중계 – 상부 적재하중 변화 측정
④ 지중경사계 – 지붕의 수평 변위량 측정

[해설] 하중계는 버팀보, 어스앵커 등의 실제 축하중 변화를 측정하는 계측기기이다.

108 근로자에게 작업 중 통행 시 굴러 떨어짐으로 인하여 위험에 처할 우려가 있는 케틀, 호퍼, 피트 등이 있는 경우에 위험을 방지하기 위해 최소 높이 얼마 이상의 울타리를 설치해야 하는가?

① 80cm 이상
② 85cm 이상
③ 90cm 이상
④ 95cm 이상

[해설] 위험을 방지할 필요가 있는 장소에 높이 90센티미터 이상의 울타리를 설치하여야 한다.

정답 | 102 ① 103 ① 104 ③ 105 ② 106 ② 107 ③ 108 ③

109 경암의 굴착면 붕괴에 따른 재해를 예방하기 위한 굴착면의 적정한 기울기 기준은?

① 1 : 0.5~1 : 1
② 1 : 1~1 : 1.5
③ 1 : 0.5
④ 1 : 0.3

해설 **굴착면의 기울기 기준**

지반의 종류	굴착면의 기울기
모래	1 : 1.8
연암 및 풍화암	1 : 1.0
경암	1 : 0.5
그 밖의 흙	1 : 1.2

110 건립 중 강풍에 의한 풍압 등 외압에 대한 내력이 설계에 고려되었는지 확인하여야 하는 철골 구조물이 아닌 것은?

① 연면적당 철골량이 50kg/m² 이하인 구조물
② 기둥이 타이플레이트형인 구조물
③ 이음부가 공장제작인 구조물
④ 구조물의 폭과 높이의 비가 1 : 4 이상인 구조물

해설 **철골의 자립도를 위한 대상 건물**
1. 높이 20m 이상의 구조물
2. 구조물의 폭과 높이의 비가 1 : 4 이상인 구조물
3. 단면구조에 현저한 차이가 있는 구조물
4. 연면적당 철골량이 50kg/m² 이하인 구조물
5. 기둥이 타이플레이트(Tie Plate)형인 구조물
6. 이음부가 현장용접인 구조물

111 거푸집 해체작업 시 유의사항으로 옳지 않은 것은?

① 일반적으로 수평부재의 거푸집은 연직부재의 거푸집보다 빨리 떼어낸다.
② 해체된 거푸집이나 각목 등에 박혀 있는 못 또는 날카로운 돌출물은 즉시 제거하여야 한다.
③ 상하 동시작업은 원칙적으로 금지하며 부득이한 경우에는 긴밀히 연락을 하며 작업을 하여야 한다.
④ 거푸집 해체 작업장 주위에는 관계자를 제외하고는 출입을 금지시켜야 한다.

해설 일반적으로 연직부재의 거푸집은 수평부재의 거푸집보다 빨리 떼어낼 수 있다.

112 다음은 달비계 또는 높이 5m 이상의 비계를 조립·해체하거나 변경하는 작업을 하는 경우의 준수사항이다. 빈칸에 알맞은 숫자는?

비계재료의 연결·해체 작업을 하는 경우에는 폭 ( )cm 이상의 발판을 설치하고 근로자로 하여금 안전대를 사용하도록 하는 등 추락을 방지하기 위한 조치를 할 것

① 15
② 20
③ 25
④ 30

해설 비계재료의 연결·해체 작업을 하는 경우에는 폭 20센티미터 이상의 발판을 설치하고 근로자로 하여금 안전대를 사용하도록 하는 등 추락을 방지하기 위한 조치를 해야 한다.

113 다음은 가설통로를 설치하는 경우의 준수사항이다. 빈칸에 알맞은 수치를 고르면?

건설공사에 사용하는 높이 8미터 이상인 비계다리에는 ( )미터 이내마다 계단참을 설치할 것

① 7
② 6
③ 5
④ 4

해설 건설공사에 사용하는 높이 8m 이상인 비계다리에는 7m 이내마다 계단참을 설치해야 한다.

114 비계(달비계, 다대비계 및 말비계는 제외)의 높이가 2m 이상인 작업장소에 설치하는 작업발판의 구조 및 설비에 관한 기준으로 옳지 않은 것은?

① 작업발판의 폭이 40cm 이상이 되도록 한다.
② 발판재료 간의 틈은 3cm 이하로 한다.
③ 작업발판을 작업에 따라 이동시킬 경우에는 위험 방지에 필요한 조치를 한다.
④ 작업발판재료는 뒤집히거나 떨어지지 않도록 하나 이상의 지지물에 연결하거나 고정시킨다.

해설 작업발판은 둘 이상의 지지물에 연결하거나 고정시킨다.

정답 | 109 ① 110 ③ 111 ① 112 ② 113 ① 114 ④

115 다음은 사다리식 통로 등을 설치하는 경우의 준수 사항이다. ( )에 들어갈 숫자로 옳은 것은?

> 사다리의 상단은 걸쳐놓은 지점으로부터 ( )cm 이상 올라가도록 할 것

① 30 ② 40
③ 50 ④ 60

해설 사다리의 상단은 걸쳐놓은 지점으로부터 60센티미터 이상 올라가도록 해야 한다.

116 차량계 하역운반기계를 사용하여 작업할 때에 그 기계가 넘어지거나 굴러떨어짐으로써 근로자가 위험해질 우려가 있는 경우에 조치하여야 할 사항과 거리가 먼 것은?

① 해당기계에 대한 유도자 배치
② 경보장치 설치
③ 지반의 부동침하 방지
④ 갓길의 붕괴 방지조치

해설 차량계 하역운반기계 등을 사용하는 작업을 할 때에는 그 기계를 유도하는 사람을 배치하고 지반의 부동침하 방지 및 갓길 붕괴를 방지하기 위한 조치를 하여야 한다.

117 건설업 산업안전보건관리비의 사용내역에 대하여 수급인 또는 자기공사자는 공사 시작 후 몇 개월마다 1회 이상 발주자 또는 감리원의 확인을 받아야 하는가?

① 3개월 ② 4개월
③ 5개월 ④ 6개월

해설 공사 시작 후 6개월마다 1회 이상 발주자 또는 감리원의 확인을 받아야 한다.

118 터널지보공을 설치한 경우에 수시로 점검하고, 이상을 발견한 경우에는 즉시 보강하거나 보수해야 할 사항이 아닌 것은?

① 부재의 긴압 정도
② 기둥침하의 유무 및 상태
③ 부재의 접속부 및 교차부 상태
④ 계측기 설치상태

해설 터널 지보공을 설치한 경우 점검사항
• 부재의 손상·변형·부식·변위 탈락의 유무 및 상태
• 부재의 긴압 정도
• 부재의 접속부 및 교차부의 상태
• 기둥침하의 유무 및 상태

119 유해위험방지계획서를 제출해야 할 건설공사 대상 사업장 기준으로 옳지 않은 것은?

① 최대 지간길이가 50m 이상인 교량건설 등의 공사
② 지상높이가 31m 이상인 건축물
③ 터널 건설 등의 공사
④ 깊이 9m인 굴착공사

해설 깊이 10미터 이상 굴착공사가 해당된다.

120 터널굴착작업을 하는 때 미리 작성하여야 하는 작업계획서에 포함되어야 할 사항이 아닌 것은?

① 굴착의 방법
② 암석의 분할 방법
③ 환기 또는 조명시설을 설치할 때에는 그 방법
④ 터널지보공 및 복공의 시공방법과 용수의 처리방법

해설 암석의 분할 방법은 채석작업의 작업계획서에 해당된다.

정답 | 115 ④ 116 ② 117 ④ 118 ④ 119 ④ 120 ②

1과목
산업재해 예방 및 안전보건교육

01 적성요인에 있어 직업적성을 검사하는 항목이 아닌 것은?

① 지능
② 촉각 적응력
③ 형태식별능력
④ 운동속도

[해설] **직업적성 검사**
- 지능
- 형태식별능력
- 운동속도

02 라인(Line)형 안전관리조직에 대한 설명으로 옳은 것은?

① 명령계통과 조언이나 권고적 참여가 혼동되기 쉽다.
② 생산부서와의 마찰이 일어나기 쉽다.
③ 명령계통이 간단명료하다.
④ 생산부분에는 안전에 대한 책임과 권한이 없다.

[해설] 명령계통이 간단명료한 것은 라인형 조직의 장점이다.

03 새로 손을 얹고 팀의 행동구호를 외치는 무재해 운동 추진 기법의 하나로, 스킨십(Skinship)에 바탕을 두고 팀 전원의 일체감, 연대감을 느끼게 하며, 대뇌피질에 안전태도 형성에 좋은 이미지를 심어주는 기법은?

① Touch and Call
② Brain Storming
③ Error Cause Removal
④ Safety Training Observation Program

[해설] **터치앤콜(Touch and Call)**
- 왼손을 맞잡고 같이 소리치는 것으로 전원이 스킨십(Skinship)을 느끼도록 하는 것
- 팀의 일체감, 연대감을 조성할 수 있다.
- 대뇌 구피질에 좋은 이미지를 불어넣어 안전행동을 하도록 하는 것

04 안전점검의 종류 중 태풍이나 폭우 등의 천재지변이 발생한 후에 실시하는 기계, 기구 및 설비 등에 대한 점검의 명칭은?

① 정기점검
② 수시점검
③ 특별점검
④ 임시점검

[해설] **특별점검**
기계 기구의 신설 및 변경 시 고장, 수리, 천재지변 등에 의해 부정기적으로 실시하는 점검

05 하인리히의 안전론에서 (   ) 안에 들어갈 단어로 적합한 것은?

- 안전은 사고예방
- 사고예방은 (   )와(과) 인간 및 기계의 관계를 통제하는 과학이자 기술이다.

① 물리적 환경
② 화학적 요소
③ 위험요인
④ 사고 및 재해

[해설] **하인리히의 안전론**
사고예방은 물리적 환경과 인간 및 기계의 관계를 통제하는 과학이자 기술이다.

정답 | 01 ② 02 ③ 03 ① 04 ③ 05 ①

06 1년간 80건의 재해가 발생한 A사업장은 1,000명의 근로자가 1주일당 48시간, 1년간 52주를 근무하고 있다. A사업장의 도수율은? (단, 근로자들은 재해와 관련 없는 사유로 연간 노동시간의 3%를 결근하였다.)

① 31.06 ② 32.05
③ 33.04 ④ 34.03

[해설] 도수율 = $\dfrac{\text{재해건 수}}{\text{연 근로시간 수}} \times 1,000,000$

$= \dfrac{80}{1,000 \times 48 \times 52 \times 0.97} \times 1,000,000 = 33.04$

07 안전보건교육의 단계에 해당하지 않는 것은?

① 지식교육 ② 기초교육
③ 태도교육 ④ 기능교육

[해설] **안전교육의 3단계**
- 지식교육(1단계)
- 기능교육(2단계)
- 태도교육(3단계)

08 위험예지훈련의 문제해결 4라운드에 속하지 않는 것은?

① 현상파악 ② 본질추구
③ 원인결정 ④ 대책수립

[해설] **위험예지훈련의 추진을 위한 문제해결 4라운드**
1라운드 : 현상파악 → 2라운드 : 본질추구 → 3라운드 : 대책수립 → 4라운드 : 목표설정

09 산소결핍이 예상되는 맨홀 내에서 작업을 실시할 때의 사고 방지 대책으로 적절하지 않은 것은?

① 작업시작 전 및 작업 중 충분한 환기 실시
② 작업 장소의 입장 및 퇴장 시 인원점검
③ 방진마스크의 보급과 착용 철저
④ 작업장과 외부와의 상시 연락을 위한 설비 설치

[해설] 산소결핍 예상 장소에서는 방진마스크가 아닌 송기마스크를 보급·착용하여야 한다.

10 안전교육방법 중 강의법에 대한 설명으로 옳지 않은 것은?

① 단기간의 교육 시간 내에 비교적 많은 내용을 전달할 수 있다.
② 다수의 수강자를 대상으로 동시에 교육할 수 있다.
③ 다른 교육방법에 비해 수강자의 참여가 제약된다.
④ 수강자 개개인의 학습진도를 조절할 수 있다.

[해설] 강의법에서 강사는 시간의 조정이 가능하나, 수강자는 학습진도를 조절할 수 없다.

11 적응기제(適應機制)의 형태 중 방어적 기제에 해당하지 않는 것은?

① 고립 ② 보상
③ 승화 ④ 합리화

[해설] **방어적 기제(Defense Mechanism)**
- 보상
- 승화
- 합리화(변명)
- 동일시

12 부주의의 발생 원인에 포함되지 않는 것은?

① 의식의 단절 ② 의식의 우회
③ 의식수준의 저하 ④ 의식의 지배

[해설] **부주의의 원인(현상)**
- 의식의 우회
- 의식의 단절
- 의식의 혼란
- 의식수준의 저하
- 의식의 과잉

13 안전교육 훈련에 있어 동기부여 방법에 대한 설명으로 가장 거리가 먼 것은?

① 안전 목표를 명확히 설정한다.
② 안전활동의 결과를 평가, 검토하도록 한다.
③ 경쟁과 협동을 유발시킨다.
④ 동기유발 수준을 과도하게 높인다.

[해설] 동기유발의 최적수준을 유지한다.

정답 | 06 ③ 07 ② 08 ③ 09 ③ 10 ④ 11 ① 12 ④ 13 ④

14 산업안전보건법령상 유해위험 방지계획서 제출 대상 공사에 해당하는 것은?

① 깊이가 5m 이상인 굴착공사
② 최대지간거리 30m 이상인 교량건설공사
③ 지상 높이 21m 이상인 건축물공사
④ 터널 건설공사

해설 **유해위험방지계획서를 제출하여야 할 건설공사**
- 지상높이가 31미터 이상인 건축물공사
- 최대 지간길이가 50미터 이상인 교량건설 등 공사
- 터널 건설 등의 공사
- 깊이 10미터 이상인 굴착공사 등

15 스트레스의 요인 중 외부적 자극 요인에 해당하지 않는 것은?

① 자존심의 손상　② 대인관계 갈등
③ 가족의 죽음, 질병　④ 경제적 어려움

해설 자존심의 손상은 내적 요인에 해당된다.
스트레스의 자극요인
- 내적 요인 : 자존심의 손상, 업무상의 죄책감, 현실에서의 부적응
- 외적 요인 : 직장에서의 대인 관계상의 갈등과 대립, 가족의 죽음·질병, 경제적 어려움

16 하인리히 방식의 재해코스트 산정에서 직접비에 해당되지 않는 것은?

① 휴업보상비　② 병상위문금
③ 장해특별보상비　④ 상병보상연금

해설 **직접비**
법령으로 지급되는 산재보상비
- 요양급여
- 휴업급여
- 장해급여
- 간병급여
- 유족급여
- 상병보상연금
- 장의비
- 직업재활급여
- 기타 비용

17 산업안전보건법령상 관리감독자 대상 정기안전보건 교육의 교육내용으로 옳은 것은?

① 작업 개시 전 점검에 관한 사항
② 정리정돈 및 청소에 관한 사항
③ 작업공정의 유해·위험과 재해 예방대책에 관한 사항
④ 기계·기구의 위험성과 작업의 순서 및 동선에 관한 사항

해설 ①, ②, ④는 채용 시 교육 및 작업내용 변경 시 교육내용이다.

18 산업안전보건법령상 (　)에 알맞은 기준은?

> 안전·보건표지의 제작에 있어 안전·보건표지 속의 그림 또는 부호의 크기는 안전·보건표지의 크기와 비례하여야 하며, 안전·보건표지 전체 규격의 (　) 이상이 되어야 한다.

① 20%　② 30%
③ 40%　④ 50%

해설 **안전보건표지 속의 그림 또는 부호의 크기**
안전보건표지의 크기와 비례하여야 하며, 안전보건표지 전체규격의 30% 이상이 되어야 한다.

19 산업안전보건법령상 주로 고음을 차음하고, 저음은 차음하지 않는 방음보호구의 기호로 옳은 것은?

① NRR　② EM
③ EP-1　④ EP-2

해설 **방음용 귀마개 또는 귀덮개의 종류·등급**

종류	등급	기호	성능
귀마개	2종	EP-2	주로 고음을 차음하고 저음(회화음 영역)은 차음하지 않는 것

20 산업재해의 기본원인 중 "작업정보, 작업방법 및 작업환경" 등이 분류되는 항목은?

① Man　② Machine
③ Media　④ Management

해설 **4M 분석기법(휴먼에러의 배후요인)**
- 인간(Man, 자기 자신 이외의 다른 사람)
- 기계(Machine, 기계·기구·장치 등의 물적인 요인)
- 작업매체(Media, 인간과 기계를 연결시키는 매개체)
- 관리(Management, 안전에 관한 법규, 규칙 등)

정답 | 14 ④　15 ①　16 ②　17 ③　18 ②　19 ④　20 ③

2과목
인간공학 및 위험성 평가·관리

21 작업의 강도는 에너지대사율(RMR)에 따라 분류된다. 분류 기간 중, 중(中)작업(보통작업)의 에너지 대사율은?

① 0~1RMR ② 2~4RMR
③ 4~7RMR ④ 7~9RMR

해설
- 초경작업(初經作業) : 0~1RMR
- 중(中)작업(보통작업) : 2~4RMR
- 중작업(重作業) : 4~7RMR
- 초중작업(初重作業) : 7RMR 이상

22 산업안전보건법령상 유해·위험방지계획서의 제출 시 첨부하는 서류에 포함되지 않는 것은?

① 설비 점검 및 유지계획
② 기계·설비의 배치도면
③ 건축물 각 층의 평면도
④ 원재료 및 제품의 취급, 제조 등의 작업방법의 개요

해설 유해·위험 방지계획서 제출서류
- 건축물 각 층의 평면도
- 기계·설비의 개요를 나타내는 서류
- 기계·설비의 배치도면
- 원재료 및 제품의 취급, 제조 등의 작업방법의 개요
- 그 밖에 고용노동부장관이 정하는 도면 및 서류

23 인간의 실수 중 수행해야 할 작업 및 단계를 생략하여 발생하는 오류는?

① Omission Error ② Commission Error
③ Sequence Error ④ Timing Error

해설
- 생략에러(Omission Error) : 작업 내지 필요한 절차를 수행하지 않아서 발생하는 에러
- 실행(작위적)에러(Commission Error) : 작업 내지 절차를 수행했으나 잘못한 실수 — 선택착오, 순서착오, 시간착오

24 초기고장과 마모고장 각각의 고장형태와 그 예방대책에 관한 연결로 틀린 것은?

① 초기고장 – 감소형 – 번인(Burn in)
② 마모고장 – 증가형 – 예방보전(PM)
③ 초기고장 – 감소형 – 디버깅(Debugging)
④ 마모고장 – 증가형 – 스크리닝(Screening)

해설 스크리닝은 초기고장(감소형)의 대책에 해당한다.

25 작업개선을 위하여 도입되는 원리인 ECRS에 포함되지 않는 것은?

① Combine ② Standard
③ Eliminate ④ Rearrange

해설 **작업방법의 개선원칙 – ECRS**
- 제거(Eliminate)
- 결합(Combine)
- 재조정(Rearrange)
- 단순화(Simplify)

26 온도와 습도 및 공기 유동이 인체에 미치는 열효과를 하나의 수치로 통합한 경험적 감각지수로, 상대습도 100%일 때의 건구 온도에서 느끼는 것과 동일한 온감을 의미하는 온열조건의 용어는?

① Oxford 지수 ② 발한율
③ 실효온도 ④ 열압박지수

해설 **실효온도(Effective Temperature, 감각온도, 실감온도)**
온도, 습도, 기류 등의 조건에 따라 인간의 감각을 통해 느껴지는 온도로 상대습도 100%일 때의 건구온도에서 느끼는 것과 동일한 온도감

27 화학설비의 안전성 평가 5단계 중 4단계에 해당하는 것은?

① 안전대책 ② 정성적 평가
③ 정량적 평가 ④ 재평가

해설 **안전성 평가**(제4단계) : 안전대책

28 양립성의 종류에 포함되지 않는 것은?

① 공간 양립성 ② 형태 양립성
③ 개념 양립성 ④ 운동 양립성

정답 | 21 ② 22 ① 23 ① 24 ④ 25 ② 26 ③ 27 ① 28 ②

해설 양립성
- 공간적 양립성
- 운동적 양립성
- 개념적 양립성

29 다음 설명에 해당하는 설비보전방식의 유형은?

> 설비보전 정보와 신기술을 기초로 신뢰성, 조작성, 보전성, 안전성, 경제성 등이 우수한 설비의 선정, 조달 또는 설계를 통하여 궁극적으로 설비의 설계, 제작 단계에서 보전활동이 불필요한 체제를 목표로 한 설비보전 방법을 말한다.

① 개량보전 ② 보전예방
③ 사후보전 ④ 일상보전

해설 **보전예방(Maintenance Preventive)**
설비를 새로이 계획·설계하는 단계에서 보전 정보나 새로운 기술을 채용해서 신뢰성, 보전성, 경제성, 조작성, 안전성 등을 고려하여 보전비나 열화 손실을 적게 하는 활동을 말하며, 구체적으로는 계획·설계 단계에서 하는 것이 필요하다. 이 활동의 궁극적인 목표는 보전 불필요의 설비를 목표로 하는 것이다.

30 원자력 산업과 같이 상당한 안전이 확보되어 있는 장소에서 추가적인 고도의 안전 달성을 목적으로 하고 있으며, 관리, 설계, 생산, 보전 등 광범위한 안전을 도모하기 위하여 개발된 분석기법은?

① DT ② FTA
③ THERP ④ MORT

해설 **MORT(Management Oversight and Risk Tree)**
FTA와 같은 논리기법을 이용하여 관리, 설계, 생산, 보전 등에 대해서 광범위하게 안전성을 확보하기 위한 기법

31 결함수분석(FTA)에 관한 설명으로 틀린 것은?

① 연역적 방법이다.
② 보텀-업(Bottom-Up)방식이다.
③ 기능적 결함의 원인을 분석하는 데 용이하다.
④ 정량적 분석이 가능하다.

해설 **결함수분석법(FTA)의 특징**
- Top down 형식(연역적)
- 정량적 해석기법(컴퓨터 처리가 가능)
- 논리기호를 사용한 특정사상에 대한 해석
- 비전문가도 짧은 훈련으로 사용할 수 있다.

32 조종-반응비(Control-Response Ratio, C/R비)에 대한 설명 중 틀린 것은?

① 조종장치와 표시장치의 이동 거리 비율을 의미한다.
② C/R비가 클수록 조종장치는 민감하다.
③ 최적 C/R비는 조정시간과 이동시간의 교점이다.
④ 이동시간과 조정시간을 감안하여 최적 C/R비를 구할 수 있다.

해설 C/R비 = $\dfrac{\text{조종장치의 움직인 거리}}{\text{표시장치의 반응거리}}$

C/R비가 크면 조종장치를 움직인 거리 대비 표시장치의 지침이 적게 움직이므로 둔감하고 이동시간이 길어지지만 상대적으로 조정시간은 적게 걸린다.

33 다음 FT도에서 최소컷셋(Minimal cut set)으로만 올바르게 나열한 것은?

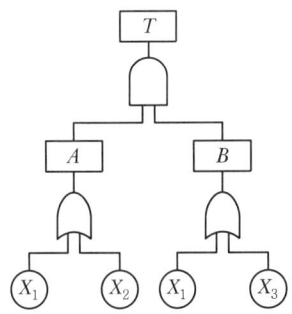

① $[X_1]$ ② $[X_1], [X_2]$
③ $[X_1, X_2, X_3]$ ④ $[X_1, X_2], [X_1, X_3]$

해설 논리곱은 행으로 나열하고 논리합은 종으로 표시하면
$T \to A \cdot B \to X_1 X_1$
$\quad\quad\quad\quad\quad\quad X_2 X_3$
여기서, 최소컷셋(미니멀컷셋, Minimal Cut Sets)은 $[X_1]$ 또는 $[X_2, X_3]$이 된다.

34 인간의 정보처리 과정 3단계에 포함되지 않는 것은?

① 인지 및 정보처리단계
② 반응단계
③ 행동단계
④ 인식 및 감지단계

해설 **인간 정보처리 과정**
인식 및 감지단계 → 인지 및 정보처리단계 → 행동단계

정답 | 29 ② 30 ④ 31 ② 32 ② 33 ① 34 ②

35 시각 표시장치보다 청각 표시장치의 사용이 바람직한 경우는?

① 전언이 복잡한 경우
② 전언이 재참조되는 경우
③ 전언이 즉각적인 행동을 요구하는 경우
④ 직무상 수신자가 한 곳에 머무는 경우

해설 ①, ②, ④는 시각 표시장치의 장점이다.

36 FTA에서 사용하는 수정게이트의 종류 중 3개의 입력현상 중 2개가 발생한 경우에 출력이 생기는 것은?

① 위험지속기호
② 조합 AND 게이트
③ 배타적 OR 게이트
④ 억제 게이트

해설 조합 AND 게이트 : 3개 이상의 입력현상 중 2개가 일어나면 출력현상이 발생한다.

37 인간의 신뢰도가 0.6, 기계의 신뢰도가 0.9이다. 인간과 기계가 직렬체제로 작업할 때의 신뢰도는?

① 0.32
② 0.54
③ 0.75
④ 0.96

해설 신뢰도 = 0.6 × 0.9 = 0.54

38 8시간 근무를 기준으로 남성작업자 A의 대사량을 측정한 결과, 산소소비량이 1.3L/min으로 측정되었다. Murrell 방법으로 계산 시, 8시간의 총 근로시간에 포함되어야 할 휴식시간은?

① 124분
② 134분
③ 144분
④ 154분

해설 1l당 O_2 소비량은 5kcal이다.
따라서 작업 중에 분당 산소 공급량이 1.3l/min이라면 작업의 평균에너지는 1.3l/min × 5kcal = 6.5kcal가 된다.

휴식시간(R) = $\frac{(60 \times h) \times (E-5)}{E-1.5}$ [분]

= $\frac{(60 \times 8) \times (6.5-5)}{6.5-1.5}$ = 144[분]

39 국소진동에 지속적으로 노출된 근로자에게 발생할 수 있으며, 말초혈관 장해로 손가락이 창백해지고 동통을 느끼는 질환의 명칭은?

① 레이노병(Raynaud's Phenomenon)
② 파킨슨병(Parkinson's Disease)
③ 규폐증
④ C5-dip 현상

해설 말초혈관 장해로 손가락이 창백해지고 통증이 발생되는 질환은 레이노병이다.

40 암호체계의 사용상에 있어서, 일반적인 지침에 포함되지 않는 것은?

① 암호의 검출성
② 부호의 양립성
③ 암호의 표준화
④ 암호의 단일 차원화

해설 **암호(코드)체계 사용상의 일반적 지침**
- 암호의 검출성
- 암호의 변별성
- 암호의 표준화
- 부호의 양립성
- 부호의 의미
- 다차원 암호의 사용

3과목
기계·기구 및 설비 안전관리

41 연삭기에서 숫돌의 바깥지름이 180mm일 경우 숫돌 고정용 평형플랜지의 지름으로 적합한 것은?

① 30mm 이상
② 40mm 이상
③ 50mm 이상
④ 60mm 이상

해설 플랜지의 지름은 숫돌 직경의 1/3 이상인 것이 적당하다.
따라서, D(플랜지의 지름) = 180/3 = 60mm

정답 | 35 ③ 36 ② 37 ② 38 ③ 39 ① 40 ④ 41 ④

42 산업안전보건법령에 따라 산업용 로봇의 작동범위에서 교시 등의 작업을 하는 경우에 로봇에 의한 위험을 방지하기 위한 조치사항으로 틀린 것은?

① 2명 이상의 근로자에게 작업을 시킬 경우의 신호방법을 정한다.
② 작업 중의 머니퓰레이터 속도에 관한 지침을 정하고 그 지침에 따라 작업한다.
③ 작업을 하는 동안 다른 작업자가 작동시킬 수 없도록 기동스위치에 작업 중 표시를 한다.
④ 작업에 종사하고 있는 근로자가 이상을 발견하면 즉시 안전담당자에게 보고하고 계속해서 로봇을 운전한다.

해설 교시 등(「안전보건규칙」 제222조)
작업에 종사하고 있는 근로자 또는 그 근로자를 감시하는 사람은 이상을 발견하면 즉시 로봇의 운전을 정지시키기 위한 조치를 할 것

43 기본무부하 상태에서 지게차 주행 시의 좌우 안정도 기준은? (단, V는 구내최고속도(km/h)이다.)

① $(15+1.1 \times V)\%$ 이내
② $(15+1.5 \times V)\%$ 이내
③ $(20+1.1 \times V)\%$ 이내
④ $(20+1.5 \times V)\%$ 이내

해설 지게차 주행 시의 좌우안정도
$(15+1.1V)\%$ 이내

44 산업안전보건법령에 따라 사다리식 통로를 설치하는 경우 준수해야 할 기준으로 틀린 것은?

① 사다리식 통로의 기울기는 60° 이하로 할 것
② 발판과 벽과의 사이는 15cm 이상의 간격을 유지할 것
③ 사다리의 상단은 걸쳐놓은 지점으로부터 60cm 이상 올라가도록 할 것
④ 사다리식 통로의 길이가 10m 이상인 경우에는 5m 이내마다 계단참을 설치할 것

해설 사다리식 통로의 기울기는 75도 이하로 할 것. 다만, 고정식 사다리식 통로의 기울기는 90도 이하로 하고, 그 높이가 7미터 이상인 경우에는 바닥으로부터 높이가 2.5미터 되는 지점부터 등받이울을 설치할 것(「안전보건규칙」 제24조)

45 산업안전보건법령에 따른 승강기의 종류에 해당하지 않는 것은?

① 리프트
② 승객용 엘리베이터
③ 에스컬레이터
④ 화물용 엘리베이터

해설 승강기의 종류(「안전보건규칙」 제132조)
1. 승객용 엘리베이터 2. 승객화물용 엘리베이터
3. 화물용 엘리베이터 4. 소형화물용 엘리베이터
5. 에스컬레이터

46 재료가 변형 시에 외부응력이나 내부의 변형과정에서 방출되는 낮은 응력파(Stress Wave)를 감지하여 측정하는 비파괴시험은?

① 와류탐상 시험
② 침투탐상 시험
③ 음향방출 시험
④ 방사선투과 시험

해설 음향방출시험(AE ; Acoustic Emission Exam)은 넓은 면적을 단번에 시험할 수 없으며 시험 부위에 Hanger나 Supporter 등이 부착되어 있어 시험이 어렵거나 시험자의 숙련도에 크게 좌우되고 균열발생 원인의 규명이 어렵다는 단점을 가지고 있는 데 반해, AE는 이런 문제를 다소 해결할 수 있다.

47 산업안전보건법령에 따라 다음 괄호 안에 들어갈 내용으로 옳은 것은?

> 사업주는 바닥으로부터 짐 윗면까지의 높이가 ( )미터 이상인 화물자동차에 짐을 싣는 작업 또는 내리는 작업을 하는 경우에는 근로자의 추가 위험을 방지하기 위하여 해당 작업에 종사하는 근로자가 바닥과 적재함의 짐 윗면 간을 안전하게 오르내리기 위한 설비를 설치하여야 한다.

① 1.5   ② 2
③ 2.5   ④ 3

해설 사업주는 바닥으로부터 짐 윗면까지의 높이가 2미터 이상인 화물자동차에 짐을 싣는 작업 또는 내리는 작업을 하는 경우에는 근로자의 추가 위험을 방지하기 위하여 해당 작업에 종사하는 근로자가 바닥과 적재함의 짐 윗면 간을 안전하게 오르내리기 위한 설비를 설치하여야 한다(「안전보건규칙」 제187조).

정답 | 42 ④ 43 ① 44 ① 45 ① 46 ③ 47 ②

48 진동에 의한 1차 설비진단법 중 정상, 비정상, 악화의 정도를 판단하기 위한 방법에 해당하지 않는 것은?

① 상호 판단 ② 비교 판단
③ 절대 판단 ④ 평균 판단

해설) 진동 상태 평가기준
- 절대평가
- 상대평가
- 상호평가

49 둥근톱 기계의 방호장치에서 분할날과 톱날 원주면과의 거리는 몇 mm 이내로 조정, 유지할 수 있어야 하는가?

① 12 ② 14
③ 16 ④ 18

해설) 분할날과 톱날 원주면과의 간격은 12mm 이내가 되도록 조정한다.

50 산업안전보건법령에 따라 사업주가 보일러의 폭발 사고를 예방하기 위하여 유지·관리 하여야 할 안전장치가 아닌 것은?

① 압력방호판 ② 화염 검출기
③ 압력방출장치 ④ 고저수위 조절장치

해설) 사업주는 보일러의 폭발 사고를 예방하기 위하여 압력방출장치, 압력제한스위치, 고저수위 조절장치, 화염 검출기 등의 기능이 정상적으로 작동될 수 있도록 유지·관리하여야 한다(「안전보건규칙」 제119조).

51 질량이 100kg인 물체를 그림과 같이 길이가 같은 2개의 와이어로프로 매달아 옮기고자 할 때 와이어로프 T_a에 걸리는 장력은 약 몇 N인가?

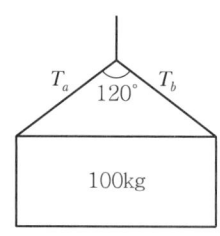

① 200 ② 400
③ 490 ④ 980

해설) 와이어로프 한 줄에 걸리는 하중 계산

$2 \times T_a$(와이어로프 한 줄에 걸리는 하중)$\times \cos(120/2) = 100\text{kg}$

$T_a = \dfrac{100}{2 \times \cos(120/2)} = 100\text{kg} = 980\text{N}$

52 다음 중 드릴 작업의 안전수칙으로 가장 적합한 것은?

① 손을 보호하기 위하여 장갑을 착용한다.
② 작은 일감은 양손으로 견고히 잡고 작업한다.
③ 정확한 작업을 위하여 구멍에 손을 넣어 확인한다.
④ 작업시작 전 척 렌치(Chuck Wrench)를 반드시 제거하고 작업한다.

해설) 드릴링 머신의 안전작업수칙(드릴의 작업안전수칙)
- 일감은 견고하게 고정시켜야 하며, 손으로 쥐고 구멍을 뚫는 것은 위험하다.
- 드릴을 끼운 후에 척 렌치(Chuck Wrench)를 반드시 뺀다.
- 장갑을 끼고 작업을 하지 않는다.
- 구멍을 뚫을 때 관통된 것을 확인하기 위하여 손을 집어넣지 않는다.
- 드릴 작업 시 칩은 회전을 중지시킨 후 솔로 제거해야 한다.

53 산업안전보건법령에 따라 레버풀러(Lever Puller) 또는 체인블록(Chain Block)을 사용하는 경우 훅의 입구(Hook Mouth) 간격이 제조자가 제공하는 제품사양서 기준으로 몇 % 이상 벌어진 것은 폐기하여야 하는가?

① 3 ② 5
③ 7 ④ 10

해설) 훅의 입구(Hook Mouth) 간격이 제조자가 제공하는 제품사양서 기준으로 10퍼센트 이상 벌어진 것은 폐기할 것(「안전보건규칙」 제96조)

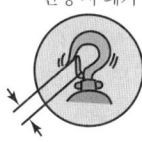

최초보다 10% 이상 변형 시 폐기

54 금형의 설치, 해체, 운반 시 안전사항에 관한 설명으로 틀린 것은?

① 운반을 위하여 관통 아이볼트가 사용될 때는 구멍 틈새가 최소화되도록 한다.
② 금형을 설치하는 프레스의 T홈 안길이는 설치 볼트 지름의 1/2배 이하로 한다.
③ 고정볼트는 고정 후 가능하면 나사산이 3~4개 정도 짧게 남겨 설치 또는 해체 시 슬라이드 면과의 사이에 협착이 발생하지 않도록 해야 한다.
④ 운반 시 상부금형과 하부금형이 닿을 위험이 있을 때는 고정 패드를 이용한 스트랩, 금속재질이나 우레탄 고무의 블록 등을 사용한다.

해설 | 금형을 설치하는 프레스의 T홈 안길이는 설치 볼트 직경의 2배 이상으로 한다.

55 밀링작업의 안전조치에 대한 설명으로 적절하지 않은 것은?

① 절삭 중의 칩 제거는 칩 브레이커로 한다.
② 공작물을 고정할 때에는 기계를 정지시킨 후 작업한다.
③ 강력절삭을 할 경우에는 공작물을 바이스에 깊게 물려 작업한다.
④ 가공 중 공작물의 치수를 측정할 때에는 기계를 정지시킨 후 측정한다.

해설 | **칩 브레이커(Chip Breaker)**
칩을 짧게 끊어지도록 하는 장치로, 선반에 사용하는 바이트이다.

56 산업안전보건법령에 따라 아세틸렌 용접장치의 아세틸렌 발생기를 설치하는 경우, 발생기실의 설치장소에 대한 설명 중 A, B에 들어갈 내용으로 옳은 것은?

- 발생기실은 건물의 최상층에 위치하여야 하며, 화기를 사용하는 설비로부터 (A)를 초과하는 장소에 설치하여야 한다.
- 발생기실을 옥외에 설치한 경우에는 그 개구부를 다른 건축물로부터 (B) 이상 떨어지도록 하여야 한다.

① A : 1.5m, B : 3m
② A : 2m, B : 4m
③ A : 3m, B : 1.5m
④ A : 4m, B : 2m

해설 | **발생기실의 설치장소 및 구조**
- 발생기실은 건물의 최상층에 위치하여야 하며, 화기를 사용하는 설비로부터 3미터를 초과하는 장소에 설치하여야 한다.
- 발생기실을 옥외에 설치한 경우에는 그 개구부를 다른 건축물로부터 1.5미터 이상 떨어지도록 하여야 한다.

57 프레스기의 방호장치 중 위치제한형 방호장치에 해당되는 것은?

① 수인식 방호장치
② 광전자식 방호장치
③ 손쳐내기식 방호장치
④ 양수조작식 방호장치

해설 | **위치제한형 방호장치**
조작자의 신체부위가 위험한계 밖에 있도록 기계의 조작장치를 위험구역에서 일정거리 이상 떨어지게 한 방호장치(양수조작식 안전장치)

58 프레스 방호장치 중 수인식 방호장치의 일반구조에 대한 사항으로 틀린 것은?

① 수인끈의 재료는 합성섬유로 지름이 4mm 이상이어야 한다.
② 수인끈의 길이는 작업자에 따라 임의로 조정할 수 없도록 해야 한다.
③ 수인끈의 안내통은 끈의 마모와 손상을 방지할 수 있는 조치를 해야 한다.
④ 손목밴드(Wrist Band)의 재료는 유연한 내유성 피혁 또는 이와 동등한 재료를 사용해야 한다.

해설 | 수인끈의 길이는 작업자에 따라 임의로 조정할 수 있도록 해야 한다(수인끈의 길이는 금형 중앙부까지 손가락이 닿는 길이로 조절한다).

59 산업안전보건법령에 따라 원동기·회전축 등의 위험방지를 위한 설명 중 괄호 안에 들어갈 내용은?

사업주는 회전축·기어·풀리 및 플라이휠 등에 부속되는 키·핀 등의 기계요소는 ( )으로 하거나 해당 부위에 덮개를 설치하여야 한다.

① 개방형
② 돌출형
③ 묻힘형
④ 고정형

해설 | 사업주는 회전축·기어·풀리 및 플라이휠 등에 부속되는 키·핀 등의 기계요소는 묻힘형으로 하거나 해당 부위에 덮개를 설치하여야 한다.

정답 | 54 ② 55 ① 56 ③ 57 ④ 58 ② 59 ③

60 공기압축기의 방호장치가 아닌 것은?

① 언로드 밸브 ② 압력방출장치
③ 수봉식 안전기 ④ 회전부의 덮개

해설 수봉식 안전기는 용접장치의 방호장치이다.

4과목
전기설비 안전관리

61 아래 그림과 같이 인체가 전기설비의 외함에 접촉하였을 때 누전사고가 발생하였다. 인체통과전류(mA)는 약 얼마인가?

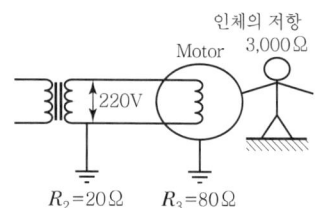

① 35 ② 47
③ 58 ④ 66

해설 **등가회로**

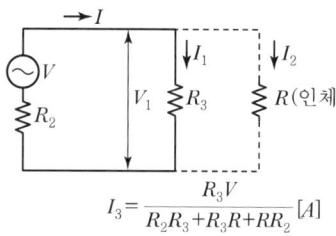

$$I_3 = \frac{R_3 V}{R_2 R_3 + R_3 R + RR_2}[A]$$

• 인체가 외함에 접촉 시 지락전류를 I[A]라고 하면

$$I = \frac{V}{R_2 + \frac{RR_3}{R+R_3}}[A] = 2.25[A]$$

(인체가 접촉하지 않을 경우 지락전류 $I = \frac{V}{R_2+R_3}$)

• 인체가 외함에 접촉하면 이때 인체를 통해서 흐르게 될 전류(감전전류) I_2는

$$I_2 = I \times \frac{R_3}{R_3+R} = \frac{R_3 V}{R_2 R_3 + R_3 R + RR_2}$$
$$= 2.25 \times \frac{80}{80+3{,}000} = 58.4[mA]$$

62 전기화재 발생 원인으로 틀린 것은?

① 발화원 ② 내화물
③ 착화물 ④ 출화의 경과

해설 **전기화재의 발생원인**
발화원, 착화원, 출화의 경과

63 사용전압이 500V인 전동기 전로에서 절연저항은 몇 MΩ 이상이어야 하는가?

① 0.3MΩ ② 0.5MΩ
③ 1.0MΩ ④ 2.0MΩ

해설 **저압전로의 절연성능(전기설비기술기준 제52조)**

전로의 사용전압(V)	DC시험전압(V)	절연저항(MΩ)
SELV 및 PELV	250	0.5
FELV, 500V 이하	500	1.0
500V 초과	1,000	1.0

64 정전에너지를 나타내는 식으로 알맞은 것은? (단, Q는 대전 전하량, C는 정전용량이다.)

① $\dfrac{Q}{2C}$ ② $\dfrac{Q}{2C^2}$

③ $\dfrac{Q^2}{2C}$ ④ $\dfrac{Q^2}{2C^2}$

해설 $W = \dfrac{1}{2}CV^2 = \dfrac{1}{2}QV = \dfrac{1}{2}\dfrac{Q^2}{C}$

65 누전차단기의 설치가 필요한 것은?

① 이중절연 구조의 전기기계·기구
② 비접지식 전로의 전기기계·기구
③ 절연대 위에서 사용하는 전기기계·기구
④ 도전성이 높은 장소의 전기기계·기구

해설 ①, ②, ③은 누전차단기 설치 비대상이며, 도전성이 높은 장소는 누전 차단기를 설치하여야 한다.

66 동작 시 아크를 발생하는 고압용 개폐기·차단기·피뢰기 등은 목재의 벽 또는 천장 기타의 가연성 물체로부터 몇 m 이상 떼어놓아야 하는가?

① 0.3 ② 0.5
③ 1.0 ④ 1.5

해설 동작 시 아크를 발생하는 고압용 개폐기·차단기·피뢰기 등은 목재의 벽 또는 천장 기타의 가연성 물체로부터 1m 이상 이격시켜야 한다.

67 6,600/100V, 15kVA의 변압기에서 공급하는 저압 전선로의 허용 누설전류는 몇 A를 넘지 않아야 하는가?

① 0.025 ② 0.045
③ 0.075 ④ 0.085

해설 누설전류 = 최대공급전류 × $\frac{1}{2,000}$

$= \frac{15 \times 1,000}{100} \times \frac{1}{2,000} = 0.075(A)$

(저압 전선로는 사용전압에 대한 누설전류가 최대 공급전류의 1/2,000 이 넘지 않도록 유지)

68 이동하여 사용하는 전기기계기구의 금속제 외함 등에 제1종 접지공사를 하는 경우, 접지선 중 가요성을 요하는 부분의 접지선 종류와 단면적의 기준으로 옳은 것은?

① 다심코드, $0.75mm^2$ 이상
② 다심캡타이어 케이블, $2.5mm^2$ 이상
③ 3종 클로로프렌캡타이어 케이블, $4mm^2$ 이상
④ 3종 클로로프렌캡타이어 케이블, $10mm^2$ 이상

해설 법 개정되어 출제되지 않음

69 정전기 발생에 대한 방지대책의 설명으로 틀린 것은?

① 가스용기, 탱크 등의 도체부는 전부 접지한다.
② 배관 내 액체의 유속을 제한한다.
③ 화학섬유의 작업복을 착용한다.
④ 대전 방지제 또는 제전기를 사용한다.

해설 대전방지 작업복을 착용하여야 한다.

70 정전기의 유동대전에 가장 크게 영향을 미치는 요인은?

① 액체의 밀도 ② 액체의 유동속도
③ 액체의 접촉면적 ④ 액체의 분출온도

해설 유동대전에 가장 크게 영향을 미치는 요인은 유동속도이나 흐름의 상태, 배관의 굴곡, 밸브 등과 관계가 있다.

71 과전류에 의해 전선의 허용전류보다 큰 전류가 흐르는 경우 절연물이 화구가 없더라도 자연히 발화하고 심선이 용단되는 발화단계의 전선 전류밀도(A/mm^2)는?

① 10~20 ② 30~50
③ 60~120 ④ 130~200

해설 **발화단계의 전선전류 밀도**
60~120A/mm²(발화 후 용단 : 60~70, 용단과 동시 발화 : 75~120)

72 방폭구조에 관계있는 위험 특성이 아닌 것은?

① 발화 온도 ② 증기 밀도
③ 화염 일주한계 ④ 최소 점화전류

해설 **방폭구조에 관계있는 위험 특성**
발화온도, 화염 일주한계, 최소 점화전류

73 금속관의 방폭형 부속품에 대한 설명으로 틀린 것은?

① 재료는 아연도금을 하거나 녹이 스는 것을 방지하도록 한 강 또는 가단주철일 것
② 안쪽 면 및 끝부분은 전선의 피복을 손상하지 않도록 매끈한 것일 것
③ 전선관과의 접속부분의 나사는 5턱 이상 완전히 나사결합이 될 수 있는 길이일 것
④ 완성품은 유입방폭구조의 폭발압력시험에 적합할 것

해설 **금속관의 방폭형 부속품의 규격**
금속관 방폭형은 내압 또는 안전증과 관련이 있다.

정답 | 66 ③ 67 ③ 68 ④ 69 ③ 70 ② 71 ③ 72 ② 73 ④

74 접지의 목적과 효과로 볼 수 없는 것은?

① 낙뢰에 의한 피해방지
② 송배전선에서 지락사고의 발생 시 보호계전기를 신속하게 작동시킴
③ 설비의 절연물이 손상되었을 때 흐르는 누설전류에 의한 감전방지
④ 송배전선로의 지락사고 시 대지전위의 상승을 유도하고 절연강도를 상승시킴

해설 정상운전 시 발생되는 전력계통의 최대 대지전압을 억제한다.

75 방폭전기설비의 용기 내부에 보호가스를 압입하여 내부압력을 외부 대기 이상의 압력으로 유지함으로써 용기 내부에 폭발성 가스 분위기가 형성되는 것을 방지하는 방폭구조는?

① 내압 방폭구조　② 압력 방폭구조
③ 안전증 방폭구조　④ 유입 방폭구조

해설 압력 방폭구조에 대한 설명이다.

76 1종 위험장소로 분류되지 않는 것은?

① 탱크류의 벤트(Vent) 개구부 부근
② 인화성 액체 탱크 내의 액면 상부의 공간부
③ 점검수리 작업에서 가연성 가스 또는 증기를 방출하는 경우의 밸브 부근
④ 탱크로리, 드럼관 등이 인화성 액체를 충전하고 있는 경우의 개구부 부근

해설 정상운전 중 상시 위험분위기가 형성되는 곳, 즉 인화성 액체 탱크 내의 액면 상부의 공간부는 0종 장소로 분류된다.

77 기중차단기의 기호로 옳은 것은?

① VCB　② MCCB
③ OCB　④ ACB

해설 기중차단기 기호 : ACB

78 누전사고가 발생될 수 있는 취약 개소가 아닌 것은?

① 나선으로 접속된 분기회로의 접속점
② 전선의 열화가 발생한 곳
③ 부도체를 사용하여 이중절연이 되어 있는 곳
④ 리드선과 단자와의 접속이 불량한 곳

해설 부도체를 사용하여 이중절연이 되어 있는 곳은 누전사고 발생 취약개소로 보기 어렵다.

79 지락전류가 거의 0에 가까워서 안정도가 양호하고 무정전의 송전이 가능한 접지방식은?

① 직접접지방식　② 리액터접지방식
③ 저항접지방식　④ 소호리액터접지방식

해설 소호리액터 접지방식 설명이다.

80 피뢰기가 갖추어야 할 특성으로 알맞은 것은?

① 충격방전 개시전압이 높을 것
② 제한 전압이 높을 것
③ 뇌전류의 방전 능력이 클 것
④ 속류를 차단하지 않을 것

해설 제한전압 또는 충격방전개시전압이 충분히 낮고 속류차단이 완전히 행해져 동작책무특성이 충분해야 한다.

5과목
화학설비 안전관리

81 고체의 연소형태 중 증발연소에 속하는 것은?

① 나프탈렌　② 목재
③ TNT　④ 목탄

해설 나프탈렌은 가열되면 융해되면서 가연성 증기가 발생, 연소한다.

정답 | 74 ④　75 ②　76 ②　77 ④　78 ③　79 ④　80 ③　81 ①

82 산업안전보건법령상 "부식성 산류"에 해당하지 않는 것은?

① 농도 20%인 염산
② 농도 40%인 인산
③ 농도 50%인 질산
④ 농도 60%인 아세트산

해설) 산업안전보건법상 부식성 물질 중 인산 60% 이상이 부식성 산류로 정의된다.

83 뜨거운 금속에 물이 닿으면 튀는 현상과 같이 핵비등(Nucleate Boiling) 상태에서 막비등(Film Boiling)으로 이행하는 온도를 무엇이라 하는가?

① Burn-out Point
② Leidenfrost Point
③ Entrainment Point
④ Sub-cooling Boiling Point

해설) 뜨거운 금속에 물이 닿으면 튀는 현상과 같이 핵비등(Nucleate Boiling) 상태에서 막비등(Film Boiling)으로 이행하는 온도를 Leidenfrost Point라고 한다.

84 위험물의 취급에 관한 설명으로 틀린 것은?

① 모든 폭발성 물질은 석유류에 침지시켜 보관해야 한다.
② 산화성 물질의 경우 가연물과의 접촉을 피해야 한다.
③ 가스 누설의 우려가 있는 장소에서는 점화원의 철저한 관리가 필요하다.
④ 도전성이 나쁜 액체는 정전기 발생을 방지하기 위한 조치를 취한다.

해설) 폭발성 물질은 가연성 물질인 동시에 산소 함유물로, 공기 공급 없이도 연소하기 때문에 석유류에 침지시켜 보관할 경우 매우 위험하다.

85 이상반응 또는 폭발로 인하여 발생되는 압력의 방출장치가 아닌 것은?

① 파열판
② 폭압방산구
③ 화염방지기
④ 가용합금안전밸브

해설) Flame Arrester(화염방지기)는 소염직경 원리를 이용하여 인화성 물질 저장탱크에 외기로부터의 불꽃을 막는 설비이다. 일반적으로 40mesh 이상의 가는 눈금의 철망을 여러 겹 겹친 구조이다.

86 분진폭발의 특징으로 옳은 것은?

① 연소속도가 가스폭발보다 크다.
② 완전연소로 가스중독의 위험이 작다.
③ 화염의 파급속도보다 압력의 파급속도가 크다.
④ 가스 폭발보다 연소시간은 짧고 발생에너지는 작다.

해설) 분진폭발은 압력의 파급속도가 커서 화염보다는 압력으로 인한 피해가 크다.

87 독성가스에 속하지 않는 것은?

① 암모니아
② 황화수소
③ 포스겐
④ 질소

해설) 질소는 불활성가스로 독성이 없다.

88 Burgess-Wheeler의 법칙에 따르면 서로 유사한 탄화수소계의 가스에서 폭발하한계의 농도(vol%)와 연소열(kcal/mol)의 곱의 값은 약 얼마 정도인가?

① 1,100
② 2,800
③ 3,200
④ 3,800

해설) Burgess-Wheeler의 법칙에 따르면 포화탄화수소계의 가스에서는 폭발하한계의 농도 X(vol%)와 그의 연소열(kcal/mol) Q의 곱은 1,100으로 일정하다.

89 위험물안전관리법령상 제3류 위험물 중 금수성 물질에 대하여 적응성이 있는 소화기는?

① 포소화기
② 이산화탄소소화기
③ 할로겐화합물소화기
④ 탄산수소염류분말소화기

해설) 탄산수소염류분말소화기는 분말 소화제를 사용하는 분말 소화기의 일종으로, 모든 화재에 사용할 수 있으며, 전기화재와 유류화재에 효과적이다.

정답 | 82 ② 83 ② 84 ① 85 ③ 86 ③ 87 ④ 88 ① 89 ④

90 공기 중에서 이황화탄소(CS_2)의 폭발한계는 하한값이 1.25vol%, 상한값이 44vol%이다. 이를 20℃ 대기압하에서 mg/L의 단위로 환산하면 하한값과 상한값은 각각 약 얼마인가? (단, 이황화탄소의 분자량은 76.1이다.)

① 하한값 : 61, 상한값 : 640
② 하한값 : 39.6, 상한값 : 1,395
③ 하한값 : 146, 상한값 : 860
④ 하한값 : 55.4, 상한값 : 1,642

해설 아보가드로 법칙 및 이상기체상태 방정식에 의해 20℃, 대기압하에서 기체 분자 1몰은 약 24L이며 문제에서 이황화탄소의 분자 1몰은 76.1g임을 알 수 있다. 따라서 이황화탄소는 20℃, 대기압하에서 76.1g/24L ≒ 3.17g/L이므로, 즉 이황화탄소는 1L당 약 3.17g으로 볼 수 있다.
폭발하한값 1.25vol%는 혼합가스 100L 중 이황화탄소 1.25L가 있는 것을 의미하고 이황화탄소 1.25L는 약 3.96g이므로 폭발하한값 1.25vol%는 다음과 같이 환산 가능하다.
$$\frac{3.96g}{100L} \times \frac{1,000mg}{1g} = 39.6 mg/L$$
폭발상한값 44vol%는 혼합가스 100L 중 이황화탄소 44L가 있는 것을 의미하고 이황화탄소 44L는 약 139.5g이므로 폭발상한값 44vol%는 다음과 같이 환산 가능하다.
$$\frac{139.5g}{100L} \times \frac{1,000mg}{1g} = 1,395 mg/L$$

91 일산화탄소에 대한 설명으로 틀린 것은?

① 무색·무취의 기체이다.
② 염소와 촉매 존재하에 반응하여 포스겐이 된다.
③ 인체 내의 헤모글로빈과 결합하여 산소운반기능을 저하시킨다.
④ 불연성 가스로서, 허용농도가 10ppm이다.

해설 일산화탄소는 산소보다 혈액 중 헤모글로빈과의 반응성이 좋아 중독현상을 일으킬 수 있는 독성가스이며, 허용농도는 30ppm이고 공기 중 연소범위가 12.5~74vol%인 가연성 가스이기도 하다.

92 금속의 용접·용단 또는 가열에 사용되는 가스 등의 용기를 취급할 때의 준수사항으로 틀린 것은?

① 전도의 위험이 없도록 한다.
② 밸브를 서서히 개폐한다.
③ 용해아세틸렌의 용기는 세워서 보관한다.
④ 용기의 온도를 섭씨 65도 이하로 유지한다.

해설 금속의 용접·용단 또는 가열에 사용되는 가스 등의 용기를 취급하는 경우 용기의 온도를 섭씨 40℃ 이하로 유지하여야 한다.

93 산업안전보건법령상 건조설비를 사용하여 작업을 하는 경우 폭발 또는 화재를 예방하기 위하여 준수하여야 하는 사항으로 적절하지 않은 것은?

① 위험물 건조설비를 사용하는 때에는 미리 내부를 청소하거나 환기할 것
② 위험물 건조설비를 사용하는 때에는 건조로 인하여 발생하는 가스·증기 또는 분진에 의하여 폭발·화재의 위험이 있는 물질을 안전한 장소로 배출시킬 것
③ 위험물 건조설비를 사용하여 가열건조하는 건조물은 쉽게 이탈되도록 할 것
④ 고온으로 가열건조한 가연성 물질은 발화의 위험이 없는 온도로 냉각한 후에 격납시킬 것

해설 위험물 건조설비를 사용하여 가열건조하는 건조물은 쉽게 이탈되어서는 안 된다.

94 유류저장탱크에서 화염의 차단을 목적으로 외부에 증기를 방출하기도 하고 탱크 내 외기를 흡입하기도 하는 부분에 설치하는 안전장치는?

① Vent Stack
② Safety Valve
③ Gate Valve
④ Flame Arrester

해설 Flame Arrester(화염방지기)는 소염직경 원리를 이용하여 인화성 물질 저장탱크에 외기로부터의 불꽃을 막는 설비이다. 일반적으로 40mesh 이상의 가는 눈금의 철망을 여러 겹 겹친 구조이다.

95 다음 중 공기와 혼합 시 최소착화에너지 값이 가장 작은 것은?

① CH_4
② C_3H_8
③ C_6H_6
④ H_2

해설 탄화수소(C_xH_y)의 일반적인 최소착화에너지(최소발화에너지)는 0.25×10^{-3}Joule이지만, 수소(H_2)의 최소착화에너지(최소발화에너지)는 0.019×10^{-3}Joule이므로, 수소의 최소착화에너지가 가장 작다.

정답 | 90 ② 91 ④ 92 ④ 93 ③ 94 ④ 95 ④

96 펌프의 사용 시 공동현상(Cavitation)을 방지하고자 할 때의 조치사항으로 틀린 것은?

① 펌프의 회전수를 높인다.
② 흡입비 속도를 작게 한다.
③ 펌프의 흡입관의 두(head) 손실을 줄인다.
④ 펌프의 설치높이를 낮추어 흡입양정을 짧게 한다.

[해설] 공동현상은 유속이 빠를 경우 발생할 수 있으므로, 펌프의 회전수를 낮춰야 한다.

97 다음 중 연소속도에 영향을 주는 요인으로 가장 거리가 먼 것은?

① 가연물의 색상
② 촉매
③ 산소와의 혼합비
④ 반응계의 온도

[해설] 연소속도에 영향을 미치는 요인으로는 가연물의 온도, 산소와의 혼합비, 반응속도, 촉매, 압력 등이 있다.

98 기체의 자연발화온도 측정법에 해당하는 것은?

① 중량법
② 접촉법
③ 예열법
④ 발열법

[해설] 가연성 가스가 점화원 없이 스스로 연소할 수 있는 온도를 자연발화온도 또는 발화점이라 하며, 발화점의 측정법에는 도입법, 펌프법, 단열 압축법, 예열법 등이 있다.

99 디에틸에테르와 에틸알코올이 3 : 1로 혼합증기의 몰비가 각각 0.75, 0.25이고, 디에틸에테르와 에틸알코올의 폭발하한값이 각각 1.9vol%, 4.3vol%일 때 혼합가스의 폭발하한값은 약 몇 vol%인가?

① 2.2
② 3.5
③ 22.0
④ 34.7

[해설] V_1(에틸에테르의 부피%) $= \dfrac{3}{3+1} \times 100 = 75\%$

V_2(에틸알코올의 부피%) $= 25\%$

$\therefore L = \dfrac{100}{\dfrac{V_1}{L_1} + \dfrac{V_2}{L_2}} = \dfrac{100}{\dfrac{75}{1.9} + \dfrac{25}{4.3}} = 2.2\text{vol}\%$

100 프로판가스 1m³를 완전 연소시키는 데 필요한 이론공기량은 몇 m³인가? (단, 공기 중의 산소농도는 20vol%이다.)

① 20
② 25
③ 30
④ 35

[해설] 프로판 C_3H_8
공기 중 산소 농도 20VOL%
완전연소
$C_3H_8 + 5O_2 \rightarrow 3CO_2 + 4H_2O$
22.4m³ : 5×22.4m³ = 1m³ : x(이론산소량)
이론산소량 = 5m³
이론공기량 = 5/0.2 = 25m³

6과목
건설공사 안전관리

101 다음은 동바리로 사용하는 파이프 서포트의 설치기준이다. (　) 안에 들어갈 내용으로 옳은 것은?

> 파이어 서포트를 (　) 이상 이어서 사용하지 않도록 할 것

① 2개
② 3개
③ 4개
④ 5개

[해설] 동바리로 사용하는 파이프 서포트는 3개 이상 이어서 사용하지 않도록 해야 한다.

102 콘크리트 타설 시 거푸집 측압에 관한 설명으로 옳지 않은 것은?

① 타설속도가 빠를수록 측압이 커진다.
② 거푸집의 투수성이 낮을수록 측압은 커진다.
③ 타설높이가 높을수록 측압이 커진다.
④ 콘크리트의 온도가 높을수록 측압이 커진다.

[해설] 외기온도가 낮을수록, 습도가 높을수록 측압이 커진다.

정답 | 96 ① 97 ① 98 ③ 99 ① 100 ② 101 ② 102 ④

103 권상용 와이어로프의 절단하중이 200ton일 때 와이어로프에 걸리는 최대하중은? (단, 안전계수는 5이다.)

① 1,000ton ② 400ton
③ 100ton   ④ 40ton

해설 안전계수 = $\dfrac{\text{절단하중}}{\text{최대하중}}$ 이므로,

최대하중 = $\dfrac{\text{절단하중}}{\text{안전계수}} = \dfrac{200}{5} = 40$이다.

104 터널지보공을 설치한 경우에 수시로 점검하고, 이상을 발견한 경우에는 즉시 보강하거나 보수해야 할 사항이 아닌 것은?

① 부재의 긴압 정도
② 기둥침하의 유무 및 상태
③ 부재의 접속부 및 교차부 상태
④ 부재를 구성하는 재질의 종류 확인

해설 터널 지보공을 설치한 경우 점검사항은 다음과 같다.
• 부재의 손상 · 변형 · 부식 · 변위 탈락의 유무 및 상태
• 부재의 긴압 정도
• 부재의 접속부 및 교차부의 상태
• 기둥침하의 유무 및 상태

105 선창의 내부에서 화물취급작업을 하는 근로자가 안전하게 통행할 수 있는 설비를 설치하여야 하는 기준은 갑판의 윗면에서 선창 밑바닥까지의 깊이가 최소 얼마를 초과할 때인가?

① 1.3m   ② 1.5m
③ 1.8m   ④ 2.0m

해설 갑판의 윗면에서 선창 밑바닥까지의 깊이가 1.5미터를 초과하는 선창의 내부에서 화물취급작업을 하는 경우에 그 작업에 종사하는 근로자가 안전하게 통행할 수 있는 설비를 설치하여야 한다.

106 굴착기계의 운행 시 안전대책으로 옳지 않은 것은?

① 버킷에 사람의 탑승을 허용해서는 안 된다.
② 운전반경 내에 사람이 있을 때 회전은 10rpm 정도의 느린 속도로 하여야 한다.
③ 장비의 주차 시 경사지나 굴착작업장으로부터 충분히 이격시켜 주차한다.
④ 전선이나 구조물 등에 인접하여 붐을 선회해야 할 작업에는 사전에 회전반경, 높이제한 등 방호조치를 강구한다.

해설 굴착기계의 운행 시 운전반경 내 사람이 없어야 한다.

107 폭우 시 옹벽배면의 배수시설이 취약하면 옹벽 저면을 통하여 침투수(Seepage)의 수위가 올라간다. 이 침투수가 옹벽의 안정에 미치는 영향으로 옳지 않은 것은?

① 옹벽 배면토의 단위수량 감소로 인한 수직 저항력 증가
② 옹벽 바닥면에서의 양압력 증가
③ 수평 저항력(수동토압)의 감소
④ 포화 또는 부분 포화에 따른 뒷채움용 흙무게의 증가

해설 침투수로 인해 옹벽 배면토의 단위수량이 증가한다.

108 그물코의 크기가 5cm인 매듭방망일 경우 방망사의 인장강도는 최소 얼마 이상이어야 하는가? (단, 방망사는 신품인 경우이다.)

① 50kg   ② 100kg
③ 110kg   ④ 150kg

해설 그물코 5cm인 경우 매듭방망의 인장강도는 110kgf 이상이어야 한다.

109 부두 등의 하역작업장에서 부두 또는 안벽의 선에 따라 통로를 설치하는 경우, 최소 폭 기준은?

① 90cm 이상   ② 75cm 이상
③ 60cm 이상   ④ 45cm 이상

해설 부두 또는 안벽의 선을 따라 통로를 설치하는 경우에는 폭을 90센티미터 이상으로 해야 한다.

110 건설업 산업안전보건관리비 계상 및 사용기준(고용노동부 고시)은 산업재해보상보험법의 적용을 받는 공사 중 총 공사금액이 얼마 이상인 공사에 적용하는가?

① 4천만 원   ② 3천만 원
③ 2천만 원   ④ 1천만 원

정답 | 103 ④   104 ④   105 ②   106 ②   107 ①   108 ③   109 ①   110 ③

해설 | 산업재해보상보험법의 적용을 받는 공사 중 총 공사금액 2천만 원 이상 공사가 해당된다.

111 가설통로를 설치하는 경우 준수하여야 할 기준으로 옳지 않은 것은?

① 경사는 30° 이하로 할 것
② 경사가 15°를 초과하는 경우에는 미끄러지지 아니하는 구조로 할 것
③ 수직갱에 가설된 통로의 길이가 15m 이상인 때에는 15m 이내마다 계단참을 설치할 것
④ 건설공사에 사용하는 높이 8m 이상의 비계다리에는 7m 이내마다 계단참을 설치할 것

해설 | 수직갱에 가설된 통로의 길이가 15미터 이상인 경우에는 10미터 이내마다 계단참을 설치해야 한다.

112 온도가 하강함에 따라 토층수가 얼어 부피가 약 9% 정도 증대하게 됨으로써 지표면이 부풀어오르는 현상은?

① 동상 현상
② 연화 현상
③ 리칭 현상
④ 액상화 현상

해설 | 동상 현상은 지반 내 토층수가 동결하여 부피가 증가하면서 지표면이 부풀어오르는 현상이다.

113 강관틀비계를 조립하여 사용하는 경우 준수해야 할 기준으로 옳지 않은 것은?

① 높이가 20m를 초과하거나 중량물의 적재를 수반하는 작업을 할 경우에는 주틀 간의 간격을 2.4m 이하로 할 것
② 수직방향으로 6m, 수평방향으로 8m 이내마다 벽이음을 할 것
③ 길이가 띠장 방향으로 4m 이하이고 높이가 10m를 초과하는 경우에는 10m 이내마다 띠장 방향으로 버팀기둥을 설치할 것
④ 주틀 간에 교차 가새를 설치하고 최상층 및 5층 이내마다 수평재를 설치할 것

해설 | 높이가 20미터를 초과하거나 중량물의 적재를 수반하는 작업을 할 경우에는 주틀 간의 간격을 1.8미터 이하로 해야 한다.

114 근로자의 추락 등의 위험을 방지하기 위한 안전난간의 구조 및 설치요건에 관한 기준으로 옳지 않은 것은?

① 상부난간대는 바닥면·발판 또는 경사로의 표면으로부터 90cm 이상 지점에 설치할 것
② 발끝막이판은 바닥면 등으로부터 10cm 이상의 높이를 유지할 것
③ 난간대는 지름 1.5cm 이상의 금속제파이프나 그 이상의 강도를 가진 재료일 것
④ 안전난간은 구조적으로 가장 취약한 지점에서 가장 취약한 방향으로 작용하는 100kg 이상의 하중에 견딜 수 있는 튼튼한 구조일 것

해설 | 안전난간의 구조 및 설치요건에서 난간대는 지름 2.7cm 이상의 금속제 파이프나 그 이상의 강도를 가진 재료여야 한다.

115 건설공사 유해·위험방지계획서를 제출해야 할 대상 공사에 해당하지 않는 것은?

① 깊이 10m인 굴착공사
② 다목적댐 건설공사
③ 최대 지간길이가 40m인 교량건설 공사
④ 연면적 5,000m²인 냉동·냉장창고시설의 설비공사

해설 | 최대 지간길이가 50m 이상인 교량건설 공사가 제출대상 공사이다.

116 건설현장에 달비계를 설치하여 작업 시 달비계에 사용 가능한 와이어로프로 볼 수 있는 것은?

① 이음매가 있는 것
② 와이어로프의 한 꼬임에서 끊어진 소선의 수가 5%인 것
③ 지름의 감소가 공칭지름의 10%인 것
④ 열과 전기충격에 의해 손상된 것

해설 | 와이어로프의 한 꼬임(스트랜드)에서 끊어진 소선의 수가 10% 이상인 것이 해당된다.

117 토질시험(Soil Test) 방법 중 전단시험에 해당하지 않는 것은?

① 1면 전단시험
② 베인 테스트
③ 일축압축시험
④ 투수시험

해설 | 투수시험은 투수계수를 측정하기 위한 역학적 시험이다.

정답 | 111 ③ 112 ① 113 ① 114 ③ 115 ③ 116 ② 117 ④

118 철골 건립기계 선정 시 사전 검토사항과 가장 거리가 먼 것은?

① 건립기계의 소음영향
② 건립기계로 인한 일조권 침해
③ 건물형태
④ 작업반경

해설 일조권 침해 문제는 철골 건립기계 선정 시 사전 검토사항에 해당되지 않는다.

119 감전재해의 직접적인 요인으로 가장 거리가 먼 것은?

① 통전전압의 크기
② 통전전류의 크기
③ 통전시간
④ 통전경로

해설 감전재해의 주요요인은 다음과 같다.
- 1차적 감전요소 : 통전전류의 크기, 통전경로, 통전시간, 전원의 종류
- 2차적 감전요소 : 인체의 조건(인체의 저항), 전압의 크기, 계절 등 주위환경

120 클램셸(Clam Shell)의 용도로 옳지 않은 것은?

① 잠함 안의 굴착에 사용된다.
② 수면 아래의 자갈, 모래를 굴착하고 준설선에 많이 사용된다.
③ 건축구조물의 기초 등 정해진 범위의 깊은 굴착에 적합하다.
④ 단단한 지반의 작업도 가능하며 작업속도가 빠르고, 특히 암반굴착에 적합하다.

해설 클램셸은 좁은 장소의 깊은 굴식에 효과적이다. 정확한 굴식과 단단한 지반작업은 어렵지만 수중굴식, 교량기초, 건축물 지하실 공사 등에 쓰인다.

정답 | 118 ② 119 ① 120 ④

2020년 1·2회

1과목
산업재해 예방 및 안전보건교육

01 산업안전보건법령상 안전보건표지의 종류 중 경고표지에 해당하지 않는 것은?

① 레이저광선 경고
② 급성독성물질 경고
③ 매달린 물체 경고
④ 차량통행 경고

[해설] 차량 통행 금지는 금지표시이다.

경고표지
직접 위험한 것 및 장소 또는 상태에 대한 경고로서 사용되며 15개 종류가 있다.

02 몇 사람의 전문가에 의하여 과제에 관한 견해를 발표한 뒤에 참가자로 하여금 의견이나 질문을 하게 하여 토의하는 방법을 무엇이라 하는가?

① 심포지움(symposium)
② 버즈 세션(buzz session)
③ 케이스 메소드(case method)
④ 패널 디스커션(panel discussion)

[해설] **심포지엄(The Symposium)**
몇 사람의 전문가에 의하여 과제에 관한 견해를 발표한 뒤에 참가자로 하여금 의견이나 질문을 하게 하여 토의하는 방법

03 A사업장의 2019년 도수율이 10이라 할 때 연천인율은 얼마인가?

① 2.4
② 5
③ 12
④ 24

[해설] 도수율 = $\dfrac{연천인율}{2.4}$

연천인율 = 도수율 × 2.4 = 10 × 2.4 = 24

04 작업을 하고 있을 때 긴급 이상상태 또는 돌발 사태가 되면 순간적으로 긴장하게 되어 판단능력의 둔화 또는 정지 상태가 되는 것은?

① 의식의 우회
② 의식의 과잉
③ 의식의 단절
④ 의식의 수준저하

[해설] **의식의 과잉**
돌발사태에 직면하면 공포를 느끼게 되고 주의가 일점(주시점)에 집중되어 판단정지 및 멍청한 상태에 빠지게 되어 유효한 대응을 못하게 된다.

05 산업안전보건법령상 산업안전보건위원회의 사용자위원에 해당되지 않는 사람은? (단, 각 사업장은 해당하는 사람을 선임하여야 하는 대상 사업장으로 한다.)

① 안전관리자
② 산업보건의
③ 명예산업안전감독관
④ 해당 사업장 부서의 장

[해설] 명예산업안전감독관은 근로자 위원에 해당한다.

06 산업안전보건법상 안전관리자의 업무는?

① 직업성질환 발생의 원인조사 및 대책수립
② 해당 사업장 안전교육계획의 수립 및 안전교육 실시에 관한 보좌 조언·지도
③ 근로자의 건강장해의 원인조사와 재발방지를 위한 의학적 조치
④ 당해 작업에서 발생한 산업재해에 관한 보고 및 이에 대한 응급조치

정답 | 01 ④ 02 ① 03 ④ 04 ② 05 ③ 06 ②

해설	안전관리자의 업무·지도

해당 사업장 안전교육계획의 수립 및 안전교육 실시에 관한 보좌 및 조언·지도

07 어느 사업장에서 물적손실이 수반된 무상해 사고가 180건 발생하였다면 중상은 몇 건이나 발생할 수 있는가? (단, 버드의 재해구성 비율법칙에 따른다.)

① 6건 ② 18건
③ 20건 ④ 29건

해설	버드의 법칙

1 : 10 : 30 : 600
① 1 : 중상 또는 폐질
② 10 : 경상(인적, 물적 상해)
③ 30 : 무상해사고(물적 손실 발생)
④ 600 : 무상해, 무사고 고장(위험순간)
∴ 무상해 사고 : 중상 = 30 : 1,
180건의 무상해사고 = 중상 1건×6 = 6건

08 Y·G 성격검사에서 "안전, 적응, 적극형"에 해당하는 형의 종류는?

① A형 ② B형
③ C형 ④ D형

해설	Y·G 성격검사 프로필 유형

① A형(평균형) : 조화적, 적응적
② B형(우편형) : 정서불안적, 활동적, 외향적
③ C형(좌편형) : 안전소극형
④ D형(우하형) : 안정, 적응, 적극형
⑤ E형(좌하형) : 불안정, 부적응, 수동형

09 안전보건교육 계획에 포함해야 할 사항이 아닌 것은?

① 교육지도안 ② 교육장소 및 교육방법
③ 교육의 종류 및 대상 ④ 교육의 과목 및 교육내용

해설	교육지도안은 안전보건교육 계획에 포함되지 않는다.

10 안전교육에 대한 설명으로 옳은 것은?

① 사례중심과 실연을 통하여 기능적 이해를 돕는다.
② 사무직과 기능직은 그 업무가 판이하게 다르므로 분리하여 교육한다.
③ 현장 작업자는 이해력이 낮으므로 단순반복 및 암기를 시킨다.
④ 안전교육에 건성으로 참여하는 것을 방지하기 위하여 인사고과에 필히 반영한다.

해설	안전교육

1. 사례중심과 실연을 통하여 기능적 이해를 돕는다
2. 안전교육은 사무직과 기능직 동시에 교육 가능하다.
3. 단순반복 및 암기는 피한다.

11 산업안전보건법령에 따라 환기가 극히 불량한 좁은 밀폐된 장소에서 용접작업을 하는 근로자를 대상으로 한 특별 안전·보건교육 내용에 포함되지 않는 것은? (단, 일반적인 안전·보건에 필요한 사항은 제외한다.)

① 환기설비에 관한 사항
② 질식 시 응급조치에 관한 사항
③ 작업순서, 안전작업방법 및 수칙에 관한 사항
④ 폭발 한계점, 발화점 및 인화점 등에 관한 사항

해설	④는 폭발성·물반응성·자기반응성·자기발열성 물질, 자연 발화성 액체·고체 및 인화성 액체의 제조 또는 취급작업을 하는 근로자에 대한 특별교육 내용이다.

12 크레인, 리프트 및 곤돌라는 사업장에 설치가 끝난 날부터 몇 년 이내에 최초의 안전검사를 실시해야 하는가? (단, 이동식 크레인, 이삿짐운반용 리프트는 제외한다.)

① 1년 ② 2년
③ 3년 ④ 4년

해설	안전검사의 주기와 합격표시 및 표시방법

크레인(이동식 크레인은 제외한다), 리프트(이삿짐운반용 리프트는 제외한다) 및 곤돌라는 사업장에 설치가 끝난 날부터 3년 이내에 최초 안전검사를 실시하되, 그 이후부터 2년마다(건설현장에서 사용하는 것은 최초로 설치한 날부터 6개월마다) 실시

13 재해예방의 4원칙에 해당하지 않는 것은?

① 예방가능의 원칙 ② 손실가능의 원칙
③ 원인연계의 원칙 ④ 대책선정의 원칙

해설	보기는 재해예방의 4원칙 중 손실우연의 원칙이 누락됐다.

정답 | 07 ① 08 ④ 09 ① 10 ① 11 ④ 12 ③ 13 ②

14 위험예지훈련 4R(라운드) 기법의 진행방법에서 3R에 해당하는 것은?

① 목표설정 ② 대책수립
③ 본질추구 ④ 현상파악

해설 위험예지훈련의 추진을 위한 문제해결 4단계
1라운드 : 현상파악(사실의 파악) – 어떤 위험이 잠재하고 있는가?
2라운드 : 본질추구(원인조사) – 이것이 위험의 포인트다.
3라운드 : 대책수립(대책을 세운다) – 당신이라면 어떻게 하겠는가?
4라운드 : 목표설정(행동계획 작성) – 우리들은 이렇게 하자!

15 다음 중 맥그리거(McGregor)의 Y이론과 가장 거리가 먼 것은?

① 성선설 ② 상호신뢰
③ 선진국형 ④ 권위주의적 리더십

해설 목표달성을 위해 종업원들을 통제하고 위협하는 권위주의적 리더십은 맥그리거의 X이론에 해당된다.

16 재해 코스트 산정에 있어 시몬즈(R.H. Simonds)방식에 의한 재해코스트 산정법으로 옳은 것은?

① 직접비＋간접비
② 간접비＋비보험코스트
③ 보험코스트＋비보험코스트
④ 보험코스트＋사업부보상금 지급액

해설 재해손실비의 계산(시몬즈 방식)
재해코스트＝보험코스트＋비보험코스트

17 관리감독자를 대상으로 교육하는 TWI의 교육내용이 아닌 것은?

① 문제해결훈련 ② 작업지도훈련
③ 인간관계훈련 ④ 작업방법훈련

해설 TWI(Training Within Industry)
① 작업지도훈련(JIT ; Job Instruction Training)
② 작업방법훈련(JMT ; Job Method Training)
③ 인간관계훈련(JRT ; Job Relations Training)
④ 작업안전훈련(JST ; Job Safety Training)

18 생체 리듬(Bio Rhythm)중 일반적으로 28일을 주기로 반복되며, 주의력・창조력・예감 및 통찰력 등을 좌우하는 리듬은?

① 육체적 리듬 ② 지성적 리듬
③ 감성적 리듬 ④ 정신적 리듬

해설 감성적 리듬(S, Sensitivity)
기분이나 신경계통의 상태를 나타내는 리듬, 적색 점선으로 표시하며 28일의 주기이다. 주의력・창조력・예감 및 통찰력 등을 좌우한다.

19 방진마스크의 사용 조건 중 산소농도의 최소기준으로 옳은 것은?

① 16% ② 18%
③ 21% ④ 23.5%

해설 방진마스크를 사용할 수 있는 최소 산소농도는 18%이다.

20 무재해운동의 기본이념 3원칙 중 다음에서 설명하는 것은?

> 직장 내의 모든 잠재위험요인을 적극적으로 사전에 발견, 파악, 해결함으로서 뿌리에서부터 산업 재해를 제거하는 것

① 무의 원칙 ② 선취의 원칙
③ 참가의 원칙 ④ 확인의 원칙

해설 무의 원칙
모든 잠재위험요인을 사전에 발견・파악・해결함으로써 근원적으로 산업재해를 없앤다.

정답 | 14 ② 15 ④ 16 ③ 17 ① 18 ③ 19 ② 20 ①

2과목
인간공학 및 위험성 평가 · 관리

21 인체 계측 자료의 응용 원칙이 아닌 것은?

① 기존 동일 제품을 기준으로 한 설계
② 최대치수와 최소치수를 기준으로 한 설계
③ 조절범위를 기준으로 한 설계
④ 평균치를 기준으로 한 설계

[해설] **인체계측자료의 응용원칙**
1. 최대치수와 최소치수(극단치 설계)
2. 조절식 설계(5~95%)
3. 평균치를 기준으로 한 설계

22 인체에서 뼈의 주요 기능이 아닌 것은?

① 인체의 지주　　② 장기의 보호
③ 골수의 조혈　　④ 근육의 대사

[해설] 뼈의 주요기능은 지주역할, 장기보호, 골수조혈기능 등이 있다.

23 인간공학 연구조사에 사용되는 기준의 구비조건과 가장 거리가 먼 것은?

① 다양성　　② 적절성
③ 무오염성　　④ 기준 척도의 신뢰성

[해설] **체계기준의 구비조건**
1. 실제적 요건　　2. 신뢰성
3. 타당성(적절성)　　4. 순수성(무오염성)
5. 민감도

24 손이나 특정 신체부위에 발생하는 누적손상장애(CTD)의 발생인자와 가장 거리가 먼 것은?

① 무리한 힘　　② 다습한 환경
③ 장시간의 진동　　④ 반복도가 높은 작업

[해설] 누적손상장애의 발생원인은 무리한 힘, 부적합한 작업자세의 반복, 장시간의 진동, 반복작업 등이다.

25 각 부품의 신뢰도가 다음과 같을 때 시스템의 전체 신뢰도는 약 얼마인가?

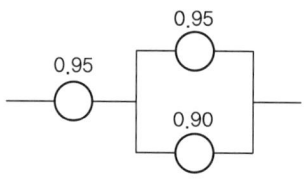

① 0.8123　　② 0.9453
③ 0.9553　　④ 0.9953

[해설] 신뢰도 = $0.95 \times \{1-(1-0.95)(1-0.90)\} = 0.94525 ≒ 0.9453$

26 의자 설계 시 고려해야 할 일반적인 원리와 가장 거리가 먼 것은?

① 자세고정을 줄인다.
② 조정이 용이해야 한다.
③ 디스크가 받는 압력을 줄인다.
④ 요추 부위의 후만곡선을 유지한다.

[해설] 의자설계 시 요추 부위의 전만곡선 유지가 필요하다.

27 다음 FT도에서 시스템에 고장이 발생할 확률은 약 얼마인가? (단, X_1과 X_2의 발생확률은 각각 0.05, 0.03이다.)

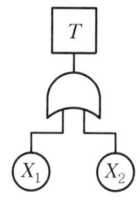

① 0.0015　　② 0.0785
③ 0.9215　　④ 0.9985

[해설] $T = 1-(1-0.05)(1-0.03) = 0.0785$

28 반사율이 85%, 글자의 밝기가 400cd/m²인 VDT화면에 350lux의 조명이 있다면 대비는 약 얼마인가?

① -6.0　　② -5.0
③ -4.2　　④ -2.8

정답 | 21 ① 22 ④ 23 ① 24 ② 25 ② 26 ④ 27 ② 28 ③

해설
1. 대비 : 표적의 광속 발산도와 배경의 광속 발산도의 차

$$대비 = 100 \times \frac{L_b - L_t}{L_b}$$

2. 반사율(%)

$$\frac{휘도(fL)}{조도(fC)} \times 100 = \frac{\alpha d/m^2 \times \pi}{lux}$$

$$L_b = (0.85 \times 350)/3.14 = 94.75$$

$$L_t = 400 + 94.75 = 494.75$$

따라서 대비 $= \frac{L_b - L_t}{L_b} \times 100 [\%]$

$$= \frac{94.75 - 494.75}{94.75} \times 100 = -4.22[\%]$$

29 시각 장치와 비교하여 청각 장치 사용이 유리한 경우는?

① 메시지가 길 때
② 메시지가 복잡할 때
③ 정보 전달 장소가 너무 소란할 때
④ 메시지에 대한 즉각적인 반응이 필요할 때

해설 메시지에 대한 즉각적인 행동을 요구하는 경우에는 청각적 표시장치의 사용이 바람직하다.

30 화학설비에 대한 안전성 평가 중 정량적 평가항목에 해당되지 않는 것은?

① 공정
② 취급물질
③ 압력
④ 화학설비용량

해설 제3단계는 정량적 평가(재해중복 또는 가능성이 높은 것에 대한 위험도 평가)이다.

※ 평가항목(5가지 항목) : ① 물질 ② 온도 ③ 압력 ④ 용량 ⑤ 조작

31 산업안전보건법령상 사업주가 유해위험방지 계획서를 제출할 때에는 사업장 별로 관련 서류를 첨부하여 해당 작업시작 며칠 전까지 해당 기관에 제출하여야 하는가?

① 7일
② 15일
③ 30일
④ 60일

해설 사업주가 유해·위험방지계획서를 제출하려면 사업장별로 제조업 등 유해·위험방지계획서에 필요한 서류를 첨부하여 해당 작업시작 15일 전까지 한국산업안전보건공단에 2부를 제출하여야 한다.

32 인간-기계 시스템을 설계할 때에는 특정기능을 기계에 할당하거나 인간에게 할당하게 된다. 이러한 기능할당과 관련된 사항으로 옳지 않은 것은? (단, 인공지능과 관련된 사항은 제외한다.)

① 인간은 원칙을 적용하여 다양한 문제를 해결하는 능력이 기계에 비해 우월하다.
② 일반적으로 기계는 장시간 일관성이 있는 작업을 수행하는 능력이 인간에 비해 우월하다.
③ 인간은 소음, 이상온도 등의 환경에서 작업을 수행하는 능력이 기계에 비해 우월하다.
④ 일반적으로 인간은 주위가 이상하거나 예기치 못한 사건을 감지하여 대처하는 능력이 기계에 비해 우월하다.

해설 소음, 이상온도 등의 환경에서 작업을 수행하는 능력은 기계가 더 뛰어나다.

33 모든 시스템 안전분석에서 제일 첫 번째 단계의 분석으로, 실행되고 있는 시스템을 포함한 모든 것의 상태를 인식한다. 시스템의 개발단계에서 시스템 고유의 위험상태를 식별하여 예상되고 있는 재해의 위험수준을 결정하는 것을 목적으로 하는 위험분석 기법은?

① 결함위험분석(FHA ; Fault Hazard Analysis)
② 시스템위험분석(SHA ; System Hazard Analysis)
③ 예비위험분석(PHA ; Preliminary Hazard Analysis)
④ 운용위험분석(OHA ; Operating Hazard Analysis)

해설 PHA(예비위험분석)
시스템 내의 위험요소가 얼마나 위험상태에 있는가를 평가하는 시스템 안전프로그램의 최초단계의 분석 방식(정성적)

34 컷셋(cut set)과 패스셋(pass set)에 관한 설명으로 옳은 것은?

① 동일한 시스템에서 패스셋의 개수와 컷셋의 개수는 같다.
② 패스셋은 동시에 발생했을 때 정상사상을 유발하는 사상들의 집합이다.
③ 일반적으로 시스템에서 최소 컷셋의 개수가 늘어나면 위험 수준이 높아진다.
④ 최소 컷셋은 어떤 고장이나 실수를 일으키지 않으면 재해는 일어나지 않는다고 하는 것이다.

정답 | 29 ④ 30 ① 31 ② 32 ③ 33 ③ 34 ③

해설 미니멀 컷셋은 시스템이 고장 나는 데 필요한 최소 요인의 집합으로써 그 개수가 증가하면 위험수준 또한 높아진다.

35 조종장치를 촉각적으로 식별하기 위하여 사용되는 촉각적 코드화의 방법으로 옳지 않은 것은?

① 색감을 활용한 코드화
② 크기를 이용한 코드화
③ 조종장치의 형상 코드화
④ 표면 촉감을 이용한 코드화

해설 **조정장치(제어장치)의 촉각적 암호화**
1. 표면촉감을 사용하는 경우
2. 형상을 구별하는 경우
3. 크기를 구별하는 경우

36 FT도에서 사용하는 기호 중 다음 그림과 같이 입력사상 중 어떤 현상이 다른 현상보다 먼저 일어날 경우에만 출력사상이 발생하도록 할 때 사용하는 것은?

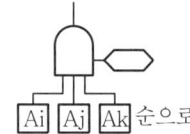

① 부정 OR 게이트
② 우선적 AND 게이트
③ 억제 게이트
④ 조합 OR 게이트

해설
기호	명칭	설명
	우선적 AND 게이트	입력사상 중 어떤 현상이 다른 현상보다 먼저 일어날 경우에만 출력사상이 발생

37 적절한 온도의 작업환경에서 추운 환경으로 온도가 변할 때 우리의 신체가 수행하는 조절작용이 아닌 것은?

① 발한(發汗)이 시작된다.
② 피부의 온도가 내려간다.
③ 직장(直腸)온도가 약간 올라간다.
④ 혈액의 많은 양이 몸의 중심부를 위주로 순환한다.

해설 발한이 시작되는 현상은 고온스트레스에 대한 신체의 반응이다.

38 휴먼 에러(Human Error)의 요인을 심리적 요인과 물리적 요인으로 구분할 때, 심리적 요인에 해당하는 것은?

① 일이 너무 복잡한 경우
② 일의 생산성이 너무 강조될 경우
③ 동일 형상의 것이 나란히 있을 경우
④ 서두르거나 절박한 상황에 놓여있을 경우

해설 서두르거나 절박한 상황에 놓이는 경우는 휴먼에러의 심리적 요인에 해당한다.

39 시스템안전 MIL-STD-882B 분류기준의 위험성 평가 매트릭스에서 발생빈도에 속하지 않는 것은?

① 거의 발생하지 않는(remote)
② 전혀 발생하지 않는(impossible)
③ 보통 발생하는(reasonably probable)
④ 극히 발생하지 않을 것 같은(extremely improbable)

해설 **시스템안전 MIL-STD-882B 위험성평가 발생빈도 분류기준**
E. 발생가능성 없음(improbable)

40 FTA에 의한 재해사례 연구순서 중 2단계에 해당하는 것은?

① FT도의 작성
② 톱 사상의 선정
③ 개선계획의 작성
④ 사상의 재해원인을 규명

해설 **FTA에 의한 재해사례 연구순서**
1. Top 사상의 선정
2. 사상마다의 재해원인 규명
3. FT도의 작성
4. 개선계획의 작성

3과목
기계·기구 및 설비 안전관리

41 산업안전보건법령상 로봇에 설치되는 제어장치의 조건에 적합하지 않은 것은?

① 누름버튼은 오작동 방지를 위한 가드를 설치하는 등 불시기동을 방지할 수 있는 구조로 제작·설치되어야 한다.
② 로봇에는 외부 보호 장치와 연결하기 위해 하나 이상의 보호정지 회로를 구비해야 한다.
③ 전원공급램프, 자동운전, 결함검출 등 작동제어의 상태를 확인할 수 있는 표시장치를 설치해야 한다.
④ 조작버튼 및 선택스위치 등 제어장치에는 해당 기능을 명확하게 구분할 수 있도록 표시해야 한다.

[해설] 로봇에 설치되는 제어장치는 아래 요건에 적합하도록 설계·제작되어야 한다.
1. 누름버튼은 오작동 방지를 위한 가드를 설치하는 등 불시기동을 방지할 수 있는 구조로 제작·설치되어야 한다.
2. 전원공급램프, 자동운전, 결함검출 등 작동제어의 상태를 확인할 수 있는 표시장치를 설치해야 한다.
3. 조작버튼 및 선택스위치 등 제어장치에는 해당 기능을 명확하게 구분할 수 있도록 표시해야 한다.

42 컨베이어의 제작 및 안전기준상 작업구역 및 통행구역에 덮개, 울 등을 설치해야 하는 부위에 해당하지 않는 것은?

① 컨베이어의 동력전달 부분
② 컨베이어의 제동장치 부분
③ 호퍼, 슈트의 개구부 및 장력 유지장치
④ 컨베이어 벨트, 풀리, 롤러, 체인, 스프라켓, 스크류 등

[해설] 컨베이어 작업구역 및 통행구역에서 다음의 부위에는 덮개, 울 등을 설치해야 한다.
1. 컨베이어의 동력전달 부분
2. 컨베이어 벨트, 풀리, 롤러, 체인, 스프라켓, 스크류 등
3. 호퍼, 슈트의 개구부 및 장력 유지장치
4. 기타 가동부분과 정지부분 또는 다른 물건 사이 틈 등 작업자에게 위험을 미칠 우려가 있는 부분
5. 운반되는 재료 또는 컨베이어가 화상 등을 일으킬 수 있는 구간

43 가공기계에 쓰이는 주된 풀 프루프(Fool Proof)에서 가드(Guard)의 형식으로 틀린 것은?

① 인터록 가드(Interlock Guard)
② 안내 가드(Guide Guard)
③ 조정 가드(Adjustable Guard)
④ 고정 가드(Fixed Guard)

[해설] 풀프루프(Fool Proof) 가드의 종류 : 인터록 가드(Interlock Guard), 조절 가드(Adjustable Guard), 고정 가드(Fixed Guard)

44 밀링작업 시 안전수칙으로 틀린 것은?

① 보안경을 착용한다.
② 칩은 기계를 정지시킨 다음에 브러시로 제거한다.
③ 가공 중에는 손으로 가공면을 점검하지 않는다.
④ 면장갑을 착용하여 작업한다.

[해설] 밀링작업 시 안전대책
면장갑을 끼지 말 것

45 산업안전보건법령상 탁상용 연삭기의 덮개에는 작업 받침대와 연삭숫돌과의 간격을 몇 mm 이하로 조정할 수 있어야 하는가?

① 3
② 4
③ 5
④ 10

[해설] 탁상용 연삭기의 덮개에는 작업 받침대와 연삭숫돌과의 간격을 3mm 이하로 조정할 수 있어야 한다.

46 다음 중 회전축, 커플링 등 회전하는 물체에 작업복 등이 말려드는 위험을 초래하는 위험점은?

① 협착점
② 접선물림점
③ 절단점
④ 회전말림점

[해설] 회전말림점은 회전하는 물체의 길이, 굵기, 속도 등이 불규칙한 부위와 돌기 회전부위에 장갑 및 작업복 등이 말려드는 위험점을 형성(돌기회전부)한다.

정답 | 41 ② 42 ② 43 ② 44 ④ 45 ① 46 ④

47 크레인의 방호장치에 해당되지 않은 것은?

① 권과방지장치 ② 과부하방지장치
③ 비상정지장치 ④ 자동보수장치

[해설] **크레인의 방호장치**
크레인에는 과부하방지장치 · 권과방지장치 · 비상정지장치 및 브레이크장치 등 방호장치를 부착하고, 유효하게 작동될 수 있도록 미리 조정하여 두어야 한다.

48 무부하 상태에서 지게차로 20km/h의 속도로 주행할 때, 좌우 안정도는 몇 % 이내이어야 하는가?

① 37% ② 39%
③ 41% ④ 43%

[해설] 주행 시의 좌우 안정도 = (15+1.1V)% = (15+1.1×20)%
= 37% 이내

49 산업안전보건법령상 승강기의 종류에 해당하지 않는 것은?

① 리프트 ② 에스컬레이터
③ 화물용 엘리베이터 ④ 승객용 엘리베이터

[해설] **승강기의 종류(「안전보건규칙」 제132조)**
1. 승객용 엘리베이터   2. 승객화물용 엘리베이터
3. 화물용 엘리베이터   4. 소형화물용 엘리베이터
5. 에스컬레이터

50 아세틸렌 용접장치에 관한 설명 중 틀린 것은?

① 아세틸렌발생기로부터 5m 이내, 발생기실로부터 3m 이내에는 흡연 및 화기사용을 금지한다.
② 발생기실에는 관계 근로자가 아닌 사람이 출입하는 것을 금지한다.
③ 아세틸렌 용기는 뉘어서 사용한다.
④ 건식안전기의 형식으로 소결금속식과 우회로식이 있다.

[해설] **가스 등의 용기(「산업안전보건기준에 관한 규칙」 제234조)**
용해아세틸렌의 용기는 세워 둘 것

51 롤러기의 앞면 롤의 지름이 300mm, 분당회전수가 30회일 경우 허용되는 급정지장치의 급정지거리는 약 몇 mm 이내이어야 하는가?

① 37.7 ② 31.4
③ 377   ④ 314

[해설] $V = \dfrac{\pi DN}{1,000} = \dfrac{\pi \times 300 \times 30}{1,000}$
$= 28.2 \text{m/min}$

급정지거리 $= \dfrac{\text{앞면 롤러 원주}}{3} = \dfrac{\pi \times 300}{3}$
$= 314 \text{mm}$

앞면 롤러의 표면속도(m/min)	급정지거리
30 미만	앞면 롤러 원주의 1/3
30 이상	앞면 롤러 원주의 1/2.5

52 프레스 양수조작식 방호장치 누름버튼의 상호 간 내측 거리는 몇 mm 이상인가?

① 50   ② 100
③ 200 ④ 300

[해설] **양수조작식 방호장치의 설치 및 사용**
누름버튼 상호 간 내측거리는 300mm 이상으로 한다.

53 선반가공 시 연속적으로 발생되는 칩으로 인해 작업자가 다치는 것을 방지하기 위하여 칩을 짧게 절단 시켜주는 안전장치는?

① 커버   ② 브레이크
③ 보안경 ④ 칩 브레이커

[해설] **선반의 안전장치**
1. 칩브레이커(Chip Breaker) : 칩을 짧게 끊어지도록 하는 장치
2. 덮개(Shield) : 가공재료의 칩이나 절삭유 등이 비산되어 나오는 위험으로 작업자의 보호를 위하여 이동이 가능한 덮개 설치
3. 브레이크(Brake) : 가공 작업 중 선반을 급정지시킬 수 있는 장치
4. 척 커버(Chuck Cover) : 척이나 척에 물건 가공물의 돌출부에 작업복이 말려 들어가는 것을 방지

정답 | 47 ④ 48 ① 49 ① 50 ③ 51 ④ 52 ④ 53 ④

54 산업안전보건법령상 프레스의 작업시작 전 점검사항이 아닌 것은?

① 금형 및 고정볼트 상태
② 방호장치의 기능
③ 전단기의 칼날 및 테이블의 상태
④ 트롤리(trolley)가 횡행하는 레일의 상태

해설 프레스 작업시작 전의 점검사항(「안전보건규칙」[별표 3])
1. 클러치 및 브레이크의 기능
2. 크랭크축·플라이휠·슬라이드·연결봉 및 연결 나사의 풀림 유무
3. 1행정 1정지기구·급정지장치 및 비상정지장치의 기능
4. 슬라이드 또는 칼날에 의한 위험방지 기구의 기능
5. 프레스의 금형 및 고정볼트 상태
6. 방호장치의 기능
7. 전단기의 칼날 및 테이블의 상태

55 어떤 로프의 최대하중이 700N이고, 정격하중은 100N이다. 이때 안전계수는 얼마인가?

① 5　　② 6
③ 7　　④ 8

해설 안전계수

$$안전계수\ S = \frac{극한(최대, 인장)\ 강도}{허용응력} = \frac{700}{100} = 7$$

56 지름 5cm 이상을 갖는 회전중인 연삭숫돌이 근로자들에게 위험을 미칠 우려가 있는 경우에 필요한 방호장치는?

① 받침대　　② 과부하 방지장치
③ 덮개　　　④ 프레임

해설 연삭숫돌의 덮개 등
회전 중인 연삭숫돌(직경이 5센티미터 이상인 것에 한한다)이 근로자에게 위험을 미칠 우려가 있는 때에는 해당 부위에 덮개를 설치하여야 한다.

57 다음 중 설비의 진단방법에 있어 비파괴 시험이나 검사에 해당하지 않는 것은?

① 피로시험　　② 음향탐상검사
③ 방사선투과시험　④ 초음파탐상검사

해설 피로시험은 파괴시험이다.

58 프레스 금형의 파손에 의한 위험방지 방법이 아닌 것은?

① 금형에 사용하는 스프링은 반드시 인장형으로 할 것
② 작업 중 진동 및 충격에 의해 볼트 및 너트의 헐거워짐이 없도록 할 것
③ 금형의 하중 중심은 원칙적으로 프레스 기계의 하중 중심과 일치하도록 할 것
④ 캠, 기타 충격이 반복해서 가해지는 부분에는 완충장치를 설치할 것

해설 프레스 금형에 사용하는 스프링은 압축형으로 한다.

59 기계설비의 작업능률과 안전을 위해 공장의 설비 배치 3단계를 올바른 순서대로 나열한 것은?

① 지역배치 → 건물배치 → 기계배치
② 건물배치 → 지역배치 → 기계배치
③ 기계배치 → 건물배치 → 지역배치
④ 지역배치 → 기계배치 → 건물배치

해설 기계설비의 작업능률과 안전을 위한 배치의 3단계
지역배치 → 건물배치 → 기계배치

60 다음 중 연삭숫돌의 파괴원인으로 거리가 먼 것은?

① 플랜지가 현저히 클 때
② 숫돌에 균열이 있을 때
③ 숫돌의 측면을 사용할 때
④ 숫돌의 치수 특히 내경의 크기가 적당하지 않을 때

해설 현저하게 플랜지 지름이 적을 때 연삭숫돌이 파괴된다. 플랜지는 숫돌 지름의 1/3 이상이면 된다.

정답 | 54 ④　55 ③　56 ③　57 ①　58 ①　59 ①　60 ①

4과목
전기설비 안전관리

61 인체의 전기저항을 500Ω이라 한다면 심실세동을 일으키는 위험에너지(J)는? (단, 심실세동전류 $I = \dfrac{165}{\sqrt{T}}$ mA, 통전시간은 1초이다.)

① 13.61 ② 23.21
③ 33.42 ④ 44.63

해설 $W = I^2RT = \left(\dfrac{165}{\sqrt{T}} \times 10^{-3}\right)^2 \times 500\,T$
$= (165^2 \times 10^{-6}) \times 500$
$= 13.6[\text{W} - \sec] = 13.6[\text{J}]$

62 폭발위험장소의 분류 중 인화성 액체의 증기 또는 가연성 가스에 의한 폭발위험이 지속적으로 또는 장기간 존재하는 장소는 몇 종 장소로 분류되는가?

① 0종 장소 ② 1종 장소
③ 2종 장소 ④ 3종 장소

해설 0종 장소에 대한 설명이다.

63 활선 작업 시 사용할 수 없는 전기작업용 안전장구는?

① 전기안전모 ② 절연장갑
③ 검전기 ④ 승주용 가제

해설 승주용 가제는 작업용 설비로 전기작업용 안전장구와 관계 없다.

64 충격전압시험시의 표준충격파형을 1.2×50μs로 나타내는 경우 1.2와 50이 뜻하는 것은?

① 파두장 – 파미장
② 최초섬락시간 – 최종섬락시간
③ 라이징타임 – 스테이블타임
④ 라이징타임 – 충격전압인가시간

해설 **표준충격파형**
1.2×50μs에서 T_f(파두장) = 1.2μs, T_t(파미장) = 50μs을 나타낸다.

65 피뢰침의 제한전압이 800kV, 충격절연강도가 1,000kV라 할 때, 보호여유도는 몇 %인가?

① 25 ② 33
③ 47 ④ 63

해설 보호여유도(%) = $\dfrac{\text{충격절연강도} - \text{제한전압}}{\text{제한전압}} \times 100$
$= \dfrac{1{,}000 - 800}{800} \times 100 = 25\%$

66 감전사고를 일으키는 주된 형태가 아닌 것은?

① 충전전로에 인체가 접촉되는 경우
② 이중절연 구조로 된 전기 기계·기구를 사용하는 경우
③ 고전압의 전선로에 인체가 근접하여 섬락이 발생된 경우
④ 충전 전기회로에 인체가 단락회로의 일부를 형성하는 경우

해설 이중절연 구조의 전기·기계·기구는 감전사고를 방지하기 위해 사용한다.

67 정전기에 관한 설명으로 옳은 것은?

① 정전기는 발생에서부터 억제 – 축적방지 – 안전한 방전이 재해를 방지할 수 있다.
② 정전기발생은 고체의 분쇄공정에서 가장 많이 발생한다.
③ 액체의 이송시는 그 속도(유속)를 7(m/s) 이상 빠르게 하여 정전기의 발생을 억제한다.
④ 접지 값은 10(Ω) 이하로 하되 플라스틱 같은 절연도가 높은 부도체를 사용한다.

해설 ② 정전기의 발생은 물체의 특성, 표면상태, 물질의 이력, 접촉면적 및 압력, 분리속도 등에 따라 달라진다.
③ 저항률이 10^{10}[Ω·cm] 미만인 도전성 위험물의 배관유속은 7[m/s] 이하(에테르, 이황화탄소 등과 같이 유동대전이 심하고 폭발 위험성이 높은 것은 배관 내 유속을 1m/s 이하)
④ 정전기 대책을 위한 접지는 1×10^6[Ω] 이하

68 화재가 발생하였을 때 조사해야 하는 내용으로 가장 관계가 먼 것은?

① 발화원 ② 착화물
③ 출화의 경과 ④ 응고물

해설 화재발생 시 조사해야 할 사항(전기 화재의 원인)은 발화원, 착화물, 출화의 경과(발화형태)이다.

정답 | 61 ① 62 ① 63 ④ 64 ① 65 ① 66 ② 67 ① 68 ④

69 교류아크 용접기에 전격 방지기를 설치하는 요령 중 틀린 것은?

① 이완 방지 조치를 한다.
② 직각으로만 부착해야 한다.
③ 동작 상태를 알기 쉬운 곳에 설치한다.
④ 테스트 스위치는 조작이 용이한 곳에 위치시킨다.

[해설] 연직 또는 수평에 대해서 전격방지기의 부착편의 경사가 20°를 넘지 않은 상태로 설치한다.

70 전기설비의 필요한 부분에 반드시 보호접지를 실시하여야 한다. 접지공사의 종류에 따른 접지저항과 접지선의 굵기가 틀린 것은?

① 제1종 : 10Ω 이하, 공칭단면적 6mm² 이상의 연동선
② 제2종 : $\frac{150}{1선지락전류}$ Ω 이하, 공칭단면적 2.5mm² 이상의 연동선
③ 제3종 : 100Ω 이하, 공칭단면적 2.5mm² 이상의 연동선
④ 특별 제3종 : 10Ω 이하, 공칭단면적 2.5mm² 이상의 연동선

[해설] 법 개정으로 해당 문제 출제 안 됨

71 온도조절용 바이메탈과 온도 퓨즈가 회로에 조합되어 있는 다리미를 사용한 가정에서 화재가 발생했다. 다리미에 부착되어 있던 바이메탈과 온도퓨즈를 대상으로 화재사고를 분석하려 하는데 논리기호를 사용하여 표현하고자 한다. 어느 기호가 적당한가? (단, 바이메탈의 작동과 온도 퓨즈가 끊어졌을 경우를 0, 그렇지 않을 경우를 1이라 한다.)

[해설] • 바이메탈 : 바이메탈을 이용하여 일정한 온도에 이르면 자동으로 회로가 열려 과열방지
• 온도퓨즈 : 바이메탈을 이용한 자동온도조절장치가 고장나면 퓨즈가 끊어지면서 전류를 차단

72 내압방폭구조의 기본적 성능에 관한 사항으로 틀린 것은?

① 내부에서 폭발할 경우 그 압력에 견딜 것
② 폭발화염이 외부로 유출되지 않을 것
③ 습기침투에 대한 보호가 될 것
④ 외함 표면온도가 주위의 가연성 가스에 점화하지 않을 것

[해설] 내압방폭구조
1. 내부에서 폭발할 경우 그 압력에 견딜 것
2. 폭발화염이 외부로 유출되지 않을 것
3. 외함 표면온도가 주위의 가연성 가스에 점화하지 않을 것

73 전기기기의 Y종 절연물의 최고 허용온도는?

① 80℃   ② 85℃
③ 90℃   ④ 105℃

[해설] 절연물의 절연계급

종별	Y	A	E	B	F	H	C
최고허용온도 [℃]	90	105	120	130	155	180	180 이상

74 폭발위험이 있는 장소의 설정 및 관리와 가장 관계가 먼 것은?

① 인화성 액체의 증기 사용   ② 가연성 가스의 제조
③ 가연성 분진 제조   ④ 종이 등 가연성 물질 취급

[해설] 폭발위험이 있는 장소의 설정 및 관리(「산업안전보건에 관한 규칙」 제230조)
1. 인화성 액체의 증기나 인화성 가스 등을 제조·취급 또는 사용하는 장소
2. 인화성 고체를 제조·사용하는 장소

75 화염일주한계에 대한 설명으로 옳은 것은?

① 폭발성 가스와 공기의 혼합기에 온도를 높인 경우 화염이 발생 할 때까지의 시간 한계치
② 폭발성 분위기에 있는 용기의 접합면 틈새를 통해 화염이 내부에서 외부로 전파되는 것을 저지할 수 있는 틈새의 최대간격치
③ 폭발성 분위기 속에서 전기불꽃에 의하여 폭발을 일으킬 수 있는 화염을 발생시키기에 충분한 교류파형의 1주기치
④ 방폭설비에서 이상이 발생하여 불꽃이 생성된 경우에 그것이 점화원으로 작용하지 않도록 화염의 에너지를 억제하여 폭발하한계로 되도록 화염 크기를 조정하는 한계치

정답 | 69 ② 70 ② 71 ③ 72 ③ 73 ③ 74 ④ 75 ②

해설 | **화염일주한계[최대안전틈새]**
폭발성 분위기 내에 방치된 표준용기의 접합면 틈새를 통하여 폭발화염이 내부에서 외부로 전파되는 것을 저지(최소점화에너지 이하)할 수 있는 틈새의 최대간격치이며 폭발성 가스의 종류에 따라 다르다.

76 인체의 표면적이 0.5m²이고 정전용량은 0.02pF/cm² 이다. 3,300V의 전압이 인가되어 있는 전선에 접근하여 작업을 할 때 인체에 축적되는 정전기 에너지(J)는?

① 5.445×10^{-2}
② 5.445×10^{-4}
③ 2.723×10^{-2}
④ 2.723×10^{-4}

해설 | $C = 0.5 \times 10,000 cm^2 \times 0.02 pF/cm^2 = 100 pF$

$$W = \frac{1}{2}CV^2 = \frac{1}{2}QV = \frac{1}{2}\frac{Q^2}{C}$$
$$= \frac{1}{2} \times 100 \times 10^{-12} \times 3,300^2 = 5.445 \times 10^{-4}$$

여기서, C : 도체의 정전용량, Q : 대전전하량,
V : 대전전위 ⇒ Q=CV

77 제 3종 접지공사를 시설하여야 하는 장소가 아닌 것은?

① 금속몰드 배선에 사용하는 몰드
② 고압계기용 변압기의 2차측 전로
③ 고압용 금속제 케이블트레이 계통의 금속트레이
④ 400V 미만의 저압용 기계기구의 철대 및 금속제 외함

해설 | 법 개정으로 해당문제 출제 안 됨

78 전자파 중에서 광량자 에너지가 가장 큰 것은?

① 극저주파
② 마이크로파
③ 가시광선
④ 적외선

해설 | 전자파 중 광량자 에너지가 가장 큰 것은 가시광선이다.

79 감전사고 방지대책으로 틀린 것은?

① 설비의 필요한 부분에 보호접지 실시
② 노출된 충전부에 통전망 설치
③ 안전전압 이하의 전기기기 사용
④ 전기기기 및 설비의 정비

해설 | 충전부가 노출된 부분에는 절연방호구를 사용하여야 한다.

80 다음 중 폭발위험장소에 전기설비를 설치할 때 전기적인 방호조치로 적절하지 않은 것은?

① 다상 전기기기는 결상운전으로 인한 과열방지 조치를 한다.
② 배선은 단락·지락 사고 시의 영향과 과부하로부터 보호한다.
③ 자동차단이 점화의 위험보다 클 때는 경보장치를 사용한다.
④ 단락보호장치는 고장상태에서 자동 복구되도록 한다.

해설 | 자동차단장치는 사고가 제거되지 않은 상태에서 자동 복귀되지 않는 구조이어야 한다. 단, 2종 장소에 설치된 설비의 과부하방지장치에는 적용하지 아니한다.

5과목
화학설비 안전관리

81 다음 관(pipe) 부속품 중 관로의 방향을 변경하기 위하여 사용하는 부속품은?

① 니플(nipple)
② 유니온(union)
③ 플랜지(flange)
④ 엘보우(elbow)

해설 | 관로의 방향을 바꿀 때는 엘보우, Y자관 등의 부속을 사용한다.

82 산업안전보건기준에 관한 규칙상 국소배기장치의 후드 설치 기준이 아닌 것은?

① 유해물질이 발생하는 곳마다 설치할 것
② 후드의 개구부 면적은 가능한 한 크게 할 것
③ 외부식 또는 리시버식 후드는 해당 분진 등의 발산원에 가장 가까운 위치에 설치할 것
④ 후드 형식은 가능하면 포위식 또는 부스식 후드를 설치할 것

해설 | 국소배기장치의 후드는 유해인자의 발생형태와 비중, 작업방법 등을 고려하여 해당 분진 등의 발산원(發散源)을 제어할 수 있는 구조로 설치하여야 한다.

정답 | 76 ② 77 ③ 78 ③ 79 ② 80 ④ 81 ④ 82 ②

83 반응성 화학물질의 위험성은 실험에 의한 평가 대신 문헌조사 등을 통해 계산에 의해 평가하는 방법을 사용할 수 있다. 이에 관한 설명으로 옳지 않은 것은?

① 위험성이 너무 커서 물성을 측정할 수 없는 경우 계산에 의한 평가 방법을 사용할 수도 있다.
② 연소열, 분해열, 폭발열 등의 크기에 의해 그 물질의 폭발 또는 발화의 위험예측이 가능하다.
③ 계산에 의한 평가를 하기 위해서는 폭발 또는 분해에 따른 생성물의 예측이 이루어져야 한다.
④ 계산에 의한 위험성 예측은 모든 물질에 대해 정확성이 있으므로 더 이상의 실험을 필요로 하지 않는다.

[해설] 계산에 의한 위험성 예측은 실제와 다를 가능성이 있으므로 실험을 통해 실제 위험성을 평가할 필요가 있다.

84 산업안전보건기준에 관한 규칙에 따르면 쥐에 대한 경구투입실험에 의하여 실험동물의 50퍼센트를 사망시킬 수 있는 물질의 양, 즉 LD50(경구, 쥐)이 킬로그램당 몇 밀리그램 –(체중) 이하인 화학물질이 급성 독성 물질에 해당하는가?

① 25 ② 100
③ 300 ④ 500

[해설] LD50(경구, 쥐)이 킬로그램당 300밀리그램 – (체중) 이하인 화학물질은 산업안전보건기준에 관한 규칙에 따른 급성독성물질에 해당한다.

85 폭발방호대책 중 이상 또는 과잉압력에 대한 안전장치로 볼 수 없는 것은?

① 안전 밸브(safety valve)
② 릴리프 밸브(relief valve)
③ 파열판(bursting disk)
④ 플레임 어레스터(flame arrester)

[해설] 플레임 어레스터(역화방지기, flame arrester)는 폭발성 혼합가스로 충만된 배관 등의 일부에서 연소가 개시될 때 역화를 방지하여 폭발성 혼합가스가 존재하는 장소 전체에 화염이 전파되는 것을 방지하기 위한 안전장치로 과잉압력에 대한 안전장치라고 볼 수 없다.

86 다음 인화성 가스 중 가장 가벼운 물질은?

① 아세틸렌 ② 수소
③ 부탄 ④ 에틸렌

[해설] 가스의 중량은 분자량을 통해 계산하거나 외워야 한다.
문제에서는 중량 계산이 아닌 가벼운 물질을 찾는 것을 요구하고 있으므로 물질의 분자식을 알면 대략적으로 답을 찾을 수 있다. 보기 중에선 수소(H_2)가 가장 분자량이 적어 가장 가볍다.

87 가연성 가스 및 증기의 위험도에 따른 방폭전기기기의 분류로 폭발등급을 사용하는데, 이러한 폭발등급을 결정하는 것은?

① 발화도 ② 화염일주한계
③ 폭발한계 ④ 최소발화에너지

[해설] 폭발등급은 안전간격(화염일주한계)에 따라 분류한다.

88 다음 중 메타인산(HPO_3)에 의한 소화효과를 가진 분말 소화약제의 종류는?

① 제1종 분말소화약제 ② 제2종 분말소화약제
③ 제3종 분말소화약제 ④ 제4종 분말소화약제

[해설] 제3종 분말 소화기
열 분해 시 암모니아와 수증기에 의한 질식효과, 열분해에 의한 냉각효과, 암모늄에 의한 부촉매효과와 메타인산(HPO_3)에 의한 방진작용이 주된 소화효과이다.

89 압축기와 송풍의 관로에 심한 공기의 맥동과 진동을 발생하면서 불안정한 운전이 되는 서징(surging) 현상의 방지법으로 옳지 않은 것은?

① 풍량을 감소시킨다.
② 배관의 경사를 완만하게 한다.
③ 교축밸브를 기계에서 멀리 설치한다.
④ 토출가스를 흡입측에 바이패스 시키거나 방출밸브에 의해 대기로 방출시킨다.

[해설] 서징을 방지하기 위해서는 교축밸브를 압축기 가까이에 설치해서 부하에 따라 풍량을 적절히 조절하여야 한다.

정답 | 83 ④ 84 ③ 85 ④ 86 ② 87 ② 88 ③ 89 ③

90 다음 중 TLV-TWA상 독성이 가장 강한 가스는?

① NH_3 ② $COCl_2$
③ $C_6H_5CH_3$ ④ H_2S

[해설] $COCl_2$(포스겐)는 맹독성 가스로 TWA 0.1ppm의 맹독성 물질이다.

91 다음 중 분해 폭발의 위험성이 있는 아세틸렌의 용제로 가장 적절한 것은?

① 에테르   ② 에틸알코올
③ 아세톤   ④ 아세트알데히드

[해설] 아세틸렌은 폭발 위험이 있어 아세톤 등에 침전하여 다공성 물질이 있는 용기에 충전한다.

92 분진폭발의 발생 순서로 옳은 것은?

① 비산 → 분산 → 퇴적분진 → 발화원 → 2차폭발 → 전면폭발
② 비산 → 퇴적분진 → 분산 → 발화원 → 2차폭발 → 전면폭발
③ 퇴적분진 → 발화원 → 분산 → 비산 → 전면폭발 → 2차폭발
④ 퇴적분진 → 비산 → 분산 → 발화원 → 전면폭발 → 2차폭발

[해설] **분진폭발 순서**
퇴적분진 → 비산(날림) → 분산 → 발화원 발생(폭발의 진행) → 전면폭발 → 2차폭발

93 프로판(C_3H_8)의 연소에 필요한 최소 산소농도의 값은 약 얼마인가? (단, 프로판의 폭발하한은 Jone식에 의해 추산한다.)

① 8.1%v/v   ② 11.1%v/v
③ 15.1%v/v   ④ 20.1%v/v

[해설] **존슨의 법칙**
파라핀계 탄화수소의 25℃에서의 연소하한계(연소상한계)는 화학양론조성비에 일정한 값을 곱하여 구할 수 있다는 것
$LFL25 = 0.55 C_{st}$
$LFL25 = 3.5 C_{st}$

프로판의 완전연소식
$C_3H_8 + 5O_2 \rightarrow 3CO_2 + 4H_2O$

프로판의 양론농도(C_{st}):
$C_{st} = \dfrac{\text{연료몰수}}{\text{연료몰수} + \text{공기몰수}} \times 100 = \dfrac{1}{1 + \dfrac{5}{0.21}} \times 100 = 4.031$

프로판의 폭발하한: $0.55 \times C_{st} = 0.55 \times 4.031 = 2.22$

최소산소농도(C_m)
$= \text{폭발하한(\%)} \times \dfrac{\text{산소mol수}}{\text{연소가스mol수}} = 2.22 \times \dfrac{5}{1} = 11.1\%$

94 다음 중 물과 반응하여 아세틸렌을 발생시키는 물질은?

① Zn   ② Mg
③ Al   ④ CaC_2

[해설] 카바이드(탄화칼슘, CaC_2)가 물과 반응하면 가연성의 아세틸렌(C_2H_2) 가스가 발생한다.
$CaC_2 + H_2O + 2H_2O \rightarrow Ca(OH)_2 + C_2H_2$

95 소화약제 IG-100의 구성성분은?

① 질소   ② 산소
③ 이산화탄소   ④ 수소

[해설] IG-100은 불활성가스 혼합기체 소화약제로 구성은 질소(N_2) 100%이다.

96 다음 중 파열판에 관한 설명으로 틀린 것은?

① 압력 방출속도가 빠르다.
② 한 번 파열되면 재사용 할 수 없다.
③ 한 번 부착한 후에는 교환할 필요가 없다.
④ 높은 점성의 슬러리나 부식성 유체에 적용할 수 있다.

[해설] 파열판은 한 번 작동하면 파열되므로, 교체하여야 한다.

97 공기 중에서 폭발범위가 12.5~74vol%인 일산화탄소의 위험도는 얼마인가?

① 4.92   ② 5.26
③ 6.26   ④ 7.05

[해설] 위험도 $H = \dfrac{U-L}{L} = \dfrac{74-12.5}{12.5} = 4.92$

98 산업안전보건법령에 따라 유해하거나 위험한 설비의 설치·이전 또는 주요 구조부분의 변경공사 시 공정안전보고서의 제출시기는 착공일 며칠 전까지 관련기관에 제출하여야 하는가?

① 15일　　② 30일
③ 60일　　④ 90일

[해설] 사업주는 유해·위험설비의 설치, 이전 또는 주요 구조부분의 변경 공사의 착공 30일 전까지 공정안전보고서를 2부를 산업안전보건공단에 제출해야 한다.

99 메탄 1vol%, 헥산 2vol%, 에틸렌 2vol%, 공기 95vol%로 된 혼합가스의 폭발하한계값(vol%)은 약 얼마인가? (단, 메탄, 헥산, 에틸렌의 폭발하한계 값은 각각 5.0, 1.1, 2.7vol%이다.)

① 1.8　　② 3.5
③ 12.8　　④ 21.7

[해설] $L = \dfrac{V_1 + V_2 + \cdots + V_n}{\dfrac{V_1}{L_1} + \dfrac{V_2}{L_2} + \cdots + \dfrac{V_n}{L_n}}$

(혼합가스가 공기와 섞여 있을 경우)

$L = \dfrac{1+2+2}{\dfrac{1}{5} + \dfrac{2}{1.1} + \dfrac{2}{2.7}} = 1.8(\text{vol}\%)$

100 가열·마찰·충격 또는 다른 화학물질과의 접촉 등으로 인하여 산소나 산화제의 공급이 없더라도 폭발 등 격렬한 반응을 일으킬 수 있는 물질은?

① 에틸알코올　　② 인화성 고체
③ 니트로화합물　　④ 테레핀유

[해설] 니트로화합물은 제5류위험물(자기반응성물질)로 외부의 산소 없이도 자신이 연소하며, 연소속도가 빠르며 폭발적이다(유기과산화물류, 질산에스테르류, 셀룰로이드류, 니트로화합물류, 니트로소화합물류 등이 해당된다.).

6과목
건설공사 안전관리

101 사업주가 유해위험방지 계획서 제출 후 건설공사 중 6개월 이내마다 안전보건공단의 확인을 받아야 할 내용이 아닌 것은?

① 유해위험방지 계획서의 내용과 실제공사 내용이 부합하는지 여부
② 유해위험방지 계획서 변경 내용의 적정성
③ 자율안전관리 업체 유해·위험방지 계획서 제출·심사 면제
④ 추가적인 유해·위험요인의 존재 여부

[해설] 계획서 확인사항은 유해위험방지 계획서의 내용과 실제공사 내용이 부합하는지 여부, 유해위험방지 계획서 변경 내용의 적정성, 추가적인 유해·위험요인의 존재 여부가 해당된다.

102 산업안전보건법령에 따른 지반의 종류별 굴착면의 기울기 기준으로 옳지 않은 것은?

① 모래 — 1 : 1.8
② 연암 — 1 : 0.5
③ 풍화암 — 1 : 1.0
④ 그 밖의 흙 — 1 : 1.2

[해설] **굴착면의 기울기 기준**

지반의 종류	굴착면의 기울기
모래	1 : 1.8
연암 및 풍화암	1 : 1.0
경암	1 : 0.5
그 밖의 흙	1 : 1.2

103 지면보다 낮은 땅을 파는데 적합하고 수중굴착도 가능한 굴착기계는?

① 백호우　　② 파워 셔블
③ 가이데릭　　④ 파일드라이버

[해설] 백호우는 기계가 위치한 지면보다 낮은 곳의 땅을 파는 데 적합하다.

정답 | 98 ② 99 ① 100 ③ 101 ③ 102 ② 103 ①

104 철골공사 시 안전작업방법 및 준수사항으로 옳지 않은 것은?

① 강풍, 폭우 등과 같은 악천우 시에는 작업을 중지하여야 하며 특히 강풍 시에는 높은 곳에 있는 부재나 공구류가 낙하비래 하지 않도록 조치하여야 한다.
② 철골부재 반입 시 시공순서가 빠른 부재는 상단부에 위치하도록 한다.
③ 구명줄 설치 시 마닐라 로프 직경 10mm를 기준하여 설치하고 작업방법을 충분히 검토하여야 한다.
④ 철골보의 두 곳을 매어 인양시킬 때 와이어로프의 내각은 60° 이하이어야 한다.

해설) 구명줄 설치 시 마닐라 로프 직경 16mm를 기준하여 설치해야 한다.

105 콘크리트 타설 시 거푸집 측압에 관한 설명으로 옳지 않은 것은?

① 기온이 높을수록 측압은 크다.
② 타설속도가 클수록 측압은 크다.
③ 슬럼프가 클수록 측압은 크다.
④ 다짐이 과할수록 측압은 크다.

해설) 외기온도가 낮을수록, 습도가 높을수록 측압이 커진다.

106 구축물에 안전진다 등 안전성 평가를 실시하여 근로자에게 미칠 위험성을 미리 제거하여야 하는 경우가 아닌 것은?

① 구축물 또는 이와 유사한 시설물의 인근에서 굴착·항타작업 등으로 침하·균열 등이 발생하여 붕괴의 위험이 예상될 경우
② 구조물, 건축물, 그 밖의 시설물이 그 자체의 무게·적설·풍압 또는 그 밖에 부가되는 하중 등으로 붕괴 등의 위험이 있을 경우
③ 화재 등으로 구축물 또는 이와 유사한 시설물의 내력(耐力)이 심하게 저하되었을 경우
④ 구축물의 구조체가 안전측으로 과도하게 설계가 되었을 경우

해설) 구축물의 구조체가 안전측으로 과도하게 설계가 되었을 경우는 안전성 평가 대상에 해당하지 않는다.

107 굴착과 싣기를 동시에 할 수 있는 토공기계가 아닌 것은?

① Power shovel
② Tractor shovel
③ Back hoe
④ Motor grader

해설) 모터 그레이더는 정지 및 배토기계이다.

108 강관비계의 수직방향 벽이음 조립간격(m)으로 옳은 것은? (단, 틀비계이며 높이가 5m 이상일 경우)

① 2m
② 4m
③ 6m
④ 9m

해설) 강관비계의 조립간격은 아래의 기준에 적합하도록 해야한다.

강관비계의 종류	조립간격(단위 : m)	
	수직방향	수평방향
단관비계	5	5
틀비계(높이가 5m 미만의 것을 제외한다)	6	8

109 다음 중 방망사의 폐기 시 인장강도에 해당하는 것은? (단, 그물코의 크기는 10cm이며 매듭없는 방망의 경우이다.)

① 50kg
② 100kg
③ 150kg
④ 200kg

해설) **추락방호망의 인장강도**
( ) : 폐기기준 인장강도

그물코의 크기 (단위 : cm)	방망의 종류(단위 : kgf)	
	매듭 없는 방망	매듭방망
10	240(150)	200(135)
5	−	110(60)

110 작업장에 계단 및 계단참을 설치하는 경우 매제곱미터당 최소 몇 킬로그램 이상의 하중에 견딜 수 있는 강도를 가진 구조로 설치하여야 하는가?

① 300kg
② 400kg
③ 500kg
④ 600kg

해설) 계단 및 계단참을 설치하는 경우에는 500kg/m² 이상의 하중에 견딜 수 있는 강도를 가진 구조로 해야 한다.

정답 | 104 ③ 105 ① 106 ④ 107 ④ 108 ③ 109 ③ 110 ③

111 굴착공사에서 비탈면 또는 비탈면 하단을 성토하여 붕괴를 방지하는 공법은?

① 배수공
② 배토공
③ 공작물에 의한 방지공
④ 압성토공

[해설] 압성토공은 비탈면 또는 비탈면 하단을 성토하여 강도를 증가시키는 공법이다.

112 공정율이 65%인 건설현장의 경우 공사 진척에 따른 산업안전보건관리비의 최소 사용기준으로 옳은 것은? (단, 공정율은 기성공정율을 기준으로 한다.)

① 40% 이상
② 50% 이상
③ 60% 이상
④ 70% 이상

[해설] 공정율 50% 이상인 경우 산업안전보건관리비의 최소 사용기준은 50% 이상이다.

113 작업으로 인하여 물체가 떨어지거나 날아올 위험이 있는 경우 필요한 조치와 가장 거리가 먼 것은?

① 투하설비 설치
② 낙하물 방지망 설치
③ 수직보호망 설치
④ 출입금지구역 설정

[해설] 투하설비는 높이 3m 이상인 곳에서 물체를 투하할 때 설치하여야 한다.

114 다음은 안전대와 관련된 설명이다. 아래 내용에 해당되는 용어로 옳은 것은?

> 로프 또는 레일 등과 같은 유연하거나 단단한 고정줄로서 추락발생 시 추락을 저지시키는 추락방지대를 지탱해 주는 줄모양의 부품

① 안전블록
② 수직구명줄
③ 죔줄
④ 보조죔줄

[해설] 수직구명줄에 대한 설명이다.

115 가설통로의 설치에 관한 기준으로 옳지 않은 것은?

① 경사는 30° 이하로 한다.
② 건설공사에 사용하는 높이 8m 이상인 비계다리에는 7m 이내마다 계단참을 설치한다.
③ 작업상 부득이한 경우에는 필요한 부분에 한하여 안전난간을 임시로 해체할 수 있다.
④ 수직갱에 가설된 통로의 길이가 10m 이상인 경우에는 5m 이내마다 계단참을 설치한다.

[해설] 수직갱에 가설된 통로의 길이가 15m 이상인 경우에는 10m 이내마다 계단참을 설치해야 한다.

116 해체공사 시 작업용 기계기구의 취급 안전기준에 관한 설명으로 옳지 않은 것은?

① 철제햄머와 와이어로프의 결속은 경험이 많은 사람으로서 선임된 자에 한하여 실시하도록 하여야 한다.
② 팽창제 천공간격은 콘크리트 강도에 의하여 결정되나 70~120cm 정도를 유지하도록 한다.
③ 쐐기타입으로 해체 시 천공구멍은 타입기 삽입부분의 직경과 거의 같아야 한다.
④ 화염방사기로 해체작업 시 용기 내 압력은 온도에 의해 상승하기 때문에 항상 40℃ 이하로 보존해야 한다.

[해설] 팽창제 공법은 광물의 수화반응에 의한 팽창압을 이용하여 파쇄하는 공법으로 팽창제 천공간격은 콘크리트 강도에 의해 결정되나 30~70cm 정도를 유지하도록 한다.

117 크레인의 운전실 또는 운전대를 통하는 통로의 끝과 건설물 등의 벽체의 간격은 최대 얼마 이하로 하여야 하는가?

① 0.2m
② 0.3m
③ 0.4m
④ 0.5m

[해설] 크레인의 운전실 또는 운전대를 통하는 통로의 끝과 건설물 등의 벽체의 간격은 최대 0.3m 이하로 한다.

정답 | 111 ④ 112 ② 113 ① 114 ② 115 ④ 116 ② 117 ②

118 달비계의 최대 적재하중을 정하는 경우 그 안전계수 기준으로 옳지 않은 것은?

① 달기와이어로프 및 달기강선의 안전계수 : 10 이상
② 달기체인 및 달기 훅의 안전계수 : 5 이상
③ 달기강대와 달비계의 하부 및 상부지점의 안전계수 : 강재의 경우 3 이상
④ 달기강대와 달비계의 하부 및 상부지점의 안전계수 : 목재의 경우 5 이상

해설 **달비계의 안전계수**

구분		안전계수
달기와이어로프 및 달기강선		10 이상
달기체인 및 달기훅		5 이상
달기강대와 달비계의 하부 및 상부지점	강재	2.5 이상
	목재	5 이상

119 달비계에 사용이 불가한 와이어로프의 기준으로 옳지 않은 것은?

① 이음매가 있는 것
② 와이어로프의 한 꼬임에서 끊어진 소선의 수가 7% 이상인 것
③ 지름의 감소가 공칭지름의 7%를 초과하는 것
④ 심하게 변형되거나 부식된 것

해설 **와이어로프의 사용금지기준(「안전보건규칙」 제63조)**
1. 이음매가 있는 것
2. 와이어로프의 한 꼬임에서 끊어진 소선의 수가 10퍼센트 이상인 것
3. 지름의 감소가 공칭지름의 7퍼센트를 초과하는 것
4. 꼬인 것
5. 심하게 변형되거나 부식된 것
6. 열과 전기충격에 의해 손상된 것

120 흙막이 지보공을 설치하였을 때 정기적으로 점검하여 이상 발견 시 즉시 보수하여야 할 사항이 아닌 것은?

① 굴착 깊이의 정도
② 버팀대의 긴압의 정도
③ 부재의 접속부·부착부 및 교차부의 상태
④ 부재의 손상·변형·부식·변위 및 탈락의 유무와 상태

해설 **흙막이 지보공 정기점검 및 보수사항**
1. 부재의 손상·변형·부식·변위 및 탈락의 유무와 상태
2. 버팀대의 긴압의 정도
3. 부재의 접속부·부착부 및 교차부의 상태
4. 침하의 정도

정답 | 118 ③ 119 ② 120 ①

1과목
산업재해 예방 및 안전보건교육

01 다음 중 안전교육의 형태 중 OJT(On The Job of training) 교육에 대한 설명과 거리가 먼 것은?

① 다수의 근로자에게 조직적 훈련이 가능하다.
② 직장의 실정에 맞게 실제적인 훈련이 가능하다.
③ 훈련에 필요한 업무의 지속성이 유지된다.
④ 직장의 직속상사에 의한 교육이 가능하다.

해설 다수의 근로자에게 조직적 훈련이 가능한 것은 Off J.T.에 대한 설명이다.

02 레빈(Lewin)의 인간 행동 특성을 다음과 같이 표현하였다. 변수 'E'가 의미하는 것은?

$$B = f(P \cdot E)$$

① 연령 ② 성격
③ 환경 ④ 지능

해설 $B = f(P \cdot E)$
E : Environment(심리적 환경 : 인간관계, 작업조건, 감독, 직무의 안정 등)

03 다음 중 안전교육의 기본 방향과 가장 거리가 먼 것은?

① 생산성 향상을 위한 교육
② 사고사례중심의 안전교육
③ 안전작업을 위한 교육
④ 안전의식 향상을 위한 교육

해설 안전교육의 기본 방향
1. 사고사례중심의 안전교육
2. 안전작업을 위한 교육
3. 안전의식 향상을 위한 교육

04 다음 설명의 학습지도 형태는 어떤 토의법 유형인가?

6-6회의라고도 하며, 6명씩 소집단으로 구분하고, 집단별로 각각의 사회자를 선발하여 6분간씩 자유토의를 행하여 의견을 종합하는 방법

① 포럼(Forum)
② 버즈세션(Buzz session)
③ 케이스 메소드(case method)
④ 패널 디스커션(Panel Discussion)

해설 버즈세션(Buzz Session)
6-6회의라고도 하며, 먼저 사회자와 기록계를 선출한 후 나머지 사람은 6명씩의 소집단으로 구분하고, 소집단별로 각각 사회자를 선발하여 6분씩 자유토의를 행하여 의견을 종합하는 방법이다.

05 안전점검의 종류 중 태풍, 폭우 등에 의한 침수, 지진 등의 천재지변이 발생한 경우나 이상사태 발생 시 관리자나 감독자가 기계, 기구, 설비 등의 기능상 이상 유무에 대하여 점검하는 것은?

① 일상점검 ② 정기점검
③ 특별점검 ④ 수시점검

해설 특별점검
기계 기구의 신설 및 변경 시 고장, 수리 등에 의해 부정기적으로 실시하는 점검, 안전강조기간에 실시하는 점검 등

정답 | 01 ① 02 ③ 03 ① 04 ② 05 ③

06 다음 중 재해예방의 4원칙과 관련이 가장 적은 것은?

① 모든 재해의 발생 원인은 우연적인 상황에서 발생한다.
② 재해손실은 사고가 발생할 때 사고 대상의 조건에 따라 달라진다.
③ 재해예방을 위한 가능한 안전대책은 반드시 존재한다.
④ 재해는 원칙적으로 원인만 제거되면 예방이 가능하다.

[해설] 재해예방의 4원칙은 재해발생원인이 아닌 재해에 따른 손실크기에 대해 우연성을 강조하고 있다.
※ 손실우연의 원칙 : 재해손실은 사고발생 시 사고대상의 조건에 따라 달라지므로, 한 사고의 결과로서 생긴 재해손실은 우연성에 의해서 결정된다.

07 파블로프(Pavlov)의 조건반사설에 의한 학습이론의 원리가 아닌 것은?

① 일관성의 원리
② 계속성의 원리
③ 준비성의 원리
④ 강도의 원리

[해설] **파블로프(Pavlov)의 조건반사설**
1. 계속성의 원리(The Continuity Principle)
2. 일관성의 원리(The Consistency Principle)
3. 강도의 원리(The Intensity Principle)
4. 시간의 원리(The Time Principle)

08 인간의 동작특성 중 판단과정의 착오요인이 아닌 것은?

① 합리화
② 정서불안정
③ 작업조건불량
④ 정보부족

[해설] **판단과정 착오의 요인**
1. 자기합리화
2. 작업조건불량
3. 정보부족
4. 능력부족
5. 과신(자신 과잉)

09 다음 중 산업재해의 원인으로 간접적 원인에 해당되지 않는 것은?

① 기술적 원인
② 물적 원인
③ 관리적 원인
④ 교육적 원인

[해설] 물적 원인은 직접적 원인에 해당된다.

10 산업안전보건법령상 안전보건관리책임자 등에 대한 교육시간 기준으로 틀린 것은?

① 보건관리자, 보건관리전문기관의 종사자 보수교육 : 24시간 이상
② 안전관리자, 안전관리전문기관의 종사자 신규교육 : 34시간 이상
③ 안전보건관리책임자 보수교육 : 6시간 이상
④ 건설재해예방전문지도기관의 종사자 신규교육 : 24시간 이상

[해설] 건설재해예방전문지도기관 종사자의 신규교육은 34시간 이상이다.

11 매슬로우(Maslow)의 욕구단계 이론 중 제2단계 욕구에 해당하는 것은?

① 자아실현의 욕구
② 안전에 대한 욕구
③ 사회적 욕구
④ 생리적 욕구

[해설] **매슬로우의 욕구단계이론**
안전의 욕구(제2단계) : 안전을 기하려는 욕구

12 산업안전보건법령상 안전/보건표지의 종류 중 다음 표지의 명칭은? (단, 마름모 테두리는 빨간색이며, 안의 내용은 검은색이다.)

① 폭발성물질 경고
② 산화성물질 경고
③ 부식성물질 경고
④ 급성독성물질 경고

[해설] 204 급성독성물질 경고

13 산업안전보건법령상 안전/보건표지의 색채와 사용사례의 연결로 틀린 것은?

① 노란색 – 정지신호, 소화설비 및 그 장소, 유해행위의 금지
② 파란색 – 특정 행위의 지시 및 사실의 고지
③ 빨간색 – 화학물질 취급장소에서의 유해/위험 경고
④ 녹색 – 비상구 및 피난소, 사람 또는 차량의 통행표지

[해설] **안전보건표지의 노락색 사용례**
화학물질 취급장소에서의 유해·위험 경고, 이외의 위험 경고, 주의표지 또는 기계방호물

14 하인리히의 재해발생 이론이 다음과 같이 표현될 때, α가 의미하는 것으로 옳은 것은?

> 재해의 발생 = 설비적 결함 + 관리적 결함 + α

① 노출된 위험의 상태
② 재해의 직접적인 원인
③ 물적 불안전 상태
④ 잠재된 위험의 상태

[해설] **하인리히의 법칙**
재해의 발생 = 물적 불안전 상태 + 인적 불안전 행동 + α
= 설비적 결함 + 관리적 결함 + α
※ α : 숨은 위험한 요인(잠재된 위험의 상태)

15 허즈버그(Herzberg)의 위생–동기 이론에서 동기요인에 해당하는 것은?

① 감독
② 안전
③ 책임감
④ 작업조건

[해설] **동기요인(Motivation)**
책임감, 성취 인정, 개인발전 등 일 자체에서 오는 심리적 욕구(충족될 경우 조직의 성과가 향상되며 충족되지 않아도 성과가 떨어지지 않음)

16 재해분석도구 중 재해발생의 유형을 어골상(魚骨像)으로 분류하여 분석하는 것은?

① 파레토도
② 특성요인도
③ 관리도
④ 클로즈분석

[해설] **특성요인도**
특성과 요인관계를 도표로 하여 어골상으로 세분화한 분석법(원인과 결과를 연계하여 상호관계를 파악)

17 플리커 검사(flicker test)의 목적으로 가장 적절한 것은?

① 혈중 알코올농도 측정
② 체내 산소량 측정
③ 작업강도 측정
④ 피로의 정도 측정

[해설] **점멸융합주파수(플리커법)**
정신적으로 피로한 경우에는 주파수 값이 내려가는 것으로 알려져 있다(피로의 정도 측정).

18 다음 중 안전모의 성능시험에 있어서 AE, ABE종에만 한하여 실시하는 시험은?

① 내관통성시험, 충격흡수성시험
② 난연성시험, 내수성시험
③ 난연성시험, 내전압성시험
④ 내전압성시험, 내수성시험

[해설] **안전인증 대상 안전모의 성능시험방법**

항목	시험성능기준
내관통성	AE, ABE종 안전모는 관통거리가 9.5mm 이하이고, AB종 안전모는 관통거리가 11.1mm 이하이어야 한다.
내전압성	AE, ABE종 안전모는 교류 20kV에서 1분간 절연파괴 없이 견뎌야 하고, 이때 누설되는 충전전류는 10mA 이하이어야 한다.
내수성	AE, ABE종 안전모는 질량증가율이 1% 미만이어야 한다.

19 강도율에 관한 설명 중 틀린 것은?

① 사망 및 영구 전노동불능(신체장해등급 1~3급)의 근로손실일수는 7500일로 환산한다.
② 신체장해등급 중 제14급은 근로손실일수를 50일로 환산한다.
③ 영구 일부 노동불능은 신체 장해등급에 따른 근로손실일수에 300/365를 곱하여 환산한다.
④ 일시 전노동 불능은 휴업일수에 300/365를 곱하여 근로손실일수를 환산한다.

[해설] 영구 일부 노동불능의 경우 등급에 따른 근로손실일수를 직접 산입한다.

정답 | 13 ① 14 ④ 15 ③ 16 ② 17 ④ 18 ④ 19 ③

20 다음 중 브레인 스토밍의 4원칙과 가장 거리가 먼 것은?

① 자유로운 비평 ② 자유 분방한 발언
③ 대량적인 발언 ④ 타인 의견의 수정 발언

해설 **브레인스토밍(Brain Storming)**
1. 비판 금지 : "좋다, 나쁘다" 등의 비평을 하지 않는다.
2. 자유 분방 : 자유로운 분위기에서 발표한다.
3. 대량 발언 : 무엇이든지 좋으니 많이 발언한다.
4. 수정 발언 : 자유자재로 변하는 아이디어를 개발한다(타인 의견의 수정발언).

2과목
인간공학 및 위험성 평가·관리

21 화학설비의 안전성 평가에서 정량적 평가의 항목에 해당되지 않는 것은?

① 훈련 ② 조작
③ 취급물질 ④ 화학설비용량

해설 **제3단계**
정량적 평가(재해중복 또는 가능성이 높은 것에 대한 위험도 평가)
※ 평가항목(5가지 항목) : ① 물질 ② 온도 ③ 압력 ④ 용량 ⑤ 조작

22 인간 에러(human error)에 관한 설명으로 틀린 것은?

① omission error : 필요한 작업 또는 절차를 수행하지 않는데 기인한 에러
② commission error : 필요한 작업 또는 절차의 수행지연으로 인한 에러
③ extraneous error : 불필요한 작업 또는 절차를 수행함으로써 기인한 에러
④ sequential error : 필요한 작업 또는 절차의 순서 착오로 인한 에러

해설 **독립행동에 관한 분류**
• 실행(작위적)에러(Commission Error) : 작업 내지 절차를 수행했으나 잘못된 실수 – 선택착오, 순서착오, 시간착오
• 시간에러(Timing Error) : 소정의 기간에 수행하지 못한 실수(너무 빨리 혹은 늦게)

23 다음은 유해위험방지계획서의 제출에 관한 설명이다. ( ) 안의 들어갈 내용으로 옳은 것은?

> 산업안전보건법령상 "대통령령으로 정하는 사업의 종류 및 규모에 해당하는 사업으로서 해당 제품의 생산 공정과 직접적으로 관련된 건설물·기계·기구 및 설비 등 일체를 설치·이전하거나 그 주요 구조 부분을 변경하려는 경우"에 해당하는 사업주는 유해위험방지 계획서에 관련 서류를 첨부하여 해당 작업시작 (㉠)까지 공단에 (㉡)부를 제출하여야 한다.

① ㉠ : 7일 전, ㉡ : 2 ② ㉠ : 7일 전, ㉡ : 4
③ ㉠ : 15일 전, ㉡ : 2 ④ ㉠ : 15일 전, ㉡ : 4

해설 사업주가 유해·위험방지계획서를 제출하려면 사업장별로 제조업 등 유해·위험방지계획서에 필요한 서류를 첨부하여 해당 작업시작 15일 전까지 한국산업안전보건공단에 2부를 제출하여야 한다.

24 그림과 같이 FTA로 분석된 시스템에서 현재 모든 기본사상에 대한 부품이 고장난 상태이다. 부품 X_1부터 부품 X_5까지 순서대로 복구한다면 어느 부품을 수리 완료하는 시점에서 시스템이 정상가동되는가?

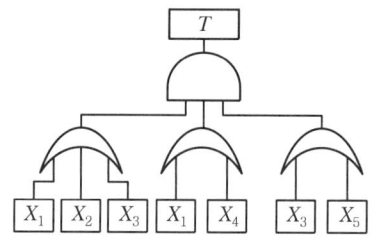

① 부품 X_2 ② 부품 X_3
③ 부품 X_4 ④ 부품 X_5

해설 정상사상이 발생되기 위해서는 AND 게이트에 걸려있는 OR 게이트가 모두 출력되어야 한다. OR 게이트는 기본사상 부품 중 1개만 복구되어도 출력되므로, 부품 X_1부터 X_6까지 순서대로 복구 가정하여 정상사상 발생시점을 확인한다. X_3 부품을 수리 완료하는 시점에 시스템이 정상 가동된다.

25 Sanders와 McCormick의 의자 설계의 일반적인 원칙으로 옳지 않은 것은?

① 요부 후반을 유지한다.
② 조정이 용이해야 한다.
③ 등근육의 정적부하를 줄인다.
④ 디스크가 받는 압력을 줄인다.

해설 의자설계 시 요추 부위의 전만곡선 유지가 필요하다.

26 눈과 물체의 거리가 23cm, 시선과 직각으로 측정한 물체의 크기가 0.03cm일 때 시각(분)은 얼마인가? (단, 시각은 $60°$ 이하이며, radian단위를 분으로 환산하기 위한 상수값은 57.3과 60을 모두 적용하여 계산하도록 한다.)

① 0.001　　② 0.007
③ 4.48　　④ 24.55

해설 **시각(Visual Angle)**

$$시각[분] = 60 \times \tan^{-1}\frac{L}{D} = L \times 57.3 \times \frac{60}{D}$$

$$= 0.3 \times 57.3 \times \frac{60}{230} = 4.48(분)$$

L : 시선과 직각으로 측정한 물체의 크기(획폭)
D : 물체와 눈 사이의 거리

27 후각적 표시장치(olfactory display)와 관련된 내용으로 옳지 않은 것은?

① 냄새의 확산을 제어할 수 없다.
② 시각적 표시장치에 비해 널리 사용되지 않는다.
③ 냄새에 대한 민감도의 개별적 차이가 존재한다.
④ 경보 장치로서 실용성이 없기 때문에 사용되지 않는다.

해설 **후각적 표시장치**
1. 후각은 사람의 감각기관 중 가장 예민하고 빨리 피로해지기 쉬운 기관
2. 사람마다 개인차가 심하다.
3. 코가 막히면 감도도 떨어지고 냄새에 순응하는 속도가 빠르다.

28 그림과 같은 FT도에서 $F_1 = 0.015$, $F_2 = 0.02$, $F_3 = 0.05$이면, 정상사상 T가 발생할 확률은 약 얼마인가?

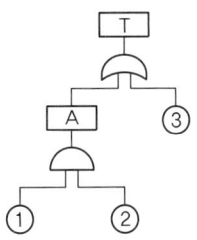

① 0.0002　　② 0.0283
③ 0.0503　　④ 0.9500

해설 $T = 1 - (1-③)(1-①\times②) = 1 - (1-0.05)(1-0.0003)$
　　$= 0.050285 ≒ 0.0503$

29 NOISH lifting guideline에서 권장무게한계(RWL) 산출에 사용되는 계수가 아닌 것은?

① 휴식 계수　　② 수평 계수
③ 수직 계수　　④ 비대칭 계수

해설 **권장무게한계(RWL)**
RWL = 23×HM×VM×DM×AM×FM×CM
HM : 수평계수, VM : 수직계수, DM : 거리계수, AM : 비대칭계수, FM : 빈도계수, CM : 커플링계수

30 THERP(Technique for Human Error Rate Prediction)의 특징에 대한 설명으로 옳은 것을 모두 고른 것은?

> ㉠ 인간-기계 계(SYSTEM)에서 여러 가지의 인간의 에러와 이에 의해 발생할 수 있는 위험성의 예측과 개선을 위한 기법
> ㉡ 인간의 과오를 정성적으로 평가하기 위하여 개발된 기법
> ㉢ 가지처럼 갈라지는 형태의 논리구조와 나무형태의 그래프를 이용

① ㉠, ㉡　　② ㉠, ㉢
③ ㉡, ㉢　　④ ㉠, ㉡, ㉢

해설 **THERP(인간과오율 추정법)**
확률론적 안전기법으로서 인간의 과오에 기인된 사고원인을 분석하기 위하여 100만 운전시간당 과오도수를 기본 과오율로 하여 인간의 기본 과오율을 평가하는 기법

정답 | 25 ① 26 ③ 27 ④ 28 ③ 29 ① 30 ②

31 인간공학을 기업에 적용할 때의 기대효과로 볼 수 없는 것은?

① 노사 간의 신뢰 저하
② 작업손실시간의 감소
③ 제품과 작업의 질 향상
④ 작업자의 건강 및 안전 향상

해설) 인간공학의 필요성으로 노사 간의 신뢰구축이 있다.

32 차폐효과에 대한 설명으로 옳지 않은 것은?

① 차폐음과 배음의 주파수가 가까울 때 차폐효과가 크다.
② 헤어드라이어 소음 때문에 전화 음을 듣지 못한 것과 관련이 있다.
③ 유의적 신호와 배경 소음의 차이를 신호/소음(S/N) 비로 나타낸다.
④ 차폐효과는 어느 한 음 때문에 다른 음에 대한 감도가 증가되는 현상이다.

해설) 은폐(Masking) 효과
음의 한 성분이 다른 성분에 대한 귀의 감수성을 감소시키는 상황으로 피은폐된 한 음의 가청 역치가 다른 은폐된 음 때문에 높아지는 현상을 말한다. 예로 사무실의 자판소리 때문에 말소리가 묻히는 경우이다.

33 산업안전보건기준에 관한 규칙상 '강렬한 소음 작업'에 해당하는 기준은?

① 85데시벨 이상의 소음이 1일 4시간 이상 발생하는 작업
② 85데시벨 이상의 소음이 1일 8시간 이상 발생하는 작업
③ 90데시벨 이상의 소음이 1일 4시간 이상 발생하는 작업
④ 90데시벨 이상의 소음이 1일 8시간 이상 발생하는 작업

해설) 강렬한 소음작업
90dB 이상의 소음이 1일 8시간 이상 발생되는 작업 등

34 그림과 같이 신뢰도가 95%인 펌프 A가 각각 신뢰도 90%인 밸브 B와 밸브 C의 병렬밸브계와 직렬계를 이룬 시스템의 실패확률은 약 얼마인가?

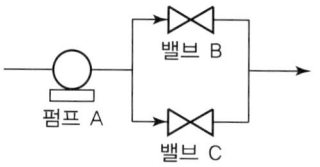

① 0.0091
② 0.0595
③ 0.9405
④ 0.9811

해설) 신뢰도(R) = A × {1 − (1 − B)(1 − C)} = 0.95 × {1 − (1 − 0.9)(1 − 0.9)}
= 0.9405
시스템 실패확률 = 1 − R = 1 − 0.9405 = 0.0595

35 HAZOP 기법에서 사용하는 가이드 워드와 의미가 잘못 연결된 것은?

① No/Not − 설계 의도의 완전한 부정
② More/Less − 정량적인 증가 또는 감소
③ Part of − 성질상의 감소
④ Other than − 기타 환경적인 요인

해설) OTHER THAN
완전한 대체(통상 운전과 다르게 되는 상태)

36 인간이 기계보다 우수한 기능으로 옳지 않은 것은? (단, 인공지능은 제외한다.)

① 암호화된 정보를 신속하게 대량으로 보관할 수 있다.
② 관찰을 통해서 일반화하여 귀납적으로 추리한다.
③ 항공사진의 피사체나 말소리처럼 상황에 따라 변화하는 복잡한 자극의 형태를 식별할 수 있다.
④ 수신 상태가 나쁜 음극선관에 나타나는 영상과 같이 배경 잡음이 심한 경우에도 신호를 인지할 수 있다.

해설) 암호화된 정보를 신속하게 대량으로 보관하는 것은 기계가 인간보다 우월한 기능이다.

정답 | 31 ① 32 ④ 33 ④ 34 ② 35 ④ 36 ①

37 FTA에서 사용되는 최소 컷셋에 대한 설명으로 옳지 않은 것은?

① 일반적으로 Fussell Algorithm을 이용한다.
② 정상사상(Top event)을 일으키는 최소한의 집합이다.
③ 반복되는 사건이 많은 경우 Limnios와 Ziani Algorithm을 이용하는 것이 유리하다.
④ 시스템에 고장이 발생하지 않도록 하는 모든 사상의 집합이다.

해설 미니멀 컷셋은 정상사상을 일으키기 위해 필요한 최소한의 컷을 말한다. 즉, 미니멀 컷셋은 컷셋 중에 타 컷셋을 포함하고 있는 것을 배제하고 남은 컷셋들을 의미한다(시스템이 고장 나는 데 필요한 최소 요인의 집합).

38 설비의 고장과 같이 발생확률이 낮은 사건의 특정시간 또는 구간에서의 발생횟수를 측정하는 데 가장 적합한 확률 분포는?

① 이항분포(Binomial distribution)
② 푸아송분포(Poisson distribution)
③ 와이블분포(Weibulll distribution)
④ 지수분포(Exponential distribution)

해설 푸아송분포
일정한 크기의 시료 중 결점 수의 분포가 안정되어 있다면 푸아송분포에 따르며, 고장 건수 또는 단위 시간 중의 전화의 호수는 푸아송분포를 한다고 알려져 있다.

39 컴퓨터 스크린 상에 있는 버튼을 선택하기 위해 커서를 이동시키는데 걸리는 시간을 예측하는 가장 적합한 법칙은?

① Fitts의 법칙
② Lewin의 법칙
③ Hick의 법칙
④ Weber의 법칙

해설 Fitts의 법칙
인간의 손이나 발을 이동시켜 조작장치를 조작하는 데 걸리는 시간을 표적까지의 거리와 표적 크기의 함수로 나타내는 모형이다. 표적이 작고 이동거리가 길수록 이동시간이 증가한다.

40 직무에 대하여 청각적 자극 제시에 대한 음성 응답을 하도록 할 때 가장 관련 있는 양립성은?

① 공간적 양립성
② 양식 양립성
③ 운동 양립성
④ 개념적 양립성

해설 양식 양립성은 직무에 알맞은 자극과 응답양식의 존재하는 것을 의미한다.

3과목
기계·기구 및 설비 안전관리

41 산업안전보건법령상 양중기를 사용하여 작업하는 운전자 또는 작업자가 보기 쉬운 곳에 해당 양중기에 대해 표시하여야 할 내용으로 가장 거리가 먼 것은? (단, 승강기는 제외한다.)

① 정격 하중
② 운전 속도
③ 경고 표시
④ 최대 인양 높이

해설 양중기(승강기는 제외한다) 및 달기구를 사용하여 작업하는 운전자 또는 작업자가 보기 쉬운 곳에 해당 기계의 정격 하중, 운전 속도, 경고 표시 등을 부착하여야 한다(「안전보건규칙」 제133조).

42 롤러기의 급정지장치에 관한 설명으로 가장 적절하지 않은 것은?

① 복부 조작식은 조작부 중심점을 기준으로 밑면으로부터 1.2~1.4m 이내의 높이로 설치한다.
② 손 조작식은 조작부 중심점을 기준으로 밑면으로부터 1.8m 이내의 높이로 설치한다.
③ 급정지장치의 조작부에 사용하는 줄은 사용 중에 늘어져서는 안 된다.
④ 급정지장치의 조작부에 사용하는 줄은 충분한 인장강도를 가져야 한다.

해설 급정지장치 조작부의 위치

급정지장치 조작부의 종류	위치
손으로 조작 (로프식)하는 것	밑면으로부터 1.8m 이하
복부로 조작하는 것	밑면으로부터 0.8m 이상 1.1m 이하
무릎으로 조작하는 것	밑면으로부터 0.4m 이상 0.6m 이하

정답 | 37 ④ 38 ② 39 ① 40 ② 41 ④ 42 ①

43 연삭기의 안전작업수칙에 대한 설명 중 가장 거리가 먼 것은?

① 숫돌의 정면에 서서 숫돌 원주면을 사용한다.
② 숫돌 교체 시 3분 이상 시운전을 한다.
③ 숫돌의 회전은 최고 사용 원주속도를 초과하여 사용하지 않는다.
④ 연삭숫돌에 충격을 가하지 않는다.

해설 숫돌의 정면에 서서 원주면을 사용하면 안 된다.
연삭숫돌 정면에서 150도 정도 비켜서서 작업하여야 한다.

44 롤러기의 가드와 위험점검 간의 거리가 100mm일 경우 ILO 규정에 의한 가득 개구부의 안전간격은?

① 11mm ② 21mm
③ 26mm ④ 31mm

해설 가드를 설치할 때 일반적인 개구부의 간격은 다음 식으로 계산한다.
$Y = 6 + 0.15X$, $Y = 6 + 0.15 \times 100 = 21mm$

45 지게차의 포크에 적재된 화물이 마스트 후방으로 낙하함으로서 근로자에게 미치는 위험을 방지하기 위하여 설치하는 것은?

① 헤드가드 ② 백레스트
③ 낙하방지장치 ④ 과부하방지장치

해설 사업주는 백레스트(backrest)를 갖추지 아니한 지게차를 사용해서는 아니 된다.
백레스트(back rest)는 지게차의 포크에 적재된 화물이 마스트 후방으로 낙하함으로써 근로자에게 미치는 위험을 방지하는 장치이다.

46 산업안전보건법령상 프레스 및 전단기에서 안전블록을 사용해야 하는 작업으로 가장 거리가 먼 것은?

① 금형 가공작업 ② 금형 해체작업
③ 금형 부착작업 ④ 금형 조정작업

해설 **금형 조정작업의 위험 방지(「안전보건규칙」 제104조)**
프레스 등의 금형을 부착·해체 또는 조정하는 작업을 할 때에 해당 작업에 종사하는 근로자의 신체가 위험한계 내에 있는 경우 슬라이드가 갑자기 작동함으로써 근로자에게 발생할 우려가 있는 위험을 방지하기 위하여 안전블록을 사용하는 등 필요한 조치를 하여야 한다.

47 다음 중 기계 설비의 안전조건에서 안전화의 종류로 가장 거리가 먼 것은?

① 재질의 안전화 ② 작업의 안전화
③ 기능의 안전화 ④ 외형의 안전화

해설 **기계설비의 안전조건**
1. 외형의 안전화   2. 작업의 안전화
3. 작업점의 안전화 4. 기능상의 안전화
5. 구조적 안전(강도적 안전화)

48 산업안전보건법령상 아세틸렌 용접장치를 사용하여 금속의 용접·용단 또는 가열작업을 하는 경우 게이지 압력은 얼마를 초과하는 압력의 아세틸렌을 발생시켜 사용하면 안 되는가?

① 98 kPa ② 127kPa
③ 147kPa ④ 196kPa

해설 사업주는 아세틸렌 용접장치를 사용하여 금속의 용접·용단 또는 가열작업을 하는 경우에는 게이지 압력이 127킬로파스칼(kPa)을 초과하는 압력의 아세틸렌을 발생시켜 사용해서는 아니 된다.

49 다음 중 비파괴검사법으로 틀린 것은?

① 인장검사 ② 자기탐상검사
③ 초음파탐상검사 ④ 침투탐상검사

해설 인장시험은 파괴시험이다.

50 산업안전보건법령상 산업용 로봇으로 인하여 근로자에게 발생할 수 있는 부상 등의 위험이 있는 경우 위험을 방지하기 위하여 울타리를 설치할 때 높이는 최소 몇 m 이상으로 해야 하는가? (단, 산업표준화법 및 국제적으로 통용되는 안전기준은 제외한다.)

① 1.8 ② 2.1
③ 2.4 ④ 1.2

해설 **운전 중 위험방지**
사업주는 로봇의 운전으로 인하여 근로자에게 발생할 수 있는 부상 등의 위험을 방지하기 위하여 높이 1.8미터 이상의 울타리를 설치하여야 하며, 컨베이어 시스템의 설치 등으로 울타리를 설치할 수 없는 일부 구간에 대해서는 안전매트 또는 광전자식 방호장치 등 감응형 방호장치를 설치하여야 한다.

정답 | 43 ① 44 ② 45 ② 46 ① 47 ① 48 ② 49 ① 50 ①

51 크레인의 사용 중 하중이 정격을 초과하였을 때 자동적으로 상승이 정지되는 장치는?

① 해지장치
② 이탈방지장치
③ 아우트리거
④ 과부하방지장치

해설 **과부하방지장치**
하중이 정격을 초과하였을 때 자동적으로 상승이 정지되는 장치

52 인간이 기계 등의 취급을 잘못해도 그것이 바로 사고나 재해와 연결되는 일이 없는 기능을 의미하는 것은?

① fail safe
② fail active
③ fail operational
④ fool proof

해설 **풀 프루프(fool proof)**
기계장치 설계단계에서 안전화를 도모하는 것으로 근로자가 기계 등의 취급을 잘못해도 사고로 연결되는 일이 없도록 하는 안전기구, 즉 인간 과오(Human Error)를 방지하기 위한 것

53 산업안전보건법령상 컨베이어를 사용하여 작업을 할 때 작업시작 전 점검사항으로 가장 거리가 먼 것은?

① 원동기 및 풀리(pulley) 기능의 이상 유무
② 이탈 등의 방지장치 기능의 이상 유무
③ 유압장치의 기능의 이상 유무
④ 비상정지장치 기능의 이상 유무

해설 **컨베이어 작업시작 전의 점검사항(「안전보건규칙」 [별표 3])**
1. 원동기 및 풀리 기능의 이상 유무
2. 이탈 등의 방지장치 기능의 이상 유무
3. 비상정지장치 기능의 이상 유무
4. 원동기·회전축·기어 및 풀리 등의 덮개 또는 울 등의 이상 유무

54 다음 중 기계설비에서 반대로 회전하는 두 개의 회전체가 맞닿는 사이에 발생하는 위험점으로 가장 적절한 것은?

① 물림점
② 협착점
③ 끼임점
④ 절단점

해설 **물림점(Nip point)**
롤, 기어, 압연기와 같이 두 개의 회전체 사이에 신체가 물리는 위험점 형성

55 선반 작업 시 안전수칙으로 가장 적절하지 않은 것은?

① 기계에 주유 및 청소 시 반드시 기계를 정지시키고 한다.
② 칩 제거 시 브러시를 사용한다.
③ 바이트에는 칩 브레이커를 설치한다.
④ 선반의 바이트는 끝을 길게 장치한다.

해설 **선반작업 시 유의사항**
1. 긴 물건 가공 시 주축대쪽으로 돌출된 회전가공물에는 덮개설치
2. 바이트는 짧게 장치하고 일감의 길이가 직경의 12배 이상일 때 방진구 사용
3. 절삭 중 일감에 손을 대서는 안 되며 면장갑 착용금지

56 산업안전보건법령상 산업용 로봇의 작업시작 전 점검사항으로 가장 거리가 먼 것은?

① 외부 전선의 피복 또는 외장의 손상 유무
② 압력방출장치의 이상 유무
③ 매니퓰레이터 작동 이상 유무
④ 제동장치 및 비상정지 장치의 기능

해설 **로봇의 작업시작 전 점검사항**
1. 외부전선의 피복 또는 외장의 손상 유무
2. 매니퓰레이터(Manipulator) 작동의 이상 유무
3. 제동장치 및 비상정지장치의 기능

57 산업안전보건법령상 보일러의 과열을 방지하기 위하여 최고사용압력과 상용압력 사이에서 보일러의 버너 연소를 차단하여 정상 압력으로 유도하는 방호장치로 가장 적절한 것은?

① 압력방출장치
② 고저수위조절장치
③ 언로우드밸브
④ 압력제한스위치

해설 **압력제한스위치(「안전보건규칙」 제117조)**
사업주는 보일러의 과열을 방지하기 위하여 최고사용압력과 상용압력 사이에서 보일러의 버너연소를 차단할 수 있도록 압력제한스위치를 부착하여 사용하여야 한다.

58 산업안전보건법령상 형삭기(slotter, shaper)의 주요 구조부로 가장 거리가 먼 것은? (단, 수치제어식은 제외한다.)

① 공구대
② 공작물 테이블
③ 램
④ 아버

정답 | 51 ④ 52 ④ 53 ③ 54 ① 55 ④ 56 ② 57 ④ 58 ④

해설 형삭기의 주요구조부는 공구대, 공작물 테이블, 램이 있다.
아버(Arbor)는 공작 기계로서 절삭공구를 부착하는 작은 축으로 밀링 머신에 장치하여 사용된다.

59 둥근톱기계의 방호장치 중 반발예방장치의 종류로 틀린 것은?

① 분할날
② 반발방지 기구(finger)
③ 보조 안내판
④ 안전덮개

해설 둥근톱 기계의 반발예방장치는 반발방지 기구, 분할날, 반발방지롤, 보조 안내판 등이 있다.

60 프레스 작동 후 슬라이드가 하사점에 도달할 때까지의 소요시간이 0.5s일 때 양수기동식 방호장치의 안전거리는 최소 얼마인가?

① 200mm
② 400mm
③ 600mm
④ 800mm

해설 양수기동식 방호장치 안전거리

$D_m = 1,600 \times T_m (\text{mm}) = 1,600 \times 0.5 = 800\text{mm}$

T_m : 양손으로 누름단추를 조작하고 슬라이드가 하사점에 도달하기까지의 소요최대시간(초)

4과목
전기설비 안전관리

61 피뢰기가 구비하여야 할 조건으로 틀린 것은?

① 제한전압이 낮아야 한다.
② 상용 주파 방전 개시 전압이 높아야 한다.
③ 충격방전 개시전압이 높아야 한다.
④ 속류 차단 능력이 충분하여야 한다.

해설 **피뢰기의 성능**
충격방전 개시전압은 낮아야 한다.

62 「산업안전보건기준에 관한 규칙」 제319조에 따라 감전될 우려가 있는 장소에서 작업을 하기 위해서는 전로를 차단하여야 한다. 전로 차단을 위한 시행 절차 중 틀린 것은?

① 전기기기 등에 공급되는 모든 전원을 관련 도면, 배선도 등으로 확인
② 각 단로기를 개방한 후 전원 차단
③ 단로기 개방 후 차단장치나 단로기 등에 잠금장치 및 꼬리표를 부착
④ 잔류전하 방전 후 검전기를 이용하여 작업 대상기기가 충전되어 있는지 확인

해설 전원을 차단한 후 각 단로기 등을 개방하고 확인해야 한다.

63 유자격자가 아닌 근로자가 방호되지 않은 충전전로 인근의 높은 곳에서 작업할 때에 근로자의 몸은 충전전로에서 몇 cm 이내로 접근할 수 없도록 하여야 하는가? (단, 대지전압이 50kV이다.)

① 50
② 100
③ 200
④ 300

해설 **충전전로에서의 전기작업(「안전보건규칙」 제321조)**
유자격자가 아닌 근로자가 충전전로 인근의 높은 곳에서 작업할 때에 근로자의 몸 또는 긴 도전성 물체가 방호되지 않은 충전전로에서 대지전압이 50킬로볼트 이하인 경우에는 300센티미터 이내로, 대지전압이 50킬로볼트를 넘는 경우에는 10킬로볼트당 10센티미터씩 더한 거리 이내로 각각 접근할 수 없도록 할 것

64 다음 중 정전기의 재해방지 대책으로 틀린 것은?

① 설비의 도체 부분을 접지
② 작업자는 정전화를 착용
③ 작업장의 습도를 30% 이하로 유지
④ 배관 내 액체의 유속제한

해설 작업장 내의 습도를 70% 정도로 유지하는 것이 바람직하다.

65 다음 중 정전기의 발생 현상에 포함되지 않는 것은?

① 파괴에 의한 발생
② 분출에 의한 발생
③ 전도 대전
④ 유동에 의한 대전

정답 | 59 ④ 60 ④ 61 ③ 62 ② 63 ④ 64 ③ 65 ③

해설] **정전기 대전의 종류**
마찰대전, 박리대전, 유동대전, 분출대전, 충돌대전, 파괴대전, 교반(진동)이나 침강 대전

66 방폭기기에 별도의 주위 온도 표시가 없을 때 방폭기기의 주위 온도 범위는? (단, 기호 "X"의 표시가 없는 기기이다.)

① 20~40℃
② -20~40℃
③ 10~50℃
④ -10~50℃

해설] 방폭기기에 별도의 주위 온도 표시가 없을 때 방폭기기의 주위 온도 범위는 -20~40℃이다.

67 정전기로 인한 화재 및 폭발을 방지하기 위하여 조치가 필요한 설비가 아닌 것은?

① 드라이클리닝 설비
② 위험물 건조설비
③ 화약류 제조설비
④ 위험기구의 제전설비

해설] 제전설비는 정전기를 제거하는 설비이다.

68 300A의 전류가 흐르는 저압 가공전선로의 1선에서 허용 가능한 누설전류(mA)는?

① 600
② 450
③ 300
④ 150

해설] 저압전선로는 사용전압에 대한 누설전류가 최대 공급전류의 1/2,000이 넘지 않도록 유지해야 한다.

$$\therefore 누설전류 = 최대공급전류 \times \frac{1}{2,000}$$
$$= 300 \times \frac{1}{2,000}$$
$$= 150mA$$

69 변압기의 중성점을 제2종 접지한 수전전압 22.9kV, 사용전압 220V인 공장에서 외함을 제3종 접지공사를 한 전동기가 운전 중에 누전되었을 경우에 작업자가 접촉될 수 있는 최소전압은 약 몇 V인가? (단, 1선 지락전류 10A, 제3종 접지저항 30Ω, 인체저항 : 10,000Ω이다.)

① 116.7
② 127.5
③ 146.7
④ 165.6

해설] 법 개정으로 해당문제 출제 안 됨

70 가스(발화온도 120℃)가 존재하는 지역에 방폭기기를 설치하고자 한다. 설치가 가능한 기기의 온도 등급은?

① T_2
② T_3
③ T_4
④ T_5

해설] 최고표면온도에 의한 폭발성가스의 분류와 방폭전기기기의 온도등급 기호와의 관계

Class	최대표면온도(℃)
T_5	85 초과 100 이하

71 제전기의 종류가 아닌 것은?

① 전압인가식 제전기
② 정전식 제전기
③ 방사선식 제전기
④ 자기방전식 제전기

해설] 제전기의 종류는 제전에 필요한 이온의 생성방법에 따라 전압인가식 제전기, 자기방전식 제전기, 방사선식 제전기가 있다.

72 정전기 방전현상에 해당되지 않는 것은?

① 연면방전
② 코로나 방전
③ 낙뢰방전
④ 스팀방전

해설] 정전기 방전의 종류 : 코로나방전, 스트리머방전, 불꽃방전, 연면방전, 뇌상방전

73 전로에 지락이 생겼을 때에 자동적으로 전로를 차단하는 장치를 시설해야 하는 전기기계의 사용전압 기준은? (단, 금속제 외함을 가지는 저압의 기계 기구로서 사람이 쉽게 접촉할 우려가 있는 곳에 시설되어 있다.)

① 30V 초과
② 50V 초과
③ 90V 초과
④ 150V 초과

해설] 금속제 외함을 가지는 사용전압이 50 V를 초과하는 저압의 기계 기구로서 사람이 쉽게 접촉할 우려가 있는 곳에 시설하는 것에 전기를 공급하는 전로에는 전로에 지락이 생겼을 때에 자동적으로 전로를 차단하는 장치를 하여야 한다.

정답 | 66 ② 67 ④ 68 ④ 69 ③ 70 ④ 71 ② 72 ④ 73 ②

74 정전용량 C = 20μF, 방전 시 전압 V = 2kV일 때 정전에너지(J)는 얼마인가?

① 40
② 80
③ 400
④ 800

해설 정전에너지
$$W = \frac{1}{2}CV^2 = 40$$

75 전로에 시설하는 기계기구의 금속제 외함에 접지공사를 하지 않아도 되는 경우로 틀린 것은?

① 저압용의 기계기구를 건조한 목재의 마루 위에서 취급하도록 시설한 경우
② 외함 주위에 적당한 절연대를 설치한 경우
③ 교류 대지 전압이 300V 이하인 기계기구를 건조한 곳에 시설한 경우
④ 전기용품 및 생활용품 안전관리법의 적용을 받는 2중 절연구조로 되어 있는 기계기구를 시설하는 경우

해설 사용전압이 직류 300V 또는 교류 대지전압이 150V 이하인 기계기구를 건조한 곳에 시설하는 경우

76 Dalziel에 의하여 동물 실험을 통해 얻어진 전류값을 인체에 적용했을 때 심실세동을 일으키는 전기에너지(J)는 약 얼마인가? (단, 인체 전기저항은 500Ω으로 보며, 흐르는 전류 $I = \frac{165}{\sqrt{T}}$ mA로 한다.)

① 9.8
② 13.6
③ 19.6
④ 27

해설
$$W = I^2 RT = \left(\frac{165}{\sqrt{T}} \times 10^{-3}\right)^2 \times 500 T$$
$$= (165^2 \times 10^{-6}) \times 500$$
$$= 13.6[\text{W}-\sec] = 13.6[\text{J}]$$

77 전기설비의 방폭구조의 종류가 아닌 것은?

① 근본 방폭구조
② 압력 방폭구조
③ 안전증 방폭구조
④ 본질안전 방폭구조

해설 근본 방폭구조는 전기설비의 방폭구조와 무관하다.

78 작업자가 교류전압 7,000V 이하의 전로에 활선 근접 작업 시 감전사고 방지를 위한 절연용 보호구는?

① 고무절연관
② 절연시트
③ 절연커버
④ 절연안전모

해설 절연안전모에 대한 설명이다.

79 방폭전기기기에 "Ex ia IIC T4 Ga"라고 표시되어 있다. 해당 기기에 대한 설명으로 틀린 것은?

① 정상 작동, 예상된 오작동에 또는 드문 오작동 중에 점화원이 될 수 없는 "매우 높은" 보호등급의 기기이다.
② 온도 등급이 T_4이므로 최고표면온도가 150℃를 초과해서는 안 된다.
③ 본질안전 방폭구조로 0종 장소에서 사용이 가능하다.
④ 수소 및 아세틸렌 등의 가스가 존재하는 곳에 사용이 가능하다.

해설 최고표면온도에 의한 폭발성가스의 분류와 방폭전기기기의 온도 등급 기호와의 관계

Class	최대표면온도(℃)
T_4	100 초과 135 이하

80 전기기계·기구의 기능 설명으로 옳은 것은?

① CB는 부하전류를 개폐시킬 수 있다.
② ACB는 진공 중에서 차단동작을 한다.
③ DS는 회로의 개폐 및 대용량부하를 개폐시킨다.
④ 피뢰침은 뇌나 계통의 개폐에 의해 발생하는 이상 전압을 대지로 방전시킨다.

해설 ACB는 공기를 소호 매질로 하고, 단로기는 무부하 상태에서 선로를 개방하며, LA는 피뢰기로 이상전압을 억제한다.

정답 | 74 ① 75 ③ 76 ② 77 ① 78 ④ 79 ② 80 ①

5과목 화학설비 안전관리

81 진한 질산이 공기 중에서 햇빛에 의해 분해되었을 때 발생하는 갈색증기는?

① N_2 ② NO_2
③ NH_3 ④ NH_2

해설 진한 질산을 가열, 분해 시 유독성의 적갈색 이산화질소(NO_2) 가스가 발생하고 여러 금속과 반응하여 가스를 방출한다.

82 다음 중 압축기 운전 시 토출압력이 갑자기 증가하는 이유로 가장 적절한 것은?

① 윤활유의 과다
② 피스톤 링의 가스 누설
③ 토출관 내에 저항 발생
④ 저장조 내 가스압의 감소

해설 토출관 내에 저항이 발생하면 토출압력이 증가하게 된다.

83 고온에서 완전 열분해하였을 때 산소를 발생하는 물질은?

① 황화수소 ② 과염소산칼륨
③ 메틸리튬 ④ 적린

해설 과염소산칼륨은 위험물안전관리법에 따라 제1류위험물(산화성고체)에 해당하며 제1류위험물은 열분해 시 산소를 발생시킨다.

84 다음 중 분진폭발에 관한 설명으로 틀린 것은?

① 폭발한계 내에서 분진의 휘발성분이 많으면 폭발 위험성이 높다.
② 분진이 발화 폭발하기 위한 조건은 가연성, 미분상태, 공기 중에서의 교반과 유동 및 점화원의 존재이다.
③ 가스폭발과 비교하여 연소의 속도나 폭발의 압력이 크고, 연소시간이 짧으며, 발생에너지가 작다.
④ 폭발한계는 입자의 크기, 입도분포, 산소농도, 함유수분, 가연성가스의 혼입 등에 의해 같은 물질의 분진에서도 달라진다.

해설 분진폭발은 가스폭발보다 발생에너지가 크다.

85 증기 배관 내에 생성하는 응축수를 제거할 때 증기가 배출되지 않도록 하면서 응축수를 자동적으로 배출하기 위한 장치를 무엇이라 하는가?

① Vent stack ② Steam trap
③ Blow down ④ Relief valve

해설 **Steam trap(스팀트랩)**
기기, 배관 등에서 응축수를 자동적으로 배출하는 자동식 밸브의 총칭

86 다음 중 유류화재의 화재급수에 해당하는 것은?

① A급 ② B급
③ C급 ④ D급

해설 유류화재의 급수는 B급 화재이다.

구분	A급 화재	B급 화재	C급 화재	D급 화재
명칭	일반 화재	유류·가스 화재	전기 화재	금속 화재

87 다음 중 수분(H_2O)과 반응하여 유독성 가스인 포스핀이 발생되는 물질은?

① 금속나트륨 ② 알루미늄 분말
③ 인화칼슘 ④ 수소화리튬

해설 인화칼슘은 금수성 물질로 물(H_2O)과 반응하여 유독성 가스인 포스핀(PH_3)을 발생시킨다.

88 대기압에서 사용하나 증발에 의한 액체의 손실을 방지함과 동시에 액면 위의 공간에 폭발성 위험가스를 형성할 위험이 적은 구조의 저장 탱크는?

① 유동형 지붕 탱크 ② 원추형 지붕 탱크
③ 원통형 저장 탱크 ④ 구형 저장 탱크

해설 **유동형 지붕 탱크**
저장물질 위에 띄운 지붕판이 탱크 측판부를 따라 상하로 움직이게 되어 있는 원통 탱크로서 증발에 의한 액체의 손실을 방지하는 동시에 액면 위의 공간에 폭발성 위험가스를 형성할 위험이 적다.

정답 | 81 ② 82 ③ 83 ② 84 ③ 85 ② 86 ② 87 ③ 88 ①

89 다음 중 산업안전보건법령상 화학설비의 부속설비로만 이루어진 것은?

① 사이클론, 백필터, 전기집진기 등 분진처리설비
② 응축기, 냉각기, 가열기, 증발기 등 열교환기류
③ 고로 등 점화기를 직접 사용하는 열교환기류
④ 혼합기, 발포기, 압출기 등 화학제품 가공설비

해설) 사이클론, 백필터, 전기집진기 등 분진처리설비는 화학설비의 부속설비에 해당한다(보기의 나머지 문항들은 화학설비에 해당).

90 다음 중 밀폐 공간 내 작업 시의 조치사항으로 가장 거리가 먼 것은?

① 산소결핍이나 유해가스로 인한 질식의 우려가 있으면 진행 중인 작업에 방해되지 않도록 주의하면서 환기를 강화하여야 한다.
② 해당 작업장을 적정한 공기상태로 유지되도록 환기하여야 한다.
③ 그 장소에 근로자를 입장시킬 때와 퇴장시킬 때마다 인원을 점검하여야 한다.
④ 그 작업장과 외부의 감시인 간에 항상 연락을 취할 수 있는 설비를 설치하여야 한다.

해설) 산소결핍이 우려되거나 유해가스 등의 농도가 높아서 폭발할 우려가 있는 경우는 작업을 중지하고 안전조치를 취하여야 한다.

91 산업안전보건법령상 폭발성 물질을 취급하는 화학설비를 설치하는 경우에 단위공정설비로부터 다른 단위공정설비 사이의 안전거리는 설비 바깥 면으로부터 몇 m 이상이어야 하는가?

① 10   ② 15
③ 20   ④ 30

해설) 단위공정 시설 및 설비 사이는 외면으로부터 10m 이상의 안전거리를 두어야 한다.

92 자동화재탐지설비의 감지기 종류 중 열감지기가 아닌 것은?

① 차동식   ② 정온식
③ 보상식   ④ 광전식

해설) 광전식 감지기는 연기감지기의 종류이다.

93 산업안전보건법령에서 규정하고 있는 위험물질의 종류 중 부식성 염기류로 분류되기 위하여 농도가 40% 이상이어야 하는 물질은?

① 염산   ② 아세트산
③ 불산   ④ 수산화칼륨

해설) **산업안전보건법에 따른 부식성 염기류**
농도가 40% 이상인 수산화나트륨, 수산화칼륨 등

94 인화점이 각 온도 범위에 포함되지 않는 물질은?

① −30℃ 미만 : 디에틸에테르
② −30℃ 이상 0℃ 미만 : 아세톤
③ 0℃ 이상 30℃ 미만 : 벤젠
④ 30℃ 이상 65℃ 이하 : 아세트산

해설) 벤젠의 인화점은 −11℃로 보기의 범위에 포함되지 않는다.

95 다음 중 아세틸렌을 용해가스로 만들 때 사용되는 용제로 가장 적합한 것은?

① 아세톤   ② 메탄
③ 부탄   ④ 프로판

해설) 아세틸렌은 폭발 위험이 있어 아세톤 등에 침전하여 다공성 물질이 있는 용기에 충전한다.

96 탄화수소 증기의 연소하한값 추정식은 연료의 양론농도(C_{st})의 0.55배이다. 프로판 1몰의 연소반응식이 다음과 같을 때 연소하한값은 약 몇 vol%인가?

$$C_3H_8 + 5O_2 \rightarrow 3CO_2 + 4H_2O$$

① 2.22   ② 4.03
③ 4.44   ④ 8.06

해설) 1. 탄화수소증기의 C_{st} 구하기
보기의 탄화수소증기(프로판)의 연소식
$C_3H_8 + 5O_2 \rightarrow 3CO_2 + 4H_2O$

정답 | 89 ① 90 ① 91 ① 92 ④ 93 ④ 94 ③ 95 ① 96 ①

프로판의 양론농도(C_{st})

$$C_{st} = \frac{\text{연료몰수}}{\text{연료몰수}+\text{공기몰수}} \times 100$$

$$= \frac{1}{1+\frac{5}{0.21}} \times 100 = 4.031$$

2. 연소하한값 추정식에 대입
$0.55 \times C_{st} = 0.55 \times C_{st} = 0.55 \times 4.031 = 2.22$

---

97 프로판과 메탄의 폭발하한계가 각각 2.5, 5.0vol% 이라고 할 때 프로판과 메탄이 3 : 1의 체적비로 혼합되어 있다면 이 혼합가스의 폭발하한계는 약 몇 vol%인가? (단, 상온, 상압 상태이다.)

① 2.9 ② 3.3
③ 3.8 ④ 4.0

[해설] 프로판과 메탄이 3:1이 체적비로 혼합되어 있다.
→ 프로판의 체적 : 75vol%, 메탄의 체적 25vol%로 두고 다음 식을 푼다.

$$LEL = \frac{V_1+V_2+\cdots+V_n}{\frac{V_1}{LEL_1}+\frac{V_2}{LEL_2}+\cdots+\frac{V_n}{LEL_n}}$$

LEL : 폭발하한계, V : 기체부피

따라서 $LEL = \frac{70+25}{\frac{75}{2.5}+\frac{25}{5}} = 2.9$(vol%)

---

98 에탄올(C_2H_5OH) 1몰이 완전연소할 때 생성되는 CO_2의 몰수로 옳은 것은?

① 1 ② 2
③ 3 ④ 4

[해설] **에탄올의 완전연소식**

$C_2H_5OH + 3O_2 \rightarrow 2CO_2 + 3H_2O$
　　1　:　3　　2　:　3

완전연소식에 따르면 에탄올이 1몰 반응할 때 생성되는 CO_2는 2몰이다.

---

99 다음 중 소화약제로 사용되는 이산화탄소에 관한 설명으로 틀린 것은?

① 사용 후에 오염의 영향이 거의 없다.
② 장시간 저장하여도 변화가 없다.
③ 주된 소화효과는 억제소화이다.
④ 자체 압력으로 방사가 가능하다.

[해설] 이산화탄소(CO_2) 소화약제의 주된 소화효과는 질식효과와 냉각효과이다.

---

100 다음 중 물질의 자연발화를 촉진시키는 요인으로 가장 거리가 먼 것은?

① 표면적이 넓고, 발열량이 클 것
② 열전도율이 클 것
③ 주위 온도가 높을 것
④ 적당한 수분을 보유할 것

[해설] 열전도율이 작을수록, 고온 다습할수록, 표면적이 클수록, 통풍이 안될수록, 발열량이 크고 열 축적이 클수록 자연발화가 쉽게 발생할 수 있다.

6과목
건설공사 안전관리

101 콘크리트 타설을 위한 거푸집 동바리의 구조검토 시 가장 선행되어야 할 작업은?

① 각 부재에 생기는 응력에 대하여 안전한 단면을 산정한다.
② 가설물에 작용하는 하중 및 외력의 종류, 크기를 산정한다.
③ 하중 및 외력에 의하여 각 부재에 생기는 응력을 구한다.
④ 사용할 거푸집 동바리의 설치간격을 결정한다.

[해설] 거푸집 동바리의 구조 검토 시 가설물에 작용하는 하중 및 외력의 종류, 크기를 우선적으로 산정한다.

정답 | 97 ① 98 ② 99 ③ 100 ② 101 ②

102 다음 중 해체작업용 기계 기구로 가장 거리가 먼 것은?

① 압쇄기 ② 핸드 브레이커
③ 철제 햄머 ④ 진동롤러

해설) 진동롤러는 토공기계의 종류이다.

103 거푸집 동바리 등을 조립하는 경우에 준수하여야 할 안전조치기준으로 옳지 않은 것은?

① 동바리로 사용하는 강관은 높이 2m 이내마다 수평연결재를 2개 방향으로 만들고 수평연결재의 변위를 방지할 것
② 동바리로 사용하는 파이프 서포트는 3개 이상이어서 사용하지 않도록 할 것
③ 동바리로 사용하는 파이프 서포트를 이어서 사용하는 경우에는 3개 이상의 볼트 또는 전용철물을 사용하여 이을 것
④ 동바리로 사용하는 강관틀과 강관틀 사이에는 교차가새를 설치할 것

해설) 동바리로 사용하는 파이프 서포트를 이어서 사용하는 경우에는 4개 이상의 볼트 또는 전용철물을 사용하여 이어야 한다.

104 산업안전보건관리비계상기준에 따른 건축공사, 대상액 「5억 원 이상~50억 원 미만」의 안전관리비 비율 및 기초액으로 옳은 것은?

① 비율 : 1.86%, 기초액 : 5,349,000원
② 비율 : 1.99%, 기초액 : 5,499,000원
③ 비율 : 2.35%, 기초액 : 5,400,000원
④ 비율 : 1.57%, 기초액 : 4,411,000원

해설) 공사 종류 및 규모별 안전관리비 계상기준

구분 공사종류	대상액 5억 원 미만인 경우 적용 비율(%)	대상액 5억 원 이상 50억 원 미만인 경우		대상액 50억 원 이상인 경우 적용비율(%)	영 별표 5에 따른 보건관리자 선임대상 건설공사의 적용비율(%)
		적용비율(%)	기초액		
건축공사	2.93%	1.86%	5,349,000원	1.97%	2.15%
토목공사	3.09%	1.99%	5,499,000원	2.10%	2.29%
중건설공사	3.43%	2.35%	5,400,000원	2.44%	2.66%
특수건설공사	1.85%	1.85%	3,250,000원	1.27%	1.38%

105 다음은 말비계를 조립하여 사용하는 경우에 관한 준수사항이다. ( ) 안에 들어갈 내용으로 옳은 것은?

- 지주부재와 수평면의 기울기를 (A)° 이하로 하고 지주부재와 지주부재 사이를 고정시키는 보조부재를 설치할 것
- 말비계의 높이가 2m를 초과하는 경우에는 작업발판의 폭을 (B)cm 이상으로 할 것

① A : 75, B : 30 ② A : 75, B : 40
③ A : 85, B : 30 ④ A : 85, B : 40

해설) 지주부재와 수평면의 기울기를 75° 이하로 하고, 말비계의 높이가 2m를 초과할 경우에는 작업발판의 폭을 40cm 이상으로 한다.

106 지반의 종류가 다음과 같을 때 굴착면의 기울기 기준으로 옳은 것은?

모래

① 1 : 0.5 ② 1 : 1.8
③ 1 : 0.8 ④ 1 : 1.0

해설) 굴착면의 기울기 기준

지반의 종류	굴착면의 기울기
모래	1 : 1.8
연암 및 풍화암	1 : 1.0
경암	1 : 0.5
그 밖의 흙	1 : 1.2

107 다음은 강관틀비계를 조립하여 사용하는 경우 준수해야 할 기준이다. ( ) 안에 알맞은 숫자를 나열한 것은?

길이가 띠장방향으로 (A)미터 이하이고 높이가 (B)미터를 초과하는 경우에는 (C)미터 이내마다 띠장방향으로 버팀기둥을 설치할 것

① A : 4, B : 10, C : 5
② A : 4, B : 10, C : 10
③ A : 5, B : 10, C : 5
④ A : 5, B : 10, C : 10

정답 | 102 ④ 103 ③ 104 ① 105 ② 106 ② 107 ②

[해설] 길이가 띠장방향에서 4m 이하이고 높이가 10m를 초과하는 경우에는 10m 이내마다 띠장방향으로 버팀기둥을 설치해야 한다.

108 터널작업 시 자동경보장치에 대하여 당일의 작업시작 전 점검하여야 할 사항으로 옳지 않은 것은?

① 검지부의 이상 유무
② 조명시설의 이상 유무
③ 경보장치의 작동 상태
④ 계기의 이상 유무

[해설] 자동경보장치의 작업시작 전 점검사항은 다음과 같다.
1. 계기의 이상 유무
2. 검지부의 이상 유무
3. 경보장치의 작동 상태

109 동력을 사용하는 항타기 또는 항발기에 대하여 무너짐을 방지하기 위하여 준수하여야 할 기준으로 옳지 않은 것은?

① 연약한 지반에 설치하는 경우에는 각부(脚部)나 가대(架臺)의 침하를 방지하기 위하여 깔판·깔목 등을 사용할 것
② 각부나 가대가 미끄러질 우려가 있는 경우에는 말뚝 또는 쐐기 등을 사용하여 각부나 가대를 고정시킬 것
③ 버팀대만으로 상단부분을 안정시키는 경우에는 버팀대는 3개 이상으로 하고 그 하단 부분은 견고한 버팀·말뚝 또는 철골 등으로 고정시킬 것
④ 버팀줄만으로 상단 부분을 안정시키는 경우에는 버팀줄을 2개 이상으로 하고 같은 간격으로 배치할 것

[해설] 버팀줄만으로 상단부분을 안정시키는 경우에는 버팀줄을 3개 이상으로 하고 같은 간격으로 배치해야 한다.

110 운반작업을 인력운반작업과 기계운반작업으로 분류할 때 기계운반작업으로 실시하기에 부적당한 대상은?

① 단순하고 반복적인 작업
② 표준화되어 있어 지속적이고 운반량이 많은 작업
③ 취급물의 형상, 성질, 크기 등이 다양한 작업
④ 취급물이 중량인 작업

[해설] 취급물의 형상, 성질, 크기 등이 다양한 작업은 인력운반이 효율적이다.

111 터널 등의 건설작업을 하는 경우에 낙반 등에 의하여 근로자가 위험해질 우려가 있는 경우에 필요한 직접적인 조치사항과 거리가 먼 것은?

① 터널지보공 설치
② 부석의 제거
③ 울 설치
④ 록볼트 설치

[해설] 울 설치는 추락에 의한 위험방지조치에 해당한다.

112 사다리식 통로의 길이가 10m 이상일 때 얼마 이내마다 계단참을 설치하여야 하는가?

① 3m 이내마다
② 4m 이내마다
③ 5m 이내마다
④ 6m 이내마다

[해설] 사다리식 통로의 길이가 10m 이상인 경우에는 5m 이내마다 계단참을 설치해야 한다.

113 장비 자체보다 높은 장소의 땅을 굴착하는 데 적합한 장비는?

① 파워 셔블(Power Shovel)
② 불도저(Bulldozer)
③ 드래그라인(Drag line)
④ 클램쉘(Clam Shell)

[해설] 파워 셔블은 굴삭기가 위치한 지면보다 높은 곳을 굴삭하는 데 적합하다.

114 추락방호망 설치 시 그물코의 크기가 10cm인 매듭 있는 방망의 신품에 대한 인장강도 기준으로 옳은 것은?

① 100kgf 이상
② 200kgf 이상
③ 300kgf 이상
④ 400kgf 이상

[해설] **추락방호망의 인장강도**

그물코의 크기 (단위 : cm)	방망의 종류(단위 : kgf)	
	매듭 없는 방망	매듭 방망
10	240	200
5	–	110

정답 | 108 ② 109 ④ 110 ③ 111 ③ 112 ③ 113 ① 114 ②

115 타워크레인을 자립고(自立高) 이상의 높이로 설치할 때 지지벽체가 없어 와이어로프로 지지하는 경우의 준수사항으로 옳지 않은 것은?

① 와이어로프를 고정하기 위한 전용 지지프레임을 사용할 것
② 와이어로프 설치각도는 수평면에서 60° 이내로 하되, 지지점은 4개소 이상으로 하고, 같은 각도로 설치할 것
③ 와이어로프와 그 고정부위는 충분한 강도와 장력을 갖도록 설치하되, 와이어로프를 클립·샤클(shackle) 등의 기구를 사용하여 고정하지 않도록 유의할 것
④ 와이어로프가 가공전선에 근접하지 않도록 할 것

해설 타워크레인을 와이어로프로 지지하는 경우 와이어로프의 고정부위는 충분한 강도와 장력을 갖도록 설치하고, 와이어로프를 클립·샤클 등의 고정기구를 사용하여 견고하게 고정시켜 풀리지 아니하도록 한다.

116 토질시험 중 연약한 점토 지반의 점착력을 판별하기 위하여 실시하는 현장시험은?

① 베인테스트(Vane Test)
② 표준관입시험(SPT)
③ 하중재하시험
④ 삼축압축시험

해설 베인테스트는 연약한 점토질 지반의 시험에 주로 적용하는 지반조사 방법이다.

117 항만하역작업에서의 선박승강설비 설치기준으로 옳지 않은 것은?

① 200톤급 이상의 선박에서 하역작업을 하는 경우에 근로자들이 안전하게 오르내릴 수 있는 현문(舷門) 사다리를 설치하여야 하며, 이 사다리 밑에 안전망을 설치하여야 한다.
② 현문 사다리는 견고한 재료로 제작된 것으로 너비는 55cm 이상이어야 한다.
③ 현문 사다리의 양측에는 82cm 이상의 높이로 울타리를 설치하여야 한다.
④ 현문 사다리는 근로자의 통행에만 사용하여야 하며, 화물용 발판 또는 화물용 보관으로 사용하도록 해서는 아니 된다.

해설 선박승강설비의 설치의 기준에 관한 내용으로 300톤급 이상의 선박에서 하역작업을 하는 때에는 근로자들이 안전하게 승강할 수 있는 현문 사다리를 설치하여야 한다.

118 비계의 부재 중 기둥과 기둥을 연결시키는 부재가 아닌 것은?

① 띠장
② 장선
③ 가새
④ 작업발판

해설 작업발판은 비계의 연결재에 해당되지 않는다.

119 다음 중 유해위험방지계획서 제출 대상 공사가 아닌 것은?

① 지상높이가 30m인 건축물 건설공사
② 최대지간길이가 50m인 교량건설공사
③ 터널 건설공사
④ 깊이가 11m인 굴착공사

해설 지상높이가 31m인 건축물 건설공사가 유해위험방지계획서 제출 대상 공사에 해당된다.

120 본 터널(main tunnel)을 시공하기 전에 터널에서 약간 떨어진 곳에 지질조사, 환기, 배수, 운반 등의 상태를 알아보기 위하여 설치하는 터널은?

① 프리패브(prefab) 터널
② 사이드(side) 터널
③ 쉴드(shield) 터널
④ 파일럿(pilot) 터널

해설 파일럿 터널은 본 터널을 시공하기 전에 지질조사, 환기, 배수, 운반 등의 상태를 알아보기 위하여 설치하는 터널이다.

정답 | 115 ③ 116 ① 117 ① 118 ④ 119 ① 120 ④

2020년 4회

1과목
산업재해 예방 및 안전보건교육

01 다음 재해원인 중 간접원인에 해당하지 않는 것은?

① 기술적 원인
② 교육적 원인
③ 관리적 원인
④ 인적 원인

[해설] **산업재해의 간접원인**
기술적 원인, 관리적 원인, 교육적 원인, 정신적 원인, 신체적 원인

02 생체리듬의 변화에 대한 설명으로 틀린 것은?

① 야간에는 체중이 감소한다.
② 야간에는 말초운동 기능이 증가된다.
③ 체온, 혈압, 맥박수는 주간에 상승하고 야간에 감소한다.
④ 혈액의 수분과 염분량은 주간에 감소하고 야간에 상승한다.

[해설] **생체리듬(바이오리듬)의 변화**
- 야간에는 체중이 감소한다.
- 야간에는 말초운동 기능은 저하, 피로의 자각증상은 증대한다.
- 혈액의 수분, 염분량은 주간에 감소하고 야간에 증가한다.
- 체온, 혈압, 맥박은 주간에 상승하고 야간에 감소한다.

03 산업안전보건법령상 안전·보건표지의 색채와 사용 사례의 연결로 틀린 것은?

① 노란색 – 화학물질 취급장소에서의 유해·위험 경고 이외의 위험경고
② 파란색 – 특정 행위의 지시 및 사실의 고지
③ 빨간색 – 화학물질 취급장소에서의 유해·위험 경고
④ 녹색 – 정지신호, 소화설비 및 그 장소, 유해행위의 금지

[해설] **녹색**
비상구 및 피난소, 사람 또는 차량의 통행표지

04 재해의 발생형태 중 다음 그림이 나타내는 것은?

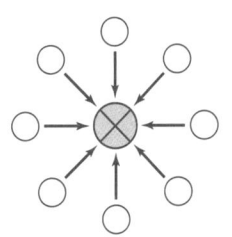

① 단순연쇄형
② 복합연쇄형
③ 단순자극형
④ 복합형

[해설] **단순자극형(집중형)**
상호자극에 의하여 순간적으로 재해가 발생하는 유형으로 재해가 일어난 장소나 그 시점에 일시적으로 요인이 집중된다.

05 Y-K(Yutaka-Kohate)성격검사에 관한 사항으로 옳은 것은?

① C, C′형은 적응이 빠르다.
② M, M′형은 내구성, 집념이 부족하다.
③ S, S′형은 담력, 자신감이 강하다.
④ P, P′형은 운동, 결단이 빠르다.

[해설] **C, C′형 : 담즙질**
내구, 집념 부족

06 재해의 발생확률은 개인적 특성이 아니라 그 사람이 종사하는 작업의 위험성에 기초한다는 이론은?

① 암시설
② 경향설
③ 미숙설
④ 기회설

[해설] 사고경향성자(재해누발자)의 유형 중 기회설에 해당한다.

정답 | 01 ④ 02 ② 03 ④ 04 ③ 05 ① 06 ④

07 라인(Line)형 안전관리 조직의 특징으로 옳은 것은?

① 안전에 관한 기술의 축적이 용이하다.
② 안전에 관한 지시나 조치가 신속하다.
③ 조직원 전원을 자율적으로 안전활동에 참여시킬 수 있다.
④ 권한 다툼이나 조정때문에 통제수속이 복잡해지며, 시간과 노력이 소모된다.

> **해설** Line(직계)형 조직은 안전에 관한 지시나 조치가 신속하고, 철저하며 100명 미만의 소규모 기업에 적합하다.

08 재해원인 분석방법의 통계적 원인분석 중 사고의 유형, 기인물 등 분류항목을 큰 순서대로 도표화한 것은?

① 파레토도   ② 특성요인도
③ 크로스도   ④ 관리도

> **해설** 파레토도
> 분류항목을 큰 순서대로 도표화한 분석법

09 안전교육의 단계에 있어 교육대상자가 스스로 행함으로써 습득하게 하는 교육은?

① 의식교육   ② 기능교육
③ 지식교육   ④ 태도교육

> **해설** 안전교육의 3단계
> 1. 지식교육(1단계) : 지식의 전달과 이해
> 2. 기능교육(2단계) : 실습, 시범을 통한 이해
> 3. 태도교육(3단계) : 안전의 습관화(가치관 형성)

10 다음 중 헤드십(Headship)에 관한 설명과 가장 거리가 먼 것은?

① 권한의 근거는 공식적이다.
② 지휘의 형태는 민주주의적이다.
③ 상사와 부하와의 사회적 간격은 넓다.
④ 상사와 부하와의 관계는 지배적이다.

> **해설** 헤드십(HeadShip)
> 집단구성원이 아닌 외부에 의해 선출(임명)된 지도자로, 권한의 근거는 공식적이다.
> 헤드십의 특징은 상사와 부하의 관계가 지배적 관계라는 것이다.

11 타인의 비판 없이 자유로운 토론을 통하여 다량의 독창적인 아이디어를 이끌어내고, 대안적 해결안을 찾기 위한 집단적 사고기법은?

① Role playing   ② Brain storming
③ Action playing   ④ Fish Bowl playing

> **해설** 브레인스토밍
> 소집단 활동의 하나로서 수명의 멤버가 마음을 터놓고 편안한 분위기 속에서 공상, 연상의 연쇄반응을 일으키면서 자유분방하게 아이디어를 대량으로 발언하여 나가는 발상법

12 무재해 운동을 추진하기 위한 조직의 세 기둥으로 볼 수 없는 것은?

① 최고경영자의 경영자세
② 소집단 자주활동의 활성화
③ 전 종업원의 안전요원화
④ 라인관리자에 의한 안전보건의 추진

> **해설** 무재해운동 추진의 3기둥(요소)
> 1. 최고경영자의 엄격한 경영자세
> 2. 라인(관리감독자)화의 철저
> 3. 직장(소집단)의 자주활동의 활발화

13 산업안전보건법령상 사업 내 안전보건교육 중 관리감독자 정기교육의 내용이 아닌 것은?

① 유해 · 위험 작업환경 관리에 관한 사항
② 표준안전작업방법 및 지도 요령에 관한 사항
③ 작업공정의 유해 · 위험과 재해 예방대책에 관한 사항
④ 기계 · 기구의 위험성과 작업의 순서 및 동선에 관한 사항

> **해설** ④는 채용 및 작업내용 변경 시 교육에 해당한다.

14 산업안전보건법령상 유해 · 위험 방지를 위한 방호조치가 필요한 기계 · 기구가 아닌 것은?

① 예초기   ② 지게차
③ 금속절단기   ④ 금속탐지기

> **해설** 유해 · 위험 방지를 위하여 방호조치가 필요한 기계 · 기구 등(「산업안전보건법 시행령」 [별표 20])
> 예초기, 원심기, 공기압축기, 금속절단기, 지게차, 포장기계(진공포장기, 래핑기로 한정한다.)

정답 | 07 ② 08 ① 09 ② 10 ② 11 ② 12 ③ 13 ④ 14 ④

15 안전교육방법 중 구안법(Project Method)의 4단계의 순서로 옳은 것은?

① 계획수립 → 목적결정 → 활동 → 평가
② 평가 → 계획수립 → 목적결정 → 활동
③ 목적결정 → 계획수립 → 활동 → 평가
④ 활동 → 계획수립 → 목적결정 → 평가

해설) **구안법의 학습단계**
1. 목적의 단계
2. 계획의 단계
3. 실행의 단계
4. 비판(평가)의 단계

16 레빈(Lewin)은 인간의 행동 특성을 다음과 같이 표현하였다. 변수 'P'가 의미하는 것은?

$$B = f(P \cdot E)$$

① 행동
② 소질
③ 환경
④ 함수

해설) 레빈의 법칙 : $B = f(P \cdot E)$
P : person(개체 : 연령, 경험, 심신상태, 성격, 지능 등)

17 안전인증 절연장갑에 안전인증 표시 외에 추가로 표시하여야 하는 등급별 색상의 연결로 옳은 것은? (단, 고용노동부 고시를 기준으로 한다.)

① 00등급 : 갈색
② 0등급 : 흰색
③ 1등급 : 노란색
④ 2등급 : 빨간색

해설) **절연장갑의 등급 및 색상**

등급	최대 사용전압		비고
	교류(V, 실효값)	직류(V)	
00	500	750	갈색
0	1,000	1,500	빨간색
1	7,500	11,250	흰색
2	17,000	25,500	노란색

18 강도율 7인 사업장에서 한 작업자가 평생동안 작업을 한다면 산업재해로 인한 근로손실 일수는 며칠로 예상되는가? (단, 이 사업장의 연근로시간과 한 작업자의 평생근로시간은 100,000시간으로 가정한다.)

① 500
② 600
③ 700
④ 800

해설) 근로자가 입사하여 퇴직할 때까지 잃을 수 있는 근로손실일수는 환산강도율로 구한다.
환산강도율 = 강도율 × 100 = 7 × 100 = 700일

19 재해예방의 4원칙이 아닌 것은?

① 손실우연의 원칙
② 사전준비의 원칙
③ 원인계기의 원칙
④ 대책선정의 원칙

해설) **재해예방의 4원칙**
1. 손실우연의 원칙
2. 원인계기의 원칙
3. 예방가능의 원칙
4. 대책선정의 원칙

20 다음 설명에 해당하는 학습 지도의 원리는?

학습자가 지니고 있는 각자의 요구와 능력 등에 알맞은 학습활동의 기회를 마련해주어야 한다는 원리

① 직관의 원리
② 자기활동의 원리
③ 개별화의 원리
④ 사회화의 원리

해설) **개별화의 원리**
학습자가 가지고 있는 각각의 요구 및 능력에 맞게 지도해야 한다는 원리

정답 | 15 ③ 16 ② 17 ① 18 ③ 19 ② 20 ③

2과목
인간공학 및 위험성 평가·관리

21 가스밸브를 잠그는 것을 잊어 사고가 발생했다면 작업자는 어떤 인적 오류를 범한 것인가?

① 생략 오류(omission error)
② 시간지연 오류(time error)
③ 순서 오류(sequential error)
④ 작위적 오류(commission error)

해설 **휴먼에러의 분류**

생략(부작위)에러(Omission Error) : 작업 내지 필요한 절차를 수행하지 않는 데서 기인한 에러

22 어떤 소리가 1,000Hz, 60dB인 음과 같은 높이임에도 4배 더 크게 들린다면, 이 소리의 음압수준은 얼마인가?

① 70dB
② 80dB
③ 90dB
④ 100dB

해설 **음압수준**
- 10[dB] 증가 시 소음은 2배 증가
- 20[dB] 증가 시 소음은 4배 증가

23 결함수분석의 기호 중 입력사상이 어느 하나라도 발생할 경우 출력사상이 발생하는 것은?

① NOR GATE
② AND GATE
③ OR GATE
④ NAND GATE

해설

기호	명칭	설명
(출력/입력 기호)	OR 게이트	입력사상 중 어느 하나가 존재할 때 출력사상이 발생

24 시스템 안전분석 방법 중 예비위험분석(PHA)단계에서 식별하는 4가지 범주에 속하지 않는 것은?

① 위기상태
② 무시가능상태
③ 파국적 상태
④ 예비조처상태

해설 **PHA에 의한 위험등급**
1. Class-1 : 파국(Catastrophic)
2. Class-2 : 중대(Critical)
3. Class-3 : 한계적(Marginal)
4. Class-4 : 무시가능(Negligible)

25 다음은 불꽃놀이용 화학물질취급설비에 대한 정량적 평가이다. 해당 항목에 대한 위험등급이 올바르게 연결된 것은?

항목	A (10점)	B (5점)	C (2점)	D (0점)
취급물질	○	○	○	
조작		○		○
화학설비의 용량	○		○	
온도	○	○		
압력		○	○	○

① 취급물질 - Ⅰ등급, 화학설비의 용량 - Ⅰ등급
② 온도 - Ⅰ등급, 화학설비의 용량 - Ⅱ등급
③ 취급물질 - Ⅰ등급, 조작 - Ⅳ등급
④ 온도 - Ⅱ등급, 압력 - Ⅲ등급

해설 안전성 평가 6단계 중 제3단계(정량적 평가)의 화학설비 정량평가 등급은 다음과 같다.

위험등급 Ⅰ	위험등급 Ⅱ	위험등급 Ⅲ
합산점수 16점 이상	합산점수 11~15점	합산점수 10점 이하

26 연구 기준의 요건과 내용이 옳은 것은?

① 무오염성 : 실제로 의도하는 바와 부합해야 한다.
② 적절성 : 반복 실험 시 재현성이 있어야 한다.
③ 신뢰성 : 측정하고자 하는 변수 이외의 다른 변수의 영향을 받아서는 안 된다.
④ 민감도 : 피실험자 사이에서 볼 수 있는 예상 차이점에 비례하는 단위로 측정해야 한다.

해설 **체계기준의 구비조건**
- 실제적 요건
- 타당성(적절성)
- 민감도
- 신뢰성(반복성)
- 순수성(무오염성)

정답 | 21 ① 22 ② 23 ③ 24 ④ 25 ④ 26 ④

27 인간-기계 시스템에서 시스템의 설계를 다음과 같이 구분할 때 제3단계인 기본설계에 해당되지 않는 것은?

> 1단계 : 시스템의 목표와 성능 명세 결정
> 2단계 : 시스템의 정의
> 3단계 : 기본설계
> 4단계 : 인터페이스 설계
> 5단계 : 보조물 설계
> 6단계 : 시험 및 평가

① 화면 설계
② 작업 설계
③ 직무 분석
④ 기능 할당

해설 인간-기계 시스템 설계과정 6가지 단계 중 기본설계는 시스템의 형태를 갖추기 시작하는 단계이다(직무 분석, 작업 설계, 기능 할당).

28 결함수분석법에서 Path set에 관한 설명으로 옳은 것은?

① 시스템의 약점을 표현한 것이다.
② Top 사상을 발생시키는 조합이다.
③ 시스템이 고장나지 않도록 하는 사상의 조합이다.
④ 시스템고장을 유발시키는 필요불가결한 기본사상들의 집합이다.

해설 패스셋(Path Set)
포함되어 있는 모든 기본사상이 일어나지 않을 때 처음으로 정상사상이 일어나지 않는 기본사상의 집합이다.

29 산업안전보건법령상 유해위험방지계획서의 제출 대상 제조업은 전기 계약 용량이 얼마 이상인 경우에 해당되는가? (단, 기타 예외사항은 제외한다.)

① 50kW
② 100kW
③ 200kW
④ 300kW

해설 전기사용설비의 전기계약용량이 300킬로와트[kW] 이상

30 FTA결과 다음과 같은 패스셋을 구하였다. 최소 패스셋(Minimal path sets)으로 옳은 것은?

> {X$_2$, X$_3$, X$_4$}
> {X$_1$, X$_3$, X$_4$}
> {X$_3$, X$_4$}

① {X$_3$, X$_4$}
② {X$_1$, X$_3$, X$_4$}
③ {X$_2$, X$_3$, X$_4$}
④ {X$_2$, X$_3$, X$_4$}와 {X$_3$, X$_4$}

해설 패스셋과 미니멀 패스셋
패스란 그 속에 포함되어 있는 기본사상이 일어나지 않을 때 처음으로 정상사상이 일어나지 않는 기본사상의 집합으로서 미니멀 패스셋은 그 필요한 최소한의 컷을 말한다(시스템의 신뢰성을 말함).

31 인체측정에 대한 설명으로 옳은 것은?

① 인체측정은 동적측정과 정적측정이 있다.
② 인체측정학은 인체의 생화학적 특징을 다룬다.
③ 자세에 따른 인체지수의 변화는 없다고 가정한다
④ 측정항목에 무게, 둘레, 두께, 길이는 포함되지 않는다.

해설 인체측정(계측)에는 구조적 인체 치수(정적측정)와 기능적 인체 치수(동적측정)이 있다.

32 실린더 블록에 사용하는 가스켓의 수명 분포는 X~N(10,000, 200^2)인 정규분포를 따른다. t = 9,600시간일 경우에 신뢰도(R(t))는? (단, P(Z≤1) = 0.8413, P(Z≤1.5) = 0.9332, P(Z≤2) = 0.9772, P(Z≤3) = 0.9987이다.)

① 84.13%
② 93.32%
③ 97.72%
④ 99.87%

해설 정규분포 표준화 공식

$$U = \frac{변수(X) - 평균(\mu)}{표준편차(\delta)}$$

$$P_r(X \geq 9,600) = P_r\left(Z \geq \frac{9,600 - 10,000}{200}\right)$$
$$= P_r(Z \geq -2) = P_r(Z \leq 2) = 0.9772 = 97.72[\%]$$
∴ 97.72%

정답 | 27 ① 28 ③ 29 ④ 30 ① 31 ① 32 ③

33 다음 중 열 중독증(heat illness)의 강도를 올바르게 나열한 것은?

> ⓐ 열소모(heat exhaustion) ⓑ 열발진(heat rash)
> ⓒ 열경련(heat cramp) ⓓ 열사병(heat stroke)

① ⓒ<ⓑ<ⓐ<ⓓ
② ⓒ<ⓑ<ⓓ<ⓐ
③ ⓑ<ⓒ<ⓐ<ⓓ
④ ⓑ<ⓓ<ⓐ<ⓒ

해설 열 중독증 강도는 열발진(Heat Rash)<열경련(Heat Cramp)<열소모(Heat Exhaustion)<열사병(Heat Stroke) 순이다.

34 사무실 의자나 책상에 적용할 인체 측정 자료의 설계 원칙으로 가장 적합한 것은?

① 평균치 설계
② 조절식 설계
③ 최대치 설계
④ 최소치 설계

해설 조절식 설계(5~95%)
체격이 다른 여러 사람에 맞도록 조절식으로 만드는 것이다(자동차 좌석의 전후 조절, 사무실 의자의 상하 조절 등).

35 암호체계의 사용 시 고려해야 될 사항과 거리가 먼 것은?

① 정보를 암호화한 자극은 검출이 가능하여야 한다.
② 다차원의 암호보다 단일 차원화된 암호가 정보 전달이 촉진된다.
③ 암호를 사용할 때는 사용자가 그 뜻을 분명히 알 수 있어야 한다.
④ 모든 암호 표시는 감지장치에 의해 검출될 수 있고, 다른 암호 표시와 구별될 수 있어야 한다.

해설 암호(코드)체계 사용상의 일반적 지침
1. 다차원 암호를 사용하여야 한다.
2. 2가지 이상의 암호를 조합해서 사용하면 정보전달이 촉진된다.
3. 암호의 변별성, 부호의 양립성, 부호의 의미 등이 해당된다.

36 신호검출이론(SDT)의 판정결과 중 신호가 없었는데도 있었다고 말하는 경우는?

① 긍정(hit)
② 누락(miss)
③ 허위(false alarm)
④ 부정(correct rejection)

해설 신호검출이론 판정결과 중 신호가 없었는데도 있었다고 말하는 경우는 허위(false alarm)에 해당한다.

37 촉감의 일반적인 척도의 하나인 2점 문턱값(two-point Threshold)이 감소하는 순서대로 나열된 것은?

① 손가락 → 손바닥 → 손가락 끝
② 손바닥 → 손가락 → 손가락 끝
③ 손가락 끝 → 손가락 → 손바닥
④ 손가락 끝 → 손바닥 → 손가락

해설 촉감의 일반적인 척도의 하나인 2점 문턱값(two-point Threshold)이 감소하는 순서는 손바닥 → 손가락 → 손가락 끝이다(2점 문턱값이란 손에 두 점을 눌렀을 때 느껴지는 감각이 서로 다르게 느껴지는 점 사이의 최소 거리이다).

38 시스템 안전분석 방법 중 HAZOP에서 "완전대체"를 의미하는 것은?

① NOT
② REVERSE
③ PART OF
④ OTHER THAN

해설 유인어(Guide Words)
1. 간단한 용어로서 창조적 사고를 유도하고 자극하여 이상을 발견하고 의도를 한정하기 위하여 사용되는 것이다.
2. Other Than : 완전한 대체(통상 운전과 다르게 되는 상태)

39 어느 부품 1,000개를 100,000시간 동안 가동하였을 때 5개의 불량품이 발생하였을 경우 평균 동작시간(MTTF)은?

① 1×10^6시간
② 2×10^7시간
③ 1×10^8시간
④ 2×10^9시간

해설 직렬계의 경우 MTTF = $\frac{1}{\lambda}$

λ(평균고장률) = $\frac{고장건수}{총 가동시간}$

∴ MTTF = $\frac{총 가동시간}{고장건수}$ = $\frac{1,000 \times 100,000}{5}$
= 2×10^7시간

40 신체활동의 생리학적 측정법 중 전신의 육체적인 활동을 측정하는데 가장 적합한 방법은?

① Flicker측정
② 산소 소비량 측정
③ 근전도(EMG) 측정
④ 피부전기반사(GSR) 측정

해설 작업이 인체에 미치는 생리적 부담은 주로 맥박수(심박수)와 호흡에 의한 산소 소비량으로 측정한다.

정답 | 33 ③ 34 ② 35 ② 36 ③ 37 ② 38 ④ 39 ② 40 ②

3과목
기계·기구 및 설비 안전관리

41 극한하중이 600N인 체인에 안전계수가 4일 때 체인의 정격하중(N)은?

① 130　　　　② 140
③ 150　　　　④ 160

[해설] 안전계수 = $\dfrac{극한하중}{정격하중}$, 정격하중 = $\dfrac{극한하중}{안전계수}$ = $\dfrac{600}{4}$ = 150N

42 산업안전보건법령상 용접장치의 안전에 관한 준수사항으로 옳은 것은?

① 아세틸렌 용접장치의 발생기실을 옥외에 설치한 경우에는 그 개구부를 다른 건축물로부터 1m 이상 떨어지도록 하여야 한다.
② 가스집합장치로부터 7m 이내의 장소에서는 화기의 사용을 금지시킨다.
③ 아세틸렌 발생기에서 10m 이내 또는 발생기실에서 4m 이내의 장소에서는 화기의 사용을 금지시킨다.
④ 아세틸렌 용접장치를 사용하여 용접작업을 할 경우 게이지 압력이 127kPa을 초과하는 압력의 아세틸렌을 발생시켜 사용해서는 아니 된다.

[해설] **아세틸렌 용접장치 및 가스집합 용접장치**
1. 발생기실을 옥외에 설치한 경우에는 그 개구부를 다른 건축물로부터 1.5미터 이상 떨어지도록 하여야 한다.
2. 가스집합장치로부터 5미터 이내의 장소에서는 흡연, 화기의 사용 또는 불꽃을 발생할 우려가 있는 행위를 금지할 것
3. 발생기에서 5미터 이내 또는 발생기실에서 3미터 이내의 장소에서는 흡연, 화기의 사용 또는 불꽃이 발생 위험한 행위를 금지시킬 것

43 산업안전보건법령상 롤러기의 방호장치 중 롤러의 앞면 표면 속도가 30m/min 이상일 때 무부하 동작에서 급정지거리는?

① 앞면 롤러 원주의 1/2.5 이내
② 앞면 롤러 원주의 1/3 이내
③ 앞면 롤러 원주의 1/3.5 이내
④ 앞면 롤러 원주의 1/5.5 이내

[해설] **롤러기의 급정지거리**

앞면 롤의 면속도(m/min)	급정지거리
30 미만	앞면 롤 원주의 1/3
30 이상	앞면 롤 원주의 1/2.5

44 500rpm으로 회전하는 연삭숫돌의 지름이 300mm일 때 원주속도(m/min)은?

① 약 748　　　　② 약 650
③ 약 532　　　　④ 약 471

[해설] 숫돌의 원주속도 : $v = \dfrac{\pi DN}{1,000}$ (m/min)

[여기서, 지름 : D(mm), 회전수 : N(rpm)]

$v = \dfrac{\pi DN}{1,000} = \dfrac{\pi \times 300 \times 500}{1,000} = 471$(m/min)

45 산업안전보건법령상 로봇을 운전하는 경우 근로자가 로봇에 부딪힐 위험이 있을 때 높이는 최소 얼마 이상의 울타리를 설치하여야 하는가? (단, 로봇의 가동범위 등을 고려하여 높이로 인한 위험성이 없는 경우는 제외)

① 0.9m　　　　② 1.2m
③ 1.5m　　　　④ 1.8m

[해설] **운전 중 위험방지**

사업주는 로봇의 운전으로 인하여 근로자에게 발생할 수 있는 부상 등의 위험을 방지하기 위하여 높이 1.8미터 이상의 울타리를 설치하여야 한다. 컨베이어 시스템의 설치 등으로 울타리를 설치할 수 없는 일부 구간에 대해서는 안전매트 또는 광전자식 방호장치 등 감응형(感應形) 방호장치를 설치하여야 한다.

46 일반적으로 전류가 과대하고, 용접속도가 너무 빠르며, 아크를 짧게 유지하기 어려운 경우 모재 및 용접부의 일부가 녹아서 홈 또는 오목한 부분이 생기는 용접부 결함은?

① 잔류응력　　　　② 융합불량
③ 기공　　　　④ 언더컷

[해설] **언더컷(Under cut)**

전류가 과대하고 용접속도가 너무 빠르며, 아크를 짧게 유지하기 어려운 경우 모재 및 용접부의 일부가 녹아서 홀 또는 오목하게 생긴 부분

정답 | 41 ③　42 ④　43 ①　44 ④　45 ④　46 ④

47 산업안전보건법령상 승강기의 종류로 옳지 않은 것은?

① 승객용 엘리베이터 ② 리프트
③ 화물용 엘리베이터 ④ 승객화물용 엘리베이터

해설 **승강기의 종류(「안전보건규칙」 제132조)**
1. 승객용 엘리베이터   2. 승객화물용 엘리베이터
3. 화물용 엘리베이터   4. 소형화물용 엘리베이터
5. 에스컬레이터

48 다음 중 선반의 방호장치로 가장 거리가 먼 것은?

① 쉴드(Shield) ② 슬라이딩
③ 척 커버 ④ 칩 브레이커

해설 **선반의 안전장치**
- 칩 브레이커(Chip Breaker) : 칩을 짧게 끊어주는 장치
- 덮개(Shield) : 가공재료의 칩이나 절삭유 등이 비산되어 나오는 위험으로 작업자의 보호를 위하여 이동이 가능한 덮개 설치
- 브레이크(Brake) : 가공 작업 중 선반을 급정지시킬 수 있는 장치
- 척 커버(Chuck Cover) : 척이나 척에 물건 가공물의 돌출부에 작업복이 말려 들어가는 것을 방지

49 연삭작업에서 숫돌의 파괴원인으로 가장 적절하지 않은 것은?

① 숫돌의 회전속도가 너무 빠를 때
② 연삭작업 시 숫돌의 정면을 사용할 때
③ 숫돌에 큰 충격을 줬을 때
④ 숫돌의 회전중심이 제대로 잡히지 않았을 때

해설 숫돌의 측면을 일감으로써 심하게 가압했을 경우 숫돌이 파괴되어 재해발생 우려가 있다.

50 기계설비에서 기계 고장률의 기본 모형으로 옳지 않은 것은?

① 조립 고장 ② 초기 고장
③ 우발 고장 ④ 마모 고장

해설 **고장률의 유형**
- 초기 고장(감소형)
- 우발 고장(일정형)
- 마모 고장(증가형)

51 산업안전보건법령상 화물의 낙하에 의해 운전자가 위험을 미칠 경우 지게차의 헤드가드(head guard)는 지게차의 최대하중의 몇 배가 되는 등분포정하중에 견디는 강도를 가져야 하는가? (단, 4톤을 넘는 값은 제외한다.)

① 1배 ② 1.5배
③ 2배 ④ 3배

해설 **헤드가드**
1. 강도는 지게차의 최대하중의 2배 값(4톤을 넘는 값에 대해서는 4톤으로 한다)의 등분포정하중에 견딜 수 있을 것
2. 상부 틀의 각 개구의 폭 또는 길이가 16센티미터 미만일 것
3. 운전자가 앉아서 조작하거나 서서 조작하는 지게차의 헤드가드는 「산업표준화법」 제12조에 따른 한국산업표준에서 정하는 높이 기준 이상일 것(좌승식 : 0.903m 이상, 입승식 : 1.88m 이상)

52 산업안전보건법령상 목재가공용 둥근톱 작업에서 분할날과 톱날 원주면과의 간격은 최대 얼마 이내가 되도록 조정하는가?

① 10mm ② 12mm
③ 14mm ④ 16mm

해설 목재가공용 둥근톱 작업에서 분할날과 톱날 원주면과의 간격은 최대 12mm 이내가 되도록 조정하여야 한다.

53 다음 중 컨베이어의 안전장치로 옳지 않은 것은?

① 비상정지장치 ② 반발예방장치
③ 역회전방지장치 ④ 이탈방지장치

해설 **컨베이어 안전장치의 종류**
- 비상정지장치 • 덮개 또는 울
- 건널다리 • 역전방지장치

54 다음 중 프레스 방호장치에서 게이트 가드식 방호장치의 종류를 작동방식에 따라 분류할 때 가장 거리가 먼 것은?

① 경사식 ② 하강식
③ 도립식 ④ 횡 슬라이드 식

해설 **프레스 게이트 가드 방호장치 형식의 종류**
1. 하강식 2. 도립식 3. 횡 슬라이드식

정답 | 47 ② 48 ② 49 ② 50 ① 51 ③ 52 ② 53 ② 54 ①

55 크레인에 돌발 상황이 발생한 경우 안전을 유지하기 위하여 모든 전원을 차단하여 크레인을 급정지시키는 방호장치는?

① 호이스트
② 이탈방지장치
③ 비상정지장치
④ 아우트리거

해설 **크레인 비상정지장치**
크레인에 돌발 상황이 발생한 경우 안전을 유지하기 위하여 모든 전원을 차단하여 크레인을 급정지시키는 장치

56 산업안전보건법령상 프레스 등을 사용하여 작업을 할 때에 작업시작 전 점검 사항으로 가장 거리가 먼 것은?

① 압력방출장치의 기능
② 클러치 및 브레이크의 기능
③ 프레스의 금형 및 고정볼트 상태
④ 1행정 1정지기구·급정지장치 및 비상정지장치의 기능

해설 **프레스 작업시작 전 점검사항(「안전보건규칙」 [별표 3])**
- 클러치 및 브레이크의 기능
- 크랭크축·플라이휠·슬라이드·연결봉 및 연결나사의 풀림 유무
- 1행정 1정지기구·급정지장치 및 비상정지장치의 기능
- 슬라이드 또는 칼날에 의한 위험방지기구의 기능
- 프레스의 금형 및 고정볼트 상태
- 방호장치의 기능
- 전단기의 칼날 및 테이블의 상태

57 선반작업의 안전수칙으로 가장 거리가 먼 것은?

① 기계에 주유 및 청소를 할 때에는 저속회전에서 한다.
② 일반적으로 가공물의 길이가 지름의 12배 이상일 때는 방진구를 사용하여 선반작업을 한다.
③ 바이트는 가급적 짧게 설치한다.
④ 면장갑을 사용하지 않는다.

해설 **선반작업 시 유의사항**
치수 측정 시, 주유·청소 시 반드시 기계정지

58 다음 중 보일러 운전 시 안전수칙으로 가장 적절하지 않은 것은?

① 가동 중인 보일러에는 작업자가 항상 정위치를 떠나지 아니할 것
② 보일러의 각종 부속장치의 누설상태를 점검할 것
③ 압력방출장치는 매 7년마다 정기적으로 작동시험을 할 것
④ 노 내의 환기 및 통풍장치를 점검할 것

해설 **압력방출장치(「안전보건규칙」 제116조 제2항)**
압력방출장치는 매년 1회 이상 국가교정업무 전담기관에서 교정을 받은 압력계를 이용하여 설정압력에서 압력방출장치가 적정하게 작동하는지를 검사한 후 납으로 봉인하여 사용하여야 한다. 다만, 공정안전보고서 제출 대상으로서 공정안전보고서 이행 상태 평가결과가 우수한 사업장은 압력방출장치에 대하여 4년마다 1회 이상 설정압력에서 압력방출장치가 적정하게 작동하는지를 검사할 수 있다.

59 슬라이드가 내려옴에 따라 손을 쳐내는 막대가 좌우로 왕복하면서 위험한계에 있는 손을 보호하는 프레스 방호장치는?

① 수인식
② 게이트 가드식
③ 반발예방장치
④ 손쳐내기식

해설 **손쳐내기식 방호장치**
기계의 작동에 연동시켜 위험상태로 되기 전에 손을 위험 영역에서 밀어내거나 쳐냄으로써 위험을 배재하는 장치를 말한다.

60 산업안전보건법령상 크레인에서 권과방지장치의 달기구 윗면이 권상장치의 아랫면과 접촉할 우려가 있는 경우 최소 몇 m 이상 간격이 되도록 조정하여야 하는가? (단, 직동식 권과방지장치의 경우는 제외)

① 0.1
② 0.15
③ 0.25
④ 0.3

해설 **방호장치의 조정**
1. 사업주는 이동식 크레인에 과부하방지장치·권과방지장치 및 브레이크장치 등 방호장치를 부착하고 유효하게 작동될 수 있도록 미리 조정하여 두어야 한다.
2. 제1항의 권과방지장치는 훅·버킷 등 달기구의 윗면이 지브 선단의 도르래 등의 아랫면과 접촉할 우려가 있는 때에는 그 간격이 0.25m 이상(직동식 권과방지장치는 0.05m 이상)이 되도록 조정하여야 한다.

정답 | 55 ③ 56 ① 57 ① 58 ③ 59 ④ 60 ③

4과목
전기설비 안전관리

61 KS C IEC 60079-0에 따른 방폭기기에 대한 설명이다. 다음 빈칸에 들어갈 알맞은 용어는?

> (ⓐ)은 EPL로 표현되며 점화원이 될 수 있는 가능성에 기초하여 기기에 부여된 보호등급이다. EPL의 등급 중 (ⓑ)는 정상작동, 예상된 오작동, 드문 오작동 중에 점화원이 될 수 없는 "매우 높은" 보호 등급의 기기이다.

① ⓐ Explosion Protection Level, ⓑ EPL Ga
② ⓐ Explosion Protection Level, ⓑ EPL Gc
③ ⓐ Equipment Protection Level, ⓑ EPL Ga
④ ⓐ Equipment Protection Level, ⓑ EPL Gc

[해설]
- EPL(기기보호등급 ; Equipment Protection Level) : 점화원이 될 수 있는 가능성에 기초하여 기기에 부여된 보호등급
- EPL Ga : 폭발성 가스분위기에 설치된 기기로 정상작동, 예상된 오작동 중에 점화원이 될 수 없는 '높은' 보호등급의 기기

62 접지계통 분류에서 TN접지방식이 아닌 것은?

① TN-S 방식 ② TN-C 방식
③ TN-T 방식 ④ TN-C-S 방식

[해설] **TN접지방식**
TN-C, TN-S, TN-C-S 방식

63 최소 착화에너지가 0.26mJ인 가스에 정전용량이 100pF인 대전 물체로부터 정전기 방전에 의하여 착화할 수 있는 전압은 약 몇 V인가?

① 2,240[V] ② 2,260[V]
③ 2,280[V] ④ 2,300[V]

[해설] $W = \frac{1}{2}CV^2$

$0.26 \times 10^{-3} = \frac{1}{2} \times 100 \times 10^{-12} \times V^2$

∴ $V ≒ 2,280[V]$

여기서, C : 도체의 정전용량, Q : 대전전하량, V : 대전전위

64 접지공사의 종류에 따른 접지선(연동선)의 굵기 기준으로 옳은 것은?

① 제1종 : 공칭단면적 $6mm^2$ 이상
② 제2종 : 공칭단면적 $12mm^2$ 이상
③ 제3종 : 공칭단면적 $5mm^2$ 이상
④ 특별 제3종 : 공칭단면적 $3.5mm^2$ 이상

[해설] 법 개정으로 해당문제 출제 안됨

65 누전차단기의 구성요소가 아닌 것은?

① 누전검출부 ② 영상변류기
③ 차단장치   ④ 전력퓨즈

[해설] **누전차단기 구성요소**
영상변류기, 누전검출부, 트립코일, 차단장치 및 시험버튼

66 우리나라의 안전전압으로 볼 수 있는 것은 약 몇 V인가?

① 30[V] ② 50[V]
③ 60[V] ④ 70[V]

[해설] **안전전압(「산업안전보건법」)**
대지전압 30V 이하

67 정전유도를 받고 있는 접지되어 있지 않는 도전성 물체에 접촉한 경우 전격을 당하게 되는데 이때 물체에 유도된 전압 $V(V)$를 옳게 나타낸 것은? (단, E는 송전선의 대지전압, C_1은 송전선과 물체 사이의 정전용량, C_2는 물체와 대지 사이의 정전용량이며, 물체와 대지 사이의 저항은 무시한다.)

① $V = \dfrac{C_1}{C_1 + C_2} \times E$ ② $V = \dfrac{C_1 + C_2}{C_1} \times E$

③ $V = \dfrac{C_1}{C_1 \times C_2} \times E$ ④ $V = \dfrac{C_1 \times C_2}{C_1} \times E$

[해설] **정전유도전압** V

$V = \dfrac{C_1}{C_1 + C_2} \times E$

68 산업안전보건기준에 관한 규칙에 따라 누전에 의한 감전의 위험을 방지하기 위하여 접지를 하여야 하는 대상의 기준으로 틀린 것은? (단, 예외조건은 고려하지 않는다)

① 전기기계·기구의 금속제 외함
② 고압 이상의 전기를 사용하는 전기기계·기구 주변의 금속제 칸막이
③ 고정배선에 접속된 전기기계·기구 중 사용전압이 대지 전압 100V를 넘는 비충전 금속체
④ 코드와 플러그를 접속하여 사용하는 전기기계·기구 중 휴대형 전동기계·기구의 노출된 비충전 금속체

[해설] 고정배선에 접속된 전기기계·기구 중 사용전압이 대지전압 150V를 넘는 비충전 금속체이다.

69 교류 아크 용접기의 자동전격방지장치는 전격의 위험을 방지하기 위하여 아크 발생이 중단된 후 약 1초 이내에 출력 측 무부하 전압을 자동적으로 몇 V 이하로 저하시켜야 하는가?

① 85[V]   ② 70[V]
③ 50[V]   ④ 25[V]

[해설] 자동전격방지장치는 용접봉의 조작에 따라 용접하는 경우에만 용접기의 주회로를 형성하고, 그 외에는 용접기의 출력 측의 무부하전압을 25V 이하로 저하시키도록 동작하는 장치이다.

70 정전기 발생에 영향을 주는 요인으로 가장 적절하지 않은 것은?

① 분리속도   ② 물체의 질량
③ 접촉면적 및 압력   ④ 물체의 표면상태

[해설] 정전기 발생에 영향을 주는 요인
물체의 특성, 물체의 표면상태, 물질의 이력, 접촉면적 및 압력, 분리속도

71 다음에서 설명하고 있는 방폭구조는?

전기기기의 정상 사용 조건 및 특정 비정상 상태에서 과도한 온도 상승, 아크 또는 스파크의 발생위험을 방지하기 위해 추가적인 안전 조치를 취한 것으로 Ex e라고 표시한다.

① 유입 방폭구조   ② 압력 방폭구조
③ 내압 방폭구조   ④ 안전증 방폭구조

[해설] 안전증 방폭구조(EX e)에 대한 설명이다.

72 KS C IEC 60079-6에 따른 유입방폭구조 "o" 방폭장비의 최소 IP 등급은?

① IP44   ② IP54
③ IP55   ④ IP66

[해설] 밀봉되지 않은 기기의 통기장치의 배출구 및 밀봉된 기기의 압력방출 창치의 배출구는 아래를 향해야 하며 KS C IEC 60529에 따른 IP66 이상의 보호등급을 가져야 한다.

73 20Ω의 저항 중에 5A의 전류를 3분간 흘렸을 때의 발열량(cal)은?

① 4,320   ② 90,000
③ 21,600   ④ 376,560

[해설] $H = 0.24I^2RT = 0.24 \times 5^2 \times 20 \times (3 \times 60) = 21,600$[cal]

74 다음은 어떤 방전에 대한 설명인가?

정전기가 대전되어 있는 부도체에 접지체가 접근한 경우 대전 물체와 접지체 사이에 발생하는 방전과 거의 동시에 부도체의 표면을 따라서 발생하는 나뭇가지 형태의 발광을 수반하는 방전

① 코로나 방전   ② 뇌상 방전
③ 연면방전   ④ 불꽃 방전

[해설] 연면방전에 대한 설명이다.

75 가연성 가스가 있는 곳에 저압 옥내전기설비를 금속관 공사에 의해 시설하고자 한다. 관 상호 간 또는 관과 전기기계 기구와는 몇 턱 이상 나사조임으로 접속하여야 하는가?

① 2턱   ② 3턱
③ 4턱   ④ 5턱

[해설] 관 상호 간 또는 관과 방폭전기기계기구와 5턱 이상의 나산조임으로 접속하여야 한다.

정답 | 68 ③ 69 ④ 70 ② 71 ④ 72 ④ 73 ③ 74 ③ 75 ④

76 전기시설의 직접 접촉에 의한 감전방지 방법으로 적절하지 않은 것은?

① 충전부는 내구성이 있는 절연물로 완전히 덮어 감쌀 것
② 충전부가 노출되지 않도록 폐쇄형 외함이 있는 구조로 할 것
③ 충전부에 충분한 절연효과가 있는 방호망 또는 절연 덮개를 설치할 것
④ 충전부는 출입이 용이한 전개된 장소에 설치하고, 위험표시 등의 방법으로 방호를 강화할 것

해설 충전부는 관계근로자 외의 자의 출입이 금지되는 장소 및 접근할 우려가 없는 장소에 충전부를 설치해야 한다.

77 심실세동을 일으키는 위험한계 에너지는 약 몇 J인가? (단, 심실세동 전류 $I = \frac{165}{\sqrt{T}}\,mA$, 인체의 전기저항 $R = 800\,\Omega$, 통전시간 $T = 1$초이다.)

① 12 ② 22
③ 32 ④ 42

해설 $W = I^2RT = \left(\frac{165}{\sqrt{T}} \times 10^{-3}\right)^2 \times 800\,T$
$= (165^2 \times 10^{-6}) \times 800$
$= 21.8[W-sec] = 21.8[J]$

78 전기기계·기구에 설치되어 있는 감전방지용 누전차단기의 정격감도전류 및 작동시간으로 옳은 것은? (단, 정격전부하전류가 50A 미만이다.)

① 15mA 이하, 0.1초 이내
② 30mA 이하, 0.03초 이내
③ 50mA 이하, 0.5초 이내
④ 100mA 이하, 0.05초 이내

해설 **감전보호용 누전차단기**
정격감도전류 30mA 이하, 동작시간 0.03초 이내

79 피뢰레벨에 따른 회전구체 반경이 틀린 것은?

① 피뢰레벨 Ⅰ : 20m ② 피뢰레벨 Ⅱ : 30m
③ 피뢰레벨 Ⅲ : 50m ④ 피뢰레벨 Ⅳ : 60m

해설 피뢰(보호) 레벨 Ⅲ는 45m이다.

80 지락사고 시 1초를 초과하고 2초 이내에 고압전로를 자동차단하는 장치가 설치되어 있는 고압전로에 제2종 접지공사를 하였다. 접지저항은 몇 Ω 이하로 유지해야 하는가? (단, 변압기의 고압측 전로의 1선 지락전류는 10A이다.)

① 10Ω ② 20Ω
③ 30Ω ④ 40Ω

해설 법 개정으로 해당문제 출제 안 됨

5과목
화학설비 안전관리

81 다음 중 응상폭발이 아닌 것은?

① 분해폭발 ② 수증기폭발
③ 전선폭발 ④ 고상간의 전이에 의한 폭발

해설 **응상폭발**
수증기폭발, 증기폭발, 고상간의 전의에 의한 폭발, 전선(도선)의 폭발

82 가연성 물질의 저장 시 산소농도를 일정한 값 이하로 낮추어 연소를 방지할 수 있는데 이때 첨가하는 물질로 적합하지 않은 것은?

① 질소 ② 이산화탄소
③ 헬륨 ④ 일산화탄소

해설 가연성 가스의 연소 시 산소농도를 일정한 값 이하로 낮추어 주는 가스를 불활성 가스라고 하며, 질소, 이산화탄소, 헬륨 등은 불활성 가스에 해당한다.

83 액화 프로판 310kg을 내용적 50L 용기에 충전할 때 필요한 소요 용기의 수는 약 몇 개인가? (단, 액화 프로판의 가스 정수는 2.35이다)

① 15 ② 17
③ 19 ④ 21

정답 | 76 ④ 77 ② 78 ② 79 ③ 80 ③ 81 ① 82 ④ 83 ①

[해설] 액화가스의 부피 = 액화가스 무게(kg) × 가스 정수
= 310(kg) × 2.35 = 728.5(l),

필요한 소요 용기의 수 = $\dfrac{\text{액화가스의 부피}}{\text{소요 용기의 내용적}} = \dfrac{728.5}{50} ≒ 15$

84 열교환기의 정기적 점검을 일상점검과 개방점검으로 구분할 때 개방점검항목에 해당하는 것은?

① 보냉재의 파손 상황
② 플랜지부나 용접부에서의 누출 여부
③ 기초볼트의 체결 상태
④ 생성물, 부착물에 의한 오염 상황

[해설] 생성물, 부착물에 의한 오염은 Shell이나 Tube 내부에서 일어나는 현상이므로, 일상점검항목이 아니라 개방점검 항목이라 할 수 있다.

85 사업주는 가스폭발 위험장소 또는 분진폭발 위험장소에 설치되는 건출물 등에 대해서는 규정에서 정한 부분을 내화구조로 하여야 한다. 다음 중 내화구조로 하여야 하는 부분에 대한 기준이 틀린 것은?

① 건축물 기둥 : 지상 1층(지상 1층의 높이가 6미터를 초과하는 경우에는 6미터)까지
② 위험물 저장·취급용기의지지대(높이가 30센티미터 이하인 것은 제외) : 지상으로부터 지지대의 끝부분까지
③ 건축물의 보 : 지상 2층(지상 2층의 높이가 10미터를 초과하는 경우에는 10미터)까지
④ 배관·전선관 등의 지지대 : 지상으로부터 1단(1단의 높이가 6미터를 초과하는 경우에는 6미터)까지

[해설] 건축물의 보는 지상 1층(지상 1층의 높이가 6미터를 초과하는 경우에는 6미터)까지 내화구조로 하여야 한다.

86 다음 중 산업안전보건법령상 위험물질의 종류에 있어 인화성 가스에 해당하지 않는 것은?

① 수소
② 부탄
③ 에틸렌
④ 과산화수소

[해설] 과산화수소는 산업안전보건법령상 산화성액체에 해당한다.

87 산업안전보건법령상 위험물질의 종류에서 폭발성 물질에 해당하는 것은?

① 니트로화합물
② 등유
③ 황
④ 질산

[해설] 니트로화합물은 분자 내 산소를 함유하고 있어 외부 산소 공급원 없이 자기연소할 수 있는 폭발성 물질이다.

88 가연성 가스의 폭발범위에 관한 설명으로 틀린 것은?

① 압력 증가에 따라 폭발 상한계와 하한계가 모두 현저히 증가한다.
② 불활성 가스를 주입하면 폭발범위는 좁아진다.
③ 온도의 상승과 함께 폭발범위는 넓어진다.
④ 산소 중에서의 폭발범위는 공기 중에서 보다 넓어진다.

[해설] 압력은 폭발하한계에는 영향이 경미하나 폭발상한계에는 크게 영향을 준다. 보통의 경우 가스압력이 높아질수록 폭발범위는 넓어진다.

89 어떤 습한 고체재료 10kg의 건조 후 무게를 측정하였더니 6.8kg이었다. 이 재료의 함수율은 몇 kg·H_2O/kg인가?

① 0.25
② 0.36
③ 0.47
④ 0.58

[해설] 함수율 = $\dfrac{\text{수분의 무게}}{\text{고체의 무게}} = \dfrac{3.2}{6.8} = 0.47$

90 다음 중 분진의 폭발위험성을 증대시키는 조건에 해당하는 것은?

① 분진의 발열량이 적을수록
② 분위기 중 산소농도가 작을수록
③ 분진 내의 수분농도가 작을수록
④ 분진의 표면적이 입자 체적에 비교하여 작을수록

[해설] 분진 내의 수분농도가 낮을 경우 정전기 발생 등의 위험이 높아져 분진폭발 위험성이 높아진다.

정답 | 84 ④ 85 ③ 86 ④ 87 ① 88 ① 89 ③ 90 ③

91 다음 중 물 소화약제의 단점을 보완하기 위하여 물에 탄산칼륨(K_2CO_3) 등을 녹인 수용액으로 부동성이 높은 알칼리성 소화약제는?

① 포 소화약제
② 분말 소화약제
③ 강화액 소화약제
④ 산알칼리 소화약제

[해설] 강화액 소화약제는 0℃에 얼어버리는 물에 탄산칼륨 등을 첨가하여 빙점을 낮추어 겨울철이나 한랭지역에 사용이 가능하도록 한 소화약제이다.

92 산업안전보건법령에서 인화성 액체를 정의할 때 기준이 되는 표준압력은 몇 kPa인가?

① 1
② 100
③ 101.3
④ 273.15

[해설] 인화성액체란 표준압력(101.3kPa)하에서 인화점이 60℃ 이하이거나 고온·고압의 공정운전조건으로 인하여 화재·폭발위험이 있는 상태에서 취급되는 가연성 액체 물질을 말한다.

93 다음 중 관의 지름을 변경하는 데 사용되는 관의 부속품으로 가장 적절한 것은?

① 엘보우(Elbow)
② 커플링(Coupling)
③ 유니온(Union)
④ 리듀서(Reducer)

[해설] 관의 직경변경에 사용되는 관 부속품
리듀서, 부싱 등

94 다음 중 가연성 가스의 연소 형태에 해당하는 것은?

① 분해연소
② 증발연소
③ 표면연소
④ 확산연소

[해설] 확산연소는 가연성 가스가 공기 중에 분산되며 지연성 가스(산소)와 접촉하여 연소가 일어나는 현상으로, 가스연소의 특성이다.

95 다음 중 C급 화재에 해당하는 것은?

① 금속화재
② 전기화재
③ 일반화재
④ 유류화재

[해설] 전기화재를 C급 화재라고 한다.

96 다음 중 물과의 반응성이 가장 큰 물질은?

① 니트로글리세린
② 이황화탄소
③ 금속나트륨
④ 석유

[해설] 금속나트륨은 물과 격렬히 반응하여 수소기체를 발생시킨다.

97 대기압하에서 인화점이 0℃ 이하인 물질이 아닌 것은?

① 메탄올
② 이황화탄소
③ 산화프로필렌
④ 디에틸에테르

[해설] 대기압하 메탄올의 인화점은 약 12℃이다.

98 반응폭주 등 급격한 압력상승의 우려가 있는 경우에 설치하여야 하는 것은?

① 파열판
② 통기밸브
③ 체크밸브
④ Flame arrester

[해설] 반응폭주 등 급격한 압력상승의 우려가 있는 경우에는 안전장치로 파열판을 설치한다.

99 다음 중 분진폭발을 일으킬 위험이 가장 높은 물질은?

① 염소
② 마그네슘
③ 산화칼슘
④ 에틸렌

[해설] 분진폭발이란 공기 중에 떠도는 농도 짙은 분진이 에너지를 받아 열과 압력을 발생하면서 폭발하는 현상으로 석탄가루, 밀가루, 철가루, 플라스틱가루, 금속분 등이 주요 원인이며 보기에선 마그네슘이 금속분으로 분진폭발 위험이 가장 높다.

100 다음 물질 중 인화점이 가장 낮은 물질은?

① 이황화탄소
② 아세톤
③ 크실렌
④ 경유

[해설] 이황화탄소의 인화점은 -30℃이다.
※ 아세톤: -18℃, 크실렌: 25℃, 경유: 62℃ 이상

정답 | 91 ③ 92 ③ 93 ④ 94 ④ 95 ② 96 ③ 97 ① 98 ① 99 ② 100 ①

6과목
건설공사 안전관리

101 작업발판 및 통로의 끝이나 개구부로서 근로자가 추락할 위험이 있는 장소에서 난간 등의 설치가 매우 곤란하거나 작업의 필요상 임시로 난간 등을 해체하여야 하는 경우에 설치하여야 하는 것은?

① 구명구 ② 수직보호망
③ 석면포 ④ 추락방호망

[해설] 추락방호망에 해당하는 내용이다.

102 건설재해대책의 사면보호공법 중 식물을 생육시켜 그 뿌리로 사면의 표층토를 고정하여 빗물에 의한 침식, 동상, 이완 등을 방지하고 녹화에 의한 경관조성을 목적으로 시공하는 것은?

① 식생공 ② 쉴드공
③ 뿜어붙이기공 ④ 블록공

[해설] 식생공은 사면에 식물을 생육시켜 그 뿌리로 표층토를 고정하는 공법이다.

103 유해위험방지 계획서를 제출하려고 할 때 그 첨부서류와 가장 거리가 먼 것은?

① 공사개요서
② 산업안전보건관리비 작성요령
③ 전체공정표
④ 재해발생 위험 시 연락 및 대피방법

[해설] 유해·위험방지계획서 제출 시 첨부서류는 다음과 같다.
1. 공사개요
2. 안전보건관리계획
  ㉠ 산업안전보건관리비 사용계획
  ㉡ 안전관리조직표, 안전·보건교육계획
  ㉢ 개인보호구 지급계획
  ㉣ 재해발생 위험 시 연락 및 대피방법
3. 작업공종별 유해·위험방지계획

104 도심지 폭파 해체공법에 관한 설명으로 옳지 않은 것은?

① 장기간 발생하는 진동, 소음이 적다.
② 해체 속도가 빠르다.
③ 주위의 구조물에 끼치는 영향이 적다.
④ 많은 분진 발생으로 민원을 발생시킬 우려가 있다.

[해설] 도심지 폭파 해체공법은 주변 구조물에 영향을 미칠 수 있으므로 면밀한 검토가 필요하다.

105 흙막이 지보공을 설치하였을 경우 정기적으로 점검하고 이상을 발견하면 즉시 보수하여야 하는 사항과 가장 거리가 먼 것은?

① 부재의 접속부, 부착부 및 교차부의 상태
② 버팀대의 긴압의 정도
③ 부재의 손상, 변형, 부식, 변위 및 탈락의 유무와 상태
④ 지표수의 흐름 상태

[해설] 흙막이 지보공을 설치한 때 정기적 점검사항은 다음과 같다.
• 부재의 손상·변형·부식·변위 및 탈락의 유무와 상태
• 버팀대 긴압의 정도
• 부재의 접속부·부착부 및 교차부의 상태
• 침하의 정도
• 흙막이 공사의 계측관리

106 산업안전보건법령에 따른 양중기의 종류에 해당하지 않는 것은?

① 곤돌라 ② 리프트
③ 클램쉘 ④ 크레인

[해설] 클램쉘의 토공기계의 종류이다.

107 말비계를 조립하여 사용하는 경우 지주부재와 수평면의 기울기는 얼마 이하로 하여야 하는가?

① 65도 ② 70도
③ 75도 ④ 80도

[해설] 말비계 조립 시 : 지주부재와 수평면과의 기울기를 75° 이하로 하고, 지주부재와 지주부재 사이를 고정시키는 보조부재를 설치해야 한다.

정답 | 101 ④ 102 ① 103 ② 104 ③ 105 ④ 106 ③ 107 ③

108 NATM 공법 터널공사의 경우 록 볼트 작업과 관련된 계측결과에 해당되지 않은 것은?

① 내공변위 측정결과
② 천단침하 측정결과
③ 인발시험 결과
④ 진동 측정결과

해설 진동 측정은 터널의 계측 사항에 해당하지 않는다.

109 흙막이 공법을 흙막이 지지방식에 의한 분류와 구조방식에 의한 분류로 나눌 때 다음 중 지지방식에 의한 분류에 해당하는 것은?

① 수평 버팀대식 흙막이 공법
② H-Pile 공법
③ 지하연속벽 공법
④ TOP DOWN Method 공법

해설 수평 버팀대식 흙막이 공법은 지지방식의 분류에 해당한다.

110 건설현장에 설치하는 사다리식 통로의 설치기준으로 옳지 않은 것은?

① 발판과 벽과의 사이는 15cm 이상의 간격을 유지할 것
② 발판의 간격은 일정하게 할 것
③ 사다리의 상단은 걸쳐놓은 지점으로부터 60cm 이상 올라가도록 할 것
④ 사다리식 통로의 길이가 10m 이상인 경우에는 3m 이내마다 계단참을 설치할 것

해설 사다리식 통로의 길이가 10m 이상인 경우에는 5m 이내마다 계단참을 설치해야 한다.

111 콘크리트 타설작업과 관련하여 준수하여야 할 사항으로 가장 거리가 먼 것은?

① 당일의 작업을 시작하기 전에 해당 작업에 관한 거푸집 동바리 등의 변형, 변위 및 지반의 침하유무 등을 점검하고 이상이 있으면 보수할 것
② 콘크리트를 타설하는 경우에는 편심이 발생하지 않도록 골고루 분산하여 타설할 것
③ 진동기의 사용은 많이 할수록 균일한 콘크리트를 얻을 수 있으므로 가급적 많이 사용할 것
④ 설계도서상의 콘크리트 양생기간을 준수하여 거푸집 동바리 등을 해체할 것

해설 진동기를 넣고 나서 뺄 때까지 시간은 보통 5~15초가 적당하며, 진동기를 많이 사용하면 거푸집 측압이 상승한다.

112 불도저를 이용한 작업 중 안전조치사항으로 옳지 않은 것은?

① 작업종료와 동시에 삽날을 지면에 띄우고 주차 제동장치를 건다.
② 모든 조종간은 엔진 시동 전에 중립 위치에 놓는다.
③ 장비의 승차 및 하차 시 뛰어내리거나 오르지 말고 안전하게 잡고 오르내린다.
④ 야간 작업 시 자주 장비에서 내려와 장비 주위를 살피며 점검하여야 한다.

해설 삽날은 바닥면에 두어야 한다.

113 건설공사의 산업안전보건관리비 계상 시 대상액이 구분되어 있지 않은 공사는 도급계약 또는 자체사업 계획상의 총 공사금액 중 얼마를 대상액으로 하는가?

① 50%
② 60%
③ 70%
④ 80%

해설 대상액이 구분되어 있지 않은 공사는 총 공사금액의 70%를 대상액으로 적용한다.

114 비계의 높이가 2m 이상인 작업장소에 설치하는 작업발판의 설치기준으로 옳지 않은 것은? (단, 달비계, 달대비계 및 말비계는 제외한다.)

① 작업발판의 폭은 40cm 이상으로 한다.
② 작업발판의 재료는 뒤집히거나 떨어지지 않도록 하나 이상의 지지물에 연결하거나 고정시킨다.
③ 발판재료 간의 틈은 3cm 이하로 한다.
④ 작업발판의 지지물은 하중에 의하여 파괴될 우려가 없는 것을 사용한다.

해설 작업발판의 재료는 뒤집히거나 떨어지지 않도록 둘 이상의 지지물에 연결하거나 고정시킨다.

정답 | 108 ④ 109 ① 110 ④ 111 ③ 112 ① 113 ③ 114 ②

115 표준관입시험에 관한 설명으로 옳지 않은 것은?

① N치는 지반을 30cm 굴진하는데 필요한 타격횟수를 의미한다.
② N치가 4~10일 경우 모래의 상대밀도는 매우 단단한 편이다.
③ 63.5kg 무게의 추를 76cm 높이에서 자유낙하하여 타격하는 시험이다.
④ 사질지반에 적용하며, 점토지반에서는 편차가 커서 신회성이 떨어진다.

해설 N치가 10 이하일 경우 모래의 상대밀도는 낮다.

116 거푸집 동바리 등을 조립하는 경우에 준수하여야 할 사항으로 옳지 않은 것은?

① 깔목의 사용, 콘크리트 타설, 말뚝박기 등 동바리의 침하는 방지하기 위한 조치를 할 것
② 개구부 상부에 동바리를 설치하는 경우에는 상부하중을 견딜 수 있는 견고한 받침대를 설치할 것
③ 거푸집이 곡면인 경우에는 버팀대의 부착 등 그 거푸집의 부상을 방지하기 위한 조치를 할 것
④ 동바리의 이음은 맞댄이음이나 장부이음을 피할 것

해설 동바리의 이음은 맞댄이음 또는 장부이음으로 하고 같은 품질의 재료를 사용해야 한다.

117 철골 용접부의 내부결함을 검사하는 방법으로 가장 거리가 먼 것은?

① 알칼리 반응 시험   ② 방사선투과시험
③ 자기분말탐상시험   ④ 침투탐상시험

해설 철골 용접부 시험방법에는 방사선투과시험, 자기분말탐상시험, 침투탐상시험 등이 있다.

118 화물취급작업과 관련한 위험방지를 위해 조치하여야 할 사항으로 옳지 않은 것은?

① 하역작업을 하는 장소에서 작업장 및 통로의 위험한 부분에는 안전하게 작업할 수 있는 조명을 유지할 것
② 하역작업을 하는 장소에서 부두 또는 안벽의 선을 따라 통로를 설치하는 경우에는 폭을 50cm 이상으로 할 것
③ 차량 등에서 화물을 내리는 작업을 하는 경우에 해당 작업에 종사하는 근로자에게 쌓여있는 화물의 중간에서 화물을 빼내도록 하지 말 것
④ 꼬임이 끊어진 섬유로프 등을 화물운반용 또는 고정용으로 사용하지 말 것

해설 부두 또는 안벽의 선을 따라 통로를 설치하는 경우에는 폭을 90cm 이상으로 해야 한다.

119 근로자의 추락 등의 위험을 방지하기 위한 안전난간의 설치요건에서 상부난간대를 120cm 이상 지점에 설치하는 경우 중간난간대를 최소 몇단 이상 균등하게 설치하여야 하는가?

① 2단   ② 3단
③ 4단   ④ 5단

해설 120cm 이상 지점에 설치하는 경우에는 중간난간대를 2단 이상으로 균등하게 설치하고 난간의 상하 간격은 60cm 이하가 되도록 해야 한다.

120 지반 등의 굴착 시 위험을 방지하기 위한 경암 지반 굴착면의 기울기 기준으로 옳은 것은?

① 1 : 0.3   ② 1 : 0.4
③ 1 : 0.5   ④ 1 : 0.6

해설 굴착면의 기울기 기준

지반의 종류	굴착면의 기울기
모래	1 : 1.8
연암 및 풍화암	1 : 1.0
경암	1 : 0.5
그 밖의 흙	1 : 1.2

정답 | 115 ② 116 ④ 117 ① 118 ② 119 ① 120 ③

2021년 1회

1과목
산업재해 예방 및 안전보건교육

01 참가자에게 일정한 역할을 주어 실제적으로 연기를 시켜봄으로써 자기의 역할을 보다 확실히 인식할 수 있도록 체험학습을 시키는 교육방법은?

① Symposium
② Brain Storming
③ Role Playing
④ Fish Bowl Playing

해설 **롤플레잉(Role Playing)**
작업 전 5분간 미팅의 시나리오를 작성하여 그 시나리오를 보고 멤버들이 연기함으로써 체험학습을 시키는 것

02 일반적으로 시간의 변화에 따라 야간에 상승하는 생체리듬은?

① 혈압
② 맥박수
③ 체중
④ 혈액의 수분

해설 **생체리듬의 변화**
1. 야간에는 체중 감소
2. 야간에는 말초운동기능 저하, 피로의 자각증상 증대
3. 혈액의 수분, 염분량은 주간에 감소하고 야간에 증가
4. 체온, 혈압, 맥박은 주간에 상승하고 야간에 감소

03 하인리히의 재해구성비율 "1 : 29 : 300"에서 "29"에 해당하는 사고발생비율은?

① 8.8%
② 9.8%
③ 10.8%
④ 11.8%

해설 **하인리히의 재해구성비율**
사망 및 중상 : 경상 : 무상해사고 = 1 : 29 : 300
$\frac{29}{(1+29+300)} \times 100 = \frac{29}{330} \times 100 = 8.7878$이므로 약 8.8%이다.

04 무재해운동의 3원칙에 해당하지 않는 것은?

① 무의 원칙
② 참가의 원칙
③ 선취의 원칙
④ 대책선정의 원칙

해설 **무재해 운동의 3원칙**
1. 무의 원칙
2. 참여의 원칙
3. 안전제일의 원칙(선취의 원칙)

05 안전보건관리조직의 형태 중 라인 - 스태프(Line - Staff)형에 관한 설명으로 틀린 것은?

① 조직원 전원을 자율적으로 안전 활동에 참여시킬 수 있다.
② 라인의 관리, 감독자에게도 안전에 관한 책임과 권한이 부여된다.
③ 중규모 사업장(100명 이상~500명 미만)에 적합하다.
④ 안전 활동과 생산업무가 유리될 우려가 없기 때문에 균형을 유지할 수 있어 이상적인 조직형태이다.

해설 **라인 · 스태프(Line - staff)형 조직(직계참모조직)**
대규모 사업장(1,000명 이상)에 적합한 조직으로서 라인형과 스태프형의 장점만을 채택한 형태이며 안전업무를 전담하는 스태프를 두고 생산라인의 각 계층에서도 각 부서장으로 하여금 안전업무를 수행케 하여 안전에 관한 사항이 결정되면 라인을 통하여 실천하도록 편성된 조직

06 브레인스토밍 기법에 관한 설명으로 옳은 것은?

① 타인의 의견을 수정하지 않는다.
② 지정된 표현방식에서 벗어나 자유롭게 의견을 제시한다.
③ 참여자에게는 동일 횟수의 의견제시 기회가 부여된다.
④ 주제와 내용이 다르거나 잘못된 의견은 지적하여 조정한다.

정답 | 01 ③ 02 ④ 03 ① 04 ④ 05 ③ 06 ②

해설 **브레인스토밍(Brain Storming)**
- 비판 금지: "좋다, 나쁘다" 등의 비평을 하지 않는다.
- 자유 분방: 자유로운 분위기에서 발표한다.
- 대량 발언: 무엇이든지 좋으니 많이 발언한다.
- 수정 발언: 자유자재로 변하는 아이디어를 개발한다(타인 의견의 수정발언).

07 산업안전보건법령상 안전인증대상기계 등에 포함되는 기계, 설비, 방호장치에 해당하지 않는 것은?

① 롤러기
② 크레인
③ 동력식 수동대패용 칼날 접촉 방지장치
④ 방폭구조(防爆構造) 전기기계 · 기구 및 부품

해설 동력식 수동대패용 칼날 접촉 방지장치는 자율안전확인대상 기계 · 기구의 방호장치이다.

08 안전교육 중 같은 것을 반복하여 개인의 시행착오에 의해서만 점차 그 사람에게 형성되는 것은?

① 안전기술의 교육
② 안전지식의 교육
③ 안전기능의 교육
④ 안전태도의 교육

해설 **안전교육의 3단계**
1. 지식교육(1단계): 지식의 전달과 이해
2. 기능교육(2단계): 실습, 시범을 통한 이해
3. 태도교육(3단계): 안전의 습관화(가치관 형성)

09 상황성 누발자의 재해 유발 원인과 가장 거리가 먼 것은?

① 작업이 어렵기 때문이다.
② 심신에 근심이 있기 때문이다.
③ 기계설비의 결함이 있기 때문이다.
④ 도덕성이 결여되어 있기 때문이다.

해설 상황성 누발자의 재해 유발 원인은 작업이 어렵거나 기계설비의 결함, 주의력의 집중이 혼란된 경우, 심신의 근심으로 사고 경향자가 되는 경우(상황이 변하면 안전한 성향으로 바뀜)이다.

10 작업자 적성의 요인이 아닌 것은?

① 지능
② 인간성
③ 흥미
④ 연령

해설 **적성의 요인 4가지**
1. 직업적성
2. 지능
3. 흥미
4. 인간성

11 재해로 인한 직접비용으로 8,000만 원의 산재보상비가 지급되었을 때, 하인리히 방식에 따른 총 손실비용은?

① 16,000만 원
② 24,000만 원
③ 32,000만 원
④ 40,000만 원

해설 재해손실비용은 직접비(1) + 간접비(직접비의 4배) = 8천만 원 + 3억2천만 원 = 4억 원
하인리히의 재해 cost
총재해 cost = 직접비 + 간접비
직접비 : 간접비 = 1 : 4

12 재해 조사의 목적과 가장 거리가 먼 것은?

① 재해 예방 자료수집
② 재해 관련 책임자 문책
③ 동종 및 유사재해 재발 방지
④ 재해 발생 원인 및 결함 규명

해설 **재해 조사의 목적**
1. 동종재해의 재발 방지
2. 유사재해의 재발 방지
3. 재해 원인의 규명 및 예방자료 수집

13 교육훈련기법 중 Off.J.T(Off the Job Training)의 장점이 아닌 것은?

① 업무의 계속성이 유지된다.
② 외부의 전문가를 강사로 활용할 수 있다.
③ 특별교재, 시설을 유효하게 사용할 수 있다.
④ 다수의 대상자에게 조직적 훈련이 가능하다.

해설 ①은 O.J.T의 장점이다.

14 산업안전보건법령상 중대재해의 범위에 해당하지 않는 것은?

① 1명의 사망자가 발생한 재해
② 1개월의 요양을 요하는 부상자가 동시에 5명 발생한 재해
③ 3개월의 요양을 요하는 부상자가 동시에 3명 발생한 재해
④ 10명의 직업성 질병자가 동시에 발생한 재해

정답 | 07 ③ 08 ③ 09 ④ 10 ④ 11 ④ 12 ② 13 ① 14 ②

해설   중대재해
1. 사망자가 1명 이상 발생한 재해
2. 3개월 이상의 요양을 요하는 부상자가 동시에 2명 이상 발생한 재해
3. 부상자 또는 직업성 질병자가 동시에 10명 이상 발생한 재해

15 Thorndike의 시행착오설에 의한 학습의 원칙이 아닌 것은?

① 연습의 원칙   ② 효과의 원칙
③ 동일성의 원칙   ④ 준비성의 원칙

해설   손다이크(Thorndike)의 시행착오설
1. 준비성의 법칙
2. 연습의 법칙
3. 효과의 법칙

16 산업안전보건법령상 보안경 착용을 포함하는 안전보건표지의 종류는?

① 지시표지   ② 안내표지
③ 금지표지   ④ 경고표지

해설   지시표시에 해당한다.

301
보안경 착용

17 보호구에 관한 설명으로 옳은 것은?

① 유해물질이 발생하는 산소결핍지역에서는 필히 방독마스크를 착용하여야 한다.
② 차광용 보안경의 사용 구분에 따른 종류에는 자외선용, 적외선용, 복합용, 용접용이 있다.
③ 선반작업과 같이 손에 재해가 자주 발생하는 작업장에서는 장갑 착용을 의무화한다.
④ 귀마개는 처음에는 저음만을 차단하는 제품부터 사용하며, 일정 기간이 지난 후 고음까지 모두 차단할 수 있는 제품을 사용한다.

해설   차광용 보안경의 종류에는 자외선용, 적외선용, 복합용, 용접용이 있다.

18 산업안전보건법령상 사업 내 안전보건교육의 교육시간에 관한 설명으로 옳은 것은?

① 일용근로자의 작업내용 변경 시의 교육은 2시간 이상이다.
② 사무직에 종사하는 근로자의 정기교육은 매반기 6시간 이상이다.
③ 일용근로자의 채용 시 교육은 4시간 이상이다.
④ 판매업무에 직접 종사하는 근로자의 정기교육은 매반기 12시간 이상이다.

해설   근로자 안전보건교육

교육과정	교육대상		교육시간
가. 정기교육	1) 사무직 종사 근로자		매반기 6시간 이상
	2) 그 밖의 근로자	가) 판매업무에 직접 종사하는 근로자	매반기 6시간 이상
		나) 판매업무에 직접 종사하는 근로자 외의 근로자	매반기 12시간 이상
나. 채용 시 교육	1) 일용근로자 및 근로계약기간이 1주일 이하인 기간제근로자		1시간 이상
다. 작업내용 변경 시 교육	1) 일용근로자 및 근로계약기간이 1주일 이하인 기간제근로자		1시간 이상

※ 산업안전보건법 개정에 따라 문제 및 보기 일부를 수정하였습니다.

19 집단에서의 인간관계 메커니즘(Mechanism)과 가장 거리가 먼 것은?

① 분열, 강박   ② 모방, 암시
③ 동일화, 일체화   ④ 커뮤니케이션, 공감

해설   인간관계 메커니즘
• 동일화(Identification)   • 투사(Projection)
• 커뮤니케이션(Communication)   • 모방(Imitation)
• 암시(Suggestion)

20 재해의 빈도와 상해의 강약도를 혼합하여 집계하는 지표로 옳은 것은?

① 강도율   ② 종합재해지수
③ 안전활동율   ④ Safe-T-Score

해설   • 종합재해지수 = $\sqrt{\text{도수율(FR)} \times \text{강도율(SR)}}$
• 도수율은 재해의 양, 즉 재해 빈도의 다수를 나타내며, 강도율은 재해의 질, 즉 재해의 강약을 나타냄

정답 | 15 ③   16 ①   17 ②   18 ②   19 ①   20 ②

2과목
인간공학 및 위험성 평가·관리

21 인체측정 자료를 장비, 설비 등의 설계에 적용하기 위한 응용원칙에 해당하지 않는 것은?

① 조절식 설계
② 극단치를 이용한 설계
③ 구조적 치수 기준의 설계
④ 평균치를 기준으로 한 설계

해설 **인체계측자료의 응용원칙**
1. 최대치수와 최소치수(극단치 설계)
2. 조절 범위(5~95%)
3. 평균치를 기준으로 한 설계

22 컷셋(Cut Sets)과 최소 패스셋(Minimal Path Sets)의 정의로 옳은 것은?

① 컷셋은 시스템 고장을 유발하는 필요 최소한의 고장들의 집합이며, 최소 패스셋은 시스템의 신뢰성을 표시한다.
② 컷셋은 시스템 고장을 유발하는 기본고장들의 집합이며, 최소 패스셋은 시스템의 불신뢰도를 표시한다.
③ 컷셋은 그 속에 포함된 모든 기본사상이 일어났을 때 정상사상을 일으키는 기본사상의 집합이며, 최소 패스셋은 시스템의 신뢰성을 표시한다.
④ 컷셋은 그 속에 포함된 모든 기본사상이 일어났을 때 정상사상을 일으키는 기본사상의 집합이며, 최소 패스셋은 시스템의 성공을 유발하는 기본사상의 집합이다.

해설
• 컷셋 : 컷이란 그 속에 포함되어 있는 모든 기본사상이 일어났을 때 정상사상을 일으키는 기본사상의 집합을 말함.
• 미니멀 패스셋 : 정상사상이 일어나지 않는 데 필요한 최소한의 컷을 말함(시스템이 살리는 데 필요한 최소한 요인의 집합)

23 작업공간의 배치에 있어 구성요소 배치의 원칙에 해당하지 않는 것은?

① 기능성의 원칙
② 사용빈도의 원칙
③ 사용순서의 원칙
④ 사용방법의 원칙

해설 **부품배치의 원칙**
1. 중요성의 원칙
2. 사용빈도의 원칙
3. 기능별 배치의 원칙
4. 사용순서의 원칙

24 시스템의 수명 및 신뢰성에 관한 설명으로 틀린 것은?

① 병렬설계 및 디레이팅 기술로 시스템의 신뢰성을 증가시킬 수 있다.
② 직렬시스템에서는 부품 중 최소 수명을 갖는 부품에 의해 시스템 수명이 정해진다.
③ 수리가 가능한 시스템의 평균 수명(MTBF)은 평균 고장률(λ)과 정비례 관계가 성립한다.
④ 수리가 불가능한 구성요소로 병렬구조를 갖는 설비는 중복도가 늘어날수록 시스템 수명이 길어진다.

해설 평균 수명(MTBF)은 평균고장률과 반비례한다.
$$MTBF = \frac{1}{\lambda}$$

25 자동차를 생산하는 공장의 어떤 근로자가 95dB(A)의 소음수준에서 하루 8시간 작업하며 매 시간 조용한 휴게실에서 20분씩 휴식을 취한다고 가정하였을 때, 8시간 시간가중평균(TWA)은? (단, 소음은 누적소음노출량측정기로 측정하였으며, OSHA에서 정한 95dB(A)의 허용시간은 4시간이라 가정한다.)

① 약 91dB(A)
② 약 92dB((A)
③ 약 93dB((A)
④ 약 94dB((A)

해설 **시간가중평균**
$TWA = 90 + 16.61\log(D/(12.5 \times T))$
$TWA = 90 + 16.61\log((5.33/4)/(12.5 \times 8)) = 92.08$dB(A)
D = 누적소음폭로량(%)
 = 작업시간 / 허용노출시간 × 100 = 5.33/4
 → 작업시간은 휴식시간을 제외한 나머지 시간
  = 8hr × 2/3 = 5.33
 → 95dB(A)의 허용시간은 4hr
T = 측정시간

26 화학설비에 대한 안전성 평가 중 정성적 평가방법의 주요 진단 항목으로 볼 수 없는 것은?

① 건조물
② 취급물질
③ 입지 조건
④ 공장 내 배치

정답 | 21 ③ 22 ③ 23 ④ 24 ③ 25 ② 26 ②

해설 **안전성 평가 6단계 중 제2단계**
정성적 평가(안전확보를 위한 기본적인 자료의 검토)
- 설계관계 : 공장 내 배치, 소방설비, 공장의 입지조건 등
- 운전관계 : 원재료, 운송, 저장 등

27 작업면상의 필요한 장소만 높은 조도를 취하는 조명은?

① 완화조명 ② 전반조명
③ 투명조명 ④ 국소조명

해설 **국소조명**
필요한 장소만 높은 조도를 취하는 조명방법이다.

28 동작경제의 원칙에 해당하지 않는 것은?

① 공구의 기능을 각각 분리하여 사용하도록 한다.
② 두 팔의 동작은 동시에 서로 반대 방향으로 대칭적으로 움직이도록 한다.
③ 공구나 재료는 작업 동작이 원활하게 수행되도록 그 위치를 정해준다.
④ 가능하다면 쉽고도 자연스러운 리듬이 작업 동작에 생기도록 작업을 배치한다.

해설 **공구 및 설비 디자인에 관한 원칙**
- 물체 고정장치나 발을 사용함으로써 손의 작업을 보조하고 손은 다른 동작을 담당하도록 한다.
- 가능한 한 두 개 이상의 공구를 결합하도록 해야 한다.
- 공구나 재료는 미리 배치한다.

29 인간이 기계보다 우수한 기능이라 할 수 있는 것은? (단, 인공지능은 제외한다.)

① 일반화 및 귀납적 추리
② 신뢰성 있는 반복 작업
③ 신속하고 일관성 있는 반응
④ 대량의 암호화된 정보의 신속한 보관

해설 **인간이 현존하는 기계를 능가하는 기능**
1. 매우 낮은 수준의 시각, 청각, 촉각, 후각, 미각적인 자극 감지
2. 주위의 이상하거나 예기치 못한 사건 감지
3. 다양한 경험을 토대로 의사결정(상황에 따라 적응적인 결정을 함)
4. 관찰을 통해 일반적으로 귀납적(inductive)으로 추진

30 시각적 표시장치보다 청각적 표시장치를 사용하는 것이 더 유리한 경우는?

① 정보의 내용이 복잡하고 긴 경우
② 정보가 공간적인 위치를 다룬 경우
③ 직무상 수신자가 한곳에 머무르는 경우
④ 수신 장소가 너무 밝거나 암순응이 요구될 경우

해설 수신 장소가 너무 밝거나 암순응이 요구될 경우에는 청각적 표시장치 사용이 유리하다.

31 다음 시스템의 신뢰도 값은? (단, 기호 안의 수치는 각 구성요소의 신뢰도이다.)

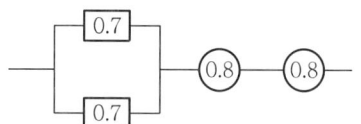

① 0.5824 ② 0.6682
③ 0.7855 ④ 0.8642

해설 신뢰도(R) = [1 − (1 − 0.7)(1 − 0.7)] × (0.8) × (0.8) = 0.5824

32 다음 현상을 설명한 이론은?

> 인간이 감지할 수 있는 외부의 물리적 자극 변화의 최소범위는 표준 자극의 크기에 비례한다.

① 피츠(Fitts) 법칙
② 웨버(Weber) 법칙
③ 신호검출이론(SDT)
④ 힉 − 하이만(Hick − Hyman) 법칙

해설 웨버(Weber)의 법칙 : 특정 감관의 변화감지역(ΔL)은 사용되는 표준자극(I)에 비례한다.

웨버 비 = $\dfrac{\Delta L}{I}$

여기서, I : 기준자극크기, ΔL : 변화감지역

정답 | 27 ④ 28 ① 29 ① 30 ④ 31 ① 32 ②

33 그림과 같은 FT도에서 정상사상 T의 발생 확률은? (단, X_1, X_2, X_3의 발생 확률은 각각 0.1, 0.15, 0.1이다.)

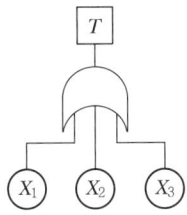

① 0.3115
② 0.35
③ 0.496
④ 0.9985

해설) X_1, X_2, X_3 모두 OR 게이트
T = 1 − (1 − 0.1)(1 − 0.15)(1 − 0.1) = 0.3115

34 산업안전보건법령상 해당 사업주가 유해위험방지계획서를 작성하여 제출해야 하는 곳은?

① 시·도지사
② 관할 구청장
③ 고용노동부장관
④ 행정안전부장관

해설) **유해·위험 방지계획서의 작성·제출 등**
사업주는 제출대상에 해당하는 경우에는 이 법 또는 이 법에 따른 명령에서 정하는 유해·위험방지계획서를 작성하여 고용노동부령으로 정하는 바에 따라 고용노동부장관에게 제출하고 심사를 받아야 한다.

35 인간의 위치 동작에 있어 눈으로 보지 않고 손을 수평면상에서 움직이는 경우 짧은 거리는 지나치고, 긴 거리는 못 미치는 경향이 있는데 이를 무엇이라고 하는가?

① 사정효과(range effect)
② 반응효과(reaction effect)
③ 간격효과(distance effect)
④ 손동작효과(hand action effect)

해설) **사정효과(Range Effect)**
- 눈으로 보지 않고 손을 수평면 위에서 움직이는 경우에 짧은 거리는 지나치고 긴 거리는 못미치는 경향을 사정효과라 한다.
- 조작자가 작은 오차에는 과잉반응, 큰 오차에는 과소반응을 한다.

36 정신작업 부하를 측정하는 척도를 크게 4가지로 분류할 때 심박수의 변동, 뇌 전위, 동공 반응 등 정보처리에 중추신경계 활동이 관여하고 그 활동이나 징후를 측정하는 것은?

① 주관적(subjective) 척도
② 생리적(physiological) 척도
③ 주 임무(primary task) 척도
④ 부 임무(secondary task) 척도

해설) 인간에 대한 모니터링 방식 중 생리학적 모니터링 방법이란 맥박수, 체온, 호흡 속도, 혈압, 뇌파 등의 척도를 이용하여 인간 자체의 상태를 생리적으로 모니터링하는 방법이다.

37 서브시스템, 구성요소, 기능 등의 잠재적 고장 형태에 따른 시스템의 위험을 파악하는 위험 분석 기법으로 옳은 것은?

① ETA(Event Tree Analysis)
② HEA(Human Error Analysis)
③ PHA(Preliminary Hazard Analysis)
④ FMEA(Failure Mode and Effect Analysis)

해설) FMEA 기법은 시스템에 영향을 미치는 모든 요소의 고장을 형별로 분석하고 그 고장이 미치는 영향을 분석하는 방법으로 치명도 해석(CA)을 추가할 수 있다(귀납적, 정성적).

38 불필요한 작업을 수행함으로써 발생하는 오류로 옳은 것은?

① Command error
② Extraneous error
③ Secondary error
④ Commission error

해설) **과잉행동 에러(Extraneous Error)**
불필요한 작업 내지 절차를 수행함으로써 기인한 에러

39 불(Boole) 대수의 정리를 나타낸 관계식으로 틀린 것은?

① $A \cdot A = A$
② $A + \overline{A} = 0$
③ $A + AB = A$
④ $A + \overline{A} = A$

해설) 불대수의 법칙 중 $A + \overline{A} = 1$이다.

정답 | 33 ① 34 ③ 35 ① 36 ② 37 ④ 38 ② 39 ②

40 Chapanis가 정의한 위험의 확률수준과 그에 따른 위험발생률로 옳은 것은?

① 전혀 발생하지 않는(impossible) 발생빈도 : 10^{-8}/day
② 극히 발생할 것 같지 않은(extremely unlikely) 발생빈도 : 10^{-7}/day
③ 거의 발생하지 않은(remote) 발생빈도 : 10^{-6}/day
④ 가끔 발생하는(occasional) 발생빈도 : 10^{-5}/day

[해설] 위험률 수준이 "거의 발생하지 않는다."는 것은 하루당 발생빈도(P) > 10^{-8}/day를 말한다.

3과목
기계 · 기구 및 설비 안전관리

41 휴대형 연삭기 사용 시 안전사항에 대한 설명으로 가장 적절하지 않은 것은?

① 잘 안 맞는 장갑이나 옷은 착용하지 말 것
② 긴 머리는 묶고 모자를 착용하고 작업할 것
③ 연삭숫돌을 설치하거나 교체하기 전에 전선과 압축공기 호스를 설치할 것
④ 연삭작업 시 클램핑 장치를 사용하여 공작물을 확실히 고정할 것

[해설] **휴대용 연삭기 사용 시 안전사항**
연삭숫돌을 설치하거나 교체한 후에 전선과 압축공기 호스를 설치할 것

42 선반 작업에 대한 안전수칙으로 가장 적절하지 않은 것은?

① 선반의 바이트는 끝을 짧게 장치한다.
② 작업 중에는 면장갑을 착용하지 않도록 한다.
③ 작업이 끝난 후 절삭 칩의 제거는 반드시 브러시 등의 도구를 사용한다.
④ 작업 중 일감의 치수 측정 시 기계 운전 상태를 저속으로 하고 측정한다.

[해설] **선반 작업 시 유의사항**
치수 측정 시 주유해야 하고, 청소는 반드시 기계 정지 후 실시해야 한다.

43 다음 중 금형을 설치 및 조정할 때 안전수칙으로 가장 적절하지 않은 것은?

① 금형을 체결할 때에는 적합한 공구를 사용한다.
② 금형의 설치 및 조정은 전원을 끄고 실시한다.
③ 금형을 부착하기 전에 하사점을 확인하고 설치한다.
④ 금형을 체결할 때에는 안전블록을 잠시 제거하고, 실시한다.

[해설] **금형조정작업의 위험 방지(「안전보건규칙」 제104조)**
프레스 등의 금형을 부착 · 해체 또는 조정하는 작업을 할 때 해당 작업에 종사하는 근로자의 신체가 위험한계 내에 있는 경우 슬라이드가 갑자기 작동함으로써 근로자에게 발생할 우려가 있는 위험을 방지하기 위하여 안전블록을 사용하는 등 필요한 조치를 하여야 한다.

44 지게차의 방호장치에 해당하는 것은?

① 버킷   ② 포크
③ 마스트 ④ 헤드가드

[해설] **지게차 안전장치**
헤드가드, 백레스트(backrest), 전조등, 후미등, 안전벨트

45 다음 중 절삭가공으로 틀린 것은?

① 선반   ② 밀링
③ 프레스 ④ 보링

[해설] 절삭가공은 절삭공구로 재료를 깎아 가공하는 방법을 말한다. 절삭가공에 이용되는 공작기계는 선반, 드릴링 머신, 밀링 머신, 보링머신, 셰이빙 머신 등이 있다.

46 산업안전보건법령상 롤러기의 방호장치 설치 시 유의해야 할 사항으로 적절하지 않은 것은?

① 손으로 조작하는 급정지장치의 조작부는 롤러기의 전면 및 후면에 각각 1개씩 수평으로 설치하여야 한다.
② 앞면 롤러의 표면속도가 30m/min 미만인 경우 급정지 거리는 앞면 롤러 원주의 1/2.5 이하로 한다.
③ 급정지장치의 조작부에 사용하는 줄은 사용 중 늘어져서는 안 된다.
④ 급정지장치의 조작부에 사용하는 줄은 충분한 인장강도를 가져야 한다.

정답 | 40 ① 41 ③ 42 ④ 43 ④ 44 ④ 45 ③ 46 ②

앞면 롤러의 표면속도(m/min)	급정지 거리
30 미만	앞면 롤러 원주의 1/3
30 이상	앞면 롤러 원주의 1/2.5

47 보일러 부하의 급변, 수위의 과상승 등에 의해 수분이 증기와 분리되지 않아 보일러 수면이 심하게 솟아올라 올바른 수위를 판단하지 못하는 현상은?

① 프라이밍 ② 모세관
③ 워터해머 ④ 역화

해설 **프라이밍(Priming)**
보일러가 과부하로 사용될 경우에 수위가 올라가던가 드럼 내의 부착품에 기계적 결함이 있으면 보일러수가 극심하게 끓어서 수면에서 끊임없이 격심한 물방울이 비산하고 증기부가 물방울로 충만하여 수위가 불안정하게 되는 현상을 말한다.

48 자동화 설비를 사용하고자 할 때 기능의 안전화를 위하여 검토할 사항으로 거리가 가장 먼 것은?

① 재료 및 가공 결함에 의한 오동작
② 사용압력 변동 시의 오동작
③ 전압강하 및 정전에 따른 오동작
④ 단락 또는 스위치 고장 시의 오동작

해설 재료 및 가공 결함에 의한 오동작은 구조적(재료, 가공) 안전화에 대한 설명이다.

49 산업안전보건법령상 금속의 용접, 용단에 사용하는 가스 용기를 취급할 때 유의사항으로 틀린 것은?

① 밸브의 개폐는 서서히 할 것
② 운반하는 경우에는 캡을 벗길 것
③ 용기의 온도는 40℃ 이하로 유지할 것
④ 통풍이나 환기가 불충분한 장소에는 설치하지 말 것

해설 운반하는 경우에는 캡을 씌울 것

50 크레인 로프에 질량 2,000kg의 물건을 10m/s²의 가속도로 감아올릴 때, 로프에 걸리는 총 하중(kN)은? (단, 중력가속도는 9.8m/s²이다.)

① 9.6 ② 19.6
③ 29.6 ④ 39.6

해설 하중 = $\dfrac{정하중}{중력가속도(g)} \times 가속도$

$= \dfrac{2,000}{9.8} \times 10 = 2,040 kg$

총 하중 = 정하중 + 동하중
$= 2,000 + 2,040 = 4,040 kg$

∴ 하중(N) = 총하중(kg) × 중력가속도(g)
$= 4,040 \times 9.8 = 39,592 N ≒ 39.6 kN$

51 산업안전보건법령상 보일러에 설치해야 하는 안전장치로 거리가 가장 먼 것은?

① 해지장치 ② 압력방출장치
③ 압력제한스위치 ④ 고·저수위조절장치

해설 **보일러 안전장치의 종류(「안전보건규칙」 제119조)**
보일러의 폭발 사고를 예방하기 위하여 압력방출장치, 압력제한스위치, 고저수위조절장치, 화염 검출기 등의 기능이 정상적으로 작동될 수 있도록 유지·관리하여야 한다.

52 프레스 작동 후 작업점까지의 도달시간이 0.3초인 경우 위험한계로부터 양수조작식 방호장치의 최단 설치거리는?

① 48cm 이상 ② 58cm 이상
③ 68cm 이상 ④ 78cm 이상

해설 **프레스 양수조작식 조작부의 안전거리**
$D = 1,600 \times (TC + TS)[mm] = 1,600 \times 0.3$
$= 480 mm = 48 cm$ 이상

정답 | 47 ① 48 ① 49 ② 50 ④ 51 ① 52 ①

53 산업안전보건법령상 고속회전체의 회전시험을 하는 경우 미리 회전축의 재질 및 형상 등에 상응하는 종류의 비파괴검사를 해서 결함 유무를 확인해야 한다. 이때 검사 대상이 되는 고속회전체의 기준은?

① 회전축의 중량이 0.5톤을 초과하고, 원주 속도가 100m/s 이내인 것
② 회전축의 중량이 0.5톤을 초과하고, 원주 속도가 120m/s 이상인 것
③ 회전축의 중량이 1톤을 초과하고, 원주 속도가 100m/s 이내인 것
④ 회전축의 중량이 1톤을 초과하고, 원주 속도가 120m/s 이상인 것

[해설] 고속회전체(회전축의 중량이 1톤을 초과하고 원주속도가 초당 120미터 이상인 것에 한한다)의 회전시험을 하는 때에는 미리 회전축의 재질 및 형상 등에 상응하는 종류의 비파괴검사를 실시하여 결함 유무를 확인하여야 한다.

54 프레스의 손쳐내기식 방호장치 설치기준으로 틀린 것은?

① 방호판의 폭이 금형 폭의 1/2 이상이어야 한다.
② 슬라이드 행정수가 300SPM 이상의 것에 사용한다.
③ 손쳐내기봉의 행정(Stroke) 길이를 금형의 높이에 따라 조정할 수 있고 진동폭은 금형폭 이상이어야 한다.
④ 슬라이드 하행정거리의 3/4 위치에서 손을 완전히 밀어내야 한다.

[해설] SPM이 120 이하이고 슬라이드의 행정길이가 40mm 이상의 것에 사용한다.

55 산업안전보건법령상 컨베이어에 설치하는 방호장치로 거리가 가장 먼 것은?

① 건널다리
② 반발예방장치
③ 비상정지장치
④ 역주행방지장치

[해설] **컨베이어 안전장치의 종류**
- 비상정지장치
- 덮개 또는 울
- 건널다리
- 역전방지장치

56 산업안전보건법령상 숫돌 지름이 60cm인 경우 숫돌 고정 장치인 평형 플랜지의 지름은 최소 몇 cm 이상인가?

① 10
② 20
③ 30
④ 60

[해설] 플랜지의 지름은 숫돌 직경의 1/3 이상인 것이 적당하다.

$$D = \frac{60}{3} = 20(cm) \text{ 이상}$$

57 기계설비의 위험점 중 연삭숫돌과 작업받침대, 교반기의 날개와 하우스 등 고정부분과 회전하는 동작 부분 사이에서 형성되는 위험점은?

① 끼임점
② 물림점
③ 협착점
④ 절단점

[해설] **끼임점(Shear Point)**
기계가 회전운동을 하는 부분과 고정부 사이의 위험점이다. 예로써 연삭숫돌과 작업대, 교반기의 교반날개와 몸체 사이 및 반복되는 링크기구 등이 있다(회전 또는 직선운동+고정부).

58 500rpm으로 회전하는 연삭숫돌의 지름이 300mm일 때 회전속도(m/min)는?

① 471
② 551
③ 751
④ 1,025

[해설] 숫돌의 원주속도 : $v = \dfrac{\pi DN}{1,000} (m/min)$

[여기서, 지름 : D(mm), 회전수 : N(rpm)]

$v = \dfrac{\pi DN}{1,000} = \dfrac{\pi \times 300 \times 500}{1,000} = 471(m/min)$

59 산업안전보건법령상 정상적으로 작동될 수 있도록 미리 조정해 두어야 할 이동식 크레인의 방호장치로 적절하지 않은 것은?

① 제동장치
② 권과방지장치
③ 과부하방지장치
④ 파이널 리미트 스위치

[해설] 사업주는 이동식 크레인에 과부하방지장치·권과방지장치 및 브레이크장치 등 방호장치를 부착하고 유효하게 작동될 수 있도록 미리 조정하여 두어야 한다.

정답 | 53 ④ 54 ② 55 ② 56 ② 57 ① 58 ① 59 ④

60 비파괴 검사 방법으로 틀린 것은?

① 인장 시험 ② 음향 탐상 시험
③ 와류 탐상 시험 ④ 초음파 탐상 시험

해설 인장 시험은 파괴 시험의 일종이다.

4과목
전기설비 안전관리

61 속류를 차단할 수 있는 최고의 교류전압을 피뢰기의 정격전압이라고 하는데 이 값은 통상적으로 어떤 값으로 나타내고 있는가?

① 최대값 ② 평균값
③ 실효값 ④ 파고값

해설 **피뢰기의 정격전압**
1. 속류를 차단할 수 있는 최고의 교류전압이다.
2. 통상 실효값으로 나타낸다.

62 전로에 시설하는 기계기구의 철대 및 금속제 외함에 접지공사를 생략할 수 없는 경우는?

① 30V 이하의 기계기구를 건조한 곳에 시설하는 경우
② 물기 없는 장소에 설치하는 저압용 기계기구를 위한 전로에 정격 감도전류 40mA 이하, 동작시간 2초 이하의 전류동작형 누전차단기를 시설하는 경우
③ 철대 또는 외함의 주위에 적당한 절연대를 설치하는 경우
④ 「전기용품 및 생활용품 안전관리법」의 적용을 받는 이중절연구조로 되어 있는 기계기구를 시설하는 경우

해설 물기 없는 장소에 설치하는 저압용의 개별기계기구에 전기를 공급하는 전로에 전기용품안전관리법의 적용을 받는 인체 감전 보호용 누전차단기를 시설하는 경우 접지공사를 생략할 수 있다.

63 인체의 전기저항을 500Ω으로 하는 경우 심실세동을 일으킬 수 있는 에너지는 약 얼마인가? (단, 심실세동전류 $I = \frac{165}{\sqrt{T}}\,\mathrm{mA}$로 한다.)

① 13.6J ② 19.0J
③ 13.6mJ ④ 19.0mJ

해설 심실세동전류 $I = \frac{165}{\sqrt{T}}[mA]$

$$W = I^2 RT = \left(\frac{165}{\sqrt{T}} \times 10^{-3}\right)^2 \times 500\,T$$
$$= (165^2 \times 10^{-6}) \times 500$$
$$= 13.6[W\text{-sec}] = 13.6[J]$$

64 전기설비에 접지를 하는 목적으로 틀린 것은?

① 누설전류에 의한 감전방지
② 낙뢰에 의한 피해방지
③ 지락사고 시 대지전위 상승유도 및 절연강도 증가
④ 지락사고 시 보호계전기 신속동작

해설 전기설비에는 지락사고 시 대지전위 상승 억제 및 절연강도 저감을 위해 접지를 한다.

65 한국전기설비규정에 따라 과전류차단기로 저압전로에 사용하는 범용 퓨즈(gG)의 용단전류는 정격전류의 몇 배인가? (단, 정격전류가 4A 이하인 경우이다.)

① 1.5배 ② 1.6배
③ 1.9배 ④ 2.1배

해설 한국전기설비규정에 따르면 정격전류가 4A 이하인 경우, 과전류차단기로 저압전로에 사용하는 범용 퓨즈(gG)의 용단전류는 정격전류의 2.1배 이상이어야 한다.

66 정전기가 대전된 물체를 제전시키려고 한다. 다음 중 대전된 물체의 절연저항이 증가되어 제전의 효과를 감소시키는 것은?

① 접지한다. ② 건조시킨다.
③ 도전성 재료를 첨가한다. ④ 주위를 가습한다.

해설 건조된 물체는 절연저항이 증가하여 제전의 효과를 감소시킨다.

정답 | 60 ① 61 ③ 62 ② 63 ① 64 ③ 65 ④ 66 ②

67 감전 등의 재해를 예방하기 위하여 특고압용 기계·기구 주위에 관계자 외 출입을 금하도록 울타리를 설치할 때, 울타리의 높이와 울타리로부터 충전부분까지의 거리의 합이 최소 몇 m 이상이 되어야 하는가? (단, 사용전압이 35kV 이하인 특고압용 기계기구이다.)

① 5m   ② 6m
③ 7m   ④ 9m

해설 사용전압이 35kV 이하인 특고압용 기계기구의 경우, 감전 등의 재해를 예방하기 위하여 특고압용 기계·기구 주위에 관계자 외 출입을 금하도록 울타리를 설치할 때, 울타리의 높이와 울타리로부터 충전 부분까지의 거리의 합은 최소 5m 이상이 되어야 한다.

68 개폐기로 인한 발화는 스파크에 의한 가연물의 착화화재가 많이 발생한다. 이를 방지하기 위한 대책으로 틀린 것은?

① 가연성증기, 분진 등이 있는 곳은 방폭형을 사용한다.
② 개폐기를 불연성 상자 안에 수납한다.
③ 비포장 퓨즈를 사용한다.
④ 접속부분의 나사풀림이 없도록 한다.

해설 개폐기로 인한 발화를 방지하기 위해 통형 퓨즈를 사용한다.

69 극간 정전용량이 1000pF이고, 착화에너지가 0.019mJ인 가스에서 폭발한계 전압(V)은 약 얼마인가? (단, 소수점 이하는 반올림한다.)

① 3,900   ② 1,950
③ 390   ④ 195

해설 $W = \frac{1}{2}CV^2 = \frac{1}{2}QV = \frac{1}{2}\frac{Q^2}{C}$ 에서 1.9×10^{-5}
$= \frac{1}{2} \times 1,000 \times 10^{-12} \times V^2$
∴ $V ≒ 195[V]$
여기서, C : 도체의 정전용량
Q : 대전전하량
V : 대전전위 → $Q = CV$

70 개폐기, 차단기, 유도 전압조정기의 최대 사용 전압이 7kV 이하인 전로의 경우 절연 내력 시험은 최대 사용 전압의 1.5배의 전압을 몇 분간 가하는가?

① 10   ② 15
③ 20   ④ 25

해설 개폐기, 차단기, 유도 전압조정기의 최대 사용 전압이 7kV 이하인 전로의 경우 절연 내력 시험은 최대 사용 전압의 1.5배의 전압을 10분간 가한다.

71 한국전기설비규정에 따라 욕조나 샤워시설이 있는 욕실 등 인체가 물에 젖어있는 상태에서 전기를 사용하는 장소에 인체감전보호용 누전차단기가 부착된 콘센트를 시설하는 경우 누전차단기의 정격감도전류 및 동작시간은?

① 15mA 이하, 0.01초 이하
② 15mA 이하, 0.03초 이하
③ 30mA 이하, 0.01초 이하
④ 30mA 이하, 0.03초 이하

해설 **감전보호용 누전차단기**
정격감도전류 30mA 이하, 동작시간 0.03초 이내(욕실 내 콘센트 15mA 적용)

72 불활성화할 수 없는 탱크, 탱크롤리 등에 위험물을 주입하는 배관은 정전기 재해방지를 위하여 배관 내 액체의 유속제한을 한다. 배관 내 유속제한에 대한 설명으로 틀린 것은?

① 물이나 기체를 혼합하는 비수용성 위험물의 배관 내 유속은 1m/s 이하로 할 것
② 저항률이 $10^{-10}Ω \cdot cm$ 미만의 도전성 위험물의 배관 내 유속은 7m/s 이하로 할 것
③ 저항률이 $10^{10}Ω \cdot cm$ 이상인 위험물의 배관 내 유속은 관내경이 0.05m이면 3.5m/s 이하로 할 것
④ 이황화탄소 등과 같이 유동대전이 심하고 폭발 위험성이 높은 것은 배관 내 유속을 3m/s 이하로 할 것

해설 **배관 내 액체의 유속제한**
1. 저항률이 $10^{10}[Ω \cdot cm]$ 미만인 도전성 위험물의 배관유속은 7[m/s] 이하
2. 에테르, 이황화탄소 등과 같이 유동대전이 심하고 폭발 위험성이 높은 것은 배관 내 유속 1[m/s] 이하

정답 | 67 ① 68 ③ 69 ④ 70 ① 71 ② 72 ④

73 절연물의 절연계급을 최고허용온도가 낮은 온도에서 높은 온도 순으로 배치한 것은?

① Y종 → A종 → E종 → B종
② A종 → B종 → E종 → Y종
③ Y종 → E종 → B종 → A종
④ B종 → Y종 → A종 → E종

해설 | **절연물의 절연계급**

종별	Y	A	E	B	F	H	C
최고허용 온도[℃]	90	105	120	130	155	180	180 이상

74 다른 두 물체가 접촉할 때 접촉 전위차가 발생하는 원인으로 옳은 것은?

① 두 물체의 온도 차
② 두 물체의 습도 차
③ 두 물체의 밀도 차
④ 두 물체의 일함수 차

해설 | 두 종류의 다른 물체를 접촉시키면 그 접촉면에는 두 물체의 일함수의 차로서 접촉전위가 발생한다.

75 방폭인증서에서 방폭부품을 나타내는 데 사용되는 인증번호의 접미사는?

① "G"
② "X"
③ "D"
④ "U"

해설 | **[방호장치 안전인증고시(고용노동부 고시 제2021-22호)]**
U 기호 : 방폭부품을 나타내는 기호
X 기호 : 안전한 사용을 위한 특별한 조건을 나타내는 기호

76 고압 및 특고압 전로에 시설하는 피뢰기의 설치장소로 잘못된 곳은?

① 가공전선로와 지중전선로가 접속되는 곳
② 발전소, 변전소의 가공전선 인입구 및 인출구
③ 고압 가공전선로에 접속하는 배전용 변압기의 저압측
④ 고압 가공전선로로부터 공급을 받는 수용장소의 인입구

해설 | **피뢰기의 시설장소**
특고압 가공전선로에 접속하는 배전용 변압기의 고압 측 및 특고압 측

77 「산업안전보건기준에 관한 규칙」 제319조에 의한 정전전로에서의 전기작업을 마친 후 전원을 공급하는 경우에 사업주가 작업에 종사하는 근로자 및 전기기기와 접촉할 우려가 있는 근로자에게 감전의 위험이 없도록 준수해야 할 사항이 아닌 것은?

① 단락 접지기구 및 작업기구를 제거하고 전기기기 등이 안전하게 통전 될 수 있는지 확인한다.
② 모든 작업자가 작업이 완료된 전기기기에서 떨어져 있는지 확인한다.
③ 잠금장치와 꼬리표를 근로자가 직접 설치한다.
④ 모든 이상 유무를 확인한 후 전기기기 등의 전원을 투입한다.

해설 | **정전전로에서의 전기작업(「안전보건규칙」 제319조)**
③ 사업주는 제1항 각 호 외의 부분 본문에 따른 작업 중 또는 작업을 마친 후 전원을 공급하는 경우에는 작업에 종사하는 근로자 또는 그 인근에서 작업하거나 정전된 전기기기 등(고정 설치된 것으로 한정함)과 접촉할 우려가 있는 근로자에게 감전의 위험이 없도록 다음 각 호의 사항을 준수하여야 한다.
1. 작업기구, 단락 접지기구 등을 제거하고 전기기기 등이 안전하게 통전될 수 있는지를 확인할 것
2. 모든 작업자가 작업이 완료된 전기기기 등에서 떨어져 있는지를 확인할 것
3. 잠금장치와 꼬리표는 설치한 근로자가 직접 철거할 것
4. 모든 이상 유무를 확인한 후 전기기기 등의 전원을 투입할 것

78 변압기의 최소 IP 등급은? (단, 유입 방폭구조의 변압기이다.)

① IP55
② IP56
③ IP65
④ IP66

해설 | 밀봉되지 않은 기기의 통기장치의 배출구 및 밀봉된 기기의 압력방출 창치의 배출구는 아래를 향해야 하며 KS C IEC 60529에 따른 IP66 이상의 보호등급을 가져야 한다.

79 가스그룹이 IIB인 지역에 내압방폭구조 "d"의 방폭기기가 설치되어 있다. 기기의 플랜지 개구부에서 장애물까지의 최소 거리(mm)는?

① 10
② 20
③ 30
④ 40

정답 | 73 ① 74 ④ 75 ④ 76 ③ 77 ③ 78 ④ 79 ③

해설 | KS C IEC 60079-14, 가스그룹에 따른 내압방폭 평면 접합면 장애물과의 최소 거리

가스 그룹	최소 거리(mm)
IIA	10
IIB	30
IIC	40

80 방폭전기설비의 용기 내부에서 폭발성가스 또는 증기가 폭발하였을 때 용기가 그 압력에 견디고 접합면이나 개구부를 통해서 외부의 폭발성가스나 증기에 인화되지 않도록 한 방폭구조는?

① 내압 방폭구조 ② 압력 방폭구조
③ 유입 방폭구조 ④ 본질안전 방폭구조

해설 | 내압 방폭구조
- 내부에서 폭발할 경우 그 압력에 견딜 것
- 폭발화염이 외부로 유출되지 않을 것
- 외함 표면온도가 주위의 가연성 가스에 점화하지 않을 것

5과목
화학설비 안전관리

81 포스겐가스 누설검지의 시험지로 사용되는 것은?

① 연당지 ② 염화파라듐지
③ 하리슨시험지 ④ 초산벤젠지

해설 | 포스겐가스 누설검지의 시험지는 하리슨시험지이며 반응색은 유자색이다.

82 안전밸브 전단·후단에 자물쇠형 또는 이에 준하는 형식의 차단밸브 설치를 할 수 있는 경우에 해당하지 않는 것은?

① 자동압력조절밸브와 안전밸브 등이 직렬로 연결된 경우
② 화학설비 및 그 부속설비에 안전밸브 등이 복수방식으로 설치된 경우
③ 열팽창에 의하여 상승된 압력을 낮추기 위한 목적으로 안전밸브가 설치된 경우
④ 인접한 화학설비 및 그 부속설비에 안전밸브 등이 각각 설치되어 있고, 해당 화학설비 및 그 부속설비의 연결배관에 차단밸브가 없는 경우

해설 | 안전밸브 등의 배출용량의 2분의 1 이상에 해당하는 용량의 자동압력조절밸브와 안전밸브 등이 병렬로 연결된 경우 안전밸브 전단·후단에 자물쇠형 또는 이에 준하는 형식의 차단밸브를 설치할 수 있다.

83 압축하면 폭발할 위험성이 높아 아세톤 등에 용해시켜 다공성 물질과 함께 저장하는 물질은?

① 염소 ② 아세틸렌
③ 에탄 ④ 수소

해설 | 아세틸렌은 폭발 위험이 있어 아세톤 등에 침전하여 다공성 물질이 있는 용기에 충전한다.

84 산업안전보건법령상 대상 설비에 설치된 안전밸브에 대해서는 경우에 따라 구분된 검사주기마다 안전밸브가 적정하게 작동하는지 검사하여야 한다. 화학공정 유체와 안전밸브의 디스크 또는 시트가 직접 접촉될 수 있도록 설치된 경우의 검사주기로 옳은 것은?

① 매년 1회 이상 ② 2년마다 1회 이상
③ 3년마다 1회 이상 ④ 4년마다 1회 이상

해설 | 산업안전보건법령상 대상 설비에 설치된 안전밸브 중 화학공정 유체와 안전밸브의 디스크 또는 시트가 직접 접촉될 수 있도록 설치된 경우에는 2년에 1회 이상 검사를 받아야 한다.

85 위험물을 산업안전보건법령에서 정한 기준량 이상으로 제조하거나 취급하는 설비로서 특수화학설비에 해당하는 것은?

① 가열시켜 주는 물질 온도가 가열되는 위험물질의 분해온도보다 높은 상태에서 운전되는 설비
② 상온에서 게이지 압력으로 200kPa의 압력으로 운전되는 설비
③ 대기압 하에서 300℃로 운전되는 설비
④ 흡열반응이 행하여지는 반응설비

해설 | 가열시켜 주는 물질의 온도가 가열되는 위험물질의 분해온도 또는 발화점보다 높은 상태에서 운전되는 설비는 산업안전보건법령상 특수화학설비에 해당한다.

정답 | 80 ① 81 ③ 82 ① 83 ② 84 ② 85 ①

86 산업안전보건법령상 다음 내용에 해당하는 폭발위험 장소는?

> 20종 장소 밖으로서 분진운 형태의 가연성 분진이 폭발농도를 형성할 정도의 충분한 양이 정상작동 중에 존재할 수 있는 장소를 말한다.

① 21종 장소 ② 22종 장소
③ 0종 장소 ④ 1종 장소

[해설] "21종 장소"란 20종 장소 외의 장소로서, 분진운 형태의 가연성 분진이 폭발농도를 형성할 정도의 충분한 양이 정상작동 중에 존재할 수 있는 장소를 말한다.

87 Li과 Na에 관한 설명으로 틀린 것은?

① 두 금속 모두 실온에서 자연발화의 위험성이 있으므로 알코올 속에 저장해야 한다.
② 두 금속은 물과 반응하여 수소기체를 발생한다.
③ Li은 비중 값이 물보다 작다.
④ Na는 은백색의 무른 금속이다.

[해설] Li, Na 등의 알칼리금속은 물에 닿으면 격렬하게 열을 내며 반응하기 때문에 석유에 담근 상태로 보관한다.

88 다음 중 누설 발화형 폭발재해의 예방 대책으로 가장 거리가 먼 것은?

① 발화원 관리 ② 밸브의 오동작 방지
③ 가연성 가스의 연소 ④ 누설물질의 검지 경보

[해설] 누설 발화형 폭발재해 예방 대책
발화원 관리, 밸브의 오동작 방지, 누설물질의 검지 경보 등

89 수분을 함유하는 에탄올에서 순수한 에탄올을 얻기 위해 벤젠과 같은 물질을 첨가하여 수분을 제거하는 증류 방법은?

① 공비증류 ② 추출증류
③ 가압증류 ④ 감압증류

[해설] 공비증류
공비혼합물 또는 끓는점이 비슷하여 분리하기 어려운 액체혼합물의 성분을 완전히 분리하기 위해 쓰는 증류법으로 수분을 함유하는 에탄올에서 순수한 에탄올을 얻기 위해 쓰는 대표적인 증류법

90 다음 중 인화점에 관한 설명으로 옳은 것은?

① 액체의 표면에서 발생한 증기농도가 공기 중에서 연소하한 농도가 될 수 있는 가장 높은 액체온도
② 액체의 표면에서 발생한 증기농도가 공기 중에서 연소상한 농도가 될 수 있는 가장 낮은 액체온도
③ 액체의 표면에 발생한 증기농도가 공기 중에서 연소하한 농도가 될 수 있는 가장 낮은 액체온도
④ 액체의 표면에서 발생한 증기농도가 공기 중에서 연소상한 농도가 될 수 있는 가장 높은 액체온도

[해설] 인화점(flash point)
가연성 증기를 발생시키는 액체 또는 고체가 공기 중에서 점화원에 의해 표면에 불이 붙는데 충분한 농도의 증기를 발생시키는 최저온도를 인화점이라고 한다.

91 분진폭발의 특징에 관한 설명으로 옳은 것은?

① 가스폭발보다 발생에너지가 작다.
② 폭발압력과 연소속도는 가스폭발보다 크다.
③ 입자의 크기, 부유성 등이 분진폭발에 영향을 준다.
④ 불완전연소로 인한 가스중독의 위험성은 작다.

[해설] 입자의 크기, 부유성 등이 분진폭발에 영향을 준다.

92 위험물안전관리법령상 제1류 위험물에 해당하는 것은?

① 과염소산나트륨 ② 과염소산
③ 과산화수소 ④ 과산화벤조일

[해설]
① 과염소산나트륨 : 제1류 위험물
② 과염소산 : 제6류 위험물
③ 과산화수소 : 제6류 위험물
④ 과산화벤조일 : 제5류 위험물

93 다음 중 질식소화에 해당하는 것은?

① 가연성 기체의 분출화재 시 주 밸브를 닫는다.
② 가연성 기체의 연쇄반응을 차단하여 소화한다.
③ 연료 탱크를 냉각하여 가연성 가스의 발생속도를 작게 한다.
④ 연소하고 있는 가연물이 존재하는 장소를 기계적으로 폐쇄하여 공기의 공급을 차단한다.

정답 | 86 ① 87 ① 88 ③ 89 ① 90 ③ 91 ③ 92 ① 93 ④

해설 **질식소화**
산소를 차단하여 산소농도가 15% 이하가 되면 연소가 지속될 수 없으므로 이를 이용하여 소화하는 방법으로 일명 희석소화라고도 한다. 대표적으로 CO_2, 포말, 물 분무설비가 있으며 이외 수계(水系)소화설비도 보조적으로 수증기에 의한 질식효과가 있다.

94 산업안전보건기준에 관한 규칙에서 정한 위험물질의 종류에서 "물반응성 물질 및 인화성 고체"에 해당하는 것은?

① 질산에스테르류 ② 니트로화합물
③ 칼륨·나트륨 ④ 니트로소화합물

해설 칼륨·나트륨은 물반응성 물질 및 인화성 고체에 해당한다.

95 공기 중 아세톤의 농도가 200ppm(TLV 500ppm), 메틸에틸케톤(MEK)의 농도가 100ppm(TLV 200ppm)일 때 혼합물질의 허용농도(ppm)는? (단, 두 물질은 서로 상가작용을 하는 것으로 가정한다.)

① 150 ② 200
③ 270 ④ 333

해설 $R = \dfrac{C_1}{T_1} + \dfrac{C_2}{T_2} + \cdots + \dfrac{C_n}{T_n} = \dfrac{200}{500} + \dfrac{100}{200} = 0.9$

여기서, C : 화학물질 각각의 측정치(위험물질에서는 취급 또는 저장량)
T : 화학물질 각각의 노출기준(위험물질에서는 규정수량)

$TLV = \dfrac{C_1 + C_2 + \cdots + C_n}{R} = \dfrac{200 + 100}{0.9} = 333(ppm)$

96 다음 중 분진이 발화 폭발하기 위한 조건으로 거리가 먼 것은?

① 불연성질 ② 미분상태
③ 점화원의 존재 ④ 산소 공급

해설 불연성 및 난연성 물질의 분진은 분진폭발이 일어나지 않는다.

97 다음 중 폭발한계(vol%)의 범위가 가장 넓은 것은?

① 메탄 ② 부탄
③ 톨루엔 ④ 아세틸렌

해설 보기 물질의 폭발한계의 범위는 메탄 5%~15%로 10, 부탄은 1.8%~8.4%로 6.6, 톨루엔은 1.1%~7.9%로 6.8, 아세틸렌 2.5%~81%로 78.5이므로 아세틸렌의 폭발한계 범위가 가장 넓다.

98 다음 중 최소발화에너지(E[J])를 구하는 식으로 옳은 것은? (단, I는 전류[A], R은 저항[Ω], V는 전압[V], C는 콘덴서용량[F], T는 시간[초]이라 한다.)

① $E = IRT$ ② $E = 0.24I^2\sqrt{R}$
③ $E = \dfrac{1}{2}CV^2$ ④ $E = \dfrac{1}{2}\sqrt{C^2V}$

해설 전기(정전기)로서의 최소발화에너지를 구하는 식은 $E = \dfrac{1}{2}CV^2$ (mJ)이다.

99 공기 중에서 A 물질의 폭발하한계가 4vol%, 상한계가 75vol%라면 이 물질의 위험도는?

① 16.75 ② 17.75
③ 18.75 ④ 19.75

해설 위험도 계산식 = $\dfrac{UEL - LEL}{LEL} = \dfrac{75 - 4}{4} = 17.75$

100 다음 중 관의 지름을 변경하고자 할 때 필요한 관 부속품은?

① elbow ② reducer
③ plug ④ valve

해설 관로의 크기를 바꿀 때는 축소관(Reduce), 부싱(Bushing) 등의 부속을 사용한다.

6과목

건설공사 안전관리

101 다음 중 지하수위 측정에 사용되는 계측기는?

① Load Cell ② Inclinometer
③ Extensometer ④ Water level gauge

해설 Water level gauge는 지하수위의 측정에 사용된다.

정답 | 94 ③ 95 ④ 96 ① 97 ④ 98 ③ 99 ② 100 ② 101 ④

102 이동식비계를 조립하여 작업하는 경우에 준수하여야 할 기준으로 옳지 않은 것은?

① 승강용 사다리는 견고하게 설치할 것
② 비계의 최상부에서 작업하는 경우에는 안전난간을 설치할 것
③ 작업발판의 최대적재하중은 400kg을 초과하지 않도록 할 것
④ 작업발판은 항상 수평을 유지하고 작업발판 위에서 안전난간을 딛고 작업을 하거나 받침대 또는 사다리를 사용하여 작업하지 않도록 할 것

[해설] 이동식비계를 조립하여 작업하는 경우 작업발판의 최대적재하중은 250kg을 초과하지 않도록 해야 한다.

103 터널 지보공을 조립하거나 변경하는 경우에 조치하여야 하는 사항으로 옳지 않은 것은?

① 목재의 터널 지보공은 그 터널 지보공의 각 부재에 작용하는 긴압 정도를 체크하여 그 정도가 최대한 차이가 나도록 할 것
② 강(鋼)아치 지보공의 조립은 연결볼트 및 띠장 등을 사용하여 주재 상호 간을 튼튼하게 연결할 것
③ 기둥에는 침하를 방지하기 위하여 받침목을 사용하는 등의 조치를 할 것
④ 주재(主材)를 구성하는 1세트의 부재는 동일 평면 내에 배치할 것

[해설] 목재의 터널 지보공은 그 터널 지보공의 각 부재에 작용하는 긴압 정도를 체크하여 터널 지보공의 각 부재의 긴압정도가 균등해야 한다.

104 거푸집 동바리 등을 조립하는 경우에 준수하여야 하는 기준으로 옳지 않은 것은?

① 동바리로 사용하는 파이프 서포트를 이어서 사용하는 경우에는 3개 이상의 볼트 또는 전용철물을 사용하여 이을 것
② 동바리로 사용하는 강관은 높이 2m 이내마다 수평연결재를 2개 방향으로 만들 것
③ 깔목의 사용, 콘크리트 타설, 말뚝박기 등 동바리의 침하를 방지하기 위한 조치를 할 것
④ 동바리로 사용하는 파이프 서포트를 3개 이상 이어서 사용하지 않도록 할 것

[해설] 동바리로 사용하는 파이프 서포트를 이어서 사용하는 경우에는 4개 이상의 볼트 또는 전용철물을 사용해서 이어야 한다.

105 가설통로를 설치하는 경우 준수하여야 할 기준으로 옳지 않은 것은?

① 경사는 30° 이하로 할 것
② 경사가 15°를 초과하는 경우 미끄러지지 아니하는 구조로 할 것
③ 추락할 위험이 있는 장소에는 안전난간을 설치할 것
④ 수직갱에 가설된 통로의 길이가 15m 이상이면 7m 이내마다 계단참을 설치할 것

[해설] 수직갱에 가설된 통로의 길이가 15m 이상이면 10m 이내마다 계단참을 설치해야 한다.

106 사면 보호 공법 중 구조물에 의한 보호 공법에 해당되지 않는 것은?

① 블록공
② 식생구멍공
③ 돌쌓기공
④ 현장타설 콘크리트 격자공

[해설] 사면 보호 공법 중 구조물에 의한 보호 공법에는 블록공, 돌쌓기공, 격자공 등이 있다.

107 안전계수가 4이고 2,000MPa의 인장강도를 갖는 강선의 최대허용응력은?

① 500MPa
② 1,000MPa
③ 1,500MPa
④ 2,000MPa

[해설] S = 인장강도/허용응력
= 최대하중/안전하중 = 2,000/4 = 500MPa

108 터널공사의 전기발파작업에 관한 설명으로 옳지 않은 것은?

① 전선은 점화하기 전에 화약류를 충진한 장소로부터 30m 이상 떨어진 안전한 장소에서 도통시험 및 저항시험을 하여야 한다.
② 점화는 충분한 허용량을 갖는 발파기를 사용하고 규정된 스위치를 반드시 사용하여야 한다.
③ 발파 후 발파기와 발파모선의 연결을 유지한 채 그 단부를 절연시킨 후 재점화가 되지 않도록 한다.
④ 점화는 선임된 발파책임자가 행하고 발파기의 핸들을 점화할 때 이외는 시건장치를 하거나 모선을 분리하여야 하며 발파책임자의 엄중한 관리하에 두어야 한다.

정답 | 102 ③ 103 ① 104 ① 105 ④ 106 ② 107 ① 108 ③

[해설] 발파 후 즉시 발파모선을 발파기로부터 분리하고 그 단부를 절연시킨 후 재점화가 되지 않도록 해야 한다.

109 화물을 적재하는 경우의 준수사항으로 옳지 않은 것은?

① 침하 우려가 없는 튼튼한 기반 위에 적재할 것
② 건물의 칸막이나 벽 등이 화물의 압력에 견딜 만큼의 강도를 지니지 아니한 경우에는 칸막이나 벽에 기대어 적재하지 않도록 할 것
③ 불안정한 정도로 높이 쌓아 올리지 말 것
④ 하중을 한쪽으로 치우치더라도 화물을 최대한 효율적으로 적재할 것

[해설] 화물 적재 시 편하중이 생기지 아니하도록 적재해야 한다.

110 발파구간 인접구조물에 대한 피해 및 손상을 예방하기 위한 건물기초에서의 허용진동치(cm/sec) 기준으로 옳지 않은 것은? (단, 기존 구조물에 금이 가 있거나 노후구조물 대상일 경우 등은 고려하지 않는다.)

① 문화재 : 0.2cm/sec
② 주택, 아파트 : 0.5cm/sec
③ 상가 : 1.0cm/sec
④ 철골콘크리트 빌딩 : 0.8~1.0cm/sec

[해설] 철골콘크리트 빌딩 및 상가의 발파진동 허용치는 1.0~4.0cm/sec이다.

111 거푸집 동바리 등을 조립 또는 해체하는 작업을 하는 경우의 준수사항으로 옳지 않은 것은?

① 재료, 기구 또는 공구 등을 올리거나 내리는 경우 근로자로 하여금 달줄·달포대 등의 사용을 금하도록 할 것
② 낙하·충격에 의한 돌발적 재해를 방지하기 위하여 버팀목을 설치하고 거푸집 동바리 등을 인양장비에 매단 후 작업하도록 하는 등 필요한 조치를 할 것
③ 비, 눈, 그 밖의 기상상태의 불안정으로 날씨가 몹시 나쁜 경우에는 그 작업을 중지할 것
④ 해당 작업을 하는 구역에는 관계 근로자가 아닌 사람의 출입을 금지할 것

[해설] 거푸집 동바리 등을 조립 또는 해체하는 작업을 하는 경우 재료·기구 또는 공구 등을 올리거나 내리는 경우 근로자가 달줄 또는 달포대 등을 사용하게 해야 한다.

112 강관을 사용하여 비계를 구성하는 경우 준수하여야 할 기준으로 옳지 않은 것은?

① 비계기둥의 간격은 띠장 방향에서는 1.85m 이하, 장선(長線) 방향에서는 1.5m 이하로 할 것
② 띠장 간격은 2.0m 이하로 할 것
③ 비계기둥의 제일 윗부분으로부터 31m 되는 지점 밑부분의 비계기둥은 3개의 강관으로 묶어 세울 것
④ 비계기둥 간의 적재하중은 400kg을 초과하지 않도록 할 것

[해설] 강관을 사용하여 비계를 구성하는 경우 비계기둥의 최고부로부터 31m 되는 지점 밑부분의 비계기둥은 2개의 강관으로 묶어 세워야 한다.

113 지하수위 상승으로 포화된 사질토 지반의 액상화 현상을 방지하기 위한 가장 직접적이고 효과적인 대책은?

① well point 공법 적용
② 동다짐 공법 적용
③ 입도가 불량한 재료를 입도가 양호한 재료로 치환
④ 밀도를 증가시켜 한계간극비 이하로 상대밀도를 유지하는 방법 강구

[해설] 웰포인트(Well Point) 공법은 사질토 지반의 액상화 방지를 위해 지하수를 외부로 배출시키는 공법이다.

114 크레인 등 건설장비의 가공전선로 접근 시 안전대책으로 옳지 않은 것은?

① 안전 이격거리를 유지하고 작업한다.
② 장비를 가공전선로 밑에 보관한다.
③ 장비의 조립, 준비 시부터 가공전선로에 대한 감전 방지수단을 강구한다.
④ 장비 사용 현장의 장애물, 위험물 등을 점검 후 작업계획을 수립한다.

[해설] 크레인 등 건설장비의 가공전선로 접근 시 크레인 등 건설장비는 가공전선로와 이격된 장소에 보관해야 한다.

115 흙의 투수계수에 영향을 주는 인자에 관한 설명으로 옳지 않은 것은?

① 포화도 : 포화도가 클수록 투수계수도 크다.
② 공극비 : 공극비가 클수록 투수계수는 작다.
③ 유체의 점성계수 : 점성계수가 클수록 투수계수는 작다.
④ 유체의 밀도 : 유체의 밀도가 클수록 투수계수는 크다.

[해설] 공극비가 클수록 투수계수는 크다.

116 산업안전보건법령에서 규정하는 철골작업을 중지하여야 하는 기후조건에 해당하지 않는 것은?

① 풍속이 초당 10m 이상인 경우
② 강우량이 시간당 1mm 이상인 경우
③ 강설량이 시간당 1cm 이상인 경우
④ 기온이 영하 5℃ 이하인 경우

[해설] **철골작업 중지 기준**
　1. 풍속이 초당 10m 이상
　2. 강우량이 시간당 1mm 이상
　3. 강설량이 시간당 1cm 이상

117 차량계 건설기계를 사용하여 작업을 하는 경우 작업계획서 내용에 포함되지 않는 사항은?

① 사용하는 차량계 건설기계의 종류 및 성능
② 차량계 건설기계의 운행경로
③ 차량계 건설기계에 의한 작업방법
④ 차량계 건설기계 사용 시 유도자 배치 위치

[해설] **차량계 건설기계를 사용하는 작업의 작업계획서 포함내용**
　1. 사용하는 차량계 건설기계의 종류 및 성능
　2. 차량계 건설기계의 운행경로
　3. 차량계 건설기계에 의한 작업방법

118 유해위험방지계획서를 고용노동부장관에게 제출하고 심사를 받아야 하는 대상 건설공사 기준으로 옳지 않은 것은?

① 최대 지간길이가 50m 이상인 다리의 건설 등 공사
② 지상높이 25m 이상인 건축물 또는 인공구조물의 건설 등 공사
③ 깊이 10m 이상인 굴착공사
④ 다목적댐, 발전용댐, 저수용량 2천만 톤 이상의 용수 전용 댐 및 지방상수도 전용 댐의 건설 등 공사

[해설] 지상높이가 31m 이상인 건축물 또는 인공구조물의 건설 등 공사가 해당된다.

119 공사진척에 따른 공정율이 다음과 같을 때 안전관리비 사용기준으로 옳은 것은? (단, 공정율은 기성공정율을 기준으로 함)

> 공정율 : 70% 이상, 90% 미만

① 50% 이상　　② 60% 이상
③ 70% 이상　　④ 80% 이상

[해설] 공정율 70% 이상 90% 미만인 경우 안전관리비는 70% 이상 사용한다.

120 미리 작업장소의 지형 및 지반상태 등에 적합한 제한속도를 정하지 않아도 되는 차량계 건설기계의 속도 기준은?

① 최대 제한속도가 10km/h 이하
② 최대 제한속도가 20km/h 이하
③ 최대 제한속도가 30km/h 이하
④ 최대 제한속도가 40km/h 이하

[해설] 미리 작업장소의 지형 및 지반상태 등에 적합한 제한속도를 정하지 않아도 되는 차량계 건설기계의 속도 기준은 최대 제한속도가 10km/h 이하인 경우에 해당된다.

정답 | 115 ② 116 ④ 117 ④ 118 ② 119 ③ 120 ①

2021년 2회

1과목
산업재해 예방 및 안전보건교육

01 학습자가 자신의 학습속도에 적합하도록 프로그램 자료를 가지고 단독으로 학습하도록 하는 안전교육 방법은?

① 실연법
② 모의법
③ 토의법
④ 프로그램 학습법

[해설] 프로그램 학습법은 학습자가 프로그램을 통해 단독으로 학습하는 방법으로, 개발된 프로그램은 변경이 어렵다.

02 헤드십의 특성이 아닌 것은?

① 지휘형태는 권위주의적이다.
② 권한행사는 임명된 헤드이다.
③ 구성원과의 사회적 간격은 넓다.
④ 상관과 부하와의 관계는 개인적인 영향이다.

[해설] 상사와 부하와의 관계는 지배적 관계이다.

헤드십(head ship)
집단구성원이 아닌 외부에 의해 선출(임명)된 지도자로 권한의 근거는 공식적이다.

03 산업안전보건법령상 특정 행위의 지시 및 사실의 고지에 사용되는 안전·보건표지의 색도기준으로 옳은 것은?

① 2.5G 4/10
② 5Y 8.5/12
③ 2.5PB 4/10
④ 7.5R 4/14

[해설] 안전·보건표지의 색채, 색도기준 및 용도

색채	색도기준	용도	사용 예
파란색	2.5PB 4/10	지시	특정 행위의 지시 및 사실의 고지

04 인간관계의 메커니즘 중 다른 사람의 행동 양식이나 태도를 투입시키거나 다른 사람 가운데서 자기와 비슷한 것을 발견하는 것은?

① 공감
② 모방
③ 동일화
④ 일체화

[해설] **동일화(Identification)**
다른 사람의 행동양식이나 태도를 투입시키거나 다른 사람에게서 자기와 비슷한 점을 발견하는 것

05 다음의 교육내용과 관련 있는 교육은?

- 작업 동작 및 표준작업방법의 습관화
- 공구·보호구 등의 관리 및 취급 태도의 확립
- 작업 전후의 점검, 검사요령의 정확화 및 습관화

① 지식교육
② 기능교육
③ 태도교육
④ 문제해결교육

[해설] 안전교육의 3단계
1. 지식교육(1단계) : 지식의 전달과 이해
2. 기능교육(2단계) : 실습, 시범을 통한 이해
3. 태도교육(3단계) : 안전의 습관화(가치관 형성)

06 데이비스(K.Davis)의 동기부여 이론에 관한 등식에서 그 관계가 틀린 것은?

① 지식×기능=능력
② 상황×능력=동기유발
③ 능력×동기유발=인간의 성과
④ 인간의 성과×물질의 성과=경영의 성과

[해설] 상황(Situation)×태도(Attitude)=동기유발(Motivation)

정답 | 01 ④ 02 ④ 03 ③ 04 ③ 05 ③ 06 ②

07 산업안전보건법령상 보호구 안전인증 대상 방독마스크의 유기화합물용 정화통 외부 측면 표시색으로 옳은 것은?

① 갈색 ② 녹색
③ 회색 ④ 노랑색

해설 **정화통의 외부측면의 표시색**

종류	표시색
유기화합물용 정화통	갈색

08 재해원인 분석기법의 하나인 특성요인도의 작성 방법에 대한 설명으로 틀린 것은?

① 큰뼈는 특성이 일어나는 요인이라고 생각되는 것을 크게 분류하여 기입한다.
② 등뼈는 원칙적으로 우측에서 좌측으로 향하여 가는 화살표를 기입한다.
③ 특성의 결정은 무엇에 대한 특성요인도를 작성할 것인가를 결정하고 기입한다.
④ 중뼈는 특성이 일어나는 큰뼈의 요인마다 다시 미세하게 원인을 결정하여 기입한다.

해설 등뼈(어골)는 원칙적으로 좌측에서 우측으로 향해가는 화살표를 기입한다.

09 TWI의 교육 내용 중 인간관계 관리방법 즉 부하 통솔법을 주로 다루는 것은?

① JST(Job Safety Training)
② JMT(Job Method Training)
③ JRT(Job Relation Training)
④ JIT(Job Instruction Training)

해설 **TWI의 교육내용**

1. 작업지도훈련(JIT ; Job Instruction Training)
2. 작업방법훈련(JMT ; Job Method Training)
3. 인간관계훈련(JRT ; Job Relations Training)
4. 작업안전훈련(JST ; Job Safety Training)

10 산업안전보건법령상 안전보건관리규정에 반드시 포함되어야 할 사항이 아닌 것은? (단, 그 밖에 안전 및 보건에 관한 사항은 제외한다.)

① 재해코스트 분석 방법
② 사고 조사 및 대책 수립
③ 작업장 안전 및 보건관리
④ 안전 및 보건 관리조직과 그 직무

해설 ①은 안전보건관리규정에 포함될 내용이 아니다.

11 재해조사에 관한 설명으로 틀린 것은?

① 조사목적에 무관한 조사는 피한다.
② 조사는 현장을 정리한 후에 실시한다.
③ 목격자나 현장 책임자의 진술을 듣는다.
④ 조사자는 객관적이고 공정한 입장을 취해야 한다.

해설 재해발생 시의 조치사항으로 긴급단계에서 2차 재해방지 후 현장보존을 하여야 한다.

12 산업안전보건법령상 안전보건표지의 종류 중 경고표지의 기본모형(형태)이 다른 것은?

① 고압전기 경고 ② 방사성물질 경고
③ 폭발성 물질 경고 ④ 매달린 물체 경고

해설 **경고표지**

13 무재해운동 추진의 3요소에 관한 설명이 아닌 것은?

① 안전보건은 최고경영자의 무재해 및 무질병에 대한 확고한 경영 자세로 시작된다.
② 안전보건을 추진하는 데에는 관리감독자들의 생산 활동 속에 안전보건을 실천하는 것이 중요하다.
③ 모든 재해는 잠재요인을 사전에 발견·파악·해결함으로써 근원적으로 산업재해를 없애야 한다.
④ 안전보건은 각자 자신의 문제이며, 동시에 동료의 문제로서 직장의 팀 멤버와 협동 노력하여 자주적으로 추진하는 것이 필요하다.

해설) 무재해운동의 3요소(3기둥)
1. 직장의 자율활동의 활성화
2. 라인(관리감독자)화의 철저
3. 최고경영자의 안전경영철학

14 헤링(Hering)의 착시현상에 해당하는 것은?

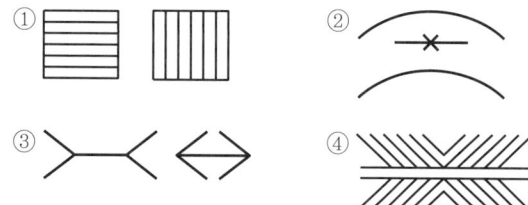

해설) 착시

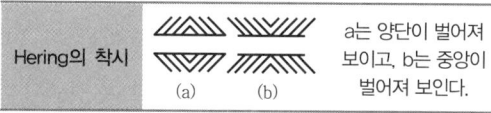

| Hering의 착시 | a는 양단이 벌어져 보이고, b는 중앙이 벌어져 보인다. |

15 도수율이 24.5이고, 강도율이 1.15인 사업장에서 한 근로자가 입사하여 퇴직할 때까지의 근로손일수는?

① 2.45일   ② 115일
③ 215일   ④ 245일

해설) 근로자가 입사하여 퇴직할 때까지 잃을 수 있는 근로손실일수는 환산강도율로 구한다.
환산강도율 = 강도율 × 100 = 1.15 × 100 = 115일

16 학습을 자극(Stimulus)에 의한 반응(Response)으로 보는 이론에 해당하는 것은?

① 장설(Field Theory)
② 통찰설(Insight Theory)
③ 기호형태설(Sign-gestalt Theory)
④ 시행착오설(Trial and Error Theory)

해설) 자극과 반응(S-R, Stimulus & Response) 이론
1. 손다이크(Thorndike)의 시행착오설
2. 파블로프(Pavlov)의 조건반사설
3. 스키너(Skinner)의 조작적 조건형성 이론

17 하인리히의 사고방지 기본원리 5단계 중 시정방법의 선정 단계에 있어서 필요한 조치가 아닌 것은?

① 인사조정   ② 안전행정의 개선
③ 교육 및 훈련의 개선   ④ 안전점검 및 사고조사

해설) 사고예방 대책의 기본원리 5단계(사고예방원리 : 하인리히)
-4단계 : 시정방법의 선정
1. 기술의 개선   2. 인사조정
3. 교육 및 훈련 개선   4. 안전규정 및 수칙의 개선
5. 이행의 감독과 제재강화

18 산업안전보건법령상 안전보건교육 교육대상별 교육내용 중 관리감독자 정기교육의 내용으로 틀린 것은?

① 정리정돈 및 청소에 관한 사항
② 유해·위험 작업환경 관리에 관한 사항
③ 표준안전작업방법 및 지도 요령에 관한 사항
④ 작업공정의 유해·위험과 재해 예방대책에 관한 사항

해설) 정리정돈 및 청소에 관한 사항은 채용 시 교육 및 작업내용 변경 시 교육내용 중 하나이다.

정답 | 13 ③   14 ④   15 ②   16 ④   17 ④   18 ①

19 산업안전보건법령상 협의체 구성 및 운영에 관한 사항으로 ( )에 알맞은 내용은?

> 도급인은 관계수급인 근로자가 도급인의 사업장에서 작업을 하는 경우 도급인과 수급인을 구성원으로 하는 안전 및 보건에 관한 협의체를 구성 및 운영하여야 한다. 이 협의체는 ( ) 정기적으로 회의를 개최하고 그 결과를 기록 · 보존해야한다.

① 매월 1회 이상 ② 2개월마다 1회
③ 3개월마다 1회 ④ 6개월마다 1회

[해설] 도급인과 관계수급인을 구성원으로 하는 안전 · 보건에 관한 협의체는 매월 1회 이상 정기적으로 회의를 개최하고 그 결과를 기록 · 보존하여야 한다.

20 산업안전보건법령상 프레스를 사용하여 작업할 때 작업시작 전 점검사항으로 틀린 것은?

① 방호장치의 기능
② 언로드밸브의 기능
③ 금형 및 고정볼트 상태
④ 클러치 및 브레이크의 기능

[해설] ②는 공기압축기를 가동할 때 작업시작 전 점검사항에 해당한다.

2과목
인간공학 및 위험성 평가 · 관리

21 일반적으로 은행의 접수대 높이나 공원의 벤치를 설계할 때 가장 적합한 인체측정 자료의 응용원칙은?

① 조절식 설계 ② 평균치를 이용한 설계
③ 최대치수를 이용한 설계 ④ 최소치수를 이용한 설계

[해설] **평균치를 기준으로 한 설계**
최대치수나 최소치수를 기준으로 설계하기도 부적절하고 조절식으로 하기도 불가능할 때, 평균치를 기준으로 설계를 한다. 예를 들면, 손님의 평균 신장을 기준으로 만든 은행의 계산대 등이 있다.

22 위험분석기법 중 고장이 시스템의 손실과 인명의 사상에 연결되는 높은 위험도를 가진 요소나 고장의 형태에 따른 분석법은?

① CA ② ETA
③ FHA ④ FTA

[해설] **CA**
고장이 직접 시스템의 손해와 인원의 사상에 연결되는 높은 위험도를 가지는 경우에 위험도를 가져오는 요소 또는 고장의 형태에 따른 분석(정량적 분석)

23 작업장의 설비 3대에서 각각 80dB, 86dB, 78dB의 소음이 발생하고 있을 때 작업장의 음압 수준은?

① 약 81.3dB ② 약 85.5dB
③ 약 87.5dB ④ 약 90.3dB

[해설] **전체소음도**
$$PWL(dB) = 10 \log(10^{\frac{A_1}{10}} + 10^{\frac{A_2}{10}} + 10^{\frac{A_3}{10}})$$
$$= 10 \log(10^{\frac{80}{10}} + 10^{\frac{86}{10}} + 10^{\frac{78}{10}})$$
$$≒ 87.5$$

24 일반적인 화학설비에 대한 안전성 평가(safety assessment) 절차에 있어 안전대책 단계에 해당되지 않는 것은?

① 보전 ② 위험도 평가
③ 설비적 대책 ④ 관리적 대책

[해설] **안전성 평가 6단계**
1. 제1단계 : 관계자료의 정비검토
2. 제2단계 : 정성적 평가
   - 설계관계 : 공장 내 배치, 소방설비 등
   - 운전관계 : 원재료, 운송, 저장 등
3. 제3단계 : 정량적 평가
4. 제4단계 : 안전대책
5. 제5단계 : 재해정보에 의한 재평가
6. 제6단계 : FTA에 의한 재평가

정답 | 19 ① 20 ② 21 ② 22 ① 23 ③ 24 ②

25 욕조곡선에서의 고장 형태에서 일정한 형태의 고장률이 나타나는 구간은?

① 초기 고장 구간 ② 마모 고장 구간
③ 피로 고장 구간 ④ 우발 고장 구간

해설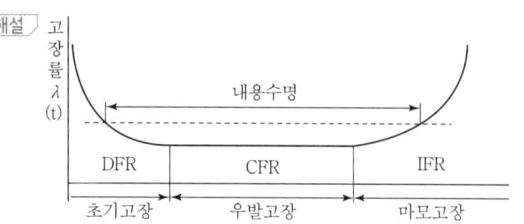

1. 초기 고장(감소형) : 제조가 불량하거나 생산과정에서 품질관리가 안 돼서 생기는 고장
2. 우발 고장(일정형) : 실제 사용하는 상태에서 발생하는 고장으로 예측할 수 없는 랜덤의 간격으로 생기는 고장
3. 마모 고장(증가형) : 설비 또는 장치가 수명을 다하여 생기는 고장

26 음량수준을 평가하는 척도와 관계없는 것은?

① dB ② HSI
③ phon ④ sone

해설
1. HSI는 열압박지수이다. 열압박지수에서 고려할 항목에는 공기속도, 습도, 온도가 있다.
2. sone 음량수준 : 다른 음의 상대적인 주관적 크기 비교, 40dB의 1,000Hz 순음 크기(=40phon)를 1sone으로 정의, 기준음보다 10배 크게 들리는 음이 있다면 이 음의 음량은 10sone이다.

27 실효 온도(effective temperature)에 영향을 주는 요인이 아닌 것은?

① 온도 ② 습도
③ 복사열 ④ 공기 유동

해설 **실효 온도(Effective Temperature, 감각 온도, 실감 온도)**
온도, 습도, 기류 등의 조건에 따라 인간의 감각을 통해 느껴지는 온도로 상대습도 100%일 때의 건구온도에서 느끼는 것과 동일한 온도감

28 FT도에서 시스템의 신뢰도는 얼마인가? (단, 모든 부품의 발생확률은 0.1이다.)

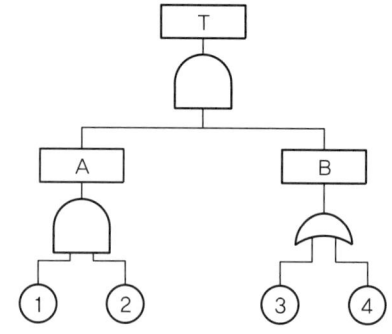

① 0.0033 ② 0.0062
③ 0.9981 ④ 0.9936

해설
- 고장확률 = $0.1 \times 0.1 \times 1 - (1-0.1) \times (1-0.1)$
  = 1.9×10^{-3}
- $R(t) = 1 -$ 고장확률 $= 1 - 1.9 \times 10^{-3} = 0.9981$

29 인간공학 연구방법 중 실제의 제품이나 시스템이 추구하는 특성 및 수준이 달성되는지를 비교하고 분석하는 연구는?

① 조사연구 ② 실험연구
③ 분석연구 ④ 평가연구

해설 **평가연구**
인간공학 연구방법 중 인간-기계시스템이나 제품 등이 의도한 수준 또는 특성이 달성되었는지 분석하는 연구방법

30 어떤 설비의 시간당 고장률이 일정하다고 할 때 이 설비의 고장간격은 다음 중 어떤 확률분포를 따르는가?

① t분포 ② 와이블분포
③ 지수분포 ④ 아이링(Eyring)분포

해설 **설비의 고장간격**
어떤 설비의 시간당 고장률이 일정한 때는 이 설비의 고장간격은 지수분포의 확률분포를 따른다.

31 시스템 수명주기에 있어서 예비위험분석(PHA)이 이루어지는 단계에 해당하는 것은?

① 구상단계 ② 점검단계
③ 운전단계 ④ 생산단계

[해설] **PHA(예비사고 분석)**
시스템의 구상단계에서 시스템 고유의 위험상태를 식별하여 예상되는 위험수준을 결정하기 위한 것이다.

32 FTA에서 사용하는 다음 사상기호에 대한 설명으로 적절한 것은?

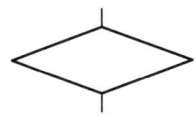

① 시스템 분석에서 좀 더 발전시켜야 하는 사상
② 시스템의 정상적인 가동상태에서 일어날 것이 기대되는 사상
③ 불충분한 자료로 결론을 내릴 수 없어 더 이상 전개할 수 없는 사상
④ 주어진 시스템의 기본사상으로 고장원인이 분석되었기 때문에 더 이상 분석할 필요가 없는 사상

[해설]

번호	기호	명칭	설명
1	◇	생략사상 (최후사상)	정보부족, 해석기술 불충분으로 더 이상 전개할 수 없는 사상

33 정보를 전송하기 위해 청각적 표시장치보다 시각적 표시장치를 사용하는 것이 더 효과적인 경우는?

① 정보의 내용이 간단한 경우
② 정보가 후에 재참조되는 경우
③ 정보가 즉각적인 행동을 요구하는 경우
④ 정보의 내용이 시간적인 사건을 다루는 경우

[해설] 정보가 후에 재참조되는 경우는 시각적 표시장치 사용이 유리하다.

34 감각저장으로부터 정보를 작업기억으로 전달하기 위한 코드화 분류에 해당하지 않는 것은?

① 시각코드
② 촉각코드
③ 음성코드
④ 의미코드

[해설] 일반적으로 작업기억의 정보는 시각코드, 음성코드, 의미코드로 저장된다.

35 인간-기계시스템 설계과정 중 직무분석을 하는 단계는?

① 제1단계 : 시스템의 목표와 성능명세 결정
② 제2단계 : 시스템의 정의
③ 제3단계 : 기본 설계
④ 제4단계 : 인터페이스 설계

[해설] **인간-기계시스템 설계과정 6단계**
1. 목표 및 성능명세 결정 : 시스템 설계 전 그 목적이나 존재 이유가 있어야 함
2. 시스템 정의 : 목적을 달성하기 위한 특정한 기본기능들이 수행되어야 함
3. 기본설계 : 시스템의 형태를 갖추기 시작하는 단계(직무분석, 작업설계, 기능할당)
4. 인터페이스 설계 : 사용자 편의와 시스템 성능에 관여
5. 촉진물 설계 : 인간의 성능을 증진시킬 보조물을 설계
6. 시험 및 평가 : 시스템 개발과 관련된 평가와 인간적인 요소 평가 실시

36 중량물 들기 작업 시 5분간의 산소소비량을 측정한 결과 90L의 배기량 중에 산소가 16%, 이산화탄소가 4%로 분석되었다. 해당 작업에 대한 산소소비량(L/min)은 약 얼마인가? (단, 공기 중 질소는 79vol%, 산소는 21vol%이다.)

① 0.948
② 1.948
③ 4.74
④ 5.74

[해설] 공기 중에서 산소는 21%, 질소가 79%를 차지하지만 호흡을 거쳐 나온 배기량에는 산소가 소비되고 에너지가 발생되면서 이산화탄소가 포함된다.
분당 배기량 = 90/5 = 18L
흡기량 = {(100 − 16 − 4) × 18}/79 = 18.228(L/min)
산소소비량 = 0.21 × 18.228 − 0.16 × 18
= 0.948(L/min)

37 의도는 올바른 것이었지만, 행동이 의도한 것과는 다르게 나타나는 오류는?

① Slip
② Mistake
③ Lapse
④ Violation

[해설] 실수(Slip)는 상황이나 목표의 해석을 제대로 했으나 의도와는 다른 행동을 하는 경우이다.

38 동작경제의 원칙과 가장 거리가 먼 것은?

① 급작스러운 방향의 전환은 피하도록 할 것
② 가능한 관성을 이용하여 작업하도록 할 것
③ 두 손의 동작은 같이 시작하고 같이 끝나도록 할 것
④ 두 팔의 동작은 동시에 같은 방향으로 움직일 것

[해설] 팔의 동작은 서로 반대의 대칭적인 방향으로 행하며 동시에 행해야 한다.

39 두 가지 상태 중 하나가 고장 또는 결함으로 나타나는 비정상적인 사건은?

① 톱사상 ② 결함사상
③ 정상적인 사상 ④ 기본적인 사상

[해설] 결함사상(개별적인 결함사상)은 두 가지 상태 중 하나가 고장 또는 결함으로 나타나는 비정상적인 사건을 말한다.

40 설비보전 방법 중 설비의 열화를 방지하고 그 진행을 지연시켜 수명을 연장하기 위한 점검, 청소, 주유 및 교체 등의 활동은?

① 사후 보전 ② 개량 보전
③ 일상 보전 ④ 보전 예방

[해설] 보전이란 설비 또는 제품의 고장이나 결함을 회복시키기 위한 수리, 교체 등을 통해 시스템을 사용가능한 상태로 유지시키는 것을 말하며 설비의 열화를 방지하고 그 진행을 지연시켜 수명을 연장하기 위한 설비의 점검, 청소, 주유 및 교체 등은 일상적인 보전이다.

3과목
기계 · 기구 및 설비 안전관리

41 산업안전보건법령상 보일러 수위가 이상 현상으로 인해 위험수위로 변하면 작업자가 쉽게 감지할 수 있도록 경보등, 경보음을 발하고 자동으로 급수 또는 단수되어 수위를 조절하는 방호장치는?

① 압력방출장치 ② 고저수위 조절장치
③ 압력제한 스위치 ④ 과부하방지장치

[해설] **고저수위 조절장치(「안전보건규칙」 제118조)**
사업주는 고저수위 조절장치의 동작상태를 작업자가 쉽게 감시하기 위하여 고저수위지점을 알리는 경보등 · 경보음 장치 등을 설치하여야 하며, 자동으로 급수되거나 단수되도록 설치하여야 한다.

42 프레스 작업에서 제품 및 스크랩을 자동적으로 위험한계 밖으로 배출하기 위한 장치로 틀린 것은?

① 피더 ② 키커
③ 이젝터 ④ 공기 분사 장치

[해설] 피더는 재료의 자동송급 도구로서 위험한계 밖에서 안전하게 가공물을 투입하기 위한 장치이다.

43 산업안전보건법령상 로봇의 작동범위 내에서 그 로봇에 관하여 교시 등 작업을 행하는 때 작업시작 전 점검사항으로 옳은 것은? (단, 로봇의 동력원을 차단하고 진행하는 것은 제외)

① 과부하방지장치의 이상 유무
② 압력제한스위치의 이상 유무
③ 외부 전선의 피복 또는 외장의 손상 유무
④ 권과방지장치의 이상 유무

[해설] **로봇의 작업시작 전 점검사항**
1. 외부전선의 피복 또는 외장의 손상 유무
2. 머니퓰레이터(Manipulator) 작동의 이상 유무
3. 제동장치 및 비상정지장치의 기능

44 산업안전보건법령상 지게차 작업시작 전 점검사항으로 거리가 가장 먼 것은?

① 제동장치 및 조종장치 기능의 이상 유무
② 압력방출장치의 작동 이상 유무
③ 바퀴의 이상 유무
④ 전조등 · 후미등 · 방향지시기 및 경보장치 기능의 이상 유무

[해설] **작업시작 전 점검사항(지게차를 사용하여 작업 할 때)**
1. 제동장치 및 조종장치 기능의 이상 유무
2. 하역장치 및 유압장치 기능의 이상 유무
3. 바퀴의 이상 유무
4. 전조등 · 후미등 · 방향지시기 및 경보장치 기능의 이상 유무

정답 | 38 ④ 39 ② 40 ③ 41 ② 42 ① 43 ③ 44 ②

45 다음 중 가공재료의 칩이나 절삭유 등이 비산되어 나오는 위험으로부터 보호하기 위한 선반의 방호장치는?

① 바이트 ② 권과방지장치
③ 압력제한스위치 ④ 쉴드(shield)

해설 **선반의 안전장치**
- 칩 브레이커(Chip Breaker) : 칩을 짧게 끊어주는 장치
- 덮개(Shield) : 가공재료의 칩이나 절삭유 등이 비산되어 나오는 위험에서 작업자를 보호하기 위하여 이동이 가능한 덮개 설치
- 브레이크(Brake) : 가공작업 중 선반을 급정지시킬 수 있는 장치
- 척커버(Chuck Cover) : 척이나 물건 가공물의 돌출부에 작업복이 말려 들어가는 것을 방지

46 산업안전보건법령상 보일러의 압력방출장치가 2개 설치된 경우 그중 1개는 최고사용압력 이하에서 작동된다고 할 때 다른 압력방출장치는 최고사용압력의 최대 몇 배 이하에서 작동되도록 하여야 하는가?

① 0.5 ② 1
③ 1.05 ④ 2

해설 **압력방출장치(안전밸브)의 설치(「안전보건규칙」 제116조)**
사업주는 보일러의 안전한 가동을 위하여 보일러 규격에 맞는 압력방출장치를 1개 또는 2개 이상 설치하고 최고사용압력 이하에서 작동되도록 하여야 한다. 다만, 압력방출장치가 2개 이상 설치된 경우에는 최고사용압력 이하에서 1개가 작동되고, 다른 압력방출장치는 최고사용압력 1.05배 이하에서 작동되도록 부착하여야 한다.

47 상용운전압력 이상으로 압력이 상승할 경우 보일러의 파열을 방지하기 위하여 버너의 연소를 차단하여 정상압력으로 유도하는 장치는?

① 압력방출장치 ② 고저수위 조절장치
③ 압력제한 스위치 ④ 통풍제어 스위치

해설 **압력제한 스위치(「안전보건규칙」 제117조)**
사업주는 보일러의 과열을 방지하기 위하여 최고사용압력과 상용압력 사이에서 보일러의 버너연소를 차단할 수 있도록 압력제한 스위치를 부착하여 사용하여야 한다.

48 용접부 결함에서 전류가 과대하고, 용접속도가 너무 빨라 용접부 일부가 홈처럼 오목하게 생기는 결함은?

① 언더컷 ② 기공
③ 균열 ④ 융합불량

해설 **언더컷(Under cut)**
전류가 과대하고 용접속도가 너무 빠르며, 아크를 짧게 유지하기 어려운 경우 모재 및 용접부의 일부가 녹아서 홈처럼 오목하게 생긴 부분

49 물체의 표면에 침투력이 강한 적색 또는 형광성의 침투액을 표면 개구 결함에 침투시켜 직접 또는 자외선 등으로 관찰하여 결함장소와 크기를 판별하는 비파괴시험은?

① 피로시험 ② 음향탐상시험
③ 와류탐상시험 ④ 침투탐상시험

해설 **침투탐상시험**
금속, 비금속 적용 가능, 표면개구 결함 확인

50 연삭숫돌의 파괴원인으로 거리가 가장 먼 것은?

① 숫돌이 외부의 큰 충격을 받았을 때
② 숫돌의 회전속도가 너무 빠를 때
③ 숫돌 자체에 이미 균열이 있을 때
④ 플랜지 직경이 숫돌 직경의 1/3 이상일 때

해설 플랜지 지름이 현저하게 적을 때 연삭숫돌이 파괴된다. 플랜지는 숫돌 지름의 1/3 이상이면 된다.

51 산업안전보건법령상 프레스 등 금형을 부착·해체 또는 조정하는 작업을 할 때, 슬라이드가 갑자기 작동함으로써 근로자에게 발생할 우려가 있는 위험을 방지하기 위해 사용해야 하는 것은? (단, 해당 작업에 종사하는 근로자의 신체가 위험한계 내에 있는 경우)

① 방진구 ② 안전블록
③ 시건장치 ④ 날접촉예방장치

해설 **금형조정작업의 위험 방지(「안전보건규칙」 제104조)**
프레스 등의 금형을 부착·해체 또는 조정하는 작업을 할 때 해당 작업에 종사하는 근로자의 신체가 위험한계 내에 있는 경우 슬라이드가 갑자기 작동함으로써 근로자에게 발생할 우려가 있는 위험을 방지하기 위하여 안전블록을 사용하는 등 필요한 조치를 하여야 한다.

52 페일 세이프(fail safe)의 기능적인 면에서 분류할 때 거리가 가장 먼 것은?

① Fool proof ② Fail passive
③ Fail active ④ Fail operational

정답 | 45 ④ 46 ③ 47 ③ 48 ① 49 ④ 50 ④ 51 ② 52 ①

해설 **Fail Safe 기능면 3단계(종류)**
- Fail Passive : 부품이 고장 나면 통상 기계는 정지상태로 옮겨간다.
- Fail Active : 부품이 고장 나면 기계는 경보음을 내면서 짧은 시간의 운전이 가능하다.
- Fail Operational : 부품이 고장 나더라도 기계는 다음의 보수가 이루어질 때까지 안전한 기능을 유지한다.

53 산업안전보건법령상 크레인에서 정격하중에 대한 정의는? (단, 지브가 있는 크레인은 제외)

① 부하할 수 있는 최대하중
② 부하할 수 있는 최대하중에서 달기기구의 중량에 상당하는 하중을 뺀 하중
③ 짐을 싣고 상승할 수 있는 최대하중
④ 가장 위험한 상태에서 부하할 수 있는 최대하중

해설 정격하중이란 크레인의 권상하중에서 훅, 그래브 또는 버킷 등 달기기구의 중량에 상당하는 하중을 뺀 하중을 말하며, 권상하중이란 크레인이 들어올릴 수 있는 최대의 하중을 말한다.

54 기계설비의 안전조건인 구조의 안전화와 거리가 가장 먼 것은?

① 전압강하에 따른 오동작 방지
② 재료의 결함 방지
③ 설계상의 결함 방지
④ 가공 결함 방지

해설 전압강하에 따른 오동작 방지는 기능상의 안전화이다.
구조적 안전(강도적 안전화)
1. 재료에서의 결함
2. 설계에서의 결함
3. 가공에서의 결함

55 공기압축기의 작업안전수칙으로 가장 적절하지 않은 것은?

① 공기압축기의 점검 및 청소는 반드시 전원을 차단한 후에 실시한다.
② 운전 중에 어떠한 부품도 건드려서는 안 된다.
③ 공기압축기 분해 시 내부의 압축공기를 이용하여 분해한다.
④ 최대공기압력을 초과한 공기압력으로는 절대로 운전하여서는 안 된다.

해설 공기압축기의 청소 정비 시에는 반드시 압축기를 정지하고 모든 전원을 차단한 다음 내부압력이 완전히 방출된 후 충분히 냉각된 상태에서 실시한다.

56 산업안전보건법령상 컨베이어, 이송용 롤러 등을 사용하는 경우 정전ㆍ전압강하 등에 의한 위험을 방지하기 위하여 설치하는 안전장치는?

① 권과방지장치
② 동력전달장치
③ 과부하방지장치
④ 화물의 이탈 및 역주행 방지장치

해설 **역전방지장치(「안전보건규칙」 제191조)**
컨베이어, 이송용 롤러 등을 사용하는 경우에는 정전ㆍ전압강하 등에 따른 화물 또는 운반구의 이탈 및 역주행을 방지하는 장치를 갖추어야 한다. 역전방지장치의 형식으로는 롤러식, 래칫식, 전기브레이크가 있다.

57 회전하는 동작부분과 고정부분이 함께 만드는 위험점으로 주로 연삭숫돌과 작업대, 교반기의 교반날개와 몸체 사이에서 형성되는 위험점은?

① 협착점
② 절단점
③ 물림점
④ 끼임점

해설 **끼임점(Shear Point)**
기계가 회전운동을 하는 부분과 고정부 사이의 위험점이다. 예로서 연삭숫돌과 작업대, 교반기의 교반 날개와 몸체 사이 및 반복되는 링크기구 등이 있다(회전 또는 직선운동＋고정부).

58 다음 중 드릴 작업의 안전사항으로 틀린 것은?

① 옷소매가 길거나 찢어진 옷은 입지 않는다.
② 작고, 길이가 긴 물건은 손으로 잡고 뚫는다.
③ 회전하는 드릴에 걸레 등을 가까이하지 않는다.
④ 스핀들에서 드릴을 뽑아낼 때 드릴 아래에 손을 내밀지 않는다.

해설 **드릴링 머신의 안전작업수칙(드릴의 작업안전수칙)**
- 일감은 견고하게 고정시켜야 하며, 손으로 쥐고 구멍을 뚫는 것은 위험하다.
- 드릴을 끼운 후에 척 렌치(Chuck Wrench)를 반드시 뺀다.
- 장갑을 끼고 작업을 하지 않는다.
- 구멍을 뚫을 때 관통된 것을 확인하기 위하여 손을 집어넣지 않는다.
- 드릴 작업 시 칩은 회전을 중지시킨 후 솔로 제거해야 한다.

정답 | 53 ② 54 ① 55 ③ 56 ④ 57 ④ 58 ②

59 산업안전보건법령상 양중기의 과부하방지장치에서 요구하는 일반적인 성능기준으로 가장 적절하지 않은 것은?

① 과부하방지장치 작동 시 경보음과 경보램프가 작동되어야 하며 양중기는 작동이 되지 않아야 한다.
② 외함의 전선 접촉 부분은 고무 등으로 밀폐되어 물과 먼지 등이 들어가지 않도록 한다.
③ 과부하방지장치와 타 방호장치는 기능에 서로 장애를 주지 않도록 부착할 수 있는 구조이어야 한다.
④ 방호장치의 기능을 정지 및 제거할 때 양중기의 기능이 동시에 원활하게 작동하는 구조이며 정지해서는 안 된다.

해설 **양중기 과부하방지장치 일반적인 성능기준**
방호장치의 기능을 제거 또는 정지할 때 양중기의 기능도 동시에 정지할 수 있는 구조이어야 한다.

60 프레스기의 SPM(stroke per minute)이 200이고, 클러치의 맞물림 개소수가 6인 경우 양수기동식 방호장치의 안전거리는?

① 120mm
② 200mm
③ 320mm
④ 400mm

해설 **양수기동식 안전거리**

$$T_m = \left(\frac{1}{\text{클러치 개소수}} + \frac{1}{2}\right) \times \frac{60}{\text{매분행정수(SPM)}}$$

$$D_m = 1,600 \times T_m = 1,600 \times \left(\frac{1}{6} + \frac{1}{2}\right) \times \frac{60}{200}$$
$$= 320\text{mm}$$

4과목
전기설비 안전관리

61 폭발한계에 도달한 메탄가스가 공기에 혼합되었을 경우 착화한계전압(V)은 약 얼마인가? (단, 메탄의 착화최소에너지는 0.2mJ, 극간용량은 10pF으로 한다.)

① 6,325
② 5,225
③ 4,135
④ 3,035

해설 $W = \frac{1}{2}CV^2 = \frac{1}{2}QV = \frac{1}{2}\frac{Q^2}{C}$ 에서

$0.2 \times 10^{-3} = \frac{1}{2} \times 10 \times 10^{-12} \times V^2$

$\therefore V \fallingdotseq 6,325[V]$

여기서, C : 도체의 정전용량
Q : 대전전하량
V : 대전전위 $\Rightarrow Q = CV$

62 $Q = 2 \times 10^{-7}$C으로 대전하고 있는 반경 25cm 도체구의 전위(kV)는 약 얼마인가?

① 7.2
② 12.5
③ 14.4
④ 25

해설 $V = (Q/r) \times 9 \times 10^9$
$= (2 \times 10^{-7} / 25 \times 10^{-2}) \times 9 \times 10^9$
$= 7.2[kV]$

63 다음 중 누전차단기를 시설하지 않아도 되는 전로가 아닌 것은? (단, 전로는 금속제 외함을 가지는 사용전압이 50V를 초과하는 저압의 기계기구에 전기를 공급하는 전로이며, 기계기구에는 사람이 쉽게 접촉할 우려가 있다.)

① 기계기구를 건조한 장소에 시설하는 경우
② 기계기구가 고무, 합성수지, 기타 절연물로 피복된 경우
③ 대지전압 200V 이하인 기계기구를 물기가 있는 곳 이외의 곳에 시설하는 경우
④ 「전기용품 및 생활용품 안전관리법」의 적용을 받는 이중절연구조의 기계기구를 시설하는 경우

해설 전기기계·기구 중 대지전압이 150V를 초과하는 이동형 또는 휴대형의 것에 대해서는 누전차단기를 시설하여야 한다.

64 고압전로에 설치된 전동기용 고압전류 제한퓨즈(포장퓨즈)의 불용단전류의 조건은?

① 정격전류 1.3배의 전류로 1시간 이내에 용단되지 않을 것
② 정격전류 1.3배의 전류로 2시간 이내에 용단되지 않을 것
③ 정격전류 2배의 전류로 1시간 이내에 용단되지 않을 것
④ 정격전류 2배의 전류로 2시간 이내에 용단되지 않을 것

정답 | 59 ④ 60 ③ 61 ① 62 ① 63 ③ 64 ②

해설 고압전류 제한퓨즈(Fuse)의 불용단전류
1. 포장퓨즈 : 정격전류의 1.3배에 견디고, 2배의 전류에 120분 안에 용단
2. 비포장퓨즈 : 정격전류의 1.25배에 견디고, 2배의 전류에 2분 안에 용단

65 누전차단기의 시설방법 중 옳지 않은 것은?

① 시설장소는 배전반 또는 분전반 내에 설치한다.
② 정격전류용량은 해당 전로의 부하전류 값 이상이어야 한다.
③ 정격감도전류는 정상의 사용상태에서 불필요하게 동작하지 않도록 한다.
④ 인체감전보호형은 0.05초 이내에 동작하는 고감도고속형이어야 한다.

해설 인체감전보호형은 0.03초 이내에 동작하는 고감도고속형이어야 한다

66 정전기 방지대책 중 적합하지 않는 것은?

① 대전서열이 가급적 먼 것으로 구성한다.
② 카본 블랙을 도포하여 도전성을 부여한다.
③ 유속을 저감시킨다.
④ 도전성 재료를 도포하여 대전을 감소시킨다.

해설 일반적으로 대전량은 접촉이나 분리하는 두 가지 물체가 대전서열 내에서 가까운 위치에 있으면 적고 먼 위치에 있으면 대전량이 큰 경향이 있다.

67 다음 중 방폭전기기기의 구조별 표시방법으로 틀린 것은?

① 내압방폭구조 : p
② 본질안전방폭구조 : ia, ib
③ 유입방폭구조 : o
④ 안전증방폭구조 : e

해설 내압방폭구조 : d

68 내접압용절연장갑의 등급에 따른 최대사용전압이 틀린 것은? (단, 교류 전압은 실효값이다.)

① 등급 00 : 교류 500V
② 등급 1 : 교류 7,500V
③ 등급 2 : 직류 17,000V
④ 등급 3 : 직류 39,750V

해설 절연장갑의 등급 및 색상

등급	최대 사용전압		색상
	교류[V] (실효값)	직류[V]	
00	500	750	갈색
0	1,000	1,500	빨간색
1	7,500	11,250	흰색
2	17,000	25,500	노란색
3	26,500	39,750	녹색
4	36,000	54,000	등색

69 저압전로의 절연성능에 관한 설명으로 적합하지 않은 것은?

① 전로의 사용전압이 SELV 및 PELV일 때 절연저항은 0.5MΩ 이상이어야 한다.
② 전로의 사용전압이 FELV일 때 절연저항은 1MΩ 이상이어야 한다.
③ 전로의 사용전압이 FELV일 때 DC 시험 전압은 500V이다.
④ 전로의 사용전압이 600V일 때 절연저항은 1.5MΩ 이상이어야 한다.

해설 전로의 사용전압이 600V일 때 절연저항은 1MΩ 이상이어야 한다.

70 다음 중 0종 장소에 사용될 수 있는 방폭구조의 기호는?

① E×ia
② E×ib
③ E×d
④ E×e

해설 0종 장소에 사용될 수 있는 방폭구조의 기호는 E×ia이다.

71 다음 중 전기화재의 주요 원인이라고 할 수 없는 것은?

① 절연전선의 열화
② 정전기 발생
③ 과전류 발생
④ 절연저항값의 증가

해설 전기화재의 주요 원인인 절연 불량의 경우 절연저항값은 감소한다.

정답 | 65 ④ 66 ① 67 ① 68 ③ 69 ④ 70 ① 71 ④

72 배전선로에 정전 작업 중 단락 접지기구를 사용하는 목적으로 가장 적합한 것은?

① 통신선 유도 장해 방지
② 배전용 기계 기구의 보호
③ 배전선 통전 시 전위경도 저감
④ 혼촉 또는 오동작에 의한 감전 방지

[해설] **단락접지를 하는 이유**
- 전로가 정전된 경우에도 오통전, 다른 전로와의 접촉 또는 다른 전로에서의 유도작용 및 비상용 발전기의 기동 등으로 정전전로가 갑자기 충전될 수 있다.
- 이에 따른 감전 위험을 제거하기 위해 작업개소에 근접한 지점에 충분한 용량을 갖는 단락접지기구를 사용하여 정전전로를 단락접지하는 것이 필요하다.

73 어느 변전소에서 고장전류가 유입되었을 때 도전성 구조물과 그 부근 지표상의 점과의 사이(약 1m)의 허용접촉전압은 약 몇 V인가? (단, 심실세동전류 : $I_k = \dfrac{0.165}{\sqrt{t}} A$, 인체의 저항 : 1,000Ω, 지표면의 저항률 : 150Ω·m, 통전시간을 1초로 한다.)

① 164 ② 186
③ 202 ④ 228

[해설] **허용접촉전압**
$$E = \left(Rb + \dfrac{3\rho_S}{2}\right) \times I_k$$
$$= \left(1,000 + \dfrac{3 \times 150}{2}\right) \times 0.165$$
$$= 202[V]$$
여기서, Rb : 인체저항[Ω]
ρ_S : 지표상층 저항률[Ω·m]

74 방폭기기 그룹에 관한 설명으로 틀린 것은?

① 그룹 I, 그룹 II, 그룹 III가 있다.
② 그룹 I의 기기는 폭발성 갱내 가스에 취약한 광산에서의 사용을 목적으로 한다.
③ 그룹 II의 세부 분류로 IIA, IIB, IIC가 있다.
④ IIA로 표시된 기기는 그룹 IIB기기를 필요로 하는 지역에 사용할 수 있다.

[해설] IIA로 표시된 기기는 그룹 IIB기기를 필요로 하는 지역에 사용할 수 없다.

75 한국전기설비규정에 따라 피뢰설비에서 외부피뢰시스템의 수뢰부시스템으로 적합하지 않은 것은?

① 돌침 ② 수평도체
③ 메시도체 ④ 환상도체

[해설] 「한국전기설비규정」152.1.1 수뢰부시스템
돌침, 수평도체, 메시도체의 요소 중 한 가지 또는 이를 조합한 형식으로 시설하여야 한다.

76 정전기 재해의 방지를 위하여 배관 내 액체의 유속제한이 필요하다. 배관의 내경과 유속제한 값으로 적절하지 않은 것은?

① 관내경(mm) : 25, 제한유속(m/s) : 6.5
② 관내경(mm) : 50, 제한유속(m/s) : 3.5
③ 관내경(mm) : 100, 제한유속(m/s) : 2.5
④ 관내경(mm) : 200, 제한유속(m/s) : 1.8

[해설] **관경과 유속제한 값**

관내경D [inch]	[m]	유속V [m/초]	V^2	V^2D
0.5	0.01	8	64	0.64
1	0.025	4.9	24	0.6
2	0.05	3.5	12.25	0.61
4	0.1	2.5	6.25	0.63
8	0.2	1.8	3.25	0.64
16	0.4	1.3	1.6	0.67
24	0.6	1.0	1.0	0.6

77 지락이 생긴 경우 접촉상태에 따라 접촉전압을 제한할 필요가 있다. 인체의 접촉상태에 따른 허용접촉전압을 나타낸 것으로 옳지 않은 것은?

① 제1종 : 2.5V 이하 ② 제2종 : 25V 이하
③ 제3종 : 35V 이하 ④ 제4종 : 제한 없음

[해설] **허용접촉전압**

종별	접촉상태	허용접촉전압
제3종	제1종, 제2종 이외의 경우로서 통상의 인체상태에서 접촉전압이 가해지면 위험성이 높은 상태	50[V] 이하

정답 | 72 ④ 73 ③ 74 ④ 75 ④ 76 ① 77 ③

78 계통접지로 적합하지 않는 것은?

① TN 계통 ② TT 계통
③ IN 계통 ④ IT 계통

[해설] **계통접지**
TN, TT, IT 계통

79 정전기 발생에 영향을 주는 요인이 아닌 것은?

① 물체의 분리속도 ② 물체의 특성
③ 물체의 접촉시간 ④ 물체의 표면상태

[해설] **정전기 발생에 영향을 주는 요인**
물체의 특성, 물체의 표면상태, 물질의 이력, 접촉면적 및 압력, 분리속도

80 정전기재해의 방지대책에 대한 설명으로 적합하지 않은 것은?

① 접지의 접속은 납땜, 용접 또는 멈춤나사로 실시한다.
② 회전부품의 유막저항이 높으면 도전성의 윤활제를 사용한다.
③ 이동식의 용기는 절연성 고무제 바퀴를 달아서 폭발위험을 제거한다.
④ 폭발의 위험이 있는 구역은 도전성 고무류로 바닥 처리를 한다.

[해설] 절연성 고무제 바퀴를 도전성 바퀴로 교체하여야 한다.

5과목
화학설비 안전관리

81 산업안전보건법령상 특수화학설비를 설치할 때 내부의 이상상태를 조기에 파악하는 데 필요한 계측장치를 설치하여야 한다. 이러한 계측장치로 거리가 먼 것은?

① 압력계 ② 유량계
③ 온도계 ④ 비중계

[해설] 화학설비 및 그 부속설비, 특수화학설비에는 내부의 상태를 파악하기 위하여 필요한 온도계·유량계·압력계 등의 계측장치를 설치하여야 한다.

82 불연성이지만 다른 물질의 연소를 돕는 산화성 액체 물질에 해당하는 것은?

① 히드라진 ② 과염소산
③ 벤젠 ④ 암모니아

[해설] 과염소산은 산화성 액체 물질에 해당한다.

83 아세톤에 대한 설명으로 틀린 것은?

① 증기는 유독하므로 흡입하지 않도록 주의해야 한다.
② 무색이고 휘발성이 강한 액체이다.
③ 비중이 0.79이므로 물보다 가볍다.
④ 인화점이 20℃이므로 여름철에 인화 위험이 더 크다.

[해설] 아세톤의 인화점은 -20℃이다.

84 화학물질 및 물리적 인자의 노출 기준에서 정한 유해인자에 대한 노출 기준의 표시단위가 잘못 연결된 것은?

① 에어로졸 : ppm
② 증기 : ppm
③ 가스 : ppm
④ 고온 : 습구흑구온도지수(WBGT)

[해설] 분진 및 미스트 등 에어로졸(Aerosol)의 노출기준 표시단위는 세제곱미터당 밀리그램(mg/m^3)을 사용한다.

85 다음 [표]를 참조하여 메탄 70vol%, 프로판 21vol%, 부탄 9vol%인 혼합가스의 폭발범위를 구하면 약 몇 vol%인가?

가스	폭발하한계 (vol%)	폭발상한계 (vol%)
C_4H_{10}	1.8	8.4
C_3H_8	2.1	9.5
C_2H_6	3.0	12.4
CH_4	5.0	15.0

① 3.45~9.11 ② 3.45~12.58
③ 3.85~9.11 ④ 3.85~12.58

정답 | 78 ③ 79 ③ 80 ③ 81 ④ 82 ② 83 ④ 84 ① 85 ②

[해설] $L = \dfrac{100}{\dfrac{V_1}{L_1} + \dfrac{V_2}{L_2} + \cdots + \dfrac{V_n}{L_n}}$ (순수한 혼합가스일 경우)

- 폭발하한 = $\dfrac{100}{\dfrac{70}{5} + \dfrac{21}{2.1} + \dfrac{9}{1.8}} = 3.45$
- 폭발상한 = $\dfrac{100}{\dfrac{70}{15} + \dfrac{21}{9.5} + \dfrac{9}{8.4}} = 12.58$

86 산업안전보건법령상 위험물질의 종류를 구분할 때 다음 물질들이 해당하는 것은?

> 리튬, 칼륨·나트륨, 황, 황린, 황화인·적린

① 폭발성 물질 및 유기과산화물
② 산화성 액체 및 산화성 고체
③ 물반응성 물질 및 인화성 고체
④ 급성 독성 물질

[해설] 물반응성 물질 및 인화성 고체로 위험물질이 구분된다.

87 제1종 분말소화약제의 주성분에 해당하는 것은?

① 사염화탄소   ② 브롬화메탄
③ 수산화암모늄   ④ 탄산수소나트륨

[해설] 제1종 분말소화약제의 주성분은 탄산수소나트륨이다.

88 탄화칼슘이 물과 반응하였을 때 생성물을 옳게 나타낸 것은?

① 수산화칼슘 + 아세틸렌   ② 수산화칼슘 + 수소
③ 염화칼슘 + 아세틸렌   ④ 염화칼슘 + 수소

[해설] 카바이드(탄화칼슘, CaC_2)가 물과 반응하면 가연성의 아세틸렌(C_2H_2) 가스와 수산화칼슘이 발생한다.
반응식 : $CaC_2 + 2H_2O \rightarrow Ca(OH)_2 + C_2H_2$

89 다음 중 분진 폭발의 특징으로 옳은 것은?

① 가스폭발보다 연소시간이 짧고, 발생에너지가 작다.
② 압력의 파급속도보다 화염의 파급속도가 빠르다.
③ 가스폭발에 비하여 불완전연소의 발생이 없다.
④ 주위의 분진에 의해 2차, 3차의 폭발로 파급될 수 있다.

[해설] 분진폭발 발생 시, 주위 분진에 의해 2차, 3차 폭발로 파급될 수 있다.

90 가연성 가스 A의 연소범위를 2.2~9.5vol%라 할 때 가스 A의 위험도는 얼마인가?

① 2.52   ② 3.32
③ 4.91   ④ 5.64

[해설] $H(위험도) = \dfrac{U(상한계) - L(하한계)}{L(하한계)}$
$= \dfrac{9.5 - 2.2}{2.2} = 3.32$

91 다음 중 증기배관 내에 생성된 증기의 누설을 막고 응축수를 자동으로 배출하기 위한 안전장치는?

① Steam trap   ② Vent stack
③ Blow down   ④ Flame arrester

[해설] Steam Trap(스팀트랩)은 기기, 배관 등에서 증기가 배출되지 않도록 하면서 응축수를 자동으로 배출하는 장치이다.

92 CF_3Br 소화약제의 하론 번호를 바르게 나타낸 것은?

① 하론 1031   ② 하론 1311
③ 하론 1301   ④ 하론 1310

[해설] CF_3Br 소화약제의 하론 번호는 1301이다.

93 산업안전보건법령에 따라 공정안전보고서에 포함해야 할 세부내용 중 공정안전자료에 해당하지 않는 것은?

① 안전운전지침서
② 각종 건물·설비의 배치도
③ 유해하거나 위험한 설비의 목록 및 사양
④ 위험설비의 안전설계·제작 및 설치 관련 지침서

[해설] 안전운전지침서는 공정안전자료 중 안전운전계획에 포함된다.

정답 | 86 ③ 87 ④ 88 ① 89 ④ 90 ② 91 ① 92 ③ 93 ①

94 산업안전보건법령상 단위공정시설 및 설비로부터 다른 단위공정 시설 및 설비 사이의 안전거리는 설비의 바깥 면부터 얼마 이상이 되어야 하는가?

① 5m ② 10m
③ 15m ④ 20m

해설) 단위공정시설 및 설비 사이는 외면으로부터 10m 이상의 안전거리를 두어야 한다.

95 자연발화 성질을 갖는 물질이 아닌 것은?

① 질화면 ② 목탄분말
③ 아마인유 ④ 과염소산

해설) 과염소산은 산화성액체에 해당하며 자연발화성은 과염소산의 성질과 거리가 멀다.

96 다음 중 왕복 펌프에 속하지 않는 것은?

① 피스톤 펌프 ② 플런저 펌프
③ 기어 펌프 ④ 격막 펌프

해설) **왕복 펌프**
원통형 실린더 내의 피스톤의 왕복 운동에 의해서 직접 액체에 압력을 주는 펌프(플런저형, 버킷형, 피스톤형)

97 두 물질을 혼합하면 위험성이 커지는 경우가 아닌 것은?

① 이황화탄소+물 ② 나트륨+물
③ 과산화나트륨+염산 ④ 염소산칼륨+적린

해설) 이황화탄소는 물과 반응하지 않아 물과 혼합 시 위험하지 않다.

98 5% NaOH 수용액과 10% NaOH 수용액을 반응기에 혼합하여 6% 100kg의 NaOH 수용액을 만들려면 각각 몇 kg의 NaOH 수용액이 필요한가?

① 5% NaOH 수용액 : 33.3, 10% NaOH 수용액 : 66.7
② 5% NaOH 수용액 : 50, 10% NaOH 수용액 : 50
③ 5% NaOH 수용액 : 66.7, 10% NaOH 수용액 : 33.3
④ 5% NaOH 수용액 : 80, 10% NaOH 수용액 : 20

해설) 5% NaOH 수용액 양 : x, 10[%] NaOH 수용액 양 : y
① x+y=100kg,
② 0.05x+0.1y=0.06×100
①식과 ②식을 연립하여 풀면
∴ x=80kg, y=20kg

99 다음 중 노출기준(TWA, ppm) 값이 가장 작은 물질은?

① 염소 ② 암모니아
③ 에탄올 ④ 메탄올

해설) 염소의 TWA가 0.5ppm으로 가장 낮다.

100 산업안전보건법령에 따라 위험물 건조설비 중 건조실을 설치하는 건축물의 구조를 독립된 단층 건물로 하여야 하는 건조설비가 아닌 것은?

① 위험물 또는 위험물이 발생하는 물질을 가열·건조하는 경우 내용적이 2m³인 건조설비
② 위험물이 아닌 물질을 가열·건조하는 경우 액체연료의 최대 사용량이 5kg/h인 건조설비
③ 위험물이 아닌 물질을 가열·건조하는 경우 기체연료의 최대 사용량이 2m³/h인 건조설비
④ 위험물이 아닌 물질을 가열·건조하는 경우 전기사용 정격용량이 20kW인 건조설비

해설) 위험물이 아닌 물질을 가열·건조하는 경우 액체연료의 최대사용량이 10kg/h인 건조설비는 건축물의 구조를 독립된 단층 건물로 하여야 한다.

6과목
건설공사 안전관리

101 부두·안벽 등 하역작업을 하는 장소에서 부두 또는 안벽의 선을 따라 통로를 설치하는 경우에는 폭을 최소 얼마 이상으로 하여야 하는가?

① 85cm ② 90cm
③ 100cm ④ 120cm

해설) 부두·안벽 등 하역작업을 하는 장소에서 부두 또는 안벽의 선을 따라 통로를 설치할 때는 통로의 최소폭은 90cm 이상으로 하여야 한다.

정답 | 94 ② 95 ④ 96 ③ 97 ① 98 ④ 99 ① 100 ② 101 ②

102 다음은 산업안전보건법령에 따른 산업안전보건관리비의 사용에 관한 규정이다. ( ) 안에 들어갈 내용을 순서대로 옳게 작성한 것은?

> 건설공사도급인은 고용노동부장관이 정하는 바에 따라 해당 건설공사를 위하여 계상된 산업안전보건관리비를 그가 사용하는 근로자와 그의 관계수급인이 사용하는 근로자의 산업재해 및 건강장해 예방에 사용하고, 그 사용명세서를 ( ) 작성하고 건설공사 종료 후 ( )간 보존해야 한다.

① 매월, 6개월
② 매월, 1년
③ 2개월마다, 6개월
④ 2개월마다, 1년

[해설] 사용명세서를 매월 작성하고 건설공사 종료 후 1년간 보존해야 한다.

103 지반의 굴착 작업에 있어서 비가 올 경우를 대비한 직접적인 대책으로 옳은 것은?

① 측구 설치
② 낙하물 방지망 설치
③ 추락 방호망 설치
④ 매설물 등의 유무 또는 상태 확인

[해설] 지반의 굴착 작업에 있어서 비가 올 경우를 대비하여 측구(側溝)를 설치하거나 굴착사면에 비닐을 보강해야 한다.

104 강관틀비계(높이 5m 이상)의 넘어짐을 방지하기 위하여 사용하는 벽이음 및 버팀의 설치간격 기준으로 옳은 것은?

① 수직방향 5m, 수평방향 5m
② 수직방향 6m, 수평방향 7m
③ 수직방향 6m, 수평방향 8m
④ 수직방향 7m, 수평방향 8m

[해설] 강관틀비계의 벽이음 및 버팀은 수직방향 6m, 수평방향 8m 이내로 한다.

105 굴착공사에 있어서 비탈면 붕괴를 방지하기 위하여 실시하는 대책으로 옳지 않은 것은?

① 지표수의 침투를 막기 위해 표면배수공을 한다.
② 지하 수위를 내리기 위해 수평배수공을 설치한다.
③ 비탈면 하단을 성토한다.
④ 비탈면 상부에 토사를 적재한다.

[해설] 비탈면 상부에 토사를 적재하는 경우 붕괴 위험이 발생할 수 있다.

106 강관을 사용하여 비계를 구성하는 경우 준수해야 할 사항으로 옳지 않은 것은?

① 비계기둥의 간격은 띠장 방향에서는 1.85m 이하, 장선(長線) 방향에서는 1.5m 이하로 할 것
② 띠장 간격은 2.0m 이하로 할 것
③ 비계기둥의 제일 윗부분으로부터 31m 되는 지점 밑부분의 비계기둥은 3개의 강관으로 묶어 세울 것
④ 비계기둥 간의 적재하중은 400kg을 초과하지 않도록 할 것

[해설] 강관을 사용하여 비계를 구성하는 경우 비계기둥의 최고부로부터 31m 되는 지점 밑부분의 비계기둥은 2개의 강관으로 묶어 세워야 한다.

107 다음은 산업안전보건법령에 따른 시스템 비계의 구조에 관한 사항이다. ( ) 안에 들어갈 내용으로 옳은 것은?

> 비계 밑단의 수직재와 받침철물은 밀착되도록 설치하고, 수직재와 받침철물의 연결부의 겹침길이는 받침철물 전체 길이의 ( ) 이상이 되도록 할 것

① 2분의 1
② 3분의 1
③ 4분의 1
④ 5분의 1

[해설] 비계 밑단의 수직재와 받침철물은 밀착되도록 설치하고 수직재와 받침철물의 연결부의 겹침길이는 받침철물 전체 길이의 1/3 이상이 되도록 해야 한다.

108 건설현장에서 작업으로 인하여 물체가 떨어지거나 날아올 위험이 있는 경우에 대한 안전조치에 해당하지 않는 것은?

① 수직보호망 설치
② 방호선반 설치
③ 울타리 설치
④ 낙하물 방지망 설치

[해설] 건설현장에서 낙하·비래 사고예방을 위해서는 수직보호망 설치, 방호선반 설치, 낙하물 방지망 설치, 출입금지 조치 등을 해야 한다.

정답 | 102 ② 103 ① 104 ③ 105 ④ 106 ③ 107 ② 108 ③

109 흙막이 가시설 공사 중 발생할 수 있는 보일링(Boiling) 현상에 관한 설명으로 옳지 않은 것은?

① 이 현상이 발생하면 흙막이 벽의 지지력이 상실된다.
② 지하 수위가 높은 지반을 굴착할 때 주로 발생된다.
③ 흙막이벽의 근입장 깊이가 부족할 경우 발생한다.
④ 연약한 점토 지반에서 굴착면의 융기로 발생한다.

[해설] 보일링은 사질토 지반에서 수위차에 의해 발생한다.

110 거푸집 동바리 등을 조립하는 경우에 준수해야 할 기준으로 옳지 않은 것은?

① 동바리의 상하 고정 및 미끄러짐 방지조치를 하고, 하중의 지지상태를 유지할 것
② 강재와 강재의 접속부 및 교차부는 볼트·클램프 등 전용철물을 사용하여 단단히 연결할 것
③ 파이프서포트를 제외한 동바리로 사용하는 강관은 높이 2m 마다 수평연결재를 2개 방향으로 만들고 수평연결재의 변위를 방지할 것
④ 동바리로 사용하는 파이프서포트는 4개 이상 이어서 사용하지 않도록 할 것

[해설] 거푸집 동바리 등을 조립하는 경우 파이프서포트를 3개 이상 이어서 사용하지 않도록 한다.

111 장비가 위치한 지면보다 낮은 장소를 굴착하는 데 적합한 장비는?

① 트럭크레인 ② 파워 셔블
③ 백호 ④ 진폴

[해설] 백호는 장비가 위치한 지면보다 낮은 장소를 굴착하는 데 적합하다.

112 건설공사도급인은 건설공사 중에 가설구조물의 붕괴 등 산업재해가 발생할 위험이 있다고 판단되면 건축 토목 분야의 전문가의 의견을 들어 건설공사 발주자에게 해당 건설공사의 설계변경을 요청할 수 있는데, 이러한 가설구조물의 기준으로 옳지 않은 것은?

① 높이 20m 이상인 비계
② 작업발판 일체형 거푸집 또는 높이 6m 이상인 거푸집 동바리
③ 터널의 지보공 또는 높이 2m 이상인 흙막이 지보공
④ 동력을 이용하여 움직이는 가설구조물

[해설] 높이 31m 이상인 비계의 경우 건축 토목 분야의 전문가의 의견을 들어 건설공사 발주자에게 해당 건설공사의 설계변경을 요청할 수 있다.

113 콘크리트 타설 시 안전수칙으로 옳지 않은 것은?

① 타설순서는 계획에 의하여 실시하여야 한다.
② 진동기는 최대한 많이 사용하여야 한다.
③ 콘크리트를 치는 도중에는 거푸집, 지보공 등의 이상 유무를 확인하여야 한다.
④ 손수레로 콘크리트를 운반할 때에는 손수레를 타설하는 위치까지 천천히 운반하여 거푸집에 충격을 주지 아니하도록 타설하여야 한다.

[해설] 진동기의 과도한 사용은 거푸집 붕괴의 원인이 될 수 있다.

114 산업안전보건법령에 따른 작업발판 일체형 거푸집에 해당되지 않는 것은?

① 갱 폼(Gang Form) ② 슬립 폼(Slip Form)
③ 유로 폼(Euro Form) ④ 클라이밍 폼(Climbing Form)

[해설] **작업발판 일체형 거푸집의 종류**
1. 갱 폼
2. 슬립 폼
3. 클라이밍 폼
4. 터널 라이닝 폼

115 터널 지보공을 조립하는 경우에는 미리 그 구조를 검토한 후 조립도를 작성하고, 그 조립도에 따라 조립하도록 하여야 하는데 이 조립도에 명시하여야 할 사항과 가장 거리가 먼 것은?

① 이음방법 ② 단면규격
③ 재료의 재질 ④ 재료의 구입처

[해설] 터널 지보공을 조립하는 경우 조립도에는 이음방법, 단면규격, 재료의 재질을 명시해야 한다.

정답 | 109 ④ 110 ④ 111 ③ 112 ① 113 ② 114 ③ 115 ④

116 산업안전보건법령에 따른 건설공사 중 다리건설공사의 경우 유해위험방지계획서를 제출하여야 하는 기준으로 옳은 것은?

① 최대 지간길이가 40m 이상인 다리의 건설 등 공사
② 최대 지간길이가 50m 이상인 다리의 건설 등 공사
③ 최대 지간길이가 60m 이상인 다리의 건설 등 공사
④ 최대 지간길이가 70m 이상인 다리의 건설 등 공사

[해설] 최대 지간길이 50m 이상인 교량공사가 해당된다.

117 가설통로 설치에 있어 경사가 최소 얼마를 초과하는 경우에는 미끄러지지 아니하는 구조로 하여야 하는가?

① 15도
② 20도
③ 30도
④ 40도

[해설] 가설통로 설치에 있어 경사가 15°를 초과하는 경우 미끄러지지 아니하는 구조로 해야 한다.

118 굴착과 싣기를 동시에 할 수 있는 토공기계가 아닌 것은?

① 트랙터 셔블(tractor shovel)
② 백호(back hoe)
③ 파워 셔블(power shovel)
④ 모터 그레이더(motor grader)

[해설] 모터 그레이더는 땅을 고르는 기계이다.

119 강관틀 비계를 조립하여 사용하는 경우 준수하여야 할 사항으로 옳지 않은 것은?

① 비계기둥의 밑둥에는 밑받침 철물을 사용할 것
② 높이가 20m를 초과하거나 중량물의 적재를 수반하는 작업을 할 경우에는 주틀 간의 간격을 1.8m 이하로 할 것
③ 주틀 간에 교차 가새를 설치하고 최하층 및 3층 이내마다 수평재를 설치할 것
④ 길이가 띠장 방향으로 4m 이하이고 높이가 10m를 초과하는 경우에는 10m 이내마다 띠장 방향으로 버팀기둥을 설치할 것

[해설] 강관틀 비계를 조립하여 사용하는 경우 주틀 간에 교차 가새를 설치하고 최상층 및 5층 이내마다 수평재를 설치해야 한다.

120 산업안전보건법령에 따른 양중기의 종류에 해당하지 않는 것은?

① 고소작업차
② 이동식 크레인
③ 승강기
④ 리프트(Lift)

[해설] **양중기의 종류**
1. 크레인[호이스트(Hoist)를 포함]
2. 이동식 크레인
3. 리프트(이삿짐운반용 리프트의 경우에는 적재하중이 0.1톤 이상인 것으로 한정)
4. 곤돌라
5. 승강기

정답 | 116 ② 117 ① 118 ④ 119 ③ 120 ①

2021년 3회

1과목
산업재해 예방 및 안전보건교육

01 안전점검표(체크리스트) 항목 작성 시 유의사항으로 틀린 것은?

① 정기적으로 검토하여 설비나 작업방법이 타당성 있게 개조된 내용일 것
② 사업장에 적합한 독자적 내용을 가지고 작성할 것
③ 위험성이 낮은 순서 또는 긴급을 요하는 순서대로 작성할 것
④ 점검항목을 이해하기 쉽게 구체적으로 표현할 것

[해설] **안전점검표(체크리스트) 작성 시 유의사항**
1. 위험성이 높은 순이나 긴급을 필요로 하는 순으로 작성할 것
2. 정기적으로 검토하여 재해 예방에 실효성이 있는 내용일 것
3. 내용은 이해하기 쉽고 표현이 구체적일 것

02 안전교육에 있어서 동기부여 방법으로 가장 거리가 먼 것은?

① 책임감을 느끼게 한다.
② 관리감독을 철저히 한다.
③ 자기 보존본능을 자극한다.
④ 물질적 이해관계에 관심을 두도록 한다.

[해설] 관리감독은 동기유발을 저하시키는 요인 중 하나이다.

03 교육과정 중 학습경험조직의 원리에 해당하지 않는 것은?

① 기회의 원리   ② 계속성의 원리
③ 계열성의 원리 ④ 통합성의 원리

[해설] **학습경험의 조직원리(타일러)**
- 계열성의 원리
- 계속성의 원리
- 통합성의 원리

04 근로자 1,000명 이상의 대규모 사업장에 적합한 안전 관리 조직의 유형은?

① 직계식 조직   ② 참모식 조직
③ 병렬식 조직   ④ 직계참모식 조직

[해설] **라인·스태프(LINE-STAFF)형 조직(직계참모조직)**
대규모(1,000명 이상) 사업장에 적합한 조직으로서 라인형과 스태프형의 장점만을 채택한 형태이며, 안전업무를 전담하는 스태프를 두고 생산라인의 각 계층의 부서장이 안전업무를 수행하도록 하여 안전에 관한 사항이 결정되면 라인을 통하여 실천하도록 편성된 조직

05 산업안전보건법령상 안전보건표지의 종류와 형태 중 관계자 외 출입금지에 해당하지 않는 것은?

① 관리대상물질 작업장
② 허가대상물질 작업장
③ 석면취급·해체 작업장
④ 금지대상물질의 취급 실험실

[해설] **관계자외 출입금지**
허가대상물질 작업장, 석면취급/해체 작업장, 금지대상물질의 취급 실험실 등

정답 | 01 ③ 02 ② 03 ① 04 ④ 05 ①

06 산업안전보건법령상 명시된 타워크레인을 사용하는 작업에서 신호업무를 하는 작업 시 특별교육 대상 작업별 교육 내용이 아닌 것은? (단, 그 밖에 안전·보건관리에 필요한 사항은 제외한다.)

① 신호방법 및 요령에 관한 사항
② 걸고리·와이어로프 점검에 관한 사항
③ 화물의 취급 및 안전작업방법에 관한 사항
④ 인양물이 적재될 지반의 조건, 인양하중, 풍압 등이 인양물과 타워크레인에 미치는 영향

해설 **타워크레인을 사용하는 작업 시 신호업무를 하는 작업의 특별교육 내용**
- 타워크레인의 기계적 특성 및 방호장치 등에 관한 사항
- 화물의 취급 및 안전작업방법에 관한 사항
- 신호방법 및 요령에 관한 사항
- 인양 물건의 위험성 및 낙하·비래·충돌재해 예방에 관한 사항
- 인양물이 적재될 지반의 조건, 인양하중, 풍압 등이 인양물과 타워크레인에 미치는 영향
- 그 밖에 안전·보건관리에 필요한 사항

07 보호구 안전인증 고시상 추락방지대가 부착된 안전대 일반구조에 관한 내용 중 틀린 것은?

① 쬠줄은 합성섬유로프를 사용해서는 안 된다.
② 고정된 추락방지대의 수직구명줄은 와이어로프 등으로 하며 최소 지름이 8mm 이상이어야 한다.
③ 수직구명줄에서 걸이설비의 연결부위는 훅 또는 카라비너 등이 장착되어 걸이설비와 확실히 연결되어야 한다.
④ 추락방지대를 부착하여 사용하는 안전대는 신체지지의 방법으로 안전그네만을 사용하여야 하며 수직구명줄이 포함되어야 한다.

해설 추락방지대가 부착된 안전대의 구조에서 쬠줄은 합성섬유로프, 웨빙, 와이어로프 등이어야 한다.

08 하인리히 재해 구성 비율 중 무상해사고가 600건이라면 사망 또는 증상 발생 건수는?

① 1   ② 2
③ 29 ④ 58

해설 **하인리히의 재해구성비율**
사망 및 중상 : 경상 : 무상해사고
= 1 : 29 : 300 = 2 : 58 : 600

09 재해사례연구 순서로 옳은 것은?

재해 상황의 파악 → (㉠) → (㉡) → 근본적 문제점의 결정 → (㉢)

① ㉠ 문제점의 발견, ㉡ 대책수립, ㉢ 사실의 확인
② ㉠ 문제점의 발견, ㉡ 사실의 확인, ㉢ 대책수립
③ ㉠ 사실의 확인, ㉡ 대책수립, ㉢ 문제점의 발견
④ ㉠ 사실의 확인, ㉡ 문제점의 발견, ㉢ 대책수립

해설 **재해사례 연구단계**
재해상황의 파악 → 사실 확인(1단계) → 문제점 발견(2단계) → 근본 문제점 결정(3단계) → 대책 수립(4단계)

10 강의식 교육지도에서 가장 많은 시간을 소비하는 단계는?

① 도입   ② 제시
③ 적용   ④ 확인

해설 **교육법 4단계 및 시간배분(60분 기준)**

교육법의 4단계	강의식	토의식
제1단계 – 도입(준비)	5분	5분
제2단계 – 제시(설명)	40분	10분
제3단계 – 적용(응용)	10분	40분
제4단계 – 확인(총괄)	5분	5분

11 위험예지훈련 4단계의 진행 순서를 바르게 나열한 것은?

① 목표 설정 → 현상 파악 → 대책 수립 → 본질 추구
② 목표 설정 → 현상 파악 → 본질 추구 → 대책 수립
③ 현상 파악 → 본질 추구 → 대책 수립 → 목표 설정
④ 현상 파악 → 본질 추구 → 목표 설정 → 대책 수립

해설 **위험예지훈련의 추진을 위한 문제해결 4단계(4라운드)**
- 1라운드 : 현상 파악(사실의 파악)
- 2라운드 : 본질 추구(원인 조사)
- 3라운드 : 대책 수립(대책을 세움)
- 4라운드 : 목표 설정(행동계획 작성)

정답 | 06 ② 07 ① 08 ② 09 ④ 10 ② 11 ③

12 레윈(Lewin.K)에 의하여 제시된 인간의 행동에 관한 식을 올바르게 표현한 것은? (단, B는 인간의 행동, P는 개체, E는 환경, f는 함수관계를 의미한다.)

① $B=f(P \times E)$
② $B=f(P+1)^E$
③ $P=E \times f(B)$
④ $E=f(P \times B)$

해설 **레윈(Lewin · k)의 법칙**
레윈은 인간의 행동은 그 사람이 가진 자질. 즉, 개체와 심리적 환경과의 상호함수 관계에 있다고 하였다.
$B=f(P \cdot E)$
B : behavior(인간의 행동)
f : Function(함수관계)
P : person(개체 : 연령, 경험, 심신상태, 성격, 지능 등)
E : environment(심리적 환경 : 인간관계, 작업환경 등)

13 산업안전보건법령상 근로자에 대한 일반 건강진단의 실시 시기 기준으로 옳은 것은?

① 사무직에 종사하는 근로자 : 1년에 1회 이상
② 사무직에 종사하는 근로자 : 2년에 1회 이상
③ 사무직 외의 업무에 종사하는 근로자 : 6월에 1회 이상
④ 사무직 외의 업무에 종사하는 근로자 : 2년에 1회 이상

해설 산업안전보건법상 사무업무에 종사하는 근로자에 대하여는 2년에 1회 이상 일반건강진단을 실시하여야 한다.

14 매슬로우(Maslow)의 욕구 5단계 이론 중 안전욕구의 단계는?

① 제1단계
② 제2단계
③ 제3단계
④ 제4단계

해설 **매슬로(Maslow)의 욕구단계이론**
1. 생리적 욕구 → 2. 안전의 욕구 → 3. 사회적 욕구 → 4. 자기존경의 욕구 → 5. 자아실현의 욕구

15 교육계획 수립 시 가장 먼저 실시하여야 하는 것은?

① 교육내용의 결정
② 실행교육계획서 작성
③ 교육의 요구사항 파악
④ 교육실행을 위한 순서, 방법, 자료의 검토

해설 교육계획서 수립 시 가장 먼저 교육의 요구사항을 파악해야 한다.

16 상황성 누발자의 재해유발원인이 아닌 것은?

① 심신의 근심
② 작업의 어려움
③ 도덕성의 결여
④ 기계설비의 결함

해설 **사고경향성자(재해누발자)의 유형**
1. 미숙성 누발자 : 환경에 익숙하지 못하거나 기능 미숙으로 인한 재해 누발자
2. 상황성 누발자 : 작업이 어려운 경우, 기계설비의 결함, 주의력의 집중이 혼란된 경우, 심신의 근심으로 사고 경향자가 되는 경우(상황이 변하면 안전한 성향으로 바뀜)
3. 습관성 누발자 : 재해의 경험으로 신경과민이 되거나 슬럼프에 빠지기 때문에 사고경향성자가 되는 경우
4. 소질성 누발자 : 지능, 성격, 감각운동 등에 의한 소질적 요소에 의해서 결정되는 특수성격의 소유자

17 인간의 의식 수준을 5단계로 구분할 때 의식이 몽롱한 상태의 단계는?

① Phase Ⅰ
② Phase Ⅱ
③ Phase Ⅲ
④ Phase Ⅳ

해설 **인간의 의식 Level의 단계별 신뢰성**

단계	의식의 상태	신뢰성	의식의 작용
Phase I	의식의 둔화	0.9 이하	부주의

18 산업안전보건법령상 사업장에서 산업재해발생 시 사업주가 기록 · 보존하여야 하는 사항을 모두 고른 것은? (단, 산업재해조사표와 요양신청서의 사본은 보존하지 않았다.)

ㄱ. 사업장의 개요 및 근로자의 인적사항
ㄴ. 재해발생의 일시 및 장소
ㄷ. 재해발생의 원인 및 과정
ㄹ. 재해 재발 방지 계획

① ㄱ, ㄹ
② ㄴ, ㄷ, ㄹ
③ ㄱ, ㄴ, ㄷ
④ ㄱ, ㄴ, ㄷ, ㄹ

해설 **산업재해 기록**
1. 사업장의 개요 및 근로자의 인적사항
2. 재해발생의 일시 및 장소
3. 재해발생의 원인 및 과정
4. 재해 재발 방지 계획

정답 | 12 ① 13 ② 14 ② 15 ③ 16 ③ 17 ① 18 ④

19 A 사업장의 조건이 다음과 같을 때 A 사업장에서 연간 재해발생으로 인한 근로손실일수는?

- 강도율 : 0.4
- 근로자 수 : 1,000명
- 연근로시간 수 : 2,400시간

① 480 ② 720
③ 960 ④ 1,440

[해설] 강도율 = $\dfrac{\text{근로손실일수}}{\text{연근로시간수}} \times 1,000$이므로

$0.4 = \dfrac{\text{근로손실일수}}{1,000 \times 2,400} \times 1,000$

따라서 근로손실일수는 960일이다.

20 무재해운동의 이념 중 선취의 원칙에 대한 설명으로 옳은 것은?

① 사고의 잠재요인을 사후에 파악하는 것
② 근로자 전원이 일체감을 조성하여 참여하는 것
③ 위험요소를 사전에 발견, 파악하여 재해를 예방 또는 방지하는 것
④ 관리감독자 또는 경영층에서의 자발적 참여로 안전 활동을 촉진하는 것

[해설] **안전제일의 원칙(선취의 원칙)**
직장의 위험요인을 행동하기 전에 발견·파악·해결하여 재해를 예방한다.

2과목
인간공학 및 위험성 평가·관리

21 다음 상황은 인간실수의 분류 중 어느 것에 해당하는가?

전자기기 수리공이 어떤 제품의 분해·조립 과정을 거쳐서 수리를 마친 후 부품 하나가 남았다.

① time error ② omission error
③ command error ④ extraneous error

[해설] 생략에러(Omission Error)는 작업 내지 필요한 절차를 수행하지 않는 데서 기인하는 에러이다.

22 스트레스의 영향으로 발생된 신체 반응의 결과인 스트레인(strain)을 측정하는 척도가 잘못 연결된 것은?

① 인지적 활동 - EEG
② 육체적 동적 활동 - GSR
③ 정신 운동적 활동 - EOG
④ 국부적 근육 활동 - EMG

[해설] **피부전기반사(GSR, Galvanic Skin Relex)**
작업부하의 정신적 부담도가 피로와 함께 증대하는 양상을 전기저항의 변화에서 측정하는 것

23 일반적인 시스템의 수명곡선(욕조곡선)에서 고장 형태 중 증가형 고장률을 나타내는 기간으로 옳은 것은?

① 우발 고장 기간 ② 마모 고장 기간
③ 초기 고장 기간 ④ Burn-in 고장 기간

[해설]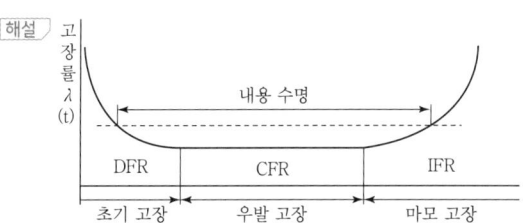

1. 초기 고장(감소형) : 제조가 불량하거나 생산과정에서 품질관리가 안 돼서 생기는 고장
2. 우발 고장(일정형) : 실제 사용하는 상태에서 발생하는 고장으로 예측할 수 없는 랜덤의 간격으로 생기는 고장
3. 마모 고장(증가형) : 설비 또는 장치가 수명을 다하여 생기는 고장

24 청각적 표시장치의 설계 시 적용하는 일반 원리에 대한 설명으로 틀린 것은?

① 양립성이란 긴급용 신호일 때는 낮은 주파수를 사용하는 것을 의미한다.
② 검약성이란 조작자에 대한 입력신호는 꼭 필요한 정보만을 제공하는 것이다.
③ 근사성이란 복잡한 정보를 나타내고자 할 때 2단계의 신호를 고려하는 것이다.
④ 분리성이란 두 가지 이상의 채널을 듣고 있다면 각 채널의 주파수가 분리되어 있어야 한다는 의미이다.

해설 **양립성(Compatibility)**
- 안전을 근원적으로 확보하기 위한 전략으로서 외부의 자극과 인간의 기대가 서로 모순되지 않아야 하는 것
- 제어장치와 표시장치 사이의 연관성이 인간의 예상과 어느 정도 일치하는가 여부

25 FTA에 대한 설명으로 가장 거리가 먼 것은?

① 정성적 분석만 가능
② 하향식(top-down) 방법
③ 복잡하고 대형화된 시스템에 활용
④ 논리게이트를 이용하여 도해적으로 표현하여 분석하는 방법

해설 **FTA(Fault Tress Analysis) 정의 및 특징**
시스템의 고장을 논리게이트로 찾아가는 연역적, 정성적, 정량적 분석 기법
1. Top 사상의 선정
2. 사상마다의 재해원인 규명
3. FT도의 작성
4. 개선계획의 작성
5. 개선안 실시계획

26 발생 확률이 동일한 64가지의 대안이 있을 때 얻을 수 있는 총 정보량은?

① 6bit ② 16bit
③ 32bit ④ 64bit

해설 정보량 $H = \log_2 n$ (n : 대안 수)
$= \log_2 64 = 6bit$

27 인간-기계 시스템의 설계 과정을 [보기]와 같이 분류할 때 다음 중 인간, 기계의 기능을 할당하는 단계는?

┤보기├
1단계 : 시스템의 목표와 성능명세 결정
2단계 : 시스템의 정의
3단계 : 기본 설계
4단계 : 인터페이스 설계
5단계 : 보조물 설계 혹은 편의수단 설계
6단계 : 평가

① 기본 설계
② 인터페이스 설계
③ 시스템의 목표와 성능명세 결정
④ 보조물 설계 혹은 편의수단 설계

해설 기본 설계 단계에서는 인간·하드웨어·소프트웨어의 기능 할당, 인간성능 요건 명세, 직무분석, 작업설계 등을 한다.

28 FT도에서 최소 컷셋을 올바르게 구한 것은?

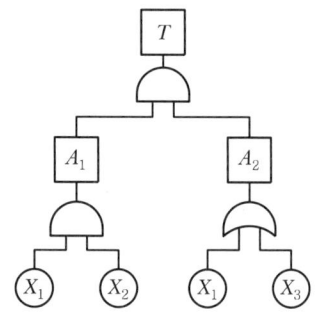

① (X_1, X_2) ② (X_1, X_3)
③ (X_2, X_3) ④ (X_1, X_2, X_3)

해설 $T = A_1 \cdot B_2 = \begin{matrix} X_1 \\ X_1 \end{matrix} \cdot \begin{matrix} X_2 \ X_1 \\ X_2 \ X_3 \end{matrix}$

컷셋(X_1, X_2, X_1)과 (X_1, X_2, X_3) 중 중복되는 사상이 미니멀 컷셋이다. 따라서, 상기 두 조건에서 중복되는 (X_1, X_2)가 미니멀 컷셋이다.

29 일반적으로 인체측정치의 최대집단치를 기준으로 설계하는 것은?

① 선반의 높이 ② 공구의 크기
③ 출입문의 크기 ④ 안내 데스크의 높이

정답 | 24 ① 25 ① 26 ① 27 ① 28 ① 29 ③

해설 **최대치수와 최소치수**

특정한 설비를 설계할 때, 거의 모든 사람을 수용할 수 있는 경우(최대치수)가 필요하다. 문, 통로, 탈출구 등을 예로 들 수 있다. 최소치수의 예로는 선반의 높이, 조종장치까지의 거리 등이 있다.
- 최대치수 : 인체측정 변수 측정기준 1, 5, 10%
- 최소치수 : 상위백분율(퍼센타일, Percentile) 기준 90, 95, 99%

30 인간공학의 궁극적인 목적과 가장 관계가 깊은 것은?

① 경제성 향상
② 인간 능력의 극대화
③ 설비의 가동률 향상
④ 안전성 및 효율성 향상

해설 **인간공학의 목적**
1. 작업장의 배치, 작업방법, 기계설비, 전반적인 작업환경 등에서 작업자의 신체적인 특성이나 행동하는 데 받는 제약조건 등이 고려된 시스템을 디자인한다.
2. 건강, 안전, 만족 등과 같은 특정한 인생의 가치기준(Human Values)을 유지하거나 높인다.
3. 작업환경 등에서 작업자의 신체적인 특성이나 행동하는 데 받는 제약조건 등이 고려된 시스템을 디자인하고 인간과 기계 및 작업환경과의 조화가 잘 이루어질 수 있도록 하여 작업자의 안전, 작업능률, 편리성, 쾌적성(만족도)을 향상시키고자 함에 있다.

31 '화재 발생'이라는 시작(초기)사상에 대하여, 화재감지기, 화재 경보, 스프링클러 등의 성공 또는 실패 작동여부와 그 확률에 따른 피해 결과를 분석하는 데 가장 적합한 위험 분석 기법은?

① FTA ② ETA
③ FHA ④ THERP

해설 **ETA(Event Tree Analysis)**
정량적, 귀납적 기법으로 DT에서 변천해 온 것으로 설비의 설계, 심사, 제작, 검사, 보전, 운전, 안전대책의 과정에서 그 대응조치가 성공인가 실패인가를 확인해 가는 과정을 검토

32 여러 사람이 사용하는 의자의 좌판 높이 설계 기준으로 옳은 것은?

① 5% 오금높이 ② 50% 오금높이
③ 75% 오금높이 ④ 95% 오금높이

해설 1. 의자 좌판의 높이 : 좌판 앞부분이 오금높이보다 높지 않아야 한다.
2. 여러 사람이 사용하는 의자의 좌판 높이 : 5% 오금높이를 기준으로 설계해야 한다.

33 FTA에서 사용되는 사상기호 중 결함사상을 나타낸 기호로 옳은 것은?

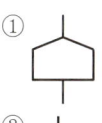
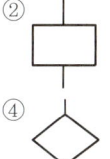

해설

번호	기호	명칭	설명
1	▭	결함사상 (사상기호)	개별적인 결함사상
2	○	기본사상 (사상기호)	더 이상 전개되지 않는 기본사상
3	◇	생략사상 (최후사상)	정보부족, 해석기술 불충분으로 더 이상 전개할 수 없는 사상
4	⌂	통상사상 (사상기호)	통상발생이 예상되는 사상

34 기술개발과정에서 효율성과 위험성을 종합적으로 분석·판단할 수 있는 평가방법으로 가장 적절한 것은?

① Risk Assessment
② Risk Management
③ Safety Assessment
④ Technology Assessment

해설 테크놀로지 어세스먼트(Technology Assessment)란 기술 개발과정에서의 효율성과 위험성을 종합적으로 분석, 판단하는 프로세스이다.

35 자동차를 타이어가 4개인 하나의 시스템으로 볼 때, 타이어 1개가 파열될 확률이 0.01이라면, 이 자동차의 신뢰도는 약 얼마인가?

① 0.91 ② 0.93
③ 0.96 ④ 0.99

해설 1. 타이어 1개의 신뢰도 = 1 − 0.01 = 0.99
2. 자동차 타이어는 4개가 직렬로 연결되어 있으므로 자동차 신뢰도 R은 다음과 같이 구한다.
R = 0.99 × 0.99 × 0.99 × 0.99 = 0.96

정답 | 30 ④ 31 ② 32 ① 33 ② 34 ④ 35 ③

36 다음 그림에서 명료도 지수는?

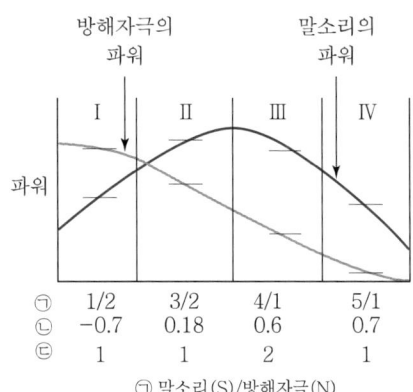

① 0.38
② 0.68
③ 1.38
④ 5.68

[해설] **명료도 지수**
통화 이해도를 측정하는 명료도 지수는 각 옥타브 대의 음성과 소음의 dB값에 가중치를 곱하여 합계를 구한 것이다. 음성통신계통의 명료도 지수가 약 0.3 이하이면 이러한 음성통신계통은 음성통신자료를 전송하기에는 부적당한 것으로 본다.
명료도 지수 산출 = −0.7×1+0.18×1+0.6×2+0.7×1
= −0.7+018+1.2+0.7=1.38

37 정보수용을 위한 작업자의 시각 영역에 대한 설명으로 옳은 것은?

① 판별시야 – 안구운동만으로 정보를 주시하고 순간적으로 특정 정보를 수용할 수 있는 범위
② 유효시야 – 시력, 색 판별 등의 시각 기능이 뛰어나며 정밀도가 높은 정보를 수용할 수 있는 범위
③ 보조시야 – 머리 부분의 운동이 안구운동을 돕는 형태로 발생하며 무리 없이 주시가 가능한 범위
④ 유도시야 – 제시된 정보의 존재를 판별할 수 있는 정도의 식별능력밖에 없지만, 인간의 공간좌표 감각에 영향을 미치는 범위

[해설] **유도시야**
제시된 정보 또는 대상의 존재 정도만 식별 가능한 범위

38 FMEA 분석 시 고장평점법의 5가지 평가요소에 해당하지 않는 것은?

① 고장 발생의 빈도
② 신규설계의 가능성
③ 기능적 고장 영향의 중요도
④ 영향을 미치는 시스템의 범위

[해설] 고장평점법 : $C=(C_1 \times C_2 \times C_3 \times C_4 \times C_5)^{\frac{1}{5}}$
여기서, C_1 : 기능적 고장의 영향의 중요도
C_2 : 영향을 미치는 시스템의 범위
C_3 : 고장발생의 빈도
C_4 : 고장방지의 가능성
C_5 : 신규 설계의 정도

39 건구온도 30℃, 습구온도 35℃일 때의 옥스퍼드(Oxford) 지수는?

① 20.75
② 24.58
③ 30.75
④ 34.25

[해설] **옥스퍼드(Oxford) 지수(습건지수)**
$W_D = 0.85W$(습구온도)$+0.15d$(건구온도)
$= 0.85 \times 35 + 0.15 \times 30$
$= 34.25℃$

40 설비보전에서 평균수리시간을 나타내는 것은?

① MTBF
② MTTR
③ MTTF
④ MTBP

[해설] **평균수리시간(MTTR ; Mean Time To Repair)**
총 수리시간을 그 기간의 수리 횟수로 나눈 시간. 즉 사후보전에 필요한 수리시간의 평균치를 나타낸다.

정답 | 36 ③ 37 ④ 38 ② 39 ④ 40 ②

3과목
기계 · 기구 및 설비 안전관리

41 산업안전보건법령상 사업장 내 근로자 작업환경 중 '강렬한 소음작업'에 해당하지 않는 것은?

① 85dB 이상의 소음이 1일 10시간 이상 발생하는 작업
② 90dB 이상의 소음이 1일 8시간 이상 발생하는 작업
③ 95dB 이상의 소음이 1일 4시간 이상 발생하는 작업
④ 100dB 이상의 소음이 1일 2시간 이상 발생하는 작업

해설 **강렬한 소음작업**
- 90dB 이상의 소음이 1일 8시간 이상 발생되는 작업
- 95dB 이상의 소음이 1일 4시간 이상 발생되는 작업
- 100dB 이상의 소음이 1일 2시간 이상 발생되는 작업
- 105dB 이상의 소음이 1일 1시간 이상 발생되는 작업
- 110dB 이상의 소음이 1일 30분 이상 발생되는 작업
- 115dB 이상의 소음이 1일 15분 이상 발생되는 작업

42 산업안전보건법령상 프레스의 작업시작 전 점검사항이 아닌 것은?

① 슬라이드 또는 칼날에 의한 위험방지 기구의 기능
② 프레스의 금형 및 고정볼트 상태
③ 전단기의 칼날 및 테이블의 상태
④ 권과방지장치 및 그 밖의 경보장치 기능

해설 **프레스 작업시작 전의 점검사항** (「안전보건규칙」 [별표 3])
1. 클러치 및 브레이크의 기능
2. 크랭크축 · 플라이휠 · 슬라이드 · 연결봉 및 연결 나사의 풀림 유무
3. 1행정 1정지기구 · 급정지장치 및 비상정지장치의 기능
4. 슬라이드 또는 칼날에 의한 위험방지 기구의 기능
5. 프레스의 금형 및 고정볼트 상태
6. 방호장치의 기능
7. 전단기의 칼날 및 테이블의 상태

43 동력전달부분의 전방 35cm 위치에 일반 평형보호망을 설치하고자 한다. 보호망의 최대 구멍의 크기는 몇 mm인가?

① 41   ② 45
③ 51   ④ 55

해설 위험점이 전동체인 경우 개구부의 간격은 다음과 같다.
$Y = 6 + X/10 = 6 + 350/10 = 41[mm]$

44 다음 연삭숫돌의 파괴원인 중 가장 적절하지 않은 것은?

① 숫돌의 회전속도가 너무 빠른 경우
② 플랜지의 직경이 숫돌 직경의 1/3 이상으로 고정된 경우
③ 숫돌 자체에 균열 및 파손이 있는 경우
④ 숫돌에 과대한 충격을 준 경우

해설 현저하게 플랜지 지름이 적을 때 연삭숫돌이 파괴된다. 플랜지는 숫돌 지름의 1/3 이상이면 된다.

45 화물중량이 200kgf, 지게차의 중량이 400kgf, 앞바퀴에서 화물의 무게중심까지의 최단거리가 1m일 때 지게차가 안정되기 위하여 앞바퀴에서 지게차의 무게중심까지 최단거리는 최소 몇 m를 초과해야 하는가?

① 0.2m   ② 0.5m
③ 1m   ④ 2m

해설 지게차의 무게중심은 앞바퀴에 있다.

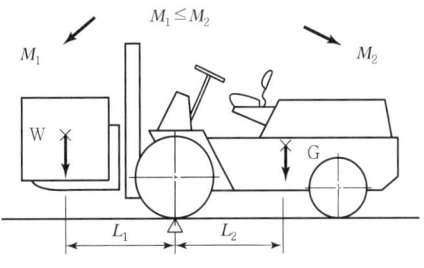

[지게차의 안정조건]

$M_1 < M_2$
화물의 모멘트 $M_1 = W \times L_1$
지게차의 모멘트 $M_2 = G \times L_2$
$200 \times 1 = 400 \times L_2$, $L_2 = 0.5m$

46 산업안전보건법령상 압력용기에서 안전인증된 파열판에 안전인증 표시 외에 추가로 나타내어야 하는 사항이 아닌 것은?

① 분출차(%)   ② 호칭지름
③ 용도(요구성능)   ④ 유체의 흐름 방향 지시

해설 **파열판 추가표시**
1. 호칭지름
2. 용도(요구성능)
3. 설정파열압력(MPa) 및 설정온도(℃)
4. 분출용량(kg/h) 또는 공칭분출계수
5. 파열판의 재질
6. 유체의 흐름방향 지시

정답 | 41 ① 42 ④ 43 ① 44 ② 45 ② 46 ①

47 선반에서 일감의 길이가 지름과 비교하면 상당히 길 때 사용하는 부속품으로 절삭 시 절삭 저항에 의한 일감의 진동을 방지하는 장치는?

① 칩 브레이커　　② 척 커버
③ 방진구　　　　　④ 실드

해설　방진구는 공작물의 길이가 직경의 12배 이상으로 가늘고 길 때 공작물의 고정에 사용하는 기구이다.

48 산업안전보건법령상 프레스를 제외한 사출성형기·주형조형기 및 형 단조기 등에 관한 안전조치 사항으로 틀린 것은?

① 근로자의 신체 일부가 말려 들어갈 우려가 있는 경우에는 양수조작식 방호장치를 설치하여 사용한다.
② 게이트 가드식 방호장치를 설치할 경우 연동구조를 적용하여 문을 닫지 않아도 동작할 수 있도록 한다.
③ 사출성형기의 전면에 작업용 발판을 설치할 경우 근로자가 쉽게 미끄러지지 않는 구조여야 한다.
④ 기계의 히터 등의 가열 부위, 감전 우려가 있는 부위에는 방호덮개를 설치하여 사용한다.

해설
- 사출성형기·주형조형기 및 형단조기 등에 근로자의 신체의 일부가 말려 들어갈 우려가 있을 때에는 게이트가드 또는 양수조작식 등에 의한 방호장치 기타 필요한 방호조치를 하여야 한다.
- 게이트가드식 방호장치를 설치할 경우에는 인터록(연동)장치를 사용하여 문을 닫지 않으면 동작되지 않는 구조로 한다.
- 기계의 히터 등의 가열부위 또는 감전의 우려가 있는 부위에는 방호덮개를 설치하여야 한다.

49 연강의 인장강도가 420MPa이고, 허용응력이 140MPa이라면 안전율은?

① 1　　　　　　② 2
③ 3　　　　　　④ 4

해설　**안전율(Safety Factor)**
안전율 S = 극한(최대, 인장)강도 / 허용응력 = 420/140 = 3

50 밀링 작업 시 안전 수칙에 관한 설명으로 틀린 것은?

① 칩은 기계를 정지시킨 다음에 브러시 등으로 제거한다.
② 일감 또는 부속장치 등을 설치하거나 제거할 때는 반드시 기계를 정지시키고 작업한다.
③ 면장갑을 반드시 끼고 작업한다.
④ 강력 절삭을 할 때는 일감을 바이스에 깊게 물린다.

해설　밀링 작업 시 면장갑은 끼지 않아야 한다.

51 다음 중 프레스기에 사용되는 방호장치에 있어 원칙적으로 급정지 기구가 부착되어야만 사용할 수 있는 방식은?

① 양수조작식　　② 손쳐내기식
③ 가드식　　　　④ 수인식

해설　**양수조작식 방호장치(Two-hand Control Safety Device)**
기계의 조작을 양손으로 동시에 하지 않으면 기계가 가동하지 않으며 한 손이라도 떼어내면 기계가 급정지 또는 급상승하게 하는 장치를 말한다(급정지기구가 있는 마찰프레스에 적합).

52 산업안전보건법령상 지게차의 최대하중의 2배 값이 6톤일 경우 헤드가드의 강도는 몇 톤의 등분포정하중에 견딜 수 있어야 하는가?

① 4　　　　　　② 6
③ 8　　　　　　④ 10

해설　**헤드가드(Head Guard)**
- 강도는 지게차의 최대하중의 2배 값(4톤을 넘는 값에 대해서는 4톤으로 한다)의 등분포정하중에 견딜 수 있어야 한다.
- 지게차의 최대하중은 6/2 = 3톤이고, 헤드가드의 강도는 최대하중의 2배이므로 3×2 = 6톤이나 4톤을 넘기 때문에 헤드가드의 강도는 4톤이다.

53 강자성체를 자화하여 표면의 누설자속을 검출하는 비파괴 검사 방법은?

① 방사선 투과 시험　　② 인장시험
③ 초음파 탐상 시험　　④ 자분 탐상 시험

해설　**자분 탐상 검사(MT ; Magnetic Particle Testing)**
강자성체의 결함을 찾을 때 사용하는 비파괴시험법으로 표면 또는 표층에 결함이 있을 때 누설자속을 이용하여 육안으로 결함을 검출하는 시험법

정답 | 47 ③　48 ②　49 ③　50 ③　51 ①　52 ①　53 ④

54 산업안전보건법령상 보일러 방호장치로 거리가 가장 먼 것은?

① 고저수위 조절장치 ② 아우트리거
③ 압력방출장치 ④ 압력제한스위치

[해설] **보일러 안전장치의 종류(「안전보건규칙」제119조)**
보일러의 폭발 사고를 예방하기 위하여 압력방출장치, 압력제한스위치, 고저수위조절장치, 화염 검출기 등의 기능이 정상적으로 작동될 수 있도록 유지·관리하여야 한다.

55 산업안전보건법령상 아세틸렌 용접장치에 관한 설명이다. ( ) 안에 공통으로 들어갈 내용으로 옳은 것은?

- 사업주는 아세틸렌 용접장치의 취관마다 ( )를 설치하여야 한다.
- 사업주는 가스용기가 발생기와 분리된 아세틸렌 용접장치에 대하여 발생기와 가스용기 사이에 ( )를 설치하여야 한다.

① 분기장치 ② 자동발생 확인장치
③ 유수 분리장치 ④ 안전기

[해설] **안전장치 설치 기준(「안전보건규칙」제289조 관련)**
1. 안전기를 취관마다 설치
2. 주관에 안전기 하나, 취관 근접위치에 안전기 하나씩 설치
3. 발생기와 분리된 용접장치에는 가스 저장소와의 사이에 안전기 설치
4. 제조설비의 고압 건조기와 충전용 교체밸브 사이에는 역화 방지장치를 설치

56 프레스기의 안전대책 중 손을 금형 사이에 집어넣을 수 없도록 하는 본질적 안전화를 위한 방식(no-hand in die)에 해당하는 것은?

① 수인식 ② 광전자식
③ 방호울식 ④ 손쳐내기식

[해설] No-hand In Die 방식(금형 안에 손이 들어가지 않는 구조)에는 안전울 설치, 안전금형, 자동화 또는 전용 프레스가 있다.

57 회전하는 부분의 접선방향으로 몰려 들어갈 위험이 존재하는 점으로 주로 체인, 풀리, 벨트, 기어와 랙 등에서 형성되는 위험점은?

① 끼임점 ② 협착점
③ 절단점 ④ 접선물림점

[해설] **접선물림점(Tangential Nip Point)**
회전하는 부분이 접선 방향으로 몰려 들어가 위험이 만들어지는 위험점(회전운동+접선부)

58 산업안전보건법령상 양중기에 해당하지 않는 것은?

① 곤돌라
② 이동식 크레인
③ 적재하중 0.05톤의 이삿짐운반용 리프트 화물용 엘리베이터
④ 화물용 엘리베이터

[해설] 양중기란 다음 각 호의 기계를 말한다.
1. 크레인[호이스트(hoist)를 포함한다.]
2. 이동식 크레인
3. 리프트(이삿짐운반용 리프트의 경우에는 적재하중이 0.1톤 이상인 것으로 한정한다.)
4. 곤돌라
5. 승강기

59 다음 설명 중 ( ) 안에 알맞은 내용은?

산업안전보건법령상 롤러기의 급정지장치는 롤러를 무부하로 회전시킨 상태에서 앞면롤러의 표면속도가 30m/min 미만일 때에는 급정지거리가 앞면 롤러 원주의 ( )이내에서 롤러를 정지시킬 수 있는 성능을 보유해야 한다.

① 1/4 ② 1/3
③ 1/2.5 ④ 1/2

[해설]

앞면 롤러의 표면속도(m/min)	급정지거리
30 미만	앞면 롤러 원주의 1/3
30 이상	앞면 롤러 원주의 1/2.5

정답 | 54 ② 55 ④ 56 ③ 57 ④ 58 ③ 59 ②

60 산업안전보건법령상 지게차에서 통상적으로 갖추고 있어야 하나, 마스트의 후방에서 화물이 낙하함으로써 근로자에게 위험을 미칠 우려가 없는 때에는 반드시 갖추지 않아도 되는 것은?

① 전조등 ② 헤드가드
③ 백레스트 ④ 포크

해설 사업주는 백레스트(backrest)를 갖추지 아니한 지게차를 사용해서는 아니 된다. 다만, 마스트의 후방에서 화물이 낙하함으로써 근로자가 위험해질 우려가 없는 경우에는 그러하지 아니하다(「안전보건규칙」 제181조).

4과목
전기설비 안전관리

61 피뢰시스템의 등급에 따른 회전구체의 반지름으로 틀린 것은?

① Ⅰ등급 : 20m ② Ⅱ등급 : 30m
③ Ⅲ등급 : 40m ④ Ⅳ등급 : 60m

해설 피뢰(보호) 레벨 Ⅲ의 회전구체 반경은 45m이다.

62 전류가 흐르는 상태에서 단로기를 끊었을 때 여러 가지 파괴작용을 일으킨다. 다음 그림에서 유입차단기의 차단순서와 투입순서가 안전수칙에 가장 적합한 것은?

① 차단 : ㉮→㉯→㉰, 투입 : ㉮→㉯→㉰
② 차단 : ㉯→㉰→㉮, 투입 : ㉯→㉰→㉮
③ 차단 : ㉰→㉯→㉮, 투입 : ㉰→㉮→㉯
④ 차단 : ㉯→㉰→㉮, 투입 : ㉰→㉮→㉯

해설 유입차단기 작동순서

- 차단순서 : ②-③-①
- 투입순서 : ③-①-②

63 다음은 무슨 현상을 설명한 것인가?

전위차가 있는 2개의 대전체가 특정 거리에 접근하게 되면 등전위가 되기 위하여 전하가 절연공간을 깨고 순간적으로 빛과 열을 발생하며 이동하는 현상

① 대전 ② 충전
③ 방전 ④ 열전

해설 정전기 방전현상에 대한 내용이다.

64 정전기 재해를 예방하기 위해 설치하는 제전기의 제전효율은 설치 시에 얼마 이상이 되어야 하는가?

① 40% 이상 ② 50% 이상
③ 70% 이상 ④ 90% 이상

해설 정전기의 재해방지대책으로서 제전기의 제전효율은 90% 이상이 되어야 한다.

65 정전기 화재폭발 원인으로 인체 대전에 대한 예방 대책으로 옳지 않은 것은?

① Wrist Strap을 사용하여 접지선과 연결한다.
② 대전방지제를 넣은 제전복을 착용한다.
③ 대전방지 성능이 있는 안전화를 착용한다.
④ 바닥 재료는 고유저항이 큰 물질로 사용한다.

해설 정전기의 재해방지대책으로서 작업장 바닥은 도전성을 갖추도록 하여야 한다(고유저항이 작은 물질 사용).

66 정격사용률이 30%, 정격2차전류가 300A인 교류아크 용접기를 200A로 사용하는 경우의 허용사용률(%)은?

① 13.3 ② 67.5
③ 110.3 ④ 157.5

정답 | 60 ③ 61 ③ 62 ④ 63 ③ 64 ④ 65 ④ 66 ②

[해설] **허용사용률**

$$= 정격사용률 \times \left(\frac{경적2차\ 전류}{실제\ 용접전류}\right)^2$$

$$= 30 \times \left(\frac{300}{200}\right)^2 = 67.5\%$$

67 피뢰기의 제한 전압이 752kV이고 변압기의 기준충격 절연강도가 1,050kV라면, 보호 여유도(%)는 약 얼마인가?

① 18 ② 28
③ 40 ④ 43

[해설] **보호여유도[%]**

$$보호여유도(\%) = \frac{충격절연강도 - 제한전압}{제한전압} \times 100$$

$$= \frac{1,050 - 752}{752} \times 100 = 40$$

68 절연물의 절연불량 주요 원인으로 거리가 먼 것은?

① 진동, 충격 등에 의한 기계적 요인
② 산화 등에 의한 화학적 용인
③ 온도 상승에 의한 열적 요인
④ 정격전압에 의한 전기적 요인

[해설] **절연불량(파괴의 주요 원인)**
- 높은 이상전압 등에 의한 전기적 요인
- 진동, 충격 등에 의한 기계적 요인
- 산화 등에 의한 화학적 요인
- 온도 상승에 의한 열적 요인

69 고장전류를 차단할 수 있는 것은?

① 차단기(CB) ② 유입 개폐기(OS)
③ 단로기(DS) ④ 선로 개폐기(LS)

[해설] 차단기(CB)는 고장전류와 같은 대전류를 차단한다.

70 주택용 배선차단기 B타입의 경우 순시동작범위는? (단, l_n는 차단기 정격전류이다.)

① $3l_n$ 초과~$5l_n$ 이하 ② $5l_n$ 초과~$10l_n$ 이하
③ $10l_n$ 초과~$15l_n$ 이하 ④ $10l_n$ 초과~$20l_n$ 이하

[해설] 주택용 배선차단기 B타입의 경우 순시동작범위는 $3l_n$ 초과~$5l_n$ 이하이다.

71 다음 중 방폭 구조의 종류가 아닌 것은?

① 유압 방폭구조(k) ② 내압 방폭구조(d)
③ 본질안전 방폭구조(i) ④ 압력 방폭구조(p)

[해설] 유압 방폭구조는 방폭구조의 종류가 아니다.

72 동작 시 아크가 발생하는 고압 및 특고압용 개폐기 · 차단기의 이격거리(목재의 벽 또는 천장, 기타 가연성 물체로부터의 거리)의 기준으로 옳은 것은? (단, 사용전압이 35kV 이하의 특고압용의 기구 등으로서 동작할 때에 생기는 아크의 방향과 길이를 화재가 발생할 우려가 없도록 제한하는 경우가 아니다.)

① 고압용 : 0.8m 이상, 특고압용 : 1.0m 이상
② 고압용 : 1.0m 이상, 특고압용 : 2.0m 이상
③ 고압용 : 2.0m 이상, 특고압용 : 3.0m 이상
④ 고압용 : 3.5m 이상, 특고압용 : 4.0m 이상

[해설] **아크를 발생시키는 가구와 목재의 벽 또는 천장과의 이격거리**

아크를 발생시키는 가구	이격거리
개폐기, 차단기	고압용은 1m 이상
피뢰기, 기타 유사한 기구	특별고압용은 2m 이상

73 3,300/220V, 20kVA인 3상 변압기로부터 공급받고 있는 저압 전선로의 절연 부분의 전선과 대지 간의 절연저항의 최솟값은 약 몇 Ω인가? (단, 변압기의 저압 측 중성점에 접지가 되어 있다.)

① 1,240 ② 2,794
③ 4,840 ④ 8,383

[해설] 절연저항의 최솟값은 누설전류가 최대가 될 때이고 저압전선로는 사용전압에 대한 누설전류가 최대 공급전류의 1/2,000이 넘지 않도록 유지해야 한다.

$$\therefore 누설전류\ 최대값 = 최대공급전류 \times \frac{1}{2,000}$$

$$= \frac{20 \times 1,000}{220} \times \frac{1}{2,000} = 0.04545[A]$$

$$\therefore 절연저항\ 최소값[\Omega] = \frac{\sqrt{3} \times 220}{0.04545} = 8.383[\Omega] (절연저항\ R = V/I\ 이므로)$$

정답 | 67 ③ 68 ④ 69 ① 70 ① 71 ① 72 ② 73 ④

74 감전사고로 인한 전격사의 메커니즘으로 가장 거리가 먼 것은?

① 흉부수축에 의한 질식
② 심실세동에 의한 혈액순환기능의 상실
③ 내장파열에 의한 소화기계통의 기능 상실
④ 호흡중추신경 마비에 따른 호흡기능 상실

해설 전격현상의 메커니즘
  1. 심실세동에 의한 혈액 순환기능 상실
  2. 호흡중추신경 마비에 따른 호흡 중지
  3. 흉부수축에 의한 질식

75 욕조나 샤워시설이 있는 욕실 또는 화장실에 콘센트가 시설되어 있다. 해당 전로에 설치된 누전차단기의 정격감도전류와 동작시간은?

① 정격감도전류 15mA 이하, 동작시간 0.01초 이하
② 정격감도전류 15mA 이하, 동작시간 0.03초 이하
③ 정격감도전류 30mA 이하, 동작시간 0.01초 이하
④ 정격감도전류 30mA 이하, 동작시간 0.03초 이하

해설 감전보호용 누전차단기
  정격감도전류 30mA 이하, 동작시간 0.03초 이내(욕실 내 콘센트 15mA 적용)

76 50kW, 60Hz 3상 유도전동기가 380V 전원에 접속된 경우 흐르는 전류(A)는 약 얼마인가? (단, 역률은 80%이다.)

① 82.24
② 94.96
③ 116.30
④ 164.47

해설 $P = VI$, $I = \dfrac{P}{V} = \dfrac{50,000}{380} = 131.58[A]$

3상이므로

$131.58 \times \dfrac{1}{\sqrt{3}} = 75.97$ 역률이 80[%]이므로

$75.97 \times \dfrac{100}{80} = 94.96[A]$

77 인체저항을 500Ω이라 한다면, 심실세동을 일으키는 위험 한계 에너지는 약 몇 J인가? (단, 심실세동전류값 $I = \dfrac{165}{\sqrt{T}}$ mA의 Dalziel의 식을 이용하며, 통전시간은 1초로 한다.)

① 11.5
② 13.6
③ 15.3
④ 16.2

해설 $W = I^2 RT = \left(\dfrac{165}{\sqrt{T}} \times 10^{-3}\right)^2 \times 500\,T$

$= (165^2 \times 10^{-6}) \times 500$

$= 13.6[W - \sec] = 13.6[J]$

78 내압방폭용기 "d"에 대한 설명으로 틀린 것은?

① 원통형 나사 접합부의 체결 나사산 수는 5산 이상이어야 한다.
② 가스/증기 그룹이 ⅡB일 때 내압 접합면과 장애물과의 최소 이격거리는 20mm이다.
③ 용기 내부의 폭발이 용기 주위의 폭발성 가스 분위기로 화염이 전파되지 않도록 방지하는 부분은 내압방폭 접합부이다.
④ 가스/증기 그룹이 ⅡC일 때 내압 접합면과 장애물과의 최소 이격거리는 40mm이다.

해설 가스/증기 그룹이 ⅡB일 때 내압 접합면과 장애물과의 최소 이격거리는 30mm이다.

79 KS C IEC 60079-0의 정의에 따라 '두 도전부 사이의 고체 절연물 표면을 따른 최단거리'를 나타내는 명칭은?

① 전기적 간격
② 절연공간거리
③ 연면거리
④ 충전물 통과거리

해설 KS C IEC 60079-0, 연면거리(creepage distance)
  두 도전부 사이의 공간을 통한 최단거리

80 접지 목적에 따른 분류에서 병원설비의 의료용 전기전자(M·E)기기와 모든 금속부분 또는 도전바닥에도 접지하여 전위를 동일하게 하기 위한 접지를 무엇이라 하는가?

① 계통 접지
② 등전위 접지
③ 노이즈방지용 접지
④ 정전기 장해방지 이용 접지

정답 | 74 ③ 75 ② 76 ② 77 ② 78 ② 79 ③ 80 ②

해설 **접지목적에 따른 종류**

접지의 종류	접지목적
계통 접지	고압전로와 저압전로 혼촉 시 감전이나 화재 방지
기기 접지	누전되고 있는 기기에 접촉되었을 때의 감전 방지
피뢰기 접지 (낙뢰방지용 접지)	낙뢰로부터 전기기기의 손상 방지
등전위 접지	병원에서의 의료기기 사용 시의 안전

5과목
화학설비 안전관리

81 다음 중 고체연소의 종류에 해당하지 않는 것은?

① 표면연소 ② 증발연소
③ 분해연소 ④ 예혼합연소

해설 고체연소의 종류에는 표면연소, 분해연소, 증발연소, 자기연소 등이 있다.

82 가연성물질을 취급하는 장치를 퍼지하고자 할 때 잘못된 것은?

① 대상물질의 물성을 파악한다.
② 사용하는 불활성가스의 물성을 파악한다.
③ 퍼지용 가스를 가능한 한 빠른 속도로 단시간에 다량 송입한다.
④ 장치내부를 세정한 후 퍼지용 가스를 송입한다.

해설 퍼지용 가스는 장시간에 걸쳐 천천히 주의하여 주입하여야 한다.

83 위험물질에 대한 설명 중 틀린 것은?

① 과산화나트륨에 물이 접촉하는 것은 위험하다.
② 황린은 물속에 저장한다.
③ 염소산나트륨은 물과 반응하여 폭발성의 수소기체를 발생한다.
④ 아세트알데히드는 0℃ 이하의 온도에서도 인화할 수 있다.

해설 염소산나트륨은 물과 반응하여 폭발성의 수소기체를 발생시키지 않는다.

84 공정안전보고서 중 공정안전자료에 포함하여야 할 세부내용에 해당하는 것은?

① 비상조치계획에 따른 교육계획
② 안전운전지침서
③ 각종 건물·설비의 배치도
④ 도급업체 안전관리계획

해설 각종 건물·설비의 배치도는 공정안전자료 세부내용으로 포함된다.

85 디에틸에테르의 연소범위에 가장 가까운 값은?

① 2~10.4% ② 1.9~48%
③ 2.5~15% ④ 1.5~7.8%

해설 **디에틸에테르**
인화점 −45℃, 착화점 180℃, 증기비중 2.55, 연소범위 1.9~48%

86 공기 중에서 A 가스의 폭발하한계는 2.2vol%이다. 이 폭발하한계 값을 기준으로 하여 표준 상태에서 A 가스와 공기의 혼합기체 $1m^3$에 함유되어 있는 A 가스의 질량을 구하면 약 몇 g인가? (단, A 가스의 분자량은 26이다.)

① 19.02 ② 25.54
③ 29.02 ④ 35.54

해설
- 표준상태에서 기체 1몰의 부피는 22.4L인데, A가스의 부피는 22L이므로 A가스의 몰수는 $\frac{22}{22.4} = 0.982$몰
- 문제에서 A가스의 분자량이 26으로 주어졌으므로, A가스 1몰의 무게는 26g이고

∴ A가스 0.982몰의 무게는 $26 \times \left(\frac{0.982}{1}\right) = 25.54$g이 된다.

87 다음 물질 중 물에 가장 잘 융해되는 것은?

① 아세톤 ② 벤젠
③ 톨루엔 ④ 휘발유

해설 아세톤은 물에 잘 녹는 유기용매로서 다른 유기물질과도 잘 섞이는 성질이 있어 일상생활에서 물로 지워지지 않은 유성페인트나 손톱용 에나멜 등을 지우는데 많이 쓰인다.

정답 | 81 ④ 82 ③ 83 ③ 84 ③ 85 ② 86 ② 87 ①

88 가스누출감지경보기 설치에 관한 기술상의 지침으로 틀린 것은?

① 암모니아를 제외한 가연성가스 누출감지경보기는 방폭성능을 갖는 것이어야 한다.
② 독성가스 누출감지경보기는 해당 독성가스 허용농도의 25% 이하에서 경보가 울리도록 설정하여야 한다.
③ 하나의 감지대상가스가 가연성이면서 독성인 경우 독성가스를 기준으로 하여 가스누출감지경보기를 선정하여야 한다.
④ 건축물 안에 설치되는 경우, 감지 대상 가스의 비중이 공기보다 무거운 경우에는 건축물 내의 하부에 설치하여야 한다.

해설 가스누출감지경보기의 경보농도는 검지경보장치의 설치장소, 주위의 분위기 온도에 따라 가연성 가스는 25% 이하, 독성가스는 허용농도 이하로 해야 한다.

89 폭발을 기상폭발과 응상폭발로 분류할 때 기상폭발에 해당되지 않는 것은?

① 분진폭발　　② 혼합가스폭발
③ 분무폭발　　④ 수증기폭발

해설 수증기폭발은 응상폭발(= 가연성 고체의 미분이나 가연성 액체의 액적 등에 의한 폭발)에 해당한다.

90 다음 가스 중 TLV-TWA상 가장 독성이 큰 것은?

① CO　　② $COCl_2$
③ NH_3　　④ H_2

해설 포스겐($COCl_2$)가스는 허용농도 0.1ppm의 유독성 가스로, 독가스실에 사용된 가스이다.

91 처음 온도가 20℃인 공기를 절대압력 1기압에서 3기압으로 단열압축하면 최종온도는 약 몇 도인가? (단, 공기의 비열비 1.40이다.)

① 68℃　　② 75℃
③ 128℃　　④ 164℃

해설 단열압축 시, 압력, 부피, 온도의 상관관계식
(단, 온도 단위는 절대온도로 한다.)
$$\frac{T_2}{T_1} = \left(\frac{V_1}{V_2}\right)^{r-1} = \left(\frac{P_2}{P_1}\right)^{\frac{(r-1)}{r}}$$

r : 비열비, T_1 : 초기온도, T_2 : 최종온도, P_1 : 초기압력, P_2 : 최종압력
$$T_2 = T_1 \times \left(\frac{P_2}{P_1}\right)^{\frac{(r-1)}{r}} = (273+20) \times \left(\frac{3}{1}\right)^{\frac{1.4-1}{1.4}}$$
$$= 401[K] = 128℃$$

92 물질의 누출방지용으로써 접합면을 상호 밀착시키기 위하여 사용하는 것은?

① 개스킷　　② 체크밸브
③ 플러그　　④ 콕크

해설 개스킷은 배관 등의 접합면 사이를 상호 밀착시켜 물질의 누출방지를 위해 사용하는 설비 부속품이다.

93 건조설비의 구조를 구조부분, 가열장치, 부속설비로 구분할 때 다음 중 "부속설비"에 속하는 것은?

① 보온판　　② 열원장치
③ 소화장치　　④ 철골부

해설 보기 중 소화장치는 건조설비의 부속설비에 해당한다.
철골부, 보온판은 구조부분, 열원장치는 가열장치에 해당한다.

94 에틸렌(C_2H_4)이 완전연소하는 경우 다음의 Jones식을 이용하여 계산할 경우 연소하한계는 약 몇 vol%인가?

Jones식 : LFL $= 0.55 \times C_{st}$

① 0.55　　② 3.6
③ 6.3　　④ 8.5

해설 유기화합물 $C_nH_xO_y$의 양론농도(C_{st})는 다음 식으로 구할 수 있다.
$$C_{st} = \frac{100}{(4.77n+1.19x-2.38y)+1}$$
에틸렌(C_2H_4)를 식에 대입하여 C_{st}를 구할 수 있다.
$$C_{st} = \frac{100}{(4.77n+1.19x-2.38y)+1}$$
$$= \frac{100}{4.77 \times 2 + 1.19 \times 4 + 1} = 6.54$$
마지막으로 Jones식에 의해 연소하한계를 구하면
$0.55 \times 6.54 = 3.6$

정답 | 88 ② 89 ④ 90 ② 91 ③ 92 ① 93 ③ 94 ②

95 [보기]의 물질을 폭발 범위가 넓은 것부터 좁은 순서로 옳게 배열한 것은?

> 보기
> H_2 C_3H_8 CH_4 CO

① $CO > H_2 > C_3H_8 > CH_4$
② $H_2 > CO > CH_4 > C_3H_8$
③ $C_3H_8 > CO > CH_4 > H_2$
④ $CH_4 > H_2 > CO > C_3H_8$

해설 각 물질의 폭발 범위 및 위험도는 다음과 같다.

구분	수소(H_2)	프로판(C_3H_8)	메탄(CH_4)	일산화탄소(CO)
UFL	75	9.5	15	74
LEL	4	2.4	5	10.5
폭발범위	71	7.1	10	63.5
위험도	17.75	2.96	2	6.05

96 산업안전보건법령상 위험물질의 종류에서 "폭발성 물질 및 유기과산화물"에 해당하는 것은?

① 디아조화합물 ② 황린
③ 알킬알루미늄 ④ 마그네슘 분말

해설 디아조화합물이 폭발성 물질 및 유기과산화물에 해당한다.

97 화염방지기의 설치에 관한 사항으로 (   )에 알맞은 것은?

> 사업주는 인화성 액체 및 인화성 가스를 저장·취급하는 화학설비에서 증기나 가스를 대기로 방출하는 경우에는 외부로부터의 화염을 방지하기 위하여 화염방지기를 그 설비 (   )에 설치하여야 한다.

① 상단 ② 하단
③ 중앙 ④ 무게중심

해설 화염방지기는 비교적 저압 또는 상압에서 가연성 증기를 발생시키는 인화성 물질 등을 저장하는 탱크에서 외부에 그 증기를 방출하거나 탱크 내에 외기를 흡입하는 부분에 설치하는 안전장치이다. 일반적으로 설비 상단에 설치한다.

98 다음 중 인화성 가스가 아닌 것은?

① 부탄 ② 메탄
③ 수소 ④ 산소

해설 산소는 연소를 도와주는 조연성 가스이다.

99 반응기를 조작방식에 따라 분류할 때 해당하지 않는 것은?

① 회분식 반응기 ② 반회분식 반응기
③ 연속식 반응기 ④ 관형식 반응기

해설 관형식 반응기는 구조에 의한 분류이다.

100 다음 중 가연성 물질과 산화성 고체가 혼합하고 있을 때 연소에 미치는 현상으로 옳은 것은?

① 착화온도(발화점)가 높아진다.
② 최소점화에너지가 감소하며, 폭발의 위험성이 증가한다.
③ 가스나 가연성 증기의 경우 공기혼합보다 연소범위가 축소된다.
④ 공기 중에서보다 산화작용이 약하게 발생하여 화염온도가 감소하며 연소속도가 늦어진다.

해설 산화성 고체가 가연성 물질의 연소 또는 폭발을 가속화할 수 있다.

6과목
건설공사 안전관리

101 건설현장에서 사용되는 작업발판 일체형 거푸집의 종류에 해당되지 않는 것은?

① 갱 폼(gang form)
② 슬립 폼(slip form)
③ 클라이밍 폼(climbing form)
④ 유로 폼(euro form)

해설 작업발판 일체형 거푸집의 종류는 다음과 같다.
1. 갱 폼
2. 슬립 폼
3. 클라이밍 폼
4. 터널 라이닝 폼

정답 | 95 ② 96 ① 97 ① 98 ④ 99 ④ 100 ② 101 ④

102 콘크리트 타설작업을 하는 경우 준수하여야 할 사항으로 옳지 않은 것은?

① 당일의 작업을 시작하기 전에 해당 작업에 관한 거푸집 동바리 등의 변형·변위 및 지반의 침하 유무 등을 점검하고 이상이 있으면 보수할 것
② 콘크리트를 타설하는 경우에는 편심이 발생하지 않도록 골고루 분산하여 타설할 것
③ 설계도서상의 콘크리트 양생기간을 준수하여 거푸집 동바리 등을 해체할 것
④ 작업 중에는 거푸집 동바리 등의 변형·변위 및 침하 유무 등을 감시할 수 있는 감시자를 배치하여 이상이 있으면 작업을 중지하지 아니하고, 즉시 충분한 보강조치를 실시할 것

[해설] 콘크리트 타설작업을 하는 경우 작업 중에는 거푸집 동바리 등의 변형·변위 및 침하유무 등을 감시할 수 있는 감시자를 배치하여 이상이 있으면 작업을 중지하고, 즉시 충분한 보강조치를 실시해야 한다.

103 버팀보, 앵커 등의 축하중 변화상태를 측정하여 이들 부재의 지지효과 및 그 변화 추이를 파악하는 데 사용되는 계측기기는?

① water level meter ② load cell
③ piezo meter ④ strain gauge

[해설] 계측기기 중 하중계(load cell)는 부재의 축하중 변화를 측정할 수 있다.

104 차량계 건설기계를 사용하여 작업을 하는 경우 작업계획서 내용에 포함되지 않는 것은?

① 사용하는 차량계 건설기계의 종류 및 성능
② 차량계 건설기계의 운행경로
③ 차량계 건설기계에 의한 작업방법
④ 차량계 건설기계의 유지보수방법

[해설] 차량계 건설기계의 작업계획포함 내용은 다음과 같다.
1. 사용하는 차량계 건설기계의 종류 및 성능
2. 차량계 건설기계의 운행경로
3. 차량계 건설기계에 의한 작업방법

105 근로자의 추락 등의 위험을 방지하기 위한 안전난간의 설치기준으로 옳지 않은 것은?

① 상부 난간대와 중간 난간대는 난간 길이 전체에 걸쳐 바닥면 등과 평행을 유지할 것
② 발끝막이판은 바닥면 등으로부터 20cm 이상의 높이를 유지할 것
③ 난간대는 지름 2.7cm 이상의 금속제 파이프나 그 이상의 강도가 있는 재료일 것
④ 안전난간은 구조적으로 가장 취약한 지점에서 가장 취약한 방향으로 작용하는 100kg 이상의 하중에 견딜 수 있는 튼튼한 구조일 것

[해설] 발끝막이판은 바닥면 등으로부터 10cm 이상의 높이를 유지해야 한다.

106 흙 속의 전단응력을 증대시키는 원인에 해당하지 않는 것은?

① 자연 또는 인공에 의한 지하공동의 형성
② 함수비의 감소에 따른 흙의 단위체적 중량의 감소
③ 지진, 폭파에 의한 진동 발생
④ 균열내에 작용하는 수압증가

[해설] 함수비가 감소할 경우 흙의 전단응력은 감소한다.

107 다음은 산업안전보건법령에 따른 항타기 또는 항발기에 권상용 와이어로프를 사용하는 경우에 준수하여야 할 사항이다. (   ) 안에 알맞은 내용으로 옳은 것은?

> 권상용 와이어로프는 추 또는 해머가 최저의 위치에 있을 때 또는 널말뚝을 빼내기 시작할 때를 기준으로 권상장치의 드럼에 적어도 (   ) 감기고도 남을 수 있는 충분한 길이일 것

① 1회 ② 2회
③ 4회 ④ 6회

[해설] 권상용 와이어로프는 추 또는 해머가 최저의 위치에 있을 때 또는 널말뚝을 빼내기 시작할 때를 기준으로 권상장치의 드럼에 적어도 2회 감기고도 남을 수 있는 충분한 길이여야 한다.

정답 | 102 ④ 103 ② 104 ④ 105 ② 106 ② 107 ②

108 산업안전보건법령에 따른 유해위험방지계획서 제출 대상 공사로 볼 수 없는 것은?

① 지상 높이가 31m 이상인 건축물의 건설공사
② 터널 건설공사
③ 깊이 10m 이상인 굴착공사
④ 다리의 전체 길이가 40m 이상인 건설공사

[해설] 최대 지간 길이 50m 이상인 교량공사가 해당된다.

109 사다리식 통로 등을 설치하는 경우 고정식 사다리식 통로의 기울기는 최대 몇 도 이하로 하여야 하는가?

① 60도 ② 75도
③ 80도 ④ 90도

[해설] 사다리식 통로의 기울기는 75° 이하로 한다.

110 거푸집 동바리 구조에서 높이가 l = 3.5m인 파이프서 포트의 좌굴하중은? (단, 상부받이판과 하부받이판은 힌지로 가정하고, 단면2차모멘트 I = 8.31cm⁴, 탄성계수 E = 2.1 × 10⁵ MPa)

① 14,060N ② 15,060N
③ 16,060N ④ 17,060N

[해설] 좌굴하중 $P_{cr} = \dfrac{n\pi^2 EI}{l^2}$ 상, 하단이 모두 힌지인 경우 n=1이므로

$P_{cr} = \dfrac{2.1 \times 10^5 (MPa) \times 8.31 (cm^4) \times \pi^2}{(3.5m)^2} = 14,060N$이다.

111 하역작업 등에 의한 위험을 방지하기 위하여 준수하여야 할 사항으로 옳지 않은 것은?

① 꼬임이 끊어진 섬유로프를 화물운반용으로 사용해서는 안 된다.
② 심하게 부식된 섬유로프를 고정용으로 사용해서는 안 된다.
③ 차량 등에서 화물을 내리는 작업 시 해당 작업에 종사하는 근로자에게 쌓여 있는 화물 중간에서 화물을 빼내도록 할 경우에는 사전 교육을 철저히 한다.
④ 부두 또는 안벽의 선을 따라 통로를 설치하는 경우에는 폭을 90cm 이상으로 한다.

[해설] 사업주는 화물자동차에서 화물을 내리는 작업을 하는 경우에는 그 작업을 하는 근로자에게 쌓여있는 화물의 중간에서 화물을 빼내도록 해서는 아니 된다.

112 추락방호용 방망 중 그물코의 크기가 5cm인 매듭방망 신품의 인장강도는 최소 몇 kg 이상이어야 하는가?

① 60 ② 110
③ 150 ④ 200

[해설] 추락방호용 방망 중 그물코의 크기가 5cm인 신품 매듭 있는 방망의 인장강도는 110kg 이상이어야 한다.

113 단관비계의 도괴 또는 전도를 방지하기 위하여 사용하는 벽이음의 간격 기준으로 옳은 것은?

① 수직방향 5m 이하, 수평방향 5m 이하
② 수직방향 6m 이하, 수평방향 6m 이하
③ 수직방향 7m 이하, 수평방향 7m 이하
④ 수직방향 8m 이하, 수평방향 8m 이하

[해설] 단관비계의 벽이음 간격은 수직방향 5m, 수평방향 5m 이내로 한다.

114 인력으로 하물을 인양할 때의 몸의 자세와 관련하여 준수하여야 할 사항으로 옳지 않은 것은?

① 한쪽 발은 들어 올리는 물체를 향하여 안전하게 고정하고 다른 발은 그 뒤에 안전하게 고정시킬 것
② 등은 항상 직립한 상태와 90도 각도를 유지하여 가능한 한 지면과 수평이 되도록 할 것
③ 팔은 몸에 밀착시키고 끌어당기는 자세를 취하며 가능한 한 수평거리를 짧게 할 것
④ 손가락으로만 인양물을 잡아서는 아니 되며 손바닥으로 인양물 전체를 잡을 것

[해설] 인력으로 하물을 인양할 때 등은 지면과 수직이 되도록 해야 한다.

115 산업안전보건관리비 항목 중 안전시설비로 사용 가능한 것은?

① 원활한 공사수행을 위한 가설시설 중 비계설치 비용
② 소음 관련 민원예방을 위한 건설현장 소음방지용 방음시설 설치 비용
③ 근로자의 재해 예방을 위한 목적으로만 사용하는 CCTV에 사용되는 비용
④ 기계·기구 등과 일체형 안전장치의 구입비용

해설) 근로자의 재해 예방을 위한 목적으로만 사용하는 CCTV에 사용되는 비용은 산업안전보건관리비로 사용할 수 있다.

116 유한사면에서 원형활동면에 의해 발생하는 일반적인 사면 파괴의 종류에 해당하지 않는 것은?

① 사면내파괴(Slope failure)
② 사면선단파괴(Toe failure)
③ 사면인장파괴(Tension failure)
④ 사면저부파괴(Base failure)

해설) 사면파괴의 종류에는 사면내파괴, 사면선단파괴, 사면저부파괴가 있다.

117 강관비계를 사용하여 비계를 구성하는 경우 준수해야 할 기준으로 옳지 않은 것은?

① 비계기둥의 간격은 띠장 방향에서는 1.85m 이하, 장선(長線) 방향에서는 1.5m 이하로 할 것
② 띠장 간격은 2.0m 이하로 할 것
③ 비계기둥의 제일 윗부분으로부터 31m 되는 지점 밑부분의 비계기둥은 2개의 강관으로 묶어 세울 것
④ 비계기둥 간의 적재하중은 600kg을 초과하지 않도록 할 것

해설) 강관비계를 사용하여 비계를 구성하는 경우 비계기둥 간의 적재하중은 400kg을 초과하지 않도록 해야 한다.

118 다음은 산업안전보건법령에 따른 화물자동차의 승강설비에 관한 사항이다. (   ) 안에 알맞은 내용으로 옳은 것은?

> 사업주는 바닥으로부터 짐 윗면까지의 높이가 (   )이상인 화물자동차에 짐을 싣는 작업 또는 내리는 작업을 하는 경우 근로자의 추가 위험을 방지하기 위하여 해당 작업에 종사하는 근로자가 바닥과 적재함의 짐 윗면 간을 안전하게 오르내리기 위한 설비를 설치하여야 한다.

① 2m
② 4m
③ 6m
④ 8m

해설) 사업주는 바닥으로부터 짐 윗면까지의 높이가 2m 이상인 화물자동차에 짐을 싣는 작업 또는 내리는 작업을 하는 경우 승강설비 등을 설치해야 한다.

119 달비계의 최대 적재하중을 정함에 있어서 활용하는 안전계수의 기준으로 옳은 것은? (단, 곤돌라의 달비계를 제외한다.)

① 달기 훅 : 5 이상
② 달기 강선 : 5 이상
③ 달기 체인 : 3 이상
④ 달기 와이어로프 : 5 이상

해설) 달비계의 달기 훅 안전계수 기준은 5 이상이다.

120 발파작업에서 암질 변화 구간확인 시 및 이상암질의 출현 시 반드시 암질판별을 실시하여야 하는데, 이와 관련된 암질판별기준과 가장 거리가 먼 것은?

① R.Q.D(%)
② 탄성파속도(m/sec)
③ 전단강도(kg/cm²)
④ R.M.R

해설) 암질 변화 구간확인 시 및 이상 암질 출현 시 암질판별의 기준은 다음과 같다.
1. RMR(Rock Mass Rating)
2. RQD(Rock Quality Designation, %)
3. 일축압축강도[kg/cm²]
4. 탄성파 속도[m/sec]
5. 진동치 속도(진동값 속도 : cm/sec = kine)

1과목
산업재해 예방 및 안전보건교육

01 산업안전보건법령상 산업안전보건위원회의 구성·운영에 관한 설명 중 틀린 것은?

① 정기회의는 분기마다 소집한다.
② 위원장은 위원 중에서 호선(互選)한다.
③ 근로자대표가 지명하는 명예산업안전감독관은 근로자 위원에 속한다.
④ 공사금액 100억 원 이상의 건설업의 경우 산업안전보건위원회를 구성·운영해야 한다.

[해설] 공사금액 120억 원 이상인 건설업의 경우 산업안전보건위원회를 구성·운영해야 한다.

02 산업안전보건법령상 잠함(潛函) 또는 잠수 작업 등 높은 기압에서 작업하는 근로자의 근로시간 기준은?

① 1일 6시간, 1주 32시간 초과 금지
② 1일 6시간, 1주 34시간 초과 금지
③ 1일 8시간, 1주 32시간 초과 금지
④ 1일 8시간, 1주 34시간 초과 금지

[해설] 잠함(潛函) 또는 잠수 작업 등 높은 기압에서 하는 작업에 종사하는 근로자에게는 1일 6시간, 1주 34시간을 초과하여 근로하게 해서는 아니 된다.

03 산업현장에서 재해발생 시 조치 순서로 옳은 것은?

① 긴급 처리 → 재해 조사 → 원인 분석 → 대책 수립
② 긴급 처리 → 원인 분석 → 대책 수립 → 재해 조사
③ 재해 조사 → 원인 분석 → 대책 수립 → 긴급 처리
④ 재해 조사 → 대책 수립 → 원인 분석 → 긴급 처리

[해설] **재해발생 시의 조치사항**
1. 긴급 처리   2. 재해 조사
3. 원인 분석   4. 대책 수립
5. 대책 실시 계획   6. 실시
7. 평가

04 산업재해보험적용근로자 1,000명인 플라스틱 제조 사업장에서 작업 중 재해 5건이 발생하였고, 1명이 사망하였을 때 이 사업장의 사망만인율은?

① 2   ② 5
③ 10   ④ 20

[해설] • 사망만인율 : 상시근로자수 10,000명당 발생하는 사망자수의 비율
• 사망만인율 = 사망자 수/상시근로자 수 × 10,000
= 1/1,000 × 10,000 = 10

05 안전·보건 교육계획 수립 시 고려사항 중 틀린 것은?

① 필요한 정보를 수집한다.
② 현장의 의견을 고려하지 않는다.
③ 지도안은 교육대상을 고려하여 작성한다.
④ 법령에 의한 교육에만 그치지 않아야 한다.

[해설] **안전 교육계획 수립 시 고려사항**
• 필요한 정보를 수집한다.
• 현장의 의견을 충분히 반영한다.
• 안전교육 시행체계와의 관련을 고려한다.
• 법 규정에 의한 교육에만 그치지 않는다.

정답 | 01 ④ 02 ② 03 ① 04 ③ 05 ②

06 학습지도의 형태 중 몇 사람의 전문가가 주제에 대한 견해를 발표하고 참가자로 하여금 의견을 내거나 질문을 하게 하는 토의방식은?

① 포럼(Forum)
② 심포지엄(Symposium)
③ 버즈세션(Buzz session)
④ 자유토의법(Free discussion method)

[해설] 심포지엄(The Symposium)은 몇 사람의 전문가에 의하여 과제에 관한 견해를 발표한 뒤에 참가자로 하여금 의견이나 질문을 하게 하여 토의하는 방법이다.

07 산업안전보건법령상 일용근로자 및 사무직 종사 근로자의 안전보건교육시간 기준 중 틀린 것은?

① 일용근로자 채용 시 교육 – 1시간 이상
② 사무직 종사 근로자 정기교육은 – 매반기 6시간 이상
③ 일용근로자 작업내용 변경 시 교육 – 1시간 이상
④ 판매업무에 직접 종사하는 근로자 정기교육 – 매반기 12시간 이상

[해설] **근로자 안전보건교육**

교육과정	교육대상	교육시간
가. 정기교육	1) 사무직 종사 근로자	매반기 6시간 이상
	가) 판매업무에 직접 종사하는 근로자	매반기 6시간 이상
나. 채용 시 교육	1) 일용근로자 및 근로계약기간이 1주일 이하인 기간제근로자	1시간 이상
다. 작업내용 변경 시 교육	1) 일용근로자 및 근로계약기간이 1주일 이하인 기간제근로자	1시간 이상

※ 산업안전보건법 개정에 따라 문제 및 보기 일부를 수정하였습니다.

08 버드(Bird)의 신도미노 이론 5단계에 해당하지 않는 것은?

① 제어부족(관리)
② 직접원인(징후)
③ 간접원인(평가)
④ 기본원인(기원)

[해설] **버드(Frank Bird)의 신도미노 이론**
1단계 : 통제의 부족(관리 소홀) → 2단계 : 기본원인(기원) → 3단계 : 직접원인(징후) → 4단계 : 사고(접촉) → 5단계 : 상해(손해)

09 재해예방의 4원칙에 해당하지 않는 것은?

① 예방가능의 원칙
② 손실우연의 원칙
③ 원인연계의 원칙
④ 재해 연쇄성의 원칙

[해설] **재해예방의 4원칙**
- 손실우연의 원칙 : 재해손실은 사고 발생 시 사고대상의 조건에 따라 달라지므로 한 사고의 결과로서 생긴 재해손실은 우연성에 의해서 결정된다.
- 원인계기의 원칙 : 재해발생은 반드시 원인이 있다.
- 예방가능의 원칙 : 재해는 원칙적으로 원인만 제거하면 예방이 가능하다.
- 대책 선정의 원칙 : 재해예방을 위한 가능한 안전대책은 반드시 존재한다.

10 안전점검을 점검 시기에 따라 구분할 때 다음에서 설명하는 안전점검은?

> 작업담당자 또는 해당 관리감독자가 맡은 공정의 설비, 기계, 공구 등을 매일 작업 전 또는 작업 중에 일상적으로 실시하는 안전점검

① 정기점검
② 수시점검
③ 특별점검
④ 임시점검

[해설] **안전점검의 종류**
- 일상점검(수시점검) : 작업 전·중·후 수시로 실시하는 점검
- 정기점검 : 정해진 기간에 정기적으로 실시하는 점검
- 특별점검 : 기계 기구의 신설 및 변경 시 고장, 수리, 천재지변 등에 의해 부정기적으로 실시하는 점검
- 임시점검 : 이상 발견 시 또는 재해발생 시 임시로 실시하는 점검

11 타일러(Tyler)의 교육과정 중 학습경험 선정의 원리에 해당하지 않는 것은?

① 기회의 원리
② 계속성의 원리
③ 계열성의 원리
④ 통합성의 원리

[해설] **학습경험의 조직원리(타일러)**
- 계열성의 원리
- 계속성의 원리
- 통합성의 원리

정답 | 06 ② 07 ④ 08 ③ 09 ④ 10 ② 11 ①

12 주의(Attention)의 특성에 관한 설명 중 틀린 것은?

① 고도의 주의는 장시간 지속하기 어렵다.
② 한 지점에 주의를 집중하면 다른 곳에 대한 주의는 약해진다.
③ 최고의 주의 집중은 의식의 과잉 상태에서 가능하다.
④ 여러 자극을 지각할 때 소수의 현란한 자극에 선택적 주의를 기울이는 경향이 있다.

해설 **주의의 특성**
- 선택성 : 한 번에 많은 종류의 자극을 지각·수용하기 곤란하다.
- 방향성 : 시선의 초점에 맞았을 때는 쉽게 인지되지만, 시선에서 벗어난 부분은 무시되기 쉽다.
- 변동성 : 주의는 리듬이 있어 언제나 일정한 수준을 지키지는 못한다.

13 산업재해보상보험법령상 보험급여의 종류가 아닌 것은?

① 장례비   ② 간병급여
③ 직업재활급여   ④ 생산손실비용

해설 **법령으로 지급되는 산재보상비**
- 요양급여   • 휴업급여
- 장해급여   • 간병급여
- 유족급여   • 상병보상연금
- 장례비   • 직업재활급여
- 기타 비용

14 산업안전보건법령상 그림과 같은 기본 모형이 나타내는 안전·보건표시의 표시사항으로 옳은 것은? (단, L은 안전·보건표시를 인식할 수 있거나 인식해야 할 안전거리를 말한다.)

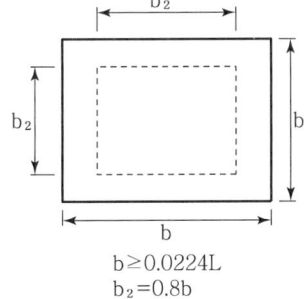

$b \geq 0.0224L$
$b_2 = 0.8b$

① 금지   ② 경고
③ 지시   ④ 안내

해설 **안전·보건표지 중 안내표지의 종류**

401 녹십자표지  402 응급구호표지   403 들것   404 세안장치 405 비상용기구

406 비상구   407 좌측비상구   408 우측비상구

15 기업 내의 계층별 교육훈련 중 관리감독자를 교육대상자로 하며 작업을 가르치는 능력, 작업방법을 개선하는 기능 등을 교육내용으로 하는 기업 내 정형교육은?

① TWI(Training Within Industry)
② ATT(American Telephone Telegram)
③ MTP(Management Training Program)
④ ATP(Administration Training Program)

해설 **TWI(Training Within Industry)**
주로 관리감독자를 대상으로 하며 전체 교육시간은 10시간(1일 2시간씩 5일 교육)으로 실시한다. 한 그룹에 10명 내외로 토의법과 실연법 중심으로 강의가 실시된다.

16 사회행동의 기본 형태가 아닌 것은?

① 모방   ② 대립
③ 도피   ④ 협력

해설 집단에서 개인이 나타낼 수 있는 사회행동의 형태는 협력, 대립관계에서의 공격, 대립관계에서의 경쟁, 융합, 도피와 고립이다.

17 위험예지훈련의 문제해결 4라운드에 해당하지 않는 것은?

① 현상 파악   ② 본질 추구
③ 대책 수립   ④ 원인 결정

해설 **위험예지훈련의 추진을 위한 문제해결 4단계(4라운드)**
- 1라운드 : 현상 파악(사실의 파악)
- 2라운드 : 본질 추구(원인 조사)
- 3라운드 : 대책 수립(대책을 세움)
- 4라운드 : 목표 설정(행동계획 작성)

정답 | 12 ③ 13 ④ 14 ④ 15 ① 16 ① 17 ④

18 바이오리듬(생체 리듬)에 관한 설명 중 틀린 것은?

① 안정기(+)와 불안정기(-)의 교차점을 위험일이라 한다.
② 감성적 리듬은 33일을 주기로 반복하며, 주의력, 예감 등과 관련되어 있다.
③ 지성적 리듬은 "I"로 표시하며 사고력과 관련이 있다.
④ 육체적 리듬은 신체적 컨디션의 율동적 발현, 즉 식욕·활동력 등과 밀접한 관계를 갖는다.

해설 **바이오리듬(생체 리듬)의 종류**
- 육체적 리듬(23일 주기로 반복) : 신체의 물리적인 상태를 나타내는 리듬, 청색 실선으로 표시
- 지성적 리듬(33일 주기로 반복) : 기억력, 인지력, 판단력 등을 나타내는 리듬, 녹색 일점쇄선으로 표시
- 감성적 리듬(28일 주기로 반복) : 기분이나 신경계통의 상태를 나타내는 리듬, 적색 점선으로 표시

19 운동의 시지각(착각현상) 중 자동운동이 발생하기 쉬운 조건에 해당하지 않는 것은?

① 광점이 작은 것
② 대상이 단순한 것
③ 광의 강도가 큰 것
④ 시야의 다른 부분이 어두운 것

해설 자동운동은 암실 내에서 정지된 작은 광점을 응시하면 움직이는 것처럼 보이는 현상으로 다음의 조건에서 쉽게 발생한다.
- 광점이 작을수록
- 시야의 다른 부분이 어두울수록
- 광의 강도가 작을수록
- 대상이 단순할수록

20 보호구 안전인증 고시상 안전인증 방독마스크의 정화통 종류와 외부 측면의 표시 색이 잘못 연결된 것은?

① 할로겐용 - 회색
② 황화수소용 - 회색
③ 암모니아용 - 회색
④ 시안화수소용 - 회색

해설 **정화통의 외부측면의 표시색**

종류	표시색
할로겐용 정화통	회색
황화수소용 정화통	회색
시안화수소용 정화통	회색
암모니아용(유기가스) 정화통	녹색

2과목
인간공학 및 위험성 평가·관리

21 인간공학적 연구에 사용되는 기준 척도의 요건 중 다음 설명에 해당하는 것은?

> 기준 척도는 측정하고자 하는 변수 외의 다른 변수들의 영향을 받아서는 안 된다.

① 신뢰성
② 적절성
③ 검출성
④ 무오염성

해설 **순수성(무오염성)**
측정하는 구조 외적인 변수의 영향은 받지 않는 것

22 그림과 같은 시스템에서 부품 A, B, C, D의 신뢰도가 모두 r로 동일할 때 이 시스템의 신뢰도는?

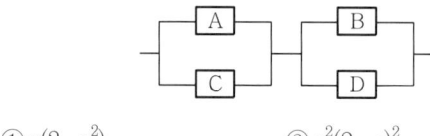

① $r(2-r^2)$
② $r^2(2-r)^2$
③ $r^2(2-r^2)$
④ $r^2(2-r)$

해설
- 병렬의 신뢰도 = $1-(1-r_1)(1-r_2)$
- 직렬의 신뢰도 = $r_1 \times r_2$

A와 C, B와 D는 각각 병렬연결이므로 신뢰도는
$1-(1-r)\times(1-r) = r(2-r)$
A와 C, B와 D 간에는 직렬연결이므로
$r(2-r)\times r(2-r) = r^2(2-r)^2$

23 서브시스템 분석에 사용되는 분석방법으로 시스템 수명주기에서 ㉠에 들어갈 위험분석기법은?

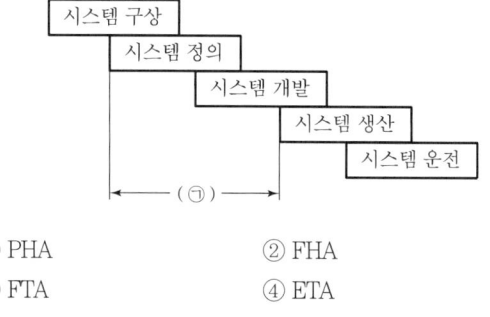

① PHA
② FHA
③ FTA
④ ETA

정답 | 18 ② 19 ③ 20 ③ 21 ④ 22 ② 23 ②

해설) **FHA(결함위험분석, Fault Hazards Analysis)**
분업에 의해 여럿이 분담 설계한 서브시스템 간의 인터페이스를 조정하여 각각의 서브시스템 및 전체 시스템에 악영향을 미치지 않게 하기 위한 분석방법으로 시스템 정의단계와 시스템 개발단계에서 적용

24 정신적 작업 부하에 관한 생리적 척도에 해당하지 않는 것은?

① 근전도
② 뇌파도
③ 부정맥 지수
④ 점멸융합주파수

해설) **정신적 작업부하에 관한 생리적 측정치**
- 점멸융합주파수(플리커법) : 사이가 벌어져 회전하는 원판으로 들어오는 광원의 빛을 단속시켜 연속광으로 보이는지 단속광으로 보이는지 경계에서의 빛의 단속주기를 플리커치라 하는데, 정신적으로 피로한 경우에는 주파수 값이 내려가는 것으로 알려져 있다.
- 기타 정신부하에 관한 생리적 측정치 : 눈꺼풀의 깜박임률(Blink rate), 부정맥, 동공지름(Pupil diameter), 뇌의 활동전위를 측정하는 뇌파도(EEG ; ElecroEncephaloGram)

25 A사의 안전관리자는 자사 화학 설비의 안전성 평가를 실시하고 있다. 그 중 제2단계인 정성적 평가를 진행하기 위하여 평가 항목을 설계단계 대상과 운전관계 대상으로 분류하였을 때 설계관계 항목이 아닌 것은?

① 건조물
② 공장 내 배치
③ 입지조건
④ 원재료, 중간제품

해설) **안전성 평가 6단계 중 제2단계 : 정성적 평가(안전확보를 위한 기본적인 자료의 검토)**
㉠ 설계관계 : 공장 내 배치, 소방설비, 공장의 입지조건 등
㉡ 운전관계 : 원재료, 운송, 저장 등

26 불(Boole) 대수의 관계식으로 틀린 것은?

① $A + \bar{A} = 1$
② $A + AB = A$
③ $A(A+B) = A+B$
④ $A + \bar{A}B = A+B$

해설) $A(A+B) = A$이다.

27 인간공학의 목표와 거리가 가장 먼 것은?

① 사고 감소
② 생산성 증대
③ 안전성 향상
④ 근골격계질환 증가

해설) **인간공학의 목적**
1. 작업장의 배치, 작업방법, 기계설비, 전반적인 작업환경 등에서 작업자의 신체적인 특성이나 행동하는 데 받는 제약조건 등이 고려된 시스템을 디자인한다.
2. 건강, 안전, 만족 등과 같은 특정한 인생의 가치기준(Human Values)을 유지하거나 높인다.
3. 작업환경 등에서 작업자의 신체적인 특성이나 행동하는 데 받는 제약조건 등이 고려된 시스템을 디자인하고 인간과 기계 및 작업환경과의 조화가 잘 이루어질 수 있도록 하여 작업자의 안전, 작업능률, 편리성, 쾌적성(만족도)을 향상시키고자 함에 있다.

28 통화 이해도 척도로서 통화 이해도에 영향을 주는 잡음의 영향을 추정하는 지수는?

① 명료도 지수
② 통화 간섭 수준
③ 이해도 점수
④ 통화 공진 수준

해설) **통화 간섭 수준(Speech Interference Level)**
잡음이 통화 이해도(Speech Intelligibility)에 미치는 영향을 추정하는 하나의 지수이다. 잡음의 주파수별 분포가 평평할 경우 유용한 지표로서 500, 1,000, 2,000Hz에 중심을 둔 3옥타브 잡음 dB 수준의 평균치이다.

29 예비위험분석(PHA)에서 식별된 사고의 범주가 아닌 것은?

① 중대(critical)
② 한계적(marginal)
③ 파국적(catastrophic)
④ 수용 가능(acceptable)

해설) **PHA에 의한 위험등급**
- Class-1 : 파국(Catastrophic)[시스템 손상]
- Class-2 : 중대(Critical)[시스템 생존을 위해 즉시 시정조치 필요]
- Class-3 : 한계적(Marginal)[시스템 손상없이 배제 또는 제거 가능]
- Class-4 : 무시 가능(Negligible)[시스템 성능 손상 없음]

30 어떤 결함수를 분석하여 minimal cut set을 구한 결과 다음과 같았다. 각 기본사상의 발생확률은 q_i, i = 1, 2, 3이라 할 때, 정상사상의 발생확률함수로 적절한 것은?

$$k_1 = [1, 2], \ k_2 = [1, 3], \ k_3 = [2, 3]$$

① $q_1q_2 + q_1q_2 + q_2q_3$
② $q_1q_2 + q_1q_3 + q_2q_3$
③ $q_1q_2 + q_1q_3 + q_2q_3 - q_1q_2q_3$
④ $q_1q_2 + q_1q_3 + q_2q_3 - 2q_1q_2q_3$

정답 | 24 ① 25 ④ 26 ③ 27 ④ 28 ② 29 ④ 30 ④

해설
$$\begin{aligned}T &= 1-(1-q_1q_2)(1-q_1q_3)(1-q_2q_3)\\&= 1-(1-q_1q_2-q_2q_3+q_1q_2q_3)(1-q_1q_3)\\&= 1-(1-q_1q_2-q_1q_3+q_1q_2q_3-q_2q_3\\&\quad+q_1q_2q_3+q_1q_2q_3-q_1q_2q_3)\\&= q_1q_2+q_1q_3+q_2q_3-2q_1q_2q_3\end{aligned}$$

31 반사경 없이 모든 방향으로 빛을 발하는 점광원에서 3m 떨어진 곳의 조도가 300lx라면 2m 떨어진 곳에서 조도(lux)는?

① 375
② 675
③ 875
④ 975

해설 3m 떨어진 곳의 조도를 가지고 광속을 구하면
광속(lumen) = 조도 × (거리)^2
= 300lux × 3m^2
= 2,700lumen
따라서, 2m 떨어진 곳의 조도는
조도(lux) = $\dfrac{광속(lumen)}{거리(m)^2} = \dfrac{2,700}{(2)^2} = 675$ lux

32 근골격계부담작업의 범위 및 유해요인조사 방법에 관한 고시상 근골격계부담작업에 해당하지 않는 것은? (단, 상시작업을 기준으로 한다.)

① 하루에 10회 이상 25kg 이상의 물체를 드는 작업
② 하루에 총 2시간 이상 쪼그리고 앉거나 무릎을 굽힌 자세에서 이루어지는 작업
③ 하루에 총 2시간 이상 시간당 5회 이상 손 또는 무릎을 사용하여 반복적으로 충격을 가하는 작업
④ 하루에 4시간 이상 집중적으로 자료입력 등을 위해 키보드 또는 마우스를 조작하는 작업

해설 하루에 총 2시간 이상, 시간당 10회 이상 손 또는 무릎을 사용하여 반복적으로 충격을 가하는 작업이 근골격계부담작업에 해당한다.

33 시각적 식별에 영향을 주는 각 요소에 대한 설명 중 틀린 것은?

① 조도는 광원의 세기를 말한다.
② 휘도는 단위 면적당 표면에 반사 또는 방출되는 광량을 말한다.
③ 반사율은 물체의 표면에 도달하는 조도와 광도의 비를 말한다.
④ 광도 대비란 표적의 광도와 배경의 광도의 차이를 배경 광도로 나눈 값을 말한다.

해설 광원의 세기를 의미하는 것은 광도(단위 : cd)이다. 조도는 어떤 물체나 대상면에 도달하는 빛의 양, 밀도(단위 : lux)이다.

34 부품 배치의 원칙 중 기능적으로 관련된 부품들을 모아서 배치한다는 원칙은?

① 중요성의 원칙
② 사용 빈도의 원칙
③ 사용 순서의 원칙
④ 기능별 배치의 원칙

해설 기능별 배치의 원칙에서는 기능적으로 관련된 부품을 모아서 배치한다.

35 HAZOP 분석기법의 장점이 아닌 것은?

① 학습 및 적용이 쉽다.
② 기법 적용에 큰 전문성을 요구하지 않는다.
③ 짧은 시간에 저렴한 비용으로 분석이 가능하다.
④ 다양한 관점을 가진 팀 단위 수행이 가능하다.

해설 HAZOP(HAZard and Operability)
각각의 장비 또는 전체 설비에 대해 잠재된 위험 및 기능 저하, 실수가 미칠 수 있는 영향 등을 평가하기 위해서 공정이나 설계도 등에 체계적, 비판적 검토를 행하는 분석법이다. 각각의 장비 또는 전체 설비에 대한 공정, 설계 등을 검토하는 과정에서 시간 또는 비용이 많이 소요될 수 있다.

36 태양광이 내리쬐지 않는 옥내의 습구흑구온도지수(WBGT) 산출 식은?

① 0.6×자연습구온도+0.3×흑구온도
② 0.7×자연습구온도+0.3×흑구온도
③ 0.6×자연습구온도+0.4×흑구온도
④ 0.7×자연습구온도+0.4×흑구온도

해설 습구흑구온도 지수(WBGT)
1. 옥외(태양광선이 내리쬐는 장소)
WBGT = 0.7×자연습구온도(NWB)+0.2×흑구온도(GT)+0.1×건구온도(DB)
2. 옥내 또는 옥외(태양광선이 내리쬐지 않는 장소)
WBGT = 0.7×자연습구온도(NWB)+0.3×흑구온도(GT)

정답 | 31 ② 32 ③ 33 ① 34 ④ 35 ③ 36 ②

37 FTA에서 사용되는 논리게이트 중 입력과 반대되는 현상으로 출력되는 것은?

① 부정 게이트 ② 억제 게이트
③ 배타적 OR 게이트 ④ 우선적 AND 게이트

해설

기호	명칭	설명
$\overline{A}$	부정 게이트 (Not 게이트)	부정 모디파이어(Not modifier)라고도 하며 입력현상의 반대현상이 출력된다.

38 부품 고장이 발생하여도 기계가 추후 보수될 때까지 안전한 기능을 유지할 수 있도록 하는 기능은?

① fail-soft ② fail-active
③ fail-operational ④ fail-passive

해설 **Fail Safe 기능면 3단계(종류)**
- Fail Passive : 부품이 고장 나면 통상 기계는 정지상태로 옮겨간다.
- Fail Active : 부품이 고장 나면 기계는 경보음을 내면서 짧은 시간의 운전이 가능하다.
- Fail Operational : 부품이 고장 나더라도 기계는 다음의 보수가 이루어질 때까지 안전한 기능을 유지한다.

39 양립성의 종류가 아닌 것은?

① 개념의 양립성 ② 감성의 양립성
③ 운동의 양립성 ④ 공간의 양립성

해설 **양립성(Compatibility)의 종류**
1. 공간적 양립성
2. 운동적 양립성
3. 개념적 양립성

40 James Reason의 원인적 휴먼에러의 종류 중 다음 설명에 대한 휴먼에러의 종류는?

> 자동차가 우측 운행하는 한국의 도로에 익숙해진 운전자가 좌측 운행을 해야 하는 일본에서 우측 운행을 하다가 교통사고를 냈다.

① 고의 사고(Violation)
② 숙련 기반 에러(Skill based error)
③ 규칙 기반 착오(Rule based mistake)
④ 지식 기반 착오(Knowledge based mistake)

해설 상황에 대한 잘못된 규칙을 기억하고 있어 발생한 휴먼에러는 규칙 기반 착오(Rule based mistake)에 해당한다.
규칙 기반 착오(Rule based mistake)
잘못된 규칙을 기억하거나, 정확한 규칙이라도 상황에 맞지 않게 잘못 적용

3과목
기계·기구 및 설비 안전관리

41 산업안전보건법령상 사업주가 진동 작업을 하는 근로자에게 충분히 알려야 할 사항과 거리가 가장 먼 것은?

① 인체에 미치는 영향과 증상
② 진동기계·기구 관리방법
③ 보호구 선정과 착용방법
④ 진동 재해 시 비상연락체계

해설 **유해성 등의 주지(「안전보건규칙」 제519조)**
사업주는 근로자가 진동작업에 종사하는 경우에 다음 각 호의 사항을 근로자에게 충분히 알려야 한다.
1. 인체에 미치는 영향과 증상
2. 보호구의 선정과 착용방법
3. 진동 기계·기구 관리방법
4. 진동 장해 예방방법

42 산업안전보건법령상 크레인에 전용탑승 설비를 설치하고 근로자를 달아 올린 상태에서 작업에 종사시킬 경우 근로자의 추락 위험을 방지하기 위하여 실시해야 할 조치 사항으로 적합하지 않은 것은?

① 승차석 외의 탑승 제한
② 안전대 혹은 구명줄의 설치
③ 탑승설비의 하강 시 동력하강방법을 사용
④ 탑승설비가 뒤집히거나 떨어지지 않도록 필요한 조치

해설 **탑승의 제한(「안전보건규칙」 제86조 제1항)**
사업주는 크레인을 사용하여 근로자를 운반하거나 근로자를 달아 올린 상태에서 작업에 종사시켜서는 아니 된다. 다만, 크레인에 전용 탑승설비를 설치하고 추락 위험을 방지하기 위하여 다음 각 호의 조치를 한 경우에는 그러하지 아니하다.

정답 | 37 ① 38 ③ 39 ② 40 ③ 41 ④ 42 ①

1. 탑승설비가 뒤집히거나 떨어지지 않도록 필요한 조치를 할 것
2. 안전대나 구명줄을 설치하고, 안전난간을 설치할 수 있는 구조인 경우에는 안전난간을 설치할 것
3. 탑승설비를 하강시킬 때에는 동력하강 방법으로 할 것

43 연삭기에서 숫돌의 바깥지름이 150mm일 경우 평형 플랜지 지름은 몇 mm 이상이어야 하는가?

① 30
② 50
③ 60
④ 90

[해설] 플랜지의 지름은 숫돌 직경의 1/3 이상인 것이 적당하다.

$$D = \frac{150}{3} = 50mm \text{ 이상}$$

44 플레이너 작업 시의 안전대책이 아닌 것은?

① 베드 위에 다른 물건을 올려놓지 않는다.
② 바이트는 되도록 짧게 나오도록 설치한다.
③ 프레임 내의 피트(pit)에는 뚜껑을 설치한다.
④ 칩 브레이커를 사용하여 칩이 길게 되도록 한다.

[해설] 칩 브레이커(Chip Breaker)는 칩을 짧게 끊어지도록 하는 장치이다.

45 양중기 과부하방지장치의 일반적인 공통사항에 대한 설명 중 부적합한 것은?

① 과부하방지장치와 타 방호장치는 기능에 서로 장애를 주지 않도록 부착할 수 있는 구조이어야 한다.
② 방호장치의 기능을 변형 또는 보수할 때 양중기의 기능도 동시에 원활하게 작동하는 구조이며 정지해서는 안 된다.
③ 과부하방지장치에는 정상동작상태의 녹색 램프와 과부하 시 경고 표시를 할 수 있는 붉은색 램프와 경보음을 발하는 장치 등을 갖추어야 하며, 양중기 운전자가 확인할 수 있는 위치에 설치해야 한다.
④ 과부하방지장치 작동 시 경보음과 경보램프가 작동되어야 하며 양중기는 작동이 되지 않아야 한다. 다만, 크레인은 과부하 상태 해지를 위하여 권상된 만큼 권하시킬 수 있다.

[해설] 양중기 과부하방지장치 일반적인 성능기준
방호장치의 기능을 제거 또는 정지할 때 양중기의 기능도 동시에 정지할 수 있는 구조이어야 한다.

46 산업안전보건법령상 프레스 작업시작 전 점검해야 할 사항에 해당하는 것은?

① 와이어로프가 통하고 있는 곳 및 작업장소의 지반상태
② 하역장치 및 유압장치 기능
③ 권과방지장치 및 그 밖의 경보장치의 기능
④ 1행정 1정지기구 · 급정지장치 및 비상정지 장치의 기능

[해설] 프레스 작업 시 작업 전의 점검사항(「안전보건규칙」[별표 3])
1. 클러치 및 브레이크의 기능
2. 크랭크축 · 플라이휠 · 슬라이드 · 연결봉 및 연결 나사의 풀림 유무
3. 1행정 1정지기구 · 급정지장치 및 비상정지장치의 기능
4. 슬라이드 또는 칼날에 의한 위험방지 기구의 기능
5. 프레스의 금형 및 고정볼트 상태
6. 방호장치의 기능
7. 전단기의 칼날 및 테이블의 상태

47 방호장치를 분류할 때는 크게 위험장소에 대한 방호장치와 위험원에 대한 방호장치로 구분할 수 있는데, 다음 중 위험장소에 대한 방호장치가 아닌 것은?

① 격리형 방호장치
② 접근거부형 방호장치
③ 접근반응형 방호장치
④ 포집형 방호장치

[해설] 포집형 방호장치
목재가공기의 반발예방장치와 같이 위험장소에 설치하여 위험원이 비산하거나 튀는 것을 방지하는 등 작업자로부터 위험원을 차단하는 방호장치

48 산업안전보건법령상 목재가공용 기계에 사용되는 방호장치의 연결이 옳지 않은 것은?

① 둥근톱기계: 톱날접촉예방장치
② 띠톱기계: 날접촉예방장치
③ 모떼기기계: 날접촉예방장치
④ 동력식 수동대패기계: 반발예방장치

[해설] 대패기계의 날접촉예방장치(「안전보건규칙」 제109조)
사업주는 작업대상물이 수동으로 공급되는 동력식 수동대패기계에 날접촉예방장치를 설치하여야 한다.

정답 | 43 ② 44 ④ 45 ② 46 ④ 47 ④ 48 ④

49 다음 중 금속 등의 도체에 교류를 통한 코일을 접근시켰을 때, 결함이 존재하면 코일에 유기되는 전압이나 전류가 변하는 것을 이용한 검사방법은?

① 자분탐상검사
② 초음파탐상검사
③ 와류탐상검사
④ 침투형광탐상검사

[해설] **와류탐상검사**
코일을 이용하여 도체에 시간적으로 변화하는 자계(교류 등)를 걸어, 도체에 발생한 와전류가 결함 등에 의해 변화하는 것을 이용하여 결함을 검출하는 비파괴시험 방법

50 산업안전보건법령상에서 정한 양중기의 종류에 해당하지 않는 것은?

① 크레인[호이스트(hoist)를 포함한다]
② 도르래
③ 곤돌라
④ 승강기

[해설] 「안전보건규칙」 제132조 제1항
양중기란 다음 각 호의 기계를 말한다.
1. 크레인[호이스트(hoist)를 포함한다]
2. 이동식 크레인
3. 리프트(이삿짐운반용 리프트의 경우에는 적재하중이 0.1톤 이상인 것으로 한정한다)
4. 곤돌라
5. 승강기

51 롤러의 급정지를 위한 방호장치를 설치하고자 한다. 앞면 롤러 직경이 36cm이고, 분당회전속도가 50rpm이라면 급정지거리는 약 얼마 이내이어야 하는가? (단, 무부하동작에 해당한다.)

① 45cm
② 50cm
③ 55cm
④ 60cm

[해설] **롤러기의 급정지거리**

앞면 롤의 표면속도(m/min)	급정지거리
30 미만	앞면 롤 원주의 1/3
30 이상	앞면 롤 원주의 1/2.5

$V = \dfrac{\pi DN}{1,000} = \dfrac{\pi \times 360 \times 50}{1,000} = 56.55 \text{m/min}$

속도가 30m/min 이상이므로

급정지거리 $= \dfrac{앞면롤원주}{2.5} = \dfrac{\pi \times 360}{2.5}$
$= 452.4\text{mm} ≒ 45\text{cm}$

52 다음 중 금형 설치·해체작업의 일반적인 안전사항으로 틀린 것은?

① 고정볼트는 고정 후 가능하면 나사산을 3~4개 정도 짧게 남겨 슬라이드 면과의 사이에 협착이 발생하지 않도록 해야 한다.
② 금형 고정용 브래킷(물림판)을 고정시킬 때 고정용 브래킷은 수평이 되게 하고, 고정볼트는 수직이 되게 고정하여야 한다.
③ 금형을 설치하는 프레스의 T홈 안길이는 설치 볼트 직경 이하로 한다.
④ 금형의 설치용구는 프레스의 구조에 적합한 형태로 한다.

[해설] 금형을 설치하는 프레스의 T홈 안길이는 설치 볼트 직경의 2배 이상으로 한다.

53 산업안전보건법령상 보일러에 설치하는 압력방출장치에 대하여 검사 후 봉인에 사용되는 재료에 가장 적합한 것은?

① 납
② 주석
③ 구리
④ 알루미늄

[해설] **압력방출장치(안전밸브)의 설치**
제1항의 압력방출장치는 매년 1회 이상 국가교정업무 전담기관에서 교정을 받은 압력계를 이용하여 설정압력에서 압력방출장치가 적정하게 작동하는지를 검사한 후 납으로 봉인하여 사용하여야 한다.

54 슬라이드가 내려옴에 따라 손을 쳐내는 막대가 좌우로 왕복하면서 위험점으로부터 손을 보호하여 주는 프레스의 안전장치는?

① 수인식 방호장치
② 양손조작식 방호장치
③ 손쳐내기식 방호장치
④ 게이트 가드식 방호장치

[해설] **손쳐내기식 방호장치**
기계의 작동에 연동시켜 위험상태로 되기 전에 손을 위험 영역에서 밀어내거나 쳐냄으로써 위험을 배재하는 장치를 말한다.

55 산업안전보건법령에 따라 사업주는 근로자가 안전하게 통행할 수 있도록 통로에 얼마 이상의 채광 또는 조명시설을 하여야 하는가?

① 50럭스
② 75럭스
③ 90럭스
④ 100럭스

정답 | 49 ③ 50 ② 51 ① 52 ③ 53 ① 54 ③ 55 ②

해설 **통로의 조명(「안전보건규칙」 제21조)**
사업주는 근로자가 안전하게 통행할 수 있도록 통로에 75럭스 이상의 채광 또는 조명시설을 하여야 한다.

56 산업안전보건법령상 보일러의 방호장치와 가장 거리가 먼 것은?

① 언로드밸브 ② 압력방출장치
③ 압력제한스위치 ④ 고저수위 조절장치

해설 **보일러 안전장치의 종류(「안전보건규칙」 제119조)**
보일러의 폭발 사고를 예방하기 위하여 압력방출장치, 압력제한스위치, 고저수위 조절장치, 화염검출기 등의 기능이 정상적으로 작동될 수 있도록 유지·관리하여야 한다.

57 다음 중 롤러기 급정지장치의 종류가 아닌 것은?

① 어깨조작식 ② 손조작식
③ 복부조작식 ④ 무릎조작식

해설 **급정지장치 조작부의 위치**

급정지장치 조작부의 종류	위치
손으로 조작 (로프식)하는 것	밑면으로부터 1.8m 이하
복부로 조작하는 것	밑면으로부터 0.8m 이상 1.1m 이하
무릎으로 조작하는 것	밑면으로부터 0.4m 이상 0.6m 이하

58 산업안전보건법령에 따라 레버풀러(lever puller) 또는 체인블록(chain block)을 사용하는 경우 훅의 입구(hook mouth) 간격이 제조자가 제공하는 제품사양서 기준으로 몇 % 이상 벌어진 것은 폐기하여야 하는가?

① 3 ② 5
③ 7 ④ 10

해설 **레버풀리 또는 체인블록 사용 시 주의사항**
훅의 입구(Hook Mouth) 간격이 제조자가 제공하는 제품사양서 기준으로 10퍼센트 이상 벌어진 것은 폐기할 것

59 컨베이어(conveyor) 역전방지장치의 형식을 기계식과 전기식으로 구분할 때 기계식에 해당하지 않는 것은?

① 라쳇식 ② 밴드식
③ 스러스트식 ④ 롤러식

해설 스러스트 브레이크(Thrust Brake)는 브레이크 장치에 전기를 투입하여 유압으로 작동되는 방식의 브레이크를 말한다.
- 기계적 : 라쳇식, 롤러식, 밴드식 등
- 전기적 : 전기브레이크, 스러스트 브레이크 등

60 다음 중 연삭숫돌의 3요소가 아닌 것은?

① 결합제 ② 입자
③ 저항 ④ 기공

해설 **연삭숫돌의 3요소**
1. 숫돌입자(Abrasive Grain)
2. 결합제(Bond)
3. 기공

4과목
전기설비 안전관리

61 다음 (　) 안의 알맞은 내용을 나타낸 것은?

> 폭발성 가스의 폭발등급 측정에 사용되는 표준용기는 내용적이 (㉮)cm³, 반구상의 플렌지 접합면의 안길이 (㉯)mm의 구상용기의 틈새를 통과시켜 화염일주 한계를 측정하는 장치이다.

① ㉮ 600, ㉯ 0.4 ② ㉮ 1,800, ㉯ 0.6
③ ㉮ 4,500, ㉯ 8 ④ ㉮ 8,000, ㉯ 25

해설 폭발성 가스의 폭발등급 측정에 사용되는 표준용기는 내용적이 8,000cm³, 반구상의 플렌지 접합면의 안길이 25mm의 구상용기의 틈새를 통과시켜 화염일주 한계를 측정하는 장치이다.

정답 | 56 ① 57 ① 58 ④ 59 ③ 60 ③ 61 ④

62 다음 중 과부하 및 단락사고 시에 자동적으로 전로를 차단하는 장치는?

① OS
② VCB
③ MCCB
④ ACB

해설 MCCB
과부하나 단로 등의 이상상태 시 자동적으로 전류를 차단하는 기구

63 한국전기설비규정에 따라 보호등전위본딩 도체로서 주접지단자에 접속하기 위한 등전위본딩 도체(구리도체)의 단면적은 몇 mm² 이상이어야 하는가? (단, 등전위본딩 도체는 설비 내에 있는 가장 큰 보호접지 도체 단면적의 1/2 이상의 단면적을 가지고 있다.)

① 2.5
② 6
③ 16
④ 50

해설 한국전기설비규정에 따라 보호등전위본딩 도체로서 주접지단자에 접속하기 위한 등전위본딩 도체(구리도체)의 단면적은 6mm² 이상이어야 한다.

64 저압전로의 절연성능 시험에서 전로의 사용전압이 380V인 경우 전로의 전선 상호 간 및 전로와 대지 사이의 절연저항은 최소 몇 MΩ 이상이어야 하는가?

① 0.1
② 0.3
③ 0.5
④ 1

해설 개정 후 절연저항 기준

전로의 사용전압	DC 시험전압(V)	절연저항(MΩ)
SELV 및 PELV	250	0.5
FELV, 500V 이하	500	1
500V 초과	1,000	1

65 전격의 위험을 결정하는 주된 인자로 가장 거리가 먼 것은?

① 통전전류
② 통전시간
③ 통전경로
④ 접촉전압

해설
• 1차적 감전요소 : 통전전류의 크기, 통전경로, 통전시간, 전원의 종류
• 2차적 감전요소 : 인체의 조건(인체의 저항), 전압의 크기, 계절 등 주위환경

66 교류 아크용접기의 허용사용률(%)은? (단, 정격사용률은 10%, 2차 정격전류는 500A, 교류 아크용접기의 사용전류는 250A이다.)

① 30
② 40
③ 50
④ 60

해설 허용사용률 = 정격사용률 × $\left(\dfrac{경격2차\ 전류}{실제\ 용접전류}\right)^2$

$= 10 \times \left(\dfrac{500}{250}\right)^2 = 40\%$

67 내압방폭구조의 필요충분조건에 대한 사항으로 틀린 것은?

① 폭발화염이 외부로 유출되지 않을 것
② 습기침투에 대한 보호를 충분히 할 것
③ 내부에서 폭발한 경우 그 압력에 견딜 것
④ 외함의 표면온도가 외부의 폭발성 가스를 점화하지 않을 것

해설 내압방폭구조
1. 내부에서 폭발할 경우 그 압력에 견딜 것
2. 폭발화염이 외부로 유출되지 않을 것
3. 외함 표면온도가 주위의 가연성 가스에 점화하지 않을 것

68 다음 중 전동기를 운전하고자 할 때 개폐기의 조작순서로 옳은 것은?

① 메인 스위치 → 분전반 스위치 → 전동기용 개폐기
② 분전반 스위치 → 메인 스위치 → 전동기용 개폐기
③ 전동기용 개폐기 → 분전반 스위치 → 메인 스위치
④ 분전반 스위치 → 전동기용 스위치 → 메인 스위치

해설 전동기 운전 시 개폐기 조작순서
메인 스위치 → 분전반 스위치 → 전동기용 개폐기

69 다음 빈칸에 들어갈 내용으로 알맞은 것은?

> "교류 특고압 가공전선로에서 발생하는 극저주파 전자계는 지표상 1m에서 전계가 (ⓐ), 자계가 (ⓑ)가 되도록 시설하는 등 상시 정전유도 및 전자유도 작용에 의하여 사람에게 위험을 줄 우려가 없도록 시설하여야 한다."

① ⓐ 0.35kV/m 이하, ⓑ 0.833μT 이하
② ⓐ 3.5kV/m 이하, ⓑ 8.33μT 이하
③ ⓐ 3.5kV/m 이하, ⓑ 83.3μT 이하
④ ⓐ 35kV/m 이하, ⓑ 833μT 이하

해설) 교류 특고압 가공전선로에서 발생하는 극저주파 전자계는 지표상 1m에서 전계가 3.5kV/m 이하, 자계가 83.3μT 이하가 되도록 시설

70 감전사고를 방지하기 위한 방법으로 틀린 것은?

① 전기기기 및 설비의 위험부에 위험표지
② 전기설비에 대한 누전차단기 설치
③ 전기기에 대한 정격표시
④ 무자격자는 전기계 및 기구에 전기적인 접촉 금지

해설) ③은 기기보호를 위한 방법이다.

71 외부피뢰시스템에서 접지극은 지표면에서 몇 m 이상 깊이로 매설하여야 하는가? (단, 동결심도는 고려하지 않는 경우이다.)

① 0.5   ② 0.75
③ 1   ④ 1.25

해설) 외부피뢰시스템은 지표면에서 0.75m 이상 깊이로 매설하여야 한다. 다만, 필요에 따라 해당 지역의 동결심도를 고려한 깊이로 할 수 있다.

72 정전기의 재해방지 대책이 아닌 것은?

① 부도체에는 도전성을 향상시키거나 제전기를 설치 · 운영한다.
② 접촉 및 분리를 일으키는 기계적 작용으로 인한 정전기 발생을 적게 하기 위해서는 가능한 접촉 면적을 크게 하여야 한다.
③ 저항률이 $10^{10}Ω \cdot cm$ 미만인 도전성 위험물의 배관유속은 7m/s 이하로 한다.
④ 생산공정에 별다른 문제가 없다면, 습도를 70% 정도 유지하는 것도 무방하다.

해설) 접촉 및 분리를 일으키는 기계적 작용으로 인한 정전기 발생을 적게 하기 위해서는 가능한 접촉 면적을 작게 하여야 한다.

73 어떤 부도체에서 정전용량이 10pF이고, 전압이 5kV일 때 전하량(C)은?

① 9×10^{-12} ② 6×10^{-10}
③ 5×10^{-8} ④ 2×10^{-6}

해설) Q = CV
(Q : 전하량(C), C : 전하용량(F), V : 전압(V))
따라서 Q = CV = 10pF × 5kV이고
pF = 10^{-12}F, kV = 10^3V이므로
Q = 5×10^{-8}C

74 KS C IEC 60079-0에 따른 방폭에 대한 설명으로 틀린 것은?

① 기호 "X"는 방폭기기의 특정사용조건을 나타내는 데 사용되는 인증번호의 접미사이다.
② 인화하한(LFL)과 인화상한(UFL) 사이의 범위가 클수록 폭발성 가스 분위기 형성 가능성이 크다.
③ 기기그룹에 따라 폭발성가스를 분류할 때 ⅡA의 대표 가스로 에틸렌이 있다.
④ 연면거리는 두 도전부 사이의 고체 절연물 표면을 따른 최단 거리를 말한다.

해설) 에틸렌은 ⅡB의 대표 가스이다.
• ⅡA의 대표 가스 : 암모니아, 일산화탄소, 벤젠, 아세톤, 에탄올, 메탄올, 프로판
• ⅡB의 대표 가스 : 에틸렌, 부타디엔, 에틸렌옥사이드, 도시가스

정답 | 69 ③ 70 ③ 71 ② 72 ② 73 ③ 74 ③

75 다음 중 활선근접 작업 시의 안전조치로 적절하지 않은 것은?

① 근로자가 절연용 방호구의 설치·해체작업을 하는 경우에는 절연용 보호구를 착용하거나 활선작업용 기구 및 장치를 사용하도록 하여야 한다.
② 저압인 경우에는 해당 전기작업자가 절연용 보호구를 착용하되, 충전전로에 접촉할 우려가 없는 경우에는 절연용 방호구를 설치하지 아니할 수 있다.
③ 유자격자가 아닌 근로자가 근로자의 몸 또는 긴 도전성 물체가 방호되지 않은 충전전로에서 대지전압이 50kV 이하인 경우에는 400cm 이내로 접근할 수 없도록 하여야 한다.
④ 고압 및 특별고압의 전로에서 전기작업을 하는 근로자에게 활선작업용 기구 및 장치를 사용하여야 한다.

해설 │ 유자격자가 아닌 근로자가 충전전로 인근의 높은 곳에서 작업할 때에 근로자의 신체 또는 긴 도전성 물체가 방호되지 않은 충전전로에서 대지전압이 50kV 이하인 경우에는 300cm 이내로, 대지전압이 50kV를 넘는 경우에는 10kV당 10cm씩 더한 거리 이내로 각각 접근할 수 없도록 하여야 한다.

76 밸브 저항형 피뢰기의 구성요소로 옳은 것은?

① 직렬갭, 특성요소
② 병렬갭, 특성요소
③ 직렬갭, 충격요소
④ 병렬갭, 충격요소

해설 │ **피뢰기의 구성요소**
직렬갭+특성요소

77 정전기 제거 방법으로 가장 거리가 먼 것은?

① 작업장 바닥을 도전처리한다.
② 설비의 도체 부분은 접지시킨다.
③ 작업자는 대전방지화를 신는다.
④ 작업장을 항온으로 유지한다.

해설 │ 작업장 항온 유지와 정전기 제거는 관련이 없다.

78 인체의 전기저항을 0.5kΩ이라고 하면 심실세동을 일으키는 위험한계 에너지는 몇 J인가? (단, 심실세동전류값 $I = \dfrac{165}{\sqrt{T}}$ mA의 Dalziel의 식을 이용하며, 통전시간은 1초로 한다.)

① 13.6
② 12.6
③ 11.6
④ 10.6

해설
$$W = I^2RT = \left(\dfrac{165}{\sqrt{T}} \times 10^{-3}\right)^2 \times 500\,T$$
$$= (165^2 \times 10^{-6}) \times 500$$
$$= 13.6[W \cdot \sec] = 13.6[J]$$

79 다음 중 전기설비기술기준에 따른 전압의 구분으로 틀린 것은?

① 저압 : 직류 1kV 이하
② 고압 : 교류 1kV 초과 7kV 이하
③ 특고압 : 직류 7kV 초과
④ 특고압 : 교류 7kV 초과

해설 │ **전압의 구분 개정**

구분	KEC
저압	교류 : 1,000V 이하 직류 : 1,500V 이하
고압	교류 : 1,000V 초과 7kV 이하 직류 : 1,500V 초과 7kV 이하
특고압	7kV 초과

80 가스 그룹 ⅡB 지역에 설치된 내압방폭구조 "d" 장비의 플랜지 개구부에서 장애물까지의 최소 거리(mm)는?

① 10
② 20
③ 30
④ 40

해설 │ KS C IEC 60079-14, 가스그룹에 따른 내압방폭 평면 접합면 장애물과의 최소 거리

가스 그룹	최소 거리(mm)
ⅡA	10
ⅡB	30
ⅡC	40

정답 │ 75 ③ 76 ① 77 ④ 78 ① 79 ① 80 ③

5과목
화학설비 안전관리

81 다음 설명이 의미하는 것은?

> 온도, 압력 등 제어상태가 규정의 조건을 벗어나는 것에 의해 반응속도가 지수함수적으로 증대되고, 반응용기 내의 온도, 압력이 급격히 이상 상승되어 규정 조건을 벗어나고, 반응이 과격화되는 현상

① 비등
② 과열·과압
③ 폭발
④ 반응폭주

해설 반응폭주
온도, 압력 등 제어상태가 규정의 조건을 벗어나는 것에 의해 반응속도가 지수함수적으로 증대되고, 반응용기 내의 온도, 압력이 급격히 이상 상승되어 규정 조건을 벗어나고, 반응이 과격화되는 현상

82 다음 중 전기화재의 종류에 해당하는 것은?

① A급
② B급
③ C급
④ D급

해설 전기화재는 C급 화재이다.

83 다음 중 폭발범위에 관한 설명으로 틀린 것은?

① 상한값과 하한값이 존재한다.
② 온도에는 비례하지만, 압력과는 무관하다.
③ 가연성 가스의 종류에 따라 각각 다른 값을 갖는다.
④ 공기와 혼합된 가연성 가스의 체적 농도로 나타낸다.

해설 압력은 폭발하한계에 미치는 영향이 경미하나 폭발상한계에는 크게 영향을 준다. 보통의 경우 가스압력이 높아질수록 폭발범위가 넓어진다.

84 다음 표와 같은 혼합가스의 폭발범위(vol%)로 옳은 것은?

종류	용적비율 (vol%)	폭발하한계 (vol%)	폭발상한계 (vol%)
CH_4	70	5	15
C_2H_6	15	3	12.5
C_3H_8	5	2.1	9.5
C_4H_{10}	10	1.9	8.5

① 3.75~13.21
② 4.33~13.21
③ 4.33~15.22
④ 3.75~15.22

해설 $L = \dfrac{100}{\dfrac{V_1}{L_1} + \dfrac{V_2}{L_2} + \cdots + \dfrac{V_n}{L_n}}$ (순수한 혼합가스일 경우)

폭발범위의 하한값 $= \dfrac{100}{\dfrac{70}{5} + \dfrac{15}{3} + \dfrac{5}{2.1} + \dfrac{10}{1.9}} = 3.75$

폭발범위의 상한값 $= \dfrac{100}{\dfrac{70}{15} + \dfrac{15}{12.5} + \dfrac{5}{9.5} + \dfrac{10}{8.5}} = 13.21$

85 위험물을 저장·취급하는 화학설비 및 그 부속설비를 설치할 때 '단위공정시설 및 설비로부터 다른 단위공정시설 및 설비의 사이'의 안전거리는 설비의 바깥면으로부터 몇 m 이상이 되어야 하는가?

① 5
② 10
③ 15
④ 20

해설 단위공정시설 및 설비 사이는 외면으로부터 10m 이상의 안전거리를 두어야 한다.

86 열교환기의 열교환 능률을 향상시키기 위한 방법으로 거리가 먼 것은?

① 유체의 유속을 적절하게 조절한다.
② 유체의 흐르는 방향을 병류로 한다.
③ 열교환기 입구와 출구의 온도차를 크게 한다.
④ 열전도율이 좋은 재료를 사용한다.

해설 유체의 흐르는 방향을 병류로 할 때, 열교환기의 열교환 능률은 향상되지 않는다.

정답 | 81 ④ 82 ③ 83 ② 84 ① 85 ② 86 ②

87 다음 중 인화성 물질이 아닌 것은?

① 디에틸에테르　② 아세톤
③ 에틸알코올　④ 과염소산칼륨

[해설] 과염소산칼륨은 위험물 안전관리법에 따라 제1류 위험물(산화성고체)에 해당하며 제1류 위험물은 열분해 시 산소를 발생시킨다.

88 산업안전보건법령상 위험물질의 종류에서 "폭발성 물질 및 유기과산화물"에 해당하는 것은?

① 리튬　② 아조화합물
③ 아세틸렌　④ 셀룰로이드류

[해설] 아조화합물은 산업안전보건법령상 위험물질의 종류에서 "폭발성 물질 및 유기과산화물"에 해당한다.

89 건축물 공사에 사용되고 있으나, 불에 타는 성질이 있어서 화재 시 유독한 시안화수소 가스가 발생되는 물질은?

① 염화비닐　② 염화에틸렌
③ 메타크릴산메틸　④ 우레탄

[해설] 우레탄은 건축물 공사에 사용되고 있으나, 불에 타는 성질이 있어서 화재 시 유독한 시안화수소 가스가 발생된다.

90 반응기를 설계할 때 고려하여야 할 요인으로 가장 거리가 먼 것은?

① 부식성　② 상의 형태
③ 온도 범위　④ 중간생성물의 유무

[해설] 중간생성물의 유무는 반응기를 설계할 때의 고려사항과는 거리가 멀다.

91 에틸알코올 1몰이 완전 연소 시 생성되는 CO_2와 H_2O의 몰수로 옳은 것은?

① CO_2 : 1, H_2O : 4　② CO_2 : 2, H_2O : 3
③ CO_2 : 3, H_2O : 2　④ CO_2 : 4, H_2O : 1

[해설] 에틸알코올의 분자식 : C_2H_5OH
따라서 에틸알코올의 완전연소식은 다음과 같이 세울 수 있다.
$C_2H_5OH + x\,O_2 \to a\,CO_2 + b\,H_2O$
연소식의 계수를 구하면, a=2, b=3, x=3이므로
에틸알코올의 완전연소식은
$C_2H_5OH + 3O_2 \to 2CO_2 + 3H_2O$
따라서, 에틸알코올 1몰이 완전연소할 때 생성되는 CO_2는 2몰 H_2O는 3몰이다.

92 산업안전보건법령상 각 물질이 해당하는 위험물질의 종류를 옳게 연결한 것은?

① 아세트산(농도 90%) – 부식성 산류
② 아세톤(농도 90%) – 부식성 염기류
③ 이황화탄소 – 인화성 가스
④ 수산화칼륨 – 인화성 가스

[해설] 부식성 물질(「안전보건규칙」[별표 1] 제6호)

구분	물질
부식성 산류	• 농도 20퍼센트 이상인 염산(HCl), 황산(H_2SO_4), 질산(HNO_3) 그 밖에 이와 동등 이상의 부식성을 가지는 물질 • 농도 60퍼센트 이상인 인산, 아세트산, 불산, 기타 이와 동등 이상의 부식성을 가지는 물질
부식성 염기류	• 농도 40퍼센트 이상인 수산화나트륨, 수산화칼륨 그 밖에 이와 동등 이상의 부식성을 가지는 염기류

93 물과의 반응으로 유독한 포스핀 가스를 발생하는 것은?

① HCl　② NaCl
③ Ca_3P_2　④ $Al(OH)_3$

[해설] 인화칼슘(Ca_3P_2)은 금수성 물질로 물(H_2O)과 반응하여 유독성 가스인 포스핀(PH_3)을 발생시킨다.

94 분진폭발의 요인을 물리적 인자와 화학적 인자로 분류할 때 화학적 인자에 해당하는 것은?

① 연소열　② 입도분포
③ 열전도율　④ 입자의 형성

[해설] 분진폭발요인의 화학적 인자로는 연소열, 산화속도 등이 있다.

95 메탄올에 관한 설명으로 틀린 것은?

① 무색투명한 액체이다.
② 비중은 1보다 크고, 증기는 공기보다 가볍다.
③ 금속나트륨과 반응하여 수소를 발생한다.
④ 물에 잘 녹는다.

[해설] 메탄올의 비중은 0.79로 1보다 작다.

정답 | 87 ④ 88 ② 89 ④ 90 ④ 91 ② 92 ① 93 ③ 94 ① 95 ②

96 다음 중 자연발화가 쉽게 일어나는 조건으로 틀린 것은?

① 주위온도가 높을수록
② 열 축적이 클수록
③ 적당량의 수분이 존재할 때
④ 표면적이 작을수록

해설 열전도율이 작을수록, 고온 다습할수록, 표면적이 클수록, 통풍이 안 될수록, 발열량이 크고 열 축적이 클수록 자연발화가 쉽게 발생할 수 있다.

97 다음 중 인화점이 가장 낮은 것은?

① 벤젠
② 메탄올
③ 이황화탄소
④ 경유

해설 인화점은 가연성 증기를 발생하는 액체 또는 고체가 공기 중에서 점화원에 의해 표면 부근에서 연소하기에 충분한 농도(폭발하한계)를 발생시키는 최저의 온도로 정의하며, 일반적으로 분자구조가 간단하고 분자량이 낮을수록 인화점은 낮아진다.

98 자연발화성을 가진 물질이 자연발화를 일으키는 원인으로 거리가 먼 것은?

① 분해열
② 증발열
③ 산화열
④ 중합열

해설 증발열은 어떤 물질이 기화할 때 외부로부터 흡수하는 열량이다. 이 열이 클수록 주변에서 더 많은 열을 빼앗으므로 주위의 온도를 낮추게 된다. 이는 냉각현상에 응용된다.

99 비점이 낮은 가연성 액체 저장탱크 주위에 화재가 발생했을 때 저장탱크 내부의 비등현상으로 인한 압력 상승으로 탱크가 파열되어 그 내용물이 증발, 팽창하면서 발생되는 폭발현상은?

① Back Draft
② BLEVE
③ Flash Over
④ UVCE

해설 BLEVE(Boiling Liquid Expanding Vapour Explosion, 비등액 팽창 증기폭발)
비점이 낮은 액체 저장탱크 주위에 화재가 발생했을 때 저장탱크 내부의 비등현상으로 인한 압력 상승으로 탱크가 파열되어 그 내용물이 증발, 팽창하면서 발생되는 폭발현상

100 사업주는 산업안전보건법령에서 정한 설비에 대해서는 과압에 따른 폭발을 방지하기 위하여 안전밸브 등을 설치하여야 한다. 다음 중 이에 해당하는 설비가 아닌 것은?

① 원심펌프
② 정변위 압축기
③ 정변위 펌프(토출축에 차단밸브가 설치된 것만 해당한다.)
④ 배관(2개 이상의 밸브에 의하여 차단되어 대기온도에서 액체의 열팽창에 의하여 파열될 우려가 있는 것으로 한정한다.)

해설 산업안전보건법상 원심펌프는 안전밸브의 설치 대상이 아니다.

6과목
건설공사 안전관리

101 유해 · 위험방지계획서 제출 시 첨부서류로 옳지 않은 것은?

① 공사현장의 주변 현황 및 주변과의 관계를 나타내는 도면
② 공사개요서
③ 전체공정표
④ 작업 인부의 배치를 나타내는 도면 및 서류

해설 유해 · 위험방지계획서 제출 시 첨부서류
1. 공사개요
2. 안전보건관리계획
   - 산업안전보건관리비 사용계획
   - 안전관리조직표, 안전 · 보건교육계획
   - 개인보호구 지급계획
   - 재해발생 위험 시 연락 및 대피방법
3. 작업공종별 유해 · 위험방지계획

102 추락 재해방지 설비 중 근로자의 추락재해를 방지할 수 있는 설비로 작업발판 설치가 곤란한 경우에 필요한 설비는?

① 경사로
② 추락방호망
③ 고장사다리
④ 달비계

해설 추락방호망은 작업발판 설치가 곤란한 경우에 필요한 설비에 해당된다.

정답 | 96 ④ 97 ③ 98 ② 99 ② 100 ① 101 ④ 102 ②

103 건설업 산업안전보건관리비 계상 및 사용기준에 따른 안전관리비의 개인보호구 및 안전장구 구입비 항목에서 안전관리비로 사용이 가능한 경우는?

① 안전·보건관리자가 선임되지 않은 현장에서 안전·보건업무를 담당하는 현장관계자용 무전기, 카메라, 컴퓨터, 프린터 등 업무용 기기
② 혹한·혹서에 장기간 노출로 인해 건강장해를 일으킬 우려가 있는 경우 특정 근로자에게 지급되는 기능성 보호 장구
③ 근로자에게 일률적으로 지급하는 보냉·보온장구
④ 감리원이나 외부에서 방문하는 인사에게 지급하는 보호구

해설 혹한·혹서에 장기간 노출로 인해 건강장해를 일으킬 우려가 있는 경우 특정 근로자에게 지급되는 기능성 보호 장구는 산업안전보건관리비로 사용 가능하다.

104 가설통로의 설치기준으로 옳지 않은 것은?

① 경사가 15°를 초과하는 때에는 미끄러지지 않는 구조로 한다.
② 건설공사에 사용하는 높이 8m 이상인 비계다리에는 7m 이내마다 계단참을 설치한다.
③ 수직갱에 가설된 통로의 길이가 15m 이상일 경우에는 15m 이내마다 계단참을 설치한다.
④ 추락의 위험이 있는 장소에는 안전난간을 설치한다.

해설 수직갱에 가설된 통로의 길이가 15m 이상인 경우에는 10m 이내마다 계단참을 설치한다.

105 비계의 높이가 2m 이상인 작업장소에 작업발판을 설치할 경우 준수하여야 할 기준으로 옳지 않은 것은?

① 작업발판의 폭은 30cm 이상으로 한다.
② 발판재료 간의 틈은 3cm 이하로 한다.
③ 추락의 위험성이 있는 장소에는 안전난간을 설치한다.
④ 발판재료는 뒤집히거나 떨어지지 않도록 2개 이상의 지지물에 연결하거나 고정시킨다.

해설 작업발판의 폭은 40cm 이상으로 한다.

106 가설구조물의 문제점으로 옳지 않은 것은?

① 도괴재해의 가능성이 크다.
② 추락재해 가능성이 크다.
③ 부재의 결합이 간단하나 연결부가 견고하다.
④ 구조물이라는 통상의 개념이 확고하지 않으며 조립의 정밀도가 낮다.

해설 가설재는 연결부가 견고하지 못하다.

107 거푸집 해체작업 시 유의사항으로 옳지 않은 것은?

① 일반적으로 수평부재의 거푸집은 연직부재의 거푸집보다 빨리 떼어낸다.
② 해체된 거푸집이나 각목 등에 박혀있는 못 또는 날카로운 돌출물은 즉시 제거하여야 한다.
③ 상하 동시 작업은 원칙적으로 금지하여 부득이한 경우에는 긴밀히 연락을 취하며 작업을 하여야 한다.
④ 거푸집 해체작업장 주위에는 관계자를 제외하고는 출입을 금지시켜야 한다.

해설 일반적으로 수평부재의 거푸집은 연직부재의 거푸집보다 늦게 떼어낸다.

108 법면 붕괴에 의한 재해 예방조치로서 옳은 것은?

① 지표수와 지하수의 침투를 방지한다.
② 법면의 경사를 증가시킨다.
③ 절토 및 성토 높이를 증가시킨다.
④ 토질의 상태와 관계없이 구배조건을 일정하게 한다.

해설 법면 붕괴를 방지하기 위해서는 지표수와 지하수의 침투를 방지해야 한다.

109 취급·운반의 원칙으로 옳지 않은 것은?

① 운반 작업을 집중하여 시킬 것
② 생산을 최고로 하는 운반을 생각할 것
③ 곡선 운반을 할 것
④ 연속 운반을 할 것

해설 직선 운반해야 한다.

정답 | 103 ② 104 ③ 105 ① 106 ③ 107 ① 108 ① 109 ③

110 철골작업 시 철골부재에서 근로자가 수직방향으로 이동하는 경우에 설치하여야 하는 고정된 승강로의 최대 답단 간격은 얼마 이내인가?

① 20cm ② 25cm
③ 30cm ④ 40cm

해설) 고정된 승강로의 최대 답단 간격은 30cm 이내이다.

111 재해사고를 방지하기 위하여 크레인에 설치된 방호장치로 옳지 않은 것은?

① 공기정화장치 ② 비상정지장치
③ 제동장치 ④ 권과방지장치

해설) 공기정화장치는 방호장치에 해당하지 않는다.

112 작업장 출입구 설치 시 준수해야 할 사항으로 옳지 않은 것은?

① 출입구의 위치·수 및 크기가 작업장의 용도와 특성에 맞도록 한다.
② 출입구에 문을 설치하는 경우에는 근로자가 쉽게 열고 닫을 수 있도록 한다.
③ 주된 목적이 하역운반기계용인 출입구에는 보행자용 출입구를 따로 설치하지 않는다.
④ 계단이 출입구와 바로 연결된 경우에는 작업자의 안전한 통행을 위하여 그 사이에 1.2m 이상 거리를 두거나 안내표지 또는 비상벨 등을 설치한다.

해설) 하역운반기계용인 출입구에는 보행자용 출입구를 따로 설치해야 한다.

113 옥외에 설치되어 있는 주행크레인에 대하여 이탈방지장치를 작동시키는 등 그 이탈을 방지하기 위한 조치를 하여야 하는 순간풍속에 대한 기준으로 옳은 것은?

① 순간풍속이 초당 10m를 초과하는 바람이 불어올 우려가 있는 경우
② 순간풍속이 초당 20m를 초과하는 바람이 불어올 우려가 있는 경우
③ 순간풍속이 초당 30m를 초과하는 바람이 불어올 우려가 있는 경우
④ 순간풍속이 초당 40m를 초과하는 바람이 불어올 우려가 있는 경우

해설) 순간풍속이 초당 30m를 초과하는 바람이 불어올 우려가 있는 경우 옥외에 설치되어 있는 주행크레인에 대하여 이탈방지장치를 작동시키는 등 그 이탈을 방지하기 위한 조치를 하여야 한다.

114 지반 등의 굴착작업 시 연암의 굴착면 기울기로 옳은 것은?

① 1 : 0.3 ② 1 : 0.5
③ 1 : 0.8 ④ 1 : 1.0

해설) 연암의 경우 1 : 0.5에 해당한다.

115 사면지반 개량공법으로 옳지 않은 것은?

① 전기 화학적 공법 ② 석회 안정처리 공법
③ 이온 교환 방법 ④ 옹벽 공법

해설) 옹벽은 사면지반 개량공법에 해당하지 않는다.

116 흙막이벽 근입깊이를 깊게 하고, 전면의 굴착부분을 남겨두어 흙의 중량으로 대항하게 하거나, 굴착예정부분의 일부를 미리 굴착하여 기초콘크리트를 타설하는 등의 대책과 가장 관계가 깊은 것은?

① 파이핑현상이 있을 때
② 히빙현상이 있을 때
③ 지하수위가 높을 때
④ 굴착깊이가 깊을 때

해설) 히빙현상이 있을 때의 대책에 해당한다.

정답 | 110 ③ 111 ① 112 ③ 113 ③ 114 ② 115 ④ 116 ②

117 사다리식 통로 등을 설치하는 경우 통로 구조로서 옳지 않은 것은?

① 발판의 간격은 일정하게 한다.
② 발판과 벽과의 사이는 15cm 이상의 간격을 유지한다.
③ 사다리의 상단은 걸쳐놓은 지점으로부터 60cm 이상 올라가도록 한다.
④ 폭은 40cm 이상으로 한다.

[해설] 사다리식 통로 등을 설치하는 경우 폭은 30cm 이상으로 한다.

118 콘크리트 타설작업을 하는 경우에 준수해야 할 사항으로 옳지 않은 것은?

① 당일의 작업을 시작하기 전에 해당 작업에 관한 거푸집 동바리 등의 변형·변위 및 지반의 침하 유무 등을 점검하고 이상이 있으면 보수한다.
② 작업 중에는 거푸집 동바리 등의 변형·변위 및 침하 유무 등을 감시할 수 있는 감시자를 배치하여 이상이 있으면 작업을 빠른 시간 내 우선 완료하고 근로자를 대피시킨다.
③ 콘크리트 타설작업 시 거푸집붕괴의 위험이 발생할 우려가 있으면 충분한 보강조치를 한다.
④ 콘크리트를 타설하는 경우에는 편심이 발생하지 않도록 골고루 분산하여 타설한다.

[해설] 작업 중에는 거푸집 동바리 등의 변형·변위 및 침하 유무 등을 감시할 수 있는 감시자를 배치하여 이상이 있으면 작업을 중지하고 근로자를 대피시켜야 한다.

119 건설작업장에서 근로자가 상시 작업하는 장소의 작업면 조도기준으로 옳지 않은 것은? (단, 갱내 작업장과 감광재료를 취급하는 작업장의 경우는 제외한다.)

① 초정밀작업 : 600럭스(lux) 이상
② 정밀작업 : 300럭스(lux) 이상
③ 보통작업 : 150럭스(lux) 이상
④ 초정밀, 정밀, 보통작업을 제외한 기타 작업 : 75럭스(lux) 이상

[해설] 초정밀작업의 경우 작업면의 조도를 750럭스(lux) 이상으로 설정하여야 한다.

120 강관틀비계를 조립하여 사용하는 경우 준수해야 할 기준으로 옳지 않은 것은?

① 수직방향으로 6m, 수평방향으로 8m 이내마다 벽이음을 할 것
② 높이가 20m를 초과하거나 중량물의 적재를 수반하는 작업을 할 경우에는 주틀 간의 간격을 2.4m 이하로 할 것
③ 길이가 띠장 방향으로 4m 이하이고 높이가 10m를 초과하는 경우에는 10m 이내마다 띠장 방향으로 버팀기둥을 설치할 것
④ 주틀 간에 교차 가새를 설치하고 최상층 및 5층 이내마다 수평재를 설치할 것

[해설] 높이가 20m를 초과하거나 중량물의 적재수를 수반하는 작업을 할 경우에는 주틀 간의 간격을 1.8m 이하로 하여야 한다.

정답 | 117 ④ 118 ② 119 ① 120 ②

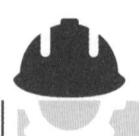

부록

2022년 2회

1과목
산업재해 예방 및 안전보건교육

01 매슬로우(Maslow)의 인간의 욕구단계 중 5번째 단계에 속하는 것은?

① 안전 욕구
② 존경의 욕구
③ 사회적 욕구
④ 자아실현의 욕구

해설 매슬로우의 욕구단계이론 중 자아실현의 욕구(제5단계)는 잠재적인 능력을 실현하고자 하는 욕구(성취욕구)이다.

02 A 사업장의 현황이 다음과 같을 때 이 사업장의 강도율은?

- 근로자수 : 500명
- 연근로시간수 : 2,400시간
- 신체장해등급
  - 2급 : 3명
  - 10급 : 5명
- 의사의 진단에 의한 휴업일수 : 1,500일

① 0.22
② 2.22
③ 22.28
④ 222.88

해설
- 강도율 = $\dfrac{\text{근로손실일수}}{\text{연근로시간수}} \times 1,000$
- 근로손실일수
  - 사망 및 영구 전노동 불능(장애등급 1~3급) : 7,500일
  - 영구 일부노동 불능(4~14등급)

등급	4	5	6	7	8	9	10	11	12	13	14
일수	5500	4000	3000	2200	1500	1000	600	400	200	100	50

- 일시 전노동 불능(의사의 진단에 따라 일정기간 노동에 종사할 수 없는 상해)

  휴직일수 × $\dfrac{300}{365}$

- 연근로시간수 = 실근로자수 × 근로자 1인당 연간 근로시간 수
- 근로손실일 수 = 1,500 × (300/365) + 7,500 × 3 + 600 × 5
- 연근로총시간 = 500 × 2,400

  따라서 강도율은

  $\dfrac{1,500 \times \dfrac{300}{365} + 7,500 \times 3 + 600 \times 5}{500 \times 2,400} \times 1,000 ≒ 22.28$

03 보호구 자율안전확인 고시상 자율안전확인 보호구에 표시하여야 하는 사항을 모두 고른 것은?

| ㄱ. 모델명 | ㄴ. 제조번호 |
| ㄷ. 사용 기한 | ㄹ. 자율안전확인 번호 |

① ㄱ, ㄴ, ㄷ
② ㄱ, ㄴ, ㄹ
③ ㄱ, ㄷ, ㄹ
④ ㄴ, ㄷ, ㄹ

해설 **자율안전확인 제품 표시사항**
1. 형식 또는 모델명
2. 규격 또는 등급
3. 제조자명
4. 제조번호 및 제조연월
5. 자율안전확인 번호

04 학습지도의 형태 중 참가자에게 일정한 역할을 주어 실제적으로 연기를 시켜봄으로써 자기의 역할을 보다 확실히 인식시키는 방법은?

① 포럼(Forum)
② 심포지엄(Symposium)
③ 롤 플레잉(Role playing)
④ 사례연구법(Case study method)

해설 롤 플레잉(Role Playing) : 작업 전 5분간 미팅의 시나리오를 작성하여 그 시나리오를 보고 멤버들이 연기함으로써 체험학습을 시키는 것

정답 | 01 ④ 02 ③ 03 ② 04 ③

05 보호구 안전인증 고시상 전로 또는 평로 등의 작업 시 사용하는 방열두건의 차광도 번호는?

① #2~#3
② #3~#5
③ #6~#8
④ #9~#11

[해설] 보호구 안전인증 고시[별표 8] 방열복의 성능기준에 따른 방열두건의 사용 구분

차광도 번호	사용 구분
#2~#3	고로강판가열로, 조괴(造塊) 등의 작업
#3~#5	전로 또는 평로 등의 작업
#6~#8	전기로의 작업

06 산업재해의 분석 및 평가를 위하여 재해발생 건수 등의 추이에 대해 한계선을 설정하여 목표 관리를 수행하는 재해통계 분석기법은?

① 관리도
② 안전 T점수
③ 파레토도
④ 특성 요인도

[해설] **재해의 통계적 원인분석방법**

관리도(Control Chart) : 재해발생 건수 등의 추이를 파악하여 목표관리를 행하는 데 필요한 월별 재해발생수를 그래프화하여 관리선을 설정 관리하는 방법

07 산업안전보건법령상 안전보건관리규정 작성 시 포함되어야 하는 사항을 모두 고른 것은? (단, 그 밖에 안전 및 보건에 관한 사항은 제외한다.)

ㄱ. 안전보건교육에 관한 사항
ㄴ. 재해사례 연구 · 토의결과에 관한 사항
ㄷ. 사고 조사 및 대책 수립에 관한 사항
ㄹ. 작업장의 안전 및 보건 관리에 관한 사항
ㅁ. 안전 및 보건에 관한 관리조직과 그 직무에 관한 사항

① ㄱ, ㄴ, ㄷ, ㄹ
② ㄱ, ㄴ, ㄹ, ㅁ
③ ㄱ, ㄷ, ㄹ, ㅁ
④ ㄴ, ㄷ, ㄹ, ㅁ

[해설] **안전보건관리규정의 작성 내용**
1. 안전 및 보건에 관한 관리조직과 그 직무에 관한 사항
2. 안전보건교육에 관한 사항
3. 작업장의 안전 및 보건 관리에 관한 사항
4. 사고 조사 및 대책 수립에 관한 사항
5. 그 밖에 안전 및 보건에 관한 사항

08 억측판단이 발생하는 배경으로 볼 수 없는 것은?

① 정보가 불확실할 때
② 타인의 의견에 동조할 때
③ 희망적인 관측이 있을 때
④ 과거에 성공한 경험이 있을 때

[해설] **억측판단이 발생하는 배경**
1. 희망적인 관측 : '그때도 그랬으니까 괜찮겠지'하는 관측
2. 정보나 지식의 불확실 : 위험에 대한 정보의 불확실 및 지식의 부족
3. 과거의 선입관 : 과거에 그 행위로 성공한 경험의 선입관
4. 초조한 심정 : 일을 빨리 끝내고 싶은 초조한 심정

09 하인리히의 사고예방원리 5단계 중 교육 및 훈련의 개선, 인사조정, 안전관리규정 및 수칙의 개선 등을 행하는 단계는?

① 사실의 발견
② 분석 평가
③ 시정방법의 선정
④ 시정방법의 적용

[해설] **하인리히의 사고예방원리 5단계**
- 제1단계 : 안전관리의 조직(안전 목표 설정, 안전관리자 선임, 안전 조직 구성)
- 제2단계 : 사실의 발견(현상파악) 작업분석, 사고조사, 안전진단제
- 제3단계 : 분석평가(사고원인 및 경향성 분석, 작업공정 분석)
- 제4단계 : 시정방법의 선정(교육 및 훈련의 개선, 인사조정, 안전 관리규정 및 수칙의 개선)
- 제5단계 : 시정방법의 적용(안전교육, 안전기술, 안전독려)

10 재해예방의 4원칙에 대한 설명으로 틀린 것은?

① 재해발생은 반드시 원인이 있다.
② 손실과 사고와의 관계는 필연적이다.
③ 재해는 원인을 제거하면 예방이 가능하다.
④ 재해를 예방하기 위한 대책은 반드시 존재한다.

[해설] 손실우연의 원칙에 따르면 재해손실은 사고 발생 시 사고대상의 조건에 따라 달라지므로 한 사고의 결과로서 생긴 재해손실은 우연성에 의해서 결정된다.

정답 | 05 ② 06 ① 07 ③ 08 ② 09 ③ 10 ②

11 산업안전보건법령상 안전보건진단을 받아 안전보건개선계획의 수립 및 명령을 할 수 있는 대상이 아닌 것은?

① 유해인자의 노출기준을 초과한 사업장
② 산업재해율이 같은 업종 평균 산업재해율의 2배 이상인 사업장
③ 사업주가 필요한 안전조치 또는 보건조치를 이행하지 아니하여 중대재해가 발생한 사업장
④ 상시근로자 1천명 이상인 사업장에서 직업성 질병자가 연간 2명 이상 발생한 사업장

[해설] 안전보건진단을 받아 안전보건개선계획을 수립할 대상
1. 산업재해율이 같은 업종 평균 산업재해율의 2배 이상인 사업장
2. 사업주가 필요한 안전조치 또는 보건조치를 이행하지 아니하여 중대재해가 발생한 사업장
3. 직업성 질병자가 연간 2명 이상(상시근로자 1천명 이상 사업장의 경우 3명 이상) 발생한 사업장
4. 유해인자의 노출기준을 초과한 사업장
5. 그 밖에 작업환경 불량, 화재·폭발 또는 누출 사고 등으로 사업장 주변까지 피해가 확산된 사업장으로서 고용노동부령으로 정하는 사업장

12 버드(Bird)의 재해분포에 따라 20건의 경상(물적, 인적 상해)사고가 발생했을 때 무상해·무사고(위험순간) 고장 발생 건수는?

① 200   ② 600
③ 1,200   ④ 12,000

[해설] 버드의 법칙
1 : 10 : 30 : 600
- 1 : 중상 또는 폐질
- 10 : 경상(인적, 물적 상해)
- 30 : 무상해사고(물적 손실 발생)
- 600 : 무상해, 무사고 고장(위험순간)
∴ 무상해·무사고(위험순간) : 경상 = 600 : 10, 20건의 경상 발생 시 무상해·무사고(위험순간)은 1,200건(600×2)

13 산업안전보건법령상 거푸집 동바리의 조립 또는 해체작업 시 특별교육 내용이 아닌 것은? (단, 그 밖에 안전·보건관리에 필요한 사항은 제외한다.)

① 비계의 조립순서 및 방법에 관한 사항
② 조립 해체 시의 사고 예방에 관한 사항
③ 동바리의 조립방법 및 작업 절차에 관한 사항
④ 조립재료의 취급방법 및 설치기준에 관한 사항

[해설] 거푸집 동바리의 조립 또는 해체작업 시 특별교육
- 동바리의 조립방법 및 작업 절차에 관한 사항
- 조립재료의 취급방법 및 설치기준에 관한 사항
- 조립 해체 시의 사고 예방에 관한 사항
- 보호구 착용 및 점검에 관한 사항
- 그 밖에 안전·보건관리에 필요한 사항

14 산업안전보건법령상 다음의 안전보건표지 중 기본모형이 다른 것은?

① 위험장소 경고   ② 레이저 광선 경고
③ 방사성 물질 경고   ④ 부식성 물질 경고

[해설] ①~③의 표지는 기본모형이 삼각형, ④는 기본모형이 사각형으로 구성되어 있다.

15 학습정도(Level of learning)의 4단계를 순서대로 나열한 것은?

① 인지 → 이해 → 지각 → 적용
② 인지 → 지각 → 이해 → 적용
③ 지각 → 이해 → 인지 → 적용
④ 지각 → 인지 → 이해 → 적용

[해설] 학습정도의 4단계
1. 인지 : ~을 인지하여야 한다.
2. 지각 : ~을 알아야 한다.
3. 이해 : ~을 이해하여야 한다.
4. 적용 : ~을 ~에 적용할 줄 알아야 한다.

16 기업 내 정형교육 중 TWI(Training Within Industry)의 교육내용이 아닌 것은?

① Job Method Training
② Job Relation Training
③ Job Instruction Training
④ Job Standardization Training

[해설] TWI(Training Within Industry)
주로 관리감독자를 대상으로 하며 전체 교육시간은 10시간(1일 2시간씩 5일 교육)으로 실시한다. 한 그룹에 10명 내외로 토의법과 실연법 중심으로 강의가 실시되며 훈련의 종류는 다음과 같다.
- 작업지도훈련(JIT ; Job Instruction Training)
- 작업방법훈련(JMT ; Job Method Training)
- 인간관계훈련(JRT ; Job Relations Training)
- 작업안전훈련(JST ; Job Safety Training)

정답 | 11 ④ 12 ③ 13 ① 14 ④ 15 ② 16 ④

17 레빈(Lewin)의 법칙 $B = f(P \cdot E)$ 중 B가 의미하는 것은?

① 행동 ② 경험
③ 환경 ④ 인간관계

해설 $B = f(P \cdot E)$
여기서, B : Behavior(인간의 행동)
f : Function(함수관계)
P : Person(개체 : 연령, 경험, 심신상태, 성격, 지능 등)
E : Environment(심리적 환경 : 인간관계, 작업조건, 감독, 직무의 안정 등)

18 재해 원인을 직접 원인과 간접 원인으로 분류할 때 직접원인에 해당하는 것은?

① 물적 원인 ② 교육적 원인
③ 정신적 원인 ④ 관리적 원인

해설 • 산업재해의 직접 원인 : 불안전한 행동(인적 원인), 불안전한 상태(물적원인)
• 산업재해의 간접 원인 : 기술적 원인, 관리적 원인, 교육적 원인, 정신적 원인, 신체적 원인

19 산업안전보건법령상 안전관리자의 업무가 아닌 것은? (단, 그 밖에 고용노동부장관이 정하는 사항은 제외한다.)

① 업무수행 내용의 기록
② 산업재해에 관한 통계의 유지 · 관리 · 분석을 위한 보좌 및 지도 · 조언
③ 안전교육계획의 수립 및 안전교육 실시에 관한 보좌 및 지도 · 조언
④ 작업장 내에서 사용되는 전체 환기장치 및 국소배기장치 등에 관한 설비의 점검

해설 작업장 내에서 사용되는 전체 환기장치 및 국소배기장치 등에 관한 설비의 점검은 보건관리자의 업무이다.

20 헤드십(headship)의 특성에 관한 설명으로 틀린 것은?

① 지휘형태는 권위주의적이다.
② 상사의 권한 증거는 비공식적이다.
③ 상사와 부하의 관계는 지배적이다.
④ 상사와 부하의 사회적 간격은 넓다.

해설 헤드십(Head Ship)
집단구성원이 아닌 외부에 의해 선출(임명)된 지도자로, 권한의 근거는 공식적이다. 헤드십의 특징은 상사와 부하의 관계가 지배적 관계라는 것이다.

2과목
인간공학 및 위험성 평가 · 관리

21 위험분석 기법 중 시스템 수명주기 관점에서 적용 시점이 가장 빠른 것은?

① PHA ② FHA
③ OHA ④ SHA

해설 PHA(예비위험분석)
• 시스템 내의 위험요소가 얼마나 위험상태에 있는가를 평가하는 시스템
• 안전 프로그램의 최초단계 분석 방식(정성적)

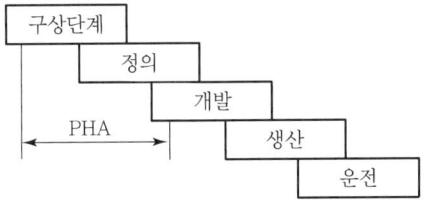

[시스템 수명 주기에서의 PHA]

22 상황해석을 잘못하거나 목표를 잘못 설정하여 발생하는 인간의 오류 유형은?

① 실수(Slip) ② 착오(Mistake)
③ 위반(Violation) ④ 건망증(Lapse)

해설 착오(Mistake)는 상황해석을 잘못하거나 목표를 잘못 이해하고 착각하여 행하는 경우이다.

23 A 작업의 평균 에너지소비량이 다음과 같을 때, 60분간의 총 작업시간 내에 포함되어야 하는 휴식시간(분)은?

- 휴식 중 에너지소비량 : 1.5kcal/min
- A 작업 시 평균 에너지소비량 : 6kcal/min
- 기초대사를 포함한 작업에 대한 평균 에너지소비량 상한 : 5kcal/min

① 10.3 ② 11.3
③ 12.3 ④ 13.3

[해설] 휴식시간(R) = $\dfrac{(60 \times h) \times (E-5)}{E-1.5}$ [분]

= $\dfrac{(60 \times 1) \times (6-5)}{6-1.5}$

= 13.3333…

여기서, E : 작업의 평균 에너지소비량(kcal/min)
h : 총 작업시간(시간)

24 시스템의 수명곡선(욕조곡선)에 있어서 디버깅(Debugging)에 관한 설명으로 옳은 것은?

① 초기 고장의 결함을 찾아 고장률을 안정시키는 과정이다.
② 우발 고장의 결함을 찾아 고장률을 안정시키는 과정이다.
③ 마모 고장의 결함을 찾아 고장률을 안정시키는 과정이다.
④ 기계 결함을 발견하기 위해 동작시험을 하는 기간이다.

[해설] 디버깅(Debugging) 기간은 기계의 초기결함을 찾아내 고장률을 안정시키는 기간을 말한다.

설비의 고장 형태
- 초기 고장(감소형) : 제조가 불량하거나 생산과정에서 품질관리가 안 돼 생기는 고장(대책 : 번인, 스크리닝, 디버깅 등)
- 우발 고장(일정형) : 실제 사용하는 상태에서 발생하는 고장으로 예측할 수 없는 랜덤의 간격으로 생기는 고장
- 마모 고장(증가형) : 설비 또는 장치가 수명을 다하여 생기는 고장(대책 : 예방보전)

25 밝은 곳에서 어두운 곳으로 갈 때 망막에 시홍이 형성되는 생리적 과정인 암조응이 발생한다. 이때 완전 암조응(Dark adaptation)이 발생하는 데 소요되는 시간은?

① 약 3~5분 ② 약 10~15분
③ 약 30~40분 ④ 약 60~90분

[해설]
- 암순응(암조응) : 우선 약 5분 정도 원추세포의 순응단계를 거쳐, 약 30~40분 정도 걸리는 간상세포의 순응단계(완전 암순응)로 이어진다.
- 명순응(명조응) : 어두운 곳에 있는 동안 빛에 민감하게 된 시각계통을 강한 광선이 압도하기 때문에 일시적으로 안 보이게 되나 명순응에는 길게 잡아 1~2분이면 충분하다.

26 인간공학에 대한 설명으로 틀린 것은?

① 인간-기계 시스템의 안전성, 편리성, 효율성을 높인다.
② 인간을 작업과 기계에 맞추는 설계 철학이 바탕이 된다.
③ 인간이 사용하는 물건, 설비, 환경의 설계에 적용된다.
④ 인간의 생리적, 심리적인 면에서의 특성이나 한계점을 고려한다.

[해설] **인간공학의 정의**
- 인간의 신체적·심리적 능력 한계를 고려하여 인간에게 적절한 형태로 작업을 맞추는 것
- 인간의 특성과 능력을 공학적으로 분석, 평가하여 이를 복잡한 체계의 설계에 응용함으로써 효율을 최대로 활용할 수 있도록 하는 학문 분야

27 HAZOP 기법에서 사용하는 가이드워드와 그 의미가 잘못 연결된 것은?

① Part of : 성질상의 감소
② As well as : 성질상의 증가
③ Other than : 기타 환경적인 요인
④ More/Less : 정량적인 증가 또는 감소

[해설] **유인어(Guide Words)**
- MORE 또는 LESS : 양(압력, 반응, 온도 등)의 증가 또는 감소
- AS WELL AS : 성질상의 증가(설계의도와 운전조건이 어떤 부가적인 행위)와 함께 일어남
- PART OF : 일부 변경, 성질상의 감소(어떤 의도는 성취되나 어떤 의도는 성취되지 않음)
- OTHER THAN : 완전한 대체(통상 운전과 다르게 되는 상태)

28 그림과 같은 FT도에 대한 최소 컷셋(minimal cut sets)으로 옳은 것은? (단, Fussell의 알고리즘을 따른다.)

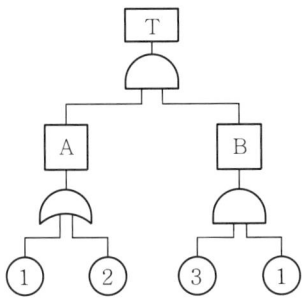

① {1, 2} ② {1, 3}
③ {2, 3} ④ {1, 2, 3}

[해설] $T = A \cdot B = \frac{1}{2} \cdot 1 \cdot 3$

컷셋{1, 1, 3}과 {2, 1, 3} 중 중복되는 사상이 미니멀 컷셋이다. 따라서, 상기 두 조건에서 중복되는 {1, 3}가 미니멀 컷셋이다.

29 경계 및 경보신호의 설계지침으로 틀린 것은?

① 주의를 환기시키기 위하여 변조된 신호를 사용한다.
② 배경소음의 진동수와 다른 진동수의 신호를 사용한다.
③ 귀는 중음역에 민감하므로 500~3,000Hz의 진동수를 사용한다.
④ 300m 이상의 장거리용으로는 1,000Hz를 초과하는 진동수를 사용한다.

[해설] 300m 이상 장거리용 신호에는 1,000Hz 이하의 진동수를 사용한다.

30 FTA(Fault Tree Analysis)에서 사용되는 사상 기호 중 통상의 작업이나 기계의 상태에서 재해의 발생 원인이 되는 요소가 있는 것은?

①   ②
③   ④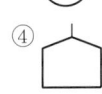

[해설]

번호	기호	명칭	설명
1		결함사상 (사상기호)	개별적인 결함사상
2		기본사상 (사상기호)	더 이상 전개되지 않는 기본사상
3		생략사상 (최후사상)	정보부족, 해석기술 불충분으로 더 이상 전개할 수 없는 사상
4		통상사상 (사상기호)	통상발생이 예상되는 사상

31 불(Bool) 대수의 정리를 나타낸 관계식 중 틀린 것은?

① $A \cdot 0 = 0$ ② $A + 1 = 1$
③ $A \cdot \overline{A} = 1$ ④ $A(A+B) = A$

[해설] 불 대수의 정리에 따라 $A \cdot \overline{A} = 0$이다.

32 근골격계질환 작업분석 및 평가 방법인 OWAS의 평가 요소를 모두 고른 것은?

ㄱ. 상지	ㄴ. 무게(하중)
ㄷ. 하지	ㄹ. 허리

① ㄱ, ㄴ   ② ㄱ, ㄷ, ㄹ
③ ㄴ, ㄷ, ㄹ   ④ ㄱ, ㄴ, ㄷ, ㄹ

[해설] OWAS(Ovako Working – posture Analysis System)의 평가 요소
1. 허리   2. 팔(상지)
3. 다리(하지)   4. 하중/힘

33 다음 중 좌식 작업이 가장 적합한 작업은?

① 정밀 조립 작업
② 4.5kg 이상의 중량물을 다루는 작업
③ 작업장이 서로 떨어져 있으며 작업장 간 이동이 적은 작업
④ 작업자의 정면에서 매우 높거나 낮은 곳으로 손을 자주 뻗어야 하는 작업

[해설] 좌식 자세가 유리한 경우
- 장시간의 작업을 요하는 경우
- 정밀도가 요구되는 작업
- 양발의 조작이 필요한 경우
- 정밀한 발의 조작이 필요한 경우

정답 | 28 ② 29 ④ 30 ④ 31 ③ 32 ④ 33 ①

34 n개의 요소를 가진 병렬 시스템에 있어 요소의 수명(MTTF)이 지수 분포를 따를 경우, 이 시스템의 수명으로 옳은 것은?

① $MTTF \times n$
② $MTTF \times \frac{1}{n}$
③ $MTTF \times \left(1 + \frac{1}{2} + \cdots + \frac{1}{n}\right)$
④ $MTTF \times \left(1 \times \frac{1}{2} \times \cdots \times \frac{1}{n}\right)$

해설 평균고장시간(MTTF ; Mean Time To Failure)
시스템, 부품 등이 고장 나기까지 동작시간의 평균치. 평균수명이라고도 한다.
- 직렬계의 경우 : System의 수명은 $= \frac{MTTF}{n} = \frac{1}{\lambda}$
- 병렬계의 경우 : System의 수명은
  $= MTTF \left(1 + \frac{1}{2} + \frac{1}{3} + \cdots + \frac{1}{n}\right)$
  n : 직렬 또는 병렬계의 요소

35 인간 – 기계 시스템에 관한 설명으로 틀린 것은?

① 자동 시스템에서는 인간요소를 고려하여야 한다.
② 자동차 운전이나 전기 드릴 작업은 반자동 시스템의 예시이다.
③ 자동 시스템에서 인간은 감시, 정비유지, 프로그램 등의 작업을 담당한다.
④ 수동 시스템에서 기계는 동력원을 제공하고 인간의 통제하에서 제품을 생산한다.

해설 수동 시스템에서는 인간이 스스로 동력원을 제공한다.

36 양식 양립성의 예시로 가장 적절한 것은?

① 자동차 설계 시 고도계 높낮이 표시
② 방사능 사업장에 방사능 폐기물 표시
③ 청각적 자극 제시와 이에 대한 음성 응답
④ 자동차 설계 시 제어장치와 표시장치의 배열

해설 양식 양립성은 과업에 따라 그에 알맞은 자극-응답 양식의 조합을 말한다(기계가 특정 음성에 대해 정해진 반응을 하는 것).

37 다음에서 설명하는 용어는?

> 사업주가 스스로 유해·위험요인을 파악하고 해당 유해·위험요인의 위험성 수준을 결정하여, 위험성을 낮추기 위한 적절한 조치를 마련하고 실행하는 과정을 말한다.

① 위험성 결정
② 위험성 평가
③ 위험빈도 추정
④ 유해·위험요인 파악

해설 사업장 위험성평가에 관한 지침 제3조(정의)
사업주가 스스로 유해·위험요인을 파악하고 해당 유해·위험요인의 위험성 수준을 결정하여, 위험성을 낮추기 위한 적절한 조치를 마련하고 실행하는 과정을 말한다.

38 태양광선이 내리쬐는 옥외장소의 자연습구온도가 20℃, 흑구온도가 18℃, 건구온도 30℃일 때 습구흑구온도지수(WBGT)는?

① 20.6℃
② 22.5℃
③ 25.0℃
④ 28.5℃

해설 습구흑구온도지수(WBGT)
WBGT(옥외) = (0.7×자연습구온도) + (0.2×흑구온도)
  + (0.1×건구온도)
= (0.7×20) + (0.2×18) + (30×0.1)
= 20.6℃

39 FTA(Fault Tree Analysis)에 관한 설명으로 옳은 것은?

① 정성적 분석만 가능하다.
② 복잡하고 대형화된 시스템의 신뢰성 분석 및 안정성 분석에 이용되는 기법이다.
③ FT에 동일한 사건이 중복되어 나타나는 경우 상향식(Bottom-up)으로 정상 사건 T의 발생 확률을 계산할 수 있다.
④ 기초사건과 생략사건의 확률값이 주어지게 되더라도 정상 사건의 최종적인 발생확률을 계산할 수 없다.

해설 FTA(Fault Tree Analysis)
특정한 사고에 대하여 그 사고의 원인이 되는 장치 및 기기의 결함이나 작업자 오류 들을 연역적이며 정량적으로 평가하는 분석법

40 1 sone에 관한 설명으로 ( )에 알맞은 수치는?

> 1 sone : (ㄱ)Hz, (ㄴ)dB의 음압수준을 가진 순음의 크기

① ㄱ : 1,000, ㄴ : 1
② ㄱ : 4,000, ㄴ : 1
③ ㄱ : 1,000, ㄴ : 40
④ ㄱ : 4,000, ㄴ : 40

[해설] sone 음량수준은 다른 음의 상대적인 주관적 크기 비교하고, 40dB의 1,000Hz 순음 크기(= 40phon)를 1sone으로 정의한다. 기준음보다 10배 크게 들리는 음이 있다면 이 음의 음량은 10sone이다.

3과목
기계 · 기구 및 설비 안전관리

41 다음 중 와이어로프의 구성요소가 아닌 것은?

① 클립
② 소선
③ 스트랜드
④ 심강

[해설] 와이어로프의 구성요소는 스트랜드(strand), 소선, 심강(Core)이다.

42 산업안전보건법령상 산업용 로봇에 의한 작업 시 안전조치 사항으로 적절하지 않은 것은?

① 로봇의 운전으로 인해 근로자가 로봇에 부딪힐 위험이 있을 때는 높이 1.8m 이상의 울타리를 설치하여야 한다.
② 작업을 하고 있는 동안 로봇의 기동스위치 등은 작업에 종사하고 있는 근로자가 아닌 사람이 그 스위치 등을 조작할 수 없도록 필요한 조치를 한다.
③ 로봇의 조작방법 및 순서, 작업 중의 매니퓰레이터의 속도 등에 관한 지침에 따라 작업을 하여야 한다.
④ 작업에 종사하는 근로자가 이상을 발견하면, 관리감독자에게 우선 보고하고, 지시가 나올 때까지 작업을 진행한다.

[해설] 교시 등(「안전보건규칙」 제222조)
작업에 종사하고 있는 근로자 또는 그 근로자를 감시하는 사람은 이상을 발견하면 즉시 로봇의 운전을 정지시키기 위한 조치를 할 것

43 밀링 작업 시 안전수칙으로 옳지 않은 것은?

① 테이블 위에 공구나 기타 물건 등을 올려놓지 않는다.
② 제품 치수를 측정할 때는 절삭 공구의 회전을 정지한다.
③ 강력절삭을 할 때는 일감을 바이스에 짧게 물린다.
④ 상 · 하, 좌 · 우 이송장치의 핸들은 사용 후 풀어 둔다.

[해설] 강력절삭을 할 때는 일감을 바이스에 깊게 물린다.

44 다음 중 지게차의 작업 상태별 안정도에 관한 설명으로 틀린 것은? [단, V는 최고속도(km/h)이다.]

① 기준 부하상태의 하역작업 시의 전후 안정도는 20% 이내이다.
② 기준 부하상태의 하역작업 시의 좌우 안정도는 6% 이내이다.
③ 기준 부하상태에서 주행 시의 전후 안정도는 18% 이내이다.
④ 기준 무부하상태의 주행 시의 좌우 안정도는 (15+1.1V)% 이내이다.

[해설] 지게차의 작업 상태별 안정도
1. 하역작업 시의 전후 안정 : 4%
2. 주행 시의 전후 안정 : 18%
3. 하역작업 시의 좌우 안정도 : 6%
4. 주행 시의 좌우 안정도 : (15+1.1V)%

45 산업안전보건법령상 보일러의 안전한 가동을 위하여 보일러 규격에 맞는 압력방출장치가 2개 이상 설치된 경우에 최고사용압력 이하에서 1개가 작동되고, 다른 압력방출장치는 최고사용압력의 몇 배 이하에서 작동되도록 부착하여야 하는가?

① 1.03배
② 1.05배
③ 1.2배
④ 1.5배

[해설] 압력방출장치(안전밸브)의 설치
사업주는 보일러의 안전한 가동을 위하여 보일러 규격에 맞는 압력방출장치를 1개 또는 2개 이상 설치하고 최고사용압력 이하에서 작동되도록 하여야 한다. 다만, 압력방출장치가 2개 이상 설치된 경우에는 최고사용압력 이하에서 1개가 작동되고, 다른 압력방출장치는 최고사용압력 1.05배 이하에서 작동되도록 부착하여야 한다.

정답 | 40 ③ 41 ① 42 ④ 43 ③ 44 ① 45 ②

46 금형의 설치, 해체, 운반 시 안전사항에 관한 설명으로 틀린 것은?

① 운반을 통하여 관통 아이볼트가 사용될 때는 구멍 틈새가 최소화되도록 한다.
② 금형을 설치하는 프레스의 T홈 안길이는 설치 볼트 지름의 1/2 이하로 한다.
③ 고정볼트는 고정 후 가능하면 나사산을 3~4개 정도 짧게 남겨 설치 또는 해체 시 슬라이드 면과의 사이에 협착이 발생하지 않도록 해야 한다.
④ 운반 시 상부금형과 하부금형이 닿을 위험이 있을 때는 고정 패드를 이용한 스트랩, 금속재질이나 우레탄 고무의 블록 등을 사용한다.

해설 ┃ 금형을 설치하는 프레스의 T홈 안길이는 설치 볼트 직경의 2배 이상으로 한다.

47 선반에서 절삭 가공 시 발생하는 칩을 짧게 끊어지도록 공구에 설치되어 있는 방호장치의 일종인 칩 제거기구를 무엇이라 하는가?

① 칩 브레이커
② 칩 받침
③ 칩 쉴드
④ 척 커터

해설 ┃ 선반의 안전장치
1. 칩 브레이커(Chip Breaker) : 칩을 짧게 끊어지도록 하는 장치
2. 덮개(Shield) : 가공재료의 칩이나 절삭유 등이 비산되어 나오는 위험으로 작업자의 보호를 위하여 이동이 가능한 덮개 설치
3. 브레이크(Brake) : 가공 작업 중 선반을 급정지시킬 수 있는 장치
4. 척 커버(Chuck Cover) : 척이나 척에 물건 가공물의 돌출부에 작업복이 말려 들어가는 것을 방지

48 다음 중 산업안전보건법령상 안전인증대상 방호장치에 해당하지 않는 것은?

① 연삭기 덮개
② 압력용기 압력방출용 파열판
③ 압력용기 압력방출용 안전밸브
④ 방폭구조(防爆構造) 전기기계·기구 및 부품

해설 ┃ 연삭기 덮개는 자율안전확인 신고 대상 방호장치이다.

49 인장강도가 250N/mm²인 강판에서 안전율이 4라면 이 강판의 허용응력(N/mm²)은 얼마인가?

① 42.5
② 62.5
③ 82.5
④ 102.5

해설 ┃ 허용응력 = $\frac{인장강도}{안전율}$ = $\frac{250}{4}$ = 62.5N/mm²

50 산업안전보건법령상 강렬한 소음작업에서 데시벨에 따른 노출시간으로 적합하지 않은 것은?

① 100데시벨 이상의 소음이 1일 2시간 이상 발생하는 작업
② 110데시벨 이상의 소음이 1일 30분 이상 발생하는 작업
③ 115데시벨 이상의 소음이 1일 15분 이상 발생하는 작업
④ 120데시벨 이상의 소음이 1일 7분 이상 발생하는 작업

해설 ┃ 강렬한 소음작업
- 90dB 이상의 소음이 1일 8시간 이상 발생하는 작업
- 95dB 이상의 소음이 1일 4시간 이상 발생하는 작업
- 100dB 이상의 소음이 1일 2시간 이상 발생하는 작업
- 105dB 이상의 소음이 1일 1시간 이상 발생하는 작업
- 110dB 이상의 소음이 1일 30분 이상 발생하는 작업
- 115dB 이상의 소음이 1일 15분 이상 발생하는 작업

51 방호장치 안전인증 고시에 따라 프레스 및 전단기에 사용되는 광전자식 방호장치의 일반구조에 대한 설명으로 적절하지 않은 것은?

① 정상동작표시램프는 녹색, 위험표시램프는 붉은색으로 하며, 근로자가 쉽게 볼 수 있는 곳에 설치해야 한다.
② 슬라이드 하강 중 정전 또는 방호장치의 이상 시에 정지할 수 있는 구조이어야 한다.
③ 방호장치는 릴레이, 리미트 스위치 등의 전기부품의 고장, 전원전압의 변동 및 정전에 의해 슬라이드가 불시에 동작하지 않아야 하며, 사용전원전압의 ±(100분의 10)의 변동에 대하여 정상으로 작동되어야 한다.
④ 방호장치의 감지기능은 규정한 검출영역 전체에 걸쳐 유효하여야 한다(다만, 블랭킹 기능이 있는 경우 그렇지 않다).

해설 ┃ 프레스 또는 전단기 방호장치의 성능기준
방호장치는 릴레이, 리미트 스위치 등의 전기부품의 고장, 전원전압의 변동 및 정전에 의해 슬라이드가 불시에 동작하지 않아야 하며, 사용전원전압의 ±(100분의 20)의 변동에 대하여 정상으로 작동되어야 한다.

정답 ┃ 46 ② 47 ① 48 ① 49 ② 50 ④ 51 ③

52 산업안전보건법령상 연삭기 작업 시 작업자가 안심하고 작업을 할 수 있는 상태는?

① 탁상용 연삭기에서 숫돌과 작업 받침대의 간격이 5mm이다.
② 덮개 재료의 인장강도는 224MPa이다.
③ 숫돌 교체 후 2분 정도 시험운전을 실시하여 해당 기계의 이상 여부를 확인하였다.
④ 작업시작 전 1분 정도 시험운전을 실시하여 해당 기계의 이상 여부를 확인하였다.

> 해설 │ **연삭숫돌의 덮개 등(「안전보건규칙」 제122조 제2항)**
> 사업주는 연삭숫돌을 사용하는 작업의 경우 작업을 시작하기 전에는 1분 이상, 연삭숫돌을 교체한 후에는 3분 이상 시험운전을 하고 해당 기계에 이상이 있는지를 확인하여야 한다.

53 보기와 같은 기계요소가 단독으로 발생시키는 위험점은?

> 밀링커터, 둥근톱날

① 협착점　　　② 끼임점
③ 절단점　　　④ 물림점

> 해설 │ **절단점**
> 회전하는 운동부 자체의 위험이나 운동하는 기계부분 자체의 위험에서 초래되는 위험점이다. 예로써 밀링커터와 회전둥근톱날이 있다.

54 다음 중 크레인의 방호장치로 가장 거리가 먼 것은?

① 권과방지장치　　② 과부하방지장치
③ 비상정지장치　　④ 자동보수장치

> 해설 │ **크레인의 방호장치**
> 크레인에는 과부하방지장치·권과방지장치·비상정지장치 및 브레이크장치 등 방호장치를 부착하고 유효하게 작동될 수 있도록 미리 조정하여 두어야 한다.

55 산업안전보건법령상 프레스기를 사용하여 작업을 할 때 작업시작 전 점검사항으로 틀린 것은?

① 클러치 및 브레이크의 기능
② 압력방출장치의 기능
③ 크랭크축·플라이휠·슬라이드·연결봉 및 연결나사의 풀림 유무
④ 프레스의 금형 및 고정 볼트의 상태

> 해설 │ **프레스 작업시작 전의 점검사항(「안전보건규칙」 [별표 3])**
> 1. 클러치 및 브레이크의 기능
> 2. 크랭크축·플라이휠·슬라이드·연결봉 및 연결 나사의 풀림 유무
> 3. 1행정 1정지기구·급정지장치 및 비상정지장치의 기능
> 4. 슬라이드 또는 칼날에 의한 위험방지 기구의 기능
> 5. 프레스의 금형 및 고정볼트 상태
> 6. 방호장치의 기능
> 7. 전단기의 칼날 및 테이블의 상태

56 설비보전은 예방보전과 사후보전으로 대별된다. 다음 중 예방보전의 종류가 아닌 것은?

① 시간계획보전　　② 개량보전
③ 상태기준보전　　④ 적응보전

> 해설 │
> • 예방보전 : 시간계획보전, 상태기준보전, 적응보전
> • 개량보전 : 설비가 두 번 다시 동일한 원인에 의한 고장이 일어나지 않도록 연구를 거듭하는 것

57 천장크레인에 중량 3kN의 화물을 2줄로 매달았을 때 매달기용 와이어(sling wire)에 걸리는 장력은 약 몇 kN인가? [단, 매달기용 와이어(sling wire) 2줄 사이의 각도는 55°이다.]

① 1.3　　② 1.7
③ 2.0　　④ 2.3

> 해설 │ 슬링와이어에 걸리는 하중(T)을 먼저 구하면 평형법칙에 의해서
> $2 \times T \times \cos(55/2) = 3$, $T = 1.69 = 1.7$[kN]
> 여기서 2는 2줄로 매단 것이 되고, 각도 55/2는 하나의 하중에 걸리는 힘을 계산하기 위해 각도를 반으로 나눈 것이다.

58 다음 중 롤러의 급정지 성능으로 적합하지 않은 것은?

① 앞면 롤러 표면 원주속도가 25m/min, 앞면 롤러의 원주가 5m일 때 급정지거리 1.6m 이내
② 앞면 롤러 표면 원주속도가 35m/min, 앞면 롤러의 원주가 7m일 때 급정지거리 2.8m 이내
③ 앞면 롤러 표면 원주속도가 30m/min, 앞면 롤러의 원주가 6m일 때 급정지거리 2.6m 이내
④ 앞면 롤러 표면 원주속도가 20m/min, 앞면 롤러의 원주가 8m일 때 급정지거리 2.6m 이내

> 해설 │ ③ 앞면 롤러 표면 원주속도가 30m/min, 앞면 롤러의 원주가 6m일 때 급정지거리 2.6m 이내 → 6/2.5 = 2.4m 이내

정답 | 52 ④　53 ③　54 ④　55 ②　56 ②　57 ②　58 ③

롤러의 급정지 거리

앞면 롤러의 표면속도(m/min)	급정지 거리
30 미만	앞면 롤러 원주의 1/3
30 이상	앞면 롤러 원주의 1/2.5

59 조작자의 신체 부위가 위험한계 밖에 위치하도록 기계의 조작장치를 위험구역에서 일정거리 이상 떨어지게 하는 방호장치는?

① 덮개형 방호장치
② 차단형 방호장치
③ 위치제한형 방호장치
④ 접근반응형 방호장치

해설 **위치제한형 방호장치**
조작자의 신체 부위가 위험한계 밖에 있도록 기계의 조작장치를 위험구역에서 일정거리 이상 떨어지게 한 방호장치(양수조작식 안전장치)

60 산업안전보건법령상 아세틸렌 용접장치의 아세틸렌 발생기실을 설치하는 경우 준수하여야 하는 사항으로 옳은 것은?

① 벽은 가연성 재료로 하고 철근 콘크리트 또는 그 밖에 이와 동등하거나 그 이상의 강도를 가진 구조로 할 것
② 바닥면적의 16분의 1 이상의 단면적을 가진 배기통을 옥상으로 돌출시키고 그 개구부를 창이나 출입구로부터 1.5m 이상 떨어지도록 할 것
③ 출입구의 문은 불연성 재료로 하고 두께 1.0mm 이하의 철판이나 그 밖에 그 이상의 강도를 가진 구조로 할 것
④ 발생기실을 옥외에 설치한 경우에는 그 개구부를 다른 건축물로부터 1.0m 이내 떨어지도록 할 것

해설 **발생기실의 구조(「안전보건규칙」 제287조)**
1. 벽은 불연성의 재료로 하고 철근콘크리트 또는 그 밖에 이와 동등 이상의 강도를 가진 구조로 할 것
2. 지붕과 천장에는 얇은 철판이나 가벼운 불연성 재료를 사용할 것
3. 바닥면적의 16분의 1 이상의 단면적을 가진 배기통을 옥상으로 돌출시키고 그 개구부를 창이나 출입구로부터 1.5미터 이상 떨어지도록 할 것
4. 출입구의 문은 불연성 재료로 하고 두께 1.5밀리미터 이상의 철판이나 그 밖에 그 이상의 강도를 가진 구조로 할 것
5. 벽과 발생기 사이에는 발생기의 조정 또는 카바이드 공급 등의 작업을 방해하지 않도록 간격을 확보할 것

4과목
전기설비 안전관리

61 대지에서 용접작업을 하고 있는 작업자가 용접봉에 접촉한 경우 통전전류는? [단, 용접기의 출력 측 무부하전압 : 90V, 접촉저항(손, 용접봉 등 포함) : 10kΩ, 인체의 내부저항 : 1kΩ, 발과 대지의 접촉저항 : 20kΩ이다.]

① 약 0.19mA
② 약 0.29mA
③ 약 1.96 mA
④ 약 2.90mA

해설 $I = \dfrac{V}{R} = \dfrac{90}{(10+1+20) \times 10^3} = 2.9\text{mA}$

62 KS C IEC 60079-10-2에 따라 공기 중에 분진운의 형태로 폭발성 분진 분위기가 지속적으로 또는 장기간 또는 빈번히 존재하는 장소는?

① 0종 장소
② 1종 장소
③ 20종 장소
④ 21종 장소

해설 공기 중에 분진운의 형태로 폭발성 분진 분위기가 지속적으로 또는 장기간 또는 빈번히 존재하는 장소는 20종 장소이다.

63 설비의 이상현상에 나타나는 아크(Arc)의 종류가 아닌 것은?

① 단락에 의한 아크
② 지락에 의한 아크
③ 차단기에서의 아크
④ 전선저항에 의한 아크

해설 아크 현상이란 공기가 이온화하여 전기가 흐르는 현상으로 단락, 지락, 섬락, 전선 절단 등에 의해 발생한다.

64 정전기 재해방지에 관한 설명 중 틀린 것은?

① 이황화탄소의 수송 과정에서 배관 내의 유속을 2.5m/s 이상으로 한다.
② 포장 과정에서 용기를 도전성 재료에 접지한다.
③ 인쇄 과정에서 도포량을 소량으로 하고 접지한다.
④ 작업장의 습도를 높여 전하가 제거되기 쉽게 한다.

해설 이황화탄소의 수송과정에서 유속은 1m/sec 이하여야 한다.

정답 | 59 ③ 60 ② 61 ④ 62 ③ 63 ④ 64 ①

65 한국전기설비규정에 따라 사람이 쉽게 접촉할 우려가 있는 곳에 금속제 외함을 가지는 저압의 기계·기구가 시설되어 있다. 이 기계·기구의 사용전압이 몇 V를 초과할 때 전기를 공급하는 전로에 누전차단기를 시설해야 하는가? (단, 누전차단기를 시설하지 않아도 되는 조건은 제외한다.)

① 30V
② 40V
③ 50V
④ 60V

[해설] 사람이 쉽게 접촉할 우려가 있는 곳에 금속제 외함을 가지는 저압의 기계·기구는 사용전압이 60V를 초과할 때 전기를 공급하는 전로에 누전차단기를 시설해야 한다.

66 다음 중 방폭설비의 보호등급(IP)에 대한 설명으로 옳은 것은?

① 제1 특성 숫자가 "1"인 경우 지름 50mm 이상의 외부 분진에 대한 보호
② 제1 특성 숫자가 "2"인 경우 지름 10mm 이상의 외부 분진에 대한 보호
③ 제2 특성 숫자가 "1"인 경우 지름 50mm 이상의 외부 분진에 대한 보호
④ 제2 특성 숫자가 "2"인 경우 지름 10mm 이상의 외부 분진에 대한 보호

[해설] **방폭설비의 보호등급(IP)**
- 제1 특성 숫자는 방진등급(분진으로부터의 보호 정도)
- 제2 특성 숫자는 방수등급(물에 대한 보호 정도)

방진(제1 특성 숫자)
- 50mm 이상의 고체로부터 보호(손에 닿는 정도)
- 12mm 이상의 고체로부터 보호(손가락 크기 정도)

방수(제2 특성 숫자)
- 수직의 낙숫물로부터 보호
- 15도 정도 들이치는 낙숫물로부터 보호

67 정전기 발생에 영향을 주는 요인에 대한 설명으로 틀린 것은?

① 물체의 분리속도가 빠를수록 발생량은 적어진다.
② 접촉면적이 크고 접촉압력이 높을수록 발생량이 많아진다.
③ 물체 표면이 수분이나 기름으로 오염되면 산화 및 부식에 의해 발생량이 많아진다.
④ 정전기의 발생은 처음 접촉, 분리할 때 최대로 되고 접촉, 분리가 반복됨에 따라 발생량은 감소한다.

[해설] 물체의 분리속도가 빠를수록 발생량은 많아진다.

68 전기기기, 설비 및 전선로 등의 충전 유무 등을 확인하기 위한 장비는?

① 위상검출기
② 디스콘 스위치
③ COS
④ 저압 및 고압용 검전기

[해설] 전기기기, 설비 및 전선로 등은 검전기로 충전 유무를 확인한다.

69 피뢰기로서 갖추어야 할 성능 중 틀린 것은?

① 충격 방전 개시전압이 낮을 것
② 뇌전류 방전능력이 클 것
③ 제한전압이 높을 것
④ 속류 차단을 확실하게 할 수 있을 것

[해설] 제한전압 또는 충격 방전 개시전압이 충분히 낮고 속류차단이 완전히 행해져 동작책무특성이 충분할 것

70 접지저항 저감 방법으로 틀린 것은?

① 접지극의 병렬 접지를 실시한다.
② 접지극의 매설 깊이를 증가시킨다.
③ 접지극의 크기를 최대한 작게 한다.
④ 접지극 주변의 토양을 개량하여 대지 저항률을 떨어뜨린다.

[해설] 접지극의 크기는 최대한 크게 한다.

71 교류 아크용접기의 사용에서 무부하 전압이 80V, 아크 전압 25V, 아크 전류 300A일 경우 효율은 약 몇 %인가? (단, 내부손실은 4kW이다.)

① 65.2
② 70.5
③ 75.3
④ 80.6

[해설] $P(출력) = V \cdot I = 300 \times 25 = 7,500W$

$$효율 = \frac{출력}{출력 + 손실} \times 100$$

$$= \frac{7500}{7500 + 4000} \times 100 ≒ 65\%$$

정답 | 65 ④ 66 ① 67 ① 68 ④ 69 ③ 70 ③ 71 ①

72 아크방전의 전압전류 특성으로 가장 옳은 것은?

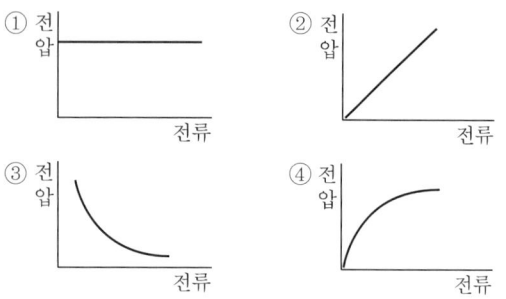

[해설] 전기 아크의 전압은 전류가 증가함에 따라 감소한다.

73 다음 중 기기보호등급(EPL)에 해당하지 않는 것은?

① EPL Ga ② EPL Ma
③ EPL Dc ④ EPL Mc

[해설] **기기보호등급(EPL)**
- 매우 높은 보호 : Ga, Da, Ma
- 높은 보호 : Gb, Db, Mb
- 강화된 보호 : Gc, Dc

74 다음 중 산업안전보건기준에 관한 규칙에 따라 누전차단기를 설치하지 않아도 되는 곳은?

① 철판 · 철골 위 등 도전성이 높은 장소에서 사용하는 이동형 전기기계 · 기구
② 대지전압이 220V인 휴대형 전기기계 · 기구
③ 임시배선이 전로가 설치되는 장소에서 사용하는 이동형 전기기계 · 기구
④ 절연대 위에서 사용하는 전기기계 · 기구

[해설] 절연대 위에서 사용하는 전기기계 · 기구에는 누전차단기를 설치하지 않아도 된다.

75 다음 설명이 나타내는 현상은?

> 전압이 인가된 이극 도체 간의 고체 절연물 표면에 이물질이 부착되면 미소방전이 일어난다. 이 미소방전이 반복되면서 절연물 표면에 도전성 통로가 형성되는 현상이다.

① 흑연화 현상 ② 트래킹 현상
③ 반단선 현상 ④ 절연이동 현상

[해설] **트래킹현상 발생구조**
전압이 인가된 이극 도체 간의 고체 절연물 표면에 이물질이 부착되면 미소방전이 일어난다. 이 미소방전이 반복되면서 절연물 표면에 도전성 통로가 형성되는 현상을 트래킹 현상이라 한다.

76 다음 중 방폭구조의 종류가 아닌 것은?

① 본질안전 방폭구조 ② 고압 방폭구조
③ 압력 방폭구조 ④ 내압 방폭구조

[해설] **방폭구조의 종류**
- 내압 방폭구조
- 압력 방폭구조
- 유입 방폭구조
- 안전증 방폭구조
- 본질안전 방폭구조

77 심실세동 전류 $I = \dfrac{165}{\sqrt{t}}$ [mA]라면 심실세동 시 인체에 직접 받는 전기에너지(cal)는 약 얼마인가? (단, t는 통전시간으로 1초이며, 인체의 저항은 500Ω으로 한다.)

① 0.52 ② 1.35
③ 2.14 ④ 3.27

[해설] $W = I^2 RT = \left(\dfrac{165}{\sqrt{T}} \times 10^{-3}\right)^2 \times 500 T$
$= (165^2 \times 10^{-6}) \times 500$
$= 13.6(W \cdot sec) = 13.6[J]$

13.6[J]을 kcal로 바꾸면 13.6[J] × 0.24 = 3.26kcal

78 산업안전보건기준에 관한 규칙에 따른 전기기계 · 기구에 설치 시 고려할 사항으로 거리가 먼 것은?

① 전기기계 · 기구의 충분한 전기적 용량 및 기계적 강도
② 전기기계 · 기구의 안전효율을 높이기 위한 시간 가동율
③ 습기 · 분진 등 사용장소의 주위 환경
④ 전기적 · 기계적 방호수단의 적정성

[해설] **전기기계 · 기구의 설치 시 고려사항**
- 전기기계 · 기구의 충분한 전기적 용량 및 기계적 강도
- 습기 · 분진 등 사용장소의 주위 환경
- 전기적 · 기계적 방호수단의 적정성 등

정답 | 72 ③ 73 ④ 74 ④ 75 ② 76 ② 77 ④ 78 ②

79 정전작업 시 조치사항으로 틀린 것은?

① 작업 전 전기설비의 잔류 전하를 확실히 방전한다.
② 개로된 전로의 충전여부를 검전기구에 의하여 확인한다.
③ 개폐기에 잠금장치를 하고 통전금지에 관한 표지판은 제거한다.
④ 예비 동력원의 역송전에 의한 감전의 위험을 방지하기 위해 단락접지 기구를 사용하여 단락 접지를 한다.

[해설] 차단장치나 단로기 등에 잠금장치 및 꼬리표를 부착해야 한다.

80 정전기로 인한 화재 · 폭발의 위험이 가장 높은 것은?

① 드라이클리닝 설비   ② 농작물 건조기
③ 가습기   ④ 전동기

[해설] 습도가 낮을 시 정전기로 인한 화재 · 폭발의 위험이 있다.
드라이클리닝 설비, 염색가공 설비 또는 모피류 등을 씻는 설비 등 인화성유기용제를 사용하는 설비 정전기로 인한 화재 · 폭발 발생 위험이 있다.

5과목
화학설비 안전관리

81 산업안전보건법에서 정한 위험물질을 기준량 이상 제조하거나 취급하는 화학설비로서 내부의 이상 상태를 조기에 파악하기 위하여 필요한 온도계 · 유량계 · 압력계 등의 계측장치를 설치하여야 하는 대상이 아닌 것은?

① 가열로 또는 가열기
② 증류 · 정류 · 증발 · 추출 등 분리를 하는 장치
③ 반응폭주 등 이상 화학반응에 의하여 위험물질이 발생할 우려가 있는 설비
④ 흡열반응이 일어나는 반응장치

[해설] 발열반응이 일어나는 반응장치는 특수화학설비로서 내부의 이상 상태를 조기에 파악하기 위하여 필요한 온도계 · 유량계 · 압력계 등의 계측장치를 설치하여야 한다.

82 다음 중 퍼지(purge)의 종류에 해당하지 않는 것은?

① 압력퍼지   ② 진공퍼지
③ 스위프퍼지   ④ 가열퍼지

[해설] **불활성화(퍼지)의 종류**
압력퍼지, 진공퍼지, 사이폰퍼지, 스위프퍼지 등

83 폭발한계와 완전 연소 조정 관계인 Jones식을 이용하여 부탄(C_4H_{10})의 폭발하한계를 구하면 몇 vol%인가?

① 1.4vol%   ② 1.7vol%
③ 2.0vol%   ④ 2.3vol%

[해설] **부탄(C_4H_{10})의 폭발범위**
$C_4H_{10} + 6.5O_2 = 4CO_2 + 5H_2O$
Cst = 100/(1 + 6.5/0.21) = 3.13
따라서, 하한 = 0.55 × 3.13 = 1.72%vol
상한 = 3.50 × 3.13 = 10.96%vol

84 가스를 분류할 때 독성가스에 해당하지 않는 것은?

① 황화수소   ② 시안화수소
③ 이산화탄소   ④ 산화에틸렌

[해설] 이산화탄소(CO_2)는 허용농도가 5,000ppm으로 독성가스가 아니다.

85 폭발 방호 대책과 가장 거리가 먼 것은?

① 불활성화   ② 억제
③ 방산   ④ 봉쇄

[해설] 불활성화는 폭발 방지대책에 해당한다.

86 질화면(Nitrocellulose)은 저장 · 취급 중에는 에틸알코올 등으로 습면상태를 유지해야 한다. 그 이유를 옳게 설명한 것은?

① 질화면은 건조 상태에서는 자연적으로 분해하면서 발화할 위험이 있기 때문이다.
② 질화면은 알코올과 반응하여 안정한 물질을 만들기 때문이다.
③ 질화면은 건조 상태에서 공기 중의 산소와 환원반응을 하기 때문이다.
④ 질화면은 건조 상태에서 유독한 중합물을 형성하기 때문이다.

정답 | 79 ③ 80 ① 81 ④ 82 ④ 83 ② 84 ③ 85 ① 86 ①

해설 질화면(니트로셀룰로오스)은 건조한 상태에서는 자연발열을 일으켜 분해폭발을 일으킬 수 있어 에틸알코올 또는 이소프로필 알코올을 적셔놓는다.

87 분진폭발의 특징으로 옳은 것은?

① 연소속도가 가스폭발보다 크다.
② 완전연소로 가스중독의 위험이 작다.
③ 화염의 파급속도보다 압력의 파급속도가 빠르다.
④ 가스폭발보다 연소시간은 짧고 발생에너지는 작다.

해설 분진폭발은 압력의 파급속도가 커서 화염보다는 압력으로 인한 피해가 크다.

88 크롬에 대한 설명으로 옳은 것은?

① 은백색 광택이 있는 금속이다.
② 중독 시 미나마타병이 발병한다.
③ 비중이 물보다 작은 값을 나타낸다.
④ 3가 크롬이 인체에 가장 유해하다.

해설 **크롬**
- 은백색의 광택을 띠는 금속으로 3가와 6가의 화합물이 있다.
- 크롬 정련공정에서 발생하는 6가 크롬이 인체에 유해하다. 급성중독의 경우 수포성 피부염 등이 발생하고 만성중독의 경우 비중격천공증을 유발한다.

89 사업주는 인화성 액체 및 인화성 가스를 저장 취급하는 화학설비에서 증기나 가스를 대기로 방출하는 경우에는 외부로부터의 화염을 방지하기 위하여 화염방지기를 설치하여야 한다. 다음 중 화염방지기의 설치 위치로 옳은 것은?

① 설비의 상단
② 설비의 하단
③ 설비의 측면
④ 설비의 조작부

해설 화염방지기는 비교적 저압 또는 상압에서 가연성 증기를 발생시키는 인화성 물질 등을 저장하는 탱크에서 외부에 그 증기를 방출하거나 탱크 내에 외기를 흡입하는 부분에 설치하는 안전장치이다. 일반적으로 저장탱크의 상부에 설치된 통기밸브 후단에 설치한다.

90 열교환탱크 외부를 두께 0.2m의 단열재(열전도율 k = 0.037 kcal/m·h·℃)로 보온하였더니 단열재 내면은 40℃, 외면은 20℃이었다. 면적 1m²당 1시간에 손실되는 열량(kcal)은?

① 0.0037
② 0.037
③ 1.37
④ 3.7

해설 **열교환기 손실 열량 Q**
= 열전도율×(내면과 외면의 온도차/두께)
= (0.037kcal/m×h×℃)×[(40−20)℃/0.2m] = 3.7kcal/m²×h

91 산업안전보건법령상 다음 인화성 가스의 정의에서 ( ) 안에 알맞은 값은?

"인화성 가스"란 인화한계 농도의 최저한도가 (㉠)% 이하 또는 최고한도와 최저한도의 차가 (㉡)% 이상인 것으로서 표준압력(101.3kPa), 20℃에서 가스 상태인 물질을 말한다.

① ㉠ 13, ㉡ 12
② ㉠ 13, ㉡ 15
③ ㉠ 12, ㉡ 13
④ ㉠ 12, ㉡ 15

해설 인화성 가스란 인화 한계 농도의 최저한도가 13% 이하 또는 최고한도와 최저한도의 차가 12% 이상인 것으로서 표준압력(101.3kPa)하의 20℃에서 가스 상태인 물질을 말한다.

92 액체 표면에서 발생한 증기농도가 공기 중에서 연소하한농도가 될 수 있는 가장 낮은 액체온도를 무엇이라 하는가?

① 인화점
② 비등점
③ 연소점
④ 발화온도

해설 인화점이란 액체 표면에서 발생한 증기농도가 공기 중에서 연소 하한 농도가 될 수 있는 가장 낮은 액체온도를 뜻한다.

93 위험물의 저장방법으로 적절하지 않은 것은?

① 탄화칼슘은 물속에 저장한다.
② 벤젠은 산화성 물질과 격리시킨다.
③ 금속나트륨은 석유 속에 저장한다.
④ 질산은 갈색병에 넣어 냉암소에 보관한다.

해설 탄화칼슘(CaC_2, 카바이트)은 물과 반응하여 아세틸렌(C_2H_2)가스를 발생시키므로 화재·폭발의 위험이 있다.

정답 | 87 ③ 88 ① 89 ① 90 ④ 91 ① 92 ① 93 ①

94 다음 중 열교환기의 보수에 있어 일상점검항목과 정기적 개방점검항목으로 구분할 때 일상점검항목으로 거리가 먼 것은?

① 도장의 노후상황
② 부착물에 의한 오염의 상황
③ 보온재, 보냉재의 파손 여부
④ 기초볼트의 체결 정도

해설: 부착물에 의한 오염은 Shell이나 Tube 내부에서 일어나는 현상이므로, 일상점검항목이 아니라 개방검사 시 항목이라 할 수 있다.

95 다음 중 반응기의 구조방식에 의한 분류에 해당하는 것은?

① 탑형 반응기
② 연속식 반응기
③ 반회분식 반응기
④ 회분식 균일상 반응기

해설: 반응기의 구조방식에 의한 분류로는 탑형 반응기, 관형 반응기, 교반조형 반응기 등이 있다.

96 다음 중 공기 중 최소 발화에너지의 값이 가장 작은 물질은?

① 에틸렌
② 아세트알데히드
③ 메탄
④ 에탄

해설: 에틸렌의 발화에너지 값은 0.07로 가장 작다.
① 에틸렌(C_2H_4) : 0.07
② 아세트알데히드(CH_3CHO) : 0.36
③ 메탄(CH_4) : 0.28
④ 에탄(C_2H_6) : 0.24

97 다음 표의 가스(A~D)를 위험도가 큰 것부터 작은 순으로 나열한 것은?

구분	폭발하한값(vol%)	폭발상한값(vol%)
A	4.0	75.0
B	3.0	80.0
C	1.25	44.0
D	2.5	81.0

① D-B-C-A
② D-B-A-C
③ C-D-A-B
④ C-D-B-A

해설: 위험도 = (U−L)/L
- A : (75−4)/4 = 17.75
- B : (80−3)/3 = 28.3
- C : (44−1.25)/1.25 = 34.2
- D : (81−2.5)/2.5 = 31.4

98 알루미늄분이 고온의 물과 반응하였을 때 생성되는 가스는?

① 이산화탄소
② 수소
③ 메탄
④ 에탄

해설: 알루미늄분은 고온의 물과의 반응으로 수소를 생성한다.

99 메탄, 에탄, 프로판의 폭발하한계가 각각 5vol%, 2vol%, 2.1vol%일 때 다음 중 폭발하한계가 가장 낮은 것은? (단, Le Chatelier의 법칙을 이용한다.)

① 메탄 20vol%, 에탄 30vol%, 프로판 50vol%의 혼합가스
② 메탄 30vol%, 에탄 30vol%, 프로판 40vol%의 혼합가스
③ 메탄 40vol%, 에탄 30vol%, 프로판 30vol%의 혼합가스
④ 메탄 50vol%, 에탄 30vol%, 프로판 20vol%의 혼합가스

해설: 폭발하한 = $\dfrac{100}{\dfrac{V_1}{L_1}+\dfrac{V_2}{L_2}+\dfrac{V_3}{L_3}}$ 식을 이용하여 계산할 수 있다.

100 고압가스 용기 파열사고의 주요 원인 중 하나는 용기의 내압력(耐壓力, capacity to resist presure) 부족이다. 다음 중 내압력 부족의 원인으로 거리가 먼 것은?

① 용기 내벽의 부식
② 강재의 피로
③ 과잉 충전
④ 용접 불량

해설: 과잉 충전은 고압가스 용기의 설계압력 이상으로 충전하는 것으로 과잉압력을 주게 된다.

정답 | 94 ② 95 ① 96 ① 97 ④ 98 ② 99 ① 100 ③

6과목
건설공사 안전관리

101 건설업의 공사금액이 850억 원일 경우 산업안전보건 법령에 따른 안전관리자의 수로 옳은 것은? (단, 전체 공사기간을 100으로 할 때 공사 전·후 15에 해당하는 경우는 고려하지 않는다.)

① 1명 이상   ② 2명 이상
③ 3명 이상   ④ 4명 이상

해설 공사금액 800억 원 이상인 건설업의 경우 안전관리자는 2명 이상으로 배치해야 한다.

102 건설현장에 거푸집 동바리 설치 시 준수사항으로 옳지 않은 것은?

① 파이프서포트 높이가 4.5m를 초과하는 경우에는 높이 2m 이내마다 2개 방향으로 수평 연결재를 설치한다.
② 동바리의 침하 방지를 위해 깔목의 사용, 콘크리트 타설, 말뚝박기 등을 실시한다.
③ 강재와 강재의 접속부는 볼트 또는 클램프 등 전용철물을 사용한다.
④ 강관틀 동바리는 강관틀과 강관틀 사이에 교차가새를 설치한다.

해설 파이프서포트 높이가 3.5m를 초과하는 경우에는 높이 2m 이내마다 2개 방향으로 수평 연결재를 설치한다.

103 가설통로를 설치하는 경우 준수해야 할 기준으로 옳지 않은 것은?

① 경사는 30° 이하로 할 것
② 경사가 25°를 초과하는 경우에는 미끄러지지 아니하는 구조로 할 것
③ 건설공사에 사용하는 높이 8m 이상인 비계다리에는 7m 이내마다 계단참을 설치할 것
④ 수직갱에 가설된 통로의 길이가 15m 이상인 때에는 10m 이내마다 계단참을 설치할 것

해설 경사가 15°를 초과하는 경우에는 미끄러지지 아니하는 구조로 할 것

104 항타기 또는 항발기의 사용 시 준수사항으로 옳지 않은 것은?

① 증기나 공기를 차단하는 장치를 작업관리자가 쉽게 조작할 수 있는 위치에 설치한다.
② 해머의 운동에 의하여 증기호스 또는 공기호스와 해머의 접속부가 파손되거나 벗겨지는 것을 방지하기 위하여 그 접속부가 아닌 부위를 선정하여 증기호스 또는 공기호스를 해머에 고정시킨다.
③ 항타기나 항발기의 권상장치의 드럼에 권상용 와이어로프가 꼬인 경우에는 와이어로프에 하중을 걸어서는 안 된다.
④ 항타기나 항발기의 권상장치에 하중을 건 상태로 정지하여 두는 경우에는 쐐기장치 또는 역회전방지용 브레이크를 사용하여 제동하는 등 확실하게 정지시켜 두어야 한다.

해설 증기나 공기를 차단하는 장치를 해머의 운전자가 쉽게 조작할 수 있는 위치에 설치해야 한다.

105 가설공사 표준안전 작업지침에 따른 통로발판을 설치하여 사용할 때 준수사항으로 옳지 않은 것은?

① 추락의 위험이 있는 곳에는 안전난간이나 철책을 설치하여야 한다.
② 작업발판의 최대폭은 1.6m 이내이어야 한다.
③ 비계발판의 구조에 따라 최대 적재하중을 정하고 이를 초과하지 않도록 하여야 한다.
④ 발판을 겹쳐 이음하는 경우 장선 위에서 이음을 하고 겹침길이는 10cm 이상으로 하여야 한다.

해설 발판을 겹쳐 이음하는 경우 장선 위에서 이음을 하고 겹침길이는 100cm 이상으로 하여야 한다.

106 토사붕괴에 따른 재해를 방지하기 위한 흙막이 지보공 부재로 옳지 않은 것은?

① 흙막이판   ② 말뚝
③ 턴버클   ④ 띠장

해설 **턴버클**
두 점 사이에 연결된 강삭(鋼索) 등을 죄는 데 사용하는 죔기구의 하나로, 좌우에 나사막대가 있고 나사부가 공통 너트로 연결되는 구조이다.

정답 | 101 ② 102 ① 103 ② 104 ① 105 ④ 106 ③

107 토사 붕괴의 원인으로 옳지 않은 것은?

① 경사 및 기울기 증가
② 성토높이의 증가
③ 건설기계 등 하중작용
④ 토사 중량의 감소

해설) 토사 중량의 증가가 붕괴원인에 해당한다.

108 이동식 비계를 조립하여 작업을 하는 경우의 준수기준으로 옳지 않은 것은?

① 비계의 최상부에서 작업을 할 때에는 안전난간을 설치하여야 한다.
② 작업발판의 최대적재하중은 40kg을 초과하지 않도록 한다.
③ 승강용 사다리는 견고하게 설치하여야 한다.
④ 작업발판은 항상 수평을 유지하고 작업발판 위에서 안전난간을 딛고 작업을 하거나 받침대 또는 사다리를 사용하여 작업하지 않도록 한다.

해설) 작업발판의 최대적재하중은 250kg을 초과하지 않도록 한다.

109 건설용 리프트의 붕괴 등을 방지하기 위해 받침의 수를 증가시키는 등 안전조치를 하여야 하는 순간풍속 기준은?

① 초당 15미터 초과
② 초당 25미터 초과
③ 초당 35미터 초과
④ 초당 45미터 초과

해설) 초당 35미터 초과 시 건설용 리프트의 붕괴 등을 방지하기 위해 받침의 수를 증가시키는 등 안전조치를 하여야 한다.

110 건설작업용 타워크레인의 안전장치로 옳지 않은 것은?

① 권과 방지장치
② 과부하 방지장치
③ 비상정지 장치
④ 호이스트 스위치

해설) 호이스트 스위치는 타워크레인의 안전장치에 해당하지 않는다.

111 달비계에 사용하는 와이어로프의 사용금지 기준으로 옳지 않은 것은?

① 이음매가 있는 것
② 열과 전기 충격에 의해 손상된 것
③ 지름의 감소가 공칭지름의 7%를 초과하는 것
④ 와이어로프의 한 꼬임에서 끊어진 소선의 수가 7% 이상인 것

해설) 한 꼬임에서 끊어진 소선의 수가 10% 이상인 경우 사용금지 조건에 해당한다.

112 건설업 산업안전보건관리비 계상 및 사용기준은 산업재해보상 보험법의 적용을 받는 공사 중 총 공사금액이 얼마 이상인 공사에 적용하는가? (단, 전기공사업법, 정보통신공사업법에 의한 공사는 제외)

① 4천만 원
② 3천만 원
③ 2천만 원
④ 1천만 원

해설) 총공사금액 2천만 원 이상이 해당한다.

113 가설구조물의 특징으로 옳지 않은 것은?

① 연결재가 적은 구조로 되기 쉽다.
② 부재 결합이 간략하여 불안전 결합이다.
③ 구조물이라는 개념이 확고하여 조립의 정밀도가 높다.
④ 사용부재는 과소단면이거나 결함재가 되기 쉽다.

해설) 가설구조물은 조립의 정밀도가 낮다.

114 거푸집 동바리의 침하를 방지하기 위한 직접적인 조치로 옳지 않은 것은?

① 수평연결재 사용
② 깔목의 사용
③ 콘크리트의 타설
④ 말뚝박기

해설) 수평연결재의 사용은 직접적인 조치에 해당하지 않는다.

115 건설공사의 유해위험방지계획서 제출 기준일로 옳은 것은?

① 당해 공사 착공 1개월 전까지
② 당해 공사 착공 15일 전까지
③ 당해 공사 착공 전날까지
④ 당해 공사 착공 15일 후까지

해설) 유해위험방지계획서는 당해 공사 착공 전날까지 제출한다.

정답 | 107 ④ 108 ② 109 ③ 110 ④ 111 ④ 112 ③ 113 ③ 114 ① 115 ③

116 건설업 중 유해위험방지계획서 제출 대상 사업장으로 옳지 않은 것은?

① 지상높이가 31m 이상인 건축물 또는 인공구조물, 연면적 30,000m² 이상인 건축물 또는 연면적 5,000m² 이상의 문화 및 집회시설의 건설공사
② 연면적 3,000m² 이상의 냉동·냉장 창고시설의 설비공사 및 단열공사
③ 깊이 10m 이상인 굴착공사
④ 최대 지간길이가 50m 이상인 다리의 건설공사

해설) 연면적 5,000m² 이상의 냉동·냉장 창고시설의 설비공사 및 단열공사가 해당한다.

117 사다리식 통로 등의 구조에 대한 설치기준으로 옳지 않은 것은?

① 발판의 간격은 일정하게 할 것
② 발판과 벽과의 사이는 15cm 이상의 간격을 유지할 것
③ 사다리식 통로의 길이가 10m 이상인 때에는 7m 이내마다 계단참을 설치할 것
④ 사다리의 상단은 걸쳐놓은 지점으로부터 60cm 이상 올라가도록 할 것

해설) 사다리식 통로의 길이가 10m 이상인 경우에는 5m 이내마다 계단참을 설치한다.

118 철골건립 준비를 할 때 준수하여야 할 사항으로 옳지 않은 것은?

① 지상 작업장에서 건립준비 및 기계·기구를 배치할 경우에는 낙하물의 위험이 없는 평탄한 장소를 선정하여 정비하여야 한다.
② 건립작업에 다소 지장이 있다고 하더라도 수목은 제거하거나 이설하여서는 안 된다.
③ 사용 전에 기계·기구에 대한 정비 및 보수를 철저히 실시하여야 한다.
④ 기계에 부착된 앵카 등 고정장치와 기초구조 등을 확인하여야 한다.

해설) 지장수목은 제거하거나 이설해야 한다.

119 고소작업대를 설치 및 이동하는 경우에 준수하여야 할 사항으로 옳지 않은 것은?

① 와이어로프 또는 체인의 안전율은 3 이상일 것
② 붐의 최대 지면경사각을 초과 운전하여 전도되지 않도록 할 것
③ 고소작업대를 이동하는 경우 작업대를 가장 낮게 내릴 것
④ 작업대에 끼임·충돌 등 재해를 예방하기 위한 가드 또는 과상승방지장치를 설치할 것

해설) 와이어로프 또는 체인의 안전율은 5 이상이어야 한다.

120 터널공사에서 발파작업 시 안전대책으로 옳지 않은 것은?

① 발파전 도화선 연결상태, 저항치 조사 등의 목적으로 도통시험 실시 및 발파기의 작동상태에 대한 사전점검 실시
② 모든 동력선은 발원점으로부터 최소한 15m 이상 후방으로 옮길 것
③ 지질, 암의 절리 등에 따라 화약량에 대한 검토 및 시방기준과 대비하여 안전조치 실시
④ 발파용 점화회선은 타동력선 및 조명회선과 한곳으로 통합하여 관리

해설) 발파용 점화회선은 타동력선 및 조명회선과 분리해야 한다.

정답 | 116 ② 117 ③ 118 ② 119 ① 120 ④

부록

2022년 3회

※ 2022년 2회 이후 CBT로 출제된 기출문제는 개정된 출제기준과 해당 회차의 기출 키워드 등을 분석하여 복원하였습니다.

1과목
산업재해 예방 및 안전보건교육

01 교육훈련기법 중 Off.J.T(Off the Job Training)의 장점이 아닌 것은?

① 업무의 계속성이 유지된다.
② 외부의 전문가를 강사로 활용할 수 있다.
③ 특별교재, 시설을 유효하게 사용할 수 있다.
④ 다수의 대상자에게 조직적 훈련이 가능하다.

해설 ①은 O.J.T의 장점이다.

Off.J.T(직장 외 교육훈련)
계층별 직능별로 공통된 교육대상자를 현장 이외의 한 장소에 모아 집합교육을 실시하는 교육형태(집단교육에 적합)
1. 다수의 근로자에게 조직적 훈련을 행하는 것이 가능
2. 훈련에만 전념
3. 각각 전문가를 강사로 초청하는 것이 가능

02 산업안전보건법령상 명시된 타워크레인을 사용하는 작업에서 신호업무를 하는 작업 시 특별교육 대상 작업별 교육 내용이 아닌 것은? (단, 그 밖에 안전·보건관리에 필요한 사항은 제외한다.)

① 신호방법 및 요령에 관한 사항
② 걸고리·와이어로프 점검에 관한 사항
③ 화물의 취급 및 안전작업방법에 관한 사항
④ 인양물이 적재될 지반의 조건, 인양하중, 풍압 등이 인양물과 타워크레인에 미치는 영향

해설 **타워크레인을 사용하는 작업 시 신호업무를 하는 작업의 특별교육 내용**
• 타워크레인의 기계적 특성 및 방호장치 등에 관한 사항
• 화물의 취급 및 안전작업방법에 관한 사항
• 신호방법 및 요령에 관한 사항
• 인양 물건의 위험성 및 낙하·비래·충돌재해 예방에 관한 사항
• 인양물이 적재될 지반의 조건, 인양하중, 풍압 등이 인양물과 타워크레인에 미치는 영향
• 그 밖에 안전·보건관리에 필요한 사항

03 교육과정 중 학습경험조직의 원리에 해당하지 않는 것은?

① 기회의 원리
② 계속성의 원리
③ 계열성의 원리
④ 통합성의 원리

해설 **학습경험의 조직원리(타일러)**
• 계열성의 원리
• 계속성의 원리
• 통합성의 원리

04 산업안전보건법령상 보안경 착용을 포함하는 안전보건표지의 종류는?

① 지시표지
② 안내표지
③ 금지표지
④ 경고표지

해설 지시표지에 해당한다.

301
보안경 착용

05 레윈(Lewin.K)에 의하여 제시된 인간의 행동에 관한 식을 올바르게 표현한 것은? (단, B는 인간의 행동, P는 개체, E는 환경, f는 함수관계를 의미한다.)

① $B=f(P \times E)$
② $B=f(P+1)^E$
③ $P=E \times f(B)$
④ $E=f(P \times B)$

정답 | 01 ① 02 ② 03 ① 04 ① 05 ①

해설 **레윈(Lewin · k)의 법칙**
레윈은 인간의 행동은 그 사람이 가진 자질 즉, 개체와 심리적 환경과의 상호함수 관계에 있다고 하였다.
B = f(P · E)
B : behavior(인간의 행동)
f : Function(함수관계)
P : person(개체 : 연령, 경험, 심신상태, 성격, 지능 등)
E : environment(심리적 환경 : 인간관계, 작업환경 등)

06 집단에서의 인간관계 메커니즘(Mechanism)과 가장 거리가 먼 것은?

① 분열, 강박
② 모방, 암시
③ 동일화, 일체화
④ 커뮤니케이션, 공감

해설 **인간관계 메커니즘**
- 동일화(Identification)
- 투사(Projection)
- 커뮤니케이션(Communication)
- 모방(Imitation)
- 암시(Suggestion)

07 산업안전보건법령상 안전인증대상기계 등에 포함되는 기계, 설비, 방호장치에 해당하지 않는 것은?

① 롤러기
② 크레인
③ 동력식 수동대패용 칼날 접촉 방지장치
④ 방폭구조(防爆構造) 전기기계·기구 및 부품

해설 동력식 수동대패용 칼날 접촉 방지장치는 자율안전확인대상 기계·기구의 방호장치이다.

08 하인리히의 사고방지 기본원리 5단계 중 시정방법의 선정 단계에 있어서 필요한 조치가 아닌 것은?

① 인사조정
② 안전행정의 개선
③ 교육 및 훈련의 개선
④ 안전점검 및 사고조사

해설 **사고예방 대책의 기본원리 5단계(사고예방원리 : 하인리히)**
－4단계 : 시정방법의 선정
1. 기술의 개선
2. 인사조정
3. 교육 및 훈련 개선
4. 안전규정 및 수칙의 개선
5. 이행의 감독과 제재강화

09 헤드십의 특성이 아닌 것은?

① 지휘형태는 권위주의적이다.
② 권한행사는 임명된 헤드이다.
③ 구성원과의 사회적 간격은 넓다.
④ 상관과 부하와의 관계는 개인적인 영향이다

해설 헤드십에서 상사와 부하와의 관계는 지배적 관계이다. 헤드십(head ship)은 집단구성원이 아닌 외부에 의해 선출(임명)된 지도자로 권한의 근거는 공식적이다.

10 재해원인 분석기법의 하나인 특성요인도의 작성 방법에 대한 설명으로 틀린 것은?

① 큰뼈는 특성이 일어나는 요인이라고 생각되는 것을 크게 분류하여 기입한다.
② 등뼈는 원칙적으로 우측에서 좌측으로 향하여 가는 화살표를 기입한다.
③ 특성의 결정은 무엇에 대한 특성요인도를 작성할 것인가를 결정하고 기입한다.
④ 중뼈는 특성이 일어나는 큰뼈의 요인마다 다시 미세하게 원인을 결정하여 기입한다.

해설 등뼈(어골)는 원칙적으로 좌측에서 우측으로 향해가는 화살표를 기입한다.

11 교육계획 수립 시 가장 먼저 실시하여야 하는 것은?

① 교육내용의 결정
② 실행교육계획서 작성
③ 교육의 요구사항 파악
④ 교육실행을 위한 순서, 방법, 자료의 검토

해설 교육계획서 수립 시 가장 먼저 교육의 요구사항을 파악해야 한다.

12 무재해운동의 3원칙에 해당하지 않는 것은?

① 무의 원칙
② 참가의 원칙
③ 선취의 원칙
④ 대책선정의 원칙

해설 **무재해 운동의 3원칙**
1. 무의 원칙 : 모든 잠재위험요인을 사전에 발견·파악·해결함으로써 근원적으로 산업재해를 없앤다.
2. 참여의 원칙 : 작업에 따르는 잠재적인 위험요인을 발견·해결하기 위하여 전원이 협력하여 문제해결 운동을 실천한다.

정답 | 06 ① 07 ③ 08 ④ 09 ④ 10 ② 11 ③ 12 ④

3. 안전제일의 원칙(선취의 원칙) : 직장의 위험요인을 행동하기 전에 발견·파악·해결하여 재해를 예방한다.

13 헤링(Hering)의 착시현상에 해당하는 것은?

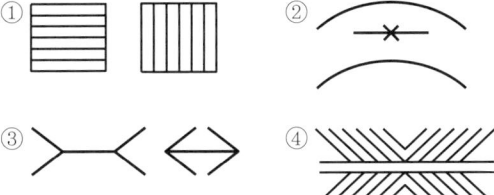

해설 **착시**

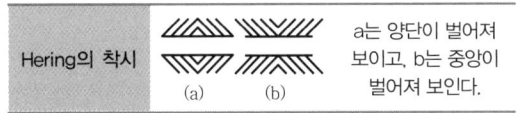

Hering의 착시 (a) (b) a는 양단이 벌어져 보이고, b는 중앙이 벌어져 보인다.

14 산업안전보건법령상 프레스를 사용하여 작업할 때 작업시작 전 점검사항으로 틀린 것은?

① 방호장치의 기능
② 언로드밸브의 기능
③ 금형 및 고정볼트 상태
④ 클러치 및 브레이크의 기능

해설 ②는 공기압축기를 가동할 때 작업시작 전 점검사항에 해당한다.

15 참가자에게 일정한 역할을 주어 실제적으로 연기를 시켜봄으로써 자기의 역할을 보다 확실히 인식할 수 있도록 체험학습을 시키는 교육방법은?

① Symposium
② Brain Storming
③ Role Playing
④ Fish Bowl Playing

해설 롤플레잉(Role Playing)은 작업 전 5분간 미팅의 시나리오를 작성하여 그 시나리오를 보고 멤버들이 연기함으로써 체험학습을 시키는 것이다.

16 산업안전보건법령상 사업장에서 산업재해발생 시 사업주가 기록·보존하여야 하는 사항을 모두 고른 것은? (단, 산업재해조사표와 요양신청서의 사본은 보존하지 않았다.)

ㄱ. 사업장의 개요 및 근로자의 인적사항
ㄴ. 재해발생의 일시 및 장소
ㄷ. 재해발생의 원인 및 과정
ㄹ. 재해 재발 방지 계획

① ㄱ, ㄹ
② ㄴ, ㄷ, ㄹ
③ ㄱ, ㄴ, ㄷ
④ ㄱ, ㄴ, ㄷ, ㄹ

해설 **산업재해 기록**
1. 사업장의 개요 및 근로자의 인적사항
2. 재해발생의 일시 및 장소
3. 재해발생의 원인 및 과정
4. 재해 재발 방지 계획

17 재해사례연구 순서로 옳은 것은?

재해 상황의 파악 → (㉠) → (㉡) → 근본적 문제점의 결정 → (㉢)

① ㉠ 문제점의 발견, ㉡ 대책수립, ㉢ 사실의 확인
② ㉠ 문제점의 발견, ㉡ 사실의 확인, ㉢ 대책수립
③ ㉠ 사실의 확인, ㉡ 대책수립, ㉢ 문제점의 발견
④ ㉠ 사실의 확인, ㉡ 문제점의 발견, ㉢ 대책수립

해설 **재해사례 연구단계**
재해상황의 파악 → 사실 확인(1단계) → 문제점 발견(2단계) → 근본 문제점 결정(3단계) → 대책 수립(4단계)

18 다음의 교육내용과 관련 있는 교육은?

- 작업 동작 및 표준작업방법의 습관화
- 공구·보호구 등의 관리 및 취급 태도의 확립
- 작업 전후의 점검, 검사요령의 정확화 및 습관화

① 지식교육
② 기능교육
③ 태도교육
④ 문제해결교육

정답 | 13 ④ 14 ② 15 ③ 16 ④ 17 ④ 18 ③

해설 **안전교육의 3단계**
1. 지식교육(1단계) : 지식의 전달과 이해
2. 기능교육(2단계) : 실습, 시범을 통한 이해
3. 태도교육(3단계) : 안전의 습관화(가치관 형성)

19 작업자 적성의 요인이 아닌 것은?

① 지능 ② 인간성
③ 흥미 ④ 연령

해설 **적성의 요인 4가지**
1. 직업적성   2. 지능
3. 흥미   4. 인간성

20 재해조사에 관한 설명으로 틀린 것은?

① 조사목적에 무관한 조사는 피한다.
② 조사는 현장을 정리한 후에 실시한다.
③ 목격자나 현장 책임자의 진술을 듣는다.
④ 조사자는 객관적이고 공정한 입장을 취해야 한다.

해설 긴급처리 단계에서 2차 재해를 방지 후 재해조사를 위해 현장을 보존하여야 한다.

2과목
인간공학 및 위험성 평가 · 관리

21 자동차를 생산하는 공장의 어떤 근로자가 95dB(A)의 소음수준에서 하루 8시간 작업하며 매 시간 조용한 휴게실에서 20분씩 휴식을 취한다고 가정하였을 때, 8시간 시간가중평균(TWA)은? (단, 소음은 누적소음노출량측정기로 측정하였으며, OSHA에서 정한 95dB(A)의 허용시간은 4시간이라 가정한다.)

① 약 91dB(A)   ② 약 92dB((A)
③ 약 93dB((A)   ④ 약 94dB((A)

해설 **시간가중평균**
$TWA = 90 + 16.61\log[D/(12.5 \times T)]$
$TWA = 90 + 16.61\log((5.33/4)/(12.5 \times 8)) = 92.08\text{dB(A)}$

D = 누적소음폭로량(%)
= 작업시간 / 허용노출시간 × 100 = 5.33/4
→ 작업시간은 휴식시간을 제외한 나머지 시간
= 8hr × 2/3 = 5.33
→ 95dB(A)의 허용시간은 4hr
T = 측정시간

22 FTA에서 사용되는 사상기호 중 결함사상을 나타낸 기호로 옳은 것은?

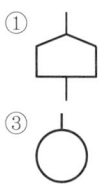
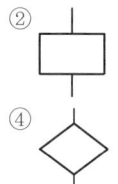

해설

번호	기호	명칭	설명
1		결함사상 (사상기호)	개별적인 결함사상
2		기본사상 (사상기호)	더 이상 전개되지 않는 기본사상
3		생략사상 (최후사상)	정보부족, 해석기술 불충분으로 더 이상 전개할 수 없는 사상
4		통상사상 (사상기호)	통상발생이 예상되는 사상

23 건구온도 30℃, 습구온도 35℃일 때의 옥스퍼드(Oxford) 지수는?

① 20.75   ② 24.58
③ 30.75   ④ 34.25

해설 **옥스퍼드(Oxford) 지수(습건지수)**
$W_D = 0.85W(습구온도) + 0.15d(건구온도)$
$= 0.85 \times 35 + 0.15 \times 30$
$= 34.25℃$

정답 | 19 ④ 20 ② 21 ② 22 ② 23 ④

24 Chapanis가 정의한 위험의 확률수준과 그에 따른 위험발생률로 옳은 것은?

① 전혀 발생하지 않는(impossible) 발생빈도 : 10^{-8}/day
② 극히 발생할 것 같지 않은(extremely unlikely) 발생빈도 : 10^{-7}/day
③ 거의 발생하지 않는(remote) 발생빈도 : 10^{-6}/day
④ 가끔 발생하는(occasional) 발생빈도 : 10^{-5}/day

해설 위험률 수준이 "거의 발생하지 않는다."는 것은 하루당 발생빈도(P) > 10^{-8}/day를 말한다.

25 서브시스템, 구성요소, 기능 등의 잠재적 고장 형태에 따른 시스템의 위험을 파악하는 위험 분석 기법으로 옳은 것은?

① ETA(Event Tree Analysis)
② HEA(Human Error Analysis)
③ PHA(Preliminary Hazard Analysis)
④ FMEA(Failure Mode and Effect Analysis)

해설 FMEA는 시스템에 영향을 미치는 모든 요소의 고장을 형별로 분석하고 그 고장이 미치는 영향을 분석하는 방법으로 치명도 해석(CA)을 추가할 수 있다(귀납적, 정성적).

26 음량수준을 평가하는 척도와 관계없는 것은?

① dB ② HSI
③ phon ④ sone

해설 • HSI는 열압박지수이다. 열압박지수에서 고려할 항목에는 공기속도, 습도, 온도가 있다.
• sone 음량수준 : 다른 음의 상대적인 주관적 크기 비교하고, 40dB의 1,000Hz 순음 크기(=40phon)를 1sone으로 정의한다. 기준음보다 10배 크게 들리는 음이 있다면 이 음의 음량은 10sone이다.

27 인간공학의 궁극적인 목적과 가장 관계가 깊은 것은?

① 경제성 향상 ② 인간 능력의 극대화
③ 설비의 가동률 향상 ④ 안전성 및 효율성 향상

해설 인간공학의 궁극적인 목적은 작업자의 안전, 작업능률, 편리성, 쾌적성(만족도)을 향상시키고자 함에 있다.

28 동작경제의 원칙과 가장 거리가 먼 것은?

① 급작스러운 방향의 전환은 피하도록 할 것
② 가능한 관성을 이용하여 작업하도록 할 것
③ 두 손의 동작은 같이 시작하고 같이 끝나도록 할 것
④ 두 팔의 동작은 동시에 같은 방향으로 움직일 것

해설 팔의 동작은 서로 반대의 대칭적인 방향으로 행하며 동시에 행해야 한다.

29 동작경제의 원칙에 해당하지 않는 것은?

① 공구의 기능을 각각 분리하여 사용하도록 한다.
② 두 팔의 동작은 동시에 서로 반대 방향으로 대칭적으로 움직이도록 한다.
③ 공구나 재료는 작업 동작이 원활하게 수행되도록 그 위치를 정해준다.
④ 가능하다면 쉽고도 자연스러운 리듬이 작업 동작에 생기도록 작업을 배치한다.

해설 **공구 및 설비 디자인에 관한 원칙**
• 물체 고정장치나 발을 사용함으로써 손의 작업을 보조하고 손은 다른 동작을 담당하도록 한다.
• 가능한 한 두 개 이상의 공구를 결합하도록 해야 한다.
• 공구나 재료는 미리 배치한다.

30 산업안전보건법령상 해당 사업주가 유해위험방지계획서를 작성하여 제출해야 하는 곳은?

① 시 · 도지사 ② 관할 구청장
③ 고용노동부장관 ④ 행정안전부장관

해설 **유해 · 위험 방지계획서의 작성 · 제출 등**
사업주는 제출대상에 해당하는 경우에는 이 법 또는 이 법에 따른 명령에서 정하는 유해 · 위험방지계획서를 작성하여 고용노동부령으로 정하는 바에 따라 고용노동부장관에게 제출하고 심사를 받아야 한다.

31 인간공학 연구방법 중 실제의 제품이나 시스템이 추구하는 특성 및 수준이 달성되는지를 비교하고 분석하는 연구는?

① 조사연구 ② 실험연구
③ 분석연구 ④ 평가연구

해설 **평가연구**
인간공학 연구방법 중 인간 – 기계시스템이나 제품 등이 의도한 수준 또는 특성이 달성되었는지 분석하는 연구방법

정답 | 24 ① 25 ④ 26 ② 27 ④ 28 ④ 29 ① 30 ③ 31 ④

32 다음 상황은 인간실수의 분류 중 어느 것에 해당하는가?

전자기기 수리공이 어떤 제품의 분해 · 조립 과정을 거쳐서 수리를 마친 후 부품 하나가 남았다.

① time error
② omission error
③ command error
④ extraneous error

해설) 생략에러(Omission Error)는 작업 내지 필요한 절차를 수행하지 않는 데서 기인하는 에러이다.

33 FTA에서 사용하는 다음 사상기호에 대한 설명으로 적절한 것은?

① 시스템 분석에서 좀 더 발전시켜야 하는 사상
② 시스템의 정상적인 가동상태에서 일어날 것이 기대되는 사상
③ 불충분한 자료로 결론을 내릴 수 없어 더 이상 전개할 수 없는 사상
④ 주어진 시스템의 기본사상으로 고장원인이 분석되었기 때문에 더 이상 분석할 필요가 없는 사상

해설)

번호	기호	명칭	설명
1	◇	생략 사상 (최후사상)	정보부족, 해석기술 불충분으로 더 이상 전개할 수 없는 사상

34 다음 그림에서 명료도 지수는?

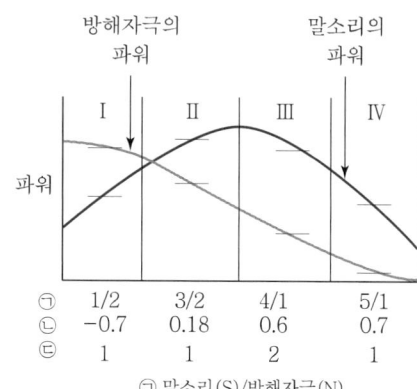

㉠ 말소리(S)/방해자극(N)
㉡ Log(S/N)
㉢ 말소리 중요도 가중치

① 0.38
② 0.68
③ 1.38
④ 5.68

해설) 명료도 지수 = $-0.7 \times 1 + 0.18 \times 1 + 0.6 \times 2 + 0.7 \times 1$
= $-0.7 + 0.18 + 1.2 + 0.7 = 1.38$

35 다음 시스템의 신뢰도 값은? (기호 안의 수치는 각 구성요소의 신뢰도이다.)

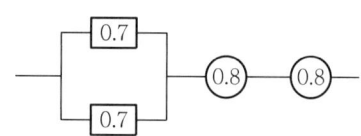

① 0.5824
② 0.6682
③ 0.7855
④ 0.8642

해설) 신뢰도(R) = $(1-(1-0.7)(1-0.7)) \times (0.8) \times (0.8) = 0.5824$

36 작업장의 설비 3대에서 각각 80dB, 86dB, 78dB의 소음이 발생하고 있을 때 작업장의 음압 수준은?

① 약 81.3dB
② 약 85.5dB
③ 약 87.5dB
④ 약 90.3dB

해설) 전체소음도

$$\text{PWL(dB)} = 10\log\left(10^{\frac{A_1}{10}} + 10^{\frac{A_2}{10}} + 10^{\frac{A_3}{10}}\right)$$
$$= 10\log\left(10^{\frac{80}{10}} + 10^{\frac{86}{10}} + 10^{\frac{78}{10}}\right)$$
$$\fallingdotseq 87.5$$

37 인간 – 기계 시스템의 설계 과정을 [보기]와 같이 분류할 때 다음 중 인간, 기계의 기능을 할당하는 단계는?

┤보기├
1단계 : 시스템의 목표와 성능명세 결정
2단계 : 시스템의 정의
3단계 : 기본 설계
4단계 : 인터페이스 설계
5단계 : 보조물 설계 혹은 편의수단 설계
6단계 : 평가

① 기본 설계
② 인터페이스 설계
③ 시스템의 목표와 성능명세 결정
④ 보조물 설계 혹은 편의수단 설계

해설 기본 설계에서는 인간·하드웨어·소프트웨어의 기능 할당. 인간성능 요건 명세, 직무분석, 작업설계 등을 한다.

38 인간 – 기계시스템 설계과정 중 직무분석을 하는 단계는?

① 제1단계 : 시스템의 목표와 성능명세 결정
② 제2단계 : 시스템의 정의
③ 제3단계 : 기본 설계
④ 제4단계 : 인터페이스 설계

해설 기본 설계는 시스템의 형태를 갖추기 시작하는 단계(직무분석, 작업설계, 기능할당)이다.

39 청각적 표시장치의 설계 시 적용하는 일반 원리에 대한 설명으로 틀린 것은?

① 양립성이란 긴급용 신호일 때는 낮은 주파수를 사용하는 것을 의미한다.
② 검약성이란 조작자에 대한 입력신호는 꼭 필요한 정보만을 제공하는 것이다.
③ 근사성이란 복잡한 정보를 나타내고자 할 때 2단계의 신호를 고려하는 것이다.
④ 분리성이란 두 가지 이상의 채널을 듣고 있다면 각 채널의 주파수가 분리되어 있어야 한다는 의미이다.

해설 **양립성(Compatibility)**
- 안전을 근원적으로 확보하기 위한 전략으로서 외부의 자극과 인간의 기대가 서로 모순되지 않아야 하는 것.
- 제어장치와 표시장치 사이의 연관성이 인간의 예상과 어느 정도 일치하는가 여부

40 컷셋(Cut Sets)과 최소 패스셋(Minimal Path Sets)의 정의로 옳은 것은?

① 컷셋은 시스템 고장을 유발하는 필요 최소한의 고장들의 집합이며, 최소 패스셋은 시스템의 신뢰성을 표시한다.
② 컷셋은 시스템 고장을 유발하는 기본고장들의 집합이며, 최소 패스셋은 시스템의 불신뢰도를 표시한다.
③ 컷셋은 그 속에 포함된 모든 기본사상이 일어났을 때 정상사상을 일으키는 기본사상의 집합이며, 최소 패스셋은 시스템의 신뢰성을 표시한다.
④ 컷셋은 그 속에 포함된 모든 기본사상이 일어났을 때 정상사상을 일으키는 기본사상의 집합이며, 최소 패스셋은 시스템의 성공을 유발하는 기본사상의 집합이다.

해설
- **컷셋** : 컷이란 그 속에 포함되어 있는 모든 기본사상이 일어났을 때 정상사상을 일으키는 기본사상의 집합을 말한다.
- **미니멀 패스셋** : 정상사상이 일어나지 않는 데 필요한 최소한의 컷을 말한다(시스템이 살리는 데 필요한 최소한 요인의 집합).

3과목
기계·기구 및 설비 안전관리

41 산업안전보건법령상 프레스를 제외한 사출성형기·주형조형기 및 형 단조기 등에 관한 안전조치 사항으로 틀린 것은?

① 근로자의 신체 일부가 말려 들어갈 우려가 있는 경우에는 양수조작식 방호장치를 설치하여 사용한다.
② 게이트 가드식 방호장치를 설치할 경우 연동구조를 적용하여 문을 닫지 않아도 동작할 수 있도록 한다.
③ 사출성형기의 전면에 작업용 발판을 설치할 경우 근로자가 쉽게 미끄러지지 않는 구조여야 한다.
④ 기계의 히터 등의 가열 부위, 감전 우려가 있는 부위에는 방호 덮개를 설치하여 사용한다.

정답 | 37 ① 38 ③ 39 ① 40 ③ 41 ②

해설
- 사출성형기 · 주형조형기 및 형단조기 등에 근로자의 신체의 일부가 말려 들어갈 우려가 있을 때에는 게이트가드 또는 양수조작식 등에 의한 방호장치 기타 필요한 방호조치를 하여야 한다.
- 게이트 가드식 방호장치를 설치할 경우에는 인터록(연동)장치를 사용하여 문을 닫지 않으면 작동되지 않는 구조로 한다.
- 기계의 히터 등의 가열부위 또는 감전의 우려가 있는 부위에는 방호덮개를 설치하여야 한다.

42 산업안전보건법령상 크레인에서 정격하중에 대한 정의는? (단, 지브가 있는 크레인은 제외한다.)

① 부하할 수 있는 최대하중
② 부하할 수 있는 최대하중에서 달기기구의 중량에 상당하는 하중을 뺀 하중
③ 짐을 싣고 상승할 수 있는 최대하중
④ 가장 위험한 상태에서 부하할 수 있는 최대하중

해설 정격하중이란 크레인의 권상하중에서 훅, 그래브 또는 버킷 등 달기기구의 중량에 상당하는 하중을 뺀 하중을 말하며, 권상하중이란 크레인이 들어올릴 수 있는 최대의 하중을 말한다.

43 산업안전보건법령상 지게차에서 통상적으로 갖추고 있어야 하나, 마스트의 후방에서 화물이 낙하함으로써 근로자에게 위험을 미칠 우려가 없는 때에는 반드시 갖추지 않아도 되는 것은?

① 전조등   ② 헤드가드
③ 백레스트 ④ 포크

해설 **백레스트(「안전보건규칙」 제181조)**
사업주는 백레스트(backrest)를 갖추지 아니한 지게차를 사용해서는 아니 된다. 다만, 마스트의 후방에서 화물이 낙하함으로써 근로자가 위험해질 우려가 없는 경우에는 그러하지 아니하다.

44 프레스 작동 후 작업점까지의 도달시간이 0.3초인 경우 위험한계로부터 양수조작식 방호장치의 최단 설치거리는?

① 48cm 이상   ② 58cm 이상
③ 68cm 이상   ④ 78cm 이상

해설 **프레스 양수조작식 조작부의 안전거리**
$D = 1,600 \times (TC + TS)[\text{mm}] = 1,600 \times 0.3$
$= 480\text{mm} = 48\text{cm}$ 이상

45 산업안전보건법령상 양중기의 과부하방지장치에서 요구하는 일반적인 성능기준으로 가장 적절하지 않은 것은?

① 과부하방지장치 작동 시 경보음과 경보램프가 작동되어야 하며 양중기는 작동이 되지 않아야 한다.
② 외함의 전선 접촉 부분은 고무 등으로 밀폐되어 물과 먼지 등이 들어가지 않도록 한다.
③ 과부하방지장치와 타 방호장치는 기능에 서로 장애를 주지 않도록 부착할 수 있는 구조이어야 한다.
④ 방호장치의 기능을 정지 및 제거할 때 양중기의 기능이 동시에 원활하게 작동하는 구조이며 정지해서는 안 된다.

해설 **양중기 과부하방지장치 일반적인 성능기준**
방호장치의 기능을 제거 또는 정지할 때 양중기의 기능도 동시에 정지할 수 있는 구조이어야 한다.

46 산업안전보건법령상 컨베이어에 설치하는 방호장치로 거리가 가장 먼 것은?

① 건널다리   ② 반발예방장치
③ 비상정지장치 ④ 역주행방지장치

해설 **컨베이어 안전장치의 종류**
- 비상정지장치
- 덮개 또는 울
- 건널다리
- 역전방지장치

47 산업안전보건법령상 컨베이어, 이송용 롤러 등을 사용하는 경우 정전 · 전압강하 등에 의한 위험을 방지하기 위하여 설치하는 안전장치는?

① 권과방지장치
② 동력전달장치
③ 과부하방지장치
④ 화물의 이탈 및 역주행 방지장치

해설 **역전방지장치(「안전보건규칙」 제191조)**
컨베이어, 이송용 롤러 등을 사용하는 경우에는 정전 · 전압강하 등에 따른 화물 또는 운반구의 이탈 및 역주행을 방지하는 장치를 갖추어야 한다. 역전방지장치의 형식으로는 롤러식, 래칫식, 전기브레이크가 있다.

정답 | 42 ② 43 ③ 44 ① 45 ④ 46 ② 47 ④

48 산업안전보건법령상 지게차 작업시작 전 점검사항으로 거리가 가장 먼 것은?

① 제동장치 및 조종장치 기능의 이상 유무
② 압력방출장치의 작동 이상 유무
③ 바퀴의 이상 유무
④ 전조등·후미등·방향지시기 및 경보장치 기능의 이상 유무

[해설] **작업시작 전 점검사항(지게차를 사용하여 작업할 때)**
1. 제동장치 및 조종장치 기능의 이상 유무
2. 하역장치 및 유압장치 기능의 이상 유무
3. 바퀴의 이상 유무
4. 전조등·후미등·방향지시기 및 경보장치 기능의 이상 유무

49 산업안전보건법령상 금속의 용접, 용단에 사용하는 가스 용기를 취급할 때 유의사항으로 틀린 것은?

① 밸브의 개폐는 서서히 할 것
② 운반하는 경우에는 캡을 벗길 것
③ 용기의 온도는 40℃ 이하로 유지할 것
④ 통풍이나 환기가 불충분한 장소에는 설치하지 말 것

[해설] 운반하는 경우에는 캡을 씌워야 한다.

50 500rpm으로 회전하는 연삭숫돌의 지름이 300mm일 때 회전속도(m/min)는?

① 471 ② 551
③ 751 ④ 1,025

[해설] 숫돌의 원주속도 : $v = \dfrac{\pi DN}{1,000}$ (m/min)

[여기서, 지름 : D(mm), 회전수 : N(rpm)]

$v = \dfrac{\pi DN}{1,000} = \dfrac{\pi \times 300 \times 500}{1,000} = 471$ (m/min)

51 산업안전보건법령상 보일러 방호장치로 거리가 가장 먼 것은?

① 고저수위 조절장치 ② 아우트리거
③ 압력방출장치 ④ 압력제한스위치

[해설] **보일러 안전장치의 종류(「안전보건규칙」 제119조)**
보일러의 폭발 사고를 예방하기 위하여 압력방출장치, 압력제한스위치, 고저수위조절장치, 화염 검출기 등의 기능이 정상적으로 작동될 수 있도록 유지·관리하여야 한다.

52 회전하는 부분의 접선방향으로 몰려 들어갈 위험이 존재하는 점으로 주로 체인, 풀리, 벨트, 기어와 랙 등에서 형성되는 위험점은?

① 끼임점 ② 협착점
③ 절단점 ④ 접선물림점

[해설] **접선물림점(Tangential Nip Point)**
회전하는 부분이 접선 방향으로 물려 들어가 위험이 만들어지는 위험점이다(회전운동+접선부).

53 다음 중 프레스기에 사용되는 방호장치에 있어 원칙적으로 급정지 기구가 부착되어야만 사용할 수 있는 방식은?

① 양수조작식 ② 손쳐내기식
③ 가드식 ④ 수인식

[해설] **양수조작식 방호장치(Two-hand Control Safety Device)**
기계의 조작을 양손으로 동시에 하지 않으면 기계가 가동하지 않으며 한 손이라도 떼어내면 기계가 급정지 또는 급상승하게 하는 장치를 말한다(급정지기구가 있는 마찰프레스에 적합).

54 산업안전보건법령상 롤러기의 방호장치 설치 시 유의해야 할 사항으로 가장 적절하지 않은 것은?

① 손으로 조작하는 급정지장치의 조작부는 롤러기의 전면 및 후면에 각각 1개씩 수평으로 설치하여야 한다.
② 앞면 롤러의 표면속도가 30m/min 미만인 경우 급정지 거리는 앞면 롤러 원주의 1/2.5 이하로 한다.
③ 급정지장치의 조작부에 사용하는 줄은 사용 중 늘어져서는 안 된다.
④ 급정지장치의 조작부에 사용하는 줄은 충분한 인장강도를 가져야 한다.

[해설]

앞면 롤러의 표면속도(m/min)	급정지 거리
30 미만	앞면 롤러 원주의 1/3
30 이상	앞면 롤러 원주의 1/2.5

정답 | 48 ② 49 ② 50 ① 51 ② 52 ④ 53 ① 54 ②

55 화물중량이 200kgf, 지게차의 중량이 400kgf, 앞바퀴에서 화물의 무게중심까지의 최단거리가 1m일 때 지게차가 안정되기 위하여 앞바퀴에서 지게차의 무게중심까지 최단거리는 최소 몇 m를 초과해야 하는가?

① 0.2m ② 0.5m
③ 1m   ④ 2m

해설 지게차의 무게중심은 앞바퀴에 있다.

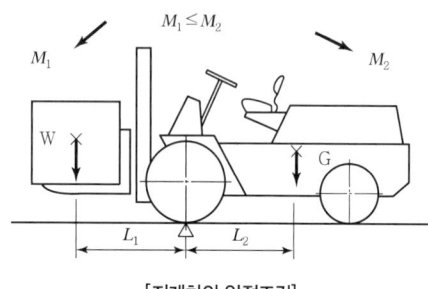

[지게차의 안정조건]

$M_1 < M_2$
화물의 모멘트 $M_1 = W \times L_1$
지게차의 모멘트 $M_2 = G \times L_2$
$200 \times 1 = 400 \times L_2$, $L_2 = 0.5m$

56 산업안전보건법령상 프레스의 작업시작 전 점검사항이 아닌 것은?

① 슬라이드 또는 칼날에 의한 위험방지 기구의 기능
② 프레스의 금형 및 고정볼트 상태
③ 전단기의 칼날 및 테이블의 상태
④ 권과방지장치 및 그 밖의 경보장치 기능

해설 **프레스 작업시작 전의 점검사항**(「안전보건규칙」 [별표 3])
1. 클러치 및 브레이크의 기능
2. 크랭크축·플라이휠·슬라이드·연결봉 및 연결 나사의 풀림 유무
3. 1행정 1정지기구·급정지장치 및 비상정지장치의 기능
4. 슬라이드 또는 칼날에 의한 위험방지 기구의 기능
5. 프레스의 금형 및 고정볼트 상태
6. 방호장치의 기능
7. 전단기의 칼날 및 테이블의 상태

57 산업안전보건법령상 보일러 수위가 이상 현상으로 인해 위험수위로 변하면 작업자가 쉽게 감지할 수 있도록 경보등, 경보음을 발하고 자동으로 급수 또는 단수되어 수위를 조절하는 방호장치는?

① 압력방출장치   ② 고저수위 조절장치
③ 압력제한 스위치   ④ 과부하방지장치

해설 **고저수위 조절장치**(「안전보건규칙」 제118조)
사업주는 고저수위 조절장치의 동작상태를 작업자가 쉽게 감시하기 위하여 고저수위지점을 알리는 경보등·경보음장치 등을 설치하여야 하며, 자동으로 급수되거나 단수되도록 설치하여야 한다.

58 다음 중 금형을 설치 및 조정할 때 안전수칙으로 가장 적절하지 않은 것은?

① 금형을 체결할 때에는 적합한 공구를 사용한다.
② 금형의 설치 및 조정은 전원을 끄고 실시한다.
③ 금형을 부착하기 전에 하사점을 확인하고 설치한다.
④ 금형을 체결할 때에는 안전블록을 잠시 제거하고, 실시한다.

해설 **금형조정작업의 위험 방지**(「안전보건규칙」 제104조)
프레스 등의 금형을 부착·해체 또는 조정하는 작업을 할 때 해당 작업에 종사하는 근로자의 신체가 위험한계 내에 있는 경우 슬라이드가 갑자기 작동함으로써 근로자에게 발생할 우려가 있는 위험을 방지하기 위하여 안전블록을 사용하는 등 필요한 조치를 하여야 한다.

59 상용운전압력 이상으로 압력이 상승할 경우 보일러의 파열을 방지하기 위하여 버너의 연소를 차단하여 정상압력으로 유도하는 장치는?

① 압력방출장치   ② 고저수위 조절장치
③ 압력제한 스위치   ④ 통풍제어 스위치

해설 **압력제한 스위치**(「안전보건규칙」 제117조)
사업주는 보일러의 과열을 방지하기 위하여 최고사용압력과 상용압력 사이에서 보일러의 버너연소를 차단할 수 있도록 압력제한스위치를 부착하여 사용하여야 한다.

60 연삭숫돌의 파괴원인으로 거리가 가장 먼 것은?

① 숫돌이 외부의 큰 충격을 받았을 때
② 숫돌의 회전속도가 너무 빠를 때
③ 숫돌 자체에 이미 균열이 있을 때
④ 플랜지 직경이 숫돌 직경의 1/3 이상일 때

정답 | 55 ② 56 ④ 57 ② 58 ④ 59 ③ 60 ④

[해설] 플랜지 지름이 현저하게 작을 때 연삭숫돌이 파괴된다. 플랜지는 숫돌 지름의 1/3 이상이면 된다.

4과목
전기설비 안전관리

61 정전기재해의 방지대책에 대한 설명으로 적합하지 않은 것은?

① 접지의 접속은 납땜, 용접 또는 멈춤나사로 실시한다.
② 회전부품의 유막저항이 높으면 도전성의 윤활제를 사용한다.
③ 이동식의 용기는 절연성 고무제 바퀴를 달아서 폭발위험을 제거한다.
④ 폭발의 위험이 있는 구역은 도전성 고무류로 바닥 처리를 한다.

[해설] 절연성 고무제 바퀴를 도전성 바퀴로 교체하여야 한다.

62 고장전류를 차단할 수 있는 것은?

① 차단기(CB)   ② 유입 개폐기(OS)
③ 단로기(DS)   ④ 선로 개폐기(LS)

[해설] 차단기(CB)는 고장전류와 같은 대전류를 차단한다.

63 방폭기기 그룹에 관한 설명으로 틀린 것은?

① 그룹Ⅰ, 그룹Ⅱ, 그룹Ⅲ가 있다.
② 그룹Ⅰ의 기기는 폭발성 갱내 가스에 취약한 광산에서의 사용을 목적으로 한다.
③ 그룹Ⅱ의 세부 분류로 ⅡA, ⅡB, ⅡC가 있다.
④ ⅡA로 표시된 기기는 그룹 ⅡB기기를 필요로 하는 지역에 사용할 수 있다.

[해설] ⅡA로 표시된 기기는 그룹 ⅡB 기기를 필요로 하는 지역에 사용할 수 없다.

64 다음 중 전기화재의 주요 원인이라고 할 수 없는 것은?

① 절연전선의 열화   ② 정전기 발생
③ 과전류 발생   ④ 절연저항값의 증가

[해설] 전기화재의 주요 원인인 절연 불량의 경우 절연저항값은 감소한다.

65 지락이 생긴 경우 접촉상태에 따라 접촉전압을 제한할 필요가 있다. 인체의 접촉상태에 따른 허용접촉전압을 나타낸 것으로 다음 중 옳지 않은 것은?

① 제1종 : 2.5V 이하   ② 제2종 : 25V 이하
③ 제3종 : 35V 이하   ④ 제4종 : 제한 없음

[해설] **허용접촉전압**

종별	접촉상태	허용접촉전압
제3종	제1종, 제2종 이외의 경우로서 통상의 인체상태에서 접촉전압이 가해지면 위험성이 높은 상태	50[V] 이하

66 전기설비에 접지를 하는 목적으로 틀린 것은?

① 누설전류에 의한 감전 방지
② 낙뢰에 의한 피해 방지
③ 지락사고 시 대지전위 상승 유도 및 절연강도 증가
④ 지락사고 시 보호계전기 신속 동작

[해설] 전기설비에는 지락사고 시 대지전위 상승 억제 및 절연강도 저감을 위해 접지를 한다.

67 고압 및 특고압 전로에 시설하는 피뢰기의 설치장소로 잘못된 곳은?

① 가공전선로와 지중전선로가 접속되는 곳
② 발전소, 변전소의 가공전선 인입구 및 인출구
③ 고압 가공전선로에 접속하는 배전용 변압기의 저압측
④ 고압 가공전선로로부터 공급을 받는 수용장소의 인입구

[해설] **피뢰기의 시설장소**
특고압 가공전선로에 접속하는 배전용 변압기의 고압 측 및 특고압 측

정답 | 61 ③ 62 ① 63 ④ 64 ④ 65 ③ 66 ③ 67 ③

68 내압방폭용기 "d"에 대한 설명으로 틀린 것은?

① 원통형 나사 접합부의 체결 나사산 수는 5산 이상이어야 한다.
② 가스/증기 그룹이 ⅡB일 때 내압 접합면과 장애물과의 최소 이격거리는 20mm이다.
③ 용기 내부의 폭발이 용기 주위의 폭발성 가스 분위기로 화염이 전파되지 않도록 방지하는 부분은 내압방폭 접합부이다.
④ 가스/증기 그룹이 ⅡC일 때 내압 접합면과 장애물과의 최소 이격거리는 40mm이다.

해설 │ 가스/증기 그룹이 ⅡB일 때 내압 접합면과 장애물과의 최소 이격거리는 30mm이다.

69 개폐기, 차단기, 유도 전압조정기의 최대 사용 전압이 7kV 이하인 전로의 경우 절연 내력 시험은 최대 사용 전압의 1.5배의 전압을 몇 분간 가하는가?

① 10   ② 15
③ 20   ④ 25

해설 │ 개폐기, 차단기, 유도 전압조정기의 최대 사용 전압이 7kV 이하인 전로의 경우 절연 내력 시험은 최대 사용 전압의 1.5배의 전압을 10분간 가한다.

70 정격사용률이 30%, 정격2차전류가 300A인 교류아크 용접기를 200A로 사용하는 경우의 허용사용률(%)은?

① 13.3   ② 67.5
③ 110.3 ④ 157.5

해설 │ **허용사용률**

$$= 정격사용률 \times \left(\frac{정격2차\ 전류}{실제\ 용접전류} \right)^2$$

$$= 30 \times \left(\frac{300}{200} \right)^2 = 67.5\%$$

71 속류를 차단할 수 있는 최고의 교류전압을 피뢰기의 정격전압이라고 하는데 이 값은 통상적으로 어떤 값으로 나타내고 있는가?

① 최대값   ② 평균값
③ 실효값   ④ 파고값

해설 │ **피뢰기의 정격전압**
1. 속류를 차단할 수 있는 최고의 교류전압이다.
2. 통상 실효값으로 나타낸다.

72 가스그룹이 ⅡB인 지역에 내압방폭구조 "d"의 방폭기기가 설치되어 있다. 기기의 플랜지 개구부에서 장애물까지의 최소 거리(mm)는?

① 10   ② 20
③ 30   ④ 40

해설 │ KS C IEC 60079-14, 가스그룹에 따른 내압방폭 평면 접합면 장애물과의 최소 거리

가스 그룹	최소 거리(mm)
ⅡA	10
ⅡB	30
ⅡC	40

73 욕조나 샤워시설이 있는 욕실 또는 화장실에 콘센트가 시설되어 있다. 해당 전로에 설치된 누전차단기의 정격감도전류와 동작시간은?

① 정격감도전류 15mA 이하, 동작시간 0.01초 이하
② 정격감도전류 15mA 이하, 동작시간 0.03초 이하
③ 정격감도전류 30mA 이하, 동작시간 0.01초 이하
④ 정격감도전류 30mA 이하, 동작시간 0.03초 이하

해설 │ **감전보호용 누전차단기**
정격감도전류 30mA 이하, 동작시간 0.03초 이내(욕실 내 콘센트 15mA 적용)

74 다음은 무슨 현상을 설명한 것인가?

> 전위차가 있는 2개의 대전체가 특정 거리에 접근하게 되면 등전위가 되기 위하여 전하가 절연공간을 깨고 순간적으로 빛과 열을 발생하며 이동하는 현상

① 대전   ② 충전
③ 방전   ④ 열전

해설 │ 정전기 방전현상에 대한 내용이다.

정답 │ 68 ② 69 ① 70 ② 71 ③ 72 ③ 73 ② 74 ③

75 감전 등의 재해를 예방하기 위하여 특고압용 기계·기구 주위에 관계자 외 출입을 금하도록 울타리를 설치할 때, 울타리의 높이와 울타리로부터 충전부분까지의 거리의 합이 최소 몇 m 이상이 되어야 하는가? (단, 사용전압이 35kV 이하인 특고압용 기계기구이다.)

① 5m　　② 6m
③ 7m　　④ 9m

해설 | 울타리의 높이와 울타리로부터 충전 부분까지의 거리의 합은 최소 5m 이상이 되어야 한다.

76 내전압용절연장갑의 등급에 따른 최대사용전압이 틀린 것은? (단, 교류 전압은 실효값이다.)

① 등급 00 : 교류 500V
② 등급 1 : 교류 7,500V
③ 등급 2 : 직류 17,000V
④ 등급 3 : 직류 39,750V

해설 | **절연장갑의 등급 및 색상**

등급	최대 사용전압		색상
	교류[V] (실효값)	직류[V]	
00	500	750	갈색
0	1,000	1,500	빨간색
1	7,500	11,250	흰색
2	17,000	25,500	노란색
3	26,500	39,750	녹색
4	36,000	54,000	등색

77 누전차단기의 시설방법 중 옳지 않은 것은?

① 시설장소는 배전반 또는 분전반 내에 설치한다.
② 정격전류용량은 해당 전로의 부하전류 값 이상이어야 한다.
③ 정격감도전류는 정상의 사용상태에서 불필요하게 동작하지 않도록 한다.
④ 인체감전보호형은 0.05초 이내에 동작하는 고감도고속형이어야 한다.

해설 | 인체감전보호형은 0.03초 이내에 동작하는 고감도고속형이어야 한다

78 절연물의 절연계급을 최고허용온도가 낮은 온도에서 높은 온도 순으로 배치한 것은?

① Y종 → A종 → E종 → B종
② A종 → B종 → E종 → Y종
③ Y종 → E종 → B종 → A종
④ B종 → Y종 → A종 → E종

해설 | **절연물의 절연계급**

종별	Y	A	E	B	F	H	C
최고허용 온도[℃]	90	105	120	130	155	180	180 이상

79 $Q = 2 \times 10^{-7}$C으로 대전하고 있는 반경 25cm 도체구의 전위(kV)는 약 얼마인가?

① 7.2　　② 12.5
③ 14.4　　④ 25

해설 | $V = (Q/r) \times 9 \times 10^9$
$= (2 \times 10^{-7}/25 \times 10^{-2}) \times 9 \times 10^9$
$= 7.2$[kV]

80 동작 시 아크가 발생하는 고압 및 특고압용 개폐기·차단기의 이격거리(목재의 벽 또는 천장, 기타 가연성 물체로부터의 거리) 기준으로 옳은 것은? (단, 사용전압이 35kV 이하의 특고압용의 기구 등으로서 동작할 때에 생기는 아크의 방향과 길이를 화재가 발생할 우려가 없도록 제한하는 경우가 아니다.)

① 고압용 : 0.8m 이상, 특고압용 : 1.0m 이상
② 고압용 : 1.0m 이상, 특고압용 : 2.0m 이상
③ 고압용 : 2.0m 이상, 특고압용 : 3.0m 이상
④ 고압용 : 3.5m 이상, 특고압용 : 4.0m 이상

해설 | **아크를 발생시키는 가구와 목재의 벽 또는 천장과의 이격거리**

아크를 발생시키는 기구	이격거리
개폐기, 차단기	고압용은 1m 이상
피뢰기, 기타 유사한 기구	특별고압용은 2m 이상

정답 | 75 ① 76 ③ 77 ④ 78 ① 79 ① 80 ②

5과목
화학설비 안전관리

81 다음 중 누설 발화형 폭발재해의 예방 대책으로 가장 거리가 먼 것은?

① 발화원 관리
② 밸브의 오동작 방지
③ 가연성 가스의 연소
④ 누설물질의 검지 경보

해설 **누설 발화형 폭발재해 예방 대책**
발화원 관리, 밸브의 오동작 방지, 누설물질의 검지 경보 등

82 다음 물질 중 물에 가장 잘 융해되는 것은?

① 아세톤
② 벤젠
③ 톨루엔
④ 휘발유

해설 아세톤은 물에 잘 녹는 유기용매로서 다른 유기물질과도 잘 섞이는 성질이 있어 일상생활에서 물로 지워지지 않은 유성페인트나 손톱용 에나멜 등을 지우는 데 많이 쓰인다.

83 다음 중 분진폭발의 특징으로 옳은 것은?

① 가스폭발보다 연소시간이 짧고, 발생에너지가 작다.
② 압력의 파급속도보다 화염의 파급속도가 빠르다.
③ 가스폭발에 비하여 불완전연소의 발생이 없다.
④ 주위의 분진에 의해 2차, 3차의 폭발로 파급될 수 있다.

해설 분진폭발 발생 시 주위 분진에 의해 2차, 3차 폭발로 파급될 수 있다.

84 산업안전보건법령상 위험물질의 종류에서 "폭발성 물질 및 유기과산화물"에 해당하는 것은?

① 디아조화합물
② 황린
③ 알킬알루미늄
④ 마그네슘 분말

해설 디아조화합물이 폭발성 물질 및 유기과산화물에 해당한다.

85 다음 가스 중 TLV-TWA상 가장 독성이 큰 것은?

① CO
② $COCl_2$
③ NH_3
④ H_2

해설 포스겐($COCl_2$)가스는 허용농도 0.1ppm의 유독성 가스로, 독가스실에 사용된 가스이다.

86 5% NaOH 수용액과 10% NaOH 수용액을 반응기에 혼합하여 6% 100kg의 NaOH 수용액을 만들려면 각각 몇 kg의 NaOH 수용액이 필요한가?

① 5% NaOH 수용액 : 33.3, 10% NaOH 수용액 : 66.7
② 5% NaOH 수용액 : 50, 10% NaOH 수용액 : 50
③ 5% NaOH 수용액 : 66.7, 10% NaOH 수용액 : 33.3
④ 5% NaOH 수용액 : 80, 10% NaOH 수용액 : 20

해설 5% NaOH 수용액 양 : x, 10[%] NaOH 수용액 양 : y
① x + y = 100kg,
② 0.05 × x + 0.1y = 0.06 × 100
①식과 ②식을 연립하여 풀면
∴ x = 80kg, y = 20kg

87 안전밸브 전단·후단에 자물쇠형 또는 이에 준하는 형식의 차단밸브 설치를 할 수 있는 경우에 해당하지 않는 것은?

① 자동압력조절밸브와 안전밸브 등이 직렬로 연결된 경우
② 화학설비 및 그 부속설비에 안전밸브 등이 복수방식으로 설치된 경우
③ 열팽창에 의하여 상승된 압력을 낮추기 위한 목적으로 안전밸브가 설치된 경우
④ 인접한 화학설비 및 그 부속설비에 안전밸브 등이 각각 설치되어 있고, 해당 화학설비 및 그 부속설비의 연결배관에 차단밸브가 없는 경우

해설 안전밸브 등의 배출용량의 2분의 1 이상에 해당하는 용량의 자동압력조절밸브와 안전밸브 등이 병렬로 연결된 경우 전밸브 전단·후단에 자물쇠형 또는 이에 준하는 형식의 차단밸브 설치를 할 수 있다.

88 위험물을 산업안전보건법령에서 정한 기준량 이상으로 제조하거나 취급하는 설비로서 특수화학설비에 해당하는 것은?

① 가열시켜 주는 물질 온도가 가열되는 위험물질의 분해온도보다 높은 상태에서 운전되는 설비
② 상온에서 게이지 압력으로 200kPa의 압력으로 운전되는 설비
③ 대기압하에서 300℃로 운전되는 설비
④ 흡열반응이 행하여지는 반응설비

정답 | 81 ③ 82 ① 83 ④ 84 ① 85 ② 86 ④ 87 ① 88 ①

해설 가열시켜 주는 물질 온도가 가열되는 위험물질의 분해온도보다 높은 상태에서 운전되는 설비는 산업안전보건법령상 특수화학설비에 해당한다.

89 반응기를 조작방식에 따라 분류할 때 해당하지 않는 것은?

① 회분식 반응기 ② 반회분식 반응기
③ 연속식 반응기 ④ 관형식 반응기

해설 관형식 반응기는 구조에 의한 분류이다.

90 아세톤에 대한 설명으로 틀린 것은?

① 증기는 유독하므로 흡입하지 않도록 주의해야 한다.
② 무색이고 휘발성이 강한 액체이다.
③ 비중이 0.79이므로 물보다 가볍다.
④ 인화점이 20℃이므로 여름철에 인화 위험이 더 크다.

해설 아세톤의 인화점은 -20℃이다.

91 다음 중 관의 지름을 변경하고자 할 때 필요한 관 부속품은?

① elbow ② reducer
③ plug ④ valve

해설 관로의 크기를 바꿀 때는 축소관(Reduce), 부싱(Bushing) 등의 부속을 사용한다.

92 분진폭발의 특징에 관한 설명으로 옳은 것은?

① 가스폭발보다 발생에너지가 작다.
② 폭발압력과 연소속도는 가스폭발보다 크다.
③ 입자의 크기, 부유성 등이 분진폭발에 영향을 준다.
④ 불완전연소로 인한 가스중독의 위험성은 작다.

해설 입자의 크기, 부유성 등이 분진폭발에 영향을 준다.

93 다음 중 폭발한계(vol%)의 범위가 가장 넓은 것은?

① 메탄 ② 부탄
③ 톨루엔 ④ 아세틸렌

해설 보기 물질의 폭발한계의 범위는 메탄은 5%~15%로 10, 부탄은 1.8%~8.4%로 6.6, 톨루엔은 1.1%~7.9%로 6.8, 아세틸렌 2.5%~81%로 78.5이므로 아세틸렌의 폭발한계 범위가 가장 넓다.

94 자연발화 성질을 갖는 물질이 아닌 것은?

① 질화면 ② 목탄분말
③ 아마인유 ④ 과염소산

해설 과염소산은 산화성액체에 해당하며 자연발화성은 과염소산의 성질과 거리가 멀다.

95 다음 중 고체연소의 종류에 해당하지 않는 것은?

① 표면연소 ② 증발연소
③ 분해연소 ④ 예혼합연소

해설 **고체연소의 종류**
표면연소, 분해연소, 증발연소, 자기연소 등이 있다.

96 CF_3Br 소화약제의 하론 번호를 옳게 나타낸 것은?

① 하론 1031 ② 하론 1311
③ 하론 1301 ④ 하론 1310

해설 CF_3Br 소화약제의 하론 번호는 1301이다.

97 산업안전보건기준에 관한 규칙에서 정한 위험물질의 종류에서 "물반응성 물질 및 인화성 고체"에 해당하는 것은?

① 질산에스테르류 ② 니트로화합물
③ 칼륨·나트륨 ④ 니트로소화합물

해설 칼륨·나트륨은 물반응성 물질 및 인화성 고체에 해당한다.

98 건조설비의 구조를 구조부분, 가열장치, 부속설비로 구분할 때 "부속설비"에 속하는 것은?

① 보온판 ② 열원장치
③ 소화장치 ④ 철골부

해설 보기 중 소화장치는 건조설비의 부속설비에 해당한다.
철골부, 보온판은 구조부분, 열원장치는 가열장치에 해당한다.

정답 | 89 ④ 90 ④ 91 ② 92 ③ 93 ④ 94 ④ 95 ④ 96 ③ 97 ③ 98 ③

99 공정안전보고서 중 공정안전자료에 포함하여야 할 세부내용에 해당하는 것은?

① 비상조치계획에 따른 교육계획
② 안전운전지침서
③ 각종 건물·설비의 배치도
④ 도급업체 안전관리계획

[해설] 각종 건물·설비의 배치도는 공정안전보고서 중 공정안전자료에 포함하여야 할 세부내용에 해당한다.

100 산업안전보건법령상 위험물질의 종류를 구분할 때 다음 물질들이 해당하는 것은?

> 리튬, 칼륨·나트륨, 황, 황린, 황화인·적린

① 폭발성 물질 및 유기과산화물
② 산화성 액체 및 산화성 고체
③ 물반응성 물질 및 인화성 고체
④ 급성 독성 물질

[해설] 물반응성 물질 및 인화성 고체로 위험물질이 구분된다.

6과목
건설공사 안전관리

101 흙의 투수계수에 영향을 주는 인자에 관한 설명으로 옳지 않은 것은?

① 포화도가 클수록 투수계수도 크다.
② 공극비가 클수록 투수계수는 작다.
③ 유체의 점성계수가 클수록 투수계수는 작다.
④ 유체의 밀도가 클수록 투수계수는 크다.

[해설] 공극비가 클수록 투수계수는 크다.

102 터널 지보공을 조립하거나 변경하는 경우에 조치하여야 하는 사항으로 옳지 않은 것은?

① 목재의 터널 지보공은 그 터널 지보공의 각 부재에 작용하는 긴압 정도를 체크하여 그 정도가 최대한 차이가 나도록 할 것
② 강(鋼)아치 지보공의 조립은 연결볼트 및 띠장 등을 사용하여 주재 상호 간을 튼튼하게 연결할 것
③ 기둥에는 침하를 방지하기 위하여 받침목을 사용하는 등의 조치를 할 것
④ 주재(主材)를 구성하는 1세트의 부재는 동일 평면 내에 배치할 것

[해설] 목재의 터널 지보공은 그 터널 지보공의 각 부재에 작용하는 긴압 정도를 체크하여 터널 지보공의 각 부재의 긴압정도가 균등하게 되도록 해야 한다.

103 콘크리트 타설 시 안전수칙으로 옳지 않은 것은?

① 타설 순서는 계획에 의하여 실시하여야 한다.
② 진동기는 최대한 많이 사용하여야 한다.
③ 콘크리트를 치는 도중에는 거푸집, 지보공 등의 이상 유무를 확인하여야 한다.
④ 손수레로 콘크리트를 운반할 때에는 손수레를 타설하는 위치까지 천천히 운반하여 거푸집에 충격을 주지 아니하도록 타설하여야 한다.

[해설] 진동기의 과도한 사용은 거푸집 붕괴의 원인이 될 수 있다.

104 거푸집 동바리 등을 조립하는 경우에 준수해야 할 기준으로 옳지 않은 것은?

① 동바리의 상하 고정 및 미끄러짐 방지조치를 하고, 하중의 지지상태를 유지한다.
② 강재와 강재의 접속부 및 교차부는 볼트·클램프 등 전용철물을 사용하여 단단히 연결한다.
③ 파이프서포트를 제외한 동바리로 사용하는 강관은 높이 2m마다 수평연결재를 2개 방향으로 만들고 수평연결재의 변위를 방지한다.
④ 동바리로 사용하는 파이프서포트는 4개 이상 이어서 사용하지 않도록 한다.

[해설] 거푸집 동바리 등을 조립하는 경우 파이프서포트를 3개 이상 이어서 사용하지 않도록 한다.

정답 | 99 ③ 100 ③ 101 ② 102 ① 103 ② 104 ④

105 강관비계를 사용하여 비계를 구성하는 경우 준수해야 할 기준으로 옳지 않은 것은?

① 비계기둥의 간격은 띠장 방향에서는 1.85m 이하, 장선(長線) 방향에서는 1.5m 이하로 할 것
② 띠장 간격은 2.0m 이하로 할 것
③ 비계기둥의 제일 윗부분으로부터 31m 되는 지점 밑부분의 비계기둥은 2개의 강관으로 묶어 세울 것
④ 비계기둥 간의 적재하중은 600kg을 초과하지 않도록 할 것

[해설] 강관비계를 사용하여 비계를 구성하는 경우 비계기둥 간의 적재하중은 400kg을 초과하지 않도록 해야 한다.

106 인력으로 하물을 인양할 때의 몸의 자세와 관련하여 준수하여야 할 사항으로 옳지 않은 것은?

① 한쪽 발은 들어 올리는 물체를 향하여 안전하게 고정하고 다른 발은 그 뒤에 안전하게 고정시킬 것
② 등은 항상 직립한 상태와 90도 각도를 유지하여 가능한 한 지면과 수평이 되도록 할 것
③ 팔은 몸에 밀착시키고 끌어당기는 자세를 취하며 가능한 한 수평거리를 짧게 할 것
④ 손가락으로만 인양물을 잡아서는 아니 되며 손바닥으로 인양물 전체를 잡을 것

[해설] 인력으로 하물을 인양할 때 등은 지면과 수직이 되도록 해야 한다.

107 사면 보호 공법 중 구조물에 의한 보호 공법에 해당되지 않는 것은?

① 블록공블록
② 식생구멍공
③ 돌쌓기공
④ 현장타설 콘크리트 격자공

[해설] 사면 보호 공법 중 구조물에 의한 보호 공법에는 블록공, 돌쌓기공, 격자공 등이 있다.

108 산업안전보건법령에 따른 건설공사 중 다리건설공사의 경우 유해위험방지계획서를 제출하여야 하는 기준으로 옳은 것은?

① 최대 지간길이가 40m 이상인 다리의 건설 등 공사
② 최대 지간길이가 50m 이상인 다리의 건설 등 공사
③ 최대 지간길이가 60m 이상인 다리의 건설 등 공사
④ 최대 지간길이가 70m 이상인 다리의 건설 등 공사

[해설] 최대 지간길이 50m 이상인 교량공사가 해당된다.

109 강관을 사용하여 비계를 구성하는 경우 준수하여야 할 기준으로 옳지 않은 것은?

① 비계기둥의 간격은 띠장 방향에서는 1.85m 이하, 장선(長線) 방향에서는 1.5m 이하로 할 것
② 띠장 간격은 2.0m 이하로 할 것
③ 비계기둥의 제일 윗부분으로부터 31m 되는 지점 밑부분의 비계기둥은 3개의 강관으로 묶어 세울 것
④ 비계기둥 간의 적재하중은 400kg을 초과하지 않도록 할 것

[해설] 강관을 사용하여 비계를 구성하는 경우 비계기둥의 최고부로부터 31m 되는 지점 밑부분의 비계기둥은 2개의 강관으로 묶어 세워야 한다.

110 산업안전보건법령에 따른 유해위험방지계획서 제출대상 공사로 볼 수 없는 것은?

① 지상 높이가 31m 이상인 건축물의 건설공사
② 터널 건설공사
③ 깊이 10m 이상인 굴착공사
④ 다리의 전체 길이가 40m 이상인 건설공사

[해설] 최대 지간 길이 50m 이상인 교량공사가 대상이다.

111 콘크리트 타설작업을 하는 경우 준수하여야 할 사항으로 옳지 않은 것은?

① 당일의 작업을 시작하기 전에 해당 작업에 관한 거푸집 동바리 등의 변형·변위 및 지반의 침하 유무 등을 점검하고 이상이 있으면 보수할 것
② 콘크리트를 타설하는 경우에는 편심이 발생하지 않도록 골고루 분산하여 타설할 것
③ 설계도서상의 콘크리트 양생기간을 준수하여 거푸집 동바리 등을 해체할 것
④ 작업 중에는 거푸집 동바리 등의 변형·변위 및 침하 유무 등을 감시할 수 있는 감시자를 배치하여 이상이 있으면 작업을 중지하지 아니하고, 즉시 충분한 보강조치를 실시할 것

[해설] 작업 중에는 거푸집 동바리 등의 변형·변위 및 침하유무 등을 감시할 수 있는 감시자를 배치하여 이상이 있으면 작업을 중지하고, 즉시 충분한 보강조치를 실시해야 한다.

정답 | 105 ④ 106 ② 107 ② 108 ② 109 ③ 110 ④ 111 ④

112 하역작업 등에 의한 위험을 방지하기 위하여 준수하여야 할 사항으로 옳지 않은 것은?

① 꼬임이 끊어진 섬유로프를 화물운반용으로 사용해서는 안 된다.
② 심하게 부식된 섬유로프를 고정용으로 사용해서는 안 된다.
③ 차량 등에서 화물을 내리는 작업 시 해당 작업에 종사하는 근로자에게 쌓여 있는 화물 중간에서 화물을 빼내도록 할 경우에는 사전 교육을 철저히 한다.
④ 부두 또는 안벽의 선을 따라 통로를 설치하는 경우에는 폭을 90cm 이상으로 한다.

해설 사업주는 화물자동차에서 화물을 내리는 작업을 하는 경우에는 그 작업을 하는 근로자에게 쌓여있는 화물의 중간에서 화물을 빼내도록 해서는 아니 된다.

113 다음은 산업안전보건법령에 따른 시스템 비계의 구조에 관한 사항이다. ( ) 안에 들어갈 내용으로 옳은 것은?

> 비계 밑단의 수직재와 받침철물은 밀착되도록 설치하고, 수직재와 받침철물의 연결부의 겹침길이는 받침철물 전체 길이의 ( ) 이상이 되도록 할 것

① 2분의 1   ② 3분의 1
③ 4분의 1   ④ 5분의 1

해설 수직재와 받침철물의 연결부의 겹침길이는 받침철물 전체 길이의 1/3 이상이 되도록 해야 한다.

114 화물을 적재하는 경우의 준수사항으로 옳지 않은 것은?

① 침하 우려가 없는 튼튼한 기반 위에 적재할 것
② 건물의 칸막이나 벽 등이 화물의 압력에 견딜 만큼의 강도를 지니지 아니한 경우에는 칸막이나 벽에 기대어 적재하지 않도록 할 것
③ 불안정한 정도로 높이 쌓아 올리지 말 것
④ 하중을 한쪽으로 치우치더라도 화물을 최대한 효율적으로 적재할 것

해설 화물 적재 시 편하중이 생기지 아니하도록 적재한다.

115 부두·안벽 등 하역작업을 하는 장소에서 부두 또는 안벽의 선을 따라 통로를 설치하는 경우에는 폭을 최소 얼마 이상으로 하여야 하는가?

① 85cm   ② 90cm
③ 100cm   ④ 120cm

해설 부두·안벽 등 하역작업을 하는 장소에서 부두 또는 안벽의 선을 따라 통로를 설치할 때는 통로의 최소폭은 90cm 이상으로 하여야 한다.

116 강관틀비계(높이 5m 이상)의 넘어짐을 방지하기 위하여 사용하는 벽이음 및 버팀의 설치간격 기준으로 옳은 것은?

① 수직방향 5m, 수평방향 5m
② 수직방향 6m, 수평방향 7m
③ 수직방향 6m, 수평방향 8m
④ 수직방향 7m, 수평방향 8m

해설 강관틀비계의 벽이음 및 버팀은 수직방향 6m, 수평방향 8m 이내로 한다.

117 강관틀 비계를 조립하여 사용하는 경우 준수하여야 할 사항으로 옳지 않은 것은?

① 비계기둥의 밑둥에는 밑받침 철물을 사용할 것
② 높이가 20m를 초과하거나 중량물의 적재를 수반하는 작업을 할 경우에는 주틀 간의 간격을 1.8m 이하로 할 것
③ 주틀 간에 교차 가새를 설치하고 최하층 및 3층 이내마다 수평재를 설치할 것
④ 길이가 띠장 방향으로 4m 이하이고 높이가 10m를 초과하는 경우에는 10m 이내마다 띠장 방향으로 버팀기둥을 설치할 것

해설 강관틀 비계를 조립하여 사용하는 경우 주틀 간에 교차 가새를 설치하고 최상층 및 5층 이내마다 수평재를 설치해야 한다.

118 유해위험방지계획서를 고용노동부장관에게 제출하고 심사를 받아야 하는 대상 건설공사 기준으로 옳지 않은 것은?

① 최대 지간길이가 50m 이상인 다리의 건설 등 공사
② 지상높이 25m 이상인 건축물 또는 인공구조물의 건설 등 공사
③ 깊이 10m 이상인 굴착공사
④ 다목적댐, 발전용댐, 저수용량 2천만 톤 이상의 용수 전용 댐 및 지방상수도 전용 댐의 건설 등 공사

정답 | 112 ③ 113 ② 114 ④ 115 ② 116 ③ 117 ③ 118 ②

해설) 지상높이가 31m 이상인 건축물 또는 인공구조물이 해당된다.

119 근로자의 추락 등의 위험을 방지하기 위한 안전난간의 설치기준으로 옳지 않은 것은?

① 상부 난간대와 중간 난간대는 난간 길이 전체에 걸쳐 바닥면 등과 평행을 유지할 것
② 발끝막이판은 바닥면 등으로부터 20cm 이상의 높이를 유지할 것
③ 난간대는 지름 2.7cm 이상의 금속제 파이프나 그 이상의 강도가 있는 재료일 것
④ 안전난간은 구조적으로 가장 취약한 지점에서 가장 취약한 방향으로 작용하는 100kg 이상의 하중에 견딜 수 있는 튼튼한 구조일 것

해설) 발끝막이판은 바닥면 등으로부터 10cm 이상의 높이를 유지해야 한다.

120 발파작업에서 암질변화 구간 확인 및 이상암질의 출현 시 반드시 암질판별을 실시하여야 하는데, 이와 관련된 암질판별기준과 가장 거리가 먼 것은?

① R.Q.D(%)
② 탄성파속도(m/sec)
③ 전단강도(kg/cm^2)
④ R.M.R

해설) 암질 변화 구간 확인 및 이상 암질 출현 시 암질판별의 기준
1. RMR(Rock Mass Rating)
2. RQD(Rock Quality Designation, %)
3. 일축압축강도[kg/cm^2]
4. 탄성파 속도[m/sec]
5. 진동치 속도(진동값 속도 : cm/sec = kine)

부록

2023년 1회

※ 2022년 2회 이후 CBT로 출제된 기출문제는 개정된 출제기준과 해당 회차의 기출 키워드 등을 분석하여 복원하였습니다.

1과목
산업재해 예방 및 안전보건교육

01 안전교육방법 중 강의법에 대한 설명으로 옳지 않은 것은?

① 단기간의 교육시간 내에 비교적 많은 내용을 전달할 수 있다.
② 다수의 수강자를 대상으로 동시에 교육할 수 있다.
③ 다른 교육방법에 비해 수강자의 참여가 제약된다.
④ 수강자 개개인의 학습진도를 조절할 수 있다.

[해설] 강의법에서 강사는 시간의 조정이 가능하나, 수강자는 학습진도를 조절할 수 없다.

02 기업 내 정형교육 중 TWI(Training Within Industry)의 교육내용과 가장 거리가 먼 것은?

① Job Standardization
② Job Instruction Training
③ Job Method Training
④ Job Relation Training

[해설] **TWI(Training Within Industry) 훈련의 종류**
1. 작업지도훈련(JIT ; Job Instruction Training)
2. 작업방법훈련(JMT ; Job Method Training)
3. 인간관계훈련(JRT ; Job Relations Training)
4. 작업안전훈련(JST ; Job Safety Training)

03 산업재해보험적용근로자 1,000명인 플라스틱 제조 사업장에서 작업 중 재해 5건이 발생하였고, 1명이 사망하였을 때 이 사업장의 사망만인율은?

① 2
② 5
③ 10
④ 20

[해설] 사망만인율 : 상시근로자수 10,000명당 발생하는 사망자수의 비율
사망만인율 = 사망자 수/상시근로자 수 × 10,000 = 1/1,000 × 10,000 = 10

04 다음 중 상황성 누발자의 재해유발원인으로 옳지 않은 것은?

① 작업이 난이성
② 기계설비의 결함
③ 도덕성의 결여
④ 심신의 근심

[해설] **상황성 누발자**
작업이 어렵거나, 기계설비의 결함, 환경상 주의력의 집중이 혼란된 경우, 심신의 근심으로 사고 경향자가 되는 경우(상황이 변하면 안전한 성향으로 바뀜)

05 사고요인이 되는 정신적 요소 중 개성적 결함 요인에 해당하지 않는 것은?

① 방심 및 공상
② 도전적인 마음
③ 과도한 집착력
④ 다혈질 및 인내심 부족

[해설] **개성적 결함 요소**
도전적인 마음, 과도한 집착력, 다혈질 및 인내심 부족

06 성인학습의 원리에 해당되지 않는 것은?

① 간접경험의 원리
② 자발학습의 원리
③ 상호학습의 원리
④ 참여교육의 원리

[해설] **성인학습의 원리**
1. 참여의 자발성
2. 현실지향성과 능률성
3. 다양성과 창의성
4. 상호협동성

정답 | 01 ④ 02 ① 03 ③ 04 ③ 05 ① 06 ①

07 동기부여와 관련하여 다음과 같은 레윈(Lewin. K)의 법칙에서 "P"가 의미하는 것은?

$$B = f(P \cdot E)$$

① 개체
② 인간의 행동
③ 심리적 환경
④ 인간관계

해설) 레윈(Lewin. K)의 법칙
$B = f(P \cdot E)$
여기서, B : Behavior(인간의 행동)
f : Function(함수관계)
P : Person(개체 : 연령, 경험, 심신상태, 성격, 지능 등)
E : Environment(심리적 환경 : 인간관계, 작업환경 등)

08 재해원인 분석 시 고려해야 할 4M에 해당하지 않는 것은?

① Man
② Mechanism
③ Media
④ Management

해설) 4M 분석기법
1. 인간(Man)
2. 기계(Machine)
3. 작업매체(Media)
4. 관리(Management)

09 산업안전보건법상 안전ㆍ보건표지의 종류 중 바탕은 파란색, 관련 그림은 흰색을 사용하는 표지는?

① 사용금지
② 세안장치
③ 몸균형상실경고
④ 안전복 착용

해설) 안전보건표지의 색도기준 및 용도

색채	색도기준	용도	사용례
파란색	2.5PB 4/10	지시	특정 행위의 지시 및 사실의 고지
흰색	N9.5		파란색 또는 녹색에 대한 보조색

10 위험예지훈련 4R(라운드) 기법의 진행방법에서 3R에 해당하는 것은?

① 목표설정
② 대책수립
③ 본질추구
④ 현상파악

해설) 위험예지훈련의 추진을 위한 문제해결 4단계
1. 1라운드 : 현상파악(사실의 파악) - 어떤 위험이 잠재하고 있는가?
2. 2라운드 : 본질추구(원인조사) - 이것이 위험의 포인트다.
3. 3라운드 : 대책수립(대책을 세운다) - 당신이라면 어떻게 하겠는가?
4. 4라운드 : 목표설정(행동계획 작성) - 우리들은 이렇게 하자!

11 데이비스(K.Davis)의 동기부여 이론에 관한 등식에서 그 관계가 틀린 것은?

① 지식×기능=능력
② 상황×능력=동기유발
③ 능력×동기유발=인간의 성과
④ 인간의 성과×물질의 성과=경영의 성과

해설) 상황(Situation)×태도(Attitude) = 동기유발(Motivation)

12 학습지도의 형태에서 몇 사람의 전문가에 의해 과정에 관한 견해를 발표하고 참가자로 하여금 의견이나 질문을 하게 하는 토의방식은?

① 포럼(Forum)
② 심포지엄(Symposium)
③ 버즈세션(Buzz session)
④ 자유토의법(Free Discussion method)

해설) 심포지엄(The Symposium)
몇 사람의 전문가에 의하여 과제에 관한 견해를 발표한 뒤에 참가자로 하여금 의견이나 질문을 하게 하여 토의하는 방법

13 재해예방의 4원칙이 아닌 것은?

① 손실우연의 원칙
② 사전준비의 원칙
③ 원인계기의 원칙
④ 대책선정의 원칙

해설) 재해예방의 4원칙
1. 손실우연의 원칙
2. 원인계기의 원칙
3. 예방가능의 원칙
4. 대책선정의 원칙

14 다음 중 안전점검의 목적으로 볼 수 없는 것은?

① 사고원인을 찾아 재해를 미연에 방지하기 위함이다.
② 작업자의 잘못된 부분을 점검하여 책임을 부여하기 위함이다.
③ 재해의 재발을 방지하여 사전대책을 세우기 위함이다.
④ 현장의 불안전 요인을 찾아 계획에 적절히 반영시키기 위함이다.

해설) 작업자의 잘못된 부분을 점검하여 책임을 부여하기 위함은 안전점검의 목적이 아니다.

정답 | 07 ① 08 ② 09 ④ 10 ② 11 ② 12 ② 13 ② 14 ②

15 재해사례연구 순서로 옳은 것은?

재해 상황의 파악 → (㉠) → (㉡) → 근본적 문제점의 결정 → (㉢)

① ㉠ 문제점의 발견, ㉡ 대책수립, ㉢ 사실의 확인
② ㉠ 문제점의 발견, ㉡ 사실의 확인, ㉢ 대책수립
③ ㉠ 사실의 확인, ㉡ 대책수립, ㉢ 문제점의 발견
④ ㉠ 사실의 확인, ㉡ 문제점의 발견, ㉢ 대책 수립

해설 **재해사례 연구단계**

재해 상황의 파악 → 사실 확인(1단계) → 문제점 발견(2단계) → 근본 문제점 결정(3단계) → 대책 수립(4단계)

16 OFF JT 교육의 특징에 해당되는 것은?

① 많은 지식, 경험을 교류할 수 있다.
② 교육 효과가 업무에 신속히 반영된다.
③ 현장의 관리감독자가 강사가 되어 교육을 한다.
④ 다수의 대상자를 일괄적으로 교육하기 어려운 점이 있다.

해설 **OFF JT(직장 외 교육훈련)**

계층별, 직능별로 공통된 교육대상자를 현장 이외의 한 장소에 모아 집합교육을 실시하는 교육형태(집단교육에 적합)
1. 다수의 근로자에게 조직적 훈련을 행하는 것이 가능
2. 훈련에만 전념
3. 각각 전문가를 강사로 초청하는 것이 가능

17 불필요한 작업을 수행함으로써 발생하는 오류로 옳은 것은?

① Command error   ② Extraneous error
③ Secondary error   ④ Commission error

해설 **심리적인 분류(Swain)**

1. 생략에러(Omission Error) : 작업 내지 필요한 절차를 수행하지 않는 데서 기인하는 에러
2. 수행에러(Commission Error) : 작업 내지 절차를 수행했으나 잘못한 실수(선택착오, 순서착오, 시간착오)
3. 과잉행동 에러(Extraneous Error) : 불필요한 작업 내지 절차를 수행함으로써 기인한 에러

18 하인리히 방식의 재해코스트 산정에서 직접비에 해당되지 않는 것은?

① 휴업보상비   ② 병상위문금
③ 장해특별보상비   ④ 상병보상연금

해설 **직접비**

법령으로 지급되는 산재보상비
- 요양급여
- 장해급여
- 유족급여
- 장의비
- 기타 비용
- 휴업급여
- 간병급여
- 상병보상연금
- 직업재활급여

19 라인(Line)형 안전관리 조직의 특징으로 옳은 것은?

① 안전에 관한 기술의 축적이 용이하다.
② 안전에 관한 지시나 조치가 신속하다.
③ 조직원 전원을 자율적으로 안전활동에 참여시킬 수 있다.
④ 권한 다툼이나 조정 때문에 통제수속이 복잡해지며, 시간과 노력이 소모된다.

해설 Line(직계)형 조직은 안전에 관한 지시나 조치가 신속하고, 철저하며 100명 미만의 소규모 기업에 적합하다.

20 A 사업장의 현황이 다음과 같을 때 이 사업장의 강도율은?

- 근로자수 : 500명
- 연근로시간수 : 2,400시간
- 신체장해등급
  - 2급 : 3명
  - 10급 : 5명
- 의사의 진단에 의한 휴업일수 : 1,500일

① 0.22   ② 2.22
③ 22.28   ④ 222.88

해설 • 강도율 = $\frac{근로손실일수}{연근로시간수} \times 1,000$

• 근로손실일수
 - 사망 및 영구 전노동 불능(장애등급 1~3급) : 7,500일
 - 영구 일부노동 불능(4~14등급)

등급	4	5	6	7	8	9	10	11	12	13	14
일수	5500	4000	3000	2200	1500	1000	600	400	200	100	50

정답 | 15 ④ 16 ① 17 ② 18 ② 19 ② 20 ③

- 일시 전노동 불능(의사의 진단에 따라 일정기간 노동에 종사할 수 없는 상해)

  휴직일수 × $\frac{300}{365}$

- 연근로시간수 = 실근로자수 × 근로자 1인당 연간 근로시간 수
- 근로손실일 수 = 1,500×(300/365)+7500×3+600×5
- 연근로총시간 = 500×2400

따라서, 강도율은

$$\frac{1,500 \times \frac{300}{365} + 7,500 \times 3 + 600 \times 5}{500 \times 2,400} \times 1,000 ≒ 22.28$$

2과목
인간공학 및 위험성 평가·관리

21 일반적으로 위험(Risk)은 3가지 기본요소로 표현되며 3요소(Triplets)로 정의된다. 3요소에 해당되지 않는 것은?

① 사고 시나리오(S_i)   ② 사고 발생 확률(P_i)
③ 시스템 불이용도(Q_i)   ④ 파급효과 또는 손실(X_i)

[해설] Risk의 3가지 기본요소
1. 사고 시나리오(S_i)
2. 사고 발생 확률(P_i)
3. 파급효과 또는 손실(X_i)

22 일반적으로 연구조사에 사용되는 기준의 요건 중 다음 설명에 해당하는 것은?

> 기준 척도는 측정하고자 하는 변수 외의 다른 변수들의 영향을 받아서는 안 된다.

① 무오염성   ② 신뢰성
③ 적절성   ④ 검출성

[해설] 체계기준의 구비조건
1. 적절성(Validity)
2. 무오염성(Free from Contamination)
3. 기준척도의 신뢰성(Reliability of Criterion Measure)

23 실내에서 사용하는 습구흑구온도(WBGT ; Wet Buld Globe Temperature) 지수는? (단, NWB는 자연습구, GT는 흑구온도, DB는 건구온도이다.)

① WBGT=0.6NWB+0.4GT
② WBGT=0.7NWB+0.3GT
③ WBGT=0.6NWB+0.3GT+0.1DB
④ WBGT=0.7NWB+0.2GT+0.1DB

[해설] 옥내 또는 옥외(태양광선이 내리쬐지 않는 장소)에서의 습구흑구온도 지수(WBGT)
WBGT = 0.7×자연습구온도(NWB)+0.3×흑구온도(GT)

24 광원 혹은 반사광이 시계 내에 있으면 성가신 느낌과 불편감을 주어 시성능을 저하시킨다. 이러한 광원으로부터의 직사휘광을 처리하는 방법으로 틀린 것은?

① 광원을 시선에서 멀리 위치시킨다.
② 차양(visor) 혹은 갓(hood) 등을 사용한다.
③ 광원의 휘도를 줄이고 광원의 수를 늘린다.
④ 휘광원의 주위를 밝게 하여 광속발산(휘도)비를 늘린다.

[해설] 휘광원 주위를 밝게 하여 광도비를 줄인다.

25 다음 그림과 같은 직·병렬 시스템의 신뢰도는? (단, 병렬 각 구성요소의 신뢰도는 R이고, 직렬 구성요소의 신뢰도는 M이다.)

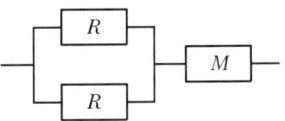

① MR^3 ② $R^2(1-MR)$
③ $M(R^2+R)-1$ ④ $M(2R-R^2)$

[해설] 신뢰도 = $1-(1-R)(1-R)\times M = M(2R-R^2)$

정답 | 21 ③ 22 ① 23 ② 24 ④ 25 ④

26 A 제지회사의 유아용 화장지 생산 공정에서 작업자의 불안전한 행동을 유발하는 상황이 자주 발생하고 있다. 이를 해결하기 위한 개선의 ECRS에 해당하지 않는 것은?

① Combine
② Standard
③ Eliminate
④ Rearrange

[해설] 작업방법의 개선원칙 – ECRS
1. 제거(Eliminate)   2. 결합(Combine)
3. 재조정(Rearrange)   4. 단순화(Simplify)

27 휴먼 에러 예방대책 중 인적 요인에 대한 대책이 아닌 것은?

① 설비 및 환경 개선
② 소집단 활동의 활성화
③ 작업에 대한 교육 및 훈련
④ 전문인력의 적재적소 배치

[해설] 설비 및 환경 개선은 인적 요인의 대책에 해당되지 않는다.

28 FTA에 의한 재해사례 연구순서 중 제1단계는?

① FT도의 작성
② 개선 계획의 작성
③ 톱(TOP) 사상의 선정
④ 사상의 재해 원인의 규명

[해설] FTA에 의한 재해사례 연구순서(D.R.Cheriton)
1. Top 사상의 선정   2. 사상마다의 재해원인 규명
3. FT도의 작성   4. 개선 계획의 작성

29 프레스에 설치된 안전장치의 수명은 지수분포를 따르며 평균수명은 100시간이다. 새로 구입한 안전장치가 50시간 동안 고장 없이 작동할 확률(A)과 이미 100시간을 사용한 안전장치가 앞으로 100시간 이상 견딜 확률(B)은 약 얼마인가?

① A : 0.368, B : 0.368
② A : 0.607, B : 0.368
③ A : 0.368, B : 0.607
④ A : 0.607, B : 0.607

[해설]
A : $R = e^{-\lambda t} = e^{-\frac{t}{t_0}} = e^{-\frac{50}{100}}$
$= e^{-0.5} = 0.607$

B : $R = e^{-\lambda t} = e^{-\frac{t}{t_0}} = e^{-\frac{100}{100}}$
$= e^{-1} = 0.368$

여기서, λ : 고장률, t : 가동시간, t_0 : 평균수명

30 각 구성요소의 신뢰도가 다음과 같을 때 전체 시스템의 신뢰도는 얼마인가?

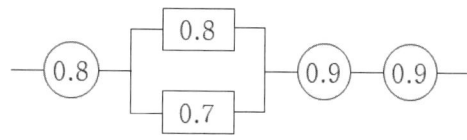

① 0.0011
② 0.1109
③ 0.3629
④ 0.6091

[해설] 신뢰도(R) = 0.8×(1−(1−0.8)×(1−0.7))×0.9×0.9 = 0.6091

31 근섬유의 직경이 작아서 큰 힘을 발휘하지 못하지만, 장시간 지속시키고 피로가 쉽게 발생하지 않는 골격근의 근섬유는 무엇인가?

① Type S 근섬유
② Type Ⅱ 근섬유
③ Type F 근섬유
④ Type Ⅲ 근섬유

[해설] 지근섬유(Slow−twitch fiber, Type S, Type Ⅰ) 특성
• 지구성 운동 특성
• 에너지 효율이 높고 피로에 대한 저항이 강함

32 [보기]의 실내면에서 빛의 반사율이 낮은 곳에서부터 높은 순서대로 나열한 것은?

보기	
A : 바닥	B : 천정
C : 가구	D : 벽

① A<B<C<D
② A<C<B<D
③ A<C<D<B
④ A<D<C<B

[해설] 옥내 추천 반사율
1. 천장 : 80~90%   2. 벽 : 40~60%
3. 가구 : 25~45%   4. 바닥 : 20~40%

정답 | 26 ② 27 ① 28 ③ 29 ② 30 ④ 31 ① 32 ③

33 각 부품의 신뢰도가 다음과 같을 때 시스템의 전체 신뢰도는 약 얼마인가?

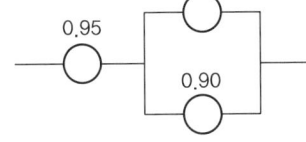

① 0.8123   ② 0.9453
③ 0.9553   ④ 0.9953

해설 신뢰도 = 0.95×{1−(1−0.95)(1−0.90)} = 0.94525 ≒ 0.9453

34 FTA에서 사용하는 다음 사상기호에 대한 설명으로 맞는 것은?

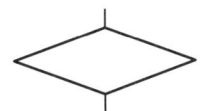

① 시스템 분석에서 좀 더 발전시켜야 하는 사상
② 시스템의 정상적인 가동상태에서 일어날 것이 기대되는 사상
③ 불충분한 자료로 결론을 내릴 수 없어 더 이상 전개할 수 없는 사상
④ 주어진 시스템의 기본사상으로 고장원인이 분석되었기 때문에 더 이상 분석할 필요가 없는 사상

해설	번호	기호	명칭	설명
	1	◇	생략사상 (최후사상)	정보부족, 해석기술 불충분으로 더 이상 전개할 수 없는 사상

35 발생 확률이 동일한 64가지의 대안이 있을 때 얻을 수 있는 총 정보량은?

① 6bit   ② 16bit
③ 32bit   ④ 64bit

해설 정보량 $H = \log_2 n$ (n : 대안 수)
　　　　　　 $= \log_2 64 = 6\text{bit}$

36 결함수분석의 기호 중 입력사상이 어느 하나라도 발생할 경우 출력사상이 발생하는 것은?

① NOR GATE   ② AND GATE
③ OR GATE   ④ NAND GATE

해설	기호	명칭	설명
	출력↑입력	OR 게이트	입력사상 중 어느 하나가 존재할 때 출력사상이 발생

37 양립성의 종류가 아닌 것은?

① 개념의 양립성   ② 감성의 양립성
③ 운동의 양립성   ④ 공간의 양립성

해설 양립성(Compatibility)의 종류
　1. 공간적 양립성
　2. 운동적 양립성
　3. 개념적 양립성

38 음량 수준이 50phon일 때 sone 값은 얼마인가?

① 2   ② 5
③ 10   ④ 100

해설 Sone치 $= 2^{(\text{Phon}-40)/10} = 2^{(50-40)/10} = 2$

39 위험분석 기법 중 시스템 수명주기 관점에서 적용 시점이 가장 빠른 것은?

① PHA   ② FHA
③ OHA   ④ SHA

해설 **PHA(예비위험분석)**
시스템 내의 위험요소가 얼마나 위험상태에 있는가를 평가하는 시스템 안전 프로그램의 최초단계 분석 방식(정성적)

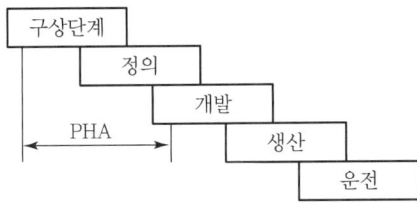

[시스템 수명 주기에서의 PHA]

정답 | 33 ② 34 ③ 35 ① 36 ③ 37 ② 38 ① 39 ①

40 다음 설명에 해당하는 설비보전방식의 유형은?

> 설비보전 정보와 신기술을 기초로 신뢰성, 조작성, 보전성, 안전성, 경제성 등이 우수한 설비의 선정, 조달 또는 설계를 통하여 궁극적으로 설비의 설계, 제작 단계에서 보전활동이 불필요한 체제를 목표로 한 설비보전 방법을 말한다.

① 개량보전   ② 보전예방
③ 사후보전   ④ 일상보전

해설 **보전예방(Maintenance Preventive)**

설비를 새로이 계획·설계하는 단계에서 보전 정보나 새로운 기술을 채용해서 신뢰성, 보전성, 경제성, 조작성, 안전성 등을 고려하여 보전비나 열화 손실을 적게 하는 활동을 말한다. 구체적으로는 계획·설계 단계에서 하는 것이 필요하다. 이 활동의 궁극적인 목적은 보전 불필요의 설비를 목표로 하는 것이다.

3과목
기계·기구 및 설비 안전관리

41 산업안전보건법령상 지게차의 최대하중의 2배 값이 6톤일 경우 헤드가드의 강도는 몇 톤의 등분포정하중에 견딜 수 있어야 하는가?

① 4   ② 6
③ 8   ④ 10

해설 **헤드가드(Head Guard)**

- 강도는 지게차의 최대하중의 2배 값(4톤을 넘는 값에 대해서는 4톤으로 한다)의 등분포정하중에 견딜 수 있어야 한다.
- 지게차의 최대하중은 6/2=3톤이고, 헤드가드의 강도는 최대하중의 2배이므로 3×2=6톤이나 4톤을 넘기 때문에 헤드가드의 강도는 4톤이다.

42 밀링작업 시 안전 수칙에 관한 설명으로 옳지 않은 것은?

① 칩은 기계를 정지시킨 다음에 브러시 등으로 제거한다.
② 일감 또는 부속장치 등을 설치하거나 제거할 때는 반드시 기계를 정지시키고 작업한다.
③ 커터는 될 수 있는 한 컬럼에서 멀게 설치한다.
④ 강력 절삭을 할 때는 일감을 바이스에 깊게 물린다.

해설 **밀링작업시 안전대책**

- 커터는 될 수 있는 한 컬럼에서 가깝게 설치한다.

43 아세틸렌 용접장치에 관한 설명 중 틀린 것은?

① 아세틸렌 발생기로부터 5m 이내, 발생기실로부터 3m 이내에는 흡연 및 화기사용을 금지한다.
② 발생기실에는 관계 근로자가 아닌 사람이 출입하는 것을 금지한다.
③ 아세틸렌 용기는 뉘어서 사용한다.
④ 건식안전기의 형식으로 소결금속식과 우회로식이 있다.

해설 **가스 등의 용기(「산업안전보건기준에 관한 규칙」제234조)**

용해아세틸렌의 용기는 세워 둘 것

44 조작자의 신체 부위가 위험한계 밖에 위치하도록 기계의 조작장치를 위험구역에서 일정거리 이상 떨어지게 하는 방호장치는?

① 덮개형 방호장치   ② 차단형 방호장치
③ 위치제한형 방호장치   ④ 접근반응형 방호장치

해설 **위치제한형 방호장치**

조작자의 신체 부위가 위험한계 밖에 있도록 기계의 조작장치를 위험구역에서 일정거리 이상 떨어지게 한 방호장치(양수조작식 안전장치)

45 다음 중 롤러의 급정지 성능으로 적합하지 않은 것은?

① 앞면 롤러 표면 원주속도가 25m/min, 앞면 롤러의 원주가 5m일 때 급정지거리 1.6m 이내
② 앞면 롤러 표면 원주속도가 35m/min, 앞면 롤러의 원주가 7m일 때 급정지거리 2.8m 이내
③ 앞면 롤러 표면 원주속도가 30m/min, 앞면 롤러의 원주가 6m일 때 급정지거리 2.6m 이내
④ 앞면 롤러 표면 원주속도가 20m/min, 앞면 롤러의 원주가 8m일 때 급정지거리 2.6m 이내

해설 **롤러의 급정지 거리**

앞면 롤러의 표면속도(m/min)	급정지 거리
30 미만	앞면 롤러 원주의 1/3
30 이상	앞면 롤러 원주의 1/2.5

앞면 롤러 표면 원주속도가 30m/min, 앞면 롤러의 원주가 6m일 때 급정지거리 2.6m 이내 → 6/2.5=2.4m 이내

정답 | 40 ② 41 ① 42 ③ 43 ③ 44 ③ 45 ③

46 연삭기의 연삭숫돌을 교체했을 경우 시운전은 최소 몇 분 이상 실시해야 하는가?

① 1분   ② 3분
③ 5분   ④ 7분

[해설] **연삭숫돌의 덮개 등(「안전보건규칙」 제122조)**
연삭숫돌을 사용하는 작업의 경우 작업을 시작하기 전에 1분 이상, 연삭숫돌을 교체한 후에 3분 이상 시운전을 하고 해당 기계의 이상 여부를 확인하여야 한다.

47 산업안전보건법령상 컨베이어, 이송용 롤러 등을 사용하는 경우 정전 · 전압강하 등에 의한 위험을 방지하기 위하여 설치하는 안전장치는?

① 권과방지장치
② 동력전달장치
③ 과부하방지장치
④ 화물의 이탈 및 역주행 방지장치

[해설] **역전방지장치(「안전보건규칙」 제191조)**
컨베이어, 이송용 롤러 등을 사용하는 경우에는 정전 · 전압강하 등에 따른 화물 또는 운반구의 이탈 및 역주행을 방지하는 장치를 갖추어야 한다. 역전방지장치의 형식으로는 롤러식, 래칫식, 전기브레이크가 있다.

48 "강렬한 소음작업"이라 함은 90dB 이상의 소음이 1일 몇 시간 이상 발생되는 작업을 말하는가?

① 2시간   ② 4시간
③ 8시간   ④ 10시간

[해설] **강렬한 소음작업**
- 90dB 이상의 소음이 1일 8시간 이상 발생되는 작업
- 95dB 이상의 소음이 1일 4시간 이상 발생되는 작업

49 프레스 작업에서 제품 및 스크랩을 자동적으로 위험한계 밖으로 배출하기 위한 장치로 볼 수 없는 것은?

① 피더   ② 키커
③ 이젝터   ④ 공기 분사 장치

[해설] 피더는 재료의 자동송급 도구로서 위험한계 밖에서 안전하게 가공물을 투입하기 위한 장치이다.

50 지게차의 방호장치인 헤드가드에 대한 설명으로 맞는 것은?

① 상부틀의 각 개구의 폭 또는 길이는 16cm 미만일 것
② 운전자가 앉아서 조작하는 방식의 지게차의 경우에는 운전자의 좌석 윗면에서 헤드가드의 상부틀 아랫면까지의 높이는 1.5m 이상일 것
③ 강도는 지게차의 최대하중의 2배 값(5톤을 넘는 값에 대해서는 5톤으로 한다)의 등분포정하중에 견딜 수 있을 것
④ 운전자가 서서 조작하는 방식의 지게차의 경우에는 운전석의 바닥면에서 헤드가드의 상부틀 하면까지의 높이가 2.5m 이상일 것

[해설] **헤드가드(Head Guard, 「안전보건규칙」 제180조)**
1. 강도는 지게차 최대하중의 2배 값(4톤을 넘는 것에 대하여서는 4톤으로 한다)의 등분포정하중에 견딜 수 있는 것일 것
2. 상부틀의 각 개구의 폭 또는 길이가 16cm 미만일 것
3. 운전자가 앉아서 조작하거나 서서 조작하는 지게차의 헤드가드는 「산업표준화법」 제12조에 따른 한국산업표준에서 정하는 높이 기준 이상일 것(좌승식 : 좌석기준점(SIP)으로부터 903mm 이상, 입승식 : 조종사가 서 있는 플랫폼으로부터 1,880mm 이상)

51 다음 중 와이어로프의 구성요소가 아닌 것은?

① 클립   ② 소선
③ 스트랜드   ④ 심강

[해설] **와이어로프의 구성요소**
스트랜드(strand), 소선, 심강(Core)

52 다음 중 안전율을 구하는 계산식으로 옳은 것은?

① $\dfrac{허용응력}{쳐강도}$ ② $\dfrac{허용응력}{인장강도}$

③ $\dfrac{인장강도}{허용응력}$ ④ $\dfrac{안전하중}{파단하중}$

[해설] **안전율(Safety Factor), 안전계수**

$$안전율(S) = \frac{극한(최대, 인장) 강도}{허용응력} = \frac{파단(최대)하중}{사용(정격)하중}$$

53 산업안전보건법령상 지게차 작업시작 전 점검사항으로 거리가 가장 먼 것은?

① 제동장치 및 조종장치 기능의 이상 유무
② 압력방출장치의 작동 이상 유무
③ 바퀴의 이상 유무
④ 전조등·후미등·방향지시기 및 경보장치 기능의 이상 유무

[해설] **작업시작 전 점검사항(지게차를 사용하여 작업 할 때)**
1. 제동장치 및 조종장치 기능의 이상 유무
2. 하역장치 및 유압장치 기능의 이상 유무
3. 바퀴의 이상 유무
4. 전조등·후미등·방향지시기 및 경보장치 기능의 이상 유무

54 휴대용 동력드릴의 사용 시 주의해야 할 사항에 대한 설명으로 옳지 않은 것은?

① 드릴 작업 시 과도한 진동을 일으키면 즉시 작업을 중단한다.
② 드릴이나 리머를 고정하거나 제거할 때는 금속성 망치 등을 사용한다.
③ 절삭하기 위하여 구멍에 드릴날을 넣거나 뺄 때는 팔을 드릴과 직선이 되도록 한다.
④ 작업 중에는 드릴을 구멍에 맞추거나 하기 위해서 드릴 날을 손으로 잡아서는 안 된다.

[해설] **휴대용 동력드릴의 안전한 작업방법**
드릴이나 리머를 고정하거나 제거하고자 할 때 공구를 사용하고 해머 등으로 두드려서는 안 된다.

55 다음 중 산업안전보건법령상 안전인증대상 방호장치에 해당하지 않는 것은?

① 연삭기 덮개
② 압력용기 압력방출용 파열판
③ 압력용기 압력방출용 안전밸브
④ 방폭구조(防爆構造) 전기기계·기구 및 부품

[해설] 연삭기 덮개는 자율안전확인 신고 대상 방호장치이다.

56 기계설비가 이상이 있을 때 기계를 급정지시키거나 방호장치가 작동되도록 하는 것과 전기회로를 개선하여 오동작을 방지하거나 별도의 안전한 회로에 의해 정상기능을 찾을 수 있도록 하는 것은?

① 외형의 안전화
② 기능상의 안전화
③ 작업의 안전화
④ 작업점의 안전화

[해설] **기능상의 안전화**
기계설비가 이상이 있을 때 기계를 급정지시키거나 방호장치가 작동되도록 하는 것과 전기회로를 개선하여 오동작을 방지하거나 별도의 안전한 회로에 의해 정상기능을 찾을 수 있도록 하는 것
예 전압 강하 시 기계의 자동정지, 안전장치의 일정방식

57 다음 중 프레스에 사용되는 광전자식 방호장치의 일반구조에 관한 설명으로 틀린 것은?

① 방호장치의 감지기능은 규정한 검출영역 전체에 걸쳐 유효하여야 한다.
② 슬라이드 하강 중 정전 또는 방호장치의 이상 시에는 1회 동작 후 정지할 수 있는 구조이어야 한다.
③ 정상동작표시램프는 녹색, 위험표시램프는 붉은색으로 하며, 쉽게 근로자가 볼 수 있는 곳에 설치해야 한다.
④ 방호장치의 정상작동 중에 감지가 이루어지거나 전원 공급이 중단되는 경우 적어도 두 개 이상의 독립된 출력신호 개폐 장치가 꺼진 상태로 돼야 한다.

[해설] **광전자식 방호장치의 일반사항**
슬라이드 하강 중 정전 또는 방호장치의 이상 시에 바로 정지할 수 있는 구조이어야 한다.

58 그림과 같이 목재가공용 둥근톱 기계에서 분할날(t_2) 두께가 4.0mm일 때 톱날 두께 및 톱날 진폭과의 관계로 옳은 것은?

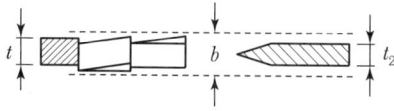

t : 톱날 두께 b : 치 진폭 t_2 : 분할날 두께

① $b > 4.0mm$, $t \leq 3.6mm$
② $b > 4.0mm$, $t \leq 4.0mm$
③ $b < 4.0mm$, $t \leq 4.4mm$
④ $b > 4.0mm$, $t \geq 3.6mm$

정답 | 53 ② 54 ② 55 ① 56 ② 57 ② 58 ①

해설 **분할날의 두께**
두께는 톱날두께 1.1배 이상이고 톱날의 치진폭 이하로 할 것
$1.1t_1 \leq t_2 < b$

59 산업안전보건법령상 컨베이어에 설치하는 방호장치로 거리가 가장 먼 것은?

① 건널다리 ② 반발예방장치
③ 비상정지장치 ④ 역주행방지장치

해설 **컨베이어 안전장치의 종류**
- 비상정지장치
- 덮개 또는 울
- 건널다리
- 역전방지장치

60 유해·위험기계·기구 중에서 진동과 소음을 동시에 수반하는 기계설비로 가장 거리가 먼 것은?

① 컨베이어 ② 사출 성형기
③ 가스 용접기 ④ 공기 압축기

해설 **유해·위험기계·기구 중 소음과 진동을 동시에 수반하는 기계**
컨베이어, 사출 성형기, 공기 압축기

4과목
전기설비 안전관리

61 정상작동 상태에서 폭발 가능성이 없으나 이상상태에서 짧은 시간 동안 폭발성 가스 또는 증기가 존재하는 지역에 사용 가능한 방폭용기를 나타내는 기호는?

① ib ② p
③ e ④ n

해설 2종 장소에 대한 설명이므로 2종 장소에서 사용 가능한 방폭구조는 비점화방폭구조(n)이다.

62 정전기 발생에 영향을 주는 요인에 대한 설명으로 틀린 것은?

① 물체의 분리속도가 빠를수록 발생량은 적어진다.
② 접촉면적이 크고 접촉압력이 높을수록 발생량이 많아진다.
③ 물체 표면이 수분이나 기름으로 오염되면 산화 및 부식에 의해 발생량이 많아진다.
④ 정전기의 발생은 처음 접촉, 분리할 때가 최대로 되고 접촉, 분리가 반복됨에 따라 발생량은 감소한다.

해설 물체의 분리속도가 빠를수록 발생량은 많아진다.

63 정전기 제거 방법으로 가장 거리가 먼 것은?

① 작업장 바닥을 도전처리한다.
② 설비의 도체 부분은 접지시킨다.
③ 작업자는 대전방지화를 신는다.
④ 작업장을 항온으로 유지한다.

해설 작업장 항온 유지와 정전기 제거는 연관성이 떨어진다.

64 화염일주한계에 대한 설명으로 옳은 것은?

① 폭발성 가스와 공기의 혼합기에 온도를 높인 경우 화염이 발생 할 때까지의 시간 한계치
② 폭발성 분위기에 있는 용기의 접합면 틈새를 통해 화염이 내부에서 외부로 전파되는 것을 저지할 수 있는 틈새의 최대간격치
③ 폭발성 분위기 속에서 전기불꽃에 의하여 폭발을 일으킬 수 있는 화염을 발생시키기에 충분한 교류파형의 1주기치
④ 방폭설비에서 이상이 발생하여 불꽃이 생성된 경우에 그것이 점화원으로 작용하지 않도록 화염의 에너지를 억제하여 폭발 하한계로 되도록 화염 크기를 조정하는 한계치

해설 **화염일주한계(최대안전틈새)**
폭발성 분위기 내에 방치된 표준용기의 접합면 틈새를 통하여 폭발화염이 내부에서 외부로 전파되는 것을 저지(최소점화에너지 이하)할 수 있는 틈새의 최대간격치이며 폭발성 가스의 종류에 따라 다르다.

정답 | 59 ② 60 ③ 61 ④ 62 ① 63 ④ 64 ②

65 입욕자에게 전기적 자극을 주기 위한 전기욕기의 전원장치에 내장되어 있는 전원 변압기의 2차 측 전로의 사용전압은 몇 V 이하로 하여야 하는가?

① 10　　　　② 15
③ 30　　　　④ 60

[해설] 내장되어 있는 전원 변압기의 2차 측 전로의 사용전압이 10V 이하인 것에 한다.

66 인체저항을 500[Ω]이라 한다면 심실세동을 일으키는 위험 한계에너지는 약 몇 [J]인가? (단, 심실세동전류값은 Dalziel의 식 $I = \dfrac{165}{\sqrt{T}}$[mA]를 이용하고, 통전시간은 2초로 한다.)

① 13.6　　　② 16.2
③ 27.2　　　④ 324

[해설] $W = I^2 RT = \left(\dfrac{165}{\sqrt{T}} \times 10^{-3}\right)^2 \times 500\,T$
$= (165^2 \times 10^{-6}) \times 500$
$= 13.6[\text{W} \cdot \text{sec}] = 13.6[\text{J}]$

67 다음 중 방폭구조의 종류와 그 기호가 잘못 짝지어진 것은?

① 안전증방폭구조 : e
② 본질안전방폭구조 : ia
③ 몰드방폭구조 : m
④ 충전방폭구조 : n

[해설] 충전방폭구조의 기호는 q이다.

68 심실세동 전류란?

① 최소 감지전류
② 치사적 전류
③ 고통 한계전류
④ 마비 한계전류

[해설] **통전전류와 인체반응**

통전전류 구분	전격의 영향	통전전류(교류)값
심실세동 전류(치사 전류)	심근의 미세한 진동으로 혈액을 송출하는 펌프의 기능이 장애를 받는 현상을 심실세동이라 하며 이 때의 전류를 심실세동 전류라고 한다.	$I = \dfrac{165}{\sqrt{T}}$[mA] I : 심실세동 전류 (mA) T : 통전시간(s)

69 감전사고를 방지하기 위한 허용보폭전압에 대한 수식으로 맞는 것은?

E : 허용보폭전압　　R_b : 인체의 저항
ρ_S : 지표상층 저항률　　I_K : 심실세동전류

① $E = (R_b + 3\rho_S)I_K$
② $E = (R_b + 4\rho_S)I_K$
③ $E = (R_b + 5\rho_S)I_K$
④ $E = (R_b + 6\rho_S)I_K$

[해설] **허용접촉전압 및 허용보폭전압**

허용접촉전압	허용보폭전압
$E = \left(R_b + \dfrac{3\rho_S}{2}\right) \times I_k$	$E = (R_b + 6\rho_S) \times I_k$

70 저압전로의 보호도체 및 중성선의 접속방식에 따른 접지계통의 분류가 아닌 것은?

① IT 계통　　② TN 계통
③ TT 계통　　④ TC 계통

[해설] **계통접지 분류**
TN계통, TT계통, IT계통

71 산업안전보건기준에 관한 규칙에 따라 누전에 의한 감전의 위험을 방지하기 위하여 접지를 하여야 하는 대상의 기준으로 틀린 것은? (단, 예외조건은 고려하지 않는다.)

① 전기기계·기구의 금속제 외함
② 고압 이상의 전기를 사용하는 전기기계·기구 주변의 금속제 칸막이
③ 고정배선에 접속된 전기기계·기구 중 사용전압이 대지 전압 100V를 넘는 비충전 금속체
④ 코드와 플러그를 접속하여 사용하는 전기기계·기구 중 휴대형 전동기계·기구의 노출된 비충전 금속체

[해설] 고정배선에 접속된 전기기계·기구 중 사용전압이 대지전압 150V를 넘는 비충전 금속체이다.

정답 | 65 ① 66 ① 67 ④ 68 ② 69 ④ 70 ④ 71 ③

72 인체에 미치는 전격 재해의 위험을 결정하는 주된 인자 중 가장 거리가 먼 것은?

① 통전전압의 크기
② 통전전류의 크기
③ 통전경로
④ 통전시간

[해설] 통전전류가 크고, 장시간 흐르고, 인체의 주요한 부분으로 흐를수록 전격의 위험이 크다.

73 방폭기기에 별도의 주위 온도 표시가 없을 때 방폭기기의 주위 온도 범위는? (단, 기호 "X"의 표시가 없는 기기이다.)

① 20~40℃
② -20~40℃
③ 10~50℃
④ -10~50℃

[해설] 방폭기기에 별도의 주위 온도 표시가 없을 때 방폭기기의 주위 온도 범위는 -20~40℃이다.

74 정전기의 재해방지 대책이 아닌 것은?

① 부도체에는 도전성을 향상 또는 제전기를 설치 운영한다.
② 접촉 및 분리를 일으키는 기계적 작용으로 인한 정전기 발생을 적게 하기 위해서는 가능한 접촉면적을 크게 하여야 한다.
③ 저항률이 $10^{10}[\Omega \cdot cm]$ 미만의 도전성 위험물의 배관유속은 7[m/s] 이하로 한다.
④ 생산공정에 별다른 문제가 없다면 습도를 70[%] 정도 유지하는 것도 무방하다.

[해설] 접촉 및 분리를 일으키는 기계적 작용으로 인한 정전기 발생을 적게 하기 위해서는 가능한 접촉면적을 작게 하여야 한다.

75 정전기 재해방지에 관한 설명 중 틀린 것은?

① 이황화탄소의 수송 과정에서 배관 내의 유속을 2.5m/s 이상으로 한다.
② 포장 과정에서 용기를 도전성 재료에 접지한다.
③ 인쇄 과정에서 도포량을 소량으로 하고 접지한다.
④ 작업장의 습도를 높여 전하가 제거되기 쉽게 한다.

[해설] 이황화탄소의 수송과정에서 유속은 1m/sec 이하이다.

76 침대형판 전극 간에 직류 고전압을 인가한 경우 간격 내에서 정corona가 진전해 가는 순서로 알맞은 것은?

① 글로우코로나(glow corona) → 브러시코로나(brusy corona) → 스트리머코로나(streamer corona)
② 스트리머코로나(streamer corona) → 글로우코로나(glow corona) → 브러시코로나(brusy corona)
③ 글로우코로나(glow corona) → 스트리머코로나(streamer corona) → 브러시코로나(brusy corona)
④ 브러시코로나(brusy corona) → 스트리머코로나(streamer corona) → 글로우코로나(glow corona)

[해설] **코로나 방전의 진행과정**
글로우코로나(glow corona) → 브러시코로나(brusy corona) → 스트리머코로나(streamer corona)

77 위험방지를 위한 전기기계·기구의 설치 시 고려할 사항으로 거리가 먼 것은?

① 전기기계·기구의 충분한 전기적 용량 및 기계적 강도
② 전기기계·기구의 안전효율을 높이기 위한 시간 가동율
③ 습기·분진 등 사용장소의 주위환경
④ 전기적·기계적 방호수단의 적정성

[해설] **전기기계·기구의 설치 시 고려사항**
- 전기기계·기구의 충분한 전기적 용량 및 기계적 강도
- 습기·분진 등 사용장소의 주위환경
- 전기적·기계적 방호수단의 적정성 등

78 다음 중 1종 위험장소로 분류되지 않는 것은?

① Floating Roof Tank 상의 Shell 내의 부분
② 인화성 액체의 용기 내부의 액면 상부의 공간부
③ 점검수리 작업에서 가연성 가스 또는 증기를 방출하는 경우의 밸브 부근
④ 탱크로리, 드럼관 등이 인화성 액체를 충전하고 있는 경우의 개구부 부근

[해설] 설비의 내부는 0종 장소에 해당된다.

정답 | 72 ① 73 ② 74 ② 75 ① 76 ① 77 ② 78 ②

79 다음 중 고압활선작업 시 감전의 위험이 발생할 우려가 있는 때의 조치사항으로 옳지 않은 것은?

① 접근한계거리 유지
② 절연용 보호구 착용
③ 활선작업용 기구 사용
④ 절연용 방호용구 설치

해설) 접근한계거리 이내로 접근할 수 없도록 한다(안전보건규칙 제321조).

80 KS C IEC 60079 - 0의 정의에 따라 '두 도전부 사이의 고체 절연물 표면을 따른 최단거리'를 나타내는 명칭은?

① 전기적 간격   ② 절연공간거리
③ 연면거리   ④ 충전물 통과거리

해설) KS C IEC 60079 - 0, 연면거리(creepage distance)
두 도전부 사이의 공간을 통한 최단거리

5과목
화학설비 위험방지기술

81 폭발방호대책 중 이상 또는 과잉압력에 대한 안전장치로 볼 수 없는 것은?

① 안전밸브(safety valve)
② 릴리프 밸브(relief valve)
③ 파열판(bursting disk)
④ 플레임 어레스터(flame arrester)

해설) 플레임 어레스터(역화방지기, flame arrester)
폭발성 혼합가스로 충만된 배관 등의 일부에서 연소가 개시될 때 역화를 방지하여 폭발성 혼합가스가 존재하는 장소 전체에 화염이 전파되는 것을 방지하기 위한 안전장치로 과잉압력에 대한 안전장치라고 볼 수 없다.

82 다음 중 펌프의 공동현상(Cavitation)을 방지하기 위한 방법으로 가장 적절한 것은?

① 펌프의 설치 위치를 높게 한다.
② 펌프의 회전속도를 빠르게 한다.
③ 펌프의 유효흡입양정을 작게 한다.
④ 흡입 측에서 펌프의 토출량을 줄인다.

해설) 공동현상(Cavitation) 정의 및 예방방법
1. 정의
   관 속에 물이 흐를 때 물속에 어느 부분이 증기압보다 낮은 부분이 생기면 물이 증발을 일으키고 또한 물속의 공기가 기포를 다수 발생시키는 현상
2. 예방방법
   ㉠ 펌프의 회전수를 낮춘다.
   ㉡ 흡입비 속도를 작게 한다.
   ㉢ 펌프의 흡입관의 두(head) 손실을 줄인다.
   ㉣ 펌프의 설치위치를 되도록 낮추고 유효흡입 head를 크게 한다.

83 [보기] 물질의 폭발범위가 넓은 것부터 좁은 순서로 옳게 배열한 것은?

보기
H_2 C_3H_8 CH_4 CO

① $CO > H_2 > C_3H_8 > CH_4$
② $H_2 > CO > CH_4 > C_3H_8$
③ $C_3H_8 > CO > CH_4 > H_2$
④ $CH_4 > H_2 > CO > C_3H_8$

해설) 각 물질의 폭발범위 및 위험도는 다음과 같다.

구분	수소(H_2)	프로판(C_3H_8)	메탄(CH_4)	일산화탄소(CO)
UFL	75	9.5	15	74
LEL	4	2.4	5	10.5
폭발범위	71	7.1	10	63.5
위험도	17.75	2.96	2	6.05

정답 | 79 ① 80 ③ 81 ④ 82 ④ 83 ②

84 질화면(Nitrocellulose)은 저장·취급 중에는 에틸알코올 등으로 습면상태를 유지해야 한다. 그 이유를 옳게 설명한 것은?

① 질화면은 건조 상태에서는 자연적으로 분해하면서 발화할 위험이 있기 때문이다.
② 질화면은 알코올과 반응하여 안정한 물질을 만들기 때문이다.
③ 질화면은 건조 상태에서 공기 중의 산소와 환원반응을 하기 때문이다.
④ 질화면은 건조 상태에서 유독한 중합물을 형성하기 때문이다.

해설 질화면(니트로셀룰로오스)는 건조한 상태에서는 자연발열을 일으켜 분해폭발을 일으킬 수 있어 에틸알코올 또는 이소프로필 알코올을 적셔놓는다.

85 메탄, 에탄, 프로판의 폭발하한계가 각각 5vol%, 3vol%, 2.1vol%일 때 다음 중 폭발하한계가 가장 낮은 것은? (단, Le Chateler의 법칙을 이용한다.)

① 메탄 20vol%, 에탄 30vol%, 프로판 50vol%의 혼합가스
② 메탄 30vol%, 에탄 30vol%, 프로판 40vol%의 혼합가스
③ 메탄 40vol%, 에탄 30vol%, 프로판 30vol%의 혼합가스
④ 메탄 50vol%, 에탄 30vol%, 프로판 20vol%의 혼합가스

해설 폭발하한 $= \dfrac{V_1+V_2+V_3}{\dfrac{V_1}{L_1}+\dfrac{V_2}{L_2}+\dfrac{V_3}{L_3}}$ 식을 이용하여 계산할 수 있다.

① 폭발하한 $= \dfrac{20+30+50}{\dfrac{20}{5}+\dfrac{30}{3}+\dfrac{50}{2.1}} = 2.64$vol%

② 폭발하한 $= \dfrac{30+30+40}{\dfrac{30}{5}+\dfrac{30}{3}+\dfrac{40}{2.1}} = 2.85$vol%

③ 폭발하한 $= \dfrac{40+30+30}{\dfrac{30}{5}+\dfrac{30}{3}+\dfrac{40}{2.1}} = 3.10$vol%

④ 폭발하한 $= \dfrac{50+30+20}{\dfrac{50}{5}+\dfrac{30}{3}+\dfrac{20}{2.1}} = 3.39$vol%

86 다음은 산업안전보건법령에 따른 위험물질의 종류 중 부식성 염기류에 관한 내용이다. (   ) 안에 알맞은 수치는?

> 농도가 (   )% 이상인 수산화나트륨, 수산화칼륨, 그 밖에 이와 같은 정도 이상의 부식성을 가지는 염기류

① 20 ② 40
③ 60 ④ 80

해설 산업안전보건법령상 농도가 40% 이상인 수산화나트륨, 수산화칼륨, 그 밖에 이와 같은 정도의 부식성을 가지는 염기류가 위험물질에 해당한다.

87 다음 중 퍼지(purge)의 종류에 해당하지 않는 것은?

① 압력퍼지 ② 진공퍼지
③ 스위프퍼지 ④ 가열퍼지

해설 **불활성화(퍼지)의 종류**
압력퍼지, 진공퍼지, 사이폰퍼지, 스위프퍼지 등

88 「산업안전보건기준에 관한 규칙」에서 규정하고 있는 급성 독성물질의 정의에 해당하지 않는 것은?

① 가스 LC_{50}(쥐, 4시간 흡입)이 2,500ppm 이하인 화학물질
② LD_{50}(경구, 쥐)이 킬로그램당 300밀리그램(체중) 이하인 화학물질
③ LD_{50}(경피, 쥐)이 킬로그램당 1,000밀리그램(체중) 이하인 화학물질
④ LD_{50}(경피, 토끼)이 킬로그램당 2,000밀리그램(체중) 이하인 화학물질

해설 쥐 또는 토끼에 대한 경피흡수실험에 의하여 실험동물의 50퍼센트를 사망시킬 수 있는 물질의 양, 즉 LD_{50}(경피, 토끼 또는 쥐)이 킬로그램당 1,000밀리그램(체중) 이하인 화학물질이 급성독성물질에 해당한다.

89 다음의 2가지 물질을 혼합 또는 접촉하였을 때 발화 또는 폭발의 위험성이 가장 낮은 것은?

① 니트로셀룰로오스와 물 ② 나트륨과 물
③ 염소산칼륨과 유황 ④ 황화인과 무기과산화물

해설 니트로셀룰로오스는 물과 접촉하여도 발화 또는 폭발의 위험성이 낮다.

정답 | 84 ① 85 ① 86 ② 87 ④ 88 ④ 89 ①

90 다음 중 크롬에 관한 설명으로 옳은 것은?

① 미나마타병의 원인으로 알려져 있다.
② 이타이이타이병의 원인으로 알려져 있다.
③ 3가와 6가의 화합물이 사용되고 있다.
④ 6가보다 3가 화합물이 특히 인체에 유해하다.

해설 **크롬의 특징**
- 은백색의 광택을 띠는 금속으로 3가와 6가의 화합물이 있다.
- 크롬 정련공정에서 발생하는 6가 크롬이 인체에 유해하다. 급성중독의 경우 수포성 피부염 등이 발생하고 만성중독의 경우 비중격천공증을 유발한다.

91 다음 중 누설 발화형 폭발재해의 예방대책으로 가장 거리가 먼 것은?

① 발화원 관리
② 밸브의 오동작 방지
③ 가연성 가스의 연소
④ 누설물질의 검지 경보

해설 **누설 발화형 폭발재해 예방대책**
발화원 관리, 밸브의 오동작 방지, 누설물질의 검지 경보 등

92 분진폭발의 특징으로 옳은 것은?

① 연소속도가 가스폭발보다 크다.
② 완전연소로 가스중독의 위험이 작다.
③ 화염의 파급속도보다 압력의 파급속도가 빠르다.
④ 가스폭발보다 연소시간은 짧고 발생에너지는 작다.

해설 분진폭발은 압력의 파급속도가 커서 화염보다는 압력으로 인한 피해가 크다.

93 프로판(C_3H_8)가스가 공기 중 연소할 때의 화학양론농도는 약 얼마인가? (단, 공기 중의 산소농도는 21vol%이다.)

① 2.5vol%
② 4.0vol%
③ 5.6vol%
④ 9.5vol%

해설
- $C_nH_xO_y$에 대하여 양론농도
$$C_{st} = \frac{1}{(4.77n + 1.19x - 2.38y) + 1} \times 100 (\text{vol}\%)$$
- 프로판 : C_3H_8
$$C_{st} = \frac{1}{4.77 \times 3 + 1.19 \times 8 + 1} \times 100$$
$$= 4.0 (\text{vol}\%)$$

94 산업안전보건법령상 사업주가 인화성액체 위험물을 액체상태로 저장하는 저장탱크를 설치하는 경우에는 위험물질이 누출되어 확산되는 것을 방지하기 위하여 무엇을 설치하여야 하는가?

① Flame Arrester
② Ventstack
③ 긴급방출장치
④ 방유제

해설 **방유제 설치**
위험물질을 액체상태로 저장하는 저장탱크를 설치하는 때에는 위험물질이 누출되어 확산되는 것을 방지하기 위하여 방유제를 설치하여야 한다.

95 소화방법에 대한 주된 소화원리로 틀린 것은?

① 물을 살포한다 : 냉각소화
② 모래를 뿌린다 : 질식소화
③ 초를 불어서 끈다 : 억제소화
④ 담요를 덮는다 : 질식소화

해설 초를 불어서 끄는 것은 제거소화에 해당한다.

96 산업안전보건법령에 따라 위험물 건조설비 중 건조실을 설치하는 건축물의 구조를 독립된 단층 건물로 하여야 하는 건조설비가 아닌 것은?

① 위험물 또는 위험물이 발생하는 물질을 가열·건조하는 경우 내용적이 $2m^3$인 건조설비
② 위험물이 아닌 물질을 가열·건조하는 경우 액체연료의 최대사용량이 5kg/h인 건조설비
③ 위험물이 아닌 물질을 가열·건조하는 경우 기체연료의 최대사용량이 $2m^3$/h인 건조설비
④ 위험물이 아닌 물질을 가열·건조하는 경우 전기사용 정격용량이 20kW인 건조설비

해설 위험물이 아닌 물질을 가열·건조하는 경우 액체연료의 최대사용량이 10kg/h인 건조설비는 건축물의 구조를 독립된 단층 건물로 하여야 한다.

정답 | 90 ③ 91 ③ 92 ③ 93 ② 94 ④ 95 ③ 96 ②

97 사업주는 인화성 액체 및 인화성 가스를 저장 취급하는 화학설비에서 증기나 가스를 대기로 방출하는 경우에는 외부로부터의 화염을 방지하기 위하여 화염방지기를 설치하여야 한다. 다음 중 화염방지기의 설치 위치로 옳은 것은?

① 설비의 상단
② 설비의 하단
③ 설비의 측면
④ 설비의 조작부

해설 화염방지기는 비교적 저압 또는 상압에서 가연성 증기를 발생시키는 인화성 물질 등을 저장하는 탱크에서 외부에 그 증기를 방출하거나 탱크 내에 외기를 흡입하는 부분에 설치하는 안전장치이다. 일반적으로 저장탱크의 상부에 설치된 통기밸브 후단에 설치한다.

98 목재, 섬유 등의 화재의 종류에 해당하는 것은?

① A급
② B급
③ C급
④ D급

해설 목재, 섬유 등의 화재는 A급(일반) 화재이다.

구분	A급 화재	B급 화재	C급 화재	D급 화재
명칭	일반 화재	유류·가스 화재	전기 화재	금속 화재

99 「산업안전보건법령」상 특수화학설비를 설치할 때 내부의 이상상태를 조기에 파악하기 위하여 필요한 계측장치를 설치하여야 한다. 이러한 계측장치로 거리가 먼 것은?

① 압력계
② 유량계
③ 온도계
④ 비중계

해설 화학설비 및 그 부속설비, 특수화학설비에는 내부의 상태를 파악하기 위하여 필요한 온도계·유량계·압력계 등의 계측장치를 설치하여야 한다.

100 프로판(C_3H_8)의 연소 하한계가 2.2vol%일 때 연소를 위한 최소산소농도(MOC)는 몇 vol%인가?

① 5.0
② 7.0
③ 9.0
④ 11.0

해설 최소산소농도(C_m) = 폭발하한(%) × $\frac{산소 mol수}{연소가스 mol수}$
= $2.2 \times \frac{5}{1}$ = 11%

6과목
건설공사 안전관리

101 산업안전보건법령에 따른 건설공사 중 다리건설공사의 경우 유해위험방지계획서를 제출하여야 하는 기준으로 옳은 것은?

① 최대 지간길이가 40m 이상인 다리의 건설 등 공사
② 최대 지간길이가 50m 이상인 다리의 건설 등 공사
③ 최대 지간길이가 60m 이상인 다리의 건설 등 공사
④ 최대 지간길이가 70m 이상인 다리의 건설 등 공사

해설 최대 지간길이 50m 이상인 교량공사가 해당된다.

102 토사붕괴에 따른 재해를 방지하기 위한 흙막이 지보공 부재로 옳지 않은 것은?

① 흙막이판
② 말뚝
③ 턴버클
④ 띠장

해설 턴버클은 안전대 부착설비 등의 지지철물이다.

103 비계의 부재 중 기둥과 기둥을 연결시키는 부재가 아닌 것은?

① 띠장
② 장선
③ 가새
④ 작업발판

해설 작업발판은 비계의 연결재에 해당되지 않는다.

104 거푸집 동바리 등을 조립하는 경우에 준수하여야 할 사항으로 옳지 않은 것은?

① 깔목의 사용, 콘크리트 타설, 말뚝박기 등 동바리의 침하를 방지하기 위한 조치를 할 것
② 개구부 상부에 동바리를 설치하는 경우에는 상부하중을 견딜 수 있는 견고한 받침대를 설치할 것
③ 거푸집이 곡면인 경우에는 버팀대의 부착 등 그 거푸집의 부상(浮上)을 방지하기 위한 조치를 할 것
④ 동바리의 이음은 맞댄이음이나 장부이음을 피할 것

해설 동바리의 이음은 맞댄이음 또는 장부이음으로 하고 같은 품질의 재료를 사용해야 한다.

정답 | 97 ① 98 ① 99 ④ 100 ④ 101 ② 102 ③ 103 ④ 104 ④

105 장비가 위치한 지면보다 낮은 장소를 굴착하는 데 적합한 장비는?

① 트럭크레인 ② 파워 셔블
③ 백호 ④ 진폴

[해설] 백호는 장비가 위치한 지면보다 낮은 장소를 굴착하는 데 적합하다.

106 양중기에 사용하는 와이어로프에서 화물의 하중을 직접 지지하는 달기와이어로프 또는 달기체인의 안전계수 기준은?

① 3 이상 ② 4 이상
③ 5 이상 ④ 10 이상

[해설] 양중기 와이어로프의 안전계수 구분

구분	안전계수
근로자가 탑승하는 운반구를 지지하는 경우	10 이상
화물의 하중을 직접 지지하는 경우	5 이상
훅, 샤클, 클램프, 리프팅 빔의 경우	3 이상
상기 조건 이외의 경우	4 이상

107 철근을 인력으로 운반하는 작업을 할 때 주의하여야 할 사항으로 옳지 않은 것은?

① 2인 이상이 1조로 운반하고, 어깨메기로 운반한다.
② 운반할 때에는 양끝을 묶어 운반한다.
③ 1인당 무게는 40kg 정도가 적당하다.
④ 내려놓을 때에는 천천히 내려놓아야 한다.

[해설] 철근을 인력으로 운반 시 1인당 무게는 25kg 정도가 적당하다.

108 터널 지보공을 조립하거나 변경하는 경우에 조치하여야 하는 사항으로 옳지 않은 것은?

① 목재의 터널 지보공은 그 터널 지보공의 각 부재에 작용하는 긴압 정도를 체크하여 그 정도가 최대한 차이가 나도록 할 것
② 강(鋼)아치 지보공의 조립은 연결볼트 및 띠장 등을 사용하여 주재 상호 간을 튼튼하게 연결할 것
③ 기둥에는 침하를 방지하기 위하여 받침목을 사용하는 등의 조치를 할 것
④ 주재(主材)를 구성하는 1세트의 부재는 동일 평면 내에 배치할 것

[해설] 목재의 터널 지보공은 그 터널 지보공의 각 부재에 작용하는 긴압 정도를 체크하여 터널 지보공의 각 부재의 긴압 정도가 균등하게 되도록 해야 한다.

109 달비계의 최대 적재하중을 정하는 경우 그 안전계수 기준으로 옳지 않은 것은?

① 달기와이어로프 및 달기강선의 안전계수 : 10 이상
② 달기체인 및 달기 훅의 안전계수 : 5 이상
③ 달기강대와 달비계의 하부 및 상부지점의 안전계수 : 강재의 경우 3 이상
④ 달기강대와 달비계의 하부 및 상부지점의 안전계수 : 목재의 경우 5 이상

[해설] 달비계의 안전계수

구분		안전계수
달기와이어로프 및 달기강선		10 이상
달기체인 및 달기훅		5 이상
달기강대와 달비계의 하부 및 상부지점	강재	2.5 이상
	목재	5 이상

110 건설현장에서 작업 중 물체가 떨어지거나 날아올 우려가 있는 경우에 대한 안전조치에 해당하지 않는 것은?

① 수직보호망 설치 ② 방호선반 설치
③ 울타리 설치 ④ 낙하물 방지망 설치

[해설] 울타리는 추락재해 방지설비이다.

111 건설업의 공사금액이 850억 원일 경우 산업안전보건법령에 따른 안전관리자의 수로 옳은 것은? (단, 전체 공사기간을 100으로 할 때 공사 전·후 15에 해당하는 경우는 고려하지 않는다.)

① 1명 이상 ② 2명 이상
③ 3명 이상 ④ 4명 이상

[해설] 공사금액 800억 원 이상인 건설업의 경우 안전관리자는 2명 이상으로 배치해야 한다.

정답 | 105 ③ 106 ③ 107 ③ 108 ① 109 ③ 110 ③ 111 ②

112 근로자의 추락 등의 위험을 방지하기 위하여 안전난간을 설치하는 경우 안전난간은 구조적으로 가장 취약한 지점에서 가장 취약한 방향으로 작용하는 얼마 이상의 하중에 견딜 수 있는 튼튼한 구조이어야 하는가?

① 50kg
② 100kg
③ 150kg
④ 200kg

[해설] 안전난간은 구조적으로 가장 취약한 지점에서 가장 취약한 방향으로 작용하는 100kg 이상의 하중에 견딜 수 있는 튼튼한 구조여야 한다.

113 시스템 비계를 사용하여 비계를 구성하는 경우의 준수사항으로 옳지 않은 것은?

① 수직재·수평재·가새재를 견고하게 연결하는 구조가 되도록 할 것
② 수평재는 수직재와 직각으로 설치하여야 하며, 체결 후 흔들림이 없도록 견고하게 설치할 것
③ 비계 밑단의 수직재와 받침철물은 밀착되도록 설치하고, 수직재와 받침철물의 연결부의 겹침길이는 받침철물 전체길이의 3분의 1 이상이 되도록 할 것
④ 벽 연결재의 설치간격은 시공자가 안전을 고려하여 임의대로 결정한 후 설치할 것

[해설] 시스템 비계의 벽 연결재의 설치간격은 제조사가 정한 기준에 따라 설치해야 한다.

114 콘크리트 타설 시 안전수칙으로 옳지 않은 것은?

① 타설순서는 계획에 의하여 실시하여야 한다.
② 진동기는 최대한 많이 사용하여야 한다.
③ 콘크리트를 치는 도중에는 거푸집, 지보공 등의 이상 유무를 확인하여야 한다.
④ 손수레로 콘크리트를 운반할 때에는 손수레를 타설하는 위치까지 천천히 운반하여 거푸집에 충격을 주지 아니하도록 타설하여야 한다.

[해설] 진동기의 과도한 사용은 거푸집 붕괴의 원인이 될 수 있다.

115 작업발판 및 통로의 끝이나 개구부로서 근로자가 추락할 위험이 있는 장소에서 난간 등의 설치가 매우 곤란하거나 작업의 필요상 임시로 난간 등을 해체하여야 하는 경우에 설치하여야 하는 것은?

① 구명구
② 수직보호망
③ 추락방호망
④ 석면포

[해설] 추락재해방지 설비 중 작업대 설치가 어렵거나 개구부 주위에 난간설치가 어려울 때 추락방호망을 설치한다.

116 사다리식 통로 등의 구조에 대한 설치기준으로 옳지 않은 것은?

① 발판의 간격은 일정하게 할 것
② 발판과 벽과의 사이는 15cm 이상의 간격을 유지할 것
③ 사다리식 통로의 길이가 10m 이상인 때에는 7m 이내마다 계단참을 설치할 것
④ 사다리의 상단은 걸쳐놓은 지점으로부터 60cm 이상 올라가도록 할 것

[해설] 사다리식 통로의 길이가 10m 이상인 경우에는 3m 이내마다 계단참을 설치한다.

117 하역작업 등에 의한 위험을 방지하기 위하여 준수하여야 할 사항으로 옳지 않은 것은?

① 꼬임이 끊어진 섬유로프를 화물운반용으로 사용해서는 안 된다.
② 심하게 부식된 섬유로프를 고정용으로 사용해서는 안 된다.
③ 차량 등에서 화물을 내리는 작업 시 해당 작업에 종사하는 근로자에게 쌓여 있는 화물 중간에서 화물을 빼내도록 할 경우에는 사전 교육을 철저히 한다.
④ 부두 또는 안벽의 선을 따라 통로를 설치하는 경우에는 폭을 90cm 이상으로 한다.

[해설] 사업주는 화물자동차에서 화물을 내리는 작업을 하는 경우에는 그 작업을 하는 근로자에게 쌓여있는 화물의 중간에서 화물을 빼내도록 해서는 아니 된다.

정답 | 112 ② 113 ④ 114 ② 115 ③ 116 ③ 117 ③

118 유해위험방지 계획서를 제출하려고 할 때 그 첨부서류와 가장 거리가 먼 것은?

① 공사개요서
② 산업안전보건관리비 작성요령
③ 전체공정표
④ 재해발생 위험 시 연락 및 대피방법

해설) **유해 · 위험방지계획서 제출 시 첨부서류**
   1. 공사개요
   2. 안전보건관리계획
       ㉠ 산업안전보건관리비 사용계획
       ㉡ 안전관리조직표, 안전 · 보건교육계획
       ㉢ 개인보호구 지급계획
       ㉣ 재해발생 위험 시 연락 및 대피방법
   3. 작업공종별 유해 · 위험방지계획

119 터널지보공을 설치한 경우에 수시로 점검하고, 이상을 발견한 경우에는 즉시 보강하거나 보수해야 할 사항이 아닌 것은?

① 부재의 긴압 정도
② 기둥침하의 유무 및 상태
③ 부재의 접속부 및 교차부 상태
④ 부재를 구성하는 재질의 종류 확인

해설) **터널 지보공을 설치한 경우 점검사항**
• 부재의 손상 · 변형 · 부식 · 변위 탈락의 유무 및 상태
• 부재의 긴압 정도
• 부재의 접속부 및 교차부의 상태
• 기둥침하의 유무 및 상태

120 흙막이 가시설 공사 시 사용되는 각 계측기 설치 목적으로 옳지 않은 것은?

① 지표침하계 – 지표면 침하량 측정
② 수위계 – 지반 내 지하수위의 변화 측정
③ 하중계 – 상부 적재하중 변화 측정
④ 지중경사계 – 지붕의 수평 변위량 측정

해설) 하중계는 버팀보, 어스앵커 등의 실제 축하중 변화를 측정하는 계측기이다.

1과목
산업재해 예방 및 안전보건교육

01 안전점검보고서 작성내용 중 주요 사항에 해당되지 않는 것은?

① 작업현장의 현 배치 상태와 문제점
② 재해다발요인과 유형분석 및 비교 데이터 제시
③ 안전관리스태프의 인적사항
④ 보호구, 방호장치 작업환경 실태와 개선제시

[해설] 안전관리스태프의 인적사항은 안전점검보고서에 수록될 내용이 아니다.

02 사고요인이 되는 정신적 요소 중 개성적 결함 요인에 해당하지 않는 것은?

① 방심 및 공상
② 도전적인 마음
③ 과도한 집착력
④ 다혈질 및 인내심 부족

[해설] **사고요인이 되는 정신적 원인**
1. 안전의식의 부족
2. 주의력의 부족
3. 방심 및 공상
4. 개성적 결함 요소 : 도전적인 마음, 과도한 집착력, 다혈질 및 인내심 부족
5. 판단력 부족 또는 그릇된 판단

03 안전인증 대상 보호구인 방독마스크에서 유기화합물용 정화통 외부 측면의 표시 색으로 옳은 것은?

① 갈색
② 노랑색
③ 녹색
④ 백색과 녹색

[해설] **정화통의 외부측면의 표시색**

종류	표시색
유기화합물용 정화통	갈색

04 산업안전보건법령상 안전인증대상기계 등에 포함되는 기계, 설비, 방호장치에 해당하지 않는 것은?

① 롤러기
② 크레인
③ 동력식 수동대패용 칼날 접촉 방지장치
④ 방폭구조(防爆構造) 전기기계·기구 및 부품

[해설] 동력식 수동대패용 칼날 접촉 방지장치는 자율안전확인대상 기계·기구의 방호장치이다.

05 주의(Attention)의 특성에 관한 설명 중 틀린 것은?

① 고도의 주의는 장시간 지속하기 어렵다.
② 한 지점에 주의를 집중하면 다른 곳에 대한 주의는 약해진다.
③ 최고의 주의 집중은 의식의 과잉 상태에서 가능하다.
④ 여러 자극을 지각할 때 소수의 현란한 자극에 선택적 주의를 기울이는 경향이 있다.

[해설] **주의의 특성**
- 선택성 : 한 번에 많은 종류의 자극을 지각·수용하기 곤란하다.
- 방향성 : 시선의 초점에 맞았을 때는 쉽게 인지되지만, 시선에서 벗어난 부분은 무시되기 쉽다.
- 변동성 : 주의는 리듬이 있어 언제나 일정한 수순을 지키지는 못한다.

06 재해예방의 4원칙에 관한 설명으로 틀린 것은?

① 재해의 발생에는 반드시 원인이 존재한다.
② 재해의 발생과 손실의 발생은 우연적이다.
③ 재해를 예방할 수 있는 안전대책은 반드시 존재한다.
④ 재해는 원인 제거가 불가능하므로 예방만이 최선이다.

정답 | 01 ③ 02 ① 03 ① 04 ③ 05 ③ 06 ④

해설 **재해예방의 4원칙(예방 가능의 원칙)**
재해는 원칙적으로 원인만 제거하면 예방이 가능하다.

07 AE형 안전모에 있어 내전압성이란 최대 몇 V 이하의 전압에 견디는 것을 말하는가?

① 750
② 1,000
③ 3,000
④ 7,000

해설 내전압성은 7,000V 이하의 전압에 견디는 것을 말한다.

08 산업안전보건법령상 안전·보건표지의 종류 중 다음 안전·보건 표지의 명칭은?

① 화물적재금지
② 차량통행금지
③ 물체이동금지
④ 화물출입금지

해설 108
물체이동금지

09 재해의 빈도와 상해의 강약도를 혼합하여 집계하는 지표로 옳은 것은?

① 강도율
② 종합재해지수
③ 안전활동율
④ Safe-T-Score

해설 1. 종합재해지수 = $\sqrt{도수율(FR) \times 강도율(SR)}$
2. 도수율은 재해의 양, 즉 재해 빈도의 다수를 나타내며, 강도율은 재해의 질, 즉 재해의 강약을 나타낸다.

10 산업현장에서 재해발생 시 조치 순서로 옳은 것은?

① 긴급처리 → 재해조사 → 원인분석 → 대책수립 → 실시계획 → 실시 → 평가
② 긴급처리 → 원인분석 → 재해조사 → 대책수립 → 실시 → 평가
③ 긴급처리 → 재해조사 → 원인분석 → 실시계획 → 실시 → 대책수립 → 평가
④ 긴급처리 → 실시계획 → 재해조사 → 대책수립 → 평가 → 실시

해설 **재해발생 시의 조치 순서**
긴급처리 → 재해조사 → 원인분석 → 대책수립 → 대책실시계획 → 실시 → 평가

11 작업공정 중에 규정된 대로 수행하지 않고 "괜찮다."라고 생각하여 자기 주관대로 추측을 하여 행동한 결과재해가 발생한 경우를 가리키는 용어는?

① 억측판단
② 근도반응
③ 생략행위
④ 초조반응

해설 억측판단(리스크테이킹)은 자기 멋대로 희망적 관찰에 의거하여 주관적인 판단에 의해 행동에 옮기는 것을 말한다.

12 산업안전보건법령상 사업장에서 산업재해 발생 시 사업주가 기록·보존하여야 하는 사항을 모두 고른 것은? (단, 산업재해조사표와 요양신청서의 사본은 보존하지 않았다.)

ㄱ. 사업장의 개요 및 근로자의 인적사항
ㄴ. 재해 발생의 일시 및 장소
ㄷ. 재해 발생의 원인 및 과정
ㄹ. 재해 재발 방지 계획

① ㄱ, ㄹ
② ㄴ, ㄷ, ㄹ
③ ㄱ, ㄴ, ㄷ
④ ㄱ, ㄴ, ㄷ, ㄹ

해설 **산업재해 기록**
1. 사업장의 개요 및 근로자의 인적사항
2. 재해 발생의 일시 및 장소
3. 재해 발생의 원인 및 과정
4. 재해 재발 방지 계획

정답 | 07 ④ 08 ③ 09 ② 10 ① 11 ① 12 ④

13 작업조건에 알맞은 보호구의 연결이 옳지 않은 것은?

① 안전대 : 높이 또는 깊이 2m 이상의 추락할 위험이 있는 장소에서의 작업
② 방독마스크 : 분진이 심하게 발생하는 하역작업
③ 안전화 : 물체의 낙하 · 충격, 물체에의 끼임, 감전 또는 정전기의 대전(帶電)에 의한 위험이 있는 작업
④ 방열복 : 고열에 의한 화상 등의 위험이 있는 작업

[해설] 분진이 심하게 발생하는 하역작업 시 지급하고 착용하여야 할 보호구는 방진마스크이다.

14 재해사례 연구의 진행순서로 옳은 것은?

① 재해 상황 파악 → 사실의 확인 → 문제점 발견 → 근본적 문제점 결정 → 대책 수립
② 사실의 확인 → 재해 상황 파악 → 문제점 발견 → 근본적 문제점 결정 → 대책 수립
③ 재해 상황 파악 → 사실의 확인 → 근본적 문제점 결정 → 문제점 발견 → 대책 수립
④ 사실의 확인 → 재해 상황 파악 → 근본적 문제점 결정 → 문제점 발견 → 대책 수립

[해설] **재해사례 연구단계**
재해 상황의 파악 → 사실 확인(1단계) → 문제점 발견(2단계) → 근본 문제점 결정(3단계) → 대책 수립(4단계)

15 A사업장의 강도율이 2.5이고, 연간 재해발생건수가 12건, 연간총근로시간수가 120만 시간일 때 이 사업장의 종합재해지수는 약 얼마인가?

① 1.6
② 5.0
③ 27.6
④ 230

[해설] • 강도율 = 2.5
• 도수율 = $\frac{재해발생건수}{연근로시간수} \times 1,000,000$
$= \frac{12}{1,200,000} \times 1,000,000 = 10$
• 종합재해지수(FSI) = $\sqrt{도수율(FR) \times 강도율(SR)}$
$= \sqrt{10 \times 2.5} = 5$

16 다음 설명에 해당하는 학습 지도의 원리는?

> 학습자가 지니고 있는 각자의 요구와 능력 등에 알맞은 학습활동의 기회를 마련해주어야 한다는 원리

① 직관의 원리
② 자기활동의 원리
③ 개별화의 원리
④ 사회화의 원리

[해설] 개별화의 원리는 학습자가 가지고 있는 각각의 요구 및 능력에 맞게 지도해야 한다는 원리이다.

17 안전점검의 종류 중 태풍, 폭우 등에 의한 침수, 지진 등의 천재지변이 발생한 경우나 이상사태 발생시 관리자나 감독자가 기계, 기구, 설비 등의 기능상 이상 유무에 대하여 점검하는 것은?

① 일상점검
② 정기점검
③ 특별점검
④ 수시점검

[해설] 특별점검은 기계 기구의 신설 및 변경 시 고장, 수리 등에 의해 부정기적으로 실시하는 점검, 안전강조기간에 실시하는 점검 등이다.

18 안전교육 방법의 4단계의 순서로 옳은 것은?

① 도입 → 확인 → 적용 → 제시
② 도입 → 제시 → 적용 → 확인
③ 제시 → 도입 → 적용 → 확인
④ 제시 → 확인 → 도입 → 적용

[해설] **안전교육법의 4단계**
도입(1단계) → 제시(2단계) → 적용(3단계) → 확인(4단계)

정답 | 13 ② 14 ① 15 ② 16 ③ 17 ③ 18 ②

19 적성요인에 있어 직업적성을 검사하는 항목이 아닌 것은?

① 지능
② 촉각 적응력
③ 형태식별능력
④ 운동속도

해설 직업적성 검사
- 지능
- 형태식별능력
- 운동속도

20 인간의 의식 수준을 5단계로 구분할 때 의식이 몽롱한 상태의 단계는?

① Phase Ⅰ
② Phase Ⅱ
③ Phase Ⅲ
④ Phase Ⅳ

해설 인간의 의식 Level의 단계별 신뢰성

단계	의식의 상태	신뢰성	의식의 작용
Phase I	의식의 둔화	0.9 이하	부주의

2과목
인간공학 및 위험성 평가 · 관리

21 다음 중 시스템을 설계함에 있어 개념형성 단계에서 최초로 시도하는 위험도 분석은?

① PHA
② FHA
③ SHA
④ OHA

해설 PHA(예비위험 분석)
시스템 내의 위험요소가 얼마나 위험상태에 있는가를 평가하는 시스템 안전프로그램의 최초단계의 분석방식(정성적)

22 경계 및 경보신호의 설계지침으로 틀린 것은?

① 주의를 환기시키기 위하여 변조된 신호를 사용한다.
② 배경소음의 진동수와 다른 진동수의 신호를 사용한다.
③ 귀는 중음역에 민감하므로 500~3,000Hz의 진동수를 사용한다.
④ 300m 이상의 장거리용으로는 1,000Hz를 초과하는 진동수를 사용한다.

해설 경계 및 경보신호 선택 시 지침
300m 이상 장거리용 신호에는 1,000Hz 이하의 진동수를 사용한다.

23 FTA에서 사용되는 논리게이트 중 입력과 반대되는 현상으로 출력되는 것은?

① 부정 게이트
② 억제 게이트
③ 배타적 OR 게이트
④ 우선적 AND 게이트

해설

기호	명칭	설명
$\overline{A}$	부정 게이트 (Not 게이트)	부정 모디파이어(Not modifier)라고도 하며 입력현상의 반대현상이 출력된다.

24 프레스에 설치된 안전장치의 수명은 지수분포를 따르며 평균수명은 100시간이다. 새로 구입한 안전장치가 50시간 동안 고장 없이 작동할 확률(A)과 이미 100시간을 사용한 안전장치가 앞으로 100시간 이상 견딜 확률(B)은 약 얼마인가?

① A : 0.368, B : 0.368
② A : 0.607, B : 0.368
③ A : 0.368, B : 0.607
④ A : 0.607, B : 0.607

해설 A : $R = e^{-\lambda t} = e^{-\frac{t}{t_o}} = e^{-\frac{50}{100}}$
$= e^{-0.5} = 0.607$

B : $R = e^{-\lambda t} = e^{-\frac{t}{t_o}} = e^{-\frac{100}{100}}$
$= e^{-1} = 0.368$

25 다음 시스템의 신뢰도 값은? (기호 안의 수치는 각 구성요소의 신뢰도이다.)

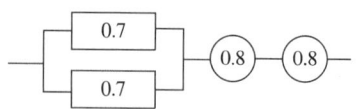

① 0.5824
② 0.6682
③ 0.7855
④ 0.8642

해설 신뢰도(R) = (1−(1−0.7)(1−0.7))×(0.8)×(0.8) = 0.5824

26 인체에서 뼈의 주요 기능이 아닌 것은?

① 인체의 지주 ② 장기의 보호
③ 골수의 조혈 ④ 근육의 대사

해설 뼈의 주요기능은 지주역할, 장기보호, 골수조혈기능 등이 있다.

27 동작경제의 원칙과 가장 거리가 먼 것은?

① 급작스러운 방향의 전환은 피하도록 할 것
② 가능한 관성을 이용하여 작업하도록 할 것
③ 두 손의 동작은 같이 시작하고 같이 끝나도록 할 것
④ 두 팔의 동작은 동시에 같은 방향으로 움직일 것

해설 동작경제의 원칙 중 신체 사용에 관한 원칙
팔의 동작은 서로 반대의 대칭적인 방향으로 행하며 동시에 행해야 한다.

28 의도는 올바른 것이었지만, 행동이 의도한 것과는 다르게 나타나는 오류를 무엇이라 하는가?

① Slip ② Mistake
③ Lapse ④ Violation

해설 실수(Slip)
상황이나 목표의 해석을 제대로 했으나 의도와는 다른 행동을 하는 경우

29 격렬한 육체적 작업의 작업부담 평가 시 활용되는 주요 생리적 척도로만 이루어진 것은?

① 부정맥, 작업량
② 맥박수, 산소 소비량
③ 점멸융합주파수, 폐활량
④ 점멸융합주파수, 근전도

해설 작업이 인체에 미치는 생리적 부담은 주로 맥박수(심박수)와 호흡에 의한 산소 소비량으로 측정한다.

30 인간공학에 대한 설명으로 틀린 것은?

① 인간이 사용하는 물건, 설비, 환경의 설계에 적용된다.
② 인간을 작업과 기계에 맞추는 설계 철학이 바탕이 된다.
③ 인간-기계 시스템이 안전성과 편리성, 효율성을 높인다.
④ 인간의 생리적, 심리적인 면에서 특성이나 한계점을 고려한다.

해설 인간공학의 정의
인간의 신체적·심리적 능력 한계를 고려하여 인간에게 적절한 형태로 작업을 맞추는 것. 인간의 특성과 능력을 공학적으로 분석, 평가하여 이를 복잡한 체계의 설계에 응용함으로써 효율을 최대로 활용할 수 있도록 하는 학문분야

31 인간공학을 기업에 적용할 때의 기대효과로 볼 수 없는 것은?

① 노사 간의 신뢰 저하 ② 작업손실시간의 감소
③ 제품과 작업의 질 향상 ④ 작업자의 건강 및 안전 향상

해설 인간공학의 필요성으로 노사 간의 신뢰구축이 있다.

32 인간 전달 함수(Human Transfer Function)의 결점이 아닌 것은?

① 입력의 협소성 ② 시점적 제약성
③ 정신운동의 묘사성 ④ 불충분한 직무 묘사

해설 인간전달함수의 결점
- 입력의 협소성
- 불충분한 직무 묘사
- 시점적 제약성

33 FTA에서 사용되는 사상기호 중 결함사상을 나타낸 기호로 옳은 것은?

① 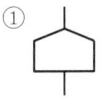 ②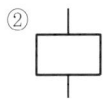

③   ④

번호	기호	명칭	설명
1		결함사상 (사상기호)	개별적인 결함사상
2		기본사상 (사상기호)	더 이상 전개되지 않는 기본사상
3		생략사상 (최후사상)	정보부족, 해석기술 불충분으로 더 이상 전개할 수 없는 사상
4		통상사상 (사상기호)	통상발생이 예상되는 사상

정답 | 26 ④ 27 ④ 28 ① 29 ② 30 ② 31 ① 32 ③ 33 ②

34 산업안전보건법령상 유해하거나 위험한 장소에서 사용하는 기계·기구 및 설비를 설치·이전하는 경우 유해·위험방지계획서를 작성, 제출하여야 하는 대상이 아닌 것은?

① 화학설비   ② 금속 용해로
③ 건조설비   ④ 전기용접장치

해설 유해·위험방지계획서 제출대상
1. 금속이나 그 밖의 광물의 용해로
2. 화학설비
3. 건조설비
4. 가스집합용접장치

35 기계의 고장률이 일정한 지수분포를 가지며, 고장률이 0.04/시간일 때, 이 기계가 10시간 동안 고장이 나지 않고 작동할 확률은 약 얼마인가?

① 0.40   ② 0.67
③ 0.84   ④ 0.96

해설 $R = e^{-\lambda t} = e^{-0.04 \times 10} = 0.67032$
여기서, λ : 고장률, t : 가동시간

36 음량수준을 평가하는 척도와 관계없는 것은?

① dB   ② HSI
③ phon   ④ sone

해설
1. HSI는 열압박지수이다. 열압박지수에서 고려할 항목에는 공기속도, 습도, 온도가 있다.
2. sone 음량수준 : 다른 음의 상대적인 주관적 크기 비교, 40dB의 1,000Hz 순음 크기(=40phon)를 1sone으로 정의, 기준음보다 10배 크게 들리는 음이 있다면 이 음의 음량은 10sone이다.

37 정신작업 부하를 측정하는 척도를 크게 4가지로 분류할 때 심박수의 변동, 뇌 전위, 동공 반응 등 정보처리에 중추신경계 활동이 관여하고 그 활동이나 징후를 측정하는 것은?

① 주관적(subjective) 척도
② 생리적(physiological) 척도
③ 주 임무(primary task) 척도
④ 부 임무(secondary task) 척도

해설 인간에 대한 모니터링 방식
생리학적 모니터링 방법 : 맥박수, 체온, 호흡 속도, 혈압, 뇌파 등의 척도를 이용하여 인간 자체의 상태를 생리적으로 모니터링하는 방법

38 산업안전보건법령상 해당 사업주가 유해위험방지계획서를 작성하여 제출해야 하는 곳은?

① 시·도지사   ② 관할 구청장
③ 고용노동부장관   ④ 행정안전부장관

해설 유해·위험 방지계획서의 작성·제출 등
사업주는 제출대상에 해당하는 경우에는 이 법 또는 이 법에 따른 명령에서 정하는 유해·위험방지계획서를 작성하여 고용노동부령으로 정하는 바에 따라 고용노동부장관에게 제출하고 심사를 받아야 한다.

39 컷셋(Cut Sets)과 최소 패스셋(Minimal Path Sets)의 정의로 옳은 것은?

① 컷셋은 시스템 고장을 유발하는 필요 최소한의 고장들의 집합이며, 최소 패스셋은 시스템의 신뢰성을 표시한다.
② 컷셋은 시스템 고장을 유발하는 기본고장들의 집합이며, 최소 패스셋은 시스템의 불신뢰도를 표시한다.
③ 컷셋은 그 속에 포함된 모든 기본사상이 일어났을 때 정상사상을 일으키는 기본사상의 집합이며, 최소 패스셋은 시스템의 신뢰성을 표시한다.
④ 컷셋은 그 속에 포함된 모든 기본사상이 일어났을 때 정상사상을 일으키는 기본사상의 집합이며, 최소 패스셋은 시스템의 성공을 유발하는 기본사상의 집합이다.

해설
• 컷셋 : 그 속에 포함되어 있는 모든 기본사상이 일어났을 때 정상사상을 일으키는 기본사상의 집합을 말한다.
• 미니멀 패스셋 : 정상사상이 일어나지 않는데 필요한 최소한의 컷을 말한다(시스템이 살리는 데 필요한 최소 요인의 집합).

40 적절한 온도의 작업환경에서 추운 환경으로 변할 때, 우리의 신체가 수행하는 조절작용이 아닌 것은?

① 발한이 시작된다.
② 피부 온도가 내려간다.
③ 직장 온도가 약간 올라간다.
④ 혈액의 많은 양이 몸의 중심부를 순환한다.

해설 발한이 시작되는 현상은 고온 스트레스에 대한 신체의 반응이다.

정답 | 34 ④ 35 ② 36 ② 37 ② 38 ③ 39 ③ 40 ①

3과목
기계 · 기구 및 설비 안전관리

41 다음 중 보일러에 관한 설명으로서 옳지 않은 것은?

① 수면계의 고장은 과열의 원인이 된다.
② 부적당한 급수처리는 부식의 원인이 된다.
③ 안전밸브의 작동불량은 압력상승의 원인이 된다.
④ 안전장치가 불량할 때에는 최대사용기압에서 파열하는 원인이 된다.

[해설] 안전장치의 불량과 최대사용기압에서 파열하는 것은 관계가 없다. 안전장치는 최대사용기압을 초과할 때 기계를 보호하는 장치이다.

42 산업안전보건법령상 정상적으로 작동될 수 있도록 미리 조정해 두어야 할 이동식 크레인의 방호장치로 가장 적절하지 않은 것은?

① 제동장치
② 권과방지장치
③ 과부하방지장치
④ 파이널 리미트 스위치

[해설] 사업주는 이동식 크레인에 과부하방지장치 · 권과방지장치 및 브레이크장치 등 방호장치를 부착하고 유효하게 작동될 수 있도록 미리 조정하여 두어야 한다.

43 아세틸렌용접장치 및 가스집합용접장치에서 가스의 역류 및 역화를 방지하기 위한 안전기의 형식에 속하는 것은?

① 주수식
② 침지식
③ 투입식
④ 수봉식

[해설] 저압용 수봉식 안전기
게이지압력이 0.07kg/cm² 이하의 저압식 아세틸렌용접장치 안전기의 성능기준은 다음과 같다.
1. 주요부분은 두께 2mm 이상의 강판 또는 강관을 사용하여 내부압력에 견디어야 한다.
2. 도입부는 수봉식이어야 한다.

44 산업용 로봇에서 근로자에게 발생할 수 있는 부상 등의 위험을 방지하기 위하여 울타리를 세우고자 할 때 일반적으로 높이는 몇 m 이상으로 해야 하는가?

① 1.8
② 2.1
③ 2.4
④ 2.7

[해설] 운전 중 위험방지
사업주는 로봇의 운전으로 인하여 근로자에게 발생할 수 있는 부상 등의 위험을 방지하기 위하여 높이 1.8미터 이상의 울타리를 설치하여야 하며, 컨베이어 시스템의 설치 등으로 울타리를 설치할 수 없는 일부 구간에 대해서는 안전매트 또는 광전자식 방호장치 등 감응형 방호장치를 설치하여야 한다.

45 질량이 100kg인 물체를 그림과 같이 길이가 같은 2개의 와이어로프로 매달아 옮기고자 할 때 와이어로프 T_a에 걸리는 장력은 약 몇 N인가?

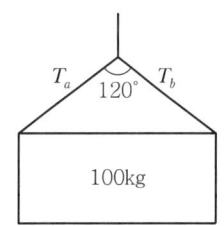

① 200
② 400
③ 490
④ 980

[해설] 와이어로프 한 줄에 걸리는 하중 계산
$2 \times T_a$(와이어 로프 한줄에 걸리는 하중)$\times \cos(120/2)$
$= 100$kg
$T_a = \dfrac{100}{2 \times \cos(120/2)} = 100$kg $= 980$N

46 프레스 작동 후 작업점까지의 도달시간이 0.3초인 경우 위험한계로부터 양수조작식 방호장치의 최단 설치거리는?

① 48cm 이상
② 58cm 이상
③ 68cm 이상
④ 78cm 이상

[해설] 프레스 양수조작식 조작부의 안전거리
$D = 1,600 \times (TC + TS)$[mm] $= 1,600 \times 0.3$
$= 480$mm $= 48$cm 이상

정답 | 41 ④ 42 ④ 43 ④ 44 ① 45 ④ 46 ①

47 재료가 변형 시에 외부응력이나 내부의 변형과정에서 방출되는 낮은 응력파(Stress Wave)를 감지하여 측정하는 비파괴시험은?

① 와류탐상 시험
② 침투탐상 시험
③ 음향방출 시험
④ 방사선투과 시험

해설 음향방출시험(AE ; Acoustic Emission Exam)은 넓은 면적을 단번에 시험할 수 없으며 시험 부위에 Hanger나 Supporter 등이 부착되어 있어 시험이 어렵거나 시험자의 숙련도에 크게 좌우되고 균열발생 원인의 규명이 어렵다는 단점을 가지고 있는 데 반해, AE는 이런 문제를 다소 해결할 수 있다.

48 다음 중 「산업안전보건법령」상 안전인증대상 방호장치에 해당하지 않는 것은?

① 압력용기 압력방출용 파열판
② 방폭구조 전기기계·기구 및 부품
③ 연삭기 덮개
④ 압력용기 압력방출용 안전밸브

해설 연삭기 덮개는 자율안전확인대상기계의 방호장치이다.

49 산업안전보건기준에 관한 규칙상 '강렬한 소음 작업'에 해당하는 기준은?

① 85데시벨 이상의 소음이 1일 4시간 이상 발생하는 작업
② 85데시벨 이상의 소음이 1일 8시간 이상 발생하는 작업
③ 90데시벨 이상의 소음이 1일 4시간 이상 발생하는 작업
④ 90데시벨 이상의 소음이 1일 8시간 이상 발생하는 작업

해설 **강렬한 소음작업**
- 90dB 이상의 소음이 1일 8시간 이상 발생되는 작업
- 95dB 이상의 소음이 1일 4시간 이상 발생되는 작업
- 100dB 이상의 소음이 1일 2시간 이상 발생되는 작업
- 105dB 이상의 소음이 1일 1시간 이상 발생되는 작업
- 110dB 이상의 소음이 1일 30분 이상 발생되는 작업
- 115dB 이상의 소음이 1일 15분 이상 발생되는 작업

50 다음 중 방호장치의 기본목적과 가장 관계가 먼 것은?

① 작업자의 보호
② 기계기능의 향상
③ 인적·물적 손실의 방지
④ 기계위험 부위의 접촉방지

해설 기계기능의 향상은 방호장치의 목적과 상관이 없다.

51 컨베이어 방호장치에 대한 설명으로 맞는 것은?

① 역전방지장치에는 롤러식, 래칫식, 권과방지식, 전기브레이크식 등이 있다.
② 작업자가 임의로 작업을 중단할 수 없도록 비상정지장치를 부착하지 않는다.
③ 구동부 측면에 롤러 안내가이드 등의 이탈방지장치를 설치한다.
④ 롤러컨베이어 롤 사이에 방호관을 설치할 때 롤과의 최대 간격은 8mm이다.

해설 컨베이어 구동부 측면에 롤러 안내가이드 등의 이탈방지장치를 설치한다.

52 보일러에서 압력이 규정 압력 이상으로 상승하여 과열되는 원인으로 가장 관계가 적은 것은?

① 수관 및 본체의 청소 불량
② 관수가 부족할 때 보일러 가동
③ 절탄기의 미부착
④ 수면계의 고장으로 인한 드럼 내의 물의 감소

해설 **보일러 과열의 원인**
- 수관과 본체의 청소 불량
- 관수 부족 시 보일러의 가동
- 수면계의 고장으로 드럼 내의 물의 감소

53 지게차 헤드가드의 안전기준에 관한 설명으로 옳은 것은?

① 상부틀의 각 개구의 폭 또는 길이가 15[cm] 미만일 것
② 상부틀의 각 개구의 폭 또는 길이가 20[cm] 미만일 것
③ 강도는 지게차의 최대하중의 2배 값(4톤을 넘는 값에 대해서는 4톤으로 함)의 등분포정하중에 견딜 수 있을 것
④ 강도는 지게차의 최대하중의 4배 값(4톤을 넘는 값에 대해서는 8톤으로 함)의 등분포정하중에 견딜 수 있을 것

정답 | 47 ③ 48 ③ 49 ④ 50 ② 51 ③ 52 ③ 53 ③

해설 헤드가드(Head Guard, 「안전보건규칙」 제180조)
1. 강도는 지게차 최대하중의 2배의 값(4톤을 넘는 것에 대하여서는 4톤으로 한다)의 등분포정하중에 견딜 수 있는 것일 것
2. 상부틀의 각 개구의 폭 또는 길이가 16센티미터 미만일 것
3. 운전자가 앉아서 조작하거나 서서 조작하는 지게차의 헤드가드는 「산업표준화법」 제12조에 따른 한국산업표준에서 정하는 높이 기준 이상일 것(좌승식 : 좌석기준점(SIP)으로부터 903mm 이상, 입승식 : 조종사가 서 있는 플랫폼으로부터 1,880mm 이상)

54 가스 용접에 이용되는 아세틸렌가스 용기의 색상으로 옳은 것은?

① 녹색 ② 회색
③ 황색 ④ 청색

해설 **고압가스용기의 도색**

가스의 종류	용기 도색	가스의 종류	용기 도색
액화 탄산가스	청색	아세틸렌	황색
산소	녹색	액화 암모니아	백색
수소	주황색	액화염소	갈색

55 작업자의 신체부위가 위험한계 내로 접근하였을 때 기계적인 작용에 의하여 접근을 못하도록 하는 방호장치는?

① 위치제한형 방호장치
② 접근거부형 방호장치
③ 접근반응형 방호장치
④ 감지형 방호장치

해설 **접근거부형 방호장치**
작업자의 신체부위가 위험한계 내로 접근하면 기계의 동작위치에 설치해놓은 기구가 접근하는 신체부위를 안전한 위치로 되돌리는 것(손쳐내기식 안전장치)

56 산업안전보건법령상 컨베이어에 설치하는 방호장치로 거리가 가장 먼 것은?

① 건널다리 ② 반발예방장치
③ 비상정지장치 ④ 역주행방지장치

해설 **컨베이어 안전장치의 종류**
- 비상정지장치
- 건널다리
- 덮개 또는 울
- 역전방지장치

57 연삭기의 안전작업수칙에 대한 설명 중 가장 거리가 먼 것은?

① 숫돌의 정면에 서서 숫돌 원주면을 사용한다.
② 숫돌 교체 시 3분 이상 시운전을 한다.
③ 숫돌의 회전은 최고 사용 원주속도를 초과하여 사용하지 않는다.
④ 연삭숫돌에 충격을 가하지 않는다.

해설 숫돌의 정면에 서서 원주면을 사용하면 안 된다. 연삭숫돌 정면에서 150도 정도 비켜서서 작업하여야 한다.

58 프레스 작업시작 전 점검해야 할 사항으로 거리가 먼 것은?

① 매니퓰레이터 작동의 이상 유무
② 클러치 및 브레이크 기능
③ 슬라이드, 연결봉 및 연결 나사의 풀림 여부
④ 프레스 금형 및 고정볼트 상태

해설 **프레스 작업시작 전의 점검사항**
- 클러치 및 브레이크의 기능
- 크랭크축·플라이휠·슬라이드·연결봉 및 연결 나사의 풀림 유무
- 1행정 1정지기구·급정지장치 및 비상정지장치의 기능
- 슬라이드 또는 칼날에 의한 위험방지기구의 기능
- 프레스의 금형 및 고정볼트 상태
- 방호장치의 기능
- 전단기의 칼날 및 테이블의 상태

59 롤러의 급정지를 위한 방호장치를 설치하고자 한다. 앞면 롤러 직경이 36cm이고, 분당회전속도가 50rpm이라면 급정지거리는 약 얼마 이내이어야 하는가? (단, 무부하동작에 해당한다.)

① 45cm ② 50cm
③ 55cm ④ 60cm

해설 **롤러기의 급정지거리**

앞면 롤의 표면속도(m/min)	급정지거리
30 미만	앞면 롤 원주의 1/3
30 이상	앞면 롤 원주의 1/2.5

$$V = \frac{\pi DN}{1,000} = \frac{\pi \times 360 \times 50}{1,000} = 56.55 \text{m/min}$$

정답 | 54 ③ 55 ② 56 ② 57 ① 58 ① 59 ①

속도가 30m/min 이상이므로

$$급정지거리 = \frac{앞면롤원주}{2.5} = \frac{\pi \times 360}{2.5}$$
$$= 452.4mm \fallingdotseq 45cm$$

60 산업안전보건법령상 형삭기(slotter, shaper)의 주요 구조부로 가장 거리가 먼 것은? (단, 수치제어식은 제외한다.)

① 공구대 ② 공작물 테이블
③ 램 ④ 아버

[해설] 형삭기의 주요구조부는 공구대, 공작물 테이블, 램이 있다. 아버(Arbor)는 공작기계로서 절삭공구를 부착하는 작은 축으로 밀링 머신에 장치하여 사용된다.

4과목
전기설비 안전관리

61 교류 아크용접기의 허용사용률(%)은? (단, 정격사용률은 10%, 2차 정격전류는 500A, 교류 아크용접기의 사용전류는 250A이다.)

① 30 ② 40
③ 50 ④ 60

[해설] 허용사용률 = 정격사용률 × $\left(\dfrac{정격2차\ 전류}{실제\ 용접전류}\right)^2$

$= 10 \times \left(\dfrac{500}{250}\right)^2 = 40\%$

62 작업장 내에서 불의의 감전사고가 발생하였을 때 가장 우선적으로 응급조치해야 할 사항 중 잘못된 것은?

① 전격을 받아 실신하였을 때는 즉시 재해자를 병원에 구급조치해야 한다.
② 우선적으로 재해자를 접촉되어 있는 충전부로부터 분리시킨다.
③ 제3자는 즉시 가까운 스위치를 개방하여 전류의 흐름을 중단시킨다.
④ 전격에 의해 실신했을 때 그곳에서 즉시 인공호흡을 행하는 것이 급선무이다.

[해설] **응급조치 요령**
- 전원을 차단하고 피재자를 위험지역에서 신속히 대피(2차 재해예방)한다.
- 피재자의 상태 확인 후 119가 오기 전까지 응급조치를 해야 한다.

63 다음 그림은 심장맥동주기를 나타낸 것이다. T파는 어떤 경우인가?

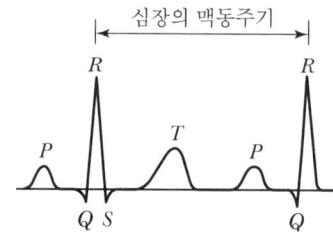

① 심방의 수축에 따른 파형
② 심실의 수축에 따른 파형
③ 심실의 휴식 시 발생하는 파형
④ 심방의 휴식 시 발생하는 파형

[해설] T파는 심실의 수축 종료 후 심실의 휴식 시 발생하는 파형이다.

64 「한국전기설비규정」에 따라 사람이 쉽게 접촉할 우려가 있는 곳에 금속제 외함을 가지는 저압의 기계기구가 시설되어 있다. 이 기계기구의 사용전압이 몇 [V]를 초과할 때 전기를 공급하는 전로에 누전차단기를 시설해야 하는가? (단, 누전차단기를 시설하지 않아도 되는 조건은 제외한다.)

① 30[V] ② 40[V]
③ 50[V] ④ 60[V]

[해설] 사람이 쉽게 접촉할 우려가 있는 곳에 금속제 외함을 가지는 저압의 기계·기구는 사용전압이 60V를 초과할 때 전기를 공급하는 전로에 누전차단기를 시설해야 한다.

정답 | 60 ④ 61 ② 62 ① 63 ③ 64 ④

65 다음 중 정전기의 발생 현상에 포함되지 않는 것은?

① 파괴에 의한 발생 ② 분출에 의한 발생
③ 전도 대전 ④ 유동에 의한 대전

[해설] **정전기 대전의 종류**
마찰대전, 박리대전, 유동대전, 분출대전, 충돌대전, 파괴대전, 교반(진동)이나 침강 대전

66 다음 중 기기보호등급(EPL)에 해당하지 않는 것은?

① EPL Ga ② EPL Ma
③ EPL Dc ④ EPL Mc

[해설] **기기보호등급(EPL)**
- 매우 높은 보호 : Ga, Da, Ma
- 높은 보호 : Gb, Db, Mb
- 강화된 보호 : Gc, Dc

67 설비의 이상현상에 나타나는 아크(Arc)의 종류가 아닌 것은?

① 단락에 의한 아크 ② 지락에 의한 아크
③ 차단기에서의 아크 ④ 전선저항에 의한 아크

[해설] 아크현상이란 공기가 이온화하여 전기가 흐르는 현상으로 단락, 지락, 섬락, 전선 절단 등에 의해 발생한다.

68 접지의 종류와 목적이 바르게 짝지어지지 않은 것은?

① 계통접지 – 고압전로와 저압전로가 혼촉되었을 때의 감전이나 화재 방지를 위하여
② 지락검출용 접지 – 차단기의 동작을 확실하게 하기 위하여
③ 기능용 접지 – 피뢰기 등의 기능손상을 방지하기 위하여
④ 등전위 접지 – 병원에 있어서 의료기기 사용 시 안전을 위하여

[해설] **기능용 접지**
전기방식 설비 등의 접지, 피뢰기 접지 : 낙뢰로부터 전기기기 손상방지

69 불꽃이나 아크 등이 발생하지 않는 기기의 경우 기기의 표면온도를 낮게 유지하여 고온으로 인한 착화의 우려를 없애고 또 기계적, 전기적으로 안정성을 높게 한 방폭구조를 무엇이라고 하는가?

① 유입방폭구조 ② 압력방폭구조
③ 내압방폭구조 ④ 안전증방폭구조

[해설] **안전증 방폭구조**
기계적 · 전기적 구조상 또는 온도상승에 대해서 특히 안전도를 증가시킨 구조

70 피뢰기의 설치장소가 아닌 것은?

① 저압을 공급받는 수용장소의 인입구
② 지중전선로와 가공전선로가 접속되는 곳
③ 가공전선로에 접속하는 배전용 변압기의 고압 측
④ 발전소 또는 변전소의 가공전선ㅅ 인입구 및 인출구

[해설] 고압 또는 특고압의 가공전선로로부터 공급받는 수용장소의 인입구에 피뢰기를 설치한다.

71 KS C IEC 60079 – 0에 따른 방폭에 대한 설명으로 틀린 것은?

① 기호 "X"는 방폭기기의 특정사용조건을 나타내는 데 사용되는 인증번호의 접미사이다.
② 인화하한(LFL)과 인화상한(UFL) 사이의 범위가 클수록 폭발성 가스 분위기 형성 가능성이 크다.
③ 기기그룹에 따라 폭발성가스를 분류할 때 ⅡA의 대표 가스로 에틸렌이 있다.
④ 연면거리는 두 도전부 사이의 고체 절연물 표면을 따른 최단거리를 말한다.

[해설] 에틸렌은 ⅡB의 대표 가스이다.

[참고]
- ⅡA의 대표 가스 : 암모니아, 일산화탄소, 벤젠, 아세톤, 에탄올, 메탄올, 프로판
- ⅡB의 대표 가스 : 에틸렌, 부타디엔, 에틸렌옥사이드, 도시가스

정답 | 65 ③ 66 ④ 67 ④ 68 ③ 69 ④ 70 ① 71 ③

72 피뢰기로서 갖추어야 할 성능 중 틀린 것은?

① 충격방전개시전압이 낮을 것
② 뇌전류 방전능력이 클 것
③ 제한전압이 높을 것
④ 속류 차단을 확실하게 할 수 있을 것

해설 피뢰기는 제한전압이 낮아야 한다.

73 감전사고 시 전선이나 개폐기 터미널 등의 금속분자가 고열로 용융됨으로서 피부 속으로 녹아 들어가는 것은?

① 피부의 광성변화
② 전문
③ 표피박탈
④ 전류반점

해설 **피부의 광성변화**
감전사고시 금속 분자가 가열 용융되어 피부 속으로 녹아 들어가는 현상

74 피뢰기의 여유도가 33%이고, 충격절연강도가 1,000kV 라고 할 때 피뢰기의 제한전압은 약 몇 kV인가?

① 852
② 752
③ 652
④ 552

해설 보호여유도(%) = $\dfrac{충격절연강도 - 제한전압}{제한전압} \times 100$

75 인체저항에 대한 설명으로 옳지 않은 것은?

① 인체저항은 접촉면적에 따라 변한다.
② 피부저항은 물에 젖어 있는 경우 건조 시의 약 1/12로 저하된다.
③ 인체저항은 한 개의 단일 저항체로 보아 최악의 상태를 적용한다.
④ 인체에 전압이 인가되면 체내로 전류가 흐르게 되어 전격의 정도를 결정한다.

해설 인체 각부의 저항은 피부의 건습의 차에 의해서 결정되며 건조한 경우에 비하여 땀이 난 경우에는 1/12, 물에 젖은 경우에는 1/25로 인체저항이 감소한다.

76 피뢰시스템의 등급에 따른 회전구체의 반지름으로 틀린 것은?

① Ⅰ등급 : 20m
② Ⅱ등급 : 30m
③ Ⅲ등급 : 40m
④ Ⅳ등급 : 60m

해설 피뢰(보호) 레벨 Ⅲ의 회전구체 반경은 45m이다.

77 우리나라의 안전전압으로 볼 수 있는 것은 약 몇 V인가?

① 30V
② 50V
③ 60V
④ 70V

해설 안전보건기준에 관한 규칙 제324조에 의거 대지전압은 30V 이하이다.

78 전기기기 · 기구의 열화 · 손상 등에 의해 절연이 파괴되어 장시간 누설전류가 흐를 때 발열에 필요한 최소 전류값은?

① 650mA
② 600mA
③ 300mA
④ 210mA

해설 발화까지 이를 수 있는 누전전류의 최소치는 300~500mA이다.

79 목재와 같은 부도체가 탄화로 인해 도전경로가 형성되어 결국 발화하게 되는데 이와 같은 현상은?

① 트리킹 현상
② 가네하라 현상
③ 흑화 현상
④ 열화 현상

해설 **가네하라 현상**
누전회로에 발생하며 탄화 도전로가 생성되어 증식, 확대되면서 발열량이 증대, 발화하는 현상이다.

정답 | 72 ③ 73 ① 74 ② 75 ② 76 ③ 77 ① 78 ③ 79 ②

80 내측원통의 반경이 $r[\text{m}]$이고 외측원통의 반경이 R인 원통간극 $\left(\dfrac{r}{R}-1\right)$에서 인가전압이 $V[\text{V}]$인 경우 최대 전계 $E_m = \dfrac{V}{r\ln\left(\dfrac{R}{r}\right)}[\text{V}/\text{m}]$이다. 인가전압을 간극간 공기의 절연 파괴 전압 전까지 낮은 전압에서 서서히 증가할 때의 설명으로 옳지 않은 것은?

① 내측원통 표면에 코로나방전이 발생하기 시작한다.
② 최대전계가 감소한다.
③ 외측원통의 반경이 증대되는 효과를 가져온다.
④ 안정된 코로나 방전이 존재할 수 있다.

해설 공기가 전리되면 도전성을 띄며, 마치 내측 원통의 전극의 반지름이 커진 것처럼 작용한다.

5과목
화학설비 위험방지기술

81 다음 중 분진폭발의 특징으로 옳은 것은?
① 가스폭발보다 연소시간이 짧고, 발생에너지가 작다.
② 압력의 파급속도보다 화염의 파급속도가 빠르다.
③ 가스폭발에 비하여 불완전연소의 발생이 없다.
④ 주위의 분진에 의해 2차, 3차의 폭발로 파급될 수 있다.

해설 분진폭발 발생 시, 주위 분진에 의해 2차, 3차 폭발로 파급될 수 있다.

82 다음 중 종이, 목재, 섬유류 등에 의하여 발생한 화재의 화재급수로 옳은 것은?
① A급 ② B급
③ C급 ④ D급

해설 목재, 섬유 등의 화재는 A급(일반) 화재이다.

구분	A급 화재	B급 화재	C급 화재	D급 화재
명칭	일반 화재	유류·가스 화재	전기 화재	금속 화재

83 다음 중 화학공장에서 주로 사용되는 불활성 가스는?
① 수소   ② 수증기
③ 질소   ④ 일산화탄소

해설 가연성 가스의 연소 시 산소농도를 일정한 값 이하로 낮추어 주는 가스를 불활성 가스라고 하며, 질소, 이산화탄소, 헬륨 등은 불활성 가스에 해당한다.

84 「산업안전보건기준에 관한 규칙」에서 규정하고 있는 급성 독성물질의 정의에 해당되지 않는 것은?
① 가스 LC_{50}(쥐, 4시간 흡입)이 2,500ppm 이하인 화학물질
② LD_{50}(경구, 쥐)이 킬로그램당 300밀리그램(체중) 이하인 화학물질
③ LD_{50}(경피, 쥐)이 킬로그램당 1,000밀리그램(체중) 이하인 화학물질
④ LD_{50}(경피, 토끼)이 킬로그램당 2,000밀리그램(체중) 이하인 화학물질

해설 쥐 또는 토끼에 대한 경피흡수실험에 의하여 실험동물의 50퍼센트를 사망시킬 수 있는 물질의 양, 즉 LD_{50}(경피, 토끼 또는 쥐)이 킬로그램당 1,000밀리그램(체중) 이하인 화학물질이 급성독성물질에 해당한다.

85 다음 중 TLV-TWA상 독성이 가장 강한 가스는?
① NH_3 ② $COCl_2$
③ $C_6H_5CH_3$ ④ H_2S

해설 $COCl_2$(포스겐)는 맹독성 가스로 TWA 0.1ppm의 맹독성 물질이다.

86 유류저장탱크에서 화염의 차단을 목적으로 외부에 증기를 방출하기도 하고 탱크 내 외기를 흡입하기도 하는 부분에 설치하는 안전장치는?
① Vent Stack   ② Safety Valve
③ Gate Valve   ④ Flame Arrester

해설 **Flame Arrester(화염방지기)**
소염직경 원리를 이용하여 인화성 물질 저장탱크에 외기로부터의 불꽃을 막는 설비이다. 일반적으로 40mesh 이상의 가는 눈금의 철망을 여러 겹 겹친 구조이다.

정답 | 80 ③ 81 ④ 82 ① 83 ③ 84 ④ 85 ② 86 ④

87 다음 물질 중 물에 가장 잘 융해되는 것은?

① 아세톤 ② 벤젠
③ 톨루엔 ④ 휘발유

해설 아세톤은 물에 잘 녹으며 유기용매로서 다른 유기물질과도 잘 섞이는 성질이 있어 일상생활에서 물로 지워지지 않은 유성페인트나 손톱용 에나멜 등을 지우는데 많이 쓰인다.

88 다음 중 차압식 유량계가 아닌 것은?

① 습식가스미터(wet gasmeter)
② 피토관(pitot tube)
③ 오리피스미터(orifice meter)
④ 로터미터(rota meter)

해설 로터미터는 면적식 유량계에 해당한다.

89 다음 중 전기설비에 의한 화재에 사용할 수 없는 소화기의 종류는?

① 포소화기 ② 이산화탄소소화기
③ 할로겐화합물소화기 ④ 무상수소화기

해설 포소화기의 소화약제는 다량의 물을 함유하고 있어 전기설비에 의한 화재에는 누전, 감전 등의 위험으로 사용이 적절하지 않다.

90 반응기를 조작방식에 따라 분류할 때 해당되지 않는 것은?

① 회분식 반응기 ② 반회분식 반응기
③ 연속식 반응기 ④ 관형식 반응기

해설 관형식 반응기는 구조에 의한 분류이다.

91 다음 물질 중 공기에서 폭발상한계값이 가장 큰 것은?

① 사이클로헥산 ② 산화에틸렌
③ 수소 ④ 이황화탄소

해설 산화에틸렌(C_2H_4O)은 분자 자체 내에 산소(O_2)를 포함하여 공기 또는 산소가 없어도 연소 · 폭발할 수 있다(폭발상 한계 100%).

92 다음 중 산업안전보건법령상 산화성 액체 및 산화성 고체에 해당하지 않는 것은?

① 염소산 ② 과망간산
③ 과산화수소 ④ 피크린산

해설 피크린산(트리니트로페놀)은 니트로화합물로 산업안전보건법령상 폭발성 물질 및 유기과산화물에 해당한다.

93 다음 중 관의 지름을 변경하는 데 사용되는 관의 부속품으로 가장 적절한 것은?

① 엘보우(Elbow) ② 커플링(Coupling)
③ 유니온(Union) ④ 리듀서(Reducer)

해설 관의 직경변경에 사용되는 관 부속품은 리듀서, 부싱 등이 있다.

94 탄산수소나트륨을 주성분으로 하는 것은 제 몇종 분말 소화기인가?

① 제1종 ② 제2종
③ 제3종 ④ 제4종

해설 제1종 분말소화기의 소화약제 주성분으로 탄산수소나트륨을 사용한다.

95 건조설비를 사용하여 작업을 하는 경우에 폭발이나 화재를 예방하기 위하여 준수하여야 하는 사항으로 틀린 것은?

① 위험물 건조설비를 사용하는 경우에는 미리 내부를 청소하거나 환기할 것
② 위험물 건조설비를 사용하여 가열건조하는 건조물은 쉽게 이탈되도록 할 것
③ 고온으로 가열건조한 인화성 액체는 발화의 위험이 없는 온도로 냉각한 후에 격납시킬 것
④ 바깥 면이 현저히 고온이 되는 건조설비에 가까운 장소에는 인화성 액체를 두지 않도록 할 것

해설 위험물 건조설비를 사용하여 가열건조하는 건조물은 쉽게 이탈되어서는 안 된다.

정답 | 87 ① 88 ④ 89 ① 90 ④ 91 ② 92 ④ 93 ④ 94 ① 95 ②

96 산업안전보건법령상 폭발성 물질을 취급하는 화학설비를 설치하는 경우에 단위공정설비로부터 다른 단위공정설비 사이의 안전거리는 설비 바깥 면으로부터 몇 m 이상이어야 하는가?

① 10
② 15
③ 20
④ 30

[해설] 단위공정 시설 및 설비 사이는 외면으로부터 10m 이상의 안전거리를 두어야 한다.

97 다음 중 인화점에 대한 설명으로 틀린 것은?

① 가연성 액체의 발화와 관계가 있다.
② 반드시 점화원의 존재와 관련된다.
③ 연소가 지속적으로 확산될 수 있는 최저온도이다.
④ 연료의 조성, 점도, 비중에 따라 달라진다.

[해설] 인화점(flash point)
가연성 증기를 발생시키는 액체 또는 고체가 공기 중에서 점화원에 의해 표면에 불이 붙는데 충분한 농도의 증기를 발생시키는 최저온도를 인화점이라고 한다.

98 사업주는 산업안전보건법령에서 정한 설비에 대해서는 과압에 따른 폭발을 방지하기 위하여 안전밸브 등을 설치하여야 한다. 다음 중 이에 해당하는 설비가 아닌 것은?

① 원심펌프
② 정변위 압축기
③ 정변위 펌프(토출 측에 차단밸브가 설치된 것만 해당)
④ 배관(2개 이상의 밸브에 의하여 차단되어 대기온도에서 액체의 열팽창에 의하여 파열될 우려가 있는 것으로 한정)

[해설] 산업안전보건법상 원심펌프는 안전밸브의 설치 대상이 아니다.

99 다음 중 산화성 물질이 아닌 것은?

① KNO_3
② NH_4ClO_3
③ HNO_3
④ P_4S_3

[해설] P_4S_3(삼황화린)는 가연성 고체에 해당한다.

100 포스겐가스 누설검지의 시험지로 사용되는 것은?

① 연당지
② 염화파라듐지
③ 하리슨시험지
④ 초산벤젠지

[해설] 포스겐가스 누설검지의 시험지는 하리슨시험지이며 반응색은 유자색이다.

6과목
건설공사 안전관리

101 유해·위험방지계획서 제출 시 첨부서류로 옳지 않은 것은?

① 공사현장의 주변 현황 및 주변과의 관계를 나타내는 도면
② 공사개요서
③ 전체공정표
④ 작업 인부의 배치를 나타내는 도면 및 서류

[해설] 유해·위험방지계획서 제출 시 첨부서류
1. 공사개요
2. 안전보건관리계획
   ㉠ 산업안전보건관리비 사용계획
   ㉡ 안전관리조직표, 안전·보건교육계획
   ㉢ 개인보호구 지급계획
   ㉣ 재해발생 위험 시 연락 및 대피방법
3. 작업공종별 유해·위험방지계획

102 건설업 산업안전보건관리비 계상 및 사용기준은 「산업재해보상보험법」의 적용을 받는 공사 중 총 공사금액이 얼마 이상인 공사에 적용하는가? (단, 「전기공사업법」, 「정보통신공사업법」에 의한 공사는 제외한다.)

① 4천만 원
② 3천만 원
③ 2천만 원
④ 1천만 원

[해설] 총공사금액 2천만 원 이상이 해당된다.

정답 | 96 ① 97 ③ 98 ① 99 ④ 100 ③ 101 ④ 102 ③

103 항타기 또는 항발기의 권상용 와이어로프의 절단하중이 100ton일 때 와이어로프가 걸리는 최대하중을 얼마까지 할 수 있는가?

① 20ton
② 33.3ton
③ 40ton
④ 50ton

[해설] 안전계수 = $\frac{절단하중}{최대하중}$ 이므로 최대하중 = $\frac{절단하중}{안전계수}$
= $\frac{100}{5}$ = 20

104 옥외에 설치되어 있는 주행크레인에 대하여 이탈방지장치를 작동시키는 등 그 이탈을 방지하기 위한 조치를 하여야 하는 순간풍속에 대한 기준으로 옳은 것은?

① 순간풍속이 초당 10m를 초과하는 바람이 불어올 우려가 있는 경우
② 순간풍속이 초당 20m를 초과하는 바람이 불어올 우려가 있는 경우
③ 순간풍속이 초당 30m를 초과하는 바람이 불어올 우려가 있는 경우
④ 순간풍속이 초당 40m를 초과하는 바람이 불어올 우려가 있는 경우

[해설] 순간풍속이 초당 30m를 초과하는 바람이 불어올 우려가 있는 경우 옥외에 설치되어 있는 주행크레인에 대하여 이탈방지장치를 작동시키는 등 그 이탈을 방지하기 위한 조치를 하여야 한다.

105 구축물에 안전진단 등 안전성 평가를 실시하여 근로자에게 미칠 위험성을 미리 제거하여야 하는 경우가 아닌 것은?

① 구축물 또는 이와 유사한 시설물의 인근에서 굴착·항타작업 등으로 침하·균열 등이 발생하여 붕괴의 위험이 예상될 경우
② 구조물, 건축물, 그 밖의 시설물이 그 자체의 무게·적설·풍압 또는 그 밖에 부가되는 하중 등으로 붕괴 등의 위험이 있을 경우
③ 화재 등으로 구축물 또는 이와 유사한 시설물의 내력(耐力)이 심하게 저하되었을 경우
④ 구축물의 구조체가 안전측으로 과도하게 설계가 되었을 경우

[해설] 구축물의 구조체가 안전측으로 과도하게 설계가 되었을 경우는 안전성 평가 대상에 해당하지 않는다.

106 건설업 산업안전보건관리비 내역 중 계상비용에 해당되지 않는 것은?

① 근로자 건강관리비
② 건설재해예방 기술지도비
③ 개인보호구 및 안전장구 구입비
④ 외부비계, 작업발판 등의 가설구조물 설치 소요비

[해설] 외부비계, 작업발판 등의 가설구조물 설치 소요비는 산업안전보건관리비 사용불가 항목이다.

107 인력에 의한 철근 운반에 대한 설명으로 옳지 않은 것은?

① 내려놓을 때는 천천히 내려놓고 던지지 않아야 한다.
② 운반할 때에는 양끝을 묶어 운반하여야 한다.
③ 1인당 무게는 40kg 정도가 적절하며, 무리한 운반을 삼가야 한다.
④ 2인 이상이 1조가 되어 어깨메기로 하여 운반하는 등 안전을 도모하여야 한다.

[해설] 철근을 인력으로 운반 시 1인당 무게는 25kg 정도가 적당하다.

108 고소작업대를 설치 및 이동하는 경우에 준수하여야 할 사항으로 옳지 않은 것은?

① 와이어로프 또는 체인의 안전율은 3 이상일 것
② 붐의 최대 지면경사각을 초과 운전하여 전도되지 않도록 할 것
③ 고소작업대를 이동하는 경우 작업대를 가장 낮게 내릴 것
④ 작업대에 끼임·충돌 등 재해를 예방하기 위한 가드 또는 과상승방지장치를 설치할 것

[해설] 와이어로프 또는 체인의 안전율은 5 이상이어야 한다.

109 모래의 굴착면 붕괴에 따른 재해를 예방하기 위한 굴착면의 적정한 기울기 기준은?

① 1 : 1.0
② 1 : 1.8
③ 1 : 0.5
④ 1 : 0.3

해설 | 굴착면의 기울기 기준

지반의 종류	굴착면의 기울기
모래	1 : 1.8
연암 및 풍화암	1 : 1.0
경암	1 : 0.5
그 밖의 흙	1 : 1.2

110 다음 중 쇼벨로우더의 운영방법으로 옳은 것은?

① 점검 시 버킷은 가장 상위의 위치에 올려놓는다.
② 시동 시에는 사이드 브레이크를 풀고서 시동을 건다.
③ 경사면을 오를 때에는 전진으로 주행하고 내려올 때는 후진으로 주행한다.
④ 운전자가 운전석에서 나올 때는 버킷을 올려놓은 상태로 이탈한다.

해설 | 쇼벨로우더는 경사면을 오를 때에는 전진으로 주행하고 내려올 때는 후진으로 주행한다.

111 발파작업 시 암질변화 구간 및 이상암질의 출현 시 반드시 암질판별을 실시하여야 하는데, 이와 관련된 암질판별 기준과 가장 거리가 먼 것은?

① R.Q.D(%)
② 탄성파 속도(m/sec)
③ 전단강도(kg/cm^2)
④ R.M.R

해설 | 암질 변화 구간 및 이상 암질 출현 시 암질판별의 기준
1. RMR(Rock Mass Rating)
2. RQD(Rock Quality Designation, %)
3. 일축압축강도(kg/cm^2)
4. 탄성파 속도(m/sec)
5. 진동치 속도(진동값 속도 : cm/sec = kine)

112 화물취급작업과 관련한 위험방지를 위해 조치하여야 할 사항으로 옳지 않은 것은?

① 작업장 및 통로의 위험한 부분에는 안전하게 작업할 수 있는 조명을 유지할 것
② 차량 등에서 화물을 내리는 작업을 하는 경우에 해당 작업에 종사하는 근로자에게 쌓여 있는 화물 중간에서 화물을 빼내도록 하지 말 것
③ 육상에서의 통로 및 작업장소로서 다리 또는 선거 갑문을 넘는 보도 등의 위험한 부분에는 안전난간 또는 울타리 등을 설치할 것
④ 부두 또는 안벽의 선을 따라 통로를 설치하는 경우에는 폭을 50cm 이상으로 할 것

해설 | 부두 또는 안벽의 선을 따라 통로를 설치할 때는 폭을 90cm 이상으로 하여야 한다.

113 하역작업 등에 의한 위험을 방지하기 위하여 준수하여야 할 사항으로 옳지 않은 것은?

① 꼬임이 끊어진 섬유로프를 화물운반용으로 사용해서는 안 된다.
② 심하게 부식된 섬유로프를 고정용으로 사용해서는 안 된다.
③ 차량 등에서 화물을 내리는 작업 시 해당 작업에 종사하는 근로자에게 쌓여 있는 화물 중간에서 화물을 빼내도록 할 경우에는 사전 교육을 철저히 한다.
④ 부두 또는 안벽의 선을 따라 통로를 설치하는 경우에는 폭을 90cm 이상으로 한다.

해설 | 사업주는 화물자동차에서 화물을 내리는 작업을 하는 경우에는 그 작업을 하는 근로자에게 쌓여있는 화물의 중간에서 화물을 빼내도록 해서는 아니 된다.

정답 | 109 ② 110 ③ 111 ③ 112 ④ 113 ③

114 이동식 비계를 조립하여 작업하는 경우의 준수사항으로 옳지 않은 것은?

① 비계의 최상부에서 작업하는 경우에는 안전난간을 설치할 것
② 작업발판은 항상 수평을 유지하고 작업발판 위에서 안전난간을 딛고 작업을 하거나 받침대 또는 사다리를 사용하여 작업하지 않도록 할 것
③ 작업발판의 최대 적재하중은 150kg을 초과하지 않도록 할 것
④ 이동식 비계의 바퀴에는 뜻밖의 갑작스러운 이동 또는 전도를 방지하기 위하여 브레이크·쐐기 등으로 바퀴를 고정한 다음 비계의 일부를 견고한 시설물에 고정하거나 아웃트리거(outrigger)를 설치하는 등 필요한 조치를 할 것

[해설] 이동식 비계의 작업발판 최대 적재중량은 250kg을 초과하지 않도록 해야 한다.

115 다음 중 지하수위를 저하시키는 공법은?

① 동결 공법
② 웰포인트 공법
③ 뉴매틱케이슨 공법
④ 치환 공법

[해설] 웰포인트(Well Point) 공법은 사질토 지반의 액상화 방지를 위해 지하수를 외부로 배출시키는 공법이다.

116 흙의 안식각을 가장 잘 설명한 것은?

① 자연 경사각
② 비탈면 각
③ 시공 경사각
④ 계획 경사각

[해설] 흙의 안식각은 흙을 쌓거나 깎을 때 자연상태로 생기는 경사면이 수평면과 이루는 자연 경사각을 말한다.

117 콘크리트 타설 시 거푸집 측압에 관한 설명으로 옳지 않은 것은?

① 기온이 높을수록 측압은 크다.
② 타설속도가 클수록 측압은 크다.
③ 슬럼프가 클수록 측압은 크다.
④ 다짐이 과할수록 측압은 크다.

[해설] 외기온도가 낮을수록, 습도가 높을수록 측압이 커진다.

118 공사현장에서 가설계단을 설치하는 경우 높이가 3m를 초과하는 계단에는 높이 3m 이내마다 최소 얼마 이상의 너비를 가진 계단참을 설치하여야 하는가?

① 3.5m
② 2.5m
③ 1.2m
④ 1.0m

[해설] 높이가 3m를 초과하는 계단에는 높이 3m 이내마다 너비 1.2m 이상의 계단참을 설치해야 한다.

119 다음은 사다리식 통로 등을 설치하는 경우의 준수사항이다. ( )에 들어갈 숫자로 옳은 것은?

> 사다리의 상단은 걸쳐놓은 지점으로부터 ( )cm 이상 올라가도록 할 것

① 30
② 40
③ 50
④ 60

[해설] 사다리의 상단은 걸쳐놓은 지점으로부터 60센티미터 이상 올라가도록 해야 한다.

120 도심지 폭파 해체공법에 관한 설명으로 옳지 않은 것은?

① 장기간 발생하는 진동, 소음이 적다.
② 해체 속도가 빠르다.
③ 주위의 구조물에 끼치는 영향이 적다.
④ 많은 분진 발생으로 민원을 발생시킬 우려가 있다.

[해설] 도심지 폭파 해체공법은 주변 구조물에 영향을 미칠 수 있으므로 면밀한 검토가 필요하다.

정답 | 114 ③ 115 ② 116 ① 117 ① 118 ③ 119 ④ 120 ③

1과목 산업재해 예방 및 안전보건교육

01 교육훈련기법 중 OFF.J.T(Off the Job Training)의 장점이 아닌 것은?

① 업무의 계속성이 유지된다.
② 외부의 전문가를 강사로 활용할 수 있다.
③ 특별교재, 시설을 유효하게 사용할 수 있다.
④ 다수의 대상자에게 조직적 훈련이 가능하다.

[해설] ①은 O.J.T의 장점이다.

02 다음 중 헤드십(Headship)에 관한 설명과 가장 거리가 먼 것은?

① 권한의 근거는 공식적이다.
② 지휘의 형태는 민주주의적이다.
③ 상사와 부하와의 사회적 간격은 넓다.
④ 상사와 부하와의 관계는 지배적이다.

[해설] 헤드십(Head Ship)
집단구성원이 아닌 외부에 의해 선출(임명)된 지도자로, 권한의 근거는 공식적이다. 헤드십의 특징은 상사와 부하의 관계가 지배적 관계라는 것이다.

03 보호구 안전인증 고시에 따른 분리식 방진마스크의 성능기준에서 포집효율이 특급인 경우, 염화나트륨(NaCl) 및 파라핀 오일(Paraffin oil) 시험에서의 포집효율은?

① 99.95% 이상
② 99.9% 이상
③ 99.5% 이상
④ 99.0% 이상

[해설]

형태 및 등급		염화나트륨(NaCl) 및 파라핀 오일(Paraffin oil) 시험(%)
분리식	특급	99.95 이상

04 산업안전보건법상 안전보건관리규정을 작성하여야 할 사업 중에 정보서비스업의 상시 근로자 수는 몇 명 이상인가?

① 50
② 100
③ 300
④ 500

[해설] 정보서비스업은 상시 근로자 300명 이상을 사용하는 경우 안전보건관리규정을 작성하여야 한다.

05 산업안전보건법령상 특정 행위의 지시 및 사실의 고지에 사용되는 안전·보건표지의 색도 기준으로 옳은 것은?

① 2.5G 4/10
② 5Y 8.5/12
③ 2.5PB 4/10
④ 7.5R 4/14

[해설] 안전·보건표지의 색채, 색도기준 및 용도

색채	색도기준	용도	사용 예
파란색	2.5PB 4/10	지시	특정 행위의 지시 및 사실의 고지

06 위험예지훈련 4단계의 진행 순서를 바르게 나열한 것은?

① 목표설정 → 현상파악 → 대책수립 → 본질추구
② 목표설정 → 현상파악 → 본질추구 → 대책수립
③ 현상파악 → 본질추구 → 대책수립 → 목표설정
④ 현상파악 → 본질추구 → 목표설정 → 대책수립

[해설] 위험예지훈련의 추진을 위한 문제해결 4단계(4라운드)
- 1라운드 : 현상파악(사실의 파악)
- 2라운드 : 본질추구(원인조사)
- 3라운드 : 대책수립(대책을 세운다)
- 4라운드 : 목표설정(행동계획 작성)

정답 | 01 ① 02 ② 03 ① 04 ③ 05 ③ 06 ③

07 무재해 운동의 기본이념 3원칙 중 다음에서 설명하는 것은?

> 직장 내의 모든 잠재위험요인을 적극적으로 사전에 발견, 파악, 해결함으로써 뿌리에서부터 산업재해를 제거하는 것

① 무의 원칙
② 선취의 원칙
③ 참가의 원칙
④ 확인의 원칙

[해설] 무의 원칙은 모든 잠재위험요인을 사전에 발견·파악·해결함으로써 근원적으로 산업재해를 없앤다.

08 기업 내 정형교육 중 TWI(Training Within Industry)의 교육내용과 가장 거리가 먼 것은?

① Job Standardization
② Job Instruction Training
③ Job Method Training
④ Job Relation Training

[해설] TWI(Training Within Industry) 훈련의 종류
1. 작업지도훈련(JIT ; Job Instruction Training)
2. 작업방법훈련(JMT ; Job Method Training)
3. 인간관계훈련(JRT ; Job Relations Training)
4. 작업안전훈련(JST ; Job Safety Training)

09 주의의 특성에 해당되지 않는 것은?

① 선택성
② 변동성
③ 가능성
④ 방향성

[해설] 주의의 특성
선택성, 방향성, 변동성

10 "보호구 안전인증 고시"상 전로 또는 평로 등의 작업 시 사용하는 방열두건의 차광도 번호는?

① #2~#3
② #3~#5
③ #6~#8
④ #9~#11

[해설] 방열두건의 사용구분(보호구 안전인증 고시 [별표 8] 방열복의 성능기준 상)

차광도 번호	사용구분
#2~#3	고로강판가열로, 조괴(造塊) 등의 작업
#3~#5	전로 또는 평로 등의 작업
#6~#8	전기로의 작업

11 버드(Bird)의 재해분포에 따르면 20건의 경상(물적, 인적상해)사고가 발생했을 때 무상해·무사고(위험순간) 고장 발생 건수는?

① 200
② 600
③ 1,200
④ 12,000

[해설] 버드의 법칙
1 : 10 : 30 : 600
- 1 : 중상 또는 폐질
- 10 : 경상(인적, 물적 상해)
- 30 : 무상해사고(물적 손실 발생)
- 600 : 무상해, 무사고 고장(위험순간)
∴ 무상해·무사고(위험순간) : 경상 = 600 : 10
20건의 경상 발생 시 무상해·무사고(위험순간)은 1,200건(600×2)

12 안전보건교육 계획에 포함해야 할 사항이 아닌 것은?

① 교육지도안
② 교육장소 및 교육방법
③ 교육의 종류 및 대상
④ 교육의 과목 및 교육내용

[해설] 교육지도안은 안전보건교육 계획에 포함되지 않는다.

13 석면 취급장소에서 사용하는 방진마스크의 등급으로 옳은 것은?

① 특급
② 1급
③ 2급
④ 3급

[해설] 방진마스크의 등급
1. 특급 : 석면 취급장소 등
2. 1급 : 금속흄 등과 같이 열적으로 생기는 분진 등 발생장소
3. 2급 : 특급 및 1급 마스크 착용장소를 제외한 분진 등 발생장소

정답 | 07 ① 08 ① 09 ③ 10 ② 11 ③ 12 ① 13 ①

14 산업안전보건법령상 다음의 안전보건표지 중 기본모형이 다른 것은?

① 위험장소 경고 ② 레이저 광선 경고
③ 방사성 물질 경고 ④ 부식성 물질 경고

해설 **안전보건표지**

215 위험장소 경고	213 레이저 광선 경고	206 방사성 물질 경고	205 부식성 물질 경고
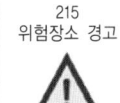			

15 산업현장에서 재해발생 시 조치 순서로 옳은 것은?

① 긴급처리 → 재해조사 → 원인분석 → 대책수립 → 실시계획 → 실시 → 평가
② 긴급처리 → 원인분석 → 재해조사 → 대책수립 → 실시 → 평가
③ 긴급처리 → 재해조사 → 원인분석 → 실시계획 → 실시 → 대책수립 → 평가
④ 긴급처리 → 실시계획 → 재해조사 → 대책수립 → 평가 → 실시

해설 **재해발생 시의 조치 순서**

긴급처리 → 재해조사 → 원인분석 → 대책수립 → 대책실시계획 → 실시 → 평가

16 보호구 자율안전확인 고시상 자율안전확인 보호구에 표시하여야 하는 사항을 모두 고른 것은?

| ㄱ. 모델명 | ㄴ. 제조번호 |
| ㄷ. 사용 기한 | ㄹ. 자율안전확인 번호 |

① ㄱ, ㄴ, ㄷ ② ㄱ, ㄴ, ㄹ
③ ㄱ, ㄷ, ㄹ ④ ㄴ, ㄷ, ㄹ

해설 **자율안전확인 제품 표시사항**

1. 형식 또는 모델명
2. 규격 또는 등급
3. 제조자명
4. 제조번호 및 제조연월
5. 자율안전확인 번호

17 학습지도의 형태 중 몇 사람의 전문가에 의해 과정에 관한 견해를 발표하고 참가자로 하여금 의견이나 질문을 하게 하는 토의방식은?

① 포럼(Forum)
② 심포지엄(Symposium)
③ 버즈세션(Buzz session)
④ 자유토의법(Free discussion method)

해설 **심포지엄(The Symposium)**

몇 사람의 전문가에 의하여 과제에 관한 견해를 발표한 뒤에 참가자로 하여금 의견이나 질문을 하게 하여 토의하는 방법이다.

18 매슬로우(Maslow)의 욕구단계 이론 중 제2단계 욕구에 해당하는 것은?

① 자아실현의 욕구 ② 안전에 대한 욕구
③ 사회적 욕구 ④ 생리적 욕구

해설 **매슬로우의 욕구단계이론**

안전의 욕구(제2단계)안전을 기하려는 욕구

19 어떤 사업장의 상시근로자 1,000명이 작업 중 2명 사망자와 의사진단에 의한 휴업일수 90일 손실을 가져온 경우의 강도율은? (단, 1일 8시간, 연 300일 근무이다.)

① 7.32 ② 6.28
③ 8.12 ④ 5.92

해설 강도율 = $\dfrac{\text{총근로 손실일수}}{\text{연 근로시간 수}} \times 1,000$

$= \dfrac{(7,500 \times 2) + 90 \times \dfrac{300}{365}}{1,000 \times 8 \times 300} \times 1,000 = 6.28$

20 산업재해보험적용근로자 1,000명인 플라스틱 제조사업장에서 작업 중 재해 5건이 발생하였고, 1명이 사망하였을 때 이 사업장의 사망만인율은?

① 2 ② 5
③ 10 ④ 20

해설 • 사망만인율 : 상시근로자수 10,000명당 발생하는 사망자 수의 비율
• 사망만인율 = 사망자 수/상시근로자 수 × 10,000
= 1/1,000 × 10,000 = 10

정답 | 14 ④ 15 ① 16 ② 17 ② 18 ② 19 ② 20 ③

2과목
인간공학 및 위험성 평가·관리

21 설비보전을 평가하기 위한 식으로 틀린 것은?

① 성능가동률＝속도가동률×정미가동률
② 시간가동률＝(부하시간－정지시간)/부하시간
③ 설비종합효율＝시간가동률×성능가동률×양품률
④ 정미가동률＝(생산량×기준주기시간)/가동시간

[해설] 정미가동률은 일정 스피드로 안정적으로 가동되고 있는가의 여부, 즉 지속을 산출하는 것이다.

$$정미가동률 = \frac{(생산량 \times 실제\ 사이클\ 타임)}{(부하시간 - 정지시간)}$$

$$= \frac{(생산량 \times 실제\ 사이클\ 타임)}{가동시간}$$

22 밝은 곳에서 어두운 곳으로 갈 때 망막에 시홍이 형성되는 생리적 과정인 암조응이 발생하는데 완전 암조응(Dark adaptation)이 발생하는데 소요되는 시간은?

① 약 3~5분
② 약 10~15분
③ 약 30~40분
④ 약 60~90분

[해설] 암순응(암조응)은 우선 약 5분 정도 원추세포의 순응단계를 거쳐, 약 30~40분 정도 걸리는 간상세포의 순응단계(완전 암순응)로 이어진다.

23 고용노동부 고시의 근골격계부담작업의 범위에서 근골격계부담작업에 대한 설명으로 틀린 것은?

① 하루에 10회 이상 25kg 이상의 물체를 드는 작업
② 하루에 총 2시간 이상 쪼그리고 앉거나 무릎을 굽힌 자세에서 이루어지는 작업
③ 하루에 총 2시간 이상 집중적으로 자료입력 등을 위해 키보드 또는 마우스를 조작하는 작업
④ 하루에 총 2시간 이상 지지되지 않은 상태에서 4.5kg 이상의 물건을 한 손으로 들거나 동일한 힘으로 쥐는 작업

[해설] 하루에 4시간 이상 집중적으로 자료입력 등을 위해 키보드 또는 마우스를 조작하는 작업이 해당된다.

24 작업장의 설비 3대에서 각각 80dB, 86dB, 78dB의 소음이 발생하고 있을 때 작업장의 음압 수준은?

① 약 81.3dB
② 약 85.5dB
③ 약 87.5dB
④ 약 90.3dB

[해설] **전체소음도**

$$PWL(dB) = 10 \log(10^{\frac{A_1}{10}} + 10^{\frac{A_2}{10}} + 10^{\frac{A_3}{10}})$$

$$= 10 \log(10^{\frac{80}{10}} + 10^{\frac{86}{10}} + 10^{\frac{78}{10}})$$

$$\fallingdotseq 87.5$$

25 8시간 근무를 기준으로 남성작업자 A의 대사량을 측정한 결과, 산소소비량이 1.3L/min으로 측정되었다. Murrell 방법으로 계산 시, 8시간의 총 근로시간에 포함되어야 할 휴식시간은?

① 124분
② 134분
③ 144분
④ 154분

[해설] 1l당 O₂ 소비량은 5kcal이다.
따라서 작업 중에 분당 산소 공급량이 1.3l/min이라면 작업의 평균에너지는 1.3l/min×5kcal＝6.5kcal가 된다.

$$휴식시간(R) = \frac{(60 \times h) \times (E-5)}{E - 1.5}\ [분]$$

$$= \frac{(60 \times 8) \times (6.5-5)}{6.5 - 1.5} = 144[분]$$

여기서, E : 작업의 평균에너지(kcal/min)
에너지값의 상한 : 5(kcal/min)

26 인간의 신뢰도가 0.6, 기계의 신뢰도가 0.9이다. 인간과 기계가 직렬체제로 작업할 때의 신뢰도는?

① 0.32
② 0.54
③ 0.75
④ 0.96

[해설] 신뢰도＝0.6 × 0.9＝0.54

정답 | 21 ④ 22 ③ 23 ③ 24 ③ 25 ③ 26 ②

27 n개의 요소를 가진 병렬 시스템에 있어 요소의 수명(MTTF)이 지수 분포를 따를 경우, 이 시스템의 수명을 구하는 식으로 맞는 것은?

① MTTF $\times n$

② MTTF $\times \dfrac{1}{n}$

③ MTTF $\times \left(1 + \dfrac{1}{2} + \cdots + \dfrac{1}{n}\right)$

④ MTTF $\times \left(1 \times \dfrac{1}{2} \times \cdots \times \dfrac{1}{n}\right)$

[해설] **평균고장시간(MTTF ; Mean Time To Failure)**
시스템, 부품 등이 고장 나기까지 동작시간의 평균치. 평균수명이라고도 한다.
- 직렬계의 경우 : System의 수명은 $= \dfrac{\text{MTTF}}{n} = \dfrac{1}{\lambda}$
- 병렬계의 경우 : System의 수명은
 $= \text{MTTF}\left(1 + \dfrac{1}{2} + \dfrac{1}{3} + \cdots + \dfrac{1}{n}\right)$
 n : 직렬 또는 병렬계의 요소

28 인간의 오류모형에서 "알고 있음에도 의도적으로 따르지 않거나 무시한 경우"를 무엇이라 하는가?

① 실수(Slip) ② 착오(Mistake)
③ 건망증(Lapse) ④ 위반(Violation)

[해설] 위반(Violation)은 정해진 규칙을 알고 있음에도 고의로 따르지 않거나 무시하는 행위이다.

29 태양광선이 내리쬐는 옥외장소의 자연습구온도 20℃, 흑구온도 18℃, 건구온도 30℃ 일 때 습구흑구온도지수(WBGT)는?

① 20.6℃ ② 22.5℃
③ 25.0℃ ④ 28.5℃

[해설] **습구흑구온도지수(WBGT)**
WBGT(옥외) = (0.7×자연습구온도) + (0.2×흑구온도) + (0.1×건구온도)
= (0.7×20) + (0.2×18) + (30×0.1)
= 20.6℃

30 다음에서 설명하는 용어는?

> 사업주가 스스로 유해·위험요인을 파악하고 해당 유해·위험요인의 위험성 수준을 결정하여, 위험성을 낮추기 위한 적절한 조치를 마련하고 실행하는 과정을 말한다.

① 위험성 결정 ② 위험성 평가
③ 위험빈도 추정 ④ 유해·위험요인 파악

[해설] **사업장 위험성평가에 관한 지침 제3조(정의)**
사업주가 스스로 유해·위험요인을 파악하고 해당 유해·위험요인의 위험성 수준을 결정하여, 위험성을 낮추기 위한 적절한 조치를 마련하고 실행하는 과정을 말한다.

31 시각적 표시장치보다 청각적 표시장치를 사용하는 것이 더 유리한 경우는?

① 정보의 내용이 복잡하고 긴 경우
② 정보가 공간적인 위치를 다룬 경우
③ 직무상 수신자가 한곳에 머무르는 경우
④ 수신 장소가 너무 밝거나 암순응이 요구될 경우

[해설] ①~③은 시각적 표시장치의 장점이다.

32 인간-기계 시스템에서 시스템의 설계를 다음과 같이 구분할 때 제3단계인 기본설계에 해당되지 않는 것은?

> 1단계 : 시스템의 목표와 성능 명세 결정
> 2단계 : 시스템의 정의
> 3단계 : 기본설계
> 4단계 : 인터페이스 설계
> 5단계 : 보조물 설계
> 6단계 : 시험 및 평가

① 화면 설계 ② 작업 설계
③ 직무 분석 ④ 기능 할당

[해설] 인간-기계 시스템 설계과정 6가지 단계 중 기본설계는 시스템의 형태를 갖추기 시작하는 단계이다(직무분석, 작업설계, 기능할당).

정답 | 27 ③ 28 ④ 29 ① 30 ② 31 ④ 32 ①

33 작업공간의 포락면(包絡面)에 대한 설명으로 맞는 것은?

① 개인이 그 안에서 일하는 일차원 공간이다.
② 작업복 등은 포락면에 영을 미치지 않는다.
③ 가장 작은 포락면은 몸통을 움직이는 공간이다.
④ 작업의 성질에 따라 포락면의 경계가 달라진다.

해설 작업의 성질에 따라 포락면 경계가 달라진다.

작업공간 포락면(Envelope)
한 장소에 앉아서 수행하는 작업활동에서 사람이 작업하는 데 사용하는 공간

34 작업장의 설비 3대에서 각각 80dB, 86dB, 78dB의 소음이 발생하고 있을 때 작업장의 음압 수준은?

① 약 81.3dB ② 약 85.5dB
③ 약 87.5dB ④ 약 90.3dB

해설 전체소음도

$$PWL(dB) = 10 \log(10^{\frac{A_1}{10}} + 10^{\frac{A_2}{10}} + 10^{\frac{A_3}{10}})$$
$$= 10 \log(10^{\frac{80}{10}} + 10^{\frac{86}{10}} + 10^{\frac{78}{10}})$$
$$\fallingdotseq 87.5$$

35 다음 시스템의 신뢰도는 얼마인가? (단, 각 요소의 신뢰도는 a, b가 각 0.8, c, d가 0.6이다.)

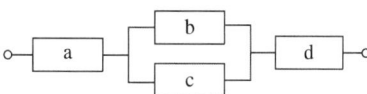

① 0.2245 ② 0.3754
③ 0.4416 ④ 0.5756

해설 신뢰도 = $a \times [1-(1-b)(1-c)] \times d$
= $0.8 \times [1-(1-0.8)(1-0.6)] \times 0.6 = 0.4416$

36 FTA에서 시스템의 기능을 살리는 데 필요한 최소 요인의 집합을 무엇이라 하는가?

① Critical set
② Minimal gate
③ Minimal path
④ Boolean indicated cut set

해설 미니멀 패스셋
정상사상이 일어나지 않는데 필요한 최소한의 컷을 말한다(시스템을 살리는 데 필요한 최소 요인의 집합).

37 욕조곡선의 설명으로 맞는 것은?

① 마모고장 기간의 고장 형태는 감소형이다.
② 디버깅(Debugging) 기간은 마모고장에 나타난다.
③ 부식 또는 산화로 인하여 초기고장이 일어난다.
④ 우발고장기간에는 고장률이 비교적 낮고 일정한 현상이 나타난다.

해설 우발고장(일정형)
실제 사용하는 상태에서 발생하는 고장으로 예측할 수 없는 랜덤의 간격으로 생기는 고장으로 고장률이 비교적 낮고 일정한 현상이 나타난다.

38 통화 이해도 척도로서 통화 이해도에 영향을 주는 잡음의 영향을 추정하는 지수는?

① 명료도 지수 ② 통화 간섭 수준
③ 이해도 점수 ④ 통화 공진 수준

해설 통화 간섭 수준(Speech Interference Level)
잡음이 통화 이해도(Speech Intelligibility)에 미치는 영향을 추정하는 하나의 지수이다. 잡음의 주파수별 분포가 평평할 경우 유용한 지표로서 500, 1,000, 2,000Hz에 중심을 둔 3옥타브 잡음 dB 수준의 평균치이다.

39 어떤 결함수를 분석하여 Minimal Cut Set을 구한 결과 다음과 같았다. 각 기본사상의 발생확률을 $q_i, i = 1, 2, 3$이라 할 때 정상사상의 발생확률함수로 맞는 것은?

$$k_1 = [1, 2] \quad k_2 = [1, 3] \quad k_3 = [2, 3]$$

① $q_1q_2 + q_1q_2 - q_2q_3$
② $q_1q_2 + q_1q_3 - q_2q_3$
③ $q_1q_2 + q_1q_3 + q_2q_3 - q_1q_2q_3$
④ $q_1q_2 + q_1q_3 + q_2q_3 - 2q_1q_2q_3$

해설 $T = 1-(1-q_1q_2)(1-q_1q_3)(1-q_2q_3)$
$= 1-(1-q_1q_2-q_2q_3+q_1q_2q_3)(1-q_1q_3)$
$= 1-(1-q_1q_2-q_1q_3+q_1q_2q_3-q_2q_3$
$+q_1q_2q_3+q_1q_2q_3-q_1q_2q_3)$

정답 | 33 ④ 34 ③ 35 ③ 36 ③ 37 ④ 38 ② 39 ④

40 자동차를 타이어가 4개인 하나의 시스템으로 볼 때, 타이어 1개가 파열될 확률이 0.01이라면, 이 자동차의 신뢰도는 약 얼마인가?

① 0.91
② 0.93
③ 0.96
④ 0.99

해설 1. 타이어 1개의 신뢰도 = 1 − 0.01 = 0.99
2. 자동차 타이어는 4개가 직렬로 연결되어 있으므로 자동차 신뢰도 R은 다음과 같이 구한다.
R = 0.99 × 0.99 × 0.99 × 0.99 = 0.96

3과목
기계·기구 및 설비 안전관리

41 다음 중 롤러의 급정지 성능으로 적합하지 않은 것은?

① 앞면 롤러 표면 원주속도가 25m/min, 앞면 롤러의 원주가 5m일 때 급정지거리 1.6m 이내
② 앞면 롤러 표면 원주속도가 35m/min, 앞면 롤러의 원주가 7m일 때 급정지거리 2.8m 이내
③ 앞면 롤러 표면 원주속도가 30m/min, 앞면 롤러의 원주가 6m일 때 급정지거리 2.6m 이내
④ 앞면 롤러 표면 원주속도가 20m/min, 앞면 롤러의 원주가 8m일 때 급정지거리 2.6m 이내

해설 **롤러의 급정지 거리**

앞면 롤러의 표면속도(m/min)	급정지 거리
30 미만	앞면 롤러 원주의 1/3
30 이상	앞면 롤러 원주의 1/2.5

③ 앞면 롤러 표면 원주속도가 30m/min, 앞면 롤러의 원주가 6m일 때 급정지거리 2.6m 이내 → 6/2.5 = 2.4m 이내

42 「산업안전보건기준에 관한 규칙」에 따라 타워크레인을 와이어로프로 지지하는 경우, 와이어로프의 설치각도는 수평면에서 몇 도 이내로 해야 하는가?

① 30°
② 45°
③ 60°
④ 75°

해설 **타워크레인을 와이어로프로 지지하는 경우 준수사항**
와이어로프 설치각도는 수평면에서 60° 이내로 할 것

43 슬라이드가 내려옴에 따라 손을 쳐내는 막대가 좌우로 왕복하면서 위험점으로부터 손을 보호하여 주는 프레스의 안전장치는?

① 수인식 방호장치
② 양손조작식 방호장치
③ 손쳐내기식 방호장치
④ 게이트 가드식 방호장치

해설 **손쳐내기식 방호장치**
기계의 작동에 연동시켜 위험상태로 되기 전에 손을 위험 영역에서 밀어내거나 쳐냄으로써 위험을 배재하는 장치를 말한다.

44 산업안전보건법령상 사업주가 진동 작업을 하는 근로자에게 충분히 알려야 할 사항과 거리가 가장 먼 것은?

① 인체에 미치는 영향과 증상
② 진동기계·기구 관리방법
③ 보호구 선정과 착용방법
④ 진동재해 시 비상연락체계

해설 **유해성 등의 주지(「안전보건규칙」 제519조)**
사업주는 근로자가 진동작업에 종사하는 경우에 다음 각 호의 사항을 근로자에게 충분히 알려야 한다.
1. 인체에 미치는 영향과 증상
2. 보호구의 선정과 착용방법
3. 진동 기계·기구 관리방법
4. 진동 장해 예방방법

45 지게차의 포크에 적재된 화물이 마스트 후방으로 낙하함으로서 근로자에게 미치는 위험을 방지하기 위하여 설치하는 것은?

① 헤드가드
② 백레스트
③ 낙하방지장치
④ 과부하방지장치

해설 사업주는 백레스트(backrest)를 갖추지 아니한 지게차를 사용해서는 아니 된다.

백레스트(back rest)
지게차의 포크에 적재된 화물이 마스트 후방으로 낙하함으로서 근로자에게 미치는 위험을 방지하는 장치

정답 | 40 ③ 41 ③ 42 ③ 43 ③ 44 ④ 45 ②

46 어떤 로프의 최대하중이 700N이고, 정격하중은 100N이다. 이때 안전계수는 얼마인가?

① 5　　　　　② 6
③ 7　　　　　④ 8

해설 안전계수

$$\text{안전계수 } S = \frac{\text{극한(최대, 인장)강도}}{\text{허용응력}} = \frac{700}{100} = 7$$

47 다음 중 선반의 안전장치 및 작업시 주의사항으로 잘못된 것은?

① 선반의 바이트는 되도록 짧게 물린다.
② 방진구는 공작물의 길이가 지름의 5배 이상일 때 사용한다.
③ 선반의 베드 위에는 공구를 올려놓지 않는다.
④ 칩 브레이커는 바이트에 직접 설치한다.

해설 방진구는 공작물의 길이가 직경의 12배 이상으로 가늘고 길 때 공작물의 고정에 사용하는 기구이다.

48 다음 중 산업안전보건법령상 보일러 및 압력용기에 관한 사항으로 틀린 것은?

① 공정안전보고서 제출대상으로서 이행상태 평가결과가 우수한 사업장의 경우 보일러의 압력방출장치에 대하여 8년에 1회 이상으로 설정압력에서 압력방출장치가 적정하게 작동하는지를 검사할 수 있다.
② 보일러의 안전한 가동을 위하여 보일러 규격에 맞는 압력방출장치를 1개 이상 설치하고 최고 사용압력 이하에서 작동되도록 하여야 한다.
③ 보일러의 과열을 방지하기 위하여 최고 사용압력과 상용압력 사이에서 보일러의 버너 연소를 차단할 수 있도록 압력제한스위치를 부착하여 사용하여야 한다.
④ 압력용기에서는 이를 식별할 수 있도록 하기 위하여 그 압력용기의 최고 사용압력, 제조연월일, 제조회사명이 지워지지 않도록 각인(刻印) 표시된 것을 사용하여야 한다.

해설 안전밸브 등의 설치(「안전보건규칙」 제261조 제3항)

1. 화학공정 유체와 안전밸브의 디스크 또는 시트가 직접 접촉될 수 있도록 설치된 경우 : 2년마다 1회 이상
2. 안전밸브 전단에 파열판이 설치된 경우 : 3년마다 1회 이상
3. 공정안전보고서 제출 대상으로서 고용노동부장관이 실시하는 공정안전보고서 이행상태 평가결과가 우수한 사업장의 안전밸브의 경우 : 4년마다 1회 이상

49 공기압축기의 작업안전수칙으로 가장 적절하지 않은 것은?

① 공기압축기의 점검 및 청소는 반드시 전원을 차단한 후에 실시한다.
② 운전 중에 어떠한 부품도 건드려서는 안 된다.
③ 공기압축기 분해 시 내부의 압축공기를 이용하여 분해한다.
④ 최대공기압력을 초과한 공기압력으로는 절대로 운전하여서는 안 된다.

해설 공기압축기의 청소 정비 시에는 반드시 압축기를 정지하고 모든 전원을 차단한 다음 내부압력이 완전히 방출된 후 충분히 냉각된 상태에서 실시한다.

50 다음 중 소음 방지대책으로 가장 적절하지 않은 것은?

① 소음의 통제　　　② 소음의 적응
③ 흡음재 사용　　　④ 보호구 착용

해설 소음방지의 대책

- 소음원의 통제 : 기계의 설계 등의 기본적인 단계에서 소음을 억제
- 소음원의 밀폐(격리) : 소음이 발생하는 기계를 차단
- 소음원의 차단 : 소음이 발생하는 기계(장소)로부터 근로자가 작업하는 장소로 소음이 발생하지 않도록 작업장을 차단

51 컨베이어의 제작 및 안전기준 상 작업구역 및 통행구역에 덮개, 울 등을 설치해야 하는 부위에 해당하지 않는 것은?

① 컨베이어의 동력전달 부분
② 컨베이어의 제동장치 부분
③ 호퍼, 슈트의 개구부 및 장력 유지장치
④ 컨베이어 벨트, 풀리, 롤러, 체인, 스프라켓, 스크류 등

해설 컨베이어 작업구역 및 통행구역에서 다음의 부위에는 덮개, 울 등을 설치해야 한다.

1. 컨베이어의 동력전달 부분
2. 컨베이어 벨트, 풀리, 롤러, 체인, 스프라켓, 스크류 등
3. 호퍼, 슈트의 개구부 및 장력 유지장치
4. 기타 가동부분과 정지부분 또는 다른 물건 사이 틈 등 작업자에게 위험을 미칠 우려가 있는 부분
5. 운반되는 재료 또는 컨베이어가 화상 등을 일으킬 수 있는 구간

정답 | 46 ③ 47 ② 48 ① 49 ③ 50 ② 51 ②

52 지게차 및 구내 운반차의 작업시작 전 점검사항이 아닌 것은?

① 버킷, 디퍼 등의 이상 유무
② 제동장치 및 조종장치 기능의 이상 유무
③ 하역장치 및 유압장치 기능의 이상 유무
④ 전조등, 후미등, 경보장치 기능의 이상 유무

[해설] 작업시작 전 점검사항
1. 지게차를 사용하여 작업을 하는 때
   가. 제동장치 및 조종장치 기능의 이상 유무
   나. 하역장치 및 유압장치 기능의 이상 유무
   다. 바퀴의 이상 유무
   라. 전조등 · 후미등 · 방향지시기 및 경보장치 기능의 이상 유무
2. 구내운반차를 사용하여 작업을 할 때
   가. 제동장치 및 조종장치 기능의 이상 유무
   나. 하역장치 및 유압장치 기능의 이상 유무
   다. 바퀴의 이상 유무
   라. 전조등 · 후미등 · 방향지시기 및 경음기 기능의 이상 유무
   마. 충전장치를 포함한 홀더 등의 결합상태의 이상 유무

53 프레스 작동 후 작업점까지의 도달시간이 0.3초인 경우 위험한계로부터 양수조작식 방호장치의 최단 설치거리는?

① 48cm 이상
② 58cm 이상
③ 68cm 이상
④ 78cm 이상

[해설] 프레스 양수조작식 조작부의 안전거리
$D = 1,600 \times (TC + TS)[mm] = 1,600 \times 0.3$
$= 480mm = 48cm$ 이상

54 다음 중 용접 결함의 종류에 해당하지 않는 것은?

① 비드(Bead)
② 기공(Blow hole)
③ 언더컷(Under cut)
④ 용입 불량(Incomplete penetration)

[해설] 비드(Bead)는 용접작업에서 모재와 용접봉이 녹아서 생긴 가늘고 긴 파형의 띠이다.

55 산업안전보건법령상 용해아세틸렌의 가스집합용접장치의 배관 및 부속기구에는 구리나 구리 함유량이 몇 퍼센트 이상인 합금을 사용할 수 없는가?

① 40%
② 50%
③ 60%
④ 70%

[해설] 구리의 사용 제한(「안전보건규칙」 제294조)
용해아세틸렌의 가스집합용접장치의 배관 및 부속기구는 구리나 구리 함유량이 70퍼센트 이상인 합금을 사용해서는 아니 된다. → 사용 시 아세틸라이드라는 폭발성 물질이 생성된다.

56 산업안전보건법령상 용접장치의 안전에 관한 준수사항으로 옳은 것은?

① 아세틸렌 용접장치의 발생기실을 옥외에 설치한 경우에는 그 개구부를 다른 건축물로부터 1m 이상 떨어지도록 하여야 한다.
② 가스집합장치로부터 7m 이내의 장소에서는 화기의 사용을 금지시킨다.
③ 아세틸렌 발생기에서 10m 이내 또는 발생기실에서 4m 이내의 장소에서는 화기의 사용을 금지시킨다.
④ 아세틸렌 용접장치를 사용하여 용접작업을 할 경우 게이지 압력이 127kPa을 초과하는 압력의 아세틸렌을 발생시켜 사용해서는 아니 된다.

[해설] 아세틸렌 용접장치 및 가스집합 용접장치
1. 발생기실을 옥외에 설치한 경우에는 그 개구부를 다른 건축물로부터 1.5미터 이상 떨어지도록 하여야 한다.
2. 가스집합장치로부터 5미터 이내의 장소에서는 흡연, 화기의 사용 또는 불꽃을 발생할 우려가 있는 행위를 금지할 것
3. 발생기에서 5미터 이내 또는 발생기실에서 3미터 이내 의 장소에서는 흡연, 화기의 사용 또는 불꽃이 발생할 위험한 행위를 금지시킬 것

57 롤러기 맞물림점의 전방에 개구부의 간격을 30mm로 하여 가드를 설치하고자 한다. 가드의 설치 위치는 맞물림점에서 적어도 얼마의 간격을 유지하여야 하는가?

① 154
② 160
③ 166
④ 172

[해설] 개구부의 간격
$Y = 6 + 0.15X (X < 160mm)$
$Y = 6 + 0.15X = 6 + 0.15 \times X = 30mm$
$\therefore X = 160mm$

정답 | 52 ① 53 ① 54 ① 55 ④ 56 ④ 57 ②

58 다음 중 산업안전보건법령상 아세틸렌 가스용접장치에 관한 기준으로 틀린 것은?

① 전용의 발생기실은 건물의 최상층에 위치하여야 하며, 화기를 사용하는 설비로부터 1m를 초과하는 장소에 설치하여야 한다.
② 전용의 발생기실을 옥외에 설치한 경우에는 그 개구부를 다른 건축물로부터 1.5m 이상 떨어지도록 하여야 한다.
③ 아세틸렌 용접장치를 사용하여 금속의 용접·용단 또는 가열 작업을 하는 경우에는 게이지압력이 127kPa을 초과하는 압력의 아세틸렌을 발생시켜 사용해서는 아니 된다.
④ 전용의 발생기실을 설치하는 경우 벽은 불연성 재료로 하고 철근 콘크리트 또는 그 밖에 이와 동등하거나 그 이상의 강도를 가진 구조로 하여야 한다.

해설 아세틸렌 발생기실 설치장소(「안전보건규칙」 제286조)
건물의 최상층에 위치하여야 하며, 화기를 사용하는 설비로부터 3미터를 초과하는 장소에 설치

59 산업안전보건법령상 사업장 내 근로자 작업환경 중 '강렬한 소음작업'에 해당하지 않는 것은?

① 85dB 이상의 소음이 1일 10시간 이상 발생하는 작업
② 90dB 이상의 소음이 1일 8시간 이상 발생하는 작업
③ 95dB 이상의 소음이 1일 4시간 이상 발생하는 작업
④ 100dB 이상의 소음이 1일 2시간 이상 발생하는 작업

해설 강렬한 소음작업
- 90dB 이상의 소음이 1일 8시간 이상 발생되는 작업
- 95dB 이상의 소음이 1일 4시간 이상 발생되는 작업
- 100dB 이상의 소음이 1일 2시간 이상 발생되는 작업
- 105dB 이상의 소음이 1일 1시간 이상 발생되는 작업
- 110dB 이상의 소음이 1일 30분 이상 발생되는 작업
- 115dB 이상의 소음이 1일 15분 이상 발생되는 작업

60 산업안전보건법령상 프레스 등을 사용하여 작업할 때에 작업시작 전 점검사항으로 가장 거리가 먼 것은?

① 압력방출장치의 기능
② 클러치 및 브레이크의 기능
③ 프레스의 금형 및 고정볼트 상태
④ 1행정 1정지기구·급정지장치 및 비상정지장치의 기능

해설 프레스 작업시작 전 점검사항(「안전보건규칙」 [별표 3])
- 클러치 및 브레이크의 기능
- 크랭크축·플라이휠·슬라이드·연결봉 및 연결나사의 풀림 유무
- 1행정 1정지기구·급정지장치 및 비상정지장치의 기능
- 슬라이드 또는 칼날에 의한 위험방지기구의 기능
- 프레스의 금형 및 고정볼트 상태
- 방호장치의 기능
- 전단기의 칼날 및 테이블의 상태

4과목
전기설비 안전관리

61 누전차단기의 시설방법 중 옳지 않은 것은?

① 시설장소는 배전반 또는 분전반 내에 설치한다.
② 정격전류용량은 해당 전로의 부하전류 값 이상이어야 한다.
③ 정격감도전류는 정상의 사용상태에서 불필요하게 동작하지 않도록 한다.
④ 인체감전보호형은 0.05초 이내에 동작하는 고감도고속형이어야 한다.

해설 인체감전보호형은 0.03초 이내에 동작하는 고감도고속형이어야 한다.

62 다음 중 전압의 구분으로 옳은 것은?

① 고압 : 직류 1[kV] 초과 7[kV] 이하
② 고압 : 교류 1.5[kV] 초과 7[kV] 이하
③ 저압 : 직류 1[kV] 이하
④ 특고압 : 7[kV] 초과

해설 **전압의 구분**

구분	KEC
저압	교류 : 1,000V 이하 직류 : 1,500V 이하
고압	교류 1,000V 초과 7kV 이하 직류 1,500V 초과 7kV 이하
특고압	7kV 초과

정답 | 58 ① 59 ① 60 ① 61 ④ 62 ④

63 사업장에서 많이 사용되고 있는 이동식 전기기계·기구의 안전대책으로 가장 거리가 먼 것은?

① 충전부 전체를 절연한다.
② 절연이 불량인 경우 접지저항을 측정한다.
③ 금속제 외함이 있는 경우 접지를 한다.
④ 습기가 많은 장소는 누전차단기를 설치한다.

해설 절연이 불량인 경우 절연저항을 측정하여 조치하여야 한다.

64 과전류에 의해 전선의 허용전류보다 큰 전류가 흐르는 경우 절연물이 화구가 없더라도 자연히 발화하고 심선이 용단되는 발화단계의 전선 전류밀도(A/mm²)는?

① 10~20 ② 30~50
③ 60~120 ④ 130~200

해설 **발화단계의 전선전류 밀도**
60~120A/mm²(발화 후 용단 : 60~70, 용단과 동시 발화 : 75~120)

65 설비의 이상현상에 나타나는 아크(Arc)의 종류가 아닌 것은?

① 단락에 의한 아크 ② 지락에 의한 아크
③ 차단기에서의 아크 ④ 전선저항에 의한 아크

해설 아크 현상이란 공기가 이온화하여 전기가 흐르는 현상으로 단락, 지락, 섬락, 전선 절단 등에 의해 발생한다.

66 절연물의 절연계급을 최고허용온도가 낮은 온도에서 높은 온도 순으로 배치한 것은?

① Y종 → A종 → E종 → B종
② A종 → B종 → E종 → Y종
③ Y종 → E종 → B종 → A종
④ B종 → Y종 → A종 → E종

해설 **절연물의 절연계급**

종별	Y	A	E	B	F	H	C
최고허용 온도[℃]	90	105	120	130	155	180	180 이상

67 과도전류를 나타내는 공식으로 맞는 것은?

① $\frac{V}{R}\epsilon^{-\frac{1}{RC}}$ ② $V\epsilon^{-\frac{1}{RC}}$
③ RC ④ $-\frac{1}{RC}$

해설 과도전류 $I = \frac{V}{R}(\epsilon^{-\frac{1}{RC}})$

68 제전기의 제전효과에 영향을 미치는 요인으로 볼 수 없는 것은?

① 제전기의 이온 생성능력
② 전원의 극성 및 전선의 길이
③ 대전 물체의 대전위치 및 대전분포
④ 제전기의 설치 위치 및 설치 각도

해설 '전원의 극성 및 전선의 길이'는 제전효과에 영향을 미치는 요인과 관련이 없다.

69 고압 및 특고압의 전로에 시설하는 피뢰기에 접지공사를 할 때 접지저항의 최대값은 몇 Ω 이하로 해야 하는가?

① 100 ② 20
③ 10 ④ 5

해설 **피뢰기의 접지공사**
접지저항 10Ω 이하

70 다음 중 기기보호등급(EPL)과 그 지역을 바르게 짝지은 것은?

① ZONE 2 – Ga ② ZONE 20 – Gc
③ ZONE 21 – Ga ④ ZONE 22 – GC

해설 **기기보호등급(EPL)과 허용 장소**

종별 장소	기기보호등급(EPL)
0	"Ga"
1	"Ga" 또는 "Gb"
2	"Ga", "Gb" 또는 "Gc"
20	"Da"
21	"Da" 또는 "Db"
22	"Da", "Db" 또는 "Dc"

정답 | 63 ② 64 ③ 65 ④ 66 ① 67 ① 68 ② 69 ③ 70 ①

71 다음 중 폭발위험장소에 전기설비를 설치할 때 전기적인 방호조치로 적절하지 않은 것은?

① 다상 전기기기는 결상운전으로 인한 과열방지 조치를 한다.
② 배선은 단락·지락 사고 시의 영향과 과부하로부터 보호한다.
③ 자동차단이 점화의 위험보다 클 때는 경보장치를 사용한다.
④ 단락보호장치는 고장상태에서 자동 복구되도록 한다.

해설 ┃ 자동차단장치는 사고가 제거되지 않은 상태에서 자동 복귀되지 않는 구조이어야 한다. 단, 2종 장소에 설치된 설비의 과부하방지장치에는 적용하지 아니한다.

72 방폭전기기기에 "Ex ia II T₄ Ga"라고 표시되어 있다. 해당 기기에 대한 설명으로 틀린 것은?

① 정상 작동, 예상된 오작동에 또는 드문 오작동 중에 점화원이 될 수 없는 "매우 높은" 보호등급의 기기이다.
② 온도등급이 T₄이므로 최고표면온도가 150[℃]를 초과해서는 안 된다.
③ 본질 안전 방폭구조로 0종 장소에서 사용이 가능하다.
④ 수소 및 아세틸렌 등의 가스가 존재하는 곳에 사용이 가능하다.

해설 ┃ 최고표면온도에 의한 폭발성가스의 분류와 방폭전기기기의 온도 등급 기호와의 관계

Class	최대표면온도(℃)
T₄	100 초과 135 이하

73 고압 및 특고압 전로에 시설하는 피뢰기의 설치장소로 잘못된 곳은?

① 가공전선로와 지중전선로가 접속되는 곳
② 발전소, 변전소의 가공전선 인입구 및 인출구
③ 고압 가공전선로에 접속하는 배전용 변압기의 저압 측
④ 고압 가공전선로로부터 공급을 받는 수용장소의 인입구

해설 ┃ 피뢰기의 시설장소
특고압 가공전선로에 접속하는 배전용 변압기의 고압 측 및 특고압 측

74 접지저항값을 저하시키는 방법 중 거리가 먼 것은?

① 접지봉에 도전성이 좋은 금속을 도금한다.
② 접지봉을 병렬로 연결한다.
③ 도전성 물질을 접지극 주변의 토양에 주입한다.
④ 접지봉을 땅속 깊이 매설한다.

해설 ┃ 접지저항 저감법(물리적 저감법)
접지봉에 도전성이 좋은 금속을 도금하는 것은 접지저항값을 저하시키는 방법과 거리가 멀다.

75 인체의 피부 전기저항은 여러 가지의 제반조건에 의해서 변화를 일으키는데 제반조건으로서 가장 가까운 것은?

① 피부의 청결
② 피부의 노화
③ 인가전압의 크기
④ 통전경로

해설 ┃ 인체의 피부 전기저항은 인체의 각 부위(피부, 혈액 등)의 저항성분과 용량성분이 합성된 값이 되며, 이 값은 여러 인자, 특히 습기, 접촉전압, 인가시간, 접촉면적 등에 따라 변화한다.

76 전기설비의 방폭화를 추진하는 근본적인 목적으로 가장 알맞은 것은?

① 인화성물질 제거
② 점화원 제거
③ 연쇄반응 제거
④ 산소(공기) 제거

해설 ┃ 전기설비를 방폭화를 하는 이유는 전기설비가 점화원으로 작용하는 것을 방지하기 위함이다.

77 다음 중 전기화재의 주요 원인이라고 할 수 없는 것은?

① 절연전선의 열화
② 정전기 발생
③ 과전류 발생
④ 절연저항값의 증가

해설 ┃ 전기화재의 주요 원인인 절연 불량의 경우 절연저항값은 감소한다.

78 피뢰기가 갖추어야 할 이상적인 성능 중 잘못된 것은?

① 제한전압이 낮아야 한다.
② 반복동작이 가능하여야 한다.
③ 충격방전 개시전압이 높아야 한다.
④ 뇌전류의 방전능력이 크고 속류의 차단이 확실하여야 한다.

정답 | 71 ④ 72 ② 73 ③ 74 ① 75 ③ 76 ② 77 ④ 78 ③

해설) 제한전압 또는 충격방전 개시전압이 충분히 낮고 속류차단이 완전히 행해져 동작책무특성이 충분할 것

79 인체의 전기저항 R을 1,000Ω이라고 할 때 위험 한계에너지의 최저는 약 몇 J인가? (단, 통전 시간은 1초이고, 심실세동전류 $I = \dfrac{165}{\sqrt{T}}$ mA이다.)

① 17.23　　② 27.23
③ 37.23　　④ 47.23

해설) $W = I^2RT = \left(\dfrac{165}{\sqrt{T}} \times 10^{-3}\right)^2 \times 1,000\,T$
$= (165^2 \times 10^{-6}) \times 1,000$
$= 27.23 [W \cdot sec] = 27.23 [J]$

80 계통접지로 적합하지 않은 것은?

① TN계통　　② TT계통
③ IN계통　　④ IT계통

해설) 계통접지는 TN, TT, IT계통이 있다.

5과목
화학설비 위험방지기술

81 메탄이 공기 중에서 연소될 때의 이론혼합비(화학양론 조성)는 약 몇 vol%인가?

① 2.21　　② 4.03
③ 5.76　　④ 9.50

해설) $C_nH_xO_y$에 대하여 양론농도는
• $C_{st} = \dfrac{1}{(4.77n + 1.19x - 2.38y) + 1} \times 100 (vol\%)$
• 메탄(CH_4) : $C_{st} = \dfrac{1}{4.77 \times + 1.19 \times 4 + 1} \times 100 ≒ 9.50 (vol\%)$

82 「산업안전보건기준에 관한 규칙」에서 규정하고 있는 급성 독성물질의 정의에 해당되지 않는 것은?

① 가스 LC_{50}(쥐, 4시간 흡입)이 2,500ppm 이하인 화학물질
② LD_{50}(경구, 쥐)이 킬로그램당 300밀리그램(체중) 이하인 화학물질
③ LD_{50}(경피, 쥐)이 킬로그램당 1,000밀리그램(체중) 이하인 화학물질
④ LD_{50}(경피, 토끼)이 킬로그램당 2,000밀리그램(체중) 이하인 화학물질

해설) 쥐 또는 토끼에 대한 경피흡수실험에 의하여 실험동물의 50퍼센트를 사망시킬 수 있는 물질의 양, 즉 LD_{50}(경피, 토끼 또는 쥐)이 킬로그램당 1,000밀리그램(체중) 이하인 화학물질이 급성독성물질에 해당한다.

83 금속의 증기가 공기 중에서 응고되어 화학변화를 일으켜 고체의 미립자로 되어 공기 중에 부유하는 것을 의미하는 용어는?

① 흄(fume)　　② 분진(dust)
③ 미스트(mist)　　④ 스모크(smoke)

해설) 흄(Fume)이란 고체 상태의 물질이 액체화된 다음 증기화되고, 증기화된 물질의 응축 및 산화로 인하여 생기는 고체상의 미립자(금속 또는 중금속 등)를 말한다.

84 다음 중 종이, 목재, 섬유류 등에 의하여 발생한 화재의 화재급수로 옳은 것은?

① A급　　② B급
③ C급　　④ D급

해설) 목재, 섬유 등의 화재는 A급(일반) 화재이다.

구분	A급 화재	B급 화재	C급 화재	D급 화재
명칭	일반 화재	유류·가스 화재	전기 화재	금속 화재

정답 | 79 ② 80 ③ 81 ④ 82 ④ 83 ① 84 ①

85 산업안전보건법령상 각 물질이 해당하는 위험물질의 종류를 옳게 연결한 것은?

① 아세트산(농도 90%) – 부식성 산류
② 아세톤(농도 90%) – 부식성 염기류
③ 이황화탄소 – 인화성 가스
④ 수산화칼륨 – 인화성 가스

해설 부식성 물질(「안전보건규칙」[별표 1] 제6호)

구분	물질
부식성 산류	• 농도 20퍼센트 이상인 염산(HCl), 황산(H_2SO_4), 질산(HNO_3) 그 밖에 이와 동등 이상의 부식성을 가지는 물질 • 농도 60퍼센트 이상인 인산, 아세트산, 불산, 기타 이와 동등 이상의 부식성을 가지는 물질
부식성 염기류	• 농도 40퍼센트 이상인 수산화나트륨, 수산화칼륨 그 밖에 이와 동등 이상의 부식성을 가지는 염기류

86 다음 중 크롬에 관한 설명으로 옳은 것은?

① 미나마타병의 원인으로 알려져 있다.
② 이타이이타이병의 원인으로 알려져 있다.
③ 3가와 6가의 화합물이 사용되고 있다.
④ 6가보다 3가 화합물이 특히 인체에 유해하다.

해설 크롬의 특징
- 은백색의 광택을 띠는 금속으로 3가와 6가의 화합물이 있다.
- 크롬 정련공정에서 발생하는 6가 크롬이 인체에 유해하다. 급성중독의 경우 수포성 피부염 등이 발생하고 만성중독의 경우 비중격천공증을 유발한다.

87 다음 중 축류식 압축기에 대한 설명으로 옳은 것은?

① Casing 내에 1개 또는 수 개의 회전체를 설치하여 이것을 회전시킬 때 Casing과 피스톤 사이의 체적이 감소해서 기체를 압축하는 방식이다.
② 실린더 내에서 피스톤을 왕복시켜 이것에 따라 개폐하는 흡입 밸브 및 배기밸브의 작용에 의해 기체를 압축하는 방식이다.
③ Casing 내에 넣어진 날개바퀴를 회전시켜 기체에 작용하는 원심력에 의해서 기체를 압송하는 방식이다.
④ 프로펠러의 회전에 의한 추진력에 의해 기체를 압송하는 방식이다.

해설 축류식 압축기는 프로펠러의 회전에 의한 추진력에 의해 기체를 압송하는 설비이다.

88 메탄, 에탄, 프로판의 폭발하한계가 각각 5vol%, 3vol%, 2.1vol%일 때 다음 중 폭발하한계가 가장 낮은 것은? (단, Le Chateler의 법칙을 이용한다.)

① 메탄 20vol%, 에탄 30vol%, 프로판 50vol%의 혼합가스
② 메탄 30vol%, 에탄 30vol%, 프로판 40vol%의 혼합가스
③ 메탄 40vol%, 에탄 30vol%, 프로판 30vol%의 혼합가스
④ 메탄 50vol%, 에탄 30vol%, 프로판 20vol%의 혼합가스

해설 폭발하한 = $\dfrac{V_1+V_2+V_3}{\dfrac{V_1}{L_1}+\dfrac{V_2}{L_2}+\dfrac{V_3}{L_3}}$ 식을 이용하여 계산할 수 있다.

① 폭발하한 = $\dfrac{20+30+50}{\dfrac{20}{5}+\dfrac{30}{3}+\dfrac{50}{2.1}} = 2.64$ vol%

② 폭발하한 = $\dfrac{30+30+40}{\dfrac{30}{5}+\dfrac{30}{3}+\dfrac{40}{2.1}} = 2.85$ vol%

③ 폭발하한 = $\dfrac{40+30+30}{\dfrac{30}{5}+\dfrac{30}{3}+\dfrac{40}{2.1}} = 3.10$ vol%

④ 폭발하한 = $\dfrac{50+30+20}{\dfrac{50}{5}+\dfrac{30}{3}+\dfrac{20}{2.1}} = 3.39$ vol%

89 다음 물질 중 물에 가장 잘 용해되는 것은?

① 아세톤 ② 벤젠
③ 톨루엔 ④ 휘발유

해설 아세톤은 물에 잘 녹으며 유기용매로서 다른 유기물질과도 잘 섞이는 성질이 있어 일상생활에서 물로 지워지지 않은 유성페인트나 손톱용 에나멜 등을 지우는데 많이 쓰인다.

90 어떤 습한 고체재료 10kg의 건조 후 무게를 측정하였더니 6.8kg이었다. 이 재료의 함수율은 몇 kg · H_2O/kg인가?

① 0.25 ② 0.36
③ 0.47 ④ 0.58

해설 함수율 = $\dfrac{\text{수분의 무게}}{\text{고체의 무게}} = \dfrac{3.2}{6.8} = 0.47$

정답 | 85 ① 86 ③ 87 ④ 88 ① 89 ① 90 ③

91 다음은 「산업안전보건법령」에 따른 위험물질의 종류 중 부식성 염기류에 관한 내용이다. ( ) 안에 알맞은 수치는?

> 농도가 (   )% 이상인 수산화나트륨, 수산화칼륨, 그 밖에 이와 같은 정도 이상의 부식성을 가지는 염기류

① 20　　　　② 40
③ 60　　　　④ 80

[해설] 부식성 염기류란 농도 40% 이상인 수산화나트륨, 수산화칼륨 그 밖에 이와 동등 이상의 부식성을 가지는 염기류를 말한다.

92 다음 중 가연성 가스이며 독성 가스에 해당하는 것은?

① 수소　　　　② 프로판
③ 산소　　　　④ 일산화탄소

[해설] 일산화탄소는 산소보다 혈액 중 헤모글로빈과의 반응성이 좋아 중독현상을 일으킬 수 있는 독성가스이며, 공기 중 연소범위가 12.5~74vol%인 가연성 가스이기도 하다.

93 ABC급 분말 소화약제의 주성분에 해당하는 것은?

① $NH_4H_2PO_4$　　　　② Na_2CO_3
③ Na_2SO_3　　　　④ K_2CO_3

[해설] ABC급 분말 소화약제의 주성분은 $NH_4H_2PO_4$(제1인산암모늄)이다.

94 대기압에서 사용하나 증발에 의한 액체의 손실을 방지함과 동시에 액면 위의 공간에 폭발성 위험가스를 형성할 위험이 적은 구조의 저장 탱크는?

① 유동형 지붕 탱크　　② 원추형 지붕 탱크
③ 원통형 저장 탱크　　④ 구형 저장탱크

[해설] **유동형 지붕 탱크**
저장물질 위에 띄운 지붕판이 탱크 측판부를 따라 상하로 움직이게 되어 있는 원통 탱크로서 이러한 구조라 인해 증발에 의한 액체의 손실을 방지하는 동시에 액면 위의 공간에 폭발성 위험가스를 형성할 위험이 적다.

95 다음 설명이 의미하는 것은?

> 온도, 압력 등 제어상태가 규정의 조건을 벗어나는 것에 의해 반응속도가 지수함수적으로 증대되고, 반응용기 내의 온도, 압력이 급격히 이상 상승되어 규정 조건을 벗어나고, 반응이 과격화되는 현상이다.

① 비등　　　　② 과열, 과압
③ 폭발　　　　④ 반응폭주

[해설] 화학반응에서의 반응폭주에 대한 설명이다.

96 사업주는 특수화학설비를 설치할 때 내부의 이상상태를 조기에 파악하기 위하여 필요한 계측장치를 설치하여야 한다. 다음 중 이에 해당하는 특수화학설비가 아닌 것은?

① 발열 반응이 일어나는 반응장치
② 증류, 증발 등 분리를 행하는 장치
③ 가열로 또는 가열기
④ 액체의 누설을 방지하는 방유장치

[해설] 액체의 누설을 방지하는 방유장치는 특수화학설비에 해당하지 않는다.

97 다음 중 가스나 증기가 용기 내에서 폭발할 때 최대폭발압력(Pm)에 영향을 주는 요인에 관한 설명으로 틀린 것은?

① Pm은 화학양론비에 최대가 된다.
② Pm은 용기의 형태 및 부피에 큰 영향을 받지 않는다.
③ Pm은 다른 조건이 일정할 때 초기 온도가 높을수록 증가한다.
④ Pm은 다른 조건이 일정할 때 초기 압력이 상승할수록 증가한다.

[해설] 최대폭발압력(Pm)은 다른 조건이 일정할 때, 초기 온도가 높을수록 감소한다.

정답 | 91 ② 92 ④ 93 ① 94 ① 95 ④ 96 ④ 97 ③

98 안전밸브 전단·후단에 자물쇠형 또는 이에 준하는 형식의 차단밸브 설치를 할 수 있는 경우에 해당하지 않는 것은?

① 자동압력조절밸브와 안전밸브 등이 직렬로 연결된 경우
② 화학설비 및 그 부속설비에 안전밸브 등이 복수방식으로 설치된 경우
③ 열팽창에 의하여 상승된 압력을 낮추기 위한 목적으로 안전밸브가 설치된 경우
④ 인접한 화학설비 및 그 부속설비에 안전밸브 등이 각각 설치되어있고, 해당 화학설비 및 그 부속설비의 연결배관에 차단밸브기 없는 경우

해설) 안전밸브 등의 배출용량의 2분의 1 이상에 해당하는 용량의 자동압력조절밸브와 안전밸브 등이 병렬로 연결된 경우 전밸브 전단·후단에 자물쇠형 또는 이에 준하는 형식의 차단밸브 설치를 할 수 있다.

99 다음 중 위험물의 일반적인 특성이 아닌 것은?

① 반응 시 발생하는 열량이 크다.
② 물 또는 산소의 반응이 용이하다.
③ 수소와 같은 가연성 가스가 발생한다.
④ 화학적 구조 및 결합이 안정되어 있다.

해설) 위험물은 화학적 구조 및 결합이 불안정한 경우가 많다.

100 질화면(Nitrocellulose)을 저장·취급 중에는 에틸알코올 등으로 습면상태를 유지해야 한다. 그 이유를 옳게 설명한 것은?

① 질화면은 건조 상태에서는 자연적으로 분해하면서 발화할 위험이 있기 때문이다.
② 질화면은 알코올과 반응하여 안정한 물질을 만들기 때문이다.
③ 질화면은 건조 상태에서 공기 중의 산소와 환원반응을 하기 때문이다.
④ 질화면은 건조상태에서 유독한 중합물을 형성하기 때문이다.

해설) 질화면(니트로셀룰로오스)는 건조한 상태에서는 자연발열을 일으켜 분해폭발을 일으킬 수 있어 에틸알코올 또는 이소프로필 알코올을 적셔 놓는다.

6과목
건설공사 안전관리

101 선창의 내부에서 화물취급작업을 하는 근로자가 안전하게 통행할 수 있는 설비를 설치하여야 하는 기준은 갑판의 윗면에서 선창 밑바닥까지의 깊이가 최소 얼마를 초과할 때인가?

① 1.3m   ② 1.5m
③ 1.8m   ④ 2.0m

해설) 갑판의 윗면에서 선창 밑바닥까지의 깊이가 1.5미터를 초과하는 선창의 내부에서 화물취급작업을 하는 경우에 그 작업에 종사하는 근로자가 안전하게 통행할 수 있는 설비를 설치하여야 한다.

102 연약지반의 이상현상 중 하나인 히빙(heaving)현상에 대한 안전대책이 아닌 것은?

① 흙막이벽의 관입깊이를 깊게 한다.
② 굴착면에 토사 등으로 하중을 가한다.
③ 흙막이 배면의 표토를 제거하여 토압을 경감시킨다.
④ 주변 수위를 높인다.

해설) 히빙에 대한 대책으로 흙막이벽 주변 수위를 낮추는 방법이 있다.

103 유해위험방지 계획서를 제출하려고 할 때 그 첨부서류와 가장 거리가 먼 것은?

① 공사개요서
② 산업안전보건관리비 작성요령
③ 전체공정표
④ 재해발생 위험 시 연락 및 대피방법

해설) 유해·위험방지계획서 제출 시 첨부서류
1. 공사개요
2. 안전보건관리계획
   ㉠ 산업안전보건관리비 사용계획
   ㉡ 안전관리조직표, 안전·보건교육계획
   ㉢ 개인보호구 지급계획
   ㉣ 재해발생 위험 시 연락 및 대피방법
3. 작업공종별 유해·위험방지계획

정답 | 98 ① 99 ④ 100 ① 101 ② 102 ④ 103 ②

104 건설업 중 교량건설 공사의 유해위험방지계획서를 제출하여야 하는 기준으로 옳은 것은?

① 최대지간길이가 40m 이상인 교량건설 등 공사
② 최대지간길이가 50m 이상인 교량건설 등 공사
③ 최대지간길이가 60m 이상인 교량건설 등 공사
④ 최대지간길이가 70m 이상인 교량건설 등 공사

[해설] 최대지간길이가 50m 이상인 교량공사가 제출대상에 해당된다.

105 강관틀비계를 조립하여 사용하는 경우 벽이음의 수직방향 조립간격은?

① 2m 이내마다 ② 5m 이내마다
③ 6m 이내마다 ④ 8m 이내마다

[해설] 강관틀비계의 벽이음 및 버팀은 수직방향 6m, 수평방향 8m 이내로 한다.

106 산업안전보건법령에서 규정하는 철골작업을 중지하여야 하는 기후조건에 해당하지 않는 것은?

① 풍속이 초당 10m 이상인 경우
② 강우량이 시간당 1mm 이상인 경우
③ 강설량이 시간당 1cm 이상인 경우
④ 기온이 영하 5℃ 이하인 경우

[해설] **철골작업 중지 기준**
1. 풍속이 초당 10m 이상
2. 강우량이 시간당 1mm 이상
3. 강설량이 시간당 1cm 이상

107 흙막이 계측기의 종류 중 주변 지반의 변형을 측정하는 기계는?

① Tilt Meter ② Inclino Meter
③ Strain Gauge ④ Load Cell

[해설] Inclino Meter(지중경사계)는 흙막이벽 배면에 설치하여 토류벽의 기울어짐을 측정하는 계측기이다.

108 터널 지보공을 조립하거나 변경하는 경우에 조치하여야 하는 사항으로 옳지 않은 것은?

① 목재의 터널 지보공은 그 터널 지보공의 각 부재에 작용하는 긴압 정도를 체크하여 그 정도가 최대한 차이나도록 할 것
② 강(鋼)아치 지보공의 조립은 연결볼트 및 띠장 등을 사용하여 주재 상호 간을 튼튼하게 연결할 것
③ 기둥에는 침하를 방지하기 위하여 받침목을 사용하는 등의 조치를 할 것
④ 주재(主材)를 구성하는 1세트의 부재는 동일 평면 내에 배치할 것

[해설] 목재의 터널 지보공은 그 터널 지보공 각 부재의 긴압 정도가 균등하게 되도록 하여야 한다.

109 건설업의 공사금액이 850억 원일 경우 「산업안전보건법령」에 따른 안전관리자의 수로 옳은 것은? (단, 전체 공사기간을 100으로 할 때 공사 전 · 후 15에 해당하는 경우는 고려하지 않는다.)

① 1명 이상 ② 2명 이상
③ 3명 이상 ④ 4명 이상

[해설] 건설업의 공사금액이 800억 이상인 경우 안전관리자는 2명 이상으로 배치한다.

110 로프 길이 2m인 안전대를 착용한 근로자가 추락으로 인한 부상을 당하지 않기 위한 지면으로부터 안전대 고정점까지의 높이(H)의 기준으로 옳은 것은? (단, 로프의 신율 30%, 근로자의 신장 180cm이다.)

① H>1.5m ② H>2.5m
③ H>3.5m ④ H>4.5m

[해설] 지면에서 안전대 고정점까지의 높이는 H>3.5m이어야 한다.

정답 | 104 ② 105 ③ 106 ④ 107 ② 108 ① 109 ② 110 ③

111 부두·안벽 등 하역작업을 하는 장소에서 부두 또는 안벽의 선을 따라 통로를 설치하는 경우에는 폭을 최소 얼마 이상으로 하여야 하는가?

① 85cm ② 90cm
③ 100cm ④ 120cm

해설) 부두·안벽 등 하역작업을 하는 장소에서 부두 또는 안벽의 선을 따라 통로를 설치할 때는 통로의 최소폭은 90cm 이상으로 하여야 한다.

112 추락방호망 설치 시 그물코의 크기가 10cm인 매듭 있는 방망의 신품에 대한 인장강도 기준으로 옳은 것은?

① 100kgf 이상 ② 200kgf 이상
③ 300kgf 이상 ④ 400kgf 이상

해설) **추락방호망의 인장강도**

그물코의 크기 (단위 : cm)	방망의 종류(단위 : kgf)	
	매듭 없는 방망	매듭 방망
10	240	200
5	–	110

113 건설공사 시공단계에 있어서 안전관리의 문제점에 해당되는 것은?

① 발주자의 조사, 설계 발주능력 미흡
② 용역자의 조사, 설계능력 부실
③ 발주자의 감독 소홀
④ 사용자의 시설 운영관리 능력 부족

해설) 건설공사 진행 중 발주자의 감독 소홀은 시공사의 안전관리 부실을 초래할 수 있다.

114 선박에서 하역작업 시 근로자들이 안전하게 오르내릴 수 있는 현문 사다리 및 안전망을 설치하여야 하는 것은 선박이 최소 몇 톤급 이상일 경우인가?

① 500톤급 ② 300톤급
③ 200톤급 ④ 100톤급

해설) 300톤급 이상의 선박에서 하역작업을 하는 때에는 근로자들이 안전하게 승강할 수 있는 현문사다리를 설치하여야 하며, 이 사다리 밑에 안전망을 설치하여야 한다.

115 「산업안전보건법령」에서 규정하고 있는 차량계 건설기계에 해당되지 않는 것은?

① 불도저 ② 어스드릴
③ 타워크레인 ④ 콘크리트 펌프카

해설) 타워크레인은 양중기에 해당된다.

116 NATM 공법 터널공사의 경우 록 볼트 작업과 관련된 계측결과에 해당되지 않은 것은?

① 내공변위 측정결과
② 천단침하 측정결과
③ 인발시험 결과
④ 진동 측정결과

해설) 진동 측정은 터널의 계측 사항에 해당하지 않는다.

117 건설업 산업안전보건관리비 계상 및 사용기준에 따른 안전관리비의 개인보호구 및 안전장구 구입비 항목에서 안전관리비로 사용이 가능한 경우는?

① 안전·보건관리자가 선임되지 않은 현장에서 안전·보건업무를 담당하는 현장관계자용 무전기, 카메라, 컴퓨터, 프린터 등 업무용 기기
② 혹한·혹서에 장기간 노출로 인해 건강장해를 일으킬 우려가 있는 경우 특정 근로자에게 지급되는 기능성 보호 장구
③ 근로자에게 일률적으로 지급하는 보냉·보온장구
④ 감리원이나 외부에서 방문하는 인사에게 지급하는 보호구

해설) 혹한·혹서에 장기간 노출로 인해 건강장해를 일으킬 우려가 있는 경우 특정 근로자에게 지급되는 기능성 보호 장구는 산업안전보건관리비로 사용 가능하다.

118 추락방호망의 그물코 크기의 기준으로 옳은 것은?

① 5cm 이하 ② 10cm 이하
③ 20cm 이하 ④ 30cm 이하

해설) 추락방호망의 그물코는 사각 또는 마름모로서 그물코의 크기는 10cm 이하이어야 한다.

정답 | 111 ② 112 ② 113 ③ 114 ② 115 ③ 116 ④ 117 ② 118 ②

119 추락방호용 방망의 그물코의 크기가 10cm인 신품 매듭방망사의 인장강도는 몇 킬로그램 이상이어야 하는가?

① 80
② 110
③ 150
④ 200

해설 그물코 10cm인 매듭 있는 방망의 인장강도는 200kgf이다.

120 거푸집 동바리동을 조립 또는 해체하는 작업을 하는 경우의 준수사항으로 옳지 않은 것은?

① 재료, 기구 또는 공구 등을 올리거나 내리는 경우 근로자로 하여금 달줄·달포대 등의 사용을 금하도록 할 것
② 낙하·충격에 의한 돌발적 재해를 방지하기 위하여 버팀목을 설치하고 거푸집 동바리 등을 인양장비에 매단 후 작업하도록 하는 등 필요한 조치를 할 것
③ 비, 눈, 그 밖의 기상상태의 불안정으로 날씨가 몹시 나쁜 경우에는 그 작업을 중지할 것
④ 해당 작업을 하는 구역에는 관계 근로자가 아닌 사람의 출입을 금지할 것

해설 거푸집 동바리 동을 조립 또는 해체하는 작업을 하는 경우 재료·기구 또는 공구 등을 올리거나 내리는 경우 근로자가 달줄 또는 달포대 등을 사용하게 해야 한다.

정답 | 119 ④ 120 ①

부록

2024년 1회

※ 2022년 2회 이후 CBT로 출제된 기출문제는 개정된 출제기준과 해당 회차의 기출 키워드 등을 분석하여 복원하였습니다.

1과목
산업재해 예방 및 안전보건교육

01 다음 중 위험예지훈련에 있어 Touch and Call에 관한 설명으로 가장 적절한 것은?

① 현장에서 팀 전원이 각자의 왼손을 맞잡아 원을 만들어 팀 행동목표를 지적확인하는 것을 말한다.
② 현장에서 그때 그 장소의 상황에서 즉응하여 실시하는 위험예지활동으로 즉시즉응법이라고도 한다.
③ 작업자가 위험작업에 임하여 무재해를 지향하겠다는 뜻을 큰 소리로 호칭하면서 안전의식수준을 제고하는 기법이다.
④ 한 사람 한 사람의 위험에 대한 감수성 향상을 도모하기 위한 삼각 및 원포인트 위험예지훈련을 통합한 활용기법이다.

해설 | **터치앤콜**
피부를 맞대고 같이 소리치는 것으로 전원이 스킨십(Skinship)을 느끼도록 하여 팀의 일체감, 연대감을 조성할 수 있고 동시에 대뇌 구피질에 좋은 이미지를 불어넣어 안전행동을 하도록 하는 것

02 다음 중 근로자가 물체의 낙하 또는 비래에 의한 위험을 방지 또는 경감하고 머리부위 감전에 의한 위험을 방지하고자 할 때 사용하여야 하는 안전모의 종류로 가장 적합한 것은?

① A형
② AB형
③ ABE형
④ AE형

해설 | **안전모의 종류 및 사용구분**

종류(기호)	사용구분	비고
ABE	물체의 낙하 또는 비래에 의한 위험을 방지 또는 경감하고, 머리부위 감전에 의한 위험을 방지하기 위한 것	내전압성

03 인간의 적응기제 중 방어기제로 볼 수 없는 것은?

① 승화
② 고립
③ 합리화
④ 보상

해설 | 고립은 도피적 기제(Escape Mechanism)에 해당된다.
방어적 기제(Defense Mechanism)
1. 보상
2. 합리화(변명)
3. 승화
4. 동일시

04 다음 중 학습목적을 세분하여 구체적으로 결정한 것을 무엇이라 하는가?

① 주제
② 학습 목표
③ 학습정도
④ 학습성과

해설 | 학습목적을 세분하여 구체적으로 결정한 것을 학습성과라 한다.

05 버드(Bird)의 재해발생에 관한 연쇄이론 중 직접적인 원인은 몇 단계에 해당되는가?

① 1단계
② 2단계
③ 3단계
④ 4단계

해설 | 1단계 : 통제의 부족(관리 소홀) → 2단계 : 기본원인(기원) → 3단계 : 직접원인(징후) → 4단계 : 사고(접촉) → 5단계 : 상해(손해)

06 무재해 운동 추진기법 중 위험예지훈련 4라운드 기법에 해당하지 않는 것은?

① 현상파악
② 행동 목표설정
③ 대책수립
④ 안전평가

해설 | **위험예지훈련의 추진을 위한 문제해결 4라운드**
1라운드 : 현상파악 → 2라운드 : 본질추구 → 3라운드 : 대책수립 → 4라운드 : 목표설정

정답 | 01 ① 02 ③ 03 ② 04 ④ 05 ③ 06 ④

07 산업재해보험적용근로자 1,000명인 플라스틱 제조 사업장에서 작업 중 재해 5건이 발생하였고, 1명이 사망하였을 때 이 사업장의 사망만인율은?

① 2
② 5
③ 10
④ 20

해설 사망만인율 : 상시근로자수 10,000명당 발생하는 사망자수의 비율
사망만인율 = 사망자 수/상시근로자 수 × 10,000 = 1/1,000 × 10,000 = 10

08 사고요인이 되는 정신적 요소 중 개성적 결함 요인에 해당하지 않는 것은?

① 방심 및 공상
② 도전적인 마음
③ 과도한 집착력
④ 다혈질 및 인내심 부족

해설 **개성적 결함 요소**
도전적인 마음, 과도한 집착력, 다혈질 및 인내심 부족

09 아담스(Edward Adams)의 사고연쇄반응이론 5단계에서 불안전행동 및 불안전상태는 어느 단계에 해당되는가?

① 제1단계 : 관리구조
② 제2단계 : 작전적 에러
③ 제3단계 : 전술적 에러
④ 제4단계 : 사고

해설 불안전행동이나 불안전상태는 전술적 에러에 해당된다.

10 산업현장에서 재해발생 시 조치 순서로 옳은 것은?

① 긴급처리 → 재해조사 → 원인분석 → 대책수립 → 실시계획 → 실시 → 평가
② 긴급처리 → 원인분석 → 재해조사 → 대책수립 → 실시 → 평가
③ 긴급처리 → 재해조사 → 원인분석 → 실시계획 → 실시 → 대책수립 → 평가
④ 긴급처리 → 실시계획 → 재해조사 → 대책수립 → 평가 → 실시

해설 **재해발생 시의 조치 순서**
긴급처리 → 재해조사 → 원인분석 → 대책수립 → 대책실시계획 → 실시 → 평가

11 산업재해통계업무처리규정상 사망만인율 계산 시 적용하는 사망자 수에 대한 설명으로 옳지 않은 것은?

① 사고발생일로부터 1년을 경과하여 사망한 경우는 제외한다.
② 통상의 출퇴근에 의한 사망자는 제외한다.
③ 체육행사에 의한 사망자는 제외한다.
④ 근로복지공단의 유족급여가 지급된 사망자(지방고용노동관서의 산재미보고 적발 사망자 미포함)를 말한다.

해설 사망자 수는 근로복지공단의 유족급여가 지급된 사망자수를 말함. 다만, 사업장 밖의 교통사고(운수업, 음식숙박업은 사업장 밖의 교통사고도 포함) · 체육행사 · 폭력행위 · 통상의 출퇴근에 의한 사망, 사고발생일로부터 1년을 경과하여 사망한 경우는 제외함

12 교육심리학의 학습이론에 관한 설명 중 옳은 것은?

① 파블로프(Pavlov)의 조건반사설은 맹목적 시행을 반복하는 가운데 자극과 반응이 결합하여 행동하는 것이다.
② 레빈(Lewin)의 장설은 후천적으로 얻게 되는 반사작용으로 행동을 발생시킨다는 것이다.
③ 톨만(Tolman)의 기호형태설은 학습자의 머릿속의 인지적 지도 같은 인지구조를 바탕으로 학습하려는 것이다.
④ 손다이크(Thorndike)의 시행착오설은 내적, 외적의 전체구조를 새로운 시점에서 파악하여 행동하는 것이다.

해설 톨만의 기호형태설에 따르면 학습은 행동에 따른 결과와 목표를 위한 수단을 배우는 일이다.

13 다음 중 헤드십(Head ship)에 관한 설명과 가장 거리가 먼 것은?

① 권한의 근거는 공식적이다.
② 지휘의 형태는 민주주의적이다.
③ 상사와 부하와의 사회적 간격은 넓다.
④ 상사와 부하와의 관계는 지배적이다.

해설 **헤드십(Head Ship)**
집단구성원이 아닌 외부에 의해 선출(임명)된 지도자로, 권한의 근거는 공식적이다. 헤드십의 특징은 상사와 부하의 관계가 지배적 관계라는 것이다.

정답 | 07 ③ 08 ① 09 ③ 10 ① 11 ④ 12 ③ 13 ②

14 산업안전보건법령상 산업안전보건위원회의 구성·운영에 관한 설명 중 틀린 것은?

① 정기회의는 분기마다 소집한다.
② 위원장은 위원 중에서 호선(互選)한다.
③ 근로자대표가 지명하는 명예산업안전감독관은 근로자 위원에 속한다.
④ 공사금액 100억 원 이상의 건설업의 경우 산업안전보건위원회를 구성·운영해야 한다.

해설 공사금액 120억 원 이상인 건설업의 경우 산업안전보건위원회를 구성·운영해야 한다.

15 안전보건기술지침(KOSHA GUIDE)에 대한 설명으로 옳지 않은 것은?

① 가이드표시, 분야별 또는 업종별, 공표순서, 제·개정 연도의 순으로 번호를 부여한다.
② 법적 기준이 아닌 사업장의 이해를 돕기 위해 작성된 권고 지침으로써, 법적 구속력은 없다.
③ 안전보건 향상을 위해 참고할 수 있는 기술적 내용을 기술한 강제적 안전보건가이드이다.
④ 한국산업안전보건공단에 의해 제·개정되고 있다.

해설 KOSHA GUIDE는 법령에서 정한 최소한의 수준이 아니라, 좀더 높은 수준의 안전보건 향상을 위해 참고할 광범위한 기술적 사항에 대해 기술하고 있으며 사업장의 자율적 안전보건 수준향상을 지원하기 위한 기술지침

16 산업안전보건법령상 안전보건표지의 종류 중 경고표지에 해당하지 않는 것은?

① 레이저광선 경고   ② 급성독성물질 경고
③ 매달린 물체 경고   ④ 차량통행 경고

해설 차량 통행 금지는 금지표시이다.

경고표지
직접 위험한 것 및 장소 또는 상태에 대한 경고로서 사용되며 15개 종류가 있다.

17 학습지도의 형태 중 몇 사람의 전문가에 의해 과정에 관한 견해를 발표하고 참가자로 하여금 의견이나 질문을 하게 하는 토의방식은?

① 포럼(Forum)
② 심포지엄(Symposium)
③ 버즈세션(Buzz session)
④ 자유토의법(Free discussion method)

해설 **심포지엄(The Symposium)**
몇 사람의 전문가에 의하여 과제에 관한 견해를 발표한 뒤에 참가사로 하여금 의견이나 질문을 하게 하여 토의하는 방법이다.

18 산업안전보건법령상 보안경 착용을 포함하는 안전보건표지의 종류는?

① 지시표지   ② 안내표지
③ 금지표지   ④ 경고표지

해설 지시표시에 해당한다.

301
보안경 착용

19 도급인의 산업재해 예방조치 사항으로 옳지 않은 것은?

① 작업 장소에서 화재·폭발, 토사·구축물 등의 붕괴 또는 지진 등이 발생한 경우에 대비한 경보체계 운영과 대피방법 등 훈련
② 작업장 순회점검
③ 도급인과 수급인을 구성원으로 하는 안전 및 보건에 관한 협의체의 구성 및 운영
④ 다른 장소에서 이루어지는 도급인과 관계수급인 등의 작업에 있어서 관계수급인 등의 작업시기·내용, 안전조치 및 보건조치 등의 확인

해설 도급인은 관계수급인 근로자가 도급인의 사업장에서 작업을 하는 경우 다음의 사항을 이행하여야 한다(일부).
• 도급인과 수급인을 구성원으로 하는 안전 및 보건에 관한 협의체의 구성 및 운영
• 작업장 순회점검
• 다음의 어느 하나의 경우에 대비한 경보체계 운영과 대피방법 등 훈련
 - 작업 장소에서 발파작업을 하는 경우

정답 | 14 ④ 15 ③ 16 ④ 17 ② 18 ① 19 ④

- 작업 장소에서 화재·폭발, 토사·구축물 등의 붕괴 또는 지진 등이 발생한 경우
- 같은 장소에서 이루어지는 도급인과 관계수급인 등의 작업에 있어서 관계수급인 등의 작업시기·내용, 안전조치 및 보건조치 등의 확인 등

20 재해 조사의 목적과 가장 거리가 먼 것은?

① 재해 예방자료 수집
② 재해 관련 책임자 문책
③ 동종 및 유사재해 재발 방지
④ 재해 발생 원인 및 결함 규명

[해설] **재해 조사의 목적**
1. 동종재해의 재발 방지
2. 유사재해의 재발 방지
3. 재해 원인의 규명 및 예방자료 수집

2과목
인간공학 및 위험성 평가·관리

21 다음 중 신체의 열교환과정을 나타내는 공식으로 올바른 것은? (단, $\triangle S$는 신체열함량변화, M은 대사열발생량, W는 수행한 일, R는 복사열교환량, C는 대류열교환량, E는 증발열발산량을 의미한다.)

① $\triangle S = (M-W) \pm R \pm C - E$
② $\triangle S = (M+W) \pm R \pm C + E$
③ $\triangle S = (M-W) + R + C \pm E$
④ $\triangle S = (M-W) - R - C \pm E$

[해설] 열균형 방정식 S(열축적) = M(대사율) − E(증발) ± R(복사) ± C(대류) − W(한 일)

22 다음 중 NIOSH Lifting Guideline에서 권장무게한계(RWL) 산출에 사용되는 평가요소가 아닌 것은?

① 수평거리   ② 수직거리
③ 휴식시간   ④ 비대칭각도

[해설] 권장무게한계(RWL) = 23×HM×VM×DM×AM×FM×CM
여기서, HM : 수평계수, VM : 수직계수, DM : 거리계수, AM : 비대칭계수, FM : 빈도계수, CM : 커플링계수

23 설비보전에서 평균수리시간의 의미로 맞는 것은?

① MTTR   ② MTBF
③ MTTF   ④ MTBP

[해설] **평균수리시간(MTTR ; Mean Time To Repair)**
총 수리시간을 그 기간의 수리 횟수로 나눈 시간이다. 즉, 사후보전에 필요한 수리시간의 평균치를 나타낸다.

24 일반적으로 위험(Risk)은 3가지 기본요소로 표현되며 3요소(Triplets)로 정의된다. 3요소에 해당되지 않는 것은?

① 사고 시나리오(S_i)
② 사고 발생 확률(P_i)
③ 시스템 불이용도(Q_i)
④ 파급효과 또는 손실(X_i)

[해설] **Risk의 3가지 기본요소**
1. 사고 시나리오(S_i)
2. 사고 발생 확률(P_i)
3. 파급효과 또는 손실(X_i)

25 「산업안전보건법령」상 위험성평가의 실시내용 및 결과의 기록·보존에 관한 설명으로 옳지 않은 것은?

① 위험성평가 대상의 유해·위험요인이 포함되어야 한다.
② 위험성 결정 및 결정에 따른 조치의 내용이 포함되어야 한다.
③ 위험성평가의 실시내용을 확인하기 위하여 필요한 사항으로서 고용노동부장관이 정하여 고시하는 사항이 포함되어야 한다.
④ 사업주는 위험성평가 실시내용 및 결과의 기록·보존에 따른 자료를 5년간 보존하여야 한다.

[해설] 위험성평가의 결과와 조치사항을 기록한 자료는 3년간 보존하여야 한다.

26 어떠한 신호가 전달하려는 내용과 연관성이 있어야 하는 것으로 정의되며, 예로써 위험신호는 빨간색, 주의신호는 노란색, 안전신호는 파란색으로 표시하는 것은 다음 중 어떠한 양립성(Compatibility)에 해당하는가?

① 공간양립성   ② 개념양립성
③ 동작양립성   ④ 형식양립성

정답 | 20 ② 21 ① 22 ③ 23 ① 24 ③ 25 ④ 26 ②

해설 **개념적 양립성**
외부로부터의 자극에 대해 인간이 가지고 있는 개념적 연상의 일관성을 말하는데, 예를 들어 파란색 수도꼭지와 빨간색 수도꼭지가 있는 경우 빨간색 수도꼭지를 보고 따뜻한 물이라고 연상하는 것을 말한다.

27 자극-반응 조합의 관계에서 인간의 기대와 모순되지 않는 성질을 무엇이라 하는가?

① 양립성 ② 적응성
③ 변별성 ④ 신뢰성

해설 부호의 양립성 : 인간의 기대와 모순되지 않아야 한다.

28 어떠한 신호가 전달하려는 내용과 연관성이 있어야 하는 것으로 정의되며, 예로써 위험신호는 빨간색, 주의신호는 노란색, 안전신호는 파란색으로 표시하는 것은 다음 중 어떠한 양립성(Compatibility)에 해당하는가?

① 공간양립성 ② 개념양립성
③ 동작양립성 ④ 형식양립성

해설 **개념적 양립성**
외부로부터의 자극에 대해 인간이 가지고 있는 개념적 연상의 일관성을 말하는데, 예를 들어 파란색 수도꼭지와 빨간색 수도꼭지가 있는 경우 빨간색 수도꼭지를 보고 따뜻한 물이라고 연상하는 것을 말한다.

29 HAZOP 기법에서 사용하는 가이드 워드와 의미가 잘못 연결된 것은?

① No/Not - 설계 의도의 완전한 부정
② More/Less - 정량적인 증가 또는 감소
③ Part of - 성질상의 감소
④ Other than - 기타 환경적인 요인

해설 **유인어(Guide Words)**
1. NO 또는 NOT : 설계의도의 완전한 부정
2. MORE 또는 LESS : 양(압력, 반응, 온도 등)의 증가 또는 감소
3. PART OF : 일부변경, 성질상의 감소(어떤 의도는 성취되나 어떤 의도는 성취되지 않음)
4. OTHER THAN : 완전한 대체(통상 운전과 다르게 되는 상태)

30 고령자의 정보처리 과업을 설계할 경우 지켜야 할 지침으로 틀린 것은?

① 표시 신호를 더 크게 하거나 밝게 한다.
② 개념, 공간, 운동 양립성을 높은 수준으로 유지한다.
③ 정보처리 능력에 한계가 있으므로 시분할 요구량을 늘린다.
④ 제어표시장치를 설계할 때 불필요한 세부내용을 줄인다.

해설 **고령자의 정보처리 과업 설계원칙**
- 표시 신호를 더 크게 하거나 밝게 한다.
- 개념, 공간, 운동 양립성을 높은 수준으로 유지한다.
- 고령자는 정보처리능력 한계가 있으므로 시분할 요구량을 줄인다.
- 제어표시장치를 설계할 때 불필요한 세부내용을 줄인다.

31 FTA(Fault Tree Analysis)의 기호 중 다음의 사상기호에 적합한 각각의 명칭은?

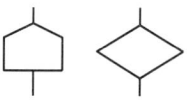

① 전이기호와 통상사상 ② 통상사상과 생략사상
③ 통상사상과 전이기호 ④ 생략사상과 전이기호

해설 **FTA에 사용되는 논리기호 및 사상기호**

기호	명칭	설명
	통상사상 (사상기호)	통상발생이 예상되는 사상
	생략사상 (최후사상)	정보부족, 해석기술 불충분으로 더 이상 전개할 수 없는 사상

32 FTA 결과 다음과 같은 패스셋을 구하였다. X_4가 중복사상인 경우, 최소 패스셋(Minimal Path Sets)으로 맞는 것은?

|다음|
$\{X_2, X_3, X_4\}$　　$\{X_1, X_3, X_4\}$　　$\{X_3, X_4\}$

① $\{X_3, X_4\}$
② $\{X_1, X_3, X_4\}$
③ $\{X_2, X_3, X_4\}$
④ $\{X_2, X_3, X_4\}$와 $\{X_3, X_4\}$

정답 | 27 ① 28 ② 29 ④ 30 ③ 31 ② 32 ①

해설 **패스셋과 미니멀 패스셋**
패스란 그 속에 포함되어 있는 기본사상이 일어나지 않을 때 처음으로 정상사상이 일어나지 않는 기본사상의 집합으로서 미니멀 패스셋은 그 필요한 최소한의 컷을 말한다(시스템의 신뢰성을 말함).

33 동작의 합리화를 위한 물리적 조건으로 적절하지 않은 것은?

① 고유 진동을 이용한다.
② 접촉 면적을 크게 한다.
③ 대체로 마찰력을 감소시킨다.
④ 인체표면에 가해지는 힘을 적게 한다.

해설 **동작의 합리화를 위한 물리적 조건**
1. 마찰력을 감소시킨다.
2. 부하를 최소화한다.
3. 접촉면을 적게 한다.

34 손이나 특정 신체부위에 발생하는 누적손상장애(CTDs)의 발생인자와 가장 거리가 먼 것은?

① 다습한 환경
② 무리한 힘
③ 장시간의 진동
④ 반복도가 높은 작업

해설 누적손상장애(CTDs) 발생원인 : 과도한 힘의 요구, 부적합한 작업자세의 반복, 장시간의 진동

35 빨강, 노랑, 파랑의 3가지 색으로 구성된 교통신호등이 있다. 신호등은 항상 3가지 색 중 하나가 켜지도록 되어 있다. 1시간 동안 조사한 결과, 파란등은 총 30분 동안, 빨간등과 노란등은 각각 총 15분 동안 켜진 것으로 나타났다. 이 신호등의 총 정보량은 몇 bit인가?

① 0.5
② 0.75
③ 1.0
④ 1.5

해설 각각의 확률은 $P_{파란등}=0.5$, $P_{빨간등}=0.25$, $P_{노란등}=0.25$이다.
각각의 정보량은 $H_{파란등}=\log_2\frac{1}{0.5}=1\text{bit}$,
$H_{빨간등}=\log_2\frac{1}{0.25}=2\text{bit}$, $H_{노란등}=\log_2\frac{1}{0.25}=2\text{bit}$
$H=P_{파란등}\times H_{파란등}+P_{빨간등}\times H_{빨간등}+P_{노란등}\times H_{노란등}$
$=0.5\times 1+0.25\times 2+0.25\times 2=1.50$이다.

36 적절한 온도의 작업환경에서 추운 환경으로 온도가 변할 때 우리의 신체가 수행하는 조절작용이 아닌 것은?

① 발한(發汗)이 시작된다.
② 피부의 온도가 내려간다.
③ 직장(直腸)온도가 약간 올라간다.
④ 혈액의 많은 양이 몸의 중심부를 위주로 순환한다.

해설 발한이 시작되는 현상은 고온스트레스에 대한 신체의 반응이다.

37 암호체계의 사용 시 고려해야 될 사항과 거리가 먼 것은?

① 정보를 암호화한 자극은 검출이 가능하여야 한다.
② 다차원의 암호보다 단일 차원화된 암호가 정보 전달이 촉진된다.
③ 암호를 사용할 때는 사용자가 그 뜻을 분명히 알 수 있어야 한다.
④ 모든 암호 표시는 감지장치에 의해 검출될 수 있고, 다른 암호 표시와 구별될 수 있어야 한다.

해설 **암호(코드)체계 사용상의 일반적 지침**
1. 다차원 암호를 사용하여야 한다.
2. 2가지 이상의 암호를 조합해서 사용하면 정보전달이 촉진된다.
3. 암호의 변별성, 부호의 양립성, 부호의 의미 등이 해당된다.

38 여러 사람이 사용하는 의자의 좌판 높이 설계 기준으로 옳은 것은?

① 5% 오금높이
② 50% 오금높이
③ 75% 오금높이
④ 95% 오금높이

해설 1. 의자 좌판의 높이 : 좌판 앞부분이 오금높이보다 높지 않아야 한다.
2. 여러 사람이 사용하는 의자의 좌판 높이 : 5% 오금높이를 기준으로 설계해야 한다.

39 인간공학에 대한 설명으로 틀린 것은?

① 인간-기계 시스템의 안전성, 편리성, 효율성을 높인다.
② 인간을 작업과 기계에 맞추는 설계 철학이 바탕이 된다.
③ 인간이 사용하는 물건, 설비, 환경의 설계에 적용된다.
④ 인간의 생리적, 심리적인 면에서의 특성이나 한계점을 고려한다.

정답 | 33 ② 34 ① 35 ④ 36 ① 37 ② 38 ① 39 ②

해설 | 인간공학의 정의
- 인간의 신체적·심리적 능력 한계를 고려하여 인간에게 적절한 형태로 작업을 맞추는 것
- 인간의 특성과 능력을 공학적으로 분석, 평가하여 이를 복잡한 체계의 설계에 응용함으로써 효율을 최대로 활용할 수 있도록 하는 학문 분야

40 다음 설명에 해당하는 설비보전방식의 유형은?

> 설비보전 정보와 신기술을 기초로 신뢰성, 조작성, 보전성, 안전성, 경제성 등이 우수한 설비의 선정, 조달 또는 설계를 통하여 궁극적으로 설비의 설계, 제작 단계에서 보전활동이 불필요한 체제를 목표로 한 설비보전 방법을 말한다.

① 개량보전　　② 보전예방
③ 사후보전　　④ 일상보전

해설 | 보전예방(Maintenance Preventive)
설비를 새로이 계획·설계하는 단계에서 보전 정보나 새로운 기술을 채용해서 신뢰성, 보전성, 경제성, 조작성, 안전성 등을 고려하여 보전비나 열화 손실을 적게 하는 활동을 말한다. 구체적으로는 계획·설계 단계에서 하는 것이 필요하다. 이 활동의 궁극적인 목적은 보전 불필요의 설비를 목표로 하는 것이다.

3과목
기계·기구 및 설비 안전관리

41 다음 중 선반작업 시 지켜야 할 안전수칙으로 거리가 먼 것은?

① 작업 중 절삭 칩이 눈에 들어가지 않도록 보안경을 착용한다.
② 공작물 세팅에 필요한 공구는 세팅이 끝난 후 바로 제거한다.
③ 상의의 옷자락은 안으로 넣고, 끈을 이용하여 소맷자락을 묶어 작업을 준비한다.
④ 공작물은 전원스위치를 끄고 바이트를 충분히 멀리 위치시킨 후 고정한다.

해설 | 선반작업 시 상의의 옷자락은 안으로 넣는다. 소맷자락을 묶을 때는 끈을 사용하지 않는다.

42 다음 중 회전축, 커플링 등 회전하는 물체에 작업복 등이 말려드는 위험을 초래하는 위험점은?

① 협착점　　② 접선물림점
③ 절단점　　④ 회전말림점

해설 | 회전말림점
회전하는 물체의 길이, 굵기, 속도 등이 불규칙한 부위와 돌기 회전부위에 장갑 및 작업 등이 말려드는 위험점 형성(돌기회전부)

43 산업안전보건법령에 따라 원동기·회전축 등의 위험방지를 위한 설명 중 괄호 안에 들어갈 내용은?

> 사업주는 회전축·기어·풀리 및 플라이휠 등에 부속되는 키·핀 등의 기계요소는 (　　)으로 하거나 해당 부위에 덮개를 설치하여야 한다.

① 개방형　　② 돌출형
③ 묻힘형　　④ 고정형

해설 | 사업주는 회전축·기어·풀리 및 플라이휠 등에 부속되는 키·핀 등의 기계요소는 묻힘형으로 하거나 해당 부위에 덮개를 설치하여야 한다.

44 이상온도, 이상기압, 과부하 등 기계의 부하가 안전한 계치를 초과하는 경우에 이를 감지하고 자동으로 안전상태가 되도록 조정하거나 기계의 작동을 중지시키는 방호장치는?

① 감지형 방호장치　　② 접근거부형 방호장치
③ 위치제한형 방호장치　　④ 접근반응형 방호장치

해설 | 감지형 방호장치는 이상온도, 이상기압, 과부하 등 기계의 부하가 안전한계치를 초과하는 경우에 이를 감지하고 자동으로 안전상태가 되도록 조정하거나 기계의 작동을 중지시키는 방호장치이다.

45 다음 중 위치제한형 방호장치에 해당되는 프레스 방호장치는?

① 수인식 방호장치　　② 광전자식 방호장치
③ 양수조작식 방호장치　　④ 손쳐내기식 방호장치

해설 | 위치제한형 방호장치
조작자의 신체부위가 위험한계 밖에 있도록 기계의 조작장치를 위험구역에서 일정거리 이상 떨어지게 한 방호장치(양수조작식 안전장치)

정답 | 40 ② 41 ③ 42 ④ 43 ③ 44 ① 45 ③

46 컨베이어 방호장치에 대한 설명으로 맞는 것은?

① 역전방지장치에는 롤러식, 래칫식, 권과방지식, 전기브레이크식 등이 있다.
② 작업자가 임의로 작업을 중단할 수 없도록 비상정지장치를 부착하지 않는다.
③ 구동부 측면에 롤러 안내가이드 등의 이탈방지장치를 설치한다.
④ 롤러컨베이어 롤 사이에 방호관을 설치할 때 롤과의 최대 간격은 8mm이다.

[해설] 컨베이어 구동부 측면에 롤러 안내가이드 등의 이탈방지장치를 설치한다.

47 크레인의 로프에 질량 100kg인 물체를 5m/s²의 가속도로 감아올릴 때, 로프에 걸리는 하중은 약 몇 N인가?

① 500N ② 1,480N
③ 2,540N ④ 4,900N

[해설] 동하중 = $\frac{정하중}{중력가속도(g)} \times 가속도 = \frac{100}{9.8} \times 5 = 51$kg

총하중 = 정하중 + 동하중 = 51 + 100 = 151kg
∴ 하중(N) = 총하중(kg) × 중력가속도(g) = 151 × 9.8
= 1,480N

48 무부하 상태에서 지게차로 20km/h의 속도로 주행할 때, 좌우 안정도는 몇 % 이내이어야 하는가?

① 37% ② 39%
③ 41% ④ 43%

[해설] 주행 시의 좌우 안정도 = (15 + 1.1V)% = (15 + 1.1 × 20)%
= 37% 이내

49 다음 중 위치제한형 방호장치에 해당되는 프레스 방호장치는?

① 수인식 방호장치 ② 광전자식 방호장치
③ 양수조작식 방호장치 ④ 손쳐내기식 방호장치

[해설] 위치제한형 방호장치
조작자의 신체부위가 위험한계 밖에 있도록 기계의 조작장치를 위험구역에서 일정거리 이상 떨어지게 한 방호장치(양수조작식 안전장치)

50 산업안전보건법령상 용접장치의 안전에 관한 준수사항으로 옳은 것은?

① 아세틸렌 용접장치의 발생기실을 옥외에 설치한 경우에는 그 개구부를 다른 건축물로부터 1m 이상 떨어지도록 하여야 한다.
② 가스집합장치로부터 7m 이내의 장소에서는 화기의 사용을 금지시킨다.
③ 아세틸렌 발생기에서 10m 이내 또는 발생기실에서 4m 이내의 장소에서는 화기의 사용을 금지시킨다.
④ 아세틸렌 용접장치를 사용하여 용접작업을 할 경우 게이지 압력이 127kPa을 초과하는 압력의 아세틸렌을 발생시켜 사용해서는 아니 된다.

[해설] 아세틸렌 용접장치 및 가스집합 용접장치
1. 발생기실을 옥외에 설치한 경우에는 그 개구부를 다른 건축물로부터 1.5미터 이상 떨어지도록 하여야 한다.
2. 가스집합장치로부터 5미터 이내의 장소에서는 흡연, 화기의 사용 또는 불꽃을 발생할 우려가 있는 행위를 금지할 것
3. 발생기에서 5미터 이내 또는 발생기실에서 3미터 이내의 장소에서는 흡연, 화기의 사용 또는 불꽃이 발생할 위험한 행위를 금지시킬 것

51 용접부 결함에서 전류가 과대하고, 용접속도가 너무 빨라 용접부 일부가 홈처럼 오목하게 생기는 결함은?

① 언더컷 ② 기공
③ 균열 ④ 융합불량

[해설] 언더컷(Under cut)
전류가 과대하고 용접속도가 너무 빠르며, 아크를 짧게 유지하기 어려운 경우 모재 및 용접부의 일부가 녹아서 홈처럼 오목하게 생긴 부분

52 산업안전보건법령상 프레스를 제외한 사출성형기·주형조형기 및 형 단조기 등에 관한 안전조치 사항으로 틀린 것은?

① 근로자의 신체 일부가 말려 들어갈 우려가 있는 경우에는 양수조작식 방호장치를 설치하여 사용한다.
② 게이트 가드식 방호장치를 설치할 경우 연동구조를 적용하여 문을 닫지 않아도 동작할 수 있도록 한다.
③ 사출성형기의 전면에 작업용 발판을 설치할 경우 근로자가 쉽게 미끄러지지 않는 구조여야 한다.
④ 기계의 히터 등의 가열 부위, 감전 우려가 있는 부위에는 방호덮개를 설치하여 사용한다.

정답 | 46 ③ 47 ② 48 ① 49 ③ 50 ④ 51 ① 52 ②

해설
- 사출성형기·주형조형기 및 형단조기 등에 근로자의 신체의 일부가 말려 들어갈 우려가 있을 때에는 게이트가드 또는 양수조작식 등에 의한 방호장치 기타 필요한 방호조치를 하여야 한다.
- 게이트가드식 방호장치를 설치할 경우에는 인터록(연동)장치를 사용하여 문을 닫지 않으면 동작되지 않는 구조로 한다.
- 기계의 히터 등의 가열부위 또는 감전의 우려가 있는 부위에는 방호 덮개를 설치하여야 한다.

53 다음 중 상부를 사용할 것을 목적으로 하는 탁상용 연삭기 덮개의 노출 각도로 옳은 것은?

① 180° 이상
② 120° 이내
③ 60° 이내
④ 15° 이내

해설 **탁상용 연삭기의 덮개 설치방법**
1. 덮개의 최대노출각도 : 90° 이내
2. 숫돌의 주축에서 수평면 위로 이루는 원주각도 : 65° 이내
3. 수평면 이하에서 연삭할 경우의 노출각도 : 125°까지 증가
4. 숫돌의 상부사용을 목적으로 할 경우의 노출각도 : 60° 이내

54 롤러의 급정지를 위한 방호장치를 설치하고자 한다. 앞면 롤러 직경이 36cm이고, 분당회전속도가 50rpm이라면 급정지거리는 약 얼마 이내이어야 하는가? (단, 무부하동작에 해당한다.)

① 45cm
② 50cm
③ 55cm
④ 60cm

해설 **롤러기의 급정지거리**

앞면 롤의 면속도(m/min)	급정지거리
30 미만	앞면 롤 원주의 1/3
30 이상	앞면 롤 원주의 1/2.5

$V = \dfrac{\pi DN}{1,000} = \dfrac{\pi \times 360 \times 50}{1,000} = 56.55 \text{m/min}$

속도가 30m/min 이상이므로

급정지거리 $= \dfrac{앞면롤원주}{2.5} = \dfrac{\pi \times 360}{2.5} = 452.4\text{mm} \fallingdotseq 45\text{cm}$

55 어떤 로프의 최대하중이 700N이고, 정격하중은 100N이다. 이때 안전계수는 얼마인가?

① 5
② 6
③ 7
④ 8

해설 **안전계수**

안전율$(S) = \dfrac{극한(최대, 인장) 강도}{허용응력} = \dfrac{700}{100} = 7$

56 슬라이드가 내려옴에 따라 손을 쳐내는 막대가 좌우로 왕복하면서 위험점으로부터 손을 보호하여 주는 프레스의 안전장치는?

① 손쳐내기식 방호장치
② 수인식 방호장치
③ 게이트 가드식 방호장치
④ 양손조작식 방호장치

해설 **손쳐내기식(Push Away, Sweep Guard) 방호장치**
기계의 작동에 연동시켜 위험상태로 되기 전에 손을 위험 영역에서 밀어내거나 쳐냄으로써 위험을 배제하는 장치를 말한다.

57 반복응력을 받게 되는 기계구조부분의 설계에서 허용응력을 결정하기 위한 기초강도로 가장 적합한 것은?

① 항복점(Yield Point)
② 극한 강도(Ultimate Strength)
③ 크리프 한도(Creep Limit)
④ 피로 한도(Fatigue Limit)

해설 **피로와 피로 한도**
- 피로(Fatigue) : 재료에 반복하여 하중을 가하면, 반복하는 횟수가 많아짐에 따라 재료의 강도가 저하되는 현상
- 피로 한도(Fatigue Limit) : 허용응력을 결정하기 위한 기초강도

58 천장크레인에 중량 3kN의 화물을 2줄로 매달았을 때 매달기용 와이어(Sling Wire)에 걸리는 장력은 얼마인가? (단, 슬링와이어 2줄 사이의 각도는 55°이다.)

① 1.3kN
② 1.7kN
③ 2.0kN
④ 2.3kN

해설 슬링와이어에 걸리는 하중(T)을 먼저 구하면 평형법칙에 의해서
$2 \times T \times \cos(55/2) = 3$, $T = 1.69 \fallingdotseq 1.7$[kN]
여기서, 2는 2줄로 매단 것이 되고, 각도 55/2는 하나의 하중에 걸리는 힘을 계산하기 위해 각도를 반으로 나눈 것이다.

59 급정지기구가 부착되어 있지 않아도 유효한 프레스의 방호장치로 옳지 않은 것은?

① 양수기동식
② 가드식
③ 손쳐내기식
④ 양수조작식

해설 양수조작식은 기계의 조작을 양손으로 동시에 하지 않으면 기계가 가동하지 않으며 한 손이라도 떼어내면 기계가 급정지 또는 급상승하게 하는 장치를 말한다(급정지기구가 있는 마찰프레스에 적합).

정답 | 53 ③ 54 ① 55 ③ 56 ① 57 ④ 58 ② 59 ④

60 다음 중 산업안전보건법상 승강기의 종류에 해당하지 않는 것은?

① 승객용 엘리베이터   ② 리프트
③ 에스컬레이터   ④ 화물용 엘리베이터

해설 | 승강기의 종류(「안전보건규칙」제132조)
1. 승객용 엘리베이터
2. 승객화물용 엘리베이터
3. 화물용 엘리베이터
4. 소형화물용 엘리베이터
5. 에스컬레이터

4과목
전기설비 안전관리

61 심장의 맥동주기 중 어느 때에 전격이 인가되면 심실세동을 일으킬 확률이 높고, 위험한가?

① 심방의 수축이 있을 때
② 심실의 수축이 있을 때
③ 심실의 수축 종료 후 심실의 휴식이 있을 때
④ 심실의 수축이 있고 심방의 휴식이 있을 때

해설 | 심실이 수축을 종료하는 T파 부분에 전격이 인가되면 심실세동을 일으키는 확률이 가장 높고 위험하다.

62 다음 중 기기보호등급(EPL)에 해당하지 않는 것은?

① EPL Ga   ② EPL Ma
③ EPL Dc   ④ EPL Mc

해설 | 기기보호등급(EPL)
• 매우 높은 보호 : Ga, Da, Ma
• 높은 보호 : Gb, Db, Mb
• 강화된 보호 : Gc, Dc

63 전기기기, 설비 및 전선로 등의 충전 유무 등을 확인하기 위한 장비는?

① 위상검출기   ② 디스콘 스위치
③ COS   ④ 저압 및 고압용 검전기

해설 | 전기기기, 설비 및 전선로 등은 검전기로 충전 유무를 확인한다.

64 지구를 고립한 지구도체라 생각하고 1[C]의 전하가 대전되었다면 지구 표면의 전위는 대략 몇 [V]인가? (단, 지구의 반경은 6,367km이다.)

① 1,414[V]   ② 2,828[V]
③ 9×10^4[V]   ④ 9×10^9[V]

해설 | 지구의 표면전위
$$E = \frac{Q}{4\pi\varepsilon_0 r^2} \fallingdotseq 9 \times 10^9 \times \frac{Q}{r^2} [\text{V/m}]$$
$$\therefore V = \frac{E}{r} = 9 \times 10^9 \times \frac{Q}{r} [\text{V}]$$
$$= 9 \times 10^9 \times \frac{1}{6,367 \times 10^3} = 1,413.54 [\text{V}]$$

65 교류 아크용접기의 허용사용률(%)은? (단, 정격사용률은 10%, 2차 정격전류는 500A, 교류 아크용접기의 사용전류는 250A이다.)

① 30   ② 40
③ 50   ④ 60

해설 | 허용사용률 = 정격사용률 $\times \left(\dfrac{\text{정격2차전류}}{\text{실제용접전류}}\right)^2$
$$= 10 \times \left(\frac{500}{250}\right)^2 = 40\%$$

66 6,600/100V, 15kVA의 변압기에서 공급하는 저압 전선로의 허용 누설전류는 몇 A를 넘지 않아야 하는가?

① 0.025   ② 0.045
③ 0.075   ④ 0.085

해설 | 누설전류 = 최대공급전류 $\times \dfrac{1}{2,000}$
$$= \frac{15 \times 1,000}{100} \times \frac{1}{2,000} = 0.075(\text{A})$$
(저압 전선로는 사용전압에 대한 누설전류가 최대 공급전류의 1/2,000이 넘지 않도록 유지)

67 개폐기, 차단기, 유도 전압조정기의 최대 사용 전압이 7kV 이하인 전로의 경우 절연 내력 시험은 최대 사용전압의 1.5배의 전압을 몇 분간 가하는가?

① 10   ② 15
③ 20   ④ 25

정답 | 60 ② 61 ③ 62 ④ 63 ④ 64 ① 65 ② 66 ③ 67 ①

해설) 개폐기, 차단기, 유도 전압조정기의 최대 사용 전압이 7kV 이하인 전로의 경우 절연 내력 시험은 최대 사용 전압의 1.5배의 전압을 10분간 가한다.

68 감전사고를 방지하기 위한 방법으로 틀린 것은?

① 전기기기 및 설비의 위험부에 위험표지
② 전기설비에 대한 누전차단기 설치
③ 전기기에 대한 정격표시
④ 무자격자는 전기계 및 기구에 전기적인 접촉 금지

해설) ③은 기기보호를 위한 방법이다.

69 절연열화(탄화)가 진행되어 누설전류가 증가하면서 발생되는 결과와 거리가 먼 것은?

① 감전사고
② 누전화재
③ 정전기 증가
④ 아크 지락에 의한 기기의 손상

해설) 절연열화란 전기가 새지 않도록 하우징과 전기회로를 차단하는 절연물이 열화되어 전기가 새는 상태가 되는 것을 나타내며, 절연 열화가 진행되면 기기 손상 감전사고, 누전화재의 위험이 있다.

70 220[V] 전압에 접촉된 사람의 인체저항이 약 1,000[Ω]일 때 인체 전류와 그 결과치의 위험성 여부로 알맞은 것은?

① 10[mA], 안전
② 45[mA], 위험
③ 50[mA], 안전
④ 220[mA], 위험

해설) 전류(I) = $\frac{전압(V)}{저항(R)}$ = $\frac{200}{1,000}$ = 0.22A = 220mA

1mA	5mA	10mA	15mA	50~100mA
약간 느낄 정도	경련을 일으킨다.	불편해진 대(통증).	격렬한 경련을 일으킨다.	심실세동으로 사망 위험

71 지락이 생긴 경우 접촉상태에 따라 접촉전압을 제한할 필요가 있다. 인체의 접촉상태에 따른 허용접촉전압을 나타낸 것으로 옳지 않은 것은?

① 제1종 : 2.5V 이하
② 제2종 : 25V 이하
③ 제3종 : 35V 이하
④ 제4종 : 제한 없음

해설) **허용접촉전압**

종별	접촉상태	허용접촉전압
제3종	제1종, 제2종 이외의 경우로서 통상의 인체상태에서 접촉전압이 기해지면 위험성이 높은 상태	50[V] 이하

72 유입차단기의 약어로 옳은 것은?

① OCB
② ELB
③ VCB
④ MCCB

해설) 유입차단기(OCB ; Oil Circuit Breaker)는 전기회로의 개폐하는 차단기의 일종이다.

73 정전기에 의한 생산장해가 아닌 것은?

① 가루(분진)에 의한 눈금의 막힘
② 제사공장에서의 실의 절단, 보푸라기 발생(보풀일기)
③ 인쇄공정의 종이파손, 인쇄선명도 불량, 겹침, 오손
④ 방전전류에 의한 반도체 소자의 입력임피던스 상승

해설) **정전기 생산장해**
1. 역학현상에 의한 장해
   정전기의 흡인력 또는 반발력에 의해 발생되는 것으로, 분진의 막힘, 실의 엉킴, 인쇄의 얼룩, 제품의 오염 등 그 예가 아주 많다.
2. 방전현상에 의한 장해
   • 방전전류 : 반도체 소자 등의 전자부품의 파괴, 오동작 등
   • 전자파 : 전자기기, 장치 등의 오동작, 잡음 발생
   • 발광 : 사진 필름 등의 감광

74 개폐기, 차단기, 유도 전압조정기의 최대 사용 전압이 7kV 이하인 전로의 경우 절연 내력 시험은 최대 사용 전압의 1.5배의 전압을 몇 분간 가하는가?

① 10
② 15
③ 20
④ 25

해설) 개폐기, 차단기, 유도 전압조정기의 최대 사용 전압이 7kV 이하인 전로의 경우 절연 내력 시험은 최대 사용 전압의 1.5배의 전압을 10분간 가한다.

정답 | 68 ③ 69 ③ 70 ④ 71 ③ 72 ① 73 ④ 74 ①

75 전격사고에 관한 사항과 관계가 없는 것은?

① 감전사고의 피해 정도는 접촉시간에 따라 위험성이 결정된다.
② 전압이 동일한 경우 교류가 직류보다 더 위험하다.
③ 교류에 감전된 경우 근육에 경련과 수축이 일어나서 접촉시간이 길어지게 된다.
④ 주파수가 높을수록 더 위험하다.

[해설] 주파수가 높을수록 전격의 영향은 감소한다.

76 전기기기·기구의 열화·손상 등에 의해 절연이 파괴되어 장시간 누설전류가 흐를 때 발열에 필요한 최소 전류값은?

① 650mA ② 600mA
③ 300mA ④ 210mA

[해설] 발화까지 이를 수 있는 누전전류의 최소치는 300~500mA이다.

77 심실세동에 대한 설명으로 옳은 것은?

① 심근의 미세한 진동으로 혈액을 송출하는 펌프의 기능이 장애를 받는 현상이다.
② 심실이 1분에 200회 가량 수축함으로 떨리기만 할 뿐 전신으로 혈액을 뿜어내지 못하는 상태로 시간이 지나면서 정상적인 리듬을 찾게 된다.
③ 심실세동상태가 된 후 전류를 제거하면 자연적으로 건강을 회복한다.
④ 상용주파수 60[Hz]에서 7~8[mA]의 통전전류의 세기인 상태이다.

[해설] **심실세동전류(치사전류)**
심근의 미세한 진동으로 혈액을 송출하는 펌프의 기능이 장애를 받을 때의 전류이다.

78 정전용량 $C=20\mu F$, 방전 시 전압 $V=2kV$일 때 정전에너지는 몇 J인가?

① 40 ② 80
③ 400 ④ 800

[해설] **정전에너지**
$$W = \frac{1}{2}CV^2 = 40$$

79 분진방폭 배선시설에 분진침투 방지재료로 가장 적합한 것은?

① 분진침투 케이블
② 컴파운드(Compound)
③ 자기융착성 테이프
④ 실링피팅(Sealing Fitting)

[해설] 컴파운드나 실링피팅은 가스방폭에 사용된다.

80 전격에 의해 심실세동이 일어날 확률이 가장 큰 심장맥동주기 파형의 설명으로 옳은 것은? (단, 심장 맥동주기를 심전도에서 보았을 때의 파형이다.)

① 심실의 수축에 따른 파형이다.
② 심실의 팽창에 따른 파형이다.
③ 심실의 수축 종료 후 심실의 휴식 시 발생하는 파형이다.
④ 심실의 수축 시작 후 심실의 휴식 시 발생하는 파형이다.

[해설] **T파**
심실의 수축 종료 후 심실의 휴식 시 발생하는 파형

5과목
화학설비 안전관리

81 다음 중 분진의 폭발위험성을 증대시키는 조건에 해당하는 것은?

① 분진의 발열량이 적을수록
② 분위기 중 산소농도가 작을수록
③ 분진 내의 수분농도가 작을수록
④ 분진의 표면적이 입자체적에 비교하여 작을수록

[해설] 분진 내의 수분농도가 낮을 경우 정전기 발생 등의 위험이 높아져 분진 폭발 위험성이 높아진다.

정답 | 75 ④ 76 ③ 77 ① 78 ① 79 ③ 80 ③ 81 ③

82 포스겐가스 누설검지의 시험지로 사용되는 것은?

① 연당지
② 염화파라듐지
③ 하리슨시험지
④ 초산벤젠지

해설) 포스겐가스 누설검지의 시험지는 하리슨시험지이며 반응색은 유자색이다.

83 「산업안전보건법」에 따라 인화성 가스가 발생할 우려가 있는 지하작업장에서 작업하는 경우 조치사항으로 적절하지 않은 것은?

① 매일 작업을 시작하기 전 해당 가스의 농도를 측정한다.
② 가스의 누출이 의심되는 경우 해당 가스의 농도를 측정한다.
③ 장시간 작업을 계속하는 경우 6시간마다 해당 가스의 농도를 측정한다.
④ 가스의 농도가 인화하한계 값의 25[%] 이상으로 밝혀진 경우에는 즉시 근로자를 안전한 장소에 대피시킨다.

해설) 장시간 작업을 계속하는 경우 4시간마다 해당 가스의 농도를 측정하여야 한다.

84 이산화탄소소화약제의 특징으로 가장 거리가 먼 것은?

① 전기절연성이 우수하다.
② 액체로 저장할 경우 자체 압력으로 방사할 수 있다.
③ 기화상태에서 부식성이 매우 강하다.
④ 저장에 의한 변질이 없어 장기간 저장이 용이한 편이다.

해설) 이산화탄소 소화기는 반응성이 매우 낮아 부식성이 거의 없는 특징을 가지고 있다.

85 다음 관(pipe) 부속품 중 관로의 방향을 변경하기 위하여 사용하는 부속품은?

① 니플(nipple)
② 유니온(union)
③ 플랜지(flange)
④ 엘보우(elbow)

해설) 관로의 방향을 바꿀 때는 엘보우, Y자관 등의 부속을 사용한다.

86 공정안전보고서 중 공정안전자료에 포함하여야 할 세부내용에 해당하는 것은?

① 각종 건물·설비의 배치도
② 비상조치계획에 따른 교육계획
③ 도급업체 안전관리계획
④ 안전운전지침서

해설) 각종 건물·설비의 배치도는 공정안전자료 세부내용으로 포함된다.

87 인체의 피부 전기저항은 여러 가지의 제반조건에 의해서 변화를 일으키는데 제반조건으로서 가장 가까운 것은?

① 피부의 청결
② 피부의 노화
③ 인가전압의 크기
④ 통전경로

해설) 인체의 피부 전기저항은 인체의 각 부위(피부, 혈액 등)의 저항성분과 용량성분이 합성된 값이 되며, 이 값은 여러 인자, 특히 습기, 접촉전압, 인가시간, 접촉면적 등에 따라 변화한다.

88 위험물안전관리법령에 의한 위험물의 분류 중 제1류 위험물에 속하는 것은?

① 염소산염류
② 황린
③ 금속칼륨
④ 질산에스테르

해설) **제1류 위험물**
산화성 고체로 아염소산염류, 염소산염류, 과염소산염류, 무기과산화물, 브롬산염류, 질산염류, 요오드산염류, 중크롬산염류 등

89 위험물 또는 위험물이 발생하는 물질을 가열·건조하는 경우 내용적이 몇 세제곱미터 이상인 건조설비인 경우 건조실을 설치하는 건축물의 구조를 독립된 단층건물로 하여야 하는가? (단, 건조실을 건축물의 최상층에 설치하거나 건축물이 내화구조인 경우는 제외한다.)

① 1
② 10
③ 100
④ 1,000

해설) 위험물 또는 위험물이 발생하는 물질을 가열·건조하는 경우 내용적이 1세제곱미터 이상인 건조설비를 설치한다면, 독립된 단층건물 또는 건축물의 최상층에 설치하거나 내화구조를 가지고 있어야 한다.

정답 | 82 ③ 83 ③ 84 ③ 85 ④ 86 ① 87 ③ 88 ① 89 ①

90 산업안전보건법령상 다음 내용에 해당하는 폭발위험 장소는?

> 20종 장소 밖으로서 분진운 형태의 가연성 분진이 폭발농도를 형성할 정도의 충분한 양이 정상작동 중에 존재할 수 있는 장소를 말한다.

① 21종 장소   ② 22종 장소
③ 0종 장소   ④ 1종 장소

해설) "21종 장소"란 20종 장소 외의 장소로서, 분진운 형태의 가연성 분진이 폭발농도를 형성할 정도의 충분한 양이 정상작동 중에 존재할 수 있는 장소를 말한다.

91 다음 중 고체연소의 종류에 해당하지 않는 것은?

① 표면연소   ② 증발연소
③ 분해연소   ④ 예혼합연소

해설) 고체연소의 종류에는 표면연소, 분해연소, 증발연소, 자기연소 등이 있다.

92 다음 중 외부에서 화염, 전기불꽃 등의 착화원을 주지 않고 물질을 공기 중 또는 산소 중에서 가열할 경우에는 착화 또는 폭발을 일으키는 최저온도는 무엇인가?

① 인화온도   ② 연소점
③ 비등점   ④ 발화온도

해설) 가연성 물질을 공기 또는 산소 중에서 가열할 경우, 외부로부터의 점화원을 부여하지 않아도 스스로 연소가 시작되는 최저온도를 발화점(발화온도, 착화점, 착화온도)이라 한다.

93 산업안전보건법령상 위험물질의 종류에서 "폭발성 물질 및 유기과산화물"에 해당하는 것은?

① 리튬   ② 아조화합물
③ 아세틸렌   ④ 셀룰로이드류

해설) 아조화합물은 산업안전보건법령상 위험물질의 종류에서 "폭발성 물질 및 유기과산화물"에 해당한다.

94 산업안전보건법령상 다음 인화성 가스의 정의에서 ( ) 안에 알맞은 값은?

> "인화성 가스"란 인화한계 농도의 최저한도가 (㉠)% 이하 또는 최고한도와 최저한도의 차가 (㉡)% 이상인 것으로서 표준압력(101.3kPa), 20℃에서 가스 상태인 물질을 말한다.

① ㉠ 13, ㉡ 12   ② ㉠ 13, ㉡ 15
③ ㉠ 12, ㉡ 13   ④ ㉠ 12, ㉡ 15

해설) 인화성 가스란 인화 한계 농도의 최저한도가 13% 이하 또는 최고한도와 최저한도의 차가 12% 이상인 것으로서 표준압력(101.3kPa)하의 20℃에서 가스 상태인 물질을 말한다.

95 다음 중 관의 지름을 변경하고자 할 때 필요한 관 부속품은?

① elbow   ② reducer
③ plug   ④ valve

해설) 관로의 크기를 바꿀 때는 축소관(Reduce), 부싱(Bushing) 등의 부속을 사용한다.

96 다음 물질 중 물에 가장 잘 용해되는 것은?

① 아세톤   ② 벤젠
③ 톨루엔   ④ 휘발유

해설) 아세톤은 물에 잘 녹으며 유기용매로서 다른 유기물질과도 잘 섞이는 성질이 있어 일상생활에서 물로 지워지지 않은 유성페인트나 손톱용 에나멜 등을 지우는데 많이 쓰인다.

97 다음 중 반응기를 조작방식에 따라 분류할 때 이에 해당하지 않는 것은?

① 회분식 반응기   ② 반회분식 반응기
③ 연속식 반응기   ④ 관형식 반응기

해설) 관형식 반응기는 구조에 의한 분류이다.

정답 | 90 ① 91 ④ 92 ④ 93 ② 94 ① 95 ② 96 ① 97 ④

98 고압가스의 분류 중 압축가스에 해당되는 것은?

① 질소
② 프로판
③ 산화에틸렌
④ 염소

해설 | 압축가스로는 수소, 질소, 산소, 메탄 등이 있다.

99 다음 중 분진폭발의 특징으로 옳은 것은?

① 가스폭발보다 연소시간이 짧고, 발생에너지가 작다.
② 압력의 파급속도보다 화염의 파급속도가 빠르다.
③ 가스폭발에 비하여 불완전 연소가 적게 발생한다.
④ 주위의 분진에 의해 2차, 3차의 폭발로 파급될 수 있다.

해설 | 분진폭발은 주위 분진에 의해 2차, 3차 폭발로 파급될 수 있다.

100 다음 중 왕복펌프에 속하지 않는 것은?

① 피스톤 펌프
② 플런저 펌프
③ 기어 펌프
④ 격막 펌프

해설 | **왕복펌프**
원통형 실린더 내의 피스톤의 왕복운동에 의해서 직접 액체에 압력을 주는 펌프(플런저형, 버킷형, 피스톤형)

6과목
건설공사 안전관리

101 차량계 건설기계를 사용하여 작업을 할 때 기계의 넘어짐, 굴러 떨어짐에 의해 근로자가 위해를 입을 우려가 있을 때 사업주가 조치하여야 할 사항 중 옳지 않은 것은?

① 근로자의 출입금지 조치
② 하역운반기계를 유도하는 자 배치
③ 지반의 부동침하방지 조치
④ 갓길의 붕괴를 방지하기 위한 조치

해설 | 차량계 건설기계의 안전수칙 중 차량계 건설기계가 넘어지거나 굴러떨어짐으로써 근로자에게 위험을 미칠 우려가 있는 경우에는 유도하는 자를 배치하고 지반의 부동침하방지, 갓길의 붕괴방지 및 도로의 폭 유지 등 필요한 조치를 하여야 한다.

102 말비계를 조립하여 사용하는 경우에 지주부재와 수평면의 기울기는 최대 몇 도 이하로 하여야 하는가?

① 30°
② 45°
③ 60°
④ 75°

해설 | 말비계를 조립하여 사용하는 경우 지주부재와 수평면의 기울기를 75° 이하로 하고, 지주부재와 지주부재 사이를 고정하는 보조부재를 설치해야 한다.

103 비계(달비계, 다대비계 및 말비계는 제외)이 높이가 2m 이상인 작업장소에 설치하는 작업발판의 구조 및 설비에 관한 기준으로 옳지 않은 것은?

① 작업발판의 폭이 40cm 이상이 되도록 한다.
② 발판재료 간의 틈은 3cm 이하로 한다.
③ 작업발판을 작업에 따라 이동시킬 경우에는 위험방지에 필요한 조치를 한다.
④ 작업발판재료는 뒤집히거나 떨어지지 않도록 하나 이상의 지지물에 연결하거나 고정시킨다.

해설 | 작업발판재료는 뒤집히거나 떨어지지 않도록 둘 이상의 지지물에 연결하거나 고정시킬 것

104 차량계 하역운반기계의 안전조치사항 중 옳지 않은 것은?

① 최대제한속도가 시속 10km를 초과하는 차량계 건설기계를 사용하는 작업을 하는 경우 미리 작업장소의 지형 및 지반상태 등에 적합한 제한속도를 정하고, 운전자로 하여금 준수하도록 할 것
② 차량계 건설기계의 운전자가 운전위치를 이탈하는 경우 해당 운전자로 하여금 포크 및 버킷 등의 하역장치를 가장 높은 위치에 둘 것
③ 차량계 하역운반기계 등에 화물을 적재하는 경우 하중이 한쪽으로 치우치지 않도록 적재할 것
④ 차량계 건설기계를 사용하여 작업을 하는 경우 승차석이 아닌 위치에 근로자를 탑승시키기 말 것

해설 | 운전위치 이탈 시에는 포크 및 버킷 등의 하역장치를 가장 낮은 위치에 두어야 한다.

정답 | 98 ① 99 ④ 100 ③ 101 ① 102 ④ 103 ④ 104 ②

105 추락재해에 대한 예방 차원에서 고소작업의 감소를 위한 근본적인 대책으로 옳은 것은?

① 방망 설치
② 지붕트러스의 일체화 또는 지상에서 조립
③ 안전대 사용
④ 비계 등에 의한 작업대 설치

해설) 지붕트러스의 일체화 또는 지상에서 조립하는 경우 고소작업을 최소화 할 수 있다.

106 철골공사 시 안전작업방법 및 준수사항으로 옳지 않은 것은?

① 강풍, 폭우 등과 같은 악천우 시에는 작업을 중지하여야 하며 특히 강풍 시에는 높은 곳에 있는 부재나 공구류가 낙하비래 하지 않도록 조치하여야 한다.
② 철골부재 반입 시 시공순서가 빠른 부재는 상단부에 위치하도록 한다.
③ 구명줄 설치 시 마닐라 로프 직경 10mm를 기준하여 설치하고 작업방법을 충분히 검토하여야 한다.
④ 철골보의 두 곳을 매어 인양시킬 때 와이어로프의 내각은 60° 이하이어야 한다.

해설) 구명줄 설치 시 마닐라 로프 직경 16mm를 기준하여 설치해야 한다.

107 장비 자체보다 높은 장소의 땅을 굴착하는 데 적합한 장비는?

① 파워 셔블(Power Shovel) ② 불도저(Bulldozer)
③ 드래그라인(Drag line) ④ 클램쉘(Clam Shell)

해설) 파워 셔블은 굴삭기가 위치한 지면보다 높은 곳을 굴삭하는 데 적합하다.

108 유해·위험방지계획서 제출 시 첨부서류로 옳지 않은 것은?

① 공사현장의 주변 현황 및 주변과의 관계를 나타내는 도면
② 공사개요서
③ 전체공정표
④ 작업 인부의 배치를 나타내는 도면 및 서류

해설) 유해·위험방지계획서 제출 시 첨부서류
1. 공사개요
2. 안전보건관리계획
   ㉠ 산업안전보건관리비 사용계획
   ㉡ 안전관리조직표, 안전·보건교육계획
   ㉢ 개인보호구 지급계획
   ㉣ 재해발생 위험 시 연락 및 대피방법
3. 작업공종별 유해·위험방지계획

109 사업주가 유해위험방지 계획서 제출 후 건설공사 중 6개월 이내마다 안전보건공단의 확인을 받아야 할 내용이 아닌 것은?

① 유해위험방지 계획서의 내용과 실제공사 내용이 부합하는지 여부
② 유해위험방지 계획서 변경 내용의 적정성
③ 자율안전관리 업체 유해·위험방지 계획서 제출·심사 면제
④ 추가적인 유해·위험요인의 존재 여부

해설) 계획서 확인사항은 유해위험방지 계획서의 내용과 실제공사 내용이 부합하는지 여부, 유해위험방지 계획서 변경 내용의 적정성, 추가적인 유해·위험요인의 존재 여부가 해당된다.

110 다음은 굴착공사 표준안전 작업지침에 따른 트렌치 굴착 시 준수사항이다. 빈칸 안에 들어갈 내용으로 옳은 것은?

> 굴착폭은 작업 및 대피가 용이하도록 충분한 넓이를 확보하여야 하며, 굴착깊이가 2[m] 이상일 경우에는 (   ) 이상의 폭으로 한다.

① 1[m] ② 1.5[m]
③ 2[m] ④ 2.5[m]

해설) 트렌치 굴착 시 굴착폭은 작업 및 대피가 용이하도록 충분한 넓이를 확보하여야 하며, 굴착깊이가 2[m] 이상일 경우에는 1[m] 이상의 폭으로 한다.

정답 | 105 ② 106 ③ 107 ① 108 ④ 109 ③ 110 ①

111 건설업의 공사금액이 850억 원일 경우 산업안전보건법령에 따른 안전관리자의 수로 옳은 것은? (단, 전체 공사기간을 100으로 할 때 공사 전·후 15에 해당하는 경우는 고려하지 않는다.)

① 1명 이상 ② 2명 이상
③ 3명 이상 ④ 4명 이상

해설] 공사금액 800억 원 이상인 건설업의 경우 안전관리자는 2명 이상으로 배치해야 한다.

112 산업안전보건법령에 따른 양중기의 종류에 해당하지 않는 것은?

① 고소작업차 ② 이동식 크레인
③ 승강기 ④ 리프트(Lift)

해설] **양중기의 종류**
1. 크레인[호이스트(Hoist)를 포함]
2. 이동식 크레인
3. 리프트(이삿짐운반용 리프트의 경우에는 적재하중이 0.1톤 이상인 것으로 한정)
4. 곤돌라
5. 승강기

113 항타기 또는 항발기의 권상장치 드럼축과 권상장치로부터 첫 번째 도르래의 축 간 거리는 권상장치 드럼폭의 몇 배 이상으로 하여야 하는가?

① 5배 ② 8배
③ 10배 ④ 15배

해설] **도르래의 부착 등(「안전보건규칙」 제216조)**
항타기 또는 항발기의 권상장치의 드럼축과 권상장치로부터 첫 번째 도르래의 축 간의 거리를 권상장치 드럼 폭의 15배 이상으로 하여야 한다.

114 건설공사의 유해위험방지계획서 제출 기준일로 옳은 것은?

① 당해 공사 착공 1개월 전까지
② 당해 공사 착공 15일 전까지
③ 당해 공사 착공 전날까지
④ 당해 공사 착공 15일 후까지

해설] 유해위험방지계획서는 당해 공사 착공 전날까지 제출한다.

115 터널 지보공을 조립하거나 변경하는 경우에 조치하여야 하는 사항으로 옳지 않은 것은?

① 주재를 구성하는 1세트의 부재는 동일 평면 내에 배치할 것
② 목재의 터널 지보공은 그 터널 지보공의 각 부재의 긴압 정도가 위치에 따라 차이 나도록 할 것
③ 기둥에는 침하를 방지하기 위하여 받침목을 사용하는 등의 조치를 할 것
④ 강아치 지보공의 조립은 연결볼트 및 띠장 등을 사용하여 주재 상호 간을 튼튼하게 연결할 것

해설] 목재의 터널 지보공은 그 터널 지보공의 각 부재의 긴압 정도가 균등하게 되도록 하여야 한다.

116 와이어로프의 클립 고정 방법으로 옳은 것은?

①
②
③
④

해설] **와이어로프의 클립 고정 방법**

(적합)

117 이동식 비계를 조립하여 작업을 하는 경우의 준수기준으로 옳지 않은 것은?

① 비계의 최상부에서 작업을 할 때에는 안전난간을 설치하여야 한다.
② 작업발판의 최대적재하중은 40kg을 초과하지 않도록 한다.
③ 승강용 사다리는 견고하게 설치하여야 한다.
④ 작업발판은 항상 수평을 유지하고 작업발판 위에서 안전난간을 딛고 작업을 하거나 받침대 또는 사다리를 사용하여 작업하지 않도록 한다.

해설] 작업발판의 최대적재하중은 250kg을 초과하지 않도록 한다.

정답 | 111 ② 112 ① 113 ④ 114 ③ 115 ② 116 ① 117 ②

118 인력으로 하물을 인양할 때의 몸의 자세와 관련하여 준수하여야 할 사항으로 옳지 않은 것은?

① 한쪽 발은 들어 올리는 물체를 향하여 안전하게 고정하고 다른 발은 그 뒤에 안전하게 고정시킬 것
② 등은 항상 직립한 상태와 90도 각도를 유지하여 가능한 한 지면과 수평이 되도록 할 것
③ 팔은 몸에 밀착시키고 끌어당기는 자세를 취하며 가능한 한 수평거리를 짧게 할 것
④ 손가락으로만 인양물을 잡아서는 아니 되며 손바닥으로 인양물 전체를 잡을 것

해설 인력으로 하물을 인양할 때 등은 지면과 수직이 되도록 해야 한다.

119 강관을 사용하여 비계를 구성하는 경우 준수하여야 할 기준으로 옳지 않은 것은?

① 비계기둥의 간격은 띠장 방향에서는 1.85m 이하, 장선(長線) 방향에서는 1.5m 이하로 할 것
② 띠장 간격은 2.0m 이하로 할 것
③ 비계기둥의 제일 윗부분으로부터 31m 되는 지점 밑부분의 비계기둥은 3개의 강관으로 묶어 세울 것
④ 비계기둥 간의 적재하중은 400kg을 초과하지 않도록 할 것

해설 강관을 사용하여 비계를 구성하는 경우 비계기둥의 최고부로부터 31m 되는 지점 밑부분의 비계기둥은 2개의 강관으로 묶어 세워야 한다.

120 작업발판 및 통로의 끝이나 개구부로서 근로자가 추락할 위험이 있는 장소에서 난간 등의 설치가 매우 곤란하거나 작업의 필요상 임시로 난간 등을 해체하여야 하는 경우에 설치하여야 하는 것은?

① 구명구 ② 수직보호망
③ 추락방호망 ④ 석면포

해설 추락재해방지 설비 중 작업대 설치가 어렵거나 개구부 주위에 난간설치가 어려울 때 추락방호망을 설치한다.

정답 | 118 ② 119 ③ 120 ③

부록

2024년 2회

※ 2022년 2회 이후 CBT로 출제된 기출문제는 개정된 출제기준과 해당 회차의 기출 키워드 등을 분석하여 복원하였습니다.

1과목
산업재해 예방 및 안전보건교육

01 산업안전보건법상 근로자 안전·보건교육 과정별 교육시간이 잘못 연결된 것은?

① 일용근로자(계약기간 1주일 이하)의 채용 시의 교육 : 2시간 이상
② 일용근로자(계약기간 1주일 이하)의 작업내용 변경 시의 교육 : 1시간 이상
③ 사무직 종사 근로자의 정기교육 : 매반기 6시간 이상
④ 관리감독자의 지위에 있는 사람의 정기교육 : 연간 16시간 이상

해설 근로자 안전·보건교육

교육과정	교육대상	교육시간
채용 시 교육	1) 일용근로자 및 근로계약기간이 1주일 이하인 기간제 근로자	1시간 이상
	2) 근로계약기간이 1주일 초과 1개월 이하인 기간제 근로자	4시간 이상
	2) 그 밖의 근로자	8시간 이상

02 불안전한 행동을 예방하기 위하여 수정해야 할 조건 중 시간의 소요가 짧은 것부터 장시간 소요되는 순서대로 올바르게 연결된 것은?

① 집단행위 → 개인행위 → 지식 – 태도
② 지식 → 태도 → 개인행위 → 집단행위
③ 태도 → 지식 → 집단행위 → 개인행위
④ 개인행위 → 태도 → 지식 → 집단행위

해설 불안전한 행동을 예방하기 위하여 수정해야 할 조건들 중 시간의 소요가 짧은 순서 : 지식 → 태도 → 개인행위 → 집단행위

03 다음 중 관리감독자를 대상으로 교육하는 TWI의 교육 내용이 아닌 것은?

① 문제해결훈련 ② 작업지도훈련
③ 인간관계훈련 ④ 작업방법훈련

해설 TWI(Training Within Industry)
주로 관리감독자를 대상으로 하며 전체 교육시간은 10시간(1일 2시간씩 5일 교육)으로 실시한다. 한 그룹에 10명 내외로 토의법과 실연법 중심으로 강의가 실시되며 훈련의 종류는 다음과 같다.
① 작업지도훈련(JIT, Job Instruction Training)
② 작업방법훈련(JMT, Job Method Training)
③ 인간관계훈련(JRT, Job Relations Training)
④ 작업안전훈련(JST, Job Safety Training)

04 안전교육훈련의 진행 제3단계에 해당하는 것은?

① 적용 ② 제시
③ 도입 ④ 확인

해설 안전교육의 진행 4단계
• 1단계 : 도입(준비) • 2단계 : 제시(설명) • 3단계 : 적용(응용) • 4단계 : 평가(확인)

05 「보호구 안전인증 고시」상 안전인증 방독마스크의 정화통 외부 측면의 표시색이 회색이 아닌 것은?

① 할로겐용 정화통 ② 황화수소용 정화통
③ 시안화수소용 정화통 ④ 암모니아용 정화통

해설 정화통의 외부측면의 표시색

종류	표시색
유기화합물용 정화통	갈색
할로겐용 정화통	회색
황화수소용 정화통	
시안화수소용 정화통	
아황산용 정화통	노란색
암모니아용(유기가스) 정화통	녹색

정답 | 01 ① 02 ② 03 ① 04 ① 05 ④

06 다음 설명의 학습지도 형태는 어떤 토의법 유형인가?

> 6-6회의라고도 하며, 6명씩 소집단으로 구분하고, 집단별로 각각의 사회자를 선발하여 6분간씩 자유토의를 행하여 의견을 종합하는 방법

① 포럼(Forum)
② 버즈세션(Buzz session)
③ 케이스 메소드(case method)
④ 패널 디스커션(Panel Discussion)

[해설] **버즈세션(Buzz Session)**
6-6회의라고도 하며, 먼저 사회자와 기록계를 선출한 후 나머지 사람은 6명씩의 소집단으로 구분하고, 소집단별로 각각 사회자를 선발하여 6분씩 자유토의를 행하여 의견을 종합하는 방법이다.

07 재해의 발생형태 중 다음 그림이 나타내는 것은?

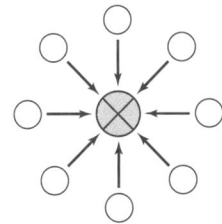

① 단순연쇄형
② 복합연쇄형
③ 단순자극형
④ 복합형

[해설] **단순자극형(집중형)**
상호자극에 의하여 순간적으로 재해가 발생하는 유형으로 재해가 일어난 장소나 그 시점에 일시적으로 요인이 집중된다.

08 길포드의 Y-G 성격검사에서 정서불안적, 활동적, 외향적 성향에 해당하는 형의 종류는?

① A형
② B형
③ C형
④ D형

[해설] **길포드의 Y-G 성격검사 프로필 유형**
- A형(평균형) : 조화적, 적응적
- B형(우편형) : 정서불안적, 활동적, 외향적
- C형(좌편형) : 안전소극형
- D형(우하형) : 안정, 적응, 적극형
- E형(좌하형) : 불안정, 부적응, 수동형

09 학습을 자극(Stimulus)에 의한 반응(Response)으로 보는 이론에 해당하는 것은?

① 장설(Field Theory)
② 통찰설(Insight Theory)
③ 기호형태설(Sign-gestalt Theory)
④ 시행착오설(Trial and Error Theory)

[해설] **자극과 반응(S-R, Stimulus & Response) 이론**
1. 손다이크(Thorndike)의 시행착오설
2. 파블로프(Pavlov)의 조건반사설
3. 스키너(Skinner)의 조작적 조건형성 이론

10 산업안전보건법령상 협의체 구성 및 운영에 관한 사항으로 ( )에 알맞은 내용은?

> 도급인은 관계수급인 근로자가 도급인의 사업장에서 작업을 하는 경우 도급인과 수급인을 구성원으로 하는 안전 및 보건에 관한 협의체를 구성 및 운영하여야 한다. 이 협의체는 ( ) 정기적으로 회의를 개최하고 그 결과를 기록·보존해야 한다.

① 매월 1회 이상
② 2개월마다 1회
③ 3개월마다 1회
④ 6개월마다 1회

[해설] 도급인과 관계수급인을 구성원으로 하는 안전·보건에 관한 협의체는 매월 1회 이상 정기적으로 회의를 개최하고 그 결과를 기록·보존하여야 한다.

11 다음 중 학습지도의 원리를 올바르게 고른 것은?

> ㉠ 직관의 원리
> ㉡ 개별화의 원리
> ㉢ 사회화의 원리
> ㉣ 자발성의 원리

① ㉠, ㉢
② ㉠, ㉡, ㉢
③ ㉠, ㉡, ㉢, ㉣
④ ㉢, ㉣

[해설] **학습지도 이론**
1. 자발성의 원리 : 학습자 스스로 학습에 참여해야 한다는 원리
2. 개별화의 원리 : 학습자가 가지고 있는 각각의 요구 및 능력에 맞게 지도해야 한다는 원리
3. 사회화의 원리 : 공동학습을 통해 협력과 사회화를 도와준다는 원리
4. 통합의 원리 : 학습을 종합적으로 지도하는 것으로 학습자의 능력을 조화있게 발달시키는 원리
5. 직관의 원리 : 구체적인 사물을 제시하거나 경험 등을 통해 학습효과를 거둘 수 있다는 원리

정답 | 06 ② 07 ③ 08 ② 09 ④ 10 ① 11 ③

12 위험예지훈련 4단계의 진행 순서를 바르게 나열한 것은?

① 목표 설정 → 현상 파악 → 대책 수립 → 본질 추구
② 목표 설정 → 현상 파악 → 본질 추구 → 대책 수립
③ 현상 파악 → 본질 추구 → 대책 수립 → 목표 설정
④ 현상 파악 → 본질 추구 → 목표 설정 → 대책 수립

[해설] **위험예지훈련의 추진을 위한 문제해결 4단계(4라운드)**
- 1라운드 : 현상 파악(사실의 파악)
- 2라운드 : 본질 추구(원인 조사)
- 3라운드 : 대책 수립(대책을 세움)
- 4라운드 : 목표 설정(행동계획 작성)

13 상황성 누발자의 재해유발원인이 아닌 것은?

① 심신의 근심
② 작업의 어려움
③ 도덕성의 결여
④ 기계설비의 결함

[해설] **사고경향성자(재해누발자)의 유형**
1. 미숙성 누발자 : 환경에 익숙하지 못하거나 기능 미숙으로 인한 재해 누발자
2. 상황성 누발자 : 작업이 어려운 경우, 기계설비의 결함, 주의력의 집중이 혼란된 경우, 심신의 근심으로 사고 경향자가 되는 경우(상황이 변하면 안전한 성향으로 바뀜)
3. 습관성 누발자 : 재해의 경험으로 신경과민이 되거나 슬럼프에 빠지기 때문에 사고경향성자가 되는 경우
4. 소질성 누발자 : 지능, 성격, 감각운동 등에 의한 소질적 요소에 의해서 결정되는 특수성격의 소유자

14 안전·보건 교육계획 수립 시 고려사항 중 틀린 것은?

① 필요한 정보를 수집한다.
② 현장의 의견을 고려하지 않는다.
③ 지도안은 교육대상을 고려하여 작성한다.
④ 법령에 의한 교육에만 그치지 않아야 한다.

[해설] **안전 교육계획 수립 시 고려사항**
- 필요한 정보를 수집한다.
- 현장의 의견을 충분히 반영한다.
- 안전교육 시행체계와의 관련을 고려한다.
- 법 규정에 의한 교육에만 그치지 않는다.

15 운동의 시지각(착각현상) 중 자동운동이 발생하기 쉬운 조건에 해당하지 않는 것은?

① 광점이 작은 것
② 대상이 단순한 것
③ 광의 강도가 큰 것
④ 시야의 다른 부분이 어두운 것

[해설] 자동운동은 암실 내에서 정지된 작은 광점을 응시하면 움직이는 것처럼 보이는 현상으로 다음의 조건에서 쉽게 발생한다.
- 광점이 작을수록
- 시야의 다른 부분이 어두울수록
- 광의 강도가 작을수록
- 대상이 단순할수록

16 학습지도의 형태 중 참가자에게 일정한 역할을 주어 실제적으로 연기를 시켜봄으로써 자기의 역할을 보다 확실히 인식시키는 방법은?

① 포럼(Forum)
② 심포지엄(Symposium)
③ 롤 플레잉(Role playing)
④ 사례연구법(Case study method)

[해설] 롤 플레잉(Role Playing) : 작업 전 5분간 미팅의 시나리오를 작성하여 그 시나리오를 보고 멤버들이 연기함으로써 체험학습을 시키는 것

17 다음 중 「산업안전보건법령」상 중대재해(Major Accident)에 해당되지 않는 것은?

① 3개월 이상의 요양을 요하는 부상자가 동시에 2명 이상 발생한 재해
② 직업성 질병자가 동시에 5명 이상 발생한 재해
③ 부상자가 동시에 10명 이상 발생한 재해
④ 사망자가 1명 이상 발생한 재해

[해설] **중대재해**
사망자가 1명 이상 발생한 재해, 3월 이상의 요양을 요하는 부상자가 동시에 2명 이상 발생한 재해, 부상자 또는 직업성 질병자가 동시에 10명 이상 발생한 재해를 말한다.

정답 | 12 ③ 13 ③ 14 ② 15 ③ 16 ③ 17 ②

18 A 사업장의 현황이 다음과 같을 때 이 사업장의 강도율은?

- 근로자수 : 500명
- 연근로시간수 : 2,400시간
- 신체장해등급
  - -2급 : 3명
  - -10급 : 5명
- 의사의 진단에 의한 휴업일수 : 1,500일

① 0.22 ② 2.22
③ 22.28 ④ 222.88

해설
- 강도율 = $\dfrac{\text{근로손실일수}}{\text{연근로시간수}} \times 1,000$
- 근로손실일수
  - 사망 및 영구 전노동 불능(장애등급 1~3급) : 7,500일
  - 영구 일부노동 불능(4~14등급)

등급	4	5	6	7	8	9	10	11	12	13	14
일수	5500	4000	3000	2200	1500	1000	600	400	200	100	50

  - 일시 전노동 불능(의사의 진단에 따라 일정기간 노동에 종사할 수 없는 상해)

  휴직일수 $\times \dfrac{300}{365}$

- 연근로시간수 = 실근로자수 × 근로자 1인당 연간 근로시간 수
- 근로손실일 수 = 1,500 × (300/365) + 7,500 × 3 + 600 × 5
- 연근로총시간 = 500 × 2,400

따라서 강도율은

$\dfrac{1,500 \times \dfrac{300}{365} + 7,500 \times 3 + 600 \times 5}{500 \times 2,400} \times 1,000 ≒ 22.28$

19 다음 중 집단에서의 인간관계 메커니즘(Mechanism)과 가장 거리가 먼 것은?

① 동일화, 일체화 ② 커뮤니케이션, 공감
③ 모방, 암시 ④ 분열, 강박

해설 인간관계 메커니즘
1. 동일화(Identification)
2. 커뮤니케이션(Communication)
3. 모방(Imitation)

20 다음 중 한번 학습한 결과가 다른 학습이나 반응에 영향을 주는 것으로 특히 학습효과를 설명할 때 많이 쓰이는 용어는?

① 학습의 역습 ② 학습곡선
③ 학습의 전이 ④ 망각곡선

해설 학습의 전이

학습의 전이(Transference)란 어떤 내용을 학습한 결과가 다른 학습이나 반응에 영향을 주는 현상이다.

2과목
인간공학 및 위험성 평가·관리

21 음향기기 부품 생산공장에서 안전업무를 담당하는 OOO 대리는 공장 내부에 경보등을 설치하는 과정에서 도움이 될 만한 몇 가지 지식을 적용하고자 한다. 적용 지식으로 옳은 것은?

① 신호 대 배경의 휘도대비가 작을 때는 백색신호가 효과적이다.
② 광원의 노출시간이 1초 미만이면 광속발산도는 작아야 한다.
③ 표적의 크기가 커짐에 따라 광도의 역치가 안정되는 노출시간은 증가한다.
④ 배경광 중 점멸 잡음광의 비율이 10% 이상이면 점멸등은 사용하지 않는 것이 좋다.

해설 배경광
- 배경 불빛이 신호등과 비슷하면 신호광의 식별이 힘들어진다.
- 만약 점멸 잡음광의 비율이 10% 이상이면 상점등을 신호로 사용하는 것이 더 효과적이다.

22 다음 중 산업안전보건법상 유해·위험방지계획서의 심사결과에 따른 구분·판정의 종류에 해당하지 않는 것은?

① 보류 ② 부적정
③ 적정 ④ 조건부 적정

정답 | 18 ③ 19 ④ 20 ③ 21 ④ 22 ①

해설 심사 결과의 구분(「산업안전보건법 시행규칙」 제123조)
공단은 유해·위험방지계획서의 심사 결과에 따라 다음 각 호와 같이 구분·판정한다.
1. 적정 : 근로자의 안전과 보건을 위하여 필요한 조치가 구체적으로 확보되었다고 인정되는 경우
2. 조건부 적정 : 근로자의 안전과 보건을 확보하기 위하여 일부 개선이 필요하다고 인정되는 경우
3. 부적정 : 기계·설비 또는 건설물이 심사기준에 위반되어 공사착공 시 중대한 위험발생의 우려가 있거나 계획에 근본적 결함이 있다고 인정되는 경우

23 다음 중 인간과 주위의 열교환 과정을 나타내는 열균형 방정식에 적용되는 요소가 아닌 것은?

① 대류   ② 복사
③ 증발   ④ 반사

해설 열균형 방정식
S(열축적) $= M$(대사율) $- E$(증발) $\pm R$(복사) $\pm C$(대류) $- W$(한 일)

24 쾌적환경에서 추운 환경으로 변화 시 신체의 조절작용이 아닌 것은?

① 피부온도가 내려간다.
② 직장온도가 약간 내려간다.
③ 몸이 떨리고 소름이 돋는다.
④ 피부를 경유하는 혈액 순환량이 감소한다.

해설 적절한 온도에서 한랭 환경으로 변할 때의 신체의 조절작용
• 피부온도가 내려간다.
• 혈액은 피부를 경유하는 순환량이 감소하고 많은 양의 혈액이 몸의 중심부를 순환한다.
• 소름이 돋고 몸이 떨린다.
• 직장(直腸)온도가 약간 올라간다.

25 소음으로부터 30[m] 떨어진 곳의 음압수준이 140[dB]이면 3,000[m] 떨어진 곳의 음의 강도는 얼마인가?

① 100[dB]   ② 110[dB]
③ 120[dB]   ④ 140[dB]

해설 $dB_2 = dB_1 - 20\log\dfrac{d_2}{d_1} = 140 - 20\log\dfrac{3,000}{30} = 100$

26 정성적 표시장치의 설명으로 틀린 것은?

① 정성적 표시장치의 근본 자료 자체는 정량적인 것이다.
② 전력계에서와 같이 기계적 혹은 전자적으로 숫자가 표시된다.
③ 색채 부호가 부적합한 경우에는 계기판 표시 구간을 형상 부호화하여 나타낸다.
④ 연속적으로 변하는 변수의 대략적인 값이나 변화추세, 변화율 등을 알고자 할 때 사용된다.

해설 기계적 혹은 전자적으로 숫자가 표시되는 것은 계수형 표시장치이다.
정성적 표시장치
온도, 압력, 속도와 같은 연속적으로 변하는 변수의 대략적인 값이나 변화추세 등을 나타낼 때 사용한다.

27 인간공학 연구조사에 사용되는 기준의 구비조건과 가장 거리가 먼 것은?

① 다양성   ② 적절성
③ 무오염성 ④ 기준 척도의 신뢰성

해설 체계기준의 구비조건
1. 실제적 요건
2. 신뢰성
3. 타당성(적절성)
4. 순수성(무오염성)
5. 민감도

28 다음 중 신호검출이론(SDT)에서 두 정규분포 곡선이 교차하는 부분에 판별기준이 놓였을 경우 Beta 값으로 옳은 것은?

① Beta=0   ② Beta<1
③ Beta=1   ④ Beta>1

해설 신호검출이론(SDT ; Signal Detection Theory)
• 배경소음(Noise)이 신호검출에 미치는 영향을 다루며 소음이 정규분포(normal distribution)를 따른다고 가정한다.
• 기준점에서 두 곡선의 높이의 비(신호/소음)를 β(베타)라고 하며 두 정규분포 곡선이 교차하는 부분에 판별기준이 놓였을 경우 β(베타)=1이다.

29 THERP(Technique for Human Error Rate Prediction)의 특징에 대한 설명으로 옳은 것을 모두 고른 것은?

> ㉠ 인간-기계 계(SYSTEM)에서 여러 가지의 인간의 에러와 이에 의해 발생할 수 있는 위험성의 예측과 개선을 위한 기법
> ㉡ 인간의 과오를 정성적으로 평가하기 위하여 개발된 기법
> ㉢ 가지처럼 갈라지는 형태의 논리구조와 나무형태의 그래프를 이용

① ㉠, ㉡
② ㉠, ㉢
③ ㉡, ㉢
④ ㉠, ㉡, ㉢

[해설] **THERP(인간과오율 추정법)**
확률론적 안전기법으로서 인간의 과오에 기인된 사고원인을 분석하기 위하여 100만 운전시간당 과오도수를 기본 과오율로 하여 인간의 기본 과오율을 평가하는 기법

30 인체측정에 대한 설명으로 옳은 것은?

① 인체측정은 동적측정과 정적측정이 있다.
② 인체측정학은 인체의 생화학적 특징을 다룬다.
③ 자세에 따른 인체지수의 변화는 없다고 가정한다
④ 측정항목에 무게, 둘레, 두께, 길이는 포함되지 않는다.

[해설] 인체측정(계측)에는 구조적 인체 치수(정적측정)와 기능적 인체 치수(동적측정)이 있다.

31 음량수준을 평가하는 척도와 관계없는 것은?

① dB
② HSI
③ phon
④ sone

[해설]
1. HSI는 열압박지수이다. 열압박지수에서 고려할 항목에는 공기속도, 습도, 온도가 있다.
2. sone 음량수준 : 다른 음의 상대적인 주관적 크기 비교. 40dB의 1,000Hz 순음 크기(=40phon)를 1sone으로 정의, 기준음보다 10배 크게 들리는 음이 있다면 이 음의 음량은 10sone이다.

32 동작경제의 원칙과 가장 거리가 먼 것은?

① 급작스러운 방향의 전환은 피하도록 할 것
② 가능한 관성을 이용하여 작업하도록 할 것
③ 두 손의 동작은 같이 시작하고 같이 끝나도록 할 것
④ 두 팔의 동작은 동시에 같은 방향으로 움직일 것

[해설] 팔의 동작은 서로 반대의 대칭적인 방향으로 행하며 동시에 행해야 한다.

33 다음 중 생산설비의 보전작업의 종류와 그 설명이 옳지 않은 것은?

① 예방보전 : 고장이 생기기 전에 주기적으로 실시하는 보전활동으로, 적정주기를 정하고 그 주기에 따라 수리·교환한다.
② 예비보전 : 설계에서 폐기에 이르기까지 기계설비의 전과정에서 소요되는 설비의 열화손실과 보전비용을 최소화하여 생산성을 향상시키는 보전방법을 말한다.
③ 일상보전 : 설비의 열화를 방지하고 그 진행을 지연시켜 수명을 연장하기 위한 보전을 말한다.
④ 사후보전 : 생산설비, 장치 또는 기기의 기능저하나 기능정지가 발생된 후에 보수나 교환을 하는 보전활동을 말한다.

[해설] 설계에서 폐기에 이르기까지 기계설비의 전과정에서 소요되는 설비의 열화손실과 보전비용을 최소화하여 생산성을 향상시키는 보전방법은 생산보전(PM, Productive Maintenance)이다.

34 인체에서 뼈의 주요 기능이 아닌 것은?

① 인체의 지주
② 장기의 보호
③ 골수의 조혈
④ 근육의 대사

[해설] 뼈의 주요기능은 지주역할, 장기보호, 골수조혈기능 등이 있다.

35 체계설계 과정의 주요단계가 다음과 같을 때 인간·하드웨어·소프트웨어의 기능 할당, 인간성능 요건 명세, 직무분석, 작업설계 등의 활동을 하는 단계는?

> • 목표 및 성능 명세 결정 • 체계의 정의
> • 기본 설계 • 계면 설계
> • 촉진물 설계 • 시험 및 평가

① 체계의 정의
② 기본 설계
③ 계면 설계
④ 촉진물 설계

[해설] **기본 설계**
인간·하드웨어·소프트웨어의 기능 할당, 인간성능 요건 명세, 직무분석, 작업설계 등을 한다.

정답 | 29 ② 30 ① 31 ② 32 ④ 33 ② 34 ④ 35 ②

36 예비위험분석(PHA)에서 식별된 사고의 범주가 아닌 것은?

① 중대(critical)　　② 한계적(marginal)
③ 파국적(catastrophic)　④ 수용 가능(acceptable)

해설 PHA에 의한 위험등급
- Class-1 : 파국(Catastrophic)[시스템 손상]
- Class-2 : 중대(Critical)[시스템 생존을 위해 즉시 시정조치 필요]
- Class-3 : 한계적(Marginal)[시스템 손상없이 배제 또는 제거 가능]
- Class-4 : 무시 가능(Negligible)[시스템 성능 손상 없음]

37 다음 중 인간이 현존하는 기계보다 우월한 기능이 아닌 것은?

① 귀납적으로 추리한다.
② 원칙을 적용하여 다양한 문제를 해결한다.
③ 다양한 경험을 토대로 하여 의사결정을 한다.
④ 명시된 절차에 따라 신속하고, 정량적인 정보처리를 한다.

해설 명시된 절차에 따라 신속하고, 정량적인 정보처리를 하는 것은 기계가 인간보다 우월한 기능이다.

38 인간공학의 궁극적인 목적과 가장 관계가 깊은 것은?

① 경제성 향상　　② 인간 능력의 극대화
③ 설비의 가동률 향상　④ 안전성 및 효율성 향상

해설 인간공학의 궁극적인 목적은 작업자의 안전, 작업능률, 편리성, 쾌적성(만족도)을 향상시키고자 함에 있다.

39 정신작업 부하를 측정하는 척도를 크게 4가지로 분류할 때 심박수의 변동, 뇌 전위, 동공 반응 등 정보처리에 중추 신경계 활동이 관여하고 그 활동이나 징후를 측정하는 것은?

① 주관적(subjective) 척도
② 생리적(physiological) 척도
③ 주 임무(primary task) 척도
④ 부 임무(secondary task) 척도

해설 인간에 대한 모니터링 방식
생리학적 모니터링 방법 : 맥박수, 체온, 호흡 속도, 혈압, 뇌파 등의 척도를 이용하여 인간 자체의 상태를 생리적으로 모니터링하는 방법

40 고용노동부 고시의 근골격계부담작업의 범위에서 근골격계부담작업에 대한 설명으로 틀린 것은?

① 하루에 10회 이상 25kg 이상의 물체를 드는 작업
② 하루에 총 2시간 이상 쪼그리고 앉거나 무릎을 굽힌 자세에서 이루어지는 작업
③ 하루에 총 2시간 이상 집중적으로 자료입력 등을 위해 키보드 또는 마우스를 조작하는 작업
④ 하루에 총 2시간 이상 지지되지 않은 상태에서 4.5kg 이상의 물건을 한 손으로 들거나 동일한 힘으로 쥐는 작업

해설 하루에 4시간 이상 집중적으로 자료입력 등을 위해 키보드 또는 마우스를 조작하는 작업이 해당된다.

3과목
기계·기구 및 설비 안전관리

41 자분탐상검사에서 사용하는 자화방법이 아닌 것은?

① 축통전법　　② 전류관통법
③ 극간법　　　④ 임피던스법

해설 자분탐상검사의 자화방법
- 축통전법
- 직각통전법
- 프로드법
- 전류관통법
- 코일법
- 극간법
- 자속관통법

42 와이어로프 호칭이 '6×19'라고 할 때 숫자 '6'이 의미하는 것은?

① 소선의 지름(mm)　② 소선의 수량(wire 수)
③ 꼬임의 수량(strand 수)　④ 로프의 최대 인장강도(MPa)

해설 로프의 구성은 로프의 "스트랜드 수×소선의 개수"로 표시하며, 크기는 단면 외접원의 지름으로 나타낸다.

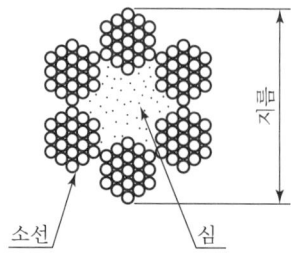

정답 | 36 ④　37 ④　38 ④　39 ②　40 ③　41 ④　42 ③

43 연평균 500명의 근로자가 근무하는 사업장에서 지난 한해 동안 20건의 재해가 발생하였다. 만약 이 사업장에서 한 작업자가 평생 동안 작업을 한다면 약 몇 건의 재해를 당할 수 있겠는가? (단, 1인당 평생근로시간은 120,000시간으로 한다)

① 1건 ② 2건
③ 4건 ④ 6건

해설
- 도수율 = $\dfrac{\text{재해건수}}{\text{연근로시간수}} \times 10^6 = \dfrac{20}{500 \times 8 \times 300} \times 10^6$
  $= 16.67$
- 환산도수율 = 도수율 $\times \dfrac{120,000}{1,000,000}$
  $= 16.67 \times \dfrac{120,000}{1,000,000} \fallingdotseq 2$

한 작업자가 평생 2건의 재해를 당할 수 있다.

44 다음 중 소음방지대책으로 가장 적절하지 않은 것은?

① 소음의 통제 ② 소음의 적응
③ 흡음재 사용 ④ 보호구 착용

해설 **소음 감소 조치(「안전보건규칙」 제513조)**
사업주는 강렬한 소음작업이나 충격소음작업 장소에 대하여 기계·기구 등의 대체, 시설의 밀폐·흡음(吸音) 또는 격리 등 소음 감소를 위한 조치를 하여야 한다.

청력보호구의 지급 등(「안전보건규칙」 제516조)
사업주는 근로자가 소음작업, 강렬한 소음작업 또는 충격소음작업에 종사하는 경우에 근로자에게 청력보호구를 지급하고 착용하도록 하여야 한다.

45 롤러기의 앞면 롤의 지름이 300mm, 분당회전수가 30회일 경우 허용되는 급정지장치의 급정지거리는 약 몇 mm 이내이어야 하는가?

① 37.7 ② 31.4
③ 377   ④ 314

해설 $V = \dfrac{\pi DN}{1,000} = \dfrac{\pi \times 300 \times 30}{1,000} = 28.2 \text{m/min}$

급정지거리 = $\dfrac{\text{앞면 롤러 원주}}{3} = \dfrac{\pi \times 300}{3} = 314\text{mm}$

앞면 롤러의 표면속도(m/min)	급정지거리
30 미만	앞면 롤러 원주의 1/3
30 이상	앞면 롤러 원주의 1/2.5

46 산업안전보건법령상 형삭기(slotter, shaper)의 주요 구조부로 가장 거리가 먼 것은? (단, 수치제어식은 제외한다.)

① 공구대 ② 공작물 테이블
③ 램   ④ 아버

해설 형삭기의 주요구조부는 공구대, 공작물 테이블, 램이 있다. 아버(Arbor)는 공작 기계로서 절삭공구를 부착하는 작은 축으로 밀링머신에 장치하여 사용된다.

47 기계설비에서 기계 고장률의 기본 모형으로 옳지 않은 것은?

① 조립 고장 ② 초기 고장
③ 우발 고장 ④ 마모 고장

해설 **고장률의 유형**
- 초기 고장(감소형)
- 우발 고장(일정형)
- 마모 고장(증가형)

48 산업안전보건법령상 보일러의 압력방출장치가 2개 설치된 경우 그중 1개는 최고사용압력 이하에서 작동된다고 할 때 다른 압력방출장치는 최고사용압력의 최대 몇 배 이하에서 작동되도록 하여야 하는가?

① 0.5   ② 1
③ 1.05 ④ 2

해설 **압력방출장치(안전밸브)의 설치(「안전보건규칙」 제116조)**
사업주는 보일러의 안전한 가동을 위하여 보일러 규격에 맞는 압력방출장치를 1개 또는 2개 이상 설치하고 최고사용압력 이하에서 작동되도록 하여야 한다. 다만, 압력방출장치가 2개 이상 설치된 경우에는 최고사용압력 이하에서 1개가 작동되고, 다른 압력방출장치는 최고사용압력 1.05배 이하에서 작동되도록 부착하여야 한다.

49 다음 중 지게차의 안정도에 관한 설명으로 틀린 것은?

① 지게차의 등판능력을 표시한다.
② 좌우 안정도와 전후 안정도가 있다.
③ 주행과 하역작업의 안정도가 다르다.
④ 작업 또는 주행 시 안정도 이하로 유지해야 한다.

해설 지게차의 안정도 : 수평지면의 길이에 대한 경사 높이로 나타낸다.

정답 | 43 ② 44 ② 45 ④ 46 ④ 47 ① 48 ③ 49 ①

50 산업안전보건법령상 용해아세틸렌의 가스집합용접장치의 배관 및 부속기구에는 구리나 구리 함유량이 몇 퍼센트 이상인 합금을 사용할 수 없는가?

① 40% ② 50%
③ 60% ④ 70%

[해설] **구리의 사용 제한(「안전보건규칙」 제294조)**
용해아세틸렌의 가스집합용접장치의 배관 및 부속기구는 구리나 구리 함유량이 70퍼센트 이상인 합금을 사용해서는 아니 된다. → 사용 시 아세틸라이드라는 폭발성 물질이 생성된다.

51 NIOSH 지침에서 최대허용한계(MPL)는 활동한계(AL)의 몇 배인가?

① 1배 ② 3배
③ 5배 ④ 9배

[해설] **중량물 취급 시 감시기준(활동한계, AL)과 최대허용기준(MPL)의 관계식**
MPL = 3AL

52 산업안전보건법령에 따라 레버풀러(lever puller) 또는 체인블록(chain block)을 사용하는 경우 훅의 입구(hook mouth) 간격이 제조자가 제공하는 제품사양서 기준으로 몇 % 이상 벌어진 것은 폐기하여야 하는가?

① 3 ② 5
③ 7 ④ 10

[해설] **레버풀리 또는 체인블록 사용 시 주의사항**
훅의 입구(Hook Mouth) 간격이 제조자가 제공하는 제품사양서 기준으로 10퍼센트 이상 벌어진 것은 폐기할 것

53 크레인의 방호장치에 해당되지 않은 것은?

① 권과방지장치 ② 과부하방지장치
③ 비상정지장치 ④ 자동보수장치

[해설] **크레인의 방호장치**
크레인에는 과부하방지장치·권과방지장치·비상정지장치 및 브레이크장치 등 방호장치를 부착하고 유효하게 작동될 수 있도록 미리 조정하여 두어야 한다.

54 산업안전보건법령에 따라 사다리식 통로를 설치하는 경우 준수하여야 하는 사항으로 틀린 것은?

① 사다리식 통로의 기울기는 60도 이하로 할 것
② 발판과 벽과의 사이는 15cm 이상의 간격을 유지할 것
③ 사다리의 상단은 걸쳐놓은 지점으로부터 60cm 이상 올라가도록 할 것
④ 사다리식 통로의 길이가 10m 이상인 경우에는 5m 이내마다 계단참을 설치할 것

[해설] **사다리식 통로의 구조(「안전보건규칙」 제24조)**
사다리식 통로의 기울기는 75° 이하로 할 것. 다만, 고정식 사다리식 통로의 기울기는 90° 이하로 하고, 그 높이가 7m 이상인 경우에는 바닥으로부터 높이가 2.5m 되는 지점부터 등받이울을 설치할 것

55 500rpm으로 회전하는 연삭숫돌의 지름이 300mm일 때 회전속도(m/min)는?

① 471 ② 551
③ 751 ④ 1,025

[해설] 숫돌의 원주속도 : $v = \dfrac{\pi DN}{1,000}$ (m/min)
[여기서, D : 지름(mm), N : 회전수(rpm)]
$v = \dfrac{\pi DN}{1,000} = \dfrac{\pi \times 300 \times 500}{1,000} = 471$ (m/min)

56 방호장치의 설치목적과 가장 관계가 먼 것은?

① 가공물 등의 낙하에 의한 위험 방지
② 위험부위와 신체의 접촉 방지
③ 방음이나 집진
④ 주유나 검사의 편리성

[해설] 주유나 검사의 편리성 때문에 방호장치(방호덮개)를 설치하지는 않는다.

57 산업안전보건기준에 관한 규칙상 '강렬한 소음 작업'에 해당하는 기준은?

① 85데시벨 이상의 소음이 1일 4시간 이상 발생하는 작업
② 85데시벨 이상의 소음이 1일 8시간 이상 발생하는 작업
③ 90데시벨 이상의 소음이 1일 4시간 이상 발생하는 작업
④ 90데시벨 이상의 소음이 1일 8시간 이상 발생하는 작업

해설 | **강렬한 소음작업**
- 90dB 이상의 소음이 1일 8시간 이상 발생되는 작업
- 95dB 이상의 소음이 1일 4시간 이상 발생되는 작업
- 100dB 이상의 소음이 1일 2시간 이상 발생되는 작업
- 105dB 이상의 소음이 1일 1시간 이상 발생되는 작업
- 110dB 이상의 소음이 1일 30분 이상 발생되는 작업
- 115dB 이상의 소음이 1일 15분 이상 발생되는 작업

58 지게차의 안정을 유지하기 위한 안정도 기준으로 틀린 것은?

① 5톤 미만의 부하 상태에서 하역작업 시의 전후 안정도는 4% 이내이어야 한다.
② 부하 상태에서 하역작업 시의 좌우 안정도는 10% 이내이어야 한다.
③ 무부하 상태에서 주행 시의 좌우 안정도는 (15+1.1XV)% 이내이어야 한다. (단, V는 구내 최고속도[km/h]이다.)
④ 부하 상태에서 주행 시 전후 안정도는 18% 이내이어야 한다.

해설 | **지게차의 안정도**

종류	안정도
하역작업 시의 전후 안정도	4% (5톤 이상은 3.5%)
주행 시의 전후 안정도	18%
하역작업 시의 좌우 안정도	6%
주행 시의 좌우 안정도	(15+1.1V)% V는 최고 속도(km/h)

59 크레인의 방호장치에 대한 설명으로 틀린 것은?

① 권과방지장치를 설치하지 않은 크레인에 대해서는 권상용 와이어로프에 위험표시를 하고 경보장치를 설치하는 등 권상용 와이어로프가 지나치게 감겨서 근로자가 위험해질 상황을 방지하기 위한 조치를 하여야 한다.
② 운반물의 중량이 초과되지 않도록 과부하방지장치를 설치하여야 한다.
③ 크레인이 필요한 상황에서는 저속으로 중지시킬 수 있도록 브레이크 장치와 충돌 시 충격을 완화시킬 수 있는 완충장치를 설치한다.
④ 작업 중에 이상 발견 또는 긴급히 정지시켜야 할 경우에는 비상정지장치를 사용할 수 있도록 설치하여야 한다.

해설 | **크레인의 방호장치**
과부하방지장치, 권과방지장치, 비상정지장치, 브레이크, 훅해지장치

60 다음 중 산업안전보건법령상 보일러 및 압력용기에 관한 사항으로 틀린 것은?

① 보일러의 안전한 가동을 위하여 보일러 규격에 맞는 압력방출장치를 1개 또는 2개 이상 설치하고 최고 사용압력 이하에서 작동되도록 하여야 한다.
② 공정안전보고서 제출 대상으로서 이행수준 평가결과가 우수한 사업장의 경우 보일러의 압력방출장치에 대하여 5년에 1회 이상으로 설정압력에서 압력방출장치가 적정하게 작동하는지를 검사할 수 있다.
③ 보일러의 과열을 방지하기 위하여 최고사용압력과 상용압력 사이에서 보일러의 버너 연소를 차단할 수 있도록 압력제한스위치를 부착하여 사용하여야 한다.
④ 압력용기 등을 식별할 수 있도록 하기 위하여 그 압력용기 등의 최고사용압력, 제조연월일, 제조회사명 등이 지워지지 않도록 각인(刻印) 표시된 것을 사용하여야 한다.

해설 | **압력방출장치(안전밸브)의 설치(「안전보건규칙」 제116조)**
압력방출장치는 매년 1회 이상 국가교정업무 전담기관에서 교정을 받은 압력계를 이용하여 설정압력에서 압력방출장치가 적정하게 작동하는지를 검사한 후 납으로 봉인하여 사용하여야 한다. 다만, 공정안전보고서 제출대상으로서 고용노동부장관이 실시하는 공정안전보고서 이행상태 평가결과가 우수한 사업장은 압력방출장치에 대하여 4년마다 1회 이상 설정압력에서 압력방출장치가 적정하게 작동하는지를 검사할 수 있다.

4과목
전기설비 안전관리

61 방폭전기설비의 용기 내부에 보호가스를 압입하여 내부 압력을 유지함으로써 폭발성 가스 또는 증기가 내부로 유입하지 않도록 된 방폭구조는?

① 내압방폭구조
② 압력방폭구조
③ 안전증방폭구조
④ 유입방폭구조

해설 | **압력방폭구조**
용기 내부에 보호기체(신선한 공기 또는 불연성 기체)를 압입하여 내부 압력을 유지함으로써 폭발성 가스 또는 증기가 침입하는 것을 방지하는 구조

정답 | 58 ② 59 ③ 60 ② 61 ②

62 보폭전압에서 지표상에 근접 격리된 두 점 간의 거리는?

① 0.5[m] ② 1.0[m]
③ 1.5[m] ④ 2.0[m]

해설 보폭전압에서 지락전류가 흘렀을 때 지표면상에 근접 격리된 두 점 간의 거리 : 보통 1m

보폭전압
지락사고 시 접지극을 통하여 대지로 지락전류가 흐르게 되면 접지극 주위 지표면 전위가 상승하여 인체의 양발 사이(1m)에 전위차가 발생하는 현상

63 고속형 누전차단기의 동작시간으로 옳은 것은?

① 정격감도전류에서 0.1초 이내
② 정격감도전류에서 0.3초 이내
③ 정격감도전류에서 0.01초 이내
④ 정격감도전류에서 0.03초 이내

해설 고속형 누전차단기의 동작시간은 정격감도전류에서 0.1초 이내이어야 한다.

64 인체저항이 5,000[Ω]이고, 전류가 3[mA]가 흘렀을 때, 인체의 정전용량이 0.1[μF]라면 인체에 대전된 정전하는 몇 [μC]인가?

① 0.5 ② 1.0
③ 1.5 ④ 2.0

해설 $Q = CV$에서 $V = IR = 5,000 \times 3 \times 10^{-3} = 15[V]$
$C = 0.1[\mu F]$이므로
∴ $Q = CV = 15 \times 0.1 = 1.5[\mu C]$

65 피뢰침의 제한전압이 800kV, 충격절연강도가 1,000kV라 할 때, 보호여유도는 몇 %인가?

① 25 ② 33
③ 47 ④ 63

해설 **보호여유도(%)**

보호여유도(%) = $\dfrac{충격절연강도 - 제한전압}{제한전압} \times 100$

= $\dfrac{1,000 - 800}{800} \times 100 = 25\%$

66 감전 등의 재해를 예방하기 위하여 특고압용 기계·기구 주위에 관계자 외 출입을 금하도록 울타리를 설치할 때, 울타리의 높이와 울타리로부터 충전부분까지의 거리의 합이 최소 몇 m 이상이 되어야 하는가? (단, 사용전압이 35kV 이하인 특고압용 기계기구이다.)

① 5m ② 6m
③ 7m ④ 9m

해설 사용전압이 35kV 이하인 특고압용 기계기구의 경우, 감전 등의 재해를 방지하기 위하여 특고압용 기계·기구 주위에 관계자 외 출입을 금하도록 울타리를 설치할 때, 울타리의 높이와 울타리로부터 충전 부분까지의 거리의 합은 최소 5m 이상이 되어야 한다.

67 대전서열을 올바르게 나열한 것은? (단, 왼쪽일수록 (+), 오른쪽일수록 (-)를 나타낸다.)

① 폴리에틸렌 → 셀룰로이드 → 염화비닐 → 테프론
② 셀룰로이드 → 폴리에틸렌 → 염화비닐 → 테프론
③ 염화비닐 → 폴리에틸렌 → 셀룰로이드 → 테프론
④ 테프론 → 셀룰로이드 → 염화비닐 → 폴리에틸렌

해설

대전 서열

68 인체저항을 500Ω이라 한다면, 심실세동을 일으키는 위험 한계 에너지는 약 몇 J인가? (단, 심실세동전류값 $I = \dfrac{165}{\sqrt{T}}$ mA의 Dalziel의 식을 이용하며, 통전시간은 1초로 한다.)

① 11.5 ② 13.6
③ 15.3 ④ 16.2

해설) $W = I^2RT = \left(\dfrac{165}{\sqrt{T}} \times 10^{-3}\right)^2 \times 500\,T$
$= (165^2 \times 10^{-6}) \times 500$
$= 13.6[\text{W}-\sec] = 13.6[\text{J}]$

69 온도 $t[℃]$에서 동선의 저항을 R_t, 온도의 계수를 a_t라 할 때 $T[℃]$에 있어서의 저항 R_T은 어떻게 구하는가?

① $R_t\{1 + a_t(T-t)\}$
② $R_t\{a_t + 234.5(t-T)\}$
③ $a_t\{1 + R_t(T-t)\}$
④ $R_t\{1 + a_t(T+t)\}$

해설) **온도와 저항의 관계식**
$R_T = R_t\{1 + a_t(T-t)\}$

70 전기기기의 Y종 절연물의 최고 허용온도는?

① 80℃   ② 85℃
③ 90℃   ④ 105℃

해설) **절연물의 절연계급**

종별	Y	A	E	B	F	H	C
최고허용온도 [℃]	90	105	120	130	155	180	180 이상

71 정전용량 C = 20μF, 방전 시 전압 V = 2kV일 때 정전에너지(J)는 얼마인가?

① 40   ② 80
③ 400   ④ 800

해설) **정전에너지**
$W = \dfrac{1}{2}CV^2 = 40$

72 접지목적에 따른 종류에서 사용목적이 다른 것은?

① 피뢰용 접지 : 낙뢰로부터 전기기기의 손상 방지
② 등전위 접지 : 정전기의 축적에 의한 폭발 방지
③ 계통접지 : 고·저압 전로 혼촉 시 감전 및 화재 방지
④ 기기접지 : 누전이 되고 있는 기기 접촉 시 감전 방지

해설) 등전위 접지의 목적은 병원에 있어서의 의료기기 사용 시의 안전확보이다.

73 최소 감지전류를 설명한 것이다. 옳은 것은? (단, 건강한 성인 남녀인 경우이며, 교류 60[Hz] 정형파이다.)

① 남여 모두 직류 5.2[mA]이며, 교류(평균치) 1.1[mA]이다.
② 남자의 경우 직류 5.2[mA]이며, 교류(실효치) 1.1[mA]이다.
③ 남여 모두 직류 3.5[mA]이며, 교류(실효치) 1.1[mA]이다.
④ 여자의 경우 직류 3.5[mA]이며, 교류(평균치) 0.7[mA]이다.

해설) **통전전류와 전격영향**

통전전류 구분	전격의 영향	직류[mA] 남	직류[mA] 여	교류(실효치)[mA] 남	교류(실효치)[mA] 여
최소 감지 전류	고통을 느끼지 않으면서 짜릿하게 전기가 흐르는 것을 감지할 수 있는 최소 전류	5.2	3.5	1.1	0.7

74 욕조나 샤워시설이 있는 욕실 또는 화장실에 콘센트가 시설되어 있다. 해당 전로에 설치된 누전차단기의 정격감도전류와 동작시간은?

① 정격감도전류 15mA 이하, 동작시간 0.01초 이하
② 정격감도전류 15mA 이하, 동작시간 0.03초 이하
③ 정격감도전류 30mA 이하, 동작시간 0.01초 이하
④ 정격감도전류 30mA 이하, 동작시간 0.03초 이하

해설) **감전보호용 누전차단기**
정격감도전류 30mA 이하, 동작시간 0.03초 이내(욕실 내 콘센트 15mA 적용)

75 내접압용절연장갑의 등급에 따른 최대사용전압이 틀린 것은? (단, 교류 전압은 실효값이다.)

① 등급 00 : 교류 500V   ② 등급 1 : 교류 7,500V
③ 등급 2 : 직류 17,000V   ④ 등급 3 : 직류 39,750V

해설) **절연장갑의 등급 및 색상**

등급	최대 사용전압 교류[V] (실효값)	최대 사용전압 직류[V]	색상
00	500	750	갈색
0	1,000	1,500	빨간색
1	7,500	11,250	흰색
2	17,000	25,500	노란색
3	26,500	39,750	녹색
4	36,000	75,000	등색

정답 | 69 ① 70 ③ 71 ① 72 ② 73 ② 74 ② 75 ③

76 다음 중 감전예방을 위한 보호구의 종류에 속하지 않는 것은?

① 안전모
② 안전장갑
③ 절연시트
④ 안전화

해설 "절연 보호구"는 절연 안전모, 절연 고무장갑, 절연화, 절연장화, 절연복 등을 말한다.

77 인체의 전기저항을 500Ω이라 한다면 심실세동을 일으키는 위험에너지는 몇 J인가? (단, 달지엘(Dalziel) 주장, 통전시간 T는 1초, 체중은 60kg 정도)

① 3.3
② 13.0
③ 13.6
④ 272.2

해설 $W = I^2RT = \left(\frac{165}{\sqrt{T}} \times 10^{-3}\right)^2 \times 500\,T$
$= (165^2 \times 10^2) \times 500$
$= 13.6[W-sec] = 13.6[J]$

78 정전작업 시 전원개폐기를 개방하고 검전기로 전선로를 검전하였더니 네온램프에 불이 점등되었다. 그 원인으로 옳은 것은?

① 유도전압이 발생되었다.
② 검전기가 고장이다.
③ 단락접지를 하였다.
④ 작업지휘자가 없었다.

해설 정전작업 시 전원개폐기를 개방하고 검전기로 전선로를 검전하면 유도전압이 발생하며 네온램프에 불이 점등된다.

79 전기기계·기구의 조작 시 안전조치로서 사업주는 근로자가 안전하게 작업할 수 있도록 전기 기계·기구로부터 폭 얼마 이상의 작업공간을 확보하여야 하는가?

① 30cm
② 50cm
③ 70cm
④ 100cm

해설 **전기기계·기구의 조작 시 등의 안전조치**
전기기계·기구의 조작 부분을 점검하거나 보수하는 경우에는 전기기계·기구로부터 폭 70cm 이상의 작업공간을 확보해야 한다.

80 방폭전기기기에 "Ex ia II T₄ Ga"라고 표시되어 있다. 해당 기기에 대한 설명으로 틀린 것은?

① 정상 작동, 예상된 오작동 또는 드문 오작동 중에 점화원이 될 수 없는 "매우 높은" 보호등급의 기기이다.
② 온도등급이 T₄이므로 최고표면온도가 150[℃]를 초과해서는 안 된다.
③ 본질 안전 방폭구조로 0종 장소에서 사용이 가능하다.
④ 수소 및 아세틸렌 등의 가스가 존재하는 곳에 사용이 가능하다.

해설 **최고표면온도에 의한 폭발성가스 분류와 방폭전기기기의 온도 등급 기호와의 관계**

Class	최대표면온도(℃)
T₄	100 초과 135 이하

5과목
화학설비 안전관리

81 일산화탄소에 대한 설명으로 틀린 것은?

① 무색·무취의 기체이다.
② 염소와 촉매 존재하에 반응하여 포스겐이 된다.
③ 인체 내의 헤모글로빈과 결합하여 산소운반기능을 저하시킨다.
④ 불연성 가스로서, 허용농도가 10ppm이다.

해설 일산화탄소는 산소보다 혈액 중 헤모글로빈과의 반응성이 좋아 중독현상을 일으킬 수 있는 독성가스이며, 허용농도는 30ppm이고 공기 중 연소범위가 12.5~74vol%인 가연성 가스이기도 하다.

정답 | 76 ③ 77 ③ 78 ① 79 ③ 80 ② 81 ④

82 안전밸브 전단·후단에 자물쇠형 또는 이에 준하는 형식의 차단밸브 설치를 할 수 있는 경우에 해당하지 않는 것은?

① 자동압력조절밸브와 안전밸브 등이 직렬로 연결된 경우
② 화학설비 및 그 부속설비에 안전밸브 등이 복수방식으로 설치된 경우
③ 열팽창에 의하여 상승된 압력을 낮추기 위한 목적으로 안전밸브가 설치된 경우
④ 인접한 화학설비 및 그 부속설비에 안전밸브 등이 각각 설치되어 있고, 해당 화학설비 및 그 부속설비의 연결배관에 차단밸브가 없는 경우

해설 안전밸브 등의 배출용량의 2분의 1 이상에 해당하는 용량의 자동압력조절밸브와 안전밸브 등이 병렬로 연결된 경우 전밸브 전단·후단에 자물쇠형 또는 이에 준하는 형식의 차단밸브 설치를 할 수 있다.

83 공기 중에서 이황화탄소(CS₂)의 폭발한계는 하한값이 1.25vol%, 상한값이 44vol%이다. 이를 20℃ 대기압하에서 mg/L의 단위로 환산하면 하한값과 상한값은 각각 약 얼마인가? (단, 이황화탄소의 분자량은 76.1이다.)

① 하한값 : 61, 상한값 : 640
② 하한값 : 39.6, 상한값 : 1,395
③ 하한값 : 146, 상한값 : 860
④ 하한값 : 55.4, 상한값 : 1,642

해설 아보가드로 법칙 및 이상기체상태 방정식에 의해 20℃, 대기압하에서 기체 분자 1몰은 약 24L이며 문제에서 이황화탄소의 분자 1몰은 76.1g임을 알 수 있다. 따라서 이황화탄소는 20℃, 대기압하에서 76.1g/24L≒3.17g/L이므로, 즉 이황화탄소는 1L당 약 3.17g으로 볼 수 있다.
폭발하한값 1.25vol%는 혼합가스 100L 중 이황화탄소 1.25L가 있는 것을 의미하고 이황화탄소 1.25L는 약 3.96g이므로 폭발하한값 1.25vol%는 다음과 같이 환산 가능하다.
$$\frac{3.96g}{100L} \times \frac{1,000mg}{1g} = 39.6mg/L$$
폭발상한값 44vol%는 혼합가스 100L 중 이황화탄소 44L가 있는 것을 의미하고 이황화탄소 44L는 약 139.5g이므로 폭발상한값 44vol%는 다음과 같이 환산 가능하다.
$$\frac{139.5g}{100L} \times \frac{1,000mg}{1g} = 1,395mg/L$$

84 가연성 가스의 폭발범위에 관한 설명으로 틀린 것은?

① 압력 증가에 따라 폭발 상한계와 하한계가 모두 현저히 증가한다.
② 불활성 가스를 주입하면 폭발범위는 좁아진다.
③ 온도의 상승과 함께 폭발범위는 넓어진다.
④ 산소 중에서의 폭발범위는 공기 중에서 보다 넓어진다.

해설 압력은 폭발하한계에는 영향이 경미하나 폭발상한계에는 크게 영향을 준다. 보통의 경우 가스압력이 높아질수록 폭발범위는 넓어진다.

85 산업안전보건법령상 위험물질의 종류에서 폭발성 물질에 해당하는 것은?

① 니트로화합물
② 등유
③ 황
④ 질산

해설 니트로화합물은 분자 내 산소를 함유하고 있어 외부 산소 공급원 없이 자기연소할 수 있는 폭발성 물질이다.

86 다음 물질 중 물에 가장 잘 용해되는 것은?

① 아세톤
② 벤젠
③ 톨루엔
④ 휘발유

해설 아세톤은 물에 잘 녹는 유기용매로서 다른 유기물질과도 잘 섞이는 성질이 있어 일상생활에서 물로 지워지지 않는 유성페인트나 손톱용 에나멜 등을 지우는 데 많이 쓰인다.

87 다음 중 산업안전보건법상 공정안전보고서의 안전운전 계획에 포함되지 않는 항목은?

① 안전작업허가
② 안전운전지침서
③ 가동 전 점검지침
④ 비상조치계획에 따른 교육계획

해설 비상조치계획에 따른 교육계획은 비상조치계획에 포함되는 항목이다.

정답 | 82 ① 83 ② 84 ① 85 ① 86 ① 87 ④

88 수분을 함유하는 에탄올에서 순수한 에탄올을 얻기 위해 벤젠과 같은 물질은 첨가하여 수분을 제거하는 증류 방법은?

① 공비증류 ② 추출증류
③ 가압증류 ④ 감압증류

해설 공비증류
공비혼합물 또는 끓는점이 비슷하여 분리하기 어려운 액체혼합물의 성분을 완전히 분리하기 위해 쓰는 증류법으로 수분을 함유하는 에탄올에서 순수한 에탄올을 얻기 위해 쓰는 대표적인 증류법

89 25℃ 액화프로판가스 용기에 10kg의 LPG가 들었다. 용기가 파열되어 대기압으로 되었다고 한다. 파열되는 순간 증발되는 프로판의 질량은 약 얼마인가? (단, LPG의 비열은 2.4kJ/kg·℃이고, 표준비점은 -42.2℃, 증발잠열은 384.2kJ/kg이라고 한다.)

① 0.42kg ② 0.52kg
③ 4.2kg   ④ 7.62kg

해설 기화량(kg) = 액화가스 질량(kg) × $\frac{비열(kJ/kg)}{증발잠열(kJ/kg)}$ × [외기온도(℃)−비점(℃)]
= 10kg × $\frac{2.4}{384.2}$ × [25−(−42.2)]
= 4.20kg

90 산업안전보건법상 부식성 물질 중 부식성 산류에 해당하는 물질과 기준농도가 올바르게 연결된 것은?

① 염산 : 15% 이상   ② 황산 : 10% 이상
③ 질산 : 15% 이상   ④ 아세트산 : 60% 이상

해설 산업안전보건법상 부식성 물질 중 아세트산 60% 이상이 부식성 산류로 정의된다.

91 다음 중 폭발 또는 화재가 발생할 우려가 있는 건조설비의 구조로 적절하지 않은 것은?

① 건조설비의 바깥 면은 불연성 재료로 만들 것
② 위험물 건조설비의 열원으로서 직화를 사용하지 아니할 것
③ 위험물 건조설비의 측벽이나 바닥은 견고한 구조로 할 것
④ 위험물 건조설비는 상부를 무거운 재료로 만들고 폭발구를 설치할 것

해설 상부는 불의의 폭발 시 압력방산을 위해 가벼운 재료를 사용한다.

92 탱크 내부에서 작업 시 작업용구에 관한 설명으로 옳지 않은 것은?

① 유리라이닝을 한 탱크 태부에서는 줄사다리를 사용한다.
② 가연성 가스가 있는 경우 불꽃을 내기 어려운 금속을 사용한다.
③ 탱크 내부에 인화성 물질의 증기로 인한 폭발 위험이 우려되는 경우 방폭구조의 전기기계·기구를 사용한다.
④ 용접 절단 시에는 바람의 영향을 억제하기 위하여 환기장치의 설치를 제안한다.

해설 용접 절단 시에는 용접 흄, 유해가스 등의 물질 제거를 위해 환기장치의 설치를 제안한다.

93 에틸알코올 1몰이 완전 연소 시 생성되는 CO_2와 H_2O의 몰수로 옳은 것은?

① CO_2 : 1, H_2O : 4   ② CO_2 : 2, H_2O : 3
③ CO_2 : 3, H_2O : 2   ④ CO_2 : 4, H_2O : 1

해설 에틸알코올의 분자식 : C_2H_5OH
따라서, 에틸알코올의 완전연소식은 다음과 같이 세울 수 있다.
$C_2H_5OH + xO_2 \rightarrow aCO_2 + bH_2O$
연소식의 계수를 구하면, $a=2$, $b=3$, $x=3$이므로
에틸알코올의 완전연소식은
$C_2H_5OH + 3O_2 \rightarrow 2CO_2 + 3H_2O$이다.
따라서, 에틸알코올 1몰이 완전연소할 때 생성되는 CO_2는 2몰, H_2O는 3몰이다.

94 다음의 설명에 해당하는 안전장치는?

> 대형의 반응기, 탑, 탱크 등에서 이상상태가 발생할 때 밸브를 정지시켜 원료공급을 차단하기 위한 안전장치로, 공기압식, 유압식, 전기식 등이 있다.

① 파열판   ② 안전밸브
③ 스팀트랩   ④ 긴급차단장치

해설 긴급차단장치 설치(「안전보건규칙」 제275조)
특수화학설비에는 이상상태 발생에 따른 폭발·화재 또는 위험물 누출을 방지하기 위해 원재료 공급의 긴급차단, 제품의 방출, 불활성가스 주입 또는 냉각용수 공급 등을 위한 필요한 장치를 설치하여야 한다.

정답 | 88 ① 89 ③ 90 ④ 91 ④ 92 ④ 93 ② 94 ④

95 「산업안전보건법령」상 물질안전보건자료를 작성할 때에 혼합물로 된 제품들이 각각의 제품을 대표하여 하나의 물질안전보건자료를 작성할 수 있는 충족요건 중 각 구성성분의 함량 변화는 얼마 이하이어야 하는가?

① 5[%]
② 10[%]
③ 15[%]
④ 30[%]

[해설] 혼합물로 된 제품들이 다음의 각 요건을 충족하는 경우에는 각각의 제품을 대표하여 하나의 물질안전보건자료를 작성할 수 있다.
1. 혼합물로 된 제품의 구성성분이 같을 것
2. 각 구성성분의 함량변화가 10퍼센트(%) 이하일 것
3. 비슷한 유해성을 가질 것

96 위험물 또는 위험물이 발생하는 물질을 가열·건조하는 경우 내용적이 몇 세제곱미터 이상인 건조설비인 경우 건조실을 설치하는 건축물의 구조를 독립된 단층건물로 하여야 하는가? (단, 건조실을 건축물의 최상층에 설치하거나 건축물이 내화구조인 경우는 제외한다.)

① 1
② 10
③ 100
④ 1,000

[해설] 위험물 또는 위험물이 발생하는 물질을 가열·건조하는 경우 내용적이 1세제곱미터 이상인 건조설비를 설치한다면, 독립된 단층건물 또는 건축물의 최상층에 설치하거나 내화구조를 가지고 있어야 한다.

97 고압의 환경에서 장시간 작업하는 경우에 발생할 수 있는 잠함병(潛函病) 또는 잠수병(潛水病)은 다음 중 어떤 물질에 의하여 중독현상이 일어나는가?

① 질소
② 황화수소
③ 일산화탄소
④ 이산화탄소

[해설] **잠함병**
잠수병, 감압증이라고도 하며 대기압 이상의 높은 기압하에서 장시간 작업한 사람이 갑자기 감압하면 체내에 용해되었던 질소(N_2)가 기포로 되어 혈관 색전, 파열 등으로 신체장해를 가져오게 된다.

98 산업안전보건법령상 폭발성 물질을 취급하는 화학설비를 설치하는 경우에 단위공정설비로부터 다른 단위공정설비 사이의 안전거리는 설비 바깥 면으로부터 몇 m 이상이어야 하는가?

① 10
② 15
③ 20
④ 30

[해설] 단위공정 시설 및 설비 사이는 외면으로부터 10m 이상의 안전거리를 두어야 한다.

99 다음 중 산업안전보건법령상 산화성 액체 및 산화성 고체에 해당하지 않는 것은?

① 염소산
② 과망간산
③ 과산화수소
④ 피크린산

[해설] 피크린산(트리니트로페놀)은 니트로화합물로 산업안전보건법령상 폭발성 물질 및 유기과산화물에 해당한다.

100 다음 중 아세틸렌을 용해가스로 만들 때 사용되는 용제로 가장 적합한 것은?

① 아세톤
② 메탄
③ 부탄
④ 프로판

[해설] 아세틸렌은 폭발 위험이 있어 아세톤 등에 침전하여 다공성 물질이 있는 용기에 충전한다.

6과목
건설공사 안전관리

101 운반작업을 인력운반작업과 기계운반작업으로 분류할 때 기계운반작업으로 실시하기에 부적당한 대상은?

① 단순하고 반복적인 작업
② 표준화되어 있어 지속적이고 운반량이 많은 작업
③ 취급물의 형상, 성질, 크기 등이 다양한 작업
④ 취급물이 중량인 작업

[해설] 취급물의 형상, 성질, 크기 등이 다양한 작업은 인력운반이 효율적이다.

정답 | 95 ② 96 ① 97 ① 98 ① 99 ④ 100 ① 101 ③

102 흙막이 공법을 흙막이 지지방식에 의한 분류와 구조방식에 의한 분류로 나눌 때 다음 중 지지방식에 의한 분류에 해당하는 것은?

① 수평 버팀대식 흙막이 공법
② H-Pile 공법
③ 지하연속벽 공법
④ TOP DOWN Method 공법

[해설] 수평 버팀대식 흙막이 공법은 지지방식의 분류에 해당한다.

103 「산업안전보건법령」상 양중기에 해당하지 않는 것은?

① 어스드릴
② 크레인
③ 리프트
④ 곤돌라

[해설] 어스드릴 차량계 건설기계에 해당한다.

104 산업안전보건관리비 계상 및 사용기준에 따른 공사 종류별 계상기준으로 옳은 것은? (단, 특수건설공사이고, 대상액이 5억 원 미만인 경우이다.)

① 1.85%
② 2.45%
③ 3.09%
④ 3.43%

[해설] **공사 종류 및 규모별 안전관리비 계상기준**

구분 공사종류	대상액 5억 원 미만인 경우 적용 비율(%)	대상액 5억 원 이상 50억 원 미만인 경우 적용비율(%)	대상액 5억 원 이상 50억 원 미만인 경우 기초액	대상액 50억 원 이상인 경우 적용비율(%)	영 별표 5에 따른 보건관리자 선임대상 건설공사의 적용비율(%)
건축공사	2.93%	1.86%	5,349,000원	1.97%	2.15%
토목공사	3.09%	1.99%	5,499,000원	2.10%	2.29%
중건설공사	3.43%	2.35%	5,400,000원	2.44%	2.66%
특수건설공사	1.85%	1.85%	3,250,000원	1.27%	1.38%

105 함수량이 매우 높은 액체상태의 흙이 건조되어 가면서 거치는 4가지 상태(액성상태, 소성상태, 반고체상태, 고체상태)의 변화하는 한계지점의 함수비를 뜻하는 용어로 알맞은 것은?

① 애터버그 한계
② 압밀
③ 예민비
④ 동상현상

[해설] 애터버그 한계(Atterberg Limits)란 함수량이 매우 높은 액체상태의 흙이 건조되어 가면서 거치는 4가지 상태(액성상태, 소성상태, 반고체상태, 고체상태)의 변화하는 한계지점의 함수비를 뜻한다.

106 장비가 위치한 지면보다 낮은 장소를 굴착하는 데 적합한 장비는?

① 트럭크레인
② 파워 셔블
③ 백호
④ 진폴

[해설] 백호는 장비가 위치한 지면보다 낮은 장소를 굴착하는 데 적합하다.

107 터널공사 시 인화성 가스가 농도 이상으로 상승하는 것을 조기에 파악하기 위하여 설치하는 자동경보장치의 작업시작 전 점검해야 할 사항이 아닌 것은?

① 계기의 이상 유무
② 발열 여부
③ 검지부의 이상 유무
④ 경보장치의 작동상태

[해설] **자동경보장치의 작업시작 전 점검사항**
1. 계기의 이상 유무
2. 검지부의 이상 유무
3. 경보장치의 작동상태

108 달비계의 구조에서 달비계 작업발판의 폭은 최소 얼마 이상이어야 하는가?

① 30cm
② 40cm
③ 50cm
④ 60cm

[해설] 달비계의 구조에서 작업발판의 최소 폭은 40센티미터 이상으로 하고 틈새가 없도록 해야 한다.

109 근로자의 추락 등의 위험을 방지하기 위한 안전난간의 설치기준으로 옳지 않은 것은?

① 상부 난간대와 중간 난간대는 난간 길이 전체에 걸쳐 바닥면 등과 평행을 유지할 것
② 발끝막이판은 바닥면 등으로부터 20cm 이상의 높이를 유지할 것
③ 난간대는 지름 2.7cm 이상의 금속제 파이프나 그 이상의 강도가 있는 재료일 것
④ 안전난간은 구조적으로 가장 취약한 지점에서 가장 취약한 방향으로 작용하는 100kg 이상의 하중에 견딜 수 있는 튼튼한 구조일 것

[해설] 발끝막이판은 바닥면 등으로부터 10cm 이상의 높이를 유지해야 한다.

정답 | 102 ① 103 ① 104 ① 105 ① 106 ③ 107 ② 108 ② 109 ②

110 추락방호용 방망 중 그물코의 크기가 5cm인 매듭방망 신품의 인장강도는 최소 몇 kg 이상이어야 하는가?

① 60 ② 110
③ 150 ④ 200

해설 **추락방호망의 인장강도 기준**

그물코의 크기 (단위 : cm)	방망의 종류(단위 : kgf)	
	매듭 없는 방망	매듭방망
10	240	200
5	–	110

111 산업안전보건법령에 따른 유해위험방지계획서 제출 대상 공사로 볼 수 없는 것은?

① 지상 높이가 31m 이상인 건축물의 건설공사
② 터널 건설공사
③ 깊이 10m 이상인 굴착공사
④ 다리의 전체 길이가 40m 이상인 건설공사

해설 최대 지간 길이 50m 이상인 교량공사가 해당된다.

112 다음 중 터널공사의 전기발파작업에 대한 설명 중 옳지 않은 것은?

① 점화는 충분한 허용량을 갖는 발파기를 사용한다.
② 발파 후 즉시 발파모선을 발파기로부터 분리하고 그 단부를 절연시킨다.
③ 전선의 도통시험은 화약장전 장소로부터 최소 30m 이상 떨어진 장소에서 행한다.
④ 발파모선은 고무 등으로 절연된 전선 20m 이상의 것을 사용한다.

해설 발파의 작업기준에 관한 내용으로 발파모선은 발파에 의한 파손이 없도록 10m 정도의 것을 사용한다.

113 지반조사의 간격 및 깊이에 대한 내용으로 옳지 않은 것은?

① 조사간격은 지층상태, 구조물 규모에 따라 정한다.
② 절토, 개착, 터널구간은 기반암의 심도 5~6m까지 확인한다.
③ 지층이 복잡한 경우에는 기조사한 간격 사이에 보완조사를 실시한다.
④ 조사깊이는 액상화문제가 있는 경우에는 모래층 하단에 있는 단단한 지지층까지 조사한다.

해설 절토, 개착, 터널구간에서 기반암의 확인이 안 된 경우 기반암의 심도 2m까지 확인한다.

114 다음은 통나무 비계를 조립하는 경우의 준수사항에 대한 내용이다. 빈칸 안에 알맞은 내용을 고르면?

> 통나무 비계는 지상높이 (㉠)[m] 이하 또는 (㉡) 이하인 건축물·공작물 등의 건조·해체 및 조립 등의 작업에만 사용할 수 있다.

① ㉠ : 4층, ㉡ : 12[m]   ② ㉠ : 4층, ㉡ : 15[m]
③ ㉠ : 6층, ㉡ : 12[m]   ④ ㉠ : 7층, ㉡ : 12[m]

해설 통나무비계는 지상높이 4층 이하 또는 12[m] 이하인 건축물·공작물 등의 건조·해체 및 조립 등의 작업에만 사용할 수 있다.

115 시공계획 수립에 있어 우선순위에 따른 고려사항으로 거리가 먼 것은?

① 공종별 재료량 및 품셈   ② 재해방지 대책
③ 공정표 작성   ④ 원척도(原尺圖)의 제작

해설 **공사계획 단계에서 사전검토 내용**
- 현장원 편성
- 공정표의 작성
- 실행예산의 편성
- 하도급 업체의 선정
- 노무 동원계획
- 재료, 설비 반입계획
- 재해방지계획

정답 | 110 ② 111 ④ 112 ④ 113 ② 114 ① 115 ④

116 온도가 하강함에 따라 토층수가 얼어 부피가 약 9% 정도 증대하게 됨으로써 지표면이 부풀어오르는 현상은?

① 동상 현상 ② 연화 현상
③ 리칭 현상 ④ 액상화 현상

[해설] 동상 현상은 지반 내 토층수가 동결하여 부피가 증가하면서 지표면이 부풀어오르는 현상이다.

117 다음은 달비계 또는 높이 5m 이상의 비계를 조립·해체하거나 변경하는 작업을 하는 경우의 준수사항이다. 빈칸에 알맞은 숫자는?

> 비계재료의 연결·해체 작업을 하는 경우에는 폭 (　　)cm 이상의 발판을 설치하고 근로자로 하여금 안전대를 사용하도록 하는 등 추락을 방지하기 위한 조치를 할 것

① 15 ② 20
③ 25 ④ 30

[해설] 비계재료의 연결·해체 작업을 하는 경우에는 폭 20센티미터 이상의 발판을 설치하고 근로자로 하여금 안전대를 사용하도록 하는 등 추락을 방지하기 위한 조치를 해야 한다.

118 옥외에 설치되어 있는 주행크레인에 대하여 이탈방지장치를 작동시키는 등 그 이탈을 방지하기 위한 조치를 하여야 하는 순간풍속에 대한 기준으로 옳은 것은?

① 순간풍속이 초당 10m를 초과하는 바람이 불어올 우려가 있는 경우
② 순간풍속이 초당 20m를 초과하는 바람이 불어올 우려가 있는 경우
③ 순간풍속이 초당 30m를 초과하는 바람이 불어올 우려가 있는 경우
④ 순간풍속이 초당 40m를 초과하는 바람이 불어올 우려가 있는 경우

[해설] 순간풍속이 초당 30m를 초과하는 바람이 불어올 우려가 있는 경우 옥외에 설치되어 있는 주행크레인에 대하여 이탈방지장치를 작동시키는 등 그 이탈을 방지하기 위한 조치를 하여야 한다.

119 사면지반 개량공법으로 옳지 않은 것은?

① 전기 화학적 공법 ② 석회 안정처리 공법
③ 이온 교환 방법 ④ 옹벽 공법

[해설] 옹벽은 사면지반 개량공법에 해당하지 않는다.

120 철골작업에서는 강풍과 같은 악천후 시 작업을 중지하도록 하여야 하는데, 건립작업을 중지하여야 하는 풍속기준은?

① 7m/s 이상 ② 10m/s 이상
③ 14m/s 이상 ④ 17m/s 이상

[해설] 강풍 시 작업의 제한 기준은 풍속이 초당 10m 이상인 경우이다.

정답 | 116 ① 117 ② 118 ③ 119 ④ 120 ②

2024년 3회

※ 2022년 2회 이후 CBT로 출제된 기출문제는 개정된 출제기준과 해당 회차의 기출 키워드 등을 분석하여 복원하였습니다.

1과목
산업재해 예방 및 안전보건교육

01 다음의 교육내용과 관련 있는 교육은?

- 작업동작 및 표준작업방법의 습관화
- 공구·보호구 등의 관리 및 취급태도의 확립
- 작업 전후의 점검, 검사요령의 정확화 및 습관화

① 지식교육　　　　② 기능교육
③ 태도교육　　　　④ 문제해결교육

해설 안전교육의 종류
1. 지식교육(1단계) : 지식의 전달과 이해
2. 기능교육(2단계) : 실습, 시범을 통한 이해
3. 태도교육(3단계) : 안전의 습관화(가치관 형성)
① 청취(들어본다) → ② 이해, 납득(이해시킨다) → ③ 모범(시범을 보인다) → ④ 권장(평가한다)

02 재해코스트 산정에 있어 시몬즈(R. H. Simonds) 방식에 의한 재해코스트 산정법을 올바르게 나타낸 것은?

① 직접비 + 간접비
② 간접비 + 비보험코스트
③ 보험코스트 + 비보험코스트
④ 보험코스트 + 사업부보상금 지급액

해설 시몬즈 방식에 의한 재해코스트 산출방식

총재해 cost = 보험 cost + 비보험 cost
[비보험 cost = (A×휴업상해건수) + (B×통원상해건수) + (C×응급조치건수) + (D×무상해사고건수)]
여기서, A, B, C, D는 상해 정도별에 따른 비보험 cost의 평균치

03 다음 중 헤드십(Head-ship)의 특성이 아닌 것은?

① 지휘형태는 권위주의적이다.
② 권한행사는 임명된 헤드이다.
③ 부하와의 사회적 간격은 넓다.
④ 상관과 부하와의 관계는 개인적인 영향이다.

해설 헤드십의 특징은 상사와 부하와의 관계는 지배적 관계이다.

헤드십(head ship)
집단구성원이 아닌 외부에 의해 선출(임명)된 지도자로 권한의 근거는 공식적이다.

04 OFF JT 교육의 특징에 해당되는 것은?

① 많은 지식, 경험을 교류할 수 있다.
② 교육 효과가 업무에 신속히 반영된다.
③ 현장의 관리감독자가 강사가 되어 교육을 한다.
④ 다수의 대상자를 일괄적으로 교육하기 어려운 점이 있다.

해설 OFF JT(직장 외 교육훈련)
계층별·직능별로 공통된 교육대상자를 현장 이외의 한 장소에 모아 집합교육을 실시하는 교육형태(집단교육에 적합)
1. 다수의 근로자에게 조직적 훈련을 행하는 것이 가능
2. 훈련에만 전념
3. 각각 전문가를 강사로 초청하는 것이 가능

05 하인리히의 재해 발생과 관련한 도미노이론으로 설명되는 안전관리의 핵심단계에 해당되는 요소는?

① 외부 환경　　　　② 개인적 성향
③ 재해 및 상해　　　④ 불안전한 상태 및 행동

해설 하인리히(H. W. Heinrich)의 도미노 이론(사고발생의 연쇄성)
- 1단계 : 사회적 환경 및 유전적 요소(기초원인)
- 2단계 : 개인의 결함(간접원인)
- 3단계 : 불안전한 행동 및 불안전한 상태(직접원인) ⇒ 제거(효과적임)
- 4단계 : 사고
- 5단계 : 재해

정답 | 01 ③　02 ③　03 ④　04 ①　05 ④

06 산업안전보건법령상 보안경 착용을 포함하는 안전보건표지의 종류는?

① 지시표지 ② 안내표지
③ 금지표지 ④ 경고표지

해설 지시표지에 해당한다.

301
보안경 착용

07 산업안전보건법상 사업장에서 중대재해가 발생한 사실을 알게 된 경우 관할 지방고용노동관서의 장에게 보고하여야 하는 시기는?

① 지체없이 ② 12시간 이내
③ 24시간 이내 ④ 48시간 이내

해설 사업주는 중대재해가 발생한 사실을 알게 된 경우에는 지체없이 다음 사항을 관할 지방고용노동관서의 장에게 전화·팩스 또는 그 밖의 적절한 방법으로 보고하여야 한다(다만, 천재지변 등 부득이한 사유가 발생한 경우에는 그 사유가 소멸된 때부터 지체없이 보고).

08 적응기제 중 도피기제의 유형이 아닌 것은?

① 합리화 ② 고립
③ 퇴행 ④ 억압

해설 도피적 기제(Ascape Mechanism)
욕구불만이나 압박으로부터 벗어나기 위해 현실을 벗어나 마음의 안정을 찾으려는 것(고립, 퇴행, 억압, 백일몽)

09 다음 중 적성배치에 있어서 고려되어야 할 기본 사항에 해당되지 않는 것은?

① 적성검사를 실시하여 개인의 능력을 파악한다.
② 직무평가를 통하여 자격수준을 정한다.
③ 인사권자의 주관적인 감정요소에 따른다.
④ 인사관리의 기준 원칙을 준수한다.

해설 객관적인 요소를 적극 반영하여 배치한다.

10 재해통계에 있어 강도율이 2.0인 경우에 대한 설명으로 옳은 것은?

① 한 건의 재해로 인해 전체 작업비용의 2.0%에 해당하는 손실이 발생하였다.
② 근로자 1,000명당 2.0건의 재해가 발생하였다.
③ 근로시간 1,000시간당 2.0건의 재해가 발생하였다.
④ 근로시간 1,000시간당 2.0일의 근로 손실이 발생하였다.

해설 강도율(S.R ; Severity Rate of Injury)
연 근로시간 1,000시간당 재해로 잃어버린 근로 손실일수

$$강도율 = \frac{근로\ 손실일\ 수}{연\ 근로시간\ 수} \times 1,000$$

11 산업재해 기록·분류에 관한 지침에 따른 분류기준 중 다음의 (　) 안에 들어갈 내용으로 알맞은 것은?

> 재해자가 넘어짐으로 인하여 기계의 동력 전달부위 등에 끼이는 사고가 발생하여 신체부위가 절단되는 경우는 (　　)으로 분류한다.

① 넘어짐 ② 끼임
③ 깔림 ④ 절단

해설 협착(끼임)·감김
두 물체 사이의 움직임에 의하여 일어난 것으로 직선운동하는 물체 사이의 협착, 회전부와 고정체 사이의 끼임, 롤러 등 회전체 사이에 물리거나 또는 회전체·돌기부 등에 감긴 경우이다.

12 안전검사기관 및 자율검사프로그램 인정기관은 고용노동부장관에게 그 실적을 보고하도록 관련법에 명시되어 있는데 그 주기로 옳은 것은?

① 매월 ② 격월
③ 분기 ④ 반기

해설 안전검사 실적보고(안전검사 절차에 관한 고시)
안전검사기관은 별지 제1호 서식에 따라 분기마다 다음 달 10일까지 분기별 실적과 매년 1월 20일까지 전년도 실적을 고용노동부장관에게 제출하여야 하며, 공단은 별지 제2호 서식에 따라 분기마다 다음 달 10일까지 분기별 실적과 매년 1월 20일까지 전년도 실적을 고용노동부장관에게 제출하여야 한다.

정답 | 06 ① 07 ① 08 ① 09 ③ 10 ④ 11 ② 12 ③

13 인간오류에 관한 분류 중 독립행동에 의한 분류가 아닌 것은?

① 생략오류 ② 실행오류
③ 명령오류 ④ 시간오류

해설 **독립행동에 관한 분류**
- 생략에러(Omission Error)
- 실행(작위적)에러(Commission Error)
- 과잉행동에러(Extraneous Error)
- 순서에러(Sequential Error)
- 시간에러(Timing Error)

14 산업안전보건법령상 근로자 안전보건교육 중 작업내용 변경 시의 교육을 할 때 일용근로자 교육시간으로 옳은 것은?

① 1시간 이상 ② 2시간 이상
③ 4시간 이상 ④ 8시간 이상

해설 **근로자 안전 · 보건교육**

교육과정	교육대상	교육시간
다. 작업내용 변경 시 교육	1) 일용근로자 및 근로계약기간이 1주일 이하인 기간제근로자	1시간 이상
	2) 그 밖의 근로자	2시간 이상

15 다음 중 산업안전심리의 5대 요소에 포함되지 않는 것은?

① 습관 ② 동기
③ 감정 ④ 지능

해설 **산업안전심리의 5대 요소**
1. 동기(Motive)
2. 기질(Temper)
3. 감정(Emotion)
4. 습성(Habits)
5. 습관(Custom)

16 하인리히의 안전론에서 ( ) 안에 들어갈 단어로 적합한 것은?

- 안전은 사고예방
- 사고예방은 ( )와(과) 인간 및 기계의 관계를 통제하는 과학이자 기술이다.

① 물리적 환경 ② 화학적 요소
③ 위험요인 ④ 사고 및 재해

해설 **하인리히의 안전론**
사고예방은 물리적 환경과 인간 및 기계의 관계를 통제하는 과학이자 기술이다.

17 산업안전보건법령상 유해위험 방지계획서 제출 대상 공사에 해당하는 것은?

① 깊이가 5m 이상인 굴착공사
② 최대지간거리 30m 이상인 교량건설공사
③ 지상 높이 21m 이상인 건축물공사
④ 터널 건설공사

해설 **유해위험방지계획서를 제출하여야 할 건설공사**
- 지상높이가 31미터 이상인 건축물공사
- 최대 지간길이가 50미터 이상인 교량건설 등 공사
- 터널 건설 등의 공사
- 깊이 10미터 이상인 굴착공사 등

18 다음 중 안전모의 성능시험에 있어서 AE, ABE종에만 한하여 실시하는 시험은?

① 내관통성시험, 충격흡수성시험
② 난연성시험, 내수성시험
③ 난연성시험, 내전압성시험
④ 내전압성시험, 내수성시험

해설 **안전인증 대상 안전모의 성능시험방법**

항목	시험성능기준
내관통성	AE, ABE종 안전모는 관통거리가 9.5mm 이하이고, AB종 안전모는 관통거리가 11.1mm 이하이어야 한다.
내전압성	AE, ABE종 안전모는 교류 20kV에서 1분간 절연파괴 없이 견뎌야 하고, 이때 누설되는 충전전류는 10mA 이하이어야 한다.
내수성	AE, ABE종 안전모는 질량 증가율이 1% 미만이어야 한다.

정답 | 13 ③ 14 ① 15 ④ 16 ① 17 ④ 18 ④

19 다음 중 직무적성검사의 특징과 가장 거리가 먼 것은?

① 타당성(Validity)
② 객관성(Objectivity)
③ 표준화(Standardization)
④ 재현성(Reproducibility)

해설 **심리검사(직무적성검사)의 특성**
1. 표준화 2. 타당도
3. 신뢰도 4. 객관도
5. 실용도

20 안전교육 방법 중 O.J.T(On the Job Training) 특징과 거리가 먼 것은?

① 상호 신뢰 및 이해도가 높아진다.
② 개개인에게 적절한 지도 훈련이 가능하다.
③ 사업장의 실정에 맞게 실제적 훈련이 가능하다.
④ 관련 분야의 외부 전문가를 강사로 초빙하는 것이 가능하다.

해설 **O.J.T(직장 내 교육훈련)**
직속상사가 직장 내에서 작업표준을 가지고 업무상의 개별교육이나 지도훈련을 하는 것(개별교육에 적합)
1. 개개인에게 적절한 지도훈련이 가능
2. 직장의 실정에 맞게 실제적 훈련이 가능

2과목
인간공학 및 위험성 평가·관리

21 섬유유연제 생산 공정이 복잡하게 연결되어 있어 작업자의 불안전한 행동을 유발하는 상황이 발생하고 있다. 이것을 해결하기 위한 위험처리 기술에 해당하지 않는 것은?

① Transfer(위험 전가)
② Retention(위험 보류)
③ Reduction(위험 감축)
④ Rearrange(작업순서의 변경 및 재배열)

해설 **리스크(Risk) 통제방법(조정기술)**
• 회피(Avoidance)
• 경감, 감축(Reduction)
• 보류(Retention)
• 전가(Transfer)

22 다음 내용의 ( ) 안에 들어갈 내용을 순서대로 정리한 것은?

근섬유의 수축단위는 (A)(이)라 하는데, 이것은 두 가지 기본형의 단백질 필라멘트로 구성되어 있으며, (B)이(가) (C) 사이로 미끄러져 들어가는 현상으로 근육의 수축을 설명하기도 한다.

① A : 근막, B : 마이오신, C : 액틴
② A : 근막, B : 액틴, C : 마이오신
③ A : 근원섬유, B : 근막, C : 근섬유
④ A : 근원섬유, B : 액틴, C : 마이오신

해설 근수축(筋收縮)은 근육의 근원섬유들을 이루는 마이오신 단백질의 결합체인 굵은 필라멘트와 액틴 단백질로 구성된 가는 필라멘트 간 교차결합으로 이루어진다. 이때 마이오신이나 액틴섬유 자체가 수축하는 것이 아니라 액틴과 마이오신 분자들 간 미끄러짐에 의해 활주가 일어난다는 것이 필라멘트 활주이론이다.

23 FMEA의 장점이라 할 수 있는 것은?

① 분석방법에 대한 논리적 배경이 강하다.
② 물적, 인적요소 모두가 분석대상이 된다.
③ 서식이 간단하고 비교적 적은 노력으로 분석이 가능하다.
④ 두 가지 이상의 요소가 동시에 고장 나는 경우에도 분석이 용이하다.

해설 FMEA는 FTA보다 간단하고 적은 노력으로도 분석이 가능하다.

24 작업개선을 위하여 도입되는 원리인 ECRS에 포함되지 않는 것은?

① Combine   ② Standard
③ Eliminate   ④ Rearrange

해설 **작업방법의 개선원칙 – ECRS**
• 제거(Eliminate)
• 결합(Combine)
• 재조정(Rearrange)
• 단순화(Simplify)

정답 | 19 ④ 20 ④ 21 ④ 22 ④ 23 ③ 24 ②

25 산업안전보건기준에 관한 규칙상 작업장의 작업면에 따른 적정 조명 수준은 초정밀 작업에서 (㉠)lux 이상이고, 보통작업에서는 (㉡)lux 이상이다. ( ) 안에 들어갈 내용은?

① ㉠ : 650, ㉡ : 150
② ㉠ : 650, ㉡ : 250
③ ㉠ : 750, ㉡ : 150
④ ㉠ : 750, ㉡ : 250

[해설] **작업별 조도기준**
- 초정밀작업 : 750lux 이상
- 보통작업 : 150lux 이상

26 다음 중 시스템 신뢰도에 관한 설명으로 옳지 않은 것은?

① 시스템의 성공적 퍼포먼스를 확률로 나타낸 것이다.
② 각 부품이 동일한 신뢰도를 가질 경우 직렬구조의 신뢰도는 병렬 구조에 비해 신뢰도가 낮다.
③ 시스템의 병렬구조는 시스템의 어느 한 부품이 고장나면 시스템이 고장나는 구조이다.
④ n 중 k구조는 n개의 부품으로 구성된 시스템에서 k개 이상의 부품이 작동하면 시스템이 정상적으로 가동되는 구조이다.

[해설] 시스템을 구성하는 어느 한 개소에서 고장이 생기면 즉시 시스템이 정지상태가 되는 구조는 직렬구조이다.

27 다음 중 작업관리의 내용과 거리가 먼 것은?

① 작업관리는 작업시간을 단축하는 것이 주목적이다.
② 작업관리는 방법연구와 작업측정을 주 영역으로 하는 경영기법의 하나이다.
③ 작업관리는 생산과정에서 인간이 관여하는 작업을 주 연구대상으로 한다.
④ 작업관리는 생산성과 함께 작업자의 안전과 건강을 함께 추구한다.

[해설] 각 생산작업을 가장 합리적이고 효율적으로 개선하여 표준화하여 제품의 품질 균일화, 생산비 절감, 안전성을 향상시키는 등의 목적이 있으며, 작업시간을 단축하는 것이 주 목적은 아니다.

28 원자력 산업과 같이 상당한 안전이 확보되어 있는 장소에서 추가적인 고도의 안전 달성을 목적으로 하고 있으며, 관리, 설계, 생산, 보전 등 광범위한 안전을 도모하기 위하여 개발된 분석기법은?

① DT
② FTA
③ THERP
④ MORT

[해설] **MORT(Management Oversight and Risk Tree)**
FTA와 같은 논리기법을 이용하여 관리, 설계, 생산, 보전 등에 대해서 광범위하게 안정성을 확보하기 위한 기법

29 HAZOP 기법에서 사용하는 가이드 워드와 의미가 잘못 연결된 것은?

① No/Not - 설계 의도의 완전한 부정
② More/Less - 정량적인 증가 또는 감소
③ Part of - 성질상의 감소
④ Other than - 기타 환경적인 요인

[해설] **OTHER THAN**
완전한 대체(통상 운전과 다르게 되는 상태)

30 산업안전보건법령상 해당 사업주가 유해위험방지계획서를 작성하여 제출해야 하는 곳은?

① 시·도지사
② 관할 구청장
③ 고용노동부장관
④ 행정안전부장관

[해설] **유해·위험 방지계획서의 작성·제출 등**
사업주는 제출대상에 해당하는 경우에는 이 법 또는 이 법에 따른 명령에서 정하는 유해·위험방지계획서를 작성하여 고용노동부령으로 정하는 바에 따라 고용노동부장관에게 제출하고 심사를 받아야 한다.

31 Chapanis가 정의한 위험의 확률수준과 그에 따른 위험발생률로 옳은 것은?

① 전혀 발생하지 않는(impossible) 발생빈도 : 10^{-8}/day
② 극히 발생할 것 같지 않은(extremely unlikely) 발생빈도 : 10^{-7}/day
③ 거의 발생하지 않은(remote) 발생빈도 : 10^{-6}/day
④ 가끔 발생하는(occasional) 발생빈도 : 10^{-5}/day

[해설] 위험률 수준이 "거의 발생하지 않는다."는 것은 하루당 발생빈도(P) > 10^{-8}/day를 말한다.

정답 | 25 ③ 26 ③ 27 ① 28 ④ 29 ④ 30 ③ 31 ①

32 한 화학공장에는 24개의 공정제어회로가 있으며, 4,000시간의 공정 가동 중 14번의 고장이 발생하였고, 고장이 발생하였을 때마다 회로는 즉시 교체되었다. 이 회로의 평균고장시간(MTTF)은 약 얼마인가?

① 6,857시간 ② 7,571시간
③ 8,240시간 ④ 9,800시간

해설) **평균고장시간(MTTF, Mean Time To Failure)**
시스템, 부품 등이 고장 나기까지 동작시간의 평균치. 평균수명이라고도 한다.
$$MTTF = \frac{총가동시간}{고장건수} = \frac{24 \times 4,000}{14} = 6,857시간$$

33 FT도에서 최소 컷셋을 올바르게 구한 것은?

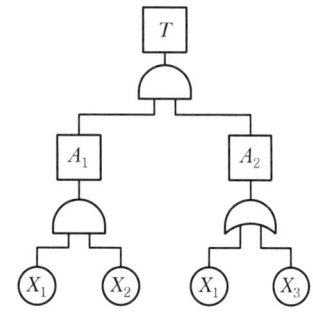

① (X_1, X_2) ② (X_1, X_3)
③ (X_2, X_3) ④ (X_1, X_2, X_3)

해설) $T = A_1 \cdot B_2 = \begin{matrix} X_1 \\ X_1 \end{matrix} \cdot \begin{matrix} X_2 & X_1 \\ X_2 & X_3 \end{matrix}$

컷셋(X_1, X_2, X_1)과 (X_1, X_2, X_3) 중 중복되는 사상이 미니멀 컷셋이다. 따라서, 상기 두 조건에서 중복되는 (X_1, X_2)가 미니멀 컷셋이다.

34 불(Boole) 대수의 관계식으로 틀린 것은?

① $A + \overline{A} = 1$ ② $A + AB = A$
③ $A(A+B) = A+B$ ④ $A + \overline{A}B = A+B$

해설) $A(A+B) = A$이다.

35 다음 시스템의 신뢰도 값은? (단, 기호 안의 수치는 각 구성요소의 신뢰도이다.)

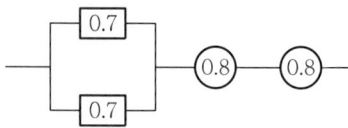

① 0.5824 ② 0.6682
③ 0.7855 ④ 0.8642

해설) 신뢰도$(R) = [1-(1-0.7) \times (1-0.7)] \times (0.8) \times (0.8) = 0.5824$

36 음량 수준이 50phon일 때 sone 값은 얼마인가?

① 2 ② 5
③ 10 ④ 100

해설) Sone치 $= 2^{(phon치-40)/10} = 2^{(50-40)/10} = 2$

37 다음 설명에서 해당하는 용어를 올바르게 나타낸 것은?

> ㉠ 요구된 기능을 실행하고자 하여도 필요한 물건, 정보, 에너지 등의 공급이 없기 때문에 작업자가 움직이려고 해도 움직일 수 없으므로 발생하는 과오
> ㉡ 작업자 자신으로부터 발생한 과오

① ㉠ : Secondary Error, ㉡ : Command Error
② ㉠ : Command Error, ㉡ : Primary Error
③ ㉠ : Primary Error, ㉡ : Secondary Error
④ ㉠ : Command Error, ㉡ : Secondary Error

해설) **원인 레벨(Level)적 분류**
1. Primary Error : 작업자 자신으로부터 발생한 에러
2. Secondary Error : 작업형태나 작업조건 중에서 다른 문제가 생겨 그 때문에 필요한 사항을 실행할 수 없는 오류나 어떤 결함으로부터 파생하여 발생하는 에러
3. Command Error : 요구되는 것을 실행하고자 하여도 필요한 정보, 에너지 등이 공급되지 않아 작업자가 움직이려 해도 움직이지 않는 에러

정답 | 32 ① 33 ① 34 ③ 35 ① 36 ① 37 ②

38 의도는 올바른 것이었지만, 행동이 의도한 것과는 다르게 나타나는 오류를 무엇이라 하는가?

① Slip
② Mistake
③ Lapse
④ Violation

해설 | **실수(Slip)**
상황이나 목표의 해석을 제대로 했으나 의도와는 다른 행동을 하는 경우

39 밝은 곳에서 어두운 곳으로 갈 때 망막에 시홍이 형성되는 생리적 과정인 암조응이 발생하는데 완전 암조응(Dark adaptation)이 발생하는데 소요되는 시간은?

① 약 3~5분
② 약 10~15분
③ 약 30~40분
④ 약 60~90분

해설 | 암순응(암조응)은 우선 약 5분 정도 원추세포의 순응단계를 거쳐, 약 30~40분 정도 걸리는 간상세포의 순응단계(완전 암순응)로 이어진다.

40 산업안전보건법령에 따라 제조업 등 유해·위험 방지 계획서를 작성하고자 할 때 관련 규정에 따라 1명 이상 포함시켜야 하는 사람의 자격으로 적합하지 않은 것은?

① 한국산업안전보건공단이 실시하는 관련 교육을 8시간 이수한 사람
② 기계, 재료, 화학, 전기, 전자, 안전관리 또는 환경분야 기술사 자격을 취득한 사람
③ 관련분야 기사 자격을 취득한 사람으로서 해당 분야에서 3년 이상 근무한 경력이 있는 사람
④ 기계안전, 전기안전, 화공안전분야의 산업안전지도사 또는 산업보건지도사 자격을 취득한 사람

해설 | 해당 기술사, 지도사를 취득하거나 기사, 산업기사 자격증 취득자, 관련 대학, 고등학교 졸업 후 해당 분야에서 n년 이상 근무한 경력이 있는 등의 자격요건이 필요하며, 관련 교육 이수만으로는 자격이 부여되지 않는다.

3과목
기계·기구 및 설비 안전관리

41 프레스기를 사용하여 작업할 때 작업시작 전 점검사항으로 틀린 것은?

① 클러치 및 브레이크의 기능
② 압력방출장치의 기능
③ 크랭크축·플라이휠·슬라이드·연결봉 및 연결나사의 풀림 유무
④ 금형 및 고정볼트의 상태

해설 | **프레스 작업시작 전의 점검사항**
- 클러치 및 브레이크의 기능
- 크랭크축·플라이휠·슬라이드·연결봉 및 연결 나사의 풀림 유무
- 1행정 1정지기구·급정지장치 및 비상정지장치의 기능
- 슬라이드 또는 칼날에 의한 위험방지 기구의 기능
- 프레스의 금형 및 고정볼트 상태·방호장치의 기능
- 전단기의 칼날 및 테이블의 상태

42 산업안전보건법상 보일러의 안전한 가동을 위하여 보일러 규격에 맞는 압력방출장치가 2개 이상 설치된 경우에 최고사용압력 이하에서 1개가 작동되고, 다른 압력방출장치는 최고사용압력의 몇 배 이하에서 작동되도록 부착하여야 하는가?

① 1.03배
② 1.05배
③ 1.2배
④ 1.5배

해설 | **안전밸브 등의 작동요건**
안전밸브 등은 이를 통하여 보호하려는 설비의 최고사용압력 이하에서 작동되도록 하여야 한다. 다만, 안전밸브 등이 2개 이상 설치된 경우에 1개는 최고 사용압력의 1.05배 이하에서 작동되도록 설치할 수 있다.

43 단면적이 1,800mm²인 알루미늄 봉의 파괴강도는 70MPa이다. 안전율을 2.0으로 하였을 때 봉에 가해질 수 있는 최대하중은 얼마인가?

① 6.3kN
② 126kN
③ 63kN
④ 12.6kN

정답 | 38 ① 39 ③ 40 ① 41 ② 42 ② 43 ③

해설 안전율(Safety Factor), 안전계수

안전율(S) = 파괴강도 / 허용응력

• 허용응력 = 파괴강도 / 안전율 = 최대하중 / 면적 = 70/2 = 35MPa
• 최대하중 = 35,000 × 0.0018 = 63kN

44 기능의 안전화 방안을 소극적 대책과 적극적 대책으로 구분할 때 다음 중 적극적 대책에 해당하는 것은?

① 기계의 이상을 확인하고 급정지시켰다.
② 원활한 작동을 위해 급유를 하였다.
③ 회로를 개선하여 오동작을 방지하도록 하였다.
④ 기계를 볼트 및 너트가 이완되지 않도록 다시 조립하였다.

해설 기능적 안전화의 적극적(2차적) 대책
회로를 개선하여 오동작을 사전에 방지하거나 또는 별도의 안전한 회로에 의한 정상기능을 찾도록 하는 대책

45 휴먼에러(Human Error) 원인의 레벨(Level)을 분류할 때 작업조건이나 작업형태 중에서 다른 문제가 생겨서 그것 때문에 필요한 사항을 실행할 수 없는 에러를 무엇이라고 하는가?

① Command Error
② Primary Error
③ Secondary Error
④ Third Error

해설 원인 레벨(Level)의 분류
• Primary Error : 작업자 자신으로부터 발생한 에러
• Secondary Error : 작업형태나 작업조건 중에서 다른 문제가 생겨 그 때문에 필요한 사항을 실행할 수 없는 오류나 어떤 결함으로부터 파생하여 발생하는 에러
• Command Error : 요구되는 것을 실행하고자 하여도 필요한 정보, 에너지 등이 공급되지 않아 작업자가 움직이려 해도 움직이지 않는 에러

46 A사업장의 강도율이 2.5이고, 연간 재해발생건수가 12건, 연간 총 근로시간수가 120만 시간일 때 이 사업장의 종합재해지수는 약 얼마인가?

① 1.6
② 5.0
③ 27.6
④ 230

해설 강도율 = 2.5

• 도수율 = 재해발생건수 / 연근로시간수 × 1,000,000
= 12 / 1,200,000 × 1,000,000 = 10

• 종합재해지수(FSI) = $\sqrt{도수율(FR) \times 강도율(SR)}$
= $\sqrt{10 \times 2.5}$ = 5

47 산업안전보건법령상 아세틸렌 용접장치를 사용하여 금속의 용접·용단 또는 가열작업을 하는 경우 게이지 압력은 얼마를 초과하는 압력의 아세틸렌을 발생시켜 사용하면 안 되는가?

① 98 kPa
② 127kPa
③ 147kPa
④ 196kPa

해설 사업주는 아세틸렌 용접장치를 사용하여 금속의 용접·용단 또는 가열작업을 하는 경우에는 게이지 압력이 127킬로파스칼(kPa)을 초과하는 압력의 아세틸렌을 발생시켜 사용해서는 아니 된다.

48 크레인 로프에 질량 2,000kg의 물건을 10m/s²의 가속도로 감아올릴 때, 로프에 걸리는 총 하중(kN)은? (단, 중력가속도는 9.8m/s²이다.)

① 9.6
② 19.6
③ 29.6
④ 39.6

해설
• 하중 = 정하중 / 중력가속도(g) × 가속도
= 2,000 / 9.8 × 10 = 2,040kg
• 총하중 = 정하중 + 동하중
= 2,000 + 2,040 = 4,040kg
∴ 하중(N) = 총하중(kg) × 중력가속도(g)
= 4,040 × 9.8 = 39,592N ≒ 39.6kN

49 산업안전보건법령에 따라 산업용 로봇을 운전하는 경우에 근로자가 로봇에 부딪칠 위험이 있을 때에는 안전매트 및 높이 얼마 이상의 울타리를 설치하는 등 위험을 방지하기 위하여 필요한 조치를 하여야 하는가?

① 1.0m 이상
② 1.5m 이상
③ 1.8m 이상
④ 2.5m 이상

정답 | 44 ③ 45 ③ 46 ② 47 ② 48 ④ 49 ③

해설 **운전 중 위험방지**
사업주는 로봇의 운전으로 인하여 근로자에게 발생할 수 있는 부상 등의 위험을 방지하기 위하여 높이 1.8미터 이상의 울타리를 설치하여야 하며, 컨베이어 시스템의 설치 등으로 울타리를 설치할 수 없는 일부 구간에 대해서는 안전매트 또는 광전자식 방호장치 등 감응형(感應形) 방호장치를 설치하여야 한다.

50 다음 중 절삭가공으로 틀린 것은?

① 선반 ② 밀링
③ 프레스 ④ 보링

해설 절삭가공은 절삭공구로 재료를 깎아 가공하는 방법을 말한다. 절삭가공에 이용되는 공작기계는 선반, 드릴링 머신, 밀링 머신, 보링머신, 세이빙 머신 등이 있다.

51 강자성체를 자화하여 표면의 누설자속을 검출하는 비파괴 검사 방법은?

① 방사선 투과 시험 ② 인장시험
③ 초음파 탐상 시험 ④ 자분 탐상 시험

해설 **자분 탐상 검사**(MT ; Magnetic Particle Testing)
강자성체의 결함을 찾을 때 사용하는 비파괴시험법으로 표면 또는 표층에 결함이 있을 때 누설자속을 이용하여 육안으로 결함을 검출하는 시험법

52 산업안전보건법령상 크레인에 전용탑승 설비를 설치하고 근로자를 달아 올린 상태에서 작업에 종사시킬 경우 근로자의 추락 위험을 방지하기 위하여 실시해야 할 조치 사항으로 적합하지 않은 것은?

① 승차석 외의 탑승 제한
② 안전대 혹은 구명줄의 설치
③ 탑승설비의 하강 시 동력하강방법을 사용
④ 탑승설비가 뒤집히거나 떨어지지 않도록 필요한 조치

해설 **탑승의 제한**(「안전보건규칙」 제86조 제1항)
사업주는 크레인을 사용하여 근로자를 운반하거나 근로자를 달아 올린 상태에서 작업에 종사시켜서는 아니 된다. 다만, 크레인에 전용 탑승설비를 설치하고 추락 위험을 방지하기 위하여 다음 각 호의 조치를 한 경우에는 그러하지 아니하다.
1. 탑승설비가 뒤집히거나 떨어지지 않도록 필요한 조치를 할 것
2. 안전대나 구명줄을 설치하고, 안전난간을 설치할 수 있는 구조인 경우에는 안전난간을 설치할 것
3. 탑승설비를 하강시킬 때에는 동력하강 방법으로 할 것

53 인장강도가 250N/mm²인 강판에서 안전율이 4라면 이 강판의 허용응력(N/mm²)은 얼마인가?

① 42.5 ② 62.5
③ 82.5 ④ 102.5

해설 허용응력 = $\dfrac{\text{인장강도}}{\text{안전율}} = \dfrac{250}{4} = 62.5\text{N/mm}^2$

54 다음 중 보일러의 방호장치와 가장 거리가 먼 것은?

① 언로드밸브 ② 압력방출장치
③ 압력제한스위치 ④ 고저수위조절장치

해설 보일러의 폭발사고예방을 위하여 압력방출장치·압력제한스위치·고저수위조절장치·화염검출기 등의 기능이 정상적으로 작동될 수 있도록 유지·관리하여야 한다.

55 그림과 같이 목재가공용 둥근톱 기계에서 분할날(t_2) 두께가 4.0mm일 때 톱날 두께 및 톱날 진폭과의 관계로 옳은 것은?

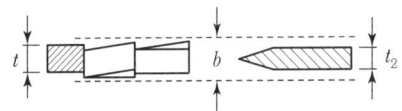

t : 톱날 두께 b : 치 진폭 t_2 : 분할날 두께

① $b > 4.0\text{mm}$, $t \leq 3.6\text{mm}$ ② $b > 4.0\text{mm}$, $t \leq 4.0\text{mm}$
③ $b < 4.0\text{mm}$, $t \leq 4.4\text{mm}$ ④ $b > 4.0\text{mm}$, $t \geq 3.6\text{mm}$

해설 **분할날의 두께**
두께는 톱날두께 1.1배 이상이고 톱날의 치진폭 이하로 할 것
$1.1t_1 \leq t_2 < b$

56 "강렬한 소음작업"이라 함은 90dB 이상의 소음이 1일 몇 시간 이상 발생되는 작업을 말하는가?

① 2시간 ② 4시간
③ 8시간 ④ 10시간

해설 **강렬한 소음작업**
• 90dB 이상의 소음이 1일 8시간 이상 발생되는 작업
• 95dB 이상의 소음이 1일 4시간 이상 발생되는 작업

정답 | 50 ③ 51 ④ 52 ① 53 ② 54 ① 55 ① 56 ③

57 다음 프레스의 방호장치에 관한 설명으로 틀린 것은?

① 양수조작식 방호장치는 1행정 1정지기구에 사용할 수 있어야 한다.
② 손쳐내기식 방호장치는 슬라이드 하행정거리의 3/4 위치에서 손을 완전히 밀어내야 한다.
③ 광전자식 방호장치의 정상동작 표시램프는 붉은색, 위험 표시램프는 녹색으로 하며, 쉽게 근로자가 볼 수 있는 곳에 설치해야 한다.
④ 게이트 가드 방호장치는 가드가 열린 상태에서 슬라이드를 동작시킬 수 없고 또한 슬라이드 작동 중에는 게이트 가드를 열 수 없어야 한다.

해설 **광전자식 방호장치의 일반구조**
정상동작 표시램프는 녹색, 위험표시램프는 붉은색으로 하며, 쉽게 근로자가 볼 수 있는 곳에 설치해야 한다.

58 다음 중 수평거리 20m, 높이가 5m인 경우 지게차의 안정도는 얼마인가?

① 20% ② 25%
③ 30% ④ 35%

해설 안정도 = $\dfrac{높이(h)}{수평거리(l)} \times 100 = \dfrac{5}{20} = 100 = 25\%$

59 보일러에서 압력방출장치가 2개 설치된 경우 최고 사용압력이 1MPa일 때 압력방출장치의 설정방법으로 가장 옳은 것은?

① 2개 모두 1.1MPa 이하에서 작동되도록 설정하였다.
② 하나는 1MPa 이하에서 작동되고 나머지는 1.1MPa 이하에서 작동되도록 설정하였다.
③ 하나는 1MPa 이하에서 작동되고 나머지는 1.05MPa 이하에서 작동되도록 설정하였다.
④ 2개 모두 1.05MPa 이하에서 작동되도록 설정하였다.

해설 **압력방출장치(안전밸브)의 설치**(「안전보건규칙」 제116조)
사업주는 보일러의 안전한 가동을 위하여 보일러 규격에 맞는 압력방출장치를 1개 또는 2개 이상 설치하고 최고사용압력 이하에서 작동되도록 하여야 한다. 다만, 압력방출장치가 2개 이상 설치된 경우에는 최고사용압력 이하에서 1개가 작동되고, 다른 압력방출장치는 최고사용압력 1.05배 이하에서 작동되도록 부착하여야 한다.

60 화물중량이 200kgf, 지게차의 중량이 400kgf, 앞바퀴에서 화물의 무게중심까지의 최단거리가 1m일 때 지게차가 안정되기 위하여 앞바퀴에서 지게차의 무게중심까지 최단거리는 최소 몇 m를 초과해야 하는가?

① 0.2m ② 0.5m
③ 1m   ④ 2m

해설 지게차의 무게중심은 앞바퀴에 있다.

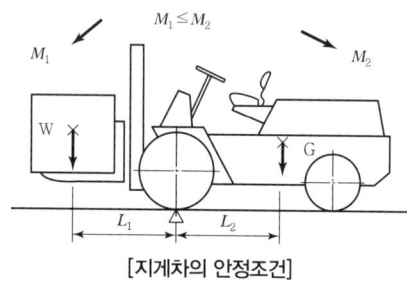

[지게차의 안정조건]

$M_1 < M_2$
화물의 모멘트 $M_1 = W \times L_1$
지게차의 모멘트 $M_2 = G \times L_2$
$200 \times 1 = 400 \times L_2$
∴ $L_2 = 0.5m$

4과목
전기설비 안전관리

61 산업안전보건법에는 보호구 사용 시 안전인증을 받은 제품을 사용토록 하고 있다. 다음 중 안전인증 대상이 아닌 것은?

① 안전화 ② 고무장화
③ 안전장갑 ④ 감전위험방지용 안전모

해설 고무장화는 안전인증 대상이 아니다.

62 샤워시설이 있는 욕실에 콘센트를 시설하고자 한다. 이때 설치되는 인체감전보호용 누전차단기의 정격감도전류는 몇 mA 이하인가?

① 5   ② 15
③ 30 ④ 60

정답 | 57 ③ 58 ② 59 ③ 60 ② 61 ② 62 ②

해설 | 욕실 내 콘센트에 적용되는 감전보호용 누전차단기의 정격감도전류 : 15mA 적용

63 지락전류가 거의 0에 가까워서 안정도가 양호하고 무정전의 송전이 가능한 접지방식은?

① 직접접지방식
② 리액터접지방식
③ 저항접지방식
④ 소호리액터접지방식

해설 | 소호리액터 접지방식 설명이다.

64 내압방폭구조의 기본적 성능에 관한 사항으로 옳지 않은 것은?

① 내부에서 폭발할 경우 그 압력에 견딜 것
② 폭발화염이 외부로 유출되지 않을 것
③ 습기침투에 대한 보호가 될 것
④ 외함 표면온도가 주위의 가연성 가스에 점화하지 않을 것

해설 | 내압방폭구조
1. 내부에서 폭발할 경우 그 압력에 견딜 것
2. 폭발화염이 외부로 유출되지 않을 것
3. 외함 표면온도가 주위의 가연성 가스에 점화하지 않을 것

65 절연열화(탄화)가 진행되어 누설전류가 증가하면서 발생되는 결과와 거리가 먼 것은?

① 감전사고
② 누전화재
③ 정전기 증가
④ 아크 지락에 의한 기기의 손상

해설 | 절연열화란 전기가 새지 않도록 하우징과 전기회로를 차단하는 절연물이 열화되어 전기가 새는 상태가 되는 것을 나타내며, 절연 열화가 진행되면 기기 손상, 감전사고, 누전화재의 위험이 있다.

66 폭발위험장소의 분류 중 인화성 액체의 증기 또는 가연성 가스에 의한 폭발위험이 지속적으로 또는 장기간 존재하는 장소는 몇 종 장소로 분류되는가?

① 0종 장소
② 1종 장소
③ 2종 장소
④ 3종 장소

해설 | 0종 장소에 대한 설명이다.

67 정전기에 대한 설명으로 가장 옳은 것은?

① 전하의 공간적 이동이 크고, 자계의 효과가 전계의 효과에 비해 매우 큰 전기
② 전하의 공간적 이동이 크고, 자계의 효과와 전계의 효과를 서로 비교할 수 없는 전기
③ 전하의 공간적 이동이 적고, 전계의 효과와 자계의 효과가 서로 비슷한 전기
④ 전하의 공간적 이동이 적고, 자계의 효과가 전계에 비해 무시할 정도의 적은 전기

해설 | 정전기의 정의

구분	정의
문자적 정의 (협의의 정의)	공간의 모든 장소에서 전하의 이동이 전혀 없는 전기
구체적 정의 (광의의 정의)	전하의 공간적 이동이 적고 그 전류에 의한 자계의 효과가 정전기 자체가 보유하고 있는 전계의 효과에 비해 무시할 수 있을 만큼 적은 전기

68 유입차단기의 약어로 옳은 것은?

① OCB
② ELB
③ VCB
④ MCCB

해설 | 유입차단기(OCB, Oil Circuit Breaker)는 전기회로의 개폐하는 차단기의 일종이다.

69 피뢰기의 구성요소로 옳은 것은?

① 직렬갭, 특성요소
② 병렬갭, 특성요소
③ 직렬갭, 충격요소
④ 병렬갭, 충격요소

해설 | 피뢰기의 구성요소
직렬갭 + 특성요소

70 전기기계·기구에 설치되어 있는 감전방지용 누전차단기의 정격감도전류 및 작동시간으로 옳은 것은? (단, 정격전부하전류가 50A 미만이다.)

① 15mA 이하, 0.1초 이내
② 30mA 이하, 0.03초 이내
③ 50mA 이하, 0.5초 이내
④ 100mA 이하, 0.05초 이내

해설 | 감전보호용 누전차단기
정격감도전류 30mA 이하, 동작시간 0.03초 이내

정답 | 63 ④ 64 ③ 65 ③ 66 ① 67 ④ 68 ① 69 ① 70 ②

71 20Ω의 저항 중에 5A의 전류를 3분간 흘렸을 때의 발열량(cal)은?

① 4,320　　② 90,000
③ 21,600　　④ 376,560

해설　$H = 2.24I^2RT = 0.24 \times 5^2 \times 20 \times (3 \times 60) = 21,600[cal]$

72 정전기 발생현상의 분류에 해당되지 않는 것은?

① 유체대전　　② 마찰대전
③ 박리대전　　④ 교반대전

해설　**정전기 대전의 종류**
마찰대전, 박리대전, 유동대전, 분출대전, 충돌대전, 파괴대전, 교반(진동)이나 침강 대전

73 심실세동에 대한 설명으로 옳은 것은?

① 심근의 미세한 진동으로 혈액을 송출하는 펌프의 기능이 장애를 받는 현상이다.
② 심실이 1분에 200회 가량 수축함으로 떨리기만 할 뿐 전신으로 혈액을 뿜어내지 못하는 상태로 시간이 지나면서 정상적인 리듬을 찾게 된다.
③ 심실세동상태가 된 후 전류를 제거하면 자연적으로 건강을 회복한다.
④ 상용주파수 60[Hz]에서 7~8[mA]의 통전전류의 세기인 상태이다.

해설　**심실세동전류(치사전류)**
심근의 미세한 진동으로 혈액을 송출하는 펌프의 기능이 장애를 받을 때의 전류이다.

74 한국전기설비규정에 따라 보호등전위본딩 도체로서 주접지단자에 접속하기 위한 등전위본딩 도체(구리 도체)의 단면적은 몇 mm² 이상이어야 하는가? (단, 등전위본딩 도체는 설비 내에 있는 가장 큰 보호접지 도체 단면적의 1/2 이상의 단면적을 가지고 있다.)

① 2.5　　② 6
③ 16　　④ 50

해설　한국전기설비규정에 따라 보호등전위본딩 도체로서 주접지단자에 접속하기 위한 등전위본딩 도체(구리도체)의 단면적은 6mm² 이상이어야 한다.

> [참고]
> 알루미늄 도체의 단면적은 16mm² 이상, 강철 도체의 단면적은 50mm² 이상이어야 한다.

75 고압 및 특고압 전로에 시설하는 피뢰기의 설치장소로 잘못된 곳은?

① 가공전선로와 지중전선로가 접속되는 곳
② 발전소, 변전소의 가공전선 인입구 및 인출구
③ 고압 가공전선로에 접속하는 배전용 변압기의 저압측
④ 고압 가공전선로로부터 공급을 받는 수용장소의 인입구

해설　**피뢰기의 시설장소**
특고압 가공선전로에 접속하는 배전용 변압기의 고압 측 및 특고압 측

76 개폐조작의 순서에 있어서 그림의 기구 번호의 경우 차단순서와 투입순서가 안전수칙에 적합한 것은?

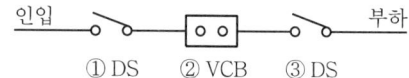

① 차단 ①→②→③, 투입 ①→②→③
② 차단 ②→③→①, 투입 ②→③→①
③ 차단 ③→②→①, 투입 ③→②→①
④ 차단 ②→③→①, 투입 ③→①→②

해설　**작동순서**

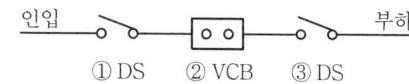

- 투입순서 : ③ → ① → ②
- 차단순서 : ② → ③ → ①
1. 전선 단선 시 아크 발생
2. 차단기는 아크 차단능력 있으나, 단로기는 차단능력이 없음
3. 투입 시 차단기부터 조작할 경우 단로기 조작 때 아크차단 능력이 없어 화재 발생 → 단로기부터 조작
4. 차단 시 단로기부터 조작할 경우 아크차단 능력이 없어 화재 발생 → 차단기부터 조작

정답 | 71 ③　72 ①　73 ①　74 ②　75 ③　76 ④

77 KS C IEC 60079-0의 정의에 따라 '두 도전부 사이의 고체 절연물 표면을 따른 최단거리'를 나타내는 명칭은?

① 전기적 간격   ② 절연공간거리
③ 연면거리   ④ 충전물 통과거리

해설 KS C IEC 60079-0, 연면거리(creepage distance)
두 도전부 사이의 공간을 통한 최단거리

78 목재와 같은 부도체가 탄화로 인해 도전경로가 형성되어 결국 발화하게 되는데 이와 같은 현상은?

① 트리킹 현상   ② 가네하라 현상
③ 흑화 현상   ④ 열화 현상

해설 가네하라 현상
누전회로에 발생하며 탄화 도전로가 생성되어 증식, 확대되면서 발열량이 증대, 발화하는 현상이다.

79 화염일주한계에 대한 설명으로 옳은 것은?

① 폭발성 가스와 공기의 혼합기에 온도를 높인 경우 화염이 발생 할 때까지의 시간 한계치
② 폭발성 분위기에 있는 용기의 접합면 틈새를 통해 화염이 내부에서 외부로 전파되는 것을 저지할 수 있는 틈새의 최대간격치
③ 폭발성 분위기 속에서 전기불꽃에 의하여 폭발을 일으킬 수 있는 화염을 발생시키기에 충분한 교류파형의 1주기치
④ 방폭설비에서 이상이 발생하여 불꽃이 생성된 경우에 그것이 점화원으로 작용하지 않도록 화염의 에너지를 억제하여 폭발하한계로 되도록 화염 크기를 조정하는 한계치

해설 화염일주한계
폭발성 분위기 내에 방치된 표준용기의 접합면 틈새를 통하여 폭발화염이 내부에서 외부로 전파되는 것을 저지(최소점화에너지 이하)할 수 있는 틈새의 최대간격치이며 폭발성 가스의 종류에 따라 다르다.

80 누전화재가 발생하기 전에 나타나는 현상으로 거리가 먼 것은?

① 인체 감전현상
② 전등 밝기의 변화현상
③ 빈번한 퓨즈 용단현상
④ 전기 사용 기계장치의 오동작 감소

해설 전기 사용 기계장치의 오동작 감소와 누전화재와는 무관하다.

5과목
화학설비 안전관리

81 다음 중 유류화재에 해당하는 화재의 급수는?

① A급   ② B급
③ C급   ④ D급

해설 유류 및 가스화재는 B급 화재로 분류된다.

82 가솔린(휘발유)의 일반적인 연소범위에 가장 가까운 값은?

① 2.7~27.8vol%   ② 3.4~11.8vol%
③ 1.4~7.6vol%   ④ 5.1~18.2vol%

해설 가솔린의 연소범위는 1.4~6.2vol% 정도이다.

83 「산업안전보건법」에 따라 인화성 가스가 발생할 우려가 있는 지하작업장에서 작업하는 경우 조치사항으로 적절하지 않은 것은?

① 매일 작업을 시작하기 전 해당 가스의 농도를 측정한다.
② 가스의 누출이 의심되는 경우 해당 가스의 농도를 측정한다.
③ 장시간 작업을 계속하는 경우 6시간마다 해당 가스의 농도를 측정한다.
④ 가스의 농도가 인화하한계 값의 25[%] 이상으로 밝혀진 경우에는 즉시 근로자를 안전한 장소에 대피시킨다.

해설 장시간 작업을 계속하는 경우 4시간마다 해당 가스의 농도를 측정하여야 한다.

84 5% NaOH 수용액과 10% NaOH 수용액을 반응기에 혼합하여 6% 100kg의 NaOH 수용액을 만들려면 각각 몇 kg의 NaOH 수용액이 필요한가?

① 5% NaOH 수용액 : 33.3, 10% NaOH 수용액 : 66.7
② 5% NaOH 수용액 : 50, 10% NaOH 수용액 : 50
③ 5% NaOH 수용액 : 66.7, 10% NaOH 수용액 : 33.3
④ 5% NaOH 수용액 : 80, 10% NaOH 수용액 : 20

해설 5% NaOH 수용액 양 : x, 10[%] NaOH 수용액 양 : y
① $x + y = 100$kg,
② $0.05x + 0.1y = 0.06 \times 100$

①식과 ②식을 연립하여 풀면
∴ $x = 80kg$, $y = 20kg$

85 위험물안전관리법령상 제4류 위험물 중 제2석유류로 분류되는 물질은?

① 실린더유 ② 휘발유
③ 등유 ④ 중유

해설) ③은 제2석유류에 해당한다(실린더유 : 4석유류, 휘발유 : 제1석유류, 중유 : 제3석유류).

86 제1종 분말소화약제의 주성분에 해당하는 것은?

① 사염화탄소 ② 브롬화메탄
③ 수산화암모늄 ④ 탄산수소나트륨

해설) 제1종 분말소화약제의 주성분은 탄산수소나트륨이다.

87 반응성 화학물질의 위험성은 실험에 의한 평가 대신 문헌조사 등을 통해 계산에 의해 평가하는 방법을 사용할 수 있다. 이에 관한 설명으로 옳지 않은 것은?

① 위험성이 너무 커서 물성을 측정할 수 없는 경우 계산에 의한 평가 방법을 사용할 수도 있다.
② 연소열, 분해열, 폭발열 등의 크기에 의해 그 물질의 폭발 또는 발화의 위험예측이 가능하다.
③ 계산에 의한 평가를 하기 위해서는 폭발 또는 분해에 따른 생성물의 예측이 이루어져야 한다.
④ 계산에 의한 위험성 예측은 모든 물질에 대해 정확성이 있으므로 더 이상의 실험을 필요로 하지 않는다.

해설) 계산에 의한 위험성 예측은 실제와 다를 가능성이 있으므로 실험을 통해 실제 위험성을 평가할 필요가 있다.

88 인화점이 각 온도 범위에 포함되지 않는 물질은?

① −30℃ 미만 : 디에틸에테르
② −30℃ 이상 0℃ 미만 : 아세톤
③ 0℃ 이상 30℃ 미만 : 벤젠
④ 30℃ 이상 65℃ 이하 : 아세트산

해설) 벤젠의 인화점은 −11℃로 보기의 범위에 포함되지 않는다.

89 금속의 증기가 공기 중에서 응고되어 화학변화를 일으켜 고체의 미립자로 되어 공기 중에 부유하는 것을 의미하는 용어는?

① 흄(fume) ② 분진(dust)
③ 미스트(mist) ④ 스모크(smoke)

해설) **흄(Fume)**
고체 상태의 물질이 액체화된 다음 증기화되고, 증기화된 물질의 응축 및 산화로 인하여 생기는 고체상의 미립자(금속 또는 중금속 등)를 말한다.

90 송풍기의 회전차 속도가 1,300rpm일 때 송풍량이 분당 300m³을 보이고 있다. 이때 송풍량을 분당 400m³으로 증가시키고자 한다면 송풍기의 회전차 속도는 약 몇 rpm으로 하여야 하는가?

① 1,533 ② 1,733
③ 1,967 ④ 2,167

해설) 송풍량(Q)은 회전수(N)와 비례하므로, 다음 비례식을 사용하여 구할 수 있다.
1,300rpm : 300m³ = x : 400m³
x = 1,733

91 다음 중 C급 화재에 해당하는 것은?

① 금속화재 ② 전기화재
③ 일반화재 ④ 유류화재

해설) 전기화재를 C급 화재라고 한다.

92 다음 중 소화약제로 사용되는 이산화탄소에 관한 설명으로 틀린 것은?

① 사용 후에 오염의 영향이 거의 없다.
② 장시간 저장하여도 변화가 없다.
③ 주된 소화효과는 억제소화이다.
④ 자체 압력으로 방사가 가능하다.

해설) 이산화탄소(CO_2) 소화약제의 주된 소화효과는 질식효과와 냉각효과이다.

정답 | 85 ③ 86 ④ 87 ④ 88 ③ 89 ① 90 ② 91 ② 92 ③

93 다음 중 인화성 가스가 아닌 것은?

① 부탄　　　　② 메탄
③ 수소　　　　④ 산소

해설) 산소는 연소를 도와주는 조연성 가스이다.

94 자연발화 성질을 갖는 물질이 아닌 것은?

① 질화면　　　　② 목탄분말
③ 아마인유　　　④ 과염소산

해설) 과염소산은 산화성액체에 해당하며 자연발화성은 과염소산의 성질과 거리가 멀다.

95 프로판(C_3H_8)의 연소 하한계가 2.2vol%일 때 연소를 위한 최소산소농도(MOC)는 몇 vol%인가?

① 5.0　　　　② 7.0
③ 9.0　　　　④ 11.0

해설) 최소산소농도(C_m) = 폭발하한(%) × $\dfrac{\text{산소mol수}}{\text{연소가스mol수}}$

= $2.2 \times \dfrac{5}{1} = 11\%$

96 다음 중 산화성 물질이 아닌 것은?

① KNO_3　　　　② NH_4ClO_3
③ HNO_3　　　　④ P_4S_3

해설) P_4S_3(삼황화린)는 가연성 고체에 해당한다.

97 대기압에서 사용하나 증발에 의한 액체의 손실을 방지함과 동시에 액면 위의 공간에 폭발성 위험가스를 형성할 위험이 적은 구조의 저장 탱크는?

① 유동형 지붕 탱크　　② 원추형 지붕 탱크
③ 원통형 저장 탱크　　④ 구형 저장탱크

해설) **유동형 지붕 탱크**
저장물질 위에 띄운 지붕판이 탱크 측판부를 따라 상하로 움직이게 되어 있는 원통 탱크로서 이러한 구조라 인해 증발에 의한 액체의 손실을 방지하는 동시에 액면 위의 공간에 폭발성 위험가스를 형성할 위험이 적다.

98 CF_3Br 소화약제의 하론 번호를 바르게 나타낸 것은?

① 하론 1031　　　② 하론 1311
③ 하론 1301　　　④ 하론 1310

해설) CF_3Br 소화약제의 하론 번호는 1301이다.

99 다음 중 인화성 물질이 아닌 것은?

① 디에틸에테르　　② 아세톤
③ 에탄올　　　　　④ 과염소산칼륨

해설) 과염소산칼륨은 위험물 안전관리법에 따라 제1류 위험물(산화성고체)에 해당하며 제1류 위험물은 열분해 시 산소를 발생시킨다.

100 물과 탄화칼슘이 반응하면 어떤 가스가 생성되는가?

① 염소가스　　　　② 아황산가스
③ 수성가스　　　　④ 아세틸렌가스

해설) 탄화칼슘(CaC_2, 카바이트)은 물과 반응하여 아세틸렌(C_2H_2)가스를 발생시킨다.

6과목
건설공사 안전관리

101 터널 지보공을 조립하거나 변경하는 경우에 조치하여야 하는 사항으로 옳지 않은 것은?

① 목재의 터널 지보공은 그 터널 지보공의 각 부재에 작용하는 긴압 정도를 체크하여 그 정도가 최대한 차이나도록 할 것
② 강(鋼)아치 지보공의 조립은 연결볼트 및 띠장 등을 사용하여 주재 상호 간을 튼튼하게 연결할 것
③ 기둥에는 침하를 방지하기 위하여 받침목을 사용하는 등의 조치를 할 것
④ 주재(主材)를 구성하는 1세트의 부재는 동일 평면 내에 배치할 것

해설) 목재의 터널 지보공은 그 터널 지보공 각 부재의 긴압 정도가 균등하게 되도록 하여야 한다.

정답 | 93 ④　94 ④　95 ④　96 ④　97 ①　98 ③　99 ④　100 ④　101 ①

102 다음 중 차량계 건설기계에 속하지 않는 것은?
① 불도저
② 스크레이퍼
③ 타워크레인
④ 항타기

[해설] 타워크레인은 양중기에 해당된다.

103 건설업 산업안전보건관리비 계상 및 사용기준에 따른 안전관리비의 개인보호구 및 안전장구 구입비 항목에서 안전관리비로 사용이 가능한 경우는?
① 안전 · 보건관리자가 선임되지 않은 현장에서 안전 · 보건업무를 담당하는 현장관계자용 무전기, 카메라, 컴퓨터, 프린터 등 업무용 기기
② 혹한 · 혹서에 장기간 노출로 인해 건강장해를 일으킬 우려가 있는 경우 특정 근로자에게 지급되는 기능성 보호 장구
③ 근로자에게 일률적으로 지급하는 보냉 · 보온장구
④ 감리원이나 외부에서 방문하는 인사에게 지급하는 보호구

[해설] 혹한 · 혹서에 장기간 노출로 인해 건강장해를 일으킬 우려가 있는 경우 특정 근로자에게 지급되는 기능성 보호 장구는 산업안전보건관리비로 사용 가능하다.

104 로드(Rod), 유압잭(Jack) 등을 이용하여 거푸집을 연속적으로 이동시키면서 콘크리트를 타설할 때 사용되는 것으로 Silo 공사 등에 적합한 거푸집은?
① 메탈폼
② 슬라이딩폼
③ 워플폼
④ 페코빔

[해설] 슬라이딩폼(Sliding Form)은 요크(Yoke)로 거푸집을 수직으로 연속 이동시키면서 콘크리트를 타설하는 거푸집이다.

105 이동식 비계를 조립하여 사용할 때 밑변 최소폭의 길이가 2m라면 이 비계의 사용가능한 최대 높이는?
① 4m
② 8m
③ 10m
④ 14m

[해설] 이동식 비계 조립 시 비계의 최대높이는 밑면 최소폭의 4배 이하여야 하므로 최소폭의 길이가 2m라면 최대높이는 2m×4=8m이다.

106 물체가 떨어지거나 날아올 위험을 방지하기 위한 낙하물방지망 또는 방호선반을 설치할 때 수평면과의 적정한 각도는?
① 10~20°
② 20~30°
③ 30~40°
④ 40~45°

[해설] 낙하물방지망은 10m 이내마다 설치하고 설치각도는 20~30°를 유지한다.

107 거푸집 해체작업 시 유의사항으로 옳지 않은 것은?
① 일반적으로 수평부재의 거푸집은 연직부재의 거푸집보다 빨리 떼어낸다.
② 해체된 거푸집이나 각목 등에 박혀 있는 못 또는 날카로운 돌출물은 즉시 제거하여야 한다.
③ 상하 동시작업은 원칙적으로 금지하며 부득이한 경우에는 긴밀히 연락을 하며 작업을 하여야 한다.
④ 거푸집 해체 작업장 주위에는 관계자를 제외하고는 출입을 금지시켜야 한다.

[해설] 일반적으로 연직부재의 거푸집은 수평부재의 거푸집보다 빨리 떼어낼 수 있다.

108 달비계(곤돌라의 달비계는 제외)의 최대적재하중을 정하는 경우에 사용하는 안전계수의 기준으로 옳은 것은?
① 달기체인의 안전계수 : 10 이상
② 달기강대와 달비계의 하부 및 상부지점의 안전계수(목재의 경우) : 2.5 이상
③ 달기와이어로프의 안전계수 : 5 이상
④ 달기강선의 안전계수 : 10 이상

[해설] 달기체인 : 5, 달기강선 : 10, 달기와이어로프 : 10, 달기강대와 달비계의 하부 및 상부지점 : 목재는 5, 강재 2.5 이상

109 콘크리트 타설 시 거푸집 측압에 관한 설명으로 옳지 않은 것은?
① 기온이 높을수록 측압은 크다.
② 타설속도가 클수록 측압은 크다.
③ 슬럼프가 클수록 측압은 크다.
④ 다짐이 과할수록 측압은 크다.

[해설] 외기온도가 낮을수록, 습도가 높을수록 측압이 커진다.

정답 | 102 ③ 103 ② 104 ② 105 ② 106 ② 107 ① 108 ④ 109 ①

110 다음은 굴착공사 표준안전 작업지침에 따른 트렌치 굴착 시 준수사항이다. 빈칸 안에 들어갈 내용으로 옳은 것은?

> 굴착폭은 작업 및 대피가 용이하도록 충분한 넓이를 확보하여야 하며, 굴착깊이가 2[m] 이상일 경우에는 (　　) 이상의 폭으로 한다.

① 1[m]　　② 1.5[m]
③ 2[m]　　④ 2.5[m]

[해설] 트렌치 굴착 시 굴착폭은 작업 및 대피가 용이하도록 충분한 넓이를 확보하여야 하며, 굴착깊이가 2[m] 이상일 경우에는 1[m] 이상의 폭으로 한다.

111 설치·이전하는 경우 안전인증을 받아야 하는 기계·기구에 해당되지 않는 것은?

① 크레인　　② 리프트
③ 곤돌라　　④ 고소작업대

[해설] 고소작업대의 경우 설치·이전하는 경우 안전인증을 받아야 한다.

112 사업의 종류가 건설업이고, 공사금액이 850억 원일 경우 산업안전보건법령에 따른 안전관리자를 최소 몇 명 이상 두어야 하는가? (단, 상시근로자는 600명으로 가정한다.)

① 1명 이상　　② 2명 이상
③ 3명 이상　　④ 4명 이상

[해설] 공사금액 800억 원 이상일 경우 안전관리자를 최소 2명 이상 두어야 한다.

113 철골 기둥, 빔 및 트러스 등의 철골구조물을 일체화하거나 지상에서 조립하는 이유로 가장 타당한 것은?

① 고소작업의 감소　　② 화기사용의 감소
③ 구조체 강성 증가　　④ 운반물량의 감소

[해설] 철골을 일체화하거나 지상에서 조립하여 거치하는 이유는 고소작업을 최소화하기 위해서다.

114 작업 중이던 미장공이 상부에서 떨어지는 공구에 의해 상해를 입었다면 어느 부분에 대한 결함이 있었던 것인가?

① 작업대 설치　　② 작업방법
③ 낙하물 방지시설 설치　　④ 비계설치

[해설] 떨어지는 공구에 의한 상해는 낙하 재해예방 시설물의 결함이 원인이다.

115 터널공사 시 인화성 가스가 농도 이상으로 상승하는 것을 조기에 파악하기 위하여 설치하는 자동경보장치의 작업시작 전 점검해야 할 사항이 아닌 것은?

① 계기의 이상 유무　　② 발열 여부
③ 검지부의 이상 유무　　④ 경보장치의 작동상태

[해설] **자동경보장치의 작업시작 전 점검사항**
1. 계기의 이상 유무
2. 검지부의 이상 유무
3. 경보장치의 작동상태

116 부두 등의 하역작업장에서 부두 또는 안벽의 선에 따라 통로를 설치할 때의 최소 폭 기준은?

① 90cm 이상　　② 75cm 이상
③ 60cm 이상　　④ 45cm 이상

[해설] 부두 또는 안벽의 선을 따라 통로를 설치할 때는 폭을 90cm 이상으로 하여야 한다.

117 흙의 투수계수에 영향을 주는 인자에 관한 설명으로 옳지 않은 것은?

① 포화도 : 포화도가 클수록 투수계수도 크다.
② 공극비 : 공극비가 클수록 투수계수는 작다.
③ 유체의 점성계수 : 점성계수가 클수록 투수계수는 작다.
④ 유체의 밀도 : 유체의 밀도가 클수록 투수계수는 크다.

[해설] 공극비가 클수록 투수계수는 크다.

정답 | 110 ① 111 ④ 112 ② 113 ① 114 ③ 115 ② 116 ① 117 ②

118 콘크리트 타설작업과 관련하여 준수하여야 할 사항으로 가장 거리가 먼 것은?

① 당일의 작업을 시작하기 전에 해당 작업에 관한 거푸집 동바리 등의 변형, 변위 및 지반의 침하 유무 등을 점검하고 이상이 있으면 보수할 것
② 콘크리트를 타설하는 경우에는 편심이 발생하지 않도록 골고루 분산하여 타설할 것
③ 진동기의 사용은 많이 할수록 균일한 콘크리트를 얻을 수 있으므로 가급적 많이 사용할 것
④ 설계도서상의 콘크리트 양생기간을 준수하여 거푸집 동바리 등을 해체할 것

[해설] 진동기를 넣고 나서 뺄 때까지 시간은 보통 5~15초가 적당하며, 진동기를 많이 사용하면 거푸집 측압이 상승한다.

119 건설현장에 달비계를 설치하여 작업 시 달비계에 사용 가능한 와이어로프로 볼 수 있는 것은?

① 이음매가 있는 것
② 와이어로프의 한 꼬임에서 끊어진 소선의 수가 5%인 것
③ 지름의 감소가 공칭지름의 10%인 것
④ 열과 전기충격에 의해 손상된 것

[해설] 와이어로프의 한 꼬임(스트랜드)에서 끊어진 소선의 수가 10% 이상인 것이 해당된다.

120 흙막이 벽을 설치하여 기초굴착작업 중 굴착부 바닥이 솟아올랐다. 이에 대한 대책으로 옳지 않은 것은?

① 굴착주변의 상재하중을 증가시킨다.
② 흙막이 벽의 근입 깊이를 깊게 한다.
③ 지하수 유입을 막는다.
④ 토류벽의 배면토압을 경감시킨다.

[해설] 연약 점토지반에서 기초굴착작업 중 굴착부 바닥이 솟아오르는 현상은 히빙 현상이다.

히빙현상 방지대책
1. 흙막이벽의 근입장 깊이를 경질지반까지 연장
2. 굴착주변의 상재하중 제거
3. 시멘트, 약액주입공법 등으로 Grouting 실시
4. Well Point, Deep Well 공법으로 지하수위 저하
5. 굴착방식 개선(Island Cut, Caisson 공법 등)

정답 | 118 ③ 119 ② 120 ①

memo

참고문헌

1. 김동원 「기계공작법」 (청문각, 1998)
2. 서남섭 「표준 공작기계」 (동명사, 1993)
3. 강성두 「산업기계설비기술사」 (예문사, 2008)
4. 강성두 「기계제작기술사」 (예문사, 2008)
5. 박은수 「비파괴검사개론」 (골드, 2005)
6. 원상백 「소성가공학」 (형설출판사, 1996)
7. 김두현 외 「최신전기안전공학」 (신광문화사, 2008)
8. 김두현 외 「정전기안전」 (동화기술, 2001)
9. 송길영 「최신송배전공학」 (동일출판사, 2007)
10. 한경보 「최신 건설안전기술사」 (예문사, 2007)
11. 이호행 「건설안전공학 특론」 (서초수도건축토목학원, 2005)
12. 한국산업안전보건공단 「거푸집동바리 안전작업 매뉴얼」 (대한인쇄사, 2009)
13. 한국산업안전보건공단 「만화로 보는 산업안전·보건기준에 관한 규칙」 (안전신문사, 2005)
14. 유철진 「화공안전공학」 (경록, 1999)
15. DANIEL A. CROWL 외 「화공안전공학」 (대영사, 1997)
16. 조성철 「소빙기계시설론」 (신광문화사, 2008)
17. 현성호 외 「위험물질론」 (동화기술, 2008)
18. Charles H. Corwin 「기초일반화학」 (탐구당, 2000)
19. 김병석 「산업안전관리」 (형설출판사, 2005)
20. 이진식 「산업안전관리공학론」 (형설출판사, 1996)
21. 김병석·성호경·남재수 「산업안전보건 현장실무」 (형설출판사, 2000)
22. 정국삼 「산업안전공학개론」 (동화기술, 1985)
23. 김병석 「산업안전교육론」 (형설출판사, 1999)
24. 기도형 「(산업안전보건관리자를 위한)인간공학」 (한경사, 2006)
25. 박경수 「인간공학, 작업경제학」 (영지문화사, 2006)
26. 양성환 「인간공학」 (형설출판사, 2006)
27. 정병용·이동경 「(현대)인간공학」 (민영사, 2005)
28. 김병석·나승훈 「시스템안전공학」 (형설출판사, 2006)
29. 갈원모 외 「시스템안전공학」 (태성, 2000)

저자소개

▶ **저자**

신우균(申宇均)　　　　　　　　　　　　　　　　　　　e-mail : wooguni0905@naver.com

| 약력 |
- 공학박사(안전공학)
- 지도사 · 기술사(화공안전 · 산업보건 · 산업위생관리)
- (전)안전보건공단/산업안전보건연구원
- (전)고용노동부 산업안전보건 근로감독관
- (전)수도권 중대산업사고예방센터 공정안전관리(PSM) 담당 감독관
- (전)환경부 화학재난합동방재센터장
- (전)호서대학교 안전행정공학과/중대재해예방학과 교수

| 저서 |
- 산업안전지도사(예문사), 산업보건지도사(예문사)
- 화공안전기술사(예문사), 산업위생관리기술사(예문사)
- 산업안전기사(예문사), 산업안전산업기사(예문사), 건설안전기사(예문사), 건설안전산업기사(예문사)
- 산업안전보건법령(예문사)

산업안전기사 필기
초간단 핵심완성

초 판 발 행	2024년 02월 05일
개정1판1쇄	2025년 01월 15일
편 저	신우균
발 행 인	정용수
발 행 처	예문사
주 소	경기도 파주시 직지길 460(출판도시) 도서출판 예문사
T E L	031) 955-0550
F A X	031) 955-0660
등 록 번 호	11-76호
정 가	33,000원

- 이 책의 어느 부분도 저작권자나 발행인의 승인 없이 무단 복제하여 이용할 수 없습니다.
- 파본 및 낙장은 구입하신 서점에서 교환하여 드립니다.

홈페이지 http://www.yeamoonsa.com

ISBN 978-89-274-5610-0 [13530]